T. H. Ittel H.-G. Sieberth
H. H. Matthiaß (Hrsg.)

Aktuelle Aspekte der Osteologie

Endokrinologie, Renale Osteopathie, Frakturheilung

Mit 244 Abbildungen und 70 Tabellen

Springer-Verlag
Berlin Heidelberg New York
London Paris Tokyo
Hong Kong Barcelona
Budapest

Dr. med. Thomas Heinz Ittel
Prof. Dr. med. Heinz-Günter Sieberth

Medizinische Klinik II der RWTH
Pauwelsstraße 30, W-5100 Aachen, BRD

Prof. Dr. med. Hans Henning Matthiaß

FB 5 - Medizinische Fakultät, Universität Münster
Domagk-Straße 3, W-4400 Münster, BRD

6. Jahrestagung der Deutschen Gesellschaft für Osteologie e. V.
13.–16. März 1991 in Aachen

ISBN-13: 978-3-540-54267-4 e-ISBN-13: 978-3-642-76766-1
DOI: 10.1007/978-3-642-76766-1

Die Deutsche Bibliothek – CIP-Einheitsaufnahme
Aktuelle Aspekte der Osteologie: Endokrinologie, renale Osteopathie, Frakturheilung; mit 70 Tabellen; [13.-16. März 1991 in Aachen]/T. H. Ittel ... (Hrsg.).-
Berlin; Heidelberg; New York; London; Paris; Tokyo; Hong Kong; Barcelona; Budapest: Springer, 1992
(... Jahrestagung der Deutschen Gesellschaft für Osteologie; 6)

NE: Ittel, Thomas H. [Hrsg.]; Deutsche Gesellschaft für Osteologie: ... Jahrestagung der ...

21/3130-543210 - Gedruckt auf säurefreiem Papier

Vorwort

Das Ziel des vorliegenden Buches ist, klinisch und experimentell tätigen Osteologen und osteologisch Interessierten aus benachbarten wissenschaftlichen Disziplinen einen breitgefächerten Überblick über aktuelle Aspekte der Osteologie zu bieten. Das Buch erscheint in einer Zeit der raschen Expansion der osteologischen Grundlagenforschung und einer zunehmend differenzierteren osteologischen Diagnostik und Therapie. Daraus ergibt sich, daß die klinische und experimentelle Osteologie mittlerweile ein breites Spektrum medizinischer und naturwissenschaftlicher Fachgebiete umfaßt. Weitere, rasche Fortschritte in der osteologischen Forschung können nur durch den intensiven Dialog dieser verschiedenen Disziplinen erreicht werden. Diesem Befürfnis zum interdisziplinären Dialog und Zusammenarbeit entsprechen die jährlichen Tagungen der Deutschen Gesellschaft für Osteologie. Der vorliegende Band faßt die Ergebnisse der 6. Jahrestagung 1991 in Aachen zusammen, bei der im Rahmen eines vielseitigen Programmes Themen der Orthopädie, Nephrologie, Endokrinologie, Pathologie, Radiologie und der Grundlagenforschung zur Sprache kamen. Aktuelle Aspekte zur Zellphysiologie und Endokrinologie des Knochens sowie neue Ergebnisse der Grundlagenforschung werden im ersten Teil des Buches behandelt. Im zweiten Abschnitt werden das aktuelle Wissen und spezielle Probleme der renalen Osteopathie dargestellt. Zu dem Komplex „Frakturheilung und Kallusbildung" wurden Übersichtsreferate und Ergebnisse der experimentellen und klinischen Forschung in das Buch aufgenommen. Weitere Buchbeiträge nehmen zu etabolischen Osteopathien, zur Diagnostik und Therapie der Osteoporose, speziell auch zum Stellenwert der Osteodensitometrie, zur Endoprothetik und zur Pathologie der Knochentumoren Stellung.

Die Herausgeber sind den Mitarbeitern des Springer-Verlages für die gewissenhafte Mitarbeit und die rasche Publikation der ausgewählten Beiträge zu Dank verpflichtet. Unser besonderer Dank gilt Frau Dr. U. Heilmann und Frau A. Duhm für die sorgfältige und kompetente Betreuung des vorliegenden Buches. Wir hoffen, daß die „Aktuellen Aspekte der Osteologie" dem Informationsbedürfnis klinisch und experimentell tätiger Osteologen gerecht werden.

Aachen/Münster, Oktober 1991

Prof. Dr. med. H.-G. Sieberth
Dr. med. T. H. Ittel
Prof. Dr. med. H. H. Matthiaß

Vorwort

[illegible]

Inhaltsverzeichnis

I. Zellphysiologie und Endokrinologie der Knochen

A. Übersichtsreferate

Der Osteoblast: Funktion und hormonelle Regulation

K. Abendroth

Klinik für Innere Medizin, Friedrich-Schiller-Universität Jena, Erlanger Allee 101,
O–6902 Jena Lobeda, BRD

Die Zellen des Knochens

Der Osteoblast gehört zu einer der 4 Zellengruppen, die die normale Funktion des Knochens sichern helfen. Der Osteoblast ist für die Bildung neuer Knochensubstanz verantwortlich, sein Kontrahent, der Osteoklast, baut Knochensubstanz ab Osteozyt und Liningzelle sorgen für Stabilität und Funktion sowohl des Mineralspeichers als auch des Strukturelementes Knochen.

Herkunft (Familie) des Osteoblasten

Der Osteoblast entwickelt sich aus dem Stromazellsystem des Knochenmarkes – also jenem Zellstamm, der für die Strukturelemente des Gesamtorganes Knochen verantwortlich ist und aus dem sich:

- Fibroblasten und Fibrozyten als Faserproduzenten,
- Adipozyten als Fettstrukturspeicher,
- retikuläre Zellen für den Strukturaufbau des Markstromas und
- osteoblastische Zellen für den Aufbau des Knochens ableiten.

Im sich entwickelnden und wachsenden Knochenorgan sind auch noch die Chondroblasten diesem System zuzuordnen. Aus jener Stromastammzelle entwickelt sich also der Präosteoblast, der sich vermehrend an einer prädisponierten von Osteoklasten vorbearbeiteten Endostoberfläche des Knochens in Form eines dicht verzahnten epithelartigen Belages ansiedelt, in die typische Gestalt des reifen Osteoblasten transformiert wird und dann mit der Knochenneubildung beginnt. Die Entwicklung des Osteoblasten aus Präcursorzellen gilt heute als sicher wobei auch die Liningzelle auch als eine Form der Präcursorzelle des Osteoblasten betrachtet wird.

T. H. Ittel H.-G. Sieberth H. H. Matthiaß (Hrsg.)
Aktuelle Aspekte der Osteologie

Morphe des Osteoblasten

Der Osteoblast ist im aktiven Zustand nur in einem epithelartigen Verband kubischer Zellen von etwa 15/30 μm Größe mit deutlich asymmetrisch gelagertem Kern zu finden.

Die einzelnen Osteoblasten sind durch interzelluläre Spaltbrücken untereinander verbunden. Gleiche Kontaktpunkte gibt es auch mit den intraossären Osteozyten.

Die Feinstruktur des Blasten ist durch eine Vielzahl mit Mikrotubuli zur Proteinsynthese geprägt. Der Zellkern kann je nach Aktivierungsgrad Nukleoli ausweisen. Bei hochgradig stimulierten Zellen nimmt der Kern wieder eine zentrale Stellung ein, wie es z.B. beim HPT zu beobachten ist. Die kernferne Schmalseite des kubischen Blasten liegt der Knochenoberfläche auf und ist jener Bereich, in dem die Matrixvesikel mit den intrazellulären Kollagenbausteinen für das neu zu bildende Osteoid die Zelle verlassen.

Mit abklingender Aktivität ändert sich der hochkubische Charakter der Zellen in eine flachkubische Form. Schließlich scheint zumindest ein Teil der Osteoblasten in die dünne epithelartige Schicht der Liningzellen überzugehen, ein anderer wesentlich kleinerer Teil wird bei der Matrixformation in die neu formierte Knochensubstanz als Osteozyten eingebaut.

Funktionen des Osteoblasten

Produktion

Das Hauptprodukt, zumindest von der Menge her ist das *Typ I Kollagen*, das den Knochen biochemisch charakterisiert. Es wird intrazellulär als Prokollagen gebildet und reift erst extrazellulär zur vollen Kollagenfibrille.

Als im Serum nachweisbares Ektoenzym wird die *alkalische knochentypische Phosphatase* von den Osteoblasten gebildet und lokal angereichert.

Ebenso synthetisieren die Osteoblasten das *Osteocalcin*, dessen physiologische Bedeutung als Matrixprotein noch umstritten ist. Ob das 2. von einigen Autoren davon separierte Matrixgla-Protein tatsächlich neben dem Osteocalcin seine Berechtigung hat, bleibt abzuwarten, da es ein Fraktionierungsprodukt der denaturierten Knochenmatrix ist.

Die Hydroxyapatitnukleation bzw. die Mineraldeposition und die Mineralbindung an die Kollagenstrukturen des Knochens werden begünstigt und gefördert durch das *Osteonectin*, als Glykoprotein auch ein Matrixprodukt der Osteoblasten.

Neben diesen z.T. heute schon sehr gut definierten Osteoblastenprodukten sind in der Knochenmatrix noch weiter *Proteoglykane*, Sialo- und Phosphoproteine nachweisbar, die möglicherweise auch von den Osteoblasten stammen und deren funktionelle Bedeutung noch weitgehend unbekannt ist.

Letztlich ist als Leistung des Osteoblasten auch die *Matrixvesikelbildung* zu nennen.

Rolle der Osteoblasten bei der Bildung des mineralisierten Knochens

Der mineralisierte, neugebildete Knochen ist das Resultat der Leistung der Osteoblasten. Wie gelingt es, diesen Zellen, die eindeutig extrazellulär, z.T. sogar relativ fern der Zelle gelegene mineralisierte Matrix des Knochens zu formieren? Es werden dazu 3 verschiedene Mechanismen in ihrer Kombination postuliert:

1. Die Bildung einer für die Mineralisation und die Funktion des Knochengewebes geeigneten Grundsubstanz.
2. Die Bildung geeigneter Mineralkomponenten zur Nukleation (Auslösung, Einleitung) der Kristallentwicklung.
3. Regulation von Kristallgröße und Gewebewachstum.

Mit der Bildung des Typ I Kollagens bzw. seiner Vorstufen intrazellulär und deren Polymerisation und Vernetzung extrazellulär schafft der Osteoblast die Grundlage für den Aufbau neuer Knochensubstanz. Die optisch lamelläre Struktur der ausgereiften normalen Matrix des Knochens bildet das geeignete Gerüst, in welches das die Eigenschaften des Knochen bestimmenden Minerals eingelagert werden kann. Allerdings ist das reine Typ I Kollagen allein nicht mineralbindungsfähig. Typ I Kollagen in anderen Gewebestrukturen außerhalb des Knochens führt allein nicht zu einer Mineralisation.

Es bedarf weiterer, nichtkollagener Makromoleküle auch osteoblastären Ursprungs, wie z.B. des Osteocalcins und vor allem des Osteonectins zum Kristalleinbau und zur Kristallfixierung in diese Kollagenmatrix.

Die Bildung der Mineralkomponenten zur Kristallentwicklung ist eine weitere Aufgabe der Osteoblasten im Prozeß der Mineralisation. Zur Verhinderung der die Lebensvorgänge störenden, spontanen anorganischen Kristallbildung bzw. kristallinen Ausfällungen hat der Organismus Pyrophosphatverbindungen entwickelt, die es nun im Wirkungsbereich der Osteoblasten gilt zu eleminieren, zu inhibieren. Der Osteoblast verfügt dazu über eine Reihe von Phosphatasen und Phosphohydrolasen. Hier ist ein Hauptwirkungsfeld auch der alkalischen Knochenphosphatase zu sehen.

Die Freisetzung anorganischen ionisierten Calciums und Phosphats ist nur in abgeschlossenen Bereiche, im sogenannten Matrixvesikel möglich. Matrixvesikel enthalten zur Stabilisierung der Ionenkontration und der sich hier bildenden ersten Kristallformationen Calcium-Phosphor-Lipidphosphat-Komplexe und Phosphatasen. Diese membranartig umschlossenen ersten Kristallformationen verlassen den Osteoblasten und konzentrieren sich in der zu mineralisierenden Matrix. Die Konzentration der Ca-Ionen im Osteoblasten selbst erfolgt in den Mitochondrien. Ob der weitere Transport der Ca-Ionen intrazellulär bis zur Vesikelbildung ähnlich wie in der Darmukosazelle oder der Tubuluszelle der Niere durch ein spezielles Transportprotein erfolgt, ist noch unklar.

Mechanismen der Regulation des Gewebewachstums sind für den Knochen noch nicht definitiv geklärt. Sicher ist die Menge des neugebildeten Knochens das Resultat der agonistischen und antagonistischen Wirkungen der zahlreichen Zytokine auf die Osteoblasten und deren Interaktion mit dem in den neu gebildeten Knochen eingebauten Osteozytensystem. In diesem Regulationssystem von Zellen und Zytokinen scheinen extrazelluläre Makromoleküle osteoblastären Ursprungs wie z.B. das Osteocalcin für das Wachstum von Gewebestrukturen und hier besonders für das der Kristallgröße verantwortlich zu sein.

Regulationsmechanismen des Osteoblasten

Hormonelle Einflüsse auf den Osteoblasten

Es ist erstaunlich, daß der Osteoblast für alle bekannten auch osteoklastisch wirksamen Substanzen Rezeptoren ausweist, das gleiche gilt im Prinzip für Hormone, denen man antiosteoklastäre Wirkungen zuschreibt.

Zu nennen sind hier als systemische Hormone vorzugsweise

- das Parathormon (PTH)
- das D-Hormon bzw. 1,25 $(OH)_2$ Vitamin D_3
- die Retinoide bzw. Vitamin A
- die Östrogene
- die Progesterone
- die Androgene
- die Glukokortikoide
- die Schilddrüsenhormone und
- die Wachstumshormone

die schließlich zu den mehr lokal wirkenden Wachstumsfaktoren überleiten.

Parathormon und D-Hormone. Sie sind noch Gegenstand der nächsten Vorträge. Hier sei nur angemerkt, daß:

- Das PTH vor allem in die Reifung und den Aktivitätszustand der Osteoblasten eingreift – die Zellen werden größer, der Kern prägt Nukleoli aus, rückt in die Zellmitte, die Produktion des Osteoblasten besonders für Peptidasen, so für Kollagenase und Plasminogenaktivator-Inhibitor wird gesteigert und damit der Einfluß des Osteoblastensystems auf den Remodelingprozeß erhöht.
- Das D-Hormon wirkt antiproliferativ, ist aber in niedrigen Dosen ganz offenbar wachstumsstimulierend, wobei die Ausdifferenzierung von der Praecursor-Zelle zum reifen Osteoblasten möglicherweise der entscheidende Effekt aus der Sicht des Osteoblasten sein könnte. Die Leistung des Osteoblasten scheint ebenfalls eine Stimulation zu erfahren, zumindest ist eine Synthesesteigerung für Osteocalcin und den Plasminogen-Aktivator beobachtet worden. Zweifelsohne sind daneben der Osteoblast, seine Vorläuferzellen und die Liningzellen Wirkungsvermittler für das D-Hormon, aber auch für das PTH auf den Knochenabbau.

Die vielschichtige ineinander verzahnte Wirkungweise von PTH und D-Hormon ist vielleicht aus der Sicht der schweren renalen Osteopathie am besten zu verstehen. Das meist exzessiv erhöhte PTH stimuliert die Vermehrung der Osteoblasten, die gegenregulierende Wirkung des D-Hormons (antiproliferativ) fehlt weitgehend. Gleichzeitig wirkt das PTH steigernd auf die Produktionsleistung des reifen Osteoblasten, doch die Ausreifung vom Praecursor zum Blasten ist gebremst, weil das dazu notwendige D-Hormon fehlt. Das Resultat ist eine Vielzahl von Zellen, auch Osteoblasten, mit teilweise defekter Leistung – Matrixbildung mit mangelnder Mineralisation. So ergibt sich zusammen mit der Osteoklastenaktivierung das typische Bild des sekundären HPT.

Zum Vitamin A. Neu in der zumindest mehr klinisch orientierten Vorstellung vom Knochen ist die Rolle der Retinole bzw. der Retinoide also jener vom Vitamin A abgeleiteten Substanzen. Ihnen wird eine Wirkung in Richtung Zelldifferenzierung und Wachstum zugerechnet, wobei beim Osteoblasten das Wachstum gebremst werden soll, gleichzeitig aber seine Differenzierung also Ausreifung und die Ausprägung des D-Hormonrezeptors entscheidend bestimmt wird. Die klinische Relevanz dieser hypothetisch erscheinenden Betrachtung ist aber eindrucksvoll, wenn man bedenkt, wie häufig ein Vitamin-A-Mangel gerade bei chronisch intestinalen Osteopathien gefunden wird, so ist es auch nicht verwunderlich, wenn eine exzessive gemischte Osteopathie z.B. bei einer chronischen Pankreasinsuffizienz oder bei einem resezierten Magen dann allein mit Vitamin D bzw. D-Hormon nur sehr langsam beherrscht werden kann, da durch den gleichzeitigen Vitamin-A-Mangel zu wenig Rezeptoren für das D-Hormon ausgebildet sind und dies nicht nur an den Knochenzellen.

Zum Östrogen. Daß Östrogene einen Effekt auf die Entwicklung, die Stabilität und die Erhaltung des Skelettsystems haben, scheint klinisch in vielfacher Hinsicht bewiesen. Der Effekt auf der zellulären Ebene, insbesondere auf den Osteoblasten selbst, ist heftig umstritten. Es wurden Östrogenrezeptoren an Stammzellen und auch an Osteoblastenpraecursoren nachgewiesen. Für den reifen Osteoblasten gibt es aber nur wenige sichere Hinweise dazu und dann meist nur bei tumorassoziierten Zellinien.

Die letzten Berichte von Gray aus Chappel Hill von 1989 zeigen allerdings, daß über den von ihm gefundenen Östrogenrezeptor in den Osteoblastenkulturen sowohl die TGF β- als auch IGF-II-Produktion deutlich stimuliert werden kann. Trotz allem weisen die theoretischen Grundlagen der Östrogenwirkung auf den Osteoblasten noch erhebliche Lücken auf.

Zum Progesteron. Hier gibt es interessante neue Ansätze. Progesteron bindet an Osteoblasten wahrscheinlich am Glukokordikoidrezeptor bzw. unter Nutzung eines Teils davon. Damit könnte es als ein partieller Antagonist für die Glukokordikoidwirkung diskutiert werden. Bedeutungsvoller erscheint aber, daß die Stimulation der Knochenbildung durch Progesteron über die Vermittlung der Östrogene erfolgen soll und so eine zyklische Bindung des Knochenturnovers an die Ovulationsrhythmik vorstellbar wird. Östrogen-Gestagen-Blutungsphasen könnten so die Grundlage eines Coherenzzyklus werden.

Zu den Androgenen. Hierzu sind die Kenntnisse zur Wirkung auf den Osteoblasten noch wesentlich geringer. Fukayama nimmt zwar eine direkte Wirkung von Testosteron auf die Knochenzellen, also auch auf den Osteoblasten an, ohne aber dies über eine Rezeptorbindung wahrscheinlich machen zu können.

Zu Glukokordikoiden. Hier sind zumindest unter Kulturbedingungen Rezeptorbindungen an Osteoblasten mit hoher Affinität nachgewiesen. Im Osteoblasten selbst wird die Synthese von Kollagen, nichtkollagenen Proteinen von Osteocalcin und vom Plasminogen-Aktivator gebremst. Entscheidend für den Langzeiteffekt auf den Knochen scheint die Bremsung der Praecursorproliferation der Osteoblasten im Stammzellbereich zu sein verbunden mit Blockierung der spezifischen Differenzierung der typischen osteo-blastären Funktionen.

Zum Schilddrüsenhormon. Es verkürzt die Phasen der Formation und Resorption, beschleunigt den Umbau bis zur negativen Bilanz durch zu kurze Leistungsphasen der Osteoblasten.

Wachstumsfaktoren und Osteoblasten

Für die Osteoblastenfunktionen spielen eine Reihe von Peptiden eine Rolle, die lokal aktiviert als Wachstumsfaktoren bezeichnet werden. Es sind dies:

- der Insulin like growth factor (IGF) 1
- der Epidermis growth factor (EGF)
- der Transforming growth factor alpha (TGF α)
- der Transforming growth factor beta (TGF β)
- und der Platelet-derived growth factor (PDGF)

um nur die wichtigsten zu nennen.

IGF 1 wird wahrscheinlich als Folge der Wirkung des Wachstumshormons im Knochen selbst gebildet und stimuliert hier die DNA-Synthese in den Osteoblasten.

Für *TGF* α und *EGF* gibt es Rezeptoren auf den Osteoblasten und EGF ist ebenfalls in der Lage die DNS-Synthese in den Blasten zu stimulieren. *PDGF* ist die Hauptkomponente der Thrombozyten und wird von diesen bei der Gerinnung freigesetzt. PDGF stimuliert die DNA und über diese die Proteinsynthese der Osteoblasten. PDGF spielt eine entscheidende Rolle bei der Frakturheilung.

Im Zentrum des Interesses aus der Sicht der Osteoblasten steht bei diesen Faktoren heute der *TGF* β. Er wird als inaktive Form von den Osteoblasten gebildet und lokal gebunden, auch in der sich bildenden neuen Knochenmatrix. TGF β wird als Promotor vieler Gene angesehen, die für die Peptidbildung, die Rezeptorausprägung verantwortlich sind. TGF β wird als Promotor vieler Gene angesehen, die für die Peptidbildung, die Rezeptorausprägung verantwortlich sind. TGF β ist neben dem Plasminsystem der entscheidende Stimulator für die Matrixbildung der Osteoblasten. Die Aktivierung von TGF β ist durch einen sauren pH oder durch Proteasen wie Plasmin oder Kathepsin möglich. Da Osteoblasten selbst TGF β produzieren und für TGF β auch selbst Rezeptoren entwicklen, ist eine autokrine Regulation bei extrazellulärer TGF β-Aktivierung möglich.

Als letzter regulativer Mechanismus für die Osteoblastenfunktion sei hier das Plasminsystem genannt. Proteasen werden stets lokal in ihren Vorstufen bereitgehalten und als Gegenregulatoren dienen gleichzeitig produzierte Inhibitoren sowohl für die Protease als auch für das entsprechende Aktivatorsystem. Wir haben hier also immer ein Fließgleichgewicht von Aktivierung und Blockierung von Synthese und Abbau. Durch entsprechende Stimuli gelingt es dem Organismus, das in sich schwingende System in der jeweils notwendigen Richtung auszulenken. Der Osteoblast ist in diesem System der Produzent des Plasminaktivator-Inhibitors und sichert auf diese Weise nach Stimulation von außen z.B. durch das PTH die Rückkehr in die Ausgangslage.

Liningzell-Osteozytensystem

Bei der Betrachtung gerade des letzten Schwingkreises der sich selbst regulierenden lokalen Aktivierung und Blockierungsmechanismen ist deutlich geworden, daß der Liningzelle eine relativ zentral vermittelnde Stellung zwischen Abbau und Aufbau zukommt und daß davon ausgegangen wird, daß diese Liningzelle zu den Osteoblasten zu rechnen ist. Es gilt als sicher, daß die Osteozyten mit den Liningzellen in fester regulativer Verbindung stehen und daß sich beide Zellen aus dem aktiven Osteoblasten differenzieren. Wahrscheinlich sind die festen Brückenbindungen im Osteoblastenbelag zwischen den einzelnen Zellen schon die Grundlage des kommunikativen Systems, aus dem einige Zellen in die Tiefe der Knochematrix abwandern, die anderen die neue Oberfläche bedecken. Dieses System ist einmal zur Feinregulation des Kalziumhaushaltes unerläßlich, zum anderen birgt es auch jene Mechanismen, die die osteoklastäre Resorption lokalisieren, in dem die Liningzellen die mineralisierte Oberfläche entblößen und damit einen sehr intensiven Reiz zu Osteoklastenformation geben. Die hypothetischen Mechanismen dieses Systems auch als Mechanorezeptor des Knochens ist Gegenstand eines weiteren Beitrages.

Biochemie des Osteoklasten*

P. Dietsch

Institut für Molekularbiologie und Biochemie, Freie Universität Berlin, Arnimallee 22, 1000 Berlin 33, BRD

Für das Wachstum des Skeletts und dessen dauernden Umbau, sowie für die lebenswichtige Aufrechterhaltung der Konzentration des zirkulierenden Calciums, ist die Resorption der Knochenmatrix von entscheidender Bedeutung. Dieser Prozeß wird sehr genau einreguliert, einerseits durch systemische Faktoren, die von Zellen abseits der Knochenumgebung produziert werden und andererseits von parakrinen oder autokrinen Faktoren, die lokal von Knochenzellen produziert werden und andererseits von parakrinen oder autokrinen Faktoren, die lokal von Knochenzellen produziert, oder während der Resorption aus der Knochenmatrix freigesetzt werden. Schlüsselzellen für diesen Prozeß sind die Osteoklasten, die aktiv Knochen resorbieren und aus Vorläuferzellen einer Monozyten-Makrophagen Linie hervorgehen [12, 34, 36].

Osteoklasten können lichtmikroskopisch leicht nachgewiesen werden durch ihr Auftreten in Howshipschen Resorptionslakunen, ihre enorme Größe und ihre vielen Zellkerne. Histochemisch sind sie zu charakterisieren durch den Nachweis von Carboanhydrase II und tartratresistenter saurer Phosphatase, Enzymen, die andere Knochenzellen nicht besitzen. Im elektronenmikroskopischen Bild fallen die vielen Mitochondrien, zytoplasmatischen Vakuolen und Lysosomen (dense bodies) auf. Typisch für den aktiven Osteoklasten sind seine Polarisation und das Auftreten dreier verschiedener Abschnitte der Zellmembran: Eine ringförmige, direkt auf der Knochenmatrix aufliegende glatte Zone (clear zone, sealing zone), die einen Bürstensaum (ruffled border) – die aktive, resorbierende Zone – nach außen dicht abschließt und der diesem Abschnitt gegenüberliegende Membranbereich [22].

Die Bindung des Osteoklasten an die Knochenmatrix wird vermittelt durch die Erkennung bestimmter Strukturen der extrazellulären Matrix, die von Membranrezeptoren gebunden werden, die der Klasse der Integrine angehören. Sie sind aus zwei Peptidketten aufgebaut und erkennen -Arg-Gly-Asp-Sequenzen von nicht kollagenen Matrixproteinen. Zunächst findet man sogenannte Podosomen, deren Ausbildung von der Konzentration des intrazellulären Calciums reguliert wird. Sie stellen mikrovilliähnliche, breite Strukturen dar und enthalten eine Achse von Aktinmikrofilamenten, die rosettenförmig von den Integrinen, Vinkulin und Talin umgeben sind. Möglicherweise ist die Bindung an die Knochenmatrix ein Signal für die Ausbildung der glatten Zone und die beschriebene morphologische Umorganisation des Osteoklasten. Verantwortlich für die Zelladhäsion sind phosphorylierte Proteine, die von Osteoblasten synthetisiert werden und sich dadurch auszeichnen, daß sie

* Dem Andenken an Prof. Dr. Peter R. Siegmund gewidmet.

T. H. Ittel H.-G. Sieberth H. H. Matthiaß (Hrsg.)
Aktuelle Aspekte der Osteologie

-Arg-Gly-Asp-Sequenzen (Integrin-Bindungsstellen) besitzen und außerdem Bereiche, die für die Bindung an das Knochenmineral verantwortlich sind. Isoliert wurden:

1. Bone sialo protein, BSP, das Sialinsäure enthält und mehrere Abschnitte, die aus Glutaminsäureresten (bis zu 10 Moleküle hintereinander) aufgebaut und für die Calciumbindung verantwortlich sind.
2. Osteopondin, bei dem ein Abschnitt von 9 Asparaginsäuremolekülen in Folge nachgewiesen wurde.
3. Osteonectin, das ebenfalls eine Calciumbindungsstelle besitzt.
4. Thrombospondin, das Zellbindungseigenschaften besitzt [15, 18, 25].

Das Schlangengift Echistatin ist ein Protein, das eine -Arg-Gly-Asp-Sequenz besitzt. Es verhindert die Knochenresorption durch Bindung an Integrine, wodurch der Zell-Matrix-Kontakt verloren geht, der Voraussetzung für die Aktivität des Osteoklasten ist [27].

Da Osteoklasten Endstufen einer Differenzierung darstellen und sich nicht mehr teilen, ist es schwierig, sie in Zellkultur zu halten. Während seit längerer Zeit permanente Kulturen von Tumorzellen mit Osteoblasteneigenschaften bekannt sind, standen Osteoklasten in ausreichender Zahl für biochemische Untersuchungen nicht zur Verfügung, oder die eindeutige Charakterisierung sogenannter osteoklastenähnlicher Zellen war nicht möglich. Viele Beobachtungen stammen deshalb von Versuchstieren oder Knochenexplantaten. Daraus folgt, daß wichtige Eigenschaften von Osteoklasten nicht genau bekannt sind, daß widersprüchliche Ergebnisse publiziert wurden und daß über die für Struktur und Funktion des Knochens so wichtigen Wechselwirkungen zwischen den beteiligten Zellen kaum Erkenntnisse existieren.

Primärkulturen lassen sich nun von Zellen anlegen, die aus den Röhrenknochen von Versuchstieren gewonnen, aufgrund ihrer Größe mit Nylonnetzen oder im Dichtegradienten abgetrennt werden und eindeutige Osteoklasteneigenschaften besitzen. Die so gewonnenen Osteoklasten können zwei bis drei Wochen in Kultur gehalten werden, wobei sie zu riesigen Zellen fusionieren. Besonders hohe Ausbeuten erhält man, wenn die Versuchstiere zuvor mit einer calciumarmen Vitamin D-Mangeldiät ernährt wurden [20, 35].

Die Knochenmatrix, die von den Osteoklasten abgebaut wird, besteht, vergleichbar der Struktur von Stahlbeton, aus einer Mischung von zähen Fasern (Fibrillen aus Kollagen, Typ I), die Zugkräfte aufnehmen und festen Partikeln (tertiäres Calciumphosphat, Hydroxylapatitkristalle), die Kompressionskräften widerstehen. Das Volumen, das vom Kollagen eingenommen wird, ist vergleichbar dem vom Calciumphosphat beanspruchten. Zur Auflösung dieses „Verbundwerkstoffes" müssen beide Bestandteile abgebaut werden, was ganz verschiedene Strategien erfordert.

Das Calciumphosphat kristallisiert bei der Bildung der Knochenmatrix als Hydroxylapatit an dem organischen Grundgerüst aus, das für die Anordnung der Kristalle und letztlich für die Form und Struktur des Knochens verantwortlich ist. Der umgekehrte Vorgang des osteoklastären Knochenabbaus beginnt deshalb vermutlich mit der Auflösung der Apatitkristalle.

Als dreibasische Säure bildet die Phosphorsäure drei Arten von Salzen, deren Existenz bestimmten pH-Bereichen zugeordnet werden kann. Um – unlösliches – tertiäres Calciumphosphat in – lösliches – primäres Calciumphosphat umzuwandeln (schematisch: $PO_4^{3-} + 2\,H^+ \rightleftharpoons H_2PO_4^-$), sind so viele H^+-Ionen notwendig, daß ein pH von 4,5 erreicht wird. In Osteoklasten werden nach der Reaktion $CO_2 + H_2O \overset{CA}{\rightleftharpoons} H_2CO_3 \rightleftharpoons H^+ + HCO_3^-$ saure

Valenzen mit Hilfe des Enzyms Carboanhydrase (CA) gebildet. Die Carboanhydrase gehört zu den aktivsten bekannten Enzymen und ist unter anderem auch für die Säureproduktion in Magen und Niere verantwortlich. Kohlendioxid steht als Stoffwechsel-Endprodukt in fast unbegrenzter Menge zur Verfügung.

Im Knochen wurde das Enzym schon frühzeitig nachgewiesen und die Wirkung von Carboanhydrase-Inhibitoren auf die Auflösung des Knochenminerals untersucht [10, 28]. Wie der direkte Nachweis des Isoenzyms II in Osteoklasten zeigte [11], besitzen andere Knochenzellen keine Carboanhydrase. Im Laufe der Differenzierung von Vorläuferzellen wird Carboanhydrase erst im Osteoklasten gebildet und kann daher als Marker für diese Zellen dienen [8]. Obwohl die Wirkung von Carboanhydrase-Inhibitoren auch in weiteren Arbeitsgruppen untersucht wurde [13, 19], war die Beschreibung eines Syndroms mit intercranialer Calcifizierung, tubulärer Azidose und Osteopetrose bei Patienten mit erblichem Carboanhydrase II-Mangel für die Akzeptanz des beschriebenen Mechanismus der Auflösung von Knochenmineral von besonderer Bedeutung [28].

Das in Osteoklasten exprimierte Isoenzym II der Carboanhydrase ist ein interkonvertierbares Enzym, das durch Phosphorylierung mit einer c-AMP-abhängigen Proteinkinase aktiviert werden kann [6]. Bestimmungen der spezifischen Aktivität des Enzyms, das aus Epiphysen von mit calciotropen Hormonen (Parathyrin, Calcitonin, Vitamin D-Metabolite) behandelten Hühnchen präpariert wurde, zeigten, daß die Aktivität hormonell gesteuert wird. Dabei geht einer Erhöhung der Calciumkonzentration im Plasma eine Aktivierung des Enzyms voraus und umgekehrt [7, 9]. An isolierten Osteoklasten konnte gezeigt werden, daß Calcitonin die Säureproduktion nachhaltig hemmt [16].

Während Rezeptoren für Calcitonin in großer Zahl auf Osteoklasten nachgewiesen werden konnten [24], besitzen diese Zellen keine Parathyrinrezeptoren. Es ist deshalb postuliert worden, daß die Wirkung des Parathyrins auf die Knochenresorption und die parathyrinabhängige Aktivierung von Osteoklasten durch Osteoblasten vermittelt wird [26]. Demnach bindet Parathyrin an Rezeptoren auf der Osteoblastenoberfläche, wodurch sie zur Produktion und Ausschleusung von Mediatoren der Osteoklastentätigkeit (z.B. Prostaglandinen und Interleukinen) angeregt werden. Daß Prostaglandin E_2 ein wirksamer Mediator ist, zeigen Versuche an primären Kulturen von Hühnerosteoklasten, bei denen eine dosisabhängige Aktivierung der Carboanhydrase 45 min nach Prostaglandin E_2-Zugabe gemessen wurde. Forskolin, das direkt die Adenylatcyclase aktiviert, bewirkt eine geringfügig schnellere Aktivierung. Umgeht man die Adenylatcyclase und behandelt die Osteoklasten direkt mit Dibutyryl-adenosin-3′:5′-monophosphat, so ist die Carboanhydrase bereits nach 20 min vollständig aktiviert [16].

Die durch Carboanhydrase katalysierte Hydratisierung von CO_2 gewonnenen H^+-Ionen müssen nun mit Hilfe eines energieabhängigen Prozesses aktiv durch die Membran des Bürstensaums in die Resorptionslakune gepumpt werden. Osteoklasten besitzen deshalb viele Mitochondrien, die CO_2 produzieren und Energie über die Zellatmung zur Verfügung stellen. Das Vorhandensein einer H^+/K^+-ATPase, die der in den Belegzellen des Magens vorkommenden verwandt ist [1] und einer H^+-ATPase, die dem vakuolären Enzym der Niere gleicht [3], wurden für die Membran des Bürstensaums beschrieben. Neuere immunhistologische Untersuchungen isolierter Osteoklasten deuten darauf hin, daß es sich um die in den Membranen von Lysosomen vorkommende H^+-ATPase handelt [32]. Vanadat, das die H^+/K^+-ATPase des Magens inhibiert, hemmt die Ansäuerung von Membranvesikeln der Osteoklasten nicht. Da die Ausbildung der großen Oberfläche des Bürstensaums des aktiven Osteoklasten durch Verschmelzen von Lysosomen mit der Zellmembran gebildet wird, würde das Vorkommen einer vakuolären H^+-ATPase auch deren Lokalisation an der aktiven Seite des Osteoklasten erklären.

Neben anderen Ionentransportmechanismen, die der Osteoklast besitzt, die jedoch keine spezifische Eigenschaft dieser Zellen darstellen, kommt dem Austausch von Cl^- gegen HCO_3^- in der dorsalen Membran besondere Bedeutung zu. Dieses Transportsystem dient dem Export des aus der Carboanhydrasereaktion stammenden Bicarbonats, das anderenfalls den pH-Wert in der Zelle erhöhen würde [30]. Hemmt man diesen Austausch, so wird die Knochenresorption verringert, was anhand der Größe der Resorptionsflächen von auf Knochenplättchen kultivierten Osteoklasten nachgewiesen wurde [14]. Die gegen Bicarbonat ausgetauschten Chloridionen dienen als Gegenionen für die H^+-ATPase, wodurch beide Mechanismen miteinander gekoppelt sind.

Wie alle Zellen [4] enthalten auch Osteoklasten eine Ca^{2+}-ATPase in der Plasmamembran [2], die dazu dient Ca^{2+}-Ionen nach außen zu pumpen. Die Konzentration der freien zytosolischen Calciumionen ist mit 10^{-7} mol/l um vier Größenordnungen niedriger als im Extrazellulärraum und kann gegenüber der Calciumkonzentration in den Resorptionslakunen ein Verhältnis von 1:100000 annehmen. Innerhalb der Zelle kann Calcium schnell und reversibel komplexiert oder zeitweise in Mitochondrien und endoplasmatischem Retikulum kompartimentiert werden. In der Membran des Bürstensaums aktiver Osteoklasten findet man einen calciumabhängigen Calciumkanal durch den unter bestimmten Bedingungen Calciumionen in die Zelle einströmen können. Es ist deshalb vermutet worden, daß das aus dem Knochenmineral gelöste Calcium über diesen Kanal in die Zelle gelangt, dort komplexiert und mit Hilfe der Ca^{2+}ATPase in den Extrazellulärraum transportiert wird. Die Kontrolle des freien zytosolischen Calciums, das einen „second messenger" für Hormonwirkungen darstellt, ist essentiell für die Regulation des Stoffwechsels. Es erscheint deshalb fraglich, ob der Transport erheblicher Mengen von Calciumionen durch die Zelle ohne nennenswerte Änderung der intrazellulären Calciumkonzentration und der damit verbundenen Konsequenzen für deren Stoffwechsel möglich ist.

Neuere Erkenntnisse, daß sich die Calciumkanäle nur kurzzeitig öffnen [31, 35] und die These, daß das resultierende Calciumsignal die Bindung zwischen Integrinen, nicht kollagenen Matrixproteinen und Aktinfilamenten lösen soll, haben deshalb einiges für sich. Als Resultat würde der Osteoklast die Abdichtung der Resorptionslakune öffnen, die Konzentration der gelösten Abbauprodukte der Matrix könnte sich gegenüber dem Interstitium ausgleichen, die Zelle könnte auf dem Knochen weiterwandern und die Resorption würde neu beginnen. Elektronenmikroskopische Aufnahmen von Osteoklasten zeigen „Freßspuren", die auf diese Weise entstanden sein könnten.

Unter der Wirkung von Osteoklasten werden nicht nur die anorganische Komponente der Knochenmatrix, wie beschrieben, sondern auch die Kollagenfibrillen und Nicht-Kollagen-Proteine aufgelöst.

Aktive Osteoklasten produzieren große Mengen von Enzymen, besonders saure Hydrolasen und Proteasen, die über den Golgi-Apparat in primäre Lysosomen verpackt und zum Bürstensaum transportiert werden. Hier verschmelzen die Lysosomen mit der Zellmembran und entleeren ihren Inhalt in die Resorptionslakune, die deshalb auch als großes sekundäres Lysosom bezeichnet wurde [1]. In dem sauren Milieu dieses Kompartments findet die Degradation der demineralisierten Kollagenfibrillen und andrerer Proteine statt. Die Resorptionsprodukte werden in sekundäre Lysosomen aufgenommen, dort weiter abgebaut und in benachbarte vaskularisierte Räume abgegeben. Die Knochrenresorption beinhaltet also sowohl Exozytose als auch Endozytose. Die Exozytose lysosomaler Enzyme wird durch Calcitonin gehemmt [33].

Erstaunlicherweise synthetisieren Osteoklasten keine spezifische Kollagenase, sondern die von ihnen gebildeten proteolytischen Enzyme gehören zu den Cystein-Proteasen, wie den Cathepsinen. Das hat zu einigen Spekulationen Anlaß gegeben, wie z.B. der Annahme, daß von Osteoblasten eine nicht aktive Vorstufe einer Kollagenase mit in die Knochenmatrix eingebaut wird, die bei der Resorption aktiviert würde. Es ist jedoch nachgewiesen, daß der Abbau des Kollagens auch ohne spezifische Kollagenase möglich ist. Wahrscheinlich spielen dabei das saure Milieu und die hohe Calciumkonzentration in der Resorptionslakune eine bedeutende Rolle. Inhibitoren von Cystein-Proteasen verringern die Anzahl und Tiefe der Resorptionslakunen, während Kollagenase-Inhibitoren darauf keinen Einfluß haben [5].

Hat man für den Abbau des Kollagens lange nach einem spezifischen Enzym gesucht, so verhält es sich umgekehrt mit einem Enzym, das so spezifisch für den Osteoklasten ist, daß es zum histochemischen Nachweis dieser Zellen dient. Es handelt sich dabei um die saure Phosphatase des Osteoklasten, die nicht durch Tartrat gehemmt wird. Diese tartratresistente saure Phosphatase ist ein lysosomales Enzym, das von kultivierten Osteoklasten an das Medium abgegeben wird. Nach Stimulierung von Calvarien neugeborener Mäuse mit Parathyrin oder 1,25-Dihydroxyvitamin D_3 findet sich ein signifikanter Anstieg der Aktivität dieses Enzyms im Medium [21, 23]. Aktiviert man kultivierte Hühnerosteoklasten mit Prostaglandin E_2, so findet man bereits nach 45 min so viel tartratresistente saure Phosphatase im Medium, wie nicht aktivierte Zellen in 24 h produzieren. Die Enzymkonzentration in der Zelle ändert sich dabei nicht [17]. Es kann angenommen werden, daß die Exozytose anderer lysosomaler Enzyme des Osteoklasten der gleichen hormonellen Steuerung unterliegt. Über die Aufgabe der sauren Phosphatase gibt es bisher keine Vorstellungen. Da die Matrix-Proteine stark phosphoryliert sind, könnte man darüber spekulieren, daß diese ihre Eigenschaften durch Abspaltung der Phosphatreste stark ändern und damit möglicherweise dem Abbau leichter zugänglich würden.

Die geschilderten spezifischen Eigenschaften des Osteoklasten sind in der Abb. 1, die einen aktiven Osteoklasten auf einer Resorptionslakune darstellen soll, noch einmal schematisch zusammengefaßt.

Summary

Osteoclasts are polynucleated cells equipped with cell organelles, enzymes, and transport mechanisms necessary for bone resorption. They adhere to the bone surface by integrin dependent binding to non-collagen matrix proteins. Osteoclasts secrete H^+-ions and enzymes into their resorption lacunae in a hormone controlled manner. Parathyriod hormone regulated activation of osteoclasts is mediated by prostaglandin E_2 produced by osteoblasts. Typically osteoclasts contain carbonic anhydrase II to produce H^+-ions and tartrate resistant acid phosphatase with unknown substrate. Both enzymes are used for the histochemical characterization of osteoclasts. After the resorption of bone mineral by low pH, cystein proteases resolve the organic matrix in the presence of calcium ions and protons.

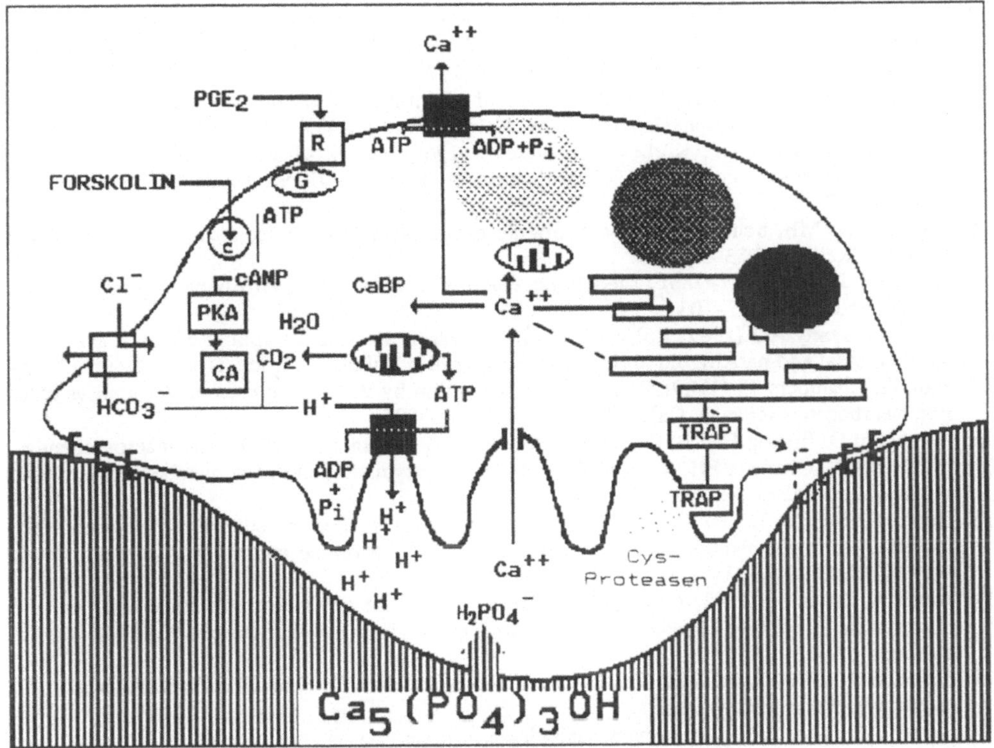

Abb. 1. Schematische Darstellung von Aktivierungsschritten und Transportvorgängen in einem aktiven Osteoklasten auf seiner Resorptionslakune. *C*, Adenylatcyclase; *CaBP*, calciumbindes Protein; *G*, Guaninnukleotid bindendes Protein; *R*, Hormonrezeptor; *TRAP*, tartratresistente saure Phosphatase; [Integrin-vermittelte Zelladhäsion]

Literatur

1. Baron R, Neff L, Louvard D, Courtoy PJ (1985) Cell-mediated acidification and bone resorption: Evidence for a low pH in resorbing lacunae and localization of a 100-kD lysosomal membrane protein at the osteoclast ruffled border. J Cell Biol 101:2210–2222
2. Bekker PJ, Gay CV (1990) Characterization of a Ca^{2+}-ATPase in osteoclast plasma membrane. J Bone Mineral Res 5:557–567
3. Blair HC, Teitelbaum SL, Ghiselli R, Gluck S (1989) Osteoclastic bone resorption by a polarized vacuolar proton pump. Science 245:855–857
4. Carafoli E, Zurini M (1982) The Ca^{2+}pumping ATPase of plasma membranes. Purification, reconstitution and properties. Biochim Biophis Acta 683:279–301
5. Delaissé JM, Boyde A, Maconnacki E, Ali NN, Sear CHJ, Eeckhout Y, Vaes G, Jones SJ (1987) The effects of inhibitors of cystein-proteinases and collagenases on resorptive activity of isolated osteoclasts. Bone 8:305–313
6. Dietsch P, Siegmund PR (1984) Carbonic anhydrase – an interconvertible enzyme. Ann NY Acad Sci 429:242–244
7. Dietsch P (1987) Parathyroid hormone, carbonic anhydrase and calcium homeostasis. In: Kuhlencord F, Dietsch P, Keck E, Kruse H-P (eds) Generalized bone dieseases. Springer, Berlin Heidelberg New York Tokyo, pp 279–289

8. Dietsch P, Rossi G (1989) 1,25-Dihydroxyvitamin D_3 induziert Carboanhydrase in Knochenmarkmakrophagen. In: Willert H-G, Heuck FHW (Hrsg) Neuere Ergebnisse in der Osteologie. Springer, Berlin Heidelberg New York Tokyo, S 247–252
9. Drewe J, Dietsch P, Keck E (1988) Effect of vitamin D status on the activity of carbonic anhydrase in chicken epiphysis and kidney. Calcif Tissue Int 43:26–32
10. Dulce H-J, Siegmund P, Körber F, Schütte E (1960) Zur Biochemie der Knochenauflösung III. Über das Vorkommen von Carboanhydrase im Knochen. Hoppe-Seylers Z Physiol Chem 320:163–167
11. Gay CV, Ito MB, Schraer H (1984) Carbonic anhydrase activity in isolated osteoclasts. Metab Bone Dis Rel Res 5:33–39
12. Glowacki J, Cox KA (1986) Osteoclastic features of cells that resorb bone implants in rats. Calcif Tissue Int 39:97–103
13. Hall GE, Kenny AD (1987) Role of carbonic anhydrase in bone resorption: effect of acetazolamide on basal and parathyroid hormone-induced bone metabolism. Calcif Tissue Int 40:212–218
14. Hall TJ, Chambers TJ (1989) Optimal bone resorption by isolated rat osteoclasts requires chloride/bicarbonate exchange. Calcif Tissue Int 45:378–380
15. Heinegård D, Jirskog-Hed B, Oldberg Å, Reinhold FP, Wendel E (1990) Bone macromolecules. In: Cohn DV, Glorieux FH, Martin TJ (eds) Calcium regulation and bone metabolism. Excerpta Medica, Amsterdam New York Oxford
16. Hunter SJ, Schraer H, Gay CV (1988) Characterization of isolated and cultured chick osteoclasts: the effect of acetazolamide, calcitonin, and parathyroid hormone on acid production. J Bone Mineral Res 3:297–303
17. Jaeger A, Dietsch P (1991) Activation of carbonic anhydrase and increased tartrate-resistant acid phosphatase in cultured chicken osteoclasts after prostaglandin E_2 application. Calcif Tissue Int 48 [Suppl]:A35
18. Kanehisa J (1990) A band of F-actin containing podosomes is involved in bone resorption by osteoclasts. Bone 11:287–293
19. Kenny AD (1985) Role of carbonic anhydrase in bone: partial inhibition of disuse atrophy of bone by parenteral acetazolamide. Calcif Tissue Int 37:126–133
20. Lambrecht JT, Ewers R, Wollesen C (1985) Osteoclasts in primary cell culture – a model to study conditional changes in vitro. Prog Clin Biol Res 187:45–55
21. Lindunger A, MacKay CA, Ek-Rylander B, Anderson G, Mark SC jr (1990) Histochemistry and biochemistry of tartrate-resistant acid phosphatase (TRAP) and tartrate-resistant acid adenosine triphosphatase (TrATPase) in bone, bone marrow and spleen: implications for osteoclast ontogeny. Bone and Mineral 10:109–119
22. Marks SC jr, Popoff SN (1990) Ultrastructural biology and pathology of the osteoclast. In: Bonucci E, Motta PM (eds) Ultrastructure of sceletal tissues. Kluwer Acad Publishers, Boston Dordrecht London, pp 239–252
23. Minkin C (1982) Bone acid phosphatase: tartrate-resistant acid phosphatase as a marker of osteoclast function. Calcif Tissue Int 34:285–290
24. Nicholson GC, Mosely JM, Sexton PM, Mendelsohn FAO, Martin TJ (1986) Abundant calcitonin receptors in isolated rat osteoclasts. J Clin Invest 78:355–360
25. Reinhold FP, Hiltenby K, Oldberg Å, Heinegard D (1990) Osteopondin – a possible anchor for osteoclasts to bone. Proc Natl Acad Sci USA 87:4473–4475
26. Rodan GA, Martin TJ (1981) Role of osteoblasts in hormonal control of bone resorption – a hypothesis. Calcif Tissue Int 33:349–351
27. Sato M, Sardana MK, Grasser WA, Garsky VM, Murray JM, Gould RJ (1990) Echistatin is a potent inhibitor of bone resorption in culture. J Cell Biol 111:1713–1723
28. Siegmund P, Dulce H-J (1960) Zur Biochemie der Knochenauflösung I. Einfluß des Carboanhydrase-Inhibitors 2-Acetamino-1.3.4-thiadiazol-sulfonamid-(5) (Diamox) auf den Calciumstoffwechsel von Legehennen. Hoppe-Seylers Z Physiol Chem 320:149–159
29. Sly WS, Hewett-Emmett D, Whyte MP, Yu YSL, Tashian RE (1983) Carbonic anhydrase II deficiency identified as the primary defect in the autosomal recessive syndrome of osteopetrosis with renal tubular acidosis and cerebral calcification. Proc Natl Acad Sci USA 80:2752–2756

30. Teti A, Blair HC, Teitelbaum SL, Kalm AJ, Koziol C, Konsek J, Zambonin-Zallone A, Schlesinger PH (1989) Cytoplasmic pH regulation and chloride/bicarbonate exchange in avian osteoclasts. J Clin Invest 83:227–233
31. Teti A, Ross P, Miyanchi A, Teitelbaum S, Hruska K, Grano M, Colucci S, Gehron-Robey P, Zambonin-Zallone A (1991) Osteopondin and BSP II trigger changes in cytosolic free calcium concentration in chicken osteoclasts. Calcif Tissue Int 48 [Suppl]:A7
32. Väänänen HK, Karhukorpi E-K, Sundquist K, Wallmark B, Roininen I, Hentunen T, Tuukanen J, Lakkakorpi P (1990) Evidence for the presence of a proton pump of the vacuolar H^+-ATPase type in the ruffled borders of osteoclasts. J Cell Biol 111:1305–1311
33. Vaes G (1972) Inhibitory actions of calcitonin on resorbing bone explants in culture and on release of lysosomal hydrolases. J Dent Res [Suppl] 51:262
34. Vaes G (1988) Cellular biology and biochemical mechanism of bone resorption. Clin Orthop Rel Res 231:239–271
35. Zambonin-Zallone A, Teti A (1990) Osteoclast bone resorption: a multistep event. In: Cohn DV, Glorieux FH, Martin TJ (eds) Calcium regulation and bone metabolism. Excerpta Medica, Amsterdam New York Oxford, pp 411–414
36. Zambonin-Zallone A, Teti A, Primavera MV (1982) Isolated osteoclasts in primary culture: first observations on structure and survival in culture media. Anat Embryol 165:405–413

Wachstumsfaktoren und Knochenremodellierung

H. v. Lilienfeld-Toal

Medizinische Klinik, Kreiskrankenhaus Gelnhausen, Akademisches Lehrkrankenhaus der Universität Frankfurt, Herzbachweg 14, W–6460 Gelnhausen, BRD

Nachdem über lange Zeit der Einfluß der kalziotropen Hormone auf den Knochen im Vordergrund des Interesses an der Regulation des Knochenstoffwechsels stand, wurden in den letzten Jahren die Details der lokalen Beziehung zwischen den Zellen des Knochengewebes und ihrer Umgebung erarbeitet.

Im Vordergrund stand hierbei die Frage nach dem Mechanismus des sogenannten „bone remodeling", nachdem erkannt worden war, daß das Knochengewebe einem ständigen Ab- und Anbau unterworfen ist.

Knochengewebe ist trotz seiner physikalischen Starrheit ein von Parenchymzellen getragenes, lebendes Gewebe, die Vorgänge des Stoffwechsels werden insbesondere durch die Osteoblasten und Osteoklasten ausgeführt.

Osteoblasten

Diese Zellen stammen aus mesenchymalen Vorläufern, aus denen sich Praeosteoblasten entwickeln, die weiter zu aktiven Osteoblasten differenziert werden. Diese Differenzierung wird durch zirkulierende Hormone beeinflußt. Indem derartige Hormone die Zahl der aktiven Osteoblasten beeinflussen, verstärken sie die Wirkung dieser Zellgruppe. Dieses tritt ein, auch wenn sie unter Umständen die Aktivität der einzelnen Zellen selbst nicht steigern können.

Auf die Differenzierung der Osteoblasten haben neben den Hormonen auch lokale Faktoren einen Einfluß (Tabelle 1).

Parathormon scheint in niedrigen Konzentrationen die Differenzierung von Osteoblasten zu steigern, unter hohen Konzentrationen unterdrückt es diese Entwicklung. Eine ähnliche Auswirkung hat 1,25-Dihydroxycholecalciferol, das bei üblichen Konzentrationen die Differenzierung der Osteoblasten offensichtlich unterdrückt, wo hingegen es bei sehr niedrigen Konzentrationen anscheinend eine stimulierende Wirkung ausübt. In wie weit Östrogene in der Lage sind, hier eine Wirkung auszuüben, ist umstritten. Derartige ambivalente Wirkungen der einzelnen Substanzen in verschiedenen Konzentrationen legen den Gedanken nahe, daß unter Umständen zur Zeit nicht unterscheidbare Zellen in verschiedenen Entwicklungsstufen durch die unterschiedlichen Konzentrationen angesprochen werden. Ähnliche Überlegungen können für die Wirkung der Gewebsfaktoren angestellt

T. H. Ittel H.-G. Sieberth H. H. Matthiaß (Hrsg.)
Aktuelle Aspekte der Osteologie

Tabelle 1. Lokale Faktoren, die die Vermehrung der Osteoblasten steigern

PDGF
FGF
IGF 1
TGF β
Interleukin I
TNF β

Tabelle 2. Lokale Faktoren, die einen Einfluß auf die Funktion der Osteoblasten haben

PGE 2	Steigert Kollagensynthese
TGF β	Steigert Kollagensynthese sowie die Synthese von Osteonectin, alk. Phosphatase, Fibronectin, Osteopontin und Osteocalcin
TNF β	Unterdrückt die Kollagensynthese
PDGF	Steigert Kollagensynthese
FGF	Steigert Kollagen- und Osteocalcinsynthese
IGF 1	Steigert die Kollagensynthese

werden. Unter Umständen reagiert nur ein reifer Osteoblast, wo hingegen ein unreifer Osteoblast die Exposition als Stimulus für eine Differenzierung empfindet.

Neben der Zelldifferenzierung erzeugen eine Reihe von Gewebsfaktoren eine vermehrte Aktivität der Osteoblasten, insbesondere in Bezug auf die Kollagensynthese. Die Tabelle 2 ergibt eine Übersicht über eine stimulierende Aktivität von Faktoren für die Osteoblastenfunktion.

Prostaglandin E2 wird von den Osteoblasten selbst sezerniert und führt in einem autokrinen Mechanismus zu einer Synthese von Kollagen.

Eiweißsubstanzen mit mitogener Aktivität, als „Gewebsfaktoren" bezeichnet, werden weiter unten im einzelnen Zusamenhang dargestellt. An dieser Stelle sei nur TGF β erwähnt, das neben der Differenzierung der Osteoblasten auch die Synthese von Osteonectin, alkalischer Phosphatase, Fibronectin, Osteopontin und Osteocalcin durch die Osteoblasten stimuliert, sowie die Proteine der Matrix synthetisieren läßt.

Osteoklast

Diese Zellen entstehen durch Fusion von mononucleären Vorläufern, die extraskeletalen Ursprungs sind. Auch wenn sie möglicherweise eine gemeinsame pluripotente Stammzelle haben, leiten sich die Osteoklasten nicht von den Makrophagen ab, da sie sich von diesen durch immunologische, histochemische und funktionelle Eigenschaften („ruffled borders", Calcitoninrezeptoren, Calcitoninwirkung) unterscheiden. Zu den Charakteristika dieser Osteoklasten im histochemischen Sinne gehört der Nachweis tartratresistenter saurer Phosphatase, sowie der fehlende Nachweis von unspezifischen Esterasen.

Diese Osteoklasten erzeugen außerdem Defekte in Knochenstücken. Interessant ist, daß ihre Entwicklung und Aktivität abhängig von der Anwesenheit von Osteoblasten ist. Zu ihrem Wirkungsmechanismus kann daher spekuliert werden, daß sie erst dann den Knochen erreichen und ihn damit resorbieren können, wenn sogenannte lining cells, die die Oberfläche des Knochens bedecken, sich zusammenziehen und dadurch diese Oberfläche den Osteoklasten freigeben. Ein möglicher anderer Mechanismus ist der Effekt, daß die Osteoblasten, die die Oberfläche des Knochens besetzt halten, Faktoren freisetzen, welche die Aktivität und Zahl der Osteoklasten bestimmen.

„Coupling“

Im Mittelpunkt der Versuche, das „remodeling“ an dem Knochengewebe zu verstehen, steht die Frage nach einem „coupling factor“, der die Knochenbildung und die Knochenresorption miteinander verbinden soll. Die Erkenntnisse über die Wirkweise und Herkunft von Gewebsfaktoren legen nahe, daß es keinen singulären „coupling factor“ gibt, sondern daß ineinandergreifende Mechanismen zu dem beobachteten Phänomen des Zusammenspiels von Resorption und Bildung des Knochens führen. Eine große Rolle spielt hierbei offensichtlich die Produktion und Regulation von spezifischen Proteinasen durch die Osteoblasten, z.B. Kollagenasen.

Kollagenase, in inaktiver Form durch Osteoblasten sezerniert, wird in der Anwesenheit von Parathormon aktiviert. Plasmogenaktivator des Gewebes (tPA) wird durch Osteoblasten sezerniert und ebenfalls durch verschiedene Substanzen, beispielsweise Parathormon, aktiviert, dergestalt, daß das entstehende Plasmin inaktive Kollagenase aktiviert. Es ist nun denkbar, daß die Osteoklastenwirkung das Verschwinden des Kollagens voraussetzt, welches den mineralisierten Anteil des Knochens bedeckt, so daß dieses Mineral freiliegt und damit dem Zugriff des Osteoklasten ausgesetzt ist.

Parathormon stimuliert außerdem die Freisetzung latenter inaktiver Kollagenase durch die Osteoblasten und ebenfalls die Freisetzung des Kollagenaseinhibitors. Die Osteoblasten setzen auch einen Plasminogeninhibitor frei, der letztendlich die Wirkung hat, daß inaktive Kollagenase nicht aktiviert wird.

Als das wahrscheinlich am besten untersuchte Beispiel für das Zusammenwirken von Osteoblast und Osteoklast sei die Rolle des TGF β dargestellt. Inaktives TGF β wird durch die Osteoblasten sezerniert. Es befindet sich außerdem in der Knochenmatrix und wird im Ablauf der Resorption der Knochenmatrix durch die Osteoklasten freigesetzt. Das inaktive TGF β wird durch Abfall des pHs sowie durch Proteasen (Plasmin, Kathepsin) aktiviert. In der aktivierten Form kann es an Rezeptoren der Osteoblasten gebunden werden. Dieser Vorgang führt zu einer Induktion von messenger RNA für die Ketten A und B des PDGF, das seinerseits die Zellreplikation von Osteoblasten und Fibroblasten stimuliert sowie die Kollagensynthese und Vascularisation des Knochengewebes steigert sowie andere Effekte hat (s. unten). Die Bindung des TGF β an den Rezeptor des Osteoblasten hat außerdem eine Freisetzung von Plasminogenaktivatorinhibitor zur Folge, sowie eine Vermehrung und Differenzierung der Osteoblasten. TGF β inhibiert offensichtlich auch die Bildung von Osteoklasten.

An diesem Beispiel des komplexen Zusammenspiels der Faktoren und der Zellen lassen sich einzelne Prinzipien herausarbeiten: Es gibt Faktoren, die in die Matrix eingebaut sind und bei Abbau der Matrix frei werden, so daß sie hemmende Einflüsse auf den Knochenabbau geltend machen können. Viele Faktoren werden in autokriner Weise von den Zellen, auf die sie wirken, selbst freigesetzt. Unspezifische Einflüsse, wie pH und Enzymaktivitäten spielen eine wesentliche Rolle.

Faktoren

Im folgenden wird ein Überblick über verschiedene Faktoren, die offensichtlich eine Rolle dieser Art spielen, gegeben.

1. PDGT – Platlet derived growth factor. (MG: 30 000 Dalton). Diese Substanz stammt aus verschiedenen Quellen, insbesondere zirkuliert sie im Blut, sie wird offensichtlich bei der Neubildung von Knochen in die Matrix eingebaut. Osteoblasten scheinen diesen Faktor freizusetzen, er wird außerdem aus Thrombozyten abgegeben, was unter Umständen im Zusammenhang mit einer Frakturheilung eine Rolle spielt. Die Osteoblasten enthalten einen Rezeptor für PDGF, er führt zur Vermehrung von Osteoblasten und Osteoklasten sowie zu einer Steigerung einer Kollagensynthese sowie vermehrter Vascularisation des Knochengewebes. Allerdings stimuliert er auch die Kollagenasenaktivität und damit die Knochenresorption. Offensichtlich führt eine Kurzzeitexposition von Knochengewebe zu einer Zunahme an Substanz, während Langzeitexposition eher einen Knochenverlust zur Folge hat. PDGF interferiert mit IGF 1 in der Kollagensynthese und dem Kollagenabbau.

2. FGF – Fibroblast growth factor. Er hat ein Molekulargewicht von etwa 17 000 und liegt in saurer (aFGF) oder basischer (bFGF) Form vor. Am Knochen scheint nur das bFGF eine Rolle zu spielen. Es wird ebenfalls in der Knochenmatrix gefunden, in Zellen kann es nicht nachgewiesen werden. Da es keine „leader peptid sequence" hat, wie üblicherweise Peptide, die sezerniert werden, ist es fraglich, ob diese Substanz ein Sekretionsprodukt ist. Wahrscheinlicher ist, daß sie durch Zelltod oder Matrixabbau in dem Knochengewebe auftaucht. Daher wird ihr auch eine Rolle bei der Frakturheilung zugesprochen. Sie bewirkt eine Steigerung der Freisetzung von Kollagen und Osteocalcin durch die Osteoblasten.

3. IGF – Insulin like growth factors. Bei den Knochen spielt IGF I mit einem Molekulargewicht von 7 600 eine wichtigere Rolle als andere Mitglieder dieser Peptidfamilie. Die Substanz findet sich ebenfalls in der Matrix, wird von Osteoblasten und Fibroblasten synthetisiert sowie sezerniert und zirkuliert im Blut, wohin sie bekanntlich auch unter Wachstumshormoneinfluß von der Leber abgegeben wird. Die Freisetzung aus den Osteoblasten geschieht unter Parathormon, Wachstumshormon und Östrogeneinfluß (17 β-Östradiol). Für Parathormon gilt, daß nur niedrige Dosen oder die intermittierende Gabe diese Osteoblastenaktivität stimuliert. IGF braucht für die Wirkung ein Bindungsprotein, das die Bindung an den IGF-Rezeptor der Osteoblasten positiv beeinflußt. Die Osteoblasten werden durch IGF zu weiterer Differenzierung veranlaßt, sie synthetisieren mehr Kollagen und Osteocalcin.

4. β-2-Mikroglobulin. Dieser Faktor wurde als bone derived growth factor II isoliert. Er findet sich ubiquitär, insbesondere im zirkulierenden Blut sowie an den Membranen praktisch aller Zellen und ist Teil des „major histocompatibily complex" (MHC). Er bewirkt eine Steigerung der Bindung verschiedener Hormone und Wachstumsfaktoren an die Rezeptoren, so daß deren Wirkung jeweils verstärkt wird.

5. TGF β. Während TGF α im Knochen nicht nachweisbar ist, spielt TGF β (MG: 25 000 Dalton) eine oben schon dargestellte Rolle in der Aktivität der Knochenzellen.

Es findet sich in vielen Geweben, insbesondere in Blutplättchen sowie der Knochenmatrix, Knochenzellen setzen TGF β frei. Es besteht aus zwei Untereinheiten, dem TGF β I und dem TGF β II und liegt in der Regel als Dimer vor. Es wird in einer inaktiven Form von den Knochenzellen freigesetzt und wird nach Abtrennung eines aminoterminalen Fragmentes sowie einer weiteren Peptidkomponente aktiv. Diese Aktivierung kann durch Plasmin, pH-Veränderungen, aber auch durch die Anwesenheit von Osteoklasten erreicht werden.

Die Substanz führt zu einer Vermehrung der Replikation von Vorläufern der Knochenzellen, die Osteoblasten selbst vermehren sich, TGF β verhindert eine Ausformung von Osteoklasten. Die Anwesenheit von Parathormon ist günstig, da dieses die Bindung an den Rezeptor fördert.

6. Osteoinductive Faktoren. BMP I – bone morphogenetic protein ist ein Eiweiß, dessen Anwesenheit die Umwandlung eines implantierten demineralisierten Knochenstückes in Knorpel begünstigt. Ein anderer Fatkor, OIF (osteoinductiv factor, MG: zwischen 22 000 und 28 000 Dalton), läßt zusammen mit TGF β Knochen entstehen.

7. Andere Faktoren. Durch die Nähe des Knochenmarks wird der Knochen von Substanzen, die aus haematopoetischen Zellen stammen, erreicht. Es handelt sich um Cytokine, die teilweise eine erhebliche Auswirkung auf den Knochen haben.

a) IL-1 (Interleukin 1). Diese Substanz stimuliert die Knochenresorption, sie stellt wahrscheinlich den wesentlichen Anteil des OAF (osteoklastenaktivierender Faktor), der insbesondere beim Plasmozytom beobachtet wurde, dar. Sie hat auch eine steigernde Wirkung auf die Osteoblastenreplikation und in niedriger Dosierung auf die Kollagensynthese der Osteoblasten.
b) Tumornekrosefaktor alpha und beta sind Produkte von aktivierten Makrophagen. Der TNF β (Lymphotoxin) veranlaßt ebenfalls die Osteoblasten zu einer Vermehrung, allerdings unterdrückt er die Kollagensynthese.
c) Colonystimulating factor (CSF) hat eine Vermehrung von Osteoklasten zur Folge, ein Effekt, der durch die Anwesenheit von Parathormon günstig beeinflußt wird.
d) Interferon (INFγ) inhibiert sowohl die Proliferation von Osteoblasten, unterdrückt die Knochenresorption und vermindert die Kollagensynthese.

Zusammenfassend kann aufgrund der erarbeiteten Erkenntnisse über die Regulation der Knochenzellen sowie die Rolle von Gewebsfaktoren das Bild von sehr komplexen Zusammenhängen gezeichnet werden. Wie immer kann natürlich die generelle Gültigkeit dieser Vorstellung infrage gestellt werden, da Grundlagen der Erkenntnisse häufig sehr spezielle Experimente sind. Das Loslösen aus den zellulären Zusammenhängen sowie die Schaffung von günstigen Bedingungen für die experimentelle Fragestellung ist ohne Zweifel ein Problem für generelle Aussagen.

Unsere therapeutischen Möglichkeiten medikamentöser Art wirken angesichts des geschilderten Zusammenspiels wie der berühmte Holzhammer und es ist von den bekannten medikamentösen Substanzen anscheinend nur Calcitonin einheitlich in einer gewünschten Weise wirksam.

Ein theoretische Ansatzpunkt wäre eine Modulation der Moleküle der beschriebenen Faktoren mit dem Ziel, nur gewünschte Wirkungen zu verhalten. Bereits heute wird daran gearbeitet, Knochenimplantate mit Wachstumsfaktoren zum besseren Einwachsen in den

Knochen zu versehen. Der Weg zu einem Medikament, dessen Basis ein Wachstumsfaktor darstellt, erscheint aber noch weit.

Literatur

1. Martin IJ, Ng KW, Suda T (1989) Bone cell physiology. Endocr Metab Clin North Am 18:833–858
2. Canalis E, McCarthy TL, Centrella M (1989) The role of growth factors in skeletal remodeling. Endocr Metab Clin North Am 18:903–918
3. Zapf J, Schmid Ch, Froesch ER (1984) Biological and immunological properties of insulin-like growth factors. Clin Endoc Metab 13:3–30
4. Martin TJ (1990) Intercellular communication in bone. In: Christiansen C, Obergaard K (eds) Osteoporosis 1990. pp 221–226
5. Mundy GR (1990) Regulation of bone resorption. In: Christiansen C, Obergaard K (eds) Osteoporosis 1990. pp 248–252
6. Kukoschke KG, Mayer H (1990) Bedeutung von Proteinwachstumsfaktoren für die lokale Regulation des Knochenwachstums. Dtsch Med Wochenschr 115:1921–1926
7. Pfeilschifter J (1990) Der Knochenstoffwechsel und seine Aktivitätsparameter. Internist 31:727–736

Endokrine und parakrine Wirkungen von $1{,}25(OH)_2D_3$

H. Reichel

Sektion Nephrologie, Medizinische Klinik, Bergheimer Straße 56a, W–6900 Heidelberg, BRD

Zusammen mit Parathormon (PTH) ist der biologisch aktive Vitamin D Metabolit 1α,25-Dihydroxyvitamin D_3 ($1{,}25(OH)_2D_3$) der wichtigste hormonelle Regulator des Calciumstoffwechsels im Menschen. Neuere Daten zeigen, daß sich die Wirkungen von $1{,}25(OH)_2D_3$ nicht nur auf Organe, die an der Regulation der Calciumhomöostase beteiligt sind, beschränken. Es steht jedoch außer Frage, daß die zentrale Rolle von $1{,}25(OH)_2D_3$ in der Beeinflussung der Funktion der bekannten „klassischen" Zielorgane Darm, Knochen und Niere zu sehen ist. Im folgenden soll die Wirkweise von $1{,}25(OH)_2D_3$ auf den Knochen genauer diskutiert werden. Im zweiten Teil des Artikels soll auf neuere Aspekte des Vitamin D Stoffwechsels eingegangen werden, die möglicherweise auch Bedeutung für die Regulation des Knochenstoffwechsels durch $1{,}25(OH)_2D_3$ haben. Es wird detaillierter erläutert werden, inwieweit Zellen des Knochenmarks und des Knochens in der Lage sind, selbst $1{,}25(OH)_2D_3$ herzustellen, so daß neben der endokrinen Wirkweise des renal produzierten Hormons auch parakrine Effekte am Knochen zu diskutieren sind.

Wirkweise von Vitamin D auf den Knochen

Das volle Spektrum der Vitamin D Wirkungen auf den Knochen ist bis heute nicht voll verstanden. Einerseits ist bei Vitamin D Mangel eine normale Knochenbildung nicht möglich [1], andererseits fördert $1{,}25(OH)_2D_3$ die Knochenresorption *in vitro* [2] und *in vivo* [3]. Bevor auf diese gegensätzlich erscheinenden Wirkungen von $1{,}25(OH)_2D_3$ genauer eingegangen wird, sollte zunächst die Frage geklärt werden, welche Knochenzellen prinzipiell durch $1{,}25(OH)_2D_3$ beeinflußt werden können, d.h. welche Knochenzellen den Vitamin D Rezeptor (VDR) aufweisen.

Vitamin D Rezeptor

Die Wirkweise von $1{,}25(OH)_2D_3$ entspricht der Wirkweise der klassischen Steroidhormone. Die Effekte auf die Zielzelle werden über Bindung des Hormons an Rezeptorproteine vermittelt, wobei sich der Hormon-Rezeptor Komplex im Zellkern an spezifische DNS Sequenzen eines Ziel-Gens bindet und damit die Transkription des Gens und nachfolgend die Proteinsynthese der Zelle verändert.

T. H. Ittel H.-G. Sieberth H. H. Matthiaß (Hrsg.)
Aktuelle Aspekte der Osteologie

Tabelle 1. Proteine aus Osteoblasten, deren Synthese durch $1{,}25(OH)_2D_3$ beeinflußt wird

	Wirkung
Alkalische Phosphatase	Vermindert/gesteigert
Osteocalcin (bone GLA protein)	Gesteigert
Kollagen Typ I	Vermindert/gesteigert
Fibronectin	Gesteigert
EGF-Rezeptor	Gesteigert
TGF β	Gesteigert

Die direkte Zielzelle von $1{,}25(OH)_2D_3$ im Knochen ist der Osteoblast. Der VDR wurde in verschiedenen primären und transformierten osteoblastären Zellen nachgewiesen [4, 5]. Der VDR in Osteoblasten hatte die typischen Eigenschaften des VDR, die bereits in anderen Geweben gezeigt wurden: Hohe Affinität für $1{,}25(OH)_2D_3$ mit einem Kd im Bereich von 0,1–0,3 nM, sowie einen Sedimentations-Koeffizienten (im „Sucrose density gradient") von 3,2–3,5 S. Im Gegensatz dazu weist der Osteoclast keinen VDR auf [6] und ist somit keine direkte Zielzelle für $1{,}25(OH)_2D_3$. Die Wirkung von $1{,}25(OH)_2D_3$ auf die Knochenresorption läßt sich also nicht durch einen direkten Effekt auf den Osteoclast erklären.

Wirkung von $1{,}25(OH)_2D_3$ auf osteoblastäre Zellen

Untersuchungen an verschiedenen *in vitro* Systemen haben gezeigt, daß $1{,}25(OH)_2D_3$ in mehrfacher Hinsicht die Proteinsynthese der Osteoblasten beeinflußt. Eine Liste einiger bisher untersuchter Proteine ist in Tabelle 1 dargestellt.

Aus Tabelle 1 geht hervor, daß die Wirkungen von $1{,}25(OH)_2D_3$ auf osteoblastäre Zellen, in Abhängigkeit vom untersuchten System und Zelltyp (primäre vs. transformierte Zellen) nicht einheitlich waren, und daß sowohl anabole als auch katabole Effekte beschrieben wurden. Die Effekte von $1{,}25(OH)_2D_3$ bezüglich Matrixbildung und Beeinflussung der Mineralisation sind derzeit wohl nicht eindeutig zu klären; die Mehrzahl der vorleigenden Untersuchungen *in vitro* weist jedoch darauf hin, daß $1{,}25(OH)_2D_3$ die Aktivität der Osteoblasten im Sinne einer zunehmenden Differenzierung der Zellen steigert.

Diese Ansicht wird durch eine *in vivo* Untersuchung von Malluche et al. [7] unterstützt, die unter geeigneten Bedingungen im Tiermodell zeigten, daß $1{,}25(OH)_2D_3$ die Aktivität, aber nicht die Anzahl der Knochenzellen steigerte. Im Gegensatz dazu stehen Untersuchungen von Underwood und DeLuca [8], die die Auffassung vertraten, daß $1{,}25(OH)_2D_3$ für normales Knochenwachstum und Mineralisation nicht erforderlich sei, solange Calcium und Phosphat zur Knochenneubildung in ausreichendem Ausmaß zur Verfügung gestellt würden. Letztere Untersuchungen wurden am Tiermodell der Vitamin D-defizienten Ratte durchgeführt, wobei nicht klar ist, inwieweit dieses Modell auf den Menschen übertragbar ist. Insgesamt wurden komplexe Wirkungen von $1{,}25(OH)_2D_3$ auf Osteoblasten beschrieben; die genaue Wirkweise des Hormons *in vivo* auf die Knochenneubildung und Osteoblastenaktivität ist jedoch nicht endgültig geklärt.

Beeinflussung der Osteoclasten Funktion durch $1{,}25(OH)_2D_3$

Die Steigerung der Knochenresorption durch $1{,}25(OH)_2D_3$ ist gut dokumentiert. Da Osteoclasten, wie oben erwähnt, den VDR nicht aufweisen, kann diese Wirkung von $1{,}25(OH)_2D_3$ nicht direkt auf den differenzierten Osteoclasten erfolgen. Zur Erklärung der Effekte von $1{,}25(OH)_2D_3$ auf die Knochenresorption sind zwei Möglichkeiten denkbar. McSheehy and Chambers [9] fanden eine Steigerung der Osteoclasten-Aktivität nach $1{,}25(OH)_2D_3$ Gabe, die offensichtlich über Osteoblasten vermittelt war. Hier muß angenommen werden, daß $1{,}25(OH)_2D_3$, ähnlich wie PTH, die Freisetzung eines Faktors oder mehrerer Faktoren aus Osteoblasten bewirkt, die die Aktivität der Osteoclasten steigern.

Zum zweiten besteht eine Reihe von Hinweisen, daß $1{,}25(OH)_2D_3$ den Pool der Osteoclasten vergrößert. Nach Ansicht der meisten Autoren entstehen Osteoclasten aus Vorläuferzellen der myeloischen Stammreihe [10]. Daß $1{,}25(OH)_2D_3$ in der Lage ist, die Differenzierung hämatopoietischer Vorläuferzellen zu Monozyten/Makrophagen zu beeinflussen, wurde erstmals 1981 von Abe et al. [11] demonstriert. Mehrere Arbeiten haben nun gezeigt, daß $1{,}25(OH)_2D_3$ auch die Differenzierung myeloischer Vorläuferzellen zu Osteoclasten fördert. Beispielsweise untersuchten Roodman et al. [12] mononukleäre Knochenmarkszellen unter Zellkulturbedingungen, wobei die Differenzierung zu Osteoclasten mit und ohne $1{,}25(OH)_2D_3$ über drei Wochen verfolgt wurde. In der Anwesenheit von $1{,}25(OH)_2D_3$ war, im Vergleich zu unbehandelten Kulturen, die Bildung von Zellen mit Charakteristika von Osteoclasten deutlich gesteigert. Umgekehrt zeigten Nakamura et al. [13], daß bei Vitamin D Mangel die Differenzierung von Zellen der myeloischen Stammreihe gestört ist. Aus dem Knochenmark Vitamin D-verarmter Tiere entstanden unter Zellkulturbedingungen weniger Makrophagen als aus Zellen normaler Tiere. Wurden erstere mit konditioniertem Medium von Zellen Vitamin D-repletierter Tiere inkubiert, normalisierte sich die Differenzierungsaktivität. In diesem Tiermodell wurde durch Vitamin D wohl die Bildung eines Faktors gefördert, der die monozytäre Differenzierung der Knochenmarkszellen steigerte.

Die heute verfügbaren Daten zeigen also, daß die Beeinflussung des Zellwachstums und der Differenzierung durch $1{,}25(OH)_2D_3$ einen weiteren Wirkmechanismus des Hormons auf den Knochen darstellen. Es ist jedoch nicht zu entscheiden, ob dieser Effekt oder die Osteoblast-vermittelte Aktivität bei der Stimulation der Knochenresorption die größere Rolle spielt.

Wachstumsfaktoren, Zytokine, Lymphokine und $1{,}25(OH)_2D_3$

An der Regulation des Knochenstoffwechsels sind zahlreiche Hormone und Wachstumsfaktoren beteiligt [14], die entweder durch Knochenzellen selbst, durch hämatopoietische Zellen, durch Endothelzellen oder Fibroblasten synthetisiert werden. In den letzten Jahren wurde gezeigt, daß $1{,}25(OH)_2D_3$ eine Reihe dieser Faktoren beeinflußt. Dazu gehören IL-1, TNFα, myeloische und lymphatische Differenzierungs-Faktoren (z.B. GM-CSF), IFN, sowie, wie bereits erwähnt, TGFβ. Die Modulation der Synthese dieser Faktoren, bzw. die Veränderung der Ansprechbarkeit auf diese Faktoren, z.B. durch Veränderung des Rezeptorbestandes, stellt einen dritten, wenngleich zur Zeit weitgehend hypothetischen, Mechanismus dar, durch den $1{,}25(OH)_2D_3$ den Knochenstoffwechsel beeinflussen kann.

Tabelle 2. Gewebe, in denen ektopische $1,25(OH)_2D_3$ Produktion in vitro demonstriert wurde

Zelltyp	Spezies
Makrophagen (Knochenmark, Alveolen, Peritoneum, Monozyten)	Mensch, Schwein, Huhn[a]
Lymphocyten	Mensch[a]
Knochen	Mensch
Plazenta	Ratte
Dezidua	Mensch
Fötale Calvarien	Huhn[a]
Keratinozyten	Mensch[a]
Geweih	Hirsch

[a] Struktur durch Massen-Spektrometrie bestätigt.

Tabelle 3. Vergleich der Regulation der $1,25(OH)_2D_3$ Synthese durch Nierenzellen und durch Makrophagen

	Niere	Makrophagen
$1,25(OH)_2D_3$	Hemmung	Kein Effekt
PTH	Steigerung	Kein Effekt
Ketoconazol	Hemmung	Hemmung
Antioxidantien	Kein Effekt	Kein Effekt
Dexamethason	Hemmung	Hemmung
$IFN\tau$	Nicht bekannt	Steigerung
LPS	Nicht bekannt	Steigerung
Kinetik (Km)	50–100 nM	100–300 nM

LPS, Lipopolysaccharid

Extrarenale Synthese von $1,25(OH)_2D_3$

Während früher die Auffassung vertreten wurde, daß $1,25(OH)_2D_3$ ausschließlich in der Niere synthetisiert werden kann, ist heute klar, daß, zumindest unter bestimmten Bedingungen, auch extrarenale Synthese von $1,25(OH)_2D_3$ möglich ist. Im Menschen wurde dies *in vivo* eindeutig gezeigt für Patienten mit granulomatösen Erkrankungen, für Patienten mit terminaler Niereninsuffizienz und während der Gravidität. Unter Bedingungen *in vitro* ist ektopische $1,25(OH)_2D_3$ Synthese in einer Reihe von Geweben gezeigt worden (Tabelle 2), wobei die Struktur des mutmaßlichen $1,25(OH)_2D_3$ allerdings nicht in allen Fällen durch Massenspektrometrie eindeutig bestätigt wurde.

Am besten untersucht ist die ektopische $1,25(OH)_2D_3$ Synthese durch hämatopoietische Zellen, insbesondere durch Makrophagen [15]. Im Vergleich zur renalen Regulation der $1,25(OH)_2D_3$ Produktion weist die Hormonsynthese durch Makrophagen eine Reihe von Unterschieden auf. Bemerkenswerterweise scheint die ektopische Hormonproduktion nicht, wie in der Niere, unter der Kontrolle der calciotropen Hormone $1,25(OH)_2D_3$ und PTH zu stehen (Tabelle 3).

Zusammenfassung

Faßt man das Gesagte zusammen, kann man eine lokale, parakrine Vitamin D Wirkung im Knochenmark und möglicherweise auch im Knochen vermuten, wobei Wirkungen von lokal produziertem Hormon auf Zelldifferenzierung und Aktivität hämatopoietischer Zellen und Knochenzellen postuliert werden. Insgesamt ist diese Vorstellung jedoch zur Zeit noch hypothetisch.

Unabhängig von einer endokrinen oder parakrinen Funktionsweise von $1{,}25(OH)_2D_3$ existiert wohl keine einheitliche Vorstellung über die direkten Wirkungen von $1{,}25(OH)_2D_3$ auf den Knochen. Es sind anabole und katabole Wirkungen des Hormons beschrieben worden, die direkt über Osteoblasten oder indirekt über Zelldifferenzierung vermittelt werden. Möglicherweise liefert die weitere Aufklärung der Beeinflussung Knochenstoffwechsel-regulierender Wachstumsfaktoren einen zusätzlichen Ansatz zum Verständnis der direkten Wirkung von $1{,}25(OH)_2D_3$ am Knochen.

Literatur

1. Baylink D, Stauffer M, Wegedal J, Rich C (1970) Formation, mineralization, and resorption of bone in vitamin D-deficient rats. J Clin Invest 49:1122–1134
2. Holtrop ME, Cox KA, Clark MB, Holick MF, Anast CF (1981) 1,25-dihydroxycholecalciferol stimulates osteoclasts in rat bones in the absence of parathyroid hormone. Endocrinology 108:2293–2301
3. Tinkler SMB, Williams DM, Johnson NW (1981) Osteoclast formation in response to intraperitoneal injection of 1α-hydroxycholecalciferol in mice. J Anat 133:91–97
4. Kream BE, Jose M, Yamada S, DeLuca HF (1977) A specific high-affinity binding macromolecule for 1,25-dihydroxyvitamin D_3 in fetal bone. Science 197:1086–1088
5. Chen TL, Cohn CM, Morey-Holton E, Feldman D (1983) 1α,25-Dihydroxyvitamin D_3 receptors in cultured rat osteoblast-like cells. J Biol Chem 258:4350–4355
6. Merke J, Klaus G, Hügel U, Waldherr R, Ritz E (1986) No 1,25-dihydroxyvitamin D_3 receptors on osteoclasts of calcium-deficient chickens despite demonstrable receptors on circulating monocytes. J Clin Invest 77:312–314
7. Malluche HH, Matthews C, Faugere MC, Fanti P, Endres DB, Friedler RM(1986) 1,25-Dihydroxyvitamin D_3 maintains bone cell activity, and parathyroid hormone modulates bone cell number in dogs. Endocrinology 119:1298–1304
8. Underwood JL, DeLuca HF (1984) Vitamin D is not directly necessary for bone growth and mineralization. Am J Physiol 246:E493–498
9. McSheehy PMJ, Chambers TJ (1987) 1,25-Dihydroxyvitamin D_3 stimulates rat osteoblastic cells to release a soluble factor that increases osteoclastic bone resorption. J Clin Invest 80:425–429
10. Burger EH, Van der Meer JWM, Van de Gevel JS; Gribnau JC, Thesingh CW, Van Furth R (1982) In vitro formation of osteoclasts from long-term cultures of bone marrow mononuclear phagocytes. J Exp Med 156:1604–1614
11. Abe E, Miyaura C, Sakagami H et al. (1981) Differentiation of mouse myeloid leukemia cells induced by 1α,25-dihydrocyvitamin D_3. Proc Natl Acad Sci USA 78:4990–4994
12. Roodman GD, Ibbotson KJ, MacDonald BR, Kuehl TJ, Mundy GR (1985) 1,25-Dihydroxyvitamin D_3 causes formation of multinucleated cells with several osteoclast characteristics in cultures of primate marrow. Proc Natl Acad Sci USA 82:8213–8217
13. Nakamura T, Araki K, Kanda S, Kuriso K (1986) Normal bone marrow adherent cell-conditioned medium corrects the impaired differentiation of cultured mononuclear phagocytes from vitamin D-deficient rats. Calcif Tissue Int 38:33–37
14. Canalis E, McCarthy T, Centrella M (1988) Growth factors and the regulation of bone remodeling. J Clin Invest 81:277–281

15. Reichel H, Koeffler HP, Norman AW (1987) Synthesis *in vitro* of 1,25-dihydroxyvitamin D_3 and 24,25-dihydroxyvitamin D_3 by interferon-τ stimulated normal human bone marrow and alveolar macrophages. J Biol Chem 262:10931–10937

Bone Remodeling in Normal and Diseased Conditions

F. Melsen, T. Steiniche

Aarhus Bone and Mineral Research Group, Aarhus Amtssygehus,Tage Hansensgade, DK–8000 Aarhus C

Introduction

Bone remodeling constitutes the cellular processes going on throughout life leading to a continuous replacement of old bone with new in order to adjust trabecular structure to mechanical forces, to repair microfractures and to secure the viability of the embedded osteocytes. Besides mechanical forces the remodeling processes are influenced by local concentrations of ions, paracrine factors and hormones. Typical changes in cortical and trabecular bone remodeling will therefore occur in diseased states characterized by excess or lack of calcitropic and other hormones.

Introduction of in vivo tetracycline double labeling by Frost [1] and recent advanced stereological methods have facilitated accurate measurements of all elements in trabecular bone remodeling and allowed a three-dimensional reconstruction of the remodeling sequence in normale and in metabolic bone disease [2, 3].

The following is to describe normal trabecular bone remodeling and some of the effects of selected endocrine disturbances on trabecular bone remodeling, osteoid mineralization and bone mass aiming to elucidate the efficiency of bone histomorphometry.

Bone Remodeling

Bone remodeling was first studied in cortical bone [4, 5]. From these studies emerged the concept of remodeling being initiated by *A*ctivation of certain cells to become resorptive cells at a given locus. These cells, the osteoclasts, then begin bone *R*esorption. Later, osteoblasts invade the area and start bone *F*ormation. This A-R-F sequence is most easily demonstrated in cortical bone, where longitidunal sections of complete remodeling systems can be obtained. During the last few years, it has been obvious that trabecular bone is renewed in the same way as cortical bone [2, 3]. Resorption takes place at discrete sites at the marrow-bone interface, forming scalloped Howships lacunae. At a given site, the resorption period lasts for about 4–6 weeks. The end result of the resorptive process is a resorption lacuna with a certain final resorption depth. Subsequently, the lacunae are refilled with lamellar bone by osteoblasts invading the lacunae. The duration of the bone formation period is about three months. The end result is a new bone structural unit (BSU), characterized by a certain mean wall thickness. The BSU in trabecular bone is also called

T. H. Ittel H.-G. Sieberth H. H. Matthiaß (Hrsg.)
Aktuelle Aspekte der Osteologie

a packet or a wall. When no net bone loss or gain is occuring, the final resorption depth equals the mean wall thickness.

The frequency by which a given site on the trabecular bone surface undergoes remodeling is termed the activation frequency [6]. This quantity, which shows a great variability, is under hormonal influence and is of paramount importance for the final results of the remodeling processes. Activation is the process by which osteoclast precursors are transformed to multinuclear osteoclasts and attracted to the bone surface, where they start resorbing bone and subsequently will be followed by recruitement of osteoblasts and bone formation. The activation may be controled by local factors such as prostaglandins or lymphokines, and is influenced by several systemic hormones, including thyroid hormones, PTH, 1,25-dihydroxy Vitamin D, calcitonin, sex hormones and growth hormone.

The activation frequency, the coupling between resorption and formation, and the balance between the final resorption depth and the mean wall thickness are of great importance for the understanding of changes in trabecular bone mass, structure and strength.

Reversible and Irreversible Changes in Bone Mass

In order to preserve bone mass and skeletal intregrity, the amount of bone removed during bone resorption should equal the amount of bone laid down during the subsquent bone formation. This precondition should theoretically be secured by a quantitative coupling between resorption and formation. In trabecular bone, however, a net decrease in bone volume, and bone strength with age has been demonstrated in males, as well as females, indicating that average resorption exceeds average formation after the age of 20–30 years [7, 8].

The following mechanisms are important when dealing with spontaneous or induced chances in bone mass [9, 10].

Reversible bone loss. A deficit in bone and bone mineral due to ongoing bone resorption leading to expansion of the remodeling space (the total amount of bone resorbed and not yet reformed during the ongoing remodeling cycles) will result in an increased porosity in cortical bone and an increased area of Howships lacunae at the trabecular surface. Expansion of the remodeling space will occur if a) the activation frequency is increased with an increased number of ongoing remodeling cycles, b) the final resorption depth is increased, c) the resorptive period is prolonged, or d) the formative period is prolonged. If bone remodeling returns to normal, the holes will be refilled during the following formative phase. The bone loss, therefore, is reversible.

Irreversible bone loss. In trabecular bone irreversible bone loss may occur by two mechanisms.

1. An imbalance between the thickness of bone resorbed (final resorption depth) and formed (mean wall thickness) per remodeling cycle will result in a net loss or gain of bone per remodeling cycle. The bone changes due to this mechanism are accelerated with increased activation frequency (accelerated irreversible bone loss).
2. Disintegration of the trabecular structure due to perforation of trabeculae. The average resorption depth in trabecular bone is 50–60 μm in normal individuals but the final

depth exhibit a wide scatter from 15–250 μm [2]. Trabecular thickness show wide variability from 10 to 400 μm.

Therefore, the possibility exists that a deep resorption cavity can hit a narrow trabecular structure and penetrate it completely or that two resorption cavities from each site of the trabecular structure meet resulting in a hole in the trabecular network.

The risk of trabecular perforations increase with a) increased final resorption depth, b) decreased trabecular thickness, c) enhanced activation frequency. Since trabecular perforations are unavoidable, even during normal trabecular bone remodeling, a certain amount of bone loss with age will always occur, unless completely new trabeculae are formed to replace those which disappear. Due to the decrease in intertrabecular support perforation will result in a more marked reduction in bone strength than in bone mass.

Osteoid Formation and Mineralization

The amount of unmineralized bone (osteoid) depends on the average thickness and the surface extent of the osteoid seams. In a steady state situation with regard to osteoid thickness the osteoid appositional rate equals the average bone formation rate, which can be determined by tetracycline double labeling [1]. The average osteoid thickness equals the thickness of osteoid laid down per day (the osteoid appositional rate) multiplied by the number of days between osteoid formation and mineralization (the mineralization lag time) [11]. The surface extent of osteoid is proportional to the activation frequency of new remodeling cycles and the average length of the formation period [11]. Variations in the amount of osteoid or in the shape of the osteoid seams are found in many endocrine diseases. It appears from the relations described above that changes may be caused by disturbances in osteoid formation or mineralization lag time, which will result in altered osteoid seam thickness, or in activation frequency and length of formative period, which will affect the surface extent of osteoid.

Results

The following summarizes characteristic changes in the remodeling of trabecular bone in some endocrine diseases based upon histomorphometric evaluation of various static and dynamic parameters and reconstruction of remodeling sequences.

Hyperthyroidism

In hyperthyroidism the activation frequency is increased. Both resorption and formation periods are shortened because of stimulation of osteoclastic and osteoblastic activity [11]. The final resorption depth is normal as is the completed mean wall thickness. However, due to the often short duration of the hyperthyroid state before investigation the measured completed mean wall thickness may not be representative for the hyperthyroid state. When growth curve based data are used for estimation of completed wall thickness [12] a net negative balance per remodeling cycle can be demonstrated due to a reduced wall thickness.

The amount of trabecular bone is reduced in hyperthyroidism. This is caused by a reversible as well as an irreversible bone loss. The increased activation frequency will expand the remodeling space and induce a reversible bone loss, which to some extent is mitigated by the shortened remodeling period. The negative net balance will in combination with the enhanced activation frequency induce an accelerated irreversible bone loss. Furthermore, the high activation frequency will increase the risk of trabecular perforations. The surface extent of osteoid is increased because of the increased activation frequency and in spite of the shortening of the formative period. On the other hand, the osteoid seam thickness is reduced because of a marked shortening of the mineralization lag time. The osteoid appositional rate is markedly increased indicating an increased osteoblastic activity.

Hypothyroidism

In untreated hypothyroidism activation frequency is decreased. Both resorption and formation periods are markedly prolonged because of reduced activity of osteoclasts and osteoblasts [11]. The final resorption depth is significantly reduced whereas the completed mean wall thickness is increased. The reduction in resorption and the increase in mean wall thickness result in a positive balance per remodeling cycle [13].

The amount of trabecular bone is normal in hypothyroidism or sligthly increased [14]. The reduced activation frequency will per se decrease the remodeling space but this effect will be counteracted by the considerable prolongation of the remodeling period. The positive net balance per remodeling cycle will per se increase the amount of trabecular bone, but the effect will be small due to the low activation frequency. Theoretically, the reduced activation frequency and the decrease in resorption depth will decrease the risk of trabecular perforations.

The surface extent of osteoid is normal in hypothyroidism because of the decrease in activation frequency and the prolongation of the formative period. The osteoid seam thickness is reduced because of a marked reduction in the osteoid appositional rate and in spite of a prolongation of the mineralization lag time.

Hyperparathyroidism

In primary hyperparathyroidism the activation frequency is increased. Resorption and formation periods are normal [11]. The final resorption depth is decreased as is the completed mean wall thickness. The balance between resorption depth and formation thickness is slightly positive but not different to normals.

The amount of trabecular bone is normal in hyperparathyroidism [11]. The increased activation frequency will expand the remodeling space and induce a reversible bone loss. On the other hand a tendency towards a positive balance per remodeling cycle, the effect of which will be enhanced by the increased activation frequency. The high activation frequency will increase the risk of trabecular perforations. This effect will, however, be counteracted by the reduction in resorption depth. Hence, the amount of trabecular bone is affected by several opposing factors, resulting in an unchanged trabecular volume.

The surface extent of osteoid is increased because of the increased activation frequency in combination with a normal formative period. The osteoid seam thickness and the mineralization lag time are normal.

Osteomalacia

Initially this condition can not be separated from other types of high turnover or secondary hyperparathyroidism characterized by increased activation frequency. No recunstruction data are at the present available for the fully developed disease which most striking is characterized by an increased amount of osteoid because of an increased width and extent of osteoid surfaces. The increased seam width is due to a pronounced prolongation of the mineralization lag time in spite of a decreased matrix formation. The increased extent of osteoid is due to a prolongation of the bone formation period because the bone formation rate at tissue level is reduced in accordance with low bone formation rate at BMU level. Resorption surfaces are initially increased due to a high activation frequency. In the fully developed state resorption surfaces decrease to a level still above normal more and more due to a prolongation of the resorptive period. In as well initial as developed osteomalacia the amount of bone is normal indicating a normal balance between resorption and formation [16].

Osteoporosis

Although a significant decrease in trabecular bone volume (around 20%) is observed in postmenopausal osteoporotic patients with spontaneous vertebral fractures compared with normal controls, a marked overlap in this parameter is observed. Thus bone volume may not be the only and paramount factor determining the bone strength. The structural changes reflected by a decreased trabecular plate density [17] and an increased marrow space star volume observed with age and more pronounced in osteoporotic patients maybe of more importance.

Although the static and dynamic histomorphometric parameters reflecting bone turnover (the extent of resorptive and formative surfaces, bone formation rate, activation frequency etc.) are not significantly different in our osteoporotic patients compared with normal controls, the dispersion in these parameters is more pronounced in the osteoporotic patients. Thus patients with a high, normal and decreased turnover are observed reflecting that the osteoporotic patients represents a very inhomogenous group.

Recent published data have claimed that osteoporotic patients have significantly more negative bone balance than normals, and that this more negative bone balance can explain the observed reduced trabecular bone volume in osteoporotic patients [19]. Unlike we find only a slight negative bone balance [20] in osteoporotic patients which is not significantly different from normal controls. A normal bone balance, resorption depth and activation frequency are observed in our osteoporotic patients – factors which as described earlier in this paper determine the rate of irreversible bone loss. Thus no changes in ongoing bone remodeling are observed in the osteoporotic patients, that can lead to an accelerated bone loss and thereby explain the observed reduction in bone volume in the patients. These observations are supported by several BMC studies that report, that bone loss with time is not different in osteoporotic patients compared with controls [21]. These data lead to the conclusion that the cause of osteoporosis may be factors as far back as childhood and youth where the size of the peak bone mass is determined or/and factors around the menopause where an accelerated bone loss in women is observed.

References

1. Frost HM (1969) Tetracycline-based histological analysis of bone remodeling. Calcif Tissue Res 3:211
2. Eriksen EF, Melsen F, Mosekilde L (1984) Reconstruction of the resorptive site in iliac trabecular bone: a kinetic model for bone resorption in 20 normal individuals. Metab Bone Dis Res Res 5:235
3. Eriksen EF, Gundersen HJG, Melsen F, Mosekilde L (1984) Reconstruction of the formative site in iliac trabecular bone on 20 normal individuals employing kinetic model for matrix and mineral apposition. Metab Bone Dis Rel Res 5:243
4. Frost HM (1964) Mathematical elements of lamellar bone remodeling. Thomas, Springfield, IL
5. Frost HM (1973) Bone remodeling and its relationship to metabolic bone diseases. Thomas, Springfield, IL
6. Frost HM (1964) Dynamics of bone remodeling. In: Frost HM (ed) Bone biodynamics. Little, Brown and Co, Boston
7. Courpron P (1971) Donnees histologiques quantitaties sur le vieillesment osseux humain. Ph.D. thesis, Unviersity of Lyon, France
8. Melsen F, Melsen B, Mosekilde L, Bergman S (1978) Histomorphometric analysis of normal bone from the iliac creast. Acta Path Microbiol Scand [A] 86:63
9. Parfitt AM (1984) Age related structural changes in trabecular and cortical bone. Cellular mechanisms and biomechanical consequences. Calcif Tissue Int 26:123
10. Parfitt AM (1979) Quantum concept of bone remodeling and turnover: implications for the pathogenesis of osteoporosis. Calcif Tissue Int 28:1
11. Melsen F, Mosekilde L (1981) The role of bone biopsy in metabolic bone disease. Orthop Clin North Am 12:571
12. Eriksen EF, Mosekilde L, Melsen F (1985) Trabecular bone remodeling and bone balance in hyperthyroidism. Bone 6:421
13. Eriksen EF, Mosekilde L, Melsen F (1986) Kinetics of trabecular bone resorption and formation in hypothyroidism: evidence for a positive balance per remodeling cycle. Bone 7:101
14. Rasmussen H, Bordier P (1974) The physiological and cellular basis of metabolic bone disease. Williams & Wilkins, Baltimore
15. Eriksen EF, Mosekilde L, Melsen F (1986) Trabecular bone balance and remodeling in primary hyperparathyroidism. Bone 7:213
16. Melsen F, Mosekilde L (1980) Trabecular bone mineralization lag time determined by tetracycline double-labeling in normal and certain pathological conditions. Acta Pathol Microbiol Scand [A] 88:83
17. Parfitt AM, Mathews CHE, Villanueva AR, Kleerekoper M, Frame B, Rao DS (1983) Relationships between surface, volume, and thickness of iliac trabecular bone in aging and in osteoporosis. J Clin Invest 72:1396
18. Vesterby A (1990) Star volume of marrow space and trabeculae in iliac creast: sampling procedure and correlation to star volume of first lumbar vertebra. Bone 11:149
19. Eriksen EF, Hodgson SF, Eastell R, Cedel SL, O'Fallon WM, Riggs BL (1990) Cancellous bone remodeling in typ I (postmenopausal) osteoporosis: quantitative assessment of rates of formation, resorption, and bone loss at tissue and cellular levels. J Bone Mineral Res 5:311
20. Steiniche T, Hasling C, Charles P, Eriksen EF, Mosekilde L, Melsen F (1989) A randomized study on the effects of estrogen/gestagen or high dose oral calcium on trabecular bone remodeling in postmenopausal osteoporosis. Bone 10:313

21. Storm T, Thamsborg G, Steiniche T, Genant H, Helmer Sørensen O (1990) Effect of intermittent cyclical etidronate therapy on bone mass and fracture rate in women with postmenopausal osteoporosis. N Engl J Med 322:1265

B. Experimentelle Osteologie und Histologie

Intracellular Calcium and Physiological Stimulation of Osteoblasts

D. B. Jones[1], D. Deters[1], D. J. Veltel[1], D. Bingmann[2,1]

[1] Abteilung für Zellbiologie, Orthopädische Klinik, Universität Münster, Domagkstraße 3, W–4400 Münster, FRG
[2] Institut für Physiologie, Universität-Gesamthochschule Essen, Hufelandstraße 55, W–4300 Essen, FRG

The regulation of intracellular free calcium (IFC) is an ubiquitous phenomenon (i.e. found in all forms of life so far). It is thought that the level of IFC is a regulator of cellular function by the activation of various calcium activated enzymes, such as calmodulin, the calpain protease family and various cytoskeleton associated proteins, amongst others. Another important process regulated by calcium is the stimulation of activity of the potassium channel, raising the membrane potential. IFC is tightly regulated, usually to a level of about 100 nM in the resting state, but it is rapidly increased upon stimulation with a variety of factors. IFC concentration in osteoblasts is regulated by four mechanisms. Two of these are under hormonal control. In one the calcium is released from intracellular stores (called calciosomes) by IP_3 (the product of phospholipase C action on phosphatidylinositol 4,5 biphosphate) upon ligand binding to the PI-PLC receptor. This mechanism is involved in the signal transducing pathway of prostaglandins, PTH, PDGF, EGF, VIP, subst. P, and TGF α. Figure 1 shows a diagram of the current model of this system.

Physiological strain also stimulates IFC, at least partially if not wholly by PI-PLC as we have previously shown [1].

In the second, a ligand binds to a calcium channel receptor and activates it. Both of these processes appear to involve the activation of a GTP binding protein with GTPase activity. Calcium can also enter the cell by diffusion and calcium is pumped out of the cell using an energy requiring process due to the concentration gradient between inside (μM) and outside (mM) concentrations of calcium.

Some hormones, such as parathyroid hormone (PTH), insulin-like growth factor (ILGF) and possibly some prostaglandins stimulate the calcium channel directly as well as having other receptor mediated actions on the cell. In the case of PTH and prostaglandins this also includes stimulation through IP_3. Measurement of intracellular calcium concentrations has been made possible in the last 10 years by the use of calcium binding fluorescent dyes, invented by Roger Tsien. The dyes such as FURA-2 and INDO can be used to measure intracellular free calcium concentrations of between 100 nM and 4 000 nM by either photometric or imaging technology. The measurement is made by comparing the fluorescence of the dye at two wavelengths, one of which shows a maximum when calcium is bound and the other a maximum when no calcium is present [2].

T. H. Ittel H.-G. Sieberth H. H. Matthiaß (Hrsg.)
Aktuelle Aspekte der Osteologie

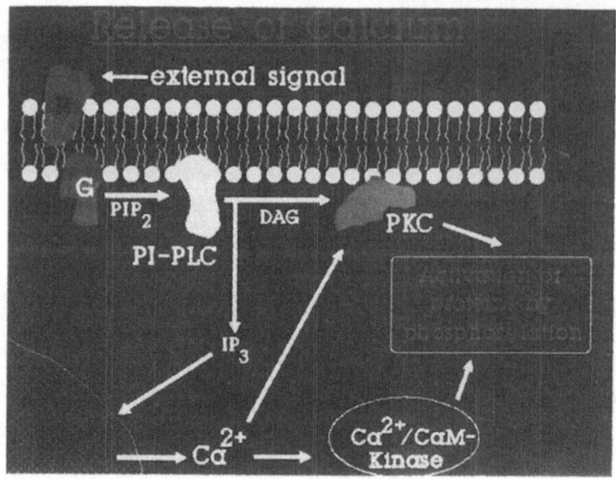

Fig. 1. A scheme of a current model of signal transduction through PI-PLC in osteoblasts. *PI-PLC*, phosphoinositide specific phospholipase C. *PKC*, protein kinase C, *DAG*, diacyl glycerol, *PIP_2*, phosphatidyl inositol 4,5, bis-phosphate. *G*, GTP dependent regulatory protein

We can show, using both dyes, the action of several hormones on the intracellular free calcium concentration with regard to the concentration (upto 3 500 nM), the speed of response (less than 1 s), the number of responding cells and the variation in response between cells. Figure 2 shows an analysis of the intracellular free calcium (IFC) time course of 340/380 ratio images of exposing bovine periostal cells to 1 nM VIP (a peptide found in the sympathetic nerves of the periosteum, but not in the haversian canal). The cells had been incubated with FURA2-AM for 10 min previousoly. The deep blue in the cells is the lowest IFC of 100 nm and the red is 3 50 nM IFC. Taking alternate images (1 s in this case) IFC had risen in 2 cells to 3 500 nM. Other cells respond much more slowly and some not at all. Not all cells responded to VIP. This data has been reported previously [3].

Injecting IP_3 with pressure via the microelectrode into an osteoblast results in a rapid hyperpolarisation of the cell, due to the activation of potassium channels. Figure 3 shows the results of such an experiment. About 10% of the cell volume of a 1 nM solution of IP_3 in perfusion medium was injected into several cells. Immediately upon injection the cell hyperpolarises and return to the normal value within 10 s. The hyperpolarisation is associated with a marked decline of the membrane resistance which is reflected by the reduced amplitudes of MP changes following repeated injections of de- and hyperpolarising currents (Fig. 3a and b respectively). The higher the cell MP the less the hyperpolarisation. This dependence on the MP level and the decline of the membrane resistance indicate that IP_3 injections lead to a marked increase of the IFC and a calcium dependent outflow of potassium. The time course of the MP changes resembles that obtained by ratio imaging after VIP exposure which hence may act via an increased breakdown of PIP_2. Repeated injections cause repeated hyperpolarisations. Details of the electrophysiological methods have been published elsewhere [4].

In summary, changes in ICF are correlated with the stimulation of the osteoblast by many factors, and is an indicator of cellular activation. ICF can be measured in real time

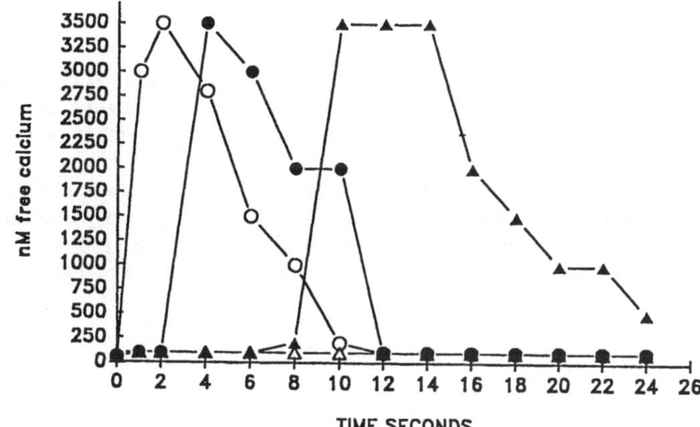

Fig. 2. An analysis of a sequence of ratio images (340/360 nm excitation, 510 nm emmission) after 1 nM VIP stimulation of cultured bovine periosteal osteoblasts. Several cells were chosen and the integrated free calcium over the whole cell measured over the time course of the experiment. The results show that in this experiment, some cells do not respond and the cells that are stimulated have different times of response to the stimulus

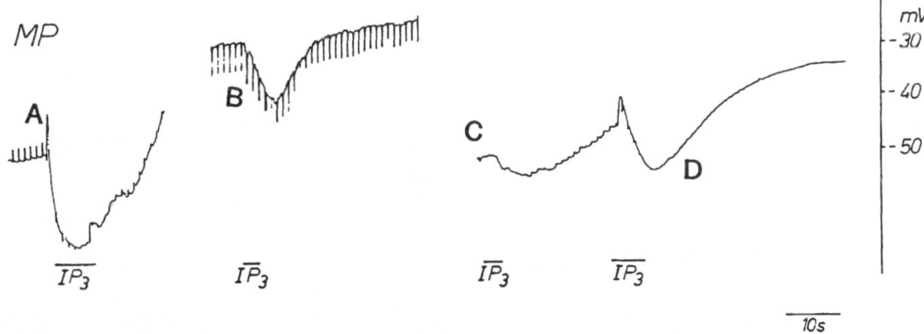

Fig. 3. Membrane potential (*MP*) changes of osteoblasts during intracellular injecitons of IP_3 by pressure. In A and B, de- and hyperpolartising current pulses were injected to monitor changes of the membrane resistance which declines during IP_3 injections. Cells derived form calvaria of newborn rats

and requires very few cells. With slight modification the equipment can be adapted for measurements in vivo.

Acknowledgements:
This work has been partially supported by the DFG under the programme grants Jo/181/1 and Bi/276/6-1 and by the BIOSIS society.

References

1. Jones DB, Nolte H, Scholübbers JG, Turner E, Veltel D (1991) Biochemical signal transduction of mechanical strain in osteoblast-like cells. Biomaterials 12:101–110
2. Peonie M, Tsien R (1985) Changes of free calcium levels with stages of the cell division cycle. Nature 315:147–149
3. Jones DB (1989) Vasoactive intestinal peptide stimulates PI-PLC and a rapid rise in intracellular calcium in bone surface cells. Calcif Tissue Int [Suppl] 44:S-41
4. Massass R, Bingmann D, Korenstein R, Tetsch P (1990) Membrane potential of rat calvaria bone cells. Dependence on temperature. J Cell Physiol 144:1–11

Prostaglandin- und Leukotrien-Freisetzung aus Synovialgewebe, Knorpel und Knochen von Arthrose-Patienten

J. Grifka[1], R.E. Willburger[1], H.R. Wittenberg[1], B.A. Peskar[2]

[1] Orthopädische Universitätsklinik am St. Josef-Hospital, Gudrunstraße 56, W-4630 Bochum, BRD
[2] Institut für Pharmakologie und Toxikologie, Ruhr-Universität, Im Lottental, W-4630 Bochum, BRD

Einleitung

Für das multifaktorielle Geschehen einer akuten oder chronischen Entzündung konnte auch eine Porstaglandin-Freisetzung aus geschädigten Gewebezellen und an der Entzündungsreaktion beteiligten Blutzellen nachgewiesen werden [7, 15]. Im Exudat experimenteller und klinischer Entzündungen wurden überwiegend PGE_2 und PGI_2 gefunden [15]. Die proinflammatorische Wirkung wird durch Vasodilatation, Erythembildung, Sensibilisierung von Schmerzrezeptoren und Fieberauslösung gekennzeichnet. Eine antiinflammatorische Wirkung [5, 9] besteht insofern, als PGE_1, PGE_2 und PGI_2 die Freisetzung lysosomaler Enzyme hemmen und negativ chemotaktisch auf polymorphkernige Leukozyten wirken [16].

Blotmann und Mitarbeiter [1] sowie Egg [4] fanden in rheumatoidem Synovialgewebe die höchste Freisetzung von PGE_2, geringere Werte bei Arthrotikern und die niedrigste Ausschüttung bei gesundem Synovialgewebe. Für die Schädigung des Gelenkknorpels bei länger bestehenden Entzündungen wird die Prostaglandineinwirkung als mitursächlich angenommen.

Tcitz und Chrisman [17] fanden nach intraartikulärer Injektion von PGE_1 bei Kaninchen degenerative Knorpelschäden. Eine Inkubation des Kaninchenknorpels mit PGE_2-haltigen Überständen rheumatoider Synovialzellkulturen [10] führte zu einer Hemmung des Einbaus von radioaktiv markiertem Sulfat und Glycin in den Knorpel, was einer Hemmung der Neubildung von Knorpelmatrix-Proteoglykanen entsprechen dürfte. PGE_2 und PGI_2 erwiesen sich als stärkste Stimulatoren der Knochenresorption, sowohl in vitro [3, 14] als auch in vivo [6, 20].

Hinsichtlich der Beteiligung von Leukotrienen an entzündlichen Prozessen im Kniegelenk konnte bis jetzt nur LTB_4 in der Synovialflüssigkeit nachgewiesen werden [2, 8]. Bei Patienten mit rheumatoider Arthritis wurden hierbei signifikant höhere Werte ($p < 0{,}05$) für LTB_4 gemessen als bei nicht-entzündlichen Gelenkerkrankungen [8].

Mit dem Übergang der klinisch oft stummen Arthrose in die sogenannte „aktivierte Arthrose" [13] kommt es nach Phagozytose der freigesetzten Knorpeltrümmer zur Freisetzung zahlreicher Substanzen in dem Gelenkinnenraum, wie Proteasen [11, 18], Sauerstoffradikale [13], Interleukin [19] und Eicosanoiden [12, 18].

T.H. Ittel H.-G. Sieberth H.H. Matthiaß (Hrsg.)
Aktuelle Aspekte der Osteologie

Methoden

Die Freisetzung von Eicosanoiden aus Knorpel oder Knochen und deren Beeinflussung durch nicht-steroidale Antiphlogistika ist beim Menschen bislang noch nicht belegt. Dafür wurden in der vorliegenden Arbeit bei Kniegelenksoperationen von Arthrotikern Synovialgewebe, Knorpel und Knochen (Kortikalis und Spongiosa) gewonnen, die makroskopisch in Kälte präpariert wurden. Nach einem speziellen Inkubationsverfahren bei 37°C unter ständiger Karbogenbegasung erfolgte die Probenentnahme nach 30 und 180 min zur radioimmunologischen Bestimmung.

Ergebnisse

Unbehandelter Knorpel und Knochen

Die PGE_2-Freisetzung aus unbehandeltem Knorpel lag nach 180 min bei $19,4 \pm 7,5$ ng/g Feuchtgewicht. Für unbehandelte Kortikalis und Spongiosa betrug der Wert nach 180 min $18,5 \pm 5,1$ ng/g FG bzw. $12,5 \pm 2,5$ ng/g FG. Die Freisetzung von PGE_2 aus Knorpel war am höchsten, gefolgt von Kortikalis und Spongiosa (Abb. 1).

Für 6-keto-$PGR_{1\alpha}$ fanden sich im Knochen höhere Werte als im Knorpel (Abb. 2).

Die Werte für LTC_4 fanden sich an der unteren Nachweisgrenze.

Unbehandelter Knorpel, Knochen und Synovialgewebe vor und nach Stimulation mit Calcium-Jonophor A 23187

Für die Prostglandinproduktion von Knorpel und Knochen zeigte sich hierbei keine Steigerung, jedoch eine deutliche Erhöhung der Freisetzung aus Synovialgewebe (Abb. 3).

Die mittlere Freisetzung von LTC_4 aus Synovialgewebe war über 54fach höher als beim Knorpel und Knochen.

Zwischen den verschiedenen Geweben jeweils eines Patienten konnte keine Korrelation der Eicosanoidfreisetzung festgestellt werden. Beim Synovialgewebe war in allen Einzelversuchen eine höhere Freisetzung von PGE_2 als 6-keto-$PGF_{1\alpha}$ festzustellen (1,2–7,9fach).

Wirkung von Indometacin und Diclofenac

Durch Zusatz von Indometacin und Diclofenac (10^{-5} mol/l, zusätzlich 10^7 mol/l für Synovialgewebe) wurde die Prostaglandinfreisetzung aus allen Geweben signifikant gehemmt (Abb. 4, 5).

Für die Freisetzung von LTC_4 aus Synovialgewebe konnte keine einheitliche Wirkung beobachtet werden. Die Mittelwerte lagen auch nach Pharmakonzugabe im Bereich der Kontrollwerte.

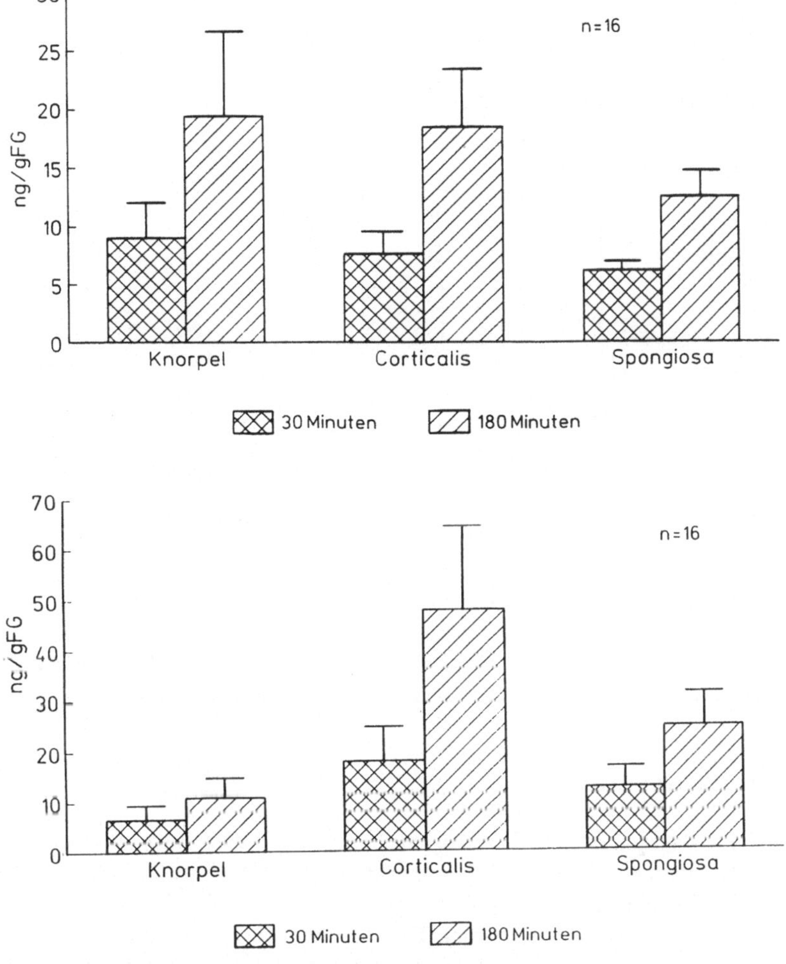

Abb. 1 *oben.* PGE_2-Freisetzung Knorpel, Kortikalis und Spongiosa

Abb. 2 *unten.* 6-keto-$PGF_{1\alpha}$-Freisetzung Knorpel, Kortikalis und Spongiosa

Diskussion

Die nachgewiesene Hemmung durch Diclofenac und Indometacin bestätigt, daß nicht nur eine Diffusion von vorgebildeten Prostaglandinen in die Inkubationslösung erfolgt, sondern daß diese makroskopischen Gewebepräparationen selbst Prostaglandine bilden.

Unter Zusatz von Kalzium-Ionophor A 23187, als Stimulator der Phospholipase A_2, wurde für die Freisetzung von Prostaglandinen aus Knorpel oder Knochen keine Steigerung festgestellt. Eine mögliche Ursache hierfür könnte die große Diffusionsstrecke von Kalzium-Ionophor A 23187 in die Gewebe sein. Beim Synovialgewebe kam es unter Kalzium-Ionophor A 23187 zu einer signifikanten Stimulation der Eicosanoidsynthese mit

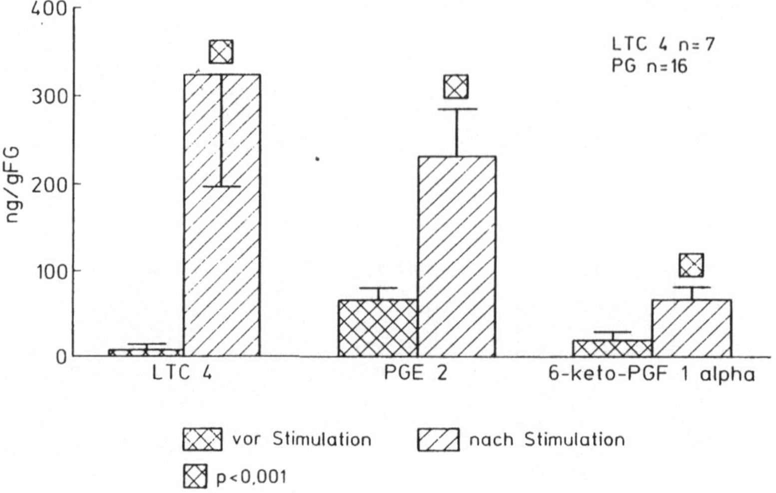

Abb. 3. Eicosanoidfreisetzung aus Synovialis vor und nach Stimulation mit Ca-Ionophor

einer stets stärkeren Synthesesteigerung für LTC_4. Eine gegenseitige Beeinflussung oder Abhängigkeit der Eicosanoidfreisetzung aus den verschiedenen Geweben zeigte sich nicht.

Nach diesen Ergebnissen ist das Synovialgewebe als Hauptursprungsort der Prostaglandine und Leukotriene in der Synovialflüssigkeit anzusehen.

Zusammenfassung

- Prostaglandine und Leukotriene sind als potente Entzündungsmediatoren bekannt. Im Rahmen entzündlicher Gelenkerkrankungen sind sie in hoher Konzentration in der Synovia nachzuweisen.
- In vitro läßt sich auch eine Freisetzung von PGE_2 und 6-keto-$PGF_{1\alpha}$ aus Synovialis, Knorpel, Kortikalis und Spongiosa von Arthrosepatienten sowie eine Freisetzung von LTC_4 aus Synovialis radioimmunologisch nachweisen.
- Mit einer konzentrationsabhängigen Hemmung der Prostaglandinfreisetzung durch Indometacin und Diclofenac (10^{-5} und 10^{-7} mol/l) wird bewiesen, daß diese Gewebe tatsächlich selbst Prostaglandine synthetisieren und nicht lediglich eine Diffusion aus diesen Geweben stattfindet. Die Synthese von LTC_4 in der Synovialis wurde unter Indometacin und Diclofenac nicht signifikant beeinflußt.
- Die Ergebnisse dieser Arbeit kennzeichnen das Synovialgewebe als Hauptproduzent von Prostaglandinen in der Synovialflüssigkeit vor dem Knorpel.

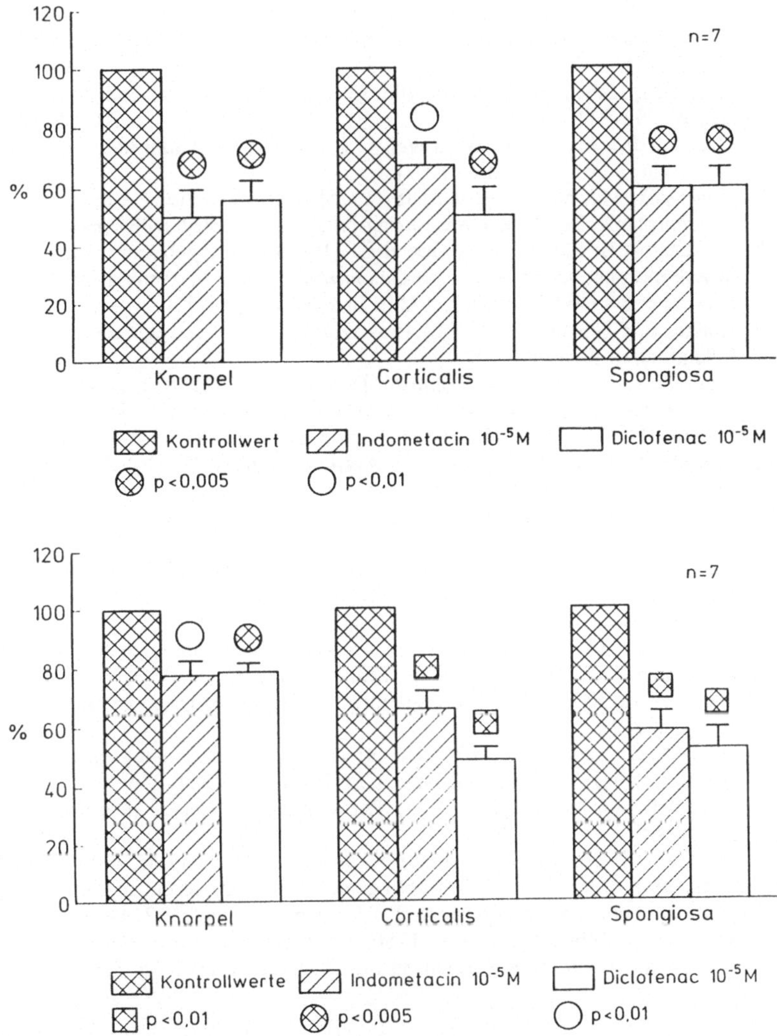

Abb. 4 *oben.* PGE_2-Freisetzung unter Indometacin und Diclofenac

Abb. 5 *unten.* 6-keto-$PGF_{1\alpha}$-Freisetzung unter Indometacin und Diclofenac

Literatur

1. Blotman F, Schaintreuil J, Poubelle P, Flandre O, Crastes de Paulet A, Simon L (1980) PGE_2, $PGF_{2\alpha}$ and TCB_2 biosynthesis by human rheumatoid synovia. Adv Prostaglandin Thromboxane Leukotriene Res 8:1705–1708
2. Davidson EM, Rae SA, Smith MJH (1982) Leukotriene B_4 in synovial fluid. J Pharm Pharmacol 34:410
3. Dewhirst FE (1984) 6-keto-PGE_1-stimulated bone resorption in organ culture. Calcif Tissue Int 36:380–383

4. Egg D (1984) Konzentrationen von Prostaglandin D_2, E_2, $F_{2\alpha}$, 6-keto-$F_{1\alpha}$-Konzentrationen in der Synovia bei rheumatischen und traumatischen Kniegelenkerkrankungen. Z Rheumatol 39:170–175
5. Goerig M, Habenicht AJR, Schettler G (1985) Eicosanoide und Phospholipasen. Klin Wochenschr 63:293–311
6. Goodson JM, McClatchy K, Revell C (1974) Prostaglandin-induced resorption of the adult rat calvarium. J Dent Res 53:670–677
7. Higgs GA, McCall E, Youlten LJF (1975) A chemotactic role for prostaglandins released from polymorphonuclear leukocytes during phagocytosis. Brit J Pharmacol 53:539–946
8. Klickstein LB, Shapleigh C, Goetzl EJ (1980) Lipoxygenation of arachidonic acid as a source of polymorphonuclear leukocyte chemotactic factors in synovial fluid and tissue in rheumatoid arthritis and spondyloarthritis. J Clin Invest 66:1166–1170
9. Kunkel S, Chensue SW (1983) Prostaglandins and the regulation of immune responses. Adv Inflammation Res 7:93–109
10. Lippiello L, Yamamoto K, Robinson D, Mankin HJ (1978) Involvement of prostaglandins from rheumatoid synovium in inhibition of articular cartilage metabolism. Arthritis Rheum 21:909–917
11. Mankin HJ, Treadwell BV (1986) Osteoarthritis: a 1987 update. Bull Rheum Dis 36:1–10
12. Mitrovic D, Lippiello L, Gruson F, Aprile F, Mankin HJ (1981) Effects of various prostanoids on the in-vitro metabolism of bovine articular chondrocytes. Prostaglandins 22:499–511
13. Otte P (1983) Ätiologische und pathologische Vorstellungen bei der Arthrose. Z Rheumatol 42:242–248
14. Schelling SH, Wolfe HJ, Tashjian AH (1980) Role of the osteoclast in prostaglandin E_2-stimulated bone resorption. A correlative morphometric and bioechmical analysis. Lab Invest 42:290–295
15. Schrör K (1984) Prostaglandine und verwandte Verbindungen: Bildung, Funktion und pharmakologische Beeinflussung. Thieme, Stuttgart, S 2–67
16. Stadt van de KD (1982) Prostaglandins and leukotrienes in inflammation and allergy. Nath J Med 25:22–29
17. Teitz CC, Chrisman OD (1975) The effect of salicylate and chlorquine on prostaglandin-induced articular damage in the rabbit knee. Clin Orthop 108:264–274
18. Treadwell BV, Mankin HJ (1976) The synthetic processes of articular cartilage. Clin Orthop 213:50–61
19. Treadwell BV, Towle CA, Ishizue K, Mankin KP, Pavia M, Ollivierre FM, Gray DH (1986) Stimulation of the synthesis of collagenase activator protein in cartilage by a factor present in synovial-conditioned medium. Arch Biochem Biophys 251:724–731
20. Yamasaki K, Miura F, Suda T (1980) Prostaglandin as a mediator of bone resorption induced by experimental tooth movement in rats. J Dent Res 59:1635–1642

Effects of Transforming Growth Factor β on Human Bone Cells and Cells Derived from a Hyperplastic Callus of an Osteogenesis Type IV Patient

M. Mörike[1], E. Windsheimer[1], R. Brenner[2], W. Teller[2]

[1] Bindegewebelabor, Kinderheilkunde I, Universitätsklinik Ulm, Parkstraße 11, W–7900 Ulm, FRG
[2] Kinderheilkunde I, Universitätsklinik Ulm, Prittwitzstraße 43, W-7900 Ulm, FRG

Abstract

As shwon in recent publications, transforming growth factor beta (TGF β) plays an important role in the regulation of growth and differentiation of fetal rodent calvaria cells. In this communication we describe the effects of TGF β on human osteoblasts (hOb) and callus cells. The incubation with TGF β for 72 h a) stimulated proliferation of hOb, reaching maximal effects at the concentration of 0,5 ng/ml, b) induced a decrease of activity of the bone marker enzyme alkaline phosphatase, which plays a crucial role in the formation of mineralized matrix and c) simultaneously suppressed the synthesis of collagen, the main constituent of the organic matrix. These effects indicate that TGF β down-regulated the capacity of cultured human osteoblasts to produce a bone-like matrix and stimulated these cells to divide. The hereditary skeletal dysplasia of osteogenesis imperfecta (OI) is characterized by pathological low production of extracellular bone matrix and elevated number of osteoblasts. A rare but typical complication in OI is the formation of a hyperplastic callus, which involves desmal and endochondral ossification. The response of OI-derived osteoblasts and cells from the well mineralized part of a hyperplastic callus to TGF β was similar to that of normal human osteoblasts. In contrast to all other cells, TGF β stimulated alkaline phosphatase activity, collagen and protein synthesis in cells from the peripheral, immature part of the hyperplastic callus. These results indicate, that effects of TGF β on cultured human bone and callus cells strongly depend on their state of differentiation.

Introduction

TGF β plays an important role in bone cells in vivo and in vitro, regulating growth, differentiation and synthesis of the extracellular matrix components. Distinct temporal and spatial patterns of TGF β distribution can be found during enchondral ossification, fracture healing and bone remodeling [1–3]. So far, most in vitro experiments have been performed with fetal rodent calvaria cells [4]. In the present study we examined the influence of TGF β on cultured human osteoblasts.

As synthesis of bone matrix – which is under the control of TGF β – is deficient in the skeletal dysplasia of osteogenesis imperfecta (OI) [5], the response of osteoblasts of OI-origin to TGF β was compared to that of normal osteoblasts. To elucidate the role of differentiation on the response to TGF β, studies on cells isolated from the mineralized,

T. H. Ittel H.-G. Sieberth H. H. Matthiaß (Hrsg.)
Aktuelle Aspekte der Osteologie

but immature tissues of a hyperplastic callus (which forms as a complication in OI and involving – similar to normal fracture callus – desmal and condral ossification [6]) were also included.

Material and Methods

Cell Culture. Osteoblast cultures from the femura of three healthy persons in the 3rd decade were established as described by Robey and Termine [7]. OI osteoblasts and callus cell cultures were obtained from the femur and different regions of the hyperplastic callus of a 24 year old patient with OI IV. Histologic examination of the callus gave similar results as described by Brenner et al. [6]. 48 h before and during incubation with TGF β, 10^4 cells were seeded per cm^2 and kept in DMEM containing 2% FCS. After incubation with TGF β for 72 the number of cells was determined.

Alkaline Phosphatase (AP). Activity of AP was determined photometrically by the cleavage of p-nitrophenolphosphate.

Collagen and Protein Synthesis. After 72 h of exposure to TGF β cells were incubated in 10 μCi/ml ^{3}H-proline for 4 h. Collagen and protein content was determined and calculated according to Peterkofsky et al. [8].

Results

Osteoblasts from femura of three healthy persons (hObA,B,C) were incubated for 72 h (all experiments) with various concentrations of TGF β. Proliferation was stimulated uniformly in an optimum manner, reaching a maximum at 0,5 ng/ml TGF β (Fig. 1).

Intracellular activity of the bone cell marker enzyme alkaline phosphatase (AP) was slightly down regulated by TGF β (Table 1). Total protein and collagen synthesis rate were decreased by incubation with 0,5 ng/ml TGF β (Table 1).

Proliferation of osteoblasts from OI bone and of cells derived from two regions of different mineral content of a hyperplastic callus was stimulated by TGF β in a similar manner as normal human osteoblasts (Fig. 2). OI bone and callus cells were more responsive to 0,02 ng/ml TGF β. Maximal proliferation of OI osteoblasts was stimulated by 3 ng/ml TGF β.

Similar to normal human osteoblast, AP activity was suppressed by TGF β in OI osteoblasts and in cells from the higher mineralized, central region of the hyperplastic callus. AP activity in cells from the peripheral part, which was poorly mineralized, was stimulated by TGF β (Table 1).

Total protein synthesis was diminished by TGF β in cultures of OI osteoblasts and cells from the central callus, but stimulated in cell cultures of the peripheral part of the callus. Collagen synthesis was only slightly affected by TGF β in OI osteoblasts and cells from central callus but strongly stimulated in cells derived from the peripheral callus (Table 1).

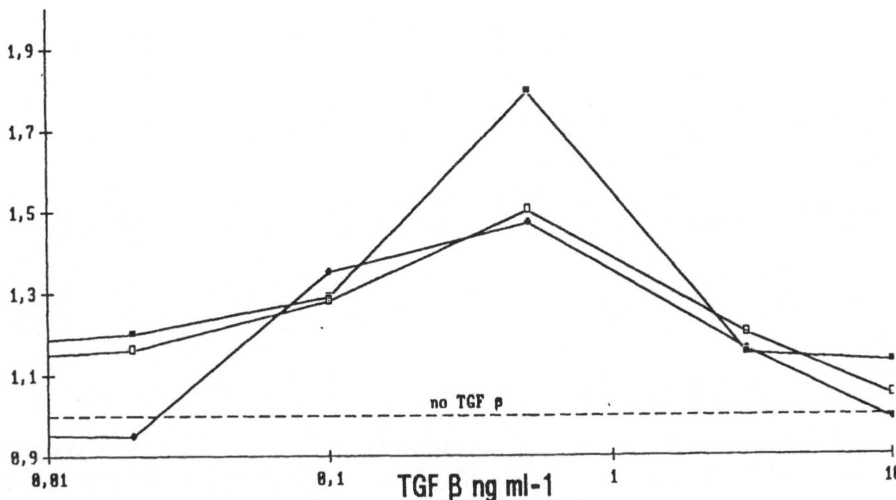

Fig. 1. Effects of TGF β on proliferation of normal human osteoblasts (hObA —◆—, hObB —□—, hObC -■-). Cells were incubated with different concentrations of TGF β for 72 h. Stimulation of proliferation is expressed as ratio of cell number relative to control (no TGF β ----)

Table 1. Effect of TGF β on the activity of alkaline phosphatase (*AP*), total protein and collagen synthesis of normal human osteoblasts, OI osteoblasts and cells derived from differnt regions of a hyperplastic callus. Cells were incubated with 0,5 ng/ml TGF β for 72 h. Values are expressed as percentage of data from assays without TGF β

	Normal human osteoblasts			OI osteoblasts	Callus cells	
	A (Without TGF β = 100%)	B	C		Central	Peripher
AP activity	81	87	78	82	87	123
Total protein	72	91	64	69	68	120
Collagen	72	92	61	96	88	169

Discussion

Normal human osteoblasts in vitro respond to TGF β by acceleration of growth and diminuation of AP activity, protein- and collagen synthesis. These effects may finally cause an increase of the number of cells with decreased capacity to produce organic and mineral constitutents of the extracellular matrix. As high cell number and low collagen content are found associated with OI [5] it is intriguing to speculate if TGF β might participate in creating the phenotype of OI. Osteoblasts derived from bone of an OI type IV patient and cells that formed the higher mineralized part of a hyerplastic callus showed similar responses to TGF β, except of a higher proliferative response at low doses of TGF β. Cells from the peripheral, poorly mineralized part of this hyperplastic callus also divided faster in the presence of TGF β, but – in contrast to all other cultures studied here – showed an

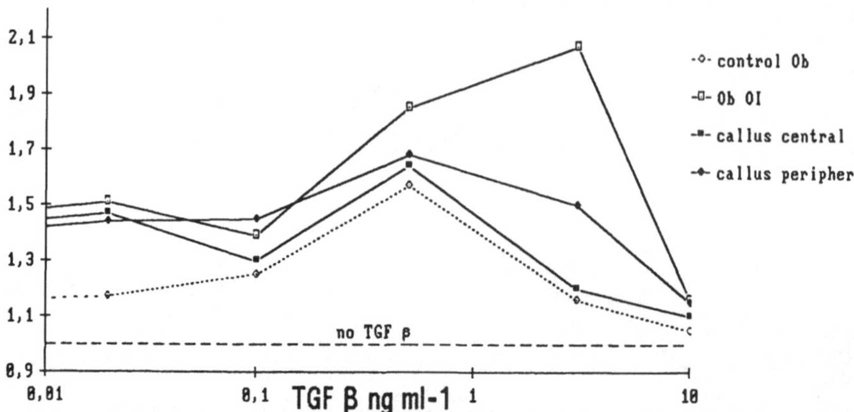

Fig. 2. Effects of TGF β on growth of osteoblasts of controls (... ◇ ..., mean of hObA,B,C as shown in Fig. 1) of an OI patient (—□—), and of cells from the central (—■—), and peripheral (—◆—) region of a hyperplastic callus. Cells were incubated with different concentrations of TGF β for 72 h. Stimulation of proliferation is expressed as ratio of cell number relative to control (no TGF β - - - -)

increase in AP activity, protein and collagen synthesis upon incubation with TGF β. This indicates that the specific response of bone and callus cells to TGF β strongly depend on their state of differentiation.

References

1. Carrington JL, Roberts AB, Flanders KC, Roche NS, Reddi AH (1988) Accumulation, localization and compartmentation of transforming growth factor-beta during endochondral bone development. J Cell Biol 107:1969–1975
2. Joyce ME, Jingushi S, Bolander ME (1990) Transforming growth factor-β in the regulation of fracture repair. Orthop Clin North Am 21:199–209
3. Bonewald LF, Mundy GR (1990) Role of transforming growth factor-beta in bone remodeling. Clin Orthop 250:261–276
4. Rosen DM, Stempien SA, Thompson A, Seyedin JM (1990) Transforming growth factor-β modulates the expression of osteoblast and chondroblast phenotypes in vitro. J Cell Physiol 134:337–346
5. Brenner RE, Vetter U, Nerlich A, Wörsdörfer O, Teller WM (1989) Osteogenesis imperfecta: insufficient collagen synthesis in early childhood as evidenced by analysis of compact bone and fibroblast cultures. Eur J Clin Invest 19:159–166
6. Brenner RE, Vetter U, Nerlich A, Wörsdörfer O, Teller W, Müller PK (1989) Biochemical analysis of callus tissue in osteogenesis imperfecta type IV. J Clin Invest 84:915–921
7. Robey PG, Termine JD (1985) Human bone cells in vitro. Calcif Tissue Int 37:453–460
8. Peterkofsky B, Chojker M, Bateman J (1982) Determination of collagen synthesis in tissue and cell culture systems. In: Furthmayr H (ed) Immunochemistry of the extracellular matrix. CRC Press Inc, Boca Raton, pp 19–47

The Role of Phospholipase C (PI-PLC) in Control of Osteoblast Function

D.J. Veltel, D.B. Jones

Orthopädische Klinik, Universität Münster, Abteilung für Zellbiologie, Domagkstraße 3, W-4400 Münster, FRG

Introduction

The activation of phospolipase C (PI-PLC), which mediates the breakdown of phosphatidyl-inositol 4,5 biphosphate (PIP_2) in the membrane has recently been identified as one of the most important steps in the hormonal regulation of skeletal cell activity.

This phospholipase is now known to mediate the activity of many growth factors through the regulation of and the control protein kinase C and the control of intracellular free calcium levels through the release of inositol triphosphate. PI-PLC is also stimulated by several hormones that are involved in repair, mineral homeostasis, resorption and growth. In order to get more insight into the control of osteoblast function via PI-PLC activation we have investigated the influence of parathyroid hormone (PTH) and of vasoactive intestinal peptide (VIP) on the stimulation of PI-PLC in cultured osteoblasts derived from bovine metacarpels. The influence of mechanical strain, which elicts similar biological responses as do hormones, on the activation of PI-PLC was also investigated.

Methods

The method of cell cultures were based on those of Jones and Boyde [1]. Mechanical stress experiments were performed as described previously [2]. The activation of phospholipase C was measured by the measurement of the breakdown of the substrate of PI-PLC, phosphatidylinositol-4,5-biphosphate (PIP_2) and by the increase in inositol-1-phosphate, one of the products of the PIP_2-degradation [3].

Results

As a measurement of PI-PLC activation by stimulation of osteoblasts with PTH and VIP, inositol-1-phosphate (InsP) accumulation caused by lithium chloride inhibition of InsP was measured by quantitative scanning of metabolites separated by TLC on PEI-cellulose. Figure 1 shows a representative scan of such an experiment together with a representative control when the IP phosphatase was inhibited with 5 mM $LiCl_3$. Inositol-1-phosphates were extracted from both haversian and periostal derived cells after treatment with 10 nM PTH for 2 min, while in untreated cells no detectable amounts of inositol-1-phosphates

T.H. Ittel H.-G. Sieberth H.H. Matthiaß (Hrsg.)
Aktuelle Aspekte der Osteologie

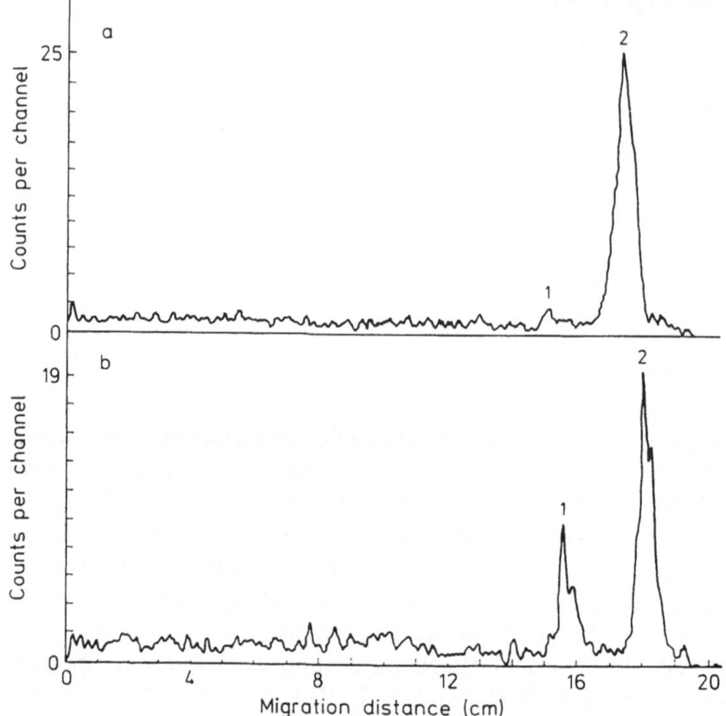

Fig. 1a, b. Thin layer chromatographic separation of radioactive water soluble metabolites of inositol (inositol (*1*) and glyceroinositol (*2*)-phosphates) in cultures of periostal derived osteoblast-like cells treated with 5 mM $CiCl_3$ in vitro. **a** control **b** after 2 min stimulation with 10 nM PTH. Peak 1 co-migrates with inositol-monophosphate. Peak 2 co-migrates with inositol glycero-phosphate

could be observed. As shown in Fig. 2 a similar result could be observed in cells derived from the periosteum when treated with 2000 μstrains for 5 or 10 min.

In contrast cells derived from the haversian canal did not show any response to mechanical strain or upon VIP-stimulation (data not shown).

These measurements clearly show that PTH as well as VIP can induce PI-PLC activation in periostal osteoblasts and that in the case of periostal cells this hormonal stimulation can be mimicked by mechanical strain applied in a physiological range.

Discussion

The action of PTH and VIP as well as the influence of mechanical strain on the activation of PI-PLC in osteoblasts was investigated in this study. The results obtained so far indicate that there are two types of PLC: one of which is sensitive not only to hormones but also to mechanical strain. This PLC could be found in periostal osteoblasts. On the other hand osteoblasts derived from the haversian system obviously don't have a strain sensitive PLC while the hormone sensitive PLC could be detected. It is well known that the breakdown of PIP_2 upon activity of PI-PLC generates two intracellular signals, diacylglycerol (DAG)

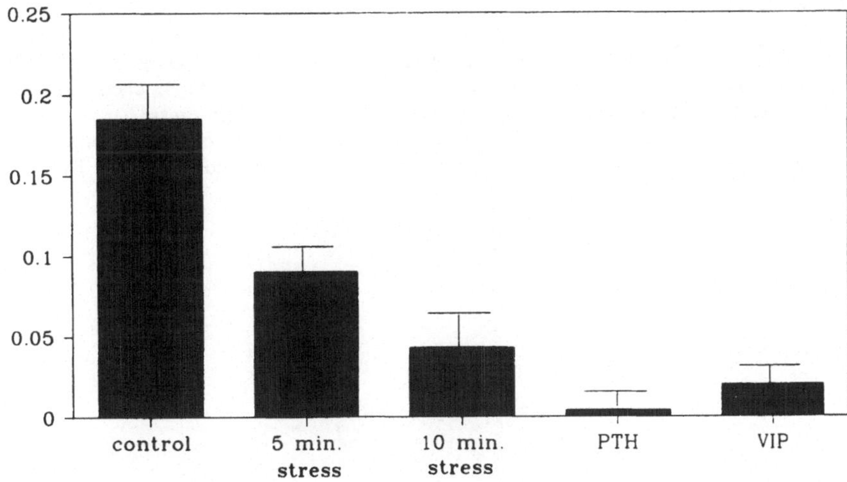

Fig. 2. Measurement of PLC-activation in periost-derived osteoblasts upon stimulation with mechanical strain (2000 μ strains), PTH and VIP. PLC-activity was determined from the ratio of PIP_2-breakdown to phosphatidyl-inositol accumulation

and inositol triphosphate (IP_3) which are nearly universal intracellular signal transducers (). Other agents that cause significant bone resorption in vitro, such as epidermal growth factor and platelet derived growth factor are also known to stimulate PI-PLC. Thus PTH and VIP, as shown in this study able to activate PI-POLC, join a family of factors which stimulate bone resorption through the inositolphospholipid specific PI-PLC/PKC pathway. The fact that mechanical strain applied to periostal osteoblasts also stimulate PI-PLC and by this may lead to bone resorption seems to be a most exciting aspect concerning all of these well known problems with skeletal implants.

The sequence of intracellular events following phosphatidylinositol-4,5-biphosphate breakdown is a fundamental mechanism for the mediation of skeletal tissue matrix resorption which has profound biological and clinical relevance. Further studies in our laboratory are in preparation to clarify in more detail those intracellular pathways in future.

Summary

The activation of phospholipase C through the action of several hormones was studied in cultured osteoblasts derived from the periosteum and from the haversian canal. It could be shown that parathyroid hormone as well as vasoactive intestinal peptide (a peptide hormone found in the sympathetic nerve fibers of the periosteum) stimulated PI-PLC in periostal cells vasoactive intestinal peptide however had no effect on the stimulation of PI-PLC in haversian-derived osteoblasts. Mechanical strain, which also elicts similar biological responses to the above hormonal effects also stimulate phospholipase C, but only in cells derived form the periosteum, not in cells derived from the haversian canals. The sequence of intracellular events following PI-PLC activation is a fundamental mechanism for the mediation of skeletal matrix resorption which has profound biological and clinical significance.

References

1. Jones SJ, Boyde A (1977) The migration of osteoblasts. Cell Tissue Res 187:179–193
2. Jones DB, Nolte H, Scholübbers G, Turner E, Veltel D (1991) Biochemical signal transduction of mechanical strain in osteoblast-like cells. Biomaterials (in press)
3. Sharps ES, McCarl RL (1982) A high performance liquid chromatographic method to measure 32P incorporation into phosphorylated metabolites in cultured cells. Anal Biochem 124:421–424

Zweizeitige Osteocalcinstimulation nach T_3-Gabe

A. Knauerhase[1], H.-C. Schober[1], J. Dabels[1], F. Michael[2]

[1] Abteilung Endokrinologie und Stoffwechselkrankheiten, Klinik und Poliklinik für Innere Medizin, Universität Rostock, E.-Heydemann-Straße 6, O-2500 Rostock, BRD
[2] Abteilung für Nuklearmedizin, Bezirkskrankenhaus Schwerin, Wismarsche Straße, O-2700 Schwerin, BRD

Einleitung

Das BGP (Bone Gla Protein) und die BAP (knochenspezifische alkalische Phosphatase) gelten als Indikatoren für die osteoblastäre Funktion, speziell bei der Hyperthyreose wurde ein diskonkordantes Verhalten der Parameter beschrieben [7]. Ziel dieser Arbeit war es, das Verhalten vom BGP und BAP im zeitlichen Ablauf nach Induktion eines hyperthyreoten Zustandes zu untersuchen.

Methodik

11 gesunde Probanden (4 weibl., 7 männl., Alter 21–29 Jahre), die keine Medikamente einnahmen, erhielten über 7 Tage 100 μg T_3/d. Blutentnahmen erfolgten morgens, nüchtern, vor der T_3-Gabe, sowie am Tag 3, Tag 7 und einmal pro Woche über 4 Monate danach. Die Blutproben wurden zentrifugiert und bei −21°C tiefgefroren.

Die Bestimmung des BGP erfolgte mittels eines RIA-Essayes CIS-International (Gif sur Yvette, France), Intraessayvarianz unter 8%, die des midregional-Parathormons (44-68) mit einem RIA-Essay, Firma Henning, Berlin. Die Schilddrüsenhormonwerte wurden mit RIA-Kits der Firma Henning, Berlin, bestimmt. Verwendete statistische Verfahren: U-Test nach Mann und Whitney, Wilcoxan-Test und lineare Regressionsanalyse.

Ergebnisse

1. Der T_3-Wert war am Tag 3 im Vergleich zum Tag 1 signifikant erhöht, die TSH- und T_4-Spiegel signifikant erniedrigt. Die Einzelwerte sind in Tabelle 1 aufgeführt.

2. Am Tag 3 waren die BGP-Spiegel signifikant erhöht (12,70 ± 0,05 vs. 11,40 ± 2,16 ng/ml, $p < 0,001$), (Abb. 1). Die Differenz der BGP-Werte zwischen Tag 1 und Tag 3 betrug 11,4%. Der BGP-Anstieg korrelierte nicht mit der T_3-Erhöhung ($r = -0,008$).

3. Drei Wochen nach Beginn der T_3-Einnahme kam es zu einem signifikanten Anstieg der BAP (1,89 ± 0,56 vs. 2,58 ± 0,74 μmol/ls, $p < 0,05$). Der BAP-Anstieg vom Tag 3 bis zur 2. Woche nach Beendigung der T_3-Gabe war kontinuierlich. Danach blieb die BAP über 4 Wochen erhöht, um dann wieder abzufallen. Zum Zeitpunkt der maximalen BGP- und BAP-Anstiege bestand zwischen den beiden Werten eine signifikante Korrelation

T. H. Ittel H.-G. Sieberth H. H. Matthiaß (Hrsg.)
Aktuelle Aspekte der Osteologie

(Tag 3: r=0,88, $p < 0,001$; 5. Abnahme: r=0,70, $p < 0,05$). Die Erhöhung der BAP-Werte korrelierte nicht (r=−0,21) mit dem signifikanten Wiederanstieg des TSH- bzw. T_4-Spiegels. Gemeinsam mit dem Anstieg der BAP von der 2. Woche zur 3. Woche nach Einnahmebeginn des T_3 kam es zu einem Anstieg des BGP (11,38 ± 2,57 vs. 10,48 ± 2,68 ng/ml, n.s.).

4. Kalzium- und Phosphatwerte an den Tagen 1, 3 und 7 sowie in der 2. und 3. Woche nach Beginn der T_3-Einnahme s. Tabelle 2. Kreatinin wurde einmalig zum Ausschluß einer Nierenfunktionsstörung bestimmt. Alle Werte waren normal.

5. Die Parathormonspiegel (PTH) waren am Tag 7 im Vergleich zum Tag 1 signifikant erhöht (354,0 ± 51,31 vs. 318,2 ± 82,95 pmol/l, $p < 0,05$). In der 3. Woche nach Beginn der T_3-Einnahme lag der PTH-Spiegel signifikant höher als in der 2. Woche (380 ± 41,62 pmol/l, $p < 0,05$).

Diskussion

Zum zeitlichen Verlauf des Verhaltens von BGP und BAP bei metabolischen Osteopathien liegen wenige Mitteilungen vor, Hasling et al. hatten auf den Zusammenhang zwischen Verhalten des BGP und Remodelingzyklus des Knochens bei Gesunden hingewiesen [2]. Bei einer Hyperthyreose wurde ein verkürzter Remodelingzyklus beschrieben [1]. Die Untersuchung des Verhaltens von BGP und BAP nach Induktion einer Hyperthyreose ermöglicht unter Beachtung der histomorphometrischen Abläufe des Remodelingzyklus eine Bewertung des Zusammenhanges zwischen laborchemischen und histomorphometrischen Parametern des Knochenstoffwechsels.

Die Schilddrüsenhormonbefunde bewiesen das Vorliegen einer T_3-Hyperthyreose. Unmittelbar nach Einnahme des T_3 kam es zu einem signifikanten Anstieg des BGP. Anzunehmen ist, daß T_3 arbeitende Osteoblasten zur vermehrten BGP-Produktion stimuliert. Auch die Resorption des Knochens wird durch Schilddrüsenhormone gesteigert. Eine BGP-Freisetzung aus abgebauter Knochenmatrix wäre denkbar. Riggs et al. fanden jedoch nach

Tabelle 1. Schilddrüsenhormonwerte zu Beginn der Untersuchungen (Wert ± SD)

Hormon	Tag 1	Tag 3	Signif.
T_3	2,22 ± 0,53 nmol/l	6,99 ± 2,02 nmol/l	$p < 0,001$
TSH	2,12 ± 0,77 mE/l	0,35 ± 0,05 mE/l	$p < 0,001$
T_4	129,6 ± 24,4 nmol/l	72,4 ± 11,6 nmol/l	$p < 0,001$

Tabelle 2. Kalzium- und Phosphatwerte (Wert ± SD; mmol/l)

	Tag 1	Tag 3	Tag 7	2. Woche	3. Woche
Kalzium	2,51 ± 0,85	2,49 ± 0,71	2,65 ± 0,62	2,46 ± 0,63	2,45 ± 0,62
Phosphat	1,14 ± 0,14	1,06 ± 0,22	1,08 ± 0,19	1,33 ± 0,26	1,23 ± 0,12

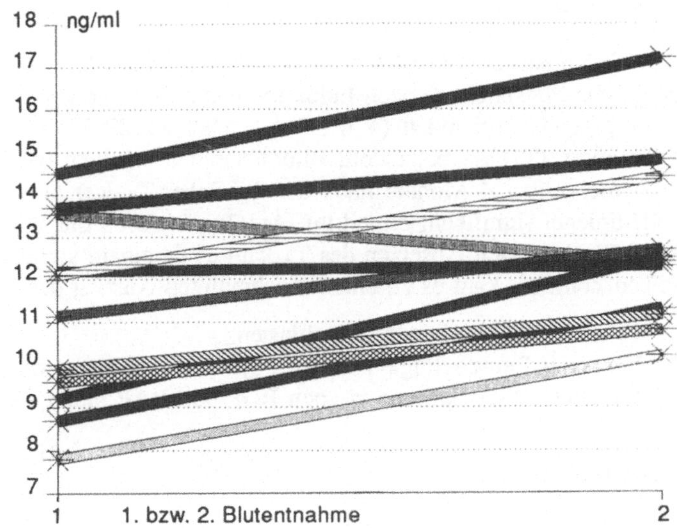

Abb. 1. BGP-Spiegel unter T_3-Gabe (x-Achse: *1.* bzw. *2.* Blutentnahme, Tag 1 und 3, y-Achse: ng/ml)

Stimulation des Knochenabbaus mit Parathormon keine Steigerung, sondern einen geringen Abfall des BGP-Spiegels [3]. Daher ist die BGP-Erhöhung durch vermehrten Knochenabbau unwahrscheinlich. Gegen den BGP-Anstieg durch Resorption spricht auch der anfängliche einmalige Gipfel.

Der signifikante Anstieg der BAP in der 3. Woche nach T_3-Gabe könnte dem Auftreten aktiver Osteoblasten nach Ende der resorptiven Phase entsprechen. Diese Annahme wird gestutzt durch den konkordanten Anstieg des BGP. Wir vermuten, daß mit der Applikation des T_3 viele Remodelingzyklen synchron in Gang gesetzt wurden. Diese Synchronität der Zellfunktionen ist am ehesten für den beobachteten BGP- und BAP-Anstieg verantwortlich.

Der BAP-Anstieg blieb über 4 Wochen auf etwa gleich hohem Niveau. Der Befund deckt sich mit dem Vorliegen von aktiven kubischen Osteoblasten während der Knochenformationsphase unter hyperthyreoten Bedingungen. Unsere serochemischen Daten befinden sich in guter Übereinstimmung mit den histomorphometrisch ermittelten Verläufen der Knochenformation bei Hyperthyreose.

Zu klären bleibt die anfängliche Dissoziation zwischen BGP und BAP. Eine BAP-Erhöhung scheint serochemisch nur bei deutlicher Stimulation einer großen Osteoblastenzahl relevant zu werden. Die Aktivitätssteigerung der bei Versuchsbeginn arbeitenden Osteoblasten scheint zwar die Erhöhung des BGP zu ermöglichen, jedoch nicht zu einem Anstieg der BAP zu führen. Beide Parameter reflektieren möglicherweise verschiedene Leistungen der Osteoblasten.

Zusammenfassung

Das Verhalten von BGP (Bone Gla Protein, Osteocalcin) und BAP (Knochenspezifische alkalische Phosphatase) nach Induktion einer T_3-Hyperthyreose sollte untersucht werden.

11 gesunde Probanden (4 w., 7 m., Alter 21–29 J.) wurden 7 Tage mit 100 μg Trijodthyronin (T_3)/die behandelt. Blutentnahmen erfolgen bevor, am Tag 3 und 7 und 1× pro Woche über 4 Monate nach der T_3-Gabe. T_3 war am Tag 3 signifikant erhöht, die TSH-Spiegel signifikant erniedrigt. Am Tag 3 waren die BGP-Spiegel signifikant erhöht. Zwei Wochen nach Absetzen des T_3 kam es zu einem signifikanten Anstieg der BAP. Im selben Zeitraum kam es zu einem nochmaligen Anstieg des BGP. Schlußfolgerungen:

1. T_3 stimuliert arbeitende Osteoblasten.
2. Ein neuer Remodelingzyklus wird synchron in Gang gesetzt.
3. Die akute Dissoziation zwischen BGP und BAP bleibt zu klären.

Literatur

1. Eriksen EF, Mosekilde L, Melsen F (1985) Trabecular bone remodeling and bone balance in hyperthyroidism. Bone 6:421–428
2. Hasling C, Eriksen GF, Charles P, Mosekilde L (1987) Exogenous triiodothyronine activates bone remodeling. Bone 8:65–69
3. Riggs BL, Troi KS, Mann KG (1986) Effect of acute increases in bone matrix degradation on circulating levels of bone Gla protein. J Bone Mineral Res 6:539–542

Proliferation und Kollagenstoffwechsel von Osteoblasten und Chondrozyten bei einem Short-Rib-Syndrom ohne Polydaktylie

R. E. Brenner[1], A. Nerlich[2], M. Mörike[1], R. Terinde[3], W. M. Teller[1]

[1] Universitätsklinik Ulm, Pritwitzstraße 43, W–7900 Ulm, BRD
[2] Pathologisches Institut, Universität München, Thalkirchner Straße 36, W–8000 München 2, BRD
[3] Universitätsfrauenklinik Ulm, Prittwitzstraße 43, W–7900 Ulm, BRD

Einleitung

Unter den letalen Skelettdysplasien gibt es eine Gruppe, die durch einen sehr schmalen Thorax charakterisiert ist. Dies ist Ursache einer respiratorischen Insuffizienz, die postnatal zum Tode führt. Die molekularen Ursachen dieser genetisch bedingten Entwicklungsstörungen des Skelettsystems sind bis heute unbekannt. Wir berichten über den Fall eines Short Rib Syndroms Typ Beemer, bei dem erstmals zellbiologische und biochemische Untersuchungen an Osteoblasten und Chondrozyten durchgeführt wurden.

Fallbeschreibung

Bei dem weiblichen Neugeborenen von 32 Schwangerschaftswochen wurde bereits pränatal die Diagnose einer letalen Skelettdysplasie gestellt. Das Kind verstarb unmittelbar postnatal und wies einen extrem schmalen Thorax sowie verkürzte Extremitäten bei weitgehend normaler Rumpflänge auf. Darüberhinaus lagen eine Lippenkiefergaumenspalte, eine spaltförmige Längsfurchung der Zunge und neonatal bereits durchgebrochene Zähne vor. Eine Polydaktylie war nicht vorhanden. Im Babygramm (s. Abb. 1) fanden sich extrem verkürzte Rippen mit kolbig aufgetriebener Knorpel-Knochengrenze. Die langen Röhrenknochen zeigten metaphysäre Abrundungen ohne auffällige Unregelmäßigkeiten. Bei der Obduktion fanden sich als begleitende Fehlbildungen eine Malrotation des Dünn- und Dickdarmes, hypoplastische Lungen mit Lappungsanomalien bds., ein Vorhofseptumdefekt, eine Genitalmißbildung mit Verschmelzung von distaler Urethra und Vagina sowie ein komplexes Mißbildungssyndrom des Gehirns.

Histologische Befunde

Im Bereich der Knorpel-Knochen-Übergangszone zeigte sich ein normaler Ruheknorpel sowie eine unregelmäßige Anordnung zu Säulen- und Blasenknorpel. Die Proliferationszone war insgesamt verschmälert. Bis in das angrenzende, metaphysäre Knochengewebe hineinreichend fanden sich breite, persistierende, hypertrophierte Knorpelareale.

T. H. Ittel H.-G. Sieberth H. H. Matthiaß (Hrsg.)
Aktuelle Aspekte der Osteologie

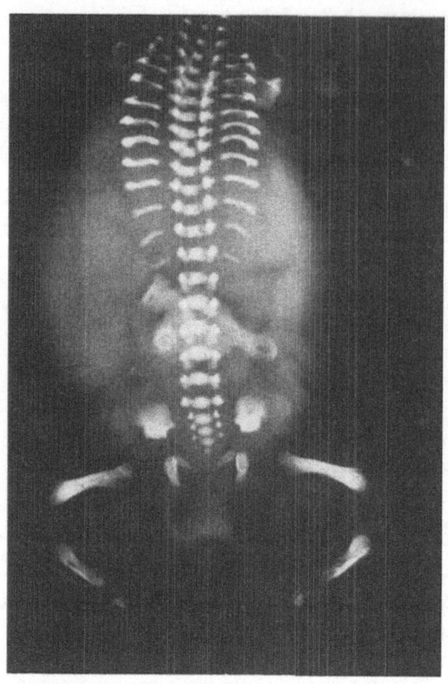

Abb. 1. Postnatales Babygramm

Methoden

Die Osteoblasten- und Chondrozytenkulturen wurden angelegt nach Robey und Termine [1] bzw. Vetter et al. [2]. Die Proliferation der Osteoblasten wurde durch Zellzählung in Monolayerkultur bestimmt unter Stimulation mit 10% FCS. Zur Untersuchung des klonalen Wachstums der Chondrozyten wurden diese in 0,8% Methylzellulose ausgesäht und bei reduzierter Sauerstoffatmosphäre (5% O_2) mit 5% hitzeinaktiviertem FCS sowie verschiedenen Konzentrationen von IGF I, IGF II, STH und TGF β kultiviert. Anschließend wurden die gebildeten Zellkolonien ausgezählt [2]. Zur Analyse der in vitro synthetisierten Kollagene erfolgte eine 24-stündige Inkubation mit ^{3}H-Prolin und nach einem limitierten Pepsinabhbau eine Auftrennung mittels PAA-Gelektrophorese wie früher beschrieben [3].

Ergebnisse

Die Osteoblasten waren in der histochemischen Färbung auf alkalische Phosphatase positiv. Im klonalen Proliferationsassay ließen sich sowohl die Gelenk- wie auch die Rippenknorpelzellen mit IGF I, IGF II und STH normal stimulieren. TGF β erwies sich bei der fetalen Kontrolle (18 SSW) als potenter Wachstumsfaktor für die Gelenkchondrozyten, während es bei den Rippenchondrozyten keinen Effekt hatte. Im Vergleich dazu zeigte sich bei dem Short Rib Syndrom Typ Beemer eine überschießende Stimulation durch TGF β bei Rippen- und Gelenkchondrozyten (s. Abb. 2).

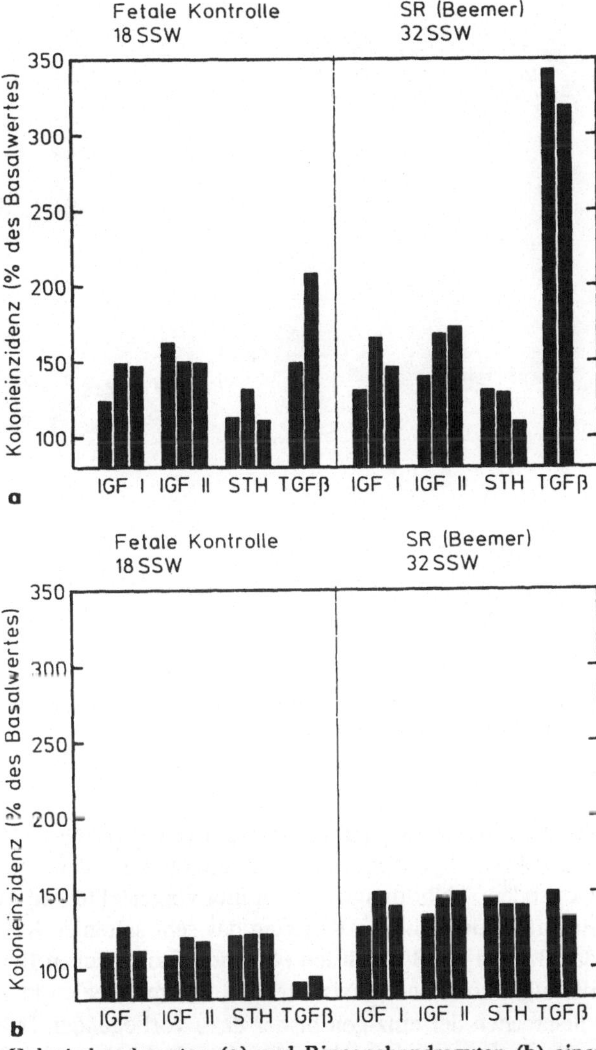

Abb. 2a, b. Klonales Wachstum von Gelenkchondrozyten (a) und Rippenchondrozyten (b) einer fetalen Kontrolle (*18 SSW*) und eines Short Rib Syndroms Typ Beemer unter Stimulation mit *IGF I* (0,3/1,25/12,5 ng/ml), *IGF II* (0,3/1,25/12,5 ng/ml), *STH* (0,5/5/25 ng/ml) und *TGF β* (0,3/1,25 ng/ml)

In den Osteoblastenkulturen wurden die Kollagene I und V, in den Chondrozytenkulturen die Kollagene II und XI in normalem Verhältnis synthetisiert. Das Wanderungsverhalten der Kollagenketten zeigte keine Auffälligkeiten (Abb. 3).

Diskussion

Bei einer letalen Skelettdysplasie mit schmalem Thorax kommen differentialdiagnostisch in erster Linie die Thanatophore Dysplasie, Asphyxierende Thoraxdysplasie (Jeune Syn-

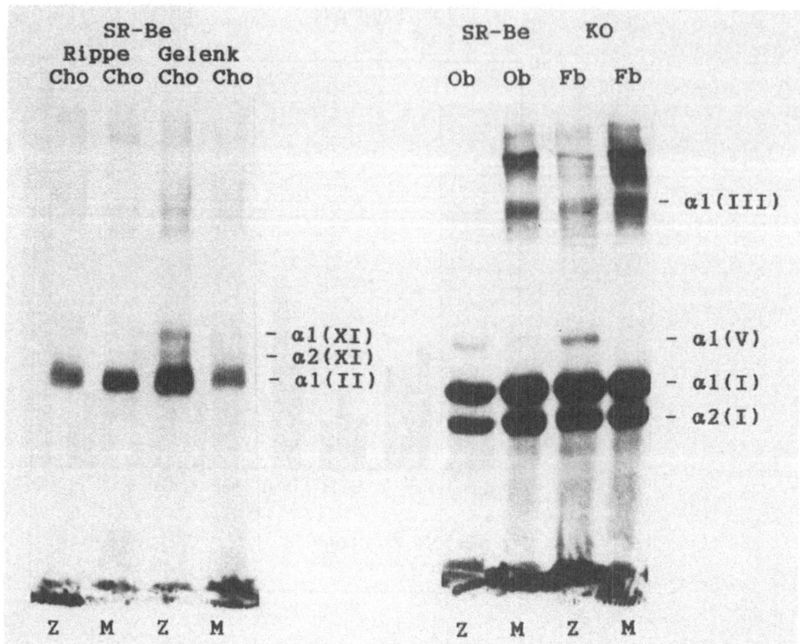

Abb. 3. PAA-Gelektrophorese in vitro synthetisierter Kollagene von Rippen-, Gelenkchondrozyten (*Rippe/Gelenk Cho*) und Osteoblasten (*Ob*) bei einem Short Rib Syndrom Typ Beemer sowie Hautfibroblasten (*Fb*) einer Kontrolle

drom), Chondroektodermale Dysplasie (Ellis-van Creveld Syndrom) sowie die Short Rib Polydaktylie Syndrome 1–3 in Betracht. Aufgrund der radiologischen Befunde und der begleitenden Fehlbildungen ist der hier vorgestellte Fall in keine dieser Entitäten einzuordnen. Er erfüllt vielmehr die Kriterien des sehr seltenen Short Rib Syndroms ohne Polydaktylie, das Beemer 1983 beschrieb [4]. Die histologischen Befunde einer reduzierten Knorpelproliferationszone und persistierenden Knorpelarealen in angrenzenden metaphysären Bereich entsprechen der einzigen bisher dazu vorliegenden Publikation [5].

Erstmals konnten zusätzlich zellbiologische und biochemische Untersuchungen bei dieser Skelettdysplasie durchgeführt werden. Dabei zeigte sich, daß das Ansprechen der Gelenk- und Rippenchondrozyten auf IGF I, IGF II und STH normal ist. TGF β, ein multifunktionelles 25 kd großes Protein, das bei postnatalen Knorpelzellen sowohl einen Einfluß auf die Proliferation als auch auf die Matrixsynthese hat [6], erwies sich als sehr potenter fetaler Wachstumsfaktor für die Gelenkchondrozyten. Interessanterweise hatte es bei der fertalen Kontrolle keinen Einfluß auf die Proliferation der Rippenchondrozyten, was auf eine unterschiedliche Regulation hinweist. Bei dem Short Rib Syndrom Typ Beemer zeigte sich eine deutlich bessere Stimulation des klonalen Knorpelzellwachstums durch TGF β als bei der Kontrolle. Dabei ist jedoch zu berücksichtigen, daß die Kontrolle einem früheren Schwangerschaftzeitpunkt entstammt und die Unterschiede auch auf Reifungsprozessen beruhen können. Weitere Untersuchungen müssen nun folgen, um den zugrundeliegenden molekularen Defekt einzugrenzen. Die Rolle des TGF β für die Chondrozytenproliferation und den Ersatz durch Knochengewebe rückt dabei in das Zentrum des Interesses.

Zusammenfassung

Wir berichten über den Fall einer letalen Skelettdysplasie mit sehr schmalem Thorax, der nach radiologischen Befunden und begleitenden Fehlbildungen einem Short Rib Syndrom ohne Polydaktylie (Typ Beemer) zuzuordnen ist. Die histologischen Befunde zeigten eine reduzierte Knorpelproliferation und breiten, persistierenden hypertrophen Knorpel am Übergang zum angrenzenden Knochengewebe. In vitro konnte das klonale Wachstum der Gelenk- und Rippenchondrozyten mit IGF I, IGF II, STH und TGF β stimuliert werden. Die von Osteoblasten und Chondrozyten synthetisierten Kollagene I und V bzw. II und XI zeigten ein normales Verteilungsmuster und Wanderungsverhalten in der Gelektrophorese.

Literatur

1. Robey PG, Termine JD (1986) Human bone cells in vitro. Calcif Tissue Int 37:453–460
2. Vetter U, Zapf J, Heit W, Helbing G, Heinze E, Froesch RE, Teller WM (1986) Human fetal und adult chondrocytes. J Clin Invest 77:1903–1908
3. Brenner RE, Vetter U, Nerlich A, Wörsdörfer O, Teller WM, Müller PK (1990) Altered collagen metabolism in osteogenesis imperfecta fibroblasts: a study on 33 patients with diverse forms. Eur J Clin Invest 20:8–14
4. Beemer FA, Langer LO, Klep-de Pater JM, Hemmes AM, Bylsma JS, Pauli PM, Myers TL, Haws CC (1983) A new short rib syndrome. Am J Med Genet 14:115–123
5. Garcia H, Drescher H, Kuchelmeister K, Lenz W, Roessner A (1988) Short rib-polydactyly syndromes. Klin Padiatr 200:140–144
6. Rosier RN, O'Keefe RJ, Crabb ID, Puzas JE (1989) Transforming growth factor beta: an autocrine regulator of chondrocytes. Connect Tissue Res 20;295–301

Temporal and Spatial Expression of Vigilin During the Formation and Differentiation of Skeletal Structures

G. Plenz, Y. Gan, H.-M. Raabe, P. K. Müller

Institut für Medizinische Molekularbiologie, Universität Lübeck, Ratzeburger Allee 160, W-2400 Lübeck, FRG

Introduction

The development and differentiation of skeletal tissues is a delicate process with several changes in the expression pattern of a variety of genes including genes coding for extracellular matrix proteins. For example the genes for cartilage and bone collagens are expressed in a sequential order concomitant with cell differentiation and embryonal development.

Chondrocytes in hyaline cartilage like sternum show a morphological differentiation dependent on the stage of embryonal development and display distinctive proliferation stages within one tissue. Bone formation can follow two quite distinctive routes, that is endochondral or intramembranous bone formation. Much of the information concerning the spatial and temporal distribution of proteins which are related to the extracellular matrix like type I and II collagen has been derived from immunohistochemical analysis, in vitro models of chondrogenesis and bone induction models. More recently the sequential expression of various collagens and other matrix proteins has been studied by nucleic acid hybridization during in vitro chondrogenesis [1, 2] and by in situ hybridization in developing cartilage and skeleton [2–5].

Based on experiments on dedifferentiating chondrocytes we have identified and cloned a novel gene, which we called Vigilin. As previously shown, the Vigilin gene undergoes a temporal and tissue specific control [6–8] and paralleles the switch from collagen II to collagen I synthesis in in vitro cultured chondrocytes [9]. In order to study the role of Vigilin in skeletal tissue development and it's expression in comparison to collagen type I and II during embryonal bone formation and cartilage differentiation we have studied the expression of Vigilin mRNA by in situ hybridization.

Methods

To study the expression of Vigilin in developing chick embryos and human bone in situ hybridization with 35S-labeled cRNA probes was established [10]. cDNA fragments of Vigilin, pro 1(I)- and pro 2(I) collagen were subcloned in in vitro transcription vectors (gemini 3Z and 4Z; Fig. 1). To produce the labeled sense and antisense probes we used T7 and SP6 RNA polymerases, respectively. The in situ hybridization was performed on sections of whole chick embryos, sterna and calvaria, limbs and fetal (22/23 wp, femur) human bone.

T. H. Ittel H.-G. Sieberth H. H. Matthiaß (Hrsg.)
Aktuelle Aspekte der Osteologie

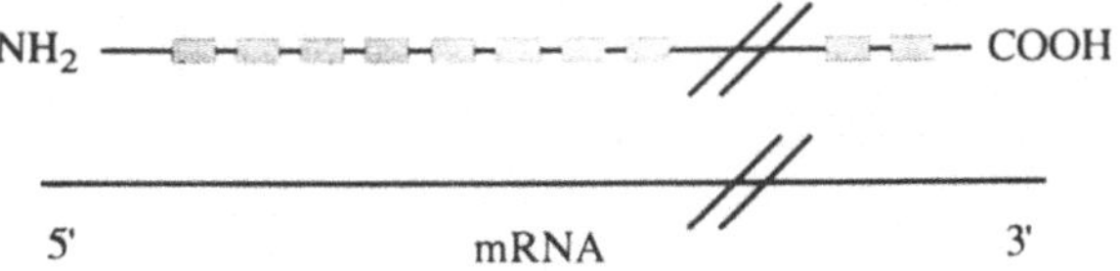

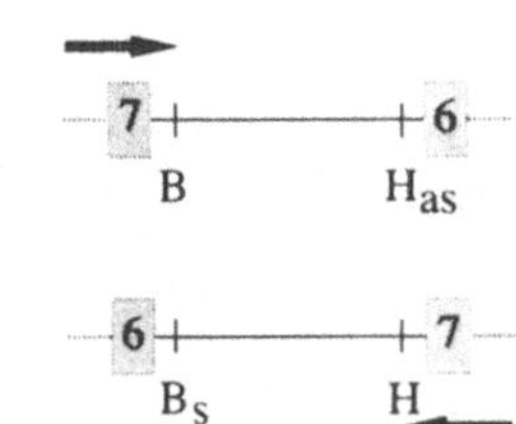

Fig. 1. The Vigilin probe and their orientation in the templates used for in vitro transcription of ^{35}S-UTP labeled cRNA. Open boxes indicate the promotor sites of the T7 and SP6 RNA polymerases, sense = *s* and antisense = *as; arrow* = direction of transcription. Restriction sites for linearization: *B*, BamHI; *H*, HindIII

Results

The developmental study showed that Vigilin was expressed in undifferentiated mesodermal cells (f.e. stroma) and differentiated mesenchymal tissues such as calvarium, sternum, long bones and tendon. In any developmental stage, Vigilin expression showed a close association with the expression of collagen II mRNA, although it appeared that Vigilin dragged behind in time and amount. On day 3/4 of chicken development expression of Vigilin mRNA was low in limb buds; a distinct distribution could not be observed. Beginning with day 5 both, collagen I and Vigilin expression were detected in the perichondrium; Vigilin mRNA was most strikingly seen in those fibroblasts which were in close contact to the neighbouring chondrocytes. In contrast, collagen I mRNA was evenly expressed in the entire perichondrium but never occured in the underlying chondrocytes (Fig. 2). Similar to the expression pattern described above for the sternal cartilage, Vigilin mRNA and collagen II mRNA was found in articular cartilage. In later embryonal stages Vigilin and collagen I mRNA could be demonstrated in osteoblasts lining the surface of the osteoid of periost and in the ossification centre of diaphysis and epiphysis (Fig. 3). A simultaneous expression of Vigilin and type I collagen could be shown in chicken calvarial osteoblasts through all developmental stages. In contrast to collagen I mRNA Vigilin mRNA is weakly expressed in osteocytes. There was no detectable difference in the expression of Vigilin in osteoblasts of different developmental stages nevertheless a decreasing amount of Vigilin-mRNA with the increasing hetch time could be observed. There was no expression of type II collagen mRNA.

Discussion

The expression Vigilin mRNA in cartilage was similar to that of the collagen II mRNA and was also depending on the stage of embryonal development and stage of chondrocyte differentiation within the cartilage tissue [3]. During the differentiation of the chondrocytes

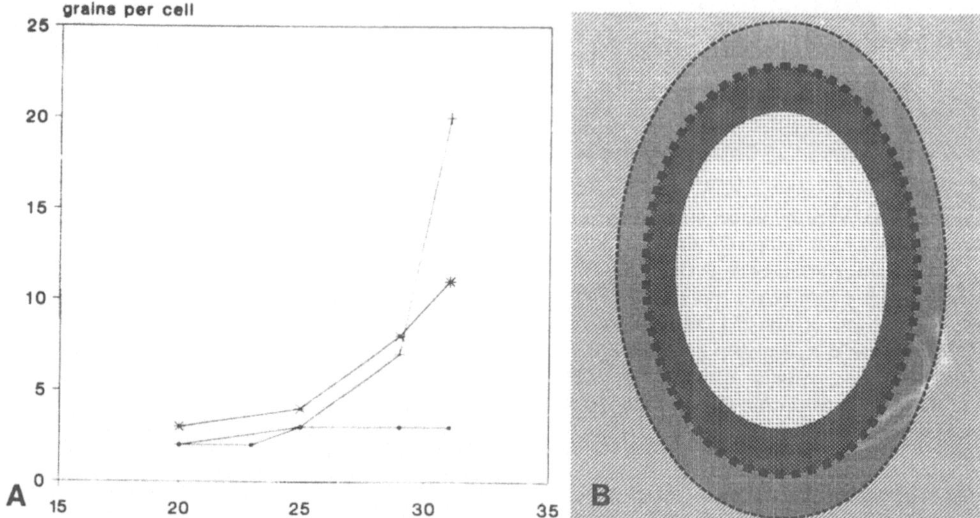

Fig. 2A, B. Temporal (A) and spatial (B) expression of Vigilin mRNA during early limb development. A Myogenic cells of the limb bud; +, perichondral fibroblasts; *, chondrocytes of the cartilage model. **B** Schematic representation of the expression pattern of Vigilin and Procollagen I mRNA in limb buds. *Thin doted border:* limb bud, mesenchymal tissues. Perichondrium: Vigilin is expressed in perichondral cells which are in direct contact to the condrocyte area (*thick doted border*) and in the chondrocytes themselves (*centre*). Procollagen I is highly expressed in all perichondral cells, but the highest expression is observed in those perichondral cells which are in direct contact to the surrounding myogenic cells. *Hatched area:* ectodermal tissue: low expression of procollagen I occurs in the ectodermal tissue surrounding the bone cartilage

to hypertrophy the levels of Vigilin and type II collagen mRNA's went to a maximum and both mRNA levels decreased in the subsequent process of dedifferentiation of chondrocytes (Fig. 4). This may suggest a relation between the expression pattern of chondrocytes during dedifferentiation in vivo and that occuring in vitro when cells are maintained in low density. The expression in perichondral fibroblasts maybe explained by their embryonal origin; perichondral fibroblasts as well as chondrocytes originate from mesenchymal progenitor cells, whereby the perichondral fibroblasts represent an earlier stage of differentiation. Interestingly, in these fibroblasts Vigilin was coexpressed not with type II procollagen but with procollagen type I and III mRNA.

During endochondral bone formation collagen type II mRNA was first detected at stage 24 [11] a time when Vigilin mRNA expression could be seen first. As differentiation progressed to chondrocytes and perichondral fibroblasts the expression of both mRNAs increased. We could not detect any type II collagen hybridization signal in the nonchondrogenic periphery as described [4]. The in situ hybridization could demonstrate that the spatial expression pattern of Vigilin mRNA in chick long bone of later embryonal stages and human fetal long bone was similar in particular in the late stages. Vigilin- and procollagen I genes were coexpressed in the perichondrium and periost. Expression of Vigilin mRNA could be demonstrated first in the dorsal and cranial mesoderm derived osteogenic the cells and increased with their proliferation into osteoblasts. When osteoblasts became

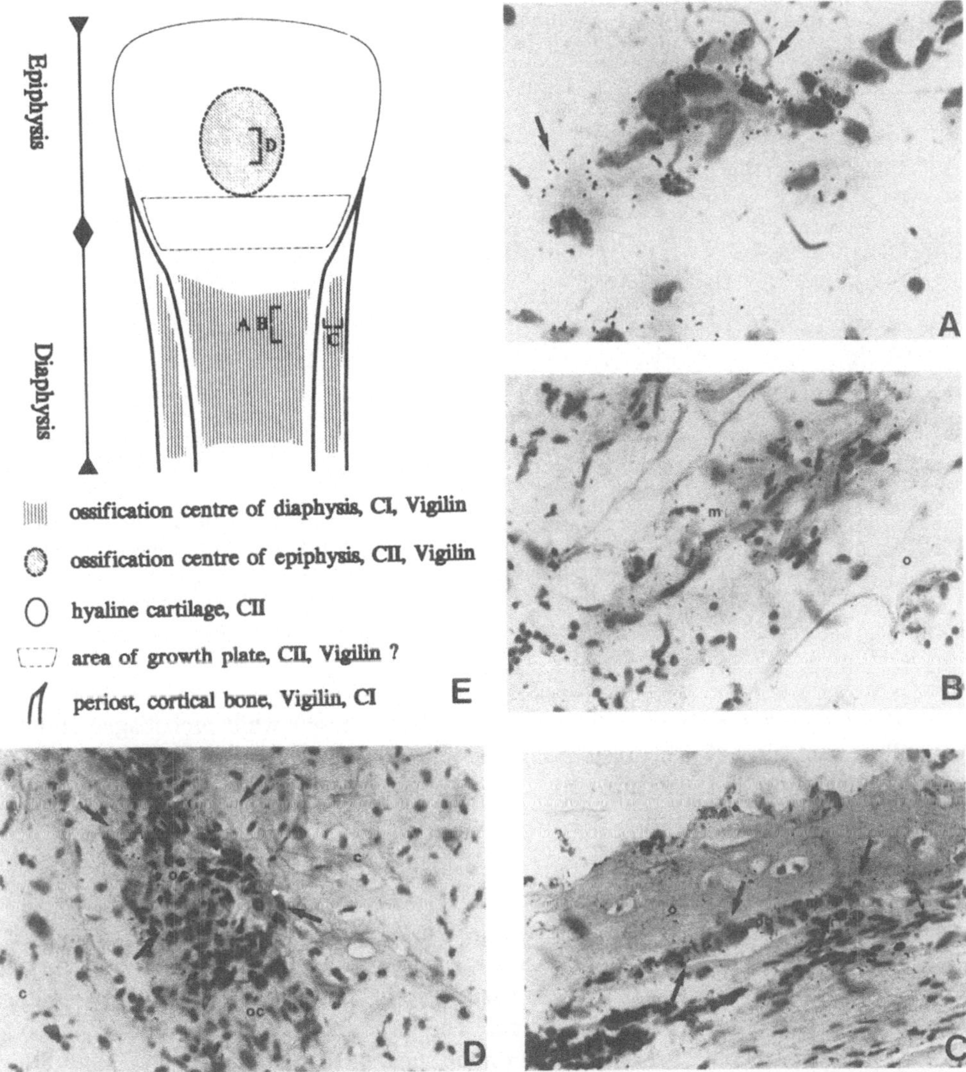

Fig. 3A–E. Vigilin- and proα1(I) collagen mRNA in long bone of late embryonal stages. **E** Schematic representation of the expression pattern. *CI*, Collagen type I; *CII*, Collagen type II. Expression of type I collagen- (**B**) and Vigilin mRNA (**A, C, D**) could be located to the ossification centres of diaphysis (*C*), epiphysis (*D*). Vigilin was specifically expressed in the osteoblasts lining the surface of the osteoid (*arrows;* **A, C, D**). The expression of type I collagen mRNA could be shown in both, osteoblasts and not differentiated mesenchymal cells (**B**). *o*, osteoid; *m*, osteoblasts and not differentiated mesenchymal cells

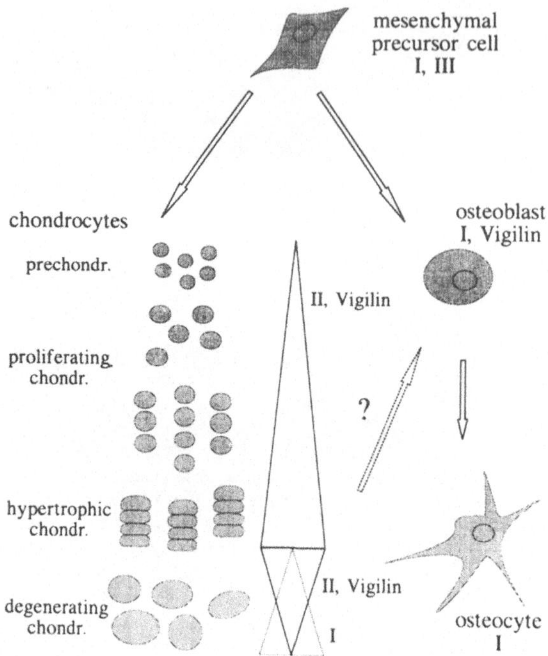

Fig. 4. Expression of Vigilin and collagen mRNAs during the differentiation of mesenchymal progenitor cells to osteoblasts and chondrocytes. *I, II, III:* Collagen type I, II and III mRNA

osteocytes expression of Vigilin mRNA dramatically decreased, while procollagen I mRNA was still present (Fig. 4). This results suggests, that Vigilin and collagen I mRNA are inversely regulated in bone forming cells.

Summary

Vigilin mRNA is abundantly found in mesenchymal tissues of chicken and human. Vigilin mRNA was synthesized in sternal cartilage, intramembranously formed calvaria and endochondrally formed long bone. These tissues are of mesodermal origin, derived either from head mesenchym or dorsal mesoderm. The expression of Vigilin mRNA in both, chondrocytes and osteoblasts is dependent on the stage of development and cellular differentiation. In sternal cartilage Vigilin is coexpressed with type II collagen which extends through endochondral bone formation where mRNAs of procollagen I and II were found. Accordingly in fetal epiphysal and diaphysal centers of ossification collagen I and Vigilin show a similar mRNA distribution. During intramembranous bone formation in calvaria Vigilin mRNA is exclusively coexpressed with collagen I. The data suggest that the Vigilin and corresponding genes (f.e. type I and II collagenes) are involved in the complex regulation of development of skeletal elements, tissue differentiation and cell proliferation.

References

1. LuValle P, Hayashi M, Olson BR (1989) Transcriptional regulation of type X collagen during chondrocyte maturation. Dev Biol 133:613–616
2. Sandberg M, Vuorio E (1987) Localization of type I, II, and III collagen mRNAs in developing human skeletal tissues by in situ hybridization. J Cell Biol 104:1077–1084
3. Stirpe NS, Goetinck PF (1989) Gene regulation during cartilage differentiation: temporal and spatial expression of link protein and cartilage matrix protein in the developing limb. Development 107:23–33
4. Devlin CJ, Brickell PM, Tayler ER, Hornbruch A, Craig RK, Wolpert L (1988) In situ hybridization reveals differential spatial distribution of mRNA for type I and type II collagen in the chick limb bud. Development 103:111–118
5. Sandberg M, Autio-Harmainen H, Vuorio E (1988) Localization of the expression of types I, III and IV collagen, TGF-β1 and c-fos genes in developing human calvarial bones. Dev Biol 130:324–334
6. Henkel et al. (1991) manuscript in preparation
7. Schmidt et al. (1991) manuscript in preparation
8. Zorbas H (1986) Isolierung eines gewebsspezifisch regulierten Huhn-Gens und Charakterisierung seiner Expression. Dissertation, München
9. Duchene M, Sobel ME, Müller PK (1982) Levels of collagen mRNA in dedifferentiating chondrocytes. Exp Cell Res 143:317
10. Gan Y (1990) Techniques of in situ hybridization and their application in studies on developmental and pathological conditions. Dissertation
11. Hamburger V, Hamilton H (1951) A series of normal stages in the development of chick embryo. J Morphol 88:49–92

Immunhistochemische Untersuchungen interstitieller Kollagentypen in Knochengeweben von Mumien und Skeletten

F. Parsche[1], A. Nerlich[2], I. Wiest[2], S. Kantim[2]

[1] Institut für Anthropologie und Humangenetik, Richard Wagner Straße 10, W–8000 München 2, BRD
[2] Pathologisches Institut, Thalkirchner Straße 36, W–8000 München 2, BRD

Einleitung

Die organische Matrix im Knochen besteht zu ca. 90% aus Kollagen, das im Organismus in spezifischer Lokalisation in einem typischen Polymorphismus vorkommt.

Ziel unserer Untersuchungen ist der Nachweis interstitieller Kollagentypen in historischem Knochenmaterial von Mumien und Skeletten. Nachgewiesen werden sollte, ob die Antigendeterminanten der Kollagentypen I, III, IV, V und bei Kindern Knorpelkollagen II und X noch soweit intakt sind, daß sie mit den entsprechenden Antikörpern positive Reaktionen ergeben.

Material

Das absolute Alter des untersuchten Knochenmaterials umfaßt den Zeitraum von 16000 B.C. bis 1500 A.D. Die Auswahl der Knochengewebe von mumifizierten Individuen erfolgte unter folgenden Gesichtspunkten:

1. Absolutes Alter der Mumie (Liegezeit)
2. Sterbealter des Individuums
3. Art der Mumifizierung (natürlich, künstlich)
4. Genaue Bezeichnung der anatomischen Region von der die untersuchte Probe entnommen wurde.

Ähnliche Kriterien gelten natürlich auch für Knochenproben von Skeletten. Unterschiedlich ist hier jedoch der Punkt 3. Da es sich bei Skelettfunden in der Regel um sog. „Erdbestattungen" ohne schützende Grabarchitektur oder absichtliche konservierende Behandlung der Verstorbenen handelt, beginnen bereits wenige Jahre nach dem Tode physikalische und chemische Verhältnisse im Boden das Knochenmaterial zu verändern. Auf Grund dieser Fakten können Bodenanalysen unter Einbeziehung der Liegezeit bei der Beurteilung der Stabilität von Kollagenen mit entscheidend sein.

T. H. Ittel H.-G. Sieberth H. H. Matthiaß (Hrsg.)
Aktuelle Aspekte der Osteologie

Methoden

Unterschiede zu rezentem Leichenmaterial traten bereits bei der Vorbereitung der Proben auf. So sind Rehydrierung und Entkalzifizierung in ihrem zeitlichen Ablauf sehr unterschiedlich und differieren von wenigen Stunden bis zu 3 Tagen. Ein weiteres Problem war die Fixierung der Schnitte – Paraffineinbettung und Schnittdicke von 1 bis 2μ – auf dem Objektträger. Versuche mit unterschiedlichen Klebesubstanzen ergaben, daß die Haftung mit Serum-Glyzerin behandelten Objektträgern am besten ist. Mit Hilfe von H.E.-Färbungen sind die erhalten gebliebenen Strukturen deutlich sichtbar.

Die Ergebnisse dieser Voruntersuchungen waren entscheidend für die Auswahl der Proben zur Darstellung verschiedener Kollagentypen.

Knochengewebe von 14 Individuen unterschiedlicher geographischer Herkunft und Zeitstellung wurden daraufhin immunhistologisch mit der ABC u. APAAP-Methode [1, 2] unter Verwendung typenspezifischer Antikörper [3, 4] untersucht.

Ergebnisse

In 3 der Fälle konnten wir bisher eine positive Reaktion erzielen. Kollagen I war dabei homogen in der Knochenmatrix vorhanden, Kollagen III lag selektiv am Endost vor, Kollagen V war ebenfalls endosteal sowie perizellulär um Osteozytenhöhlen angeordnet. Kollagen IV (Abb. 1) fand sich herdförmig in der endothelialen Basalmembran von Havers'schen Kanälen. Neben Knochengewebe konnten wir bei einer peruanischen Kindermumie (Säugling ca. 1 Jahr) auch Reste einer Knorpelinsel nachweisen, wobei neben dem Knorpelkollagen II auch um die hypertrophen Chondrozytenhöhlen Kollagen X (Abb. 2) zu finden war.

Diskussion

Erste Ergebnisse unserer Untersuchungen zeigen, daß prinzipiell Knochengewebe aus mumifizierten Körpern (natürlich und künstlich!) für eine immunhistochemische Darstellung der verschiedenen Kollagene besser geeignet erscheinen, als historisches Skelettmaterial. Noch zu bestimmende Faktoren auf die Dekomposition des Knochens scheinen für den Erhaltungszustand und damit für die Anfärbbarkeit von ausschlaggebender Bedeutung zu sein. Diese Annahme wird durch frühere biochemische Untersuchungen [5] unterstützt.

Zusammenfassung

In historischem Knochenmaterial lassen sich bei entsprechendem Erhaltungszustand des Gewebes die wichtigsten interstitiellen Kollagentypen immunhistochemisch nachweisen. Die bisher vorliegenden Untersuchungen zeigten in 3 Fällen eine spezifische Reaktion für Kollagen I, II, III, IV, V und X in einer Lokalisation, die der in rezentem Material entspricht. Unsere Ergebnisse zeigen, daß die immunhistochemische Kollagentypendarstellung zur Untersuchung metabolischer und pathologischer Veränderungen auch in Mumien und historischen Skeletten geeignet ist.

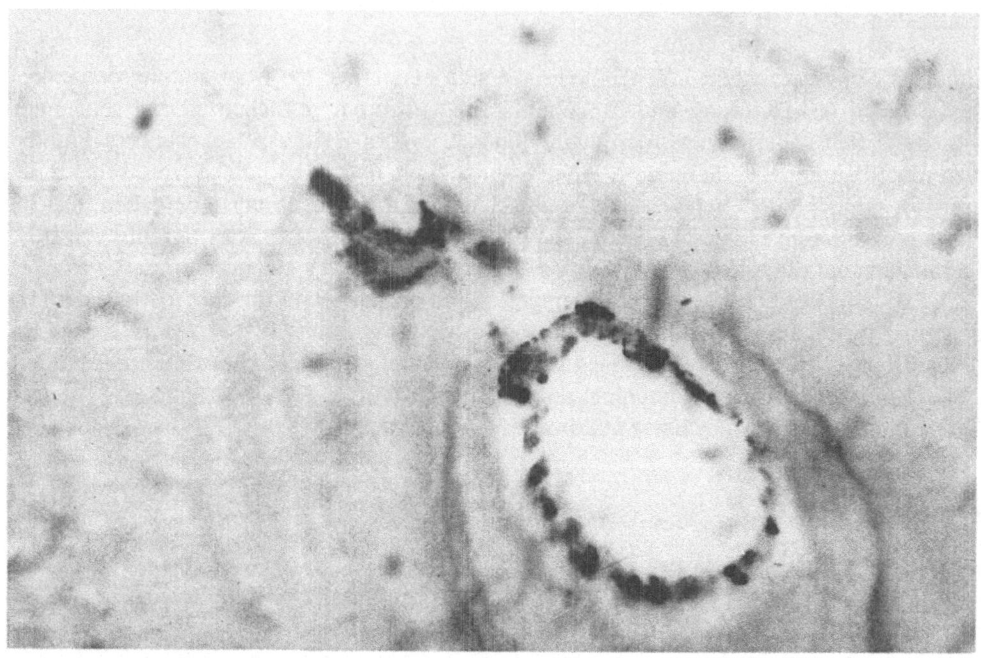

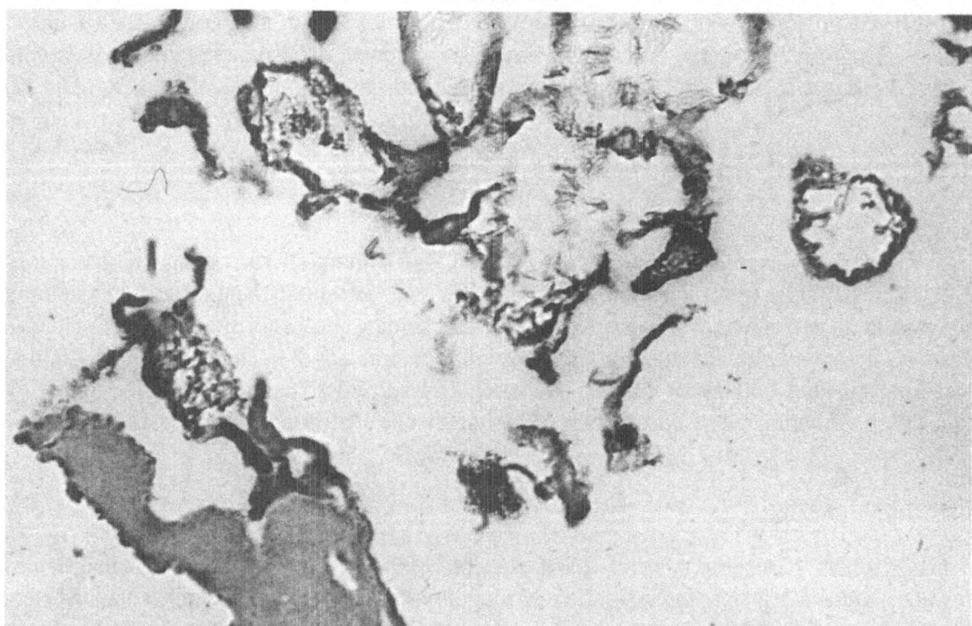

Abb. 1 *(oben)*.Immunhistochemische Darstellung von Basalmembran-Kollagen IV (Fe-Kompakta, Skelettmaterial). Die endotheliale Basalmembran des Havers'schen Kanales ist gut erhalten und läßt sich als bänderförmige Struktur darstellen. EDTA-Entkalkung, Anti-Kollagen IV, Avidin-Biotin-Peroxidase, × 400

Abb. 2 *(unten)*.Immunhistochemische Darstellung von Kollagen X (Ulna-Kompakta) um hypertrophe Chondrozytenhöhlen. EDTA-Entkalkung, Anti-Kollagen X, APAAP, × 400

Literatur

1. Hsu SM, Raine L, Fanger H (1981) A comparative study of the peroxidase-antiperoxidase method and an avidin-biotin-complex method for studying polypeptide hormones with radioimmunoassay antibodies. Am J Clin Path 75:734–739
2. Nerlich A, Wiest I, Kantimm S, Brenner R, Mark K von der (1991) Die immunhistologische Analyse der normalen und pathologischen Knochen- und Knorpelmatrix als Methode in der Osteologie. In: Werner E, Mathias H (Hrsg) Osteologie – interdisziplinär. Springer, Berlin Heidelberg New York Tokyo (im Druck)
3. Timpl R, Wick G, Gay S (1977) Antibodies against distinct types of collagens and procollagens and their application in immunohistochemistry. J Immunol Methods 18:165–175
4. Kirsch T, Mark K von der (1990) Isolation of bovine type X collagen and immunolocalization in growth-plate cartilage. Biochem J 265:453–459
5. Gürtler LG, Jäger V, Gruber W, Hilmar I, Schobloch R, Müller PK, Ziegelmayer G (1981) Presence of proteins in human bones 200, 1200 and 1500 years of age. Hum Biol 53:137–150

Verteilungsmuster von Kollagen X bei der fetalen und juvenilen Knorpel-Knochen-Entwicklung*

A. Nerlich[1], T. Kirsch[2], I. Wiest[1], K. von der Mark[2]

[1] Pathologisches Institut, Universität München, Thalkirchner Straße 36, W–8000 München 2, BRD
[2] Max-Planck Arbeitsgruppe für klinische Rheumatologie an der Universität Erlangen-Nürnberg, Schwabachanlage 10, W–8520 Erlangen, BRD

Einleitung

Die Knorpelmatrix ist aus den Kollagenen II, VI, IX, X und XI aufgebaut, wobei dem Kollagen X eine besondere Rolle zuzumessen ist, da es in bisherigen tierexperimentellen Studien ausschließlich im Bereich der Knorpelhypertrophiezone beschrieben worden ist [1, 2]. Diese Lokalisation legt nahe, daß Kollagen X für die Kalzifizierung des Knorpels und damit für die regelrechte Ossifikation von großer Bedeutung ist. Da bislang keine Untersuchungen an menschlichen Wachstumszonen vorliegen und diese einen von den bisher verwendeten Tierspezies (Huhn) z.T. abweichenden anatomischen Aufbau aufweisen, haben wir mit immunhistochemischen Methoden das Verteilungsmuster von Kollagen X an der menschlichen Wachstumszone untersucht. Gleichzeitig haben wir auch die interstitiellen Kollagene I, II und III mitanalysiert, um Einblick in die molekularen Veränderungen im Rahmen der Knochenbildung zu erhalten.

Material und Methodik

An insgesamt 15 fetalen (12.–40. SSW) und 5 juvenilen (12 Tage–12 Jahre) Knorpel-Knochen-Übergängen der femoralen Wachstumszone wurden immunhistochemische Untersuchungen vorgenommen. Für die Darstellung von Kollagen X wurden Schnitte des formalin-fixierten und paraffin-eingebetteten Gewebes nach Entkalkung (0,1 M EDTA, pH 7,2) enzymatisch vorbehandelt (0,2% Trypsin, 0,1% Hyaluronidase), mit dem spezifischen Antikörper überschichtet und in der ABC-Methode [3] dargestellt. Zur Darstellung der Kollagene I, II und III wurde die früher beschriebene Methodik verwendet [4]. Die typenspezifischen Antikörper waren wie beschrieben hergestellt worden [5, 6].

Ergebnisse (Abb. 1, 2)

Die immunhistochemische Untersuchung von Knorpel-Knochen-Gewebe von Feten und Kindern ab der 12. Schwangerschaftswoche zeigte während der gesamten prä- und postnatalen Knorpel-Knochen-Entwicklung eine Lokalisation von Kollagen X extrazellulär in

---

* Die vorliegenden Untersuchungen wurden vom BMFT (Projekt VM 8619/2) unterstützt.

T. H. Ittel H.-G. Sieberth H. H. Matthiaß (Hrsg.)
Aktuelle Aspekte der Osteologie

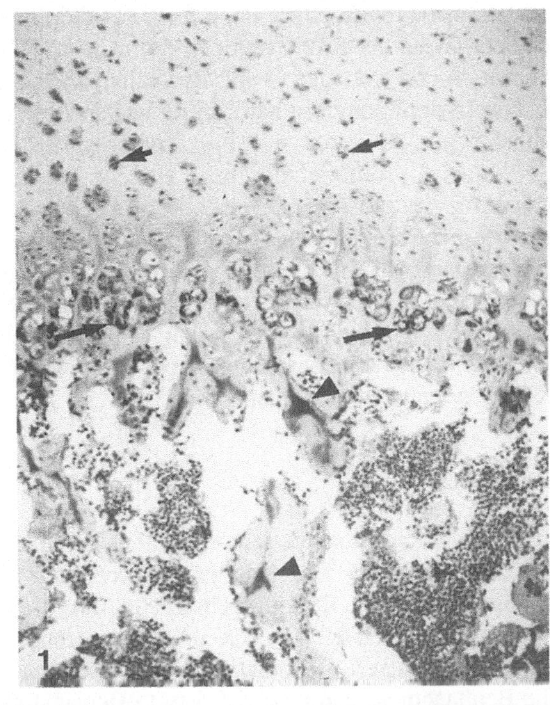

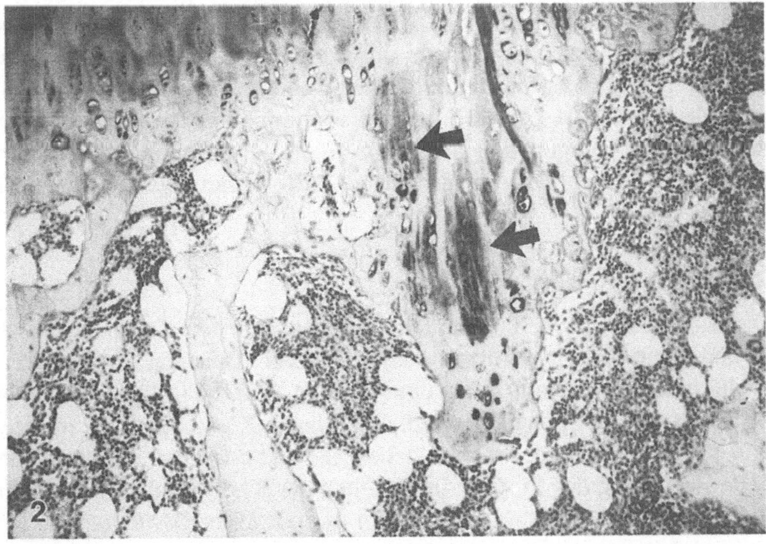

Abb. 1 *(oben)*. Immunhistochemische Lokalisation von Kollagen X in der fetalen Knorpel-Knochen-Grenze (36. SSW) mit extrazellulärer Anfärbung um hypertrophierte Chondrozyten (⟶), intrazellulärer Anfärbung in proliferierenden Chondrozyten (→) und in Knorpelresten in Spongiosabälkchen (▸). (Anti-Kollagen X-APAAP; ×100)

Abb. 2 *(unten)*. Darstellung von Kollagen X in der juvenilen Epiphysenfuge (2 Jahre) mit diffuser Anfärbung der Matrix in der Hypertrophiezone mit betonter perizellulärer Anfärbung (→). (Anti-Kollagen X-ABC-PO, ×100)

der Knorpelhypertrophiezone, mit meist betont perizellulärer Anordnung. Daneben wiesen Chondrozyten der Proliferationszone, nicht aber die der Ruhezone eine intrazelluläre Lokalisation von Kollagen X auf. Zusätzlich konnte Kollagen X als Einschlüsse in Knochentrabekeln der Spongiosa herdförmig nachgewiesen werden. Interessanterweise konnte eine zunehmende Färbeintensität mit zunehmendem Fetenalter beobachtet werden. Außerdem fiel auf, daß proliferierende bzw. stellenweise auch hypertrophierte, Kollagen X-positive Chondrozyten um vaskuläre Knorpelkanälchen vorkamen. Insbesondere in Arealen, in denen sekundäre Knochenkernanlagen vermutet werden konnten, fiel eine intensive Kollagen X-Anfärbung der Zellen, teils auch der umgebenden Matrix auf.

Am Übergang zur primären Spongiosa ließ sich, insbesondere an der juvenilen Epiphysenfuge ein unmittelbarer Übergang von Kollagen X-positiven Zellen in Kollagen I- und III-positive Zellen beobachten, wobei in einer „Mischzone" mit dem Auftreten aller dieser Kollagene gerechnet werden kann.

Diskussion

Unsere immunhistochemischen Untersuchungen zeigen, daß auch im humanen System Kollagen X in der Knorpelhypertrophiezone vorkommt. Daneben finden sich Kollagen X-Einschlüsse, als Rest der Knorpelmatrix, in Spongiosabälkchen, sowie intrazelluläre Ablagerungen von Kollagen X in proliferierenden Chondrozyten, wie dies im tierexperimentellen avinen System bislang beschrieben wurde [1, 2]. Auffällig in unserer Studie war die Beobachtung, daß in Arealen mit offensichtlich gerade beginnender Ausbildung eines sekundären Knochenkerns eine intensive Kollagen X-Anfärbung zu beobachten war. Von ebenso großer Bedeutung scheint uns der Befund, daß am Knorpel-Knochen-Übergang in einzelnen basal gelegenen hypertrophen Chondrozten ein immunhistochemischer Nachweis auch der Kollagene I und III geführt werden kann. Diese Beobachtung, insbesondere an der z.T. sehr unregelmäßig gebauten juvenilen Ossifikationszone, deutet auf physiologischerweise notwendige Änderungen im Differenzierungsverhalten der Zellen hin.

Zusammenfassung

Das Knorpelkollagen X kommt in der menschlichen Knorpel-Wachstumszone bevorzugt in der Region des hypertrophen Knorpels vor. Daneben findet man auch intrazellulär in proliferierenden Chondrozyten eine positive Anfärbung für Kollagen X, ebenso wie Knorpelmatrixreste in Spongiosabälkchen Kollagen X enthalten. Diese spezifische Lokalisation von Kollagen X an der menschlichen Ossifikationszone weist auf die mögliche funktionelle Bedeutung des Proteins im Rahmen der Knorpelkalzifizierung hin und damit auf die Funktion von Kollagen X im Rahmen der normalen Ossifikation.

Literatur

1. Schmid TM, Popp RG, Linsenmayer TF (1990) Hypertrophic cartilage matrix – Type X collagen, supramolecular assembly, and calcification. Ann NY Acad Sci 580:64–73
2. Schmid TM, Linsenmayer TF (1985) Immunohistochemical localization of short chain cartilage collagen (type X) in avian tissues. J Cell Biol 100:598–605

3. Hsu SM, Raine L, Fanger H (1981) A comparative study of the peroxidase-antiperoxidase method and an avidin-biotin complex method for studying polypeptide hormones with radioimmunoassay antibodies. Am J Clin Pathol 75:734–739
4. Nerlich A, Wiest I, Kantimm S, Brenner R, Mark K von der (1991) Die immunhistologische Analyse der normalen und pathologischen Knochen- und Knorpelmatrix als Methode in der Osteologie. In: Werner E, Matthias H (Hrsg) Osteologie – interdisziplinär. Springer, Berlin Heidelberg New York Tokyo, S 41–45
5. Kirsch T, Mark K von der (1990) Isolation of bovine type X collagen and immunolocalization in growth-plate cartilage. Biochem J 265:453–459
6. Timpl R, Wick G, Gay S (1977) Antibodies against distinct types of collagens and procollagens and their application in immunohistochemistry. J Immunol Methods 18:165–175

Inter- und intraindividuelle Meßgenauigkeit beim Einsatz eines Bildanalysesystems in der Knochenhistomorphometrie

W.F. Beyer, M.E. Böhringer, H. Bail, U. Prols, T. Kurtz

Orthopädische Klinik, Universität Erlangen-Nürnberg, Rathsbergerstraße 57, W–8520 Erlangen, BRD

Einleitung

Zur histomorphometrischen Erfassung osteologischer Parameter werden in zunehmenden Maße auch elektronische Bildanalysesysteme eingesetzt. Entscheidend für die Beurteilung der hiermit gewonnenen Ergebnisse ist auch die Kenntnis der intra- und interindividuellen Meßgenauigkeit.

Material und Methode

Mit einem Bildanalysesystem (VIDAS 2,0, Fa. Kontron) wurden nach von Kossa sowie Astrablau gefärbte Methacrylatschnitte humaner Tibiaköpfe ausgewertet. Die osteologischen Parameter wurden sowohl interaktiv mit Hilfe eines Cursors, als auch durch Schwellenwertsegmentierung gemessen.

Zur Ermittlung der inter- und intraindividuellen Meßgenauigkeit beider Verfahren nahmen zwei routinierte sowie zwei angelernte Untersucher in ein und demselben Meßsektor jeweils 10 Serienmessungen vor. Zusätzlich wurden unterschiedliche Sektoren nach 1/2 Jahr erneut gemessen. Erfaßt wurden die maximale und minimale Gelenkknorpelhöhe, Fläche (Flächendichten) und Umfang (Grenzliniendichten) der Spongiosa, sowie des hyalinen und verkalkten Knorpels.

Ergebnisse

Die einzelnen Ergebnisse sind in den Abb. 1–4 graphisch und in Tabelle 1 tabellarisch dargestellt.

Die Serienmessungen der interaktiv bestimmten Parameter (einfache Strecken und Flächen) ergaben inter- und intraindividuell geringe Meßabweichungen (ca. 0,1%), wobei sich routinierte und angelernte Untersucher nur gering unterschieden. Die Serienmessungen der über Schwellenwertsegmentierung erfaßten Parameter (komplexe Flächen) wiesen demgegenüber höhere Meßfehler auf (Routiniers: ca. 1,1%, Anfänger: ca. 1,9%). Zu den größten Meßfehlern kam es bei den Kalkknorpelmessungen (0,3–10%) und bei den aus anderen errechneten Parametern. So kam es bei der Spongiosaflächendichte (Quotient aus Spongiosafläche und Meßsektorfläche) zu einem maximalen Meßfehler von 5,9%.

T.H. Ittel H.-G. Sieberth H.H. Matthiaß (Hrsg.)
Aktuelle Aspekte der Osteologie

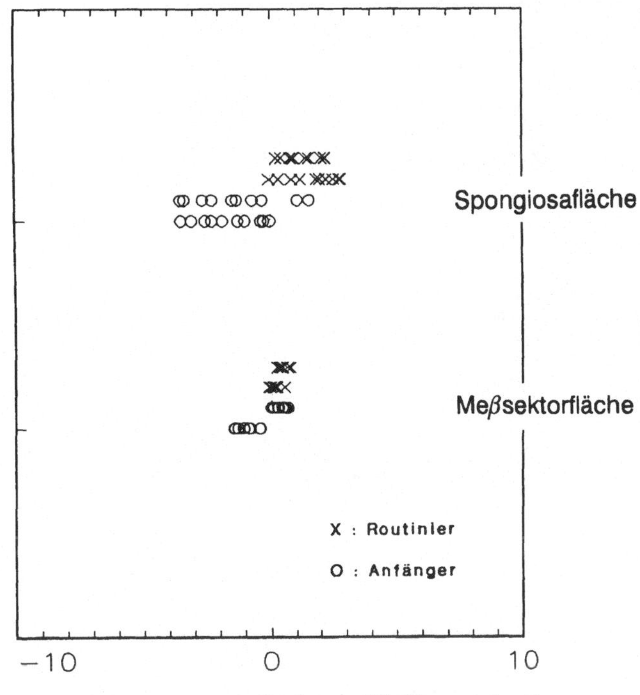

Abb. 1. 10er Meßserie von Routiniers (*x*) und Anfängern (*o*). Bei der Meßsektorfläche kam es zu geringen interindividuellen Verschiebungen (durch unterschiedl. Fokussierung, bzw. unterschiedl. Abtragen der Sektorgrenzen). Bei der Spongiosafläche kam es zu zusätzlichen inter- und intraindividuellen Fehlern aufgrund unterschiedl. Schwellenwertsegmentierung

Die nach 1/2 Jahr erfolgten Nachmessungen der interaktiven Parameter durch die Routiniers ergaben gegenüber den Serienmessungen nur unwesentliche höhere durchschnittliche Meßfehler (ca. 0,7%) mit Maxima von 1,6–2,7%. Bei den durch Schwellenwertsegmentierung vorgenommenen Messungen resultierten durchschnittliche Meßabweichungen (ca. 2,1%) mit Maxima von 2,0–9,7%.

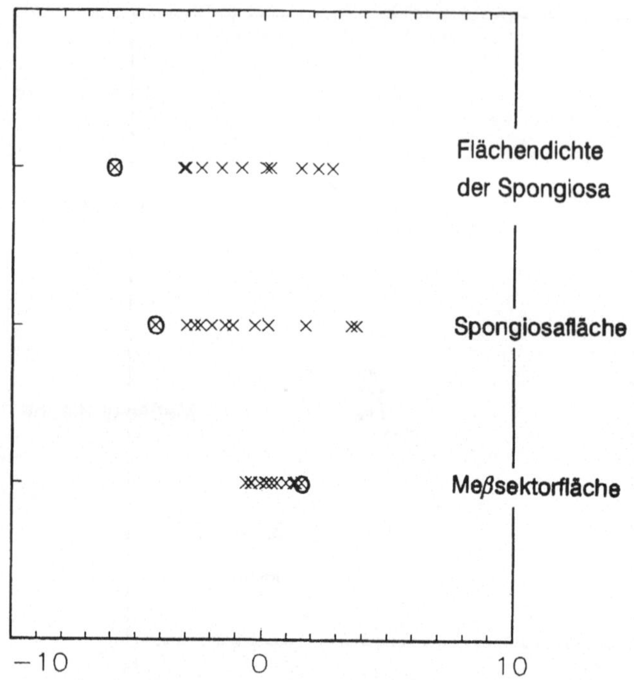

Abb. 2. Doppelmessung nach einem 1/2 Jahr. Mit einem Kreis wurde der Meßfehler eines bestimmten Sektors gekennzeichnet. Bei der Flächendichte der Spongiosa (Spongiosafläche/Meßsektorfläche) können größere Meßfehler dann entstehen, wenn die Einzelmeßfehler im Quotienten unterschiedliche Vorzeichen tragen

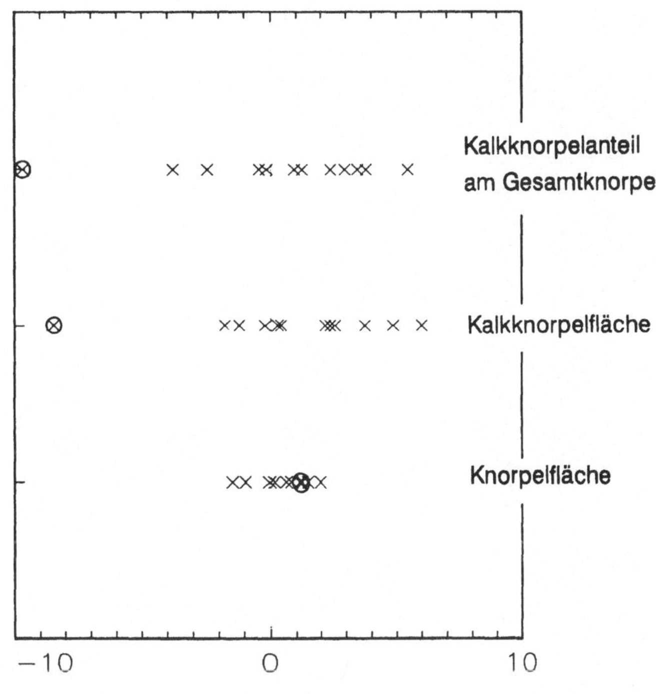

Abb. 3. Doppelmessung nach einem 1/2 Jahr. Bei dem mit einem Kreis gekennzeichneten Meßfehler handelt es sich um den gleichen Sektor. Der Kalkknorpelanteil kann größere Meßfehler aufweisen, wenn die Einzelmeßfehler im Quotienten unterschiedliche Vorzeichen tragen. Darüberhinaus bedingt die Anwendung eines kontraststeigernden Verfahrens (mit Interferenzfilter) eine größere Ungenauigkeit der Meßwerte beim Kalkknorpel

Diskussion

Interaktiv durchgeführte Messungen einfacher Strecken und Flächen liefern inter- und intraindividuell sehr gut reproduzierbare Ergebnisse. Komplexe Strukturen (Spongiosa, Kalkknorpel) liefern auch nach Schwellenwertsegmentierung gute Resultate. Die Meßgenauigkeit hängt entscheidend vom jeweiligen Bildkontrast ab. Routinierte Untersucher unterschieden sich von angelernten Untersuchern nur bei der Vermessung der filigranen Kalkknorpelstrukturen. Die nach 1/2 Jahr durchgeführten Messungen wiesen nicht zuletzt deshalb höhere Meßfehler auf, weil aufgrund eines größeren Meßsektors zwei Einzelmessungen erforderlich waren.

Tabelle 1. Tabellarische Übersicht über die Meßfehler und möglichen Fehlerquellen der untersuchten Meßparameter

Parameter	Meßobjekt	Fehlerquellen				Max. Meßfehler (%)			Mittl. Meßfehler (%)		
		Begrenzung des Meß-sektors	Fokus-sierung d. Mikro-skopes /Hellig-keits-schwan-kungen	Schwellen-wertdis-krimi-nierung (Intraind.)	Schwellen-wertdis-krimi-nierung (Interind.)	10er Serie Routinier	10er Serie Anfänger	Doppel-messung nach 1/2 Jahr	10er Serie Routinier	10er Serie Anfänger	Doppel-messung nach 1/2 Jahr
Meßsektorfläche	Abs. Fläche, interaktiv	xx	x			0,3	0,6	1,6	0,1	0,2	0,7
Spongiosafläche	Abs. Fläche, segmentiert	xx	x	xx	xx	1,7	2,9	4,2	0,7	1,2	2,2
Spongiosaflächen-dichte	Rel. Fläche, segm./inter.	xx		xx	xx	1,6	3,5	5,9	0,7	1,2	2,3
Kalkknorpelanteil am Gesamtknorpel	Rel. Fläche, segm./segm.	xx		x	xxx			9,7			3,0
Spongiosaumfang	Abs. Umfang, segm.	x	x	xx	xx			2,2			0,6
Spongiosagrenz-liniendi.	Rel. Umfang, segm./segm.	xx	x	x	x			5,0			2,2
Max./min. Knorpelhöhe	Abs. Strecke, inter.		x			0,5	0,3	2,7	0,1	0,1	0,7
Knorpel-fläche	Abs. Fläche, segm.	xx	x	xx	xx	0,3	2,4	2,0	0,1	1,1	1,1
Kalkknorpel-fläche	Abs. Fläche, interf.segm.	xx	xx	xxx	xxx	1,6	4,8	8,5	0,6	2,2	2,8
Kalkknorpelumfang	Abs. Umfang, interf.segm.	xx	xxx	xxx	xxx	5,5	5,6	9,1	2,4	1,6	3,0
K.knorpel-grenzliniendi.	Rel. Fläche, segm./segm.	xx	xxx	xxx	xxx	5,9	10,0	7,2	2,1	3,0	2,0

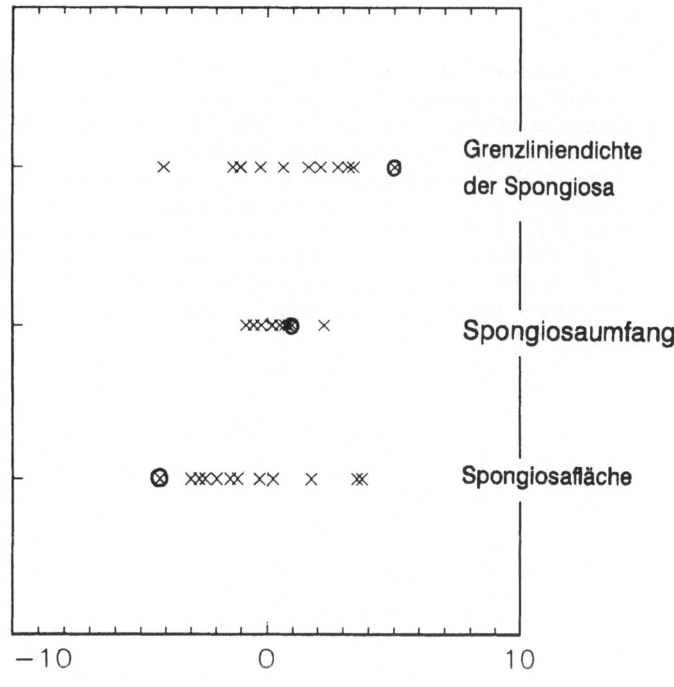

Abb. 4. Doppelmessung nach einem 1/2 Jahr. Bei dem mit einem Kreis gekennzeichneten Meßfehler handelt es sich um den gleichen Sektor. Die Grenzliniendichte der Spongiosa (Spongiosafläche/-umfang) kann größere Meßfehler aufweisen, wenn die Einzelmeßfehler im Quotienten unterschiedliche Vorzeichen tragen

Zusammenfassung

An unentkalkten Methacrylatschnitten humaner Tibiaköpfe wurden nicht zelluläre, osteologische Parameter mit Hilfe eines Bildanalysesystems histomorphometrisch ausgewertet. Hinsichtlich der Meßgenauigkeit unterschieden sich routinierte und angelernte Untersucher kaum. Die Schwellenwertsegmentierung beeinflußte die Meßgenauigkeit erheblich: Mit diesem Verfahren gemessene Parameter wiesen im allgemeinen höhere Meßfehler auf. Von den erfaßten Strukturen kam es beim Kalkknorpel zu den größten Meßfehlern.

Literatur

1. Chavassieux PM, Arlot ME, Meunier PJ (1985) Comparison between manual and computerized methods applied to iliac bone biopsies. Bone 6:221–229
2. Clermonts ECGM, Birkenhäger-Frenkel DH (1985) Software for bone histomorphometry by means of a digitizer. Comput Methods Programs Biomed 21:185–194
3. Garrahan NJ, Mellish RWE, Vedi S, Compston JE (1987) Measurement of mean trabecular plate thickness by a new computerized method. Bone 8:227–230
4. Hempel E, Stiller KJ, Eichhorn KH (1982) Investigations about the usefulness of an automatic image analyser in the bone histomorphometry. Anat Anz 157:177–183
5. Malluche HH, Sherman D, Meyer W, Massry SG (1982) A new semiautomatic method for quantitative static and dynamic bone histology. Calcif Tissue Int 34:439–448

Zur Frage der Kompakta-Repräsentanz der Deckplatte des Beckenkammes

B. Abendroth, K. Abendroth

Klinik für Innere Medizin, Friedrich-Schiller-Universität Jena, Erlanger Allee 101, O–6902 Jena-Lobeda, BRD

Einleitung

Die mit der Burkhardt-Fräse am vorderen Beckenkamm durch vertikale Biopsie gewonnenen Knochenproben zeigen in der Regel eine gut erhaltene Deckplatte. In der Literatur wird eine routinemäßige Vermessung dieser kortikalen Struktur bisher nicht beschrieben.

Betrachtungen zur Ausbildung und zum Aufbau dieser Deckplattenstruktur des Beckenkammes, die Konzepierung einer geeigneten Meßmethode und deren Erprobung im Vergleich zur Kompaktadicke im Röntgenbild, zur Spongiosa-Volumendichte des Bioptats sowie zum altersabhängigen Verhalten der Meßwerte aller 3 Strukturparameter waren zu analysieren.

Material und Methoden

Vermessen wurden Deckplatte und Spongiosavolumendichte von 320 Beckenkammbioptaten. Von 182 Patienten konnten gleichzeitig die Kompaktabreite des Os metacarpale II nach Barnett-Nordin bestimmt werden.

Die Spongiosavolumendichte wurde nach dem Punktzählverfahren mit Hilfe des Zählnetzes von Merz bestimmt.

Die Vermessung der Deckplattendicke der Bioptate wurde bei einer Bioptatbreite von 4 mm an 8 verschiedenen Punkten im Abstand von 0,4 mm mit einem geeichten Okularmikrometer an unentkalkten 4 μm dicken Schnitten mit Trichromfärbung nach Ladewig vorgenommen. Aus den 8 Meßwerten wurde eine mittlere Deckplattenbreite ermittelt. Meßverfahren siehe Abb. 1.

Zu strukturellen Betrachtungen am vorderen Beckenkamm wurde ein entsprechendes Mazerationspräparat eines 53jährigen verstorbenen, nach den klinischen Angaben knochengesunden Mannes, im üblichen Biopsiebereich in 3 fünf Millimeter dicke Sägeschnitte geteilt und diese lupenmikroskopisch und röntgenologisch dargestellt.

Aus der anatomischen Literatur wurden funktionsanalytische Betrachtungen zur Entwicklung und zur Struktur des Beckens zusammengestellt.

T. H. Ittel H.-G. Sieberth H. H. Matthiaß (Hrsg.)
Aktuelle Aspekte der Osteologie

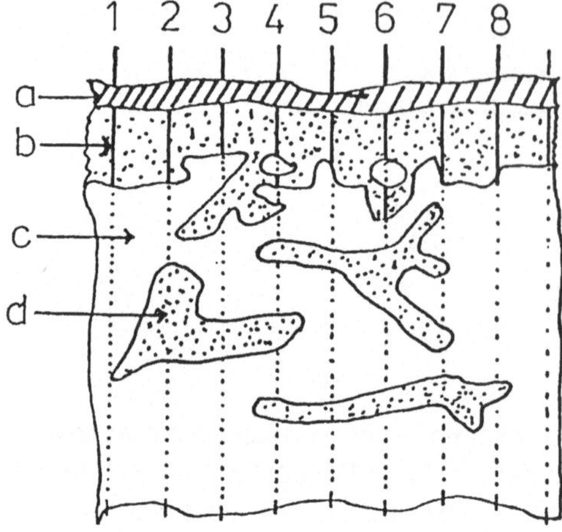

Abb. 1. Darstellung der von uns verwendeten Meßmethodik zur Ermittlung der Kompaktadicke an vertikalen Beckenkammbioptaten. *a*, Periost; *b*, Kortikalis; *c*, Mark; *d*, Spongiosa

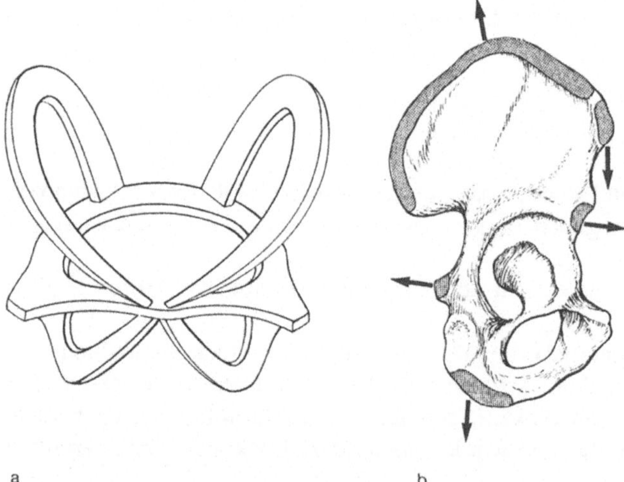

Abb. 2a, b. a Rahmenkonstruktion des menschlichen Beckens, **b** Zugkräfte an der rechten Beckenschaufel durch die Muskulatur (*Pfeil in Zugrichtung*) und Apophysen (*schwarze Flächen*)

Ergebnisse und Diskussion

Die Frage der sicheren Zuordnung der im Bioptat meßbaren kortikalen Strukturen ist selbst bei der für diese Aufgabe sicher optimalen Querbiopsie des Beckenkammes nicht endgültig entschieden. Der Unterschied von innerer und äußerer Kompaktalamelle ist z.T. so gravierend, daß nur mit Mittelwerten aus beiden argumentiert werden kann. Viel schwieriger ist die Entscheidung im Bereich der Deckplatte des Os ilium speziell an der Crista iliaca superior anterior.

Im Gegensatz zu den Vierfüßlern, bei denen das Becken zur Befestigung der Muskulatur und Sehnen und damit der ganzen hinteren Extremität am Rumpf dient, wurde das Becken in der menschlichen Phylogenese zum Tragbecken umgestaltet, das der Last der Eingeweide und zusätzlich den Zugkräften der Hüft-, Oberschenkel- und Bauchmuskulatur ausgesetzt ist. Es wird also im menschlichen Becken eine andere belastungsorientierte Struktur entwickelt. Die Abb. 2 soll diese Überlegungen graphisch verdeutlichen.

Bei dieser z.T. völlig geänderten und viel intensiveren Belastung der platten Beckenknochen sind auch tragfähige kortikale Strukturen zweifelsohne notwendig, so daß aus dieser Sicht die Kortikalisrepräsentanz prinzipiell erwartet werden kann.

Die Entwicklung der Crista iliaca ist für unsere Frage von besonderem Interesse. Diese Entwicklung der Beckenknochen von knorpeliger Grundlage bis zur Verknöcherung erfolgt über sogenannte Ossifikationspunkte und zusätzlichen Nebenkernen, unter denen sich auch einer oder mehrere in Form von Apophysen über die gesamte Länge der Crista iliaca verteilen. Schenk und Olah stellen die Ausbildung der Deckplatte der Crista iliaca anders dar. Sie sehen im Querschnitt des Beckenkammes eine der Metaphyse vergleichbare Struktur mit einem Knorpelüberzug auf der Oberkante, von der aus eine chondrale Ossifikation neue Trabekel bildet. Später tritt nach ihrer Auffassung in diesem Knorpel ein leistenförmiger Knochenkern auf und bildet so eine echte Epiphysenfuge aus, die mit dem Abschluß des Wachstums verschwindet. Dabei entsteht aus der Verschmelzung mit der epiphysären Randleiste die Abschlußplatte, die durch periostale Apposition verdickt wird. Häufig reicht eine Spongiosaplatte bis an die Oberkante und verstärkt die Deckplatte.

Um diese Diskussion zu illustrieren, haben wir aus dem Biopsiebereich eines mazerierten Beckenkammes Segmente lupenmikroskopisch betrachtet und von den gleichen Präparaten Röntgenaufnahmen angefertigt. Die Abbildungen machen deutlich, daß bei Lupenbetrachtung die Deckplatte des Beckenkammes relativ homogen erscheint. Die entsprechenden Röntgenbilder der Knochenscheiben verdeutlichen aber mehr eine lamelläre aus der Spongiosa herausziehende Strukturierung der Deckplatte. Die gleiche Strukturbeziehung trifft auch für die seitlichen Kortikalisplatten zu, an deren Zuordnung zur Kortikalisstruktur des Körpers in der Literatur nur wenig gezweifelt wird.

Nach Auffassung von Schenk und Olah repräsentiert die Deckplatte des Beckenkammes eher die Verhältnisse in der Spongiosa als die der Kortikalis.

Betrachtet man aber die Ergebnisse der Kortikalismeßdaten unserer Gesamtpopulation mit ihrer großen Varianz an Kortikalisdicken und begründet diese durch unterschiedliche periostale Apposition sowie durch die differente Anlagerung von Spongiosaplatten zur Gesamtbreite der Deckplatte, so müßten bei der statistischen Analyse Gemeinsamkeiten mit der Varianz des Volumenparameters der Spongiosa deutlich werden. Wir konnten aber weder eine entsprechende Tendenz noch gar eine signifikante Beziehung von im Bioptat vermessener Kortikalis und dem entsprechenden Spongiosavolumen nachweisen.

Dagegen zeigen sich aber deutlich engere Beziehungen zwischen den Meßdaten der Kortikalis im Bioptat und im Röntgenbild des Os metacarpale II, wie in Abb. 3 zu sehen.

Damit wird die von uns untersuchte Deckplatte des Beckenkammes mehr in Beziehung zu kortikalen Strukturen gesetzt, als zu jenen der Spongiosa.

Wir nehmen deshalb an, daß die von uns zur Messung eingesetzte Struktur des Beckenkammes auch den metabolischen und statischen Bedingungen der übrigen Kortikalis des

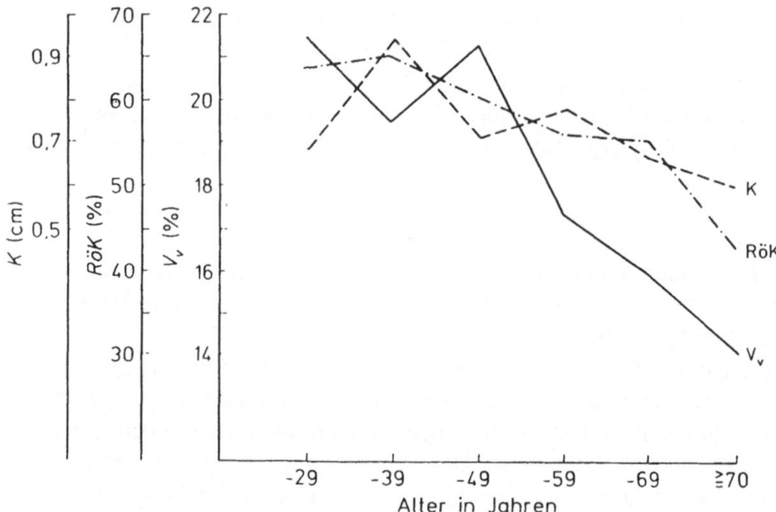

Abb. 3. Altersdynamik der Ergebnisse aus 3 Meßbereichen des Knochens, *Vv*, Spongiosavolumen in %, gemessen im Bioptat; *K*, Kortikalisbreite in cm, gemessen im Bioptat; *RöK*, Kortikalisbreite in %, gemessen im Röntgenbild

Organismus eher entspricht als denen der Spongiosa. Wir wollen also bei den Meßdaten der Deckplatte des Beckenkammes durchaus von einer relativen Kortikalisrepräsentanz ausgehen.

Zusammenfassung

1. Nach phylogenetischen Überlegungen und den Belastungsstrukturen im Bereich des menschlichen Beckens ist in den Beckenknochen mit kortikalisähnlichen Strukturen zu rechnen.
2. Die Deckplatte des vertikalen vorderen Beckenkammbioptates ist relativ genau als kortikale Struktur vermeßbar.
3. Die Deckplatte des ventralen Beckenkammes zeigt histologisch keine reinen kortikalen Strukturen, einfließende Spongiosabälkchen bestimmen die endgültige Kompaktadicke mit.
4. In der Altersdynamik zeigt die Deckplatte des Beckenkammes mehr Gemeinsamkeit mit der Kortikalis des Os metacarpale II im Röntgenbild als mit der Spongiosadichte des Bioptats.
   So nehmen wir an, daß die Deckplatte des Beckenkammes der Kortikalis des Körpers zugerechnet werden kann.

Methodenprüfung zur Histomorphometrie der Säuglingsspongiosa

K.-H. Schiwy-Bochat[1], W. F. Beyer[2]

[1] Institut für Rechtsmedizin, RWTH Aachen (Dir. Prof. Dr. H. Althoff), Pauwelsstraße 30. W-5100 Aachen, BRD
[2] Orthopädische Klinik, Universität Erlangen-Nürnberg (Dir. Prof. Dr. D.Hohmann), Rathsbergerstraße 57, W-8520 Erlangen, BRD

Einleitung

Nach der Geburt treten erhebliche biomechanische Belastungsänderungen auf, die einen wesentlichen Beitrag zur physiologischen frühkindlichen Skelettreifung leisten. Quantitativ ist die momentane Umbauaktivität des Knochens als Antwort auf genetisch determinierte und biomechanisch induzierte Wachstumsreize mit Hilfe der Histomorphometrie zu erfassen. Für die Auswertung der morphometrisch gewonnenen Meßdaten sind Normwerte erforderlich, die für die Säuglingsspongiosa nicht vorliegen.

Zur späteren Erstellung dieser Normwerte wurden die gängigen histomorphometrischen Methoden (Integrationsokular, halbautomatische und automatische Bildanalyse) auf ihre Anwendbarkeit überprüft. Dies erschien erforderlich, da die Säuglingsspongiosa mit der in den primären Trabekeln liegenden zellfreien Grundsubstanz des hyalinen Knorpels eine zusätzliche morphologische Komponente aufweist, die ebenfalls quantitativ erfaßt werden sollte.

Material

Aus der linken Beckenschaufel eines 5 Wochen alt gewordenen Säuglings wurde eine Probe entnommen und in Carnoy-Lösung gebracht. Nach Fixierung wurde die Probe unentkalkt in Methylmethycrylat eingebettet und mit dem Hartschnittmikrotom Polycut E (Reichert-Jung) 4 μ dick geschnitten. Folgende Färbungen wurden angefertigt: Trichrom-Goldner, von Kossa, Safranin O, Astrablau, Astrablau-Lichtgrün, Astrablau-Kernechtrot, Safranin O-Lichtgrün.

Histomorphometrische Methoden

„Manuell“ wurden mit einem Integrationsokular nach Merz [1] 200 Gesichtsfelder je 0,75 mm^2 ausgezählt. Trotz Übung des Untersuchers erforderte jedes Gesichtsfeld wegen der Befunddichte eine Meßzeit von 3,5 min. Mit diesen Meßwerten wurden nach stereologischen Richtlinien die 15 osteologischen Parameter nach Schenk und Olah [2] berechnet, zusätzlich die Volumendichte des verkalkten Restknorpels pro Volumeneinheit Gesamtknochengewebe (V_{Vc}) sowie der prozentuale Anteil dieses Restknorpels am Tra-

T. H. Ittel H.-G. Sieberth H. H. Matthiaß (Hrsg.)
Aktuelle Aspekte der Osteologie

bekelvolumen ($V_{Vc,b}$). Neben diesen wurden zum quantitativen Vergleich die Werte für die Volumendichte der Spongiosa (V_{Vb}) sowie die Oberflächendichte der Spongiosa (S/V) herangezogen. Die Goldnerfärbung erwies sich als kontrastreichste und am besten differenzierbare Färbung, in der alle interessierenden Befunde an einem Schnitt erhoben werden können.

Für die halbautomatische histomorphometrische Untersuchung stand das interaktive Bildanalysesystem VIDEOPLAN (Kontron) zur Verfügung. Ebenfalls nach Goldner gefärbte Schnitte wurden nach Überlagerung eines Videobildes mit der Graphik des Bildanalysesystems umfahren und Volumen und Oberfläche der Trabekel ermittelt. 200 Gesichtsfelder je 0,18 mm^2 wurden vom selben Untersucher ausgemessen, die Meßzeit lag gegen Ende der Untersuchungen bei 3 min pro Gesichtsfeld. Da das Bildschirmbild in Grauwertstufen dargestellt ist, ergaben sich oft Differenzierungsschwierigkeiten zwischen Trabekel und den deren Oberfläche bedeckenden Strukturen. Dadurch war eine (zeitaufwendige) ständige Kontrolle über das Okular nötig. Das Osteoidvolumen war, insbesondere in tieferen Abschnitten mit schmäleren Säumen, nicht mit hinreichender Sicherheit zu messen. Die Knorpelinseln ließen sich gut abgrenzen.

Für die automatische Auswertung fand das Bildanalysesystem VIDAS (Kontron) Anwendung. Zur binären Verarbeitung eines histologischen Bildes sind kontrastreiche Präparate notwendig, die verschiedenen Gewebskomponenten sollten überlappungsfreie Grauwertbereiche besitzen. Diese Forderung limitierte bei den hier benutzten und in der Osteologie üblichen Färbungen die erhebbare Information wesentlich. Auch mit Einsatz verschiedener Farbfilter/-kombinationen im mikroskopischen Strahlengang ließen sich Osteoid und die spezifischen Knochenzellen nicht mit der für eine automatische Analyse notwendigen Eindeutigkeit segmentieren. Für die verkalkte Knochengrundsubstanz erwies sich die von Kossa-Versilberung als ideale Methode, die verkalkten Knorpelareale ließen sich in der Astrablau-Färbung kontrastreich darstellen. 200 Gesichtsfelder je 0,163 mm^2 wurden ausgewertet. Nach Erstellen eines sog. Makros benötigte die automatische Messung je Gesichtsfeld etwas über eine Minute, wobei nicht über die ganze Zeit die Aufmerksamkeit des Untersuchers notwendig ist; bei problematischen Gesichtsfeldern ist ein korrigierender Eingriff des Untersuchers möglich.

Ergebnisse

	Manuell	Halbuatom.	Automatisch	
V_{Vb}	20,32	23,53	16,31	%
V_{Vc}	2,88	2,71	1,87	%
$V_{Vc,b}$	14,17	11,52	11,47	%
S/V	27,75	28,74	-	mm^2/cm^3

Die Unterschiede in den Ergebnissen zwischen manueller und halbautomatischer Methode liegen im Erwartungsbereich. Die unerwartet niedrigen automatisch ermittelten Meßwerte erklären wir

1. mit einem „Flächenverlust" auf der Stufe der automatisch durchgeführte „2level-Diskriminierung" durch den voreingestellten Graustufen-Schwellenwert,
2. mit einer konsequenteren Eliminierung von artefiziellen Mikrofrakturen und
3. mit dem in unserer Messung nicht miterfaßten Osteoidvolumen.

Schlußfolgerungen

Zur umfassenden quantitativen Analyse der Säuglingsspongiosa empfiehlt sich nach wie vor die manuelle Histomorphometrie unter Benutzung eines Integrationsokulars nach Merz. Die Goldnerfärbung liefert dafür kontrastreiche Präparate, an denen sich im gleichen Bild alle interessierenden Strukturen inklusive des trabekulären Restknorpels sehr gut abgrenzen lassen. Zur „schnellen" Erfassung des Volumens verkalkter Knochengrundsubstanz und des verkalkten Restknorpels eignet sich die automatische Bildanalyse an Präparaten, die mit Astrablau bzw. nach v. Kossa gefärbt sind. Eine interaktiv durchgeführte Diskriminierung würde dabei aufgrund einer gewissen Schwankungsbreite um den Schwellenwert einen systematischen Fehler i.S. einer zu tiefen Schwellenwertwahl vermeiden helfen. Die halbautomatische Methode bietet bei der Untersuchung des spongiösen Säuglingsknochens u.E. keine Vorteile gegenüber den beiden anderen.

Bei der Erstellung von Normwerten am Säuglingsknochen ist zu beachten, daß eine erhebliche Befundvariation in Abhängigkeit von der Entfernung von der Wachstumszone besteht und ein Mittelwert somit nicht geeignet ist, die tatsächliche Aktivität des wachsenden Knochens zu beschreiben.

Zusammenfassung

Zur späteren Erstellung von Normwerten der Säuglingsspongiosa wurden die gängigen histomorphometrischen Methoden (Integrationsokular, halbautomatische und automatische Bildanalyse) auf ihre Anwendbarkeit überprüft. Dabei erwies sich das statistische Punktzählverfahren als zwar aufwendigste aber auch ergiebigste Methode und ist für wissenschaftliche quantitative Untersuchungen u.E. nach wie vor das Mittel der Wahl. Zur „schnellen" diagnostischen Ermittlung der Volumenanteile verkalkter Knochengrundsubstanz und verkalkten Restknorpels bietet sich die automatische Bildanalyse an Schnitten an, die nach v. Kossa und mit Astrablau gefärbt sind.

Literatur

1. Merz WA (1967) Die Streckenmessung an gerichteten Strukturen im Mikroskop und ihre Anwendung zur Bestimmung von Obeflächen-Volumen-Relationen im Knochengewebe. Mikroskopie 22:132–142
2. Schenk RK, Olah AJ (1980) Histomorphometrie. In: Kuhlencordt F, Bartelheimer H (Hrsg) Klinische Osteologie. Springer, Berlin Heidelberg New York, S 437–494

Histomorphometrische Untersuchungen der subchondralen Region und Knorpeldickenmessungen am Kniegelenk junger Beagle-Hunde

A. J. Roth[1], R. Oettmeier[1], K. Abendroth[2], H. Helminen[3], P. Mühlig[4]

[1] Orthopädische Klinik der Friedrich-Schiller-Universität Jena am Rudolf-Elle-Krankenhaus Eisenberg, Klosterlausnitzerstraße, O–6520 Eisenberg/Thüringen, BRD
[2] Rheumatologische und Osteologische Abteilung, Klinik für innere Medizin, Friedrich-Schiller-Universität Jena, Erlanger Allee, O–6903 Jena-Neulobeda, BRD
[3] Institut für Anatomie, Universität Kuopio, F–70211 Kuopio
[4] Zentralinstitut für Mikrobiologie und experimentelle Therapie, Am Beutenberg, O–6900 Jena, BRD

Einleitung

Die meisten Untersuchungen zur Pathogenese der Osteoarthrose (OA) haben die Analyse des hyalinen Knorpels zum Inhalt, welcher jedoch nur einen Teil des Gelenksystems darstellt. Eine vermehrte Bedeutung wird inzwischen den angrenzenden Strukturen beigemessen. So erfüllt die Tidemark als Bindeglied zwischen hyalinem und verkalktem Knorpel verschiedene physiologische Funktionen (Mineralisationsbarriere, Verankerung des weichen hyalinen Knorpels mit der rigiden Kalknorpelschicht) und ist unmittelbar mit dem Prozeß der Knorpeldestruktion bei OA verknüpft. In der Literatur werden Tidemarkschädigungen sowie Veränderungen des subchondralen Knochens als Mechanismen diskutiert, welche sekundär die Knorpeldegeneration hervorrufen können [1–5].

Um die präarthrotischen Vorgänge besser verstehen zu können ist es sinnvoll, die Antwort des Gelenksystems auf Belastungen im physiologischen Grenzbereich zu untersuchen.

Material und Methoden

Zehn weibliche Beagle-Hunde begannen im Alter von 15 Wochen mit einer Laufbelastung (Laufband, 15° Steigung), welche bis zur 55. Woche auf 40 km/Tag (5 Tage/Woche) gesteigert wurde. Diese Versuchstiere [EXP] sowie eine Kontrollgruppe [CON] von 10 Schwestertieren (ohne Laufbelastung) wurden im Alter von 75 Wochen getötet. Von 11 verschiedenen Lokalisationen des rechten Kniegelenkes wurden Knochen-Knorpel-Proben entnommen (Abb. 1). nach Fixierung in Carnoy'scher Lösung (12–24 h, 20°C) und Aufbewahrung in absolutem Alkohol wurden die Proben unentkalkt präpariert. Mittels Hartschnittmikrotom (Fa. Reichard/Jung, BRD) wurden 4 μm dicke Schnitte angefertigt und nach Ladewig [6] gefärbt.

Die subchondralen Knochenparameter wurden histomorphometrisch mit dem Zählnetz nach Merz [7] ermittelt. Desweiteren wurden mittels QUANTIMED 720 (Cambridge Instr., GB) die Dicke des hyalinen und verkalkten Knorpels sowie der subchondralen Knochenplatte vermessen. Alle morphometrischen Analysen wurden jeweils in der zentralen, mittleren und peripheren Region eines jeden Präparates durchgeführt. Die qualitative Beurteilung der Oberfläche und die Einteilung des Zustandes der Tidemark erfolgten entsprechend der Graduierung von Oettmeier et al. [5]. Zur Reduktion individueller Einflußgrößen und zur

T. H. Ittel H.-G. Sieberth H. H. Matthiaß (Hrsg.)
Aktuelle Aspekte der Osteologie

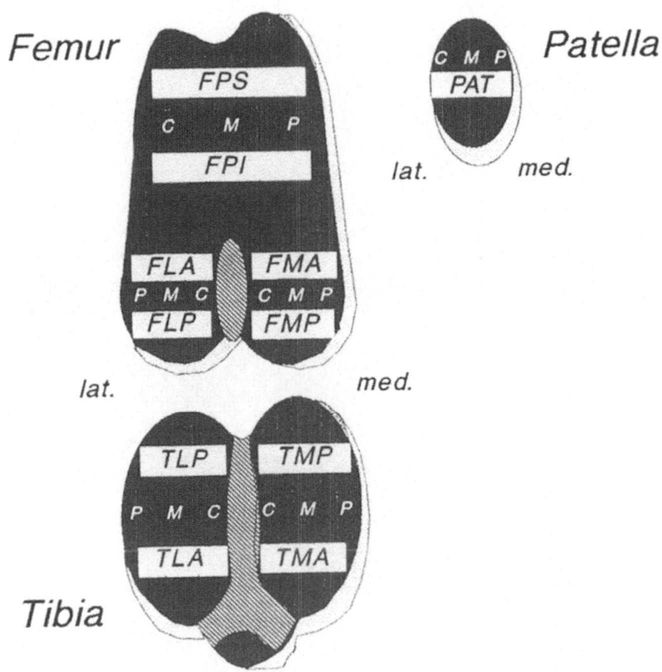

Abb. 1. Biopsielokalisationen im Kniegelenk des Beagle-Hundes (*PAT*, Patella; *FPS*, femuropatellares Gleitlager sup.; *FPI*, femuropatellares Gleitlager inf.; *FMA*, Femur med. ant.; *FLA*, Femur lat. ant.; *FMP*, Femur med. post.; *FLP*, Femur lat. post.; *TMA*, Tibia med. ant.; *TLA*, Tibia lat. ant.; *TMP*, Tibia med. post.; *TLP*, Tibia lat. post.)

Hervorhebung der Veränderungen unter Belastung wurde für alle gemessenen Parameter folgender *„Index C"* berechnet:

$$Index\ C = \frac{\text{Parameter Versuchstier}}{\text{entsprechender Parameter Kontrolltier (Schwester)}}$$

Die statistische Signifikanz wurde mit dem verteilungsfreien Test nach Wilcoxon berechnet.

Resultate

Auch bei intakter Knorpeloberfläche wurden Kontaktzonen zwischen dem hyalinen Knorpel und Markraum („gap") (Abb. 2a), basale zystische Degenerationen des hyalinen Knorpels (Abb. 2b), Gefäßkontakte und -penetrationen in die Tidemark-Region (Abb. 3a) und hyaline „Zapfen" (Abb. 3b) beobachtet. Bei den Kontrolltieren traten vorwiegend in den peripheren Regionen vermehrt „gaps" (+21,2%), und Gefäßeinbrüche (+13,1%) auf. Oft war das Auftreten von „gaps" und hyalinen „Zapfen" mit Gefäßkontakten gekoppelt ($R=0{,}26$, $P < 0{,}05$). Hyaline „Zapfen" kamen gehäuft bei den Versuchstieren vor (+68,9%) und waren meist an eine intakte Tidemark gebunden ($R=0{,}35$, $P < 0{,}05$). Hinsichtlich des Schädigungsgrades der Tidemark gab es keinen Unterschied zwischen beiden Gruppen. Zunehmende Tidemarkveränderungen korrelierten mit vermehrter Knorpeldegenera-

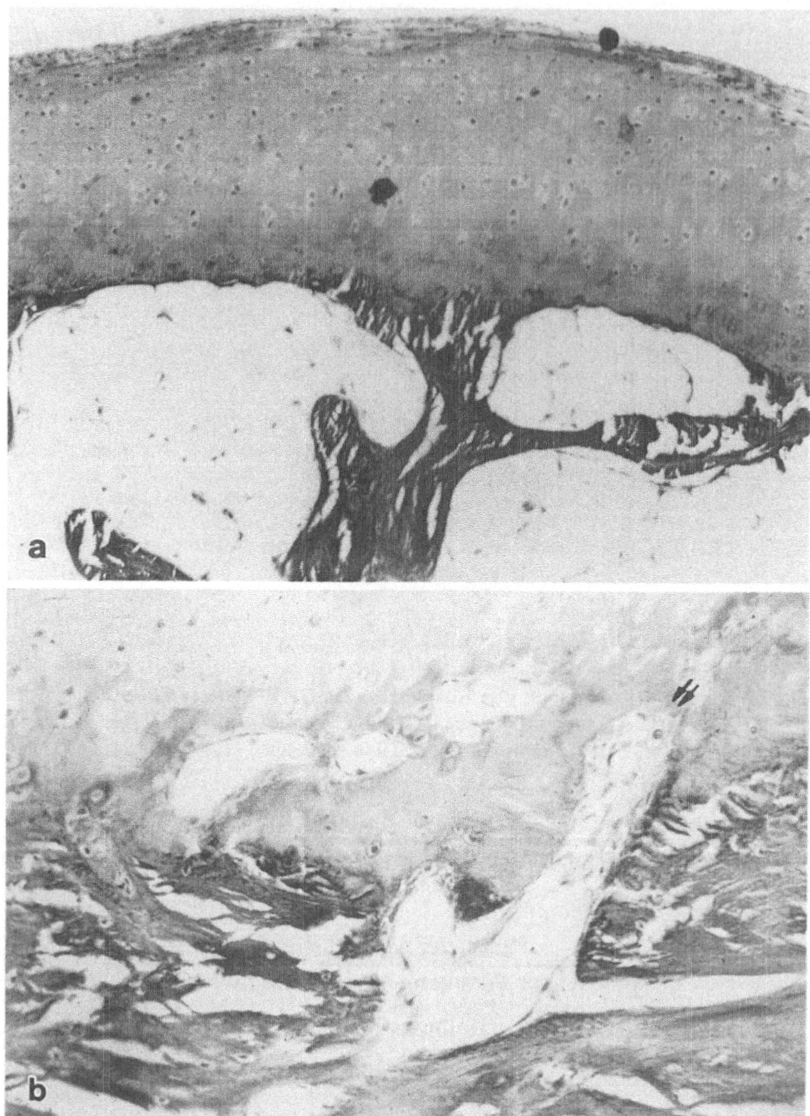

Abb. 2. a Direkte Kontaktzone zwischen hyalinem Knorpel und Markraum (sog. „gap"), **b** basale zystische Degenerationen im hyalinen und verkalkten Knorpel, unentkalkt, Ladewig, ×36

tion ($R_{EXP} = 0{,}62$, $R_{CON} = 0{,}82$, $P < 0,01$) und dem Vorkommen von Gefäßpenetrationen ($R = 0{,}5$, $P < 0,01$).

Der hyaline Knorpel nahm unter Belastung an der Patella, dem medialen Anteil der Patellagleitfläche und dem lateralen Kompartement der Tibia zu (Tabelle 1). Eine Korrelation mit der Dicke des Gesamtknorpels ($R_{EXP} = 0{,}97$, $R_{CON} = 0{,}92$, $p < 0,01$) und der Dicke der subchondralen Knochenplatte ($R_{EXP} = 0{,}54$, $R_{CON} = 0{,}66$, $p < 0,01$) konnte aufgezeigt werden.

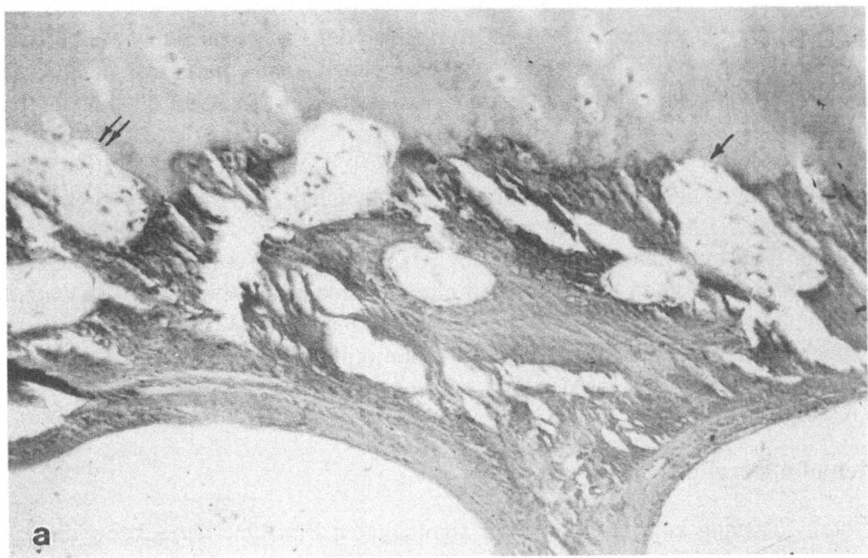

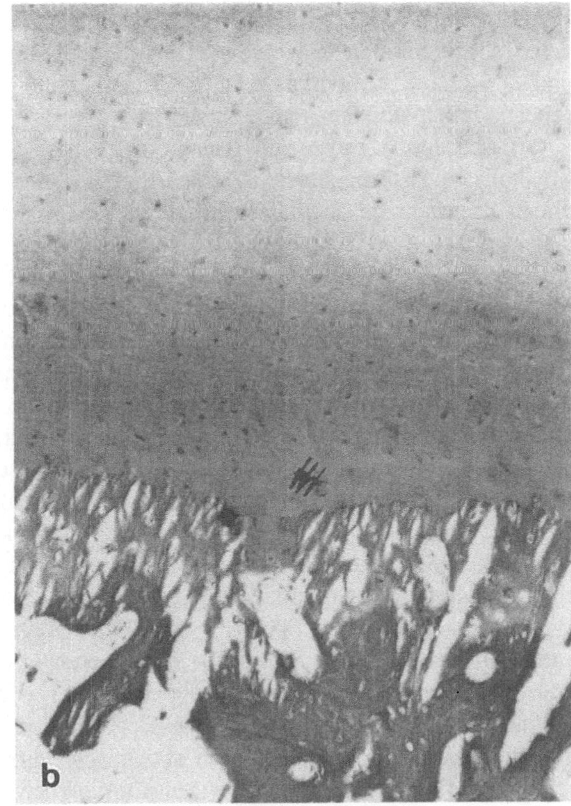

Abb. 3. a Gefäßkontakte (*Pfeil*) und -penetrationen in die Tidemarkregion (*Doppelpfeil*), **b** hyaliner Zapfen (*Tripelpfeil*) mit Gefäßkontakt, unentkalkt, Ladewig, ×36

Eine Dickenzunahme des Kalkknorpels wurde an der Patellarückfläche, den lateralen Anteilen der Femur- und Tibiakondylen sowie der Patella nachgewiesen (Tabelle 1).

Eine Zunahme der Dicke der subchondralen Knochenplatte trat im lateralen Teil der Patella, im lateralen Tibiaplateau und Femurkondylus sowie an der Patellagleitfläche des Femurs auf (Tabelle 1). Die Volumendichte war lediglich im Bereich der Patellagleitfläche erhöht (Tabelle 2); Korrelationen mit der Kalkknorpeldicke ($R_{EXP} = 0{,}45$, $R_{CON} = 0{,}81$, $p < 0{,}01$) und Dicke der subchondralen Knochenplatte $R_{EXP} = 0{,}37$, $R_{CON} = 0{,}5$, $p < 0{,}05$) waren nachweisbar. Der mittlere Trabekeldurchmesser des subchondralen Knochens blieb von der Belastung nahezu unbeeinflußt. Als wesentlichste Antwort auf die Gelenkbelastung wurde in nahezu allen Meßbereichen eine signifikante Erhöhung des subchondralen Knochenumbaus nachgewiesen, welcher in einigen Fällen das 4- bis 5fache der Kontrollgruppe erreichte (Tabelle 2). Korrelationen mit den morphometrischen Daten des Knorpelbereiches konnten nicht ermittelt werden.

Schlußfolgerungen

Unter Belastung kommt es zu einer signifikanten Zunahme der subchondralen Umbauaktivität als Zeichen eines vermehrten Knochenremodelling. In der präarthrotischen Phase stehen geringe Veränderungen im hyalinen Knorpel (Schwellung, Fibrillation) den aktiveren subchondralen Prozessen, wie Tidemarkveränderungen, Kalkknorpelverdickungen und Zunahme der subchondralen Knochenlamelle sowie 'high turnover remodelling' des subchondralen Knochens gegenüber.

Gefäßpenetrationen in den Basalknorpel, basale zystische Knorpeldegenerationen und Mineralisationsstörungen der Tidemark sowie die Zunahme der Steifigkeit des subchondralen Knochens müssen als Resultate dieser Prozesse angesehen werden. Die Korrelationen zwischen dem Schädigungsgrad der Tidemark und der Knorpeldegeneration weisen auf eine enge Wechselbeziehung zwischen diesen Regionen hin. Gefäßverbindungen vom Markraum zu hyalinen „Zapfen" gehen meist mit intakten Tidemarkstrukturen einher, treten gehäuft unter Belastung auf und sind somit ein weiterer Hinweis auf die Ernährung des Knorpels vom Markraum aus [8, 9]. Die Zunahme des Kalkknorpels und der subchondralen Knochenlamelle sind eine Reaktion auf die vermehrte Gelenkbelastung [10–12], und wurde von Stougard [13] auch bei Chondromalazie der Patella beschrieben. Als Folge der Kalkknorpelverdickung wäre eine erhöhte Steifheit des Gelenkknorpels und damit biomechanisch ungünstigere Eigenschaften zu erwarten. „Gaps" wurden auch von Stougard [13] und Meachim et al. [14] beschrieben. Ihr Vorkommen besonders in den peripheren Regionen nimmt unter Belastung ab. Dies kann als physiologische Adapdation im Sinne einer subchondralen Stabilisierung verstanden werden.

Die Pathogenese der OA wird im allgemeinen angesehen als eine primäre Erkrankung des Knorpels mit Störungen der Chondrozytenfunktion und sekundärer subchondrale Sklerose. Andererseits ist es jedoch sehr wahrscheinlich, daß primäre Störungen des subchondralen Knochens in eine Degeneration des Knorpels münden. Während Radin und Paul [1, 2] Mikrofrakturen als Ursache subchondraler Sklerosierung beschreiben, sehen Gevers et al. [3, 15] in der konstitutionellen Anlage der Arthrosepatienten (primär vermehrte Knochenmasse, erhöhte Knochenreaktivität) die wesentliche Voraussetzung für diese Veränderungen. Wir konnten in unseren Analysen nur selten Mikrofrakturen beob-

Tabelle 1. Veränderungen der Dicke des hyalinen Knorpels, des Kalkknorpels und der subchondralen Knochenplatte am Kniegelenk weiblicher Beagle-Hunde nach Dauerbelastung

	Hyaline Knorpeldicke			*Kalkknorpeldicke*			*Dicke subchondrale Knochenplatte*		
Region	C[a]	M[a]	P[a]	C[a]	M[a]	P[a]	C[a]	M[a]	P[a]
PAT	1,44 ± 0,2[b]	1,20 ± 0,2	1,22 ± 0,1[b]	1,67 ± 0,3[b]	1,08 ± 0,2	1,69 ± 0,3[b]	1,03 ± 0,1	1,23 ± 0,1[b]	1,09 ± 0,1
FPI	1,28 ± 0,1[b]	1,29 ± 0,1[b]	1,20 ± 0,1	1,43 ± 0,2[b]	1,03 ± 0,1	0,91 ± 0,1	1,39 ± 0,1[c]	1,19 ± 0,1	1,22 ± 0,1[b]
FPS	1,39 ± 0,2[b]	1,13 ± 0,2	1,08 ± 0,1	1,49 ± 0,2[b]	0,96 ± 0,1	1,71 ± 0,3[b]	1,34 ± 0,2[b]	0,91 ± 0,1	1,59 ± 0,2[c]
FMP	1,11 ± 0,1	0,89 ± 0,2	1,15 ± 0,1	2,02 ± 0,4[c]	0,75 ± 0,2	1,44 ± 0,2[b]	0,84 ± 0,2	1,02 ± 0,1	1,16 ± 0,2
FMA	1,11 ± 0,1	0,89 ± 0,2	1,15 ± 0,1	2,02 ± 0,3[b]	0,75 ± 0,2	1,44 ± 0,2	0,84 ± 0,1	1,02 ± 0,1	1,16 ± 0,1
TMP	0,83 ± 0,1	0,97 ± 0,1	1,03 ± 0,1	2,30 ± 0,4[c]	1,56 ± 0,3[b]	1,26 ± 0,2	0,91 ± 0,1	0,95 ± 0,1	0,78 ± 0,2
TMA	0,91 ± 0,1	0,92 ± 0,1	1,02 ± 0,1	0,85 ± 0,2	0,76 ± 0,3	1,55 ± 0,3[b]	0,98 ± 0,1	0,98 ± 0,1	0,98 ± 0,1
FLP	0,93 ± 0,1	1,02 ± 0,1	1,15 ± 0,2	0,67 ± 0,3	1,12 ± 0,2	1,96 ± 0,3[c]	1,01 ± 0,1	1,05 ± 0,1	0,82 ± 0,2
FLA	1,11 ± 0,1	1,08 ± 0,1	1,06 ± 0,1	1,48 ± 0,3[b]	1,01 ± 0,2	2,43 ± 0,5[c]	1,19 ± 0,1	0,93 ± 0,1	1,41 ± 0,2[b]
TLA	1,45 ± 0,2[b]	1,00 ± 0,1	1,22 ± 0,2	0,97 ± 0,2	1,17 ± 0,2	2,04 ± 0,4[c]	1,31 ± 0,2[b]	1,16 ± 0,1	1,22 ± 0,2[b]
TLP	0,86 ± 0,2	0,92 ± 0,1	1,60 ± 0,3[b]	1,12 ± 0,2	0,94 ± 0,2	2,64 ± 0,5[c]	1,25 ± 0,2	1,05 ± 0,1	0,92 ± 0,1
Mean	1,11 ± 0,2	1,02 ± 0,1	1,13 ± 0,1	1,35 ± 0,1[b]	0,99 ± 0,2	1,71 ± 0,3[c]	1,09 ± 0,1	1,06 ± 0,1	1,01 ± 0,1

[a] *C*, zentrale Region; *M*, mittlere Region; *P*, periphere Region.
Signifikanz: [b] $p < 0,05$; [c] $p < 0,01$.

Tabelle 2. Index C der histomorphometrisch ermittelten subchondralen Knochenparameter am Kniegelenk weiblicher Beagle-Hunde nach Dauerbelastung

	Volumendichte			*Gesamtanbauoberfläche*			*Gesamtabbauoberfläche*		
Region	C[a]	M[a]	P[a]	C[a]	M[a]	P[a]	C[a]	M[a]	P[a]
PAT	1,02 ± 0,1	1,17 ± 0,2	1,20 ± 0,2	1,35 ± 0,2	0,91 ± 0,2	1,49 ± 0,3	0,64 ± 0,3	1,23 ± 0,3	2,02 ± 0,5[b]
FPI	1,12 ± 0,1	1,10 ± 0,1	1,11 ± 0,1	1,65 ± 0,3[b]	2,17 ± 0,5[b]	2,38 ± 0,5[c]	1,44 ± 0,3	1,80 ± 0,5	2,15 ± 0,5[b]
FPS	1,24 ± 0,1[b]	1,13 ± 0,1	1,39 ± 0,1[c]	2,17 ± 0,4[c]	2,13 ± 0,5[b]	3,10 ± 0,6[c]	1,52 ± 0,3	1,62 ± 0,4	2,34 ± 0,5[c]
FMP	0,98 ± 0,1	0,97 ± 0,1	0,99 ± 0,1	2,29 ± 0,4[c]	1,92 ± 0,4[b]	1,65 ± 0,4	1,23 ± 0,3	1,05 ± 0,2	0,98 ± 0,2
FMA	1,10 ± 0,1	1,14 ± 0,1	1,18 ± 0,1	3,97 ± 0,7[c]	4,27 ± 0,8[c]	2,32 ± 0,5[b]	1,84 ± 0,4	2,28 ± 0,5[b]	2,71 ± 0,5[c]
TMA	1,01 ± 0,1	1,10 ± 0,1	1,11 ± 0,1	5,38 ± 0,9[c]	1,74 ± 0,5	3,94 ± 0,7[c]	2,95 ± 0,6[c]	0,85 ± 0,3	2,48 ± 0,5[c]
TMP	1,06 ± 0,1	1,03 ± 0,1	1,09 ± 0,1	2,48 ± 0,4[c]	2,58 ± 0,5[c]	2,29 ± 0,5[c]	2,83 ± 0,6[c]	3,60 ± 0,9[c]	1,36 ± 0,4
FLP	1,08 ± 0,1	1,04 ± 0,1	1,05 ± 0,1	1,87 ± 0,3[b]	1,71 ± 0,3[b]	1,57 ± 0,4	3,01 ± 0,8[c]	1,04 ± 0,4	1,81 ± 0,6
FLA	1,17 ± 0,1	1,17 ± 0,1	1,14 ± 0,1	1,69 ± 0,3[b]	1,40 ± 0,3	2,22 ± 0,4[c]	3,23 ± 0,9[c]	1,05 ± 0,5	2,26 ± 0,6[b]
TLA	1,05 ± 0,1	1,00 ± 0,1	1,00 ± 0,1	2,90 ± 0,7[c]	1,93 ± 0,4[b]	1,85 ± 0,4[b]	2,21 ± 0,5[b]	1,66 ± 0,3[b]	2,24 ± 0,5[c]
TLP	0,86 ± 0,1	0,82 ± 0,1	0,89 ± 0,1	1,12 ± 0,2	0,80 ± 0,3	1,31 ± 0,2	1,15 ± 0,3	2,11 ± 0,5[b]	0,95 ± 0,4
Mean	1,07 ± 0,1	1,06 ± 0,1	1,11 ± 0,1	2,50 ± 0,5[c]	2,07 ± 0,5[b]	2,45 ± 0,6[c]	1,89 ± 0,4[b]	1,67 ± 0,4	2,14 ± 0,5[b]

[a] *C*, zentrale Region; *M*, mittlere Region; *P*, periphere Region.
Signifikanz: [b] $p < 0,05$; [c] $p < 0,01$.

achten. Die subchondrale Sklerosierung ist nach unserer Ansicht Resultat des gesteigerten Remodelling als Belastungsfolge. Bei positiver Knochenbilanz kommt es nachfolgend zur subchondralen Vermehrung des Knochenvolumens. Mineralisationsstörungen in der Tidemark, Kalkknorpelverdickung, Zunahme der subchondralen Knochenlamelle und Sklerosierung und damit Versteigung des angrenzenden Knochens führen zu einer erheblichen Störung der „shock-absorber"-Funktion des Gelenks. Somit wird ein größerer Teil der Impulsbelastung vom hyalinen Knorpel absorbiert und iniziiert sekundär seine mechanische Selbstzerstörung.

Summary

Many studies which try to investigate pathogenesis of osteoarthritis (OA) have the disadvantage to analyse the hyaline cartilage only as a little part of the complex joint system. In understanding pre-osteoarthritic processes it is useful to investigate the response of the joint system to exercise on the borderline of physiologic range.

Twenty female beagle dogs wer divided into runner and controls. After a training period the dogs were accustomed to run 40 km/day in a treadmill (5 days a week for 20 weeks to 15° uphill). The samples for histology were taken from 11 different locations, undecalcified prepared, cut and stained by Ladewig. The thickness of hyaline (*hyc*) and calcified cartilage (*cc*) as well as subchondral bone plate (*cbp*) was measured in the central, intermedial and peripher zone of each specimen. Using the eyepiece gradicule by Merz subchondral bone parameters were evaluated histomorphometrically. As the measured parameters are influenced from individual factors, the relative value was established for the representation of ascertained parameters.

Despite of intact cartilaginous surface, direct contact areas between *hyc* and bone marrow ("gaps"), basal cystic degenerations of *cc* and *hyc*, hyaline plugs and vascular invasion into the tidemark and *hyc* were observed. Only in the retropatellar joint the thickness of *hyc* and *sbp* was significantly increased. Almost in all regions of the knee joint the bone formation as well as bone resorption surface were significantly increased. This high turnover remodelling dominated again in the central and peripher zones. The bone formation was at places even four to five times more active than in the control group. Thickening of *cc* correlated with increased subchondral bone plate.

The enlarged bone turnover seems to be a primary answer of the joint to overloading. The increased bone formation provides more and stiffer subchondral bone with pathogenetic significance in OA, supporting the hypothesis by Radin and Paul (1970).

Literatur

1. Radin EL, Paul IL, Lowy M (1970) A comparison of the dynamic forcetransmitting properties of subchondral bone and articular cartilage. J Bone Joint Surg [Am] 52:444–448
2. Radin EL, Paul IL, Swann DA, McGrath PJ (1982) Factors influencing articular cartilage wear in vitro. Arthritis Rheum 25:974–980
3. Gevers G, Dequeker J, Geusens P, Nyssen-Behets C, Dhem A (1989) Physical and histomorphological characteristics of iliac crest bone differ according to the grade of osteoarthritis at the hand. Bone 10:173–177

4. Oettmeier R, Abendroth K, Oettmeier S (1989) Analyses of the Tidemark on human femoral heads. I. Histological, ultrastructural and microanalytic characterization of the normal structure of the intercartilaginous junction. Acta Morphol Hung 37 (3–4):155–168
5. Oettmeier R, Abendroth K, Oettmeier S (1989) Analyses of the Tidemark on human femoral heads. II. Tidemark changes in osteoarthosis – a histological and histomorphometric study in non-decalcified preparations. Acta Morphol Hung 37 (3–4):169–180
6. Ladewig P (1938) Über eine einfache und vielseitige Bindegewebsfärbung (Modifikatiion der Mallory-Heidenheimschen Methode. Z Wissensch Mikroskopie 55:215–217
7. Merz WA (1967) Die Streckenmessung an gerichteten Strukturen im Mikroskop und ihre Anwendung zur Bestimmung von Oberflächen-Volumenparametern im Knochengewebe. Mikroskopie 22:132–142
8. Holmdahl DE, Ingelmark BE (1950) The contact between the articular cartilage and the medullary cavities of the bone. Acta Orthop Scand 20:156–165
9. Greenwald AS, Haynes DW (1969) A pathway for nutrients from the medullary cavity to the articular cartilage of the human femoral head. J Bone Joint Surg [Br] 51:747–753
10. Lane LB, Bullough PG (1980) Age-related changes in the thickness of the calcified zone and the number of the tidemarks in adult human articular cartilage. J Bone Joint Surg [Am] 62:372–375
11. Müller-Gerbl M, Schulte E, Putz R (1987) The thickness of the calcified layer of the articular cartilage: a function of the load supported. J Anat 1564:103–111
12. Müller-Gerbl M, Putz R, Hodapp N, Schulte E, Wimmer B (1990) Die Darstellung der subchondralen Dichtemuster mittels der CT-Osteoabsorptiometrie zur Beurteilung der individuellen Gelenkbeanspruchung am Lebenden. Z Orthop 128:128–133
13. Stougard J (1974) The calcified cartilage and the subchondral under normal and abnormal conditions. Acta Pathol Microbiol Immunol Scand 82:182–188
14. Meachim G, Allibone R (1984) Topographical variation in the calcified cartilage zone of upper femoral articular cartilage. J Anat 139:341–352
15. Gevers G, Dequeker J, Martens M, Audekercke R v, Nyssen-Hehets Ch, Dhem A (1989) Biomechanical characteristics of iliac crest bone in elderly women according to osteoarthritis grade at the hand joints. J Rheumatol 16:660–663

Histologische Untersuchungen am Hüftkopf des Kaninchens bei Atherosklerose

T. Wuthe[1], T. Bartels[1], W. Hein[1], J. Beitz[2], G. Hein[1]

[1] Klinik und Poliklinik für Orthopädie, MLU Halle-Wittenberg, Johann-Andreas-Segner-Straße 12, O–4020 Halle, BRD
[2] Institut für Pharmakologie und Toxikologie, MLU Halle-Wittenberg, Leninallee 04, O–4020 Halle, BRD

Einleitung

Für die Entstehung und Progression atherosklerotischer Gefäßwandschädigungen wird der Interaktion zwischen Thrombozyten und Gefäßwand eine maßgebliche Rolle zugesprochen [1]. Unter den atherosklerotischen Risikofaktoren spielen Lipidstoffwechselstörungen eine zentrale Rolle.

Zahlreiche Studien bestätigen auch eine Beziehung zwischen Lipidstoffwechselstörungen und der Entstehung von Femurkopfnekrosen [2]. Die biomechanischen Einflußfaktoren für die Entstehung und Ausdehnung der Femurkopfnekrosen könnten u.a. auch durch nutritiv bedingte neuromuskuläre Dysbalancen begünstigt werden. In diesem Zusammenhang ist es von Interesse, den Einfluß einer tierexperimentell cholesterolinduzierten generalisierten Artherosklerose auf die Spongiosadichte des Knochens zu untersuchen.

Methoden

Als Versuchstiere dienten 65 Neuseelandkaninchen mit einer durchschnittlichen Körpermasse von 2,36 kg. Die Tiere wurden in 2 Versuchsansätzen in 9 Versuchsgruppen eingeteilt und wie folgt behandelt.

Gruppe 1 Kontrollgruppe
Gruppe 2 Cholesteroldiät (200 mg/die über 20 Wochen)
Gruppe 3 Cholesteroldiät (200 mg/die über 20 Wochen) + HDL
Gruppe 4 2 Wochen Cholesteroldiät
Gruppe 5 4 Wochen Cholesteroldiät
Gruppe 6 6 Wochen Cholesteroldiät
Gruppe 7 8 Wochen Cholesteroldiät
Gruppe 8 10 Wochen Cholesteroldiät
Gruppe 9 12 Wochen Cholesteroldiät

Die Diät begann nach einer 14tägigen Umstellung der Tiere auf Pellets.

Die Zusammensetzung der Diät und die Fütterung wurden von Bartels und Mitarbeiter [3] bereits beschrieben. Im Anschluß an die Diätzeit wurde das Gesamtcholesterol im Serum [5] und das LDL-Cholesterol [6] im Serum bestimmt.

T. H. Ittel H.-G. Sieberth H. H. Matthiaß (Hrsg.)
Aktuelle Aspekte der Osteologie

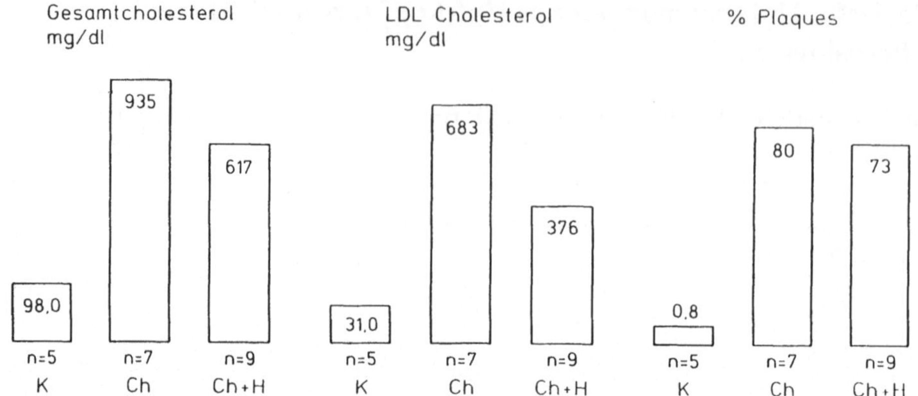

Abb. 1. Lipidgehalt im Serum und atherosklerotische Plaques der Aorteninnenfläche (%) bei unterschiedlichem Cholesterolgehalt der Nahrung. *K*, Kontrollgruppe; *Ch*, Cholesteroldiät; *Ch + H*, Cholesteroldiät + HDL

Am Ende der Versuchsperiode wurde bei den Tieren der prozentuale Flächenanteil von der Gesamtaorteninnenfläche, der durch die cholesterolreiche Diät induzierten atherosklerotischen Intimaschäden (Plaques oder Lipidbeete) in der Aortenwand ermittelt (Ausmaß der Schädigung in % der Gesamtoberfläche der Aorta).

Von den getöteten Tieren wurden die jeweils linksseitigen Femurköpfe für die histomorphometrischen Bestimmungen entnommen. Die Herstellung der unentkalkten Knochenhartschnitte und die Formerkennung von Gewebsbestandteilen erfolgten nach bereits veröffentlichten Angaben [3].

Folgende Parameter wurden bestimmt:

1. Volumetrische Spongiosadichte (V_c)
2. Oberflächendichte der Spongiosa (S_v)
3. spezifische Trabekeloberfläche (S/V)

Die Signifikanz der Ergebnisse wurde mit dem T-Test für verbundene Stichproben berechnet.

Ergebnisse

Körpermassen

Zwischen den einzelnen Diätgruppen gab es sowohl zu Versuchsbeginn auch 10 Wochen nach Diätbeginn keine statistisch signifikanten Unterschiede in der Körpermasse ($t > 0,05$). Zu Versuchsende (20 Wochen nach Diätbeginn) weist die Tiergruppe cholesterolreiche Diät eine signifikant niedrige Körpermasse im Vergleich zur Kontrollgruppe auf ($t < 0,05$). Die anderen Tiergruppen bleiben im Bezug auf die Körpermasse auch zu Versuchsende unbeeinflußt ($t > 0,05$).

Serumlipide und atherosklerotische Veränderungen der Aorta

Abbildung 1 zeigt, daß sowohl der Gesamtcholesterolspiegel als auch der LDL-Cholesterolspiegel im Serum zu Versuchsende bei allen Diätgruppen im Vergleich zur Kontrollgruppe signifikant erhöht ist ($t < 0,01$). Durch eine 2malige HDL-Injektion (als positive Kontrolle) konnte die Erhöhung des Gesamtcholesterolgehaltes und des LDL-Cholesterolgehaltes im Serum signifikant vermindert werden ($t < 0,05$, Abb. 1).

Bei allen Tiergruppen, die Cholesterol in der Nahrung erhielten, waren im Gegensatz zu der Kontrollgruppe atherosklerotische Intimaschädigungen der Aorta eindrucksvoll nachzuweisen ($t < 0,001$, Abb. 1). Zwischen den Cholesterolgruppen gab es keine statistisch signifikanten Unterschiede (t $0,05$, Abb. 1) hinsichtlich des prozentualen Anteils der atherosklerotischen Plaques in der Aorta.

Histomorphometrische Untersuchungen am Femurkopf

Die volumetrische Spongiosadichte im Femurkopf ist bei allen cholesterolgefütterten Tiergruppen statistisch signifikant erniedrigt im Gegensatz zur Kontrollgruppe ($t < 0,05$, Abb. 2). Die spezifische Trabekeloberfläche als Maß für die Spongiosabälkchenbreite zeigt keine statistisch gesicherten Differenzen zwischen den Versuchsgruppen ($t > 0,05$, Abb. 2). Vergleicht man die Oberflächendichte der Spongiosa zwischen den einzelnen Tiergruppen, so erreichen die Differenzen nicht das Signifikanzniveau ($t > 0,05$, Abb. 2).

Histochemische Untersuchungen am Hüftkopf

Die histochemischen Untersuchungen der alkalischen und sauren Phosphataseaktivität sowie der Diaphorase, β-Glucoronidase und α-Naphtylesterase im Femurkopf der Versuchsgruppen zeigen nach 2, 4, 6, 8, 10, 12 Wochen cholesterolreicher Diät keine Differenzen zwischen den einzelnen cholesterolernährten Tiergruppen.

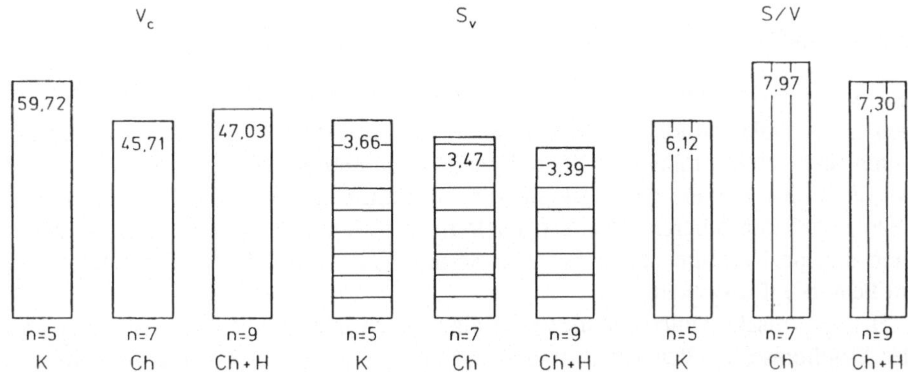

Abb. 2. Spongiosadichte im Hüftkopf der Kaninchen nach 20wöchiger differenter Cholesteroldiät. *K*, Kontrollgruppe; *Ch*, Cholesteroldiät; *Ch + H*, Cholesteroldiät + HDL; V_c, volumetrische Spongiosadichte (%); S_v, Oberflächendichte der Spongiosa (mm/mm^2); *S/V*, spezifische Trabekeloberfläche (mm/mm^2)

Diskussion

Die vorliegenden Ergebnisse zeigen, daß durch eine Cholesteroldiät die Spongiosadichte im Femurkopf von Kaninchen reduziert wird. Dieser Effekt ist durch eine intravenöse Zugabe von HDL nicht zu beeinflussen. Der Nachweis der Entwicklung einer Atherosklerose nach cholesterolreicher Diät konnte eindrucksvoll erbracht werden. Ebenso wurde der Cholesterolgehalt im Serum durch eine cholesterolreiche Diät erwartungsgemäß drastisch erhöht. Qualitative und quantitative Störungen der Organperfusion im Bereich der Mikrozirkulation, die als Folge eines primären und endogenen Defektes des intravaskulären transkapillären Stroms von Blutbestandteilen auftreten, werden heute als Ursache oder komplizierende Faktoren zahlreicher krankhafter Zustände akzeptiert. So findet man bei Patienten mit Hyperlipidämien eine hochsignifikante Korrelation zwischen einem erhöhten Plasmacholesterolspiegel und der vermehrten Thromboxanbildung der Thrombozyten [4]. In diesem Zusammenhang könnte auch die durch die Hypercholesterolämie induzierte Verminderung der Spongiosadichte u.a. durch Störungen der Mikrozirkulation verursacht werden.

Die genauen Zusammenhänge und Regulationsmechanismen des Knochenstoffwechsels sind bis zum heutigen Zeitpunkt nicht vollständig geklärt. Wir betrachten dieses cholesterolinduzierte Atherosklerosemodell als brauchbaren Ausgangspunkt zur weiteren Aufklärung der Bedeutung von Störungen der Mikrozirkulation für Knochenstoffwechselvorgänge. Die enzymhistochemischen Untersuchungen zeigen keine Differenzen im Enzymmuster bei unterschiedlicher Dauer der Cholesteroldiät im Hüftkopf von Kaninchen. Für weitere Versuchsanordnungen wäre es von Interesse, die Osteozytenlakunen polanimetrisch zu vermessen, um somit einen Indikator für eine eventuell vorliegende Nekrobiose nach cholesterolreicher Diät zu eruieren. Dabei sollten sowohl die Determinierung der Fettsäuremuster des Knochengewebes, die Bedeutung der mehrfach ungesättigten Fettsäuren als Substrat für transformierende Enzyme, als auch die Bedeutung von Cholesterol und Festtsäuren als Effektoren für die Aktivität membranständiger Enzyme im Mittelpunkt der weiteren Untersuchungen stehen.

Zusammenfassung

In einer Langzeitstudie wurde an 60 Kaninchen (+ 5 Kontrolltiere) durch eine unterschiedlich lange Cholesteroldiät (2–20 Wochen) eine Atherosklerose induziert. Es zeigte sich, daß durch eine Cholesteroldiät die Spongiosadichte im Femurkopf reduziert wird. Dieser Effekt ist durch eine Zugabe von HDL nicht zu beeinflussen. Die durch eine cholesterolreiche Diät induzierten athererosklerotischen Intimaschädigungen in der Aorta werden objektiviert und im Zusammenhang mit dem Serum-Cholesterolgehalt und der Spongiosadichte im Femurkopf diskutiert.

Histochemische Untersuchungen der alkalischen und sauren Phosphataseaktivität sowie der Diaphorase, β-Glucoronidase und α-Naphtylesterase im Femurkopf stellen das qualitative Äquivalent zu den histomorphologischen Ergebnissen dar. Es zeigten sich jedoch histochemisch keine Differenzen der genannten Enzymaktivitäten zwischen den Versuchsgruppen.

Danksagung

Für die Unterstützung der histochemischen Untersuchungen möchten wir uns bei Herrn Prof. Dr. sc.med. Rath (Institut für Pathologie der Martin-Luther-Universität Halle-Wittenberg) bedanken.

Literatur

1. Ross R (1986) The pathogenesis of atherosclerosis – an update. New Engl J Med 314:488–500
2. Ficat P (1980) Vasculäre Besonderheiten der Osteonekrose. Orthopädie 9:238–244
3. Bartels Th, Beitz J, Hein W, Schumann M, Laag L, Beitz A, Szymanski Ch, Mest H-J (1990) Veränderungen der Spongiosadichte im Femurkopf des Kaninchens bei Atherosklerose. Beitr Orthop Traumatol 37:291–297
4. Stuart MJ, Gerrard JM, White JG (1980) Effect of cholesterol an production of thromboxan B_2 by platelets in vitro. New Engl J Med 302:6–10

Zur Korrelation histologischer und klinisch-chemischer Befunde in der osteologischen Diagnostik

S. Hauch, M. Angrick, G. Schramm, J. Franke

Klinik und Poliklinik für Orthopädie, Medizinische Akademie Erfurt, Regierungsstraße 42a, O–5024 Erfurt, BRD

Einleitung – Material – Methode

Klinische, laborchemische und röntgenologische Befunde reichen bei der exakten Diagnosestellung osteologischer Krankheitsbilder oft nicht aus. Hier verhilft häufig nur die Knochenbiopsie zur endgültigen Klärung.

Zur Untersuchung der Korrelation der laborchemischen mit den histologischen Befunden wurde eine retrospektive Analyse von 280 im Zeitraum von 1988 bis 1990 durchgeführten Beckenkammbiopsien und der jeweils zugehörigen Laborparameter vorgenommen.

Die prozentuale Verteilung der erhobenen histologischen Diagnosen ist in Abb. 1 dargestellt.

Unser hauptsächliches Interesse galt dabei der Osteoporose, der Osteomalacie und deren Mischform, die den Hauptanteil der Diagnosen stellen, sowie den Laborparametern Serum-Calcium und Alkalische Serum-Phosphatase den am häufigsten bestimmten Routine-Laborwerten.

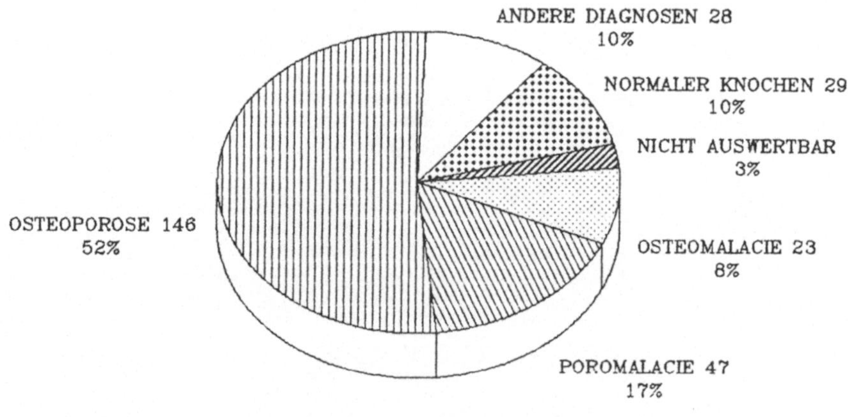

Abb. 1. Auswertung von 280 Beckenkammbiopsien. Prozentuale Verteilung erhobener histologischer Diagnosen

T. H. Ittel H.-G. Sieberth H. H. Matthiaß (Hrsg.)
Aktuelle Aspekte der Osteologie

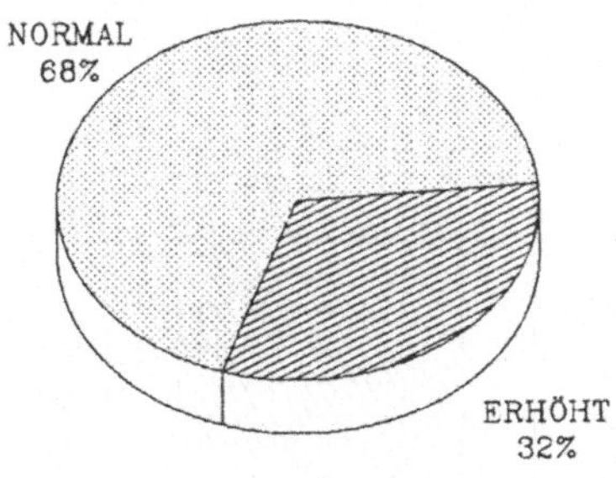

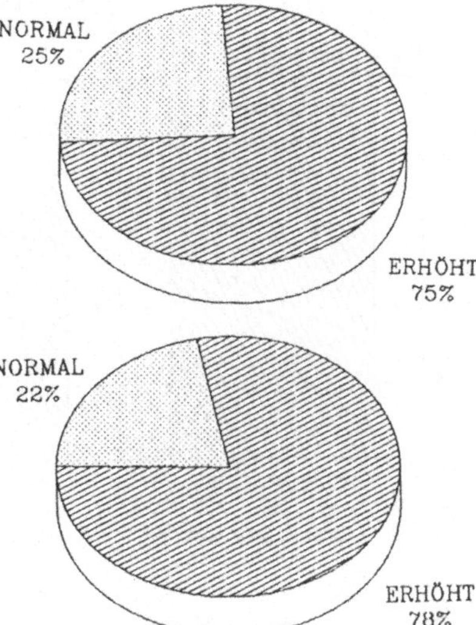

Abb. 2a–c. Häufigkeit des Auftretens normaler bzw. erhöhter Aktivität der Alkalischen Serum-Phosphatase bei **a** Osteoporose, **b** Poromalacie und **c** Osteomalacie

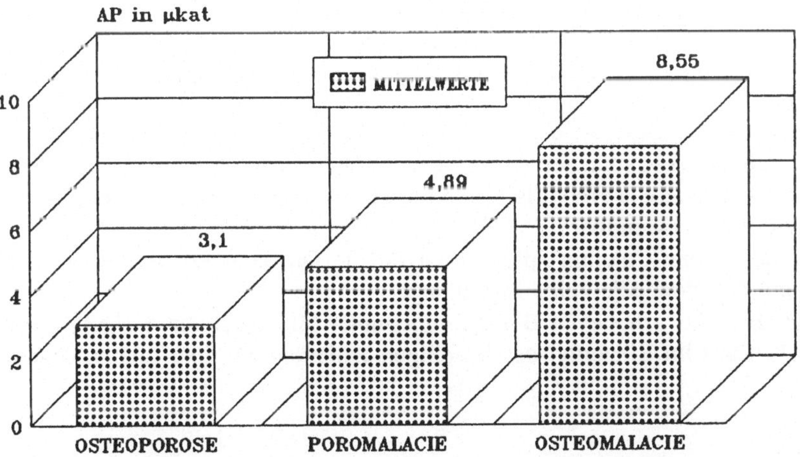

Abb. 3. Darstellung der Aktivität der Alkalischen Serum-Phosphatase in Abhängigkeit von der histologischen Diagnose

Ergebnisse

Entgegen der allgemein vertretenen Ansicht, daß bei einer Osteoporose die Laborparameter sämtlich im Normbereich liegen, fanden wir die Alkalische Serum-Phosphatase in 32% der Fälle erhöht und im Gegensatz dazu bei der Osteomalacie in 22% und bei der Mischform, der sogenannten Poromalcie, sogar in 25% der Fälle als normgerecht (195–3,64 μkat; Abb. 2a–c).

Diese Tatsache wird jedoch bei der Berechnung der Mittelwerte verschleiert (Abb. 3).

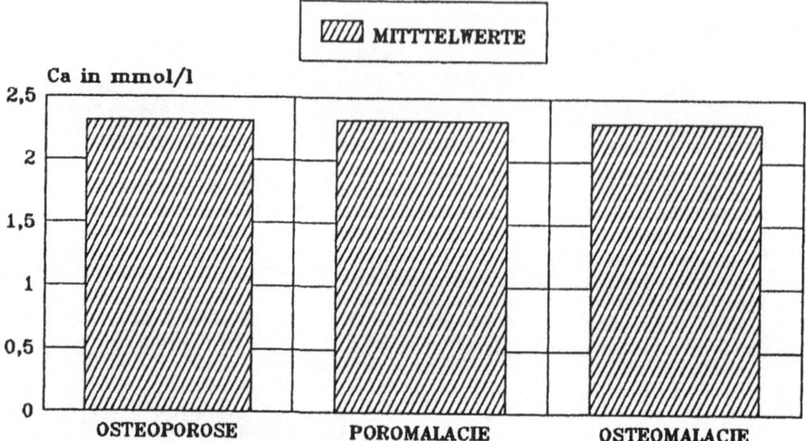

Abb. 4. Darstellung des Serum-Calcium-Spiegels in Abhängigkeit von der histologischen Diagnose

Bei der Untersuchung des Serum-Calcium-Spiegels zeigt sich zwischen den 3 Gruppen kein Unterschied, sowohl in Bezug auf die Mittelwerte (Abb. 4), als auch auf die Zahl der gefundenen pathologischen Abweichungen; jeweils rund 20% lagen unterhalb des Referenzbereichs von 2,25 bis 2,75 mmol/l.

Schußfolgerungen

1. Die Aussage, daß die Aktivität der Alkalischen Serum-Phosphatase bei Osteoporose normal und bei Osteomalacie erhöht ist, kann nur tendenziell bestätigt werden; für den Einzelfall ist sie nicht anwendbar!
2. Die Kontrolle des Serum-Calcium-Spiegels hat für die Differentialdiagnose zwischen Osteoporose und Osteomalacie keine Bedeutung!
3. Nur die Gesamtheit der erhobenen Befunde ggf. unter Hinzuziehung weiterer spezieller Diagnostik führt im Einzelfall des jeweiligen Patienten zu einer relativ sicheren Diagnose!

II. Renale Osteopathie

A. Übersichtsreferate

Pathogenese des sekundären (renalen) Hyperparathyreoidismus

E. Ritz, A. Seidel, H. Reichel

Medizinische Universitätsklinik, Bergheimer Straße 58, W–6900 Heidelberg, BRD

Hyperparathyreoidismus im Frühstadium der Niereninsuffizienz

Lichtwitz et al. [1] beschrieben bereits im Frühstadium der Niereninsuffizienz eine Reduktion der Urin-Calcium-Ausscheidung, eine Beobachtung, die im folgenden von mehreren Autoren bestätigt wurde. In fortgeschritteneren Stadien kommt es zum Abfall des Gesamt-Calcium [2] und des dialysierbaren Calcium [3], obwohl die Werte oft auch innerhalb des Normbereiches bleiben. In sehr frühen Stadien der Niereninsuffizienz wird ferner im Skelett eine Faserosteoid- und Osteoklastenvermehrung gefunden [4]. Alle diese Befunde sind vereinbar mit der Vorstellung, daß bereits in frühen Stadien der Niereninsuffizienz ein sekundärer Hyperparathyreoidismus vorliegt. Diese Vorstellung wird gestützt durch neuere Messungen der Konzentration des immunreaktiven intakten PTH mit Hilfe des immunoradiometrischen Assays (two site immunoradiometric assay) [5]. Abbildung 1 zeigt die 1–84 PTH-Werte bei niereninsuffizienten Patienten der Nierenambulanz Heidelberg in unterschiedlichen Stadien der Filtrateinschränkung.

Rolle von 1,25(OH)$_2$ Vitamin D$_3$ als Rückkopplungssignal für die Parathyreoidea

Im Gegensatz zu früheren Vorstellungen [6] ist man heute der Auffassung, der Hyperparathyreoidismus bei früher Niereninsuffizienz sei in erster Linie nicht auf eine abnorme ionale Zusammensetzung der Extrazellulärflüssigkeit, sondern vielmehr auf die gestörte renale endokrine Funktion zurückzuführen, d.h. die gestörte Sekretion des Calcium-regulierenden Steroidhormons 1,25(OH)$_2$ Vitamin D$_3$.

Sowohl tierexperimentell [7] als auch an Untersuchungen am Menschen [8] konnten auf Parathyreoidea-Zellen Rezeptoren für 1,25(OH)$_2$ Vitamin D$_3$ mit immunhistochemischen oder Scatchard-Technik nachgewiesen werden. 1,25(OH)$_2$ Vitamin D$_3$ hat unterschiedliche Wirkungen auf die Parathyreoidea-Zelle. Das gemeinsame Resultat aller Wirkungen des Secosterol-Hormons besteht darin, daß die Parathyreoidea-Aktivität supprimiert wird. Dies umfaßt die Hemmung der Hormonsekretion, der Hormonsynthese und der Parathyreoidea-Zellproliferation.

T. H. Ittel H.-G. Sieberth H. H. Matthiaß (Hrsg.)
Aktuelle Aspekte der Osteologie

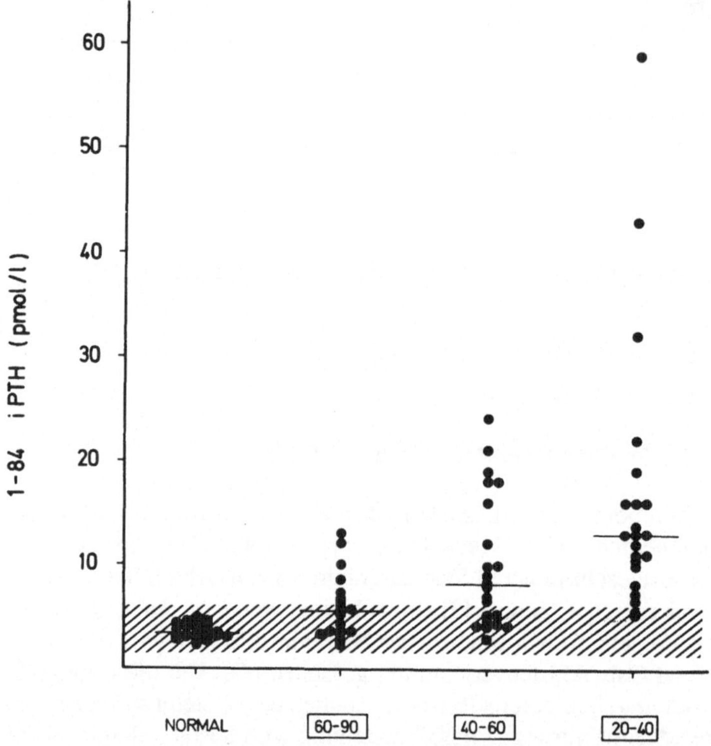

Abb. 1. Intakt PTH Plasma-Spiegel in verschiedenen Stadien der frühen Niereninsuffizienz. Der Normbereich des Assays ist durch die schraffierte Fläche angezeigt. *Normal:* Normalperson ohne renale Erkrankung. *60–90:* Patienten mit einer endogenen Kreatinin-Clearance (Ccr) von 60–90 ml/min/1,73 m^2. *40–60:* Patienten mit Ccr von 40–60 ml/min/1,73 m^2. *20–40:* Patienten mit Ccr von 20–40 ml/min/1,73 m^2. Die Gruppen sind von der Alters- und Geschlechtsverteilung vergleichbar. Kein Patient erhielt Phosphatbinder oder Vitamin D Therapie. Die waagrechten Linien zeigen den Median innerhalb jeder Gruppe an. Signifikante Unterschiede ($p < 0,05$, nicht-parametrischer Test): Normal vs. 60–90; 60–90 vs. 40–60; 40–60 vs. 20–40. *iPTH*, intakt PTH

1,25$(OH)_2$ Vitamin D_3 steigert die Calcium-Empfindlichkeit der Parathyreoidea, d.h. es vermindert den „set point" der definiert ist als die Calcium-Konzentration, bei welcher die Parathormonsekretion halbmaximal gehemmt ist. Bei Niereninsuffizienz wurde eine verminderte Calcium-Sensitivität der Parathyreoidea mehrfach nachgewiesen [9, 10]. Sowohl in intakten [11] als auch in subtotal nephrektomierten Ratten [12] konnte gezeigt werden, daß 1,25$(OH)_2$ Vitamin D_3 die messenger RNS für Prä-Pro-PTH vermindert. In neueren Untersuchungen konnte auch belegt werden, daß sowohl ein Anstieg des Serum-Calciums als auch die Gabe von 1,25$(OH)_2D_3$ die messenger RNS für Prä-Pro-PTH hemmt. Quantitativ war allerdings der Effekt von 1,25$(OH)_2D_3$ bedeutsamer [13]. Aufgrund klinischer Beobachtungen war bereits von Kleeman et al. [14] postuliert worden, daß 1,25$(OH)_2D_3$ die Parathyreoidea-Hyperplasie hemme. Diese Vorstellung wird gestützt durch eigene tierexperimentelle Studien, bei denen bei Ratten mit Niereninsuffizienz eine Parathyreoidea-Hyperplasie nachgewiesen wurde [15]; Zufuhr von 1,25$(OH)_2D_3$ führte zur

Tabelle 1. Effekt von $1{,}25(OH)_2D_3$ auf Parathyreoidea Gewicht und Parathyreoidea Zell Proliferation

	Normales Drüsengewicht ($\mu g/g$ Körpergewicht)	Protein/DNS Quotient ($\mu g/\mu g$)	^{3}H-thymidine Incorporation (dpm/mg Drüse)
Kontrollen	$0{,}54 \pm 0{,}05$	5,9	2162 ± 324
Urämie + Lösungsmittel	$1{,}25 \pm 0{,}15^a$	6,25	3072 ± 313^a
Urämie + $1{,}25(OH)_2D_3$	$0{,}84 \pm 0{,}11^b$	6,0	2002 ± 290^b

n = 6 Tiere pro Gruppe.
[a] signifikante Differenz ($p < 0{,}05$) zwischen urämischen und Kontrolltieren.
[b] signifikante Differenz ($p < 0{,}05$) zwischen mit $1{,}25(OH)_2D_3$ behandelten und mit Lösungsmittel behandelten Tieren.

Hemmung der Radiothymidin-Aufnahme ex vivo und zur Hemmung der Mitose-Aktivität von Parathyreoidea-Zellen. Die Ergebnisse der Befunde sind in Tabelle 1 wiedergegeben.

Calcium-regulierende Hormone bei früher Niereninsuffizienz

Zur Konzentration der Vitamin D-Metaboliten bei früher Niereninsuffizienz wurden in der Vergangenheit widersprüchliche Angaben gemacht.

Bei nicht-nephrotischen Patienten mit früher Niereninsuffizienz, d.h. GFR 60–80 ml/min/ 1,73 m^2, fanden Malluche et al. [16] im Median eine Verminderung des aktiven intestinalen Calciumtransports, eines Index der Vitamin D-Wirkung auf Zielorgane. Diese Befunde führten zu der Vorstellung, bei früher Niereninsuffizienz weise ein Hyperparathyreoidismus trotz normaler Plasmaspiegel von ionisiertem Calcium auf eine „Enthemmung" der Parathyreoidea hin, die durch verminderte Konzentration von $1{,}25(OH)_2D_3$ hervorgerufen sei. Es wurde daher postuliert [17, 18], die renale Biosynthese von $1{,}25(OH)_2D_3$ sei selbst im Frühstadium der Niereninsuffizienz vermindert.

Diese Vorhersage schein zunächst durch Messung der Blutspiegel von $1{,}25(OH)_2D_3$ widerlegt zu werden. Sowohl bei Patienten mit früher Niereninsuffizienz [19] als auch bei experimenteller Niereinsuffizienz [29] wurden $1{,}25(OH)_2D_3$-Spiegel im Normbereich gemessen; erniedrigte Spiegel wurden erst im Stadium der terminalen Niereninsuffizienz gefunden. Dies führte zu der Schlußfolgerung, daß bei früher Niereninsuffizienz keine Abweichungen der renalen Biosynthese von $1{,}25(OH)_2D_3$ vorliege. Im Lichte neuerer Untersuchungen muß diese Schlußfolgerung jedoch revidiert werden. Untersuchungen von Lucas [21] belegen, daß die $1{,}25(OH)_2D_3$-Spiegel bei nicht-nephrotischen Patienten mit einer GFR von 60–80 ml/min/1,73 m^2 im Mittel bereits erniedrigt sind, obwohl die Mehrzahl der Werte noch innerhalb des Normbereiches liegt. Ferner muß bedacht werden, daß die Interpretation der Serumspiegel von $1{,}25(OH)_2D_3$ die gleichzeitige Berücksichtigung der PTH-Spiegel, also des stimulierenden Signals, erforderlich macht. Dies wird durch die Beobachtungen von Friedlaender et al. [22] eindrücklich illustriert. Bei Lebendnierenspendern wurde nach Uninephrektomie ein vorübergehender Abfall der $1{,}25(OH)_2D_3$-Spiegel beobachtet, innerhalb von vier Tagen kehrten die Spiegel jedoch wieder in den Normbereich zurück. Dies erfolgte allerdings um den Preis einer vermehrten Parathyreoidea-Aktivität, die durch erhöhte iPTH-Spiegel und vermehrte Urin-cAMP-Konzentration belegt wurde. Entsprechende tierexperimentelle Befunde wurden auch in unserem Laboratorium erhoben.

In Analogie zu anderen endokrinen Systemen lassen sich subtilere Abweichungen der Funktion des Calcium-kontrollierenden Hormonsystems bei früher Niereninsuffizienz nur durch Untersuchungen der Dynamik des Regelsystems erfassen. Bei maximaler Stimulierung der renalen 1-α-Hydroxylase durch exogene Zufuhr des synthetischen humanen 1,38 PTH Peptides fanden wir bei Patienten mit früher Niereninsuffizienz einen abgeschwächten Anstieg der 1,25$(OH)_2D_3$-Konzentration [23]. Die 1,25$(OH)_2D_3$-Antwort war bei den Individuen am stärksten supprimiert, die die höchsten basalen Spiegel an intaktem PTH aufwiesen. Dies legt nahe, daß selbst bei früher Niereninsuffizienz die renale Reservekapazität bei einigen Patienten infolge vermehrter endogener Stimulation durch Parathormon partiell erschöpft ist. Offensichtlich werden 1,25$(OH)_2D_3$-Plasmaspiegel innerhalb des Normbereiches nur dadurch aufrechterhalten, daß die renale 1-α-Hydroxylase durch Parathormon aktiviert wird.

Läßt sich derzeit beweisen, daß die prophylaktische Zufuhr von 1,25$(OH)_2D_3$ die Entwicklung des sekundären Hyperparathyreoidismus verzögert?

Als Beleg für die Wirksamkeit der Prophylase mit 1,25$(OH)_2D_3$ können sowohl Ergebnisse experimenteller als auch klinischer [24, 25] Untersuchungen herangezogen werden. Lopez-Hilker et al. [26] untersuchten subtotal nephrektomierte chronisch niereninsuffiziente Hunde, die hohe Dosen von Calcium-Carbonat p.o. erhielten. Trotz erhöhter Spiegel des ionisierten Plasma-Calciums stiegen die iPTH-Spiegel an. Hingegen blieben die iPTH-Spiegel bei Zufuhr von 1,25$(OH)_2D_3$ im Normbereich. Silver et al. [12] bestimmten die mRNS für Prä-Pro-PTH in der Parathyreoideae subtotal nephrektomierter Ratten nach i.v.-Injektion geringer Dosen von 1,25$(OH)_2D_3$. Mit Northern-blot-Technik konnte eine ausgeprägte und lang anhaltende Verminderung der mRNS für Prä-Pro-PTH nachgewiesen werden. Schließlich fanden Szabo et al. [15] eine dosisabhängige Verminderung der Zellproliferation in Parathyreoideae subtotal nephrektomierter Ratten. Dies belegt, daß 1,25$(OH)_2D_3$ die Entwicklung einer Parathyreoidea-Hyperplasie im Akutexperiment verhindert. Interessanterweise verhinderte 1,25$(OH)_2D_3$ zwar die Entwicklung einer Hyperplasie, führte jedoch bei bestehender Hyperplasie trotz Hemmung der Parathyreoideaproliferation nicht mehr zur Rückbildung der Hyperplasie.

In einer prospektiven kontrollierten Studie konnten Massry et al. [27] bei niereninsuffizienten Patienten mit unterschiedlicher GFR zeigen, daß 1,25$(OH)_2D_3$ in einer Dosierung von 0,25–0,5 μg/Tag die iPTH-Spiegel verminderte und den Befund der quantitativen Knochenhistologie im Vergleich zur Placebo-behandelten Gruppe verbesserte. Die kontrollierten Studien von Baker [24] und Coen [25] kamen zu ähnlichen Schlußfolgerungen. Ein Problem wurde durch die Beobachtung von Baker et al. [24] aufgeworfen. Er fand, daß die Langzeit-Prophylaxe mit 1,25$(OH)_2D_3$ zwar die iPTH-Spiegel und die Zeichen des Hyperparathyreoidismus am Skelett verminderte, jedoch auch den Knochen-turnover auf subnormale Werte verminderte. Aufgrund dieser Beobachtung muß diskutiert werden, ob nicht die intermittierende Zufuhr von 1,25$(OH)_2D_3$ im Hinblick auf die Homöostase des Skelett-turnover angemessener ist. Die intermittierende Zufuhr von 1,25$(OH)_2D_3$ könnte eine günstigere Relation zwischen Nutzen (Suppression von PTH) und Risiko (Auslösung einer Hypercalcämie) aufweisen. Es ist Gegenstand kontrollierter Untersuchungen ein optimales Behandlungsprotokoll auszuarbeiten.

Literatur

1. Lichtwitz A, De Seze S, Parlier R, Hioco D, Bordier PH (1960) L'hypocalciurie glomérulaire. Bull méd Hôp Paris: Nos 3 & 4
2. Weeke E, Friis T (1971) Serum fractions of calcium and phosphorus in uremia. Acta Med Scand 189:79–85
3. Stanbury SW, Lumb GA (1962) Metabolic studies of renal osteodystrophy: I. Calcium, phosphorus and nitrogen metabolism in rickets, osteomalacia and hyperparathyroidism complicating chronic uremia and in osteomalacia of the adult Fanconi syndrome. Medicine 41:1–31
4. Malluche HH, Ritz E, Lange HP, Kutschera J, Hodgson M, Seifert T, Schoeppe W (1976) Bone histology in incipient and advanced renal failure. Kidney Int 9:355–362
5. Blind E, Schmidt-Gayk H, Armbruster FP, Stadler A (1987) Measurement of intact human parathyrin by an extracting two-site immunoradiometric assay. Clin Chem 33:1376–1381
6. Bricker NS (1972) On the pathogenesis of the uremic state. An exposition of the 'trade off' hypothesis. N Engl J Med 286:1093–1099
7. Ritz E, Merke J, Mehls O (1986) Secondary (renal) hyperparathyroidism-diagnosis and medical management. Prog Surg 18:165–185
8. Ritz E, Drüeke T, Merke J, Lucas PA (1987) Genesis of bone disease in uremia. In: Peck WA (ed) Bone and mineral research. Elsevier, Amsterdam New York Oxford, pp 309–374
9. Delmez J, Tindira C, Rooms P, Dusso A, Windus D, Slatopolsky E (1989) Parathyroid hormone suppression by intravenous 1,25-dihydroxy-vitamin D. J Clin Invest 81:1349–1355
10. Dunlay R, Rodriguez M, Felsenfeld AJ, Llach F (1989) Direct inhibitory effect of calcitriol on parathyroid function (sigmoidal curve) in dialysis. Kidney Int 36:1093–1098
11. Silver J, Naweh-Many T, Mayer H, Schmelzer HJ, Popovtzer MM (1986) Regulation by vitamin D metabolites of parathyroid hormone gene transcription in vivo in the rat. J Clin Invest 78:1296–1301
12. Silver J, Naweh-Many T, Barrach P, Shvil Y (1990) Regulation of PTH mRNA in experimental uremia – relationship to $1{,}25(OH)_2D_3$ receptor mRNA. Kidney Int 37:A470
13. Naveh-Many T, Friedländer MM, Mayer H, Silver J (1989) Calcium regulates parathyroid hormone messenger ribonucleic acid (mRNA), but not calcitonin mRNA in vivo in the rat. Dominant role of 1,25-dihydroxy-vitamin D. Endocrinology 125:275–280
14. Kleemann CR, Norris K, Coburn JW (1987) Is the clinical expression of primary hyperparathyroidism a function of the long-term vitamin D status of the patient? Miner Electrolyte Metab 13:305–310
15. Szabo A, Merke J, Beier E, Mall G, Ritz E (1989) $1{,}25(OH)_2$ vitamin D_3 inhibits parathyroid cell proliferation in experimental uremia. Kidney Int 35:1049–1056
16. Malluche HH, WErner E, Ritz E (1978) Intestinal absorption of calcium and whole-body calcium retention in incipient and advanced renal failure. Miner Electrolyte Metab 1:263–270
17. Massry SG, Ritz E, Verberckmoes R (1977) Role of phosphate in the genesis of secondary hyperparathyroidism. Nephron 18:77
18. Massry SG (1980) Current status of the use of $1{,}25(OH)_2$ D_3 in the management of renal osteodystrophy. Kidney Int 18:409–418
19. Slatopolsky E, Gray R, Adams ND, Lewis J, Hruska K et al. (1978) Low serum levels of $1{,}25(OH)_2D_3$ are not responsible for the development of secondary hyperparathyroidism in early renal failure. Kidney Int 14:177
20. Taylor CM, Caverzasio J, Jung A, Trechsel U, Fleisch H, Bonjour JP (1983) Unilateral nephrectomy and 1,25-dihydroxyvitamin D_3. Kidney Int 24:37–42
21. Lucas PA, Brown RC, Jones CR, Woodhead JS, Coles GA (1985) Reduced $1{,}25(OH)_2D_3$ may be responsible for the development of hyperparathyroidism in early chronic renal failure. Proc Eur Dial Transplant Assoc Eur Ren Assoc 22:1124–1128
22. Friedlander MA, Lemke JH, Horst RL (1988) The effect of uninephrectomy on mineral metabolism in normal human kidney donors. Am J Kidney Dis 11:393–401
23. Ritz E, Seidel A, Ramisch H, Szabo A, Bouillon R (1991) Attenuated rise of $1{,}25(OH)_2$ vitamin D_3 in response to parathyroid hormon in patients with incipient renal failure. Nephron 57:314–318

24. Baker LRI, Abrams SML, Roe CJ, Faugere MC, Fanti P, Subayti Y, Malluche HH (1989) Use of $1,25D_3$ in patients with moderate renal failure. Kidney Int 35:220
25. Coen G, Mazzaferro S, Bonucci E, Ballanti P, Massimetti C et al. (1986) Treatment of secondary hyperparathyroidism of predialysis chronic renal failure with low dosis of $1,25(OH)_2D_3$: Humoral and histomorphometric results. Min Electrolyte Metab 12:375–382
26. Lopez Hilker S, Galceran T, Chan YL, Rapp N, Martin KH, Slatoposlky E (1986) Hypocalcemia may not be essential for the development of secondary hyperparathyroidism in chronic renal failure. J Clin Invest 78:1097–1102
27. Massry SG (1985) Assessment of $1,25\text{-}(OH)_2$ on the correctional prevention of renal osteodystrophy in patients with mild to moderate renal failure. Abstact Book sixth workshop on vitamin C, Merano Italy, p 375

Morphologie, Klassifikation und Häufigkeit der renalen Osteopathien

G. Delling, B. Hinrichs, K. Röser, E. Wolf

Abteilung Osteopathologie (Direktor: Prof. Dr. G. Delling), Pathologisches Institut, Universität Hamburg, Martinistraße 52, W-2000 Hamburg 20, BRD

Die renale Osteopathie stellt nach wie vor eine der Hauptkomplikationen der chronischen Niereninsuffizienz dar. Die Basisphänomene der Pathogenese der Knochenveränderungen bei chronischer Niereninsuffizienz konnten in den letzten 20 Jahren geklärt werden. Durch unterschiedliche Therapiemöglichkeiten, geographische Besonderheiten und die Entwicklung hochwirksamer Vitamin-D-Metaboliten hat sich das Bild der renalen Osteopathie gewandelt. Die Variationsbreite der Veränderungen ist erheblich [13]. Die hauptsächlichen morphologischen Merkmale sind die Folge eines sekundären Hyperparathyreoidismus, einer Störung des Vitamin-D-Stoffwechsels, einer Parathormonresistenz des Skeletts sowie iatrogener Einflüsse wie erhöhte Aluminiumzufuhr, Übertherapie durch hochdosierte Gaben von Calcium bzw. Vitamin-D und Vitamin-D-Metaboliten [15, 16]. Außerdem können aber auch Veränderungen der Knochenmasse wie eine Osteosklerose oder eine Osteopenie auftreten. Im folgenden sollen die wesentlichen morphologischen Charakteristika, eine Klassifikation sowie Besonderheiten der renalen Osteopathie berichtet werden.

Methodische Voraussetzung

Beckenkammbiopsie

Für die morphologische Untersuchung des Skelettsystems, insbesondere der Veränderungen bei renaler Osteopathie ist die Entnahme suffizienten Biopsiematerials die unabdingbare Voraussetzung. Bewährt hat sich das von Burkhardt [1] angegebene Verfahren. die Entnahme von Knochengewebe mit Hohlstanzen führt in fast 80% der Biopsien zu unbefriedigenden Ergebnissen. Mit der Yamshidi-Technik lassen sich bei Mineralisationsstörungen und erhaltener Knochenmasse in etwa 60% der Biopsien ausreichende Knochenzylinder für die Diagnostik gewinnen.

Histologische Präparation

Nur durch unenthkalkte Präparation des Knochengewebes lassen sich Mineralisationsstörungen sowie Tetracyclinmarkierungen beurteilen. Die Biopsiezylinder können in gepuffertem Paraformaldehyd, Schaffer'scher Lösung oder auch in 4%igem Formalin fixiert werden. Die optimale Fixation richtet sich nach der jeweiligen Fragestellung. Die Biopsie-

T. H. Ittel H.-G. Sieberth H. H. Matthiaß (Hrsg.)
Aktuelle Aspekte der Osteologie

Tabelle 1. Beckenkammbiopsien bei renaler Osteopathie (1972–1990)

Vor Hämodialyse	6 068	(29%)
Unter Hämodialyse	14 002	(67%)
Nach Nierentransplantation	894	(4%)
Gesamtzahl	20 964	(100%)

Tabelle 2. Morphologische Klassifikation der renalen Osteopathie

Typ	Histologische Bild	Ursache
I	Fibroosteoklasie	Sek. Hyperparathyreoidismus
II	Osteoidose	Mineralisationsstörung
III	Fibroosteoklasie und Osteoidose	Sek. Hyperparathyreoidismus und Mineralisationsstörung
	Zusatzkriterien:	
	endostaler Umbau	
	a = reduziert	
	b = normal oder gering erhöht	
	c = stark erhöht	
	Knochenmasse	
	– = Osteopenie	
	+ = Osteosklerose	

zylinder werden unentkalkt in Methylmetacrylat eingebettet und mit Spezialmikrotomen 5 μm dick geschnitten. Verschiedene Färbemethoden stehen zur Darstellung der einzelnen Anteile des Knochengewebes wie Osteoid, mineralisierter Knochen, Knochenzellen, Bindegewebe des Endostes oder der Zellen des Markraumes zur Verfügung. An diesem Material kann in gleicher Weise der Nachweis von Eisen, Aluminium bzw. von Amyloideinlagerungen vorgenommen werden. Da das Knochengewebe ausreichend mit Methylmethacrylat durchtränkt sein muß und die Polymerisation langsam abläuft, werden für die Erstellung der histologischen Präparate in der Regel 10–12 Tage benötigt.

Pathophysiologische Grundlagen des normalen Knochengewebes

Das Skelett besteht zum überwiegenden Teil aus Corticalis (70–80%) und zu einem geringeren aus trabekulärem Knochen (20–30%). Zelluläre Funktionseinheiten sorgen für den ständigen Abbau überalterter Skelettabschnitte. Dies erfolgt in gleicher Weise in der Corticalis (Osteone) und Spongiosa (Umbaupakete). Eine Funktionseinheit besteht aus Osteoklasten, Osteoblasten und begleitenden Kapillaren.

Die Gesamtdauer dieses Umbauprozesses beträgt etwa 90–100 Tage. Jede Veränderung der histologischen Struktur des Knochengewebes läßt sich auf Störungen dieser Funktionseinheiten zurückführen. Zusätzliche Mechanismen sind Perforationen und Mikrokallusbildungen.

Tabelle 3. Häufigkeit der renalen Osteopathien 1972–1990

Typ	Vor Hämodialyse		Unter Hämodialyse	
II a	1 280	23,9%	4 074	31,6%
III a	609	11,3%	1 912	14,9%
III b	3 339	62,2%	6 526	50,2%
III c	138	2,6%	422	3,3%
Gesamt	*5 366*		*12 934*	

Morphologische Klassifikation der renalen Osteopathie

Nach den eigenen Erfahrungen der vergangenen 16 Jahre, in denen 20 964 Knochenbiopsien (Tabelle 1) chronisch nierenkranker Patienten untersucht wurden [5, 7], lassen sich für die Routinediagnostik 3 charakteristische Formen der renalen Osteopathie unterscheiden (Tabelle 2). Etwa 60% aller Patienten mit präterminaler Niereninsuffizienz weisen die Kombination aus Osteoidvermehrung und Fibroosteoklasie auf. Diese Veränderungen werden als Typ III b charakterisiert. Da die Funktion der Knochenzellen normal oder sogar gesteigert ist, bleibt der Umbau der Spongiosa erhalten. Mit Hilfe der Tetracyclinmarkierung lassen sich dagegen auch sehr niedrige Anbauraten bei erhaltener Osteoklastenzahl (III a) oder aber fortgeschrittene Formen mit Faserknochenbildung [10] und ausgeprägter Osteoklastenvermehrung bei gleichzeitiger Zunahme der Osteoblasten und des Osteoids beobachten (III c). Bei bis zu 40% aller Patienten besteht eine alleinige Osteoidose, d.h. es läßt sich bei diesen Patienten kein Einfluß einer vermehrten Parathormonsekretion auf das Skelett nachweisen. Es besteht keine Fibroosteoklasie. In der Regel ist die Anbautätigkeit stark reduziert, so daß bei Typ II der renalen Osteopathie keine Osteoblasten zu beobachten sind. Die Störung der Mineralisation kann dabei einmal in der Frühphase der Wiederauffüllung einer Resorptionslacune erfolgen. Es resultiert dann sehr breites Osteoid. Diese Veränderungen entsprechen dem „Osteomalazie Typ“ im angelsächsischen Schrifttum. Andererseits können sehr späte Mineralisationstörungen bei wahrscheinlich auch verminderter Matrixsynthese eintreten, so daß sehr schmales Osteoid resultiert. Die Oberflächenausdehnung des Osteoids ist vermehrt, da viele Anbauplätze über die Zeit nicht vollständig mineralisiert werden. Diese spezielle Form der renalen Osteopathie wird im angelsächsischen Schrifttum als „aplastic (adynamic) type“ bezeichnet. In seltenen Fällen, insbesondere bei rasch progredienter Niereninsuffizienz kommt es in der Anfangsphase der renalen Osteopathie zu einer Reduktion der Osteoblastentätigkeit und zu einem fehlenden Ansprechen der Osteoklasten auf eine erhöhte Parathormonsekretion, so daß Knochengewebe mit erniedrigtem endostalen Umbau vorliegt (Typ I a). Die Häufigkeiten der einzelnen Osteopathieformen bei chronischer Niereninsuffizienz sind Tabelle 3 zu entnehmen.

Verlauf der renalen Osteopathie

Mit der Entwicklung therapeutischer Konzepte konnte in den vergangenen 10–15 Jahren das klinische Bild der renalen Osteopathie wesentlich besser beherrscht werden. Einen entscheidenden Einfluß hatte die Anwendung synthetischer Vitamin-D-Metaboliten, die al-

Tabelle 4. Renale Osteopathie vor Hämodialyse

Typ	1972–1976		1986–1990	
II a	92	16%	330	20%
–II a	15	3%	115	7%
III a	84	15%	109	12%
	(191	34%)	(683	39%)
III b	354	63%	988	59%
III c	21	4%	29	2%
	(375	67%)	(1 017	61%)

lerdings überwiegend eine suppressive Wirkung auf die Parathormonsekretion entfalten [8]. Die morphologischen Skelettveränderungen bei chronischer Niereninsuffizienz sind heute geringer als in den Anfangsjahren der Hämodialyse. Allerdings schien in dem Bestreben den sekundären Hyperparathyreoidismus zu beseitigen [14] eine Übertherapie eingetreten zu sein. Eine vollständig supprimierte Aktivität der Nebenschilddrüsen führt zu einer Suppression des endostalen Knochenumbaues, so daß keine Skelettabschnitte mehr „renoviert" werden. Daraus resultiert eine Reduktion der Knochenmasse, da Parathormon nicht nur die Osteoklasten stimuliert sondern auch einen positiven Effekt auf die Funktion der Osteoblasten hat. Gleichzeitig erfolgen parathormon-unabhängige Perforationen von Spongiosaplatten und Stäben. Damit läßt sich das Auftreten von Osteopenien bei Reduktion der Osteoblastentätigkeit bei Typ II a der renalen Osteopathie erklären. Durch das Auftreten multipler Spontanfrakturen (Rippen, Schenkelhals) kann diese osteopenische Form zu einer lebensbedrohlichen Komplikation für den Patienten werden.

Unter den derzeitigen Bedingungen kommt es zu keiner Progredienz der Mineralisationsstörung. Die Zahl der Fälle mit reduziertem endostalen Umbau nimmt allerdings bei mehrjähriger Dialysedauer zu. Bei Vergleich der Beckenkammbiopsien der Periode 1972–1976 mit den Biopsien der Jahre 1985–1987 ist eine Zunahme der Fälle mit reduziertem endostalen Umbau (Typ II a) im Stadium der Prädialyse zu beobachten (Tabelle 4). Dies mag zumindest z.T. auch am höheren Lebensalter der untersuchten Patienten liegen. Betrug im Zeitraum, 1972–1976 der Anteil von Patienten über 60 Jahre in der Hämodialyse im Biopsiematerial 3%, so liegt er im Zeitraum 1985–1987 bei 30%.

Aluminium und renale Osteopathie

In den letzten Jahren konnte der Zusammenhang zwischen dem Ausmaß der Aluminiumbelastung und der Entstehung von schweren renalen Osteopathien geklärt werden [4, 11, 12]. Bei einer erhöhten Aluminiumbelastung des Organismus (Phosphatbindermedikation, erhöhte Aluminiumkonzentrationen im Dialysat) kommt es bei Reduktion des endostalen Knochenumbaues (renale Osteopathie III a, Typ II a) gehäuft zur Einlagerung von Aluminium in die Mineralisationsfront der osteoiden Säume, z.T. auch in die Kittlinien und Makrophagen des Knochenmarkes. Damit wird die Mineralisation blockiert, so daß neugebildetes Osteoid nicht mineralisiert. Zusätzlich wird Aluminium in den Nebenschilddrüsen eingelagert, so daß eine verminderte Parathormonsekretion resultiert. Es kommt somit zu einer Mineralisationsstörung und in der Regel zu einer ausgeprägten Verminderung des

Tabelle 5. Renale Osteopathie und Aluminium bei Hämodialyse (1983–1990)

Typ	Gesamt	Alu +	
II a	2356	683	29%
–II a	716	165	23%
III a	1301	408	31%
	(4373)	(1256	29%)
III b	4550	672	15%
III c	277	36	13%
	(4827)	(708	15%)

endostalen Knochenumbaues. Damit kommt es bei der aluminiuminduzierten Osteopathie nicht nur zu einer Abnahme mineralisierten Knochengewebes, sondern auch gehäuft zu Osteopenien mit entsprechenden klinischen Komplikationen (Frakturen!). Der genaue Stoffwechsel des Aluminiums ist nicht geklärt. Möglicherweise gibt es in Analogie zum Eisenstoffwechsel auch im Knochenmark Makrophagensysteme, die Aluminium zu speichern vermögen. Etwa 10% aller Fälle mit Aluminiumablagerungen im Knochengewebe haben im eigenen Material zusätzliche Aluminiumeinlagerungen in Makrophagen des Knochenmarks. Bei mehr als 2jähriger Hämodialyse nimmt die Wahrscheinlichkeit pathologischer Aluminiumablagerungen erheblich zu. Derzeit beträgt der Prozentsatz von unterschiedlich schweren Aluminiumeinlagerungen bei Patienten mit mehr als 1jähriger Hämodialyse etwa 30% im eigenen Biopsiematerial (Tabelle 5). Nach Therapie mit Desferal kommt es zu einer Elimination des Aluminiums und zu einer Reaktivierung des sekundären Hyperparathyreoidismus. Wahrscheinlich läßt sich bei den meisten Fällen eine Elimination des Aluminiums nur durch eine gleichzeitige Aktivierung der Nebenschilddrüsenaktivität erreichen.

Renale Osteopathie und Amyloidablagerungen

Bei Patienten, die langjährig dialysiert wurden, konnte in letzter Zeit eine Arthropathie mit einer Schwellung der Gelenkkapsel, Gelenkergüsse, Karpaktunnelsyndrome sowie selten auch zystische Aufhellungen des Skeletts beobachtet werden. Bei diesen Patienten kommt es zu Amyloidablagerungen [3, 9] periartikulär, im Gelenkknorpel, in den Sehnenscheiden sowie tumorartig im Knochengewebe selbst. Bevorzugt werden bei Ablagerungen im Skelett die epimethaphysären Regionen der langen Röhrenknochen. Im Gegensatz zu generalisierten Amyloidosen sind diese Ablagerungen nicht in den Gefäßwänden von Arterien und Arteriolen zu beobachten. Immunhistochemisch konnte nachgewiesen werden, daß es sich bei den Einlagerungen um β-2-Mikroglobuline handelt, die mit Einschränkung der Nierenfunktion vermehrt im Serum nachgewiesen werden können (Literatur s. [14]). In Beckenkammbiopsien kann diese dialyse-assoziierte Amyloidose jedoch nur selten (subperiostal!) nachgewiesen werden, so daß bei einer entsprechenden klinischen Fragestellung, gezielt Gewebe (Gelenkkapsel, Sehnenscheide) entnommen werden muß.

Besonderheiten

Nach Nierentransplantation [17] kommt es in der Regel zur Rückbildung der Fibroosteoklasie bei persistierender geringer Mineralisationsstörung. Hauptkomplikationen stellen die Entwicklung steroidinduzierter Osteopenien sowie aseptischer Knochennekrosen dar.

In Einzelfällen werden im Knochenmark von Patienten unter chronischer Hämnodialyse Fremdmaterialeinlagerungen (Silikone, Fremdkörperpartikel) beobachtet. So sind auch Oxalatablagerungen bei sekundärer Oxalose mit einer Beckenkammbiopsie besonders gut zu erfassen. Bei Kindern mit chronischer Niereninsuffizienz ist die Beurteilung der Biopsie im polarisierten Licht zur Erfassung früher Oxalatablagerungen unerläßlich. Mit zunehmendem Lebensalter steigt auch der Prozentsatz von dialyseunabhängigen Zweiterkrankungen (Plasmocytom, Leukämien, maligne Lymphome, Metastasen, Morbus Paget), die einen Hyperparathyreoidismus mit Knochendestruktion vortäuschen können. Vor operativer Revision der Nebenschilddrüsen sind gerade diese Möglichkeiten zu bedenken, bzw. auszuschließen.

Literatur

1. Burkhardt R (1966) Präparative Voraussetzungen zur klinischen Histologie des Knochenmarks. Blut 14:30–45
2. Chastonay P, Hurlimann J (1986) Characterization of different amyloids with immunological techniques. Pathol Res Pract 181:657–663
3. Cohen AS, Conners LH (1987) The pathogenesis and biochemistry of amyloidosis. J Pathol 151:1–10
4. Cournot-Witmer G, Zingradd J, Plachot JJ, Escaig F, Lefevre R et al. (1981) Aluminium localization in bone from hemodialyzed patients: relationship to matrix mineralization. Kidney Int 20:375–385
5. Delling G (1975) Endokrine Osteopathien. Fischer, Stuttgart
6. Delling G (1981) Der Einfluß von 1,25-Dihydroxycholecalciferol auf die renale Osteopathie. Nieren- u. Hochdruckkrankh 4:159–165
7. Delling G (1985) Morphologie der renalen Osteopathie. Dialyse-Journ 10:16–18
8. Delling G, Lühmann H, Bulla M, Fuchs C, Henning HV et al. (1980) The action of $1{,}25(OH)_2D_3$ on turnover kinetic, remodelling surfaces and structure of trabecular bone in chronic renal failure. Contrib Nephrol 18:105–121
9. DiRaimondo CR, Casey TT, DiRaimondo CV, Stone WJ (1986) Pathologic fractures associated with idiopathic amyloidosis of bone in chronic hemodialysis patients. Nephron 43:22–27
10. Ditzhuijsen THM, Go IH (1983) Brown tumour in secondary hyperparathyroidism. Neth J Med 26:48–53
11. Ellis HA, McCarthy JH, Herrington J (1979) Bone aluminium in haemodialysed patients and in rats injected with aluminium chloride: relationship to impaired bone mineralisation. J Clin Pathol 32:832–844
12. Maloney NA, Ott SM, Alfrey AC, Miller NL, Coburn JW, Sherrard DJ (1982) Histological quantitation of aluminium in iliac bone from patients with renal failure. Aluminium staining in uremic bone. J Lab Clin Med 2:206–216
13. Ritz E, Kremplen B (1981) Patterns of bone histology in renal osteodystrophy. Proc 8th Int Congr Nephrol 8, pp 237–244
14. Ritz E, Bommer J, Zeier M (1988) β2-Mikroglobulin-bedingte Amyloidose. Eine neue Komplikation der Langzeithämodialyse. Dtsch Med Wochenschr 113:190–196
15. Schulz W, Delling G (1985) Knochenstoffwechselstörungen bei Dauerdialysepatienten. In: Franz E (Hrsg) Blutreinigungsverfahren. Thieme, Stuttgart

16. Schulz W, Deuber HJ, Weidig F, Pöpperl G, Delling G (1983) Orale Therapie mit Aluminiumhydroxyd bei Langzeitdialyse unter besonderer Berücksichtigung der renalen Osteopathie. Nieren- u. Hochdruckkrankh 12:214–220
17. Schurig R, Kessel M, Fischer H-C, Becker H (1984) Gegenwärtiger Stand und zukünftiger Bedarf an Behandlungskapazität für Dialyse und Nierentransplantation in der Bundesrepublik Deutschland und Berlin (West). Nieren- u. Hochdruckkrankh 3:99–105

Röntgen-morphologische Beobachtungen zur Dynamik der renalen Osteopathie

F.H.W. Heuck

Radiologisches Institut – Zentrum Radiologie, Katharinen-Hospital Stuttgart,
Priv.: Hermann-Kurz-Straße 5, W-7000 Stuttgart 1, BRD

Einleitung

Für Verlaufskontrollen einer renalen Osteopathie über längere Zeitabstände sind die nichtinvasiven, den Kranken schonenden Untersuchungsverfahren der Radiologie gut geeignet [6, 10, 18, 22]. Die radiologische Diagnostik des Skeletes kann – im Gegensatz zur Biopsie – jederzeit wiederholt werden, so daß die Umbaudynamik einer definierten Knochenregion analysiert werden kann [11, 12]. Der Einsatz neuartiger Methoden wird von der medizinischen Fragestellung und den physikalischen Möglichkeiten und Grenzen der Geräte bestimmt. Am Körperstamm werden die interessierenden Skeletregionen, wie die Wirbelsäule und das Becken, von großen Weichteilvolumina umschlossen, die nicht ohne Einfluß auf die Bildgebung sein können. Dagegen sind das Hand- und Fußskelet nur von wenig Weichteilen bedeckt, so daß der Einsatz von Spezialuntersuchungsmethoden wie der Weichstrahlimmersionstechnik (WIR) möglich ist [10, 13, 14, 20, 21] (s. hierzu Beitrag Weiske).

Zur Methodik

Das Hartgewebe der Tela ossea im „Organ Knochen" kann sich nur dann auf dem Röntgenbild gut darstellen, wenn genügend Mineral in die organische Grundsubstanz eingelagert ist und zur Herstellung des Bildes eine Strahlenqualität verwendet wird, deren Schwächung durch das Hartgewebe Knochen so groß ist, daß die Schwärzungsunterschiede auf der Filmemulsion das bekannte Form- und Strukturmuster des Knochens widergibt. Nur wenn diese Voraussetzungen erfüllt sind, können wir die Röntgenmorphologie eines Knochens beurteilen und bei Verlaufskontrollen erfolgte Veränderungen feststellen. Es ist unrichtig ein untermineralisiertes Knochengewebe, das bei nicht adäquater Aufnahmetechnik keinen „Röntgenschatten" auf dem angefertigten Bild erzeugt, in Unkenntnis der physikalischen Grundlagen und bei oberflächlicher Betrachtung als *resorbiert* zu bezeichnen und von einer „Osteolyse" zu sprechen! Die Tela ossea ist noch vorhanden, sie ist nicht zerstört. An einigen Beispielen von Verlaufskontrollen kann der Beweis dafür angetreten werden, daß nach Remineralisation und Reparation infolge sinnvoller Therapie sowohl im spongiösen als auch im kompakten Anteil der Knochen eine weitgehende Restitutio ad integrum der genetisch vorbestimmten Knochenstruktur eintritt. Nur dort, wo Deformie-

T. H. Ittel H.-G. Sieberth H. H. Matthiaß (Hrsg.)
Aktuelle Aspekte der Osteologie

Tabelle 1. Allgemeine Röntgen-Morphologie

Strukturveränderungen
Störungen der Mineralisation Auflockerungen Verdichtungen
Periostreaktionen
Weichteilverkalkungen

rungen, Zerrüttungen oder Mikrofrakturen des untermineralisierten Knochens aufgetreten sind [5, 7, 8], wird eine „Defektheilung" erfolgen müssen, wie dies auch bei Frakturen des gesunden Knochens hinlänglich bekannt ist.

Allgemeine Röntgen-Morphologie

Im Bereich des gesamten Skeletes wird die allgemeine Röntgen-Morphologie der renalen Osteopathie als einer Systemerkrankung des Stützgerüstes in den Grundzügen *gleichartig*, wenn auch im Bereich einzelner Knochen *unterschiedlich* ausgeprägt sein (Tabelle 1).

Nicht ohne Einfluß auf regional stärker ausgeprägte Veränderungen in einem Knochen sind die Gefäßversorgung und damit die *Gewebsdurchblutung*, wie uns röntgenmorphologische Befunde am Handskelet zeigen können [1, 2, 3, 4]. Den Strukturveränderungen von Spongiosa und Kompakta gehen Störungen der Mineralisation der Tela ossea voraus und es treten dann im Röntgenbild Strukturauflockerungen mit Pseudodefekten oder Pseudozysten der Spongiosa und eine Lamellierung bis zur Spongiosierung der Kompakta auf [3, 7, 8, 15, 16, 17]. Wann, wo und wie Verdichtungen oder Spongiosklerosen entstehen können, ist noch nicht hinlänglich geklärt, doch kennen wir einige bevorzugte Regionen, wie die Wirbelspongiosa, die subchondrale Spongiosa des Os ileum im Beckenskelet und vermuten, daß sich dort Spongiosklerosen als Folge von Mikrofrakturen mit nachfolgender reaktiver Callusbildung entwickeln können [3, 7, 8, 19, 21].

In der Periostregion, die eine besonders gute Blutversorgung aufweist, lassen sich unregelmäßige Mineralkonzentrationen erkennen, die im Röntgenbild der Diaphysenkompakta als „Spiculae" imponieren können [10, 21]. Die Besonderheiten der röntgenmorphologischen Befunde der spongiösen und kompakten Bauelemente der Knochen sollen gesondert betrachtet werden.

Befunde an der Spongiosa

Im Bereich der Spongiosa von Knochen können sich Strukturauflockerungen oder/und Spongiosklerosen entwickeln (Abb. 1). Aus einer Strukturauflockerung werden fortschreitend entweder Pseudodefekte oder Pseudozysten, die auch als „braune Tumoren" bezeichnet werden, entstehen können (Abb. 2). Diese Defekte in der Spongiosa sind zunächst unscharf begrenzt, doch kann sich eine Randkortikalis ausbilden [3, 4, 10]. Manchmal sind die Pseudozysten unregelmäßig, polyzyklisch begrenzt. Eine Narbenbildung solcher

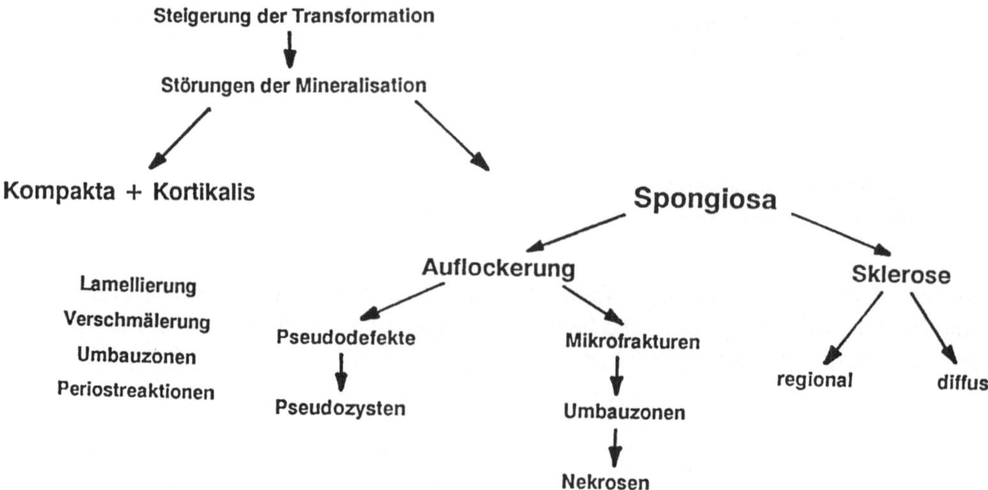

Abb. 1. Dynamik von Strukturveränderungen

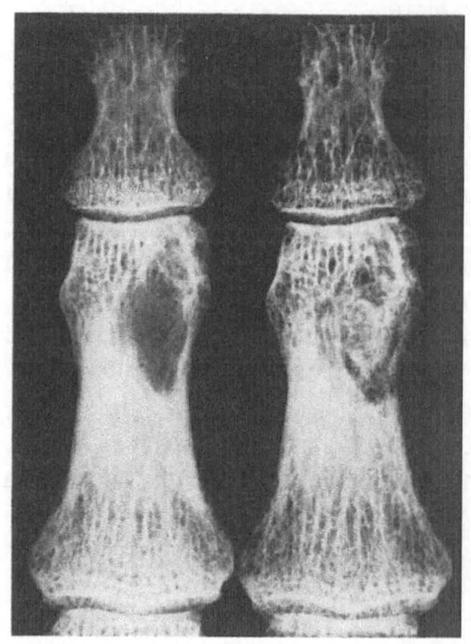

Abb. 2. Strukturauflockerungen und Pseudozyste im Mittelglied des 3. Fingers bei renaler Osteopathie, die nach gut 2jähriger Behandlung eine Narbenheilung mit Eburnisation aufweist (52jähriger Mann)

Defekte kann unter der Dialyse-Therapie eintreten und es entsteht manchmal eine unregelmäßig begrenzte Sklerose.

Ein anderer Weg der fortschreitenden Strukturauflockerungen führt über *Mikrofrakturen* der Lamellen oder Bälkchen der Spongiosa entweder zu Umbauzonen an den statisch prädestinierten Knochenabschnitten in bekannten Regionen des Skeletes oder infolge fortschreitender Zerstörung von Spongiosa im Bereich der mechanisch und/oder statisch stärker belasteten subchondralen Gelenkanteilen kann sich das Bild der „Nekrose“ entwickeln, die z.B. in den gewichttragenden Arealen des Femurkopfes am häufigsten gefunden worden ist [5, 9, 19]. Im Frühstadium dieses Prozesses lassen sich die Mikrofrakturen der Spongiosa nur mit Hilfe von Zielaufnahmen in der Vergrößerungstechnik oder mit einer hochauflösenden Röntgencomputertomografie dann erkennen, wenn reaktiv Kallusformationen entstanden sind oder die verschmälerte Knochengrenzlamelle zum Gelenkknorpel hin eine diskrete Fraktur aufweist [9]. Mit der Magnet-Resonanz-Tomografie erkennt man bereits im Frühstadium eine Signalveränderung infolge des Marködems, das gesetzmäßig auf die ersten Mikrofrakturen folgt. Die Spätstadien dieses Geschehens lassen sich bekanntermaßen ohne Mühe nachweisen und sind in ihrer Röntgen-Morphologie hinlänglich bekannt [3, 9, 22].

Besondere Beachtung verdienen die Veränderungen der spongiosaähnlichen Strukturen der *Proc. unguicularis der Endphalangen*, an denen primär auch Mineralisationstörungen auftreten [3, 4, 6]. Diese können diskret oder ganz massiv ausgeprägt sein, so daß man fälschlicherweise von „Acroosteolysen“ gesprochen hat. Verlaufskontrollen unter Dialyse-Therapie widerlegen diese Fehlinterpretation und es kann zur Restitutio ad integrum kommen (Abb. 3 und 4). Eine echte Acroosteolyse mit Substanzverlust des Knochens findet sich bei der Sklerodermie oder genetischen Störungen, doch liegen hier ganz andere Pathomechanismen zugrunde [7].

Die *reaktive Spongiosklerose* bei renaler Osteopathie ist in der diffusen Form als Rugger-Jersey-Wirbel im Anschluß an die Grund- und Deckplatten der Wirbel vor allem im Lendenbereich der Wirbelsäule bekannt geworden [3, 7, 8, 21]. Nur selten kommt es zur Eburnisation der spongiösen Knochen, die bei jungen Patienten zu finden ist. Es können jedoch auch *regionale* Sklerosen an anderen Knochen des Skeletes, selbst im Handskelet vorkommen. Ferner finden sich kleine Enostome, die außerordentlich dicht sein können [4, 7, 8].

Befunde an der Kompakta

Die Strukturveränderungen in der Kompakta, weniger ausgeprägt auch der Kortikalis, führen über eine Lamellierung zur endostalen Verschmälerung der Diaphysen [15, 17] und manchmal sind daneben deutliche subperiostale Veränderungen in Form unregelmäßiger Konturen mit „Spiculae“ erkennbar. Der gestörte Umbauprozeß kann rückläufig sein und dann, wenn *kein Substanzverlust an Tela ossea* eingetreten ist, ebenfalls zur Restitutio ad integrum führen (Abb. 5).

Bei einem Mißverhältnis zwischen Belastbarkeit des Knochens und wiederholten Krafteinwirkungen können sich diskrete Umbauzonen ausbilden. Nur bei stärker ausgeprägter osteomalazischer Komponente der renalen Osteopathie wird sich eine „überschüssige Callusformation“ entwickeln, die für solche pathologischen Frakturen typisch ist [4, 8, 10].

Nicht sehr häufig, aber deutlich erkennbar, entwickeln sich auch im Bereich der Diaphysen und Metaphysen der Fingerknochen Pseudozysten, die nicht selten unregelmäßig begrenzt sein können.

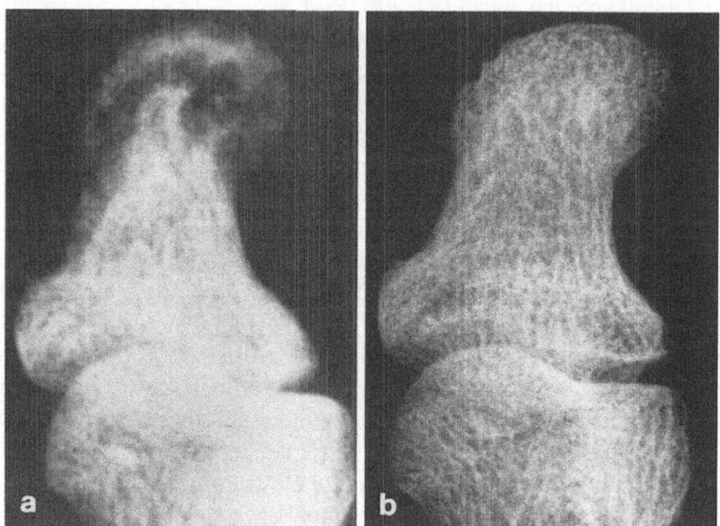

Abb. 3a, b. Remineralisierung und Rekonstruktion von Pseudodefekten (fälschlich auch „Akroosteolyse" genannt) am Processus unguicularis des Daumenendgliedes links bei 25jährigem Mann (**a**) nach etwa 2 Jahren Dialysebehandlung (**b**)

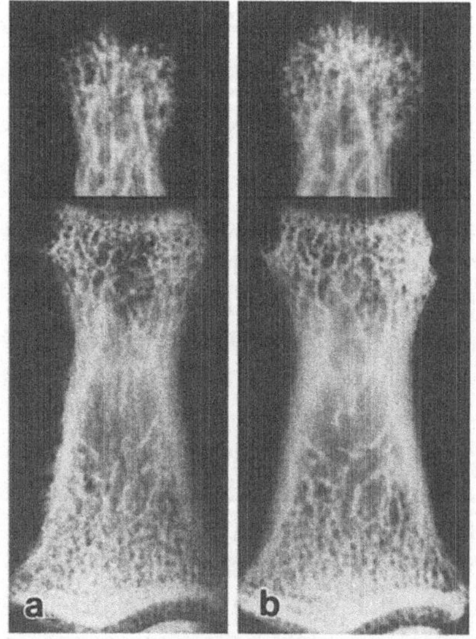

Abb. 4a, b. Rekonstruktion von Pseudodefekten des Processus unguicularis bei renaler Osteopathie (**a**) etwa 3 Jahre nach Dialysebehandlung festgestellt (**b**) (27jähriger Mann)

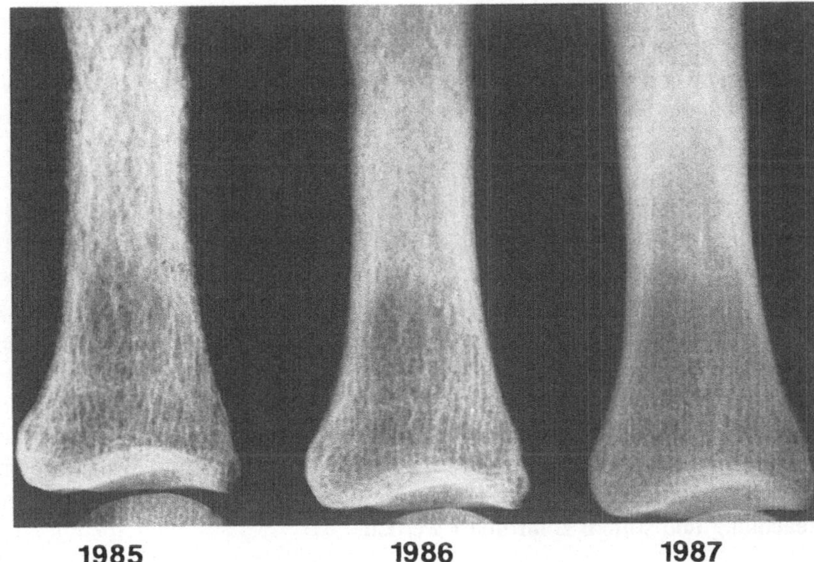

Abb. 5. Im Beobachtungszeitraum von 2,8 Jahren ist es unter der Dialysebehandlung zur Rekonstruktion der Diaphysenkompakta des Fingergrundgliedes III gekommen (25jähriger Mann)

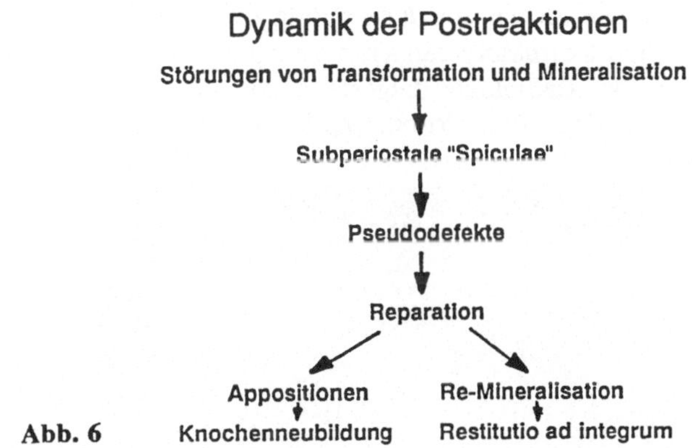

Abb. 6

Befunde an Periost und Insertionen von Sehnen und Kapseln

Der erste röntgen-morphologische Befund von Störungen der Transformation und Mineralisation im subperiostalen Bereich findet sich in Form von Spiculae und Pseudodefekten (Abb. 6), die nur mit der Weichstrahlimmersionsradiografie [14, 10, 20] gut erkannt werden können (Abb. 5). Durch Verlaufsbeobachtungen läßt sich sowohl ein Fortschreiten des pathologischen Prozesses als auch die Reparation der Veränderungen dokumentieren. Eine Remineralisation der Tela ossea führt zur Rekonstruktion der Defekte. Durch stärkere periostale Knochenneubildung kann eine Zunahme der Schichtdicke von Kompakta und/oder

Kortikalis erfolgen. Die Dynamik des Knochenumbaus bei der renalen Osteopathie kann im makromorphologischen Bereich objektiviert werden [8]. Mit quantitativen Methoden der Röntgen- oder Isotopen-Densitometrie und der elektronischen Bildverarbeitung lassen sich Meßwerte über die Veränderungen der Tela ossea erzielen, über die von uns berichtet worden ist [3].

Neben der periostalen Randzone der Knochen sind die Ansatzstellen vom Kapselbandapparat der Gelenke und der Sehnen bei den schweren Formen der renalen Osteopathie betroffen. Die Mineralisationsdefekte der Tela ossea des Knochens und der Ersatz des Hartgewebes Knochen durch Bindegewebe über die Fibroosteoklasie und Fibrose führen zu eigenartigen röntgen-morphologischen Befunden, die durch eine Dialyse-Therapie reversibel sein können. Als Beispiele sollen die Pseudoresorptionen oder „Defekte" am Acromeoclaviculargelenk, den Sacroiliacalgelenken und der Symphyse genannt werden [3, 5, 7, 8, 21]. Nach erfolgreicher Dialysebehandlung bildet sich die Pseudoerweiterung des Acromeoclaviculargelenkes zurück und es kann zur Normalisierung des röntgenmorphologischen Befundes kommen (Abb. 7). Ferner verdienen die Ansatzstellen des Ligamentum coracoclaviculare am Unterrand der Clavicula und der Adduktorenmuskeln am Corpus ossis ischii Beachtung und sollten kontrolliert werden.

Schlußfolgerungen

Zusammenfassend sei betont, daß die Dynamik von Umbauprozessen der Tela ossea im Organ Knochen nur dann richtig erfaßt und beurteilt werden kann, wenn makromorphologische Strukturveränderungen des Hartgewebes Knochen durch geeignete Spezialmethoden der Radiologie dargestellt und über längere Zeiträume kontrolliert werden können. Weiterführende elektronische Strukturanalysen werden zur Objektivierung des Grades der

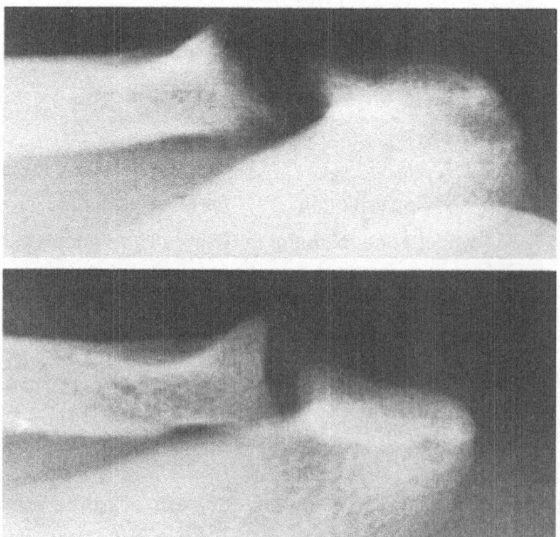

Abb. 7. Rückbildung der Pseudoerweiterung des Akromeoclaviculargelenkes bei renaler Osteopathie nach 2,7jähriger Dialysebehandlung (21jähriger Mann)

Veränderungen beitragen können. Eine kritische Zuordnung der Resultate nicht-invasiver, subtiler röntgen-morphologischer Studien der Makrostruktur von geeigneten Knochen des Skeletes zu allen klinischen, insbesondere labor-chemischen Befunden sowie den Ergebnissen der Pathohistologie bei der renalen Osteoarthropathie wird in Zukunft sicher hilfreich sein, um bisher noch unbekannte Zusammenhänge besser verstehen zu können.

Zusammenfassung

Die renale Osteopathie kann durch nicht-invasive radiologische Untersuchungen und Verlaufskontrollen in ihrer morphologischen Dynamik erfaßt und beurteilt werden. Eine Voraussetzung für die sinnvolle Bildanalyse ist der Einsatz der richtigen Untersuchungsmethode aufgrund von Kenntnissen der physikalischen Grundlagen, die zur Herstellung geeigneter Bilder als Informationsträger erforderlich sind. Neben der allgemeinen Röntgen-Morphologie der renalen Osteopathie wird die Dynamik von Strukturveränderungen in den spongiösen und kompakten Knochenregionen dargelegt. Dabei wird der Versuch unternommen, Fehlvorstellungen über die Störungen der Transformation des Knochens bei renaler Osteopathie zu korrigieren.

Literatur

1. Babo H von, Heuck F (1974) Hormonal bedingte Knochenveränderungen bei der renalen Osteopathie. Untersuchungen über die Makro- u. Mikrostruktur des Knochens. Radiologe 14:225–231
2. Bosnjakovic-Büscher S, Heuck F (1979) Röntgenmorphologie der Periostregion bei Osteopathien. Radiologe 19:307–316
3. Bosnjakovic-Büscher S, Ellegast H, Heuck F (1983) Hormonale Osteopathien im Erwachsenenalter. In: Diethelm L (Hrsg) Handbuch d med Radiologie Bd V/5:241–448. Springer Berlin Heidelberg New York
4. Bosnjakovic-Büscher S, Heuck F (1986) Spezielle Radiologie der Hand bei renaler Osteopathie. Radiologe 26:580–586
5. Delling G, Dreyer T (1986) Morphologie generalisierter Osteopathien. Radiologe 26:555–562
6. Fischer E (1974) Weichteildiagnostik an den peripheren Extremitäten mittels Weichstrahltechnik. Radiologe 14:457
7. Heuck F (1976) Allgemeine Radiologie und Morphologie der Knochenkrankheiten. In: Diethelm L (Hrsg) Handbuch d med Radiologie Bd V/1. Springer-Verlag Berlin Heidelberg New York
8. Heuck F (1986) Allgemeine Röntgenmorphologie der generalisierten Osteopathien. Radiologe 26:563–573
9. Heuck F, Treugut H (1984). Die Hüftkopfnekrose bei metabolischen und hormonellen Osteopathien – eine radiologisch morphologische Analyse. Radiologe 24:319–337
10. Heuck F, Schilling M (1985) Informationswert der Weichstrahl-Immersions-Radiographie (WIR) der Hand bei hormonalen und metabolischen Osteopathien. Radiologe 25:573–581
11. Heuck F, Babo H von (1974) Röntgenbefunde bei primärem Hyperparathyreoidismus. Radiologe 14:206
12. Jowsey J (1977) Metabolic diseases of bone. Saunders, Philadelphia London Toronto
13. Mäkelä P, Virtama P, Dean PB (1979) Finger joint swelling: correlation with age, gender, and manual labor. Am J Roentgenol 132:939–943
14. Mäkelä P, Haaslahti JO (1978) Immersion technique in soft tissue radiography of the hands. Acta Radiol Diagn. Stockholm 89–96
15. Meema HE (1973) The combined use of morphometric and microradioscopic methods in the diagnosis of metabolic bone diseases. Radiologe 13:111

16. Meema HE, Meema S (1975) Improved roentgenologic diagnosis of osteomalacia by microradioscopy of hand bones. AJR 125:925
17. Meema HE, Oreopoulous DG, Meema S (1979) A roentgenologic study of cortical bone resorption in chronic renal failure. Radiology 126:67
18. Ponhold W, Balzar E (1984) Der Einsatz der direkten Vergrößerungstechnik der Röntgenaufnahme der Hand bei Kindern mit chronisch renaler Insuffizienz. Radiologe 24:182–186
19. Sundaram M, Dessner D, Ballal S (1991) Solitary, spontaneous cervical and large bone fractures in aluminium osteodystrophy. Skeletal Radiol 20:91–94
20. Tabár L, Dean PB (1982) Magnification immersion radiography: better soft tissue visualization in the hands. Fortschr. Röntgenstr. 136:444–448
21. Weiske R (1990) Radiologie der renalen Osteopathie. In: Malluche HH, Franz HE (Hrsg) Renale Osteopathie. Wissensch. Verlagsges., Stuttgart S 49–74
22. Weiske R, Munding M und Schneider HW (1988) Destruierende, nicht-infektiöse Spondylarthropathie bei chron. Niereninsuffizienz. Fortschr. Röntgenschr. 149:129–135

Treatment of Predialysis Renal Bone Disease with 1α-Hydroxy Derivatives of Vitamin D and Calcium Supplements

D. H. Birkenhäger-Frenkel[1], H. A. P. Pols[2], J. C. Birkenhäger[2]

[1] Department of Pathology I, Ee 942, Erasmus Universiteit, P.O. Box 1738, NL-3000 DR Rotterdam
[2] Department of Internal Medicine III and Clinical Endocrinology, University Hospital Rotterdam Dijkzigt, Dr. Molewaterplein 40, NL-3015 GD Rotterdam

Introduction

Treatment or prevention of secondary hyperparathyroidism and bone disease in progressive renal failure by administration of 1α-hydroxy derivatives of vitamin D has been the object of many studies, and appears quite effective. However, careful monitoring of serum calcium and phosphorus levels, and of the remaining renal function is necessary when giving patients active vitamin D supplementation. Consequently, for some time this treatment was given to patients on hemodialysis rather than in earlier stages of the disease.

Through the years, it has become evident, however, that the treatment is more effective and has less risks, when it is started earlier in renal insufficiency, i.e. before clinical signs of secondary hyperparathyroidism have become manifest. Then, hypercalcemia is much less likely to occur.

Early in chronic renal failure (CRF), transport of phosphate in the tubule cells is impaired. The risen intracellular P levels inhibit 1α-hydroxylase activity and, thus, 1,25-dihydroxyvitamin D_3 synthesis. PTH levels start to rise and serum 1,25-dihydroxyvitamin D_3 is thereby kept at a low-normal level. For some time, a new equilibrium is established. Subsequently, when the glomerular filtration rate has fallen to about 40 ml/min, P levels in the blood begin to rise. These have to be managed, by restriction of protein intake and, when necessary, by administration of phosphate binders. Management of serum P is an absolute condition before treatment with an active vitamin D compound can be instituted.

We do not intend to give a complete overview of the publications published on the subject. Excellent reviews have appeared recently [1, 2], in which therapeutic modalities are treated also.

In this paper, we shall compare the results of two studies on the effect of 1α-hydroxy derivatives of vitamin D_3 in predialysis renal bone disease we performed in our departments [3, 4]. By this retrospective analysis we hope to illustrate some of the successes and limits of the therapy.

T. H. Ittel H.-G. Sieberth H. H. Matthiaß (Hrsg.)
Aktuelle Aspekte der Osteologie

Table 1. Results of treatment with 1α-$(OH)D_3$ for 6 and 3 months, respectively, in two separate trials

	Trial I n = 15		Trial II n = 29	
	T_0	T_6	T_0	T_3
B.Ar[a]	20.6 ± 1.3	20.4 ± 1.4	21.4 ± 1.2	21.4 ± 4.2
O.Ar/B.Ar	9.1 ± 1.0	5.3 ± 0.7[b]	7.5 ± 1.1	6.9 ± 4.0[d]
Ob.Pm	13.4 ± 1.9	5.9 ± 1.7[b]	5.4 ± 1.4	4.5 ± 4.8[c]
Oc.Pm	2.4 ± 0.3	0.9 ± 0.2[b]	1.0 ± 0.8	0.7 ± 0.7[d]
Fb.Ar/Ma.Ar	0.88 ± 0.25	0.14 ± 0.06[b]	0.56 ± 0.26	0.48 ± 0.17[d]

[a] Symbols and dimensions according to Parfitt et al. (6): B.Ar: trabecular bone volume (22.1 ± 4.1%); O.Ar/B.Ar: relative osteoid volume (2.5 ± 1.3%); Ob.Pm: osteoblast seams (5.0 ± 3.3%); Oc.Pm: osteoclast bone interface (0.5 ± 0.5%); Fb.Ar/Ma.Ar: fibrosis area per unit marrow area (absent). Between parentheses: normal values, mean ± SD.

Differences between T_0 and T_3 resp. T_6 tested by Wilcoxon's matched-pairs signed-ranks test:
[b] $p < 0.01$.
[c] $p < 0.02$.
[d] $p <$ n.s.

Clinical Studies

The first study [3], started in 1977, was designed, originally, to investigate whether any difference in action on renal bone disease or other signs of secondary hyperparathyroidism could be found between 1α-hydroxyvitamin D_3 and 1,25-dihydroxyvitamin D_3 ($1{,}25(OH)_2D_3$) during 6 months of treatment in patients with predialysis CRF. The initial daily dosages were 0.5–2.0 μg for 1α-$(OH)D_3$ and 0.5–1.0 μg for $1{,}25(OH)_2D_3$. For both compounds, maintenance dosages varied from 0.25 to 1.0 μg per day. Hypercalcemia occurred 24 times in 9 out of the 15 patients in the trial. It appeared to be correlated to incomplete suppression of PTH-levels. Moreover, we found that, in order to prevent hypercalcemia, one should keep serum $1{,}25(OH)_2D_3$ levels at the lower side of the normal range.

No differences between the effect of the two compounds were found. All histologic parameters had improved considerably after 6 months (Table 1), although resorption parameters and, even more so, osteoid parameters were still more or less elevated compared to control values for the age group.

The contention that a decline of renal function might be enhanced by treatment with 1α-hydroxy derivatives of vitamin D_3, was the subject of a recent study by Nordal and Dahl [6]. In a double blind placebo controlled study they did not observe any difference in decline of renal function between the group of patients treated for 32 weeks with $1{,}25(OH)_2D_3$ and the placebo group. They also stressed the necessity of careful monitoring and giving small dosages at the beginning of treatment (0.25 μg/day).

Table 2. Biochemical data (average ± SEM) at the start of vitamin D metabolite administration, in the two clinical studies

	Trial I n = 15	Trial II n = 29
Creatinine clearance ml/min	20.7 ± 2.2	17.6 ± 1.7
Ca (mM)	2.35 ± 0.02	2.28 ± 0.04
P (mM)	1.44 ± 0.06	1.37 ± 0.06
iPTH	0.36[a] ± 0.06 elevated in 12/15	0.55[b] ± 0.10 elevated in 7/29
Age range (ave)	30-50 yrs (37.5)	27-64 yrs (46.3)

[a] C-terminal RIA-assay. Upper limit of normal range: 0.20 μg aeq. bovine PTH/L.
[b] Mid-region two-stage RIA-assay (5). Upper limit of nomal range: 0.75 pM.

The Second Study

In this study [4], started in 1982, we wanted to observe the effect of a shorter period of treatment. 29 patients with predialysis CRF were given 3 months of 1α-hydroxyvitamin D_3 (Etalpha, LEO Pharmaceuticals), starting with a dosage of 0.25μg per day. The average daily dosage was 0.55 μg.

Moreover we were aware of the fact that preoccupation of the clinicians with the phosphorus problem made one neglect the fact that dietary restriction of phosphorus makes most patients choose meat as the sole protein source. By this choice, Ca intake tends to become too low.

Thus, in the 3 months preceding the start of 1α-(OH)D_3 administration, patients were given well-absorbable Ca-supplements, providing a minimum intake of 800 mg of Ca daily. The supplements were continued during the trial. No hypercalcemia was observed in this trial. In all biopsies aluminum stain was negative. At first glance, the results of the study seemed rather disappointing (Table 1).

Comparison of the Two Trials

At similar levels of renal function, serum Ca and serum P, the patients in the second study had definitely lower levels of serum iPTH, only 7 out of 29 showing iPTH values above normal, whereas, in the first study, 12 out of 15 patients had elevated serum iPTH levels (Table 2). Moreover, the first biopsies of the second trial showed a much less severe degree of renal bone disease (Table 1).

Actually, results of morphometry in the T_0 biopsies of the second trial and the T_6 biopsies of the first trial were very similar.

Histology of the T_0 biopsies in Trial I was typical for osteitis fibrosa in 14 out 15 patients, only one patient (with a creatinine clearance of 44 ml/min) showing increased osteoid and few osteoblast surfaces, whereas, in Trial II, histology of the T_0 biopsies showed increased osteoid and few osteoblasts in 15 out of 29 cases. The biopsies of the other 14 patients showed a more or less severe osteitis fibrosa: high numbers of active osteoblasts and osteoclasts, large Howship's lacunae, tunnelling, peritrabecular fibrosis, woven osteoid, woven bone and hyperosteoidosis.

Osteoblast perimeter (Ob.Pm) appeared to correlate well with serum iPTH levels (Spearman's r: 0.57; $p < 0.01$). Moreover, the group with high Ob.Pm values had a significantly lower creatinine clearance.

By consequence, the patients were considered to belong to two separate groups or, perhaps, to two different stages of renal bone disease (Table 3).

To the 1α-(OH)D_3 treatment, the groups reacted quite differently. In Group I, the only significant changes observed were an increase in percentage length of the mineralizing interface, the so-called mineralisation front and a depression of iPTH levels, that had not been elevated at T_0. In Group II, changes observed were those of suppression of osteitis fibrosa and hyperparathyroidism.

Discussion

From the fact that all but one patient in the first trial had osteitis fibrosa and 12 out of 15 elevated serum iPTH levels at similar creatinine clearance rates as the patients in the second trial, who had much less hyperparathyroidism after 3 months of calcium supplementation, one has to conclude that a low calcium intake is an additional cause of secondary hyperparathyroidism. In those patients in the second trial, who had low Ob.Pm and normal serum iPTH levels at T_0, it may have been the main cause of hyperparathyroidism.

Actually, the need to correct not only hyperphosphatemia but also hypocalcemia has already been stressed by Fournier et al [8] in a study on the efficacy of calcium carbonate as a phosphate binding agent in patients on hemodialysis [8].

One has to be aware of the fact that in earlier stages of CRF and calcium deficiency, serum calcium may remain well within the normal range, at the cost of elevated levels of iPTH.

Finally, we would like to suggest the following hypothesis: Provided there is no aluminum intoxication,

1. The first histologic signs of renal bone disease are generally those of disturbed mineralization: lengthened and widened osteoid seams covered by too few osteoblasts. Bone resorption is already slightly elevated.
2. When renal function continues to decline, serum Ca cannot be maintained and serum iPTH rises further. Then the full picture of osteitis fibrosa develops.
3. Administered 1α-hydroxy derivatives of vitamin D_3 suppress osteitis fibrosa much more than they correct the disturbed mineralization.
4. The latter observation does not preclude, however, that osteitis fibrosa – secondary hyperparathyroidism – could be prevented by early administration of low dosages of 1α-hydroxy derivatives of vitamin D_3, while taking care that intake of phosphorus is not too high and calcium intake not too low.

Table 3. Trial II Some histomorphometric and biochemical data (averages) before (T_0) and after 3 months' treatment with 1α-(OH)D_3 (T_3) of 15 patients with Ob.Pm <4% (Group I) and 14 patients with Ob.Pm > 4% (Group II)

	Group I n = 15			Group II n = 14		
	T_0	T_3	p[a]	T_0	T_3	p[a]
B.Ar	20.5	20.5	n.s.	22.4	22.3	n.s.
O.Ar/B.Ar	4.9	4.6	n.s.	10.3	9.5	n.s.
Ob.Pm	1.93	2.95	n.s.	8.78	7.41	<0.05
Oc.Pm	0.66	0.53	n.s.	1.40	0.98	<0.05
Fb.Ar/Ma.Ar	0.07	0.07	n.s.	1.08	0.91	n.s.
M.Bd/O.Pm	70.8	78.3	<0.01	67.0	79.0	<0.01
iPTH pM	0.33	0.22	<0.05	0.74	0.50	<0.05
Creatinine clearance ml/min	22.2	20.4	<0.05	13.2	11.1	<0.01

[a] Difference between T_0 and T_3 of each group: Wilcoxon's matched-pairs signed-ranks test.

Abstract

Two clinical trials on the effect of 1α-hydroxy derivatives of vitamin D_3 in patients with predialysis chronic renal failure (PCRF) are analyzed retrospectively. At similar levels of glomerular filtration rate (± 20 ml/min) 14/15 patients in the first trial had definite osteitis fibrosa and elevated serum iPTH levels at the beginning of the administration of 1α-(OH)D_3 (T_0), whereas, at T_0 in the second trial, after having been suppleted with calcium for 3 months, only half of the patients (14/29) had osteitis fibrosa, the others showing an increased amount of osteoid and few osteoblasts only. Average histomorphometric parameters at T_0 in the second trial were very similar to average values after 6 months treatment with 1α-hydroxy derivatives of vitamin D_3 in the first trial. In the second trial, it was observed that the patients with few osteoblasts and increased osteoid seams only had significantly lower serum iPTH levels and better renal function. In these patients 3 months' treatment with 1α-(OH)D_3 showed a positive effect on the length of the mineralizing fronts only. In the other 14 patients the evident osteitis fibrosa they showed at T_0, was markedly suppressed at T_3. All biopsies had a negative aluminum stain. We conclude that, generally, in PCRF, impaired mineralization precedes the stage of osteitis fibrosa. Furthermore the important contribution of a calcium deficient diet to early development of secondary hyperparathyroidism and the need of calcium supplements is emphasized.

Acknowledgements

This study has been supported by a grant from the Dutch Kidney Foundation (No C83.401) and by LEO Pharmaceuticals, The Netherlands.

References

1. Malluche H, Faugère M-C (1990) Renal bone disease 1990: an unmet challenge for the nephrologist. Kidney Int 38:193–211
2. Cushner HM, Adams ND (1986) Review: Renal osteodystrophy – Pathogenesis and treatment. Am J Med Sci 29:264–275
3. Juttmann JR, Birkenhäger-Frenkel DH, Visser TJ, van Krimpen C, Birkenhäger JC (1983) Follow-up of long-term treatment of predialysis renal bone disease with 1-α-hydroxy-derivatives of vitamin D. J Steroid Biochem 19:511–516
4. Birkenhäger-Frenkel DH, Pols HAP, Zeelenberg J, Eijgelsheim JJ, Kortz RAM et al. (1989) Effects of 1α-hydroxyvitamin D_3 on various stages of predialysis renal bone disease. Bone Mineral 6:311–322
5. Hackeng WHL, Lips P, Netelenbos JC, Lips CJM (1986) Clinical implications of estimation of intact parathyroid hormone (PTH) in normal subjects and hyperparathyroid patients. J Clin Endocrinol Metab 63:447–453
6. Parfitt AM, Drezner MK, Glorieux FH, Kanis JA, Malluche H et al. (1987) Bone histomorphometry: standardization of nomenclature, symbols, and units. J Bone Min Res 2:595–609
7. Nordal KP, Dahl E (1988) Low dose calcitriol versus placebo in patients with predialysis chronic renal failure. J Clin Endocrinol Metabol 67:929–936
8. Fournier A, Morinière P, Sebert JL, Dkhissi MS, Atik A et al. (1986) Calcium carbonate, an aluminum-free agent for control of hyperphosphatemia, hypocalcemia, and hyperparathyroidism in uremia. Kidney Int 29:S-114–119

Resorption und Toxizität von Aluminium bei Niereninsuffizienz

T.H. Ittel

Medizinische Klinik II, RWTH, Pauwelsstraße 30, W-5100 Aachen, BRD

Die Toxizität von Aluminium bei chronischer Niereninsuffizienz hat seit der Beschreibung der Dialyseencephalopathie durch Alfrey 1972 [1] eine weltweite Beachtung erfahren. Die Akkumulation von Aluminium bei Patienten mit terminal eingeschränkter Nierenfunktion ist die Ursache letal verlaufender Encephalopathien [1, 2], Vitamin-D-resistenter, adynamer Formen der renalen Osteopathie [3, 4] und einer hypochromen, mikrozytären Anämie, die nicht auf einem systemischen Eisendefizit der betroffenen Patienten basiert [5]. Ferner ist eine pathogenetisch wirksame Rolle der Aluminiumtoxikation bei der multifaktoriellen Entstehung der proximalen Myopathie bei Dialysepatienten nicht auszuschließen [6, 7]. Ein kausaler Zusammenhang zwischen dem Nachweis von Aluminiumsilikaten in Plaques und von Aluminiumphosphatverbindungen in Neuronen bei der Alzheimer'schen Erkrankung und der Entstehung dieser und neuropathologisch abweichender Erkrankungen ist dagegen zum gegenwärtigen Zeitpunkt noch hypothetisch [8, 9]. Die quantitativ dominierende Elimination von Aluminium findet über die Nieren statt und der Ausfall der exkretorischen Nierenfunktion bei chronischer Niereninsuffizienz ist ein entscheidender Faktor für eine positive Aluminiumbilanz [10]. Eine alternativ diskutierte in ihrem Umfang bedeutsame biliäre Exkretion [11] konnte tierexperimentell nicht bestätigt werden [12,13] und vereinzelte Berichte über Aluminiumintoxikationen bei hepatischen Erkrankungen bedürfen weiterer Untersuchungen. Gesichert ist eine toxisch wirksame Akkumulation von Aluminium bei nicht eingeschränkter Nierenfunktion bisher nur bei Patienten unter langdauernder totaler parenteraler Ernährung mit aluminiumkontaminierten Infusionslösungen [14].

Resorption

Expositionsquellen der Aluminiumbelastung bei dialysepflichtigen Patienten sind aluminiumhaltiges Dialysewasser oder aluminiumhaltige Peritonealdialyselösungen, die zu einem pH-abhängigen Transfer des Aluminiums in die Blutbahn führen [15], und Phosphatbinder auf Aluminiumbasis, die zur Kontrolle der Hyperphosphatämie peroral appliziert werden. Die von der EG-Kommission zunächst vorgeschlagene maximale Alimuniumkonzentration im Dialysebad von 30 μg/1[16] kann einen zum Patienten gerichteten Konzentrationsgradienten zwischen Dialysataluminium und frei diffusiblem Serumaluminium nicht sicher verhindern. Bei Verwendung von umkehrosmotisch aufbereitetem Dialysewasser sollte daher die Aluminiumkonzentration zumindest $< 10\,\mu$g/l sein, anzustrebende Zielwerte sind jedoch $< 5\,\mu$g/l [17], die mit der Umkehrosmose im allgemeinen erreicht werden [18].

T. H. Ittel H.-G. Sieberth H. H. Matthiaß (Hrsg.)
Aktuelle Aspekte der Osteologie

Während unter den Bedingungen einer adäquaten Dialysewasseraufbereitung der parenteralen Zufuhr von Aluminium bei Dialysepatienten nur noch eine untergeordnete Bedeutung zukommt, steht die gastrointestinale Aluminiumresorption weiterhin im Mittelpunkt des toxikologischen Interesses. Trotz umfangreicher Untersuchungen mehrerer Arbeitsgruppen ist bisher keine allgemein akzeptierte Modellvorstellung entwickelt worden, die Detailkenntnisse über die Lokalisation der Resorption von Aluminium und die am Resorptionsvorgang beteiligten Mechanismen schlüssig kombiniert.

Die bisher vorliegenden Daten zur Aluminiumresorption wurden an sehr unterschiedlichen Untersuchungsmodellen gewonnen:

- Bilanzstudien, die aufgrund methodischer Ungenauigkeiten zu einer groben Überschätzung der Aluminiumresorption führen [10].
- Bestimmung der renalen Aluminiumexkretionsrate nach Gabe einer oralen Einzeldosis. Diese Methode tendiert zu einer Unterschätzung der fraktionalen Aluminiumresorption bei eingeschränkter Nierenfuktion [19] und führt nur nach korrigierendem Vergleich mit Aluminiumexkretionsraten nach intravenöser Gabe zu akzeptablen Ergebnissen.
- Intestinale in situ Perfusion und in vitro evertierter Darm-Blindsack sind durch methodische Nachteile wie unphysiologische Untersuchungsbedingungen, fragliche Zellvitalität und hohes „Hintergrundgeräusch" durch Aluminiumkontamination belastet.
- Klassische pharmakologische Methoden wie der Vergleich der area under the curve nach oraler und intravenöser Applikation von Aluminium sind aufgrund der geringen Anstiege der Serumkonzentration nach oraler Gabe ebenfalls nicht geeignet und führen zu einer falschen Beurteilung der Resorptionsquote wie der mit 27% von Gupta et al. angegebene Wert [20].
- Untersuchungen mit dem Aluminiumisotop ^{26}Al [21] bieten eine attraktive Alternative, die jedoch der weiteren Evaluierung bedarf.

Nach den derzeit gültigen Vorstellungen wird Aluminium nach peroraler Applikation nur in geringem Umfang resorbiert, beim Menschen beträgt die Resorptionsquote bei einer geschätzten täglichen diätetischen Zufuhr von 2–3 mg 0,01–0,2% [10, 22]. Eigene Untersuchungen ergaben bei Ratten mit normaler Nierenfunktion eine mittlere Resorptionsquote von 0,08% [19]. Tierexperimentelle Befunde von Berlyne deuten auf eine bevorzugte Resorption im oberen Gastrointestinaltrakt mit einer Zweistufenkinetik hin [23]: einer relativ raschen Aufnahme von Aluminium durch das Epithel der intestinalen Mucosa soll eine protrahierte, um mehr als den Faktor 10^3 langsamere Extrusion an der basolateralen Membran folgen. Dabei wird spekuliert, daß die hieraus resultierende intrazelluläre Aluminiumakkumulation zu der relativen Impermeabilität der Mucosa für Aluminium im Sinne eines Mucosa-Blocks beiträgt. In Enterozyten präzipitiertes oder lysosomal sequestriertes Aluminium soll dabei durch Exfoliation der Zellen vor Erreichen der systemischen Zirkulation wieder ausgeschieden werden [8,24]. Eigene Versuche mit Substanzen wie Prednisolon oder Chloroquin, die lysosomale Funktionen inhibieren, zeigten jedoch keinen Effekt auf dem Umfang der Aluminiumresorption, so daß die pathogenetische Relevanz von Aluminiumpräzipitaten in Enterozytenlysosomen fraglich ist [25]. Wegen der formalen Ähnlichkeit der Aluminiumresorption mit der intestinalen Eisenaufnahme sind für beide Elemente gemeinsame Transportmechanismen angenommen worden. Intestinale in situ Perfusionsstudien demonstrierten eine beschleunigte Aufnahme von Aluminium in die intestinale Mucosa bei jedoch gleichtzeitig reduziertem Transport in die Blutbahn in

Gegenwart von zweiwertigem Eisen, wogegen luminaler Zusatz von Fe^{3+} ohne nachweisbaren Effekt blieb [26]. Nach einer vorläufigen Mitteilung konnte ferner durch Zusatz von Apotransferrin in das Perfusat des intestinalen Gefäßbetts bei einer kombiniert luminal und vaskulär perfundierten Darmpräparation die Resorption von Aluminium etwa 2fach gesteigert werden [27]. Unter den Bedingungen einer prolongierten oralen Aluminiumexposition schienen klinische Befunde für eine inverse Korrelation von Eisenstatus und Aluminiumresorption zu sprechen [28], jedoch konnten diese Daten von anderen Untersuchern nicht bestätigt werden [29]. Eigene Untersuchungen an einem Rattenmodell mit normaler Nierenfunktion ließen auch bei extremer Verschiebung des Eisenstatus keinen Effekt auf den Umfang der Aluminiumresorption erkennen. Als weitere resorptionsmodulierende Faktoren wurden Parathormon, Vitamin-D-Status, Citrat, chronische Niereninsuffizienz, Fluorid, gastrale Acidität, Diabetes mellitus und Alter diskutiert. Tierexperimentell gesichert ist bisher nur die Resorptionssteigerung durch Niereninsuffizienz [30], Lactat [31] und Citrat [32]. Citrat erhöht die Aluminiumresorption durch Komplexbildung mit Aluminium und Calcium, wobei der letztgenannte Vorgang zu einer Erhöhung der parazellulären intestinalen Shuntpermeabilität führt [33]. Unabhängig vom Vitamin-D-Status kommt es bei Niereninsuffizienz tierexperimentell zu einer deutlichen Steigerung der gastrointestinalen Resorption von Aluminium [19, 30], wobei das Ausmaß der Mehrresorption eine positive Korrelation zu Dauer und Grad der renalen Funktionseinschränkung aufweist. Dieser Befund könnte die Diskrepanz zwischen der beim Nierengesunden angenommenen Resorptionsquote von Aluminium und der im Prädialysestadium tatsächlich akkumulierten Aluminiummenge erklären [10] und er könnte Berichte über Aluminiumablagerungen im trabekulären Knochen in Abwesenheit einer Ingestion von aluminiumhaltigen Phosphatbindern plausibel machen [34]. Auch beim Menschen deuten zwischenzeitlich erhobene Befunde auf eine gesteigerte Aluminiumresorption bei Niereninsuffizienz hin, wobei die Resorptionsvermehrung bei akutem Nierenversagen deutlich ausgeprägter zu sein scheint [35]. Es wurde initial vermutet, daß eine erhöhte Aluminiumresorption bei Niereninsuffizienz Konsequenz des sekundären Hyperparathyreoidismus sei [36]. Eine resorptionssteigernde Wirkung von Parathormon konnte jedoch weder bei reduzierter noch bei intakter exkretorischer Nierenleistung von anderen Untersuchern bestätigt werden [10, 19, 37]. Auch Veränderungen der gastralen Säureproduktion und sich daraus ergebende intraluminale pH-Verschiebungen können nicht als pathogenetisch wirksamer Faktor herangezogen werden [31]. Während somit ein funktionelles Substrat für die bei Nierenfunktionseinschränkung gesteigerte Aluminiumresorption noch nicht festgelegt werden kann, wurde durch Hemmung der intestinalen Polyaminsynthese und nachfolgende Mucosaatrophie mittlerweile ein Modell etabliert, bei dem eine heraufgesetzte Aluminiumresorption trotz normaler glomerulärer Filtrationsrate nachweisbar ist [38]. Es bedarf jedoch weiterer Untersuchungen zur Klärung der Frage, ob atrophische Alterationen des Intestinums bei chronischer Niereninsuffizienz [39] morphologisches Korrelat einer gesteigerten Aluminiumresorption sind.

Plasmaproteinbindung

In der Blutbahn liegt Aluminium überwiegend proteingebunden vor, 5–20% des Serumaluminiums sind ultrafiltrierbar, der überwiegende Teil hiervon ist mit Citrat komplexiert [40]. Die renale Elimination erfolgt über glomeruläre Filtration der nicht proteingebundenen Fraktion, Mikropunktionsstudien deuten zudem auf eine tubuläre Rückresorption hin [41]. Dabei soll Aluminium in den Lysosomen proximaler Tubuluszellen als Phosphatverbindung präzipitieren und durch Exozytose protrahiert ausgeschieden werden [24]. Als Serumtransportprotein ist Transferrin identifiziert worden [42], eine Bindung an Albumin ist in vivo wahrscheinlich von geringer Bedeutung [43]. Die Funktion eines zusätzlichen Proteins mit niedrigem Molekulargewicht als Carrier ist ungewiß [44]. Aluminium interagiert entgegen ursprünglichen Annahmen mit beiden Bindungsplätzen am Transferrinmolekül, die Stabilitätskonstanten sind jedoch zu klein, um zu einer kompetitiven Hemmung der Eisen-Transferrinbindung zu führen [43]. Obwohl die Affinität von Desferrioxamin (DFO) zu Aluminium diejenige von Transferrin überschreitet, ist es wahrscheinlich, daß der Anstieg der ultrafiltrierbaren Aluminiumfraktion im Serum nach Gabe von DFO nicht auf einer Lösung der Aluminium-Transferrinbindung, sondern auf der Mobilisierung von Aluminium aus anderen Kompartimenten beruht [45]. Die exakte Funktion von Transferrin und Eisenstatus bei der Kompartimentverteilung und der Modulation der Toxizität von Aluminium sind weitgehend unbekannt. Eine Veränderung der Aluminium-Proteinbindung bei chronischer Niereninsuffizienz wird kontrovers diskutiert [46, 47].

Aluminiumtoxizität - aktuelle Befunde

Aluminiuminduzierte Anämie

Aluminium aggraviert bei mäßiger Akkumulation die normozytär, normochrom ausgeprägte renale Anämie, bei Steigerung der Aluminiumexposition kommt es zur Ausbildung einer mikrozytären Anämie bei normwertigen oder erhöhten Ferritinkonzentrationen im Serum. Die Anämie erweist sich auf die Gabe von Eisen als therapierefraktär, die Ansprechrate auf die Gabe von rekombinantem Erythropoetin ist deutlich reduziert [48]. Auch bei normochromer Anämie und nur mäßiggradiger Aluminiumakkumulation erbrachte eine Behandlung mit DFO einen Anstieg des Hämoglobins [49] und eine erhöhte Sensitivität gegenüber der Gabe von Erythropoetin [48]. Bereits geringe Mengen an Aluminium scheinen zu einer subtilen Inhibierung der Erythropoese zu führen und aluminiuminduzierte erythrozytäre Veränderungen, wie eine Erhöhung der Protoporphyrinkonzentration werden zur Zeit als Marker für die aluminiuminduzierte Anämie evaluiert [50]. Bei der Vermittlung der toxischen Effekte nimmt die Bindung von Aluminium an Transferrin eine zentrale Stellung ein: in vitro wirkt nur transferringebundenes Aluminium toxisch [51], Aluminiumcitrat hat hingegen keine Wirkung auf Zellwachstum und Hämoglobin-Synthese [52]. Aluminium interferiert nicht mit der zellulären Eisenaufnahme, in vitro ist die Anzahl der Transferrinrezeptoren erhöht und die Transferring-Rezeptor-Endozytose in Gegenwart von Aluminium nicht gestört. Mögliche Mechanismen der von Aluminium ausgelösten hypoproliferativen Anämie sind Interferenz mit dem intraerythrozytären Eisentransport, Hemmung der Häm-Synthese und Interaktion mit der DNA mit nachfolgender Hemmung der Globintranskription. In vitro erwies sich die Hämoglobin-Synthese empfindlicher gegenüber der Hemmwirkung von Aluminium als das Zellwachstum [52]. Als Ausdruck einer Hemmung der Häm-Synthese wird in Gegenwart von Aluminium eine Erhöhung der intraerythrozytären Protoporphyrinkonzentration beobachtet [48, 50, 52].

Neurotoxizität
Verschiedene Mechanismen wurden zur pathogenetischen Erklärung der aluminiuminduzierten Encephalopathie herangezogen. Aluminium inhibiert eine Reihe von Enzymen, unter ihnen auch Dihydropteridinreduktase, deren Aktivität bei Aluminiumexposition in Erythrozyten vermindert ist [53]. Ferner wird als Ursache der intracerebralen Aluminiumakkumulation bei Dialysepatienten eine Permeabilitätserhöhung der Blut-Hirn-Schranke diskutiert [54]. Nach Untersuchungen von Roskams et al. [55] gewinnt Aluminium über den Transferrinrezeptor Zugang zu Nervenzellen. Es wird spekuliert, daß intraneuronales Ferritin eine Detoxikation von Aluminium durch Sequestrierung von Aluminium-Ferritinkomplexen bewirkt und daß dieser Mechanismus durch hohe Serumaluminiumkonzentrationen bei Niereninsuffizienz überfordert wird [56]. Auch in vitro bindet Ferritin Aluminium [57].

Low turnover Osteopathie
Low turnover Varianten der renalen Osteopathie wie die Osteomalazie und die adyname („aplastische") Osteopathie sind in der Mehrzahl der Fälle, jedoch nicht ausschließlich, auf Aluminiumtoxizität zurückzuführen. Differentialdiagnostisch sind adyname Osteopathien durch Eisenüberladung und Therapie mit Calciumcarbonat als Phosphatbinder in Betracht zu ziehen [58, 59].

Als pathogenetische Mechanismen der Aluminiumtoxizität am Knochen werden folgende Vorgänge diskutiert:

1. Direkte physioko-chemische Inhibition der Ausbildung und des Wachstums von Hydroxylapatitkristallen an der Mineralisationsfront [60].
2. Indirekte Verminderung der Osteoblasten-Aktivität durch aluminiuminduzierte Suppression der Parathormonsekretion [61].
3. Parathormonunabhängige toxische Wirkung von Aluminium auf die Funktion der Osteoblasten.

Sowohl eine parathormonabhängige als auch -unabhängige Alteration der Osteoblastenfunktionen kann mittlerweile als gesichert angesehen werden [62]. Unabhängig von Parathormon supprimiert Aluminium die Proliferation von osteoblastenähnlichen UMR 106-01 Zellen in vitro [63]. Ähnlich wie bei dem Aluminiumeffekt auf die Erythropoese scheint die Toxizität von Aluminium von der Bindung an Transferrin abhängig zu sein [64]. Neben toxischen Effekten auf die differenzierten Osteoblasten werden parathormonabhängige mitogene Effekte auf den Präosteoblastenpool diskutiert, die für eine in vivo beobachtete paradoxe de novo Knochenbildung verantwortlich gemacht werden [65]. Aufgrund tierexperimenteller Daten wird von einigen Untersuchern die Aluminiumwirkung auf die Osteoblastenzahl als entscheidender pathogenetischer Mechanismus favorisiert [66]. Eigene Untersuchungen zeigen jedoch, daß durch Gabe von Fluorid auch in Gegenwart hoher Aluminiumkonzentrationen Zahl und Aktivität der Osteoblasten stimuliert werden können, ohne daß der Mineralisationsdefekt überwunden wird [67]. Die Entstehung der Varianten der aluminiuminduzierten Osteopathie, adyname Osteopathie und Osteomalazie, wird ebenfalls kontrovers diskutiert. Aus Knochenbiopsien ist die Interpretation abgeleitet worden, daß eine sequentielle Entstehung über die adynamische Variante mit zunächst geringerer Aluminiumakkumulation zur Osteomalazie mit ausgeprägter Aluminiumakkumulation und komplettem Mineralisationsstop führt [68]. Dagegen sprechen tierexperimentelle Befunde für eine Bedeutung des Parathormons für die histologische Ausprägung der Osteopathie: Parathyreoidektomie führt zur adynamen Osteopathie nach Aluminiumgabe, erhaltene Parathormonsekretion läßt eine Osteomalazie entstehen [69]. Wahrscheinlich sind die histologischen Varianten daher eher Ausdruck einer Superimposition der Aluminiumtoxizität auf unterschiedliche präexistente Stadien der renalen Osteopathie. Die Deposition von Aluminium an der Mineralisationsfront wird vom Vitamin-D-Status beeinflußt und tierexperimentell führt die frühzeitige Gabe von 1,25-Vitamin D_3 oder 24,25-Vitamin D_3 zu einer Reduktion der ossären Aluminiumakkumulation [70, 71]. Vorläufige Daten deuten auf eine solche Wirkung von 1,25-Vitamin D_3 auch beim Menschen hin [72]. Da eine gesteigerte Parathormonsekretion bei Vitamin-D-Defizienz die intrazelluläre Akkumulation von Aluminium in den Osteoblasten reduziert [73], ist ein dualer Antagonismus gegenüber der Aluminiumtoxizität diskutiert worden, wobei 1,25-Vitamin D_3 die Deposition von Aluminium an der Mineralisationsfront und Parathormon deletäre Effekte an den Osteoblasten reduziert.

Behandlung der Aluminiumintoxikation mit Desferrioxamin
Neben der Unterbrechung der Aluminiumexposition hat DFO therapeutische Optionen bei der Behandlung von Aluminiumintoxikationen eröffnet. Die typischen aluminiuminduzierten Erkrankungsbilder, mikrozytäre Anämie, low turnover Osteopathie und Encephalopathie sprechen auf eine konsequent durchgeführte DFO-Gabe an. Mehrmonatige Behandlung mit DFO reduziert die ossäre Aluminiumablagerung und führt zu einem Wiederanstieg der Osteoblasten, Osteoklasten und der Knochenformationsrate. Dabei wird die Knochenhistologie nicht normalisiert, sondern in eine high-turnover-Osteopathie überführt [74]. Bei Patienten mit adynamischer Osteopathie oder Parathyreoidektomie ist über ein schlechteres Ansprechen auf DFO-Gaben berichtet worden, jedoch zeigen auch diese Patienten bei prolongierter Therapie eine Regression der Aluminiumosteopathie. Die Dosierungsempfehlungen sind mehrfach modifiziert worden. Nach Gabe hoher Dosen von DFO (> 30 mg/kg) sind starke Anstiege der Serumaluminiumkonzentrationen und vorübergehende Verschlechterungen zentralnervöser Funktionen mit letalem Ausgang beobachtet worden [75]. Darüberhinaus wurden gehäuft Fälle opportunistischer Infektionen durch Mukorazeen beobachtet. Zur Reduzierung dieser seltenen, jedoch schwerwiegenden Nebenwirkungen sind vorgeschlagen worden: Reduktion der Einzeldosis auf 0,5–1 g, Verlängerung des Dosierungsintervalls auf 7 Tage, intramuskuläre Applikation an dialysefreien Tagen, Verwendung von Polysulfonmembranen oder Hämoperfusion [75]. Gesicherte Indikation zur DFO-Therapie ist die manifeste Aluminiumtoxikation. Es ist jedoch unterhalb dieser klinischen Manifestationsgrenze kein Schwellenwert der Aluminiumtoxizität gesichert. So wurden positive Effekte einer DFO-Therapie mit Anstieg der Hämoglobinwerte auch bei asymptomatischen Patienten mit negativem DFO-Test beschrieben [49, 50].

Auch kann bei nur geringgradiger Aluminiumüberladung die Behandlung mit DFO zu einer Verbesserung von psychomotorischen Funktionen führen [76].

Subtilere Manifestationsformen der Aluminiumtoxizität wie normozytäre Aggravation der renalen Anämie, gestörte psychomotorische Leistungen, unspezifisch gesteigerte kardio- und cerebrovaskuläre Morbidität [77] sowie immunsuppressive Effekte [78] sprechen für eine in Zukunft erweiterte Indikationsstellung der DFO-Therapie. Kontrollierte Studien zu solchen Indikationen sind jedoch bisher nicht in ausreichender Form vorhanden. Die

Indikation zu einer DFO-Behandlung bei reduziertem Knochenturnover und nur geringem Aluminiumnachweis an trabekulären Knochenoberflächen ist ebenfalls nicht gesichert. Nachweisbare Zeichen der Aluminiumtoxizität in Knochenbiopsien mit nur geringer Aluminiumakkumulation sprechen jedoch für die Notwendigkeit weiterer Untersuchungen zur Gabe von DFO auch bei dieser Indikation [79].

Literatur

1. Alfrey AC, Mishell MM, Burks J, Contiguglia SR, Rudolph H, Lewin E, Holmes JH (1972) Syndrome of dyspraxia and multifocal seizures associated with chronic hemodialysis. Trans Am Soc Artif Intern Organs 18:257–261
2. Alfrey AC, LeGrende GR, Kaehny WD (1976) The dialysis encephalopathy syndrome. Possible aluminum intoxication. N Engl J Med 294:184–188
3. Ott SM, Maloney NA, Coburn JW, Alfrey AC, Sherrad DJ (1982) The prevalence of bone aluminum deposition in renal osteodystrophy and its relation to the response to calcitriol therapy. N Engl J Med 307:709–713
4. Smith AJ, Faugere MC, Abreo K, Fanti P, Julian B, Malluche HH (1986) Aluminum-related bone disease in mild and advanced renal failure: evidence for high prevalence and morbidity and studies on etiology and diagnosis. Am J Nephol 6:275–283
5. O'Hare JA, Murnaghan DJ (1982) Reversal of aluminum-induced hemodialysis anemia by a low aluminum dialysate. N Engl J Med 306:654–656
6. Llach F, Felsenfeld AJ, Coleman MD, Keveney JJ, Pederson JA, Medlock TR (1986) The natural course of dialysis osteomalacia. Kidney Int 29 (Suppl 18):S-74–S-79
7. Malluche HH, Faugere MC (1989) Therapie of aluminum related bone disease. In: Kleerekoper M, Krane SM (eds) Clinical disorders of bone and mineral metabolsim. Mary Ann Liebert, New York, pp 597–601
8. Ganrot PO (1986) Metabolism and possible health effects of aluminum. Environ Health Perspect 65:363–441
9. Birchall JD, Chappell JS (1988) The chemistry of aluminum and silicon in relation to Alzheimer's disease. Clin Chem 34:265–267
10. Alfrey AC (1983) Aluminum. Adv Clin Chem 23:69–91
11. Williams JW, Vera SR, Peters TG, Luther RW, Bhattacharya S et al (1986) Biliary excretion of aluminum in aluminum osteodystrophy with liver disease. Ann Intern Med 104:782–785
12. Klein GL, Heyman MB, Lee TC, Miller NL, Marathe G, Gourley WK, Alfrey AC (1988) Aluminum-associated hepatobiliary dysfunction in rats: relationships to dosage and duration of exposure. Pediatr Res 23: 275–278
13. Kovalchik MT, Kaehny WD, Hegg AP, Jackson JT, Alfrey AC (1978) Aluminum kinetics during hemodialysis. J Lab Clin Med 92:712–720
14. Ott SM, Maloney MA, Klein GL, Alfrey AC, Ament ME, Coburn JW, Sherrard DJ (1983) Aluminum is associated with low bone formation in patients receiving chronic parenteral nutrition. Ann Intern Med 98:910–914
15. Gacek EM, Babb AL, Uvelli DA, Fry DL, Scribner BH (1979) Dialysis dementia: the role of dialysate pH in altering the dialyzability of aluminum. Trans Am Soc Artif Intern Organs 25: 409–415
16. Berlin A (1986) Prevention and monitoring of aluminum exposure during dialysis in the European Community. In: Taylor A (ed) Aluminum and other trace elements in renal disease. Baillière Tindall, London, pp 167–170
17. Cannata Andia JB, Diaz Lopez JB (1990) The diagnosis of aluminum toxicity. In: De Broe ME, Coburn JW (eds) Aluminum and renal failure. Kluwer Academic Publishers, Dordrecht, pp 287–308
18. Cross JR (1986) Removing aluminum from water for haemodialysis. In: Talyor A (Ed) Aluminum and other trace elements in renal disease. Baillière Tindall, London, pp. 147–155

19. Ittel TH, Buddington B, Miller NL, Alfrey AC (1987) Enhanced gastrointestinal absorption of aluminum in uremic rats. Kidney Int 32: 821–826
20. Gupta SK, Waters DH, Gwilt PR (1986) Absorption and disposition of aluminum in the rat. J Pharm Sci 75:586–589
21. Sutton RAL, Meirav O, Halabe A, Walker V, Johnson R, Klein J, Fink D, Middleton R (1990) Application of accelerator mass spectrometry (AMS) to the study of aluminum (Al) metabolism in the rat. XIth International Congress of Nephrology, Tokyo July 15-20, 49 A
22. Weberg R, Berstad A (1986) Gastrointestinal absorption of aluminum from single doses of aluminum containing antacids in man. Eur J Clin Invest 16:428–432
23. Feinroth M, Feinroth MV, Berlyne GM (1982) Aluminum absorption in the rat everted gut sac. Miner Electrolyte Metab 8:29–35
24. De Broe ME, D'Haese PC, Elseviers MM, Clement J, Visser WJ, van de Vyver FL (1988) Aluminum and end-stage renal failure. In: Davison AM, Briggs JD, Green R, Kanisa J, Mallick NP, Rees AJ, Thomson D (eds) Nephrology. Baillière Tindall, London, pp 1086–1116
25. Ittel TH, Grießner A, Köppe B, Sieberth HG (1990) Differential effect of steroids and chloroquine on the intestinal absorption of aluminum and calcium. Nephrol Dial Transplant 5:860–867
26. Van der Voet GB, de Wolff FA (1987) The effect of di- and trivalent iron on the intestinal absorption of aluminum in rats. Toxicol Appl Phamacol 90:190–197
27. Jaeger DE, Wilhelm M, Witte G, Ohnesorge FK (1989) Aluminium absortion in an isolated perfused rat intestinal preparation: Influence of chemical form, dose and transferrin. Naunyn-Schmiedeberg's Arch Pharmacol 339 (suppl):R19
28. Cannata JB, Suarez Suarez C, Cuesta V, Rodriguez Rosa R, Allende MT et al (1984) Gastrointestinal aluminum absorption: is it modulated by the iron-absorptive mechanism? Proc EDTA-ERA 21:354–359
29. Blaehr H, Madsen S, Rud Andersen J (1986) Effect of iron-loading on intestinal aluminum absorption in chronic renal insufficiency. In: Taylor A (ed) Aluminium and other trace elements in renal disease. Baillière Tindall, London, pp 71–75
30. Ittel TH, Kluge R, Sieberth HG (1988) Enhanced gastrointestinal absorption of aluminum in uraemia: Time course and effect of vitamin D. Nephrol Dial Transplant 3:617–623
31. Ittel TH, Griessner A, Sieberth HG (1991) Effect of lactate on the absorption and retention of aluminum in the remnant kidney rat model. Nephron 57:332–339
32. Slanina P, Frech W, Ekström LG, Lööf L, Slorach S, Cedergren A (1986) Dietary critic acid enhances absorption of aluminum in antacids. Clin Chem 32:539–541
33. Froment DPH, Molitoris BA, Buddington B, Miller N, Alfrey AC (1989) Site and mechanism of enhanced gastrointestinal absorption of aluminum by citrate. Kidney Int 36:978–984
34. Nordal KP, Dahl E (1988) Low dose calcitriol versus placebo in patients with predialysis chronic renal failure. J Clin Endocrinol Metab 67:929–936
35. Ittel TH, Gladziwa U, Mück W, Sieberth HG (1991) Hyperaluminaemia in critically ill patients: role of antacid therapy and impaired renal function. Eur J Clin Invest 21:96–102
36. Mayor GH, Keiser JA, Makdani D, Ku PK (1977) Aluminum absorption and distribution: effect of parathyroid hormone. Science 197: 1187–1189
37. Nordal KP, Dahl E, Sørhus K, Berg KJ, Thomassen Y, Kofstad J, Halse J (1988) Gastrointestinal absorption and urinary excretion of aluminum in patients with predialysis chronic renal failure. Pharmacol Toxicol 63:351–354
38. Ittel TH, Hofstädter F, Sieberth HG (1989) Induction of duodenal mucosal atrophy by difluoromethylornithine: implications for the enhanced absorption of aluminum in uraemia. Nephrol Dial Transplat 4:484
39. Shousha S, Bull TB, Parkins PA (1990) Duodenal ultrastructure in patients with chronic renal failure with a comment on the incidence of Campylobacter pylori infection. Ultrastruct Pathol 14:1–10
40. Martin RB (1985) The chemistry of aluminum as related to biology and medicine. Clin Chem 32:1797–1806
41. Burnatowska-Hledin MA, Mayor GH, Lau K (1985) Renal handling of aluminum in the rat: clearance and micropuncture studies. Am J Physiol 249:F192–F197
42. Trapp GA (1983) Plasma aluminum is bound to transferrin. Life Sci 33:311–316

43. Martin RB, Savory J, Brown S, Bertholf RL, Wills MR (1987) Transferrin binding of Al 3+ and Fe 3+. Clin Chem 33:405–407
44. Khalil-Manesh F, Agness C, Gonick HC (1989) Aluminum-binding protein in dialysis dementia. I. Characterization in plasma by gel chromatography and electrophoresis. Nephron 52:323–328
45. Martin RB (1990) Chemistry of aluminum. In: De Broe ME, Coburn JW (eds) Aluminum and renal failure. Kluwer Academic Publishers, Dordrecht, pp 7–26
46. Wilhelm M, Jäger DE, Ohnesorge FK (1990) Aluminium toxicokinetics. Pharmacol Toxicol 66: 4–9
47. Farrar G, Altmann P, Welch S, Wychrij O, Ghose B et al. (1990) Defective gallium-transferrin binding in Alzheimer disease and Down syndrome: possible mechanism for acculuIation of aluminum in brain. Lancet 335: 747–750
48. Rosenlöf K, Fyhrquist F, Tenhunen R (1990) Erythropoietin, aluminum, and anaemia in patients on haemodialysis. Lancet 335: 247–249
49. Altmann P, Plowman D, Marsh F, Cunningham J (1988) Aluminum chelation therapy in dialysis patients: evidence for inhibition of hemoglobin synthesis by low levels of aluminum. Lancet I: 1012–1015
50. Bia MJ, Cooper K, Schnall S, Duffy T, Hendler E, Malluche H, Solomon L (1989) Aluminum induced anemia: pathogenesis and treatment in patients on chronic hemodialysis. Kidney Int 36: 852–858
51. Mladenovic J (1988) Aluminum inhibits erythropoiesis in vitro. J Clin Invest 81:1661–1665
52. Abreo K, Glass J, Sella ML (1990) Aluminum inhibits hemoglobin synthesis but enhances iron uptake in Friend erythroleukemia cells. Kidney Int 37:677–681
53. Altmann P, Al-Salihi F, Butter K, Cutler P, Blair J et al. (1987) Serum aluminum levels and erythrocyte dihydropteridine reductase activity in patients on hemodialysis. N Engl J Med 317: 80–84
54. Banks WA, Kastin AJ (1983) Aluminum increases permeability of the blood-brain barrier to labelled DSIP and beta-endorphin: possible implications for senile and dialysis dementia. Lancet II:1227–1229
55. Roskams AJ, Connor JR (1990) Aluminum access to the brain: a role for transferring and its receptor. Proc Natl Acad Sci USA 87:9024–9027
56. Fleming J, Joshi JG (1987) Ferritin: isolation of aluminum-ferritin complex from brain. Proc Natl Acad Sci USA 84:7866–7870
57. CochranM, Chawtur V (1988) Interaction of horse-spleen ferritin with aluminum citrate. Clin Chim Acta 178:79–84
58. Phelps KR, Vigorita VJ, Bansal M, Einhorn TA (1988) Histochemical demonstration of iron but not aluminum in a case of dialysis-associated osteomalacia. Am J Med 84:775–780
59. Morinière P, Cohen-Solal M, Bebrik S, Boudailliez B, Marie A et al. (1989) Disappearance of aluminic bone disease in a long term asymptomatic dialysis population restricting Al(OH)3 intake: emergence of an idiopathic adynamic bone disease not related to aluminum. Nephron 53:93–101
60. Posner AS, Blumenthal NC, Boskey AL (1986) Model of aluminum-induced osteomalacia: inhibition of apatite formation and growth. Kidney Int 29 (Suppl 18):S-17–S-19
61. Morrissey J, Rothstein M, Mayor G, Slatopolsky E (1983) Suppression of parathyroid hormone secretion by aluminum. Kidney Int 23:699–704
62. Rodriguez M, Felsenfeld AJ, Llach F (1990) Aluminum administration in the rat separately affects the osteoblast and bone mineralization. J Bone Mineral Res 5:59–67
63. Blair HC, Finch JL, Avioli R, Crouch EC Slatopolsky E, Teitelbaum SL (1989) Micromolar aluminum levels reduce 3H-thymidine incorporation by cell line UMR 106-01. Kidney Int 35: 1119–1125
64. Kasai K, Hori MT, Goodman WG (1990) Differential effects of aluminum and transferrin on cell function and proliferation in osteoblast-like cells. XIth International Congress of Nephrology, Tokyo, 414 A
65. Quarles LD, Gitelman HJ, Drezner MK (1989) Aluminum-induced de novo bone formation in the beagle. A parathyroid hormone-dependent event. J Clin Invest 83:1644–1650

66. Sedman AB, Alfrey AC, Miller NL, Goodman WG (1987) Tissue and cellular basis for impaired bone formation in aluminum-related osteomalacia in the pig. J Clin Invest 79:86–92
67. Ittel TH, Hofstädter F, Gruber E, Heinrichs A, Sieberth HG (1987) Effect of fluoride on aluminum-related bone disease. J Bone Mineral Res 4 (Suppl 1):S160
68. Andress DL, Maloney NA, Coburn JW, Endres DB, Sherrard DJ (1987) Osteomalacia and aplastic bone disease in aluminum-related osteodystrophy. J Clin Endocrinol Metab 65:11–16
69. Rodriguez M, Lorenzo V, Felsenfeld AJ, Llach F (1990) Effect of parathyroidectomy on aluminum toxicity and azotemic bone disease in the rat. J Bone Mineral Res 5:379–386
70. Malluche HH, Faugere MC, Fridler RM, Matthews C, Fanti P (1987) Calcitriol, parathyroid hormone, and accumulation of aluminum in bone in dogs with renal failure. J Clin Invest 79:754–761
71. Ittel TH, Hofstädter F, Gladziwa U, Sieberth HG (1989) Reduced deposition of aluminum in trabecular bone of uraemic rats treated with dihydroxylated vitamin D metabolities. Nephrol Dial Transplant 4:957–965
72. Coen G, Mazzaferro S, Costantini S, Ballanti P, Carrieri MP et al. (1989) Bone aluminum content in predialysis chronic renal failure and its relation to with secondary hyperparathyroidism and 1,25(OH)2D3 treatment. Miner Electrolyte Metab 15:295–302
73. Hodsman AB, Steer BM, Arsenault AL (1989) Aluminum intoxication in vitamin D-deficient rats: studies of bone aluminum localization and histomorphometry before and after vitamin D repletion. J Bone Mineral Res 3:375–383
74. Felsenfeld AJ, Rodriquez M, Coleman M, Ross D, Llach F (1989) Desferrioxamine therapy in hemodialysis patients with aluminum-associated bone disease. Kidney Int 35:1371–1378
75. Charhon SA (1990) Deferoxamine therapy of aluminum toxicity in dialysis patients. In: De Broe ME, Coburn JW (eds) Aluminum and renal failure. Kluwer Academic Publishers, Dordrecht, pp 309–323
76. Altmann P, Dhanesha U, Hamon C, Cunningham J, Blair J, Marsh F (1989) Disturbance of cerebral function by aluminum in haemodialysis patients without overt aluminum toxicity. Lancet II: 7–12
77. Chazan JA, Blonsky SL, Abuela JG, Pezzullo JC (1988) Increased body aluminum. An independent risk factor in patients undergoing long-term hemodialysis? Arch Intern Med 148:1817–1820
78. Nordal KP, Dahl E, Albrechtsen D, Hlase J, Leivestad T (1989) Fewer rejection episodes in kidney graft recipients with aluminum accumulation in bone: an immunosuppressive effect of aluminum toxicity. Transplant Proc 21:2046–2047
79. Altmann P, Revell P, Marsh F, O'Riordan J, Cunningham J (1990) Aluminum-induced osteomalacic changes and alterations in parathyroid function in asymptomatic dialysis patients. Nephrol Dial Transplant 5:729

Dialyse-Amyloidose

T.B. Drüeke

Unité 90 de l'Inserm et Département de Néphrologie, Hôpital Necker, 161, Rue de Sèvres, 75743 Paris Cedex 15, Frankreich

Während der letzten 10 Jahre ist ein bis dahin unbekanntes, mit Gelenkschmerzen beginnendes Syndrom bei chronischen Dialysepatienten beschrieben worden [1, 2]. Es handelt sich um die sogenannte Dialyse-Amyloidose. Die Natur der Amyloidfibrillen wurde erst vor sechs Jahren erkannt. Der Hauptanteil der Fibrillen besteht aus β2-Mikroglobulin (β2M). Das Amyloid lagert sich vorwiegend in Gelenkstrukturen sowie im gelenknahen Knochengewebe ab [3, 5]. Es kann aber bei manchen Patienten außerdem zu systemischen Ablagerungen, insbesondere in den Visera, kommen [6].

Das Amyloidsyndrom ist zunächst durch das Auftreten von Arthralgien, Gelenkschwellungen, Karpaltunnelsyndrom und Knochenzysten gekennzeichnet. Es führt später beim Langzeit-Dialysepatienten zu häufig ausgeprägten, teilweise invalidierenden, degenerativen Veränderungen im Bereich der Gelenke und zu erosiven und zystischen Läsionen des periartikulären Knochengewebes im Sinne einer destruierenden Arthropathie und Spondylarthropathie [3, 7].

Da die Ausscheidung des β2M vornehmlich durch glomeruläre Filtration in der Niere erfolgt, führt eine Niereninsuffizienz zur Retention dieses Polypeptides, die ungefähr dem des Plasmakreatinins parallel verläuft [8, 9]. Die Plasma-β2M-Konzentration steigt mit fortschreitendem, chronischem Nierenversagen an und kann im Stadium der Anurie extrem hohe Werte erreichen. Die stark erhöhten Plasmaspiegel spielen wahrscheinlich bei der Amyloidablagerung und den damit verbundenen pathologischen Veränderungen eine Rolle.

Klinische, radiologische und biochemische Zeichen einer β2-Amyloidose

Klinisch beginnt das Krankheitsbild in den meisten Fällen mit Arthralgien, kutanen Schwellungen im Gelenkbereich und einem Karpaltunnelsyndrom [10–12]. Die ersten Symptome treten häufig bereits nach drei bis fünf Jahren Nierenersatztherapie auf, dies sowohl bei einer Behandlung durch intermittierende Hämodialyse als auch durch Peritonealdialyse oder Hämofiltration [13–16]. Objektive klinische und radiologische Zeichen einer β2M-Amyloidose werden meist erst nach längerer Behandlungsdauer beobachtet, d.h. nach acht bis zehn Jahren [7, 13, 17, 18]. Ausnahmsweise können sie aber auch bei langdauernder Niereninsuffizienz schon eher auftreten, sogar vor jedweder Dialysebehandlung [19].

Die im Vordergrund stehenden radiologischen Veränderungen sind subchondrale Knochenerosionen und -zysten, wobei subchondraler Knochen durch Amyloid ersetzt wird [5,

T. H. Ittel H.-G. Sieberth H. H. Matthiaß (Hrsg.)
Aktuelle Aspekte der Osteologie

11]. Diese Läsionen sind meistens gehäuft und weisen eine symmetrische Verteilung auf. Die Häufigkeit und der Schweregrad der osteo-artikulären Veränderungen steigen mit zunehmender Überlebenszeit der Patienten an. In weiter fortgeschrittenen Krankheitsstadien kommt es zu destruierenden Veränderungen der großen Knochengelenke wie Hüfte und Knie und eventuell zu Frakturen, insbesondere bei zystischer Degeneration im Bereich des Femurhalses. Auch kleine Gelenke können starke degenerative Schäden aufweisen. Die destruktive Spondylarthropathie betrifft am häufigsten die Halswirbelknochen, wobei die Veränderungen häufig rasch, d.h. innerhalb von ein bis zwei Jahren, voranschreiten. Das Odontoid der Axis kann ebenfalls durch einen erosiven Prozeß fragilisiert werden und außerdem von einem Pseudotumor des periodontoiden Weichteilgewebes umfaßt sein. Eine solche Läsion kann für den Patienten bei zervikaler Hyperextension äußerst gefährlich sein, wenn sie nämlich zu einer Knochenmarkskompression führt. Diese Veränderungen können am besten mittels magnetischem Resonanz-Imaging dargestellt werden [20].

Die Differentialdiagnose zwischen Amyloidzyste und Braunem Tumor bei sekundärem Hyperparathyreoidismus ist nicht immer einfach. Braune Tumoren werden meist nur bei schwergradiger Überfunktion der Nebenschilddrüsen gesehen, im Gegensatz zu Amyloidzysten [11]. Die letztere bildet sich außerdem nicht nach Parathyreoidektomie zurück. Ihre Verteilung ist häufig unterschiedlich: der Braune Tumor befällt vorwiegend die Meta- und Diaphyse der langen Röhrenknochen sowie die Mandibular-, Rippen- und Beckenknochen, wohingegen die Amyloidzyste sich auf die unmittelbare Nachbarschaft der Synovialschleimhäute beschränkt. Wir haben außerdem bei urämischen Patienten selbst bei gleichzeitig bestehendem, schwergradigem Hyperparathyreoidismus eine gute Korrelation zwischen subchondralen Knochenzysten und histologisch bewiesenen β2M-Amyloid-Ablagerungen in der sternoclavikulären Gelenkschleimhaut beobachtet [21].

In den letzten Jahren wurde die Knochenszintigraphie als wertvolle neue Methode in die β2M-Amyloidose-Diagnostik eingeführt [22–24]. Insbesondere ist die Anhäufung von radiomarkierten, amyloidspezifischen Substanzen wie der P-Komponente [23] oder dem β2M [24] im Gelenkbereich und in viszeralen Organen von großem theoretischem Interesse. Inwieweit die Szintigraphie praktisch bei der frühzeitigen Diagnostik und eventuell bei der Therapie und Prävention der β2M-Amyloidose weiterhilft, bleibt abzuwarten.

Biochemische und morphologische Aspekte der β2M-Amyloidose

Es gibt gegenwärtig keinen Plasma-Parameter, der die Diagnose einer β2M-Amyloidose zu stellen erlaubt. Die Erhöhung des Plasma-β2M-Spiegels ist wahrscheinlich eine Conditio sine qua non zur Ablagerung der Amyloidfibrillen. Die β2M-Amyloidose besitzt die charakteristischen Eigenschaften aller Amyloidose-Typen [25, 26] und ist konstant mit der P-Komponente und Glucose-Aminoglykanen (GAGs) assoziiert. Die P-Komponente hat eine starke Affinität für Calcium, was zu fokal erhöhten Kalziumkonzentrationen führen kann. Weiterhin wurde vor kurzem berichtet, daß die GAGs anscheinend eine abnormale Struktur haben [27].

Die Entdeckung der β2M-Natur der Dialyse-Amyloidose durch Geyjo et al. [1] und durch Gorevic et al. [2] stellte einen großen Durchbruch dar. Die ersten Berichte gaben an, daß die Amyloidfibrillen vorwiegend oder ausschließlich aus monomeren oder polymeren β2M-Einheiten bestünde. Linke und Mitarb. konnten dagegen vor kurzem zeigen, daß zusätzlich auch β2M-Fragmente in den Amyloidablagerungen von Dialysepatienten vorgefunden werden [28], was zumindest auf eine limitierte Proteolyse hinweist.

Physiopathologie

Eine große Anzahl von Faktoren kann theoretisch bei dem Auftreten und dem Voranschreiten der Dialyse-Arthropathie eine Rolle spielen. Eine Ablagerung von Amyloidfibrillen des β2M-Typs geht praktisch konstant mit den destruierenden Veränderungen der Gelenkstrukturen einher [5, 10, 13, 17]. Es ist aber weiterhin nicht geklärt, inwieweit die Amyloidablagerungen ein Primum movens darstellen und eine aktive Rolle bei den pathologischen Prozessen spielen.

Sowohl ein stark erhöhter β2M-Plasmaspiegel als auch proteolytische Veränderungen des β2M-Moleküls sind höchstwahrscheinlich eine Voraussetzung für das Zustandekommen von Amyloidablagerungen. Da anfangs die β2M-Amyloidose nur bei Dialysepatienten beobachtet wurde, ist die Hypothese entstanden, daß eine Abhängigkeit von der Dialysetechnik bestehen müsse [14]. In der Tat gibt es mehrere Hinweise auf eine die Amyloidogenese fördernde Rolle der relativ „bio-inkompatiblen" Cuprophan-Dialysemembran. So haben Chanard und Mitarb. [29] und van Ypersele et al. [13] in ihren retrospektiven Studien zeigen können, daß vorwiegend oder ausschließlich gegen die Cuprophanmembran dialysierte Patienten eine höhere Amyloidose-Prevalenz aufwiesen als Patienten, die ausschließlich mit der mehr „bio-kompatiblen", hoch permeablen AN-69 Polyacrylonitril-Membran behandelt wurden.

Es muß hier angemerkt werden, daß zumindest bei einer gewissen Anzahl von mit der Cuprophan-Membran behandelten Patienten die β2M-Plasmaspiegel ansteigen. Ein solcher Anstieg ist nicht nur virtuell, da er selbst nach Korrektur für die gleichzeitig erfolgende Hämokonzentration gesehen wird. Dies führte zur Hypothese einer durch die Cuprophan-Membran induzierten β2M-Produktion mittels der Aktivierung von zirkulierenden Blutzellen, entweder im Sinne einer erhöhten Abschilferung von der Zelloberfläche [30], einer vermehrten Produktion von freien Oxygenradikalen [31] oder einer Aktivierung von verschiedenen Zytokinen wie IL-1, IL-6, und TNF bzw. deren mRNS [32], sei es in Antwort auf Komplement-abhängige Anaphylatoxine oder unter Komplement-freien Bedingungen [15]. Was das Interleukin-1 angeht, so wurde vor kurzem gezeigt, daß es selbst nicht die β2M-Synthese fördert, zumindest nicht am isolierten Hepatozyten [33] oder Monozyten [30]. Weiterhin wurden in jüngster Zeit mehrere Argumente für eine mögliche Rolle der bakteriellen Endotoxine gebracht, die vom Dialysat ins Blut übertreten können [34, 35] und durch eine gesteigerte Produktion von Zytokinen oder mittels anderer Mechanismen zur Amyloidentstehung beitragen können. Eine proteolytische Aktivität im unmittelbaren Membranbereich kommt ebenfalls in Betracht [15]. Daß eine erhöhte Produktion von β2M im Kontakt mit der Cuprophan-Membran, nicht aber mit der AN69- oder PMMA-Membran wirklich erfolgt, wurde vor kurzem in einer Studie von Zaoui et al. erneut und überzeugend gezeigt [36].

Andererseits sind aber in den letzten Jahren mehrere stichhaltige Argumente gegen eine ausschließliche Rolle der Hämodialysemembran beim Auftreten der β2M-Amyloidose gebracht worden. Erstens sind vereinzelte Fälle dieses Syndroms bei Langzeit-Behandlung mit der AN-69 Polyacrylonitril-Membran beobachtet worden. Zweitens können unter Peritonealdialyse (CAPD) [16] oder Hämofiltration stehende urämische Patienten [37] ebenfalls eine β2M-Amyloidose entwickeln. Drittens haben wir [19] und andere [38] vor kurzem das Auftreten einer authentischen β2M-Amyloidose in vereinzelten Fällen von chronischer Urämie bereits vor jedweder Dialysebehandlung gesehen.

Da die β2M-Amyloidose eine besondere Predilektion für Gelenkstrukturen aufweist, müssen lokale Faktoren ebenfalls eine Rolle spielen. Die hierzu theoretisch bestehenden Möglichkeiten sind eine lokale Anreicherung des Proteins, ein unzureichender lokaler Abbau, eine lokale Bildung von modifizierten β2M-Polypeptiden oder -vorläufern (z.B. durch Proteolyse) und andere lokale Veränderungen wie Anhäufung oder Anomalien von mit der Amyloidose konstant assozierten Molekülen wie die P-Komponente oder Glucosaminoglykane. Weiterhin sind in der Diskussion lokale Anhäufungen von Eisen, Aluminium, Silicium und Kalzium-enthaltenden Kristallen [21, 39–43] sowie durch den sekundären Hyperparathyreoidismus induzierte Schäden [44]. Derartige Veränderungen könnten sowohl durch den andauernden Status uraemicus als auch durch mit der Dialysebehandlung in Zusammenhang stehende Faktoren entstehen.

Biologische Rolle und Effekte des β2-Mikroglobulins (Tabelle 1)

Das β2M-Molekül ist die konstante Leichtkette des HLA-Antigens der Klasse I, welche sich auf der Zelloberfläche aller Säugetiere findet [45]. Erhöhte β2M-Plasmaspiegel werden in einer Reihe von Krankheiten beobachtet [45]. Die höchsten Werte werden jedoch in der chronischen Niereninsuffizienz gesehen, wo sie bei anurischen Patienten 40- bis 50fach über den Normalbereich ansteigen können, insbesondere bei gleichzeitig bestehenden infektiösen Erkrankungen [9, 46].

Die Frage der ätiologischen Rolle des β2M ist weiterhin nicht geklärt. Auf der einen Seite haben Dialysepatienten mit oder ohne sogenannter Dialyse-Arthropathie gleich hohe β2M-Plasmaspiegel [47]. Auf der anderen Seite scheint aber eine stärkergradige Erhöhung des Plasmaspiegels notwendig zu sein, da bislang dies Syndrom nicht bei Patienten mit normalen oder nur leicht erhöhten Plasmaspiegeln beschrieben worden ist.

Tabelle 1. Potentielle biologische Funktionen des β-Mikroglobulins: neuere Aspekte

Studien *In vivo* oder *ex vivo*

1. Konstante Leichtkette des HLA-Antigens der Klasse I, anwesend auf der Oberfläche jeder Säugetierzelle [10]
2. Resorption des Schädelknochens bei der Maus nach subkutaner Injektion [48]

Studien *In vitro*

1. Wachstumsfaktor, der die Bindung anderer Wachstumsfaktoren an den Osteoblasten-Rezeptor moduliert und damit die Knochenzellaktivität reguliert [49, 50]
2. Induktion des Gens für IGF-1 und des Gens für den IGF-1 Rezeptor [52]
3. Stimulierung der Aktivität der Fibroblasten-Kollagenase und damit des Kollagenabbaus [57]
4. Chemotaktische Funktion am Knochenmark (Identität mit dem früher beschriebenen Thymotaxin [58]
5. Lymphokin-Funktion des von den Granulozyten synthetisierten Metaboliten Des-Lys^{56}-β2M in Entzündungsherden [59]

In den letzten Jahren wurden äußerst interessante, bislang unbekannte Effekte des β2M auf verschiedene Zielorgane beschrieben. Eine erste Studie zeigte, daß die subkutane Verabreichung von β2M bei der Maus *in vivo* zu einer Knochenresorption direkt am Injektionsort führte [48]. Weiterhin konnte eine andere Arbeitsgruppe zeigen, daß das β2M-Protein mit einem der „Bone-derived growth factors" (BDGF) identisch ist, die Bindung von anderen Wachstumsfaktoren an ihren Rezeptoren moduliert und damit lokal die Knochenzellaktivität reguliert [49, 50]. Es ist in diesem Zusammenhang interessant darauf hinzuweisen, daß auf der anderen Seite Zytokine die β2M-Synthese durch Osteoblasten in Kultur zu stimulieren vermögen [51]. Der Wachstumsfaktoreffekt des β2M könnte auf der vor kurzem beschriebenen Wirkung des Proteins auf den „Insulin-like growth factor-1" (IGF-1) beruhen, da β2M bei Osteoblasten in Kultur die Transkription des IGF-1-Gens sowie auch die des IGF-1-Rezeptor-Gens stimuliert [52]. Da das Parathormon (PTH) ebenfalls die Transkription und die Translation des IGF-1 stimuliert [53], könnte hier eine Ähnlichkeit der Knocheneffekte dieser beiden Proteine bestehen. Ein direkter Effekt des β2M am Knochen wurde jedoch vor kurzem von einer anderen Arbeitsgruppe bestritten [54].

Andere Experimente *in vitro* zeigten einen inhibierenden Effekt des β2M auf die von den Osteoblasten regulierte Knochenkalzifikationsrate in Zellkulturen [55]. Dieselbe Gruppe berichtete über eine stark ausgeprägte Affinität des β2M, sich an Kollagen zu binden [56]. Diese Beobachtung könnte die Prädilektion des β2M-Polypeptides für kollagenhaltige Strukturen erklären.

Ein weiterer interessanter Effekt des β2M besteht in seiner Eigenschaft, die Kollagenase des Fibroblasten zu stimulieren und damit den Kollagenabbau zu regulieren [57]. Letztendlich konnten auch zwei immunologische Effekte gezeigt werden. Einerseits ist das β2M identisch mit dem Thymotaxin, welches ein am Knochenmark wirksames chemotaktisches Protein ist [58]. Andererseits ist einem von neutrophilen Granulozyten synthetisierten Metaboliten des β2M, dem Des-Lys^{56}-β2M, vor kurzem die Rolle eines Zytokins zugeschrieben worden, nämlich als Vermittler zwischen Granulozyten und Lymphozyten in Entzündungsherden [59].

Alle die soeben aufgeführten aktiven Eigenschaften des β2M-Moleküls *in vitro und in vivo* bedürfen der Bestätigung durch andere Arbeitsgruppen sowie der Klärung ihrer eventuellen klinischen Relevanz. Diese Befunde weisen aber unserer Meinung nach darauf hin, daß das β2M-Protein nicht ein passiver Zuschauer ist, sondern durchaus eine aktive Rolle bei der Pathogenese der Dialyse-Amyloidose spielen kann.

Prävention und Behandlung

Es gibt noch keine allgemein akzeptierte, wirksame Behandlung oder Prophylaxe der β2M-Amyloidose. Die einzige bislang bekannte Ausnahme ist die Nierentransplantation [60]. Die Behandlung von Dialysepatienten mit biokompatiblen, hochpermeablen Dialysemembranen scheint zwar von Vorteil zu sein [13, 29], es fehlt aber hierfür noch der endgültige Beweis.

Literatur

1. Gejyo F, Yamada T, Odani S et al. (1985) A new form of amyloid protein associated with chronic hemodialysis was identified as β2-microglobulin. Biochem Biophys Res Commun 129:701–705
2. Gorevic PD, Casey TT, Stone WJ, et al. (1985) Beta-2-microglobulin is an amyoidogenic protein in man. J Clin Invest 76:2425–2429
3. Bardin T, Zingraff J, Shirahama T, et al. (1987) Hemodialysis associated amyloidosis and beta-2 microglobulin: a clinical and immunohistochemical study. Am J Med 83:419–424
4. Huaux JP, Noel H, Malghem J et al. (1985) Erosive azotemic arthropathy: possible role of amyloidosis. Arthritis Rheum 28:1075–1076
5. Bardin T, Kuntz D, Zingraff J et al. (1985) Synovial amyloidosis in patients undergoing long-term hemodialysis. Arthritis Rheum 28:1052–1058
6. Sethi D, Hutchison AJ, Cary NRB et al. (1990) Macroglossia and amyloidoma of the buttock: evidence of systemic involvement in dialysis amyloid. Nephron 55:312–315
7. Munoz-Gomez, Gomes-Perez R, Llopart-Buisan E, Solè-Arquès M (1987) Clinical picture of the amyloid arthropathy in patients maintained on haemodialysis using cellulose membranes. Ann Rheum Dis 46:573–579
8. Vincent C, Rèvillard JP, Galland R, Traeger J (1978) Serum β2-M in hemodialyzed patients. Nephron 21:260–268
9. Zingraff J, Beyne P, Urena P et al. (1989) Influence of haemodialysis membranes on β2 microglobulin kinetics: in vivo and in vitro studies. Nephrol Dial Transpl 3:284–290
10. Kuntz D, Naveau B, Bardin T et al. (1984) Destructive spondylarthropathy in hemodialyzed patients: a new syndrome. Arthritis Rheum 27:369–375
11. DiRaimondo CR, Casey TT, DiRaimondo CV, Stone WJ (1986) Pathologic fractures associated with idiopathic amyloidosis of bone in hemodialysis patients. Nephron 43:22–27
12. Charra B, Calemard EM, Uzan M et al. (1985) Carpal tunnel syndrome, shoulder pain and amyloidosis of bone in hemodialysis patients. Proc EDTA-ERA 21:291–295
13. van Ypersele de Strihou C, Honhon B, Vandenbroucke JM et al. (1988) Dialysis amyloidosis. Adv Nephrol 17:401–420
14. Bardin T, Zingraff J, Kuntz D, Drueke T (1986) Dialysis related amyloidosis. Nephrol Dial Transplant 1:151–154
15. Ritz E, Bommer J (1988) Beta-2-microglobulin-derived amyloid-problems and perspectives (Editorial). Blood Purif 6:61–68
16. Cornèlis F, Bardin T, Faller B et al. (1989) Rheumatic syndromes and beta 2 microglobulin amyloidosis in patients reveiving long-term peritoneal dialysis. Arthritis Rheum 32:785–788
17. Fenves AZ, Emmett M, White LG, Greenway G (1986) Carpal tunnel syndrome with cystic bone lesions secondary to amyloidosis in chronic hemodialysis patients. Am J Kidney Dis 7: 130
18. Vaca-Diez Busch H, Touam M, Zingraff J et al. (1986) Les arthropathies des malades hèmodialysés depuis plus de 10 ans: étude rétrospective. Nephrologie 4:165–169
19. Zingraff J, Noel L-H, Bardin T et al. (1990) β2-microglobulin amyloidosis as a complication of chronic renal failure: a biopsy proven case. New Engl J Med 1990 323:1070–1071
20. Rousselin B, Helenon O, Zingraff J et al. (1990) Pseudotumor of craniocervical junction during long-term hemodialysis. Arthritis Rheum 33:1567–1573
21. Zingraff J, Noel LH, Bardin T et al. (1990) Beta-2-microglobulin amyloidosis: a sternoclavicular joint biopsy study in hemodialysis patients. Clin Nephrol 33:94–97
22. Grateau G, Zingraff J, Fauchet M et al. (1988) Radionuclide exploration of dialysis amyloidosis. Premliminary experience. Am J Kidney Dis 11:231–237
23. Hawkins PN, Myers MJ, Lavender JP, Pepys MB (1988) Diagnostic radionuclide imaging of amyloid: biological targeting by circulating human serum amyloid P component. Lancet I:1413–1418
24. Flöge L, Nonnast-Daniel B, Gielow P et al. (1989) Specific imaging of dialysis-related amyloid deposits using ^{131}I-β2-microglobulin. Nephron 51:444–447

25. Cohen AS, Connors LH (1987) The pathogenesis and biochemistr of amyloidosis. J. Pathol 151: 1–10
26. Pepys MB (1988) Amyloidosis: Some recent developments. Quartl J Med 252:283–298
27. Ohishi H, Skinner M, Sato-Araki N et al (1990) Glycosaminoglycans of the hemodialysis-associated carpal synovial amyloid and of amyloid-rich tissues and fibrils of heart liver, and spleen. Clin Chem 36:88–91
28. Linke RP, Hampl H, Lobeck H et al (1989) Lysine-specific cleavage of β2-microglobulin in amyloid deposits associated with hemodialysis. Kidney Int 36:675–681
29. Chanard J, Bindi P, Toupance O et al. (1989) Carpal tunnel syndrome and type of dialysis membrane. Br Med J 298:867–868
30. Knudsen PJ, Leon J, Ng AK et al. (1989) Hemodialysis-related induction of beta-2 microglobulin and interleukin-1 synthesis and relaese ny mononuclear phagocytes. Nephron 53:188–193
31. Lonnemann G, Koch KM, Shaldon S et al. (1988) Studies on the ability of hemodialysis membranes to induce, bind, and clear human interleukin-1. J Lab Clin Med 112:76–86
32. Schindler R, Lonnemann G, Shaldon S et al (1990) Transcription, not synthesis, of interleukin-1 and tumor necrosis factor by complement. Kidney Int 37:85–93
33. Ramadori G, Mitsch A, Rieder H, Meyer zum Büschenfelde KH (1988) Alpha- and gamma-interferon (IFN-alpha, IFN-gamma) but not interleukin-1 (IL-1) modulate synthesis and secretion of β2-microglobulin by hepatocytes. Eur J Clin Invest 18:343–351
34. Urena P, Herbelin A, Basile C, Zingraff J, Man NK Drüeke (1989) In vitro studies of endotoxin transfer across cellulosic and noncellulosic dialysis membranes. I. Radiolabeled endotoxin. Contrib Nephrol 74:71–74
35. Laude-Sharp M, Caroff M, Simard L et al. (1990) Induction of IL-1 during hemodialysis: transmembrane passage of intact endotoxins (LPS). Kidney Int 38:1089–1094
36. Zaoui PM, Stone WI, Hakim RM (1990) Effects of membrane on beta2-microglobulin production and cellular expression. Kidney Int 38: 962 968
37. Renaud H, Fournier A, Morinière P et al. (1988) Ostéoarthropathie multifocale associée à une amylose par dépôts de beta-2-microglobuline chez un insuffisant rénal traité uniquement par hémofiltration. Néphrologie 9:89–94
38. Morinière Ph, Marie A, El Esper N et al (1991) Destructive spondylarthropathy with β2 microglobulin amyloid deposits in a uremic patient before chronic hemodialysis. Nephron
39. Canavese C, Pacitti A, Portigliatti M et al. (1990) Aluminium and dialysis arthropathy. Nephron 56:455–456
40. Cary NRB, Sethi D, Brown EA, Ehrhardt CC, Woodrow DF, Grower PE (1986) Dialysis arthropathy: amyloid or iron? Br Med J 293: 1392–1394
41. Yver L, Blanchier D, Buiquang D, Cabanne JF, Chame JP, Meftahi J (1987) Does aluminium induce dialysis amyloidosis? Nephrol Dial Transpl 2:450–451
42. Shainkin-Kestenbaum R, Adler AJ, Berlyne GM et al. (1989) Effect of aluminium on superoxide dismutase. Clin Sci 77:463–466
43. Netter P, Fener P, Steinmetz J, et al. (1991) Amorphous aluminosilicates in synovial fluid in dialysis-associated arthropathy. Lancet 337:554–555
44. McCarthy JT, Dahlberg PJ, Kriegshauser JS et al. (1988) Erosive spondyloarthropathy in long-term dialysis patients: relationship to severe hyperparathyroidism. Mayo Clin Proc 63:446–452
45. Messner RP (1984) β-microglobulin: an old molecule assumes a new look. J Lab Clin Med 104: 141–145
46. Vincent C, Pozet N, Revillard JP (1980) Plasma β2-M turnover in renal insufficiency. Acta Clin Belg 35 Suppl 10:2–13
47. Gejyo F, Odani S, Yamada T et al. (1986) β-2 microglobulin: a new form of amyloid protein associated with chroni hemodialysis. Kidney Int 30:385–390
48. Kang MS, Li CC, Petersen J (1990) In vivo effect of β2-microglobulin on bone resorption in mice (abstract). Kidney Int 37:304
49. Canalis E, McCarthy T, Centrella M (1987) A bone-derived growth factor isolated from rat calvariae is β2m. Endocrinology 121:1198–1200
50. Centrella M, McCarthy TL, Canalis E (1989) β2-microglobulin enhances insulin-like growth factor I receptor levels and synthesis in bone cell cultures J Biol Chem 264:18268–18271

51. Evans DB, Thavarajah M, Kanis JA (1990) Immunoreactivity and proliferative actions of β_2-microglobulin (β_2-min) in human bone-derived cells in vitro. Calcif Tissue Int 46 (suppl):A34
52. Centrella M, McCarthy TL, Canalis E (1989) β2-microglobulin enhances insulin-like growth factor I receptor levels and synthesis in bone cell cultures. J Biol Chem 264: 18268–18271
53. McCarthy TL, Centrella M, Canalis E (1989) Parathyroid hormone enhance the transcript and polypeptide levels of insulin-like growth factor I in osteoblastenriched cultures from fetal rat bone. Endocrinology 124:1247–1253
54. Jennings JC, Mohan S, Baylink DJ (1986) β2-microglobulin is not a bone cell mitogen. Endocrinology 125: 404–409
55. Kataoka H, Gejyo F, Yamada S et al. (1989) Inhibitory effects of β2-microglobulin on in vitro calcification of osteoblastic cells. Biochem Biophys Res Commun 141:360–366
56. Homma N, Gejyo F, Isemura M, Arakawa M (1989) Collagen-binding affinity of beta2-microglobulin, a preprotein of hemodialysis-associated amyloidosis. Nephron 53:37–40
57. Brinckerhoff CE, Mitchell TI, Karmilowicz MJ et al. (1989) Autocrine induction of collagenase by serum amyloid A-like and β2-microglobulin-like proteins. Science 243:655–657
58. Dargemont C, Dunon D, Deugnier MA et al. (1989) Thymotaxin, a chemotactic protein, is identical to β2-microglobulin. Science 246:803–806
59. Bjerrum OW, Nissen MH, Borregaard N (1990) Neutrophil β-2 microglobulin: an inflammatory mediator. Scand J Immunol 32:232–242

Der Stellenwert des Osteocalcins im Rahmen der Diagnostik der renalen Osteopathie bei Hämodialysepatienten

H. Sperschneider[1], K. Abendroth[2], R. Michael[3], K. Günther[1], G. Stein[1]

[1] Nephrologische Abteilung, Klinik für Innere Medizin, Karl-Marx-Allee 101, O–6902 Jena-Lobeda, BRD
[2] Rheumatologische Abteilung, Klinik für Innere Medizin, Karl-Marx-Allee 101, O–6902 Jena-Neulobeda, BRD
[3] Nuklearmedizinische Klinik des Bereiches Medizin der Humboldt-Universität Berlin, Schumannstraße 20–21, 1040 Berlin, BRD

Einleitung

Im Mittelpunkt der Therapie der renalen Osteopathie steht die Verhinderung des Auftretens von 2 Extremen: des sekundären Hyperparathyreoidismus sowie der meist iatrogen verursachten adynamen Knochenerkrankung. Die definitive Diagnose einer renalen Osteopathie erfordert prinzipiell die Durchführung einer Knochenbiopsie. Für die Verlaufsbeobachtungen einer gesicherten Osteopathie und der Therapiekontrolle, insbesondere unter Vitamin D-Präparaten, ist die Nutzung einer nichtinvasiven Methode von hohem prädiktivem Wert wünschenswert.

Ziel der vorliegenden Untersuchungen war es, darüber Aussagen zu treffen:

1. Welche Beziehungen zwischen den histomorphometrischen Parametern aus dem Bekkenkammbioptat und den Osteocalcinkonzentrationen im Serum bestehen.
2. Welche Grenzwerte von Osteocalcin im Serum bei Dialysepatienten als prädiktiv für eine „high turnover“ (HTO) und „low turnover“ (LTO) Osteopathie anzusehen sind.

Methoden

Untersucht wurden 37 Dialysepatienten (16 Männer, 21 Frauen) mit einem Durchschnittsalter von $52,7 \pm 14,2$ (20–70) und einer Dialysedauer von $23,2 \pm 21,2$ (2–83) Monaten. Die Patienten wurden mit einer Bikarbonatdialyse an der KN401 mit dem MLW-Dialysator 1,8 m^2 behandelt. Alle Patienten hatten eine Restdiurese < 200 ml/die.

Bei allen Patienten wurde eine Beckenkammbiopsie nach Tetrazyklinmarkierung durchgeführt. In die Berechnung der morphologischen Daten (statisch, dynamisch) wurden die Meßwerte als alterskorrigierte Abweichungen von der Norm aufgenommen. Im Serum dieser Patienten wurden Osteocalcin (OC), midregionales Parathormon (mPTH), intaktes Parathormon (iPTH), Kalzium (Ca), Phosphat (PO_4) und die alkalische Phosphatase (AP) bestimmt.

T. H. Ittel H.-G. Sieberth H. H. Matthiaß (Hrsg.)
Aktuelle Aspekte der Osteologie

Als statistische Methoden wurden der T-Test nach Student, lineare Korrelationen und multiple lineare Regressionsanalysen angewandt.

Ergebnisse

Bei allen 37 Dialysepatienten waren die OC-Werte im Serum das 1,3- bis 21fache (3,3–44,7 nmol/l) erhöht. Dadurch lagen die mittleren OC-Werte bei Dialysepatienten mit $12,4 \pm 2,0$ nmol/l signifikant über dem Normbereich von $1,5 \pm 0,6$ nmol/l. Zwischen OC und AP konnte kein statistisch zu sichernder Zusammenhang hergestellt werden. Dagegen ergaben sich zwischen dem OC und mPTH ($p < 0,004$, $r = 0,559$) sowie dem iPTH ($p < 0,003$, $r = 0,647$) eine signifikante positive lineare Korrelation. Basierend auf den individuellen Normabweichungen der HOKA-Werte erfolgte die Einteilung der Patienten in 3 Gruppen:

- HOKA ≥ 3 (HTO); 21 Patienten
- HOKA $> 1,1$ bis 2,9; 4 Patienten
- HOKA ≤ 1 (LTO); 11 Patienten

Damit wiesen 58% der Patienten eine „high turnover" (HTO) und 31% der Patienten eine „low turnover" (LTO) Osteopathie auf. Nachfolgend sind diese beiden Gruppen mit HOKA-Werten ≥ 3 bzw. ≤ 1 gegenübergestellt. In der HTO-Gruppe waren die mittleren Werte von OC, mPTH und iPTH signifikant höher als in der LTO-Gruppe. Die mittleren Werte von CA, PO_4 und der AP unterschieden sich in beiden Gruppen nicht signifikant (s. Tabelle 1).

Für die Abgrenzung einer HTO, charakterisiert durch eine Abweichung von 300% der Altersnorm des Knochenabbaus (HOKA $\geq 3,0$), betrug bei Festlegung des Grenzwertes von OC $\geq$ 8 nmol/l die Spezifität 93% und die Sensitivität 55%. Dagegen gelang die Abgrenzung einer LTO (charakterisiert durch HOKA ≤ 1) nicht so gut. Beim festgelegten OC-Grenzwert von $\leq$ 4 nmol/l betrug die Spezifität 94%, die Sensitivität allerdings nur 16%.

Diskussion

Bei eingeschränkter Nierenfunktion wird die Bewertung erhöhter OC-Werte erschwert, weil OC mit einem Molekulargewicht von 5800 Dalton kumuliert und nicht mehr zwischen kumulations- u. krankhietsbedinger OC-Erhöhung unterschieden werden kann [1]. In Übereinstimmung mit der Literatur waren auch in unseren Untersuchungen die mittleren OC-Werte bei Dialysepatienten gegenüber den Normalpersonen signifikant erhöht [2–4]. Dies betraf mit einer großen Variation alle 37 Dialysepatienten. Die signifikanten Korrelationen zur Osteoidoberfläche, zur Osteoklastenzahl, zur mit Osteoklasten besetzten Resorptionsoberfläche sowie zur Mineralisationsrate und dem tetrazyklinmarkierten Osteoid spricht dafür, daß das Osteocalcin nicht nur die Osteoblastentätigkeit, sondern den Knochenumsatz insgesamt reflektiert. Von den histomorphometrischen Parametern ist die auf die mineralisierte Oberfläche korrigierte Abweichung der mit Osteoklasten besetzten Resorptionsoberfläche (HOKA) der Parameter, der am sichersten zwischen HTO (HOKA ≥ 3) und LTO (HOKA ≤ 1) diskriminiert. Im Gegensatz zur alkalischen Phosphatase

Tabelle 1. Mittelwert ($\bar{x}$) und Standardabweichungen des Mittelwertes (*SEM*) histologischer und laborchemischer Parameter sowie des Alters und der Dialysedauer (*DD*) von Dialysepatienten mit „high turnover" (*HOKA* $\geq$ 3) und „low turnover" (*HOKA* $\leq$ 1) Osteopathie (*HOKA*, korrigierte Abweichung der mit Osteoklasten besetzten Resorptionsoberfläche; *DD*, Dialysedauer; *OB*, Osteoidoberfläche mit Osteoblasten; *nOkl*, Osteoklastenzahl; *MR*, Mineralisationsrate; *TM*, tetrazyklinmarkierte Oberfläche)

		Low turnover (HOKA $\leq$ 1) n = 11		High turnover (HOKA $\geq$ 3) n = 21	
		x	± SEM	x	± SEM
HOKA		0,3	0,1	16,3[b]	3,7
Alter	(J.)	58,8	2,0	47,6[a]	3,5
DD	(Mon.)	25,1	5,2	22,0	4,6
Krea	(μmol/l)	916,4	264,0	924,6	258,4
Ca	(mmol/l)	2,48	0,08	2,39	0,04
PO_4	(mmol/l)	2,64	0,10	2,38	0,14
OC	(nmol/l)	4,7	0,7	17,8[b]	2,9
AP	(μmol/s/l)	2,9	0,2	3,3	0,4
mPTH	(pg/ml)	938,4	161,2	1975,4[b]	107,6
iPTH	(pg/ml)	42,4	12,2	213,7[a]	47,6
OB		0,28	0,1	3,03[a]	0,6
nOKl		0,9	0,6	18,2[b]	2,3
MR	(μm/d)	0,16	0,1	0,47[b]	0,1
TM	(%)	0,7	0,3	6,7[b]	1,7

[a] $p < 0,05$.
[b] $p < 0,002$.

sowie den Kalzium- und Phosphatwerten unterschieden sich in diesen beiden Gruppen die mittleren Werte von OC, iPTH und mPTH signifikant.

Mit hoher Wahrscheinlichkeit liegt bei OC-Werten $\geq$ 8 nmol/l (Spezifität 94%) ein HTO vor. Allerdings schließen Werte < 8 nmol/l (Sensitivität 67%) diese nicht aus. Die Abgrenzung einer LTO gelingt weniger gut (bei Festlegung des OC-Wertes von $\leq$ 4 nmol/l (Spezifität 100%, Sensitivität 17%).

Mit der OC-Bestimmung steht uns eine nichtinvasive, den Knochenumsatz sehr gut reflektierende Methode zur Verfügung, deren Bestimmung im Rahmen der Labordiagnostik, sowohl für die Verlaufsbeobachtung einer histologisch gesicherten renalen Osteopathie als auch der Therapiekontrolle insbesondere von Vitamin D-Metaboliten eine Bereicherung für die klinische Praxis darstellt.

Zusammenfassung

Bei 37 Hämodialysepatienten (16 Männer, 21 Frauen, Alter $52,7 \pm 4,2$ Jahre, durchschnittliche Dialysedauer $23,3 \pm 3,5$ Monate) wurden Osteoclacin (OC), intaktes Parathormon (iPTH), midregionales Parathormon (mPTH), alkalische Phosphatase (AP), Kalzium (Ca) und Phosphat (PO_4) im Serum bestimmt und mit histomorphometrischen Parametern der

Beckenkammbiopsie korreliert. Die auf die individuell verfügbare mineralisierte Oberfläche und auf die Altersnorm korrigierte, mit Osteoklasten besetzte Gesamtresorptionsoberfläche (HOKA) wurde als Außenkriterium für folgende Einteilung der Patienten benutzt: HOKA ≥ 3, entspricht einer „high turnover" Osteopathie (HTO), HOKA ≤ 1, entspricht einer „low turnover" Osteopathie (LTO). Die OC-Spiegel von 21 Dialysepatienten mit einer HTO waren mit $17,8 \pm 2,9$ nmol/l signifikant gegenüber $4,7 \pm 0,7$ nmol/l bei 11 Dialysepatienten mit einer LTO erhöht. Die OC-Bestimmung spiegelt eher den Knochenumsatz insgesamt als die alleinige Osteoblastenfunktion wider und scheint dabei empfindlicher als die AP zu sein. Mit der OC-Bestimmung steht uns eine nichtinvasive Methode zur Verfügung, die gut zur Erfassung einer HTO (bei Festlegung des Osteocalcingrenzwertes von ≥ 8 nmol/l Sensitivität 55%, Spezifität 92%), weniger gut einer LTO (bei Festlegung des Osteocalcingrenzwertes ≤ 4 nmol/l, Sensitivität 16%, Spezifität 100%) geeignet ist.

Literatur

1. Delmas PD, Wilson DM, Mann KG, Riggs BL (1983) Effects of renal function on plasma levels of bone gla-protein. J Clin Endocrinol Metab 57:1928–1030
2. Malluche HH, Gaugere M-C, Fanti P, Price PA (1984) Plasma levels of bone gla-protein reflect bone formation in patients on chronic maintenance dialysis. Kidney Int 26:869–874
3. Motz W (1989) Osteocalcin in chronic hemodialysis patients as an additional parameter in the diagnosis of advanced secondary hyperparathyreoidismus. Acta Med Austriaca 16:8–12
4. Pyrpasopoulos M, Karamonzis M, Kapoulas C, Papayianni A, Dimitriadon-Vaphiadon A, Trakatellis A (1989) The value of the determination of serum bone gla-protein (BGP) in advanced chronic renal failure. Clin Nephrol 31:275

Osteocalcin (Bone-GLA-Protein) als Marker für eine Aluminium-bedingte Mineralisationsstörung bei terminaler Niereninsuffizienz

G. Warneke[1], M. Barth[1], U. Hildebrand[2], P. Schmidt[3], H.-V. Henning[1], R. Verwiebe[1], F. Scheler[1]

[1] Labor für Spurenelemente und Knochenstoffwechsel, Abteilung für Nephrologie und Rheumatologie, Zentrum Innere Medizin, Georg-August-Universität, Robert-Koch-Straße 40, W-3400 Göttingen, BRD
[2] Nephrologisches Zentrum Niedersachsen, Vogelsang 105, W-3510 Hannoversch Münden, BRD
[3] Dialyseinstitut Bovenden, Steffensweg 99, W-3400 Göttingen, BRD

Einleitung

Osteocalcin (Bone-GLA-Protein), ein von Osteoblasten und Odontoblasten synthetisiertes Polypeptid mit einem Molekulargewicht von 5841 Dalton, ist ein sehr guter Marker für Osteoblastenaktivität und Knochenanbau [1, 2]. Die Elimination aus dem Serum erfolgt überwiegend renal; deshalb haben Patienten mit terminaler, dialysepflichtiger Niereninsuffizienz oft deutlich höhere Serumkonzentrationen als Gesunde [3]. Niereninsuffiziente Patienten akkumulieren außerdem Aluminium; dieses wird teilweise im Knochen eingelagert [4, 5]. Dort findet sich Aluminium dann bevorzugt in den Osteozyten und in der Mineralisationsfront, wo es zu einer Mineralisationshemmung des Osteoids führt [6].

Torres und Mitarbeiter zeigten, daß Osteocalcin bei primärem Hyperparathyreoidismus und bei Morbus Paget mit der alkalischen Phosphatase im Serum und mit der kretininbezogenen Hydroxiprolin-Ausscheidung korreliert, während bei Tumorhyperkalzämie und Osteoporose eine solche Korrelation nicht besteht [7].

Ziel unserer Untersuchungen war es zu klären, inwieweit eine Aluminiumüberladung neben einer Mineralisationshemmung auch zu einer Reduktion der Osteoblastenaktivität, repräsentiert durch niedrige Osteocalcin-Konzentrationen im Serum, führt.

Methoden

Nach Erstellung eines Normalkollektivs für Osteocalcin-Konzentrationen im Serum (n = 40, Alter 20–50 Jahre) wurden bei Patienten mit terminaler, dialysepflichtiger Niereninsuffizienz die Serumkonzentrationen von Kalzium und seinem ionisierten Anteil, Magnesium, anorganischem Phosphat, alkalischer Phosphatase, Parathormon und seinen Fragmenten, Aluminium und Osteocalcin untersucht.

Die Bestimmung des Osteocalcins erfolgte mit Kaninchenantiserum gegen humanes Osteocalcin in Doppel-Antikörper-Technik (RIA; Henning, Berlin), die des mittregionalen Parathormon-Fragments mit Schafantiserum gegen humanes 44-68-PTH in Doppel-Antikörper-Technik (RIA; Henning, Berlin), die des intakten 1-84-Parathormons mit polyklonalen Ziegenantikörpern gegen humanes 1-34- und 39-84-PTH (IRMA; Nichols Institute, San Juan Capistrano) sowie chemiluminometrisch mit Schafantikörpern gegen hu-

T. H. Ittel H.-G. Sieberth H. H. Matthiaß (Hrsg.)
Aktuelle Aspekte der Osteologie

Tabelle 1. Korrelations-Analysen von Osteocalcin mit anderen Parametern im Serum von Hämodialyse- und Hämofiltrations-Patienten. N = # Pat., R = Pearson Corr. Coeff., P = Prob > R

Parameter	N	R	P
1-84-PTH	45	0,73	0,001
1-68-PTH	113	0,65	0,001
44-68-PTH	111	0,69	0,001
Alkalische Phosphatase	96	0,54	0,001
Kalzium	114	0,38	0,001
Ionisiertes Kalzium	114	0,35	0,001
Magnesium	114	0,09	0,33
Anorganisches Phosphat	114	0,09	0,34
Aluminium	75	–0,56	0,001

Tabelle 2. Cluster-Analyse der Serum-Konzentrationen von Osteocalcin (*Oc*) und Aluminium (*Al*) bei terminal niereninsuffizienten Patienten (Term. NI)

	Al (ng/ml)	Oc (ng/ml)	Pat.
Normalwerte	< 10	8,15 ± 4,36	40
Term. NI	71,7 ± 61,5	90,5 ± 53,5	75
Cluster 1	31,7 ± 14,1	110,4 ± 48,3	48
Cluster 2	108,4 ± 20,2	77,2 ± 42,9	16
Cluster 3	192,6 ± 22,5	23,2 ± 16,5	11

manes 1-34-PTH und monoklonalen Mausantikörpern gegen humanes 44-68-PTH (Magic Lite; Ciba Corning, Fernwald-Annerod).

Aluminium wurde atomabsorptionsspektrometrisch mit der Graphitrohrtechnik und Zeeman-Untergrundkompensation (ZAAS 5000; Perkin Elmer, Überlingen), Magnesium mit demselben Gerät mittels Luft-/Acetylen-Flamme analysiert. Alle übrigen Parameter wurden mit Standard-Labormethoden bestimmt.

Ergebnisse und Diskussion

Die Osteocalcin-Konzentrationen im Serum niereninsuffizienter Patienten korrelieren gut mit 1-84-Parathormon, 1-68-PTH, 44-68-PTH, alkalischer Phosphatase, Kalzium und ionisiertem Kalzium. Die bei Niereninsuffizienz oft erhöhten Magnesium- und Phosphatwerte beeinflussen die Osteocalcin-Konzentrationen nicht signifikant (Tabelle 1).

Aluminium und Osteocalcin dagegen zeigen eine negative Korrelation. Eine lineare Cluster-Analyse dieser Daten grenzt eine Gruppe mit recht hohen Aluminium- und relativ niedrigen Osteocalcin-Konzentrationen ab (Tabelle 2). Alle 11 Patienten in Cluster 3 haben einen positiven Deferoxamin-Infusions-Test, modifiziert nach Milliner und Mitarbeitern [8]. Sieben von acht Beckenkammbiopsien in diesem Cluster 3 ergeben den Verdacht auf eine Aluminium-induzierte Osteopathie, so daß diese Konstellation der Serum-Parameter wohl als deutlicher Hinweis auf eine solche Osteopathie zu werten ist. Somit ist Osteocalcin auch bei renaler Osteopathie ein geeigneter Parameter zur Beurteilung der Osteoblastenaktivität und des Knochenanbaus.

Eine Aluminiumüberladung des Organismus führt nicht nur zu einer Mineralisationshemmung des Osteoids, sondern darüber hinaus auch zu einer Suppression der Osteoblastenaktivität und/oder zu einer Abnahme der Osteoblastenzahl. Niedrige Osteocalcin-Konzentrationen lassen einen Mineralisationsstopp nach einer eventuellen Parathyreoidektomie aufgrund eines sekundären Hyperparathyreoidismus befürchten. Vor einem solchen Eingriff ist dann eine weitere Abklärung des Knochenstatus mit Hilfe eines Deferoxamin-Infusions-Tests und einer Beckenkammbiopsie zu fordern.

Zusammenfassung

Osteocalcin ist der zur Zeit beste laborchemische Parameter zur Beurteilung des Knochenanbaus. Das Polypeptid aus 49 Aminosäuren wird von Osteoblasten und Odontoblasten synthetisiert, findet sich in mineralisiertem Knochen und kann im Serum radioimmunometrisch nachgewiesen werden. Da Osteocalcin vornehmlich renal aus dem Organismus eliminiert wird, haben Patienten mit terminaler, dialysepflichtiger Niereninsuffizienz im Vergleich zu Normalpersonen in der Regel deutlich erhöhte Osteocalcin-Serumspiegel.

Die Serum-Konzentrationen von Osteocalcin bei diesen Patienten korrelieren positiv mit den Konzentrationen des intakten, das heißt im Knochenstoffwechsel aktiven, Parathormons (Aminosäure-Sequenz 1-84) und seiner inaktiven mittregionalen (AS 44-68) Fragmente im Serum. Gut positive Korrelationen zeigen sich auch zwischen den Serumkonzentrationen von Osteocalcin und alkalischer Phosphatase, Osteocalcin und Kalzium, sowie Osteocalcin und ionisiertem, freiem Kalziumanteil. Magnesium und anorganisches Phosphat im Serum korrelieren nicht signifikant mit dem Serum-Osteocalcin.

Eine deutlich negative Korrelation zeigen Aluminium- und Osteocalcin-Konzentrationen bei terminaler Niereninsuffizienz, wobei eine Patientengruppe mit recht hohen Aluminiumwerten auffällt, bei welcher gleichzeitig sehr niedrige Osteocalcin-Konzentrationen vorliegen. Der bei dieser Gruppe durchgeführte Deferoxamin-Infusions-Test war jeweils positiv; das zeigt eine deutliche Aluminium-Überladung des Organismus an. Die bei acht Patienten aus dieser Gruppe ebenfalls veranlaßte Beckenkammbiopsie gibt in sieben Fällen einen eindeutigen Hinweis auf eine Aluminium-induzierte renale Osteopathie.

Literatur

1. Malluche HH, Faugere MC, Fanti P, Price PA (1984) Plasma levels of bone gla-protein reflect bone formation in patients on chronic maintenance dialysis. Kidney Int 26:869–874
2. Charhon SA, Delmas PD, Malaval L, Chavassieux PM, Arlot M, Chapuy MC, Meunier PJ (1986) Serum bone gla-protein in renal osteodystrophy: comparison with bone histomorphometry. J Clin Endocrinol Metab 63:892–897
3. Delmas PD, Wilson DM, Mann KG, Riggs BL (1983) Effect of renal function on plasma levels of bone gla-protein. J Clin Endocrinol Metab 57:1028–1030
4. Bommer J, Waldherr R, Wieser PH, Ritz E (1985) Kopräzipitation von Aluminium und Eisen bei Dialysepatienten – mögliche pathogenetische Bedeutung? Nieren- u. Nochdruckkrankh 14:104–107

5. Marumo F, Tsukamato Y, Iwanami S, Hishimoto T, Yamagami S (1984) Trace element concentrations in hair, fingernails and plasma of patients with chronic renal failure on hemodialysis and hemofiltration. Nephron 38:267–272
6. Schmidt PF, Zumkley H, Barckhaus R, Winterberg B (1985) Lokalisation von Aluminium in Knochenzellen von Patienten mit Dialyse-Osteomalazie. Nieren- u. Hochdruckkrankh 14:84–89
7. Torres R, de la Piedra C, Papado A (1989) Osteocalcin and bone remodelling in paget's disease of bone, primary hyperparathyroidism, hypercalcaemia of malignancy and involutional osteoporosis. Scand J Clin Lab Invest 49:279–285
8. Milliner DS, Nebeker HG, Ott SM, Andress DL, Sherrard DJ et al. (1984) Use of the deferoxamine infusion test in the diagnosis of aluminum-related osteodystrophy. Ann Int Med 101:775–780

Korrelation zwischen Kalziumkinetik und Knochenhistomorphometrie bei Patienten mit terminaler Niereninsuffizienz

P. Kurz[1], B. Bogner[2], P. Roth[3], E. Werner[3], M.C. Faugere[2], P, Grützmacher[1], H.H. Malluche[2]

[1] St. Markus Krankenhaus, Wilhelm-Epstein-Straße 2, W–6000 Frankfurt/M. 50, BRD
[2] Gesellschaft für Strahlen- und Umweltforschung, Paul-Ehrlich-Straße 20, W–6000 Frankfurt/M., BRD
[3] Department of Medicine, University of Kentucky, Lexington, KY 40536-0084, USA

Einleitung

Die urämische Osteopathie (UOP) ist kein einheitliches Krankheitsbild, sondern manifestiert sich in verschiedenen Formen. Diese sind auf Grund der Klinik und auch mit Hilfe laborchemischer Parameter alleine nicht zu differenzieren. Lediglich die Knochenhistologie erlaubt eine eindeutige Zuordnung zu „high" (HTO) und „low" (LTO) turnover Osteopathien mit ihren jeweiligen Untergruppen.

Hyperkalzämien bei einer HTO als Folge eines schweren sHPT werden klinisch häufig beobachtet und erklären sich aus dem Mißverhältnis zwischen Kalziumakkretionsrate und -freisetzung aus dem Knochen.

Die Zahl der LTO hat in den letzten Jahren zugenommen. Aluminiumintoxikationen erklären nur einen Teil dieser Zunahme. Eine effektive Therapie für diese Form der UOP gestaltet sich in mehrfacher Hinsicht schwierig [1]. Die Substitution von Kalzium und Vitamin D supprimiert den oft nur gering ausgeprägten sHPT. Gleichzeitig verstärkt sie die Tendenz zur Hyperkalzämie. Die Genese dieser Hyperkalzämien ist nicht vollständig geklärt.

Mit Hilfe tracerkinetischer Untersuchungen sollte die Kinetik des Kalziumstoffwechsels bei der urämischen Osteopathie untersucht und mit histologischen Befunden korreliert werden.

Patienten und Methodik

18 Patienten mit terminaler dialysepflichtiger Niereninsuffizienz und unterschiedlicher Ausprägung eines sHPT wurden untersucht (14 Frauen und 4 Männer mit einem Durchschnittsalter von 60,3 Jahren; Bereich: 32–72 Jahre). Die mittlere Dialysebehandlungszeit betrug 23,5 Monate (Bereich: 1–100 Monate). Alle Patienten wurden drei mal pro Woche hämodialysiert (mittlere Behandlungszeit: 14 Std/Woche). Die Kalziumkonzentration des Dialysates betrug 1,75 mmol/l. Keiner der Patienten erhielt eine Vitamin D Substitution in den letzten vier Wochen vor den kalziumkinetischen Untersuchungen. Eine Kalziumtherapie wurde vier Wochen vor der kalziumkinetischen Untersuchung abgesetzt.

Laborchemisch wurden folgende Parameter bestimmt: intaktes Parathormon (iPTH), 1,25-dihydroxivitamin D (DHCC), alkalische Phosphatase (AP), Serumkalzium (Ca).

T.H. Ittel H.-G. Sieberth H.H. Matthiaß (Hrsg.)
Aktuelle Aspekte der Osteologie

Bei der Kalziumkinetik wurden folgende Parameter bestimmt:

- intestinale Kalziumabsorption
- Kalziumefflux aus dem Plasma innerhalb der ersten 24 Stunden („Abströmgeschwindigkeit“)
- Kalziumretention am Knochen nach 28 Tagen.

Für diese Untersuchung erhielten die Patienten 45Ca oral und 47Ca intravenös [2]. Plasma- und Ganzkörpermessungen wurden am Tag 0 über vier Stunden und an den Tagen 1, 7, 14, 21 und 28 durchgeführt. Mit Hilfe eines modifizierten Vier-Kompartment Modells [3] wurden die kalziumkinetischen Parameter berechnet.

Bei allen Patienten wurde eine Knochenbiopsie nach Tetracyclinmarkierung vorgenommen. Eine 5 mm im Durchmesser messende und ca. 2 cm lange Biopsie wurde aus der Spina iliaca anterior superior entnommen. Die histomorphometrische Analyse erfolgte mit Hilfe des Zeiss Osteoplan Systems [4].

Ergebnisse

16 der 18 Pateinten hatten einen sHPT mit iPTH Werten von 6,4–100 pmol/l. Zwei Patienten hatten im Normbereich liegende iPTH Werte (2,8 und 3,4 pmol/l). Die PTH Werte zeigten eine positive Korrelation mit der Kalziumretention nach 28 Tagen (ein Parameter für die Kalziumakkretionsrate) und dem Plasmakalziumefflux. Die Serumkonzentration von DHCC war bei allen Patienten erniedrigt. 16/18 Patienten hatten ein normales Serumkalzium. Bei einem Patienten fand sich eine Hypo-, bei einem anderen eine Hyperkalzämie. Die AP war in 14 von 18 Patienten normal. Vier Patienten hatten erhöhte AP-Werte (Tabelle 1).

Die Knochenhistologie zeigte bei 7 Patienten eine LTO entweder in Form einer Osteomalazie oder einer adynamischen Osteopathie. Bei 6 Patienten fand sich das Bild einer gemischten urämischen Osteopathie (MUO), bei fünf Patienten herrschten HPT bedingte Veränderungen im Sinne einer HTO vor (Tabelle 2). Al-Ablagerungen an der Mineralisationsfront fanden sich in allen drei Untergruppen. Bei drei Patienten waren etwa 30% der trabekulären Oberfläche mit Al bedeckt, bei zwei Patienten 50% und bei je einem Patienten fanden sich Al-Ablagerungen an 60 bzw. 80% der trabekulären Oberfläche.

Tabelle 1. Korrelation kalziumkinetrischer und laborchemischer Parameter

Ca-Efflux	Ca mval/l	iPTH pmol/l	DHCC ng/l	AP U/l
Ca-Eff ↓	4,4 ± 0,24	23,4 ± 20,9	20,8 ± 6,5	146 ± 21
Ca-Eff =	4,7 ± 0,49	39,3 ± 29,7	22,7 ± 5,1	160 ± 59
Ca-Eff ↑	4,6 ± 0,44	97,8 ± 37,9	28,7 ± 8,4	483 ± 289
Normal	4,1 - 5,2	1,2 - 6,0	35 - 90	< 190

DHCC, 1,25(OH)2VitD.
AP, alk. Phosphatase.

Bei der Korrelation der kinetischen mit den histomorphometrischen Daten zeigte insbesondere der Kalziumefflux eine hochsignifikante Korrelation mit den Zeichen des Knochenumsatzes (Zahl der Osteoblasten und Osteoklasten, Osteoiddicke, Mineralisationsrate). Tabelle 2 zeigt die Übereinstimmung zwischen histologischer und kalziumkinetischer Einteilung. Von den sieben Patienten mit einer adynamischen Knochenerkrankung hatten fünf subnormale Werte für den Kalziumefflux. Die mittlere iPTH Konzentration für diese Untergruppe betrug 23,4 pmol/l. Patienten mit normalen Werten für den Kalziumefflux (n = 7) zeigten in der Regel eine MUO. Der mittlere iPTH Spiegel lag bei 41,7 pmol/l. Bei zwei Patienten mit einem normalen Effluxwert fand sich eine adynamische Knochenerkrankung. Die Werte für den Kalziumefflux lagen im untersten Normbereich. Beide Patienten zeigten einen nur schwach ausgeprägten sHPT (iPTH jeweils 6,4 pmol/l).

Die Patientengruppe mit einem erhöhten Kalziumefflux hatte in der Regel einen schweren sHPT (Mittel: 95 pmol/l). 4/6 Patienten zeigten die typischen Zeichen des sHPT und eine HTO. 2 Patienten hatten zusätzlich eine Mineralisationsstörung. Bei ihnen fand sich eine Al-Ablagerung an 30 bzw. 80% der trabekulären Oberfläche.

Diskussion

Die Befunde zeigen, daß insbesondere der Plasmakalziumefflux mit dem histomorphometrisch bestimmten Knochenumsatz korreliert. Patienten mit einer LTO haben einen erniedrigten, Patienten mit einer HTO einen erhöhten Kalziumefflux. Dazwischen liegen die Werte von Patienten mit einer MUO und einem normalen Kalziumefflux. Kein Laborparameter erlaubte eine Unterscheidung der verschiedenen Osteopathieformen. Zwar fanden sich für die verschiedenen Gruppen deutlich unterschiedliche PTH Werte, doch für den Einzelfall erlaubte der PTH Spiegel keine eindeutige Zuordnung. Lediglich die Kombination eines stark erhöhten iPTH Wertes und einer erhöhten AP charakterisierte die Gruppe mit einer HTO.

Bei Patienten mit deutlich erhöhten PTH Werten und normalen bzw. leicht erhöhten Werten für den Kalziumefflux fanden sich bei 4 von 6 Patienten eine Al-Ablagerung an der Mineralisationsfront. Trotzdem war der Knochenumsatz bei ihnen noch normal oder sogar leicht gesteigert. Dagegen waren normale oder nur leicht erhöhte PTH Werte mit einer adynamischen Osteopathie und einem erniedrigten Kalziumefflux korreliert.

Tabelle 2. Ca-Efflux (Ca-Eff) in Dialysepatienten mit verschiedenen Formen der urämischen Osteopathie

	LTO	MUO	HTO
Ca-Eff ↓	5	0	0
Ca-Eff =	2[a]	5	0
Ca-Eff ↑	0	1[b]	5

↓, erniedrigt; =, normal; ↑, erhöht.
[a] iPTH jeweils 6,4 pmol/l.
[a] Al (80%).

Diese Daten zeigen zum einen, daß Al-Ablagerungen auch bei mittelschweren und schweren HPT-Formen vorkommen [5], daß jedoch ein ausgeprägter HPT die hemmenden Effekte des Aluminiums auf den Knochenumsatz teilweise kompensieren kann. Desweiteren sind normale oder nur leicht erhöhte PTH Werte bei HD Patienten häufig mit einer adynamischen Knochenerkrankung assoziiert. Die typische Befundkonstellation der LTO (erniedrigter Kalziumefflux aus dem Plasma, reduzierter Knochenumsatz bei nur leichter Ausprägung des sHPT) erklärt die Neigung zur Hyperkalzämie bei dieser Form der UOP. Daher sollten die therapeutischen Bemühungen nicht nur auf die Kontrolle der HTO gerichtet sein, sondern ebenso auf die Vermeidung einer LTO.

Zusammenfassung

Wir untersuchten 18 Hämodialysepatienten mit einem sekundären Hyperparathyreoidismus (sHPT) mittels laborchemischer, histomorphometrischer und kalziumkinetischer Methoden. Eine Zuordnung zu den verschiedenen Formen der urämischen Osteopathie war mit klinischen und laborchemischen Methoden nicht möglich. Eine positive Korrelation zwischen histomorphometrischen Befunden und kalziumkinetischen Parametern fand sich dagegen für den Plasmakalziumefflux und histologischen Zeichen des Knochenumsatzes. Low turnover Osteopathien waren in der Regel mit einem erniedrigten Plasmakalziumefflux assoziiert. Verminderte Kalziumakkretion bei gleichzeitig verringertem Kalziumefflux aus dem Plasma erklärt die Neigung zur Hyperkalzämie bei der adynamischen Form der urämischen Osteopathie.

Literatur

1. Hodsman AB, Sherrard DJ, Wong EGC et l. (1981) Vitamin-D-resistant osteomalacia in hemodialysis patients lacking secondary hyperparathyroidism. Ann Intern Med 94:629–637
2. Werner E, Roth P, Malluche HH (1982) Anwendung des Ganzkörperzählers bei Untersuchungen zum Kalziumstoffwechsel. In: Bunde E (Hrsg) Medizinische Physik. Huethig, Heidelberg, S 465–473
3. Reeve J, Hesp R, Wootton R (1976) A new tracer method for the calculation of rates of bone formation and breakdown in osteoporosis and other generalised skeletal disorders. Calcif Tissue Res 22:191–206
4. Malluche HH, Faugere MC (1986) Atlas of mineralized bone histology. Karger, Basel New York
5. Charhon SA, Chavassieux PM, Chapuy MC et al. (1986) High bone turnover associated with an aluminum-induced impairment of bone mineralization. Bone 7:319–324

Histomorphometrische Betrachtungen zur Aluminium(Al)-positiven renalen Osteopathie

G. Lehmann, K. Abendroth, M. Gassel, G. Heinisch, I. Schütz, B. Abendroth

Klinik für Innere Medizin, Friedrich-Schiller-Universität Jena, Erlanger Allee 101, O–6902 Jena Lobeda, BRD

Einleitung

Es besteht seit langem ein Streit um die Eigenständigkeit einer aluminiuminduzierten Osteoidose als Sonderform der renalen Osteopathie. In der aktuellen Literatur dominiert die Meinung, daß Al in allen Formen bzw. Typen der renalen Osteopathie nachzuweisen ist [2, 3, 5], daß es aber bei hoher Al-Konzentration zu Veränderungen der Turnover-Aktivität und der Mineralisation des Knochens kommen kann.

Unser Bioptatmaterial der letzten 10 Jahre wird zu dieser Problematik aufgearbeitet, wobei unsere früheren Beobachtungen zum Einfluß bzw. zur möglichen Bedeutung der Makrophagen auf die Al-Deposition an dem nun deutlich größeren Material zu überprüfen ist.

Material und Methoden

Aus etwa 1000 Knochenbioptaten von Patienten mit einer renalen Erkrankung und der Fragestellung nach einer renalen Osteopathie wurden die Befunde von 101 Bioptaten ausgewählt, die in der Aluminium-Färbung den histomorphometrischen Hinweis auf eine Aluminiumablagerung im Knochenmark und/oder im Knochen zeigten. Es gelangten dabei fast ausschließlich Bioptate, gewonnen mit der Burkhardtfräse vom vorderen Becken, zur Untersuchung. Fixierung und Einbettung erfolgte nach den Angaben von Delling, Schnitt-Technik und histochemische Färbungen (zur Differenzierung von Osteoid und Knochen sowie zur Identifikation der Zellen) nach Angaben von Burkhardt. Der histochemische Aluminiumnachweis erfolgte nach Maloney et al. [6] bzw. nach Dunstan et al. [4].

Die Analyse der statischen histomorphometrischen Parameter des Knochens wurde mit dem Zählnetz nach Merz und den Berechnungsgrundlagen von Delling durchgeführt. Alle errechneten Meßwerte wurden nach den Angaben von Delling altersnormiert. Die so erhaltenen Abweichungen von der individuellen Altersnorm (als Wert = 1,0) bilden die Grundlage aller vorgelegten Aussagen. Die Zuordnung zu der ursprünglich von Delling getroffenen Typisierung der renalen Osteopathie erfolgt in den von uns 1990 vorgeschlagenen Grenzen:

T. H. Ittel H.-G. Sieberth H. H. Matthiaß (Hrsg.)
Aktuelle Aspekte der Osteologie

Typ I:	Abbauoberfläche (TRS) $> 3,0$ und
	Osteoidoberfläche (ROS) $\leq 3,0$
Typ II:	Abbauoberfläche (TRS) $< 3,0$,
	Osteoidoberfläche (ROS) und Osteoidvolumen (ROV) $> 3,0$
Typ III:	Abbau- (TRS) und Osteoid-Oberfläche (ROS) $> 2,0$
Low turnover:	Osteoblasten- (AOS) und
	Osteoklastenoberfläche (ROS) $\leq 0,8$
	Osteopenie – Gesamtknochenvolumen (TBV) $\leq 0,8$

Die Quantifizierung der Al-Deposition an der Mineralisationsfront erfolgte nach den üblichen histomorphometrischen Methoden der Endostoberflächenmessung im Trefferverfahren mit dem Zählwert nach Merz.

Ergebnisse

Die 101 Bioptate zeigten in 48 Fällen nur einen Al-Nachweis in Makrophagen, in 30 Fällen waren neben den Makrophagen auch Al-Ablagerungen an der Mineralisationsfront nachweisbar und in 23 Fällen war nur dort Al gebunden worden.

Die Differenzierung der histomorphometrischen Befunde in diesen 3 Gruppen (Abb. 1) zeigt, daß erst die Al-Ablagerung an der Mineralisationsfront zur excessiven Volumenosteoidose führt und daß die zellulären Parameter deutlich rückläufig sind im Vergleich zur alleinigen Makrophagendeposition von Al.

Fast keine Unterschiede bestehen in der Ausprägung der Oberflächenosteoidose. Die Abb. 2 verdeutlicht den Einfluß des Umfanges der Al-Ablagerung. Bleibt der Al-markierte Anteil der Mineralisationsfront unter 11%, so entspricht das histomorphometrische Profil einer leichten renalen Osteopathie vom Typ IIb mit mäßiger Osteoidose und mäßiger

Abb. 1. Al an der Mineralisationsfront differenziert in % Grenzflächenanteil

Steigerung der zellulären Aktivität. Steigt der Al-markierte Anteil der Mineralisationsfront aber weiter, entwickelt sich die excessive Volumenosteoidose, die aber erst ab einem Al-markierten Grenzflächenanteil von etwa 75% mit einer deutlichen Reduktion der zellulären Aktivität gekoppelt erscheint. Entsprechend unserer morphometrischen Definition verteilt sich der positive Al-Nachweis über alle 4 Typen, wobei durch die Differenzierung der Lokalisation der Al-Ablagerung in Makrophagen und an der Mineralisationsfront für die reine Knochenbindung des Al die relative Dominanz des Types II mit 50% sehr deutlich wird. Bemerkenswert aber bleibt auch, daß bei einer Makrophagenbindung des Al der zelluläre low turnover fast doppelt so häufig ist wie bei der reinen Knochenbindung des Al.

Diskussion

Etwa die Hälfte der hier zur Analyse eingesetzten Daten stammen von Bioptaten, in denen lediglich in Makrophagen Al nachzuweisen war. Dieser Nachweis wird von vielen Autoren angezweifelt oder abgelehnt, da hier mit der Aluminiumfärbung die Interferenz mit Eisen immer zu bedenken ist. Es sind also Zweifel angebracht, ob diese Gruppe mit Sicherheit der Al-positiven renalen Osteopathie zugeordnet werden soll. Ihr histomorphometrisches Muster entspricht aber dem der dekompensierten Niereninsuffizienz bzw. dem der Dialysepatienten, so daß aus dieser Sicht die Gruppe der renalen Osteopathie mit Al-positiven Makrophagen von der mit Al-negativen Makrophagen mit Sicherheit nicht abgrenzbar ist. Die Rolle der Makrophagen bei der Ausprägung einer Al-typischen renalen Osteopathie wird aber auch noch durch die Unterteilung in die Gruppen der Al-positiven Mineralisationsfront mit und ohne Al-positive Makrophagen unterstrichen (Abb. 1). Es wird deutlich, daß durch das Fehlen der Al positiven Makrophagen zwar die Osteoidose etwas geringer ausfällt, aber die zelluläre Aktivität weiter abnimmt. Entgegen unserer früheren Befunde an einer sehr kleinen Gruppe [1] bieten sich jetzt eher toxische Al-Wirkungen sowohl auf die

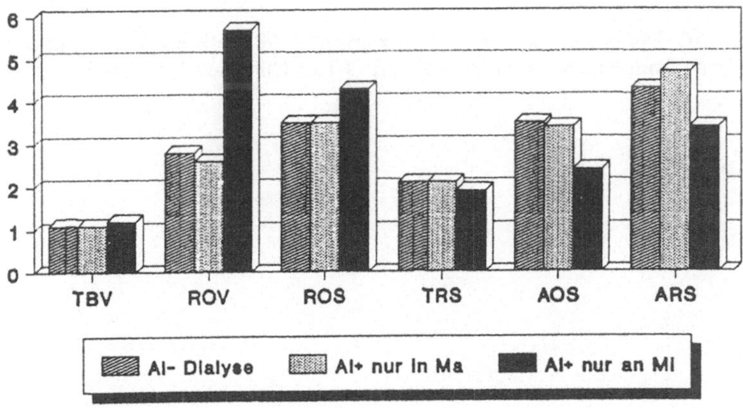

Abb. 2. Vergleich Al+ und Al– bei renaler Osteopathie. *Ma*, Makrophagen; *Mi*, Mineralisationsfront

Knochenzellen als auch auf die Nebenschilddrüse (Verminderungen der Abbauoberfläche – TRS) zur Diskussion an.

Diese Tendenz zur Bremsung der zellulären Aktivität wird unterstrichen, wenn beide Al-Lokalisationen differenziert werden nach der Ausdehnung der Osteoidoberfläche über 300% der Altersnorm. Die Al-Ablagerung im Knochen reduziert die mit Blasten und Klasten besetzte Oberfläche um etwa 50%.

Zusammenfassung

1. Typische histomorphometrische Merkmale der Al-positiven renalen Osteopathie sind in unserer Analyse doch die z.T. excessiven Steigerungen des Volumen- und Oberflächenanteils an Osteoid, im Durchschnitt und das 4- bis 6fache der Altersnorm, bei Reduktion der zellulären Aktivität, ohne daß im Gruppenmittel der low turnover erreicht wird. Die Ausprägung dieser Tendenzen ist abhängig von der Ausdehnung der Al-Ablagerung an der Mineralisationsfront.
2. Alle 4 Typen der renalen Osteopathie können eine positive Al-Reaktion zeigen, ohne daß wesentliche Änderungen im histomorphometrischen Muster dieser Typen aufzudecken sind.

Literatur

1. Abendroth K, Schütz I (1987) Die Aluminiumosteoidose bei der renalen Osteopathie – histomorphometrische Analysen und pathogenetische Überlegungen. Dtsch Gesundheitswesen 42:427–430
2. Dahl E, Nordahl KP, Halse J, Flatmark A (1990) The early effects of aluminium deposition and dialysis on bone in chronic renale failure. Nephrol Dial Transplant 5:449–456
3. Delling G (1975) Endokrine Osteopathien. Fischer, Stuttgart
4. Dunstan CR, Evabs RA, Hills E, Wong SY, Alfrey AC (1984) Effect of aluminium and parathyroid hormone on osteoblasts and bone mineralisation in chronic renal failure. Calcif Tissue Int 36:133–138
5. Malluche H, Faugere M-C (1990) Renal bone disease 1990: an unmet challenge for the nephrologist. Kidney Int 38:193–211
6. Maloney NA, Alfrey AC, Miller NL, Coburn JW, Sherrard DJ (1982) Histologic quantitation of aluminium in iliac bone from patients with renal failure. J Lab Clin Med 199:206–216

Konkordante Aluminiumablagerung an differenten Knochenkompartimenten

H.C. Schober[1], M.S. Shih[2], A.M. Parfitt[2]

[1] Abteilung für Endokrinologie und Stoffwechselkrankheiten, Klinik für Innere Medizin, Universität Rostock, Ernst-Heydemann-Straße 6, O-2500 Rostock, BRD
[2] Bone and Mineral Research Laboratory, Henry Ford Hospital, E and R Bldg 7th floor, West Grand Blvd, Detroit, MI, USA

Einleitung

Im Rahmen der renalen Osteopathie (RO) trägt die Al-Ablagerung an der Mineralisationsfront zur Entwicklung einer Osteomalazie bei [1–3]. Tierexperimentelle Untersuchungen bei Ratten zeigten unter Al-Applikation im kortikalen Knochen eine Minderung des Anbaus, bei gesteigerter Resorption [1]. Histochemische und Untersuchungen bei Dialysepatienten ergaben eine Al-Ablagerung im kortikalen Bereich [2]. Dabei fanden sich keine Beziehungen zu den Störungen des Knochenumbaus.

Die diskordanten experimentellen und klinischen Befunde, sowie die Frage nach der metabolischen Relevanz der Al-Ablagerung an differenten Oberflächen waren Anlaß zu folgender Untersuchung. Bei Langzeitdialysepatienten wurde die Al-Ablagerung in den verschiedenen Knochenkompartimenten (trabekulär, endokortikal und kortikal) und deren Einfluß auf die Umbauparameter untersucht.

Material und Methode

21 Patienten: $52,7 \pm 12,7$ J. 29–77 J.; 10 Frauen, 11 Männer unter chronischer Hämodialysetherapie seit $5,23 \pm 2,99$ J. (1–15 J.) wurden untersucht. Einschlußkriterium war eine vollständige (beide Kortices erhalten) transilikale Biopsie und der Nachweis von Aluminium. Die Biopsie erfolgte nach Tetrazyklinmarkierung. Zur statischen Histomorphometrie wurden die Schnitte mit Toluidinblau, zum Al-Nachweis mit Aluminon gefärbt [3]. Die Parameter der Histomorphometrie werden in Prozent angegeben oder als direkt gemessene Größen (nicht korrigiert für die verschiedene Schrägheit der Biopsie) in Anlehnung an die ASBMR Nomenklatur. Angegeben werden als vergleichbare Parameter: Anbauhöhe (Wallthickness W.Th in μm), Osteoiddicke (O.Th in μm), Osteoidoberfläche (OS/BS, Prozent der Gesamtknochenoberfläche), Resorptionsoberfläche (ES/BS, Prozent der Gesamtknochenoberfläche), osteoblastenbedeckte Oberfläche (Ob.S/BS, Prozent der Gesamtknochenoberfläche), mineralisierende Oberfläche (MS/BS, Prozent der Gesamtknochenfläche). Zur Ermittlung der mineralization lag time (Mlt) wurde die angegebene Formel (O.Th/Aj AR) eingesetzt. In die Al-Messungen wurden nur klare, scharf abgrenzbare rote Banden einbezogen, die Angaben beziehen sich auf Al/BS (Aluminium, Prozent der Knochenoberfläche) und Al/OBI (Aluminium, Prozent Osteoidknochengrenze – osteoid bone interface – OBI).

T.H. Ittel H.-G. Sieberth H.H. Matthiaß (Hrsg.)
Aktuelle Aspekte der Osteologie

Als endokortikale Übergangsfläche wurde die innere Begrenzung der Kortikalis (zum Markraum) angesehen. Einbezogen wurde ein Teil der Trabekelursprünge aus der Kortikalis 1/2–1mal die Breite der Basis in die Höhe. Die statistische Auswertung erfolgte mit dem U-Test nach Mann und Whitney, mittels linearer Regressionsanalyse wurden Korrelationen bestimmt.

Ergebnisse

Histomorphometrisch lagen bei den Patienten in zwei Fällen eine praedominante Ostitis fibrosa (tunnelierende Fibroosteoklasie, Endostfibrose; Mtl < 100 Tage), einmal ein low bone turnover (normale Oberflächenparameter Mlt < 100 Tage) und 18mal eine Osteomalazie vor.

Tabelle 1. Vergleich ausgewählter histomorphometrischer Parameter zwischen den drei Kompartimenten (trabekulär, endokortikal und kortikal)

	Trabekulär	Endokortikal	Kortikal
W.Th	48,68 ± 6,05[a]	63,21 ± 18,92[a]	58,09 ± 11,84[a]
	48,00	60,00	62,35
O.Th	23,29 ± 11,28	22,21 ± 9,84	19,13 ± 7,78
	24,10	22,25	19,00
OS/BS %	75,45 ± 22,62[b]	73,98 ± 13,25[b]	54,51 ± 23,57[b]
	87,40	72,70	56,24
ES/BS %	8,05 ± 5,36	13,82 ± 14,00	11,41 ± 5,92
	6,93	9,34	13,70
Ob.S/BS %	4,26 ± 7,48	6,77 ± 8,84	5,19 ± 2,77
	0,26	1,92	2,77
MS/BS %	2,53 ± 3,93	6,84 ± 8,69	4,89 ± 6,29
	0,00	3,30	3,67

[a] $p < 0,001$.
[b] $p < 0,01$.

Tabelle 2. Prozentuale Aluminiumablagerung an der Knochenoberfläche und der Osteoidknochengrenze (trabekulär, endokortikal und kortikal)

	Trabekulär	Endokortikal	Kortikal
Al/BS	23,11 ± 19,72	23,17 ± 17,99	16,48 ± 16,10
(%)	(1)	(2)	(3)
Al/OBI	32,73 ± 26,60	34,83 ± 27,70	30,29 ± 29,03
(%)	(4)	(5)	(6)

N.S.: *1–2,* $p < 0,003$: 1–3; $p < 0,05$: 5–6.
4–5, $p < 0,001$: 2–3; 1–4; 2–5; 3–6.
4–6.

Tabelle 3. Korrelationen der Al-Ablagerung pro Knochenoberfläche zur Osteoidknochengrenze

		Al/OBI trab	Al/OBI endo	Al/OBI kort
Al/BS trab	n = 21	r = 0,84[a]		
Al/BS endo	n = 21		r = 0,92[a]	
Al/BS kort	n = 17			r = 0,96[a]

[a] $p < 0,001$.

Tabelle 4. Beziehung der Al-Ablagerung zwischen den drei Kompartimenten

	Al/BS endo	p	Al/BS kort	p
Al/BS trab:	r = 0,88	< 0,001	r = 0,90	< 0,001
Al/BS endo:			r = 0,90	< 0,001

Als Kriterien der Zuordnung zur Osteomalazie galten: OV/BV > 10%; O.Th. 15 μm; Mlt > 100 Tage (15). Lediglich bei 7 der 21 Patienten war die Mlt sowohl trabekulär als auch kortikal bestimmbar (endokortikal dreimal).

Vergleichbare histomorphometrische Parameter aller drei Kompartimente sind in Tabelle 1 dargestellt. Signifikante Unterschiede liegen vor für die Anbauhöhe trabekulär und kortikal sowie trabekulär und endokortikal. Die Osteoidoberflächen trabekulär und endokortikal waren signifikant größer als kortikal. Bei den Osteoiddicken bestanden keine Unterschiede, diese waren signifikant korreliert. O.Th trab zu endo: $r=0,97$; $p < 0,001$; O.Th trab zu kort: $r=0,59$; $p < 0,05$; O.Th endo zu kort: $r=0,56$ n.s.). Aus der Tabelle 2 ist die Al-Ablagerung an den verschiedenen Kompartimenten zu entnehmen. Kortikal war signifikant weniger Al nachweisbar als trabekulär und endokortikal. Im Vergleich der Ablagerungen an der Osteoid-Knochen-Grenze (Al/OBI) traf dies nicht mehr zu. An der ruhenden Knochenoberfläche wurde Al nur bei massivster Al-Beladung nachweisbar:

Al/QS (%) trab: 3 Fälle 0,63 ± 0,09
Al/QA (%) endo: 1 Fall 3,74
Al/QS (%) kort: 2 Fälle 1,29; 2,80

Für die Al-Ablagerung pro Knochenoberfläche und Osteoidoberfläche bestanden innerhalb eines Kompartimentes signifikante Korrelationen (Tabelle 3).

Zwischen den Kompartimenten lagen signifikante Korrelationen für die Al-Ablagerung vor (Tabelle 4).

In allen 3 Kompartimenten fand sich eine signifikante inversive Beziehung zur osteoblastenbedeckten Oberfläche (Tabelle 5) jedoch eine positive zur Osteoiddicke (Tabelle 6).

Diskussion

In allen drei untersuchten Kompartimenten kam es zu einer Al-Ablagerung an den Knochen- und Grenzflächen.

Tabelle 5. Wechselwirkung zwischen Al-Beladung und osteoblastenbedeckter Osteoidoberfläche

	Ob.S/BS trab	Ob.S/BS endo	Ob.S/BS kort
Al/BS trab:	r = –0,49[a]		
Al/BS endo:		r = –0,67[a]	
Al/BS kort:			–0,57[a]

[a] $p < 0{,}05$.

Tabelle 6. Korrelationen zwischen der Aluminium-Beladung und der Osteoiddicke

	O.Th trab	O.Th end	O.Th kort
Al/BS trab	r = 0,60[a]		
Al/BS end		r = 0,46	
Al/BS kort			r = 0,76[b]

[a] $p < 0{,}01$.
[b] $p < 0{,}001$.

Die signifikant niedrigere Al-Darstellung kortikal erscheint durch die signifikant geringere Ausdehnung der Osteoidoberfläche ausreichend erklärbar. Das Ausmaß der Al-Beladung zwischen den Anteilen ist streng korreliert, in allen drei Bereichen fand sich die gleiche Knochenstoffwechselstörung, eine Osteomalazie. Es bestanden keine Unterschiede für die Osteoiddicke, ein Unterschied in der Mineralisationsminderung zwischen trabekulärem, endokortikalem und kortikalem Knochen lag somit nicht vor. Trabekulär und kortikal war eine signifikant inverse Beziehung zu der osteoblastenbedeckten Oberfläche zu finden. Der toxische, Osteoblasten supprimierende Effekt des Aluminiums existierte in den verschiedenen Anteilen ohne Einschränkung. Auch kortikal und endokortikal führte das histochemisch nachweisbare Aluminium zu einer Beeinträchtigung der Osteoblasten und einer Mineralisationsstörung, wie es für den trabekulären Knochen beschrieben wurde.

Literatur

1. Goodman WG (1985) The differential response of cortical and trabecular bone to aluminum administration in the rat. Proc Soc Exp Biol Med 179:509–516
2. Levebvre A, Horlait S, Chappuis P, Moynot A, Masselot JP, Gueris J, DeVernejoul MC (1988) Cortical v trabecular bone aluminum in dialyzed patients. Am J Kidney Dis XII:220–226
3. Maloney NA, Ott SM, Alfrey AC, Coburn JW, Sherrard DJ (1982) Histological quantitation of aluminum in iliac bone from patients with renal failure. J Lab Clin Med 99:206–216

Analysen zur Ätiopathogenese und Reversibilität epidemisch gehäufter Aluminiumosteopathien in der ehemaligen DDR

H. Achenbach, B. Strauß, G. Würzberger

Klinik für Innere Medizin, Universität Leipzig, Johannisallee 32, O-7010 Leipzig, BRD

Ausgeprägte Anämien, muskuläre Schwächezustände, quälende diffuse Knochenschmerzen, progrediente Frakturneigung und die vermehrte Inzidenz schwerer zerebraler Störungen standen im Zeitraum 1975 bis 1983 in den Dialysezentren der DDR bei nahezu 60% aller dialysierten Patienten im Vordergrund klinischer Probleme nach 3- bis 4jähriger Behandlungsdauer. Erhebliche Minderungen der Lebensqualität resultierten insbesondere aus der Dominanz schwerer Knochenstoffwechselstörungen, der damit einhergehenden generalisierten statischen Insuffizienz des Skelettsystems bis hin zu permanenter Immobilisation und Pflegebedürftigkeit der betroffenen Patienten.

Material und Methoden

Untersucht wurden 192 Patienten (118 Männer, 74 Frauen) aus insgesamt 16 Zentren der DDR mit einem Lebensalter von $35,28 \pm 13,89$ Jahren und einer Dialysedauer von $40,54 \pm 31,03$ Monaten. Aufgrund einheitlicher materiell-technischer Ausstattung aller Zentren und verbindlicher zentraler Vorgaben bei der Dialysatherstellung bestanden weitgehend idente Behandlungsbedingungen in den verschiedenen Dialyseeinrichtungen. Als Standarddialysegerät war in den Jahren 1975 bis 1983 die „Künstliche Niere Aue 302" (KNA 302) verfügbar, in der das zentral produzierte Dialysat im semi-single-pass Prinzip mit einem rezirkulierenden Volumen von 7,0 l durch den Dialysator geleitet wurde. Im Jahre 1983 löste das Einzeldialysegerät KN RFT 401 diese Technik ab. Neben regelmäßigen Bestimmungen und fortlaufenden Trendanalysen der knochenstoffwechselrelevanten Serumparameter Kalzium, anorganisches Phosphat und alkalische Phosphatase, konnten ab 1981 zusätzliche Messungen der Al-Konzentrationen und der mitt-C-regionalen PTH-Fragmente realisiert werden. Zur nichtinvasiven semiquantitativen Beurteilung sich ändernder Knochenumbauaktivitäten diente eine szintigraphische ROI-Methode am Schädelskelett. Dieser „szintigraphische Schädelindex B/K" wurde gebildet aus dem Quotienten der Impulsraten eines ROI im Bereich der Schädelbasis (Bezugspunkt) und dem Mittelwert von 3 gleichgroßen ROI in der Kalottenregion (Abb. 1).

Histologische Knochengewebsanalysen erfolgten bei 40 Patienten. Die unentkalkten Präparate wurden nach Masson-Goldner, nach Kossa, sowie mit dem Aluminon-Reagenz gefärbt und nach morphometrischen Kriterien beurteilt.

T. H. Ittel H.-G. Sieberth H. H. Matthiaß (Hrsg.)
Aktuelle Aspekte der Osteologie

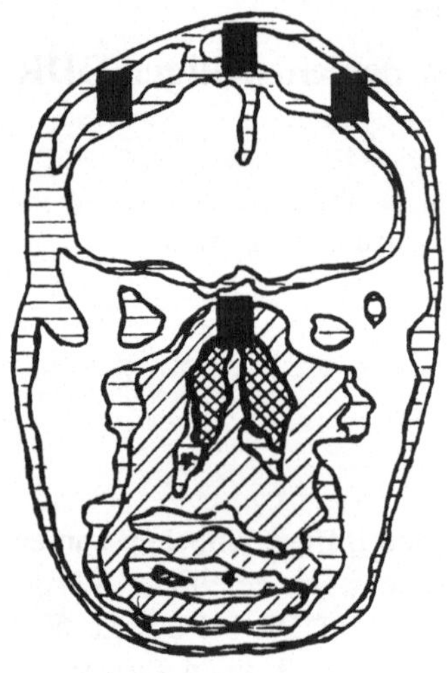

Abb. 1. Schematische Darstellung der ROI-Positionen zur Ermittlung des „szintigraphischen Schädelindex B/K"

Ergebnisse

Während die Al-Konzentrationen im Reinwasser durch Einsatz von Ionenfiltern bzw. Reversosmoseanlagen in den Bereich der Nachweisgrenze der Al-Bestimmungsmethode sanken, fanden sich im Dialysat der KNA 302 durchschnittliche Al-Beimengungen von $5,78 \pm 2,9\ \mu$mol/l. Durch regelmäßige Desinfektion der Geräte mit Peressigsäure stiegen die Dialysat-Al-Mengen sogar auf $10,26 \pm 2,1\ \mu$mol/l. Ursache der teilweise extremen Al-Kontaminationen war die Verwendung einer Rezirkulationspumpe als Aluminiumspritzguß. Im Gefolge der diffusiblen Al-Inkorporationen fanden sich Prädialysekonzentrationen des Serum-Al um 11,0 bzw. 23,5 μmol/l, die im Verlauf einer Dialysesitzung auf Werte um 15,0 bzw. 29,7 μmol/l anstiegen. Keine Al-Freisetzung konnte dagegen bei Einsatz des Dialysegerätes KN RFT 401 gesichert werden (Al-Gehalt im Dialysat $0,63 \pm 0,38\ \mu$mol/l) (Abb. 2).

Die Inzidenzzeitpunkte klinisch relevanter Komplikationen und die Progression Al-assoziierter Intoxikationszeichen korrelierten signifikant mit der Quantität des diffusiblen Al-Transfers im Dialysator. Unter den Bedingungen anhaltender Al-Exposition von $5,78\ \mu$mol/l im Dialysat fand sich eine charakteristische zeitliche Sequenz des Auftretens von Knochenschmerzen ($28,47 \pm 13,6$ Mon.), Rippenfrakturen ($35,9 \pm 13,6$ Mon.), generalisierter Frakturneigung statisch beanspruchter Knochenregionen ($46,06 \pm 17,2$ Mon.), sowie zerebraler Komplikationen ($46,21 \pm 13,2$ Mon.) (Abb. 3). Demgegenüber induzierten extreme Dialysat-Al-Verunreinigungen um 10,87 μmol/l diffuse Knochenschmerzen bereits nach einer Expositionszeit von $17,5 \pm 11,7$ Monaten. Das klininische Bild der typischen Al-Enzephalopathie manifestierte sich vielfach schon vor Ausbildung von Frakturen ($22,8 \pm 13,7$ Mon. versus $23,37 \pm 10,18$ Mon.; n.s.). Bei vergleichbarer Al-Exposition (Dialysat-Al-Gehalt $5,78\ \mu$mol/l) wurden die deutlichen individuellen Differenzen der Inzidenzzeitpunkte klinischer Komplikationen entscheidend durch den jeweiligen Aktivitätsgrad des Knochenturnover determiniert. Patienten mit klinisch, paraklinisch und laborchemisch ausgeprägten HPT-Befunden zeigten eine prolongierte „Resistenz" des

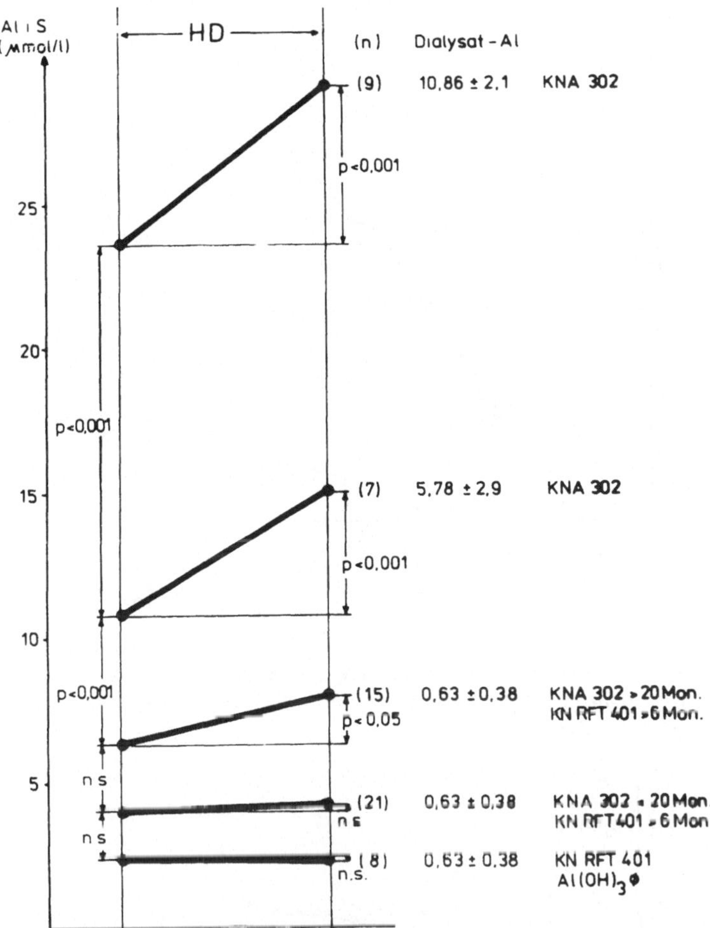

Abb. 2. Serum-Al-Verhalten vor und nach der Dialysesitzung in Abhängigkeit vom Al-Gehalt des Dialysates bzw. einer längeren vorangegangenen Behandlung an der KNA 302

Knochengewebes bezüglich Manifestation toxischer Interaktionen der Al-Akkumulation. Umgekehrt führte die Al-Belastung bei low turnover Situationen zu frühzeitigen, ausgeprägteren ossären Komplikationen. Der im Verlauf anhaltender diffusibler Al-Belastung nachweisbare signifikante Trend zu spontanen Hyperkalzämien bei gleichzeitig normalen Befunden des anorganischen Phosphates und der alkalischen Phosphatase reflektierte die Al-induzierte zunehmende Suppression des Knochenstoffwechselgeschehens mit entsprechender Reduktion der Kalziumpufferkapazität (Abb. 4).

Die aktuelle Umbauaktivität des Skelettsystems einschließlich ihrer langfristigen nichtinvasiven Verlaufsbeurteilung im Änderungsverhalten konnte mit guter klinischer Sensitivität durch szintigraphische Analysen erfaßt werden. Die Ergebnisse des „szintigraphischen Schädelindex“ korrelierten sowohl mit der histologisch determinierten zellulären Knochen-

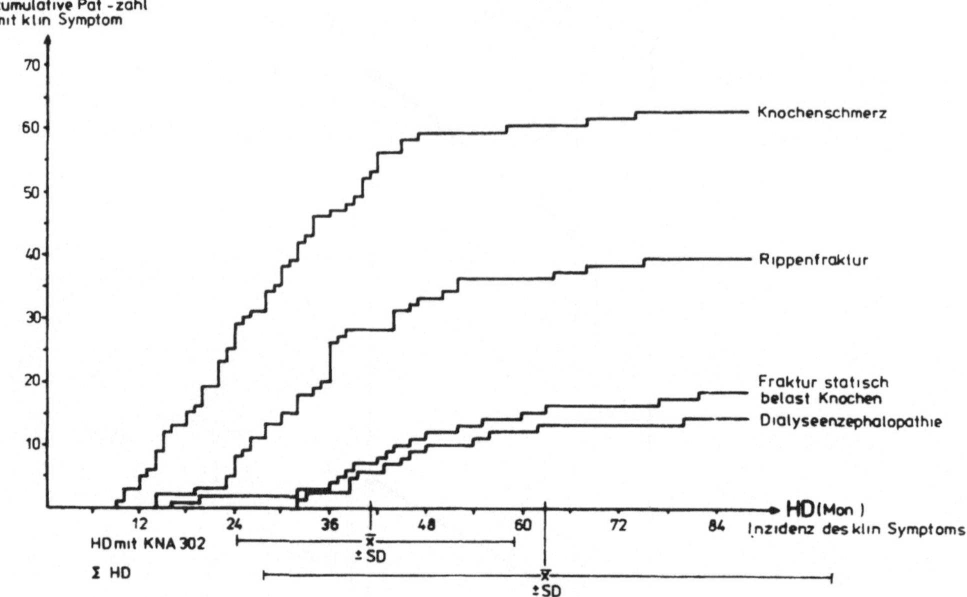

Abb. 3. Kumulative Darstellung der zeitlichen Inzidenz typischer Komplikationen des Al-Intoxikationssyndromes unter der Behandlung am Dialysegerät KNA 302, sowie der drastischen Minderung der Inzidenzraten nach Beseitigung der diffusiblen Al-Exposition

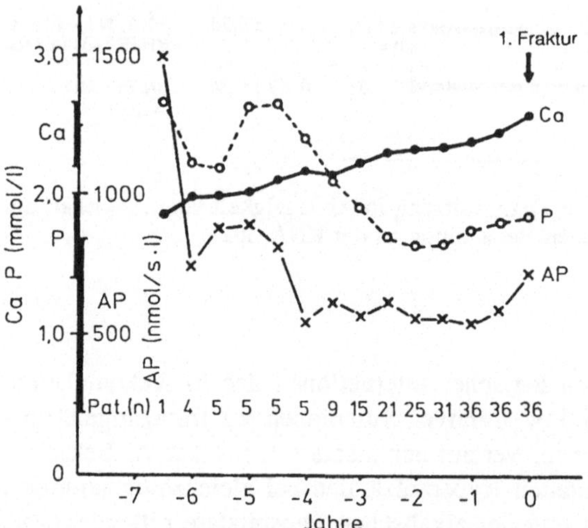

Abb. 4. Trendentwicklung der Parameter Kalzium (*Ca*), anorganisches Phosphat (*P*) und alkalische Phosphatase (*AP*) bezogen auf den Zeitpunkt der ersten Al-induzierten Frakturmanifestation

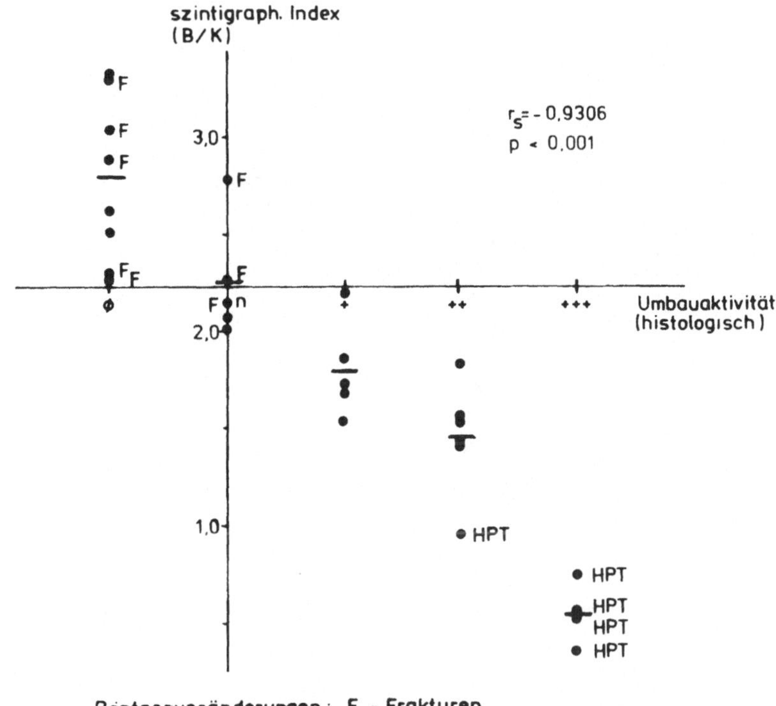

Abb. 5. Korrelation zwischen den Befunden des „sizintigraphischen Schädelindex B/K" und der histologisch determinierten zellulären Knochenumbauaktivität

turnoversituation (Abb. 5), als auch mit den Serumkonzentrationen des mitt-C-regionalen PTH ($r = 0{,}7687$; $p < 0{,}001$) und der alkalischen Phosphatase ($r = 0{,}6649$; $p < 0{,}001$).

Zwischen der während eines längeren Zeitraumes existierenden Serum-Al-Belastungssituation und der DFO-mobilisierbaren Gewebs-Al-Fraktion bestanden enge Beziehungen. Bei Patienten ohne klinisch symptomatische Knochenprobleme fanden sich bei basalen Serum-Al-Befunden von 0,8–6,5 μmol/l nach Infusion von 500 mg DFO im Anschluß an eine Dialysesitzung recht konstante proportionale Al-Anstiegsraten des Serum-Al-Gehaltes um das 1,6- bis 2,2fache. Dagegen erreichten die Al_{max}/DFO-Werte bei Patienten mit manifester Al-Osteopathie Steigerungsraten um das 2,5- bis 2,9fache (Abb. 6).

Die Zunahme histochemisch nachweisbarer Al-Depositionen an den Trabekeloberflächen als Kriterium toxische Al-Akkumulation, war eng gebunden an prolongierte Dialysezeiträume mit kontaminiertem Dialysat, das Ausmaß der Al-Beladung DFO-mobilisierbarer Speichergebe, sowie Minderungen des szintigraphisch erfaßten Knochenturnover (Abb. 7).

Nach Beseitigung Al-verunreinigten Dialysates kam es in der Regel innerhalb von 12–18 Monaten zu spontaner Rückbildung Al-induzierter Komplikationen, ungeachtet der zunächst noch bestehenden erheblich gesteigerten Serum-Al-Konzentrationen, der weiteren Medikation Al-haltiger Phosphatbinder in geminderter Dosierung und dem fehlenden Nachweis signifikanter Al-Elimination mittels konventioneller Dialysetechnik. Die Geschwin-

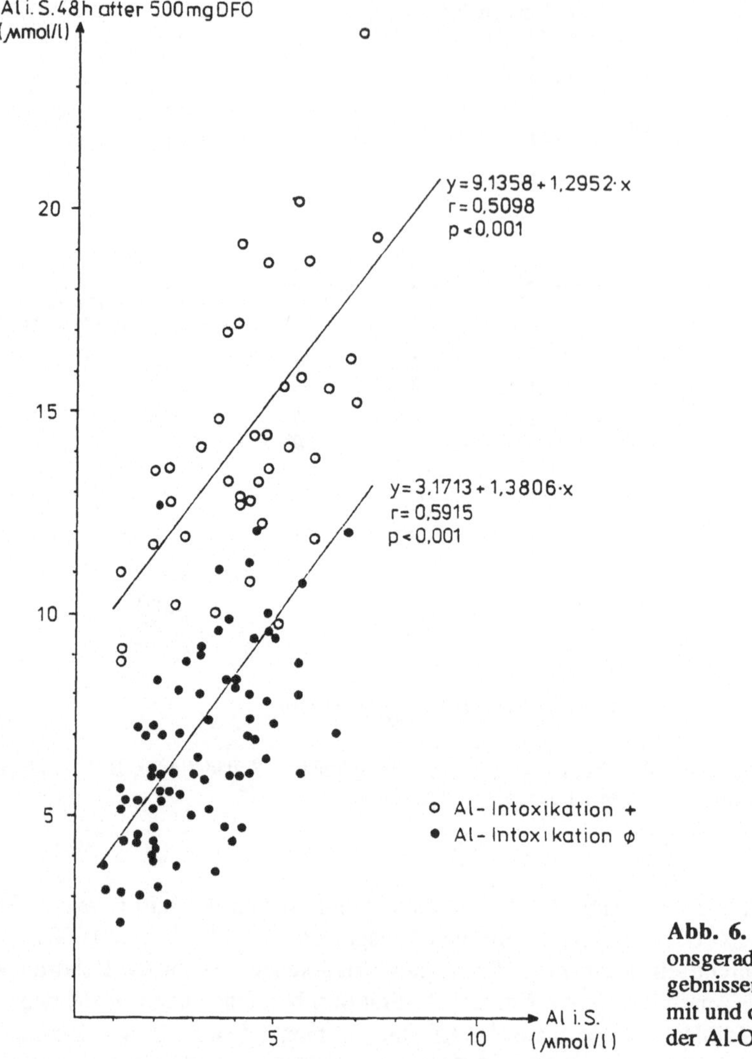

Abb. 6. Verlauf der Regressionsgeraden von DFO-Test-Ergebnissen bei Patientengruppen mit und ohne klinische Zeichen der Al-Osteopathie

digkeit der Rückbildung Al-bedingter Knochenprobleme war deutlich durch die jeweilige individuelle Fähigkeit und das Zeitmaß der Reaktivierung der Knochenzellsysteme modifiziert. Die Reversibilität spontaner Hyperkalzämien innerhalb von 6 Monaten, verbunden mit einem Anstieg der alkalischen Phosphataseaktivität und der kontinuierlichen Zunahme des szintigraphisch determinierten Knochenturnover waren charakteristische Marker beim nichtinvasiven Monitoring dieses Prozesses.

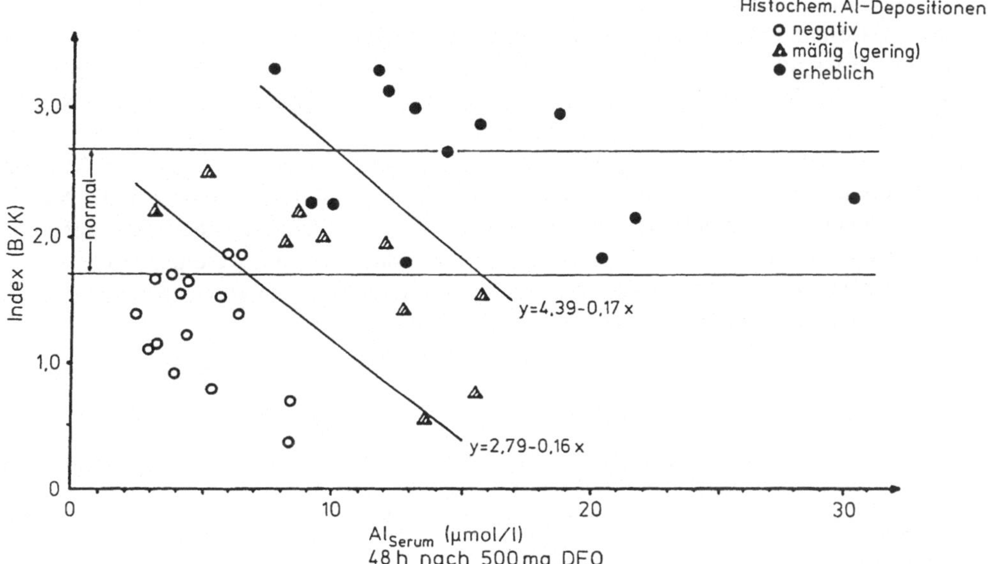

Abb. 7. Darstellung der Beziehungen zwischen maximalem Serum-Al-Anstieg nach DFO-Test-Infusion, dem „szintigraphischen Schädelindex" und dem Ausmaß histochemischer Al-Depositionen an den Trabekeloberflächen einschließlich berechneter Trennfunktionen zwischen den histochemisch determinierten Gruppen

Diskussion, Schlußfolgerungen

Verläuft die Al-Inkorporation bei Ingestion Al-haltiger enteraler Phosphatbinder über die Barriere der gastrointestinalen Mukosa protrahiert und stets durch feste Koppelung des Al an metallbindende Proteine bzw. Transportsysteme (z.B. Transferrin) vermittelt [1], so ist der diffusible Al-Transfer aus kontaminiertem Dialysat durch ein rasches Einströmen instabiler, niedermolekularer Al-Liganden in den Kreislauf gekennzeichnet, die aufgrund ihrer geringen thermodynamischen und kinetischen Stabilitätskonstanten Donoreigenschaften bezüglich der Übertragung reaktiver Al-Ionen auf Gewebsrezeptoren bzw. Carrierstrukturen essentieller Biometalle aufweisen [2] und somit frühzeitig toxische Interaktionen induzieren. Ungebundene DFO-Molekülketten können an oberflächliche Gewebsstrukturen labil koordinierte Al-Ionen abkoppeln und außerordentlich stabile Hexadentatkomplexe formieren [3–5]. In tiefere Speicherkompartimente eingelagertes, von einer Proteinmatrix umschlossenes Al wird dagegen einer Reaktion von DFO nicht unmittelbar zugängig sein. Die diagnostische und therapeutische Bedeutung von DFO-Infusionen resultiert einerseits aus den signifikanten Korrelationen zwischen der verstärkten Al-Präsenz im chelatfähigen Al-Speicherpool und der Inzidenz Al-assoziierter Knochenveränderungen, sowie andererseits daraus, daß der Beladungszustand der oberflächlichen Al-Speicher die labile und somit besonders reaktionsfähige Fraktion des Körper-Al-Bestandes reflektiert. Diese Zusammenhänge werden offensichtlich durch die signifikant beschleunigte Restitution Al-assoziierter funktioneller Störungsmuster und rasche Reversibilität klinischer Probleme der Al-Osteopathie bereits nach wenigen therapeutischen DFO-Infusionen [6, 7]. Nach Applikation von 0,5–1,0 g DFO werden derart ausreichende Al-Bindungskapazitäten in den Körperwasserräumen erreicht, daß von höheren Dosierungsempfehlungen, insbesondere bei intermittierender wöchentlicher Aplikation, kein entscheidender Nutzen zu erwarten sein dürfte [8]. Kennzeichnend für die Al-induzierte Osteopathie sind nicht nur die statisch strukturellen Dysfunktionen des Skelettes, sondern auch die erheblichen Störungen der physiologischen Reservoirefunktion des Knochengewebes als entscheidendes Mineralspeicherorgan. Im Vergleich zur Bewertung von Serum-PTH-Konzentrationen als Marker der Knochenumbauaktivität reflektieren szintigraphische Skelettanalysen unmittelbar die metabolische Situation dieses Effektororganes und erlauben somit differenziertere Aussagen zur Reaktivität der Knochenzellsysteme auf hormonelle Stimulationsreize sowie deren Änderungsverhalten im Verlauf längerer Beobachtungszeiträume.

Literatur

1. Cannata JB, Soto I, Martin JL, Sanz Medel A (1988) Aluminium hydroxide gastrointestinal absorption and iron stores. Nephrol Dial Transplant 3:558 (Abstr)
2. Forth W, Schäfer SG (1987) Absorption of di- and trivalent iron – experimental evidence. Arzneimittelforschung 37:96–100
3. Swartz RD (1985) Deferoxamine and aluminum removal. Am J Kidney Dis 6:358–364
4. Malluche HH, Faugere MC (1989) Value of the desferal infusion test for diagnosis of aluminium bone disease in patients with end-stage renal failure. In: De Broe ME (ed) Aluminium and iron overload in haemodialysis. Hogrefe u Huber Publishers, Toronto Lewiston NY Bern Göttingen Stuttgart, pp 11–15
5. Day JP (1986) Chemical aspects of aluminium chelation by desferrioxamine. In: Taylor A (ed) Aluminium and other trace elements in renal disease. Bailliere Tindall, London Philadelphia Toronto Sydney Tokyo, pp 184–192
6. Coburn JW, Norris KC (1986) Diagnosis of aluminum-related bone disease and treatment of aluminum toxicity with deferoxamine. Sem Nephrol 6 [Suppl 1]:12–21
7. Llach F, Felsenfeld AJ, Rodriguez M (1989) Effect of desferrioxamine on aluminum bone disease and parathyroid function in haemodialysis patients. In: De Broe ME (ed) Aluminium and iron overload in Haemodialysis. Hogrefe u Huber Publishers, Toronto Lewiston NY Bern Göttingen Stuttgart, pp 52–55
8. CIBA-Geigy (1988) Desferal – product information. CIBA-Geigy ltd, Basel

Gleichzeitiges Vorkommen von Knochenzunahme und -abnahme bei Dialysepatienten

H.C. Schober[1], M.S. Shih[2], J. Foldes[2], S. Rao[2], A.M. Parfitt[2]

[1] Abteilung für Endokrinologie und Stoffwechselkrankheiten, Klinik für Innere Medizin, Universität Rostock, Ernst-Heydemann-Straße 6, O-2500 Rostock, BRD
[2] Bone and Mineral Research Laboratory, Henry Ford Hospital, E and R Bildg., 7th floor, West Grand Blvd, Detroit, MI, USA

Einleitung

Chronische Hämodialysepatienten entwickeln häufig eine schwere Knochenstoffwechselstörung [1]. Die resultierende renale Osteopathie (RO) ist gekennzeichnet durch ein gemeinsames Vorkommen von Ostitis fibrosa (OF) und Osteomalazie (OM) [3].

Diese Störungen führen zu Veränderungen des Knochenvolumens und der Knochenmasse trabekulär und kortikal im axialen und peripheren Skelett [1, 4].

Dieses differierende Verhalten erfordert eine systematische Analyse.

Material und Methode

41 Patienten (18 Frauen, 23 Männer), Alter $47,3 \pm 14,4$ J., durchschnittliche Dialysedauer $4,6 \pm 3,0$ J., wurden untersucht. Die Histomorphometrie erfolgte an der Beckenkammbiopsie mittels Bioquant IV Image Analyzing System. Im kortikalen und trabekulären Bereich wurden die Volumenparameter ermittelt. Diese wurden neben der üblichen Angabe in cm^3/cm^2 äußerer Oberfläche und cm^3/cm^3 Gesamtknochenvolumen angegeben (MBV in cm^3/cm^2 = MBV trab + MBV kort)/Periosthöhe; MBV in cm^3/cm^3 = (MBV trab + MBV kort)/(Periosthöhe × Biopsiebreite).

Die Aluminiumfärbung erfolgte nach beschriebener Methode. Eine SPA am Unterarm proximal und distal wurde bei 34 Patienten bis drei Monate vor oder nach der Biopsie durchgeführt. An Röntgenaufnahmen wurde die Kortikalisdicke (Vernier, Caliper) des Os metcarpale II [1] ermittelt. Als Vergleichsgruppe dienten für die Histomorphometrie Ergebnisse von 20 gesunden Frauen (Alter $55,5 \pm 2,0$ Jahre) für die SPA und Kortikalisdicke alters- und geschlechtsgleiche Normalwerte.

Zur statistischen Auswertung wurden der t-Test, lineare Regressionsanalysen und die Bestimmung der z-Scores eingesetzt.

Ergebnisse

18 der 41 Patienten wiesen histomorphometrisch die Zeichen der OF auf, bei 23 lag eine OM (22/23 mit Aluminium induziert) vor (Tabelle 1 und 2).

Aus der Tabelle 3 sind die Volumenparameter zu ersehen.

T. H. Ittel H.-G. Sieberth H. H. Matthiaß (Hrsg.)
Aktuelle Aspekte der Osteologie

Tabelle 1. Patientencharakteristika

	Ostitis fibrosa (n = 18)	Osteomalazie (n = 23)
Rasse		
schwarz	8	2
weiß	10	21
Geschlecht		
Frauen	8	10
Männer	10	13
Alter	45,8 ± 13,9	48,6 ± 15,1
Größe (cm)	168,7 ± 12,4	166,1 ± 8,8
Gewicht (kg)	73,3 ± 15,6	66,7 ± 15,0
Body Mass Index	25,5 ± 4,8	24,1 ± 4,6

Tabelle 2. Behandlungsrichtlinien in in beiden Gruppen

	Patienten	Patienten
Calcium	11	12
Vitamin D	6	7
Phosphatbinder (w/Aluminium)	15	21
Parathyreoid-ektomie	1	5

Tabelle 3. Histomorphometrische Volumenparameter axial : kortikal

	Ostitis fibrosa (n = 18)	Osteomalazie (n = 23)	Normal (n = 20)
Kortex			
Breite (mm)	1,73 ± 0,53	1,86 ± 0,66	2,68 ± 0,72
Breite[a] (%)	19,03 ± 5,83	18,94 ± 7,44	33,05 ± 8,88
MBV/BV (%)	96,79 ± 3,27	94,14 ± 3,94[d]	99,55 ± 0,11
MBV[b] (cm^3/cm^2)	0,15 ± 0,05	0,14 ± 0,06	0,25 ± 0,07
MBC[c] (cm^3/cm^3)	0,18 ± 0,09	0,17 ± 0,09	0,33 ± 0,09

Erklärung der Fußnoten s. Tabelle 4.

Kortikal: Es kam zu einer Abnahme der Kortikalisbreite in beiden Gruppen, bei den OM Patienten ist das MBV (cm^3/cm^2) signifikant vermindert (Tabelle 3).

Trabekulär (Tabelle 4): Das Knochenvolumen war erhöht (OF) oder unverändert (OM), MBV (cm^3/cm^2 und cm^3/cm^3) bei den OM-Patienten signifikant vermindert. Der Vergleich der Knochenmineralbestimmungen axial und peripher zeigte (Tabelle 5):

Peripher: Eine Verminderung des Knochenmineralgehaltes distal mehr als proximal und bei den OM Patienten signifikant stärker als in der OF Gruppe; *Axial:* Eine konkordante Abnahme kortikal, in beiden Gruppen, trabekulär waren das Knochenvolumen (cm^3/cm^3) und das mineralisierte Knochenvolumen (cm^3/cm^3) erhöht. Die Kortikalisdicke des Os metacarpale hatte signifikant abgenommen, deutlich mehr bei den OM Patienten.

Für die Z-Scores der proximalen SPA (BM/BW g/cm^2 und die z-Scores der Kortikalisdicke bestand eine signifikante Korrelation ($r = 0,65$, $p < 0,01$).

Tabelle 4. Histomorphometrische Volumenparameter trabekulär

BV/TV (%)	26,90 ± 12,58	22,07 ± 10,37	22,00 ± 6,26
MBV/BV (%)	88,67 ± 5,30	75,48 ± 13,86[e]	97,50 ± 0,59
MBV[b] (cm^3/cm^2)	0,19 ± 0,14	0,11 ± 0,06[d]	0,12 ± 0,06
MBC[c] (cm^3/cm^3)	0,19 ± 0,10	0,13 ± 0,06[d]	0,14 ± 0,05

Mittelwert ± SD.
[a] Breite der beiden Kortices dividiert durch die Biopsiebreite.
[b] Zur Periosthöhe.
[c] Zum Biopsievolumen.
[d,e] Signifikante Differenz mit $p < 0,02$, $p < 0,01$.

Tabelle 5. Vergleich zwischen den axialen und peripheren, sowie trabekulären und kortikalen Befunden

		Ostitis fibrosa z-Score	%	Osteomalazie z-Score	%	Diff.
		(n = 16)		*(n = 18)*		
Radius BM/BW	P	-1,63[c]	-12,6	-2,50[c]	-20,1	*
(g/cm^2)	D	-2,46[c]	-20,7	-3,09[c]	-26,6	NS
		(n = 12)		*(n = 15)*		
Metacarpus (Kort.Dicke mm)		-0,80[a]	-11,4	-1,60[c]	-23,5	*
		(n =18)		*(n = 23)*		
Ilium	Ct	-1,54[c]	-44,3	-1,53	-44,0	NS
BV/CV (cm^3/cm^3)	Cn	+1,51[b]	+51,3	+0,57	+19,4	*
Ilium	Ct	-1,61[c]	-46,2	-1,64[c]	-47,1	NS
MBV/CV (cm^3/cm^3)	Cn	+1,00[a]	+34,0	-0,29	- 9,7	*

[a,b,c] Signifikante Differenzen vom Normalen mit $p < 0,05$, $p < 0,02$, $p < 0,01$.
* Signifikante Diff. zwischen den Gruppen mit $p < 0,05$.
Ct kortikal.
Cn trabekulär.

Diskussion

Ein differierendes Verhalten von kortikalen und trabekulären Knochen im axialen Skelett wurde beschrieben [2]. Kortikale Knochenverluste, festgestellt sowohl mittels SPA als auch durch Kortikalisdickenmessung sind ein regelmäßiger Befund bei primären und sekundärem HPT [4]. Histomorphologische Ergebnisse des trabekulären Knochens zeigen eine Volumenzunahme. Die vorliegenden Befunde bei den Patienten mit OF stimmen damit überein. Das Knochenvolumen und das mineralisierte Knochenvolumen sind vermehrt. Das bedeutet, daß eine aktive Mineralisation im Rahmen des vermehrten Umbaus und Anbaues stattfindet. Dagegen war der Knochenmineralgehalt in distalen Radius (65% trabekulär,

35% kortikal) exzessiv vermindert. Ein diskordantes Verhalten des trabekulären Knochens axial und peripher scheint vorzuliegen.

Für den kortikalen Knochen war mit allen Methoden, an den axialen und peripheren Meßorten eine Abnahme feststellbar. Korrelation fanden sich dabei zwischen den peripheren Meßstellen, nicht jedoch zwischen den peripheren und axialen Befunden. Prozentual scheint die Minderung des kortikalen Knochens axial größer, die z-Scores zeigen jedoch, daß diese im peripheren Knochen stärker ausgeprägt ist. Das Vorliegen einer Osteomalazie verstärkte die Abnahme der kortikalen Knochenanteile und der trabekulären im distalen Radius.

Literatur

1. Chan YL, Furlong TJ, Cornish CJ, Posen S (1985) Dialysis osteodystrophy. Medicine 64:296–309
2. Diamond T, Nery L, Posen S (1989) Spinal and peripheral bone densities in acromegaly: the effects of excess growth hormone and hypogonadism. Ann Intern Med 111:567–573
3. Malluche HH, Faugere MC (1989) Renal osteodystrophy. New Engl J Med 321:317–319
4. Parfitt AM(1986) Accelerated cortical bone lose: primary and secondary hyperparathyroidism. In: Uthoff H, Jaworski ZFG (eds) Current concepts of bone fragility. Springer, Berlin Heidelberg New York, pp 279–285

Histomorphometrische Analysen zur Entwicklung der Osteopenie bei der renalen Osteopathie

M. Gassel, K. Abendroth, G. Lehmann, B. Abendroth

Klinik für Innere Medizin, Friedrich-Schiller-Universität, Erlanger Allee 101,
O-6902 Jena-Lobeda, BRD

Einführung

Die renale Osteopathie wird ganz allgemein charakterisiert durch eine Zunahme der Osteoidose verbunden mit den Zeichen des sekundären HPT. Wenn diese beiden Grundmechanismen auf ein vermindertes Knochenvolumen treffen, sind Instabilität des Skeletts und zunehmende Schmerzen besonders ausgeprägt.

Es wird versucht, anhand einer Analyse von über 600 Knochenbioptaten der letzten 10 Jahre von diesen Nierenerkrankungen Tendenzen zur Häufung der Osteopenie und deren Kombination mit anderen histomorphometrischen Merkmalen herauszuarbeiten.

Materal und Methode

1. Von 310 Patienten mit chronischer Niereninsuffizienz (CNI), 217 Dialyse- und 116 nierentransplantierten Patienten waren Knochenbioptate mit der Histomorphometrie gut auswertbar. Von diesen 3 Gruppen erfolgte zunächst die Mittelwertsanalyse von:

– Knochengesamtvolumen TBV,	– relativem Osteoidvolumen ROV
– relativer Osteoidoberfläche ROS,	– totaler Resorptionsoberfläche TRS
– aktiven Osteoidoberfläche AOS,	– aktiver Resorptionsoberfläche ARS

2. Bei den Patienten mit chronischer Niereninsuffizienz werden 5 Untergruppen je nach Kreatininhöhe (< 150, 150–300, 301–500, 501–700, > 700 μmol/l) nach gleichen histomorphometrischen Kriterien aufgearbeitet.

3. und 4. Die Bioptate von Dialysepatienten und von Nierentransplantierten erfahren eine Aufgliederung in 4 Gruppen nach Monaten des jeweiligen Zustandes (bis 12, 13–36, 37–60, > 60 Monate).

5. In allen 3 Erkrankungsgruppen erfolgte dann eine Aufgliederung nach dem Anteil des Knochenvolumens (TBV):

$< 90\%$ der Altersnorm für vermindertes – TBV ($< 0,9$)
90–130% der Altersnorm für normales – TBV (0,0–1,3)
$> 130\%$ der Altersnorm für erhöhtes – TBV ($> 1,3$)

T. H. Ittel H.-G. Sieberth H. H. Matthiaß (Hrsg.)
Aktuelle Aspekte der Osteologie

Zu diesen 3 Untergruppen werden jeweils alle statischen histomorphometrischen Parameter gegliedert sowie jeweils die numerische und prozentuale Häufigkeit ermittelt.

6. Abschließend ist die Häufigkeit der Osteopenie (TBV <= 0,8) in Abhängigkeit vom Kreatininwert im Serum bei der chronischen Niereninsuffizienz sowie in Abhängigkeit von der Dialysedauer und Zeit nach der Transplantation zu prüfen.

Ergebnisse und Diskussion

Zu 1. Durch die Transplantation wird das Knochenvolumen auch als Gruppenmittelwert unter die Norm reduziert. Die Vermehrung von Osteoidvolumen und -oberfläche steigt bei der CNI über die Dialyse an und wird durch die Transplantation kaum mehr reduziert. Die Ausdehnung der Resorptionsoberfläche ist in allen 3 Gruppen sehr ähnlich bis auf eine geringe Dominanz in der Dialysegruppe. Die zellulären Parameter des Knochenan- und -abbaus lassen eine erhebliche Steigerung bei den Dialysepatienten erkennen, wogegen zwischen CNI und Transplantation kein nennenswerter Unterschied besteht.

Zu 2. Die Veränderungen des histomorphometrischen Profils des Knochens bei chronischer Niereninsuffizienz in Abhängigkeit von der Kreatininkonzentration im Serum zeigen, daß sich pathologische, für die renale Osteopathie typische Befunde (Osteoidose und Steigerung des zellulären Abbaus) ab einem Serumkreatininwert von etwa 300 μmol/l herausbilden.

Zu 3. Die Dialysedauer hat offenbar nur einen Einfluß auf die Ausdehnung der zellulär aktiven Oberfläche, nach etwa 3 Jahren ist eine deutliche Steigerung der aktiven Osteoid- und Resorptionsoberfläche als Mittelwert festzustellen. Im gleichen Zeitraum erreicht die Volumenosteoidose den sicher pathologischen Bereich von etwa 300% (3,0). Die Osteoidoberfläche bleibt ebenfalls eindeutig pathologisch mit leichter Steigerungstendenz.

Zu 4. Nach der Nierentransplantation ändert sich das für die renale Osteopathie relativ charakteristische Bild der Osteoidose verbunden mit der Osteoklastenaktivität nur sehr langsam. Erst nach einer etwa 3jährigen Transplantatüberlebenszeit zeigt die Osteoidose rückläufige Tendenzen. Eine weitgehende Normalisierung der osteoklastären Aktivität ist nach einer mehr als 5jährigen Transplantatüberlebenszeit zu konstatieren. Das Knochenvolumen liegt als Mittelwert meist leicht unterhalb der Norm.

Zu 5. Die entscheidende Frage nach der Zunahme der Osteopenie im Laufe der Behandlung der CNI mit Dialyse und Transplantation wird mit der Aufgliederung der histomorphometrischen Profile in normales, vermindertes und erhöhtes Knochenvolumen in den 3 Erkrankungsgruppen beantwortet.

Zusammenfassend kann festgestellt werden, daß die Zahl osteopenischer Befunde von CNI (30%) über die Dialyse (40%) bis hin zur Transplantation (45%) zunimmt. Das histomorphometrische Profil mit nur geringen pathologischen Tendenzen charakterisiert die CNI. Unter der Dialyse entwickelt sich auch bei der Osteopenie eine mäßige Osteoidose und eine deutliche zelluläre Aktivierung. Nach Transplantation normalisiert sich zwar die zelluläre Aktivität in dieser Osteopeniegruppe, doch die Neigung zur mäßigen Osteoidose bleibt bestehen! Für alle 3 Gruppen gilt im Vergleich von normalem und erhöhtem Kno-

Tabelle 1. Prozentualer Anteil der Osteopenie (TBV <= 0,8) in der Entwicklung der renalen Osteopathie bei chronischer Niereninsuffizienz, bei Langzeithämodialyse-Patienten und bei Patienten nach Nierentransplantation

Kretinin im Serum μmol/l (1)	Chron.Nieren-insuffizienz 1	Dialyse 2	Trans-plantation 3	Monate der Behandlung (2 u. 3)
150–300	27%	48%	41%	12
301–500	32%	36%	37%	13–36
501–700	34%	34%	65%	37–60
>700	4% (1/16)	41%	50%	>60

chenvolumen, daß die Ausbildung der Osteopenie ganz offensichtlich mit einer Reduktion der zellulären Aktivität parallel geht.

Zu 6. Die prozentuale Häufigkeit der Osteopenie in allen 3 Erkrankungsgruppen, differenziert nach spezifischen Parametern zeigt die Tabelle 1. Danach nimmt der Anteil an chronisch nierenkranken Patienten mit einer Osteopenie mit steigendem Serumkreatininwert leicht zu. Auffallend ist allerdings, daß unter den zwar nur 26 Patienten mit Kreatininwerten zwischen 700 und 1005 μmol/l nur 1 Patient eine Osteopenie entwickelte. Da in dieser Gruppe die Osteoidose und zelluläre Aktivität besonders erhöht sind, könnte die relative Seltenheit der Osteopenie auch damit erklärt sein. Der gleiche Mechanismus im umgekehrten Sinne würde den relativ hohen Anteil an Osteopenien im 1. Dialysejahr erklären, wenn durch eine Optimierung Mineralsituation im Serum (Senken des Phosphates, Normalisierung des Serumcalcium) die Osteoidose verringert wird und damit ein vermindertes Knochenvolumen resultiert – ein Befund wie wir ihn häufig auch bei der Vitamin-D-Behandlung schwerer gastrointestinaler Osteopathien beobachten mußten. Eindrucksvoll ist die hohe Rate und vor allem auch die erhebliche Zunahme der Osteopenie mit den Jahren nach der Transplantation. Sicher spielen bei mehr als 5 Jahren nach der Transplantation noch die wesentlich höheren Steroiddosen aus der „Vor-Cyclosporin-Ära" eine Rolle, doch zeigt gerade auch diese Entwicklung, daß mit der Nierentransplantation eine Restitutio ad integrum in vielen Fällen nicht erreicht werden kann.

Zusammenfassung

1. Die Osteopenie ist schon bis zu 30% der Fälle Bestandteil der sich entwickelnden chronischen Niereninsuffizienz.
2. Durch Dialyse und auch nach Transplantation steigt die Osteopenierate über 40 auf 45% weiter an.
3. Die Osteopenierate zeigt eine deutlich steigende Tendenz in Abhängigkeit
   - bei der chronischen Niereninsuffizienz vom steigenden Serumkreatinin
   - bei Dialysepatienten und bei Patienten mit Nierentransplantation von der steigenden Zahl der Dialysemonate bzw. mit zunehmender Zahl der Monate nach Transplantation.

4. Mit der Ausprägung typischer histomorphometrischer Muster der renalen Osteopathie ist bei chronischer Niereninsuffizienz in einem Serumkreatininbereich von 300 bis 500 μmol/l zu rechnen.

Quantitative Bestimmung der Knochendemineralisation bei Dialysepatienten mit der Röntgendensitometrie*

K. Wolschendorf[1], W. Niedermayer[2], J. Albrecht[2], W. T. Trouerbach[3], J. L. Grashuis[4]

[1] Institut für Angewandte Physik, Universität Kiel, Olshausenstraße 40, W–2300 Kiel 1, BRD
[2] Abteilung für Spezielle Nephrologie und Dialyse, I. Medizinische Klinik, Universität Kiel, Schittenhelmstraße 12, W–2300 Kiel 1, BRD
[3] Department of Experimental Radiology, Erasmus University, NL–3000 Rotterdam
[4] Department of Medical Informatics, Erasmus University, NL–3000 Rotterdam

Einführung

Chronische Niereninsuffizienz mit ihren Begleiterscheinungen Hypokalzämie und sekundärer Hyperparathyreoidismus führt zu einer erheblichen Beeinträchtigung der Kalziferol-Hydroxylierung sowie der intestinalen Kalziumresorption. Als Folge dieses gestörten Kalziumstoffwechsels kommt es zu einem entsprechend gestörten Skelettwachstum, das allgemein als renale Osteopathie bezeichnet wird.

Die dieser Skeletterkrankung zu Grunde liegenden Wirkungsmechanismen sind zum Teil sehr komplexer Natur. Die beobachteten Veränderungen am Knochen lassen sich als sekundärer Hyperparathyreoidismus, als Osteomalazie und als Mischform aus beiden klassifizieren. Bezeichnend hierbei ist, daß sich die renale Osteopathie radiologisch relativ schnell und in markanter Weise im peripheren Skelett, insbesondere im Handskelett manifestiert. Sie führt dabei, wie beispielsweise von Meema [1] oder Weiske [2] beschrieben, zu einer deutlichen Verschmälerung der Schaftkompakta sowie zu einer Auflockerung der spongiösen Knochenpartien.

In Abb. 1 sind entsprechende Beispiele von Röntgenaufnahmen der Phalangen wiedergegeben. Abb. 1a zeigt die ap- und Lateralaufnahme einer Normalperson mit entsprechend stark mineralisierter Kortikalis und gerichteter Trabekelstruktur. Bei Abb. 1b hingegen handelt es sich um eine Langzeit-Dialysepatientin; deutlich ist hier die schmale und schwach mineralisierte Kortikalis sowie die ausgedünnte Trabekelstruktur zu erkennen. Auch wenn von einigen Untersuchern [2] festgestellt wurde, daß eine Korrelation zwischen dem Grad der Niereninsuffizienz und dem Mineralisationsgrad nur schwer erkennbar ist, liegt es doch nahe, die anfallenden Handskelett-Röntgenaufnahmen auch auf quantitative Zusammenhänge hin zu untersuchen.

Ansätze hierzu sind u.a. von Wolschendorf [3] gemacht worden, der mit Hilfe der digitalen Röntgenbildverarbeitung die auftretenden Veränderungen der Spongiosastruktur erfaßte und mit dem Schweregrad der Erkrankung verglich. Im vorliegenden Beitrag soll nun der Mineralgehalt der Phalangen mit einem speziellen röntgendensitometrischen Verfahren bestimmt und mit entsprechenden Parametern des Patientenkollektivs korreliert werden.

* Mit Unterstützung der Deutschen Forschungsgemeinschaft, Ni 238/2-1.

T. H. Ittel H.-G. Sieberth H. H. Matthiaß (Hrsg.)
Aktuelle Aspekte der Osteologie

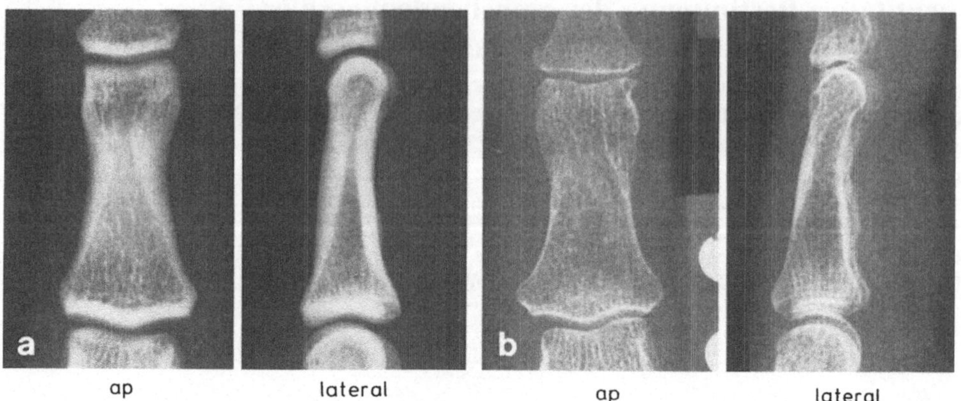

Abb. 1a, b. Ap- und Lateral-Röntgenaufnahme der 2. Phalanx von **a** Normalperson und **b** Dialysepatient

Das biplanare röntgendensitometrische Meßverfahren

Die Methoden zur quantitativen Bestimmung des Knochenmineralgehaltes – eine Übersicht hierzu wird beispielsweise von Heuck [4] gegeben – lassen sich im Prinzip in drei Hauptgruppen einteilen: Die Röntgendensitometrie, die Photonenabsorptiometrie und die quantitative Computertomographie. Während bei der Mineralgehaltsbestimmung im Wirbelkörper die quantitative Computertomographie als Methode der Wahl anzusehen ist, kann die Röntgendensitometrie vielfach im peripheren Skelett zur Anwendung gelangen.

Das hier verwendete Verfahren ist eine Weiterentwicklung der von Trouerbach et al. [5] eingeführten biplanaren röntgendensitometrischen Meßmethode. Hierbei wird von der 2. Phalanx des Handskelettes jeweils eine Röntgenaufnahme in ap-Richtung und in lateraler Richtung angefertigt, so wie sie in Abb. 1 gezeigt sind. Benutzt wurde hierzu ein XUD Film von 3M mit einer Trimax T2 Verstärkerfolie bei einer Röhrenspannung von 45 kV. In der Aufnahme wurde gleichzeitig eine Treppe aus Reinaluminium als Referenzsystem mit abgebildet.

In einem rechnergestützten, hochempfindlichen XY-Photometer, dessen Funktionsschaltbild in Abb. 2 dargestellt ist, werden die ap- und die Lateral-Aufnahme der Phalangen an definierten Meßorten photometrisch abgetastet. Die radiographische Abbildung der Referenztreppe wird ebenfalls abgetastet, und der angeschlossene Computer rechnet alle Schwärzungswerte in Aluminiumäquivalenzwerte um, wodurch die Abhängigkeit der Schwärzungswerte von der Belichtungszeit und dem Entwicklungsprozeß eliminiert wird.

Ein Beispiel für diese biplanaren photometrischen Scans sowie ihre Zuordnung zu den einzelnen Komponenten der durchstrahlten Phalanx sind in Abb. 3 wiedergegeben. Die am vorderen und hinteren Ende des Scans auftretenden Schultern gehören zu der den Knochen umgebenden Weichteilschicht. Im mittleren Teil erkennt man das typische Profil eines Diaphysenknochen mit den beiden durch die Kortikalis gegebenen Maxima sowie der vom eingeschlossenen Spongiosabereich herrührenden Einsattelung. Mit Hilfe der Bildschirmdarstellung der beiden Scans werden zunächst die Weichteil- und Kompakta-Abmessungen bestimmt. Danach wird nach einem definierten Auswerte-Algorithmus die Subtraktion der

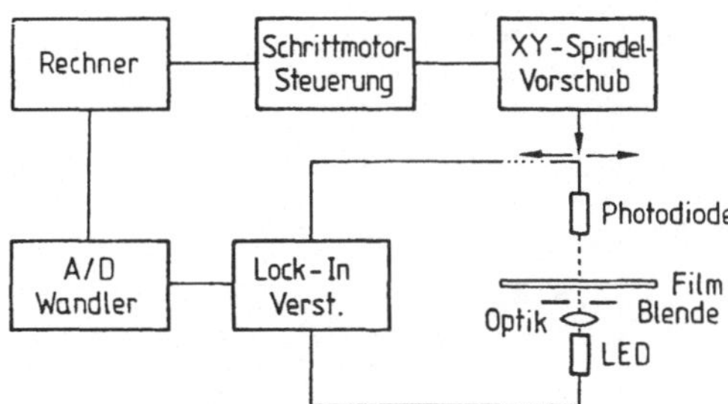

Abb. 2. Rechnergestütztes Abtastphotometer zur Auswertung der Phalangen-Radiographien

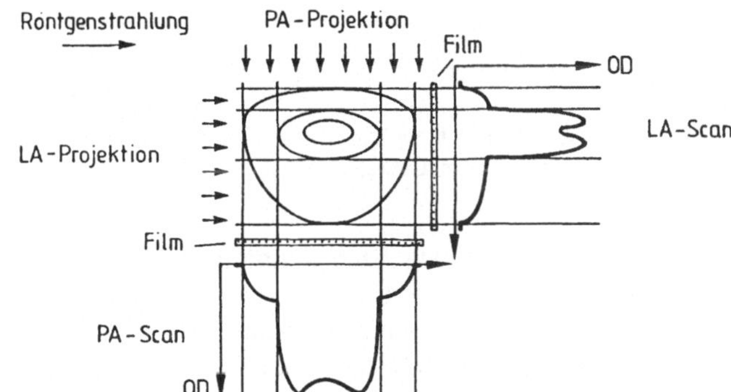

Abb. 3. Schematische Darstellung der biplanaren Röntgenbildabtastung

Weichteilregionen durchgeführt und der Aluminiumäquivalenzwert (BMCE) für den gesamten inneren Kompakta- und Spongiosabereich ermittelt. Unter Zugrundelegung eines elliptischen Querschnittes wird dieser Wert anschließend durch die Gesamtknochenfläche dividiert und somit der mittlere Knochenmineralgehalt (BMME) bestimmt.

Ergebnisse und Diskussion

Mit dem so beschriebenen Verfahren wurde nun ein Kollektiv von Personen untersucht, das aus 54 Dialysepatienten und 16 Normalpersonen bestand. Beide Gruppen bestanden etwa zur Hälfte aus männlichen und weiblichen Personen. Das Alter der Dialysepatienten umfaßte einen Bereich von 17 bis 77 Jahren, und die Dauer der Dialysebehandlung lag zwischen 4 Monaten und etwa 5 Jahren. Gleichzeitig wurden in einem Erhebungsbogen die weiteren Patientendaten wie Beginn, Art und Therapie der Nierenerkrankung sowie eine Reihe von serologischen Parametern erfaßt.

Die bei dieser Untersuchung erhaltenen Ergebnisse sind nun in Abb. 4 wiedergegeben. Hierbei ist der mittlere Knochenmineralgehalt BMME (Bone Mean Mineral Equivalence) der Phalangen in Aluminium-Äquivalenzwerten in Abhängigkeit vom Alter der Patienten dargestellt. Dabei bezeichnen die weißen Symbole (Quadrate: männlich, Kreis: weiblich) die Normalpersonen und die schwarzen Symbole die Dialysepatienten.

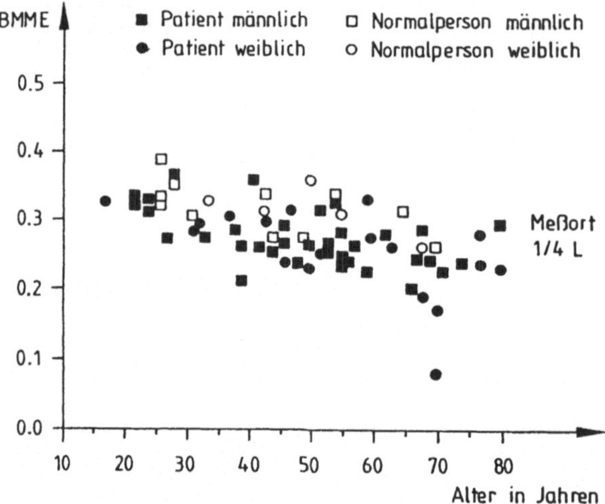

Abb. 4. Ergebnisse der Knochenmineralgehaltsbestimmung bei Dialysepatienten und Normalpersonen in Abhängigkeit vom Lebensalter

Aus dieser Darstellung ist ersichtlich, daß für alle Personengruppen der Knochenmineralgehalt mit dem Lebensalter beträchtlich absinkt, wie es auch schon bei einer Reihe von anderen Untersuchungen beobachtet wurde. Hierbei ist jedoch erkennbar, daß die Mineralgehaltswerte der Normalpersonen in ihrer Altersabhängigkeit deutlich oberhalb der Dialysepatientenwerte liegen und im Mittel auch etwas langsamer absinken.

Weiterhin ist der Graphik zu entnehmen, daß die Werte der männlichen Versuchspersonen leicht oberhalb der Werte für weibliche Personen liegen. Dabei tritt dieser Effekt jenseits des 50. Lebensjahres deutlicher in Erscheinung und befindet sich in Übereinstimmung mit der bekannten menopausalen Demineralisation.

Was die Auswirkung der Dialysedauer betrifft, so ergibt sich hier ein nicht ganz so einheitliches Bild. Einerseits sind die im unteren Bereich der Verteilung liegenden Personen überwiegend Langzeit-Dialysepatienten, so daß im Mittel schon ein Zusamenhang zwischen Dialysedauer und stärkerer Entkalkung zu erkennen ist. Diese Ergebnisse stimmen gut mit den von Kuhlencordt und Ringe [6] gewonnenen Erkenntnissen über den Knochenmineralgehalt von Dialysepatienten überein und bestätigen, daß man solche Demineralisationsvorgänge auch mit röntgendensitometrischen Methoden recht gut erfassen kann.

Andererseits befindet sich in dem Kollektiv der untersuchten Personen auch eine gewisse Zahl von Patienten, die trotz längerer Dialysedauer und höheren Lebensalters noch einen erstaunlich hohen Knochenmineralgehalt aufweisen, so daß es – wie schon in [2] und [6] dargelegt wird – relativ schwer ist, eine generelle Korrelation festzustellen. Möglicherweise könnten hier die therapeutischen und serologischen Parameter der Patienten, deren Einflußnahme in einem nächsten Abschnitt des Projektes untersucht werden soll, weitere Aufklärung bringen.

Zusammenfassung

Radiologisch manifestiert sich die renale Osteopathie in einer ausgeprägten und relativ schnell einsetzenden Verschmälerung der Schaftkompakta, so daß sich der Knochenmineralgehalt recht gut im peripheren Skelettsystem erfassen läßt. In dem vorliegenden Beitrag wird der Mineralgehalt des Handskelettes von 54 Dialysepatienten und 16 Normalpersonen mit einem neuartigen röntgendensitometrischen Verfahren untersucht. Hierbei werden jeweils eine ap- und eine Lateral-Röntgenaufnahme der Phalangen aufgenommen und mit einem computergestützten Abtastsystem unter Anwendung eines speziellen Auswertealgorithmus der mittlere Mineralgehalt bestimmt. Die Ergebnisse zeigen einen deutlichen Abfall des Knochenmineralgehaltes mit dem Lebensalter und mit der Dialysedauer.

Literatur

1. Meema HE, Oreopoulos DG, Meema S (1978) A roentgenologic study of cortical bone resorption in chronic renal failure. Radiology 126:67–74
2. Weiske R (1990) Radiologie der renalen Osteopathie. In: Malluche HH, Franz HE (Hrsg) Renale Osteopathie. Wissenschaftliche Verlagsgesellschaft, Stuttgart, S 49–74
3. Wolschendorf K, Vanselow K (1989) Bildverarbeitungsverfahren zur Erfassung von Strukturveränderungen bei gestörtem Skelettwachstum. In: Willert HG, Heuck FWH (Hrsg) Neuere Ergebnisse der Osteologie. Springer, Berlin Heidelberg New York Tokyo, S 87–90
4. Heuck FWH (1986) Die Meßverfahren zur weiterführenden radiologsichen Analyse des Knochens. Radiologe 26:280–289
5. Trouerbach WT, Hoornstra K, Birkenhager JC, Zwamborn AW (1985) Roentgendensitometric study of the phalanx. Diagn Imag Clin Med 54:64–77
6. Kuhlencordt F, Ringe J-D (1978) Knochenmineralgehalt bei chronischer Hämodialyse. Klin Wochenschr 56:75–79

Weichstrahlimmersionsradiographie der Hand durch modifizierte Aufnahmetechnik bei renaler Osteopathie

R. Weiske, A. Gerlach

Radiologisches Institut, Zentrum für Radiologie, Katharinenhospital, Kriegsbergstraße 60, W-7000 Stuttgart 1, BRD

Einleitung

Im Rahmen eines „Knochenstatus" zur radiologischen Diagnostik bei renaler Osteopathie bleiben Aufnahmen des Handskelettes die wichtigste Untersuchung, da sich Störungen des Knochenstoffwechsels auch und gerade hier abspielen. Konventionelle Röntgenaufnahmen der Hand erlauben nur eingeschränkt eine Beurteilung diskreter Befunde an der aufgrund des dünnen Weichteilmantels weitgehend überlagerungsfrei dargestellten Spongiosa und Kompakta, speziell im Bereich der Grenzzone des Periostes und der Weichteile [1, 2]. Eine verbesserte Darstellung begleitender oder initialer Weichteilveränderungen ist durch Einsatz der Weichstrahlradiographie in Mammographietechnik erreichbar. Um den Forderungen nach einer optimalen Bildinformation mit geringst möglicher Strahlenbelastung zu entsprechen, empfiehlt sich der Einsatz einer feinzeichnenden Seltene-Erden-Verstärkerfolie in Kombination mit einem hochauflösenden und hochempfindlichen Film [3, 4]. Die Bildanalyse sollte mit der von MEEMA angegebenen Mikroradioskopie unter Anwendung einer 6- bis 8fachen Lupenvergrößerung erfolgen [5].

Eigene Methodik

Um eine gleichermaßen gute Darstellung knöcherner und artikulärer Strukturen sowie periartikulärer Weichteile in *einem* Röntgenbild zu erreichen, wenden wir die Weichstrahlimmersionsradiographie an [1, 2, 4], die wir im Arbeitskreis von HEUCK weiter modifiziert und bei einem großen nephrologischen Patientengut eingesetzt haben [1, 2, 4, 5].

Bei dieser Technik werden die Hände mit leicht gespreizten Fingern in einen Kunststoffbehälter (z.B. Makrolon, absorbiert Röntgenstrahlen ähnlich wie Wasser) gelegt, der mit einer Immersionslösung gefüllt ist, die die Finger bis zu den Metacarpalia bedeckt. Dadurch sinkt die mittlere Hintergrundsdichte ab, allerdings unter Inkaufnahme einer geringgradigen Verminderung des Kontrastes. Zugleich wird ein partieller Belichtungsausgleich der unterschiedlichen Schichtdicke von Fingern und Handgelenksbereich erzielt. Eine Markierung am Plastikbehälter ermöglicht eine reproduzierbare Füllhöhe von 2,5 cm. Als Immersionslösung eignet sich ein 50:50-Gemisch aus Äthanol und Wasser, die mehrfach verwendbar ist.

T. H. Ittel H.-G. Sieberth H. H. Matthiaß (Hrsg.)
Aktuelle Aspekte der Osteologie

In unserer derzeit bevorzugten Aufnahmeanordnung wird zusätzlich ein VIS-U-MAT-soft-Kompensationsfilter aus Polymethylmethacrylat für Extremitäten-Weichstrahlaufnahmen unterhalb der Tiefenblende der Röntgenröhre eingeschoben. Er gleicht die Dickenunterschiede zwischen den Mittelhand- und Handwurzelknochen sowie den Fingern aus, so daß Veränderungen der akralen Knochengrenzlamelle auf der p.a.-Aufnahme beurteilbar sind (Abb. 1). Mit diesem Filter fertigen wir die Weichstrahlimmersionsaufnahmen an einer konventionellen Röntgenröhre an, deren Fokuskantenlänge höchstens 0,6 mm betragen darf. Die Anodenspannung liegt zwischen 30 und 35 KV. Der Fokusfilmabstand beträgt 60 cm. Als Aufnahmesystem dient eine Filmfolienkombination mit einer hochauflösenden Lanex-fine-single-Folie kombiniert mit einem einseitig beschichteten NMB-Film (Fa. Kodak).

Ergebnisse und Diskussion

Bei Einsatz der vorgestellten Filmfolienkombination ist beim Vergleich zwischen folienloser Aufnahme auf einem zweiseitig beschichteten Materialprüffilm ein gutes Ergebnis für die Darstellung der röntgenmorphologischen Veränderungen am Handskelett bei renaler Osteopathie unter erheblicher Dosisreduktion zu erzielen. Der Dosisbedarf unserer Seltene-Erden-Folie liegt geringgradig höher als der einer „klassischen" feinzeichnenden Kalziumwolframat-Folie vom Typ Rubin. Die Rubin-Folie erbringt eine Auflösung von etwa 6,5–7 Linienpaaren/mm. Die etwas schlechtere Abbildungsqualität der Feinstrukturen von Spongiosa und Kompakta wird teilweise durch eine weniger deutliche Körnigkeit wettgemacht. Im Vergleich zur hochauflösenden Seltene-Erden-Folie mit einer Auflösung von 8–9 Linienpaaren/mm sind demnach die konventionellen feinzeichnenden Kalziumwolframat-Folien bei Inkaufnahme einer etwas geringeren Ortsauflösung (die etwa der eines 100er Systemes einer Seltene-Erden-Folie entspricht) durchaus noch akzeptable und verwendbare Aufnahmesysteme für die Weichstrahlimmersionsradiographie, besonders bei Berücksichtigung ihres günstigeren Preises.

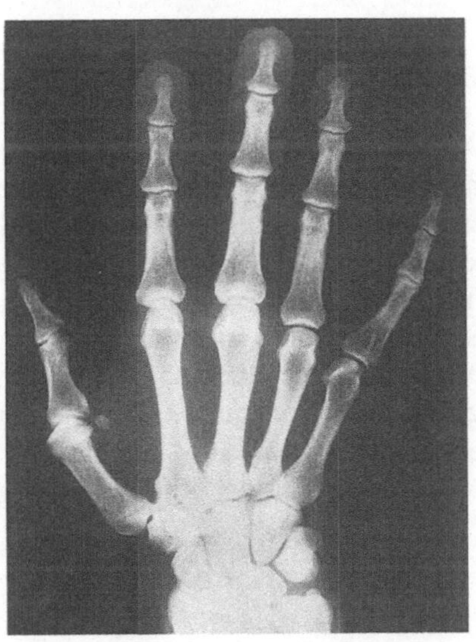

Abb. 1. Weichstrahlaufnahme der Hand mit Immersionstechnik und Ausgleichsfilter

Durch Anwendung des Ausgleichs-Softfilters kann die Aufnahmezahl halbiert werden, da die unterschiedlichen Belichtungen für die proximalen Handpartien und die Phalangen einschließlich Akren entfallen. Dies vereinfacht die Weichstrahlimmersionsradiographie der Hand und reduziert zugleich die Strahlenbelastung besonders im Hinblick auf die allgemein in jährlichen Abständen durchgeführten Kontrolluntersuchungen. Nach unseren Erfahrungen genügt *eine* Handaufnahme, die eine ausreichende Beurteilung der Knochen und Weichteilstrukturen der Handwurzel, Mittelhand und Phalangen einschließlich Akren bei renaler Osteopathie erlaubt, obwohl auch in neuerer Literatur [6] zur Erkennung von phalangealen Veränderungen bei HPT eine Aufnahme auf folienlosem Film gefordert wird.

Die an den Händen bei renaler Osteopathie nachweisbaren röntgenmorphologischen Strukturveränderungen setzen sich in unterschiedlichem Maß überwiegend aus einer Kombination von Fibroosteoklasie und Osteomalazie zusammen. Sie bestehen in Konturdefekten akral, subchondral, subligamentär und subperiostal sowie einer Lamellierung der Kompakta bis zur „Spongiosierung", so daß keine Differenzierung zwischen den oftmals wollig-wabig und verwaschen umgebauten spongiösen Strukturen mehr möglich ist. Da die ausgelöschte Knochenstruktur nicht Ausdruck einer Resorption oder Auflösung von Tela ossea ist, sondern Zeichen einer potentiell reversiblen Mineralisationsstörung, sollte der Begriff Osteolyse als Ausdruck der Zerstörung von Knochen vermieden werden [3, 7]. Mit der Weichteilstrahltechnik läßt sich innerhalb der auf Routineaufnahmen als resorbiert erkennbaren periostalen Kontur gelegentlich ein Weichteilschatten des Knochens innerhalb eines intakten Perioststreifens abgrenzen, der den Resten gut mineralisierten Knochens entspricht. Die Reparation derartiger und der vorbeschriebenen Strukturveränderungen unter Dialyse führt zur Remineralisation und Restitution der Knochenarchitektur wie bei einem jungen dialysepflichtigen Patienten der Abb. 2 und 3. Die Reparationsfähigkeit des Knochens an den Händen haben wir besonders bei jüngeren Patienten an den Akren, Phalangen und Metacarpaleköpfchen sowie radialem Griffelfortsatz beobachten können.

Besonders auch für den Nachweis und die Kontrolle von Weichteilverkalkungen stellt die Weichstrahlimmersionsradiographie in der vorgestellten Modifikation eine effektive und patientenschonende Methode dar, die eine zunehmende Verbreitung finden sollte.

Zusammenfassung

Aufnahmen des Handskelettes sind radiologische Standard-Untersuchungsverfahren bei renaler Osteopathie, da sich hier frühzeitig Umbauvorgänge am spongiösen und kompakten Knochen weitgehend überlagerungsfrei abbilden. Die gleichermaßen gute Darstellung knöcherner, artikulärer und periartikulärer (Weichteil-)Strukturen ist mit der Weichstrahlimmersionsradiographie möglich. Eine optimale Bildinformation mit geringst möglicher Strahlenbelastung ist durch Anwendung feinzeichnender Verstärkerfolien in Kombination mit hochauflösenden und hochempfindlichen Filmen zu erhalten. Bei Einsatz eines Ausgleichsfilters genügt 1 Aufnahme zur Beurteilung sämtlicher Handbereiche vom Gelenk bis zu den Akren.

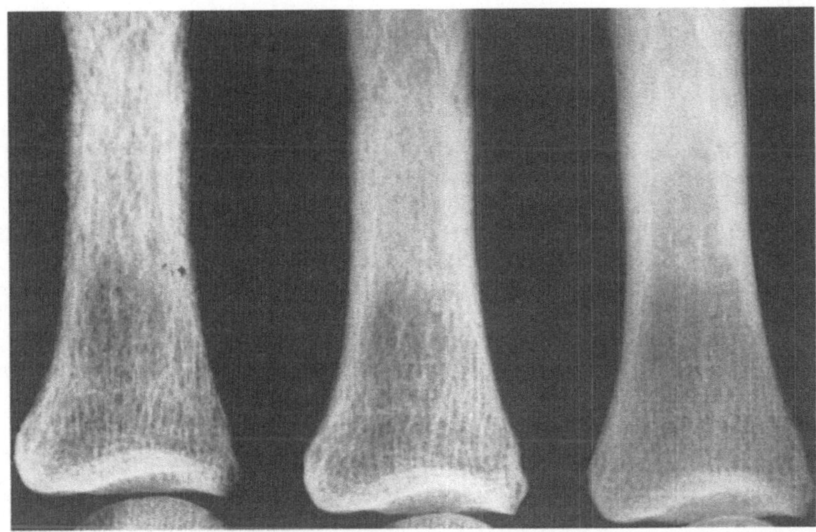

Abb. 2. Rekalzifizierung und Restrukturierung der Schaftkompakta bei jungem Dialysepatienten nach Parathyreoidektomie sowie Restitution der spongiösen Knochenarchitektur

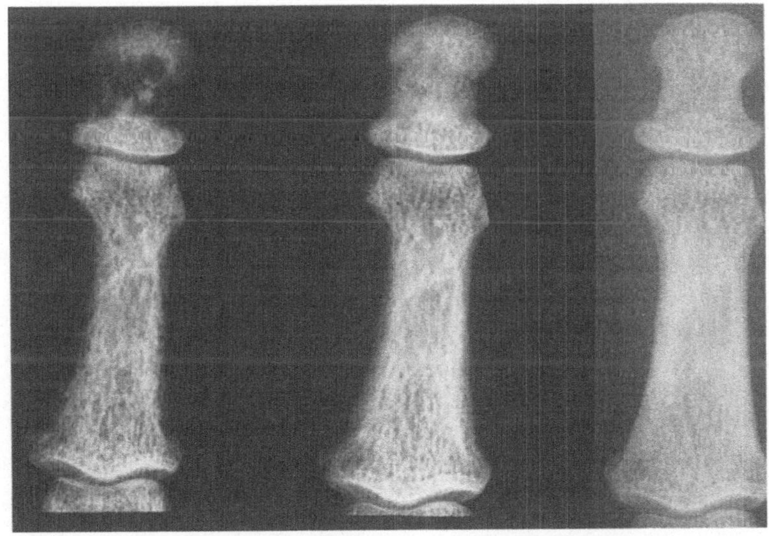

Abb. 3. Pat. der Abb. 2. Reparation ausgeprägter, komplexer Strukturveränderungen bei renaler Osteopathie mit Einbezug der Akren

Literatur

1. Weiske R (1990) Radiologie der renalen Osteopathie. In: Malluche HH, Franz HE (Hrsg) Renale Osteopathie. Wissenschaftliche Verlagsgesellschaft, Stuttgart, S 49–78
2. Heuck F, Schilling M (1985) Informationswert der Weichstrahl-Immersions-Radiographie (WIR) der Hand bei hormonalen und metabolischen Osteopathien. Radiologe 25:573–581
3. Weiske R (1987) Improved skeletal diagnostic methods. In: Lemke HU (ed) Computer assisted radiology (CAR) 87. Springer, Berlin Heidelberg New York, S 434–438
4. Weiske R, Gerlach A (1987) Verbesserung der Weichstrahlradiographie der Hand durch modifizierte Aufnahmetechnik. Zbl Radiologie 134:217
5. Bosnjakovic-Büscher S, Heuck F (1986) Spezielle Radiologie der Hand bei renaler Osteopathie. Radiologe 26:580–586
6. Rupp N (1988) Qualitätssicherung in der Skelettdiagnostik. Röntgenpraxis 41:271–275
7. Heuck F (1986) Allgemeine Röntgenmorphologie der generalisierten Osteopathien. Radiologe 26:563–572

Deferoxamin-Therapie der renalen Osteopathie: Bilanzen von Aluminium, Eisen, Kupfer und Zink

G. Warneke, D. Sölter, R. Verwiebe, H. V. Henning, F. Scheler

Labor für Spurenelemente und Knochenstoffwechsel, Abteilung für Nephrologie und Rheumatologie, Zentrum Innere Medizin, Georg-August-Universität, Robert-Koch-Straße 40, W-3400 Göttingen, BRD

Einleitung

Patienten mit dialysepflichtiger Niereninsuffizienz lagern Aluminium in Gehirn, Knochen und Erythrozyten ein, was zu Dialyse-Enzephalopathie, renaler Osteopathie und einer Zunahme der renalen Anämie führt [1–3]. Deferoxamin (DFO), ein Kationen-Komplexbildner, wird bei diesen Patienten eingesetzt, um das sonst zu etwa 80–90% an Eiweiß gebundene Aluminium aus seiner Eiweißbindung zu lösen [4]. Der so entstehende Aluminium-DFO-Komplex (Stabilitätskonstante 10^{21}, Molekülgröße etwa 600 Dalton) ist filtrabel und kann mittels verschiedener Dialyseverfahren aus dem Organismus entfernt werden.

Da auch andere Elemente durch DFO mit unterschiedlicher Festigkeit komplex gebunden werden, insbesondere Eisen (Stabilitätskonstante für Fe^{3+} 10^{28}, für Fe^{2+} 10^{10}), Kupfer (Cu, 10^{14}) und Zink (Zn, 10^{11}), sollten sich unter DFO-Therapie auch die Bilanzen solcher Elemente durch Zu- oder Abnahme ihrer filtrierbaren Anteile verändern.

Zur weiteren Klärung dieser bisher kaum erforschten Kinetik von Spurenelementen untersuchten wir die Konzentrationen von Aluminium, Eisen, Kupfer und Zink in Blutserum und Hämofiltrat von Patienten unter Hämofiltrationsbehandlung (HF) bei chronischer Niereninsuffizienz.

Methoden

Bei 15 Patienten (6 Frauen, 9 Männer; $52,8 \pm 14,9$ Jahre alt; Gewicht: $59,3 \pm 10,2$ kg; HF-Dauer: $41,3 \pm 31,7$ Monate) wurden die Konzentrationen der Elemente Aluminium, Eisen, Kupfer und Zink in Blutserum und Hämofiltrat gemessen; dabei erhielten die Patienten in der zweiten Studienphase nach jeder Hämofiltration 10 mg des Kationen-Komplexbildners Deferoxamin (DFO) pro Kilogramm Körpergewicht infundiert. Die Serumproben wurden zu Beginn der Hämofiltration sowie nach 20, 60 und 180 min Filtration, die Filtratproben aus den etwa 25 Litern Gesamtfiltrat nach Durchmischung entnommen.

Als Hämofilter fanden High Flux-Membranen aus Polyamid, Polyacrylnitril und Polysulfon Verwendung. Während der Studienphase wurden die Hämofiltrationsbedingungen und die begleitende medikamentöse Therapie konstant gehalten. Die Proben wurden direkt in zweimal mit Aqua bidestillata vorgespülte Teflon-beschichtete Röhrchen abgenommen; alle Reagenzien und Probengefäße wurden auf ihren Spurenelementgehalt hin überprüft.

T. H. Ittel H.-G. Sieberth H. H. Matthiaß (Hrsg.)
Aktuelle Aspekte der Osteologie

Die Spurenelementanalysen wurden mittels Luft-Acetylen-Flamme oder pyrolytisch beschichtetem Graphitrohr mit Zeeman-Untergrundkompensation an einem Atomabsorptionsspektrometer ZAAS 5000 (Perkin Elmer) als 3-fach-Bestimmungen nach der Additionsmethode durchgeführt.

Ergebnisse und Diskussion

Aluminium

Die Aluminium-Konzentrationen im Serum waren während der Hämofiltrationsbehandlung zu den Abnahmezeiten 0, 20 und 60 min nahezu konstant und stiegen zum Ende der Behandlung nach 180 min wohl aufgrund zunehmender Hämokonzentration leicht an. Die Ausbildung einer Sekundärmembran auf der Blutseite der Filter während der ersten halben Stunde der Hämofiltration scheint hier keinen Einfluß auf die Al-Ausscheidung zu haben. Die Gabe von 10 mg DFO pro kg Körpergewicht erhöhte die Aluminium-Ausscheidung auf $718 \pm 417\%$ ($p < 0,001$) im Gesamtfiltrat. Der deutliche Anstieg der Al-Konzentration im Serum kann hauptsächlich durch Mobilisierung von Aluminium aus den Körpergeweben erklärt werden, obwohl auch die Kontamination des DFO selbst durch Aluminium einen Teil dazu beiträgt; eigene Messungen ergaben hier $10,9 \pm 5,5\,\mu$g Al/g DFO (n = 20), andere Autoren fanden bis zu 19 μg Al pro g DFO. Der kontinuierliche Abfall der Al-Konzentration im Serum macht die gute Filtrierbarkeit des Al-DFO-Komplexes deutlich. Ob ein niedrigmolekulares Al-spezifisches Transportprotein [5], eventuell ein Metallothionein, an diesen Vorgängen beteiligt ist, bleibt zu untersuchen.

Eisen

Die Eisen-Konzentration im Serum lag zu allen Entnahmezeiten unter der DFO-Behandlung um 10–20% niedriger als vor DFO-Gabe; dieses dürfte vor allem durch die deutliche Steigerung der Eisen-Ausscheidung um $478 \pm 265\%$ ($p < 0,001$) unter DFO zurückzuführen sein. Im Lauf der Hämofiltration stiegen die Fe-Konzentrationen im Serum jeweils parallel zum Hämatokrit an. Zwischen Aluminium- und Eisen-Elimination bestand eine streng negative Korrelation ($r = -0,77$, $p < 0,002$). Es ist daher anzunehmen, daß unter DFO-Gabe bei jeweils negativen Spurenelement-Bilanzen Aluminium und Eisen um die DFO-Bindung konkurrieren.

Kupfer

Während die Kupfer-Konzentrationen im Serum mit und ohne DFO-Gabe nahezu gleich waren und unter der Hämofiltration langsam anstiegen, nahm unter DFO-Therapie die Kupfer-Ausscheidung auf $86 \pm 24\%$ ($p < 0,1$) ab. Eine mögliche Ursache liegt hier in der Besetzung frei gewordener Al- und Fe-Bindungsstellen von Transportproteinen durch Kupferionen. Auch eine Umverteilung von Cu in tiefere Kompartimente unter DFO-Behandlung ist zu diskutieren; dieses würde zu einer weiteren Cu-Belastung des Organismus und eventuell zu gesteigerter Hämolyse und Fieber führen, da bei Niereninsuffizienz auch ohne

DFO-Gabe bereits häufig erhöhte Cu-Konzentrationen in Serum und Geweben gemessen werden [3, 6]. Zusätzlich kann Kupfer aus verschiedenen Dialysemembranen ausgewaschen werden und in den Organismus gelangen [6].

Zink

Deutlicher noch zeigten sich die beim Kupfer festgestellten Effekte bei den Zink-Konzentrationen in Serum und Filtrat. Der Anstieg der Zn-Konzentration im Serum während der Hämofiltration flachte unter DFO-Gabe signifikant ab; gleichzeitig wurde jedoch auch die Zn-Elimination deutlich auf 81 ± 5% ($p < 0,05$) reduziert. Auch hier findet somit unter DFO-Gabe eine Umverteilung von Zink aus dem Serum in andere Kompartimente statt, wobei offenbar Erythrozyten bevorzugt Zink aufnehmen und an Carboanhydrase binden; in ihnen können Zn-Konzentrationen bis zum 15fachen der Zn-Serum-Konzentration gemessen werden [2].

Die DFO-Therapie der chronischen Al-Intoxikation führt somit trotz reduzierter Zn-Konzentrationen im Serum nicht zu einer Zunahme des oft bei Niereninsuffizienz nachweisbaren Zinkmangels. Allein der Kupfer-Zink-Quotient, in der Regel schon erhöht, steigt weiter an.

Zusammenfassung

Eine Aluminium-induzierte renale Osteopathie bei Patienten mit terminaler, dialysepflichtiger Niereninsuffizienz wird mit Deferoxamin (DFO) behandelt, um Aluminium aus seiner Eiweißbindung zu lösen und filtrabel zu machen. Neben Aluminium werden auch Eisen, Kupfer und Zink komplex gebunden, so daß sich unter DFO-Therapie die Bilanzen dieser Elemente ebenfalls ändern sollten.

Unsere Untersuchungen an 15 Patienten zeigen unter DFO-Gabe deutlich erhöhte Aluminium- und Eisenausscheidungen. Die streng negative Korrelation dieser beiden Elemente deutet darauf hin, daß Aluminium und Eisen um die DFO-Bindung konkurrieren. Trotz recht hoher Stabilitätskonstanten fördert DFO nicht die Kupfer- und Zink-Elimination. Die Kupferbelastung des Organismus steigt; ein bei Niereninsuffizienz häufig bestehender Zinkmangel wird durch eine DFO-Behandlung nicht verstärkt. Der Kupfer-Zink-Quotient, in der Regel bei Niereninsuffizienz schon erhöht, steigt unter DFO-Therapie weiter an.

Es ist anzunehmen, daß die Abnahme der Kupfer- und Zink-Ausscheidung unter DFO-Behandlung durch eine verstärkte Bindung dieser Elemente an Serum-Transportproteine und/oder eine Umverteilung in andere Kompartimente verursacht wird.

Literatur

1. Bommer J, Waldherr R, Wieser PH, Ritz E (1985) Kopräzipitation von Aluminium und Eisen bei Dialysepatienten – mögliche pathogenetische Bedeutung? Nieren- u. Hochdruckkrankh 14:104–107
2. Homburg A, Eikmann T, Mann H, Einbrodt HJ (1985) Aluminium-Akkumulation und Zink-Mangel bei Dialysetherapie. Nieren- u. Hochdruckkrankh 14:47–54

3. Marumo F, Tsukamoto S, Iwanami S et al. (1985) Trace element concentrations in hair, fingernails and plasma of patients with chronic renal failure on hemodialysis and hemofiltration. Nephron 38:267–272
4. Abreo K (1988) Use of deferoxamine in the treatment of aluminum overload in dialysis patients. Semin Dialysis 1:55–61
5. Khalil-Manesh F, Agness C, Gronick HC (1989) Aluminum-binding protein in dialysis dementia; II. Characterization in plasma by ultrafiltration. Nephron 52:329–333
6. Hosokawa S, Nishitani H, Tomita K et al. (1986) Serum copper concentration changes in chronic hemodialyzed patients. Uremia Invest 9(1):63–67

Eine neue Methode zur besseren Quantifizierung des sekundären Hyperparathyreoidismus bei der renalen Osteopathie

K. Abendroth, M. Gassel, G. Lehmann, I. Schütz

Klinik für Innere Medizin, Friedrich-Schiller-Universität, Erlanger Allee 101, O-6902 Jena-Lobeda, BRD

Problemstellung

Die Abbauaktivität kann nur an der mineralisierten Endostoberfläche realisiert werden. Sie wird aber bei der Normierung auf die Gesamtendostoberfläche bezogen.

Steigt beim Typ III der renalen Osteopathie der Osteoidoberflächenanteil auf mehr als 80%, also auf das 5- bis 6fache der Norm, so ist eine Abbausteigerung im Bereich der verbliebenen 20% der mineralisierten Oberfläche maximal um das 3fache der Norm möglich. Bei der Normierung dominiert so eindeutig die Osteoidose, obwohl eigentlich der Abbau auch maximal gesteigert ist. Dieses Ungleichgewicht in der Normierung gilt es durch eine Verbesserung der Berechnung des Abbaues nur auf die mineralisierte Oberfläche zu korrigieren.

Einleitung

Die histomorphometrische Analyse von Knochenbioptaten wird im zunehmenden Maße eine maschinelle Vermessung und einer standardisierten, altersbezogenen Normierung zugeführt. Dem Arzt in der Praxis helfen gerade Angaben zur Normabweichung der histomorphometrischen Parameter für die klinische Deutung eines Befundes mehr als die Angabe der eigentlichen Meßwerte.

Die bisher übliche Normierung der Endostoberflächen erwies sich in der Praxis bei bestimmten Situationen der renal oder intestinal bedingten Osteopathie als fehlerhaft in der Aussage. Trotz des optischen Eindruckes einer deutlich gesteigerten Osteoklasie dominierten in der Berechnung der Normabweichungen z.B. beim Typ III die Osteoidose und Osteoblastenaktivität. Mit der Normierung der Abbauaktivität auf die tatsächlich für den Abbau zur Verfügung stehende mineralisierte Oberfläche kann dieser Mangel behoben werden.

Material und Methoden

An ausgewählten morphometrischen Befunden von Knochenbioptaten chronisch Nierenkranker und Magenresezierter wurden die Parameter der Endostoberflächenvermessung herausgesucht und grafisch dargestellt. An den Kreisdiagrammen der Endostoberflächenanteile

T. H. Ittel H.-G. Sieberth H. H. Matthiaß (Hrsg.)
Aktuelle Aspekte der Osteologie

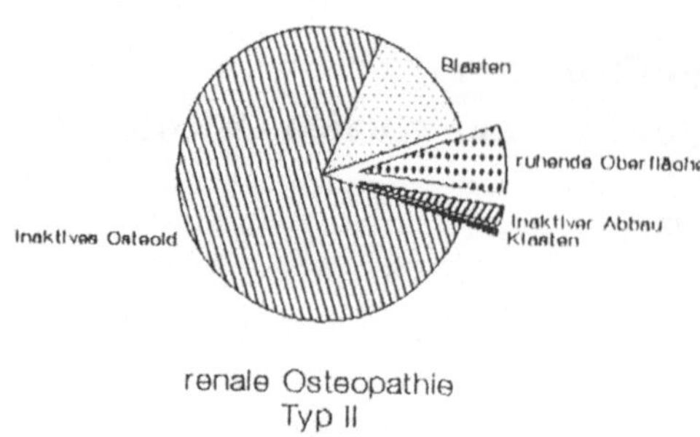

Endostoberflächenparameter
Abbau vor und nach Korrektur
auf die mineralisierte Oberfläche

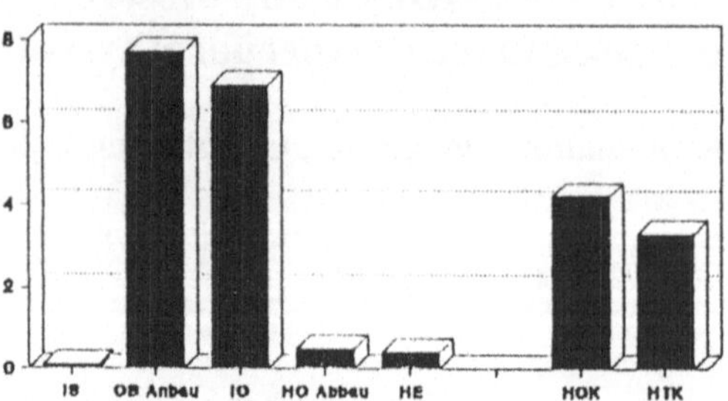

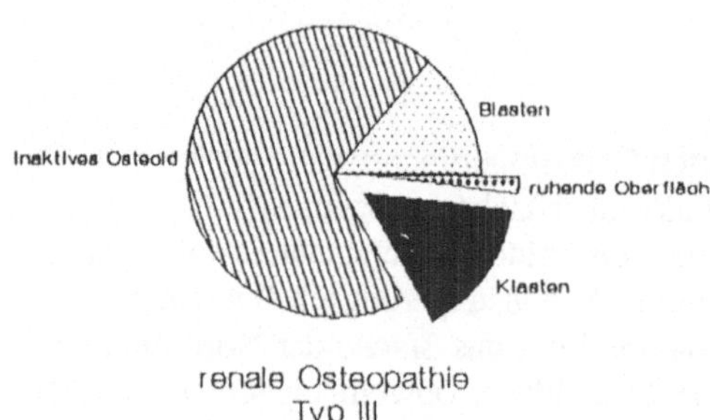

Endostoberflächenparameter
Abbau vor und nach Korrektur
auf die mineralisierte Oberfläche

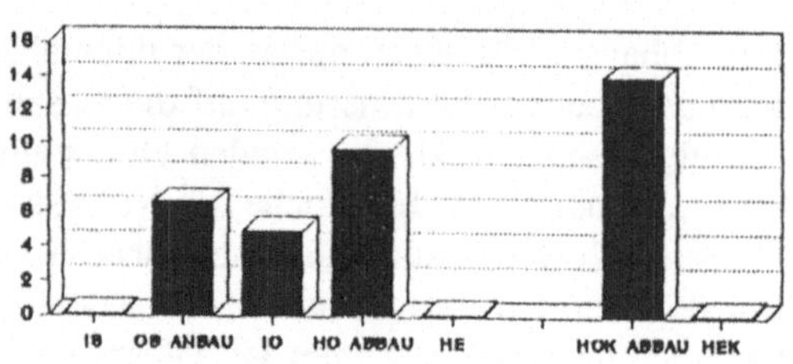

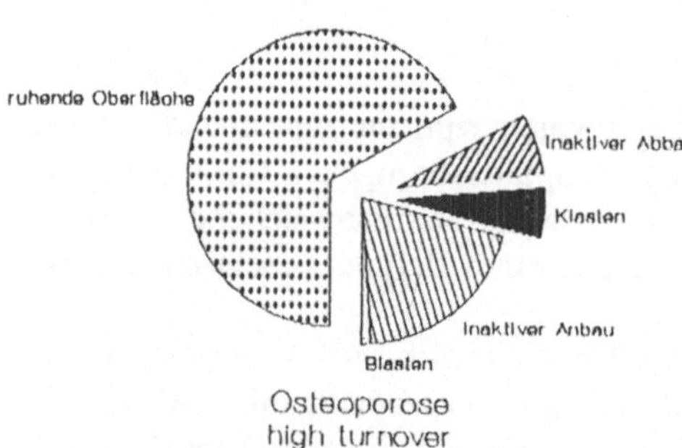

Endostoberflächenparameter
Abbau vor und nach Korrektur
auf die mineraliserte Oberfläche

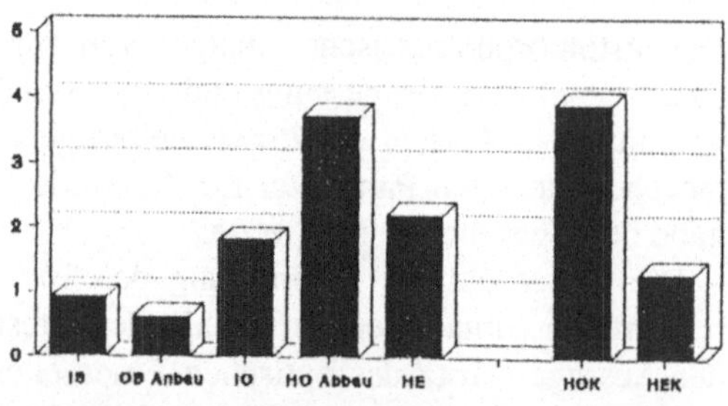

Angaben = Abweichung der Altersnorm 1,0

Abb. 1. Histomorphometrische Parameter der Endostoberfläche von renaler Osteopathie Typ II und Typ III im Vergleich zur high turnover Osteoporose. **a** Kreisdiagramme: Die ruhende Oberfläche (*IS*) stellt mit ihrem sehr unterschiedlichen Anteil das potentielle Reservoir für den Abbau dar. Bei normaler Normierung wird der Klasten besetzte Oberflächenanteil (*HO*) auf den gesamten Kreis bezogen, dabei stellt aber die inaktive Oberfläche etwa 70% des Kreisumfanges dar. Werden aber 70 und mehr Prozent des Kreises durch Osteoid bedeckte Oberflächenanteile gebildet, ist die dem Abbau zugängliche Oberfläche wesentlich geringer, wie aus den beiden Beispielen der renalen Osteopathie im Vergleich zur high turnover Osteoporose erkennbar ist. **b** Säulendiagramme: Darstellung der Oberflächenparameter (bezogen auf die Altersnorm = 1.0) *IS* inaktive Oberfläche, *OB* Osteoblasten besetzte Osteoidoberfläche, *IO* Osteoidoberfläche ohne Osteoblasten, *HO* Abbauoberfläche mit Osteoklasten, *HE* Abbauoberfläche ohne Osteoklasten. HOK und HEK stellen die Abweichungen der Abbauparameter normiert auf die für den Abbau tatsächlich verfügbare Oberfläche (IS + HO + HE) dar. Die sehr unterschiedlichen Ergebnisse der Normierung werden besonders bei der renalen Osteopathie vom Typ II deutlich, wogegen sich bei der high turnover Osteoporose keine wesentlichen Unterschiede ergeben

werden die Segmente, die die mineralieserte Oberfläche repräsentieren, besonders hervorgehoben. In entsprechenden Säulendiagrammen werden die zu den Segmenten gehörenden Abweichungen von der Altersnorm neben den auf die mineralisierte Oberfläche korrigierten Normwerte der Abbauparameter angeboten.

Die Berechnung der Normabweichung für den Bereich der mineralisierten Oberfläche haben wir wie folgt vorgenommen:

Aus den Vorgaben der entsprechenden Altersnormen für die inaktive Oberfläche IS, die Abbauoberfläche mit Osteoklasten HO und der Resorptionsoberfläche ohne Osteoklasten HE ergaben sich die 100% der Norm. Davon wurden die Normanteile für die auf die mineralisierte Oberfläche korrigierten Abbauoberflächenteile HOK und HEK (die Summe ergibt HTK als Maß für die Gesamtresorptionsoberfläche) berechnet.

In gleicher Weise wird mit den Meßwerten der Bioptate verfahren. Aus korregierten Normwerten und den Abweichungen der so korregierten Meßwerte (Berechnung der Abbauparameter auf die tatsächlich mineralisierte Oberfläche) ergeben sich dann die neuen korrigierten Normabweichungen für HOK und HEK bzw. als Summe für HTK.

Der grafische Vergleich beider Normierungen macht die unterschiedliche Aussage auch im Vergleich zu einem Beispiel aus der Osteoporosediagnostik deutlich (Abb. 1).

Ergebnisse

1. Zunächst werden mit Kreisgrafiken die drei Oberflächenparameter für Anbau, Abbau und ruhende Endostoberfläche als Normwerte und deren Veränderung bei einer high turnover Osteoporose, bei renalen Osteopathien der Typen II und III sowie der intestinal bedingten Osteopathie dargestellt (Abb. 1). Schon dabei wird deutlich, wie weit der Spielraum für den Abbau bei den gemischten Osteopathien eingeschränkt ist und wie durch die neue Normierung die Abbauaktivität bei extremer Osteoidose einen anderen Stellenwert erhält. Es wird aber auch erkennbar, daß die geänderte Normierung nur bei deutlich erhöhten Osteoidoberflächenbereichen, etwa ab 70%, andere, die Aussage und Deutung ändernde Resultate ergibt.
2. In den Säulendiagrammen werden die zellulären Aktivitäten in den An- und Abbauoberflächen getrennt ausgewiesen, um eine exzessive Osteoklasie selbst bei extremer Osteoidose noch deutlich zu machen. Wenn die so normierten Werte des Abbaus bei der renalen Osteopathie z.B. zu biochemischen Parametern des Knochenumbaus in Beziehung gesetzt werden, ergeben sich bessere und sicherere Korrelationen, wie wir das für das PTH und das Osteokalzin schon vermerkt haben (s. Sperschneider et al.). So können auch diese neuen Normierungen für den Knochenabbau beim Typ II, aber vor allem beim Typ III der renalen Osteopathie besser und eindeutiger auf die Rolle des HPT aufmerksam machen, insbesondere dann, wenn die mathematische Verarbeitung morphometrischer Parameter erfolgen soll.

Sekundärer Hyperparathyreoidismus und Sonographie der Epithelkörperchen bei Dialysepatienten

U. Gladziwa, T. H. Ittel, B. Schacht, J. Riehl, K. V. Dakshinamurty, H. Mann, H.-G. Sieberth

Medizinische Klinik II, RWTH, Pauwelsstraße 30, W-5100 Aachen, BRD

Einleitung

Der sekundäre Hyperparathyreoidismus stellt nach wie vor eine der Hauptkomplikationen der chronischen Niereninsuffizienz bei Langzeitdialyse dar. Im Skelett überwiegt die osteoklastäre Resorption den osteoblastären Neuanbau; es kommt zur Endostfibrose und zum Auftreten von minderwertigem Faserknochen entsprechend einer Ostitis fibrosa. Daneben können aber auch Veränderungen der Knochenmasse wie eine Osteosklerose oder Osteopenie auftreten. Die Patienten klagen über vermehrte Knochenschmerzen.

Ziel der vorliegenden Studie war es, die Prävalenz von vergrößerten Epithelkörperchen mittels Ultraschall bei Dialysepatienten zu untersuchen und klinischen, biochemischen und radiologischen Parametern gegenüberzustellen.

Patienten und Methoden

Bei 96 Dialysepatienten (39 Männer, 57 Frauen; Durchschnittsalter $52 \pm 12,6$ Jahre) wurde eine Ultraschalluntersuchung (SL-2 Siemens, 7,5 MHz) der Nebenschilddrüsen (NSD) durchgeführt. Die Dauer der Niereninsuffizienz bis zu Beginn der Hämodialyse betrug $11,7 \pm 8,5$ Jahre, wobei die Dialysedauer bei $5,8 \pm 4,1$ Jahren lag.

Bei 75% der Patienten wurde eine Bikarbonat-Dialyse (HCO_3-: 32–34 mmol/l) durchgeführt. Die übrigen Patienten erhielten Acetat (CH_3COO^-: 35 mmol/l). Der Säure-Basenhaushalt war nach der Hämodialyse ausgeglichen. Die Calcium-Konzentration im Dialysat betrug jeweils 1,75 mmol/l. Die mittlere Dialysezeit lag bei dreimal 4–6 Stunden/Woche, der Blutfluß zwischen 160–220 ml/min. Alle Patienten erhielten Phosphatbinder (Calcium-Carbonat und/oder Aluminiumhydroxid) und der größte Teil der Patienten Calcitriol (0,25 μg/die).

Klinische Symptome wie Knochen- und Gelenkschmerzen sowie Dialysedauer wurden aufgezeichnet.

Ferner bestimmten wir intaktes Parathormon (IRMA), alkalische Phosphatase, anorg. Phosphat und Gesamt-Calcium, welche in einem Zeitraum von 6 Monaten alle 3 Wochen vor Beginn der Hämodialyse untersucht wurden.

Schließlich wurden die Hände (Mammographietechnik) und Acromioclavikulargelenke geröntgt, wobei folgende radiologische Befunde ausgewertet wurden: Zeichen des se-

T. H. Ittel H.-G. Sieberth H. H. Matthiaß (Hrsg.)
Aktuelle Aspekte der Osteologie

Tabelle 1. Vergleich signifikanter Parameter

	Gruppe 1 (NSD + 33,3%)	Gruppe 2 (NSD – 66,7%)
Klinik (Knochenschmerzen) (%)	65,6	40,6
Hämodialysealter (Monate)	87,7 ± 51,0	62,5 ± 47,4
PTH intakt (pmol/l)	52,8 ± 47,9	18,1 ± 18,0
Alkal. Phosphatase (U/l)	260,2 ± 201,1	129,8 ± 127,3
Zeichen des sek. Hyperparathyreodismus		
Hände (%)	28,1	6,9 ±
AC-Gelenke (%)	37,5	13,6 ±

$p < 0,05$.

Tabelle 2. Vergleich nicht signifikanter Parameter

	Gruppe 1	Gruppe 2
Calcium (mmol/l)	2,43 ± 0,22	2,36 ± 0,19
Anorg. Phosphat (mmol/l)	2,00 ± 0,36	1,84 ± 0,37
Knochenzysten (%)	18,8	16,7 ±
Periartik. Ver kalk. (%)	31,3	16,9 ±

n.s.

kundären Hyperparathyreoidismus (subperiostale Resorptionen, Akroosteolysen, subchondrale Resorptionen), Knochenzysten sowie periartikuläre Weichteilverkalkungen.

In Abhängigkeit vom sonographischen Untersuchungsergebnis wurde eine Unterteilung der Patienten in 2 Gruppen vorgenommen (Gruppe 1: mit nachweisbaren NSD; Gruppe 2: ohne nachweisbare NSD) und ein statistischer Vergleich der angegebenen Untersuchungsparameter durchgeführt (χ^2, Mann-Whitney- und Wilcoxon-Test).

Ergebnisse und Diskussion

32 Patienten (33,3%) (Gruppe 1) hatten sonographisch darstellbar eine oder mehrere Nebenschilddrüsen. Tabelle 1 und 2 vergleicht die Parameter beider Gruppen.

Radiologische Parameter der renalen Osteopathie sind im Frühstadium wenig verläßlich. Nur ca. 1/3 der Patienten mit sonographisch vergrößerten NSD weisen radiologisch faßbare Veränderungen einer renalen Osteopathie auf.

Negative Befunde schließen eine NSD-Überfunktion jedoch nicht aus, da in Gruppe 2 (Pat. ohne NSD-Nachweis) in 6,9% an den Händen und in 13,6% an den AC-Gelenken röntgenologisch Zeichen des sek. Hyperparathyreoidismus gefunden wurden.

Bei sonographisch nachweisbaren Epithelkörperchen ist auch bei fehlenden radiologischen Zeichen des sek. Hyperparathyreoidismus dennoch von einer fortgeschrittenen renalen Osteopathie auszugehen.

Es sind aber auch trotz radiologischer Zeichen und erhöhtem Parathormon-Spiegel sonographisch keine vergrößerten Nebenschilddrüsen zu finden.

Keine Beziehung besteht zwischen vergrößerten Nebenschilddrüsen und Knochenzysten bei dialyse-assoziierter Amyloidose. Intaktes Parathormon und alkalische Phosphatase sind diagnostisch relevante Laborparameter beim sekundären Hyperparathyreoidismus. Daß in beiden Gruppen keine Unterschiede zwischen Calcium und Phosphat bestehen, ist auf die Therapie mit Phosphatbindern und Calcitriol zurückzuführen. Periartikuläre Weichteilverkalkungen finden sich in beiden Gruppen in gleicher Häufigkeit.

Ultraschall, Thallium-Technetium-Subtraktions-Szintigraphie, Computertomographie und Magnet-Resonanz-Tomographie werden als nicht-invasive Verfahren zur Epithelkörperchendiagnostik eingesetzt. Methode der Wahl ist hierbei die Sonographie. Aufgrund ihrer geringen Größe ($0,5 \times 0,3 \times 0,1$ cm), Fettgehalt und Echostruktur sind normalgroße Nebenschilddrüsen sonographisch nicht darstellbar [1]. Adenome stellen sich in der Regel als homogene, echoarme Läsion dar. Vergrößerte Nebenschilddrüsen finden sich bei 27–75% der Dialysepatienten mit einer Sensitivität bzw. Spezifität von 80% bzw. 94% [1–4]. So ist es bei der Ultraschalluntersuchung gelegentlich schwierig, eine vergrößerte Nebenschilddrüse von einem Nebenschilddrüsenadenom zu unterscheiden. Wenig sensitiv ist die Sonographie bei ektoper Lage im vorderen Mediastinum und bei voroperierten Patienten mit ausgedehnten narbigen Veränderungen.

Zusammenfassend ist die Ultraschalluntersuchung der Nebenschilddrüsen eine sinnvolle Methode für die Routinediagnostik des sekundären Hyperparathryreoidismus und dient als Entscheidungshilfe für die Indikationsstellung der Parathyreoidektomie.

Literatur

1. Takebayashi S, Matsui K, Onohara Y et al. (1987) Sonography for early diagnosis of enlarged parathyroid glands in patients with secondary hyperparathyreoidism. AJR 148:911–914
2. Solbiati L, Giangrande A, Montali G et al. (1983) Parathyroid (PT) ultrasonography (US) and fine-needle aspiration biopsy in the diagnosis of secondary hyperparathyroidism. Kidney Int 23:548–565
3. Shand J, Modi KB, McLeod IA et al. (1988) Parathyroid ultrasound in the assessment of renal osteodystrophy in patients with chronic renal failure. Nephrol Dial Transplant 3:349
4. Tomić Brzac H, Pavlovic D, Halbauer M et al. (1989) Parathyroid sonography in secondary hyperparathyroidism: correlation with clinical findings. Nephrol Dial Transplant 4:45–50

Der Knochenschmerz: eine Indikation zur chirurgischen Therapie beim sekundären Hyperparathyreoidismus?

C. Dotzenrath, P.E. Goretzki, J. Hausmann, D. Simon, H.D. Röher

Abteilung für Allgemeine- und Unfallchirurgie, Heinrich-Heine-Universität, Moorenstraße 5, W-4000 Düsseldorf, BRD

Einleitung

Die operative Behandlung des sekundären Hyperparathyreoidismus ist mit Einführung des bioaktiven Vitamin D_3 ($1{,}25(OH)_2D_3$) zunehmend in den Hintergrund getreten. Zwei Indikationsstellungen sind jedoch weiterhin allgemein akzeptiert:

1. Der hypercalcämische oder auch tertiäre Hyperparathryreoidismus, unabhängig, ob er nun unter Behandlung mit Vitamin D auftritt oder nicht.
2. Die schwere renale Osteopathie mit Knochenschmerzen und pathologischen Frakturen. Diese Diagnose wird unter Berücksichtigung von Laborparametern, histologischem und klinischem Befund unter Ausschluß einer Aluminiumtoxikation gestellt. Die Nachuntersuchung von 52 operierten Patienten mit sekundärem Hyperparathyreoidismus zeigt die Effektivität dieser Therapieform bei kritischer Beurteilung der Indikation bezüglich der Hypercalcämie und der für die Patienten sehr belastenden Knochenschmerzen.

Patientengut

Zwischen dem 1.4.1986 und dem 1.4.1990 wurden an der Chirurgischen Abteilung der Universität Düsseldorf 52 Patienten mit einem renalen HPT operiert. Die Durchschnittsdialysedauer betrug 99 Monate. Der Nachuntersuchungszeitraum betrug 0,5 bis 3,5 Jahre. Wir unterteilten die Patienten in vier Gruppen:

a) terminal niereninsuffiziente Patienten, die in keinem Nierentransplantationsprogramm aufgenommen waren (22),
b) terminal niereninsuffiziente Patienten, die in einem Nierentransplantationsprogramm aufgenommen waren (17),
c) bereits nierentransplantierte Patienten (12),
d) Patienten mit einer Niereninsuffizienz im Stadium der kompensierten Retention (1).

36 Patienten (69%) waren präoperativ hypercalcämisch (Tabelle 1).

Als präoperative Symptome waren bei 46 (88%) Knochenschmerzen zu verzeichnen, bei 15 Patienten (29%) waren bereits pathologische Frakturen aufgetreten, 23 (44%) hatten Weichteilverkalkungen und die gleiche Anzahl litt unter starkem Pruritus. Bei 33 Patienten wurde präoperativ eine Yamshidi-Punktion durchgeführt, 23 Patienten wurden nach Delling B und 10 Patienten nach Delling C klassifiziert.

T. H. Ittel H.-G. Sieberth H. H. Matthiaß (Hrsg.)
Aktuelle Aspekte der Osteologie

Bei Patienten mit terminaler Niereninsuffizienz, die in keinem Transplantationsprogramm aufgenommen worden waren, wurde in der Regel eine totale Parathyreoidektomie mit Thymektomie und Autotransplantation von Nebenschilddrüsengewebe in den Musculus brachio-radialis durchgeführt. Der größte Teil des entnommenen Gewebes wurde kryopräserviert. Bei allen übrigen Patienten wurde eine subtotale Parathyreoidektomie mit Thymektomie durchgeführt. Grund für das unterschiedliche Vorgehen war der folgende: bei Patienten, die auf Dauer niereninsuffizient bleiben, kann es innerhalb weniger Jahre zu einer Hyperplasie des Restgewebes und somit zu einem operationsbedürftigen Rezidiv des Hyperparathyreoidismus kommen. Dieser Rezidiveingriff am Hals ist mit der deutlich erhöhten Gefahr einer Recurrensparese behaftet. Am Arm ist die Transplantatreduktion ein in Lokalanästhesie durchführbarer Eingriff ohne Risiko. Bei Patienten, die nierentransplantiert werden, kann das verbliebene Restgewebe wieder eine normale Funktion aufnehmen.

Ergebnisse

Während präoperativ 88% der Patienten unter starken Knochenschmerzen litten, gab postoperativ während des stationären Aufenthaltes die Hälfte dieser Patienten an, die Beschwerden seien deutlich rückläufig. Bei einem Patienten waren sie sogar innerhalb weniger Tage gänzlich verschwunden. Zum Zeitpunkt der Nachuntersuchung war bei 58% eine Besserung der Schmerzen oder eine völlige Schmerzfreiheit erreicht worden. 44% der Patienten wiesen zum Zeitpunkt der Operation Weichteilverkalkungen auf, bei 10% waren diese zum Zeitpunkt der Nachuntersuchung gänzlich verschwunden, bei weiteren 8% deutlich rückläufig. 44% litten präoperativ unter Pruritus, bei der Nachuntersuchung waren es nur noch 15%.

68% der total parathyreoidektomierten und autotransplantierten Patienten hatten postoperativ eine ausgeprägte Hypocalcämie, bei den subtotal resezierten Patienten waren es 42%. Von den 28 Patienten, die total parathyreoidektomiert wurden, hatten 8 (28%) postoperativ eine schwere Hypocalcämie, d.h. sie benötigten über mehrere Tage eine iv-Gabe von Calcium. Bei den subtotal resezierten Patienten war es nur ein Patient von 24 (4%).

Zum Zeitpunkt der Nachuntersuchung wurden 34 Patienten (65%) mit Vitamin D und Calcium behandelt. 8 Patienten (15%) erhielten ausschließlich Vitamin D. Zwei total parathyreoidektomierte Patientinnen waren aparathyreot und mußten nachtransplantiert werden, in beiden Fällen erfolgreich.

Tabelle 1. Präoperative Befunde bei Patienten mit sekundärem Hyperparathyreoidismus (Düsseldorf 4/86–4/90)

	(n)	(%)
Hypercalcämie	36	69
Knochenschmerzen	46	88
Pathologische Frakturen	15	30
Weichteilverkalkungen	23	44
Pruritus	23	44

Als Komplikationen fanden wir zwei (4%) permanente Recurrensparesen, zweimal unmittelbar postoperativ ein Glottisödem, eine (1%) Nachblutung und zwei Wundheilungsstörungen. Zweimal persistierte die Erkrankung. Bis zum jetzigen Zeitpunkt trat kein Rezidiv auf.

Diskussion

Das etablierte Therapieverfahren beim sekundären Hyperparathyreoidismus ist heute die Behandlung mit Vitamin D oder Vitamin D-ähnlichen Steroiden und Antiphosphaten [1, 2], teilweise in Abhängigkeit vom histologischen Knochenbefund [3]. Bei Nicht-Ansprechen auf die Vitamin-D-Therapie oder schwersten Komplikationen besteht die Indikation zur Operation [4]. Die hohe Erfolgsrate der Operation [5] bei geringer Morbidität sollte den Zeitpunkt der Operation nicht verzögern. Als Therapieverfahren der Wahl favorisieren wir bei der zunehmenden Frequenz der Nierentransplantationen die subtotale Parathyreoidektomie [5], die gegenüber der totalen Parathyreoidektomie mit Autotransplantation den Vorteil einer geringeren A- bzw. Hypoparathyreoidie trägt. Eine transzervikale Thymektomie ist in Anbetracht des hohen Vorkommens einer 5-Drüsenerkrankung obligatorisch [6, 7]. Zahlreiche Autoren favorisieren dagegen die total Parathreoidektomie mit Autotransplantation [8]. Große Untersuchungsreihen über einen längerfristigen Zeitraum liegen jedoch noch nicht vor.

Insgesamt kann somit die Chirurgie des sekundären HPT bei kritischer Indikationsstellung und individuell angepaßter Operationsstrategie die Hypercalcämie beherrschen und die Beschwerden der Patienten entscheidend bessern.

Literatur

1. Slatopolsky E, Lopez-Hilker S, Delmez Y et al. (1990) The parathyroid-cacitriol axis in health and chronic renal failure. Kidney Int 38 (29):41–47
2. Baker LR, Abrams SM, Roe CJ et al. (1989) Early therapy of renal bone disease with calcitriol: a prospective double blind study. Kidney Int Suppl 27:140–142
3. Malluche HH, Faugere MC (1990) Effects of 1,25$(OH)_2D_3$ administration on bone in patients with renal failure. Kidney Int 38 (29):48–53
4. Rothmund M, Wagner PK (1987) Epithelkörperchentransplantation. In: Röher HD (Hrsg) Endokrine Chirurgie. Thieme, Stuttgart New York, S 77–95
5. Henry JF, Demizot A, Audiffret J, France G (1988) Traitment chirurgical de l'hyperparathyroidie secondaire chez l'insuffisant renal chronique hemodialyse. Resultats et choix d'une technique. J Chir (Paris) 126 (6–7):395–400
6. Proye C, Carnaille B, Sautier M (1990) Hyperparathyroidie chez l'insuffisant renal chronique: parathyroidectomie subtotale ou parathyroidectomie totale avec autotransplantation? Experience de 121 observations. J Chir (Paris) 127 (3):136–140
7. Takagi H, Tominaga Y, Tanaka Y et al. (1988) Total parathyroidectomy with forearm autograft for secondary hyperparathyroidism in chronic renal failure. Ann Surg 208 (5):639–644
8. Alexander PT, Schumann ES, Vetto RM et al. (1988) Repeat parathyroid operation associated with renal disease. Am J Surg 155 (5):686–689

Therapeutische Probleme beim Hüftschaden im Rahmen einer renalen Osteopathie

J. J. Neidel, J. Schmidt, J. Rütt

Klinik und Poliklinik für Orthopädie, Universität Köln, (Dir.: Prof. Dr. M. H. Hackenbroch), Joseph-Stelzmann-Straße 9, W–5000 Köln 41, BRD

Einleitung

Die renale Osteopathie führt im fortgeschrittenen Stadium zu einer ausgeprägten Osteopenie mit mehr oder weniger starker osteomalazischer Komponente. Die daraus resultierenden Probleme auf orthopädischem Fachgebiet betreffen neben der Wirbelsäule überwiegend das Hüftgelenk und den proximalen Oberschenkel. Zu nennen sind neben der Hüftkopfnekrose durch Steroid-Behandlung der Grunderkrankung vor allem die mangelhafte Stabilität des Knochens mit der Folge gehäuft auftretender Femurfrakturen und entsprechender Schwierigkeiten bei der endoprothetischen oder osteosynthetischen Versorgung.

Wir stellen im folgenden unsere mittelfristigen Ergebnisse nach Hüft-TEP-Versorgung bei niereninsuffizienten Patienten vor; daneben zeigen wir Fälle, bei denen eine Endoprothesenversorgung wegen einer schweren Osteopenie unterbleiben mußte.

Patientengut und Methodik

Nachuntersucht wurden niereninsuffiziente Patienten, die in den Jahren 1984–89 wegen Hüfterkrankungen bei uns endoprothetisch versorgt wurden. Der Pfannenersatz erfolgte durchweg mit einem zementfrei einzusetzenden sphärischen Schraub-Implantat (MEC-Ring), femoralseitig wurden sowohl der MECRON-MR-Schaft (nichtzementiert) als auch ein modifizierter Charnley-Müller-Schaft (zementiert) verwandt. Als Kontrolle diente eine altersentsprechende Gruppe von nierengesunden Patienten, denen wegen einer Coxarthrose eine Hüft-TEP implantiert worden war. Die Patienten wurden klinisch und radiologisch untersucht und die Implantatlockerungsrate mithilfe einer Überlebenstafel ermittelt. Im Falle einer fraglichen Lockerung wurden der Beurteilung die von Brand et al. [1] vorgeschlagenen Kriterien zugrundegelegt.

Ergebnisse

Von 13 niereninsuffizienten Patienten konnten 12 nachuntersucht werden (21 Endoprothesen), von 37 Patienten der Coxarthrose-Gruppe 34 (41 Endoprothesen). Das Durchschnittsalter betrug in der Gruppe mit Nierenversagen 53, in der Kontrollgruppe 55 Jahre, das mittlere Nachuntersuchungsintervall lag bei 3 bzw. 3,1 Jahren. Die Aufschlüsselung

T. H. Ittel H.-G. Sieberth H. H. Matthiaß (Hrsg.)
Aktuelle Aspekte der Osteologie

Tabelle 1. Patientengut und klinische Ergebnisse

		Niereninsuffiziente Patienten (n = 12)		Kontroll-Gruppe (n = 34)	
Implantate (Lockerungen in Klammern)					
Pfannen		21	(3)	41	(0)
Nichzementierte Schäfte		13	(2)	23	(1)
Zementierte Schäfte		8	(1)	18	(0)
Gehstrecke (Index)	präop.	1,7		2,1	
	postop.	3,2		3,6	
Schmerzintensität (Index)	präop.	3,4		3,8	
	postop.	1,3		1,5	

Gehstrecke: *0* = zwischen Bett und Stuhl, *1* = im Haus, *2* = 0,5 km, *3* = 1 km, *4* = unbegrenzt. Schmerzintensität: *0* = keine oder vernachlässigbare Schmerzen, *1* = leichte Schmerzen (Aktivität nicht beeinträchtigt), *2* = mäßige Schmerzen (Aktivität eingeschränkt), *3* = deutliche Schmerzen (Analgetica erforderlich), *4* = starke den Schlaf störende Schmerzen, *5* = lähmende Schmerzen, Bettlägerigkeit.

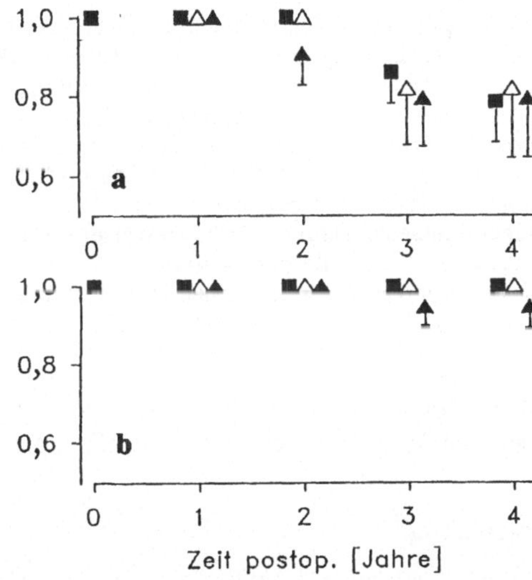

Abb. 1a, b. Überlebenstafel der verschiedenen Implantate. Die Ordinate gibt die Wahrscheinlichkeit (± SEM) wieder, mit der innerhalb eines gegebenen postoperativen Zeitraums keine Lockerung auftritt. **a** Niereninsuffiziente Patienten, **b** Kontrollgruppe; *Quadrate:* Pfannen, *dunkle Dreiecke:* nichtzementierte Schäfte, *helle Dreiecke:* zementierte Schäfte (Beobachtungsumfang s. Tabelle 1)

der beiden Gruppen nach Implantaten und die klinischen Ergebnisse sind in Tabelle 1 wiedergegeben. Abb. 1 zeigt die „Überlebenswahrscheinlichkeit" der einzelnen Implantate, d.h. die Wahrscheinlichkeit, daß innerhalb eines gegebenen Zeitraumes postoperativ keine Lockerung eintritt.

Schmerzlinderung und Verbesserung der Gehstrecke durch die endoprothetische Versorgung weisen in beiden Gruppen grob vergleichbare Ergebnisse auf. Die Lockerungsrate liegt bei unseren niereninsuffizienten Patienten zwar zunächst gleichauf, steigt jedoch ab

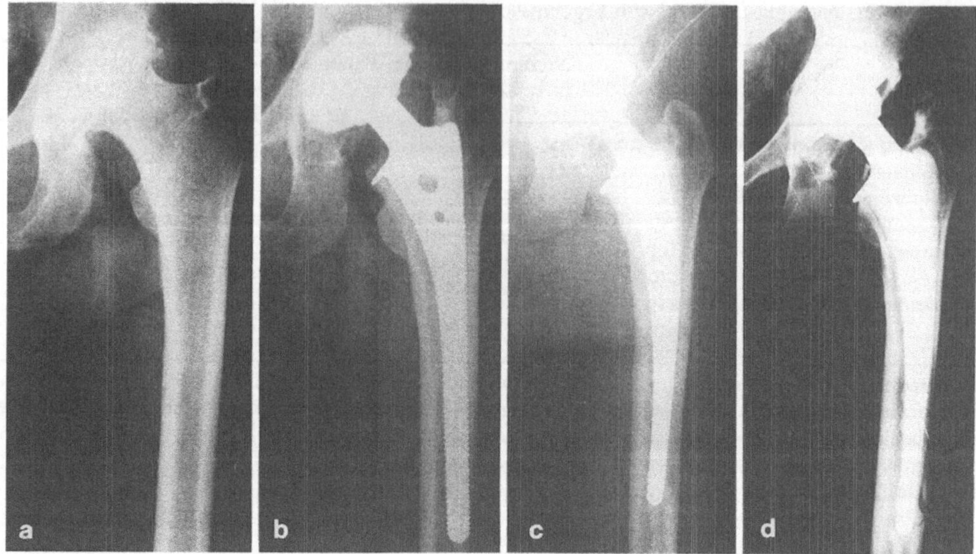

Abb. 2a–d. Pat. O.U., weiblich. In der Jugend Beginn einer beidseitigen chronischen Pyelonephritis, ab dem 27. Lebensjahr Dialyse. Mit 30 Jahren Nierentransplantation, wenige Monate später Diagnose einer beidseitigen steroid-induzierten Hüftkopfnekrose. Sieben Jahre später erneuter Dialysebeginn wegen Versagen des Transplantates. Aufgrund zunehmender belastungsabhängiger Schmerzen an beiden Hüften im Alter von 43 Jahren Implantation einer zementfreien Hüft-TEP rechts (**a**), kurze Zeit später auch links. Zweieinhalb Jahre postoperativ Schaftlockerung links im Varussinne mit Einwandern der Prothesenstielspitze in die laterale Femurcorticalis (**b**), intraoperativ überdies Nachweis einer Pfannenlockerung. Prothesewechsel gegen ein Hybrid-Modell mit zementiertem Schaft (**c**). Bei der letzten Kontrolle gut zwei Jahre nach dem Wechsel beschwerdefrei, radiologisch aber weiter fortschreitender Corticalisverlust an der lateralen Femurdiaphyse (**d**)

dem dritten postoperativen Jahr sowohl für die Pfannen als auch für die Prothesenstiele deutlich über die Werte der Kontrollgruppe.

Diskussion

Die renale Osteopathie ist ein metabolischer Sekundärschaden mit charakteristischer Abhängikeit von der primären Läsion am Nierenparenchym. Tubuläre Schäden führen über eine Hemmung der $1{,}25(OH)_2$-Vitamin D_3-Bildung vorwiegend zu einer Osteomalazie, während Glomerulopathien zusätzlich einen sekundären Hyperparathyreoidismus bedingen. Die Mehrheit unserer Patienten zeigte eine osteomalazisch-osteopenische Mischform.

Ein besonderes Problem bei der Niereninsuffizienz ist die Steroid-induzierte Hüftkopfnekrose [2, 3], die bei über vier Fünfteln unserer totalendoprothetisch versorgten Patienten die zur Operation führende Diagnose darstellte. In zwei Dritteln dieser Fälle trat die Hüftkopfnekrose beidseits auf. Die Nekrosen sind vermutlich nicht zuletzt deshalb so häufig, weil Cortisonderivate oft sowohl zur Behandlung der Grunderkrankung als auch im Falle einer Transplantation zur Unterdrückung der Immunantwort jeweils über längere Zeit hinweg eingesetzt werden müssen. Hüftkopfnekrosen werden allerdings auch schon

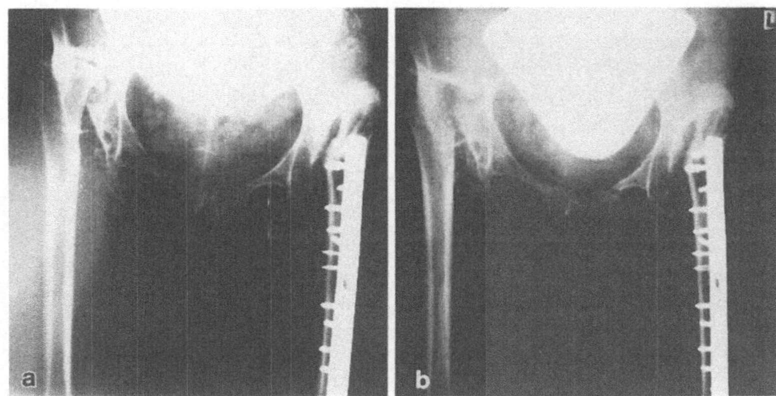

Abb. 3a, b. Pat. L.M., weiblich. Als Kind Hüftreifungsstörung mit späterer Ausbildung einer Dysplasiecoxarthrose beidseits, daneben Niereninsuffizienz auf der Basis einer chronischen Pyelonephritis. Mit 56 Jahren Versuch der Hüft-TEP-Implantation links, worunter es zu einer Femurschaftfraktur kam. Aus diesem Grund Verzicht auf TEP, Versorgung mit Plattenosteosynthese sowie Resektion des Hüftkopfes. Drei Jahre später zunehmende belastungsabhängige Schmerzen in der rechten Hüfte bei Dysplasiecoxarthrose mit Hüftkopfnekrose und Ermüdungsbruch im Pfannengrund (**a**). Nach Resektion des rechten Hüftkopfes deutliche Beschwerdebesserung und zufriedenstellende Mobilisierung mit Gehhilfe (**b**)

nach Kurzzeit-Cortisontherapie gesehen [5]. Ein gewisser Fortschritt mit Rückgang der Nekroserate wurde durch die Einführung des Cyclosporin A in die Transplantationsmedizin erzielt [4]. Abgesehen von der Auslösung von Hüftkopfnekrosen verstärken Corticoide am Skelett die renale Osteopathie durch Hemmung der osteoblastären Knochenneubildung und Begünstigung des sekundären Hyperparthyreoidismus.

Die Ergebnisse eines totalendoprothetischen Hüftgelenkersatzes fallen erwartungsgemäß bei niereninsuffizienten Patienten bereits nach einer Beobachtungsdauer von wenigen Jahren schlechter aus als bei einer „knochengesunden" Vergleichsgruppe. Berücksichtigt man die eingeschränkte Lebenserwartung bei Nierenversagen, so erscheint eine TEP-Versorgung bei stark schmerzhaften Folgekrankheiten wie einer ausgedehnten Hüftkopfnekrose auch dann sinnvoll, wenn bereits mäßige osteopenische Veränderungen eingetreten sind. Ist es bei einer fortgeschrittenen Osteopathie bereits zu pathologischen Frakturen an Schenkelhals oder proximalem Femur gekommen, so ist die Hüftkopfresektion, gegebenenfalls in Verbindung mit einer Verbundosteosynthese, zu erwägen, da hier die Implantation einer Endoprothese oder eine Osteosynthese ohne Zement oft wenig aussichtsreich sind.

Zusammenfassung

Unsere Daten durchschnittlich drei Jahre nach Implantation von 21 Hüft-Totalendoprothesen bei 12 niereninsuffizienten Patienten zeigen eine höhere Lockerungsrate als bei einem „knochengesunden" Vergleichskollektiv (41 Endoprothesen bei 34 Patienten). Die Frühlockerungen betreffen dabei im Gegensatz zur Kontrollgruppe den Pfannenersatz praktisch ebenso häufig wie den Femurstiel. Bei sehr ausgeprägter Osteopathie geben wir wegen der schlechten Prognose der endoprothetischen Versorgung erforderlichenfalls der Femurkopfresektion den Vorzug.

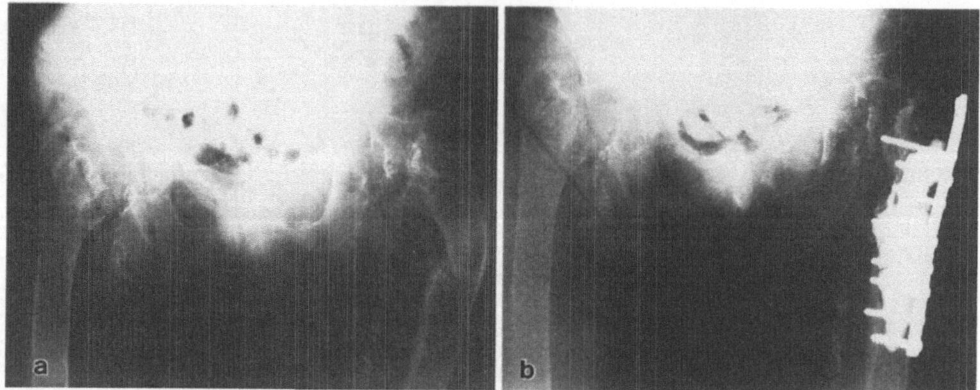

Abb. 4a, b. Pat. K.M., weiblich. Als junge Frau Beginn einer beidseitigen chronischen Pyelonephritis, Dialyse ab dem 48. Lebensjahr. Bis zum 60. Lebensjahr gehfähig, dann kurz hintereinander ohne adäquates Trauma Schenkelhalsfraktur links, subtrochatere Femurfraktur links und Schenkelhalsfraktur rechts. Bei der Aufnahmeuntersuchung bei uns Nachweis einer fortgeschrittenen Knochenentkalkung im Rahmen einer renalen Osteopathie (**a**). Versuche, die Gehfähigkeit der Patientin wieder herzustellen, erschienen angesichts dieser Situation nicht aussichtsreich. Aus diesem Grund Resektion beider Hüftköpfe und Durchführung einer Verbundosteosynthese links (**b**). Hiermit befriedigende Mobilisierung im Rollstuhl und dauerhafte Beschwerdefreiheit

Literatur

1. Brand RA, Pedersen DR, Yoder SA (1986) How definition of "loosening" affects the incidence of loose total hip reconstructions. Clin Orthop 210:185–191
2. Cruess RL (1977) Cortisone-induced avascular necrosis of the femoral head. J Bone Joint Surg 598:308–317
3. Herndon JH, Aufranc OE (1972) Avascular necrosis of the femoral head in the adult. Clin Orthop 86:43–62
4. Schwarz-Lausten G, Steen Jensen J, Olgaard K (1988) Necrosis of the femoral head after renal transplantation. Acta Orthop Scand 59 (6):650–654
5. Taylor LJ (1984) Multifocal avascular necrosis after short-term high-dose steroid therapy. J Bone Joint Surg 66B:431–433

Destruierende, nicht-infektiöse Spondyloarthropathie bei Dialysepatienten und chronischer Niereninsuffizienz

R. Weiske[1], H.W. Schneider[2], L. Guhl[1]

[1] Radiologisches Institut, Zentrum für Radiologie, Katharinenhospital, Kriegsbergstraße 60, W–7000 Stuttgart 1, BRD
[2] Zentrum für Innere Medizin, Abteilung für Nieren- und Hochdruckkrankheiten, Katharinenhospital, Kriegsbergstraße 60, W–7000 Stuttgart 1, BRD

Einleitung

Unter dem Sammelbegriff *Dialyse-Arthropathie* sind in jüngster Zeit Komplikationen beschrieben worden, die mit Arthralgien und einem Karpaltunnelsyndrom einhergehen, und nach meist mehrjähriger Dialyse zu destruierenden Arthropathien und Spondylopathien führen können (Zus.stellg. 1;2). Vielfach ist ein Zusammenhang mit β_2-Mikroglobulin-Amyloid-Ablagerungen herzustellen. Im deutschsprachigen Schrifttum haben wir 1988 [1] erstmals die bislang kaum bekannten destruierenden Veränderungen an den Wirbelendplatten und Bandscheiben bei chronischer Hämodialyse beschrieben, die von Kuntz u. Mitarb. [3] 1984 und Kaplan u. Mitarb. [4] 1987 als *destruierende, nicht-infektiöse Spondyloarthropathie* benannt worden sind und bevorzugt an der HWS auftreten sollen.

Patienten und Methode

Bei 10 chronisch hämodialysierten Patienten sowie 1 Patientin 3 Jahre nach Nierentransplantation haben wir auf Röntgenübersichtsaufnahmen des befallenen WS-Abschnittes in 2 Ebenen Wirbelendplattenläsionen gefunden, die diesem Krankheitsbild röntgenmorphologisch, klinisch und serologisch zuzuordnen waren. Zumeist wurden ergänzende Schichtaufnahmen der erkrankten Region in pluridirektionaler Verwischungstechnik sowie CT-Dünnschichten angefertigt.

In entsprechender Weise wurden Untersuchungsergebnisse gewonnen, die bei verschiedenen Patienten die wichtigsten Differentialdiagnosen repräsentieren.

Von 2 der 10 Patienten liegen die Ergebnisse der 99m-Technetium-Skelettszintigraphie vor sowie bei 1 Patienten eine MR-Tomographie.

Ergebnisse

Röntgenmorphologisch können wir eine *Frühform* und ein *Vollbild* der destruierenden, nicht-infektiösen Spondyloarthropathie (abgekürzt: dSpa) unterscheiden.

Bei 3 Patientinnen konnte durch röntgenologische Verlaufskontrollen die langsame Entwicklung der *Frühform* 2× an der LWS und 1× an der BWS verfolgt werden. Subchondral gelegene pseudozystische Aufhellungen, die einem intraspongiösen Knorpeleinbruch

T.H. Ittel H.-G. Sieberth H.H. Matthiaß (Hrsg.)
Aktuelle Aspekte der Osteologie

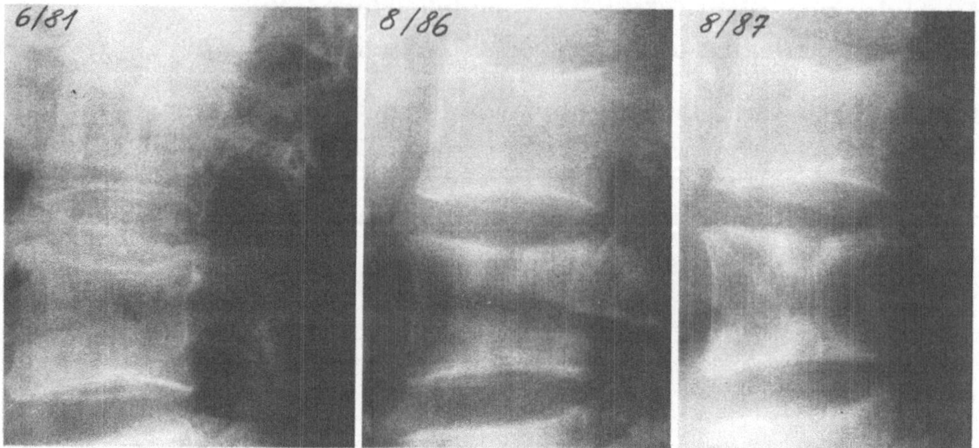

Abb. 1. Entwicklung Frühform der destruierenden abakteriellen Spondyloarthropathie an der LWS mit intraspongiösem Knorpeleinbruch bei normal hoher Bandscheibe

ähneln, charakterisieren dieses Initialstadium, in dem die Bandscheibe noch nicht verschmälert ist (Abb. 1). Die Knorpeleinbrüche sind von einer randständigen saumartigen Sklerose umgeben, die sich zur Wirbelspongiosa hin unscharf abgrenzt. Im CT mißt man im Zentrum dieser hypodensen Pseudozysten Dichtewerte von etwa 25 HU (Abb. 2). Resnick u. Mitarb. [5] haben 1976 einen ähnlichen Befund als subchondrale Knochenresorption bei einem Patienten mit renaler Osteopathie beschrieben und histologisch Zeichen einer Ostitis fibrosa zystica gefunden mit Einbruch von Diskusanteilen durch Defekte der Knorpelendplatte, umgeben von reaktiven Sklerosen.

Das *Vollbild* der abakteriellen dSpa ist charakterisiert durch eine Verschmälerung der Bandscheibe mit erosiven Destruktionen der angrenzenden Wirbelendplatten und Einbrüchen in die umgebaute, destruierte subcorticale Wirbelspongiosa mit reaktiven Sklerosen (Abb. 3). Eine perifokale Weichteilreaktion fehlt meist oder ist nur gering ausgeprägt. Osteophytäre Knochenappositionen treten selten auf. Die Wirbeldestruktion entwickelt sich im allgemeinen rasch innerhalb weniger Monate und geht oft mit einer lokalen Schmerzsymptomatik einher. Die Unregelmäßigkeiten der Wirbelendplatten, die unscharf verwaschen und wie „angefressen" aussehen, ähneln dem röntgenmorphologischen Bild einer bakteriellen Spondylitis im floriden Stadium [6]. Klinisch hingegen zeigen die Patienten keine Zeichen einer Infektion bei negativen serologischen Entzündungsparametern. Bei 2 unserer Patienten im Vollstadium war trotz ausgedehnter Destruktionen das Technetium-Skelettszintigramm negativ.

Diskussion

Die *Ursache* der destruierenden Wirbelveränderungen ist noch *nicht sicher* geklärt. In Einzelfällen konnten im Biopsiematerial *Kristallablagerungen*, speziell Kalziumhydroxylapatit, nachgewiesen werden, die entzündliche Gelenkdestruktionen hervorrufen können und bei Dialysepatienten häufig peri- und intraarticulär auftreten wie auch sogenannte

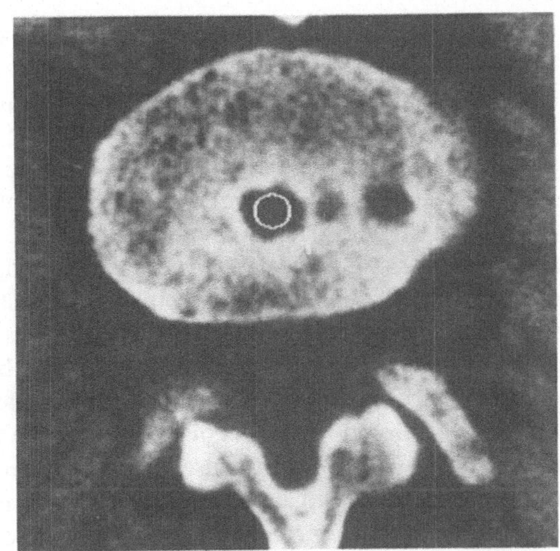

Abb. 2. CT-Schnitt der Frühform an der LWS. Dichtewerte im Zentrum der Pseudozyste 25 HU. Randständige saumartige Sklerosen

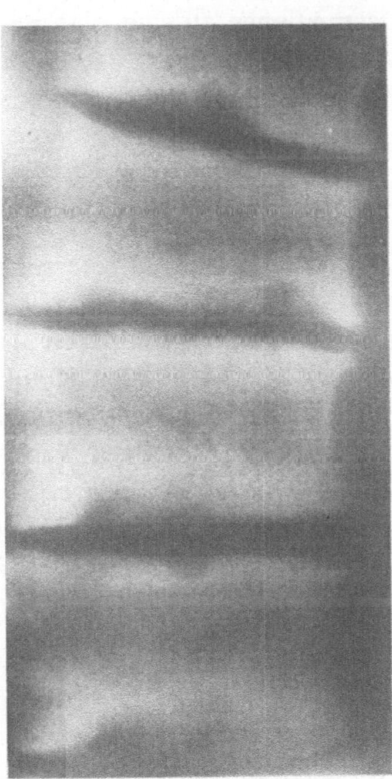

Abb. 3. Vollbild der dSpa an der BWS. Seitliches Tomogramm. Erosive Destruktionen der Endplatten mit reaktiven Sklerosen und Bandscheibenverschmälerung

Dialysezysten [7]. Neuerdings wird die Ablagerung von *Amyloid* mit Nachweis von β_2-Mikroglobulin als Ursache diskutiert (Zus.stellg. bei 1,2). Aufgrund der zunehmenden Zahl von Dialysepatienten mit einem Karpaltunnelsyndrom (durch Ablagerung von Amyloid im Bindegewebe) sowie von Arthropathien in peripheren Gelenken mit amyloidbedingten Destruktionen ist zu spekulieren, ob der Inhalt der pseudozystischen Läsionen der subchondralen Wirbelspongiosa solchen Amyloidablagerungen entspricht.

Obwohl wir bei allen Patienten erhöhte Parathormonspiegel finden konnten und Galanski u. Mitarb. [8] ebenfalls bei allen ihren Patienten *erhöhte PTH-Spiegel* fanden, wird ein gesicherter Zusammenhang mit einem sekundären Hyperparathyreoidismus nicht angenommen [3–5]. Nach Ansicht von Kaplan u. Mitarb., Kuntz u. Mitarb. sowie Resnick u. Mitarb. kann ein HPT nicht alleinige Ursache für die abakterielle Spondyloarthropathie sein. Bei Einordnung erosiver Wirbelvorderkantendestruktionen als eine Form der dSpa [9, 10] und ätiologischer Zuordnung zum HPT, wie es Sundaram u. Mitarb. [11] vermuten, wird die Komponente der hyperparathyreoidalen Stimulation deutlich, die bei den von uns beobachteten Patienten mit Vorderkantendestruktionen vorlag, ohne mit den typischen Destruktionen der bakteriellen Spondyloarthropathie korreliert zu sein.

Differentialdiagnostisch abzugrenzen ist die bakterielle Spondylitis, die ausgedehntere unregelmäßige Osteolysen der Wirbelspongiosa hervorruft. Unter Destruktion der Randcorticalis sowie Grund- und Deckplatten geht sie mit einer meist ausgedehnten Weichteilinfiltration einher und bezieht Bandscheiben und Längsbänder der Wirbelsäule mit ein [6]. Der osteoporotische Deckplatteneinbruch ist durch eine flächige Impression gekennzeichnet, die von breiten diffusen Sklerosereaktionen umgeben ist.

Vielversprechend scheint der Einsatz der MRT zur Differentialdiagnose entzündlicher Destruktionen zu sein, wie wir es an einem Patienten beobachten konnten und Rafto u. Mitarb. [12] betonen. Ist durch klinische, serologische und bildgebende Diagnostik keine sichere Diagnosestellung möglich, muß eine Biopsie erfolgen.

Zusammenfassung

Die Ätiologie der *destruierenden, nicht infektiösen Spondyloarthropathie* ist bislang nicht vollständig geklärt. Neben einem *Hyperparathyreoidismus* werden *Ablagerungen* verschiedener *Kristallarten* und von *Amyloid* (β_2-Mikroglobulin) als auslösende Faktoren dieses bisher wenig beachteten Krankheitsbildes diskutiert, das wir bei 10 niereninsuffizienten Patienten sowie 1 transplantierten Patientin beobachtet haben.

Röntgenmorphologisch kann zwischen einer *Frühform* und dem *Vollbild* unterschieden werden, das durch Bandscheibenverschmälerung, erosive Destruktionen der angrenzenden Wirbelendplatten und Einbrüche in die destruierte subkortikale Wirbelspongiosa mit reaktiven Sklerosen charakterisiert ist. Signifikante Weichteilreaktionen und osteophytäre Knochenappositionen fehlen in der Regel. CT und vielversprechend auch MR ermöglichen wegen ihrer bekannten Vorteile die zuverlässigste Diagnosestellung.

Literatur

1. Weiske R, Munding M, Schneider HW (1988) Destruierende, nicht-infektiöse Spondyloarthropathie bei chronischer Niereninsuffizienz. Fortschr Röntgenstr 149:129–135
2. Weiske R (1990) Radiologie der renalen Osteopathie. In: Malluche HH, Franz HE (Hrsg) Renale Osteopathie. Wissenschaftliche Verlagsgesellschaft, Stuttgart, S 49–78
3. Kuntz D, Naveau B, Bardin T et al. (1984) Destructive spondylarthropathy in hemodialyzed patients. Arthritis Rheum 27:369–375
4. Kaplan P, Resnick D, Murphey M et al. (1987) Destructive non-infectious spondyloarthropathy in hemodialysis patients: a report of four cases. Radiology 162:241–244

5. Resnick D, Niwayama G (1976) Subchondral resorption of bone in renal osteodystrophy. Radiology 118:315–321
6. Heuck F, Weiske R (1985) Informationswert der Röntgen-Computertomographie für den Nachweis und die Kontrolle der Spondylitis. Radiologe 25:307–317
7. Resnick D, Niwayama G (1988) Parathyroid disorders and renal osteodystrophy. In: Resnick D. Niwayama G (eds) Diagnosis of bone and joint disorders. Saunders, Philadelphia, pp 2219–2285
8. Galanski M, Westhoff-Bleck M, Nonnast-Daniel B et al. (1988) Erosive Wirbelsäulenveränderungen bei Dialysepatienten. Österr Röntgenkongress, Graz
9. Kerr R, Bjorkengren A, Bielecki DK et al. (1988) Destructive spondyloarthropathy in hemodialysis patients. Skeletal Radiol 17:176–180
10. Naidich JB, Mossey RT, McHeffey-Atkinson B et al. (1988) Spondyloarthropathy from long-term hemodialysis. Radiology 167:761–764
11. Sundaram M, Seelig R, Pohl D (1987) Vertebral erosions in patients undergoing maintenance hemodialysis for chronic renal failure. AJR 149: 323–327
12. Rafto St, Dalinka M, Schiebler M et al. (1988) Spondyloarthropathy of the cervical spine in long-term hemodialysis. Radiology 166:201–204

Interdisziplinäre Diagnostik, chronologischer Verlauf und Frakturneigung von β_2m-Amyloid-Läsionen nach Langzeitdialyse

M. Holch[1], A. Nerlich[2], B. Nonnast-Daniel[3], G. F. W. Scheumann[4], M. Nerlich[5]

[1] Unfallchirurgische Klinik, Medizinische Hochschule Hannover, Konstanty-Gutschow-Straße 8, Postfach, W–3000 Hannover 61, BRD
[2] Pathologisches Institut, Universität München, Thalkirchner Straße 36, W–8000 München 2, BRD
[3] Abteilung Nephrologie, Medizinische Klinik, Medizinische Hochschule Hannover, Konstanty-Gutschow-Straße 8, Postfach, W–3000 Hannover 61, BRD
[4] Klinik für Abdominal- und Transplantationschirurgie, Medizinische Hochschule Hannover, Konstanty-Gutschow-Straße 8, Postfach, W–3000 Hannover 61, BRD
[5] Unfallchirurgische Klinik, Medizinische Hochschule Hannover, Konstanty-Gutschow-Straße 8, Postfach, W–3000 Hannover 61, BRD

Einleitung

Bei chronisch dialysierten Patienten werden im Verlauf eines typischen Symptomenkomplexes aus multifokalen Gelenkbeschwerden mit zunehmender Häufigkeit pathologische Frakturen beobachtet: im Laufe von bis zu 15 Jahren Hämodialyse tritt ein chronisches Beschwerdebild auf aus Karpaltunnelsyndromen, Impingement der Schulter, Kniegelenksergüssen, HWS- und Hüftgelenksbeschwerden [1, 8]. Im Skelettröntgenbild werden an typischen gelenknahen Prädilektionsstellen zystiforme osteolytische Knochendefekte gefunden. Das Serumprotein β_2-Mikroglobulin (β_2m) ist ein den Immunglobulinen strukturell ähnelndes Leichtkettenprotein mit einem Molekulargewicht von ca. 12000 Dalton. Als Bestandteil des MHC-I-Rezeptors an der Oberfläche aller kerntragender Zellen ist es ein ubiquitäres physiologisches Endprodukt von Zellzerfall und -umsatz und wird unverändert renal ausgeschieden. Die normalen Serumspiegel von 0,2 bis 0,4 mg/l werden überschritten bei vermehrter Produktion durch erhöhten Zellumsatz bei Entzündung und bei eingeschränkter Nierenausscheidungsleistung. Beim noch kompensiert Niereninsuffizienten ist der erhöhte β_2-Serumspiegel schon frühzeitig nachweisbar und gilt als Parameter der Niereninsuffizienz [9]. Die ab dieser Phase beginnende Einlagerung von β_2m als atypisches Amyloid in Knochen, Synovial- und Sehnenstrukturen erklärt sich durch seine Affinität zu Kollagen und kann immunhistologisch nachgewiesen werden [2, 3]. Im jahrelangen Prodromalstadium stellen die schon nach nahezu gesetzmäßigen Mustern auftretenden multifokalen Arthralgien eine Einschränkung von Mobilität und Wohlbefinden dar, welche die betroffene multimorbide Patientengruppe besonders hart trifft. Letztlich gravierendste Folge dieser β_2m-Amyloidose beim Langzeitdialysierten ist die Neigung zu pathologischen Frakturen im Bereich der genannten zystiformen Knochenveränderungen, wobei große Osteolysen bei weitem am häufigsten am coxalen Femurende lokalisiert sind und typischerweise pathologische Schenkelhalsfrakturen verursachen.

T. H. Ittel H.-G. Sieberth H. H. Matthiaß (Hrsg.)
Aktuelle Aspekte der Osteologie

Patienten und Methoden

14 Dialysepatienten (Alter 55 ± 11 Jahre), die meist unter langjähriger nephrologischer Betreuung des Zentrums für Heimdialyse an der Medizinischen Hochschule standen, litten unter verschiedenartigen, zunehmenden Gelenkschmerzen und -reizergüssen. Zu deren Abklärung und Behandlung wurden sie der Unfallchirurgischen Klinik der MHH zugewiesen. Die klinische Entwicklung der Gelenkbeschwerden konnte anhand der ab Dialysebeginn lückenlos dokumentierten Anamnesen retrospektiv analysiert werden. Zur letztendlichen Überweisung an die Unfallchirurgie hatten jeweils starke Hüftgelenkschmerzen geführt, welche unter den sonstigen Gelenkbeschwerden im Vordergrund standen. Die in diesem Patientengut reichlich vorhandenen Röntgenbefunde über Osteopathiestatus der Hände und urologische Funktionsaufnahmen aus dem Beckenbereich haben die Rekonstruktion der Entwicklung radiologischer Veränderungen ermöglicht. Mangels hüftgelenksbezogener Traumata in der aktuellen Anamnese waren die Differentialdiagnosen Coxitis, Hüftkopfnekrose, Coxarthrose und Knochentumor (insbes. „Brauner Tumor") abzuklären. Die interdisziplinäre Ausschlußdiagnostik umfaßt Nativröntgen, Computertomographie, Kernspintomographie, Skelettszintigraphie und letztlich die Histologie [8]. Bei Verdacht auf amyloidotische Veränderungen wurden zentrifugierte Gelenkpunktate aus rezidivierenden Ergüssen, Jamshidi-Stanzbiopsien aus röntgenologisch auffälligen Knochenregionen und die OP-Resektate polarisationsoptisch und immunhistologisch auf β_2m-Amyloid untersucht. Ein grundlegender pathogenetischer Einfluß von Hyperparathyreoidismus und renaler Osteopathie konnte durch serielle Röntgenuntersuchung von 15 PTH- und 85 weiteren Langzeitdialysepatienten ausgeschlossen werden [7]. Desweiteren wurde im Sektionsgut bei Patienten mit bekannter kurzzeitiger Dialyseanamnese an den bekannten Prädeliktionsstellen nach osteolytischen Veränderungen gesucht [5].

Ergebnisse

Die ersten Beschwerden im Bereich der Hüftgelenke traten im Durchschnitt 9 Jahre nach Dialysebeginn auf. Zuvor war wegen Medianuskompressionssymptomen bei 13 Patienten in den ersten 6 Jahren eine Karpaltunnelspaltung – teilweise beidseits – vorgenommen worden. Bei fünf der Patienten war wegen eines Impingementsyndroms der Rotatorenmanschette eine Acromioplastik nach Neer bzw. eine arthroskopische subacromiale Dekompression durchgeführt worden. Diese Beschwerdebilder waren zunächst nicht im Zusammenhang gesehen worden. Ein typisches Verlaufsmuster fiel erstmals im Rahmen der Hüftdiagnostik auf, die das regelhafte Auftreten zystiformer Skelettveränderungen in der Nachbarschaft – v.a. großer – Gelenke erbrachte. Die knöchernen Läsionen waren jeweils im Bereich von synovialen Strukturen, bzw. Umschlagfalten lokalisierbar (Hand- und Ellbogengelenk, Humeruskopf, Femurcondylen und Tibiakopf, Schenkelhals und Hüftpfannenerker). Bei fünf Patienten kam es zu sechs Schenkelhalsfrakturen durch große zystiforme Knochenveränderungen im Bereich des Collum femoris: die eingetretene Fraktur wurde in zwei Fällen zunächst nicht diagnostiziert, da sie im Verlauf einer dauernden Hüftschmerzsymptomatik aufgetreten war. Wegen einer derartigen Symptomatik war in einem weiteren Fall der Entschluß zum prophylaktischen totalendoprothetischen Ersatz des Hüftgelenks gefaßt worden.

Bei allen Patienten wurde eine β_2m-Amyloidose nachgewiesen. Untersucht wurde retrospektiv OP-Material der Ligg. carpi, resezierte Acromionanteile und Resektate der degenerierten Schulterrotatorenmanschette, sowie bei bekannter Hüftsymptomatik diagnostische Schenkelhalsbiopsien und die entfernten Hüftköpfe. Schon das aufgesägte Makropräparat erbrachte die bevorzugt subchondrale Lokalisation der zystiformen Höhle, die mehrheitlich aber keine Innenauskleidung aufwies.

Die im Sektionsgut untersuchten vier – klinisch noch nicht symptomatischen – Fälle zeigten zystische Höhlen teilweise nur in Millimeterausdehnung und mit noch flüssigem Inhalt ohne die ansonsten bekannte amorphe Verfestigung.

Diskussion

Die chronologische Entwicklung der Beschwerden legt nahe, daß ein Prozeß chronischer Entzündung der Amyloideinlagerung vorangeht und sie unterhält. Abgesehen von der Retention von β_2m steht auch die Induktion von Akutphasenproteinen durch den aktivierenden Kontakt mit Kunststoffoberflächen des Dialysesystems zur Diskussion. Eine bevorzugte Rolle als amlyoidogene Quelle spielen hier die Synovialräume, wo aktivierte Makrophagen als β_2m-Produzenten in Frage kommen. Die Diffusion in direkt benachbarte subchondrale Knochenstrukturen erklärt die hier gefundenen Zystenlokalisationen. Darüberhinaus wird eine Rolle des β_2m als Knochenwachstumsfaktor diskutiert [4]. Der lokalisierte Anfall von β_2m könnte somit auch Ausdruck reparativer Vorgänge im Rahmen vorbestehender – z.B. vaskularisationsbedingter und ischämischer – Knochenläsionen sein. Angesichts der fortschreitenden Knochenzerstörung, der zunehmenden Frakturneigung und der progredienten Schmerzsymptomatik und Immobilisierung ist eine frühe operative Therapie erstrebenswert. Wegen der geringen Regenerationsfähigkeit des amlyoidotischen Knochens

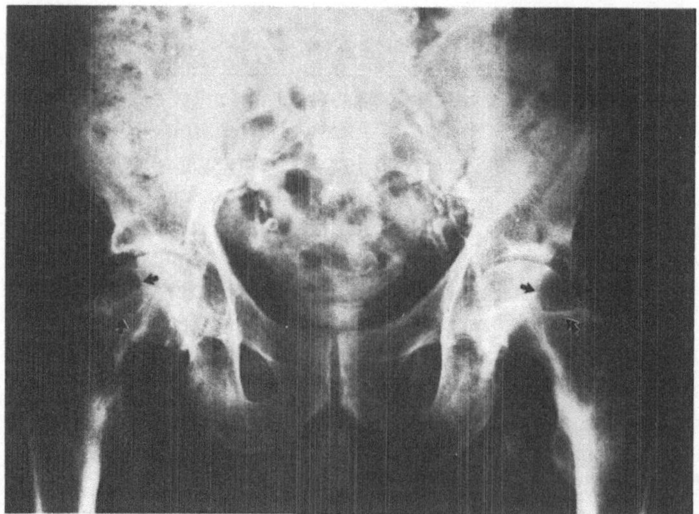

Abb. 1. Beckenübersicht mit dem Extrembefund zweier nahezu symmetrischer Schenkelhalsosteolysen

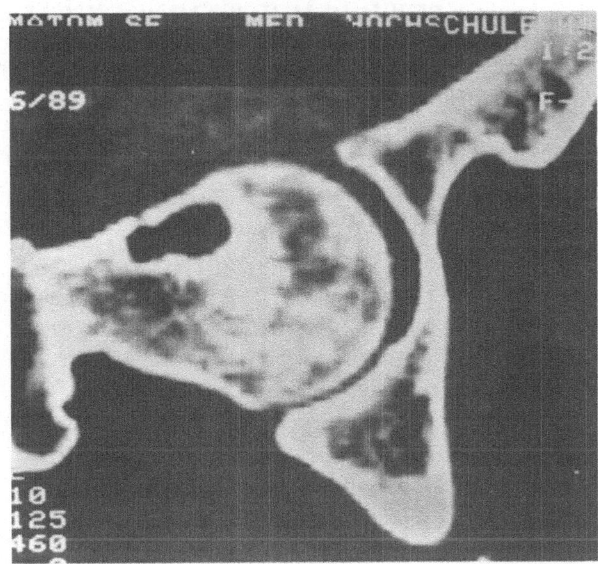

Abb. 2. Computertomographie einer subchondralen Schenkelhalsosteolyse

im Frakturbereich erscheint die Versorgung der Frakturen durch Verbundosteosynthese oder Totalendoprothese ratsam.

Als Ursache der Osteolysenbildung wurde zunächst die Retention von β_2m durch die Cuprophan Membran herkömmlicher Dialysesysteme angesehen. Allerdings wird nun auch über die Manifestation dieses Symptomenkomplexes im Zuge nicht dialysepflichtiger Niereninsuffizienz berichtet [9], so daß die pathogenetischen Mechanismen letztendlich weiterhin unklar bleiben.

Literatur

1. Campistol JM, Solé M, Munoz-Gomez J et al. (1990) Pathological fractures in patients who have amyloidosis associated with dialysis. J Bone Joint Surg 72A, No 4:568–574
2. Flöge J, Burchert W, Brandis A et al. (1990) Imaging of dialysis-related amyloid (AB-amyloid) deposits with $^{131}\beta_2$-microglobulin. Kidney Int 38:1169–1176
3. Homma N, Geyjo F, Isemura M, Arakawa M (1989) Collagen-binding affinity of beta-2-microglobulin, a proprotein of hemodialysis-associated amyloidosis. Nephron 53:37–40
4. Kukoschke KG, Mayer H (1990) Bedeutung von Protein-Wachstumsfaktoren für die lokale Regulation des Knochenwachstums. DMW 115:1921–1926
5. Nerlich A, Holch M, Nerlich M (1991) Dialyse-assoziierte beta-2-Mikroglobulin-Amyloidose des Knochens. Springer, Berlin Heidelberg New York Tokyo, S 424–427 (Verh Dt Ges Osteol)
6. Munoz-Gomez J, Gomez-Perez R, Solè-Argues M, Llopart-Buisàn E (1987) Synovial fluid examination for the diagnosis of synovial amyloidosis in patients with chronic renal failure undergoing hemodialysis. Ann Rheum Dis 46:324–326
7. Scheumann GFW, Holch M, Nerlich ML et al. (1990) New aspects in endocrine surgery – lytic bone destruction associated with β_2-microglobulin amyloid deposition in long-term-dialysed patients. Acta Endocrinologica 122 [Suppl 1]:62

8. Scheumann GFW, Holch M, Nerlich ML et al. (1991) Lytic bone lesion and pathological femoral neck fracture in long term dialysed patients. Arch Orthop Trauma Surg 110:93–97
9. Zingraff JJ, Noel LH, Bardin Th et al. (1990) β_2-microglobulin amyloidosis in chronic renal failure. Letter. New Engl J Med 323: No 15

Verschiedene Kalziumsalze als Phosphatbinder: Analyse ihrer Kalziumverfügbarkeit und Phosphatbindungskapazität

A. Hocker, E. Zimmermann, I. Sellger, J.J. Lassere, M. Strauch, N. Gretz

Nephrologische Klinik, Klinikum Mannheim, Universität Heidelberg, Theodor-Kutzer-Ufer, W-6800 Mannheim, BRD

Einleitung

Bei urämischen Patienten tritt häufig eine Hyperphosphatämie auf. Medikamentös kann die enterale Aufnahme von Phosphat durch Applikation von Aluminiumhydroxid gesenkt werden. Das hieraus resorbierte Aluminium kann aber nach jahrelanger Verabreichung schwere Organschäden hervorrufen. Aus diesem Grund werden zunehmend Kalziumsalze organischer Säuren als Phosphatbinder verwendet.

Allen herkömmlichen Phosphatbindern ist gemeinsam, daß sie im Darm mit Phosphat unlösliche Komplexe bilden. Die Effektivität eines Phosphatbinders läßt sich in der Phosphatbindungskapazität (PBK) ausdrücken. Die Angaben erfolgen in % des gebundenen Phosphats.

Neben der PBK, die als Maß der therapeutischen Wirksamkeit dienen kann, ist bei Kalziumsalzen, die als Phosphatbinder dienen, die Kalziumverfügbarkeit (KV) von Bedeutung. Die KV wird in % des nach Phosphatbindung noch freien Kalziums ausgedrückt. Dieses freie Kalzium steht der enteralen Absorption zur Verfügung und kann als Nebenwirkung zur Hyperkalzämie führen. Damit ist die KV ein relatives Maß für eine mögliche Hyperkalzämie.

Ziel unserer Studie war es, die Phosphatbindungskapazität und die Bioverfügbarkeit von Kalzium bei Verwendung verschiedener Kalziumsalze zu untersuchen. Hierzu wurden in einer in vitro Studie die PBK und die KV verschiedener, kalziumhaltiger Phosphatbinder verglichen:

- Kalzium-Azetat (AZ)
- Kalzium-Carbonat (CR)
- Kalzium-Citrat (CT)
- Kalzium-Gluconat (GL)
- Kalzium-Ketoglutarat (KG)

Aluminiumhydroxid diente als Kontrollsubstanz.

Da die Phosphatbindung pH-abhängig ist und unterschiedliche pH-Werte in der Magen-Darm-Passage vorherrschen, bestimmten wir bei allen untersuchten Salzen die PBK und die KV bei unterschiedlichen pH-Werten zwischen pH 3 und pH 8. Im menschlichen Darm erfolgt die Phosphatbindung bzw. die Resorption des freien Kalziums im Dünndarm, wo physiologischerweise ein pH zwischen 6,5 und 8 vorherrscht.

T.H. Ittel H.-G. Sieberth H.H. Matthiaß (Hrsg.)
Aktuelle Aspekte der Osteologie

Methoden

In unserer Versuchanordnung wurde zunächst für jedes zu untersuchende phosphatbindende Kalziumsalz eine Basislösung hergestellt:

Jeweils 1 l aqua dest. wurden 20 mmol/l Trinatriumphosphat (= 7,6 g) und 60 mmol/l des jeweiligen Phosphatbinders zugesetzt. Diese Ausgangslösung wurde im Schüttelwasserbad bei 37°C über zwei Stunden bei 20 Schüttelbewegungen pro Minute inkubiert. Im Anschluß daran wurde der Basis-pH bestimmt und 50 ml-Proben auf die Werte von pH 3 bis pH 8 titriert. Über die Beobachtungszeit von 1 bzw. 24 Stunden erfolgte daraufhin eine Wasserbad-Inkubation bei 37°.

Danach wurde der Überstand abpipetiert und über 30 Minuten bei 4000 Umdrehungen kühlzentrifugiert. Der hierbei entstehende Überstand wurde durch einen Milipor-Filter mit einer Porengröße von 0,22 u gepreßt. Sofort danach erfolgten die Bestimmung von Kalzium und Phosphor im Filtrat.

Ergebnisse

In unserer Analyse zeigte sich für die PBK und die KV bezüglich der pH-Abhängigkeit jeweils ein S-förmiges Verhalten mit einer schlechten PBK und hoher KV bei niedrigeren pH-Werten, und umgekehrt bei hohen pH-Werten.

Die PBK war bei pH 7 nach einer Stunde für AZ 100%, für KG 99%, für Gl 98%, für CR 83% und für CT 81%. Die entsprechende KV war für AZ 37%, für KG 3%, für Gl 30%,

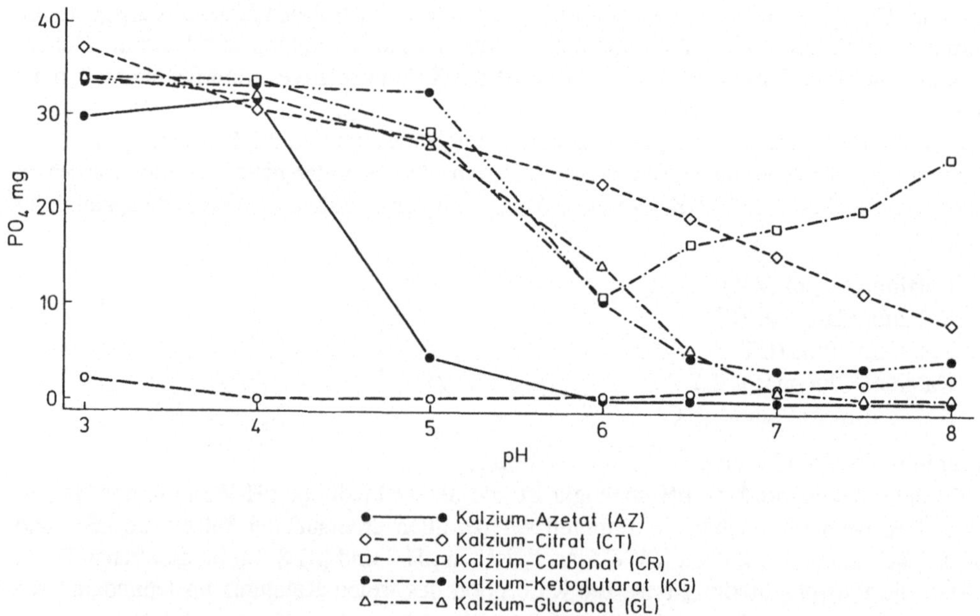

Abb. 1. Phosphatbindungskapazität unterschiedlicher Kalziumsalze in Abhängigkeit des pH-Wertes

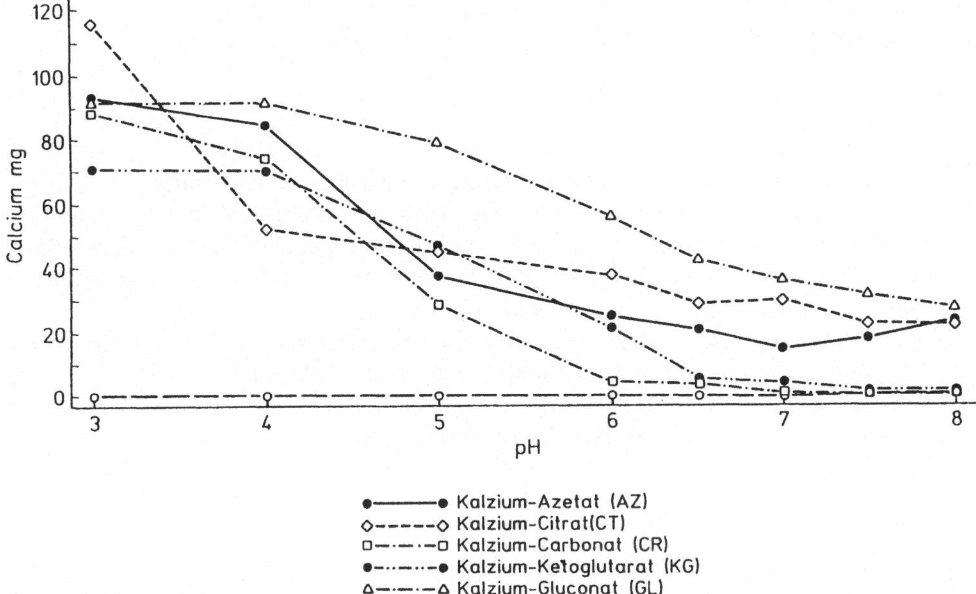

Abb. 2. Calziumverfügbarkeit unterschiedlicher Calziumsalze bei verschiedenen pH-Werten

Tabelle 1. Vergleich von PBK und KV bei einem pH von 7

	PBK (%) 1 h	KV (%) 1 h	PBK (%) 24 h	KV (%) 24 h
AZ	100	37	100	12
KG	99	3	95	3
GL	98	30	95	31
CR	83	0	72	1
CT	81	38	81	77

Tabelle 2. Vergleich von PBK und KV bei einem pH von 3

	PBK (%) 1 h	KV (%) 1 h	PBK (%) 24 h	KV (%) 24 h
AZ	55	77	53	84
KG	49	58	48	68
GL	48	77	53	79
CR	48	73	47	75
CT	43	96	52	99

für CR 0% und für CT 43%. Die entsprechenden Werte für die 24 Stunden Inkubationszeit und für pH-Werte von 3 sind den Tabellen 1 und 2 zu entnehmen.

Schlußfolgerungen

Unsere Daten belegen, daß PBK und KV der hier untersuchten Kalziumsalze pH-abhängig ist. Daraus ergibt es sich, daß Salze mit hoher PBK und hoher KV (z.B. AZ und GL) für Patienten mit Hyperphosphatämie und Hypokalzämie geeignet sind, während Salze mit hoher PBK und niedriger KV (z.B. KG) bei Patienten mit Hyperphosphatämie und Hyperkalzämiegefahr eingesetzt werden sollten.

Aufgrund unserer Daten schlagen wir eine Differrentialtherapie der Hyperphosphatämie vor. Zur Ca-Substitution erscheinen besonders Präparate mit hoher KV sinnvoll wie z.B. GL, CT, AZ. Im Gegensatz dazu sind KG und CR zur Kalzium-Substitution weniger geeignet und weisen ein größeres Hypokalzämierisiko auf.

Literatur

1. Sheikh MS, Maguire JA, Emmett M et al. (1989) Reduction of dietary phosphorus absorption by phosphorus binders, atheroretical, in vitro, and in vivo study. J Clin Invest 83:66–73
2. Mai MJ, Emmet M, Sheikh MS et al. (1989) Calcium acetate, an effective phosphorus binder in patients with renal failure. Kidney Int 36:690–695
3. Schaefer K, von Herrath D, Erley CM (1987) Aktuelle Aspekte in der Therapie der urämischen Hyperphosphatämie. Dtsch Med Wochenschr 112:1707–1712
4. Schaefer K, Erley CM, von Herrath D, Stein G (1989) Calcium salts of ketoacid as a new treatment strategy for uremic hyperphosphatemia. Kidney Int 36:136–139

Kalzium-Phosphatstoffwechsel und renale Osteopathie nach Nierentransplantation

H. V. Henning, G. Warneke, M. Maedler, E. A. Rodilla Sala, U. Bamberg, F. Scheler

Abteilung für Nephrologie und Rheumatologie, Medizinische Universitätsklinik, Robert-Koch-Straße 40, W-3400 Göttingen, BRD

Einleitung

Ein primäres Transplantatversagen nach Nierentransplantation bedeutet das Fortbestehen des sekundären Hyperparathyreoidismus (sHPT), da die Niereninsuffizienz nicht behoben ist, während bei guter Funktion des Transplantates die renale Osteopathie ausheilen sollte [1]. In der Literatur jedoch finden sich über die langfristigen Auswirkungen der erfolgreichen Nierentransplantation auf den Kalzium-Phosphatstoffwechsel und den sHPT sehr unterschiedliche Angaben. Frühere Untersucher berichten über einen günstigen Effekt [2–4], nach den Befunden anderer Autoren jedoch ergaben sich in einem teilweise hohen Prozentsatz erhebliche Komplikationen. So wurden bei 8 bis 33% nierentransplantierter Patienten über Jahre persistierende Hyperkalzämien beobachtet; erhöhte Aktivitäten des iPTH wurden bis zu vier Jahren nach Transplantation gemessen [5]. Bei 18 von 90 Nierentransplantierten mußten Geis et al. [6] eine subtotale Parathyreoidektomie vornehmen; knochenhistologische Veränderungen eines sHPT wurden von Kleerekoper et al. [7] noch acht Jahre nach erfolgreicher Transplantation gesehen und Pletka et al. [8] berichteten über deutlich erhöhte PTH-Werte 3–48 Monate nach Transplantation bei 66% von 99 Patienten. Ähnliche Befunde wurden auch von anderen Autoren mitgeteilt [9–11]. Die renale Osteopathie erfährt nach Nierentransplantation keineswegs immer eine Besserung oder Ausheilung, gelegentlich kann sie auch einen klinisch schwereren Verlauf nehmen [12, 13]. Es sei in diesem Zusammenhang auch darauf hingewiesen, daß zwischen den nach Nierentransplantation gehäuft auftretenden aseptischen Knochennekrosen und dem vorbestehenden sHPT wahrscheinlich pathogenetische Zusammenhänge bestehen.

Patienten und Methodik

1988 wurden bei 52 Patienten (31 Männer; 21 Frauen, Durchschnittsalter 46 bzw. 42 Jahre) und in den nachfolgenden Jahren bei 214 Patienten (124 Männer; 90 Frauen, Durchschnittsalter 45,6 bzw. 45 Jahre) mit chronischer Niereninsuffizienz die bis zu 9 Jahren vor und bis zu 16 Jahren nach allogener Nierentransplantation gemessenen Serum-Parameter iPTH (AS 44–68, AS 53–84 und AS 1–84), Kreatinin, Kalzium, anorganisches Phosphat und alkalische Phosphatase ermittelt. Alle Patienten waren vor der Transplantation mit der Hämodialyse oder Hämofiltration behandelt worden. Die Grunderkrankungen nach der Häufigkeit waren Glomerulonephritis, interstitielle Nephritis, Pyelonephritis, Zystennieren,

T. H. Ittel H.-G. Sieberth H. H. Matthiaß (Hrsg.)
Aktuelle Aspekte der Osteologie

diabetische Nephropathie, maligne Nephrosklerose und Goodpasture-Syndrom. Fünf Patienten, darunter eine Patientin mit primärem HPT, waren vor der Transplantation subtotal parathyreoidektomiert worden. Beckenkammbiopsien wurden nach der Methode von Burkhardt [14] durchgeführt, die histologische Beurteilung erfolgte durch Herrn Prof. Delling, Abtlg. Osteopathologie des Pathologischen Institutes Hamburg.

214 Patienten wurden entsprechend ihrer Nierenfunktion in Kreatiningruppen (KG) und entsprechend der Untersuchungszeit vor bzw. nach Nierentransplantation in Zeitgruppen (ZG) unterteilt (s. Tabelle 1).

Ergebnisse

Sowohl während der Dauer der chronischen Dialysebehandlung (Kalziumkonzentration im Dialysat 1,75 mmol/l) als auch nach Nierentransplantation fiel bei unseren Patienten ein äußerst konstantes Verhalten der Serum-Kalziumwerte auf. Abb. 1 zeigt Einzel- und Mittelwerte des Serum-Kalziums bei Hämodialysepatienten im Verlauf von acht Jahren, in Abb. 2 sind die Serum-Kalziumwerte von 214 Patienten vor und nach Nierentransplantation unterteilt in Kreatinin – und Zeitgruppen entsprechend der Tabelle 1 dargestellt. In keinem Falle mußte nach Transplantation wegen Hyperkalzämie eine Parathyreoidektomie vorgenommen werden, ebensowenig kam es zu klinisch relevanten Hypokalzämien.

Die während der Dialysebehandlung durchweg nachweisbare *Hyperphosphatämie* normalisierte sich nach Transplantation, am vollständigsten bei jenen Patienten, die mindestens ein Jahr nach Transplantation eine normale Transplantatfunktion (Serum-Kreatinin < 1,3 mg/dl, endogene Kreatinin-Clearance 91,0 ± 24 ml/min) aufwiesen (Abb. 3. und Abb. 4). Wie Abb. 4 zeigt kommt es bei diesen Patienten auch zum Abfall der alkalischen Phosphatase und, allerdings nicht in allen Fällen, des iPTH in den Normbereich. Nur in dieser Patientengruppe ließ sich auch knochenhistologisch eine Rückbildung der Osteitis fibrosa und der Osteoidose über 100 Monate nach erfolgreicher Nierentransplantation nachweisen (Abb. 5 und Abb. 6).

Tabelle 1. Gruppenunterteilung nach Nierenfunktion (*KG*) und Zeitpunkt der Untersuchung (*ZG*) sowie Anzahl der gemessenen Datensätze bei 214 niereninsuffizienten Patienten vor und nach allogener Nierentransplantation

Gruppe	Erklärung	Datensätze
KG 1	Kreatinin < 1,3 mg/dl	431
KG 2	Kreatinin 1,3–2,4 mg/dl	1047
KG 3	Kreatinin > 2,4 mg/dl	457
ZG 1	Vor Transplantation (TPL)	425
ZG 2	1. Monat nach TPL	62
ZG 3	2–6 Monate nach TPL	661
ZG 4	7–12 Monate nach TPL	335
ZG 5	2. Jahr nach TPL	398
ZG 6	3–5 Jahre nach TPL	611
ZG 7	> 5 Jahre nach TPL	287

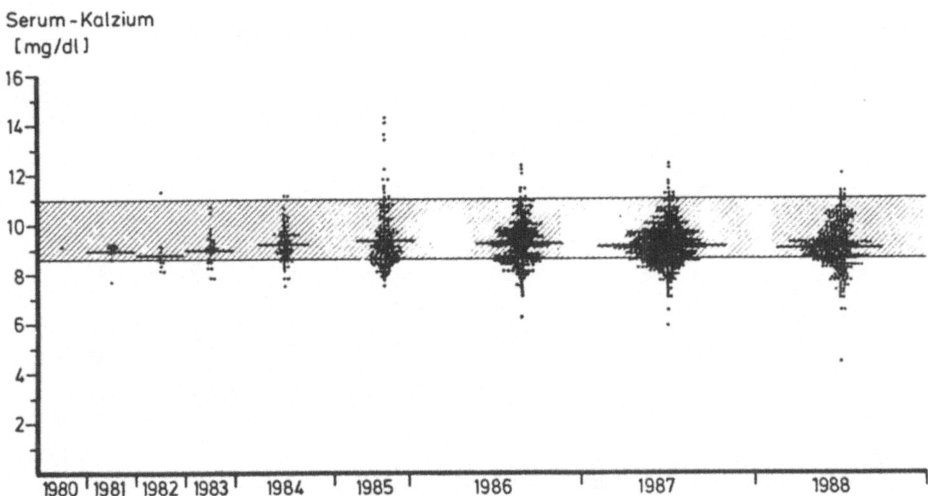

Abb. 1. Einzel- und Mittelwerte des Serum-Kalziums bei Hämodialysepatienten im Verlauf von acht Jahren. *Gestricheltes Areal* = Normalbereich

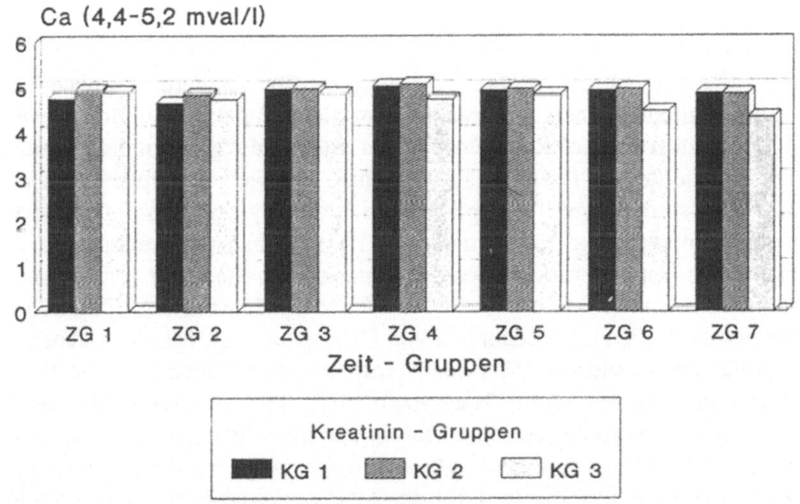

Abb. 2. Serum-Kalziumwerte von 214 Patienten vor und nach Nierentransplantation unterteilt in Kreatiningruppen (*KG*) und Zeitgruppen (*ZG*) ensprechend Tabelle 1

Stellt man die gemessenen iPTH-Werte (C-terminal AS 53–84, mittregional AS 44–68 und intakt AS 1–84) in Prozenten der oberen Normalwerte dar (Abb. 7), so zeigt sich, daß nur in der Kreatiningruppe 1 (entspr. Tabelle 1) über die Zeit nach Transplantation eine annähernde Normalisierung eintritt, in der Kreatiningruppe 2 (Serum-Kreatinin 1,3–2,4 mg/dl) jedoch die Werte bereits ständig erhöht bleiben.

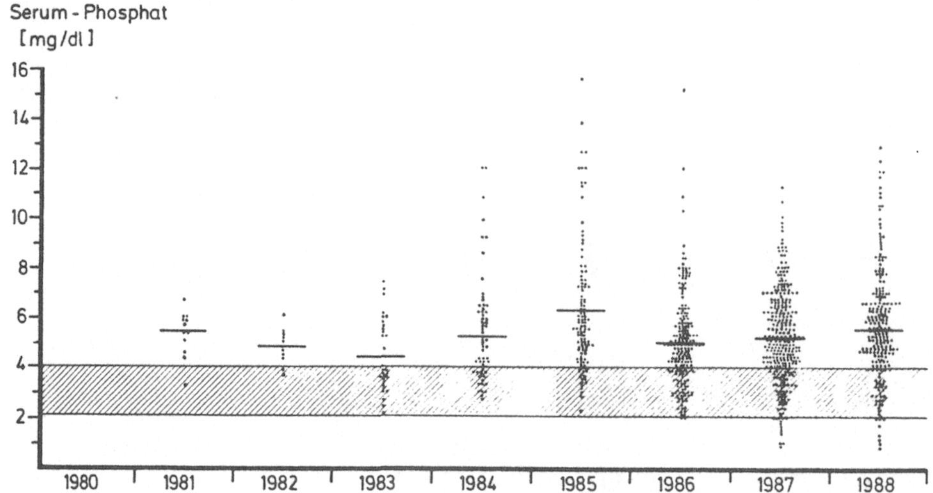

Abb. 3. Einzel- und Mittelwerte des anorganischen Serum-Phosphates bei Hämodialysepatienten im Verlauf von acht Jahren. *Gestricheltes Areal* = Normalbereich

Diskussion

Wie nicht anders zu erwarten, führt nur eine über längere Zeit nach Nierentransplantation aufrechterhaltene uneingeschränkte Transplantatfunktion zur Normalisierung der Kalzium-Phosphatstoffwechselstörungen und zur Rückbildung der renalen Osteopathie. 1977 teilten Christensen u. Nielsen [15] mit, daß ein nach Transplantation persistierender HPT mit einer verminderten Transplantfunktion einherging, während bei normaler Transplantatfunktion nur geringe Erhöhungen des PTH beobachtet wurden, wie sie auch durch eine Steroid-Therapie verursacht werden können [16]. Eine sehr enge Beziehung zwischen Nebenschilddrüsenfunktion bzw. iPTH-Werten im Plasma und Funktion des Transplantates zeigten auch die Untersuchungen von Hehrmann et al. [1], nach denen sich nicht nur enge Korrelationen zwischen PTH und Kreatinin sondern auch negative Beziehungen zwischen Kreatinin-Clearance und PTH ergaben. 1973 hatten Roof et al. [17] berichtet, daß PTH bei Abstoßungsreaktionen ansteigt. Diesen Zusammenhängen zwischen PTH und Transplantatfunktion sollte größte Aufmerksamkeit geschenkt werden, da nach den Untersuchungen von Varghese et al. [18] das PTH durch nephrotoxische Wirkung ursächlich zum primären Transplantatversagen beitragen kann.

Zusammenfassung

Die vorliegenden Untersuchungen an über 200 Patienten mit chronischer Niereninsuffizienz zeigen ein überaus konstantes Verhalten des Serum-Kalziums sowohl während der Dialysebehandlung, als auch während mehrerer Jahre nach Nierentransplantation. In keinem Falle kam es nach Transplantation zu so schweren Hyperkalzämien, daß eine Parathyreoidektomie erforderlich geworden wäre. Nur bei Patienten, deren Transplantatfunktion, gemessen an Serum-Kreatinin und Kreatinin-Clearance, über wenigstens ein Jahr annähernd normal

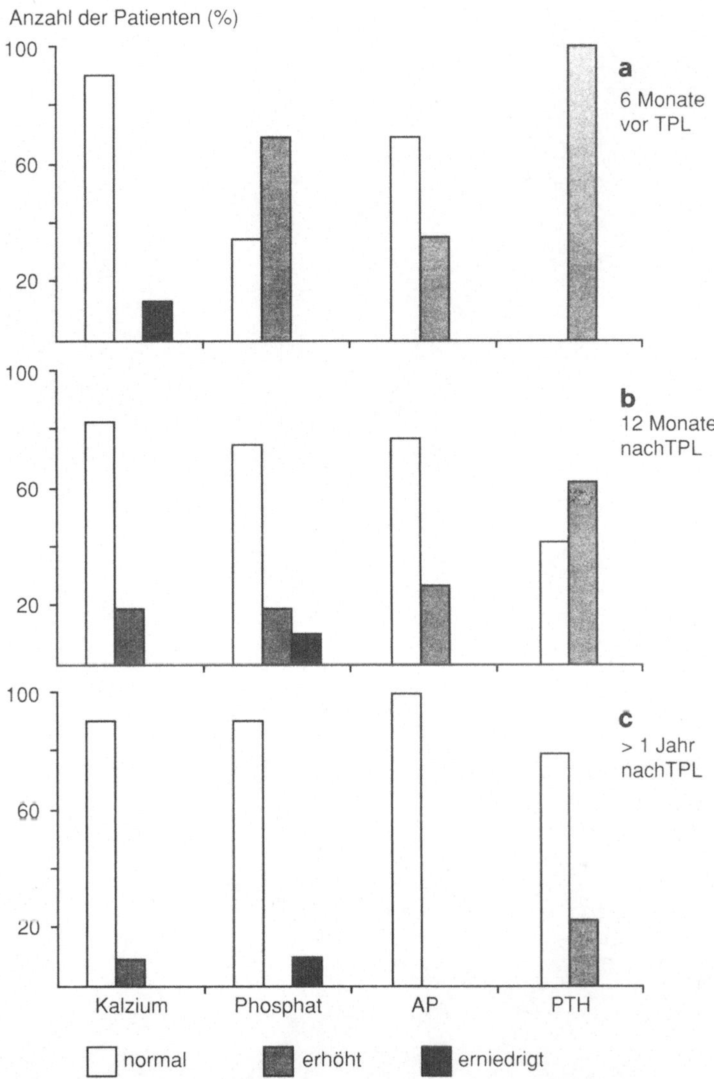

Abb. 4a–c. Kalzium, Phosphat, alkalische Phosphatase (*AP*) und PTH von Patienten, die länger als ein Jahr nach Nierentransplantation eine normale Transplantatfunktion (S-Kreatinin $< 1{,}3$ mg/l; endogene Kreatinin-Clearance: $91{,}0 \pm 24$ ml/min) aufwiesen

blieb, kam es zur Normalisierung der Hyperphosphatämie, anhaltendem Abfall der alkalischen Phosphatase und des immunreaktiven Parathormons (iPTH) sowie zur Rückbildung der knochenhistologischen Veränderungen der renalen Osteopathie. In Übereinstimmung mit den Befunden anderer Autoren erwies sich das Verhalten des iPTH im Serum als empfindlicher Parameter für die Funktion des Transplantates.

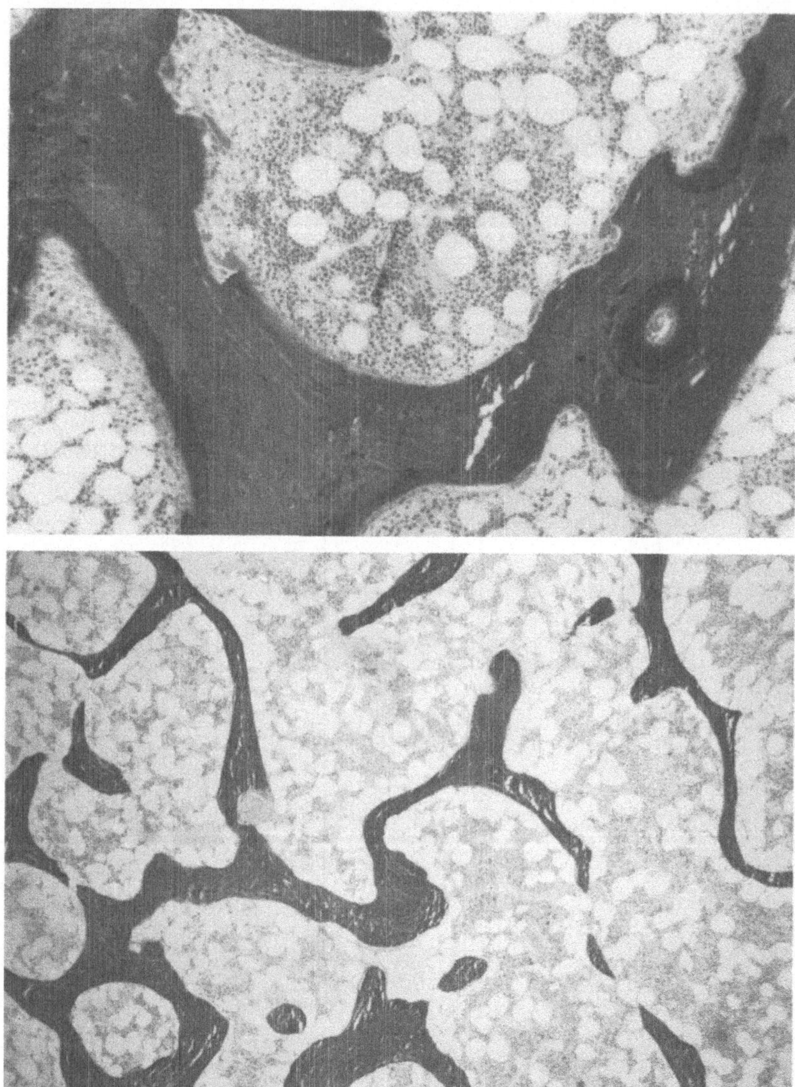

Abb. 5 *(oben).* Knochenhistologischer Befund einer Patientin nach 34 Monaten Hämodialysebehandlung: Renale Osteopathie III b mit mäßiggradiger Mineralisationsstörung (Osteoidose) sowie gering gesteigerter osteoklastärer Resorption (sHPT)

Abb. 6 *(unten).* Knochenhistologischer Befund derselben Patientin 144 Monate nach erfolgreicher Nierentransplantation. Transplantatfunktion wie bei den in Abb. 4 aufgeführten Patienten. Fast völlige Rückbildung der Mineralisationsstörung und des sHPT. Abb. 5 und 6 wurden freundlicherweise von Herrn Prof. Delling, Pathol. Institut der Universität Hamburg, zur Verfügung gestellt

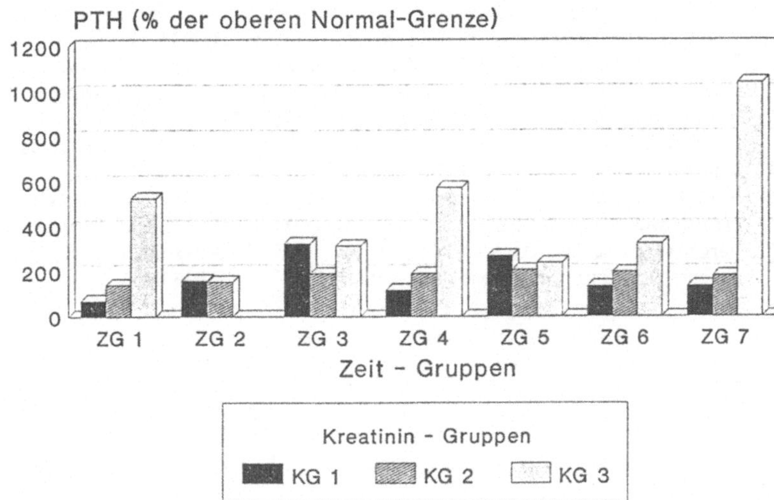

Abb. 7. PTH-Werte (AS 53–84; AS 44–68; AS 1–84) in % der oberen Normgrenze von 214 Patienten vor und nach Nierentransplantation unterteilt in Kreatiningruppen (*KG*) und Zeitgruppen (*ZG*) entsprechend Tabelle 1

Literatur

1. Herhmann R, Tidow G, Offner G et al. (1980) Plasma-Parathormon nach Nierentransplantation. Klin Wochenschr 58:249–258
2. Alfrey AC, Jenkins D, Groth CG et al. (1968) Resolution of hyperparathyroidism and metastatic calcification after renal transplantation. New Engl J Med 25:1349–1356
3. Hampers CL, Katz AI, Wilson, Merril JP (1969) Calcium metabolism and osteodystrophy after renal transplantation. Arch Intern Med 124:282–291
4. Johnson JW, Wachman A, Katz AI et al. (1971) The effect of subtotal parathyroidectomy and renal transplantation on mineral balance and secondary hyperparathyroidism in chronic renal failure. Metabolism 20:487–500
5. David DS, Sakai S, Brennan BL et al. (1973) Hypercalcemia after renal transplantation. New Engl J Med 289:398–401
6. Geis WP, Popovtzer MM, Corman JL et al. (1973) The diagnosis and treatment of hyperparathyroidism after renal transplantation. Surg Gynecol Obstet 137:997–1010
7. Kleerekoper M, Ibels LS, Ingham JP et al. (1975) Hyperparathyroidism after renal transplantation. Brit Med J 3:680–682
8. Pletka PG, Strom TB, Hampers CL et al. (1976) Secondary hyperparathyroidism in human kidney transplant recipients. Nephron 17:371–381
9. Bernheim J, Touraine JL, David L et al. (1976) Evolution of secondary hyperparathyroidism after renal transplantation. Nephron 16:381–387
10. Chatterjee SN, Friedler RM, Berne TV et al. (1976) Persistent hypercalcemia after successful renal transplantation. Nephron 17:1–7
11. Pierides AM, Simpson W, Stainsby D et al. (1975) Avascular necrosis of bone following renal transplantation. Quart J Med 175:459–480
12. Griffiths HJ, Ennis JT, Bailey G (1974) Skeletal changes following renal transplantation. Radiology 113:621–626
13. Levine E, Erken EH, Price et al. (1977) Osteonecrosis following renal transplantation. Am J Roentgenol 128:985–991

14. Burkhardt R (1966) Technische Verbesserungen und Anwendungsbereich der Histobiopsie von Knochen und Knochenmark. Klin Wochenschr 44:326–334
15. Christensen MS, Nielsen HE (1977) Parathyroid function after renal transplantation: interrelationships between renal function, serum calcium and serum parathyroid hormone in normocalcaemic long term survivors. Clin Nephrol 8:472–476
16. Fucik RF, Kukreja SC, Hargis GK et al. (1975) Effects of glucocorticoids on the function of the parathyroid glands in man. J Clin Endocrinol Metab 40:152–155
17. Roof BS, Jordan GS, Goldman L, Piel CF (1973) Berson and Yalow's radioimmunoassay for parathyroid hormone (PTH); a clinical progress report. Mt Sinai J Med (NY) 40:433–447
18. Varghese Z, Scoble JE, Chan MK et al. (1988) Parathyroid hormone as a causative factor of primary non-function in renal transplants. Brit Med J 296:393

Histologische und histomorphometrische Untersuchungsergebnisse zur Osteopathie bei 100 Patienten in der Früh- und Spätphase nach Nierentransplantation

J. Lippert[1], K. Abendroth[2], H. Schmidt-Gayk[3], W. Lorenz[4], H. Sperschneider[2], D. Scholz[1], C. Böhnke[1], K. Schröder[1], M. John[1], P. T. Fröhling[5]

[1] Nierentransplantationszentrum der Klinik und Poliklinik für Urologie, Medizinische Fakultät (Charité), Humboldt-Universität Berlin, Schumannstraße 20/21, 1040 Berlin, BRD
[2] Klinik für Innere Medizin, Friedrich-Schiller-Universität, Karl-Marx-Allee 101, O-6902 Jena-Lobeda, BRD
[3] Gemeinschaftspraxis Heidelberg, Im Breitspiel 15, W-6900 Heidelberg, BRD
[4] Institut für Röntgendiagnostik, Medizinische Fakultät (Charité), Humboldt-Universität Berlin, Schumannstraße 20/21, 1040 Berlin, BRD
[5] Internistische Praxisgemeinschaft, Reuterstraße 2, O-1590 Potsdam, BRD

Trotz stabiler Transplantatfunktion entwickeln viele Patienten in der Spätphase nach Nierentransplantation (NT) eine klinisch manifeste Osteopathie. Die röntgenologisch manifeste Osteopathie wird in der Literatur mit einer Häufigkeit bis zu 45% angegeben. Es wird über die histologischen und histomorphometrischen Untersuchungsergebnisse von 101 Knochenbiopsien bei 100 Patienten 5–228 Monate nach NT berichtet (Krea 134 $\pm$ 48 μmol/l, Krea-Clearancc 70 $\pm$ 31 ml/min). In 48 Fällen (47,5%) wurde ein Typ III, 19mal ein Typ II (18,8%), 7mal ein Typ I (6,9%) nach Delling, in 21 Fällen (20,8%) eine Osteoporose und zweimal ein Low turn over ohne Osteoporose diagnostiziert. Lediglich bei 4 Patienten (4%) konnten Normalbefunde erhoben werden. Im Verlauf nach NT wird ein Wandel der Osteopathie vom Typ I und III zum Typ II und zur Osteoporose beobachtet. Pathogenetisch steht in der Frühphase nach NT der persistierende Hyperparathyreoidismus im Vordergrund, während mit zunehmender Zeitdauer nach NT wahrscheinlich die Langzeitapplikation der Glukokortikoide mit Auswirkungen auf den Vitamin D-Stoffwechsel von wesentlicher pathogenetischer Bedeutung ist.

Einleitung

Das Krankheitsbild der renalen Osteodystrophie (ROD) gehört nach wie vor zu den Hauptkomplikationen der chronischen Niereninsuffizienz (NI) und führt bei einem beträchtlichen Teil der Patienten zu einer deutlichen Beeinträchtigung des Rehabilitationsergebnisses. Nach erfolgreicher Nierentransplantation (NT) sind durch die Beseitigung des sekundären Hyperparathyreoidismus (HPT) und der Aluminiumbelastung sowie durch die Wiederherstellung der renalen Hydroxylierung von 25-Hydroxycholecalciferol theoretisch günstige Voraussetzungen für die Besserung einer ROD gegeben. Die radiologsch manifeste Osteopathie nach NT wird in der Literatur mit einer Inzidenz bis zu 45% angegeben [1]. Da wir auch im eigenen Krankengut bei 26% der Patienten in der Spätphase nach NT eine radiologisch manifeste Osteopathie nachweisen konnten, führen wir seit 1988 routinemäßig

T. H. Ittel H.-G. Sieberth H. H. Matthiaß (Hrsg.)
Aktuelle Aspekte der Osteologie

Tabelle 1. Biochemische und histomorphometrische Parameter im Verlauf nach Nierentransplantation. 25-OHD- und $1{,}25(OH)_2D$-Spiegel ohne Einfluß von Cholekalziferol. Aza = Azathioprin, CyA = Cyclosporin A

	Zeitraum nach Nierentransplantation in Monaten					
	Gr. 1 bis 12 n = 23	Gr. 2 13–24 n = 25	Gr. 3 25–60 n = 29	Gr. 4 61–120 n = 16	Gr. 5 über 120 n = 8	Gesamt n = 101
Krea i.S. μmol/l	123 ± 28	130 ± 35	153 ± 70	123 ± 39	130 ± 42	134 ± 48
Clearance ml/min	72 ± 19	73 ± 37	68 ± 36	65 ± 32	66 ± 24	70 ± 31
Pred.erh.-dosis (mg)	11,0 ± 2,0	9,1 ± 4,0	8,4 ± 5,0	12,2 ± 2,4	9,8 ± 2,9	9,8 ± 4,0
Immunsuppression	0 × Aza 23 × CyA	2 × Aza 23 × CyA	9 × Aza 20 × CyA	14 ×Aza 2 × CyA	8 × Aza 0 × CyA	33 × Aza 68 × CyA
	n = 20	n = 19	n = 20	n = 12	n = 6	n = 77
iPTH pmol/l	17 ± 14	12 ± 10	12 ± 21	4 ± 3	9 ± 5	12 ± 15
mit HPT	90%	69%	45%	25%	67%	61%
	n = 15	n = 19	n = 17	n = 7	n = 5	n = 61
25-OHD nmol/l	79 ± 58	99 ± 57	87 ± 43	122 ± 85	73 ± 11	91 ± 58
-Mangel	27%	18%	12%	0%	0%	15%
$1{,}25(OH)_2D$ ng/l	58 ± 34	53 ± 43	44 ± 33	39 ± 23	46 ± 21	50 ± 35
-Mangel	27%	35%	35%	71%	20%	36%
	n = 23	n = 25	n = 29	n = 16	n = 8	n = 101
VV	1,1 ± 0,4	1,1 ± 0,4	1,0 ± 0,4	0,9 ± 0,4	0,9 ± 0,3	1,0 ± 0,4
VO	3,5 ± 1,7	3,0 ± 1,9	2,9 ± 2,2	2,5 ± 2,5	3,1 ± 2,0	3,0 ± 2,1
OS	3,9 ± 1,6	3,3 ± 1,6	3,3 ± 1,9	2,9 ± 2,4	3,4 ± 1,7	3,4 ± 1,8
OB	3,1 ± 2,9	2,7 ± 3,7	1,9 ± 2,0	1,1 ± 2,6	0,7 ± 1,1[a]	2,2 ± 2,8
HT	4,5 ± 2,5	3,3 ± 2,4	3,1 ± 2,4	3,3 ± 3,2	2,5 ± 3,6[a]	3,5 ± 2,7
HO	9,7 ± 7,6	6,6 ± 7,2	5,9 ± 6,9	3,2 ± 5,0	2,6 ± 4,4[a]	6,2 ± 7,0
TD	1,2 ± 0,4	1,1 ± 0,3	1,0 ± 0,3	0,9 ± 0,3	0,9 ± 0,2[a]	1,0 ± 0,3
IS	0,4 ± 0,3	0,5 ± 0,3	0,5 ± 0,3	0,6 ± 0,4	0,6 ± 0,4[a]	0,5 ± 0,3
	n = 7	n = 16	n = 14	n = 9	n = 6	n = 52
MAR μm/die	0,6 + 0,2	0,7 + 0,1	0,6 + 0,1	0,6 + 0,2	0,7 + 0,1	0,6 + 0,2
OAR μm/die	0,2 + 0,2	0,3 + 0,5	0,2 + 0,1	0,2 + 0,4	0,1 + 0,1	0,2 + 0,3
BFR μm/a	45 + 33	37 + 32	24 + 13	26 + 34	11 + 5	30 + 27
MLT die	99 + 90	118 + 111	126 + 145	132 + 276	189 + 131	144 + 158

[a] Signifikanter Unterschied zwischen Gruppe 1 und Gruppe 5.

Knochenbiopsien bei Nierentransplantierten durch, um die Häufigkeit und das Erscheinungsbild der Osteopathie nach NT differenzierter bewerten zu können.

Patienten und Methoden

Bei 57 Männern und 43 Frauen mit einem Alter von 41 ± 11 (19–63) Jahren wurden durchschnittlich 45 (5–228) Monate nach NT 80 Knochenbiopsien mit der Burkhardtfräse und 21 mit der Jamshidinadel durchgeführt. Der Serumkreatininwert, die Kreatinin-Clearance sowie die Basisimmunsuppression sind in Tabelle 1 angegeben. Mit Ausnahme eines Patienten erfolgte vor Transplantation über einen Zeitraum von 32 ± 24 Monaten eine Hämodialysebehandlung.

Entsprechend des Untersuchungszeitraumes nach NT wurde eine Einteilung in 5 Gruppen (Tabelle 1) vorgenommen. Die lichtmikroskopische Beurteilung erfolgte am unentkalkten Präparat nach der Klassifikation von Delling. Die ermittelten histomorphometrischen Parameter wurden umgerechnet in einen Faktor der Abweichung vom alters- und geschlechtsspezifischen Normwert [2]. Bei 52 Patienten wurden nach Tetrazyklinmarkierung Parameter der dynamischen Histomorphometrie in Anlehnung an Parfitt bestimmt [3]. Der Nachweis von Aluminium im Bioptat erfolgte mit Aurintricarboxylsäure. Die Methoden für die Bestimmung des iPTH, $1{,}25(OH)_2D_3$, $25\text{-}OHD_3$ wurden bereits in einer früheren Arbeit angegeben [4]. Die statistische Auswertung erfolgte mit Hilfe des u-Testes nach Mann/Whitney (Irrtumswahrscheinlichkeit von 5%).

Ergebnisse

Bei der lichtmikroskopischen Beurteilung der 101 Knochenbiopsien wurde in 48 Fällen (47,5%) eine Typ III-, 19mal (18,8%) eine Typ II-, 7mal (6,9%) eine Typ I-Osteopathie, in 21 Fällen (20,8%) eine Osteoporose und zweimal ein Low turn over ohne vermindertes Knochenvolumen diagnostiziert (Abb. 1). Lediglich bei vier Patienten (4%) konnten histologische Normalbefunde erhoben werden, jedoch waren zwei dieser Patienten an einer aseptischen Femurkopfnekrose erkrankt. In der Frühphase nach NT wurde bei 87% der untersuchten Patienten eine Osteopathie vom Typ III oder Typ I diagnostiziert, während diese Osteopathieformen in der Spätphase nach NT nur noch bei 12,5% der Patienten nachgewiesen werden konnten (Abb. 2). Demgegenüber war eine deutliche Zunahme der Häufigkeit von Osteomalazien und Osteoporosen mit zunehmender Dauer nach NT zu verzeichnen. In der Periode nach dem 10. Jahr post transplantationem hatten 50% der Pat. eine Typ II-Osteopathie und 37,5% der Pat. eine Osteoporose mit einem Low turn over bei deutlich verminderter Osteoblastenzahl entwickelt (Abb. 2, Tabelle 1). In der Gesamtgruppe ergab sich im Durchschnitt ein normales Knochenvolumen, jedoch fällt ein um den Faktor 3 erhöhtes Osteoidvolumen bei ebenfalls um den Faktor 2,2–6,2 erhöhten An- und Abbauparametern auf (Tabelle 1). Im Verlauf nach NT beobachteten wir bei tendentieller Abnahme des Knochenvolumens eine signifikante Verringerung der osteoblastenbesetzten Osteoidoberfläche, der Gesamtresorptionsoberfläche, der osteoklastenbesetz-

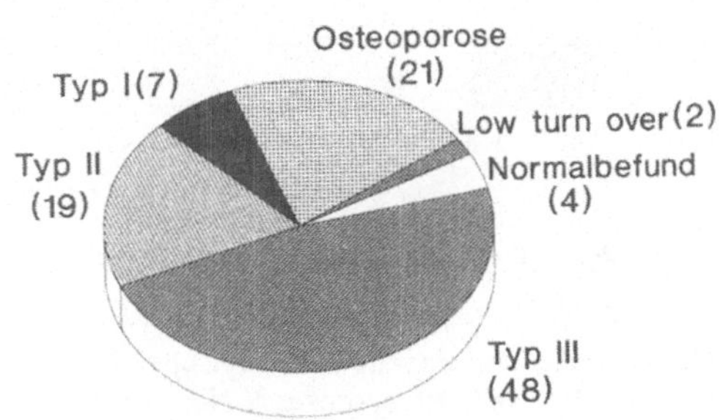

Abb. 1. Verteilung knochenhistologischer Diagnosen bei 101 Patienten nach Nierentransplantation

ten Resorptionsoberfläche sowie des Trabekeldurchmessers. Die Befunde der dynamischen Histomorphometrie ergaben eine signifikante Verringerung der Knochenformationsrate. Im Gegensatz dazu sind Osteoidvolumen und Gesamtosteoidoberfläche in allen Zeitperioden nach NT um den Faktor 1,5–3,9 konstant erhöht (Tabelle 1). Bis zum 10. Jahr nach NT kam es zu einer signifikanten Verringerung der iPTH-Spiegel, während in der Periode nach dem 10. Jahr wieder ein signifikanter Anstieg der iPTH-Spiegel zu verzeichnen war. Ein Vitamin D-Mangel war in der Spätphase nach NT nicht mehr nachweisbar, jedoch beobachteten wir mit zunehmender Dauer nach NT einen Mangel an $1{,}25(OH)_2D_3$ (Tabelle 1). Lediglich bei vier Patienten wurde Aluminium in den Makrophagen nachgewiesen, während Ablagerungen von Aluminium an der Mineralisationsfront nicht auftraten.

Diskussion

Unsere Ergebnisse an einer relativ großen Patientenzahl zeigen, daß eine erfolgreiche NT nicht zwangsläufig zu einer Heilung einer renalen Osteopathie führt, sondern daß trotz einer guten Transplantatfunktion mit histologisch nachweisbaren Knochenerkrankungen nach NT zur rechnen ist. Die Verteilung der Diagnosen war deutlich abhängig vom Zeitpunkt der Untersuchung nach NT. In der Frühphase waren die hyperparathyreoiden Veränderungen am Knochen bei fast 90% der untersuchten Patienten nachweisbar. Pathogenetisch sind wahrscheinlich die hohen PTH-Spiegel bei persistierendem HPT verantwortlich zu machen. Mit zunehmender Zeitdauer nach NT beobachteten wir einen Wandel der Osteopathieformen. Sowohl Osteoporosen als auch Typ II-Osteopathien traten in der Spätphase nach NT signifikant häufiger als in der Frühphase nach NT auf, was auch von anderen Autoren berichtet wurde [5]. Für die Entwicklung einer Osteopathie in dieser Phase ist

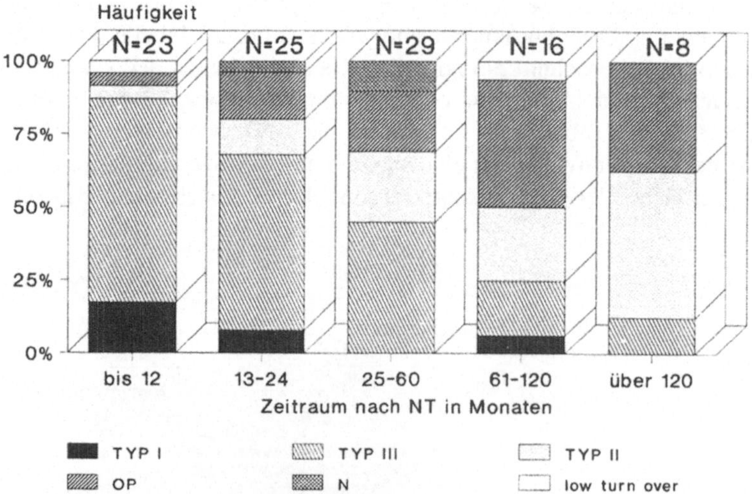

Abb. 2. Verteilung knochenhistologischer Diagnosen bei 101 Patienten in verschiedenen Zeitperioden nach NT. *OP* Osteoporose, *N* Normalbefund

wahrscheinlich neben der direkten Beeinflussung der Osteoblasten durch die Glukokortikoide ein Mangel an 1,25$(OH)_2D_3$ von Bedeutung. Die Verminderung des Knochenvolumens mit zunehmender Dauer nach NT wurde wahrscheinlich durch eine zunehmende Hemmung des Knochenanbaus bei normaler oder leicht erhöhter Resorptionstätigkeit verursacht. Zukünftig sind weitere Untersuchungen zur Ermittlung pathogenetischer Faktoren für die Entwicklung der verschiedenen Osteopathieformen nach NT erforderlich. Um eine Differenzierung zwischen Schäden aus der Hämodialyseperiode und Veränderungen am Knochen, die sich nach der Transplantation ergeben, zu ermöglichen, sollte zum Zeitpunkt der NT eine Knochenbiopsie durchgeführt werden.

Literatur

1. Kokot F, Zazgornik J, Pietrek J et al. (1978) Parathormon- und 25-Hydroxycholekalziferol-Konzentrationen im Serum nierentransplantierter Patienten und ihr röntgenologisches Korrelat. Z Gesamte Inn Med 33:516–520
2. Delling G (1975) Endokrine Osteopathien. Morphologie, Histomorphometrie und Differentialdiagnose. Veröffentlichungen aus der Pathologie, Heft 98
3. Parfitt AM, Drezner MK, Glorieux FH et al. (1987) Bone histomorphometry: standardisation of nomenclature, symbols, and units. J Bone Mineral Res 2:595–610
4. Lippert J, Abendroth K, Schmidt-Gayk H et al. (1991) Histologische und histomorphometrische Untersuchungsergebnisse zur Osteopathie in der Früh- und Spätphase nach Nierentransplantation. 12. Nephrologisches Seminar Bamberg, Nov 90
5. Henning HV, Delling G, Sala ER et al. (1985) Langzeituntersuchungen zur renalen Osteopathie (RO) nach Nierentransplantation. Nieren- u. Hochdruckkrankh 9:421–422

III. Frakturheilung und Kallusbildung

A. Übersichtsreferate

Die desmale Knochenheilung

A. Enderle

Orthopädische Universitätsklinik, Robert-Koch-Straße 40, W-3400 Göttingen, BRD

Die desmale Knochenbildung kommt sowohl bei der Embryonalentwicklung als auch nach der Geburt während des Wachstums und schließlich auch im späteren Alter noch vor.

Obwohl in der Fötalzeit (Abb. 1) die meisten Skelettabschnitte über ein Vorknorpelskelett indirekt als Ersatzknochen gebildet werden, kommt es an verschiedenenSchädelknochen, der Klavikula und an der perichondralen Knochenmanschette auch zu einer direkten desmalen Knochenbildung. Dieser Knochen wird Deck-, Beleg- oder Bindegewebsknochen genannt. Beide Ossifikationsarten führen, ob sie direkt oder indirekt auf dem Umweg über Knorpel ablaufen, histologisch zum gleichen Geflechtknochen, der schließlich zum Lamellenknochen umgebaut wird. Nach der Geburt läuft der subperiostale Knochenanbau

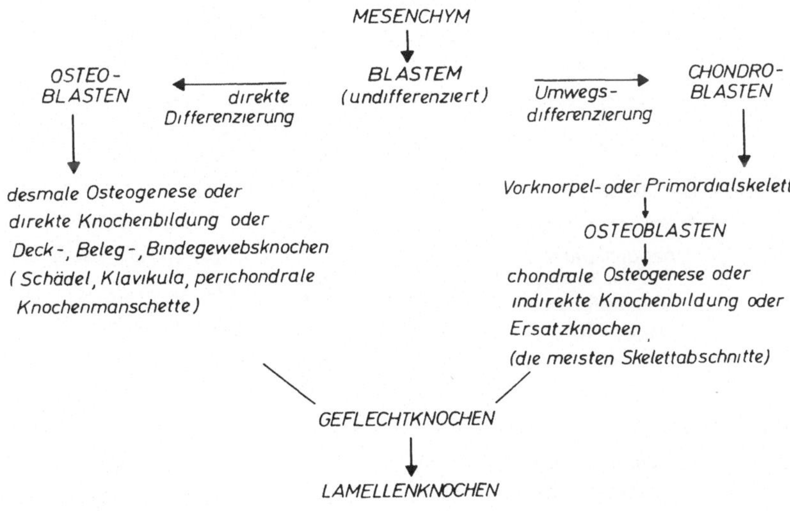

Abb. 1. Embryonalentwicklung

T. H. Ittel H.-G. Sieberth H. H. Matthiaß (Hrsg.)
Aktuelle Aspekte der Osteologie

weiterhin als desmale Ossifikation ab. Auch im späteren Leben (Abb. 2) bedarf es bei Reparationsmaßnahmen nach Frakturen, Osteotomien und Defekten einer Knochenneubildung. Diese läuft unter mechanisch stabilen Verhältnissen als reine desmale Knochenheilung ab. Bei Instabilität kommt eine gemischte, also chondrale und desmale Ossifikation zustande. Auch reaktiv wird Knochen neu gebildet, so im Rahmen einer sog. Periostreaktion, als periartikuläre Verknöcherung, bei der Osteomyelitis oder der Myositis ossificans, bei Induktion durch Knochenmetastasen oder in Form subchondraler Knochenneubildung bei der Arthrose. Bei diesen knöchernen Reaktionen herrscht die desmale Ossifikation wohl vor, es kommt aber auch zur chondralen und lamellären Knochenbildung. Schließlich findet während des gesamten Lebens, sowohl physiologisch aber auch pathologisch, ein Knochenumbau (remodeling) statt, indem z.B. auf der einen Seite eines Spongiosabälkchens Knochen abgebaut und auf der anderen wieder angebaut wird (drifting). Dies geschieht meistens direkt durch lamellären Knochenanbau.

Um nun die reine Geflechtknochenneubildung zu untersuchen, kann unter Ausschaltung der knorpeligen Umwegsdifferenzierung ein metaphysärer Tibiadefekt der Ratte verwendet werden [1]. Dieser wird c-förmig an der Vorderkante der Tibia eingefräst und heilt von dorsal nach ventral aus. Dabei findet sich histologisch am unentkalkten Schnitt eine reine endostale Knochenneubildung; weder die Kortikalis noch das Periost leisten zu diesem Reparationsprozess einen direkten Beitrag. Nach 20 Tagen ist der Defekt mit unterschiedlich reifem Geflechtknochen ausgefüllt. Von dorsal her wird der Defektkallus wieder osteoklastär abgebaut. Erhalten bleibt der Geflechtknochen im ventralen Bereich, welcher bis zum 40. Tag lamellär zu einem osteonisierten Knochen, also zu einer intakten Kortikalis restauriert wird.

Von besonderem Interesse ist nun die frühe Phase der Geflechtknochenbildung an diesem Reparationsmodell. Nach 24 Stunden ist der Defekt noch mit einem Blutpfropf ausgefüllt.

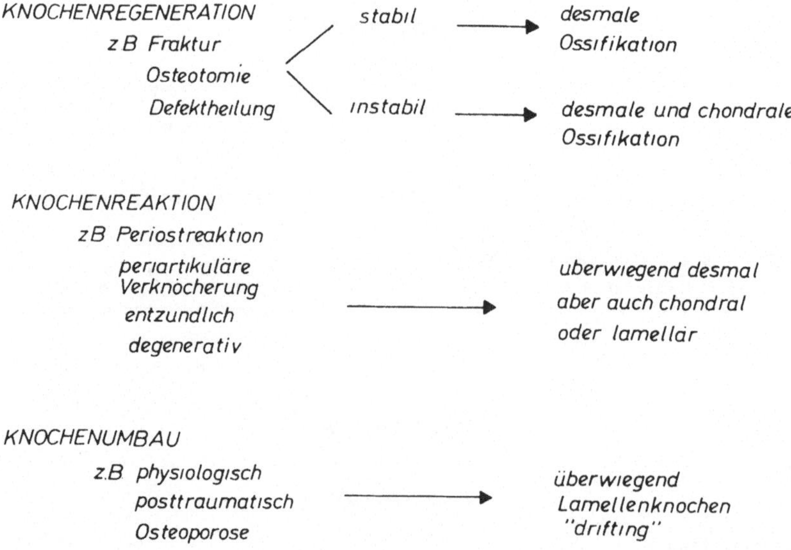

Abb. 2. Möglichkeiten der Knochenneubildung im Kindes- und Erwachsenenalter

Die knöcherne Regeneration wird am autochthonen Knochen in der Nachbarschaft des Defektes eingeleitet. Dies äußert sich histologisch in einer Mobilisierung von Osteoblasten an den defektnahen vitalen Knochenbälkchen. Fluoreszenzoptisch ist dies durch stärkeres Aufleuchten der randbildenden Spongiosakonturen gekennzeichnet. Im defektnahen Knochenmark finden sich reichlich erweiterte Sinusoide, was sich durch Kontrastmittel (Micropaque) darstellen läßt. Während nach weiteren 24 Stunden an der defektnahen Spongiosa bereits osteoide Säume auftreten, kommt es am Defektrand im autochthonen Knochenmark zur Proliferation eines mesenchymalen Blastems aus spindelförmigen Zellen. Diese sind in der Lage, sich zu Osteoblasten zu differenzieren.

In der Literatur finden diese Zellen eine unterschiedliche Bezeichnung, so wie Fibroblasten, Spindelzellen, Retikulumzellen, mesenchymale Zellen, Präosteoblasten, Osteoprogenitorzellen und Skelettoblasten. Daraus kann man schließen, daß lange Zeit die Natur dieser Zellen nicht klar erkannt worden war. Heute weiß man jedoch, daß ein Teil dieser Zellen sich zu Vorläuferzellen von Osteoblasten differenzieren können.

Im weiteren Heilungsverlauf kommt es nun zu einer kontinuierlichen Invasion des Blutpfropfes durch das mesenchymale Blastem. Dies bedeutet, daß die Blastemzellen die Fähigkeit aufweisen zu wandern, wobei sie in dem zunehmend ausgelaugten Hämatom die erhalten gebliebenen Fibrinfäden z.T. als Leitschiene benützen. Dies ist die einzige Funktion des Hämatoms und einen unmittelbaren Beitrag zur Osteogenese liefert dieses nicht.

Die Blastemzellen teilen sich mitotisch und zwischen ihnen tauchen neu gebildete Kapillaren auf. Diese haben aber einen relativ großen Abstand zu einander. Dabei gibt es Abschnitte, in denen keine Kapillaren zu finden sind und trotzdem kommt es zur Proliferation der Blastemzellen. Somit spielt die Vaskularisierung im frühen mesenchymalen Blastem nicht die bedeutende Rolle wie zum späteren Zeitpunkt, wenn die Geflechtknochentrabekelbildung eingesetzt hat und diese weiter zu Lamellenknochen ausreift.

Neben der endostalen Knochenneubildung an der autochthonen Spongiosa entstehen außerdem nach Ablauf von 48 Stunden im Blastem kleinste filigranartige Knochenbälkchen. Auch sie erscheinen relativ weit entfernt von neuen Kapillarsprossen. Diese feinsten Knochenformationen sind in der Movat-Färbung bereits zum Zeitpunkt ihrer Entstehung verkalkt und lassen keine osteoide Vorstufe erkennen. Die kondensierten kollagenen Fasern scheinen direkt zu verkalken. Dies tritt in der Fluoreszenzmarkierung in einer feinkörnigen Tüpfelung entlang der kollagenen Fasern zu Tage. Auch in der v. Kossa-Färbung ist dieser feinkörnige Niederschlag sichtbar. Erst wenn die verkalkten kondensierten Fasern eine eben erkennbare Bälkchenformation angenommen haben, tritt am Rande derselben ein feiner osteoider Saum auf. Damit läuft die weitere lamelläre Knochenbildung mittels osteoider Vorstufe ab.

Eine Erklärung für die Verkalkung der Knochenmatrix im Moment ihrer Entstehung können elektronenmikroskopische Untersuchungen liefern. Sie zeigen, daß es sich bei der Geflechtknochenentstehung um einen raschen Vorgang der Knochenbildung handelt, wobei die Osteoblasten diesen Vorgang durch Bildung extrazellulärer Matrixbläschen bewerkstelligen [2–5]. Letztere leiten dann die Verkalkung ein, indem sie rupturieren und Verkalkungsknötchen (bone nodules) bilden, welche ihrerseits die Mineralisation der kollagenen Fasern in Gang setzen.

Obwohl dem Knochen in der Regel als kollagener Bestandteil das Kollagen Typ I zugeschrieben wird, muß man in der Frühphase der Knochenentstehung annehmen, daß passager auch andere Kollagentypen beteiligt sind [6]. Bei der Frakturheilung ist das Auftreten verschiedener Kollagentypen vom Zeitpunkt der Heilung abhängig. So findet man im Frühstadium, wenn die Mesenchymzellen differenzieren, Kollagen vom Typ III und V. Werden Geflechtknochentrabekel gebildet, ist Kollagen Typ I nachweisbar. Tritt im Kallus enchondrale Verknöcherung auf, kommen Kollagentyp II und IX dazu [7]. Die Typen I, II und III scheinen in vitro über Matrixbläschen zu verkalken [8].

Die durch Movat-Färbung nachweisbare primäre Verkalkung ohne osteoide Vorstufe bleibt auch nach Ausreifung zum Lamellenknochen im Zentrum der Knochenbälkchen weiterhin sichtbar. Seine Parallele findet dieser Zustand an der Pirmärspongiosa, wo ebenfalls die frühere provisorische Verkalkungszone noch lange Zeit erhalten bleibt. Knese [9] nennt diese Art der Verkalkung bei der desmalen Osteogenese „provisorische chondroide Mineralisation“.

Damit stellt diese besondere Art der Verkalkung ohne osteoide Vorstufe eine sehr rasche Mineralisation ohne verzögernde Reifungsphase dar. Dies ist möglich, weil die Osteoblasten in diesem frühen Stadium ihre Matrixbausteine in ganzer Zircumferenz ausschleusen. Dies steht im Gegensatz zum Lamellenknochen, bei dessen Entstehung die Osteblasten das Osteoid streng polarisiert an der dem Knochen zugewandten Zelloberfläche abgeben. Beim Geflechtknochen entsteht also eine flächenhafte Matrixausbreitung, was sich auch bei Fluorochrommarkierung in Form einer diffusen, breitflächigen Fluoreszenz darstellt. Dies gewährleistet eine rasche und raumgreifende Knochenbildung, wie es stellenweise in der Fötalzeit, beim periostalen Dickenwachstum und bei der Kallusbildung bzw. Defektheilung nötig ist. Damit kommt es auch beim Tibiadefekt im Vergleich zu einer Tibiafraktur mit ihrer gemischten chondralen und desmalen Ossifikation zu einer 2–3mal schnelleren Ausheilung.

Der Ablauf dieser Defektheilung läßt sich nun auch histomorphometrisch erfassen. Man kann eine Flächenanalyse der einzelnen Gewebselemente (Hämatom, Blastem, junger und alter Geflechtknochen) zu verschiedenen Zeitpunkten durchführen. Der junge Geflechtknochen im ventralen Defektabschnitt unterscheidet sich gegenüber dem älteren im hinteren dadurch, daß ersterer eine höhere Osteozytendichte und osteoide Säume aufweist (Abb. 3). Aus Abb. 4 geht hervor, daß nach 6 Tagen das Hämatom voll substituiert ist. An seine Stelle ist überwiegend junger, aber auch alter Geflechtknochen getreten und außerdem besteht noch ein deutlicher Blastemrest. Zunehmend kommt es zum Ersatz des Blastems durch jungen Geflechtknochen und Ausreifung desselben, so daß nach 20 Tagen der Defektkallus überwiegend aus altem Geflechtknochen und einem geringen Blastemrest besteht.

Eine feingewebliche histomorphometrische Auswertung der einzelnen Gewebs- und Zellstrukturen (verkalkter Knochen, Fasermark, blutbildendes Mark, Osteoid, Osteoblasten, Osteoklasten und Osteozyten) läßt sich vom 6.–40. Tage durchführen. Bei der Morphometrie kann der ventrale Gewebsabschnitt vom dorsalen getrennt berücksichtigt werden, um so den dynamischen Ablauf der Geflechtknochenbildung besser zu erfassen.

Aus Abb. 5 geht hervor, daß der Flächenanteil des verkalkten Knochens vor allem im ventralen Abschnitt gegenüber dorsal zunimmt. Dies deutet darauf hin, daß die dorsale Kallusmasse wieder abgebaut und ventral die dichtere Kortikalis aufgebaut wird, was sich morphometrisch auch in der geringen Osteoklastenzunahme, vor allem dorsal, widerspiegelt.

Das Fasermark überwiegt anfangs in den ventralen Abschnitten gegenüber dem blutbildenden Mark. Letzteres regeneriert im Laufe der Zeit zunehmend. Die hohe Osteob-

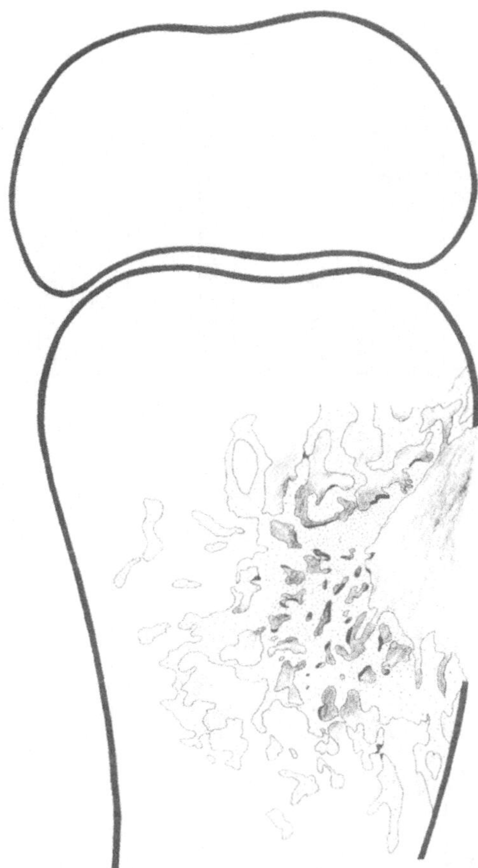

Abb. 3. Defektkallus am 15. Tag mit den 3 Geflechtknochenabschnitten bindegewebiger Defektrest (*vorne*) junger Knochen (*Mitte*) alter Knochen (*hinten*). Der junge unterscheidet sich vom älteren durch höhere Osteozytenzahl und osteoide Säume

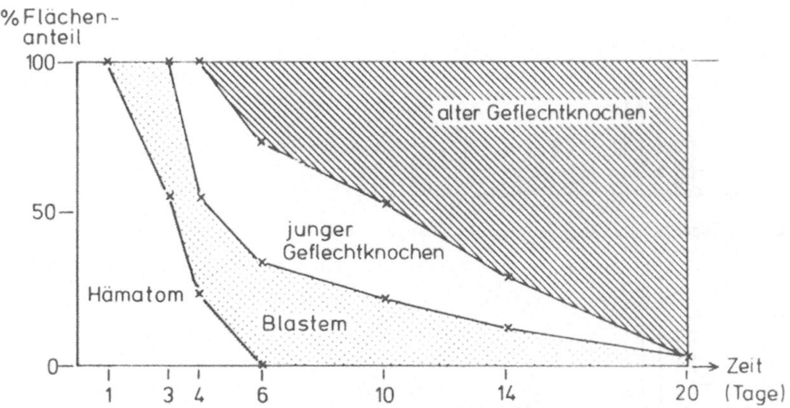

Abb. 4. Gewebsanteile in der Sequenz der metaphysären Defektheilung

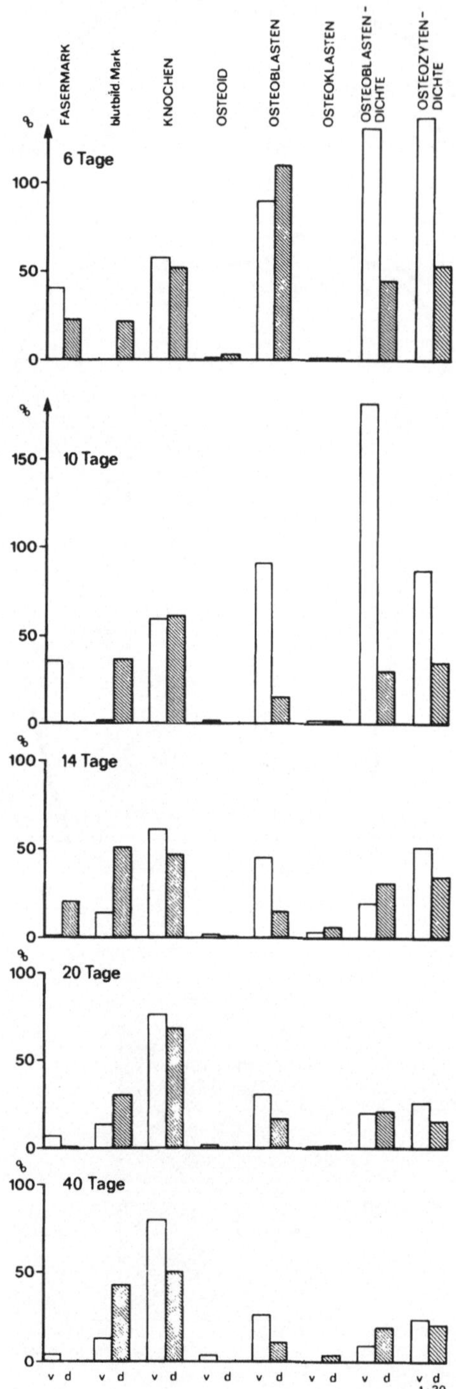

Abb. 5. Defektheilung

lung

lastendichte (Osteoblasten/Osteoidfläche) in den ersten 10 Tagen signalisiert die Existenz eines noch unreifen Geflechtknochens, der zunehmend lamellär umgebaut wird. Dadurch nimmt er eine mehr organoide Bälkchenstruktur an, was mit der abnehmenden Osteoblastendichte in den späteren Zeitabschnitten einhergeht. Die Umkehr des Verhältnisses zwischen Osteoblastenzahl und Osteoblastendichte nach dem 10. Tag, vor allem ventral, ist mit der zunehmenden Trabekulierung des Knochens vereinbar; dies vor allem deshalb, weil die Osteoblasten an den reiferen Trabekeln meist nur einreihig aufgereiht sind, während sie sich beim unreifen Geflechtknochen regellos und mehr in Zellhaufen aus dem mesenchymalen Blastem heraus bilden.

Die osteoiden Flächenanteile sind in den ersten 6 Tagen in den dorsalen Abschnitten größer als in den ventralen. Dies kehrt sich in den späteren Zeitabschnitten ebenfalls um. Dadurch wird quasi eine Trennlinie sichtbar zwischen unreiferen Knochentrabekeln in den ventralen Abschnitten und reiferen in den dorsalen.

Die quantitative Erfassung der Osteozyten pro Knochenfläche, ausgedrückt als Osteozytendichte, zeigt im Laufe der Zeit eine Abnahme derselben, vorwiegend in den ventralen Defektabschnitten. Ferner kommt es zu einem zunehmenden Ausgleich der ursprünglich stark divergierenden Osteozytendichte im vorderen und hinteren Defektabschnitt. Dies kann als Zeichen der Ausreifung des Faserknochens durch lamelläre Umstrukturierung sowohl im Defekt von dorsal nach ventral, als auch in der zeitlichen Folge vom 6.–40. Tag gewertet werden. Damit stellt die Osteozytendichte einen Parameter zur Beurteilung der Geflechtknochenreifung bzw. Umstrukturierung zum Lamellenknochen dar.

Zusammenfassung

1. Bei der metaphysären Knochendefektheilung der Ratte wird reiner Geflechtknochen zum kleineren Teil endostal und zum größeren Teil aus mesenchymalem Blastem heraus gebildet.
2. Die Vaskularisierung spielt in der Frühphase der mesenchymalen Blastembildung nicht die wesentliche Rolle wie bei der späteren desmalen Ossifikation und ihrer lamellären Umstrukturierung.
3. Die Verkalkung des Geflechtknochens läuft im Gegensatz zur lamellären Knochenbildung ohne osteoide Vorstufe ab. Die kollagene Faser scheint mit Hilfe von Matrixvesikeln direkt zu verkalken.
4. Dieser Verkalkungsmodus ist mit der provisorischen Verkalkung an der Wachstumsfuge vergleichbar und mittels der Movat-Färbung auch später am lamellären umstrukturierten Knochen noch nachweisbar.
5. Durch die rasche Mineralisation ohne Reifungsphase wird Geflechtknochen dort gebildet, wo eine rasche raumgreifende Knochenbildung erforderlich ist: z.B. Fetalzeit, periostales Dickenwachstum und Reparation.
6. Dies ist durch die flächenhafte Knochenbildung möglich, indem die Osteoblasten beim Geflechtknochen ihre Matrixbausteine zircumferential ausschleusen. Bei der lamellären Verknöcherung werden sie unipolar ausgeschieden.
7. Der Geflechtknochen besitzt eine hohe Osteozytendichte, der Lamellenknochen eine niedrige. Dies kann morphometrisch zur Beurteilung der Knochenreife herangezogen werden.

Literatur

1. Enderle A (1988) Die desmale Knochenheilung und ihre hormonelle Beeinflussung durch Hypophyse und männliche Gonaden. Habil-Schrift Göttingen 1988, S 56–77
2. Ascenzi A, Benedetti EL (1959) An electron microscopic study of the fetal membranous ossification. Acta Anat (Basel) 37:370–385
3. Bernard GW, Pease DC (1969) An electron microscopic study of initial intramembranous osteogenesis. Am J Anat 125:271–290
4. Bonucci E (1971) The locus of initial calcification in cartilage and bone. Clin Orthop 78:108–139
5. Marvaso V, Bernard GW (1977) Initial intramembraneous osteogenesis in vitro. Am J Anat 149:453–468
6. Reddi AH, Gay R, Gay S, Miller EJ (1977) Transitions in collagen types during matrix-induced cartilage, bone, and bone marrow formation. Proc Natl Acad Sci USA 74:5589–5592
7. Page M, Hogg J, Ashhurst DE (1986) The effects of mechanical stability on the macromolecules of the connective tissue matrices produced during fracture healing. I. The collagens. Histochem J 18:251–265
8. Ecarot-Charrier B, Glorieux FH, Pereira G, Rest M von der (1983) Mineralization in osteoblast cultures derived from mouse calvaria. Orthop Transact (JBJS) 7 (2):289–290
9. Knese K-H (1979) Stützgewebe und Skelettsystem. In: Bargmann W (Hrsg) Handbuch der mikroskopischen Anatomie des Menschen, Bd 2, Teil 5. Springer, Berlin Heidelberg New York

Kallusbildung: Druckanalysen und ihre Korrelation zu biochemischen Veränderungen

K. J. Münzenberg, F. Möller

Orthopädische Universitäts-Klinik, Sigmund-Freud-Straße 25, W-5300 Bonn-Venusberg, BRD

Kallus ist kein einheitliches Gewebe. Auch die Ereignisabfolge bei der Kallusbildung ist von Fall zu Fall unterschiedlich. Unter von außen her ungestörten Bedingungen setzt sich in der Regel der Kallus aus Knorpel und Knochen zusammen, aber – das wußten auch schon die alten Histologen – gelegentlich kommt es auch ohne die Zwischenstufe Knorpel zur Bildung von Knochen, der die Kontinuität der Knochenfragmente primär überbrückt.

Im Gegensatz zu dem im Stoffwechselgleichgewicht stehenden Knochen, der eine enge Korrelation zwischen Mineralbildungsrate und der Menge der Kollagensynthese aufweist, weichen beim Kallus die Bildungsraten von Kollagen und Mineral deutlich voneinander ab. Etwa 7 Tage nach dem Frakturereignis findet sich die Kollagenbildung um etwa das 7fache größer als der Einbau von Kalzium. In der ersten Woche steigt die Hydroxyprolinbildung steil an und erreicht nach etwa 7 Tagen ihren Höhepunkt; danach fällt, gemessen an der Hydroxyprolinbildung, die Kollagensynthese wieder scharf ab. Der Einbau von Kalzium in das Kallusgewebe hingegen nimmt bis nach Ablauf der 3. Woche kontinuierlich zu. Erst dann wird das Verhältnis der spezifischen Aktivitäten von Kalzium und Hydroxyprolin annähernd gleich [2]. Der Einbau von Kalzium in der Kallus hinkt also quantitativ der Bildung von Kollagen um mehrere Tage nach.

Es ist interessant, daß, wie eigene Untersuchungen zeigten [1], das Wachstum der Kalziumphosphatminerale im Kallusgewebe erst dann merklich beginnt, wenn die Konzentration an Kalzium annähernd ihr Maximum erreicht hat. Die Größenzunahme der Apatitkriställchen im Kallusgewebe des Schafes folgt einer logistischen Kurve, die etwa nach 3 Monaten ihr Maximum erreicht (Abb. 1).

Die Interpretation dieser Kurve erlaubt drei Schlußfolgerungen:

1. Zwischen der Kristallgröße im lebenden Organismus und einer das Wachstum begrenzenden Einflußkomponente muß eine Art Wechselwirkung bestehen. Wahrscheinlich ist der begrenzende Faktor das Kollagen selbst, welches verhindert, daß die Kristallindividuen eine maximale Größe überschreiten. Der Aufbrauch der Kalzium-Phosphatresourcen kann hierfür nicht verantwortlich sein; sonst würde eine Äquifinalität der Kristallindividuen – anders als im Reagenzglas – nicht erreicht.
2. Der Verlauf dieser logistischen Kurve zeigt auch, daß die Zunahme der anorganischen Knochenkomponente mit dem Alter nicht auf einem Größerwerden der Kristallindividuen beruhen kann, sondern nur mit der Bildung neuer Kristallindividuen zu erklären ist.

T. H. Ittel H.-G. Sieberth H. H. Matthiaß (Hrsg.)
Aktuelle Aspekte der Osteologie

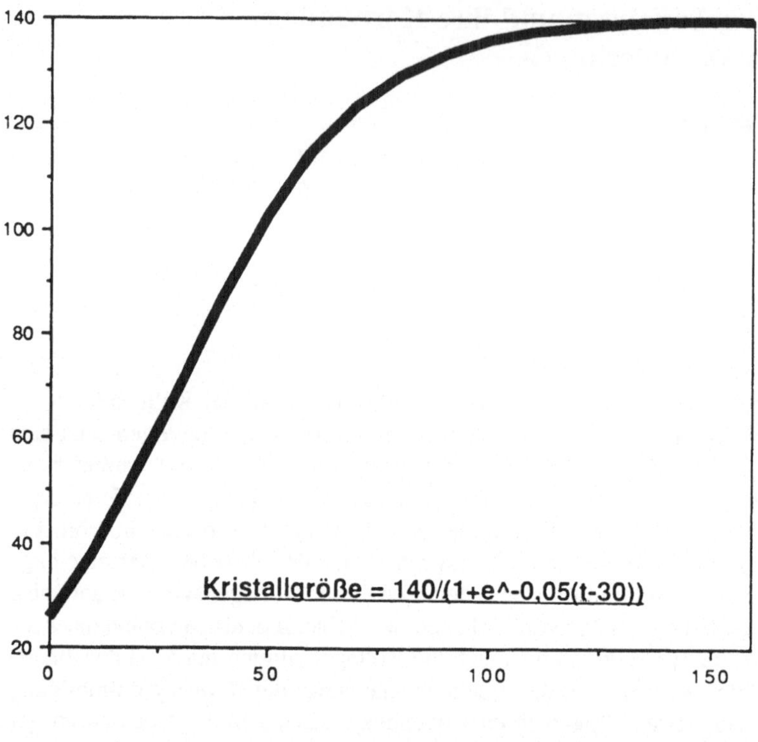

Abb. 1. Größenzunahme der Apatitkristalle im Kallusgewebe vom Schaf (*logistische Kurve*)

3. Es gibt offenbar im Kallus- und Knochengewebe eine maximale Einzelgröße des Apatitkristalls, die nicht überschritten werden kann.

Der zeitliche Ablauf der im Kallusgewebe ablaufenden Stoffwechselereignisse vollzieht sich also in drei Schritten:

Als erstes wird die Eiweißkomponente Kollagen bereitgestellt; der Einstrom von Kalziumionen erfolgt demgegenüber langsamer und auch kontinuierlicher, und erst nach etwa 3 Wochen beginnt die Bildung der Kalziumphosphatmineralteilchen, die etwa 3 Monate in Anspruch nimmt.

Wenn der Einbau von Kalzium in den Kallus der Bildung von Kollagen um Tage nachhinkt, dann ist die Frage berechtigt, ob diese Aufnahme von Kalzium durch das organische Kallusgewebe auch in vivo zu physikalischen Veränderungen führt, die in vitro zu beobachten sind. Urist und Abernethy zeigten nämlich, daß im Reagenzglas kollagene Fasern durch den Einbau von Kalziumionen schrumpfen.

Wir fragten uns, ob der Einbau von Kalziumionen oder von Kalziumphosphatmineralen in das Kallusgewebe auch eine Schrumpfung der Kallusmasse bewirkt, die sich in einer Druckänderung zwischen den Osteotomiestellen widerspiegelt. Wie groß sind dann ggf. diese Druckänderungen, und wie groß ist die Schrumpfung der kollagenen Fasern in ihrer Längsrichtung, ausgedrückt in Prozenten, die einer Kalziumchloridlösung ausgesetzt worden waren.

Die Druckmessungen in vivo führten wir mit Dehnungsmeßstreifen in der Osteotomiestelle bei Schafen durch (gemeinsam mit H.P. Venbrocks). Dazu wurden die Dehnungsmeßstreifen in Kunststoffzylinder eingebettet, die nach dem Abdruck eines diaphysären Knochenstückes hergestellt worden waren. In Narkose wurde den Versuchstieren dann ein etwa 1,5 cm langes Knochenstück aus der Diaphyse entnommen und an dessen Stelle der etwa gleichgroße Kunststoffzylinder mit den Dehnungsmeßstreifen eingesetzt. Danach bestimmten wir den Druck-Null-Wert in der Osteotomiestelle und fixierten die Osteotomieenden mit einer AO-Platte unter Druck stabil. Die mit Silikonmasse überzogenen Leitungsdrähte wurden fern von der Operationswunde nach außen geleitet [1].

Der in der Osteotomiestelle gemessene Druck verlief im wesentlichen in drei Phasen: In den ersten 10 Tagen sank er bis unter den Ausgangswert ab und nahm dann in den darauffolgenden 10 Tagen wieder zu, zunächst nur sehr langsam, danach, bis etwa zum Ende der 4. Woche, deutlicher. Der Druck erreichte dann einen Wert, der bei 10 kpcm^{-2} lag. Nach Ablauf von etwa 4 Wochen konnten Druckänderungen nicht mehr gemessen werden. Der zeitliche Ablauf der einzelnen Phasen wies Verschiebungen von maximal 2 Tagen auf. Der erste Durckanstieg fiel zeitlich nach etwa 10 Tagen zusammen mit dem ersten Auftreten einer schleierartigen Mineralimprägnierung auf der Röntgenaufnahme.

Wenn wir die beschriebenen ersten zwei Phasen im Verlaufe der Kallusentwicklung mit dem von uns beobachteten Kurvenverlauf des Druckes vergleichen, der im Osteotomiespalt gemessen wurde, dann findet sich eine auffallende Übereinstimmung. Der in den ersten 10 Tagen im Osteotomiespalt sehr schnell abnehmende Druck hat nach unserer Meinung eine doppelte Ursache: Einmal muß er entstanden sein durch die unvermeidliche Druckatrophie an den Osteotomieenden durch den Kunststoffzylinder. Die konstant zu beobachtenden negativen Werte können aber nur den Grund haben, daß die Kunststoffzylinder in den ersten beiden Wochen durch die vermehrte organische Gewebsbildung so umscheidet wird, daß auf ihn ein vermehrter seitlicher Druck ausgeübt wird. Dadurch werden die im Kunststoff senkrecht zueinander eingebetteten Dehnungsmeßstreifen nun vor allem senkrecht zu dem bei der Operation angelegten Druck beansprucht. Nur so werden die als negativ gemessenen Druckwerte verständlich. Da nach dem 10. Tag wieder positive Druckwerte gemessen werden oder solche um den Null-Wert herum, muß der in Längsrichtung einwirkende Druck wieder größer geworden sein, später dann den seitlich gerichteten Druck sogar erheblich übertreffen. In der zweiten Woche beginnt, histologisch gesehen, das sog. „structural stage", die Phase, in der das Kallusgewebe in Knochengewebe sich umzuwandeln beginnt. Zu dieser Zeit nimmt das Verhältnis der Kalkeinlagerung zur Bildung der organischen Matrix zu. Wenn auch beide Vorgänge nicht streng als zwei grundlegend verschiedene Prozesse sich trennen lassen – der Unterschied ist dennoch deutlich. Der größte Kalzium- und Posphoreinbau erfolgt etwa in der 4. Woche (Solheim); und das ist auch die Periode, in welcher der stärkste erneute Druckanstieg zustande kommt. In der 4. und 5. Woche stellt sich dann wieder ein Gleichgewicht her zwischen Kalziumeinbau und Matrix. Genau zu diesem Zeitpunkt ist auch eine Änderung des Druckes in unseren Versuchen nicht mehr nachzuweisen.

Diese in-vivo-Versuche stehen mit den Ergebnissen, zu denen wir in vitro kamen, in einer guten Korrelation. Für die in-vitro-Untersuchungen wurden präparierte Rattenschwanzsehnenfasern verwandt. Diese legten wir in 0,1 n Natronlauge, in $CaCl_2$-Lösung unterschiedlicher Konzentration und in Sobel'sche Verkalkungslösung für etwa 1 Woche. Danach wurde die Ausgangslänge mit der sekundär entstandenen prozentual in Beziehung gesetzt. Die in Natronlaugelösung eingebrachten Sehnen wiesen eine relativ starke Schrumpfung von etwa 14% auf. Wurden diese Sehnen anschließend Kalziumchlorid mit einer Konzentration von etwa 1–2 mmol ausgesetzt, dann erfolgte zwar wieder eine Verlängerung. Die Ausgangslänge wurde aber nun nicht wieder erreicht, sondern es verblieb eine Restverkürzung von etwa 6%. Diese Verkürzung von etwa 6% stellte sich auch dann ein, wenn die Sehnenfasern allein und primär durch Kalziumchlorid zum Schrumpfen gebracht worden waren.

Wir deuten diese Befunde so, daß sowohl die Entfernung von Glykosaminglykanen aus den Faseranteilen durch Natronlauge, als auch der Einbau von Kalzium in das organische Gewebe zu einer Schrumpfung führt. Die Kontraktion von Sehnengewebe nach der Behandlung mit Kalzium wurde schon von Baló, aber auch von Urist und Abernethy beobachtet. Sie führten diese Verkürzung zurück auf eine Ruptur intermolekularer schwächerer Bindungen, also der Wasserstoffbrücken und der van der Waals'schen Bindungen. Interessant ist, daß nach der Einwirkung von Natronlauge auf die kollagenen Fasern und nach anschließender Behandlung mit Kalziumchlorid die Fasern die gleiche Länge wie nach der Einwirkung von Kalziumchlorid allein erreichen. Durch die Einlagerung von Kalziumionen, so müssen wir schließen, werden offenbar in Anteilen der Kollagenmolekel chemische Bindungen von bestimmter Länge gebildet, welche die kollagenen Fibrille in ihrer Länge derart beeinflussen, daß immer eine annähernd konstante Längenänderung zur nativen Fibrille resultiert.

Nun nimmt – und das ist das Interessante – auch in vivo dann, wenn das Kallusgewebe minerralisiert wird, der Gehalt an Glykosaminglykanen und Proteoglykanen ab (Solheim). Beispielsweise ist der Gehalt an Hyaluronsäure am höchsten im Kallus, der ein bis zwei Wochen alt ist, während danach nur noch ein ganz geringer Anteil davon gefunden wird.

Bislang wissen wir nicht, welcher Vorgang im einzelnen zur Schrumpfung der Kallusmasse bei der Mineralisation im sog. „structural stage" führt, ob es der Einbau von Kalziumionen in intermolekulare Bindungen der kollagenen Fibrille oder die Herauslösung von Proteoglykanen durch lysosomale Enzyme im Zuge der Mineraleinlagerung ist. Auf jeden Fall aber erscheint uns der Schrumpfungsvorgang sinnvoll zu sein, wenn strukturelle Beziehungen zwischen der kollagenen Fibrille und dem Knochenmineral für die Erleichterung einer Mineralsubstanzabscheidung bei der Knochenbildung eine Rolle spielen sollen. Zwischen den Gitterabständen der einzelnen kollagenen Fibrille und dem anorganischen Hauptbestandteil des Knochens, dem Apatit, besteht ein misfit von Δ – 3,8%. Durch die Schrumpfung der kollagenen Fibrille vor dem Aufwachsen der Minerale auf dem Kollagen würden die Korrelationen im Gitterabstand zwischen Faser und Mineral verbessert und somit eine Erleichterung der Kirstallkeimbildung erreicht. Mit anderen Worten: Die geringfügige Schrumpfung der kollagenen Fasern erscheint in doppelter Hinsicht sinnvoll. Einmal führt sie zu einem engeren und festeren Kontakt zwischen den Knochenfragmenten. Das kommt den Festigkeitseigenschaften des Kallusgewebes zugute. Andererseits aber führt der erhöhte Druck von etwa 20 kgpd pro cm^2 nach Ablauf von etwa 4 Wochen zu einer Erleichterung der anorganischen Kristallkeimbildung im Kallusgewebe. Bekanntlich nämlich wird die Kristallkeimbildung durch einen erhöhten hydrostatischen Druck erleichtert, das ist im Knochengewebe nicht anders.

Zusammengefaßt läßt sich sagen, daß der zeitliche Ablauf zwischen der Bildung des Kollagens, dem Einstrom von Kalziumionen und der sich anschließenden anorganischen Kristallbildung im Kallus nicht synchron verläuft. Die Zunahme des intrakallösen Druckes, die etwa nach 3 Wochen einsetzt, beruht wahrscheinlich auf den Einbau von Kalziumionen in die Kollagenmolekel, wodurch die Fibrillen in ihrer Längsrichtung zum Schrumpfen gebracht werden. Dieser erhöhte interstitielle Druck wiederum führt zu einer Verbesserung der Voraussetzungen für die anorganischen Kalziumphosphatkristallbildung.

Literatur

1. Münzenberg KJ, Rössler H (1976) Physikalische Veränderungen des Callusgewebes durch Knochenmineraleinlagerung. Nova Acta Leoboldina Nr 223 44:257–262
2. Shtacher G, Firschein HE (1967) Collagen and mineral kinetics in bone after fracture. Am J Physiol 213:863
3. Urist MR, Abernethy JL (1967) Effects of the calcium ion upon structure and calcifiability of tendon. Clin Orthop 51:255

Pathologisch-anatomische Befunde am Callus bei Osteogenesis Imperfecta

H. Stöß[1], B. Pontz[2], R. Brenner[3], U. Vetter[3], P. Freisinger[4], A. Karbowski[5]

[1] Pathologisches Institut der Universität Erlangen, Krankenhausstraße 8–10, W–8520 Erlangen, BRD
[2] Universitätskinderklinik, Technische Universität München, Kölner Platz 1, W–8000 München, BRD
[3] Universitätskinderklinik Ulm, Prittwitzer Straße 43, W–7900 Ulm, BRD
[4] Unité de Recherches de Génétique Médicale, Hospital des Enfants Malades, 149 rue de Sèvres, 75730 Paris, Cedex 15, Frankreich
[5] Klinik und Poliklinik für Allgemeine Orthopädie, Westfälische Wilhelms-Universität, Albert-Schweitzer-Straße 33, W–4400 Münster, BRD

Die Osteogenesis imperfecta (OI) ist eine der häufigsten angeborenen Bindegewebserkrankungen mit einem teils autosomal dominanten, teils autosomal rezessiven Erbgang. Infolge einer variabel ausgeprägten Osteopenie steht als klinisches Leitsymptom eine abnorme Knochenbrüchigkeit ganz im Vordergrund. Darüber hinaus kommt es zu mehr oder minder ausgeprägten blauen Skleren. Fakultativ können eine Dentonogenesis imperfecta, überstreckbare Gelenke sowie eine im frühen Erwachsenenalter auftretende Schwerhörigkeit hinzukommen. Ihre Ursache hat die OI in einem gestörten Kollagenstoffwechsel, verbunden mit einer Insuffizienz der Osteoblasten. Dies führt zu einer ungenügenden Osteoid- und Knochenbildung. Das Krankheitsbild ist nicht nur klinisch-genetisch, sondern auch biochemisch und pathomorphologisch außerordentlich heterogen [10, 12, 13]. Nach Frakturen kommt es bei Patienten mit OI regelmäßig zu einer raschen Kallusbildung und einer normalerweise problemlosen Frakturheilung [11]. In seltenen Fällen tritt aber auch eine überschießende, sog. hyperplastische Kallusbildung auf, die das Bild eines Knochentumors vortäuschen kann [1–3]. Dieser abnorme Kallus führt zu einer massiven Auftreibung der betroffenen Extremitäten. Radiologisch sieht man in frühen Stadien, um eine anfangs noch erhaltene Kortikalis, einen breiten, unterschiedlich dichten Kallus (Abb. 1). Später kommt es zur hochgradigen Destruktion der Röhrenknochen mit massiver Untermineralisation und wolkiger Schattenbildung im Bereich dieses Kallus. In extremen Fällen ist teilweise die ursprüngliche Struktur der Röhrenknochen nicht mehr nachzuvollziehen. Diese sog. hyperplastische Kallusbildung findet sich überwiegend bei der OI Typ IV. Sie kann klinisch zu schweren Komplikationen führen. Besonders gefürchtet sind Durchblutungsstörungen mit lokaler Thrombosebildung bis hin zur Lungenarterienthrombembolie.

Material und Methode

Aus einem Kollektiv von über 150 morphologisch untersuchten Fällen wurde bei 20 Patienten mit OI Typ II normales OI-Kallusgewebe untersucht und mit Material von 8 Fällen mit OI und sog. hyperplastischer Kallusbildung verglichen. Für die Untersuchungen standen neben Kallusgewebe, Beckenkammbiopsien und nicht befallene Röhrenknochenbiopsien zur Verfügung. Die lichtmikroskopischen Untersuchungen erfolgten teils nach Entkalkung, teils unentkalkt, die elektronenmikroskopischen Untersuchungen durchwegs unentkalkt.

T. H. Ittel H.-G. Sieberth H. H. Matthiaß (Hrsg.)
Aktuelle Aspekte der Osteologie

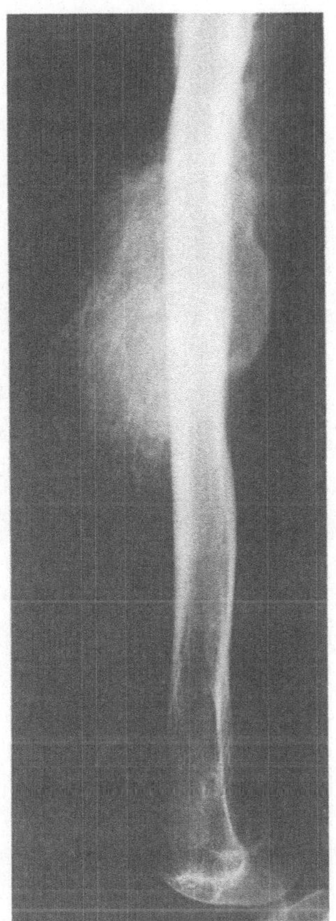

Abb. 1. OI mit sog. hyperplastischem Kallus – ausgeprägte tumorartige Knochenneubildung in Femurmitte

Ergebnisse

Unter physiologischen Bedingungen kommt es nach Frakturen zu einem Kallus mit desmaler Knochenneubildung. Bei der OI, insbesondere der letalen OI Typ II findet sich stets eine gemischte desmal-chondrale Knochenneubildung (Abb. 2). Neben unreifen Faserknochenbälkchen sind teils kleinere, teils größere Areale mit zellreichem Knorpel nachzuweisen. Die Frakturen mit ihrem gemischten Kallus können dabei ein Ausmaß annehmen, daß der ortsständige spongiöse Knochen nahezu vollständig durch Kallusgewebe ersetzt ist (Abb. 3). Die betroffenen Knochen sind dann stark verplumpt und deformiert.

Die untersuchten Fälle mit sog. hyperplastischer Kallusbildung zeigen im Bereich des Beckenkammes im Anschluß an den Ruheknorpel eine Wachstumszone mit gering verplumpten Knorpelsäulen sowie ein wechselnd breites Osteoid im Bereich der Spongiosabälkchen. Das Kallusgewebe besteht im Gegensatz zum normalen Frakturkallus und dem Kallus bei anderen OI Fällen aus einer exzessiven gemischt desmal-chondralen Knochenneubildung, bei der die chondralen Anteile sehr stark überwiegen können (Abb. 4). Es ist sehr zellreich, nebeneinander finden sich Fibroblasten, Osteoblasten und großleibige Chondroblasten. Die neugebildeten unreifen Knochenbälkchen zeigen ausgedehnte Umbauvorgänge mit teilweise dichtstehenden Osteoklasten.

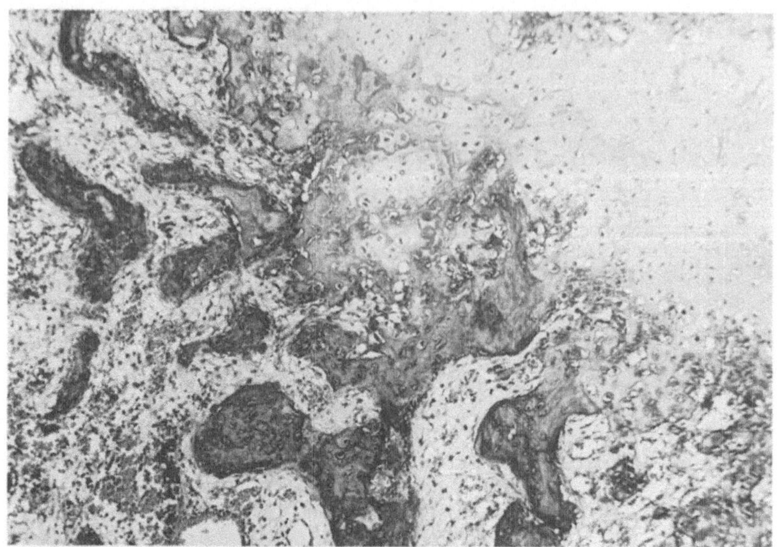

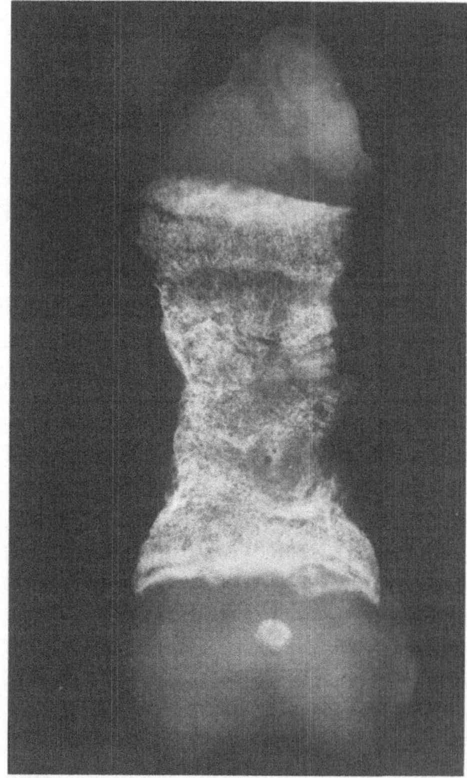

Abb. 2 *(oben)*. OI Typ II – zellreicher gemischter desmal-chondraler Frakturkallus (Evg., Ovgr. × 20)

Abb. 3 *(unten)*. OI Typ II – durch multiple Frakturen in seinem Aufbau gestörtes und verformtes Femur

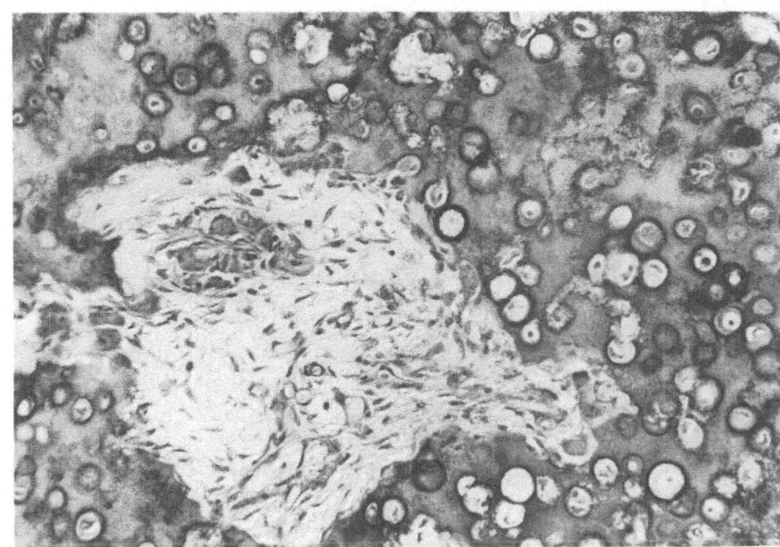

Abb. 4. OI mit sog. hyperplastischem Kallus – Gemischt-chondrale Knochenneubildung mit ausgedehnten zellreichen chondralen Anteilen (Toluidinblau, Ovgr. × 50)

Elektronenmikroskopisch besitzen Fibroblasten und Chondroblasten unterschiedlich stark dilatierte Zisternen des rauhen endoplasmatischen Retikulums, die Mitochondrien sind geschwollen. Die umgebende Matrix besteht teils aus netzartig angeordneten Kollagenfibrillen, teils aus wechselnd breiten, sich durchflechtenden Fibrillenbündeln.

In allen untersuchten Fällen findet man im nicht betroffenen spongiösen Knochen neben den für die OI typischen pathognomischen Veränderungen im Bereich von Mineralisation und Osteoblasten ein wechselnd breites Osteoid. Dieses ist aus sehr irregulären, in ihrem Durchmesser stark variierenden Kollagenfibrillen (Abb. 5) aufgebaut. Sie sind abschnittsweise unregelmäßig begrenzt und an den Enden aufgesplittert. In 2 der untersuchten Fälle waren diese Kollagenfibrillenbefunde bereits bekannt, bevor die Patienten einen sog. hyperplastischen Kalllus entwickelten.

Morphometrische Untersuchungen des Fibrillendurchmessers ergaben für die OI mit sog. hyperplastischer Kallusbildung einen mittleren Durchmesser von 449 Å mit einer hohen Standardabweichung und einem großen Standardfehler. Der Fibrillendurchmesser entspricht in etwa dem der OI Typ IV und liegt deutlich über dem der anderen OI Typen. Auffällig ist aber auch die große Streuung der Einzeldurchmesser gegenüber normalen OI-Fällen.

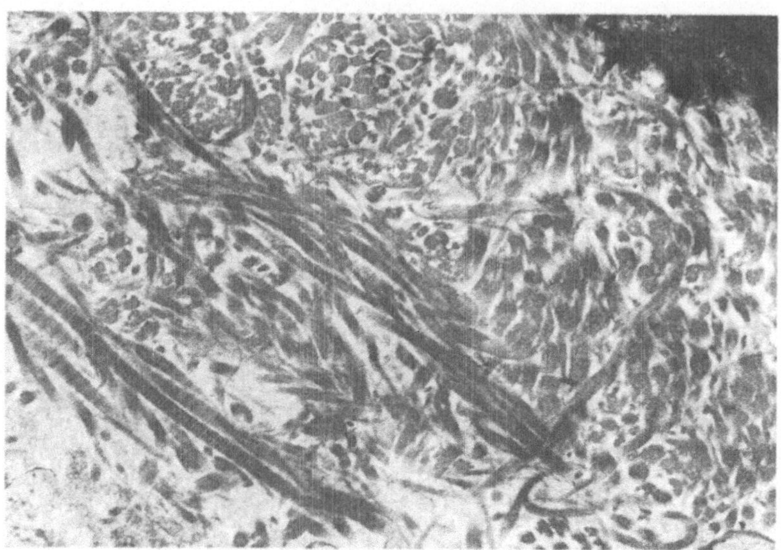

Abb. 5. OI mit sog. hyperplastischer Kallusbildung – Osteoid mit irregulären, teilweise aufgesplitterten Kollagenfibrillen (EM, Ovgr. × 20.000)

Diskussion

Bei allen untersuchten Fällen finden sich in den nicht durch Kallus veränderten Knochen die für die OI pathognomonischen morphologischen Veränderungen [13]. Für die OI, insbesondere die letale OI Typ II, typisch ist eine desmal-chondrale Knochenneubildung. Diese hat ihre Ursache in der relativen Instabilität der frakturierten Knochen. Sie ist die Folge von unterschiedlichen mechanischen Faktoren, die auf Fraktur und Kallus einwirken [6, 7].

Die OI mit sog. hyperplastischer Kallusbildung tritt selten auf und ist klinisch eindeutig von normal verlaufenden OI-Fällen abgrenzbar [4, 5, 8]. Soweit eine Klassifikation möglich ist, handelt es sich überwiegend um die OI Typ IV [10]. Die hochgradige Destruktion der betroffenen Knochen kann dabei ein Osteosarkom vortäuschen [1, 2] und zu nicht erforderlichen Amputationen führen. Zu berücksichtigen ist aber, daß ein Osteosarkom in sehr seltenen Fällen auch einmal als Zweiterkrankung bei Patienten mit OI vorkommen kann [9]. Da die sog. hyperplastische Kallusbildung mit schweren klinischen Komplikationen und Beeinträchtigungen verbunden ist, ist die Kenntnis und die frühzeitige Diagnostik dieses Phänomens wichtig. Die exzessive Kallusbildung mit dem extremen Anteil an Knorpel ist typisch für diese Sonderform der OI. Auffällig sind außerdem die irregulären Kollagenfibrillen am nicht betroffenen Knochengewebe, die in allen untersuchten Fällen nachweisbar waren. Sie unterscheiden sich morphometrisch klar von anderen OI-Typen [14]. Da sie in 2 Fällen bereits vor Auftreten des hyperplastischen Kallus nachweisbar waren, sind sie wahrscheinlich ein hilfreiches Kriterium in der Prognosebeurteilung von OI-Patienten und signalisieren möglicherweise frühzeitig die Gefahr der sog. hyperplastischen Kallusbildung.

Die sog. hyperplastische Kallusbildung stellt morphologisch ein eigenständiges Phänomen dar. Da mit dem Begriff Kallus aber ein reparativer Vorgang im Rahmen der

Frakturheilung charakterisiert ist, ist es wenig sinnvoll in diesen Fällen ebenfalls von Kallus zu sprechen, da er zum einen schon nach – vom Patienten nicht bemerkten – Mikrofrakturen scheinbar spontan auftreten kann und zum anderen die Lebensqualität der betroffenen Patienten über die Probleme der Grundkrankheit hinaus massiv beeinträchtigt wird.

Summary

Osteogenesis imperfecta (OI) is characterized by an abnormal brittleness of bones, with more or less pronounced blue sclerae. It is one of the most common of the congenital diseases affecting connective tissue. In rare cases, an "overshooting" hyperplastic callus formation may occur, which may mimic the clinical picture of osteosarcoma.

Among a group of more than 150 morphologically investigated cases of OI, associated, so-called callus formation was observed in eight cases. Light- and electron-microscopic studies of non-involved supporting tissue and callus tissue were carried out in these cases. The investigations revealed an excessive mixed desmal-chondral osteoneogenesis. Osteoblasts, fibroblasts and chondroblasts from the callus tissue were seen to possess varyingly dilated cisternae in the rough endoplasmic reticulum, swollen mitochondria, and enlarged Golgi apparatuses. In some areas, the chondral fraction clearly predominated. In the region of the "normal" cancellous bone of all eight cases, in addition to the typical pathognomonic changes of OI, a varyingly wide osteoid with irregular formations of collagen fibrils was observed. The fibrils varied quite considerably, from very thin to appreciably thickened fibrils. Additionally, the ends of some of the fibrils were split. In two of the eight investigated, these features of the collagen fibrils were already known before the patients developed hyperplastic callus formation. These observations would appear to suggest that OI with so-called callus formation is probably a separate sub-form of OI, which should be differentiated from the usual classification. It is possible that the particular features described above of the collagen fibrils in non-callus tissue represent an indicator for this callus formation in individual patients. This possibility would appear to be supported by the fact that these fibril features were noted in two of the cases investigated before the developed hyperplastic callus formation.

Literatur

1. Baker SL (1946) Hyperplastic callus simulating sarcoma in two cases of fragilitas ossium. J Path Bact 53:609–623
2. Banta JV, Schreiber RR, Kulik WD (1971) Hyperplastic callus formation on osteogenesis imperfecta simulating osteosarcoma. J Bone Joint Surg [Am] 53:115–122
3. Eltze J, Lennartz KJ (1969) Callus luxurians bei Osteogenesis imperfecta unter dem Bilde eines Sarkoms. Z Orthop 106:463–475
4. Fairbank HAT (1948) Hyperplastic callus formation, with or without evidence of a fracture, in osteogenesis imperfecta. Brit J Surg 36:1–16
5. Kolàr J, Vanderkerken GJM (1969) Osteogenesis imperfecta mit hyperplastischer Knochenbildung. Röfo 111:257–262
6. Krompecher St (1937) Die Knochenbildung. Fischer, Jena
7. Pesch H-J, Günther C-Ch, Strauß HJ (1980) Die diaphysäre Verlängerungsosteotomie an Katzenfemora. Z Orthop 118:768–780

8. Roberts JB (1976) Bilateral hyperplastic callus formation in osteogenesis imperfecta. J Bone Joint Surg [Am] 58:1164–1165
9. Rutkowski R, Resnick P, McMaster JH (1979) Osteosarcoma occuring in osteogenesis imperfecta. J Bone Joint Surg [am] 61:606–608
10. Sillence DO, Senn A, Danks DM (1979) Genetic heterogeneity in osteogenesis imperfecta. J Med Genet 16:101–116
11. Smith R, Francis MJ, Houghton GR (1983) The brittle bone syndrome. Osteogenesis imperfecta. London, Butterworths
12. Spranger J (1982) Osteogenesis imperfecta. In: Papadatos CJ, Bartsocas CS (eds) Skeletal dysplasias. Progress in clinical genetics and biological research, Vol 104. Alan Liss, New York, pp 223–235
13. Stöß H (1990) Pathologische Anatomie der Osteogenesis imperfecta. Fischer, Stuttgart
14. Stöß H, Freisinger P (1991) The collagen fibrils of the osteoid in osteogenesis imperfecta – Morphometrical analysis of the fibril diameter (im Druck)

B. Originalien

Die Frakturheilung im szintigraphischen Bild

J. Spitz[1], I. Lauer[1], H. Weigand[2], K. Tittel[3]

[1] Institut für Nuklearmedizin, Städtisches Klinikum Wiesbaden, Ludwig-Erhard-Straße 100, W–6200 Wiesbaden, BRD
[2] Zentrales Röntgeninstitut, Städtisches Klinikum Wiesbaden, Ludwig-Erhard-Straße 100, W–6200 Wiesbaden, BRD
[3] Klinik für Unfallchirurgie, Evangelisches Krankenhaus Oldenburg, W–2900 Oldenburg, BRD

Einleitung

Wegen der angeblich monotonen Reaktion des Knochens (fokale Speicherintensivierung) auf die verschiedensten Schädigungen wird die Spezifität der Skelettszintigraphie allgemein gering eingeschätzt. Dies läßt sich jedoch durch die Quantifizierung pathophysiologischer Prozesse (Szintimetrie) deutlich verbessern. Aus einem umfangreichen Untersuchungsgurt von etwa 2000 unfallverletzten Patienten wurden daher repräsentative Frakturlokalisationen ausgewählt und einer quantitativen Evaluierung unterworfen. Die Daten sollen der Ermittlung grundsätzlicher szintigraphischer Aspekte der Frakturheilung dienen.

Untersuchungskollektiv und Technik

Etwa 2000 Patienten wurden nach einem Skeletttrauma mit Tc-99m markierten Diphosphonaten (HMDP, Firma CIS International oder MDP, Firma Nuclear) mit Hilfe einer digitalen Gamma-Kamera (APEX 415 ECT, Firma Elscint) zwischen dem 1.–100. Tag nach dem Trauma untersucht. Das Alter der Patienten lag zwischen 6–88 Jahren mit einem ausgeglichenen Geschlechtsverhältnis. Für die retrospektive, quantitative Auswertung standen die Untersuchungsdaten (Tc-99m-HMDP) von 347 Patienten mit folgenden Lokalisationen zur Verfügung: Distaler Radius, Kahnbein, Oberschenkelhals, Wirbelsäule, Becken und Extremitätenschäfte. Dabei wurden 480 Speicherbezirke berücksichtigt.

Ergebnisse

Die quantitative Auswertung der Szintigrammbefunde läßt folgende Gesetzmäßigkeiten beschreiben und statistisch absichern:

T. H. Ittel H.-G. Sieberth H. H. Matthiaß (Hrsg.)
Aktuelle Aspekte der Osteologie

1. Das Ausmaß und die Art der Anreicherung in den ersten Tagen nach dem Trauma ist abhängig von der Lokalisation der Fraktur im Skelettsystem, d.h. von der lokalen Gefäßvervorgung des Knochens im Frakturbereich. Besonders intensiv stellen sich daher knöcherne Verletzungen in den Gelenkbereichen dar. Im Bereich des Körperstammes und der Schäfte der großen Röhrenknochen vergehen häufig mehrere Tage, manchmal bis zu 1 1/2 Woche, bis eine Anreicherung erscheint.
2. In den folgenden 2–3 Wochen kommt es regelhaft zu einer Zunahme der fokalen Speicherintensivierung im Frakturbereich. Das Ausmaß dieser Intensitätszunahme ist für einzelne Frakturlokalisationen signifikant unterschiedlich. Die höchsten Quotienten finden sich im Schaftbereich der Extremitäten, die kleinsten in der Wirbelsäule.
3. Der Zeitpunkt des szintimetrisch nachgewiesenen maximalen ossären Umbaus findet sich zwischen 2–5 Wochen, in Abhängigkeit vom Ausmaß der Kallusbildung unterschiedlicher Skelettanteile.
4. Die gemessene ossäre Umbaureaktion zeigt keine klinisch relevante Abhängikgeit vom Alter des Patienten.

Abbildung 1 zeigt das unterschiedliche Speicherverhalten der verschiedenen Frakturlokalisationen in Abhängigkeit von der Zeit nach dem Trauma.

Diskussion

Die Synopsis der eigenen Ergebnisse in Verbindung mit den wenigen publizierten quantitativen klinischen Untersuchungen und tierexperimentellen Untersuchungen läßt das unterschiedliche Speicherverhalten verschiedener Skelettanteile am ehesten durch unterschiedliche Durchblutungsverhältnisse der einzelnen Frakturlokalisationen erklären: Gelenknahe knöcherne Verletzungen der Extremitäten führen zu einer reaktiven, lokalen Hyperämie mit

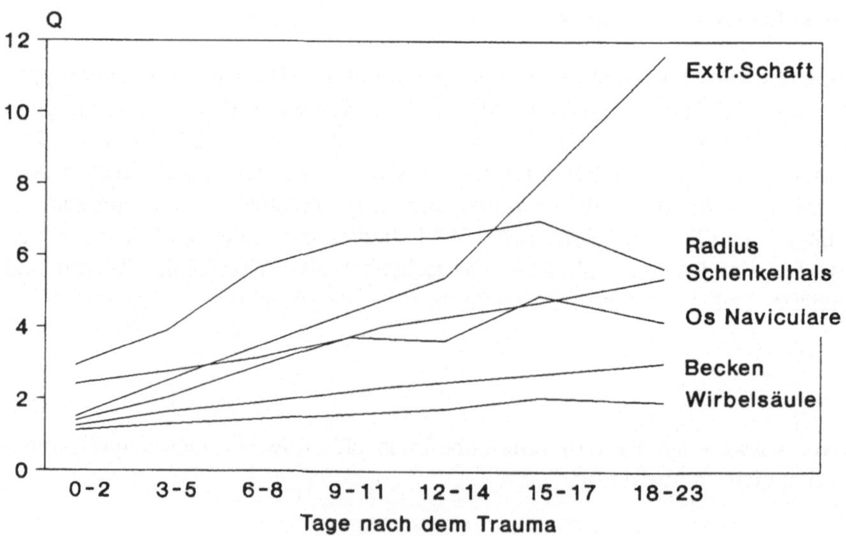

Abb. 1. Unterschiedliches Speicherverhalten verschiedener Frakturlokalisationen

einer deutlich früheren Zunahme der Anreicherungsintensität der markierten Phosphatkomplexe. Im Bereich des Körperstammes fehlt offensichtlich diese initiale lokale Hyperämie, so daß eine fokale Speicherintensivierung erst dann auftritt, wenn es nach einigen Tagen zur Neubildung von Knochensubstanz kommt.

Die vorgelegten Daten stehen im Gegensatz zu einer Publikation von Matin [1], der die unterschiedlichen Erscheinungszeiten der Frakturen im Szintigramm auf das Alter der Patienten zurückführte.

Die ermittelten szintimetrischen Daten zeigen weder bei einer multiplen Regressionsanalyse noch bei einer Mittelwertsbildung für ein junges und älteres Patientenkollektiv zu zwei verschiedenen Zeitpunkten nach dem Trauma einen klinisch relevanten Alterseinfluß [2].

Die Kenntnis des unterschiedlichen szintigraphischen Verhaltens von Frakturen verschiedener Lokalisationen im Skelettsystem ergeben für den Einsatz der Skelettszintigraphie in der Traumatologie einige grundsätzliche Gesichtspunkte. Ihre Berücksichtigung führt zu einem standardisierten Einsatz der Skelettszintigraphie und damit zu einer Optimierung der diagnostischen Effizienz:

1. Bei Verdacht auf gelenknahe knöcherne Verletzung (z.B. Kahnbeinfraktur) kann die Durchführung der Skelettszintigraphie bereits ab dem 3. Tag nach dem Trauma erfolgen, ohne diagnostische Relevanz einzubüßen.
2. Bei Verdacht auf knöcherne Verletzungen im Bereich des Körperstammes und der Extremitätenschäfte ist ein Intervall von 12–14 Tagen zwischen Trauma und Skelettszintigraphie angezeigt.
3. Zum Nachweis einer chronischen ossären Überbelastung (Insuffizienz- oder Streßfraktur) einer Ischämie oder Osteonekrose in der Verlaufskontrolle kann die Skelettszintigraphie unmittelbar bei Auftreten von Symptomen oder im Anschluß an das akute Ereignis erfolgen.
4. Zur Bestimmung des relativen Frakturalters oder bei knöchernen Vorschädigung ist ein zweizeitiges Vorgehen mit einer Erstuntersuchung innerhalb der 1. Woche nach dem Trauma und einer 2. Untersuchung im Abstand einer weiteren Woche und der quantitativen Beurteilung des ossären Umbauprozesses angezeigt.

Zusammenfassung

Unmittelbar nach der Fraktur bildet sich eine reaktive, regionale Hyperämie aus, die zu einer unspezifischen, eher diffusen Mehranreicherung im Bereich der Verletzung führt. Die typische fokale Anreicherung im Frakturbereich selbst erscheint in unterschiedlicher Intensität und zu unterschiedlichen Zeitpunkten (Tagen) nach dem Trauma. Beides ist abhängig von der Lokalisation der Fraktur im Skelettsystem. Gelenknahe Extremitätenfrakturen zeigen bereits wenige Tage nach dem Trauma vergleichsweise hohe Quotienten, die im weiteren Verlauf eine deutliche Zunahme zeigen. Frakturen im Bereich des Körperstammes (z.B. Wirbelsäulenfrakturen) zeigen deutlich niedrigere Quotienten ($< 2{,}0$), die im weiteren Verlauf nur eine geringe Zunahme aufweisen. In den ersten Tagen nach einer Fraktur können Schaftfrakturen und knöcherne Verletzungen des Körperstammes noch eine fehlende fokale Anreicherung aufweisen. Das Maximum der Speicherintensität findet sich bei den meisten Verletzungen 2–3 Wochen nach dem Trauma. Eine klinisch relevante Altersabhängigkeit der ossären Umbaureaktion nach einer Fraktur in Bezug auf die Erscheinungszeit und die Höhe der Quotienten besteht nicht.

Literatur

1. Matin P (1979) The appearance of bone scans following fractures, including immediate and long-term studies. J Nucl Med 20:1227–1231
2. Spitz J, Tittel K, Weigand H (1990) Grundsätzliche Aspekte der Skelettszintigraphie in der Traumatologie. Der Nuklearmediziner 17:17–34

Szintigraphische Evaluierung physiologischer und pathophysiologischer Faktoren nach einem Extremitätentrauma

J. Spitz[1], H. Becker[1], H. Weigand[2], K. Tittel[3]

[1] Institut für Nuklearmedizin, Städtisches Klinikum Wiesbaden, Ludwig-Erhard-Straße 100, W-6200 Wiesbaden, BRD
[2] Zentrales Röntgeninstitut, Städtisches Klinikum Wiesbaden, Ludwig-Erhard-Straße 100, W-6200 Wiesbaden, BRD
[3] Klinik für Unfallchirurgie, Evangelisches Krankenhaus Oldenburg, W-2900 Oldenburg, BRD

Einleitung

Innerhalb weniger Jahre hat sich die Skelettszintigraphie neben der Schilddrüsendiagnostik zu einer der bedeutendstens Untersuchungen in der Nuklearmedizin entwickelt. Nachdem initial der Schwerpunkt im onkologischen Bereich lag, wurde bald auch ihre Bedeutung für orthopädische und traumatologische Fragestellungen erkannt.

Ungeachtet der zahlreichen Publikationen über den Einsatz der Skelettszintigraphie, insbesondere bei Verdacht auf eine Verletzung im Bereich des Handgelenkes, existieren nur wenige systematische Untersuchungsdaten über die ossäre Umbaureaktion nach einer solchen Verletzung. Es wurde daher in einer prospektiven Untersuchung der Versuch unternommen, eine quantitative Analyse der Faktoren vorzunehmen, die nach einem Extremitätentrauma den regionalen Knochenstoffwechsel beeinflussen.

Material und Methode

147 Patienten der unfallchirurgischen Ambulanz erhielten wegen nicht eindeutig radiologisch-klinischer Befunde oder Verdacht auf zusätzliche Verletzungen eine skelettszintigraphische Untersuchung. Die abschließende Diagnose ergab 68 Patienten mit einer frischen Fraktur, 40 Patienten mit einer Weichteilverletzung (Prellung) und 12 Patienten mit unterschiedlichen, andersartigen knöchernen Läsionen im Handwurzelbereich. Als Vergleichskollektiv dienten 30 Patienten aus der onkologischen Nachsorge. Das Geschlechtsverhältnis in beiden Kollektiven war weitgehend ausgeglichen.

Die Untersuchungen wurden mit Tc-99m-HMDP (Firma CIS International) an einer digitalen Gamma-Kamera (APEX 415, Firma Elscint) in der Regel bis 2 Stunden p.i. vorgenommen.

Die digital gespeicherten Daten wurden mit Hilfe eines interaktiven Automatikprogrammes auf der Basis frei wählbarer Regions of Interest (ROI) ausgewertet.

T. H. Ittel H.-G. Sieberth H. H. Matthiaß (Hrsg.)
Aktuelle Aspekte der Osteologie

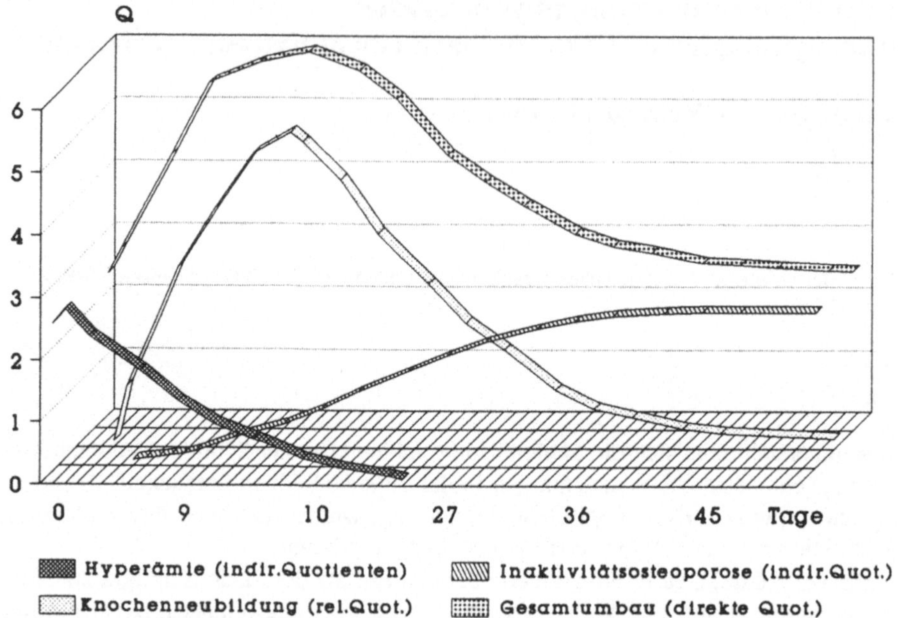

Abb. 1. Schematische Darstellung der physiologischen und pathophysiologischen Faktoren des regionalen Knochenumbaus in den ersten Wochen nach einer distalen Radiusfraktur

Ergbnisse

Die mit Hilfe des Normalkollektivs gewonnenen Meßwerte zeigen im Seitenvergleich grundsätzlich Quotienten, die nur geringfügig von 1,0 abweichen. Die Standardabweichungen der einzelnen Quotienten liegen zwischen 0,07 und 0,3. Dabei findet sich eine deutliche Abhängigkeit der Standardabweichungen von der Größe der Meßregion.

In den ersten Tagen nach einem Trauma kommt es in der Regel zu einer deutlichen arteriellen Durchblutungssteigerung und venösen Hyperämie im Verletzungsbereich. In den folgenden Wochen normalisiert sich diese Durchblutungssteigerung rasch. Nach entsprechend langer Ruhigstellung im Gipsverband kehren sich die Verhältnisse um und die gesunde Extremität erscheint relativ stärker perfundiert.

In den ersten Wochen nach dem Trauma findet sich eine deutliche Abhängigkeit der Zunahme der Speicherintensität von der Zeit nach dem Trauma. Die Quotienten erreichen zwischen dem 11. und dem 15. Tag ihr Maximum. Diese sogenannten direkten Quotienten (Vergleich der ossären Läsion mit einer Region der unverletzten Gegenseite) sind das Ergebnis mehrerer sich überlagernder Faktoren, die sich durch die Berechnung weiterer Faktoren differenzieren lassen (Abb. 1).

So ergibt die Berechnung des Verhältnisses zwischen der Anreicherung in der Umgebung der Fraktur und der Gegenseite in Abhängigkeit von der Zeit nach dem Trauma einen deutlichen Hinweis auf die sekundären Einflüsse des ossären Umbaus im Frakturbereich.

Im Gegensatz zu den direkten Quotienten zeigen diese indirekten Quotienten in den ersten Tagen nach dem Trauma eine rückläufige Tendenz (Durchblutung).

Etwa nach einer Woche kommt es zu einem erneuten Anstieg der indirekten Quotienten bis zum Ende der Ruhigstellung im Gipsverband. Das Ausmaß dieser Steigerung des ossären Umbaus in den gelenknahen Abschnitten in der Umgebung der Fraktur ist abhängig von der Zeit und der Intensität der Ruhigstellung.

Durch den Abzug der indirekten Quotienten von den direkten Quotienten lassen sich die sekundären Einflüsse (Hyperämie bzw. Inaktivitätsosteoporose) beseitigen, so daß man als sogenannte relative Quotienten die eigentlich ossäre Umbaureaktion erhält.

Abbildung 2 zeigt representativ für die berechneten Faktoren den szintigraphischen Verlauf des ossären Umbaus nach einer Navicularefraktur.

Diskussion

Aufgrund der erarbeiteten quantitativen Daten lassen sich folgende, grundsätzliche Aussagen machen:

1. Ein normaler Szintigrammbefund schließt ab dem 3. Tag nach dem Trauma das Vorliegen einer knöchernen Verletzung im Bereich des Handgelenkes aus.
2. In den ersten Tagen nach dem Trauma überwiegt die regionale, reaktive Durchblutungssteigerung im Verletzungsbereich. Mit zunehmender Zeit nach dem Trauma überwiegt

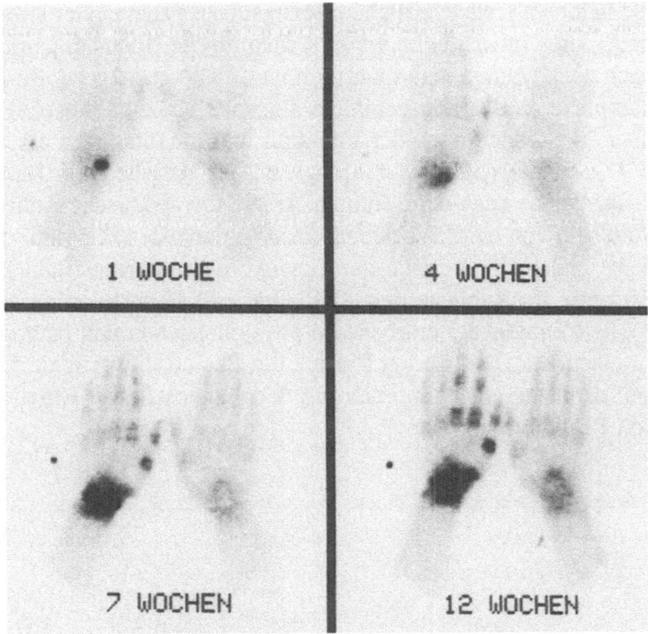

Abb. 2. Zustand nach Kahnbeinfraktur mit fokaler intensiver Anreicherung im Frakturbereich und zunehmender Inaktivitätsosteoporose in der Umgebung während der 12 Wochen dauernden Ruhigstellung im Gipsverband

die festere Bindung des Tracers am neugebildeten amorphen Kalziumphosphat gegenüber dem Durchblutungsfaktor. Die gemessenen Quotienten zeigen eine stete Zunahme bis zu einem Maximum 2–3 Wochen nach dem Trauma.
3. Die nachlassende Neubildungsrate des Knochens im Rahmen der Kallusformation führt dann zu einem sinkenden Gehalt an amorphen Kalziumphosphat und damit zu rückläufigen Speicherintensitäten.
4. Bereits eine Woche nach der Fraktur kommt es zur Ausbildung einer Inaktivitätsosteoporose mit einem diffus gesteigerten Knochenabbau. Szintigraphisch zeigt sich dies durch eine zunehmende Umbaureaktion des Knochens.
5. Dauer und Effizienz der Ruhigstellung steigern diesen Umbau. Entsprechend finden sich die maximalen Quotienten am Ende der therapeutischen Ruhigstellung 12 Wochen nach einer Kahnbeinfraktur.
6. Weichteilverletzungen im Handgelenksbereich führen nur zu einer initialen Hyperämie und nicht zu der frakturtypischen zunehmenden Umbauintensität in den ersten 2–3 Wochen nach dem Trauma und damit zu abfallenden Quotienten.

Zusammenfassung

Die eingehende klinische, radiologische und szintigraphische Untersuchung von 147 Patienten mit einem Handgelenkstrauma im Vergleich zu einem Kollektiv von 30 Patienten aus der onkologischen Nachsorge ergab physiologische und pathophysiologische Faktoren, die in einem festen zeitlichen Bezugsmuster zueinander stehen: 1. Die regionale Durchblutung, deren Intensität im wesentlichen für die Höhe der gemessenen Quotienten unmittelbar nach dem Trauma verantwortlich ist. 2. Die gesteigerte Bindung der markierten Phosphatkomplexe an das neu gebildete amorphe Kalziumphosphat mit zunehmenden Quotienten über 24 Stunden nach der Injektion und innerhalb der ersten Wochen nach dem Trauma. 3. Die nachlassende Neubildungsrate des Knochens im Rahmen der Kallusbildung ab der 2.–4. Woche nach dem Trauma. 4. Die therapeutische Ruhigstellung der Extremitäten, die innerhalb von einer Woche zu einer beginnenden diffusen Steigerung des Knochenumbaus insbesondere im Bereich der Gelenke der ruhiggestellten Extremität führt. 5. Dauer und Effizienz der Ruhigstellung, die beide eine Intensivierung der Umbausteigerung bewirken.

Die Kenntnis der erarbeiteten physiologischen und pathophysiologischen Faktoren führt zu einem standardisierten Einsatz der Skelettszintigraphie nach einem Extremitätentrauma und damit zu einer Optimierung der diagnostischen Effizienz bzw. zu einer Reduzierung von Fehlinterpretationen.

Radiomorphologische und densitometrische Analysen an implantatversorgten menschlichen Röhrenknochen

G. Sprinzl, J. Koebke

Institut II für Anatomie der Universität zu Köln, Joseph-Stelzmann-Straße 9, Lindenburg, W-5000 Köln 41, BRD

Einleitung

Seit über 100 Jahren [5] findet das Verfahren der Plattenosteosynthese bei der Behandlung von Knochenfrakturen in der Chirurgie Anwendung. Mit dieser Methode wird eine frühestmögliche Belastbarkeit und Wiederherstellung der Funktion angestrebt.

Zahlreiche Autoren beschäftigen sich mit den Reaktionen des Knochens auf metallische Implantate. Beschrieben wird die Umstrukturierung von Kompakta in Spongiosa [3, 4, 10, 15] sowie die Porose der unmittelbar dem Implantat anliegenden Kompakta [1, 2, 6, 8, 9, 12–14], die kausal durch eine Drosselung der Blutzufuhr über das Periost erklärt wird.

Mit Hilfe der Knochendensitometrie als Untersuchungsmethode wird in der vorliegenden Analyse der Frage nachgegangen, ob die Verplattung auch Einfluß auf die Kalksalzverteilung und die Kalksalzdichte der Kortikalis nimmt.

Material und Methode

Untersucht werden Präparate aus dem anatomischen Sezierkurs. Es handelt sich um den linken Humerus eines ersten Individuums sowie um den rechten Radius und die rechte Ulna einer zweiten Person. Für beide Verstorbene liegen keine Angaben zu Geschlecht und Alter vor. Auch die Krankengeschichte ist unbekannt.

Osteosynthesematerial

Humerus. Schmale Spann-Gleitlochplatte DCP 7 Loch, 119 mm Länge, 4,5 mm Kortikalisschrauben, 5 mit 26 mm Länge, 1 mit 28 mm Länge, 1 mit 14 mm Länge.

Radius. Halbrohrplatte, 4 Loch, 71 mm Länge, 4,5 mm Kortikalisschrauben, 4 mit 14 mm Länge.

Ulna. Halbrohrplatte, 4 Loch, 71 mm Länge, 4,5 mm Kortikalisschrauben, 3 mit 14 mm Länge, 1 Cerclage.

Nach Entfernung des Metalls werden sowohl aus dem plattenversorgten Abschnitt der Knochen als auch proximal und distal davon insgesamt je 4 planparallele Knochenscheiben,

T. H. Ittel H.-G. Sieberth H. H. Matthiaß (Hrsg.)
Aktuelle Aspekte der Osteologie

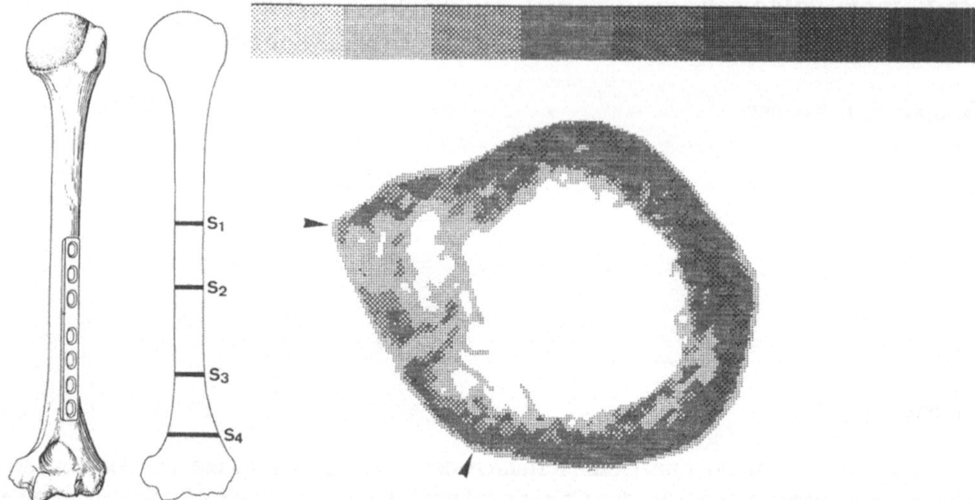

Abb. 1. Mineralsalzverteilung in der Kortikalis des Sägeschnittes S_3, entnommen dem verplatteten Bereich des untersuchten Humerus. Die Lage der Platte ist durch die beiden Pfeile markiert. Den Mineralsalzdichten sind Grauwerte zugeordnet, *hellgrau* =geringe, *schwarz* = hohe Dichte

Dicke 2 mm, mit einer Diamantdrahtsäge entnommen. Die von den Knochenscheiben erstellten Röntgenbilder (Materialprüffilm Cronex Dupont, 65 kv, 6 Sek.) bilden, gemeinsam mit einem mit aufgenommenen, normiert gestuften Aluminiumreferenzkörper die Grundlage der Densitometrie. Die Röntgenbilder werden über eine CCD-Kamera digitalisiert und über ein Bildanalysesystem (Atari) ausgewertet. Den einzelnen Dichtestufen werden Grautöne zugeordnet.

Ergebnisse und Diskussion

Der Vergleich zwischen den dem verplatteten Knochenbereich entnommenen Scheiben und dem proximal und distal davon gelegenen erlaubt folgende Aussagen.

Unter der Metallplatte kommt es sowohl zu einer Dickenabnahme der Kortikalis als auch zu einer Verminderung der Mineralsalzdichte (Abb. 1). Zu deuten ist dieser Befund dahingehend, daß das Plattenlager durch die fest Metallanbindung mechanisch entlastet wird. Die folgerichtige adaptive Reaktion des Knochengewebes ist die Demineralisierung und die Dickenabnahme.

Die Spongiosierung der verplatteten Knochenkortikalis ist an Radius und Ulna ausgeprägter als am Humerus (Abb. 2). Dies mag in erster Linie auf die sehr unterschiedliche Relation Knochen-Implantat zurückzuführen sein. In Konsequenz schlagen Müller-Färber und Denker [10] die Verwendung von Drittelrohr- anstatt Halbrohrplatten vor.

Die festgestellten Veränderungen des Knochens unterhalb der Metallplatte sind nicht nur das Ergebnis einer Hypoxie [11], sondern sie reflektieren auch die funktionelle Anpassung des Gewebes an die plattenbedingte Beanspruchungsminderung (Streßprotektion).

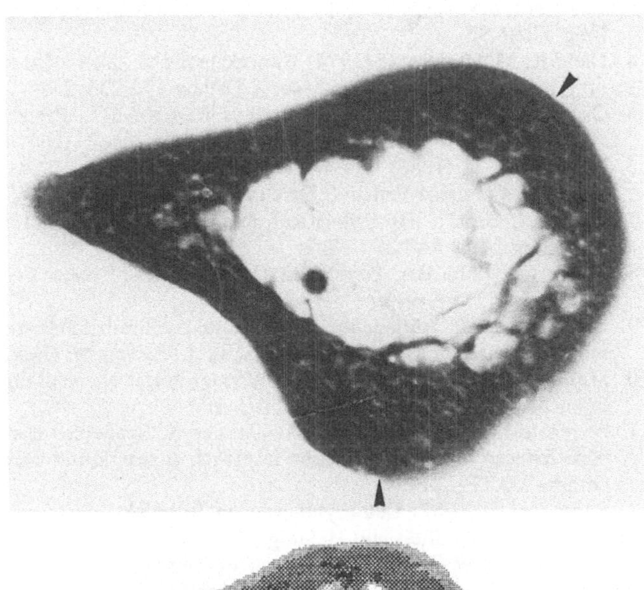

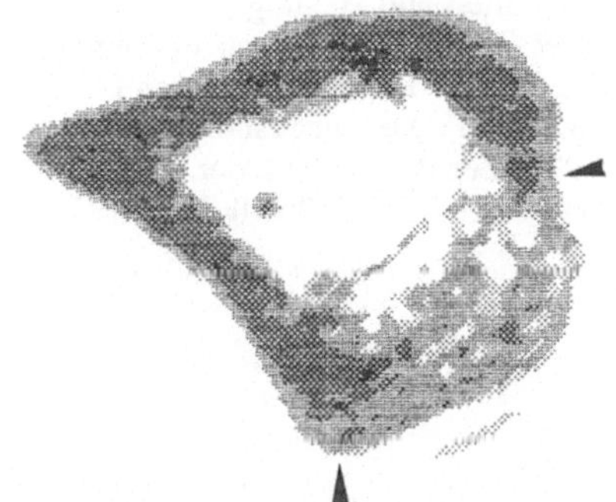

Abb. 2. Radiologische und densitometrische Darstellung zweier Sägeschnitte, dem verplatteten Bereich des untersuchten Radius entnommen. Das Plattenlager (*Pfeile* markieren das Lager) zeigt Kortikalisverdünnung und Spongiosierung

Zusammenfassung

Die durchgeführten Analysen an einem Humerus, einer Ulna und einem Radius, die frakturbedingt mit Metallplatten versorgt waren, zeigen, daß die unterhalb des Implantats gelegene Kortikalis nicht nur strukturverändert ist, sondern auch einen verminderten Kalksalzgehalt aufweist. Dies wird zurückgeführt auf eine Belastungsprotektion seitens des Implantats und folglich auf eine funktionelle Anpassung des Knochengewebes.

Literatur

1. Alexander AH, Cabaud HE, Johnston JO, Lichtman DM (1983) Compression plate position. Extraperiosteal or subperiosteal? Clin Orthop 175:280–285
2. van de Berg PA (1973) Zur Frage der Blutversorgung des Knochens nach Marknagelung und Verplattung. Bruns Beitr Klin Chir 220:103–109

3. Convent L (1977) On secondary fractures after removal of internal fixation material. Acta Orthop Belg 43:89–93
4. Diehl K, Mittelmeier H (1974) Biomechanische Untersuchungen zur Erklärung der Spongiosierung bei der Plattenosteosynthese. Z Orthop 112:235–243
5. Gautier E, Cordey J, Lüthi U, Mathys R, Rahn BA, Perren SM (1983) Knochenumbau nach Verplattung: biologische oder mechanische Ursache? Helv Chir Acta 50:53–58
6. Hansmann CM (1886) Eine neue Methode der Fixierung der Fragmente bei complicirten Frakturen. 15. Congress Verhandl Dtsch Gesell Chir
7. Hidaka S, Gustilo RB (1984) Refracture of bones of the forearm after plate removal. J Bone Joint Surg [Am] 66:1241–1243
8. Jacobs RR, Rahn BA, Perren SM (1981) Effect of plates on cortical bone perfusion. J Trauma 21:91–95
9. Lüthi UK (1980) Auflageflächen von Osteosyntheseplatten und intrakortikale Durchblutungsstörungen. Dissertation Medizinische Fakultät, Universität Basel
10. Müller-Färber J, Decker S (1978) Wandel in der Behandlung von Unterarmschaftfrakturen des Erwachsenen. Unfallheilkunde 81:103–109
11. Perren SM, Cordey J, Rahn BA, Gautier E, Schneider E (1980) Early temporary porosis of bone induced by internal fixation implants. A reaction to necrosis, not to stress protection? Clin Orthop 232:139–149
12. Regazzoni P (1982) Osteosynthesen an Röhrenknochen: technische und biologische Untersuchungen zur Stabilität und Heilung. Habilitation Medizinische Fakultät, Universität Basel
13. Rhinelander FW (1965) Some aspects of the microcirculation of healing bone. Clin Orthop 40:12
14. Schweiberer L, Dambe LT, Eitel F, Klapp F (1974) Revascularisation der Tibia nach konservativer und operativer Frakturenbehandlung. Hefte Unfallheilkd 119:18-26
15. Strmiska J (1974) Zur Problematik der Refrakturen nach Entfernung des Osteosynthesematerials am Unterschenkel. Hefte Unfallheilkd 119:191–193

Morphologische und immunhistochemische Befunde bei einem Fall mit Ausbildung eines posttraumatischen „Neo-Arthros"*

A. Nerlich[1], M. Nerlich[2], K. von der Mark[3]

[1] Pathologisches Institut, Ludwig-Maximilians-Universität München, Thalkirchnerstraße 36, W-8000 München 2, BRD
[2] Unfallchirurgische Klinik, Medizinische Hochschule Hannover, Konstanty-Gutschow Straße 9, W-3000 Hannover 61, BRD
[3] Max-Planck-Arbeitsgruppe für klinische Rheumatologie an der Universität Erlangen-Nürnberg, Schwabachanlage 10, W-8520 Erlangen, BRD

Einleitung

Eine Störung der Knochenbruchheilung – etwa durch mangelnde Stabilität der Frakturenden – kann zur Ausbildung einer Pseudarthrose führen. Heute werden derartige Komplikationen in der Regel durch konsequente Ruhigstellung verhindert bzw. so rechtzeitig behandelt, daß nur selten Falschgelenke mit funktioneller Einschränkung bei hoher Mobilität entstehen. Wir berichten hier von einem Fall mit einer extrem mobilen Pseudarthrose, die zur Ausbildung eines kompletten, funktionstüchtigen Gelenkes geführt hat, so daß man in diesem Fall von einem „Neo-Arthros" sprechen kann. Anhand des resezierten Materials konnten wir immunhistochemisch das Verteilungsmuster der wichtigsten interstitiellen Kollagene in diesem an ungewöhnlicher Stelle entstandenen „neuen" Gelenk untersuchen, um Einblick in die biologisch bedeutsamen Prozesse der Ausbildung eines neuen Gelenkes zu erhalten.

Fallbeschreibung

Die 54jährige Patientin erlitt ca. 5 Jahre zuvor eine subkapitale Humerusfraktur, die konservativ-funktionell behandelt wurde. An der Frakturstelle entwickelte sich eine Pseudarthrose, die schließlich die Form eines kompletten Falschgelenkes mit einer „Gelenkpfanne" und einem hierin artikulierenden Humerusschaftanteil annahm. In diesem „Neo-Arthros" waren Bewegungen bis zu 60° Abduktion möglich. Aufgrund eines erneuten Traumas kam die Patientin wegen einer neuerlichen Fraktur zur stationären Aufnahme. Der Humerusschaft war diesmal ca. 2,5 cm distal des „Neo-Arthros" gebrochen (Abb. 1). Wegen ausgeprägter Schrumpfung des Kapselapparates des Humeroskapulargelenkes war eine operative Rekonstruktion der Verhältnisse nicht mehr möglich. Es wurde daraufhin eine operative Entfernung des Humeruskopfes mit dem „Neo-Arthros" und dem frakturierten Humerusschaftanteil durchgeführt und eine Humeruskopfprothese (NEER II) eingesetzt.

---

* Die vorliegenden Untersuchungen wurden mit Unterstützung durch das BMFT (Projekt VM 8619/2) durchgeführt.

T. H. Ittel H.-G. Sieberth H. H. Matthiaß (Hrsg.)
Aktuelle Aspekte der Osteologie

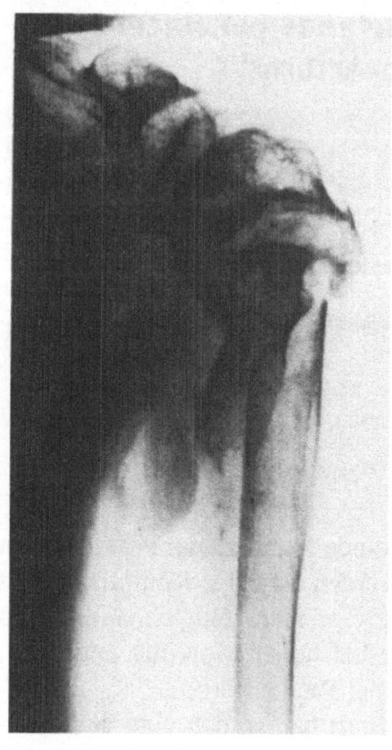

Abb. 1. Röntgenbild des präoperativen Situs mit dem subkapitalen „Neo-Arthros" und der neuerlichen Humerusschaftfraktur

Methodik

Das formalinfixierte Resektat wurde für die histologische Aufarbeitung in parallele Scheiben zersägt, die in 0,1 M EDTA, pH 7,2, entkalkt wurden. Das anschließend in Paraffin eingebettete Material wurde für histochemische (Elastika-van-Gieson-, PAS-, Alcian blau-Färbung) und immunhistochemische Untersuchungen verwendet. Die immunhistochemische Darstellung der interstitiellen Kollagene I, II, III, V und X erfolgte mit typenspezifischen Antikörpern [1] in der früher beschriebenen Methodik (Avidin-Biotin-Komplex-Methode [2, 3]).

Ergebnisse

Die morphologische Untersuchung des Resektates zeigte eine Auskleidung der neugebildeten „Gelenkpfanne" durch ein überwiegend fibröses bzw. fibrocartilaginäres Gewebe (Abb. 2a). Die angrenzenden Spongiosabälkchen waren unregelmäßig umgebaut, z.T. war eine Knochenplatte unter dem Faserüberzug nachweisbar. Im Knochen und in dem fibrösen Überzug ließ sich reichlich Kollagen I nachweisen, im Fasergewebe kamen auch Kollagen III und V vor. Zusätzlich konnten an einzelnen Stellen knotige Knorpelregenerate gefunden werden, die morphologisch hyaline Knorpelinseln aus hypertrophierten Chondrozyten entsprachen (Abgb. 2b) und immunhistochemisch neben dem Knorpelkollagen II auch stellenweise das für die Knorpelhypertrophiezone spezifische Kollagen X enthielten.

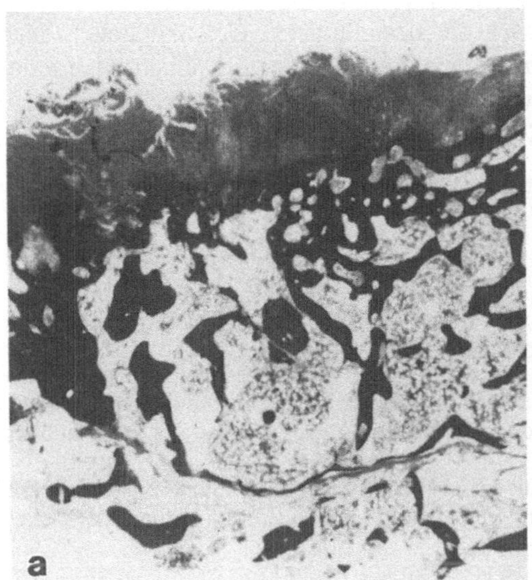

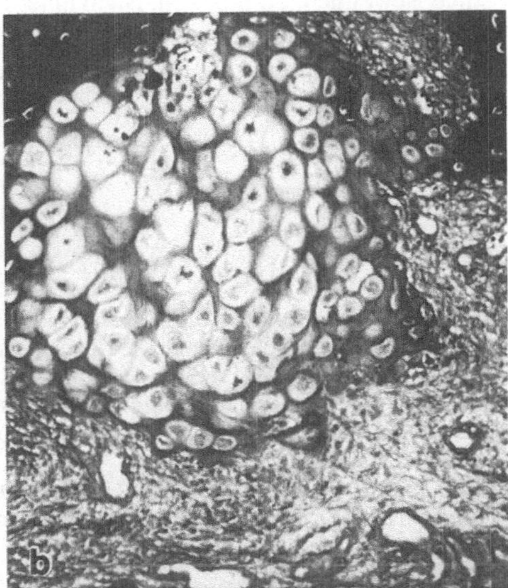

Abb. 2a, b. Morphologische Aspekte der neugebildeten „Gelenkpfanne". **a** Übersicht mit fibrösem und fibrocartilaginärem Gelenküberzug und umgebauter Knochenspongiosa. **b** Fokale Einlagerung hyaliner Knorpelinseln in den fibrösen Gelenküberzug. (**a** El.v.G., ×25; **b** El.v.G., ×250)

Diskussion

Die Ausbildung eines auch funktionell bedeutungsvollen Falschgelenkes nach Trauma („Neo-Arthros") stellt die ausgeprägteste Form einer Pseudarthrose dar. Solche extreme Veränderungen sind heute als sehr selten anzusehen. In dem von uns beobachteten Fall war ein derartiger „Neo-Arthros" nach einer konservativ-funktionell behandelten, subkapitalen Humerusfraktur entstanden. Nachdem eine erneute Fraktur distal des „Neo-Arthros" aufgetreten war, mußte eine operative Resektion durchgeführt werden, zumal das Humeroskapulargelenk durch das Falschgelenk funktionell fast vollständig ersetzt und dabei die Gelenkkapsel fast völlig kontrahiert war.

Die morphologischen und insbesondere immunhistochemischen Beobachtungen an dem „Neo-Arthros" zeigen, daß bei entsprechendem biomechanischem Reiz in der neugebildeten „Gelenkpfanne" neben Faserknorpel auch eine herdförmige metaplastische Umwandlung in hyalinen Knorpel auftritt. Diese Beobachtung unterstützt die Annahme, daß mechanische Faktoren von entscheidender Bedeutung für die Induktion hyalinen Knorpels sind, wie dies beispielsweise für das Auftauchen von metaplastischen Knorpelinseln in Aponeurosengewebe bei chronischer mechanischer Fehlbelastung angenommen wurde.

Zusammenfassung

Wir berichten von einem Fall mit einem ausgeprägten posttraumatischen Falschgelenk des Humerus („Neoarthros"), das in Folge einer subkapitalen Humerusfraktur entstanden war und über ca. 5 Jahre bestanden hat. In dem „Neo-Arthros" war funktionell eine ausgedehnte Beweglichkeit möglich. Nach einer neuerlichen Fraktur des Humerusschaftes wurde das Falschgelenk entfernt. Morphologisch wies die neugebildete „Gelenkpfanne" einen Überzug aus fibrösem und fibrocartilaginärem Gewebe mit einzelnen hyalinen Knorpelinseln auf. Immunhistochemisch konnte ein typisches Verteilungsmuster der interstitiellen Kollagene I, II, III, V und X in Knochen, Knorpel und fibrösem Bindegewebe gefunden werden.

Literatur

1. Timpl R, Wick G, Gay S (1977) Antibodies against distinct types of collagens and procollagens and their application in immunohistochemistry. J Immunol Methods 18:165–175
2. Nerlich A, Wiest I, Kantimm S, Brenner R, van der Mark K (1991) Die immunhistologische Analyse der normalen und pathologischen Knochen- und Knorpelmatrix als Methode in der Steologie. In: Werner E, Matthias H (Hrsg) Osteologie – interdisziplinär. Springer, Berlin Heidelberg New York Tokyo, S 41–45
3. Hsu SM, Raine L, Fanger H (1981) A comparative study of the peroxidase-antiperoxidase method and an avidin-biotin complex method for studying polypeptide hormones with radioimmunoassay antibodies. Am J Clin Pathol 75:734–739

Histomorphometrische Untersuchungen über den Einfluß der weiblichen Gonaden auf die desmale Knochenheilung bei der Ratte

H.-P. Haase[1], A. Enderle[1], G. Warneke[2]

[1] Orthopädische Universitätsklinik, Robert-Koch-Straße 40, W-3400 Göttingen BRD
[2] Medizinische Universitätsklinik, Robert-Koch-Straße 40, W-3400 Göttingen BRD

Einleitung

In der Literatur finden sich über den Einfluß der weiblichen Geschlechtshormone auf die Frakturheilung im Tierexperiment widersprüchliche Ergebnisse [1–7]. In neuerer Zeit ist es gelungen, Östrogenrezeptoren im Knochen- und Kallusgewebe nachzuweisen [8, 9], womit erneut die aktuelle Bedeutung der Östrogene für den Knochenumbau und die Frakturheilung unterstrichen wird. Insbesondere ist die hormonelle Beeinflussung der rein desmalen Knochenbildung noch weitgehend unbekannt, da die bisher durchgeführten Untersuchungen bei der Frakturheilung vorgenommen wurden. Dabei entsteht aber eine gemischte Knochenneubildung, also eine enchondrale und desmale Ossifikation. Um die knorpelige Umwegsdifferenzierung bei der Osteogenese auszuschalten, kann ein stabiler metaphysärer Tibiadefekt der Ratte verwendet werden. An diesem wurde jetzt der Einfluß der weiblichen Gonaden auf die desmale Knochenheilung untersucht.

Methoden

Es wurden Gruppen von je 8 weiblichen Sprague-Dawley-Ratten gebildet:

1. Tiere nur mit Knochendefekt,
2. mit Defekt und Ovarektomie,
3. mit Defekt und Östrogenbehandlung,
4. mit Defekt, Ovarektomie und Östrogensubstitution,
5. Kontrolltiere ohne weitere Maßnahmen.

Das Körpergewicht der Ratten betrug bei Versuchsbeginn 191–238 g (durchschnittlich 219 g). Unterhalb der Tuberositas tibiae wurde mit einer walzenförmigen Fräse von 1,5 mm Durchmesser rechtwinklig zur Knochenachse ein Defekt eingefräst. Östrogen kam als Östradiolbenzoat in 4tägigem Rhythmus mit 0,05 mg i.m. zur Anwendung. Nach 20 Tagen wurden alle Tiere getötet und die Tibia am unentkalkten Knochenschnitt histomorphometrisch untersucht. Dabei konnten im Defekt 3 Gewebsabschnitte, älterer und jüngerer Geflechtknochen und ein bindegewebiger Defektrest planimetrisch erfaßt werden, wobei sich der jüngere Knochen vom älteren durch erhöhte Osteozytenzahl und osteoide Säume unterscheidet. Ferner wurden die Anteile des verkalkten Knochens,

T. H. Ittel H.-G. Sieberth H. H. Matthiaß (Hrsg.)
Aktuelle Aspekte der Osteologie

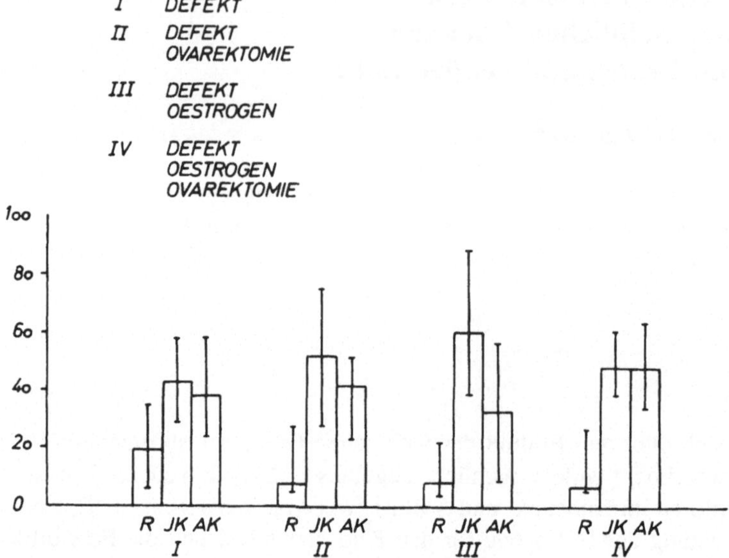

Abb. 1. Flächenanteile der 3 Gewebsabschnitte in % (Mittelwert, Minima und Maxima). Defektrest (*R*), junger Knochen (*JK*) und alter Knochen (*AK*)

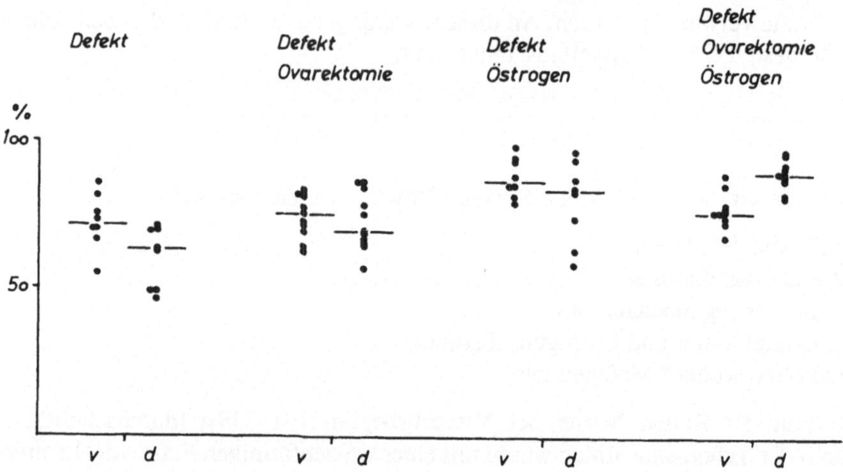

Abb. 2. Flächenanteile des verkalkten Knochens im ventralen (*v*) und dorsalen (*d*) Defektabschnitt (area %). Geplottete Einzelwerte und Medianwert

des Osteoids, des blutbildenden und faserbildenden Knochenmarkes und die Osteoblastendichte (Obl/Osteoidfläche), Osteoklastendichte (Okl/Knochenfläche), Osteozytendichte (Ozy/Knochenfläche) und Osteoiddichte (Osteoidfläche/Knochenfläche) ermittelt.

Ergebnisse

1. Bei der Untersuchung der 3 Gewebsabschnitte des Defektes war bei Gruppe 4 gegenüber allen anderen Gruppen trendmäßig der Anteil des alten Knochens am größten und der verbleibende Defektrest am kleinsten (Abb. 1).
2. Der Anteil neugebildeten Knochens lag bei den Tieren mit Östrogen im Vergleich zu denen ohne Östrogen sowohl im ventralen als auch im dorsalen Kallusbereich trendmäßig höher. Die Ovarektomie erbrachte hinsichtlich der Knochenbildung keinen wesentlichen Effekt (Abb. 2).
3. Die Osteoiddichte lag bei den Tieren mit Östrogen sowohl im ventralen als auch im dorsalen Kallusbereich trendmäßig niedriger als bei den Tieren ohne Östrogen. Die Ovarektomie erbrachte auch hinsichtlich der Osteoiddichte keinen nennenswerten Effekt. Bei allen Gruppen war die Osteoiddichte im ventralen Kallusabschnitt größer als im dorsalen (Abb. 3).
4. Der Osteokalzingehalt war bei den Tieren mit Tibiadefekt signifikant höher als bei den Normaltieren ohne Defekt. Zwischen den Tieren mit Defekt und Defekt + Ovarektomie bestand kein wesentlicher Unterschied (Abb. 4).

Osteoblasten-, Osteoklasten- und Osteozytendichte wiesen innerhalb der einzelnen Gruppen keine nennenswerten Unterschiede auf.

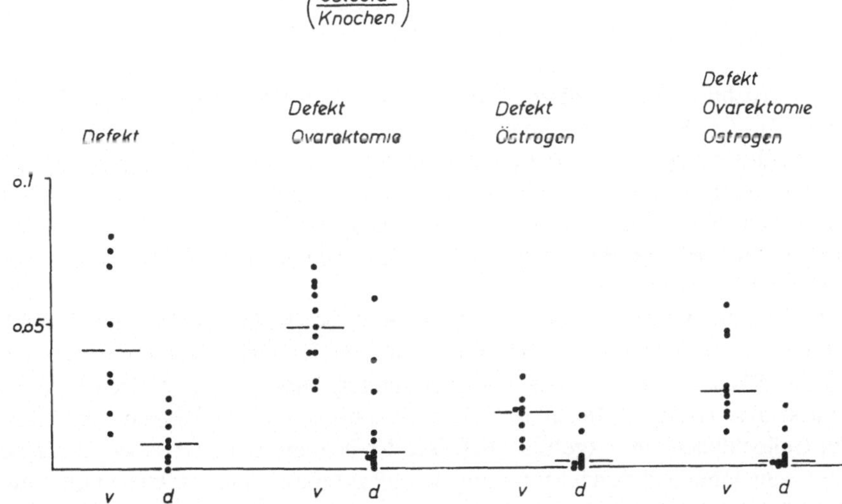

Abb. 3. Osteoiddichte im ventralen (*v*) und dorsalen (*d*) Defektkallus. Geplottete Einzelwerte und Medianwerte

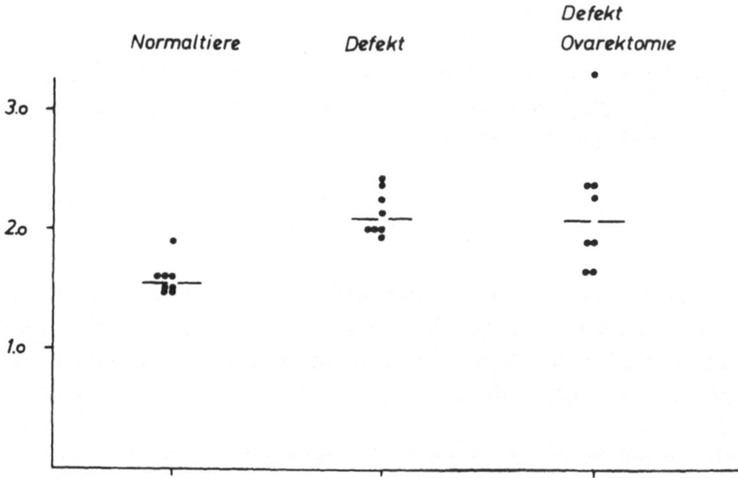

Abb. 4. Osteokalzin im Serum (ng/ml). Geplottete Einzelwerte und Medianwert. Wilcoxon Test, $p < 0,05$

Diskussion

Während in der Literatur bei der experimentellen Frakturheilung einige Autoren bei einer Östrogenzufuhr einen positiven Effekt feststellen [3, 6], finden andere hierbei keinen oder sogar einen negativen Effekt [1. 2]. Die Ursachen dieser unterschiedlichen und widersprüchlichen Ergebnisse sind zum einen bei den verschiedenen Tierspezies (Ratte, Meerschwein, Kaninchen, Hund, Küken) und Auswertungsmethoden (Röntgen, Histologie, Kallusfestigkeit, Laborparameter) und zum anderen aber auch in verschieden hohen Dosen Östrogen und unterschiedlichen Östrogenverbindungen, die Verwendung fanden, zu suchen. Wir haben deshalb anhand eines bewährten Modells für die desmale Knochenheilung bei der Ratte den Einfluß der weiblichen Gonaden auf die reine desmale Knochenbildung untersucht.

Bei diesem Modell beginnt die Ausheilung des halbmondförmigen Defektes dorsal an der Grenze zur autochthonen Spongiosa aus einem neugebildeten mesenchymalen Blastem heraus. Blastem und desmale Knochenbildung breiten sich im Defekt von dorsal nach ventral aus. Nach 20 Tagen ist der Defekt bis auf einen kleinen ventralen Blastemrest mit Geflechtknochen ausgefüllt [10]. Bei der histomorphometrischen Untersuchung dieser Knochenneubildung durch Einteilung des ausgefüllten Tibiadefektes in die Regionen älterer und jüngerer Knochen und bindegewebiger Defektrest findet sich nach Ovarektomie und Östrogenzufuhr gegenüber allen anderen Gruppen der höchste Anteil alten Knochens und der niedrigste Anteil eines Defektrestes. Eine solche vermehrte Ausreifung des Knochens bei Ovarektomie und gleichzeitiger Östrogengabe beschreiben auch anderen Untersucher [11, 12]. Weiterhin findet sich bei der feingeweblichen Untersuchung eine trendmäßige Erhöhung des neugebildeten Knochens unter Östrogenzufuhr, was ebenfalls von anderen Untersuchern bestätigt wird [3, 6].

Ferner ist die Osteoiddichte nach Östrogenzufuhr im ventralen und dorsalen Kallusbereich trendmäßig gegenüber den Tieren ohne Östrogen am niedrigsten. Dies läßt sich mit Koskinen [3] so deuten, daß Östrogenzufuhr eine beschleunigte Knochenbildung und kalzifizierende Wirkung hat, wodurch bei uns der neugebildete Knochen vermehrt ist und die Osteoiddichte zum Untersuchungszeitpunkt bereits wieder abgenommen hat.

Den Anstieg des Osteokalzins bei den Tieren mit Defekt bzw. mit Defekt und weiteren Maßnahmen im Vergleich zu den Normaltieren ohne Defekt werden wir als Ausdruck einer gesteigerten Knochenbildung. Es ist bekannt, daß bei gesteigertem Knochenum- und -aufbau und bei der Frakturheilung [13, 14] das Osteokalzin erhöht ist. Die zusätzliche Ovarektomie konnte diesen Parameter in unseren Untersuchungen nicht beeinflussen. Mit diesen Ergebnissen wird zum ersten Mal in der Literatur über den Osteokalzinanstieg bei reiner Geflechtknochenneubildung berichtet.

Die alleinige Ovarektomie hat bei unseren Untersuchungen insgesamt keinen Einfluß auf die Knochenneubildung gezeigt, was auch von anderen Autoren bei der experimentellen Frakturheilung festgestellt wurde [5]. Hingegen haben wieder andere Untersucher einen hemmenden Effekt der Ovarektomie auf die Frakturheilung beschrieben [2, 3].

Zusammenfassung

Bei der Ratte wurde die Wirkung einer Östrogenzufuhr und/oder Ovarektomie auf die desmale Knochenheilung eines künstlich gesetzten Tibiadefektes histomorphometrisch untersucht. Außerdem wurde mittels Radioimmunoassay bei Normaltieren, Tieren mit Tibiadefekt und Tieren mit Tibiadefekt und Ovarektomie der Osteokalzingehalt im Serum ermittelt. Es zeigte sich, daß die alleinige Ovarektomie keinen Effekt hatte. Die Östrogenzufuhr ergab jedoch sowohl mit als auch ohne Ovarektomie einen geringen stimulierenden Effekt auf die desmale Knochenbildung. Der Osteokalzingehalt war bei den Tieren mit Defekt signifikant höher als bei den Normaltieren ohne Defekt. Die Ovarektomie führte zu keiner Veränderung des Osteokalzingehaltes.

Literatur

1. Deaton WR, Forsyth F, Coppedge TO, Bradshaw HH (1951) The sex hormones in fracture healing. Surg Gynecol Obstet 93:763–766
2. Moffatt WL, Francis WC (1955) Estrogen in bone repair. Surg Gynecol Obstet 101:311–316
3. Koskinen E (1965) The influence of hormonal treatment and orchiectomy, oophrectomy and thyroidectomy on experimental fractures. Acta Arthop Scand [Suppl] 80:4–40
4. Ross GE (1966) Effect of diethylstilbestrol, prednisolone and isoniazid on the healing rate of bone defects filled with certain bone grafting materials. Am J Vet Res 27 (121):1745–1754
5. Blythe JG, Buchsbaum HJ (1976) Fracture healing in estrogen-treated and castrated rats. Obstet Gynecol 48:351–352
6. Krompecker St, Tarsoly E (1976) Die Beeinflussung der Knochenbruchheilung. Nova Acta Leopoldina 44 (223):37–50
7. Negulesco JA (1978) Remodeling of avian fracture callus by estrone treatment and exposure to a 2 g environment. Anat Embryol 154:175–183
8. Colvard D, Spelsberg Th, Eriksen E et al. (1989) Evidence of steroid receptors in human osteoblast like cells. Connect Tissue Res 20:33–40
9. Boden SD, Joyce ME, Oliver B et al. (1989) Estrogen receptor mRNA expression in callus during fracture healing in the rat. Calif Tissue Int 45:324–325
10. Enderle A (1988) Die desmale Knochenheilung und ihre hormonelle Beeinflussung durch Hypophyse und männliche Gonaden. Habil-Schrift Göttingen, S 56–77

11. Kowalewski K, Heron F, Russell JC (1971) Effect of sex hormones on the metabolism of collagen and ^{45}Ca by the bones of young gonadectomized rats. Acta Endocrinol (Copenh) 67:840–855
12. Firnsian N (1979) Zur Frage der anabolen Eigenschaften der Steroidhormone im Tierexperiment. Nucl-Med 18:57–63
13. Oni OA, Mahabir JP, Igbal SJ, Gregg PJ (1989) Serum osteocalcin and total alkaline phosphatase levels as prognostic indicators in tibial shaft fractures. Injury 20:37–38
14. Obrant KJ, Merle B, Bejni J, Delmas PD (1990) Serum bone-Gla protein after fracture. Clin Orthop 258:300–303

Morphometrische und mechanische Untersuchungen zur Kallusbildung

H.-J. Wilke, L. Claes, H. Fredrich, H. Gall

Abteilung für Unfallchirurgische Forschung und Biomechanik, Universität Ulm, Helmholtzstraße 14, W-7900 Ulm, BRD

Einleitung

Es ist heute anerkannt, daß die Knochenheilung wesentlich durch die biomechanischen Bedingungen an der Fraktur beeinflußt wird. Welche mechanischen Faktoren die Heilung wie und in welchem Umfang beeinflussen, ist weitgehend unbekannt [1]. Bisherige Erkenntnisse deuten daraufhin, daß der Gewebsdehnung und der Dehnungsrate im Heilungsgebiet besondere Bedeutung zukommt [2, 3].

In tierexperimentellen Untersuchungen [4] konnte der Einfluß verschiedener mechanischer Parameter wie Spaltbreite und Bewegung des Frakturspaltes auf den Prozeß der Knochenheilung nachgewiesen werden. Dabei stellte sich heraus, daß der Kallusbildung eine große Bedeutung zukommt. Bei dieser sekundären Knochenbruchheilung durch eine weniger starre Stabilisierung kann deutlich beobachtet werden, daß die kortikale Knochenheilung erst beginnt, wenn das Kallusgewebe selbst die Defektzone überbrückt und somit stabilisiert hat [5].

Das Ziel der vorliegenden Arbeit war es, folgende drei Fragen zu klären:

1. Wie ist der zeitliche Verlauf der Kallusbildung?
2. Gibt es einen Zusammenhang zwischen Stabilität in der Defektzone und dem Kallusvolumen?
3. Wie sieht die Dehnungsverteilung im Frakturkallus aus und wie korreliert diese mit dem Verlauf der Kallusbildung?

Dazu wurden Knochenauf- und -umbauprozesse bei der Kallusheilung quantitativ morphologisch ausgewertet und die Ergebnisse mit Dehnungsmessungen an einfachen mechanischen Modellen und Dehnungsberechnungen an Modellen der Finite Elemente Methode (FEM) verglichen.

Material und Methoden

Als Grundlage für die vorliegenden Untersuchungen diente die ebenfalls in diesem Buch beschriebene Studie „Die Abhängigkeit der Knochenheilung von der Stabilität der Osteosynthese“ [6]. 12 von 18 Schafsmetatarsen, die nach Osteotomie bei verschiedenen Spaltbreiten und verschiedener interfragmentärer Dehnung über eine Kallusüberbrückung heil-

T. H. Ittel H.-G. Sieberth H. H. Matthiaß (Hrsg.)
Aktuelle Aspekte der Osteologie

ten, konnten für eine quantitative Auswertung der Kallusgeometrie herangezogen werden. Die Röntgenbilder wurden vermessen und das Kallusvolumen mit Hilfe der Bildverarbeitung bestimmt. Über eine zweizeitige Fluoreszenzmarkierung (Calcein grün in der 4. Woche und Xylenol orange in der 8. Woche) konnte der zeitliche Verlauf der Knochenneubildung verfolgt werden. Von insgesamt 10 Quadranten von Knochenlängsschnitten durch den Kallus aus vergleichbaren Präparaten von 5 repräsentativen Schafen wurden diese orange und grün fluoreszierenden Flächen getrennt bildanalytisch extrahiert. Die Einzelbilder wurden anschließend auf die mittlere Kallusgröße normiert und die mittlere Konzentrationsverteilung der Farbstoffe ermittelt.

Um die so ermittelte Knochenbildung mit den biomechanischen Bedingungen zu korrelieren, wurden in Anlehnung an die morphologischen Befunde zwei einfache Modelle entwickelt:

1. FEM-Modell für das Hämatom

Das direkt nach der Fraktur vorliegende Hämatom wurde für eine mechanische Betrachtung der anfänglich viskösen Flüssigkeitsansammlung mit einem Finite Elemente Modell beschrieben. Das Hämatom wurde für diese Simulation aus ca. 18000 viskoelastischen Schalenelementen modelliert und repräsentiert die frühe Heilungsperiode. Die Elastizitätmoduln für diese Modellrechnung wurden folgendermaßen angenommen: der Wert für Knochen mit 20 GPa orientiert sich an biomechanisch ermittelten Daten, das Periost wurde als sehr steife Hülle mit 200 GPa und das Hämatom als ideale viskoelastische Flüssigkeit mit 0,1 GPa simuliert.

2. Mechanisches und FEM-Modell für späte Phase der Kallusentwicklung

Im zweiten zunächst mechanischen Modell wurde die makroskopische Struktur des knöchernen Kallusgewebes durch entsprechend angeordnete Tetraeder nachempfunden, deren Stäbe die morphologisch gefundene trabekuläre Struktur beschreiben. Der Knochen wird durch ein Plexiglasrohr mit einem Frakturspalt in der Mitte repräsentiert. Eine Modellvariante besteht ausschließlich aus Aluminiumstäben mit einem Elastizitätsmodul von 70 GPa und simuliert das Endstadium eines durchgebauten Kallus. Bei der anderen Modellvariante bestehen die mittleren vier Ebenen aus Kunststoffstäbchen mit einem geringeren Elastizitätsmodul von 30 GPa. Es simuliert einen Kallus, der in Frakturspaltnähe noch nicht ganz verknöcherte Strukturen besitzt. Diese mechanischen Modelle erlaubten Messungen der Dehnungsverteilungen im Kallusmodell. Dazu wurden die Plexiglasrohre axial belastet und die Änderung der Abstände, d.h. die Dehnung im modellierten Frakturkallus, gemessen.

Für weitere Untersuchungen wurde dieses Modell mit einer FEM-Netzstruktur nachgebildet und unter den gleichen Bedingungen wie das mechanische Modell belastet. Durch eine entsprechende Netzzuordnung war es nun einfach möglich, nicht nur das Kunststoff-Modell und das Aluminium-Modell nachzurechnen, sondern es konnten beliebige Übergänge der Materialkonstanten der Stäbchen von Ebene zu Ebene variiert werden und somit weitere Zwischenschritte bei der Kallusentstehung analysiert werden.

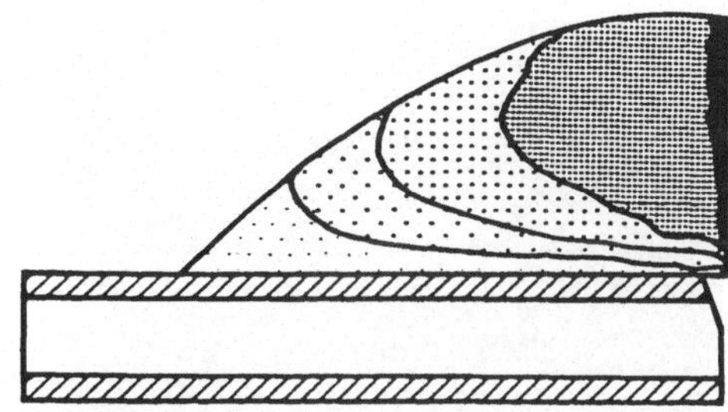

Abb. 1. Darstellung der Relativverschiebungen im Hämatom unter axialer Belastung ermittelt mit Hilfe der Finiten Elemente Rechnung. Niedrige Relativverschiebungen (*helle Flächen*) frakturfern, hohe Relativverschiebungen (*dunkle Flächen*) auf Frakturspalthöhe

Ergebnisse

Die quantitative Auswertung der Röntgenbilder zeigte, daß der Kallus unter den gegebenen Versuchsbedingungen eine fast rotationssymmetrische Geometrie aufweist und daß eine Korrelation zwischen der Kallusmenge und interfragmentärer Dehnung besteht.

Die Ergebnisse der quantitativen Fluoreszenzauswertungen zeigen deutlich, daß eine Knochenneubildung frakturfern beginnt und später eine Kallusmanschette sowohl periostal als auch endostal die Fraktur überbrückt. Erst danach wird zwischen den kortikalen Fragmentenden neuer Knochen gebildet und es kommt somit zum eigentlichen Durchbau des ursprünglichen Knochens. Außerdem findet periostal eine Verstärkung des Kallus statt.

Die Ergebnisse des 1. FEM-Modelles zeigen (Abb. 1), daß die Strömungsgradienten im Hämatom, also die relativen Verschiebungen benachbarter Fluidpartikel, frakturfern direkt am Knochen am geringsten sind. Die größten Verschiebungen kommen in der Frakturzone vor.

Auch die Ergebnisse der mechanischen Modelle (Abb. 2a) und des 2. FEM-Modells (Abb. 2b) zeigen eine gute Korrelation zwischen Morphologie und Biomechanik. Die höchsten Dehnungen beim Kunststoffmodell treten in den Stäbchen in Frakturspaltnähe auf. In den Bereichen, in denen beim mechanischen Modell eine geringe Dehnung auftritt, findet eine frühe Knochenneubildung statt, in Bereichen hoher Dehnung wird späte Knochenneubildung beobachtet.

Diskussion

Aufgrund der annähernden Rotationssymmetrie des Kallus genügt für erste quantitative Fluoreszenzanalysen die Betrachtung einzelner Quadranten von repräsentativen Längsschnitten. Ebenso scheint diese Idealisierung für die beschriebenen Modelluntersuchungen zulässig.

Bei diesen Modellen handelt es sich insgesamt um sehr vereinfachte Modelle, da die genaue Struktur noch nicht modellierbar ist. Beim Stäbchenmodell wird die innere Struktur der Knochentrabekel stark vereinfacht und idealisiert.

Ferner orientiert sich dieses Modell am Endstadium der Kallusbildung. Es können daraus wenig Rückschlüsse auf die initiale Kallusbildung gezogen werden, was deshalb mit dem Hämatommodell versucht wurde.

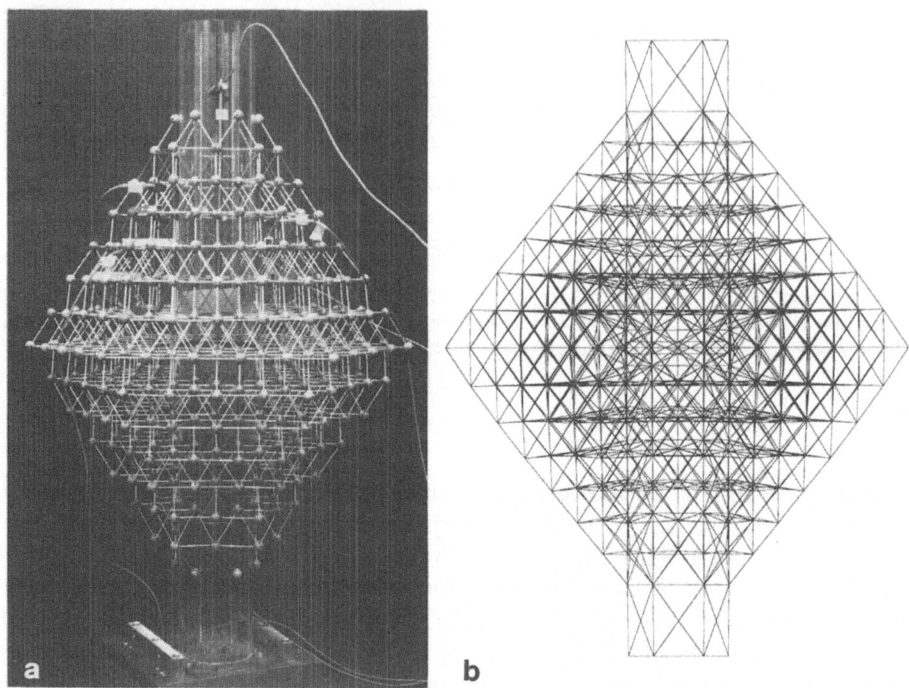

Abb. 2. a Mechanisches Modell. b Verformte Struktur (1000fach verstärkt dargestellt) eines FEM-Stabmodells unter axialer Belastung

Insgesamt konnte mit diesen Modellen jedoch qualitativ eine Korrelation zu den morphologischen Beobachtungen gezeigt werden und zum Verständnis der mechanischen Zusammenhänge beigetragen werden.

Zusammenfassung

In den letzten Jahren schenkt man auch in der operativen Knochenbruchbehandlung der Kallusheilung mehr und mehr Aufmerksamkeit. Über die Biomechanik der Kallusheilung und die dabei auftretenden Knochenauf- und -umbauprozesse ist bis heute jedoch noch wenig bekannt.

Histomorphologische Auswertungen zum zeitlichen Verlauf der Kallusbildung an Schafsmetatarsen nach flexibler Fixation einer Osteotomie dienten als Grundlage für die Entwicklung eines mechanischen sowie zweier mathematischer Knochenheilungsmodelle. Diese erlaubten Messungen bzw. Berechnungen der Dehnungsverteilungen im Kallus unter axialer Belastung des Knochens. Mit den Finite-Elemente-Modellen können unterschiedliche Heilungsstadien simuliert werden.

Die histomorphologischen Auswertungen zeigten, daß die Knochenneubildung bei der Kallusformation zuerst frakturfern beginnt, dann weiter zunimmt bis zu einer Überbrückung des distalen und proximalen Fragmentes im äußeren Kallus. Erst nachdem diese Kallusheilung beendet ist, folgt die kortikale Knochenheilung. Diese morphologischen Befunde korrelierten deutlich mit den Ergebnissen der Untersuchungen an den mechanischen und den Finite-Elemente-Modellen. Es konnte gezeigt werden, daß in Kalluszonen mit geringer Dehnung eine stärkere Knochenneubildung stattfindet als in Zonen mit hoher Dehnung.

Literatur

1. Carter DR, Blenman PR, Beaupre GS (1988) Correlations between mechanical stress history and tissue differentiation in initial fracture healing. J Orthop Res 6:736–748
2. Perren SM, Cordey J (1980) The concept of interfragmentary strain. In: Uhthoff HK (ed) Current concepts of internal fixation of fractures. Springer, Berlin Heidelberg New York, pp 63–77
3. Goodship AE, Kenwright J (1985) The influence of induced micromovement upon the healing of experimental tibial fractures. J Bone Joint Surg [Br] 67:650–655
4. Claes L, Wilke H-J, Rübenacker S, Kiefer H (1989) Interfragmentäre Dehnung und Knochenheilung. In: Hamelmann H et al. (Hrsg) Eine experimentelle Studie, Chirurgisches Forum 1989 f experim u klinische Forschung. Springer, Berlin Heidelberg New York Tokyo, S 279–283
5. Stürmer KM (1988) Histologie und Biomechanik der Frakturheilung unter den Bedingungen des Fixateur externe. Hefte Unfallheilkd 200:233–242
6. Claes L, Wilke H-J, Gänsler W (1991) Die Abhängigkeit der Knochenheilung von der Stabilität der Osteosynthese, siehe im vorliegenden Band

Prostaglandinfreisetzung nach experimentellen Frakturen am Rattenfemur

J. M. Wittenberg[1], R. H. Wittenberg[2]

[1] Department of Oral and Maxillofacial Surgery, Sinai Hospital Detroit, Michigan, S 1480 W. Mc Nichols Suite 308, Detroit, MI 48335, USA
[2] Orthopädische Universitätsklinik am St. Josef Hospital Bochum, Gudrunstraße 56, W-4630 Bochum, BRD

Einleitung

In der frühen Phase der Knochenheilung kommt es zu einer entzündlichen Reaktion. Histologisch findet man polymorphkernige Leukozyten, Lymphozyten und Makrophagen [1]. Die meisten dieser Zellen setzen Prostaglandine (PG) und Leukotriene (LT) frei [2]. Die Freisetzung von PG der E- und F-Gruppe wurde bei der Frakturheilung nachgewiesen. Nach der Spickdrahtstabilisation von Frakturen bei Kaninchen konnte ein signifikanter Anstieg der E- und F-Gruppen Prostaglandine aus Knochen- und Muskelgewebe im Vergleich zu den Kontrollen gefunden werden [3]. Bei der Untersuchung wurden jedoch Gruppenantikörper, die nicht spezifisch für ein einzelnes Prostaglandin sind, verwandt. Indirekte Hinweise auf die Bedeutung der Prostaglandine bei der Knochenheilung gaben Untersuchungen, bei denen eine verminderte Knochenheilung nach Gabe von Indometacin nachgewiesen werden konnte [4]. Bei der Untersuchung und in weiteren Studien, die ebenfalls den Einfluß nichtsteroidaler Antiphlogistika auf die Knochenheilung untersuchten, wurde die Prostaglandinfreisetzung jedoch nicht bestimmt.

Ziel dieser Untersuchung war es die Freisetzung von PG in der Frühphase instabiler experimenteller Femurfrakturen zu untersuchen und mit der Kontrollseite zu vergleichen. Dies soll zu einem besseren Verständnis der Rolle der PG bei der Knochenheilung und der Wirkung der nichtsteroidalen Antiphlogistika beitragen.

Methoden

Für die Untersuchung wurden 32 männliche erwachsene Sprague-Dawley Ratten von 400–500 g verwandt. Bei 24 Tieren wurde unter Äthernarkose der eine Femur durch eine längliche Hautinzision freigelegt und frakturiert. Auf der Kontrollseite erfolgte lediglich die Weichteilpräparation. Die Tiere konnten sich ohne innere oder äußere Schienung der Frakturen in den Käfigen frei bewegen.

Von 8 Ratten ohne vorherigen Eingriff wurde ein 2 cm langes Femurstück entnommen. Bei weiteren 24 operierten Tieren wurde nach 4 oder 10 Tagen die osteotomierte Femurdiaphyse und 100 mg Muskelgewebe aus dem Frakturbereich entnommen. Diese Gewebe wurden zunächst in eiskalter (4 °C) Tyrodelösung gewaschen und dann bei 37 °C in 3 ml Tyrodelösung inkubiert. Knochen wurde 180 min und Muskelgewebe 90 min unter ständiger

T. H. Ittel H.-G. Sieberth H. H. Matthiaß (Hrsg.)
Aktuelle Aspekte der Osteologie

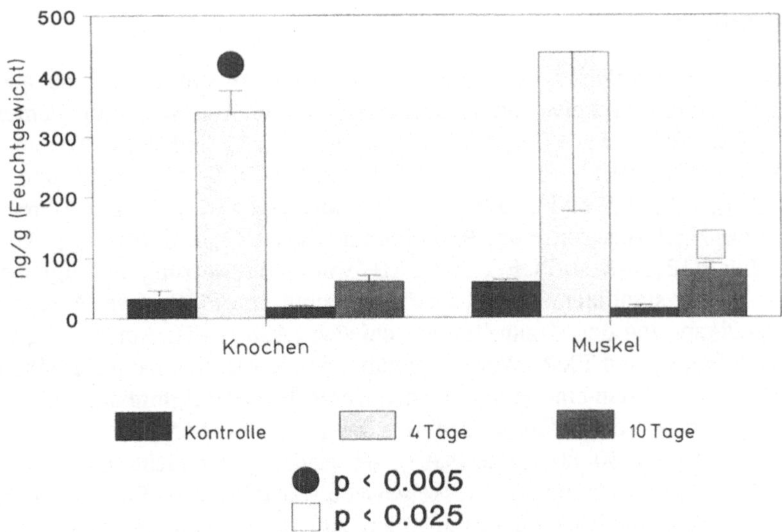

Abb. 1. PGE_2-Freisetzung aus Kontrollen und nach Femurfrakturen bei Ratten (n = 12, 4. Tag; n = 12, 10. Tag)

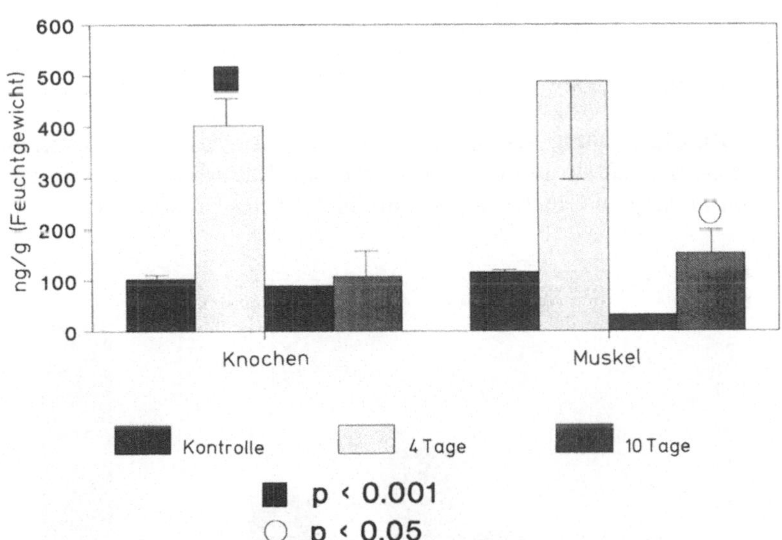

Abb. 2. 6-Keto-$PGF_{1\alpha}$-Freisetzung aus Kontrollen und nach Femurfrakturen bei Ratten (n = 12, 4. Tag; n = 12, 10. Tag)

Begasung mit 95% CO_2 und 5% O_2 inkubiert. Die PG und LT wurden im Radioimmunoassay bestimmt [5].

Ergebnisse

Alle Tiere überlebten den Eingriff und zeigten sowohl klinisch als auch mikrobiologisch und histologisch keine Entzündungszeichen. Die Freisetzung aus Femura ohne vorherigen Eingriff betrug für PGE_2 nach 30 min 5,9 ± 0,51 und nach 180 min 21,1 ± 4,1, für 6-Keto-$PGF_{1\alpha}$ 59,1 ± 5,3 und 123,7 ± 8,2, für TXB_2 12,1 ± 1,8 und 21,4 ± 4,2 und für $PGF_{2\alpha}$ 7,2 ± 0,9 und 23,5 ± 5,2 ng/g Knochengewicht. Die LTC_4-Freisetzung befand sich an der Nachweisgrenze des Radioimmunoassays (2,32 ± 0,54 ng/g Knochengewicht).

Für PGE_2, 6-Keto-$PGF_{1\alpha}$ und TXB_2 war die Freisetzung im Vergleich zu den Kontrollen am 4. Tag signifikant erhöht. Die Freisetzung von $PGF_{2\alpha}$ war 4 Tage nach Fraktur nicht signifikant von den Kontrollen verschieden (Abb. 1–4). Am 10. Tag waren die PGE_2, 6-Keto-$PGF_{1\alpha}$ und TXB_2 Werte gegenüber den Kontrollen nicht signifikant erhöht. Lediglich $PGF_{2\alpha}$ zeigte nun eine gegenüber den Kontrollwerten signifikant erhöhte Freisetzung. Beim Vergleich zwischen dem 4. und 10. Tag sank die Freisetzung von PGE_2, 6-Keto-$PGF_{1\alpha}$ und TXB_2 um 50–80%. Die $PGF_{2\alpha}$ -Freisetzung war nicht signifikant unterschiedlich.

Die PG-Freisetzung aus Muskelgewebe war für den 4. Tag bei den Frakturen und Kontrollen nicht signifikant unterschiedlich. Am 10. Tag war die Freisetzung bei den Frakturen signifikant gegenüber der Kontrollgruppe erhöht. Vom 4. zum 10. Tag kam es zu einem Abfall der PG-Freisetzung aus dem Muskel (Abb. 1–4).

Diskussion

Die Knochenheilung verläuft in verschiedenen Phasen. Die Untersuchungstage wurden so gewählt, daß sie in die entzündliche und Kallusbildungsphase fallen. Um eine große Kallusbildung zu erhalten wurden die Frakturen nicht stabilisiert.

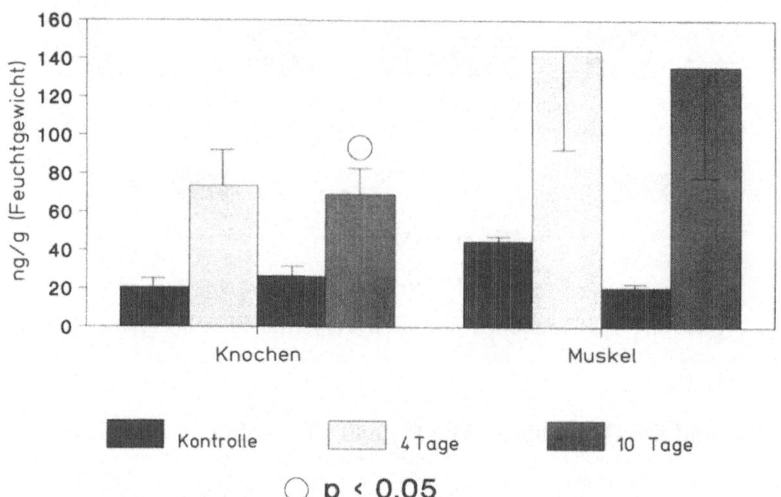

Abb. 3. $PGF_{2\alpha}$-Freisetzung aus Kontrollen und nach Femurfrakturen bei Ratten (n = 12, 4. Tag, n = 12, 10. Tag)

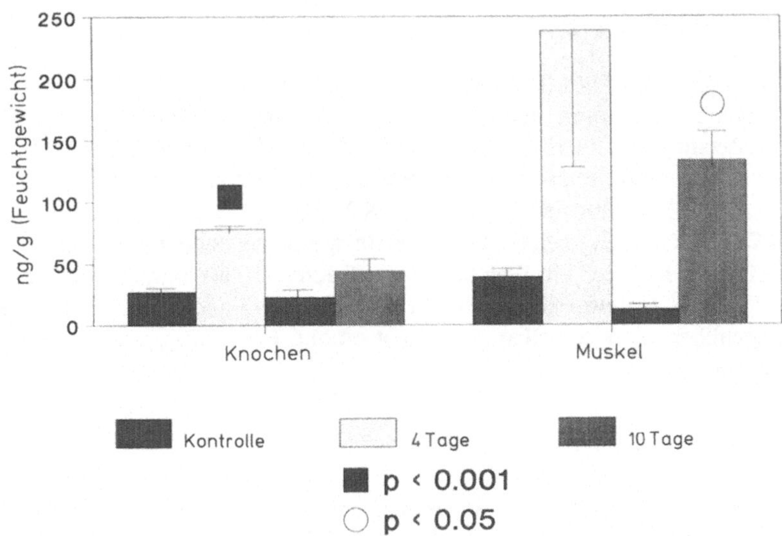

Abb. 4. TXB_2-Freisetzung aus Kontrollen und nach Femurfrakturen bei Ratten (n = 12, 4. Tag; n = 12, 10. Tag)

Bei Ratten entspricht der 10. Tag nach Fraktur der Kallusbildungsphase. Dabei war nur noch die $PGF_{2\alpha}$-Freisetzung signifikant erhöht. Erhöhte $PGF_{2\alpha}$-Werte wurden in anderen Untersuchungen in der chondrogenetischen und chondrolytischen Phase der Knochenheilung gefunden [6]. Demgegenüber war die PGE_2-Feisetzung am 4. Tag signifikant gegenüber den Kontrollen erhöht. PGE_2 erhöht die endostale Knochenbildung bei Kindern und nach Rippenfrakturen bei Hunden [7, 8]. Ein Effekt von PGE_2 auf die initiale Knochenheilung ist somit denkbar. 6-Keto-$PGF_{1\alpha}$, der stabile Metabolit des PGI_2 wies von den gemessenen PG am 4. Tag die höchsten Werte auf. PGI_2 wird von Osteoblasten aber auch Endothelzellen freigesetzt. Unter Behandlung mit Indometacin konnte ein verminderter Blutfluß gemessen werden [9]. PGI_2 könnte somit direkt oder durch eine vermehrte Durchblutung die Knochenheilung fördern. Für TXB_2 wurde ebenfalls am 4. Tag eine signifikant erhöhte Freisetzung nachgewiesen. Der Effekt auf die Knochenheilung ist nur so weit untersucht, daß TXB_2 die Knochenresorption nicht stimuliert.

Die am 10. Tag nach der Fraktur signifikant erhöhte PG-Freisetzung aus dem Muskel könnte durch Makrophagen und Plasmazellen im Frakturbereich bedingt sein. Außerdem setzen Mesenchymalzellen bei der Proliferation vermehrt PG frei.

Die Freisetzung der PG in der Frühphase der Frakturheilung scheint für die Knochenbildung bedeutsam zu sein. Dies wird durch die verzögerte Knochenheilung bei Gabe von nichtsteroidalen Antiphlogistika im Tiermodell sowie eine Verminderung der heterotopen Ossifikation bei der Gabe von nicht steroidalen Antiphlogistika nach Implantation von Hüfttotalendoprothesen unterstrichen [4, 9].

Zusammenfassung

Die Freisetzung von Prostaglandinen und Leukotrien C_4 wurde nach Inkubation von intakten Rattenfemura sowie 4 und 10 Tage nach experimenteller Fraktur bestimmt. Die Freisetzung von Leukotrien C_4 lag an der Nachweisgrenze des Radioimmunoassays. Die Prostaglandinfreisetzung aus den Rattenfemura ohne vorherige Operation betrug für PGE_2 21,1 ± 4,1, 6-Keto-$PGF_{1\alpha}$ 123,7 ± 8,2, $PGF_{2\alpha}$ 23,5 ± 5,2 und Thromboxan B_2 21,4 ± 4,2 ng/g Knochengewicht. Diese Werte waren gegenüber den Werten der Kontrollfemura, bei denen lediglich ein Weichteileingriff durchgeführt wurde, nicht signifikant verschieden. Die PGE_2, 6-Keto-$PGF_{1\alpha}$ und TXB_2-Freisetzung der frakturierten Femura war am 4. Tag gegenüber den Kontrollen signifikant erhöht. Für $PGF_{2\alpha}$ war die Freisetzung am 10. Tag erhöht.

Literatur

1. Simmons DJ (1985) Fracture healing perspectives. Clin Orthop 200 (11):100–133
2. Schroer K (1985) Prostaglandine und verwandte Verbindungen in Experiment und Klinik. Thieme, Stuttgart
3. Dekel S, Francis MJO (1981) The treatment of osteomyelitis of the tibia with sodium salicylate. J Bone Joint Surg [Br] 63:178–184
4. Ro J, Langeland N, Sander J (1978) Effect of indomethacin on collagen metabolism of rat fracture callus in vitro. Acta Orthop Scand (Copenh) 49:323–328
5. Peskar BA, Steffens Ch, Peskar BM (1979) Radioimmunoassay of 6-keto-prostaglandin $F_{1\alpha}$ in biological material. In: Albertini A, DaPrada M, Peskar BA (eds) Radioimmunoassay of drugs and hormones in cardiovascular medicine. Elsevier/North Holland Biochemical Press, Amsterdam, pp 239–250
6. Wientroub S, Wahl LM, Feuerstein N et al. (1983) Changes in time concentration of prostaglandins during endochondral bone differentiation. Biochem Biophys Res Commun 117 (3):746–750
7. Ueda K, Saito A, Nakasno H et al. (1980) Cortical hyperostosis following long-term administration of prostaglandin E_2 in infants with cyanotic congenital heart disease. J Pediatr 97:834–836
8. Shi MS, Norrdin RW (1986) Effect of PGE_2 on rib fracture healing in beagles: histomorphometric study on periosteum adjacent to the fracture site. Am J Vet Res 47 (7):1561–1564
9. Keller J, Bunger C, Andreassen TT et al. (1987) Bone repair inhibited by indomethacin. Acta Orthop Scand (Copenh) 58:379–383

Der Einfluß der Splenektomie auf die Frakturheilung: experimentelle Untersuchungen an der Ratte

H.-E. Schratt[1], J. L. Spyra[1], G. Voggenreiter[1], H. J. Früh[1], R. Hipp[2], G. Blümel[1]

[1] Institut für Experimentelle Chirurgie, Technische Universität München, Ismaninger Straße 22, W-8000 München 80, BRD
[2] Orthopädische Klinik und Poliklinik, Technische Universität München, Ismaninger Straße 22, W-8000 München 80, BRD

Fragestellung

Die Splenektomie ist oftmals mit einer Vielzahl von objektiven und subjektiven Beschwerden für den Patienten verbunden, wobei es zu ernsthaften Veränderungen des Immunsystems kommen kann [1, 2]. Da neuere Untersuchungen eine Rolle des Immunsystems bei der Frakturheilung beschreiben [3–6], war es das Ziel unserer Arbeit, den etwaigen Einfluß der Splenektomie und der mit ihr verbundenen Veränderungen des Immunsystems am experimentellen Modell zu untersuchen.

Material und Methoden

Als Versuchstiere dienten ausgewachsene männliche Wistar-Ratten (Chbb: THOM) mit einem durchschnittlichen Gewicht von 400 ± 40 g. Als Versuchsmodell diente ein bereits in früheren Untersuchungen angewandtes Modell der Osteotomie an der Tibia [6]. Hierbei wird bei weitgehend aseptischen Bedingungen eine standardisierte Osteotomie am Übergang vom proximalen zum mittleren Drittel der Tibia durchgeführt und mittels intramedullärem Kirschnerdraht fixiert. Alle operativen Eingriffe an den Versuchstieren wurden unter Ketamin/Xylazin-Allgemeinanästhesie durchgeführt.

Es wurden folgende Versuchsgruppen gebildet:

- Osteotomie (OT)
- Osteotomie + Splenektomie (OT/SPE)
- Splenektomie, nach 4 Wochen Osteotomie (SPE/OT)
- Splenektomie (SPE)

Der Beobachtungszeitraum betrug 4 und 9 Wochen p. Osteotomie. Als Bewertungsparameter dienten Kontaktradiographien der operierten Tibiae sowie biomechanische Untersuchungen der Osteotomien mittels standardisiertem Drei-Punkt-Biegeversuch [7]. Zusätzlich wurden die paraaortalen Lymphknoten, als regionäres Abflußgebiet, gewogen und histologisch untersucht. In einer Fortführung dieser Studie ist noch die histomorphometrische Auswertung der Frakturheilung geplant.

T. H. Ittel H.-G. Sieberth H. H. Matthiaß (Hrsg.)
Aktuelle Aspekte der Osteologie

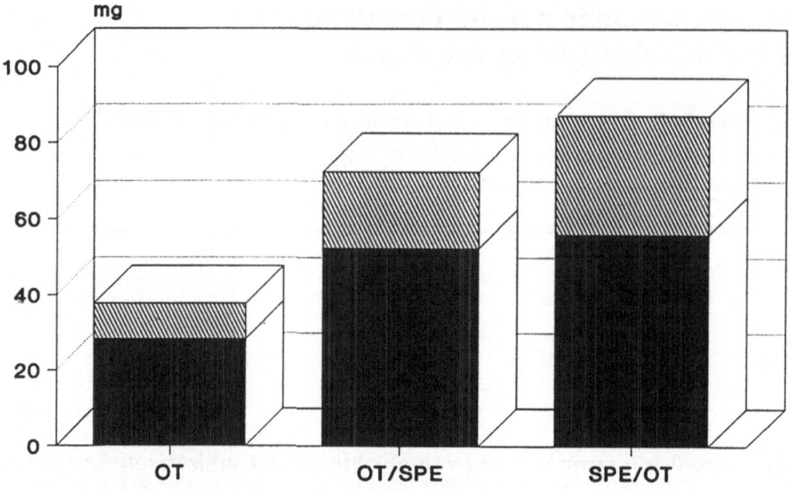

Abb. 1. Lymphknoten – Gewicht (9 Wochen p.Op.)

Ergebnisse

Zur gesamten Auswertung kamen 72 Tiere mit jeweils mindestens 7 Tieren pro Gruppe und Untersuchungszeitpunkt. Die von vielen Autoren beschriebene erhöhte Infektanfälligkeit bzw. eine erhöhte postoperative Infektionsrate nach Splenektomie [1–4] konnte in der eigenen Untersuchung nur bedingt bestätigt werden. Während die Wundheilung bei allen Versuchsgruppen komplikationslos verlief, war der Osteosynthese-bedingte Ausfall durch Lockerung der intramedullären Fixation bei den Splenektomie-Gruppen leicht erhöht. Makroskopisch war das Einheilungsverhalten der splenektomierten Tiere mit stabiler Osteosynthese von dem der OT-Gruppe nicht zu unterscheiden. Auch radiologisch ergaben sich nur sehr geringfügige Unterschiede bzgl. des Durchbaus der Osteotomiestellen, wobei eine leicht verstärkte Kallusbildung bei der OT/SPE-Gruppe im Vergleich zu den beiden anderen OP-Gruppen auffiel.

Bei der Untersuchung der Lymphknoten ergaben sich nach der 4. postoperativen Woche keine Unterschiede zwischen den einzelnen Versuchsgruppen, histologisch zeigte sich bei allen eine Zunahme der Sekundärfollikel als Ausdruck einer gesteigerten humoralen Immunreaktion. Nach 9 Wochen kam es zu einer deutlichen Größenzunahme der paraaortalen Lymphknoten bei beiden Splenektomie-Gruppen im Vergleich zur OT-Gruppe (s. Abb. 1). Histologisch fanden sich auch hier in allen Versuchsgruppen die Zeichen einer gesteigerten Immunreaktivität mit Zunahme der Sekundärfollikel und Verbreitung der parakortikalen Zone [7]. Die biomechanischen Untersuchungen wurden nur an Tieren mit stabiler Osteosynthese durchgeführt. 9 Wochen p.Op. war die Bruchkraft der operierten Tibiae bei allen Versuchgsgruppen nahezu gleich. Die Werte lagen dabei, bedingt durch die Kallusbildung, durchschnittlich um ca. 20 N über der nicht-operierten Kontrollseite. Die Steifigkeit der operierten Tibiae war 9 Wochen p.Op. bei der OT/SPE-Gruppe deutlich reduziert im Vergleich zu den beiden anderen OP-Gruppen (s. Abb. 2). Bei der Untersuchung der nicht-operierten Kontrollseite ergaben sich keine Unterschiede zwischen den

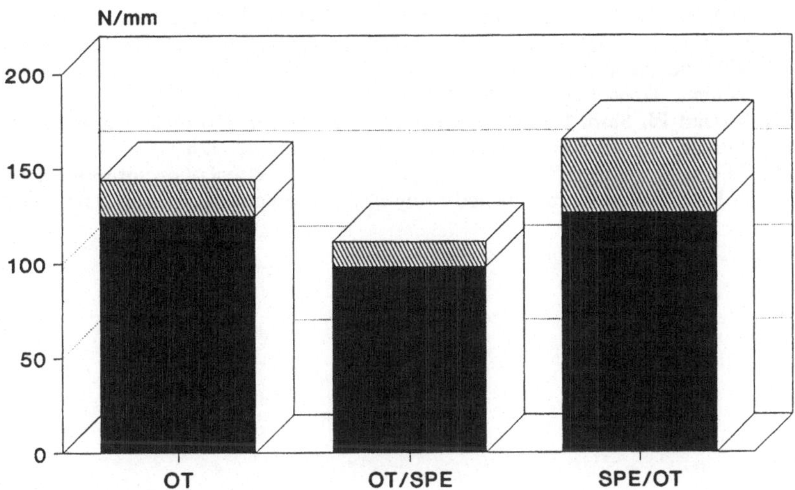

Abb. 2. Steifigkeit (OP-Tibiae)

einzelnen Versuchsgruppen. Auch die Werte der nur splenektomierten Tiere fanden sich im Bereich der anderen Versuchgsgruppen.

Zusammenfassung

Die gezeigten Ergebnisse lassen keinen wesentlichen Einfluß der Splenektomie auf die Frakturheilung erkennen. Auffallend war lediglich die etwas vermehrte Kallusbildung der Splenektomie-Gruppen im Vergleich zur OT-Gruppe. Dies könnte in Zusammenhang mit den Untersuchungen von Wilmink et al. [8], Stewart u. Stern [9] und Siebels et al. [10] stehen, wobei zu bedenken ist, daß die Art der Immunsuppression durch CsA nicht mit den Veränderungen des Immunsystems durch Splenektomie [1, 2] vergleichbar ist. Eine endgültige Klärung dieser Frage erfordert aber weitergehende Untersuchungen, wobei vor allem eine histomorphometrische Untersuchung der Frakturheilung von wesentlicher Bedeutung ist.

Literatur

1. Downey EC, Shackford SR, Fridlund PH, Ninnemann JL (1987) Long-term depressed immune function in patients splenectomized for trauma. J Trauma 27:661–663
2. Winkelmeyer M, Littmann K, Thraenhart O et al. (1981) Veränderungen des humoralen und zellulären Immunsystems nach Splenektomie. Klin Wochenschr 59:485–493
3. Grogard B, Gerdin B, Reikeras O (1990) The polymorphonuclear leukocyte: has it a role in fracture healing? Arch Orthop Trauma Surg 109:268–271
4. Goldring MB, Goldring SR (1990) Skeletal tissue response to cytokines. Clin Orthop 258:245–278
5. Schratt HE, Spyra JL, Ascherl R, Blümel G (1990) Die Knochenheilung – ein immunreaktiver Vorgang? Zbl Chir 115:1045–1052
6. Pierpaoli W, Balakrishnan J, Maestroni GJM et al. (1988) Bone marrow: a "morphostatic brain" for control of normal and neoplastic growth. Experimental evidence. Ann NY Acad Sci 521:300–311

7. Voggenreiter G, Ascherl R, Scherer MA et al. (1991) Sterilisation und Kryokonservierung von Bankknochen: Biomechanische Untersuchungen. Hefte Unfallheilkd (im Druck)
8. Wilmink JM, Bras J, Surachno S et al. (1989) Bone repair in cyclosporin treated renal transplant patients. Transplant Proc 21:1492–1494
9. Stewart PJ, Stern PH (1989) Cyclosporines: correlation of immunosuppressive activity and inhibition of bone resorption. Calcif Tissue Int 45:222–226
10. Siebels W, Ascherl R, Brehme H et al. (1988) The effect of cyclosporin on mechanical parameters of bone healing. Experimental study using external fixation. Eur Surg Res 20 S1:36–37

Der Einfluß der extrakorporalen Stoßwellen auf die standardisierte Tibiafraktur am Schaf

A. Ekkernkamp[1], A. Bosse[2], G. Haupt[3], A. Pommer[1]

[1] Chirurgische Universitätsklinik, BG-Krankenanstalten Bergmannsheil Bochum, Gilsingstraße 14, W–4630 Bochum, BRD
[2] Institut für Pathologie, Universitätsklinik, BG-Krankenanstalten Bergmannsheil Bochum, Gilsingstraße 14, W–4630 Bochum, BRD
[3] Urologische Universitätsklinik, Marienhospital Herne, Ruhr-Universität Bochum, W–4630 Bochum, BRD

Einleitung

Experimentelle Untersuchungen über den Einfluß der extrakorporalen Stoßwellen (ESWL) am nicht-traumatisierten Tierknochen, am frakturierten Rattenhumerus und erste Erfahrungen in der therapeutischen Anwendung bei Pseudarthrosen konnten einen osteogenetischen Einfluß im Sinne einer verstärkten Knochenneubildung belegen. Wir untersuchten diesen Einfluß an einem standardisierten Frakturmodell.

Methoden

42 Tibiae einjähriger Schwarzkopfschafe wurden mittels oszillierender Säge unter Kühlung und weitgehender Schonung des Periostes quer osteotomiert. Die Stabilisierung der Fragmente erfolgte mittels V-förmigem Fixateur externe. 7 Tage nach der Operation erfolgte in den Verumgruppen die Applikation von 3000 Stoßwellen mit 20 kV bzw. 24 kV zentriert auf die Osteotomie (Lithotriptor HM 3 – modifiziert, Fa. Dornier/Medizintechnik, 8000 München).

Eine Interaktion von Stoßwellen und frakturfern eingebrachtem Stabilisator konnte ausgeschlossen werden. In den Kontrollgruppen wurde auf die ESWL verzichtet. Verlaufskontollen erfolgten mittels Röntgenaufnahmen, Laborchemie (Phosphat, Calcium, Albumin, alkalische Phosphatase, Isoenzym Knochenphosphatase), polychromer Sequenzmarkierung mit Calcein grün und Reverin.

Opferung der Tiere 4 bzw. 7 Wochen nach Operation. Dokumentation durch bildgebende Verfahren (Röntgen, CT, Mikroradiographien). Prüfung auf mechanische Festigkeit im 4-Punkt-Biegeversuch. Histologische Aufarbeitung der Frakturexzidate nach konventionellen Gesichtspunkten, Fluoreszenzuntersuchungen in der Hartschnittechnik.

Ergebnisse

Die 7-Wochen-Tiergruppe mit applizierter Stoßwelle von 24 kV zeigt in der konventionellen Histologie eine vermehrte peri- und endostale Osteogenese. Im Vergleich zu den Kontrollgruppen finden sich bei den ESWL-behandelten Tieren eine stärkere Knochenaus-

T. H. Ittel H.-G. Sieberth H. H. Matthiaß (Hrsg.)
Aktuelle Aspekte der Osteologie

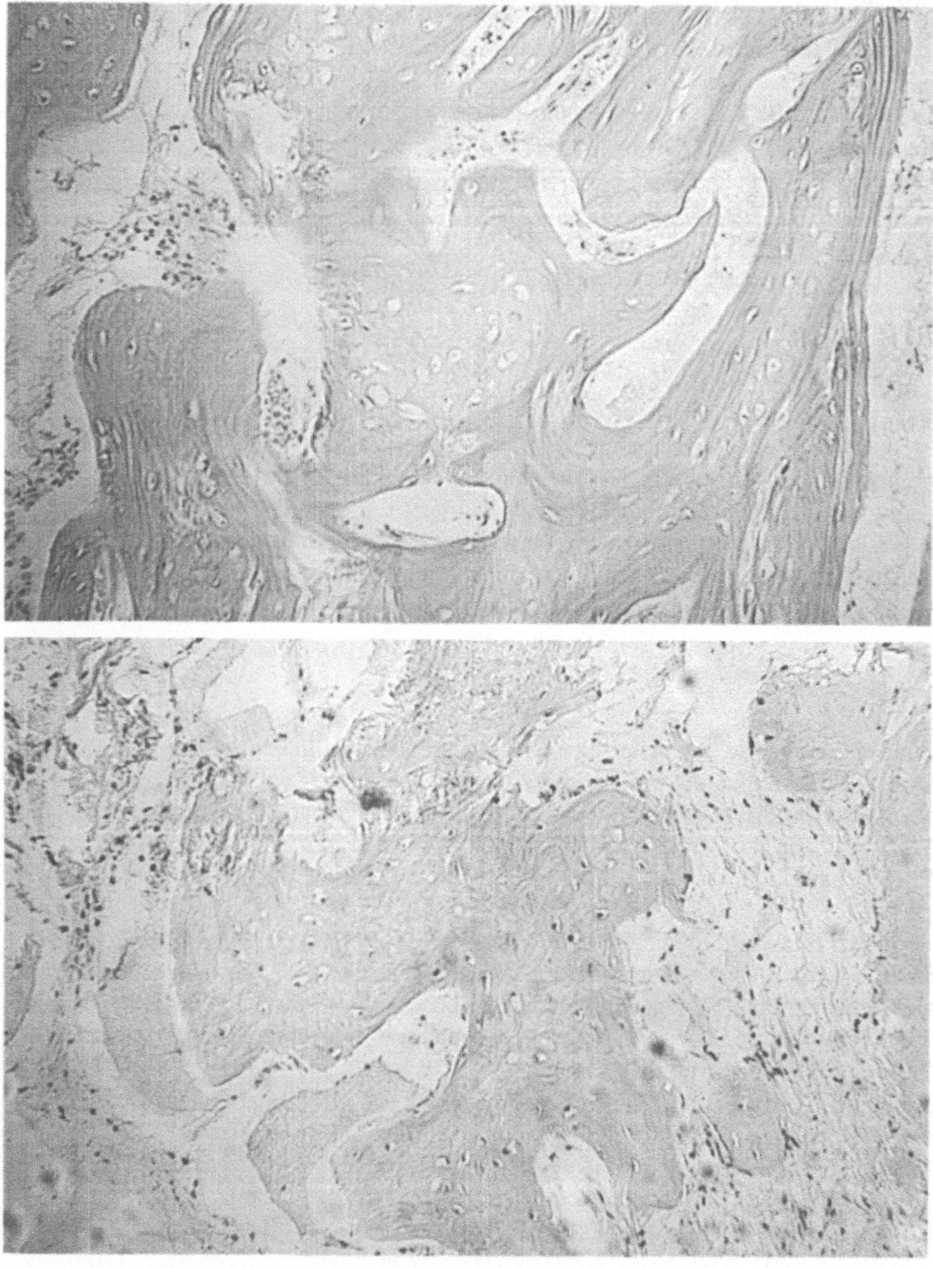

Abb. 1 *(oben)*. Kontrolltier: Plump konfigurierter Faserknochen (× 140)

Abb. 2 *(unten)*. Stoßwellen-behandeltes Tier (24 kV, 7 Wochen), anastomosierender ausgereifter Lamellenknochen

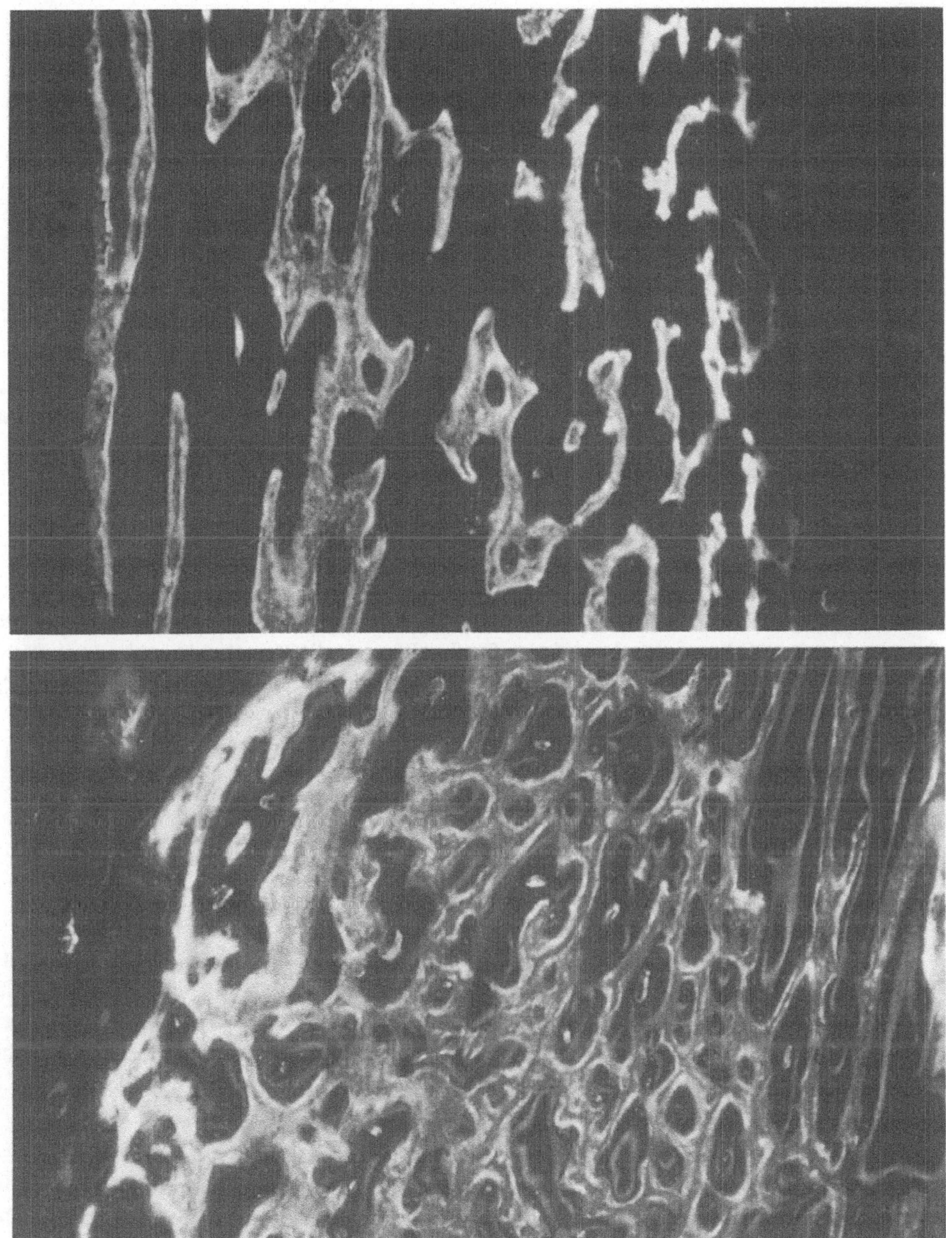

Abb. 3 *(oben)*. Fluoreszenzmarkierte Darstellung der Kallusproliferation bei einem Kontrolltier. Nur geringe Fluoreszenz der spärlich angelegten Knochenbälkchen (Calcein grün, × 56)

Abb. 4 *(unten)*. Fluoreszenzmarkierte Darstellung der Kallusproliferation bei einem behandelten Tier (24 kV, 7 Wochen). Ausgeprägte fluoreszierende, dicht gelagerte und anastomosierende Knochenbälkchen periostnah (Calcein grün, × 56)

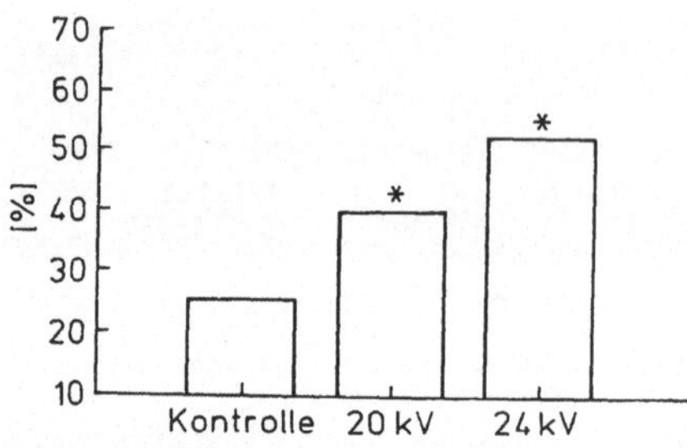

Abb. 5. Fluoreszenzenuntersuchung (n = 18): markiertes vs. Gesamtareal in %: * $p < 0{,}05$ (Duncans-Test vs. Kontrolle)

reifung und deutlich akzentuierte Transformation zum lamellären Knochen (Abb. 1, 2). Die fluoreszenztechnischen Untersuchungen signalisieren einen stärkeren Knochenumbau im Bereich des periostalen Knochens im Vergleich zur Kontrollgruppe (Abb. 3, 4, 5). Die Quantifizierung der radiologischen Ergebnisse steht noch aus.

Diskussion

Das hier vorgestellte standardisierte Tibia-Frakturmodell erlaubt erstmals eine gesicherte Aussage zu der Wirkung extrakorporaler Stoßwellen auf die Knochenbruchheilung. Schlüsse hinsichtlich klinisch relevanter Indikationen (verzögerte Heilung, Pseudarthrosen) können noch nicht gezogen werden, bei Versuchsende waren alle Osteotomien knöchern fest durchbaut. Da sich die ESWL hinsichtlich Applikationsform, Dosis und Frequenz in der Nieren- und Gallensteinbehandlung beim Menschen ohne wesentliche Nebenwirkungen bewährt hat, kann die Humanapplikation angestrebt werden.

Zusammenfassung

Untersucht wurde der Einfluß extrakorporal applizierter Stoßwellen auf die Knochenbruchheilung an einem standardisierten Frakturmodell. Die Verlaufskontrollen erfolgten mittels Röntgenaufnahmen, Laborchemie und polychromer Sequenzmarkierung, nach Opferung mittels Röntgen, Computertomographie, Mikroradiographie, Prüfung der mechanischen Festigkeit im 4-Punkt-Biegeversuch, histologischen und fluoreszenzmikroskopischen Untersuchungen.

Die vorliegenden Ergebnisse (Histologie, Fluoreszenz, Laborchemie) wiesen auf den positiven Einfluß der Stoßwelle auf die Kallusproliferation, den Zeitpunkt der Osteoneogenese sowie auf den Reifegrad der Kallusbildung hin. Die Humanapplikation ist vorgesehen.

Literatur beim Verfasser.

Nichtinvasive Behandlung diaphysärer Pseudarthrosen mit der Stoßwelle (ESWL)

R. Schleberger[1], Th. Senge[2]

[1] Orthopädische Universitätsklinik (Dir.: Prof. Dr. med. J. Krämer) Gudrunstraße 56, W–4630 Bochum, BRD
[2] Urologische Klinik (Dir.: Prof. Dr. med. Th. Senge), Ruhr-Universität Bochum, Widumerstr. 8, W–4690 Herne I, BRD

Einleitung

Die Stoßwelle wurde zur Zertrümmerung von Nieren- und Gallenblasensteinen in die Medizin eingeführt (ESWL: *E*xtracorporal *S*hock *W*ave *L*ithotripsy) und innerhalb von 10 Jahren zu einem Standardeingriff profiliert [3–5, 7]. Stoßwellen sind Druckimpulse, die unter Wasser generiert, wegen ihrer akustischen Eigenschaften auch in den Körper eindringen und auf kleine Areale focussiert werden können.

Die Anwendung im menschlichen Körper ist dosisabhängig sicher bis auf die Grenzschichten von wasser- zu luftgefüllten Geweben, in denen es beim Übertritt der Energie zu Zerreißungen kommt [6]. Über die biologischen Effekte existieren Studien [1, 9], wie auch über Nebenwirkungen am Knochen [8].

Osteologisch kann man letztere beschreiben als Auslösung eines Frakturheilungsmechanismus ohne vorausgehende Fraktur. Multidirektional werden neue Trabekel gebildet (und remodelliert).

Es ist anzumerken, daß sich eine „menschliche Anwendungsdosis“ von 18 Kilovolt etabliert hat und die Energien steigerbar sind bis zur Destruktion nicht nur menschlicher Gewebe und Materialien. So erscheint insbesonders die Anwendung der Stoßwelle in trabekulärem Netzwerk von Metaphysen absolet, solange keine Dosis-Wirkungsbeziehungen bekannt sind. Unsere Anwendung an Diaphysen wurde von der Ethikkomission genehmigt.

Material und Methode

Anwendungskriterien der Stoßwelle in unseren Fällen von Pseudarthrosen waren:

diaphysäre Schädigungen
intakte Haut
fehlende Infektionszeichen
fehlendes Osteosynthesematerial
vorausgegangene vergebliche Sanierungsversuche
Bestand der Pseudarthrose mindestens fünf Monate nach der initialen Frakturbehandlung

Stoßwellen wurden appliziert mit den Lithotriptern MFL 5000 und HM3 der Firma Dornier Medizintechnik, die

T. H. Ittel H.-G. Sieberth H. H. Matthiaß (Hrsg.)
Aktuelle Aspekte der Osteologie

- sichere Ortung der Läsion erlauben,
- sichere Energieapplikation in einer Dosierung, die bekanntermaßen keine Schäden setzt, gewährleisten und
- verwendbare Elektrodengeometrie zur Fokussierung besitzen.

Konstruktive Änderungen wurden für unsere Anwendung an den Geräten nicht vorgenommen, deshalb mußte die behandelten Extremitäten manuell positioniert und Kochsalzbeutel als Abstandshalter eingesetzt werden unter Inkaufnahme beschriebener Kavitationsphänomene.

Die korrekte Positionierung der Foki wurde mindestens dreimal bei den jeweils 2000 Energieapplikationen kontrolliert. Die gewählten Anästhesieformen waren einmal Plexus und viermal Allgemeinnarkosen.

Das Verfahren kann grundsätzlich ambulant abgewickelt werden. Die Wahl der Fixierung nach der Behandlung kann unter dem alleinigen Gesichtspunkt rein axialer Belastungsmöglichkeit der geschädigten Diaphyse minimal und damit funktionell getroffen werden. So verwendeten wir Fixationen von bettender Einlage über Humerus- und Sarmiento-Brace bis hin zum Gips.

Kontinuierliche Fixierung erfolgte maximal über 4 Monate. Die Behandlung wurde in sechswöchigen Abständen radiologisch kontrolliert.

Falldarstellungen

C.K., 34 Jahre alt, weiblich (Abb. 1a–c), offene Humerusschaftfraktur neben anderen Verletzungen; 13 Tage nach Unfall Frakturstabilisierung mit Orthofix für 4 Monate, anschließend Versorgung mit Humerus Brace; 5 Monate später einmalige Stoßwellenbehandlung mit HM3 in Plexusanästhesie (2000 Schuß bei einer Energie von 18 Kilovolt), gefolgt von Fixation mit dem vorhandenen Humerus Brace; Schmerzempfinden bei der Stoßwellenapplikation tolerabel im Falle abgekoppelter EKG-Steuerung, also bei Einzelentladungen der Elektrode.

Kontrollen zeigten keine Beeinflussung des N. radialis durch die nahe Energieapplikation, leichter Schmerz in den ersten 6 Wochen; Röntgenkontrolle nach 12 Wochen zeigte beginnende Konsolidierung; Fortsetzung des Bracings für weitere 3 Monate; die letzte Kontrolle 6 Monate später (Fremdaufnahme aus Afrika) zeigt neben der Konsolidierung noch nicht abgeschlossene Rekanalisierung des Markraumes bei Fortbestand des Achsfehlers.

S.K., 3 Jahre, weiblich; Pseudarthrose nach Gabelungsosteosynthese wegen Tibiaaplasie Typ Jones 2; 2 Jahre später nach Trauma Lockerung der Pseudarthrose mit Belastungsschmerz; einmalige Stoßwellenapplikation von 18 kV und 2000 Schuß mit MFL 5000, anschließende Fixation mit Unterschenkelgips für 4 Wochen, gefolgt von Weiterbehandlung mit der vorhandenen Unterschenkelorthese bei Verkürzungsausgleich am Schuh, schmerzfreie Belastbarkeit; Röntgenkontrolle 6 Wochen später zeigt Knochenformation innerhalb der Pseudarthrose (Abb. 2a, b), 5 Monate später weitgehender Durchbau und Zeichen der Rekanalisierung.

A.B., männlich, 29 Jahre, 2 Jahre zuvor MFK V Fraktur (Abb. 3a–c) mit mehreren Behandlungsperioden (Gips) wegen schmerzhafter Belastung der Pseudarthrose, zwischenzeitlich schmerzfreie Perioden; Stoßwellenbehandlung mit MFL 5000 (18 kV, 2000 Schuß), Schienung durch bettende Einlage und Abrollhilfe als Schuhzurichtung, damit volle Bela-

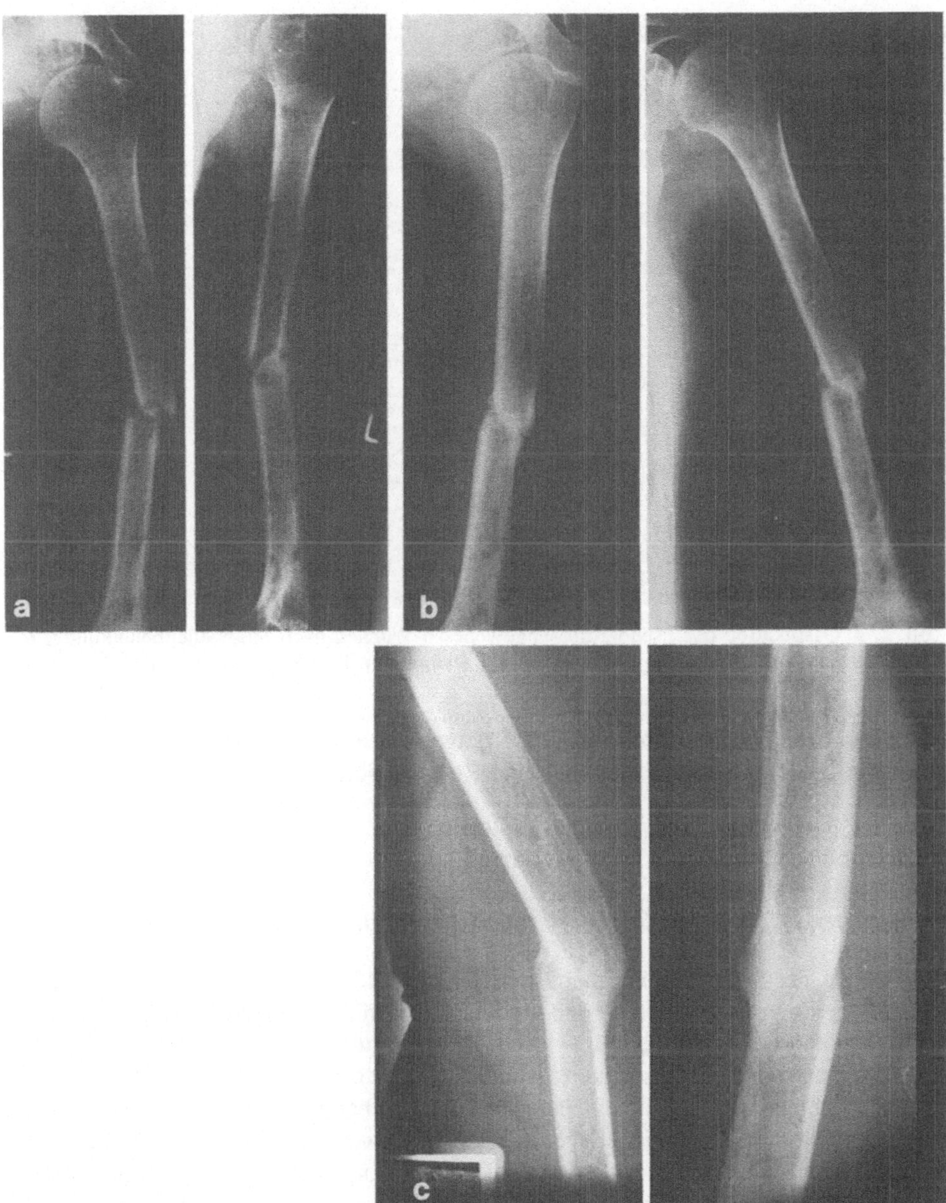

Abb. 1. a Pseudarthrose der Mitte des Humerusschaftes, C.K., 34 J., **b** beginnende Integration der ossifizierten Pseudarthrose in den diaphysären Verband nach 12 Wochen, **c** ausgeheilte Pseudarthrose, unvollständig rekanalisiert nach weiteren 6 Monaten

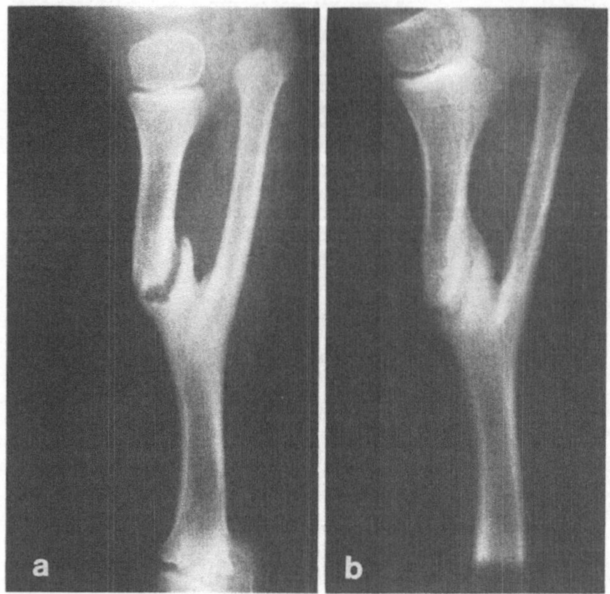

Abb. 2. a Ossifikation des Pseudarthrosengewebes 6 Wochen nach Stoßwellenbehandlung, **b** noch nicht vollständig abgeschlossene Integration der ehemaligen Pseudarthrose weitere 5 Monate später

stung erlaubt und schmerzfrei möglich; Röntgenkontrolle 8 Wochen später mit Knochenformation, 5 Monate später Durchbau und Rekanalisierung.

Diskussion

Biologischer Effekt der Induktion der Knochenbildung durch die Stoßwelle

Die Energie der Stoßwelle in einer Dosierung von 18 Kilovolt und 2000 Einzelapplikationen, wie sie von der Nieren- und Gallensteinzertrümmerung bekannt ist, ist geeignet, Knochenbildung innerhalb von 6 Wochen in Pseudarthrosengewebe anzuregen. Die Elektrodengeometrie des Nierensteinzertrümmerers hat sich als geeignet erwiesen.

Die Knochenneubildung ist auf den Pseudarthrosebereich begrenzt, externe Kalzifizierung trat nicht auf. Wesentliche Nebeneffekte in Gewebe mit wässrigem Milieu traten in unseren Fällen ebensowenig auf, wie bei tausenden von Anwendungen wegen Nieren- und Gallensteinen. Sie beschränkten sich auf leichte subkutane Hämatombildung.

Ohne weitere histologische Untersuchungen kann nicht entschieden werden, ob die Effekte auf Transformation lokaler Bindegewebszellen oder auf dem üblichen Weg der Angioneogenese mit Kallusformation wie bei der Fraktur beruht. Ein erster Befund bei angeborener Tibiapseudarthrose läßt Transformation ortsständiger Bindegewebszellen möglich erscheinen.

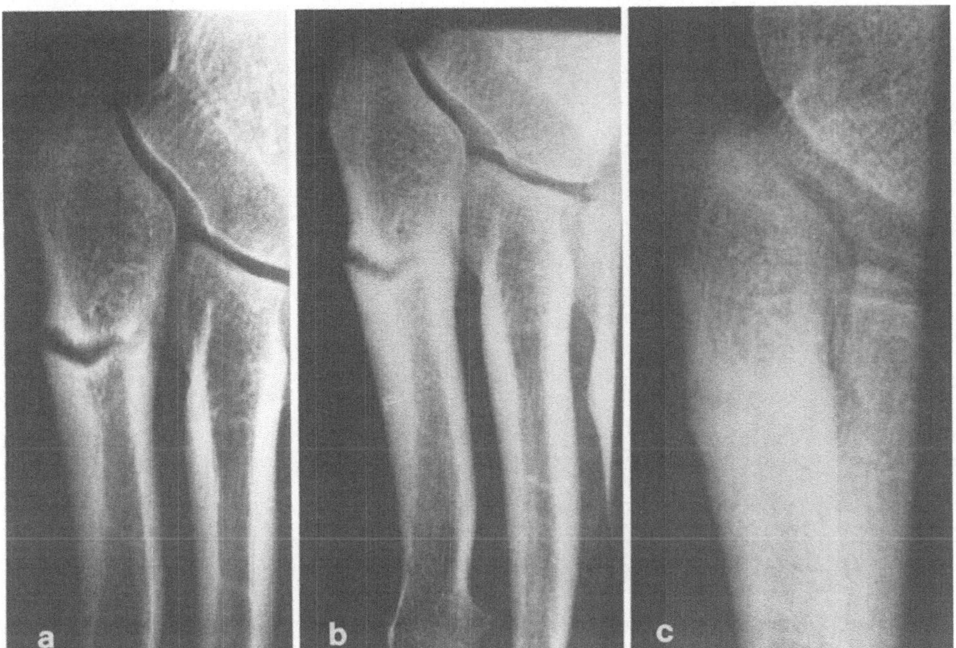

Abb. 3. a 2 Jahre bestehende MFK V Pseudarthrose bei einem 29 jährigen Mann, **b** Ossifikation des Pseudarthrosengewebes 8 Wochen nach Stoßwellenbehandlung, **c** weitergehend reintegrierte ehemalige Pseudarthrose nach weiteren 5 Monaten

Pseudarthrosenausheilung

„Kallus"formation wurde in allen Fällen innerhalb von 6 Wochen im Pseudarthrosengewebe angeregt. Dieser offenbar bei der humanen Applikationsdosis von 18 Kilovolt und 2000 Einzelapplikationen sichere biologische Effekt der Stoßwelle bietet aber nur die Voraussetzung der knöchernen Konsolidierung (Phase 1).

Unser Versager (M.H., männl., 4 J., angeborene Tibiapseudarthrose) bot einen Verlust der Kalzifikation nach deren Induktion durch dem kurzen distalen Fragment inadäquate Fixationsmöglichkeiten. In Phase 1 sistierte die Pseudarthrosenheilung (Abb. 4) bei vorliegender Instabilität durch großes Volumen des Pseudarthrosengewebes, die auch durch Gipsfixation und Baumelbändchen, Prinzipien der Frakturbehandlung beim Kind, nicht erzielt werden konnte.

Die Bedingungen der Einbindung des durch den transversalen Reiz der Stoßwelle zur Ossifikation angeregten Pseudarthrosengewebes in den diaphysären Knochenverband (Phase 2) scheinen in Erhalt der longitudinalen Belastung bei Ausschaltung von Biegebeanspruchung zu liegen. Straffere Pseudarthrosen scheinen anders als initiale Frakturen schon einen Beitrag zur inneren Schienung zu leisten, so daß die „Fixation" minimal unter Einhaltung dynamisch-funktioneller Prinzipien durchgeführt werden kann. Je lockerer eine Pseudarthrose ist, desto stärker müssen Prinzipien konservativer Frakturbehandlung beachtet werden.

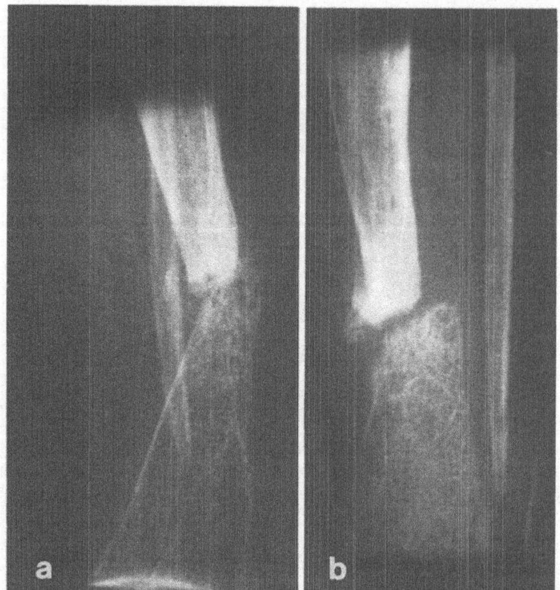

Abb. 4. a Erfolgreiche Kallusinduktion im Gewebe einer angeborenen Tibiapseudarthrose bei einem 4jährigen Jungen 6 Wochen nach einer Stoßwellenbehandlung, **b** kein Übergang zur Phase 2 der Pseudarthrosenheilung durch inadäquate Fixation

In der abschließenden Phase (3) der Pseudarthrosenheilung kommt es dann zur Wiederherstellung der diaphysären Anatomie durch das Verschwinden der Markraumabdeckelung. Diese Phase wurde immer erreicht, wenn die Phase 2 erreicht wurde.

Selbst schwierig zu behandelnde Pseudarthrosen, wie die der Humerusschaftmitte [2, 10, 11], sind aber geschlossener Behandlung mit der Stoßwelle zugänglich.

Bildgebende Verfahren zur Kontrolle

Die initiale Kallusformation kann noch durch Ultraschall verifiziert werden, die weitere Darstellung erfolgt durch Röntgenbild. Andere Verfahren (Szintigrafie, Computertomografie, Kernspintomografie) erscheinen nicht adäquat.

Zusammenfassung

Nicht invasive Behandlung von Pseudarthrosen durch extrakorporale Schockwellenbehandlung (ESWL) mit den Lithotryptern MFL 5000 und HM3 der Firma Dornier Medizintechnik, Deutschland, war in vier von fünf Fällen erfolgreich. Die Ortung der Pseudarthrosen erfolgte manuell. Eine Schockwellenenergie von 18 kV bei 2000 applizierten Impulsen induzierte in allen Fällen innerhalb von ungefähr 6 Wochen eine der Kallusformation ähnliche Kalzifikation im Weichteilgewebe der Pseudarthrosen. Diese konnte in vier der fünf Fälle durch dynamische Stabilisierung unterhalb der Rigidität eines Gipsverbandes erhalten werden und führte dann zu knöchernem Durchbau innerhalb einer Gesamtzeit von drei bis vier Monaten.

Literatur

1. Ackart KSJW, Schröder FH (1989) Effects of extracorporal shock wave lithotripsy (ESWL) on renal tissue. Urol Res 17:3
2. Blauth W, Falliner A (1989) Probleme der Behandlung angeborener Unterschenkelpseudarthrosen. Z Orthop 127:3
3. Brendel W, Chaussy Ch, Forssmann B, Schmiedt E (1979) A new method of non-invasive destruction of renal calculi by shock waves. Br J Surg 66
4. Brendel W, Enders G (1983) Shock waves for gallstones: animal studies. Lancet I:1054
5. Chaussy W, Schmiedt E, Jocham D et al. (1984) Extracorporal shock wave lithotripsy (ESWL) for treatment of urolithiasis. Urology 23:59 (Suppl 5)
6. Delius M, Enders G, Heine G et al. (1987) Biological effects of shock waves: lung hemorrhage by shock waves in dogs – pressure dependence. Ultrasound in Med & Biol 13 (2):61–67
7. Forssmann B, Hepp W, Chaussy Ch et al. (1977) Eine Methode zur berührungsfreien Zertrümmerung von Nierensteinen durch Stoßwellen. Biomed Tech (Berlin) 22:164
8. Graff J (1989) Die Wirkung hochenergetischer Stoßwellen auf Knochen und Weichteilgewebe. Habilitationsschrift Ruhr-Universität Bochum
9. Lingeman JE, McAteer JA, Kempson FA, Evon AP (1989) Bioeffects of extracorporal shock wave lithotripsy. Endurol 1:89
10. Mast JW, Spiegel PG, Harvey JP, Harrison C (1975) Fractures of the humeral shaft. Clin Orthop 112:254
11. Stewart MJ, Hundley JM (1955) Fractures of the humerus. J Bone Joint Surg [Am] 37:681

Zur Histologie der Knochenneubildung bei der Beinverlängerung nach der Ilizarov-Methode

S. Hauch, M. Simon, J. Franke

Klinik und Poliklinik für Orthopädie der Medizinischen Akademie Erfurt, Regierungsstraße 42a, O-5020 Erfurt, BRD

Einführung, Material und Methoden

Die Methode, mittels eines Ringfixateurs verkürzte Knochen durch langsame Distraktion zu verlängern wurde vor etwa 20 Jahren von Ilizarov [1] eingeführt und von uns Ende der siebziger Jahre übernommen; anfangs als Distraktionsepiphyseolyse – ab 1983 auch in Form von Kortikotomie mit anschließender Distraktion. Über unsere guten klinischen Erfahrungen haben wir schon mehrfach berichtet [2, 3].

Zur genaueren Charakterisierung des Ablaufs der Osteoneogenese im Distraktionsspalt wurden tierexperimentelle Untersuchungen an Schafen durchgeführt, da sich Probeentnahmen am Menschen aus ethischen Gründen verbieten (s. Abb. 1.).

Insgesamt wurden an 8 Schaftibiae Verlängerungsosteotomien vorgenommen, wobei in 4 Fällen jeweils nach 6 und 12 Wochen Probeentnahmen, und in 4 weiteren Fällen eine polychrome Sequenzmarkierung mit Fluoreszenzfarbstoffen vorgenommen wurde. Dabei wurden 2 Tieren vom 1. bis 35. Tag und 2 Tieren vom 35. bis 63. Tag jeweils

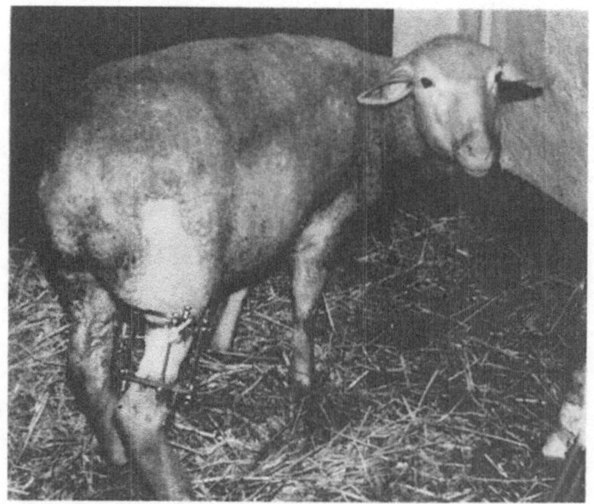

Abb. 1. Schaf mit montiertem Ilizarov-Apparat

T. H. Ittel H.-G. Sieberth H. H. Matthiaß (Hrsg.)
Aktuelle Aspekte der Osteologie

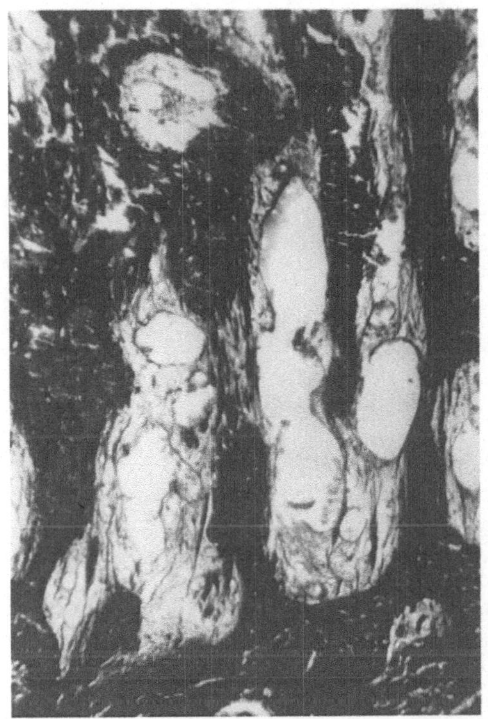

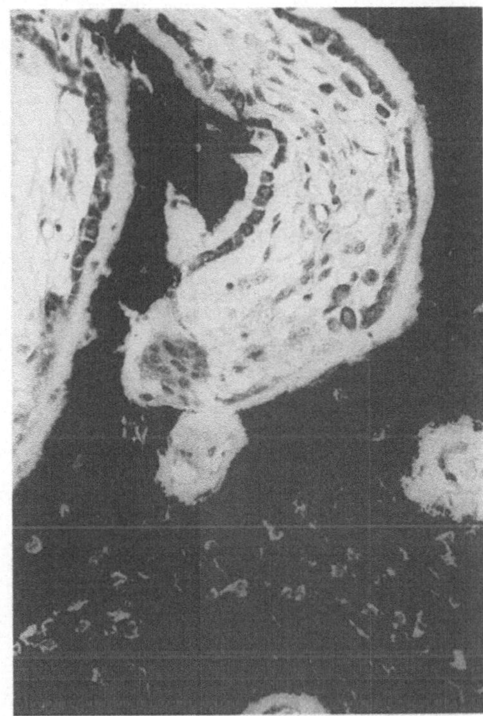

Abb. 2 (links). Längsgerichtete Primärtrabekel, im Inneren aus Faserknochen bestehend, gleichfalls längsausgerichtete Kollagenfasern, Movat ×100

Abb. 3 (rechts). Forcierter Umbau durch Havers'sche Systeme an der Spitze mehrkerniger Osteoklast gefolgt von Osteoblastentapeten, Kossa ×320 (2 und 3 Mikroskopisches Bild, Hartschnitt, unentkalkt, 6 Wochen postoperativ)

wöchentlich ein Fluorchrom intravenös appliziert. Diese Tiere wurden nach Versuchsende getötet und die Tibia in toto entnommen.

Die Aufbereitung des Probematerials zu Schnitten oder Schliffen erfolgte generell am unentkalten Material [5].

Ergebnisse

Nach 6 Wochen zeigt sich im histologischen Schnitt ein in Richtung der Distraktion angeordnetes grobmaschiges Netz aus Faserknochen entlang gleichfalls längsgerichteter Kollagenfasern in einem lockeren und gefäßreichen Bindegewebe (s. Abb. 2).

Die Faserknochenbälkchen als Basis nutzend bauen Osteoblasten schichtweise neuen Knochen an; simultan erfolgt aber auch der Umbau des gerade erst neu gebildeten Knochenmaterials durch Resorption und Wiederaufbau durch Havers'sche Systeme (s. Abb. 3). Nach 12 Wochen liegt schon ein relativ kompakter Knochen in der Distraktionszone

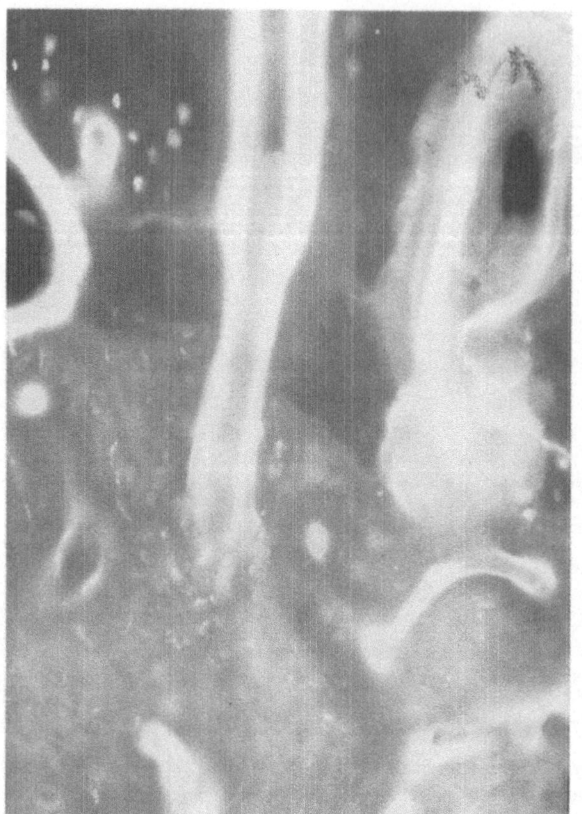

Abb. 4. Verzapfung des neugebildeten und vorbestehenden Knochens durch Havers'sche Systems Knochenschliff, 12 Wochen postoperativ, polychrome Sequenzmarkierung ×200

vor. Vor allem an der Übergangszone von präformiertem zu neu gebildetem Knochen kann man das Bestreben erkennen, durch forcierten Umbau die Integration zwischen beiden Bereichen zu vervollständigen, indem sie durch längsgerichtete "bone remodeling unites" gleichaus verzapft werden (s. Abb. 4).

Der neugebildete Knochen ist gut mineralisiert und fast ausschließlich lamellär strukturiert. Im Falle einer Instabilität des Ringfixateurs sistiert die Knochenbildung und es bildet sich entweder Bindegewebe oder Knorpel (s. Abb. 5).

Die polychrome Sequenzmarkierung gibt zusätzlich um eher statischen histologischen Bild Aufschluß über die Dynamik bei der Osteogenese. Anhand der im Fluoreszenzmikroskop sichtbaren Farbmarkierungen kann festgestellt werden, wann welcher Abschnitt gebildet wurde und in welcher Richtung die Neubildung erfolgt. So beweist die Reihenfolge der Anfärbung des Faserknochens – früher appliziertes Fluorochrom findet sich nah der präformierten Kortikalis, später gegebenes in Richtung Mitte der Distraktionszone –, daß die Neubildung des Knochens von der Altkortikalis aus zur Distraktionsspaltmitte hin fortschreitet (s. Abb. 6).

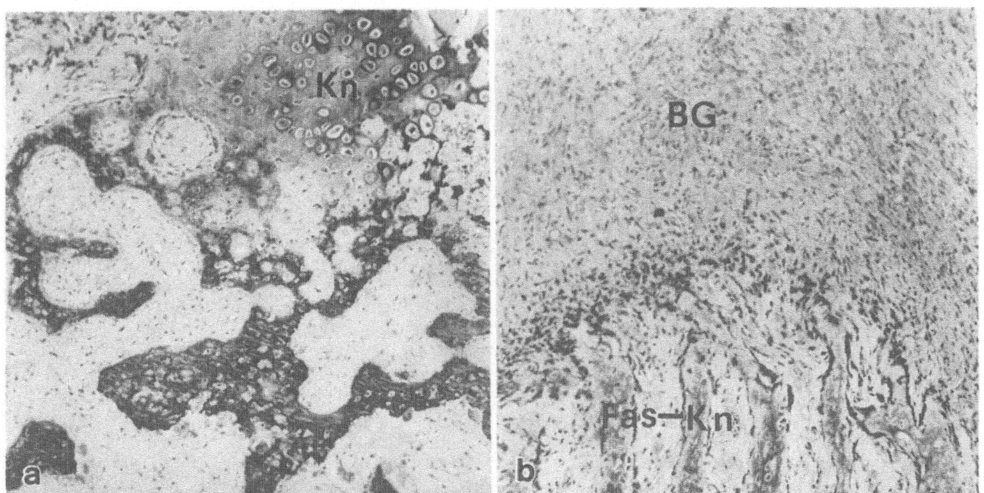

Abb. 5a,b. Histologische Zeichen von Instabilität des Fixateurs. **a** Knorpelbildung in Druckzonen (*Kn*), **b** Bildung straffen Bindegewebes unter Zugwirkung (*BG Fas-Kn* ... Faserknochentrabekel, Hartschnitt, Tolouidinblau). **a** ×100, **b** ×50

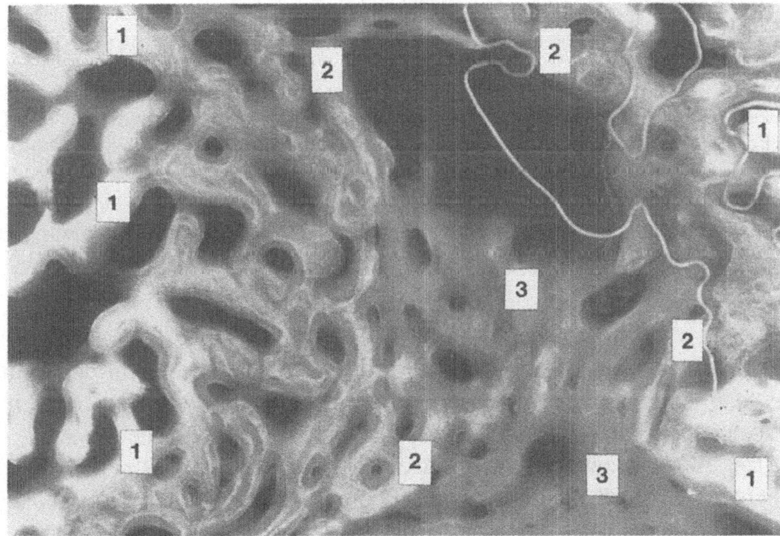

Abb. 6. Darstellung der Distraktionsspaltmitte, die einzelnen Fluoreszenzmarkierungen zeigen die Bildungsrichtung des neuen Knochens an: *1* Fluorexon=21.d, *2* Alizarinkomplexon=28.d, *3* Doxycyclin=35.d. Knochenschliff, 6 Wochen postoperativ, polychrome Sequenzmarkierung ×100

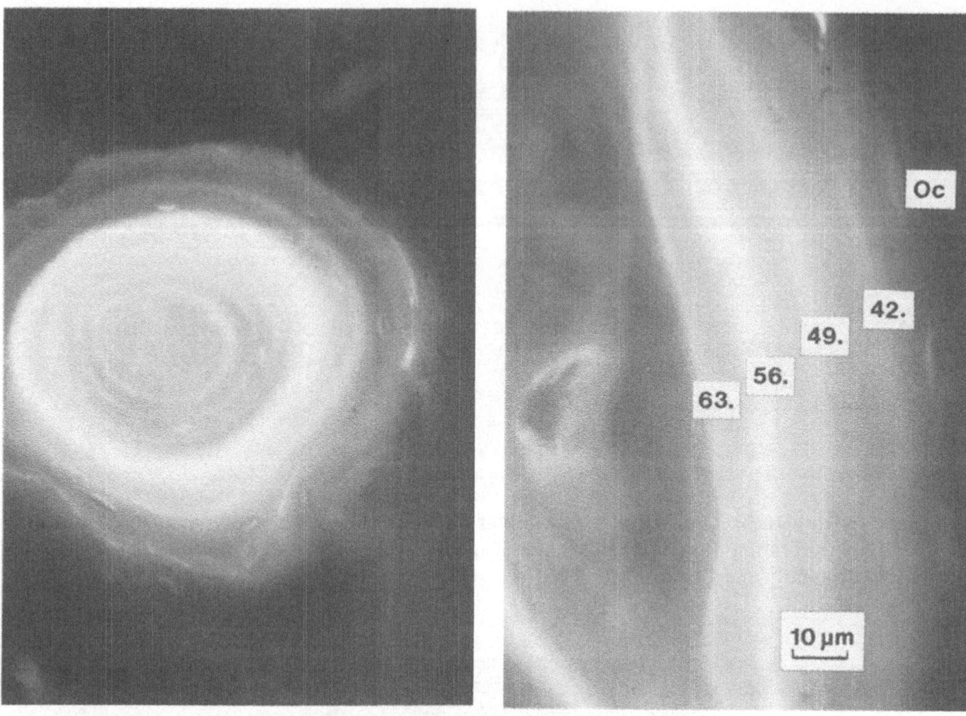

Abb. 7 (links). Havers'sche Systeme, Querschnitt, Beginn des Aufbaus ab 7. postop. Tag, Reihenfolge der Ringe nach innen: Alizarinkomplexon (7.d), Xylenolorange (14.d), Fluorexon (21.d), Alizarinkomplexon (28.d), Doxycyclin (35.d) Schliff, 6 Wochen postop., ×400

Abb. 8 (rechts). Havers'sches System, Längsschnitt, der Abstand zwischen den Markierungslinien ist ein Maß für die Anbaurate, Zahlen entsprechen dem Tag der Markierung Oc.Osteocyt, Schliff, 7x Vergr.: ×800

Weiterhin zeigen Farbmarkierungen an Umbaueinheiten in der präformierten Kotikalis, daß deren Umbau schon sehr frühzeitig, etwa ab 4. postoperativen Tag, beginnt und gleichmäßig bis zum Ende der Beobachtungszeit fortschreitet (s. Abb. 7).

Der Abstand zwischen den einzelnen Markierungen des neu gebildeten Lamellenknochens ist ein Maß für die Anbaurate; diese beträgt bei den vorliegenden Präparaten zwischen 1,5 und 4 μm pro Tag (s. Abb. 8).

Diskussion

Letztendlich wird der so neugebildete Knochen nochmals durch Havers'sche Systeme umgebaut. Dieser Prozeß vollzieht sich von den präformierten Knochenenden aus in Richtung der Distraktionszone. Ähnliche Ergebnisse fanden auch Ilizarov [7], Aronson [8] und Delloye [9]. Eine fibröse Interzone wie sie Ilizarov bei einigen, Aronson und Delloye bei allen Experimenten fanden, konnten wir nicht nachweisen. Offensichtlich war die Zeitspanne vom Distraktionsende bis zur Probeentnahme dafür zu lang bzw. die Distraktionsdauer von 10 Tagen dafür zu kurz.

Die Integration des neu gebildeten Knochenabschnittes zwischen die präformierten proximalen und distalen Kortikalisenden erfolgt quasi als Verzahnung oder Verzapfung mit diesen durch Havers'sche Systeme, ähnlich der bei einer Kontaktheilung von Frakturen. Offensichtlich ist auch die Distraktionsosteogenese nur eine der vielen Modifikationen der ansonsten relativ uniformen Reparaturmechanismen des in seiner Integrität gestörten Knochens.

Zusammenfassung

Die Osteoneogenese bei der Beinverlängerung nach der Ilizarov-Methode vollzieht sich, Stabilität des Systems vorausgesetzt, analog der primären Knochenheilung bei Frakturen und zwar in Form einer modifizierten Spaltheilung [6].

In dem den Distraktionsspalt ausfüllenden mesenchymartigen Gewebe bilden sich Inseln von primitiven Faserknochen, die sich entlang der in Distraktionsrichtung gespannten Kollagenfasern als Trabekel ausrichten. Unmittelbar nach deren Bildung wird lamellenförmiger Knochen an diese Primärtrabekel angelagert.

Literatur

1. Ilizarov GA, Deviatov AA (1971) Die operative Beinverlängerung (russ.), Ortop Travmatol Protez 8:20–25
2. Franke J, Hein G, Simon M, Hauch S (1989) Korrektur von Wachstumsstörungen durch Distraktionsepiphyseolyse oder Kortikotomie nach Ilizarov In: Willert H-G, Heuck FHW (Hrsg.) Neuere Ergebnisse in der Osteologie Springer Heidelberg
3. Franke J, Hein G, Simon M, Hauch S (in press) Comparison of distraction epiphyseolysis and partial metaphyseal corticotomy in leg lengthening. Int Orthop
4. Rahn BA (1976) Die polychrome Sequenzmarkierung des Knochens. Nova Acta Leopoldina Nr.233 Bd 44:249–255
5. Wolf E, Pompe B (1980) Vereinfachte Methacrylateinbettung für unentkalkte Knochenschnitte. Zentralbl Allg Pathol u pathol Anat 124:551–556
6. Schenk RK (1978) Die Histologie der primären Knochenheilung im Lichte neuer Korzeptionen über den Knochenumbau. Unfallheilkunde 81:219–227
7. Ilizarov GA (1989) The Tension-Stress Effect on the Genesis and Growth of Tissues Part I. Clin Orthop 238:249–281
8. Delloye C, Delefortrie G, Coutelier L, Vincent A (1990) Bone Regenerate Formation in Cortical Bone During Distration Lengthening. Clin orthop 250:34–42
9. Aronson J, Good B, Steward C, Harrison B, Harp J (1990) Preliminary Studies of Mineralisation During Distration Osteogenesis. Clin Orthop 250:43–49

Die epimetaphysäre Knochenplombe bei Epiphysenfugenverletzungen als Ausdruck einer Frakturheilung unter Distraktion

M. Dallek, N.M. Meenen, K.H. Jungbluth

Abteilung für Unfall- und Wiederherstellungschirurgie, Zentrum Biomechanik, UKE, Universitätskrankenhaus Hamburg-Eppendorf, Martinistraße 52, W-2000 Hamburg 20, BRD

Einleitung

Ilizarov beschreibt spezifische histomorphologische Befunde der Knochenregeneration unter externer Distraktion bei diaphysären Verlängerungsosteotomien. Wir nahmen diese Untersuchungen zum Anlaß, experimentell gesetzte Epiphysenfugendefekte, in denen sich eine Knochenplombe entwickelte, die nicht zu einem Fehlwachstum führte, zu untersuchen, um die interne Distraktion durch Längenwachstum als Einflußgröße für die Regeneratarchitektur darzustellen.

Methode

Bei drei Göttinger Miniaturschweinen von 11 kg Gewicht wurden in die distale Femurepiphyse transepiphysär 8 mm messende Bohrungen eingebracht. Nach 8- und 16wöchiger Versuchsdauer wurden die Tiere getötet. Zur Untersuchung gelangten zwei Bohrungen nach 8 Wochen und 4 Bohrungen nach 16wöchiger Versuchsdauer. Die unentkalkten Knochen wurden in Methacrylsäure-Methylester eingebettet, es erfolgten Serienschnitte, die nach Goldner, Azur-Erosin, Toluidin und von Kossa gefärbt wurden.

Ergebnisse

Nach 8 wie auch nach 16 Wochen findet sich während des langsamen Wachstums des Mini-Pigs das gleiche morphologische Bild in dem experimentell gesetzten Epiphysenfugendefekt (Abb. 1).

Es entstehen in Zugrichtung der Extremitätenachse Knochenbälkchen mit longitudinaler Orientierung. Im Zentrum des Defektes ist die Kontinuität der Spongiosabälkchen unterbrochen. Hier finden sich ebenfalls in Längsrichtung orientierte Kollagenfaserverbände (Abb. 2), die unmittelbar in die Spongiosabälkchen inserieren. In dieser Zone fällt eine vermehrte Knochenumbaurate auf. Knorpeleinschlüsse wie bei der Knochenbruchheilung über Callus-Bildung fehlen völlig.

T. H. Ittel H.-G. Sieberth H. H. Matthiaß (Hrsg.)
Aktuelle Aspekte der Osteologie

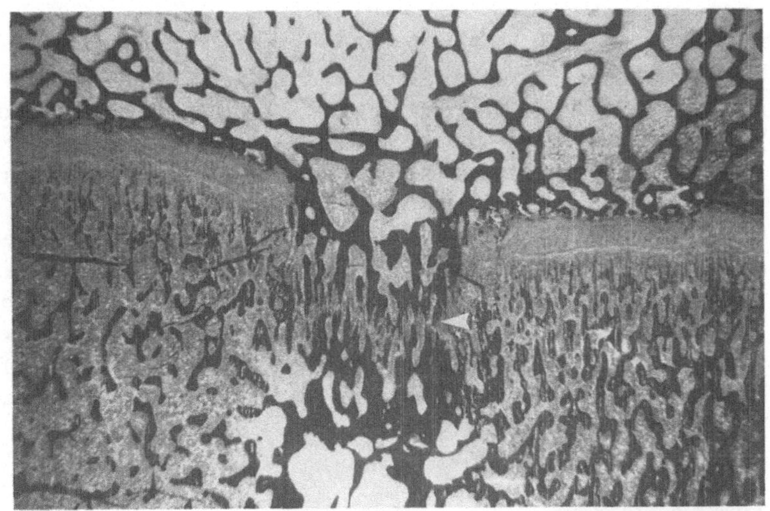

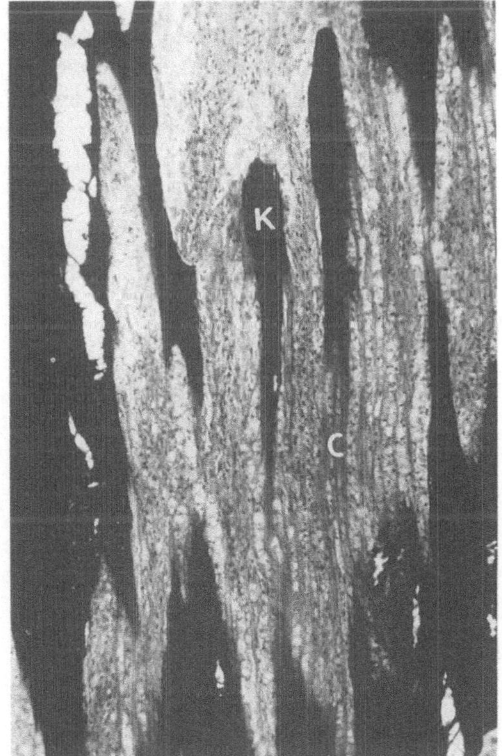

Abb. 1. *(oben).* 8mm durchmessender Defekt in der Epiphysenfuge. Defektfüllung durch Knochenplombe mit Diskontinuität der Knochenbälkchen (*Pfeil*). Goldner Vergr.: ×5

Abb. 2. *(unten).* Längsorientierung der Collagenfasern (*C*) und der Knochenbälkchen (*K*) als Ausdruck der Wachstumsarchitektur im Rahmen der „internen Distraktion" durch epiphysäres Längenwachstum. Goldner Vergr.: ×50

Diskussion

Nach Krompecher [2] kommt die desmale Knochenbildung immer an solchen Stellen vor, an denen Knochenflächen einer Zugwirkung ausgesetzt sind. Das der Knochenbildung vorausgehende Bindegewebe ist deshalb der Zugrichtung entsprechend präformiert, wie auch wir in unseren Versuchen bestätigen können. Das defektfüllende Regenerat bildet sich nach Tajana [3] direkt ohne eine korpelige Vorstufe.

Im Zentrum der Distraktionszone gibt Ilizarov [1] longitudinal orientierte Kollagenfaserzüge an, die sich auch bei unseren Versuchen durch interne Distraktion im Bereich der Knochenplombe bei knöchernen Epiphysenfugendefekten finden (Abb. 2).

Die von Ilizarov beschriebenen histomorphologischen Befunde bei der Osteogenese unter externer Distraktion sind identisch mit denen, die bei der internen Distraktion einer epimetaphysären Knochenplombe im Rahmen des Längenwachstums der Extremitätenachse beim wachsenden Skelett entstehen.

Zusammenfassung

Nach experimentell gesetzten Epiphysenfugenverletzungen bildet sich im Fugendefekt als pathohistologisches Korrelat eine epimetaphysäre Knochenbrücke. Während des Wachstumsvorganges wächst die Epiphyse im Rahmen des Längenwachstums von der Metaphyse des Röhrenknochens weg. Dadurch wirken auf die Knochenplombe Zugkräfte ein, die dazu führen, daß in der den Defekt füllenden Spongiosa eine „Wachstumsarchitektur" in Form von streng der Wachstumsrichtung folgenden Knochenbälkchen auftritt. Morphologisch ist diese Architektur nicht von jener zu unterscheiden, die Ilizarov bei seinen Extremitätenverlängerungen durch äußere Distraktionen beschreibt.

Literatur

1. Ilizarov GA (1989) The tension-stress effect on the genesis and growth of tissues: Part II The influence of the rate and frequency of distraction. Clin Orthop 239:263–285
2. Krompecher S (1937) Die Kochenbildung. Gustav Fischer Verlag Jena
3. Tajana GF, Morandi M, Zembo MM (1989) The structure and development of osteogenetic repair tissue according to Ilizarov Technique in man. Characterization of extracellular matrix. Orthopedics 12(4):515–523

Die Abhängigkeit der Knochenheilung von der Stabilität der Osteosynthese*

L. Claes, H.-J. Wilke, W. Gänsler

Abteilung für Unfallchirurgische Forschung und Biomechanik, Universität Ulm, Helmholtzstraße 14, W-7900 Ulm, BRD

Einleitung

Die Knochenheilung ist wesentlich von der Stabilität der Osteosynthese, d.h. von der interfragmentären Bewegung abhängig. Bei absolut stabilen Bedingungen ist eine primäre Knochenheilung [1] und bei flexibler Fixation eine sekundäre Knochenheilung [2, 3] zu beobachten. Wo die Grenze zur bewegungsinduzierten Pseudarthrose liegt, ist bis heute nicht bekannt. Theoretische Überlegungen [3] deuten darauf hin, daß diese Grenze bei interfragmentären Dehnungen (interfragmentäre Bewegungen bezogen auf die Frakturspaltbreite) liegt, die die Dehnungsfähigkeit des Knochengewebes überschreitet. Um neue Erkenntnisse im Hinblick auf die Knochenheilung unter verschiedenen interfragmentären Bewegungen und Frakturspaltbreiten zu gewinnen, wurde das folgende Experiment durchgeführt.

Material und Methoden

Die Untersuchungen wurden an 18 männlichen Merinoschafen mit einem mittleren Gewicht von 75 kg durchgeführt. Die Operation erfolgte in Intubationsnarkose unter sterilen Bedingungen. Der spezielle Fixateur externe wurde mit Hilfe von Bohrlehren unter standardisierten Bedingungen an den rechten Metatarsen der Schafe angelegt und dann eine Querosteotomie in der Diaphysenmitte gesägt [2].

Der Fixateur externe besteht aus zwei Verbindungsplatten, die den Knochen zirkulär umschließen. Je eine Platte ist proximal und distal der Osteotomie mit je zwei überkreuzten Steinmann-Nägeln (4 mm Ø) fest mit dem Knochen verbunden. Die Stabilisierung der beiden Platten gegeneinander erfolgt durch zwei Metallzylinder, die medial und lateral des Metatarsus liegen.

Die Konstruktion ist so gewählt, daß der Fixateur eine hohe Stabilität und Steifigkeit gegenüber Biege- und Torisionsmomenten hat, d.h. unter diesen Bedingungen keine nennenswerten Bewegungen im Osteotomiespalt zuläßt. Durch Gleitlagerführungen sind jedoch axiale Bewegungen möglich, die mit Hilfe von Gewinden exakt einstellbar sind. Ausgelöst werden diese Bewegungen, wenn das Schaf seine Extremität belastet. In den Gleitlagerführungen kommt es dabei zu einer Verschiebung, die eine Annäherung der Osteotomieflächen hervorruft. Federelemente sorgen dafür, daß es während der Entlastungs-

* Mit Unterstützung der DFG Bonn.

T. H. Ittel H.-G. Sieberth H. H. Matthiaß (Hrsg.)
Aktuelle Aspekte der Osteologie

phase eines jeden Schrittes wieder zu einem Auseinanderschieben des Fixateurs und damit auch der Osteotomiefläche kommt

Um die Veränderungen der interfragmentären Dehnung im Verlauf der Knochenheilung zu bestimmen, wurden die Fixateure mit induktiven Wegaufnehmern ausgestattet, die die Bewegungen des Osteotomiespaltes beim Laufen der Schafe messen.

Die Meßsignale wurden mit einem Telemetriesender drahtlos an die Telemetrieempfangsanlage gesendet, wo sie mit einem UV-Schreiber aufgezeichnet wurden. Die Messungen erfolgten in wöchentlichen Abständen.

Da die interfragmentäre Dehnung von der Bewegung und der Osteotomiespaltbreite abhängt, wurden beide Parameter bei den verschiedenen Schafen variiert. Es wurden Spaltbreiten zwischen 0 und 8 mm sowie Bewegungen von 0 – 0,57 mm gewählt. Daraus resultierten interfragmentäre Dehungen von 0 – 120%.

Nach 4 Wochen wurde Xylenol orange und nach 8 Wochen Calcein Grün injiziert, um den Knochenumbau zu markieren. Der Versuch wurde nach 9 Wochen beendet, die Metatarsen explantiert und histologisch untersucht. An definierten Knochenproben aus der Osteotomiezone erfolgte die Prüfung der Festigkeit des geheilten Knochens in einem Zugversuch. Da die histomorphologischen Ergebnisse der Osteotomieheilung gezeigt haben, daß der Spaltbreite eine entscheidende Bedeutung zukommt, teilten wir die operierten Tiere in folgende Gruppen ein: Gruppe I, 2 Schafe, 8 mm Spaltbreite, Gruppe II, 3 Schafe, Spaltbreite größer als 1,5 mm, Gruppe III, 6 Schafe, Spaltbreite kleiner als 1 mm, mittlere Dehnung 73%, Gruppe IV, 5 Schafe, Spaltbeite kleiner als 1 mm, mittlere Dehnung 7% und Gruppe V, 2 Schafe, Kontakt mit interfragmentärer Kompression.

Anhand der Röntgenbilder in zwei Ebenen erfolgte die Bestimmung der Kallusmenge durch Planimetrie der röntgenologisch sichtbaren Kallusflächen.

Ergebnisse

Die Tiere der Gruppe I mit Spalten von 8 mm heilten bis zur 9. Woche nicht, ein Tier davon zeigte eine Infektion. Bei allen Tieren der Gruppen II, III und IV kam es mit zunehmender Heilungszeit zu einem stetigen Abfall der p.o. zugelassenen interfragmentären Bewegung. Nach 8 Wochen waren alle Bewegungen gegen 0 zurückgegegangen.

Der Abfall der interfragmentären Bewegung erfolgte bei der Versuchsgruppe III ab der 4. Woche am schnellsten.

Ein Vergleich der Versuchsgruppen III und IV zeigt bei ähnlichen Spaltbreiten den Einfluß der interfragmentären Dehnung auf die Knochenheilung. In der Gruppe III kommt es aufgrund der relativ großen Dehnungen (durchschnittlich 73%) zuerst zu einer Knochenresorption und dann zu einer sekundären Knochenheilung, in der stabilen Gruppe IV (Dehnung $\approx$ 7%) zu einer typischen Spaltheilung. Obwohl es in Gruppe III zuerst zu einer Knochenresorption kommt, erfolgt dort eine schnellere Kallusbildung und Osteotomieheilung als in Gruppe IV, was anhand der Fluoreszenzmarkierungen analysiert werden kann.

Abbildung 1 zeigt die Knochenneubildungsraten zum Zeitpunkt der 4. und 8. p.o. Woche. Nach 4 Wochen liegt die höchste Aktivität in der Gruppe V vor, nach 8 Wochen in der Gruppe III. Gruppe IV weist zu beiden Zeitpunkten eine geringere Knochenneubildungsrate auf als Gruppe III.

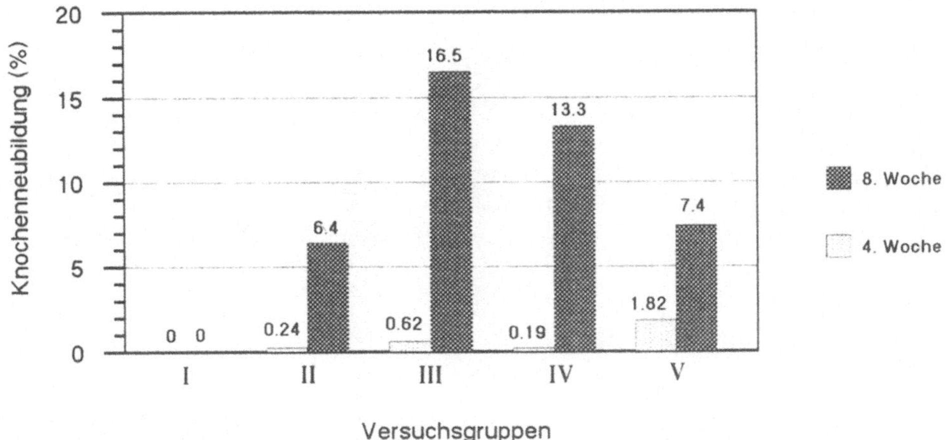

Abb. 1. Knochenneubildungsraten im Osteotomiespalt der Schafsmetatarsen (Versuchsgruppen s. Text)

Nach 9 Wochen weist die Gruppe III im Mittel eine größere durchschnittliche Kallusfläche (A) und eine höhere Festigkeit (F) der Knochenheilung auf (A=140 mm^2, F=16MPa) als Gruppe IV (A=101 mm^2, F=13MPa). Die Gruppe V zeigte eine primäre Knochenheilung mit geringer Kallusbildung (A=31 mm^2) und relativ hoher Festigkeit (F=28MPa) der Osteotomieheilung.

Berechnet man aus der Festigkeit und dem Kallusquerschnitt eine Gesamtbiegemomentbelastbarkeit der Knochen, so liegt dieser Wert für die Knochen der Gruppe III wesentlich höher als für die primär geheilten Knochen der Gruppe V (Abb. 2).

Diskussion

Bei Spaltbreiten über 1,5 mm kam es zu einer Heilungsverzögerung unabhängig von der mechanischen Stabilität, was für biologische Einflüße spricht.

Bei Spaltbreiten unter 1,5 mm erfolgte eine kortikale Heilung immer erst nachdem die Kallusheilung der Osteotomie auf „biologische Art“stabilisiert hatte. Diese Kallusheilung trat jedoch auch bei der sehr großen interfragmentären Dehnungen bis zu 120% auf. Größere interfragmentäre Bewegungen (Dehnungen) induzierten eine größere und schnellere Kallusbildung. Trotz der erheblichen Kortikalisresorption bei den Tieren mit großer interfragmentärer Bewegung heilten diese Knochen auch im kortikalen Bereich schneller als die stabil fixierten Osteotomiespalte. Obwohl die Tiere mit der primären Knochenheilung die größte spezifische Festigkeit aufwiesen, lag die Belastbarkeit des gesamten Knochens bei den Tieren mit erheblichen interfragmentären Bewegungen und sekundärer Knochenheilung erheblich höher, was auf den größeren tragenden Kallusquerschnitt dieser Knochen zurückzuführen ist. Die Grenze zur Pseudarthrose liegt nach den vorliegenden Untersuchungsergebnissen weniger in einer nicht ausreichenden Stabilität als in ungünstigen biologischen Bedingungen, wie zum Beispiel erheblichen Frakturspaltbreiten.

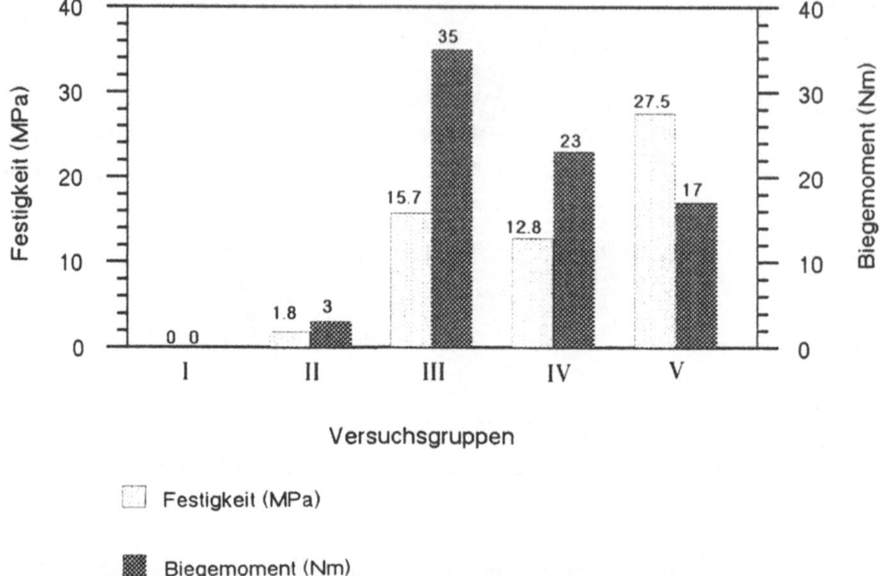

Abb. 2. Spezifische Zugfestigkeit von Knochenproben aus dem Osteotomieheilungsgebiet (*linke Ordinate*) und berechnete Biegefestigkeit der Metatarsen (*rechte Ordinate*) für die verschiedenen Versuchsgruppen (s. Text).

Zusammenfassung

Um den Einfluß der Osteosynthesestabilität auf die Frakturheilung zu untersuchen, wurde ein spezieller Fixateur externe entwickelt, der die Einstellung einer genau definierten axialen Beweglichkeit erlaubt. Bei 18 männlichen Schafen wurde eine Querosteotomie am rechten Metatarsus durchgeführt und diese mit dem speziellen Fixateur externe fixiert. Unterschiedliche axiale Stabilitäten mit Beweglichkeiten zwischen 0 und 0,57 mm und Osteotomiespaltbreiten von 0 (Kontakt) bis 8 mm Breite wurden untersucht. Die Knochenheilung wurde durch telemetrische Messung der Osteotomiebeweglichkeit, durch Tetracyclinmarkierung und Röntgenkontrollen bis zur Tötung in der 9. Woche überwacht. Die Auswertung der explantierten Metatarsen erfolgte histologisch, densitometrisch und biomechanisch. Die Ergebnisse zeigten, daß Osteotomiespaltbreiten über 1,5 mm unabhängig von der Stabilität verzögert heilten. Bei Spalten unter 1,5 mm war die Kallusbildung umso höher, je größer die interfragmentäre Bewegung war. Die Spaltheilung lief bei den stabilen Osteotomien langsamer ab als bei den Spalten mit interfragmentärer Bewegung. Die Festigkeit war bei den Knochen mit interfragmentärer Bewegung höher als bei den stabilen Osteotomieheilungen.

Literatur

1. Schenk R, Willenegger H (1976) Histologie der primären Knochenheilung. Arch Klin Chir 19:593
2. Claes L, Reinmüller J, Dürselen L (1987) Experimentelle Untersuchungen zum Einfluß der interfragmentären Bewegung auf die Knochenheilung. Hefte Unfallheilkunde 189:53
3. Perren SM, Rahn BA (1978) Biomechanics of fracture healing. Orthop Survey 2:108

Korrelation zwischen röntgenologischer Dichte, Festigkeit und Struktur von neugebildeten Knochen im Defekt

H.-J. Wilke, L. Claes

Abteilung für Unfallchirurgische Forschung und Biomechanik, Universität Ulm, Helmholtzstraße 14, W-7900 Ulm, BRD

Einleitung

Die Belastungsfähigkeit des Knochens in einer Defektzone wird in der klinischen Routine meist anhand des Röntgenbildes abgeschätzt.

Refrakturen in der ursprünglichen Defektzone sowie Sekundärfrakturen nach Entfernung von Osteosyntheseschrauben wurden jedoch in einigen Fällen trotz röntgenologisch sichtbarer Auffüllung des Defekte mit neuem Knochen beobachtet [1]. Aus dieser Beobachtung resultierte die Frage, ob und inwiefern von der Röntgendichte auf die Festigkeit von neugebildetem Knochen bei einer Knochendefektheilung geschlossen werden kann.

Um eine Korrelation zwischen röntgenologischer Dichte, Festigkeit und Struktur von neugebildetem Knochen zu finden, wurden Bohrlochdefekte in Diaphysen von Schafstibien nach verschiedenen Heilungszeiten biomechanisch und morphometrisch untersucht.

Material und Methoden

Bei 20 Schafen wurden unter allgemeiner Narkose nach einer Stichinzision zwei 3,5 mm Bohrlöcher in die Diaphysen beider Tibien von medial nach lateral durch beide Cortices gebohrt. Die Bohrungen wiesen einen Abstand von 8 cm auf. Vier Gruppen mit je 5 Schafen wurden operiert und nach 6, 12, 24 Wochen und zwei Jahren getötet. Bei den ersten zwei Schafen erfolgte die Operation zweizeitig, damit die Knochenneubildung außerdem nach 4 und 9 Wochen untersucht werden konnte. Der neugebildete Knochen wurde mit Reverin, Xylenol orange und Calcein grün markiert.

Aus der Diaphyse der explantierten Knochen wurden streichholzähnliche Stäbchen für Zugversuche mit einer Länge von 25 mm und Querschnittsfläche 1,5 × 2,5 mm so heraus gesägt, daß sich der neugebildete Knochen in der Mitte dieser Probe befand. Proben aus normalem corticalen Knochen dienten als Kontrolle. Hierfür wurden hantelförmige Stäbchen präpariert, um eine Sollbruchstelle in der Mitte des Stäbchens zu erzeugen. Die Zugproben wurden in einer Materialprüfmaschine (Zwick 1454) an beiden Enden eingespannt und auseinandergezogen, um die Reißkräfte zu bestimmen. Aus den dabei aufgezeichneten Kraft-Längenänderungsdiagrammen erfolgte die Bestimmung der Zugfestigkeit und der Elastizitätsmoduls. Anschließend wurden die Stäbchen in Methylmethacrylat eingebettet und unentkalkte knochenhistologische Präparate und entsprechende Mikrora-

T. H. Ittel H.-G. Sieberth H. H. Matthiaß (Hrsg.)
Aktuelle Aspekte der Osteologie

diographien (Faxitron) hergestellt. Eine quantitative Analyse der Knochendichte erfolgte anhand der Mikroradiographien mit Hilfe eines Zeiss Mikrovideomat III. Die quantitytive Analyse der Fluoreszenzmarkierung ist noch nicht ganz abgeschlossen. Sie erlaubte jedoch zunächst eine qualitative Beschreibung der Knochenneu- und umbildung und erleichterte das Auszählen von Osteonen, die die Defektgrenze überschritten haben. Um das Maß einer Strukturierung im Knochen zu quantifizieren, wurden die Kollagenfasern in den histologischen Präparaten polarisationsoptisch untersucht. Auf diese Art und Weise wurden die parallel zur Knochenlängsachse orientierten Kollagenfasern photographisch dokumentiert. Vergrößerungen wurden anschließend mit Hilfe einer selbstentwickelten Software auf einem Atari St bildanalystisch ausgewertet, um die polarisationsoptisch aktiven Flächen zu quantifizieren.

Ergebnisse

Nach vier Wochen waren die Bohrlochdefekte in den explantierten Knochen erst teilweise mit Bindegewebe aufgefüllt. Eine biomechanische Prüfung für diese Zeitgruppe war nicht möglich, da der neugebildete Knochen zu diesem Zeitpunkt noch eine sehr geringe Festigkeit besaß. Außerdem ergaben sich aus dem gleichen Grund Schwierigkeiten beim Sägen der 6- und 9-Wochenproben. Es konnten deshalb nicht in allen Gruppen die gleiche Anzahl von Proben erhalten und ausgewertet werden, da sie teilweise aus dem erwähnten Grund während der Präparation brachen bzw. bei der 2-Jahresgruppe die Defekte kaum noch zu erkennen waren.

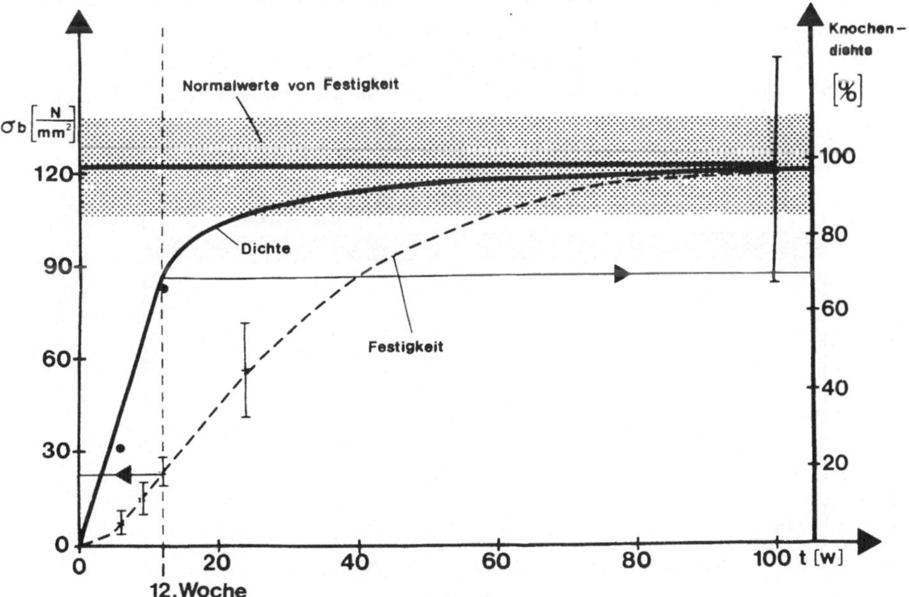

Abb. 1. Zusammenhang zwischen Knochendichte und Festigkeit von heilenden Knochen in Bohrlochdefekten als Funktion der Heilungszeit

Am Anfang der Heilungsperiode steigen Festigkeit und Dichte von neugebildetem Knochen in Bohrlochdefekten linear an (Abb. 1). Der Volumenanteil bzw. die Dichte des neugebildeten Knochens im Defekt nähert sich jedoch den Normalwerten schneller als die Festigkeit. Während der Defekt nach 12 Wochen schon mit 70% neugebildetem Knochen gefüllt war, hatte die Zugfestigkeit erst 18,8% des Wertes von normalem Knochen erreicht. Gegen Ende des Experimentes nach zwei Jahren zeigten Dichte und Festigkeit keine signifikanten Unterschiede mehr gegenüber normalem Knochen.

Die Fluoreszenz zeigt nach 4 Wochen eine scharfe Trennlinie zwischen Defekt und unversehrtem Knochen, während nach 12 Wochen ca. 1 Osteon/mm Kortikalisdicke diese Grenze überschritten hat und ein reger Umbau und somit eine Strukturierung einsetzt. Nach dieser Zeit durchdringen kaum noch weitere Osteone diese Grenze. Nach 24 Wochen liegt die Dichte im Bereich der Normalwerte, der ursprüngliche Defekt ist jedoch mit polarisiertem Licht noch eindeutig sichtbar. Bis zu dieser Zeit haben sich noch weniger als 30% der Kollagenfasern parallel zur Knochenlängsachse orientiert. Nach zwei Jahren ist der Defekt im normalen histologischen Präparat meist nicht mehr sichtbar, mit polarisiertem Licht jedoch kann man dennoch eine teilweise regellose Struktur erkennen. Der Orientierungsgrad liegt nach dieser Zeit bei ca. 65%. Im normalen Knochen können mit dieser Methode ca. 90% längsorientierte Fasern nachgewiesen werden (Abb. 2).

Diskussion

Die Ergebnisse der morphologischen Untersuchung des neugebildeten Knochens stehen bis zum Auffüllen des Defektes in Einklang mit den Arbeiten von Matter et al. [2] und Johner [3] und den Erkenntnissen zur Knochenheilung [4, 5]. Bis zur 12. Woche nimmt die Knochendichte in einem Bohrloch linear zu.

Die biomechanischen Untersuchungen zeigen gleichzeitig eine lineare Korrelation (r=0,99) zwischen der Festigkeit und der Dichte von neugebildetem Knochen in Bohr-

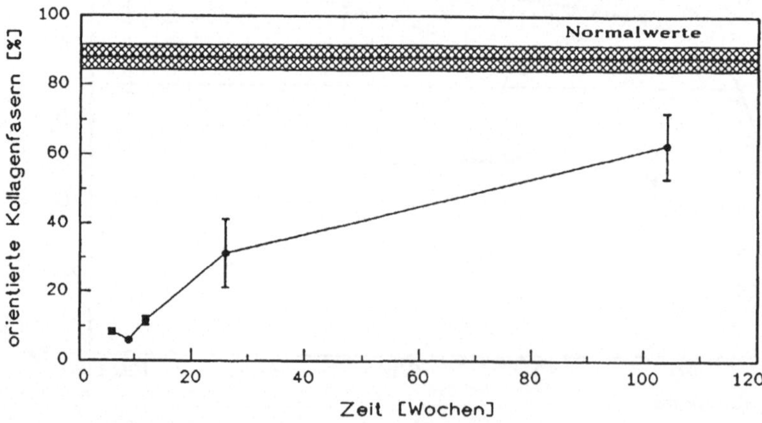

Abb. 2. Prozentualer Anteil der in Längsrichtung des Knochens orientierten Kollagenfasern in Abhängigkeit von der Heilungszeit

lochdefekten. Allerdings erreicht die Festigkeit nach 12 Wochen erst 18,8%, das Knochenvolumen aber schon 70% der Normalwerte. Um die normale Festigkeit zu erreichen, ist nicht nur ein Auffüllen von noch ca. 30% des Knochenvolumens nötig, sondern auch die Bildung der normalen Knochenstruktur Voraussetzung. Diese Langzeitergebnisse zeigen, daß sogar nach zwei Jahren in den Defektzonen noch keine vollständig regelmäßige Orientierung der Kollagenfasern vorliegt.

Diese Ergebnisse ergeben, daß der Heilungsprozeß von Bohrlochdefekten in zwei Phasen eingeteilt werden kann. Zunächst wird der Defekt durch neuen unregelmäßig orientierten Knochen mit relativ geringer Festigkeit aufgefüllt. Später finden dann Knochenumbauprozesse statt, in denen sich die Osteone wieder in Längsrichtung des Knochens orientieren. Erst durch diesen langsam ablaufenden Prozeß erreicht der Knochen wieder seine ursprüngliche Festigkeit. Nach der ersten Phase sind die Defekte radiologisch zwar nicht mehr sichtbar, die Festigkeit ist jedoch noch ziemlich gering.

Für die Klinik bedeutet dies, daß man von der Röntgendichte nicht generell auf die biomechanische Festigkeit schließen kann, da für die Festigkeit maßgebend die Struktur von Bedeutung ist, die röntgenologisch nicht erfaßt werden kann.

Zusammenfassung

Um eine Korrelation zwischen Röntgendichte, Festigkeit und Struktur von neugebildetem Knochen zu finden, wurden Knochendefekte in Schafstibien nach verschiedenen Heilungszeiten biomechanisch untersucht und mit morphometrischen Daten verglichen.

Die Ergebnisse zeigen deutlich, daß der Heilungsprozeß von Defekten unter stabilen Bedingungen in zwei Phasen eingeteilt werden kann. Zuerst füllt sich der Defekt mit unregelmäßig orientiertem Knochen mit geringer Festigkeit. Später finden Umbauprozesse statt, bei denen sich die Kollagenfasern ausrichten. Erst dadurch scheint der Knochen seine normale Festigkeit zu erreichen. Nach der ersten Phase ist der Defekt radiologisch zwar nicht mehr sichtbar, die Festigkeit ist jedoch noch gering.

Literatur

1. Dietschi C, Zenker H (1973) Refrakturen und neue Frakturen der Tibia nach AO-Platten- und Schraubenosteosynthesen. Arch Orthop Unfall-Chir 76:54–64
2. Matter P, Brennwald L, Perren SM (1975) Die Heilung der Knochendefekte nach Entfernung von Osteosyntheseschrauben. Z Unfallmed Berufskr 68:104–107
3. Johner R (1972) Zur Knochenheilung in Abhängigkeit von der Defektgröße. Helv Chir Acta 39:409–411
4. Claes L, Mutschler W (1981) Quantitative Investigations in Newly-Built Bone in Defects. Arch Orthop Traumat Surg 98:257–261
5. Schenk RK. Willenegger HR (1977) Zur Histologie der primären Knochenheilung. Unfallheilkunde 80:155–164

Knochentransplantation bei TEP-Revisionsoperationen

D. Bettin, E. Luyxck, A. Karbowski, J. Polster

Klinik und Poliklinik für Allgemeine Orthopädie, Westfälische Wilhelms-Universität, Albert-Schweitzer-Straße 33, W-4400 Münster, BRD

Einleitung

Zahleiche Veröffentlichungen beschreiben die progressiven Knochenlysen im Acetabulum und Femurschaftbereich im Rahmen der Endoprothetik [3, 4, 5, 6.] Eine Hauptursache liegt in dem Gebrauch von immer größeren Mengen Knochenzement. Diese ossären Defekte stellen eine komplexe Herausforderung für die Prothesenaustauschoperationen dar. Vielfach läßt sich der vorliegende Substanzverlust nur mit der Hilfe eines Spenderknochen ersetzen [6]. Ungeklärt ist zur Zeit noch die Frage der Belastungsstabilität eines Transplantates im Verlauf der Einheilung.

Material und Methode

Das Untersuchungskollektiv der Orthopädischen Universitätsklinik Münster von 1980 bis 1990 bestand aus 57 Patienten mit einem mittleren Alter von 65 Jahren (41 J – 84 J). Der Nachuntersuchungszeitraum betrug 27,2 Monate (3 M – 114 M). 35 Patienten hatten einen 1., 14 Patienten einen 2. und 4 Patienten einen 3. Wechsel. Bei 12 Patienten ließ sich eine Infektionsanamnese präoperativ finden. Die meisten Patienten erhielten zur Defektdeckung eine *Stützringkonstruktion* mit begleitender Knochenunterfütterung (45 Patienten). Seltener kam eine alleinige Defektfüllung mit einem großen MECRON Schraubring (12 Patienten) oder einer *Judetpfanne* (5 Patienten) zur Anwendung.

Von den Acetabulumdefekten im Klassifikationssystemes nach Morscher [4] waren *8 umschlossenen Höhlenbildungen, 16 segmentale Pfannenranddefekten und 23 Beckeninstabilitäten* [4]. Das zerstörte Widerlager des Pfannenbodens wurde in leichten Fällen mit corticospongiöse Knochenplättchen (36 Patienten) und mit Knochenmehl (6 Patienten) gedeckt (Abb. 4, 5). Bei *großem* Defekt wurden Stützpfannen oder solide Knochenfragmente (10 Patienten) verwandt (Abb. 6).

Postoperativ wurden 20 Patienten mit Bettruhe immobilisiert. 19 Patienten erhielten aufgrund der Defekte einen Becken-Bein Gips. Die mittlere Teilbelastung betrug 14.1 Wochen (5 – 40). Der Zeitpunkt der Vollbelastung betrug 62 Wochen (5 – 125).

T. H. Ittel H.-G. Sieberth H. H. Matthiaß (Hrsg.)
Aktuelle Aspekte der Osteologie

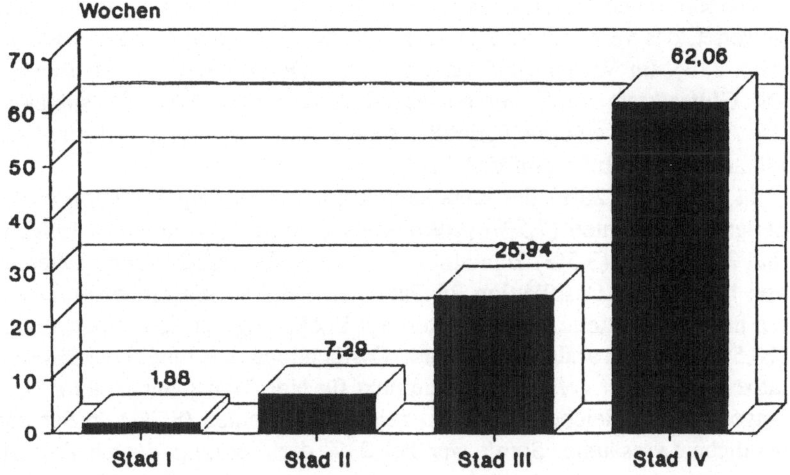

Abb. 1. Transplantateinheilung. Rö-Klassifikation nach Kunitsch

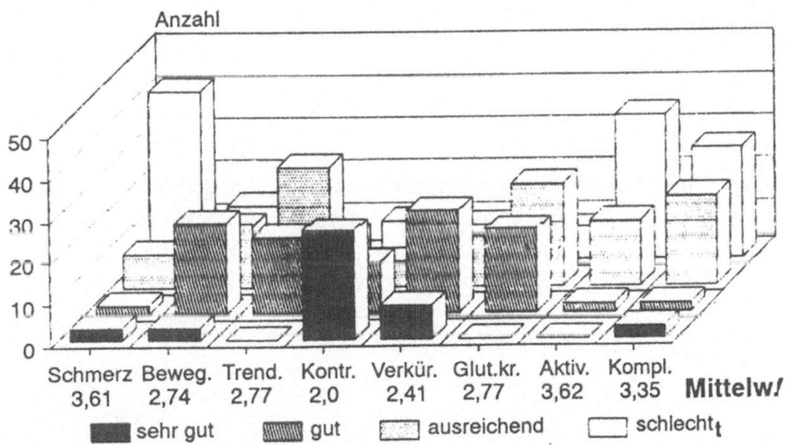

Abb. 2. Prä-OP. Status TEP Revisionen. Klinische Untersuchung nach Enneking

Ergebnisse

Das Ausmaß der Pfannenbodendicke wurde gemäß den von Mc Collum [2] empfohlenen Abstandsmessungen vom Hüftkopfmittelpunkt zur *Kohlerschen* Linie bestimmt [2]. Unsere prä- und postoperativen Vergleichsmessungen zeigten, daß sich die Dicke in Defektposition von 4,26 mm (0 – 16 mm) auf 10,17 mm (2 – 27 mm) verbesserten.

Die knöchernen Integration wurde gemäß dem Klassifikationsschema von Kunitsch bestimmt [1] (s. Abb. 1). Das allogene Transplantat brauchte eine circa doppelt so lange radiologische Einheilzeit wie der Eigenknochen. Nach 6 Monaten finden sich erste Dichteerhöhungen und nach 1,5 Jahren zeigt sich die Ausbildung von regulären Trabekelstrukturen.

Die klinischen Funktionsergebnisse wurden in Anlehnung an das *Ennekingschema* ausgewertet, das vergleichbare Defektzustände nach Tumorresektion am Becken beurteilt (s. Abb. 2, 3). Im Vordergrund stehen Schmerzbeseitigung und die Bewegungsverbesserung. Die Glutealkraft wurde nur unwesentlich verändert. Auch die subjektive Akzeptanz und das Aktivitätsniveau der Patienten änderte sind nur gering aufgrund verschiedener Komplikationen wie Infektion und Lockerungen im Verlauf.

11 Patienten (20%) der Knochentransplantatempfänger zeigten eine veränderte Wundheilung; 4 Patienten (7,5%) protrahierter Sekretion, 5 Patienten (9%) Wundrandnekrosen und 2 Patienten (3,5%) Hämatom. Bei den *Spätkomplikationen* sahen wir eine hohe Rate von beleitenden Ossifikation 25 Patienten (65,7%) mit einem durchschnittlichen Auftreten nach 6 Monaten. Alle Patienten mit Lockerung der Schraubenverankerung 6 Patienten (10,5%) zeigten paralell begleitende Ossificationen als möglicher Hinweis für eine Implantatbewegung. Der gefährdeste Zeitpunkt für eine Transplantatfraktur lag bei 19,6 Monaten. Ungefähr zum gleichen Zeitpunkt zeigten 5 Patienten (8,7%) an der implantierten Pfanne deutliche Lysesäume. Somit war bei 23% der Gesamtpatienten das erhoffte Prizip einer Primärverankerung nach 27,2 Mon. nicht vollständig erfüllt. Tiefe Infektionen bei 3 Patienten (5,3 %) führten zu einem Prothesenversagen durchschnittlich nach 20,6 Mon. Die generelle Reoperationsquote lag bei 8 Patienten (14%). 4 Patienten erhielten einen TEP Wechsel und ein Patient eine Girdelstonesituation. 3 Schraubenlockerungen wurden lokal revidiert.

Diskussion

Mankin und Parrish beschreiben eine konstante Langzeiterfolgsquote von 70 – 85% nach Knochentransplantationen im Rahmen der Endoprothetik und Tumorchirurgie [3]. Das Erfolgsergebnis hängt hauptsächlich von dem Vorliegen einer Infektion oder Frakturen ab, die beide zwischen dem 1. und 3. postoperativen Jahr auftreten. Ihre Häufigkeitsangaben

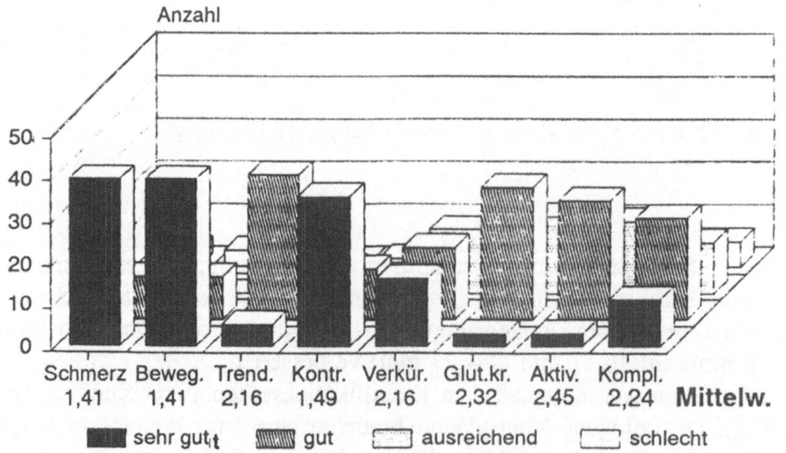

Abb. 3. Post-OP. Status TEP Revisionen. Klinische Untersuchung nach Enneking

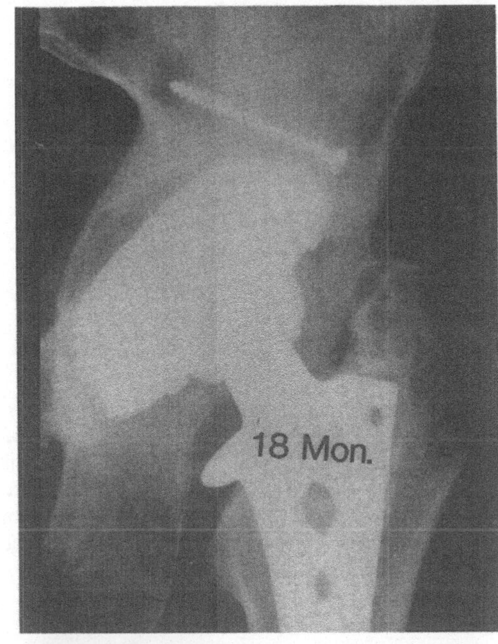

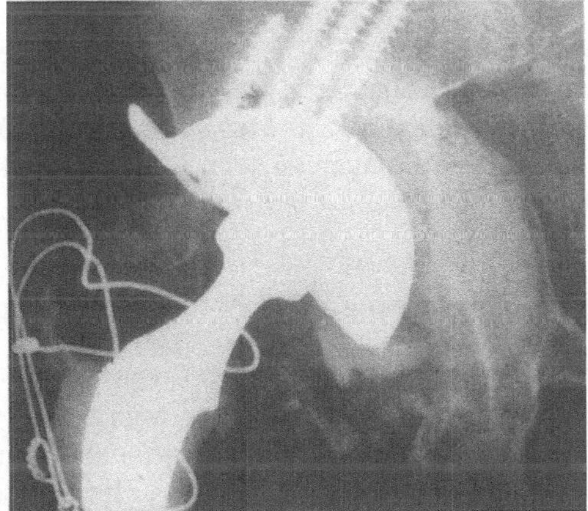

Abb. 4 *(oben)*. 53jähriger Patient 18 Monate Nach MEC Ringprothese und allogener Knochentransplantation. Resorption des Knochenmehles am Pfannenboden. Durchbau des kompakten Acetabulumrandtransplantates. Trotz caudalem Pfannenlysesaum ergab sich klinisch kein Hinweis für eine Implantatlockerung

Abb. 5 *(unten)*. 45jähriger Patient 6 Monate post. Op. Die primäre Belastungsübernahme erfolgte durch die Stützschalenrekonstruktion. Unterfütterung mit corticospongiösen gemischten autogen-allogenen Knochen. Rekonstruktion des Pfannenbodens auf 27 mm. Lysezonen zum Transplantat und Implantat sind nicht erkennbar

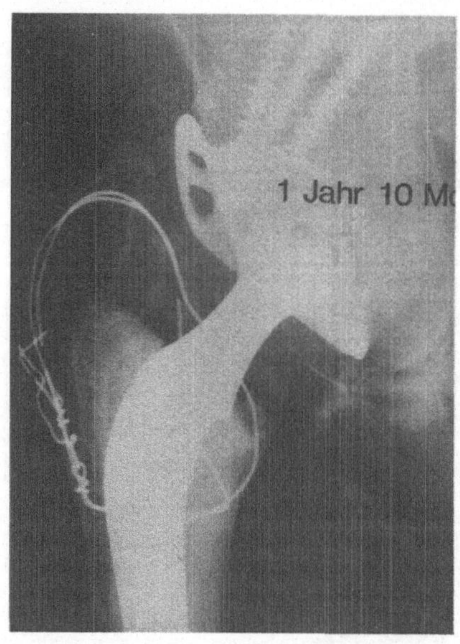

Abb. 6. 79jähriger Patient 2 Jahre post. Op. gute Primärstabilität durch kompakte Transplantate (Hüftkopf, Patella). Vollbelastung 3 Monate post. Op. Radiologisch keine Abgrenzung bei gutem funktionellen Ergebnis

variieren zwischen 4,7 – 14% bei Infektionen und 12 – 28% bei Frakturen. Die Patienten unseres Kollektives wiesen eine Infektionsquote von 5,5% auf. Auch hier scheint der Zeitpunkt von 18 – 20 Monaten nach der OP besonders anfällig für Transplantatfrakturen und Lockerungen zu sein. Möglicherweise verbesserte Langzeitergebnisse kompakter Transplantate bleiben abzuwarten (Abb. 6).

Zusammenfassung

In dem Beobachtungszeitraum von 1980 – 1990 wurden bei 57 Patienten der Orthopädischen Universitätsklinik Münster bei einer TEP Wechseloperation ein Knochentransplantat zur Defektfüllung und Stabilisierung verwandt.

In einer retrospektiven Studie wurden in einem Beobachtungszeitraum von 27,2 Monaten (3 – 114) sämtliche klinischen und radiologischen Verläufe der Empfänger analysiert. Die Beobachtungsparameter waren Komplikationen, Veränderungen der Wundheilung sowie die knöcherne Integration. Der klinischen Beobachtung lag das ENNEKING-Schema zugrunde. Die Pfannenbodendefekte wurden klassifiziert und ihre Dicke im Vergleich zur Gegenseite gemessen. Die Bedeutung verschiedener Tranplantatformen wie Spongiosachips, -Mehl oder der kompakte Segmentersatz wurden in ihrer Beziehung zur knöchernen Einheilung analysiert.

Die Unterfütterung mit Knochenchips bei Stützringkonstruktionen zeigte lange keine ausreichende Primärstabilität. Die radiologische Einheilung dauerte 62 Wochen. Hauptursache des Tranplantatsversagens waren Infektionen 5,3% sowie Frakturen und Dislokationen 5,2% nach 19,6 Monaten. Nach 18,9 Monaten ließen sich 8,7% Lysezonen zum Implantat nachweisen. Implantatlockerungen zeigten gehäuft begleitende Ossificationen. Kompakte

Transplantate zeigten eine gute Primärstabilität. Die weitere knöcherne Integration bleibt zur Zeit noch unklar. Bei unbelasteten Transplantaten zeigte sich eine Knochenresorption.

Literatur

1. Kunitsch H (1978) Radiologische Heilung von Knochengewebe. Fortschr Röntgen Strahlen 120
2. McCollum D, Nunley J, Harrelson J (1980) Bone Grafting in total hip replacement for acetabular reconstruction protrusion. J Bone and Joint Surg 62 A No 7:1065–1073
3. Mnaymneh W, Malinin T, Maklley J, Dick H (1985) Massiv osteoarticular allografts in the restruction of extremities following resection of tumors not requiring chemotherapie and radiation. Clin Orthop 197:76–87
4. Morscher E, Jick W, Seelig W (1989) Klassifikation der Knochendefekte bei Hüftpfannenrekonstruktion. Orthopäde 18:428
5. Oakeshott R, Morgan D, Zukor D, Rudan F, Brooks P, Gross A (1987) Revision total hip arthroplasty with osseus allograft reconstruction. Clin Orthop 225:37–61
6. Jasty M, Harris W (1987) Total hip reconstruction using frozen femoral head allografts in patients with acatabular bone loss. Orthop Clin North Am 18 No 2:291–299

Mechanische Belastbarkeit autologer und homologer Knochentransplantate

R. Steffen, R.H. Wittenberg, J. Möller

Orthopädische Universitätsklinik am St. Josef Hospital Bochum, Grundstraße 56, W-4630 Bochum, BRD

Einleitung

Knochentransplantate zur interkorporellen Fusion (Wirbelkörperversteifung) an der Wirbelsäule sind schon primär einer hohen mechanischen Belastung ausgesetzt. Sie haben nach traumatischer Deformierung des Wirbelkörpers, aber auch nach Tumordestruktion, eine sogenannte Platzhalterfunktion, um eine Restitution der physiologischen Form unter knöcherner Konsolidierung zu ermöglichen. Im Rahmen der Wirbelsäulenchirurgie werden die Knochentransplantate am häufigsten autolog aus dem vorderen oder hinteren Beckenkamm entnommen [2, 6]. Die Entnahme aus dem Becken hat zahlreiche Vorteile:

1. Es kann sowohl kortikaler als auch sponiöser Knochen entnommen werden.
2. Die spezielle anatomische Form des Os ilium erlaubt die Entnahme von Knochenmaterial in unterschiedlicher Form und Größe.
3. Ein kosmetisch störender Effekt ist selten nachweisbar.

Als Nachteil sind jedoch neben der zusätzlichen Op-Belastung anhaltende Schmerzen an der Knochenentnahmestelle sowie Hautnervenverletzungen und Hämatombildung zu nennen [9]. Die besondere Formgebung des Os ilium mit der Crista iliaca erlaubt die Gewinnung von bikortikalen und trikortikalen Knochenblöcken oder Dübeln [1, 2]. In Abhängigkeit von der OP-Indikation oder den individuellen Operationsumständen kann zusäztlich oder generell auf Knochenmaterial aus der Knochenbank zurückgegriffen werden, wobei hier immer mehr die Infektionsproblematik wie Hepatitis oder AIDS in den Vordergrund gerückt wird, so daß die Hitze- oder Gassterilisation von Spenderknochen sowie Kunstknochen als Alternative diskutiert werden müssen. Dies wirft zwangsläufig die Frage auf, inwieweit diese zusätzlichen Maßnahmen die mechanische Belastbarkeit der Knochentransplantate beeinflussen.

Material und Methode

Von 22 Verstorbenen (Durchschnittsalter 76,2 Jahre) wurden aus dem Os ilium bi- und trikortikale Cloward-Dübel und bi- und trikortikale Bailey-Badgley-Blöcke entnommen und tiefgefroren. Die Größe der Cloward-Dübel betrug 14 mm Durchmesser, die Bailey-Badgley-Blöcke wiesen eine Größe von 14 × 15 × 20 mm auf. Zusätzlich wurden aus einer

T. H. Ittel H.-G. Sieberth H. H. Matthiaß (Hrsg.)
Aktuelle Aspekte der Osteologie

kommerziellen Knochenbank entsprechende Cloward- und Bailey-Badgley-Transplantate erworben (Spenderdurchschnittsalter 44,3 Jahre) und mit und ohne Gassterilisation untersucht. Weiter wurden Hydroxylapatitblöcke (aus natürlicher Koralle) mit 200 und 500 μ Porendichte untersucht.

Sämtliche Transplantate wurden in speziell zugerichteten HWS/BWS-Präparaten und zwischen angepaßten Aluminiumformen in einer servohydraulischen Testmaschine (Instron 1331) untersucht. Es wurde eine streng axiale Last mit einer Verformungsgeschwindigkeit von 1 mm pro Sekunde bis zum Versagen, d.h. Bruch des Transplantats, aufgebracht. Die Versagenslast wurde bestimmt. Dargestellt werden die Mittelwerte. Die Ergebnisse wurden im Student-Newman-Keuls-Test auf Signifikanzen geprüft.

Ergebnisse

Die Leichenpräparate zeigten eine deutlich geringere Festigkeit als die Präparate der Knochenbank. Die trikortikalen Cloward-Dübel wiesen eine Versagenslast von 1.800 N gegenüber 789 N bei bikortikalen Dübeln auf (Leichenentnahme). Dagegen zeigten die trikortikalen Bailey-Badgley-Blöcke eine Versagenslast von 2.380 N gegenüber 1.560 N bei bikortikalen Transplantaten, wobei nur die Unterschiede zwischen den verschiedenen Cloward Dübeln und zwischen Cloward bikortikal und Bailey-Badgley bikortikal signifikant waren ($p < 0,05$). Die Präparate der Knochenbank wiesen eine nahezu doppelte Festigkeit (bikortikal Cloward 4.115 N, Bailey-Badgley 4.630 N) mit nicht signifikanter Abnahme nach Äthylenoxid-Sterilisation (Cloward 2.970 N und Bailey-Badgley 4.210 N) Auf. Im Gegensatz dazu, zeigten die Korallenpräparate mit 468 N für 200 μ Porendichte und 686 N für 500 μ Porendichte, selbst im Vergleich zum Leichentransplantat eine geringe Belastbarkeit.

Zusammenfassend ist festzuhalten, daß die Präparate aus der Knochenbank in Abhängigkeit von dem deutlich geringeren Durchschnittsalter eine größere Festigkeit aufwiesen, als die von Leichen entnommenen Knochentransplantate. Weiter sind trikortikale Transplantate bikortikalen in der Festigkeit überlegen. Hydroxylapatitkeramik aus natürlicher Koralle wies sowohl mit 200 μ als auch mit 500 μ Porendichte die geringste Kompressionsfestigkeit auf (Abb. 1 u. 2).

Diskussion

In Übereinstimmung mit früheren Studien, die eine Überlegenheit von Robinson-Smith-Knochentransplantaten gegenüber Cloward-Dübeln ergaben [8, 9], zeigte unsere Studie eine größere Belastbarkeit der Bailey-Badgley-Transplantate, die in ihrer Form in gewisserweise mit den Robinson-Smith-Transplantaten vergleichbar sind. Trikortikale Transplantate waren bikortikalen Transplantaten überlegen, wobei dieser Unterschied bei den Bailey-Badgley-Transplantaten nicht signifikant waren.

Das aus einer kommerziellen Knochenbank bezogene Spendermaterial zeigte in Form von bikortikalen Cloward-Dübeln und Bailey-Badgley-Blöcken eine deutlich höhere Kompressionsfestigkeit als das getestete Leichenmaterial. Dies muß zweifellos auf den gravierenden Unterschied im Durchschnittsalter zurückgeführt werden. Die zusätzliche Äthylenoxidsterilisation führte zu keiner signifikanten Minderung der Belastbarkeit. Vor unkritischer Bevorzugung dieser Vorgehensweise ist jedoch zu warnen, da nach wie vor die Be-

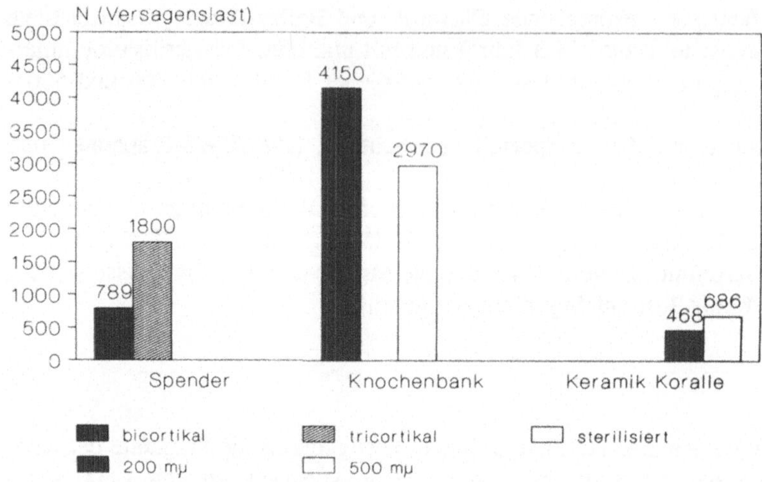

Abb. 1. Festigkeit Cloward-Dübel

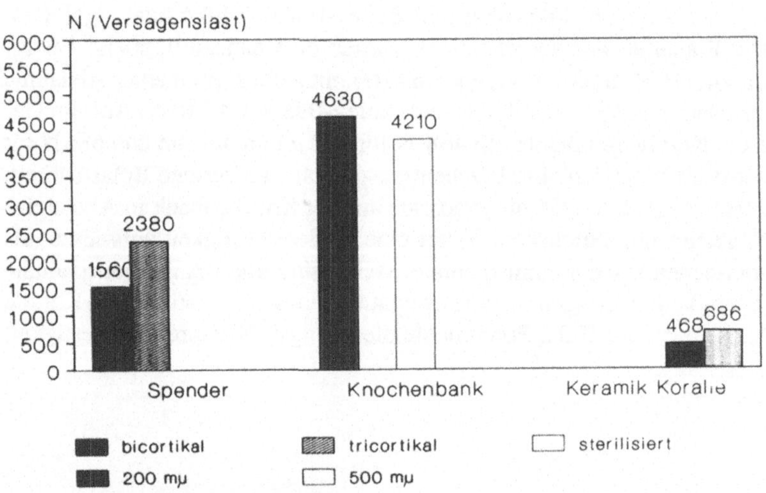

Abb. 2. Festigkeit Bailey-Badgley

urteilung der verbliebenen osteogenen Induktivität konträr ist. Harron and Newman [3] berichteten, daß sterilisierte Knochentransplantate vollständig resorbiert wurden. Andererseits konnte Kakiuchi [4] nachweisen, daß beim Einsatz von äthylenoxidsterilisierter menschlicher Knochenmatrik, implantiert in Knochendefekten, eine wesentliche Beeinträchtigung der osteogenetischen Potenz nicht zu verzeichnen war. Prolo [7] konstatierte eine Fusionsrate zwischen 90 und 96% beim Einsatz von äthyloxidsterilisiertem Knochenmaterial bei interkorporellen Fusionen im HWS- und LWS-Bereich.

Die Hydroxylapatitblöcke aus natürlicher Koralle zeigten nicht nur die geringste Belastbarkeit der getesteten Implantate; hier ist auch zu berücksichtigen, daß beim Einsatz von

Keramikblöcken zwar ein knöchernes Einwachsen im Grenzbereich erreicht wird, jedoch bei Anwendung von größeren Blöcken ein echtes knöchernes Durchwachsen nicht nachgewiesen werden konnte [5]. Somit muß für entsprechende Implantate eine mechanische Dauerbelastung gefordert werden, die jedoch von der Hydroxylapatitkeramik nicht erfüllt werden kann.

Aus biomechanischer Sicht ist festzuhalten, daß die physiologischen Lasten, die für ein Halswirbelsäulensegment mit 63 N und für ein Brust- oder Lendenwirbelsäulensegment zwischen 330 und 700 N angenommen werden [10], durch die getesteten Knochentransplantate mit ausreichender Sicherheit toleriert werden. Hier muß allerdings berücksichtigt werden, daß die angenommenen Lasten sich auf einfache axiale Belastungen beziehen und durch äußere Maßnahmen, wie z.B. Orthesenruhigstellung, komplexe Belastungen vermieden werden, Keramikblöcke erscheinen dagegen für interkorporelle Fusionen nicht geeignet.

Zusammenfassung

Gebräuchliche Knochentransplantate zur interkorporellen Fusion wurden in einer Materialtestmaschine unter axialer Belastung auf ihre Stabilität untersucht. Die höchste Belastbarkeit wiesen trikortikale Bailey-Badgley Blöcke im Vergleich zu Cloward Dübeln auf, wobei trikortikale Transplantate generell bikortikalen überlegen waren. Das Alter des Spenders zeigte ebenfalls einen großen Einfluß auf die Festigkeit. Äthylenoxidsterilisation wirkte sich nicht signifikant nachteilig auf die biomechanische Belastbarkeit der Transplantate aus. Hydroxylapatitkeramikblöcke hatten die geringste Kompressionsfestigkeit.

Literatur

1. Bailey RW, Badgley LE (1960) Stabilization of the cervical spine by anterior fusion. J Bone Joint Surg [Am] 42:565–594
2. Cloward RB (1958) The anterior approach for removal of ruptured cervical disc. J Neurosurg 15:602–617
3. Heron LD, Newman MH (1989) The failure of ethylene oxide gassterilized freeze-dried bone graft for thoracic and lumbar spinal fusion. Spine 14:496–500
4. Kakiuchi M, Hosoya T, Takaoka K et al. (1985) Human bone matrix gelatin as clinical alloimplant. Int Orthop 9:181–188
5. Katthagen BD (1986) Histomorphometrische Untersuchungen mit verschiedenen Knochenersatzmaterialien im Tierexperiment. Osteoplastiken und artifizielle Knochenregeneration bei der Osteosynthese. Edited by H. Mittelmaier, Graefeling (FRG). Demeter, Graefeling
6. Krämer J, Kolditz D, Schleberger R (1984) Lumbosacral distraction spondylodesis with autologous bone graft together with posterolateral fusion. Arch Orthop Trauma Surg 103:107–111
7. Prolo DJ, Pedrotti PW, White DH (1980) Ethylene oxide sterilization of bone, dura mater, and fascia lata for human transplantation. Neurosurgery 6:529–539
8. White AA III, Hirsch C (1971) An experimental study of the immediate load bearing capacity of some commonly used iliac bone grafts. Acta Orthop Scand 42:482–490
9. White AA III, Southwick WO, Deponte RJ et al. (1973) Relief of pain by anterior cervical spine fusion for spondylosis. J Bone Joint Surg [Am] 55:525–534
10. White AA III, Jupiter J, Southwick WO, Panjabi MM (1973) An experimental study of the immediate load bearing capacity of the three surgical constructions for anterior spine fusions. Clin Orthop 91:21–28

Knorpel- und Knochendefekte des Kniegelenks als Folge pathologiseh oder traumatisch bedingter Artikulationsstörungen

U. Witzel

Forschungsgruppe für Biomechanik, Institut für Konstruktionstechnik, Ruhr-Universität Bochum, Universitätsstraße 150, W-4630 Bochum 1, BRD

Untersuchungen und Berechnungen

Im gesunden Kniegelenk führt der Kapsel-Band-Apparat als komplexes Steuerorgan mit Hilfe der Muskulatur als geregeltes Kraftorgan die individuell nach Form und Feinstruktur entwickelten Femurkondylen in einer Roll-Gleitbewegung über ebenfalls physiologisch angepaßte Strukturen des Tibiaplateaus. Während des gesamten Bewegungsablaufs verbleibt das Gelenk in einem stabilen Kräftegleichgewicht. Die Artikulation bedient sich dreidimensonaler Knorpeloberflächen, die mittelbar in Kontakt stehen. Bei einem physiologischen Bewegungsablauf stehen zu jedem Zeitpunkt die Kontaktkraftvektoren orthogonal auf den Knorpeloberflächen [1].

Der Knorpel stellt im technischen Sinn einen Verbundwerkstoff dar, der in optimierter Weise zur Aufnahme von Zugspannungen Kollagenfasern besitzt und zur Druckspannungsaufnahme Knorpelzellen in einer alles verbindenden Matrix aufweist. Die Matrix dient einerseits als Demaskierungsschutz der Kollagenfasern. Diese sind streng nach den individuell im Knorpel auftretenden Zugkräften ausgerichtet. Die örtliche Faserrichtung kann durch die Erzeugung von Spaltlinien sichtbargemacht werden [2].

Vergleicht man den Spaltlinienverlauf auf den Femurkondylen [3], die Faserrichtungen eines Meniskus zur Tibiaoberfläche hin [4] und die Spaltlinienanordnung nach Abb. 1, so registriert man gleichgerichtete, d.h. kreuzungsfreie Verläufe. Daraus ist

1. auf eine ebenfalls gleichgerichtete Zugspannungsbeanspruchung in den verschiedenen Strukturen zu schließen und
2. eine strenge kinematische Führung des Kniegelenks zwingend notwendig, um keine Strukturschäden zu provozieren.

Der Femurkondylenkontakt mit dem Tibiaplateau geschieht unter Zwischenschaltung der Menisken. Ein Meniskus trägt zum einen durch seine projizierte Fläche, zum anderen durch den Aufbau eines hydraulischen Drucks der Synovialflüssigkeit zur Verringerung und Vergleichmäßigung der Flächenpressung im Kniegelenk bei. In der Abb. 2 ist das Berechungsergebnis einer Hauptspannungsverteilung im Kniegelenk unter hydrostatischem Druckeinfluß dargestellt. Zu Beginn der Gelenkbelastung baut sich mit Hilfe der Dichtwirkung der Menisci ein allseits gleicher Flüssigkeitsdruck auf, der eine geringe und vollständig gleichmäßige Knorpelbelastung zur Folge hat. Unter der Gelenkkrafteinwirkung fließt die Synovialflüssigkeit in das Bursensystem ab und es kommt zum Knorpel-

T. H. Ittel H.-G. Sieberth H. H. Matthiaß (Hrsg.)
Aktuelle Aspekte der Osteologie

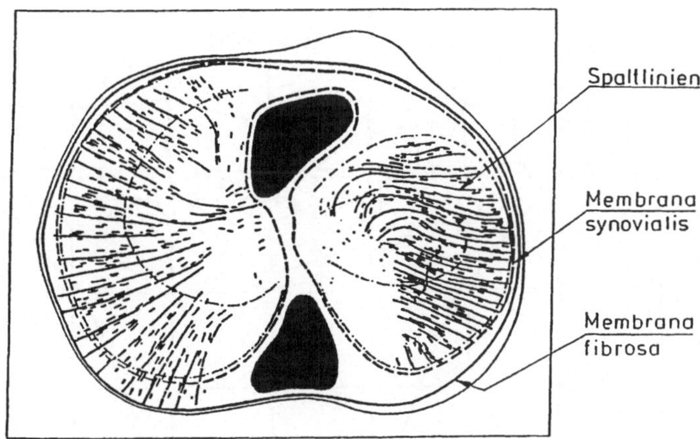

Abb. 1. Bestimmung des Spaltlinienverlaufs auf der proximalen Gelenkfläche der rechten Tibia

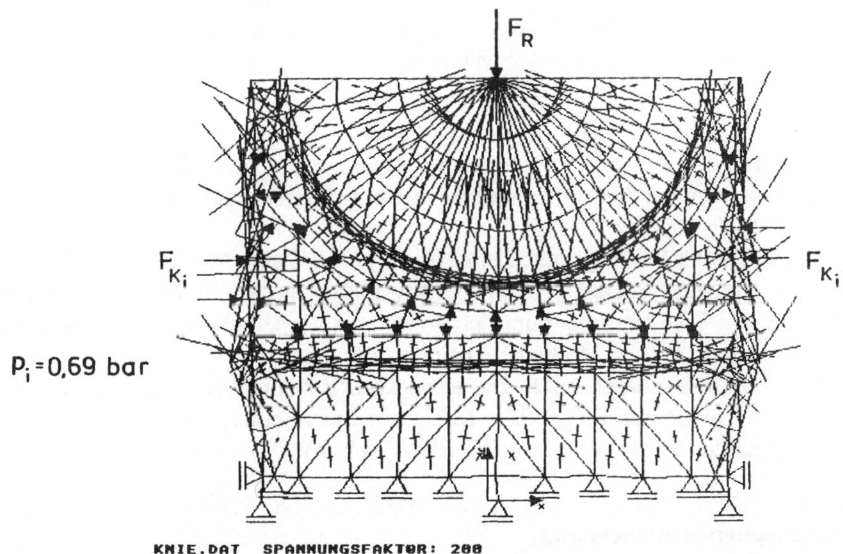

Abb. 2. Hautspannungsverteilung im Kniegelenk unter hydrostatischem Druck (prinzipielles Modell)

kontakt. Dieser Kontakt wird wahrscheinlich bei normalen Geh- und Laufbewegungen mit der Entlastungsphase zusammenfallen und daher unschädlich sein.

Kondyläre Fehlpositionierungen durch pathologische Bandinstabilitäten oder - rupturen und danach auftretende Kongruenzverluste, Meniskusverletzungen oder traumatisch bedingte Risse führen bei Gelenkbelastung zu einem raschen Abfluß der Synovialflüssigkeit. Daraus resultiert ein hydraulischer Druckverlust, der einen unmittelbaren Knorpelkontakt unter Last und Bewegung zuläßt und damit arthrotische Veränderungen vorprogrammiert. Arthroskopische Beobachtungen und Untersuchungen an Präparaten zeigen, daß Knorpeleinrisse in ihrer Richtung mit dem jeweiligen Spaltlinienverlauf des Knorpels korre-

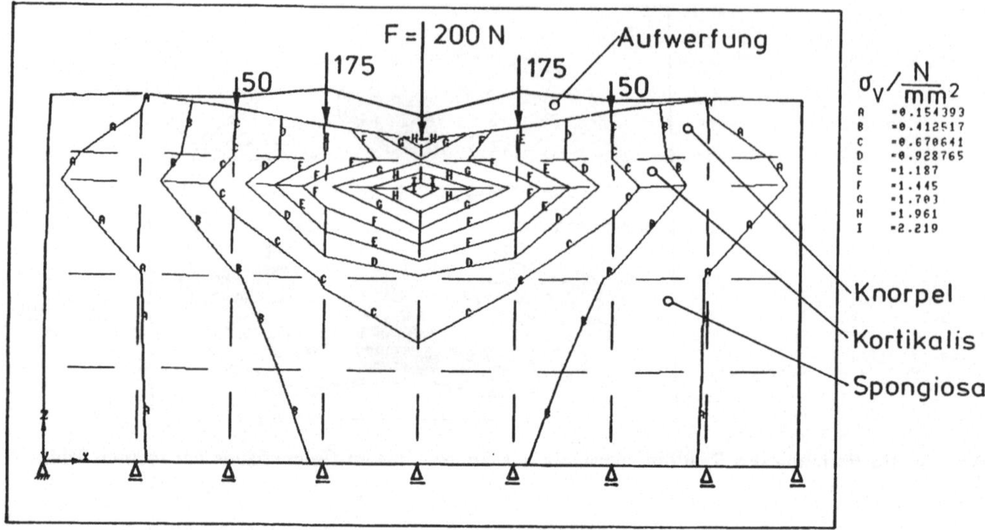

Abb. 3. Subchondrale Spannungskonzentration. 3d Berechnung der Vergleichsspannungsverteilung nach der Gestaltsänderungsenergiehypothese

spondieren und durch tribologische Störungen erklärbar sind. Zu diesen Störungen zählen Veränderungen der Belastung und Bewegungsrichtung und eine Beeinträchtigung oder ein Ausfall hydraulischer Effekte.

Degenerative Veränderungen oder im Extremfall eine Meniskektomie erzeugen Punktlasten im Kniegelenk. Damit treten überphysiologische Knorpelbelastungen und Ernährungsdefizite ein. Eine Vergrößerung der örtlichen Knorpelbelastung hat, wie dreidimensionale Berechnungen mit der Methode der finiten Elemente zeigen, Abb. 3, neben der Desintegration des Gelenkknorpels auch eine unmittelbar schädigende Wirkung auf die subchondrale Knochenstruktur zur Folge. Mit MR-Aufnahmen konnten diese theoretisch gefundenen Erscheinungen klinisch bestätigt werden (Abb. 4).

Abschließende Bemerkung

Die vorliegende Arbeit möchte einen biomechanischen Beitrag zur Arthroseforschung geben und damit aufzeigen, daß mit Kenntnis der Defektursachen im Roll-Gleitbereich des Kniegelenks hilfreiche therapeutische und prophylaktische Konsequenzen gezogen werden können.

Zusammenfassung

Gelenkflächen benötigen zur physiologischen Kraftübertragung Menisci, Disci oder ähnliche Kongruenzhilfen, die einerseits durch eine Vergrößerung der Kontaktflächen und andererseits durch den Aufbau eines hydrostatischen Drucks die jeweilige spezifische Flächenpressung auf einen individuell ertragbaren Wert reduzieren. Da der Knorpel einen

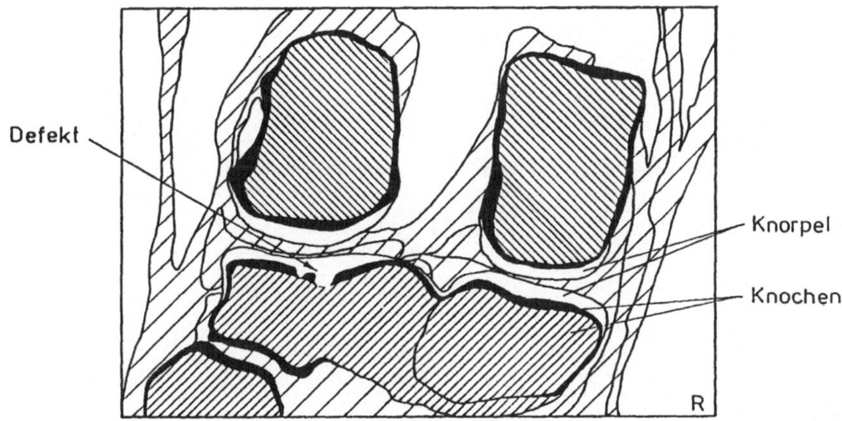

Abb. 4. Defekt im subchondralen Knochen des lateralen Tibiaplateus (n. MR-Aufn. v. J. Assheuer, 1990)

Verbundstoff darstellt, der aus Kollagenfasern zur Zugspannungsaufnahme, Knorpelzellen zur Druckspannungsaufnahme und einer verbindenden Matrix zum Strukturerhalt besteht, ist insbesondere sein Belastungsort und seine Belastungsart von erheblicher Bedeutung. Sein örtlicher Aufbau ist für das jeweilig vorliegende Belastungsmuster optimiert. Pathologisch oder traumatisch bedingte Belastungsverschiebungen, z.B. am Kniegelenk durch insuffiziente oder rupturierte Kreuzbänder, schädigen die Knorpelstruktur und gleichzeitig die Menisci. Diese sekundäre Schädigung überlagert sich häufig einer Primärverletzung nach einem traumatischen Ereignis.

Literatur

1. Witzel U (1988) Biomechanische Untersuchungen des Kniegelenks im Hinblick auf die Belastungscharakteristik künstlicher Kreuzbänder. 2. Arbeitstagung Alloplastischer Bandersatz aus Trevira Hochfest. BG Unfallklinik Frankfurt/M.
2. Hultkranz W (1898) Über die Spaltrichtung der Gelenkknorpel. Verh Anat Ges Kiel 12
3. Benninghoff A (1925) Form und Bau der Gelenkknorpel in ihren Beziehungen zur Funktion. Zeitschr für Anatomie und Entwicklungsgeschichte 76
4. Doerr W u.a. (1984) Spezielle pathologische Anatomie 18/II. Springer Berlin Heidelberg New York Tokyo

IV. Aktuelle Osteologie

Gemischte Osteopathie bei Dermatitis herpetiformis DUHRING

G. Lehmann, M. Gassel, K. Abendroth

Klinik für Innere Medizin, Friedrich-Schiller-Universität Jena, Erlanger Allee 101, O-6902 Jena-Lobeda, BRD

Einleitung

Die Dermatitis herpetiformis *Duhring* (DHD) ist eine seltene Erkrankung aus der Gruppe der blasenbildenden Dermatosen, deren Ätiologie und Pathogenese noch nicht geklärt sind.

Die Erstebeschreibung von Malabsorptionssyndromen im Rahmen eines DHD erfolgte 1966 [1]. Tatsächlich lassen sich in bis zu 75% der Patienten mit DHD strukturelle und funktionelle Alterationen der intestinalen Schleimhaut nachweisen. Eine Korrelation zwischen der Schwere der Veränderungen der äußeren Haut und dem Ausmaß der intestinalen Läsionen scheint dabei nicht zu bestehen [2, 3].

Aus strukturanalystischen und proliferationskinetischen Untersuchungen geht hervor, daß diese intestinalen Schleimhautläsionen identisch sind mit den bei der einheimischen Sprue auftretenden. Ein Unterschied zur einheimischen Sprue ist das herdförmige Auftreten dieser Läsion bei der DHD [4, 5].

Auch die qualitative Verteilung spezifisch markierter IgG, A und M produzierender Zellen entspricht weitgehend der Plasmazellverteilung bei der einheimischen Sprue. Die Zahl der Plasmazellen aller 3 Ig-Klassen sind bei Patienten mit totaler und subtotaler Zottenatrophie im Ggensatz zu dünndarmgesunden Patienten ohne DHD signifikant erhöht. Dabei geht das Ausmaß der strukturellen Schleimhautveränderungen mit der Intensität der lokalen intestinalen humoralen Immunantwort parallel [6, 7].

Die strukturellen (Abnahme der resorbierenden Oberfläche durch Zottenatrophie) und funktionellen Veränderungen (Verminderung der Permeabilität der verbleibenden Mucosa für Calcium, Phosphat und Vitamin D) führen über daraus resultierende Störungen in der Calcium-Parathormon-Vitamin-D-Regulation zu Mineralsalzverlusten im Skelett und entwickeln nach Jahren das Krankheitsbild einer intestinal bedingten gemischten Osteopathie aus Osteoidose und Abbausteigerung.

Kasuistik

Anamnese: 1936 geborener Mann
Größe 1,67 m
Armspanne und max. Größe 176 cm
Gewicht 49 kg

T. H. Ittel H.-G. Sieberth H. H. Matthiaß (Hrsg.)
Aktuelle Aspekte der Osteologie

1968 Diagnosestellung Dermatitis herpetiformis *Duhring*
1983 Schenkelhalsfraktur links auf dem Boden einer Umbauzone
1984 Invalidisierung.

Zustand 1987

- Schmerzen in der gesamten Wirbelsäule
- rasche muskuläre Ermüdbarkeit
- Abnahme der Körpergröße um bisher 9 cm.

Befunde

Labor

BSG	9/23	mm
Serumeiweiß	60,4	g/l
Serumalbumin	27,8	g/l
Serumkalzium	1,95	mmol/l
Serumphosphat	1,66	mmol/l
Kreatinin im Serum	58	mmol/l
T3	1,15	μmol/l
TSHb	0,81	mU/l
m-PTH	472	μg/ml

alkalische Gesamtphosphatase:	stark erhöht auf 28,3μmol/s/l
saure Phosphatase/Tartrat-Formalin	gehemmt (osteoklastentypisch); extrem erhöht auf 245μmol/l
orale Ca47 Resorptionskinetik:	deutlich gestört in der Leistung bei erhaltener Resorptionsdynamik
Vitamin B12 Spiegel im Serum:	normal mit 250 pmol/l

Röntgen

BWS/LWS	– Fischwirbel L2 - L4 verminderte Binnenstruktur
Becken	– Zustand nach Spontanfrakturen im vorderen Beckenring rechts und im Os ischii links
	– Femurspongiosastrukturdichte nach SINGH Grad II
	– Zustand nach Totalendoprothesenimplantation im linken Hüftgelenk
Hände	– Spontanfraktur im Os metacarpale I links
	– Aufsplitterung der Kortikalis im Bereich der Diaphyse des Os metacarpale II rechts.

Endoskopie des Magens und des Dünndarmes

Inspektorisch bereits Zottenatrophie.

Histologisch: Subtotale Zottenatrophie mit nur spärlich vorhandenen Zottenstümpfen; reichlich intraepithelial gelegene Lymphozyten.
Insgesamt Befund eines Stadium *Shmerling* III.

Histomorphometrie des Knochens
Schwere gemischte Osteopathie aus reduziertem Knochenvolumen, exzessive Volumen- und Oberflächenosteoidose, extreme Steigerung der zellulären Aktivität mit Zeichen des sekundären HPT.

Therapie

3 x 10 Ampullen Dekristol-Hydrosol (Cholecalciferol) im Abstand von 3 Monaten (Gesamtdosis an Cholecalciferol 150 mg) Calcium-Substitution oral 500 mg/d, glutenfreie Kost.

Verlauf

	(Norm)	1987	1988	1989	1990	
		Therapiebeginn				
Ca	(2,25 - 2,7) -	1,95	2,25	2,3	2,4	mmol/l
PO4	(0,8 - 1,2) -	1,66	0,96	1.02	0,86	mmol/l
APH	(1,95 - 4,84) -	28,3	2,85	2,3	2,3	μmol/s/l
SPHTF	(25 - 75) -	245	75	90	75	μmol/s/l
m-PTH	(<300) -	472	–	–	317	ng/l
25 OH D3	(30 - 140) -	–	–	–	>260	nmol/l

Zustand 1989
Subjektiv unveränderte Schmerzsymptomatik, aber deutlich bessere Mobilität, keine weitere Abnahme der Körpergröße.

Röntgenbefunde
In der Brust- und Lendenwirbelsäule sowie im Becken keine Befundänderung im Vergleich zu 1987.

Endoskopie des Magens und des Dünndarmes
Jetzt inspektorisch unauffälliger Befund.

Histologisch: deutliche Befundbesserung - überwiegend normal konfigurierte Dünndarmzotten.

Histomorphometrie des Knochens
high turnover Osteoporose, weiter reduziertes Knochenvolumen und mäßige Knochenabbausteigerung ohne sichere Zeichen eines HPT.

Schlußfolgerungen

1. Beschwerden seitens des Bewegungsapparates bis hin zu Spontanfrakturen können Folgen und führende Symptome oligosymptomatisch verlaufender Malassimilationssyndrome sein. Das gleichzeitige Auftreten einer gastrointestinalen Symtomatik ist dabei nicht obligat.
2. Die bei der Dermatitis herpetiformis *Duhring* eher fleckförmige Zottenatrophie könnte durch das Verbleiben strukturell und funktionell intakter Dünndarmschleimhaut im Gegensatz zum Sprue-typischen, diffus-flächenhaften Schleimhautumbau die unterschiedliche Ausprägung der Knochenstoffwechselstörung bei Patienten mit Dermatitis herpetiformis *Duhring* vergleichbarer Erkrankungsdauer erklären. Wir fanden bei 4 Patienten mit Dermatitis herpetiformis *Duhring* in einem Fall die dargestellte schwere gemischte Osteopathie, in 2 anderen Fällen eine mäßige gemischte Osteopathie und im 4. Falle keine Zeichen einer Osteopenie bzw. Osteopathie.
3. Zur Behandlungseinleitung empfiehlt sich die parenterale Zufuhr von Vitamin D bei gleichzeitiger Substitution von Kalzium und die strenge Einhaltung einer glutenfreien Diät. Nach Wiederaufbau des Zottenreliefs kann auf die orale Medikation mit Cholecaliceferol bzw. 1,25 $(OH)^2$ Cholecaliciferol übergegangen.

Zusammenfassung

Malassimilationssyndrome unterschiedlicher Genese können zu Mineralsalzverlusten am Skelett und zu nachfolgenden metabolischen Osteopathien führen. Dabei sind Art und Ausmaß der Knochenstoffwechselstörung bei der Dermatitis herpetiformis *Duhring* abhängig von der Dauer der Erkrankung und vom Ausmaß der strukturellen und funktionellen Schädigung der intestinalen Schleimhat.

Neben einer glutenfreien Kost kommt der Calcium-Substitution und einer dem Ausmaß der Dünndarmschleimhautschädigung angepaßten Form der Vitamin-D-Behandlung (parenteral und oral) eine hervorragende Bedeutung zu.

Literatur

1. Marks J, Schuster S, Watson AJ (1966) Small bowel changes in dermatitis herpetiformis. Lancet:1260–1282
2. Pott G (1982) Die Zöliakie des Erwachsenen. Med Wel 33:1876–1879
3. Scott BB, Young S, Rajah SM, Marks J, Losowsky MS (1976) Coeliac disease and dermatitis herpetiformis: further studies of their relationship. Gut 17:759–762
4. Thalayasingam B (1985) Coeliac disease as a course of osteomalacia and rickets in the asian immigrant population. Brit J Med 290:1047–1049
5. Weinstein WM, Brow JR, Parker F, Rubin C (1971) The small intestinal mucosa in dermatitis herpetiformis: relationship to the small intestinal lesion to gluten. Gastroenterology 60:362–369
6. Fry L, Leonhard JN (1990) Intestinal humoral immunity in dermatitis herpetiformis. Lancet:378–379
7. Otto HF, Sack J, Gebbers JO (1979) Über die „malabsorptive" Dermatitis herpetiformis Duhring. Virchows Arch A 383:195–206

Schwere Osteopathie nach Dünndarmbypass zur Adipositasbehandlung

M. Gassel, G. Lehmann, P. Ölzner, K. Abendroth

Klinik für Innere Medizin, Friedrich-Schiller-Universität, Erlanger Allee 101,
O-6902 Jena-Lobeda, BRD

Einleitung

Jejuno-ileale Bypass-Operationen werden seit über 25 Jahren zur radikalen Gewichtsreduktion bei extremer Adipositas vorgenommen. Durchschnittlich kann mit dieser Methode eine Gewichtsreduktion von ca. 35% des Ausgangsgewichtes erreicht werden. In der Literatur wird aber auch auf eine Reihe von chirurgischen und medizinischen Komplikationen hingewiesen.

Kasuistik

Wir behandeln seit 5 Jahren eine 51-jährige Frau, bei der 1980 wegen eines konservativ nicht beeinflußbaren Übergewichts von 140 kg bei einer Körperhöhe von 1,68 m ein Jejuno-ilealer Bypass angelegt wurde. Die verbliebene Dünndarmstecke beträgt 85 cm. Innerhalb von 18 Monaten konnte auf diese Weise eine Gewichtsreduktion von 65 kg erreicht werden. Bis 1984 fühlte sich die Patientin subjektiv wohl und leistungsfähig. 1985 traten erste Beschwerden in Form von allgemeiner Leistungsinsuffienz auf, seit 1986 zunehmend belastungsabhängige Schmerzen im Bereich der gesamten Wirbelsäule sowie Mißempfinden und Schwäche in den Beinen.

Seit 1988 wird die Patientin wegen einer schweren Osteomalazie und Zeichen des sekundären Hyperparathyreoidismus behandelt.

Befunde

Röntgen:

BWS u. LWS (seitlich):

- keine Kompressionen
- strähnige und unscharfe Konturen und Strukturen

T. H. Ittel H.-G. Sieberth H. H. Matthiaß (Hrsg.)
Aktuelle Aspekte der Osteologie

Becken:
- strähnige Strukturen
- Strukturanalyse nach Singh Stadium IV

Magen-Dünndarmpassage:
- Anastomose zwischen 2. Jejunumschlinge und distalem Ileum
- Dünndarmreststrecke 85 cm
- Kontrastmittel-Passagezeit bie Ileocoecal-Region 10 min
- Dünndarmentleerungszeit 90 min
- Schleimhautrelief vergröbert

Beckenkammbiopsie
Gemischte Osteopathie mit Zeichen des sekundären HPT

		Meßwert	Norm
Gesamtknochenvolumen	(Vv)	22,3	(19,0)
Osteoidanteil, davon	(Vo)	8,0	(3,7)
Gesamtosteoidoberfläche	(OS)	34,5	(12,8)
davon mit Osteoblasten	(Ob)	5,6	(1,7)
Gesamtresorptionsoberfläche	(HT)	12,8	(6,9)
davon mit Osteoklasten	(HO)	9,2	(1,5)
Endostfibrose	(EF)	+	(0)

Labor

	Meßwert	Normbereich
Ca	2,11 mmol/l	(2,25 – 2,75)
PO_4	1,09 mmol/l	(0,80 – 1,30)
K	3,20 mmol/l	(3,80 – 5,50)
Mg	0,71 mmol/l	(0,75 – 1,05)
Zn	16,51 μmol/l	(11 - 24)
Fe	7,71 μmol/l	(12 - 25)
Serumeiweiß	61,0 g/l	(65 - 85)
Albumin	38,5 g/l	(65 - 86)
Gerinnungszeit	65%	(70 - 120)
APH ges.	3,10 μmol/l	(1,95 – 4,84)
APH Knochen	1,30 μmol/l	(2,75)
PTH	279 μmol/l	(<300)
iPTH	38,30 μmol/l	(10 - 60)
25 OH-Vit-D	10 nmol/l	(30 - 140)
Vit. A	1,01 μmol/l	(1,4 - 1,9)
Vit. B12	110 pmol/l	(150 - 650)
B12-Resorption	> 720 pmol/l	(> 720)

Ca47-Resorption: vermindert, bei erhaltener Kinetik
Fettresorption: max. 0,047 (> 0,3)
Xylose-Resorption: 0,09 (0,21 – 0,42)
Ca-Ausscheidung/24 Std: 1,8 mmol/l (2,5–7,5 mmol/l)
Ca/Kreatinin-Quotient im Morgenurin 0,23 (normal)

Therapie

1. intermittierende Substution von Albumin und Eisen,
   Vitamin B12 (1000 Γ/Monat)
   Vitamin A 1 mg/Jahr (10 μ/d)
2. 4 x im Jahr Stoßtherapie mit 10 × 200 000 E (= 5 mg) Cholecalciferol (= 200 mg/Jahr)
3. tägliche Gabe von
   Calcium Sandoz 1000 mg
   Kalium 3 x 750 mg
   Magnesium 3 x 100 mg

Schlußfolgerungen

- Der Jejuno-ileale Bypass führt zu einem befriedigendem Gewichtsverlust.
- Infolge Verkürzung der resorptiven Strecke kommt es zu intestinalen Resorptionsstörungen in Abhängigkeit von der entfernten Dünndarmstrecke.
- Als Folge der Resorptionsstörungen sind Stoffwechselstörungen nachweisbar mit

  Störung des Elektrolythaushaltes
  Störung der Fettresorption mit entsprechender Verminderung der Resorption der fettlöslichen Vitamine
  Störung des Wasserhaushaltes
  Störung der enterohepathischen Zirkulation

Eine kontinuierliche Substituionstherapie ist so früh wie möglich erforderlich, um ausgeprägte Stoffwechselstörungen zu vermeiden.

Familiäre letale neonatale Hypophosphatasie und AGS: Erstbeschreibung und Literaturübersicht

B. Scherer[1], P. Peller[1], D. Brückmann[1], M.A. Scherer[2]

[1]Kinderklinik des Städtischen Krankenhaus Rosenheim, Pettenkoferstraße 10, W-8200 Rosenheim, BRD
[2] Institut für experimentelle Chirurgie, Technische Universität München, Ismaningerstraße 22, W-8000 München 80, BRD

Einleitung

Die Hypophosphatasie ist eine sehr seltene, autosomal vererbete Stoffwechselerkrankung der Knochen, die erstmals 1948 von Rathbun [13] an einem 9 Wochen alten Säugling beschrieben wurde. 1980 waren weltweit 278 Fälle bekannt [18]. Die Inzidenz wurde von Fraser mit 1:100.000 Lebendgeburten angegeben [22]. Klinisch-radiologisch unterscheidet man 4 Typen: Die letale neonatale Form, eine Säuglingsform u.a. mit Nephrokalzinose (beide 10#24150), eine kindliche Form mit vorzeitigem Zahnverlust (10,#24151) und eine Erwachsenenform, die vorwiegend Frakturen zeigt (10#14630; 18, 22). Die perinatale und die Säuglings-Form (vor dem 6. Lebensmonat symptomatisch) werden autosomal rezessiv [10, 21], die kindlich-juvenile Form autosomal rezessiv oder dominant [10, 11, 22] und die Erwachsenenform autosomal dominant mit variabler Penetranz [4, 10, 11] vererbt.

Ätiologie

Allen 4 Formen liegt eine verminderte Aktivität der gewebsunspezifischen alkalischen Phosphatase (AP) der Osteoblasten zugrunde, die für die Skelettmineralisation [20] und die Zahnbildung unentbehrlich ist. Die gewebsunspezifische AP ist ein Glykoprotein, das an der extrazellulären Oberfläche der Zellmembran liegt und eine hohe Spezifität (millimol) für ihre natürlichen Substrate Phosphoethanolamin (PEA) und Pyridoxal-5-Phosphat (PLP) aufweist. Diese Eigenschaften ermöglichen die Abgrenzung zur Pseudohypophosphatasie [5, 6, 15]. Der Genort der AP liegt auf dem kurzen Arm des Chromosom 1:1p36.1-p34 [7, 17]. Aufgrund eines ungeklärten Enzymdefektes wird die nicht gewebsspezifische AP kaum oder gar nicht gebildet, was zu einer Anreicherung ihrer Substrate PEA und PLP führt, die im Serum und Urin nachgewiesen werden können. Nach Weiss [19, 20] unterbricht eine Punktmutation der Aminosäure 162 die Expression des aktiven Enzyms.

Therapie

Es gibt keine gesicherte kausale Therapie. Die symptomatische Therapie bei der Jugend- und der Erwachsenenform besteht in erster Linie in zahnärztlichen und orthopädischen Maßnahmen. Versuche mit Enzymsubstitution, Steroid- oder Plasmagaben zeigen wech-

T. H. Ittel H.-G. Sieberth H. H. Matthiaß (Hrsg.)
Aktuelle Aspekte der Osteologie

selnde Erfolge, vor einer Monotherapie mit Vitamin D bei der frühkindlichen Form ist zu warnen.

Prognose

Die perinatale Form, insbesondere in Verbindung mit pulmonalen Affektionen [23], endet letal. 40% bis 50% der an der Säuglingsform leidenden Patienten versterben. Bei der kindlich-juvenilen Form ist eine spontane Besserung möglich, bei Erwachsenen stehen chronische orthopädische Probleme im Vordergrund.

Diagnostik

Im Rahmen der pränatalen Diagnostik sind die Ultraschalluntersuchung zwischen der 16. und 20. SSW [18, 23] und die Bestimmung der gewebsunspezifischen alkalischen Phosphatase in Amnionfibroblastenkulturen zu nennen. Die DNA-Analyse aus der Chorionzottenbiopsie ist ab der 12. SSW [7] möglich. Die Kombination aller diagnostischen Möglichkeiten hilft falsch negative Ergebnisse zu verhindern [22].

Differentialdiagnostisch müssen folgende Krankheitsbilder berücksichtigt werden: Achondrogenesis, Osteogenesis imperfecta [14], Tanatophorer Zwergwuchs, Mukolipidosen, Mukopolysaccharidosen, kongenitaler Hyperparathyreoidismus, kongenitale Lues.

Falldarstellung

Familienanamnese

Dic Abb. 1 gibt ein mögliches Vererbungsschema an, wie es auch von McKusick [10] beschrieben wird: Möglicherweise liegt in der Elterngeneration eine minimale Penetanz vor, die in der Filialgeneration bei Homozygotie dann eine schwerwiegende Symptomatik hervorrufen kann.

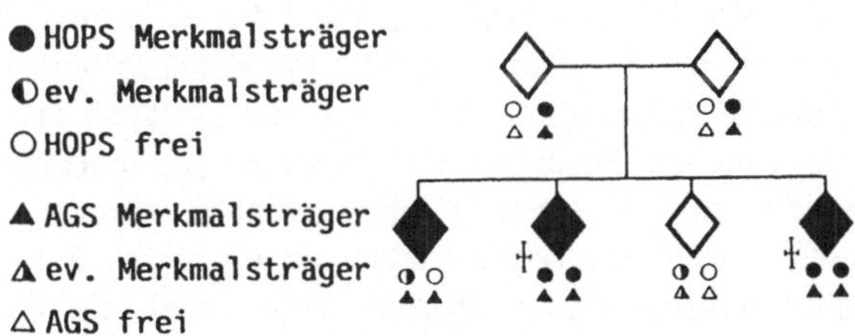

Abb. 1. Mögliches Vererbungsschema

Eigenanamnese

4.Para, unauffällige SS, Entbindung 40. Woche, Körperlänge 39 cm, GG 2840 g, KU 32.5 cm, Apgar 0/1/3. Intubation und Beatmung. Trotz massivster Reanimationsmaßnahmen moribundes Neugeborenes mit deutlichen Mißbildungen: Ödematöse, sehr weiche Kalotte, tiefsitzende dysplastische Ohren, große Zunge, kurzer, fast fehlender Hals, hypoplastischer weicher Thorax ohne tastbare Rippen, aufgetriebenes Abdomen, Hepatomegalie 5-6 cm, Splenomegalie 3 cm; alle Extremitäten auffallend kurz ohne tastbare Knochen, Akromikrie; auffallend große Labien, große penisartige ausgeprägte Klitoris. Klinischer Verdacht auf AGS.

Im Labor über Nabelvene waren pH 6.3, BE -38, pO2 263 mmHg stark pathologisch, die alkalische Phosphatase ließ sich im Serum nicht nachweisen. Anorganischer Phosphor 8 mg/dl, Calcium nicht bestimmt.

Das Kind verstarb eine Stunde postpartal.

Im Babygramm zeigte sich eine hochgradige Untermineralisation der gesamten Knochenstrukturen: Bis auf einzelne Verknöcherungsbezirke im Ober- und Unterkiefer, Am Schultergürtel und Becken war kein Achsenskelett erkennbar (Abb. 2a). Im CCT fiel die unregelmäßig, wellig konturierte Schädelkalotte mit allenfalls knorpeläquivalentern Dichtewerten (mit Ausnahme von Maxilla und Mandibula) und die schlechte Abgrenzbarkeit zwischen Rinde und Mark als Hinweis für ein deutliches Nekrosestadium der Hirnsubstanz auf (Abb. 2b).

Histopathologisch fand sich ein überreicher Nachweis von Osteoid, und eine ausgeprägte Untermineralisation. Weiter wurde ein leichtes Hirnödem, eine Lungendysplasie, sowie gravierende pathologische Veränderungen an Leber und Niere beschrieben.

Diskussion

Da bei unserem Kind die AP überhaupt nicht nachweisbar ist und eindeutig hochgradige Mineralisationsstörungen im Babygramm vorliegen [16], handelt es sich bei dem Zwergwuchs um eine neonatale letale Form der Hypophosphatasie. Klinisch besteht zusätzlich der Verdacht auf ein AGS, das laborchemisch nicht gesichert wurde.

Retrospektiv verstarb das 2. Kind dieser Familie an der gleichen Krankheit wenige Stunden post partum. Die alkalische Phosphatase war – bei begleitender Hyperphosphatämie – mit 24 U/l deutlich erniedrigt und es lagen erhebliche Mineralisationsstörungen vor. Gleichsinnige Befunde von Chodirker [2] unterstützen die Diagnose. Bei diesem Kind konnte ein AGS laborchemisch gesichert werden. Ein lebendes Kind der Familie ist gesund, die älteste Tochter leidet an einem AGS mit Salzverlust. Bei der Mutter wurde laborchemisch eine erniedrigte, beim Vater eine niedrig normale AP gefunden. Die 356 Fälle von Hypophosphatasie aus der uns zur Verfügung stehenden Literatur [1–23, u.a.] gliedern sich wie folgt auf: 60 Erkrankungen prae- und perinatal (= 17%), 251 kindliche Fälle und 45 adulte Patienten. In circa 35% handelt es sich um familiäre Erkrankungen. Bis dato gibt es drei Berichte über das gleichzeitige Auftreten vererbter Stoffwechselerkrankungen zusammen mit der Hypophosphatasie: Morquio-Brailsford-Syndrom (zit. n. 22, Lowry RB et al.) Phenylketonurie (zit. n. 18, Blaskovics ME) und Hyperprolinämie (de Vries HR).

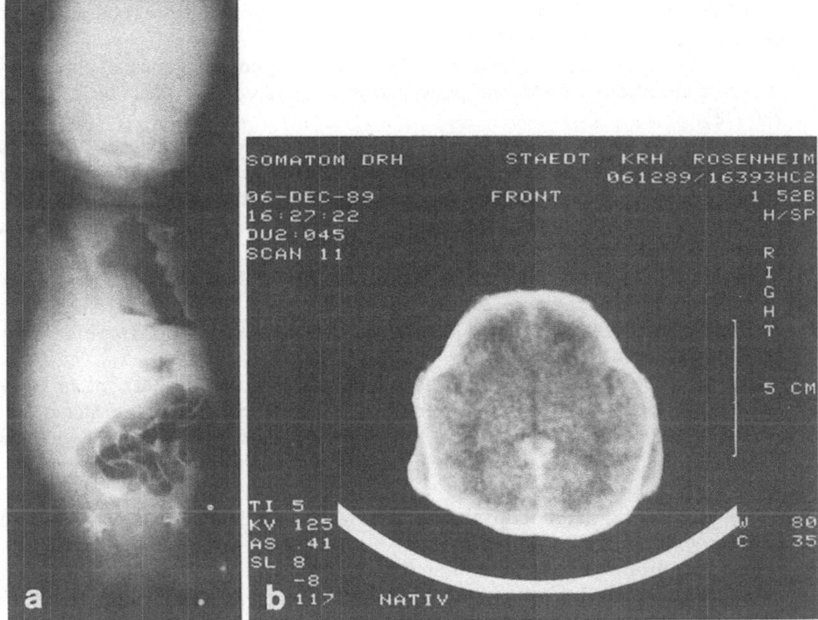

Abb.2 a,b. a Babygramm, Achsenskelett nicht abgrenzbar. Einzelne Verknöcherungsbezirke an Maxilla, Mandibula, Teilen des Schultergürtels und des Beckens. Linksseitiger Pneumothorax. **b** CCT, wellig konturierte Kalotte, knorpeläquivalente Dichtewerte; schlechte Rinden-Mark-Differenzierung (Nekrose)

Die Kombination der seltenen letalen neonatalen Hypophosphatasie mit dem autosomal rezessiv vererbten AGS (Häufigkeit 1:5000, Genlocus auf Chromosom 6), ist als absolute Rarität anzusehen. Da beide Genorte eindeutig identifiziert sind, handelt es sich um ein zufälliges Zusammentreffen zweier autosomal rezessiv vererbter Krankheiten.

Danksagung
Die Autoren sind Herrn Prof. Giedion, Zürich, Herr Prof. Endres und Frau Dr. Daumer, München für ihre Unterstützung zu Dank verpflichtet.

Literatur

1. Chitayat D, McGillivary BC, Rothstein R, Flodmark O, Priddy RW, Ebelt VJ, Lireman DS, Hall JG (1990) Familial renal hypophosphatasia, minor facial anomalies, intracerebral calcifications, and non-raschitic bone changes: apparently new syndrome? Am J Med Genet 35:406–414
2. Chodirker BN, Evans JA, Seargeant LE, Cheang MS, Greenberg CR (1990) Hyperphosphatemia in infantile hypophophatasia: implications for carrier diagnosis and screening. Am J Hum Genet 46:280–285
3. Chuck AJ, Pattrick MG, Hamilton E, Wilson R, Doherty M (1989) Crystal deposition in hypophosphatasia: a reappraisal. Ann Rheum Dis 48:571–576
4. Emery AEH, Rimoin DL (eds.) (1983) Principles and practice of medical genetics. Churchill Livingstone Edinburgh London Melbourne and New York, Vol 2:746–751

5. Fedde KN, Whyte MP (1990) Alkaline phosphatase (tissue-nonspecific isoenzyme) is a phosphoethanolamine and pyridoxal-5-phosphate ectophosphatase: normal and hypophosphatasia fibroblast study. Am J Hum Genet 47:767–775
6. Fedde KN, Cole De, Whyte MP (1990) Pseudohypophosphatasia: abberant localization and substrate specificity of alkaline phosphatase in cultured skin fibroblasts. Am J Hum Genet 47: 776–783
7. Greenberg CR, Evans JA, McKendry-Smith S, Redekopp S, Haworth JC, Mulivor R, Chodirker BN (1990) Infantile hypophosphatasia: localization within chromosome region 1p36.1-34 and prenatal diagnodsis usin linked DNA markers. Am J Hum Genet 46:286–292
8. Harper MC (1989) Metabolic bone disease presenting as multiple recurrent metatarsal fractures: a case report. Foot Ankie 9:207–209
9. MacFarlane JD, Swart JG (1989) Dental aspects of hypophosphatasia: a case report, family study, and literature review. Oral Surg Oral Med Oral Pathol 67:521–526
10. McKusick VA (1989) Mendelian inheritance in man, 6th ed. Johns Hopkins Univ Press Baltimore and London, pp 411, 1009
11. Moore CA, Ward JC, Rivas ML, Magill HL, Whyte MP (1990) Infantile hypophosphatasia: autosomal recessive transmission to two related sibships. Am J Med Genet 36:15–22
12. Oestreich AE, Bofinger MK (1989) Prominent transverse (Bowdler) bone spurs as a diagnostic clue in a case of neonatal hypophosphatasia without metaphyseal irregularity. Pediatr Radiol 19:341–342
13. Rathbun JC (1948) „Hypophosphatasia", new developmenttal anomaly. Am J Dis Child 75:822–831
14. Royce PM, Blumberg A, Zurbrügg RP, Zimmermann A, Colombo JP, Steinmann B (1988) Lethal osteogenesis imperfecta: abnormal collagen metabolism and biochemical characteristics of hypophosphatasia. Eur J Pediatr 147:626–631
15. Scriver CR, Cameron D (1969) Pseudohypophosphatasia. N Engl J Med 281:604–606
16. Silverman FN, Kuhn JP (1985) Essentials of Caffey's pediatric x-ray diagnosis. Year Book Med Publ Inc Chicago et el 88:897–903
17. Smith M, Weiss MJ, Dracopoli NC et al. (1988) REgional assignement of the gene for human liver/bone/kidney alkaline phosphatase to chromosome 1p36.1-34. Genomics 2:139–143
18. Terheggen HG, Wischermann A (1984) Congenital hypophosphatasia. Monatsschr Kinderheilkd 132:512–522
19. Weiss MJ, Cole DE, Ray K, Whyte MP, Lafferty MA, Mulivor RA, Harris H (1988) A missense mutation in the human liver/bone/kidney alkaline phosphatase gene causing a lethal form of hypophosphatasia. Proc Natl Acad Sci 85:7666–7669
20. Weiss MJ, Cole DE, Ray K, Whyte MP, Lafferty MA, Mulivor R, Harris H (1989) First identification of a gene defect for hypophosphatasia: evidence that alkaline phosphatase acts in skeletal mineralization. Connect Tissue Res 21:99–104
21. Weiss MJ, Ray K, Fallon MD, Whyte MP, Fedde KN, Lafferty MA, Mulivor RA, Harris H (1989) Analysis of liver/bone/kidney alkaline phosphatase mRNA, DNA, and enzymatic activity in cultured skin fibroblasts from 14 unrelated patients with severe hypophosphatasia. Am J Hum Gen 44:686–694
22. Whyte MP (1989) Hypophosphatasia, In: Scriver C et al. (eds.): The metabolic basis of inherited disease, Vol II, Mc Graw-Hill Comp New York et al., Chpt 116:2843–2856
23. Van Dongen PW, Hamel BC, Nijhuis JG, De Boer CN (1990) Prenatal follow-up by ultrasound: case report. Eur J obnstet Gynecol Reprod Biol 34:283–288

Idiopathische Hypercalciurie und Thiaziddiuretika

A. Cronenberg, E. Keck

Rheumaklinik II und Forschungsinstitut für Osteologie und Rheumatologie, Leibnizstraße 23, W-6200 Wiesbaden, BRD

Einleitung

Die idiopathische Hypercalciurie ist definiert als tägliche Urincalciumausscheidung von mehr als 4 mg/kg KG in Abhängigkeit von Alter und Geschlecht [4]. Bereits der tägliche Calciumverlust von 40 mg kann zu einem jährlichen Knochenmasseverlust von 1,5% führen [2].

Patienten und Methodik

Bei 1416 Patienten mit Erkrankungen aus dem osteologischen oder degenerativ / entzündlichen rheumatischen Formenkreis wurde 1990 in unserer Klinik eine Urinelektrolytbestimmung durchgeführt. Patienten mit einer in mindestens 2 Kontrollen gesteigerten Calciumausscheidung wurden in die weitere Untersuchung aufgenommen.

Eine weitergehende Analyse konnte mit Hilfe der zur Verfügung stehenden Krankengeschichten und osteodensitometrischer Ergebnisse, gemessen mit Hilfe der Dualen Photonenabsorptiometrie (Novo Lab 22a) im Bereich der LWK 2–4. Ferner folgende Laborparameter, bestimmt mit Hilfe handelsüblicher Meßmethoden: Blutbild, Differentialblutbild, Serum-Elektrophorese, Transaminasen, Retentionswerte, Serumelektrolyte, BSG, C-reaktives Protein, TSH, T3, T4, LH, FSH, midregionales Parathormon sowie das basale Cortisol.

Ergebnisse

Von 62 Fällen, die in mindestens 2 Kontrollen mit einer erhöhten Calciumurinausscheidung auffielen, ließen sich 29 Fälle (46,8%) auf eine neu eingeleitete oder akut gesteigerte Kortikoidmedikation zurückführen. Bei 7 Patienten (11,3%) konnte ein primärer Hyperparathyreoidismus diagnostiziert werden und in 26 Fällen (41,9%) lag eine idiopathische Hypercalciurie vor. Der Referenzbereich für die tägliche Calciumausscheidung lag bei den Frauen bei 2,5–6,0 mmol und bei den Männern zwischen 2,5–7,5 mmol.

Normwertig präsentierten sich die basalen endokrinen Werte für die thyreo-, gonado- und corticotrope Achse. Ferner zeigten sich laborchemisch unauffällige Entzündungsparameter,

T. H. Ittel H.-G. Sieberth H. H. Matthiaß (Hrsg.)
Aktuelle Aspekte der Osteologie

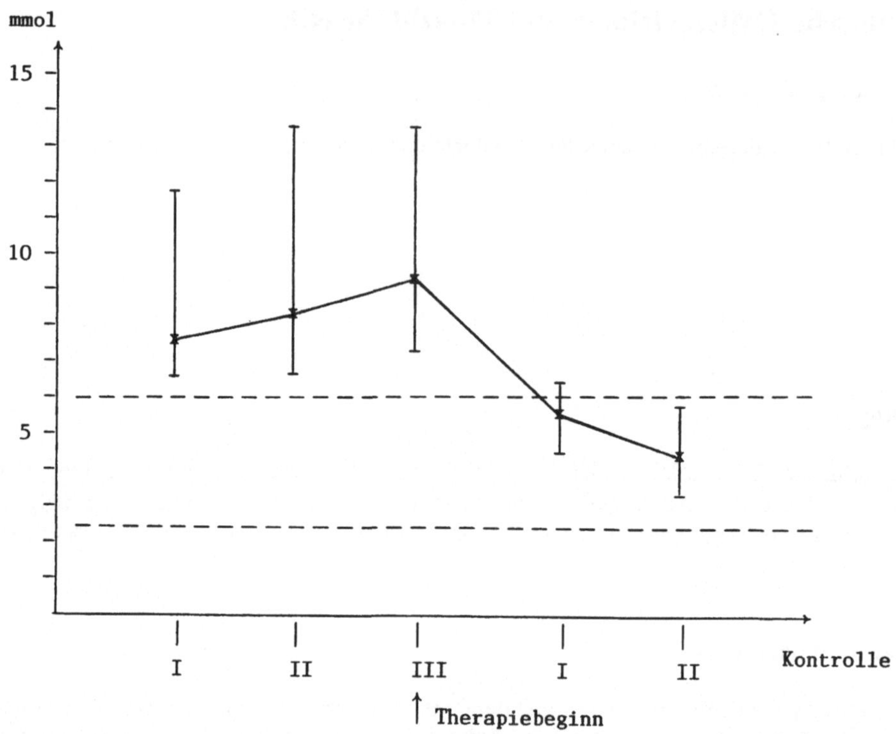

Abb. 1. Tägliche Urincalciumausscheidung bei 24 Frauen mit einer idiopathischen Hypercalciurie vor und nach Therapiebeginn

Retentionswerte, Serum-Elektrolyte, Blutbild, Serum-Elektrophorese, Transaminasen sowie die Bestimmungen des mid-regionalen Parathormons.

Von den 26 Patienten waren 24 weiblichen (mittleres Lebensalter 60,2 Jahre) und 2 männlichen Geschlechts (mittleres Lebensalter 58,5 Jahre). Die durchschnittliche tägliche Calciumausscheidung lag bei den Frauen in der ersten Kontrolle bei 7,8 mmol (6,5–11,8 mmol), 2. Kontrolle 8,2 mmol (6,7–13,4 mmol) und in der dritten Kontrolle bei 9,3 mmol (7,1–13,4 mmol). Bei den Männern in zwei Kontrollen jeweils bei 9,9 mmol (8,9–10,9 mmol).

Nach Einleitung einer Behandlung mit 25 mg Hydrochlorothiazid/d konnte bei den Frauen nach 7,3 Tagen (4–11 Tage) eine signifikante ($p \leq 0,01$) Senkung der Urincalciumausscheidung beobachtet werden (Abb. 1). Bei den Männern wurde nach 6tägiger Behandlung die Calciumausscheidung mit 7,8 mmol (7,0–8,6 mmol) bestimmt.

Innerhalb dieses Zeitraumes wurde in beiden Gruppen eine Abnahme des Serum-Kaliumspiegels um 6,9% (vor Therapie 4,34 mmol/l (3,7–5,1 mmol/l), unter Therapie 4,04 mmol/l (3,5–4,5 mmol/l)) verzeichnet. Keine relevante Änderung zeigte sich für die übrigen Elektrolyte.

Der mittlere totale Knochenmineralgehalt lag bei allen Frauen mit 27,69 gHA (21,43 – 43,47 gHA) und bei den Männern mit 31,33 gHA (27,94–34,71 gHA) an der unteren Grenze des -2 SD-Bereiches für die alters- und geschlechtsspezifischen Kontrollen.

In drei Fällen ließ sich eine Hypercalciurie bereits in den zurückliegenden 12 Monaten nachweisen (1. Kontrolle 7,7 mmol/d (6,5–10,5 mmol/d), 2. Kontrolle 8,0 mmol/d (6,6–10,9 mmol/d)), ohne das zunächst eine spezifische Behandlung erfolgte. Osteodensitometrisch wurde eine Abnahme des mittleren totalen Knochenmineralgehaltes von 27,18 gHA (23,38–34,26 gHA) auf 21,96 gHA (21,43–22,49 gHA), entsprechend 19,2%, innerhalb von 12 Monaten beobachtet.

Diskussion

Bereits nach einer durchschnittlichen Behandlungszeit von 6–7 Tagen konnte eine signifikante Senkung der täglichen Calciumausscheidung unter Thiaziddiuretika bei den untersuchten Patienten beobachtet werden. Diese Ergebnisse decken sich mit den Angaben von Transbøl et al. [6], der jedoch bei knochengesunden menopausalen Frauen nur einen transitorischen, ca. 6 Monate anhaltenden, Effekt der Thiazide beschrieb.

Mehrere große retrospektive Studien haben aber gezeigt, daß die Inzidenz auftretender Oberschenkelhalsfrakturen unter einer Behandlung mit Thiaziddiuretika, vorwiegend eingesetzt im Rahmen einer antihypertensiven Therapie, deutlich gesenkt werden konnte. Neuere Untersuchungen lassen den Schluß zu, daß die Behandlung mit Thiaziden über direkte tubuläre Effekte eine anhaltende Senkung der Calciumausscheidung hervorrufen und die 1α-Hydroxylierung des 25-Hydroxy-Vitamin D hemmen, die Nebenschilddrüsenfunktion jedoch nicht beeinflußt wird [3]. Die resultierende Verminderung der intestinalen Calciumabsorption könnte trotz einer gesteigerten tubulären Calciumreabsorption zu einer negativen Beeinflußung der Calciumhomöostase führen, die ihrerseits als Gegenregulation eine vermehrte ossäre Calciummobilisation zur Folge haben könnte [1]. Exakte Daten für diese Regulationsmechanismen liegen zur Zeit nicht vor.

In höheren Dosierungen bewirken die Thiaziddiuretika eine Steigerung der Bicarbonat- und Kaliumausscheidung, weshalb regelmäßige Kontrollen des Serum-Kaliumspiegels notwendig werden. In der vorliegenden Untersuchung zeigte sich ein initialer Abfall des Serum-Kaliums um durchschnittlich 6,9%.

In drei Fällen, in den eine Hypercalciurie zunächst einmalig auffiel und eine entsprechende medikamentöse Behandlung nicht erfolgte, zeigte sich eine Abnahme des totalen Knochenmineralgehaltes um ca. 19% in 12 Monaten. Hier muß eine parathormonunabhängige gesteigerte ossäre Calciummobilisierung bei gleichzeitig gesteigerter renaler Calciumeliminierung zur Aufrechterhaltung der Homöostase unterstellt werden. Angaben in der Literatur zu den Auswirkungen längerfristig persistierender Hypercalciurien auf den Knochenmineralgehalt liegen zur Zeit nicht vor.

Zusammenfassung

Thiaziddiuretika haben ihren Platz im Behandlungskonzept der Osteopenie bei Vorliegen einer idiopathischen Hypercalciurie. Eine signifikante Senkung ($p \leq 0{,}01$) der Urinalcalciumausscheidung gelingt bereits nach mehrtägiger Behandlung mit Hydrochlorothiazid.

Literatur

1. Cronenberg A, Keck E (1991) Thiazid-Diuretika und Calciumstoffwechsel. Dtsch med Wschr 116:270
2. Heaney RP, Recker RR, Saville PD (1978) Menopausal changes in bone remodelling. J Lab Clin Med 92:964
3. Krause U, Zielke A, Schmidt-Gayk H et al. (1989) Hydrochloro-Thiazid führt über direkte tubuläre Effekte zu einer Calciumretention im Organismus. J Endocr Invest 12:531
4. Lemann J, Gray RW (1989) Idiopathic hypercalciuria. J Urol 141:715
5. Ray WA, Griffin MR, Downey W, Melton LJ (1989) Long-term use of thiazide diuretics and risk of hip fracture. Lancet 1:687
6. Transbøl I, Christensen MS, Jensen GF et al. (1982) Thiazide for the postponement of postmenopausal bone loss. Metabolism 31:383

Zur Pathomorphologie und Klinik der Myositis ossificans*

A. Bosse[1], E. Heidbring[2], P. Wuisman[3], H. Müller-Miny[4], A. Roessner[2]

[1]Institut für Pathologie, Universtitätsklinik, BG-Krankenanstalten Bergmannsheil Bochum, Gilsingstraße 14, W–4630 Bochum 1, BRD
[2]Gerhard Domagk-Institut für Pathologie, Westfälische Wilhelms-Universität, Domagkstraße 17, W–4400 Münster, BRD
[3]Klinik und Poliklinik für allgemeine Orthopädie, Westfälische Wilhelms-Universität, Albert-Schweitzer-Straße 33, W–4400 Münster, BRD
[4]Institut für klinische Radiologie, Westfälische Wilhelms-Universität, Albert-Schweitzer-Straße 33, W–4400 Münster, BRD

Einleitung

Bei der Myositis ossificans (M.o.) handelt es sich um eine nicht neoplastische Knochenneubildung in den Weichteilen. Sie wird unterteilt in eine nicht-traumatische, traumatische und eine neuropathische Form [1]. Während die beiden letzteren aufgrund ihrer Beziehung zu einem Trauma oder zu einer neurogenen Läsion in der Regel richtig diagnostiziert werden, kann die Abgrenzung der nicht-traumatischen M.o. von anderen mit Verknöcherungen einhergehenden Neubildungen Schwierigkeiten bereiten und zu der Fehldiagnose eines Sarkoms führen [2]. Dies gilt insbesondere dann, wenn im Anfangsstadium das klinische Bild an einen progredienten Tumor denken läßt, die radiologischen Veränderungen unspezifisch sind und die Diagnose an einer kleinen Biopsie histologisch gestellt werden muß [3].

Für alle Formen der M.o. ist die causale und formale Pathogenese weitgehend unbekannt. Einen neuen Zugang zur Klärung dieser offenen Fragen bietet der Einsatz von Antikörpern gegen nicht kollagene ossäre Strukturproteine, von denen das Osteonectin das bekannteste darstellt [4]. Obwohl es nicht absolut knochenspezifisch ist, nimmt es teil am Ossifikationsprozeß und an der Mineralisation und bietet sich somit für die Grundlagenforschung bei der M.o. an [5,6].

Material und Methode

Unter patho-morphologischen, klinischen und differentialdiagnostischen Aspekten wurden 60 Fälle mit einer M.o. analysiert. 15 ausgewählte Fälle unterschiedlichen Reifungsgrades wurden zusätzlich bzgl. des Expressionsverhaltens mit Antikörpern gegen das nicht kollagene ossäre Strukturprotein Osteonectin durch Anwendung einer modifizierten APAAP-Methode untersucht.

Ergebnisse

Bei den 60 M.o.-Fällen handelte es sich 29 x um eine posttraumatische, 28× um eine nicht-traumatische und in 3 Fällen um eine neuropathische Form. Am häufigsten war die Oberschenkelmuskulatur betroffen (33×), gefolgt vom Oberarm-Schultergürtelbereich

* Mit finanzieller Unterstützung des Hauptverbandes der Gewerblichen Berufsgenossenschaften e.V.

T. H. Ittel H.-G. Sieberth H. H. Matthiaß (Hrsg.)
Aktuelle Aspekte der Osteologie

(11×) sowie vom Kniebereich (9×). Die meisten Fälle traten in der 2ten Lebensdekade auf (26×), bei einer ansonsten nahezu gleichmäßigen Verteilung bis hin zum 7ten Lebensjahrzehnt. Bei der posttraumatischen Form kam es am häufigsten in den ersten 5 Wochen nach dem Unfallereignis zu einer Knochenneubildung (10×), vereinzelt aber auch noch nach 2 Jahren.

Histologisch ließ sich eine Knochenneubildung unterschiedlicher Ausreifung nachweisen. Eingestreut fanden sich oftmals kleinste Knorpelinseln. Bei großflächigem Material ließ sich eine zonale Gliederung nachvollziehen mit zentral gelegenem fibroplastischen Gewebe bei erhöhter Mitoserate. Zur Peripherie hin erfolgte eine Ausreifung bis hin zum Lamellenknochen. Typischerweise fanden sich in allen Zonen komprimierte und eingschlossene Residuen von Muskelfasern. Radiologisch imponierte oftmals eine erhebliche Knochenneubildung mit pseudotumorösem Aspekt (Abb. 1).

In 21 Fällen wurde ursprünglich eine nicht zutreffende Verdachtsdiagnose gestellt (6× paraossales Osteosarkom, 3× osteoblastisches Sarkom, 4× Fibrosarkom, 3× Exostosen, 2× Osteochondrom, je einmal Osteom, Periostitis und Tendovaginitis). Sämtlichen primären Sarkomdiagnosen wurden bei dem nicht-traumatischen Subtyp gestellt (Abb. 2).

Die ergänzend durchgeführten Untersuchungen mit Antikörpern gegen das Osteonectin zeigten eine stark positive Immunreaktion in den proliferierenden osteoblastären Arealen unter Einbeziehung der im Randbereich gelegenen Fibroblasten. Bei den ausgereiften Formen bestand eine eher geringgradige Immunexpression ausschließlich in den schmalen paraossal gelegenen Osteoblastensäumen, das intermediäre Stroma war negativ markiert, ebenso wie die quergestreifte Muskulatur (Abb. 3).

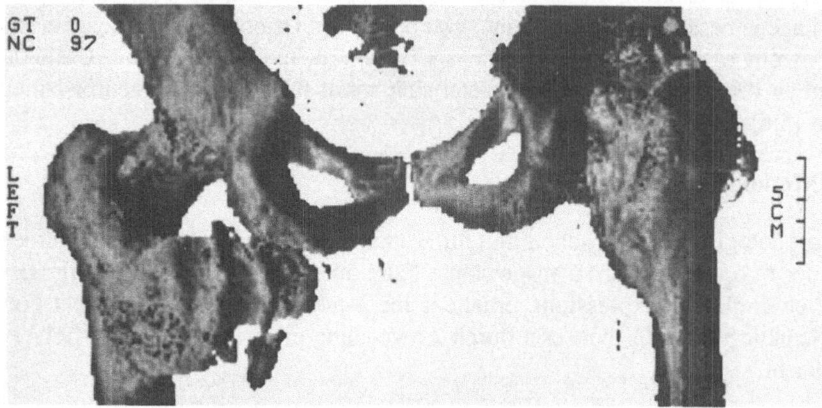

Abb. 1. 3-D-CT-Darstellung der Hüfte mit ausgeprägter heterotoper periartikulärer Knochenneubildung bei einem Querschnittsgelähmten

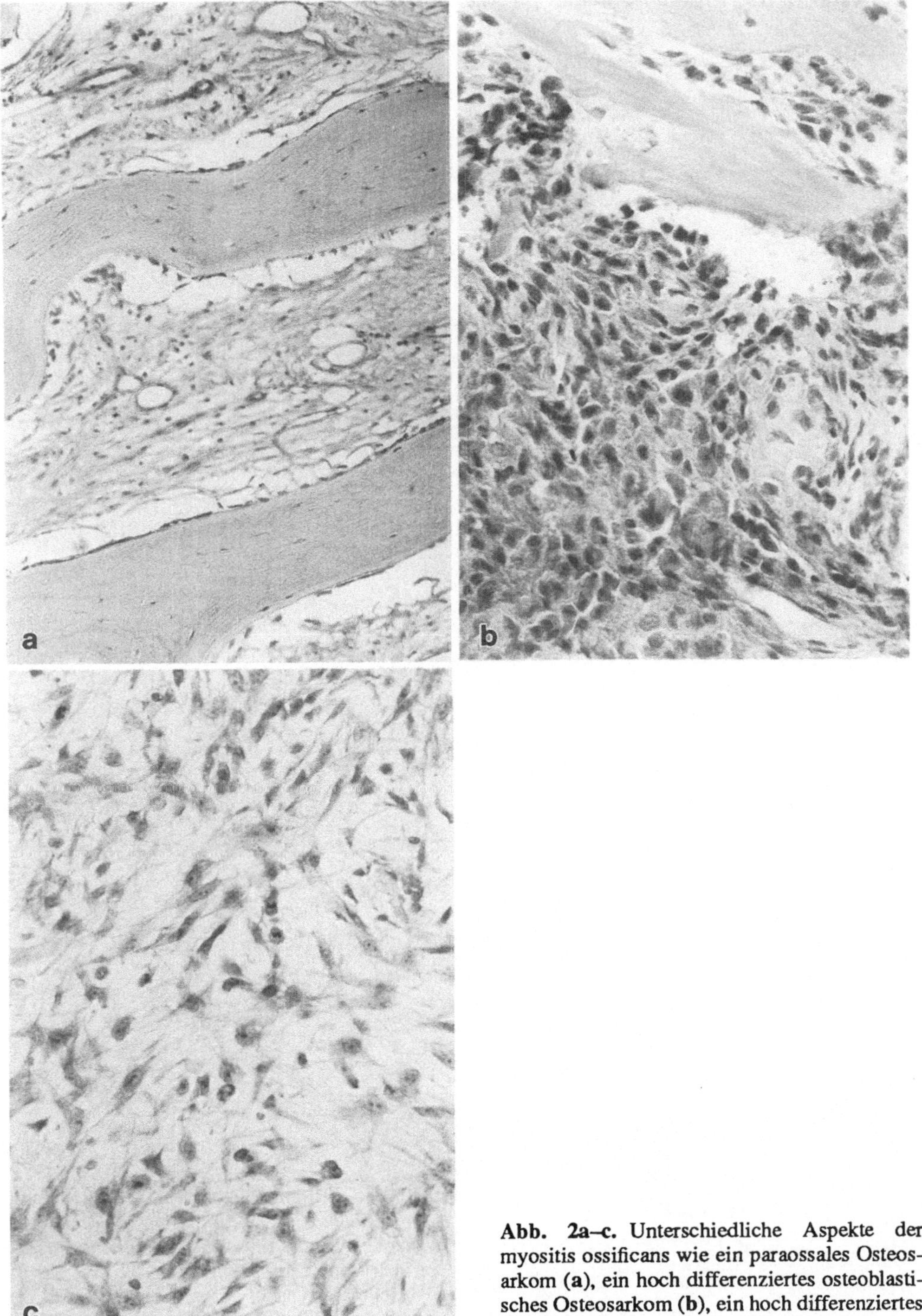

Abb. 2a–c. Unterschiedliche Aspekte der myositis ossificans wie ein paraossales Osteosarkom (**a**), ein hoch differenziertes osteoblastisches Osteosarkom (**b**), ein hoch differenziertes myxoides Fibrosarkom (**c**); alle HE, × 360

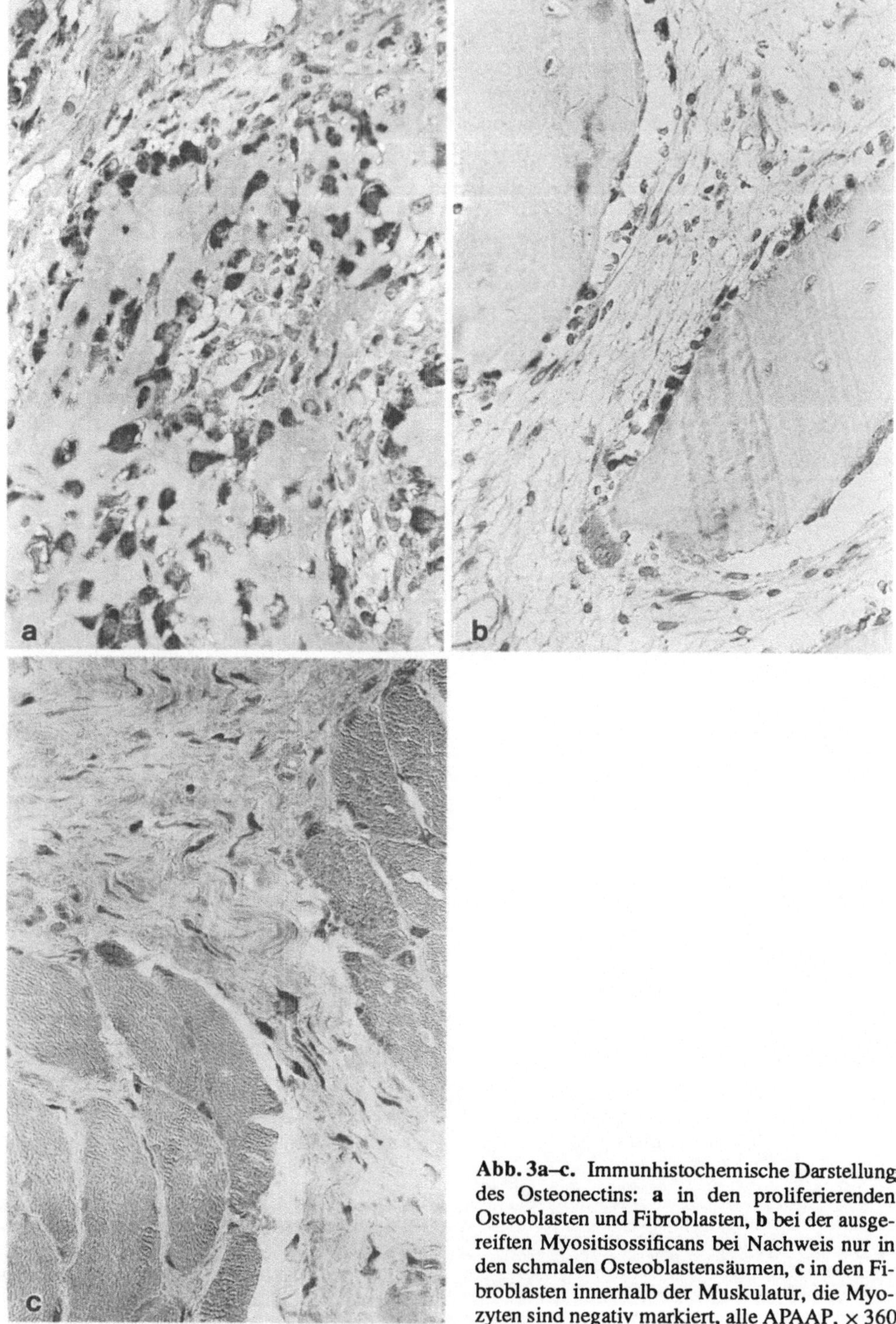

Abb. 3a–c. Immunhistochemische Darstellung des Osteonectins: **a** in den proliferierenden Osteoblasten und Fibroblasten, **b** bei der ausgereiften Myositisossificans bei Nachweis nur in den schmalen Osteoblastensäumen, **c** in den Fibroblasten innerhalb der Muskulatur, die Myozyten sind negativ markiert, alle APAAP, × 360

Diskussion

Die vorliegende Untersuchung an 60 Fällen einer M.o. zeigt, daß insbesondere jüngere Menschen in der Zeitspanne erhöhter Aktivität und Mobilität eine M.o. bekommen. Die neuropathische Form geht oftmals mit ausgedehnter periartikulären Knochenneubildung einher, die zu einer vollständigen Becken-Ankylosierung von Querschnittsgelähmten führen kann [7]. Die Rehabilitation und Prognose von Querschnittsgelähmten wird dadurch erheblich eingeengt [8]. Bzgl. der Diagnose ergeben sich insbesondere bei der nicht-traumatischen Form erhebliche Schwierigkeiten, da hier der klinische Verlauf vordergründig an ein progredientes Tumorleiden denken läßt, und die Diagnose oftmals an einer kleinen Biopsie histologisch gestellt werden muß. Werden dabei stark proliferierende osteoblastische Areale oder parallel verlaufende hyperplastische Knochenbälkchen angetroffen, sind nicht zutreffende Differentialdiagnosen wie die eines osteoblastischen oder paraossalen Osteosarkoms verständlich, ebenso wie die eines Fibrosarkomes, wenn in der Biopsie ausschließlich zellreiche fibroplastisch differenzierte Proliferationszentren angetroffen werden, die darüber hinaus oftmals auch noch eine erhöhte Mitoserate aufweisen.

In der vorliegenden Untersuchung wurde 6× die Differentialdiagnose eines paraossalen Osteosarkoms, 3× eines osteoblastischen Osteosarkoms und 4× eines Fibrosarkoms erwogen. Diese Fälle gehörten ausschließlich zur nicht-traumatischen Gruppe der M.o.. Nur eine konsequente Kenntnis der oftmals atypischen Bilder der M.o. unter Einbeziehung der Klinik und des radiologischen Befundes kann bei diesen Problemfällen zu einer richtigen Einschätzung dieses Krankheitsbildes führen.

Die Untersuchung zur formalen Pathogenese mit Antikörpern gegen das Osteonectin geben diesem Strukturprotein den Stellenwert eines Funktionsmarkers mit erhöhter Aktivität in den proliferierenden osteoblastischen Arealen bei nur geringem Nachweis in den ausgereiften M.o.-formen. Die Fibroblasten sind im Gegensatz zu den Myozyten integriert in die Osteogenese und wirken als Osteoprogenitorzellen. Die Myositis ossificans erweist sich anhand des Expressionsverhaltens für das Osteonectin als eine Fehlbezeichnung, eher handelt es sich um eine fibro-ossäre in der Muskulatur gelegene Metaplasie

Zusammenfassung

Die Myositis ossificans (M.o.) zeigt bzgl. Pathomorphologie und Klinik ein oftmals sehr heterogenes Bild, welches insbesondere bei der nicht-traumatischen Form an ein progredientes Tumorleiden denken läßt. Bei 60 Fällen mit M.o. wurden in über 50% der 28 nicht-traumatischen Formen ursprünglich der Verdacht auf das Vorliegen eines Sarkoms anhand der Biopsie geäußert. Dieser hohe Prozentsatz unterstreicht die Bedeutung der richtigen Einschätzung von klinischen und radiologischen Befunden dieser Problemfälle. Ergänzend durchgeführte Untersuchungen zur Histogenese mit Antikörpern gegen das Strukturprotein Osteonectin weisen die Fibroblasten als Osteoprogenitorzellen aus und belegen, daß die Myozyten offensichtlich nicht an dem Ossifikationsprozeß beteiligt sind. Eher handelt es bei diesem Krankheitsbild um eine fibro-ossäre Metaplasie.

Literatur

1. Ackermann LV (1958) Extra-osseous localized non-neoplastik bone and cartilage formation (so-called myositis ossificans). J Bone Joint Surg [Am] 40(2):279–298
2. Kewalramani LS, Orth MS (1976) Ectopic ossification. Am J Phys Med 56 (3):99–121
3. Jackson DW (1975) Managing myositis ossificans. Phys Sports Med October :56-61
4. Termine JD, Kleiman HK, Whitson SW et al. (1981) Osteonectin, a bone-specific protein linking mineral to collagen. Cell 26:99–105
5. Bosse A, Roessner A, Wuisman P et al. (1990) The impact of osteonectin for differential diagnosis of bone tumors. An immunohistochemical approach. Path Res Pract 186:651–657
6. Bosse A, Roessner A, Wuisman P et al. (1991) Histogenesis of clear cell chondrosarcoma. An immunohistochemical study with the non-collagenous structure protein osteonectin. J Cancer Res Clin Oncol 117:43–49
7. Wharton GW, Morgan TH (1970) Ankylosis in the paralyzed patient. J Bone Joint Surg [Am] 52:105–112
8. Nechwatal E (1972) Die Vermeidung heterotoper Ossifikation – ein zentrales Problem bei der Frühbehandlung von Querschnittsgelähmten. Z F Orthop 110:590–596

Die histologische Differentialdiagnose der aseptischen Knochennekrose

M. Bély

Landesinstitut für Rheumatologie, 114. Pf. 54, H–1525 Budapest

Einleitung

Die Vermeidung von Komplikationen bei und nach der Operation von Knochenfrakturen sei das Ziel aller Orthopäden. Ein Hindernis für eine erfolgreiche Operation kann jedoch der Zustand des zu operierenden Knochengewebes darstellen. Es kann gesund oder nekrotisiert sein. Natürlich wird bei allen Frakturen eine radiologische Untersuchung durchgeführt, doch – wie bekannt – kann eine aseptische Knochennekrose (AN) trotz eines negativen radiologischen Befundes vorhanden sein. In solchen Fällen kann die Knochennekrose nur durch eine histologische Untersuchung nachgewiesen werden. In anderen Fällen – z.B. bei inveterierten Knochenfrakturen – kann bei der radiologischen Untersuchung neben einer Fraktur auch eine aseptische Knochennekrose diagnostiziert werden. Es bleibt aber fraglich, ob die Nekrose infolge einer inveterierten Fraktur entstand, oder ob nekrotisierendes Knochengewebe sekundär gebrochen ist.

Bei der Fraktur eines gesunden Knochens ist die AN Folge einer lokalen Ursache, eines lokalen Traumas. Bei dem sekundären Bruch im abgestorbenen Knochengewebe dagegen ist die Knochennekrose Folge einer Allgemeinerkrankung. In Hinblick auf die zu wählende Operation und Nachbehandlung, bzw. für die Prognose wäre es sehr wichtig zu unterscheiden ob die AN infolge der Fraktur eines gesunden Knochens aufgetreten ist, oder ob eine sekundäre Fraktur eines – aus allgemeiner Ursache – nekrotisierten Knochengewebes vorliegt.

Bevor wir die Möglichkeit der histologischen Differentialdiagnose sprechen wollen wir überlegen, wie eine Knochennekrose entsteht, bzw. wie, warum sie radiologisch „stumm" bleiben kann.

Die Ursache einer Knochennekrose ist letzten Endes immer eine Ischämie. Wenn die Blutversorgung der Knochenzellen länger als 6–12 Stunden ausbleibt, sterben die Knochenzellen ab [9, 10], auch wenn die Blutversorgung inzwischen wieder in Gang kommt. (Die Blutversorgung der Knochenzellen wird durch Diffusion entlang der Ausläufer der Osteozyten gewährleistet – die Knochenzellen perzipieren den Ausfall der Blutversorgung deshalb erst nach einer gewissen Zeit.)

Die Nekrobiose der Zellen – ein zeitaufwendiger Prozeß – entsteht durch die eigenen autolytischen Zellenzyme (die Makrophagen können die Knochenzellen nicht erreichen), 2–4 Wochen nach der Ischämie verschwinden die Knochenzellen [2–6]. Die Knochennekrose wird deshalb histologisch erst 2–4 Wochen nach der Ischämie sichtbar.

T. H. Ittel H.-G. Sieberth H. H. Matthiaß (Hrsg.)
Aktuelle Aspekte der Osteologie

Die aus den abgestorbenen Zellen freiwerdenden Enzyme zerstören die Osteozytenkapsel, bzw. das umliegende Knochengewebe. Der Ausfall der Syntheseaktivität der abgestorbenen Zellen verursacht submikroskopische Veränderungen im Knochengewebe. Die Kollagenstruktur des Knochengewebes wird „locker", die Orientation der Proteglykan-Aggregaten vermindert und das Knochengewebe wird schwach.

In diesem Stadium gibt es noch keine radiologischen Veränderungen. Sie entstehen erst bei 30%iger Verminderung der Knochenmenge, bzw. des Kalkgehalts. In diesem Stadium ist das Knochengewebe also schwach – histologisch schon abgestorben – radiologisch jedoch scheint es noch intakt. Radiologische Zeichen einer Knochennekrose lassen sich gemäß entsprechenden Literaturhinweise erst 6–28 Monate nach der Ischämie beobachten [7, 8].

Durch diese „Grundkenntnisse" können wir nun verstehen, was die Möglichkeiten einer histologischen Differentialdiagnose – Knochennekrose als Bruchfolge oder sekundär gebrochene Knochennekrose – sind.

Die Differentialdiagnose wird durch die Lage der Bruchlinie, bzw. der Nekrose ermöglicht. Bei einem traumatischen Bruch stirbt das jenseits der Bruchlinie liegende Gebiet ab, da seine Blutversorgung mehr oder weniger verloren hat. Der Stumpf dagegen behält seine Verbindung zum Organismus, er bleibt also intakt. Die Bruchlinie liegt deshalb an der Grenze des gesunden Stumpfs, zu dem mehr oder weniger abgestorbenen Gebiet dem Bruchteil. Bei einem sekundären Bruch, der wegen einer allgemeinen Erkrankung auftritt liegt dagegen die Bruchlinie innerhalb des nekrotischen Areals (es bricht wie ein trockener Ast). Der Stumpf ist ebenso wie der Bruchteil – mehr oder weniger abgestorben.

Um diese Theorie zu beweisen, haben wir ein Tierexperiment durchgeführt.

Material, Methode und Ergebnisse

Die Experimente wurden an 12 Kaninchen (Gewicht: 1,5 kg) in Äthernarkose vorgenommen. Auf operativem Wege hat man rechtseitige Schenkelhalsbrüche verursacht (Abb. 1); die den linken Schenkelkopf versorgenden Arterien wurden elektrokoaguliert. Nach 6 Monaten wurden die Kaninchen mit Äthernarkose getötet. Das abgestorbene Areal des linken Schenkelkopfes war bei 7 Kaninchen sekundär (spontan) gebrochen (Abb. 2). Die histologische Untersuchung der Umgebung der Bruchlinien hat die oben erwähnte Theorie bestätigt.

An dieser Stelle wollen wir auch den Begriff „lebendes Knochengewebe" definieren. Im Knochengewebe gibt es nämlich keine Endarterien (die Blutversorgungsgebiete überschneiden sich; die Knochennekrose kann deshalb nicht vollständig sein), das heißt nicht scharf begrenzt. Einige lebende, ihre Kernfärbung erhaltene Knochenzellen-Zellgruppen sind also auch im abgestorbenen Gebiet zu beobachten. Unseren Untersuchungen nach müssen in präexistierenden Knochenfeldern mindestens 50 kontinuierliche Knochenzellen mit erhaltener Kernfärbung vorhanden sein, um über ein lebendes Knochengewebe sprechen zu können.

Die exakte Bestimmung eines „lebendes Knochengewebes" war durch eine morphometrische Untersuchung möglich. Bei Originalvergrößerung 150fach wurden die Schnitte mit der Hilfe eines 10 × 10 mm großen Quadratgitters reihenweise durchgeprüft. An jedem

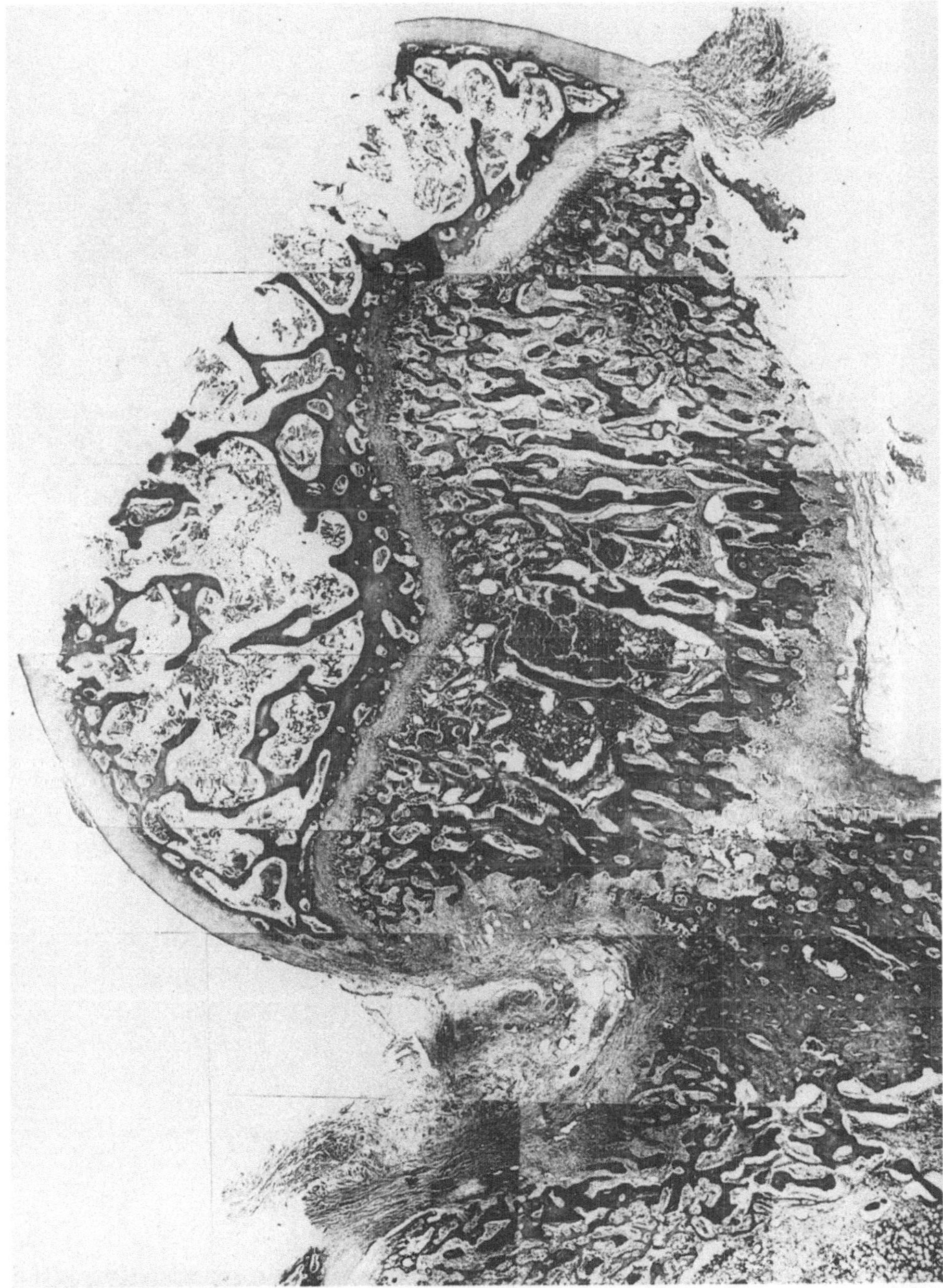

Abb. 1. Traumatischer Schenkelhalsbruch. Die Bruchlinie liegt an der Grenze des intakten Stumpfs und des mehr oder weniger verstorbenen Bruchteils. H-E, ×15

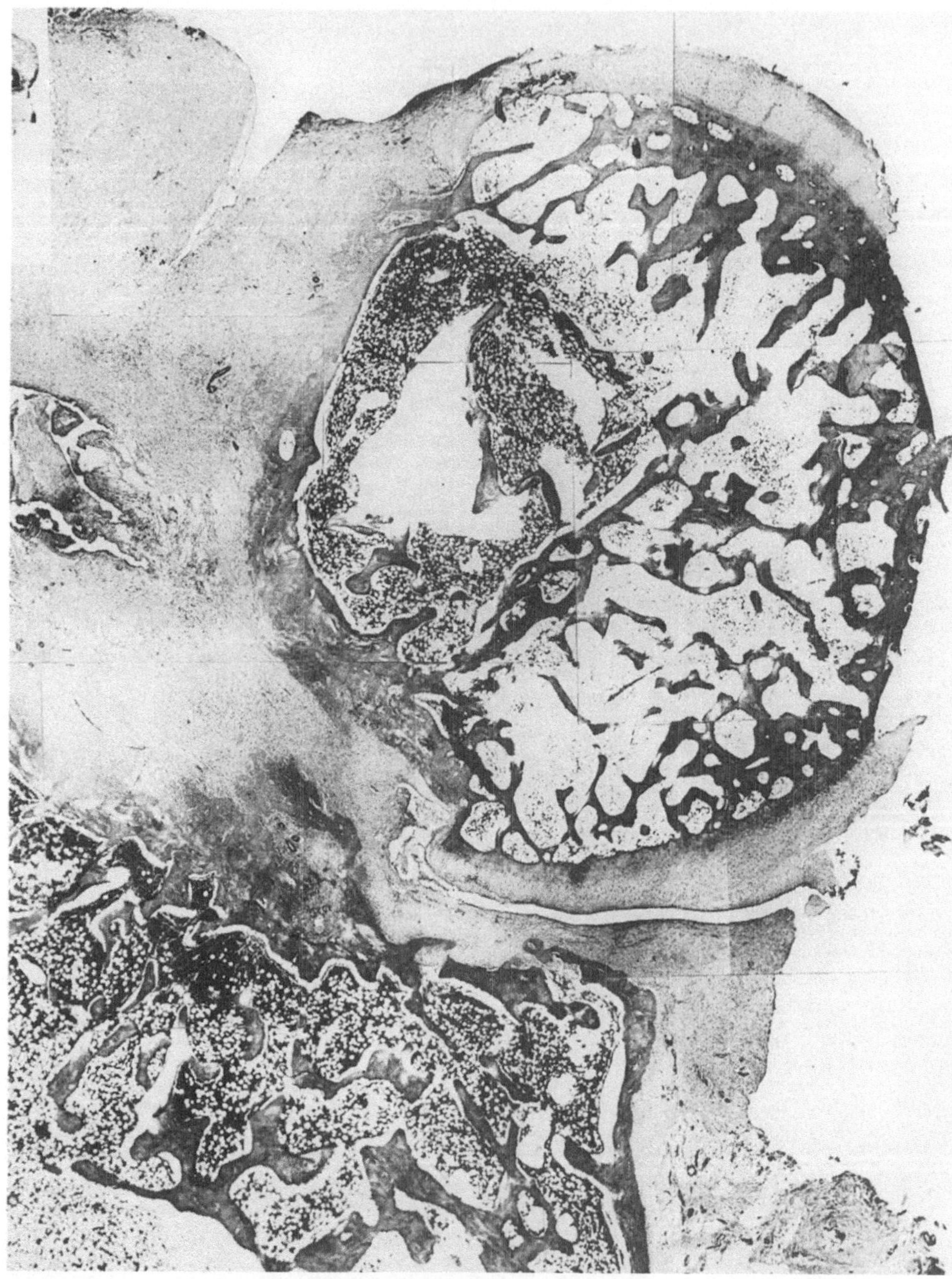

Abb. 2. Sekundär gebrochene AN. Die Bruchlinie liegt innerhalb des nekrotischen Gebiets. H-E, ×20

Tabelle 1. Die morphometrischen Daten der Abb. 1

							17:5	35:32 52.2%	49:45 52.1%	55:1 98.2%			
						12:1	13:18	62:51 54.8%	100:3 97%	58.103 36%	34:77 30.6%		
					58:0 100%	62·47 56.8%	52:32 61.9%	55:1 98.2%	50:149 25.1%	63:126 33.3%	44:122 26.5%		
					34:0	13:0	19:0	19:0	45:1	49:61 44.5%	46.34 57.5%	121:11 91.6%	
				53.9 85.5%	46:62 42.6%	14:0	24:14	30:9	30:2	78:0 100%	78:1 98.7%	126:7 94.7%	
				55:67 47%	0.0	38:3	44:39 57.14%	34:19 64.2%	41:60 40.6%	17:86 16.5%	27:3	54:95 36.2%	88:11 88.9%
				54 95 36.24%	0.0	39·19 67.24%	44:33 57.2%	49.16 75.3%	31:45 40.7%	49.36 57.65%	45:16 73.7%	54:95 36.24%	37:78 32%
				82:17 82.8%	67:9 88 2%	0:0	37:23 61.7%	37·78 32.2%	28.52 35%	30:35 85.7%	46:21 68.7%	40·38 51.3%	51:31 71 8%
				126:7 94 7%	82:17 82.8%	100 5 95.2%	71·2 97.3%	49 3 94 2%	52:40 56 5%	31.87 26.3%	50:90 35 7%	57.103 35 6%	
					78:0 100%	101 0 100%	74.10 88 1%	64 9 87 7%	120:4 96.8%	24·37 39 3%	44:30 59 5%	60.96 38 5%	
						154.5 96.8%	70:2 97 2%	56·0 100%	60.2 96.8%	82 42 66 1%	42.108 28%		
51:0 100%	86:0 100%	56·1 98.2%	68.1 98 5%	100 0 100%		115.13 89 8%	80.1 98 8%	190:4 97 9%	154·5 96.8%	70 1 98.6%	72:65 52.5%		
70:1 98 6%	96·3 94.1%	88:1 98 9%	130·1 99 2%	128:2 98 4%	155·1 99.36%								
39·0	52·1 98 1%	84:0 100%	67·0 100%	63·1 98.4%	81·0 100%	76·2 97 4 %	96·11 89.7%	100·14 87.7%	58:3 95.0%				
18.0	162:4 97 6 %	199.2 99 %	90·2 97 8%	88:0 100 %	83·0 100 %	56:1 98 2%	136:24 85%	62:1 98 4%	66:5 92 9%				
45.1	90 2 97.8%	55:1 98.2%	195·2 98 9%	131·4 97 4%	57·0 100%	72 0 100%	75·2 97 4%	172·3 99 4%	195:12 89 8%				
14:0	62.0 100%	97.0 100%	163 2 98.7%	137·3 97 8%	67 1 98 5%	64:0 100%	177·0 100%	63:1 98 1%	162:4 97 6%				
0.0	0.0	17.0	195·2 98 9%	131:4 97%	93·0 100%	92 0 100%	87·0 100%	47·1	36.10				

einzelnen Quadratgitter wurden die Knochenzellen gezählt; die lebenden Zellen wurden im Prozentverhältnis zu allen Lakunen ausgesucht (Tabelle 1, Tabelle 2).

Zusammenfassend läßt sich sagen

Für die histologische Untersuchung entnehmen wir Gewebsproben sowohl aus dem Stumpf als auch aus dem Bruchteil. Bei einem traumatischen Bruch kommt aus dem intakten Stumpf intaktes, lebendes Knochengewebe immer in die Schnitte (Abb. 3); bei dem sekundären Bruch dagegen sind solche Knochenfelder nie zu beobachten (der Stumpf ist nämlich mitgeschädigt) (Abb. 4) [1, 2].

Eine Knochennekrose traumatischer Herkunft bedeutet also wegen den lokalen Gegebenheiten eine bessere Prognose und bessere Heilungsmöglichkeiten (ein gesunder Stumpf ist ja vorhanden). Eine sekundär gebrochene Knochennekrose stellt dagegen eine Gefahr

Tabelle 2. Die morphometrischen Daten der Abb. 2

					38·76 33.3 %	63.93 40.3 %	29:46 38 6 %				
					11:28	21:42 33.3 %	31:66 31 9 %				
				9·11	13:26	19 34 35 8 %	4·88 4 35 %	0·59 0 %			
			12:39 23.5 %	34:32 51.5 %	15:30 30 %	3:81 3.6 %	1·109 0 9 %	1:49 2 %			
		5.30	26.77 25.2 %	28:79 26.1 %	5:64 72 %	0.103 0 %	6:72 77 %	5:47 9 6 %	0:78 0 %		
		12:40 23 %	31:35 46 9 %	25.45 35.7 %	4·89 4.3 %	3 60 4.76 %	0.130 0 %	11:165 6.2 %	7 99 6 6 %		
	37:86 30 %	47:49 48 9 %	6.13	23.40 36 5 %	0.71 0 %	6·72 77 %	7 68 9 3 %	2.189 10 %	4.44		
	17:60 22.0 %	18:76 19.1 %	19.61 23.7 %	18:54 23.7 %	10.79 11.2 %	6.110 51 %	4.122 3.1 %	0:150 0 %	0 63 0 %		
2:42	22:83 20.9 %	42.95 30 6 %	47 106 30.7 %	26.115 18 4 %	3 155 19 %	11·81 11 9 %	11 81 11 9 %	7 140 4.7 %	1 106 0 93 %		
	29:46 38 6 %	21.42 33 3 %	15·35 30 %	2:185 1 %	4·89 4 3 %	13 123 0 7 %	10·113 8 1 %	1 80 1 2 %			
	12:39 23 5 %	28:79 26.17 %	25 45 35 7 %	11:165 6 2 %	6:72 7 6 %	3:60 4.7 %	0 39			6.52 10 34 %	3:123 2 4 %
			4:24	3:21				2.98 2 %	8·80 11 %	10:154 6 1 %	4.131 2 9 %
								1:102 0 9 %	13:124 9.4 %	11:168 6.1 %	14.161 8 %
								21:95 18.1 %	16:115 12.2 %	11.143 7 1 %	26:147 15 9 %
							3·111 2.6 %	18·69 20.7 %	17.70 19 5 %	8:79 3.1 %	6:103 5.5 %
				1:44	14:79 ·15 %	1 80 12 %	8·86 8.5 %	9:65 12.1 %	4:38	19:10	0.0

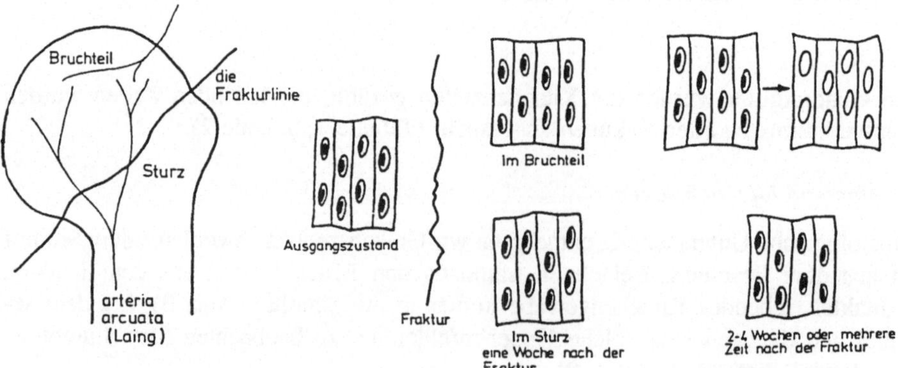

Abb. 3. Traumatischer Bruch folgende AN

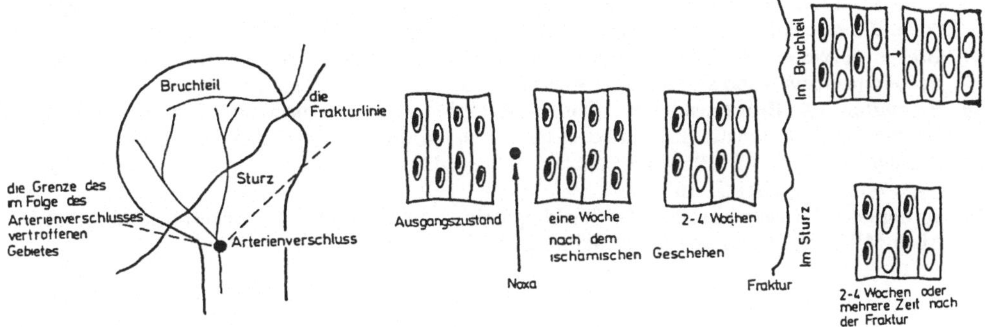

Abb. 4. Sekundär gebrochene AN

dar, den Heilungsprozeß zu komplizieren; in diesem Falle soll nach einer entsprechenden Grundkrankheit gefahndet werden.

Zusammenfassung

Die aseptische Knochennekrose (AN) weist in allen Fällen auf eine ischämische Ursache hin. Die Ischämie wird durch eine lokale, traumatische Gefäßschädigung, in anderen Fällen dagegen durch eine Gefäßokklusion bei einer allgemeinen Erkrankung (Thrombembolie, Fett-, Luftembolie, Vaskulitis usw.) hervorgerufen. Bei den letzteren kann das nekrotische Knochengebiet sekundär brechen. Die Differenzierung zwischen der AN lokaler, bzw. allgemeiner Herkunft bei einer Fraktur sei wegen der zu wählenden Operation, bzw. Therapie, der voraussichtlichen Heilungstendenz, bzw. der Behandlung der Grundkrankheit wichtig.

Die Bruchlinie liegt bei der traumatischen AN an der Grenze des gesunden Stumpfs, bzw. des mehr oder weniger abgestorbenen Bruchteils. Bei einer AN allgemeiner Herkunft mit einer sekundären Fraktur liegt die Bruchlinie innerhalb des abgestorbenen Gebietes, der Stumpf, sowie der Bruchteil sind geschädigt; die Heilungstendenz, bzw. der Behandlung der Grundkrankheit sind wichtig.

Bei der AN primär traumatischer Herkunft kommt also bei korrekter Probeentnahme aus dem Stumpf gesundes, lebendes Knochengewebe in die Schnitte. Das Vorhandensein gesunden, lebenden Knochengewebes (mindestesn 50 Osteozyten nebeneinander) deutet also die traumatische Herkunft der AN an.

Literatur

1. Bély M (1979) Histological differential diagnosis of aseptic bone necrosis. Acta Morph Acad Sci Hung 27:95–105
2. Bély M (1981) Aseptic bone necrosis. Acta Morph Acad Sci Hung 29:59–74
3. Bonfiglio M (1954) Aseptic necrosis of the femoral head in dogs: effect of drilling and bone grafting. Surg Gynecol Obstet 98:591–599
4. Catto M (1965) A histological study of avascular necrosis of the femoral head after transcervical fractur. J Bone Joint Surg [Br] 47:749–776
5. Catto M (1965) The histological appearances of late segmental collapse of the femoral head after transcervical tracture. J Bone Joint Surg [Br] 47:777–791

6. Catto M (1976) Pathology of aseptic bone necrosis. In: Davidson JK (ed) Aseptic necrosis of bone. Excerpta Medica, Amsterdam Oxford, pp 3–100
7. Graham J, Wood SK (1976) Aseptic necrosis of bone following trauma. In: Davidson JK (ed) Aseptic necrosis of bone. Excerpta Medica, Amsterdam Oxford, pp 101–146
8. Haliburton RA, Brockenshire FA, Barber JR (1961) Avascular necrosis of the femoral capital epiphysis after traumatic dislocation of the hip in children. J Bone Joint Surg [Br] 43:43–46
9. Rösingh GE, James J (1969) Earl phases of avascular necrosis of the femoral head in rabbits. J Bone Joint Surg [Br] 51:165–174
10. Springfield DS, Enneking WF (1976) Idiopathic aseptic necrosis. In: Ackerman LV, Spjut HJ, Abell MR (eds) Bones and joints. Wilkins, Baltimore, pp 61–87

Physikalische und mechanische Eigenschaften der Spongiosa von Kalbswirbelkörpern

R. H. Wittenberg[1], D. E. Swartz[2], M. Shea[2], W. C. Hayes[2]

[1] Orthopädische Universitätsklinik am St. Josef-Hospital Bochum, Gudrunstraße 56, W-4630 Bochum, BRD
[2] Orthopädisches Biomechaniklabor, Charles A. Dana Research Institute, Beth Israel Hospital and Harvard Medical School, 330 Brookline Ave., Boston, MA 02215, USA

Einleitung

Die Kalbswirbelsäule wird zunehmend für biomechanische Versuche von Wirbelsäulenimplantaten benutzt. Die Wirbelsäule von 6–8 Wochen alten Kälbern weist eine hohe Uniformität auf und ist in diesem Alter der lumbosakralen menschlichen Wirbelsäule ähnlich [1]. Für die menschliche Wirbelsäule sind die physikalischen Daten wie Knochendichte, Kompressionsfestigkeit und Aschdichte der Spongiosa bekannt [2]. Für die Kalbswirbelsäule sind diese Daten nicht publiziert.

Ziel dieser Untersuchung war die Bestimmung der physikalischen Parameter: Äquivalente Mineraldichte, apparente Dichte, Gewebedichte, axiale Kompressionsfestigkeit, Aschdichte und Aschgehalt für die Wirbelkörperspongiosa von 6–8 Wochen alten Kälbern.

Methode

Von 8 lumbosakralen Wirbelsäulen 6–8 Wochen alter Kälber wurde die äquivalente Mineraldichte mittels Computertomographie bestimmt. Hierzu wurden die Kalbswirbelsäulen entsprechend der von Genant und Mitarbeitern [3] beschriebenen Technik mit einem K_2HPO_4 in verschiedenen Konzentrationen enthaltenen Phantom gescannt. Die Dichte wurde für den gesamten Wirbelkörper und einzelne Regionen bestimmt (Abb. 1). Die Messung der apparenten Dichte und Gewebedichte der 170 Spongiosapräparate, die im Ultraschall-Wasserbad und mit dem Wasserstrahl von Knochenmark und Fett gereinigt wurden, erfolgte in der Technik von Arnold [4]. Die apparente Dichte wurde als Quotient des Feuchtgewichts und Zylindervolumens berechnet. Die Gewebedichte aus dem Quotient des Feuchtgewichts und Gewebevolumens. Die Kompressionsfestigkeit der Zylinder wurde in einer elektrohydraulischen Materialtestmaschine (Instron Modell 1331, Canton, MA, USA) bestimmt. Die Stempelgeschwindigkeit betrug 0,1 mm/s und die Spitze der Last/Wegkurve wurde als Maximalwert der Kompressionsfestigkeit ausgewertet. Nach der mechanischen Testung wurden die Präparate über 96 Stunden bei 65°C getrocknet. Das Aschgewicht wurde nach 12 Stunden bei 600°C gemessen. Der Aschgehalt wurde aus dem Quotienten von Aschgewicht und Trockengewicht bestimmt, während die Aschdichte aus dem Quotienten von Aschgewicht und Zylindervolumen berechnet wurde.

T. H. Ittel H.-G. Sieberth H. H. Matthiaß (Hrsg.)
Aktuelle Aspekte der Osteologie

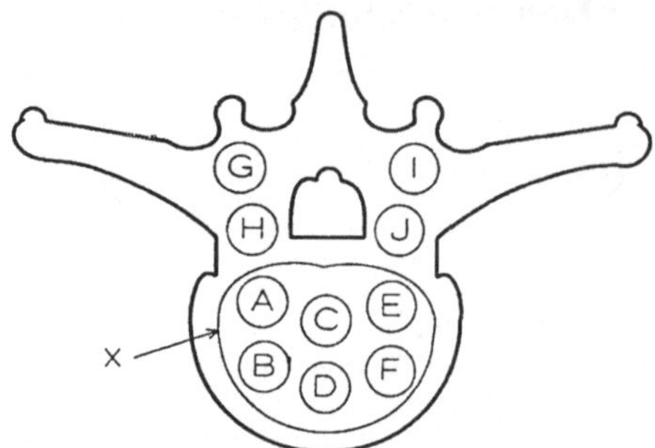

Abb. 1. Schematische Darstellung eines Wirbelkörpers, in den die Regionen, in denen Spongiosazylinder entnommen wurden, eingezeichnet sind

Tabelle 1

Gruppe	n	Äquivalente min. Dichte mg/cm³		Apparente Dichte mg/cm³		Kompressions-festigkeit MPa		Aschdichte mg/cm³	
(L1)	8	165	(36)			10,6	(3,9)		
L3/S1	170	156	(40)	488	(133)	6,1	(3,2)	203	(63)
L3 Vert.	99	167	(36)	457	(91)	6,1	(3,1)	194	(53)
Sakrum	71	142	(42)	533	(167)	6,0	(3,3)	216	(72)
L3 WK	69	169	(36)	453	(89)	7,1	(3,0)	194	(59)
L3 FA	16	152	(26)	436	(53)	2,7	(1,0)	181	(34)
L3 PE	14	178	(39)	514	(107)	5,8	(1,8)	211	(39)
L3 PK	27	159	(27)	439	(85)	6,8	(2,6)	192	(67)
L3 AK	21	184	(43)	483	(87)	8,2	(3,0)	196	(57)

WK, Wirbelkörper; FA, Facettenregion; PE, Pedikel; PK, posteriore Wirbelkörper; AK, anteriore Wirbelkörper. Mittelwerte und Standardabweichungen (in Klammern).

Ergebnisse

Die mittlere Gewebedichte der 170 Spongiosazylinder betrug 1,66 ± 0,12 g/cm³. Der mittlere Aschgehalt betrug 0,60 ± 0,05% (n = 170). Die mittlere äquivalente Dichte für die 6 Regionen innerhalb des L3 Wirbelkörpers betrug 169 ± 36 mg/cm³ (n = 69) und die apparente Dichte 453 ± 89 mg/cm³. Die Aschdichte war 194 ± 59 mg/cm³ und die Kompressionsfestigkeit 7,1 ± 3,0 MPa (Tabelle 1). Die mittlere äquivalente Mineraldichte der 8 Regionen des Sakrums betrug 142 ± 42 mg/cm³ und die apparente Dichte 533 ± 167 mg/cm³. Die Aschdichte hatte einen Wert von 216 ± 72 mg/cm³ und die Kompressionsfestigkeit einen von 6,0 ± 3,3 MPa (Tabelle 1).

Es bestand eine mäßige positive lineare Korrelation zwischen der äquivalenten Mineraldichte und apparenten Dichte für die Spongiosazylinder des L3 Wirbelkörpers ($r^2 = 0{,}35$; n = 69). Die Aschdichte korreliert ebenso mäßig mit der apparenten Dichte für die Spongiosaregion des dritten Lendenwirbelkörpers ($r^2 = 0{,}41$; n = 65). Die Kompressionsfestigkeit der Spongiosazylinder korrelierte mit der apparenten Dichte ($r^2 = 0{,}48$; n = 64). Wurde die Kompressionsfestigkeit gegen die äquivalente Mineraldichte der gleichen Präparate aufgetragen, so war $r^2 = 0{,}42$ (n = 64).

Diskussion

Die mittlere Gewebedichte der menschlichen Spongiosa beträgt entsprechend unterschiedlichen Untersuchungen 1,42–1,96 g/cm^3 im Vergleich zu 1,66 g/cm^3 mittlerer Gewebedichte der Kalbswirbelsäulenspongiosa [4–6]. Die Gewebedichte der Kalbswirbelsäulen ist somit gering niedriger als die der menschlichen Spongiosa, was durch die inkomplette Mineralisation des Knochens bedingt ist, denn die mittlere Gewebedichte der Spongiosa ausgewachsener Rinder beträgt 1,90 g/cm^3. Der Aschgehalt der Kalbswirbelsäule (0,60%) liegt in der Größenordnung von 0,50–0,71%, der für menschliche Wirbelsäulen bestimmt wurde [5–7]. Die mittlere äquivalente Mineraldichte der Kalbslendenwirbelsäule liegt ebenfalls in der für jüngere menschliche Wirbelsäulen beschriebenen Größenordnung von 175 mg/cm^3 mit 20 und 120 mg/cm^3 mit 80 Jahren [3]. Die mittlere apparente Dichte weist einen gegenüber menschlichen Wirbelsäulen erheblich höheren Wert auf. McBroom und Mitarbeiter berichteten apparente Dichten der Spongiosa bei 63–99 Jahre alten Leichenwirbelkörpern von 100–230 mg/cm^3 [2]. Von Galante und Mitarbeitern wurde eine größere Breite von 101–425 mg/cm^3 ohne Angabe des Alters publiziert [6]. Die apparente Dichte der Kalbswirbelkörperspongiosa liegt somit an dem oberen Ende der für menschliche Wirbelkörper publizierten Werte. Ähnlich wie die äquivalente Mineraldichte fällt die Aschdichte (194 mg/cm^3) ebenfalls in den Bereich der für menschliche Wirbelsäulen publizierten Aschdichte von 200–75 mg/cm^3 20–80 Jahre alter Leichenwirbelkörpern [8]. Die mittlere Kompressionsfestigkeit von 7,1 MPa der Wirbelsäulenspongiosa und 10,6 MPa für die L1 Wirbelkörper liegt über den für menschliche Wirbelkörper publizierten Werten von 6,02–2,6 MPa für ganze Wirbelkörper und 4,4–1,1 MPa für Wirbelkörperspongiosa [8]. Faßt man zusammen, so ist die lumbosakrale Lendenwirbelsäule von 6–8 Wochen alten Kälbern ein gutes Modell der gesunden menschlichen Wirbelsäule. Die physikalischen Eigenschaften liegen mit Ausnahme der höheren Werte für die apparente Dichte im Bereich der gesunder Menschen. Mit Ausnahme der von Cotterill und Mitarbeitern berichteten anderen Orientierung der Facettengelenke und geringeren Bandscheibenhöhe weist die Kalbswirbelsäule auch eine geometrische Ähnlichkeit zur menschlichen auf [1].

Zusammenfassung

Die physikalischen Eigenschaften der Spongiosa von 6–8 Wochen alten Kälbern wurden untersucht. Die mittlere Gewebedichte (166 ± 12 mg/cm^3), die äquivalente Mineraldichte (169 ± 36 mg/cm^3), die apparente Dichte (453 ± 89 mg/cm^3), die Aschdichte (194 ± 59 mg/cm^3) und der Aschgehalt (0,60 ± 0,05%) sowie die Kompressionsfestigkeit (7,1 ± 3,0 MPa) der Kalbsspongiosa entsprechen den Werten gesunder Menschen. Es bestand eine lineare Abhängigkeit zwischen der apparenten Dichte, äquivalenten Mineraldichte und Aschdichte für die Kompressionsfestigkeit. Die Kompressionsfestigkeit wies eine positive Korrelation mit der äquivalenten Mineraldichte auf. Das Bestimmtheitsmaß (r^2) betrug 0,35–0,48. Die Korrelation war bedingt durch den unreifen Knochen, nicht sehr hoch. Da die Geometrie der Kalbswirbelsäule der menschlichen ähnlich ist und auch die physikalischen Eigenschaften der Wirbelkörperspongiosa mit der menschlichen vergleichbar sind, kann die Kalbswirbelsäule als brauchbares Modell für einige Wirbelsäulenversuche angesehen werden.

Literatur

1. Cotterill PC, Kostuik JP, D'Angelo G et al. (1986) An anatomical comparison of the human and bovine thoracolumbar spine. J Orthop Res 4:298
2. McBroom RJ, Hayes WC, Edwards WT et al. (1985) Prediction of vertebral bony compressive fracture using quantitative computed tomography. J Bone Joint Surg [Am] 67:1206
3. Genant HK, Ettinger B, Cann CE et al. (1985) Osteoporosis: assessment by quantitative computed tomography. Orthop Clin North Am 16:557
4. Arnold J (1960) Quantitation of mineralization of bone as an organ and tissue in osteoporosis. Clin Orthop 17:1967
5. Mueller KH, Trias A, Ray RD (1966) Bone density and composition. J Bone Joint Surg [Am] 48:140
6. Galante J, Rostoker W, Ray RD (1970) Physical properties of trabecular bone. Calcif Tissue Int 5:236
7. Currey JD (1969) The mechanical consequences of variation in the mineral content of bone. J Biomech 2:1
8. Mosekilde L, Mosekilde L, Danielsen CC (1987) Biomechanical competence of vertebral trabecular bone in relation to ash density and age in normal individuals. Bone 8:79

Verteilung der subchondralen Knochendichte als morphologischer Parameter der Beanspruchung im Hüftgelenk

M. Müller-Gerbl, R. Putz

Anatomische Anstalt, Lehrstuhl I, Ludwig-Maximilians-Universität, Pettenkoferstraße 11, W-8000 München 2, BRD

Einleitung

Viele diagnostische Entscheidungen des klinisch-orthopädischen Alltages beruhen nicht zuletzt auf den Pauwels'schen Vorstellungen einer kausalen Beziehung zwischen hauptsächlicher lokaler Spannung im Gelenk und subchondraler Mineralisierung. Ein gut bekanntes, klinisch genütztes Beispiel dafür sind die Erscheinungsformen der subchondralen Knochenschicht des Hüftpfannendaches, die im normalen AP-Röntgenbild bei Vorliegen von verschiedenen Krankheitsbildern wie beispielsweise Coxa vara oder valga ein typisches Bild aufweisen, die sich von dem einer gesunden Hüfte diagnostizierbar deutlich unterscheiden. Diese Veränderungen werden zwar als präarthrotische Zustände eingestuft, sind aber einer objektiven Bewertung bis dato nicht zugänglich, da die konventionellen AP-Röntgenaufnahmen Summationsbilder darstellen, die keine Aussage über die Verteilung in der Fläche erlauben.

Wir haben deshalb mit der CT-Osteoabsorptiometrie ein Verfahren entwickelt, mit dem es möglich ist, die flächenhafte Verteilung der subchondralen Knochendichte im Acetabulum auch beim Lebenden darzustellen, um damit erstens einen Einblick in die Abläufe der normalen Anpassung an die Gelenkmechanik und zweitens möglicherweise ein objektives Verfahren zur Beurteilung präarthrotischer Zustände zu erhalten.

Material

CT-Aufnahmen des Hüftgelenkes (Schichtdicke 4 mm) von 20 hüftgesunden Patienten im Alter zwischen 18 und 90 Jahren (Somatom DR-H, Siemens).

Methoden

CT-Osteoabsorptiometrie [4]: Mittels der in der Strahlentherapie verwendeten Programme „EVA1“ und „SIDOS-TELE“ Bestimmung der Dichtebereichsgrenzen in Hounsfieldeinheiten (HU) an den einzelnen Schnittbildern. Falschfarbendarstellung mit Hilfe eines Bildanalysesystems und anschließend flächenhafte Darstellung der Dichteverteilung innerhalb der Gelenkkontur.

T. H. Ittel H.-G. Sieberth H. H. Matthiaß (Hrsg.)
Aktuelle Aspekte der Osteologie

Als Fortentwicklung des Verfahrens ist es inzwischen möglich, über ein CT-Programm zur dreidimensionalen Rekonstruktion die Dichteverteilung direkt am CT-Computer darzustellen. Nach der Rekonstruktion der Gelenkfläche selbst werden anschließend die diversen Dichtestufen getrennt aufgebaut, mittels eines Bildanalysesystems in Falschfarben dargestellt und übereinanderprojiziert.

Der große Fortschritt bei dieser Vorgehensweise liegt darin, daß zusätzlich zu unserem bisherigen Verfahren die individuelle Form der Gelenkfläche unter einem erheblich verringerten Zeitaufwand miteinbezogen werden kann.

Ergebnisse

Bei jüngeren Personen finden sich die Zonen höchster Knochendichte im dorsalen und ventralen Bereich der Facies lunata (Abb. 1a). Bei älteren Personen sind die Dichtemaxima im Zenit des Pfannendaches lokalisiert (Abb. 1b).

Eine Gegenüberstellung der unterschiedlichen Dichtemuster und des Lebensalters zeigt bei 11 von 12 Personen unter 60 Jahren die Maxima ventral und dorsal, bei 6 von 8 Personen über 60 Jahren dagegen zentral.

Diskussion

Bei jüngeren Personen zeigt sich der überraschende Befund, daß die Zonen höchster Knochendichte nicht zentral, sondern ventral und dorsal lokalisiert sind. Überraschend deshalb, weil auf der Grundlage der üblichen, auf die Frontalebene bezogenen Modelle der Hüftgelenksmechanik, die Hauptbeanspruchungszone im Zenitbereich des Pfannendaches gesehen wird. Nur beim älteren Menschen finden sich die Maxima zentral, was darauf hinweist, daß die Morphologie und die Mechanik des Hüftgelenkes in Abhängigkeit vom Alter unterschiedlich sind.

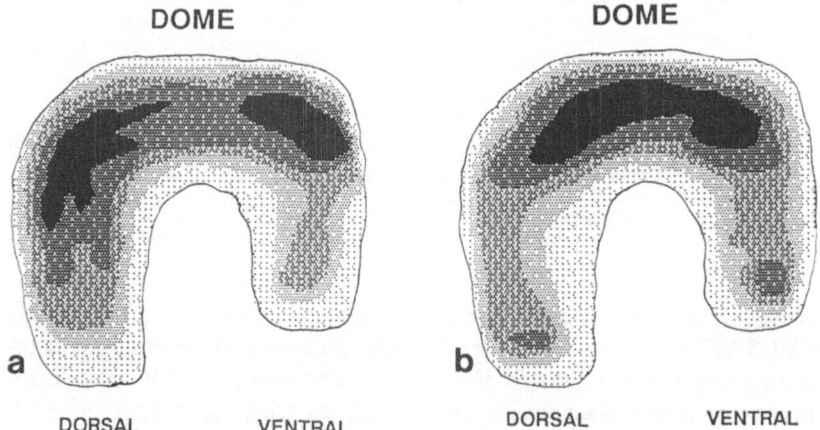

Abb. 1a, b. Dichtekarten der subchondralen Mineralisierungsverteilung in der Facies lunata (Ansicht von lateral) **a** 22jähriger Mann, **b** 77jährige Frau

Abgesehen von der prinzipiellen Übereinstimmung mit den an Schnittpräparaten gewonnenen Ergebnissen von Oberländer [5] spiegeln unsere Befunde exakt die Ergebnisse verschiedener Autoren wider, die sich mit der Ausdehnung und der Lage der Kontaktflächen, der Spannungsverteilung und der Geometrie der Gelenkkörper befaßt haben. Bullough [1] konnte 1968 zeigen, daß beim jüngeren Menschen die Gelenkkörper inkongruent sind, diese Inkongruenz aber mit zunehmendem Alter abnimmt. Dementsprechend finden sich beim jüngeren Menschen die Kontaktzonen im vorderen und hinteren Bereich des Acetabulums, bei älteren Personen dagegen im zentralen Pfannendachbereich. Allerdings kommt es nach den Studien von Miyanaga [3] auch bei primär inkongruenten Gelenken ab einer einwirkenden Gelenkkraft von ca. 60% des Körpergewichtes zu einem vollständigen Kontaktschluß mit nachfolgend größerer Kontaktfläche und kleinerer Druckspannung, was in einem Modell von Bullough [2] deutlich wird. Diese bei geringeren Belastungen vorliegende Inkongruenz gewährleistet ihrerseits aber eine optimale Ernährung und Schmierung des Gelenkknorpels. Ein abschätzender Vergleich der Größe der bei verschiedenen Tätigkeiten auftretenden Gelenkkräfte und der Häufigkeit, mit der diese Tätigkeiten während eines Tages ausgeübt werden, läßt den Schluß zu, daß nur etwa während 5% bis maximal 25% des Tages so große Gelenkkräfte auftreten, daß ein kompletter Kontaktschluß entsteht. Konsequenzen sind zum einen eine erhöhte lokale Belastung in den vorderen und in den hinteren Anteilen, zum anderen aber auf Dauer eine relative Unterforderung des zentralen Pfannendachbereiches, die zu degenerativen Veränderungen in dieser Zone führt. Bei Verlust der Inkongruenz wird dieses Gebiet zu einer ständigen Kontaktzone und setzt einen nicht aufzuhaltenden Prozeß des Knorpelunterganges durch mangelnde Ernährung und Abrieb in Gang.

Es erscheint damit plausibel, daß die Bestandteile des normalen Hüftgelenkes durch eine physiologische Inkongruenz so exakt konfiguriert sind, daß sie sowohl ideale Bedingungen für eine kraftabhängige, also dynamische Art der Kraftübertragung und -verteilung als auch für die Schmierung und Ernährung des belasteten Knorpels liefern.

Zusammenfassend kann gesagt werden, daß es innerhalb der Facies lunata mit einer individuellen Varianz regelhafte, reproduzierbare Verteilungsmuster der subchondralen Mineralisierung gibt. Daß diese Verteilungsmuster mechanisch relevant sind, zeigen die Ergebnisse im Bereich des Pfannendaches, wenn man sie mit funktionellen Befunden verschiedener Autoren in Zusammenhang bringt. Der Wert der CT-OAM für die Biomechanik besteht darin, daß damit das morphologische Korrelat der hauptsächlichen Beanspruchung der Gelenke individuell am Lebenden dargestellt werden kann und neben klinischen Anwendungen in der Diagnostik, Prävention und Verlaufskontrolle rechnerische sowie geometrische Gelenkmodelle überprüft werden können.

Zusammenfassung

Die quantitative Verteilung der subchondralen Mineralisierung, welche mittels der CT-Osteoabsorptiometrie (CT-OAM) am Lebenden zur Darstellung gebracht werden kann, ist als Parameter für die Langzeitbeanspruchung von Gelenken anzusehen [6]. In der vorliegenden Studie wurde die flächenhafte Dichteverteilung der subchondralen Mineralisierung im Hüftgelenk bei 20 Patienten in verschiedenen Altersstufen zur Darstellung gebracht. Grundlage bilden CT-Datensätze (4 mm Schichtdicke) von 20 Patienten (18–29 Jahre). Anschließend erfolgt die densitometrische Auswertung mittels der CT-Osteoabsorptiometrie. Entgegen der Erwartung liegen die Maxima der subchondralen Knochendichte beim jüngeren Menschen ventral und dorsal. Nur bei älteren Personen sind sie im Zenit des Pfannendaches lokalisiert. Diese morphologischen Befunde können durch die experimentellen Befunde verschiedener Autoren erklärt werden, die sich mit Kontaktflächen und der Spannungsverteilung im Gelenk befaßt haben. Danach findet sich beim jungen Menschen eine Inkongruenz mit Kontaktzonen in den vorderen und hinteren Bereichen. Mit zunehmendem Alter nimmt diese Inkongruenz ab und führt zu einer erhöhten Beanspruchung des Pfannendaches, wo häufig degenerative Veränderungen zu finden sind. Unsere morphologischen Studien spiegeln diese Befunde exakt wider.

Literatur

1. Bullough P et al. (1969) Nature 2317:1290
2. Bullough P (1981) Clin Orthop 165:61–66
3. Miyanaga Y et al. (1984) Arch Orthop Trauma Surg 103:13–17
4. Müller-Gerbl M et al. (1989) Skeletal Radiol 18:507–512
5. Oberländer W (1973) Z Anat Entwickl-Gesch 140:367–384
6. Pauwels F (1965) Springer, Berlin Heidelberg New York

Der primär biomechanische Einfluß einer Gewebesterilisation am Beispiel einer Knochenbandverbindung

D. Bettin, A. Karbowski, R. Fiedler, J. Polster

Klinik und Poliklinik für Allgemeine Orthopädie, Westfälische Wilhelms-Universität, Albert-Schweizer-Straße 33, W-4400 Münster, BRD

Einleitung

1960 wurde von der *American Navi Tissue Bank* erstmals eine gefriergetrocknete Facia lata zum bindegewebigen Ersatz verwandt. Die klinischen Nachuntersuchungsergebnisse von Bright und Green zeigten 1981 in 72% gute Ergebnisse [2]. Beim Ersatz großer Defekte durch Halb- oder Ganzgelenktransplantate erzielte Mankin in 74% sehr gute Ergebnisse [6]. Wobei die postoperative Kniegelenkinstabilität bei 6% der Patienten einen deutlichen Einfluß auf das funktionelle Endergebnis hatte [6]. Ähnlich wie beim Knochengewebe sind die autologen Transplantate bei normaler operativer Versorgung die 1. Wahl. Die Indikation für den Einsatz allogener Bänder ist nur bei multiplen Voroperationen und ausgiebig zerstörten Weichteilstrukturen gegeben. Ein Hauptproblem der allogenen Transplantation ist die Sicherheit des Transplantationsmateriales. Somit wurden von der AATB exakte Richtlinien für das Spenderscreening erlassen. Als sichere Sterilisationsmaßnahme gilt eine Bestrahlung über *2,5 MRAD* und eine *Ethylenoxidbegasung* [1]. Weitere Methoden sind u.a. die Durchspülung mit *Isopropylalkohol*, die *Knochenentfettung* und *Enzymhemmung* in der Methode nach Prolo [10] unter Verwendung von *Jodperessigsäure*. Beachtenswert ist jedoch die Tatsache, daß letztere primär *nur als Oberflächendesinfektionsmittel* gelten. Andere bislang praktizierte Methoden der Knochendesinfektion wie das *Betapropionolacton, die quaternären Ammoniumbasen und Quecksilberderivate* kommen wegen iher nachgewiesenen Zerstörung der osteogenen Potenz für weitere Untersuchungen nicht in Frage (Tabelle 1).

Material und Methode

Sämtliche Untersuchungen erfolgten am Versuchsmodell des medialen Kollateralbandes des Kniegelenkes in einem homogenen Untersuchungskollektiv von Schafen (n = 40). Alle Tiere waren 2–3 Jahre und wurden in gleicher Größe und Geschlecht von einem Züchter bezogen. Die Versuche erfolgten im direkten rechts-links Vergleich.

Die Präparate wurden direkt nach der Entnahme für 24 Std. bei 4° gekühlt und anschließend durch Spülung in Ringerlösung gereinigt. Danach erfolgte eine ausgiebige Entfettung mit Wechselbädern aus *Chloroform und Methanol* über 24 Std. Nach Vakuumtrocknung erfolgte eine Gefriertrocknung bei einer Kondensatortemperatur bei −40° über 3 Tage. Anschließend wurden 5 Desinfektionsgruppen gebildet: 1. *Ethylenoxidbegasung*, 2.

T. H. Ittel H.-G. Sieberth H. H. Matthiaß (Hrsg.)
Aktuelle Aspekte der Osteologie

Tabelle 1. Gewebe-Desinfektionsmaßnahmen gemäß den Empfehlungen der AATB

Als Einzelmaßnahme sicher	*Nicht als Einzelmaßnahme sicher*
1. Gamma-Cobalt Bestrahlung > 2,5 MRAD (Buring 1979, Slager 1962)	1. Ethyl/Isoprophylalkohol > 25% (Altemeier 1977, Mulliken 1980, Spaulding 1977, Tuli 1978)
2. Ethylenoxid Begasung 450 mgs, Feuchtigkeit 30–60% Temp. > 21 (Burwell 1969, Cloward 1980, Prolo 1980, Synder 1961)	2. Chloroform/Methanol/Natrium-acid/Jodperessigsäure (Prolo 1983, Altemeier 1977, Urist 1976, Urist 1981)
Transfusionsmedizin	3. Antibiotikalösungen (Tetracyclin, Streptomycin, Penicillin, Neomycin, Bacitracin (Flosdorf 1952, Parrish 1973, Urist 1975)
1. Pasteurisation 60 10 Std.Flüssigmedium (Hiflenhaus 1985)	

Bestrahlung mit 2,75 MRAD, 3. *Isopropyl 70% Desinfektion*, 4. *Desinfektion nach Prolo*, 5. *Temperaturerhöhung 60° über 10 Std. Pasteurisation.*

Die biomechanischen Untersuchungen erfolgte nach 24 Std. Rehydratation in Ringerlösung bei 22° mit der *Instron*-Meßmaschine unter konstanter Umgebungstemperatur und Luftfeuchtigkeit. Die Bänder wurden mit Kochsalz getränkten Tupfern umhüllt. Analysiert wurden die Zug-Dehnungskurvenverläufe unter 10 mm/min Zug-Dehnungsgeschwindigkeit. Alle Bänder wurden in mehreren Zyklen von 10% der Maximalrißkraft und einer Verlängerung von 20–30% gleichmäßig auf die Untersuchung vorbereitet (s. Abb. 1).

Ergebnisse

Rißmodus

In 4 Beobachtungsgruppen ließ sich kein wesentlicher Unterschied zwischen den einzelnen Versagenstypen finden. In allen Gruppen zeigte sich als Hauptversagen die intraligamentäre Ruptur. Gefolgt wird sie von dem periostalen Ausriß am Knochen-Bandübergang in seltenen Fällen war ein Versagen der knöchernen Basis mit begleitender Avulsionsfraktur vorhanden. Alle pasteurisierten Präparaten zeigten vor den Zugversuchen eine vollständige Ablösung des ligamentären Ansatzes und wurden von der weiteren Auswertung ausgeschlossen (s. Abb. 2).

Maximalkraft

Die Kontrolltiere erzielten eine Rupturkraft von 652,15 ± 15 N. Bei *EO-Begasung* betrug sie 658 ± 125,9 N und bei *Isopropylalkoholbehandlung* 677,5 ± 124,5 N. Hingegen zeigte die *Bestrahlungsgruppe* und die mit *Jodperessigsäure* behandelten Präparate nur noch eine maximale Rupturkraft von durchschnittlich 442 ± 50,3 N und 419 ± 142,2 N.

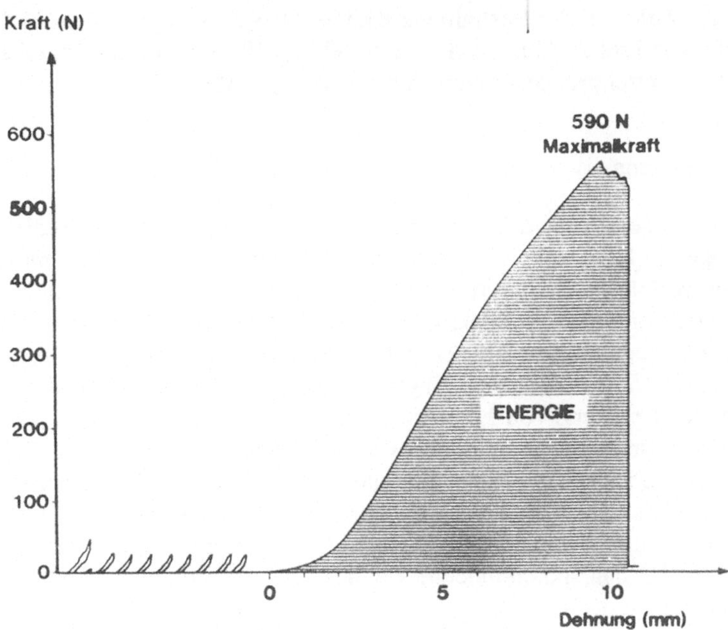

Abb. 1. Zug-Dehnungs-Verlauf mediales Kollateralband Schafsknie EO-Desinfektion

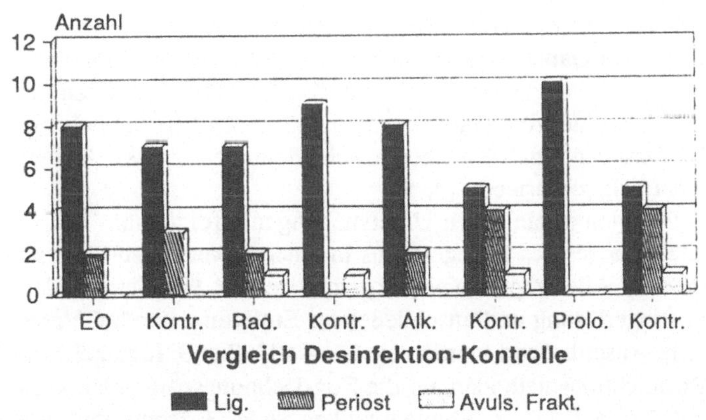

Abb. 2. Rißmodus. Ligamentum Kollaterale Mediale

Strain

Die Ausgangslänge wurde bei der erstmaligen Kraftübernahme durch das Präparat gemessen. Die relative Dehnung zeigte sich in der *EO-Gruppe* mit 25,4 ± 4,7% leicht verstärkt und in der *Isopropylalkoholgruppe* mit 24,2 ± 4,5% unverändert im Vergleich zur Kontrollgruppe 24,6 ± 5,3%. Die *Bestrahlungs-* und die *Jodperessigsäuregruppen* zeigen wesentlich niedrigere Dehnungsfähigkeitwerte mit 20,7 ± 4,3% und 20,3 ± 1,7%. Die Auswertung der *Elastic Stiffness* und des *Elastizitätsmodules* ergaben beim EO 80,8 ±

8,1 N/mm, bei der Bestrahlung 81,5 ± 7,8 N/mm, beim Alkohol 87,6 ± 10,4 N/mm und in der von Prolo behandelten Gruppe 68,3 ± 18,1 N/mm. Im Vergleich zu 83,3 ± 16,7 N/mm der Kontrollgruppe zeigten sich nur geringe Abweichungen.

Diskussion

Es erscheint sinnvoll, nach diesen primär guten biomechanischen Ergebnissen auch biologische Effekte in vivo nach einer *EO-Begasung* und die *Isopropylalkoholdesinfektion* zu verfolgen. In unsere Überlegung muß auch die mögliche Cancerogenität der EO-Zerfallsprodukte miteinbezogen werden. Matthys konnte zeigen, daß für die Desorption bei kleineren Transplantaten unter 5 cm eine Entgasungszeit von mindestens 10 Tagen und bei größeren weit über 90 Tage erforderlich ist, um die vom Bundesgesundheitsamt geforderten Restwerte von 1 ppm zu unterschreiten [9]. *Isopropylalkohol* erhält, wie die Studien von Urist zeigten, sämtliche osteoinduktiven Potenz des BMP [11]. Primär scheint diese Methode nicht ungeeignet für eine sichere und effektive Knochenkonservierung. Hierzu bedarf es jedoch weiterer Studien, die eine sichere Durchdringung von Knochengewebe durch Flüssigkeiten in Abhängigkeit von der Einwirkzeit zeigen. Problematisch ist die Tatsache, daß sporenbildende Keime von der Alkoholdesinfektion nicht vollständig erfaßt werden.

Zusammenfassung

Bei ausgeprägten Defekten in der Tumorchirurgie werden neben Knochentransplantationen bald auch Ganzgelenktransplantate zunehmend an Bedeutung gewinnen [6]. Die Untersuchung von Martinez (1985) und Tomford (1983) zeigten eine nicht unerhebliche Kontaminationsrate von Transplantaten (22–37%) [7]. Im Februar 1988 wurde die erste HIV-Übertragung durch Knochengewebe dokumentiert [8]. Andere Virustransmissionen wurden mehrfach beschrieben [4, 5].

Die biomechanischen Untersuchungen erfolgten am Versuchsmodell des medialen Kollateralbandes des Kniegelenkes in einem homogenen Untersuchungskollektiv von Schafen (n = 40). Alle Präparate wurde gemäß der von Prolo empfohlenen Aufarbeitung mit Spülung in Ringerlösung und anschließender Entfettung durch *Chloroform und Methanol* behandelt [10]. Anschließend wurden sie bei −40° über 3 Tage gefriergetrocknet. Der Einfluß von 5 Desinfektionsmethoden auf die Zug-Dehnungsparameter wurden verglichen 1. Bestrahlung mit 2,75 MRAD, 2. Ehtylenoxidbegasung, 3. Isoprophyl 70% Desinfektion, 4. *Jodperessigsäure,* 5. Pasteurisation 60° über 10 Std.

1. Die *EO-Begasung* und die *Isopropylalkoholdesinfektion* hatten keinen signifikanten Einfluß auf die absolute und relativ zum Bandquerschnitt gemessene Maximalkraft beim Knochen-Ligament-Knochenkomplex des Schafes.
2. Die *Bestrahlumg mit* 2,75 MRAD und die Desinfektion mit *Jodperessigsäure* zeigte eine Reduktion der Maximalkraft auf 64% und 69%.
3. Sämtliche Gruppen zeigten keine statistisch signifikanten Veränderungen der elastischen Steifigkeit und des Elastizitätsmodules an. Bei Jodperessigsäure waren diese jedoch mit 81% und 86% deutlich reduziert.

4. Ein signifikanter Unterschied im Rißmodus zwischen den einzelnen Gruppen konnte nicht gefunden werden. Die *Pasteurisation* zerstörte die ligamentöse Verankerung am Knochen völlig.

Literatur

1. American Association of Tissue Banks Standards for tissue banking. Arlington, Virginia
2. Bright R, Green W (1987) Freeze-dried facia lata allografts. A review of 47 cases. In: CRC Handbook of engeneering and biology bamuk Sect B vol 1. Bica Ratan Florida CRC, pp 279–314
3. Claes L, Dürselen L, Kiefe H, Mohr W (1987) The combined anterior cruciate and medial collateral ligament replacement by various materials: a comparative animal study. J Biomed Mater Res 21 (A 3):319–343
4. Duffy P, Wolf J, Collins G et al. (1974) Possible person to person transmission of Jabok-Creutzfeld-disease (letter). N Engl J Med 290:692–693; 245, 1968
5. Houff S, Burton M, Wilson R, Henson T (1979) Human to human transmission of rabies virus by coronal transplant. N Engl J Med 300:603–604
6. Mankin H, Gebhardt M, Tomford W (1987) The use of frozen cadaveric allografts in the management of patients with bone tumors of the extremities. Orthop Clin North Am 18 (2):275–289
7. Martinez O, Malinin T, Valla P, Flores A (1985) Postmortem bacteriology of cadacer tissue donors: an evaluation of blood culture as an index of tissue sterility. Diagn Microbiol Infect Dis 3:193–200
8. Massachusetts Medical Society (1988) Transmission of HIV-through bone transplantation: case report and public health recommendations mobidity and mortality weekly. Report vol 37, no 39 Oct 1988
9. Matthys W, Junge E, Bettin D (1990) Untersuchungen zur Ethylenoxid Sterilisation von Knochenimplantaten. In: Angewandte Krankenhaushygiene Realität und Perspektiven. Marburg an der Lahn
10. Prolo DJ (1982) Superior osteogenesis in transplanted allogenic canine skull following chemical sterilization. Clin Orthop 168:230–242
11. Urist MR (1972) Osteoinduction in untermineralized bone implants modified by chemical inhibitors of endogenous matrix enzymes. A perliminary report. Clin Orthop 87:132

Alkoholeindringung in Knochengewebe

D. Bettin[1], E. Junge[2], A. Karbowski[1], R. Fiedler[1]

[1] Klinik und Poliklinik für Allgemeine Orthopädie, Westfälische Wilhelms-Universität, Albert-Schweitzer-Straße 33, W–4400 Münster, BRD
[2] Institut für Mikrobiolgoie und Hygiene, Robert-Koch-Straße 41, W–4400 Münster, BRD

Einleitung

Die zunehmende Zahl der endoprothetischen Revisionsoperationen mit großen Defekten im Beckenskelett und die verbesserte Chirurgie der Knochentumoren bedingt einen zunehmenden Bedarf an Gewebespendern.

Als Konsequenz entwickelte sich die Notwendigkeit zur Kollektierung und Konservierung von Spenderknochen in Gewebebanken.

Um eine Übertragung z.B. viraler oder bakterieller Genese zu vermeiden, wurden von der AATB sichere Sterilisationsverfahren (Ethylenoxidbegasung und Radiatio über 2,5 kGray) empfohlen.

Durch beide Verfahren wird jedoch die osteogene Potenz der so behandelten Präparate wesentlich beeinträchtigt [1, 2].

Die chemische Behandlung von Knochengewebe mit Alkohollösungen zerstört dagegen nicht die biologische Funktion des Bone morphometric proteins [2].

Sie gilt jedoch als unsichere Methode, da gesicherte Erfahrungen über Eindringtiefe im Knochengewebe fehlen [1, 2].

Material und Methoden

Als Versuchsmodell diente der distale Femurkondylus von Schafen aus einem einheitlichen Untersuchungskollektiv.

Alle Präparate waren von gleicher Größe, Form und Gewicht, der durchschnittliche Kortikalisdurchmesser betrug 3 mm. In den Vorversuchen zeigte sich eine deutlich erschwerte Alkoholeindringung in Abhängigkeit vom Fettgehalt des Knochengewebes.

Zur Verbesserung der Diffusion unterzogen wir die Präparate einem von Prolo 1980 empfohlenen Aufarbeitungsschema (s. Tabelle 1), mit anschließender Vakuum- und Gefriertrocknung.

In den so vorbehandelten Knochenpräparaten wurde in die Markraumhöhle als aerob und anaerob wachsender Bioindikator (Testkeim) E. coli des Patientenstammes B 127314, der zuvor auf ein Leinenläppchen in einer Größernordnung von 18×10^6 Keimen beimpft wurde, plaziert und der offene Schaftkanal anschließend mit einem flüssigkeitsundurchlässigem Wachs verschlossen. Die Präparate wurden in Methylenblau-markiertem 70% Iso-

T. H. Ittel H.-G. Sieberth H. H. Matthiaß (Hrsg.)
Aktuelle Aspekte der Osteologie

Tabelle 1. Modifiziertes Aufarbeitungsschema nach Prolo

I.	Präparation und Reinigung der Knochengewebe in physiologischer Kochsalzlösung
II.	Entfettung Chloroform/Methanol Mischungsverhältnis (1:1) 24 h bei 4°C zweimaliger Lösungswechsel
III.	Desinfektion (n. Prolo) Jodperessigsäure (10 nM in Phosphat gepufferter Natriumacidlösung pH 7,4 72 h bei 37°C dreimaliger Lösungswechsel
IV.	Vakuum und Gefriertrocknung

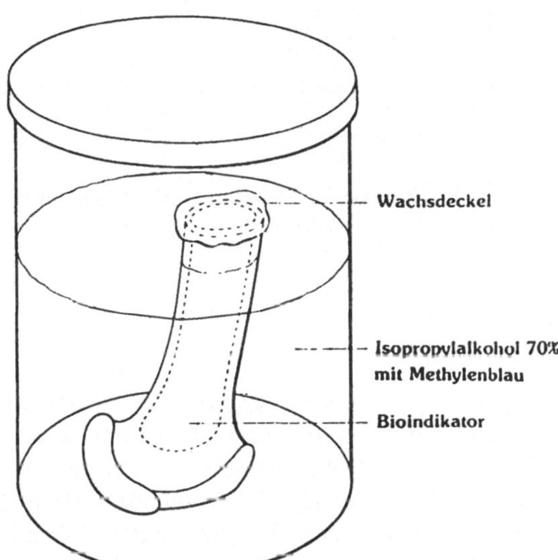

Abb. 1. Versuchsanordnung zur Alkoholdiffusion am distalen Femurkondylus des Schafes

propylalkohol eingetaucht (Abb. 1). In Tagesabständen wurden jeweils die Indikatorkeime unter sterilen Kautelen entnommen und nach Überimpfung auf entsprechende Nährmedien (aerob/anaerob) bebrühtet. Es wurde auf die Überlebensrate der Keime, im Vergleich zur mitgeführten Kontrolle, untersucht.

Ergebnisse

Nach einer Inkubationsdauer von 9 Tagen konnte in keinem der Fälle ein Keimwachstum nachgewiesen werden. Die Leinenläppchen zeigten zu diesem Zeitpunkt eine teilweise Anfärbung durch Methylenblau. Eine vollständige Durchfärbung des Läppchens fand nach 25 Tagen statt.

Bei der Aufarbeitung der Knochen (Längs- und Querschnitte) konnte eine vollständige Durchfärbung nach einer Einwirkzeit von 30 Tagen festgestellt werden (Abb. 2).

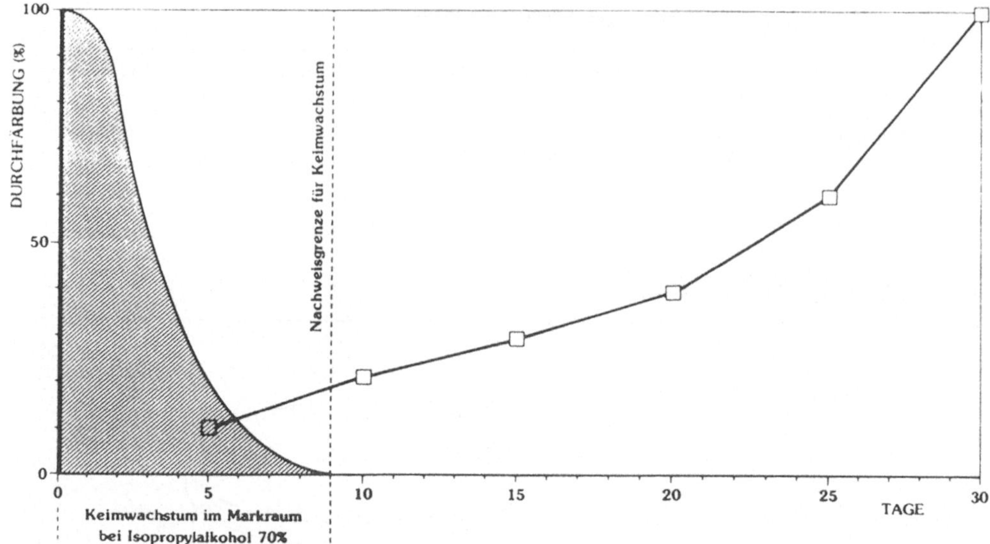

Abb. 2. Prozentuale Durchfärbung (Methylenblau) im Längs- und Querschnitt des Femurcondylus (Schaf) im Vergleich zum Keimwachstum im Markraum bei Isopropylalkohol 70%

Diskussion

Vergleichende Betrachtungen mit den in der Literatur beschriebenen Untersuchungen [3–5], lassen vermuten, daß nach einer Einwirkzeit von 9 Tagen, bei dem von uns verwandten Modell, eine Isopropylalkoholkonzentration von mindestens 25% erreicht ist. Bei der von Martin und Resnick [5, 6] beschriebenen Empfindlichkeit von AIDS-Viren gegenüber Alkoholen, erscheint bei einer gesicherten Durchdringung die Möglichkeit zu bestehen, eine Methode zur Vermeidung einer Infektionstransplantation von HIV zu entwickeln. Es gilt jedoch darauf hinzuweisen, daß es sich hierbei lediglich um eine Desinfektionsmaßnahme handelt. Die Hepatitis-Viren sind gegen Alkohol resistent und auch sporenbildende Keime werden nicht erfaßt. Somit ist festzustellen, daß es sich bei der Behandlung von Knochengeweben mittels Alkoholen nur um eine ergänzende Maßnahme, nach Anwendung aller von der AATB empfohlenen z.Z. gültigen Screeningmethoden, handeln kann.

Der große Vorteil liegt jedoch in der Erhaltung der osteogenen Potenz.

Weitere Untersuchungen bezüglich unterschiedlicher Präparatgrößen und Kortikalisdicken scheinen gerechtfertigt zu sein.

Zusammenfassung

Um Übertragungen viraler oder bakterieller Erkrankungen bei der Transplantation von Knochengeweben zu vermeiden, wurde von der AATB als sicheres Sterilisationsverfahren die EO-Begasung und Bestrahlung über 2,5 kGray empfohlen. Hierbei wird jedoch die osteogene Potenz der Präparate wesentlich beeinträchtigt. Eine Behandlung mit Alkoholen würde die biologische Funktion nicht in gleicher Weise beeinträchtigen. Es liegen jedoch keine gesicherten Untersuchungen bezüglich Einwirkungsdauer und Eindringtiefe von Alkoholen in Knochengeweben vor.

Am Beispiel des distalen Femurkondylus des Schafes wurde nach Entfettung, Vakuum- und Gefriertrocknung der Präparate untersucht, nach welcher Zeit die in die Markraumhöhle verbrachten Indikatorkeime durch eine 70% Isopropylalkohollösung abgetötet wurden. Als Farbindikator wurde Methlyenblau mitgeführt, um die Durchfärbung der Präparate zu untersuchen.

Nach einer Einwirkzeit von 9 Tagen erfolgte die vollständige Abtötung der Testkeime, die komplette Durchfärbung der Präparate war nach 30 Tagen erreicht.

Literatur

1. American Association of Tissue Banks (1984) Standards for tissue banking. Arlington, Virginia
2. Urist MR (1972) Osteoinduction in undemineralized bone implants modified by chemical inhibitor of endogenous matrix enzymes. Clin Orthop 87:132
3. Zeichhardt et al. (1987) Stabilität, Inaktivierung des Human Immunodefizienz Virus. Bundesgesundheitsblatt 30 Nr 5, S 174–177
4. Knaeppler (1988) AIDS Problematik in der Unfallchirurgie am Beispiel der allogenen Knochentransplantation. BG Bericht über Unfallmedizin: Tagung Mainz Heft 69
5. Martin LS et al. (1985) Desinfection and inactivation of human T-lymphotropic virus typ III. Lymphadenopathy associated virus. J Infect Dis 152:400–403
6. Resnick L, Veren K et al. (1968) Stability and inactivation under chemical and laboratory environments. J Amer Med Wom Assoc 225:1887–1889

Erwärmung von Knochengewebe

D. Bettin, A. Karbowski, R. Fiedler, E. Luyxck

Klinik und Poliklinik für Allgemeine Orthopädie, Westfälische Wilhelms-Universität, Albert-Schweitzer-Straße 33, W-4400 Münster, BRD

Einleitung

Homologe Knochentransplantationen sind eine bewährte Methode zur Auffüllung großer knöcherner Defekte im Rahmen der Tumorchirurgie, sowie z.B. bei den an Häufigkeit ständig zunehmenden Wechseloperationen in der Endoprothetik.

Durch die erstmalig 1988 gesicherte Übertragung einer HIV-Infektion nach Knochentransplantation [1] wurde deutlich, daß zu den bereits bestehenden Maßnahmen zur Vermeidung einer Übertragung von Erkrankungen bei der Knochentransplantation, weitere, vor allem das AIDS-Virus inaktivierende, Methoden in Zukunft angewendet werden müssen.

Hierfür eignen sich chemische, Bestrahlungs- und thermische Verfahren. Die Letzteren haben bereits als Pasteurisation in der Transfusionsmedizin ihren Eingang gefunden [2].

Bei der bekannten Thermolabilität des AIDS-Virus und der Inaktivierung bei Temperaturen über 56°C [3–7], erscheint eine thermische Behandlung von Knochengewebe, unter der Voraussetzung der vollständigen Durchdringung bei ausreichend langer Inkubationszeit, eine praktikable Methode zu sein.

Material und Methoden

Untersucht wurden verschiedene Knochengewebsgrößen eines homogenen Untersuchungskollektive am Beispiel des Schafkniegelenkes.

Verwand wurden Patella, Schaft- und Kondylenknochen mit einem Kortikalisdurchmesser von 3 mm. Durch eine 4 mm große kortikale Bohrung wurde ein Präzisionsmeßfühler im spongiösen Markraum plaziert. Der Verschluß der Bohröffnung erfolgte mittels einer temperaturisolierenden Gummimembran. Die Temperaturablesung erfolgte durch eine elektronische Meßeinrichtung mit integriertem Maximalwertspeicher und Ausgleichsschaltung bei einer Meßgenauigkeit von ± 0,1°C (s. Abb. 1).

Die Kondylen- und Schaftknochen wurden entweder mit offenem, oder durch Palacos verschlossenem Markraum untersucht.

Die Erwärmung der Präparate erfolgte im Wasserbad mit Temperaturregelung und Wasserumwälzung. Es wurde jeweils eine Temperatur gewählt, die 5°C über der zu erreichenden intraspongiösen Temperatur von 38°C, 45°C, und 60°C lag. Die Registrierung erfolgte im Minutenintervall bis zur Erreichung der Solltemperatur (s. Abb. 1).

T. H. Ittel H.-G. Sieberth H. H. Matthiaß (Hrsg.)
Aktuelle Aspekte der Osteologie

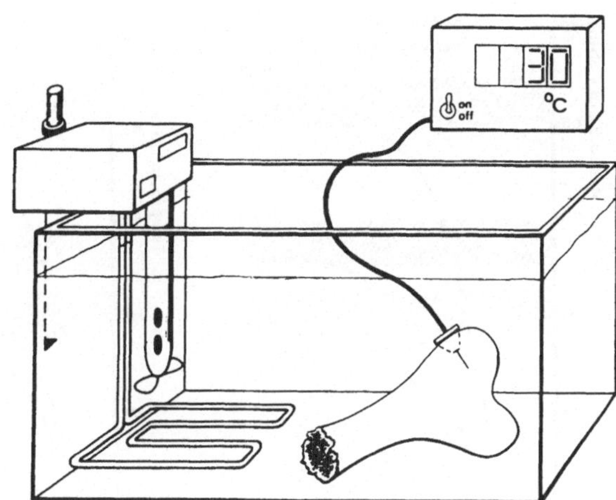

Abb. 1. Meßanordnung im Wasserbad zur zentralen digitalen Temperaturmessung am Femurcondylus des Schafes

Ergebnisse

Das Erreichen der gewünschten Solltemperatur zeigte deutliche Unterschiede in Bezug auf Größe des untersuchten Knochenanteils, sowie geschlossenem bzw. eröffnetem Markraum.

Bei geöffnetem Markraum wurde die gewünschte Solltemperatur bereits nach 10 min erreicht, bei verschlossenem Markraum nach 30 min (s. Abb. 2).

Der steilste initiale Temperaturanstieg wurde bei eröffnetem Markraum, geringerer Präparatgröße und hoher Umgebungstemperatur gefunden (s. Abb. 2, 3, 4).

Zu einem protrahierten Anstieg der intraspongiösen Temperatur kam es mit zunehmender Präparatgröße und Verschluß des Markraumes (s. Abb. 2, 4).

Diskussion

Der zur Gruppe der Retroviren gehörende Erreger der AIDS-Erkrankung zeichnet sich durch seine Thermolabilität aus.

Wie in einer Übersichtsarbeit von v. Briesen [7] sowie bei anderen Autoren [4–6] festgestellt wird, gibt es verschiedene Angaben über Einwirkdauer und Inaktivierung, die auch in eindeutigem Zusammenhang mit der Restfeuchte der untersuchten Präparate steht.

Zusammenfassend erscheint die Temperaturerhöhung eine praktikable und auch sichere Methode in Ergänzung zur sorgfältigen Spenderselektion zu sein, bei nicht nachweisbarer aber möglicherweise übertragbaren HIV-Infektion diese zu vermeiden.

Es gilt jedoch noch zu untersuchen, bei welcher Temperatur und Einwirkdauer, vor allem bei humanen Allografts, ausreichende Sicherheit gewährleistet ist. Desweiteren stehen noch Fragen bezüglich mechanischer Stabilität und osteogener Potenz der Knochentransplantate bei den in Frage kommenden Temperaturbereichen aus.

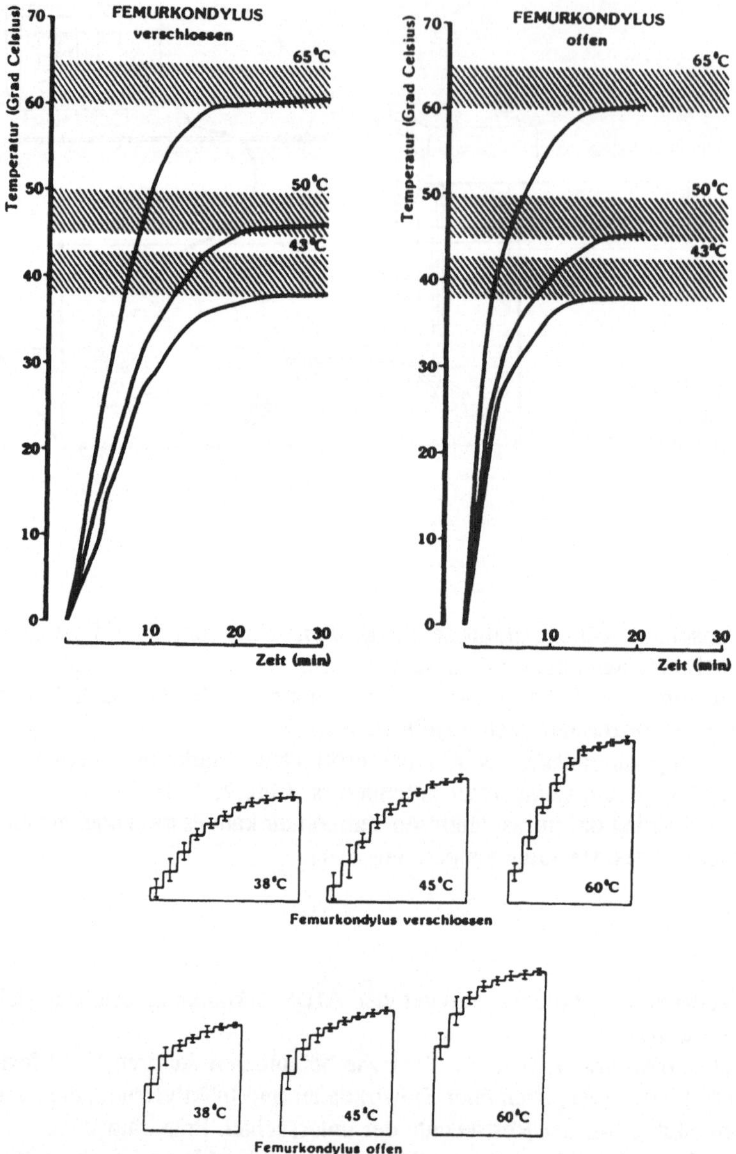

Abb. 2. Intramedullärer Temperaturverlauf im Femurcondylus des Schafes im Wasserbad

Zusammenfassung

Die homologe Knochentransplantation ist eine bewährte Methode, größere knöcherne Defekte aufzufüllen.

Bei der Implantation besteht generell die Gefahr, infektiöses Gewebe zu übertragen, wobei die Erkrankung an AIDS eine gesonderte Problematik aufwirft. Die Thermolabilität des

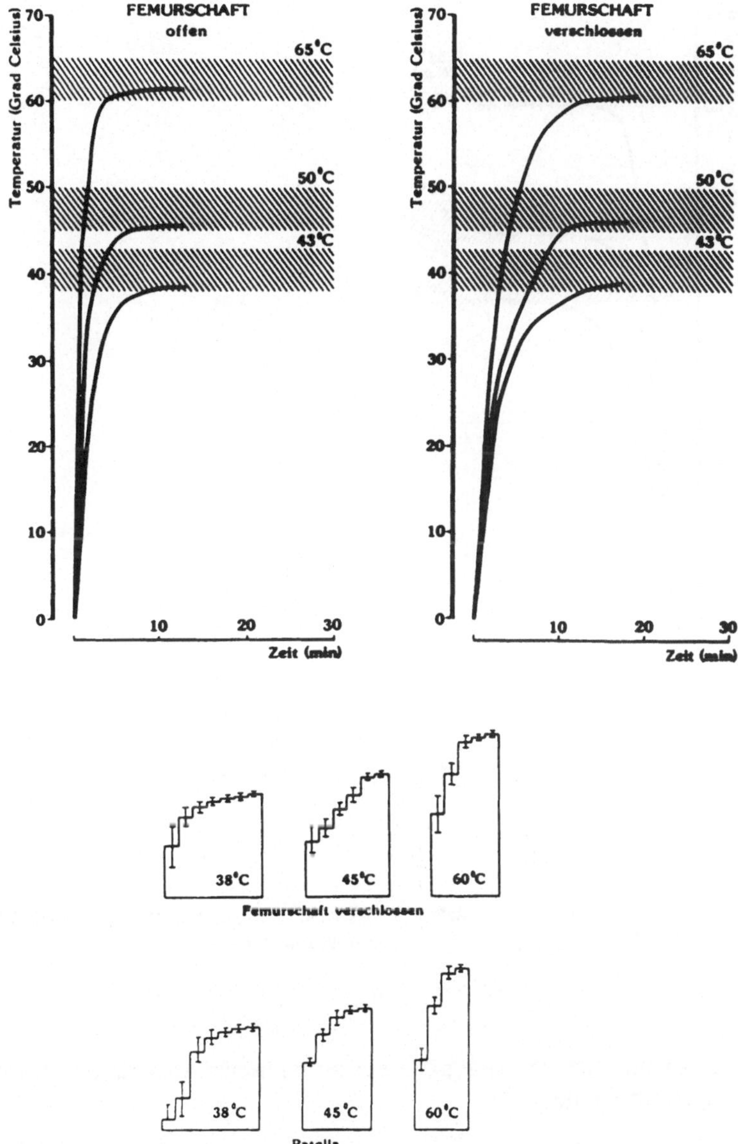

Abb. 3. Intramedullärer Temperaturverlauf im Femurschaft des Schafes im Wasserbad

AIDS-Virus bietet möglicherweise eine praktikable Methode, durch Erwärmung von Knochengewebe eine wirksame Abtötung herbeizuführen. Am Beispiel des Schafskniegelenkes wurde der Einfluß der Präparatgröße und Art, der Inkubationstemperatur im Wasserbad, in Bezug auf die intraspongiöse Solltemperatur untersucht. Je kleiner das Präparat und je höher die Inkubationstemperatur, um so eher wurde die Solltemperatur erreicht, wobei

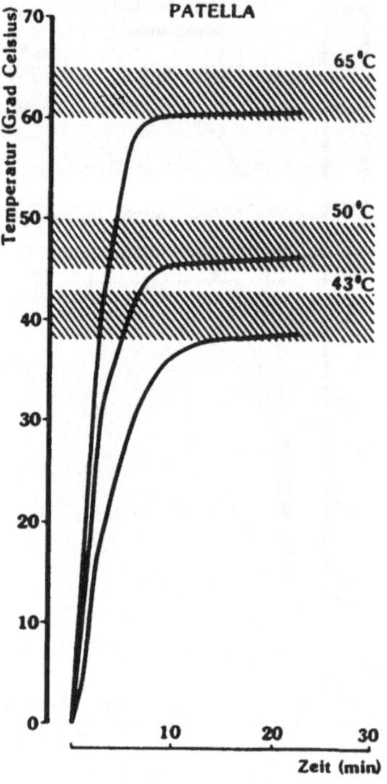

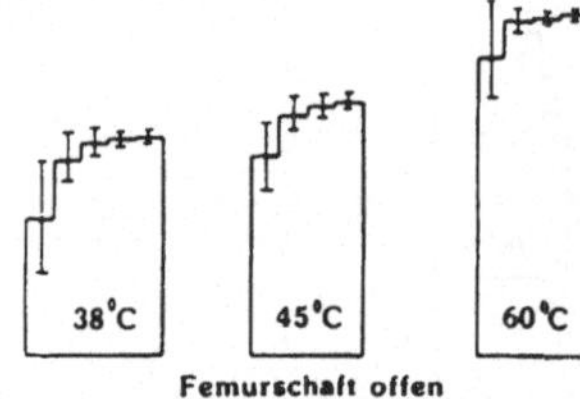

Abb. 4. Zentraler Temperaturverlauf in der Patella des Schafes im Wasserbad

bei zunehmender Präparatgröße ein protrahierter Anstieg der intraspongiösen Temperatur festgestellt wurde.

Literatur

1. Transmission of HIV through transplantation centers of disease control. MMWR 37 (39)
2. Fiedler H, Cramer H (1988) Vorschriften für die Gewinnung und Transfusion von Blut und Blutprodukten. In: Maass G (Hrsg) Virussicherheit von Blut, Plasma und Plasmapräparaten. Springer, Berlin Heidelberg New York Tokyo
3. Kreicbergs A, Köhler P (1989) Bone exposed to heat. In: Aebi M, Regazzoni P (eds) Bone transplantation. Springer, Berlin Heidelberg New York Tokyo, p 155
4. Kurth R, Werner A (1987) Inaktivierung des Human Immundefizienz Virus. Ärztl Labor 33:48

5. McDougal JS et al. (1985) Thermal inactivation acquired immuno deficiency syndrom virus, human T-lymphotrophic virus III/Lymphadenopathy associated virus, with special reference to antihemophilic factor. J Clin Invest 76:875
6. Spire B et al. (1985) Inactivation of lymphadenopathie associated virus by heat, gamma-rays and ultraviolet light. Lancet I:188
7. Briesen H v (1987) Stabilität und Desinfektion von HIV: ein Überblick. Therapiewoche 37:23–27

Vorschläge zu standardisierten Untersuchungen neuromuskulärer Vorgänge bei systemischen Knochenerkrankungen

R. Greiner-Perth[1], H.-C. Scholle[2], K. Abendroth[1], N.P. Schumann[2]

[1] Klinik für Innere Medizin, Friedrich-Schiller-Universität, Erlanger Allee 101, O–6902 Jena-Lobeda, BRD
[2] Institut für Pathologische Physiologie, Friedrich-Schiller-Universität, Löbderstraße 3, O–6900 Jena, BRD

Einleitung

Ausgangspunkt unserer Untersuchungen ist die Hypothese, daß die Frakturhäufigkeit bei der Osteoporose nicht allein durch die Osteopenie erklärt werden kann, sondern diese auch auf Veränderungen in neuromuskulären Erregungsvorgängen zurückzuführen ist.

Zur Analyse dieser möglichen extraossären Ursachen Osteoporose bedingter Frakturen wird das hier beschriebene methodische Spektrum etabliert und werden erste Untersuchungen durchgeführt.

Material und Methode

Spektrales EMG-Mapping

Das EMG-Mapping ist eine neue computergestützte Methode zur topographisch orientierten Darstellung von Parametern der mittels Leistungsspektralanalyse quantifizierten myoelektrischen Aktivität in der Muskel-Haut-Projektionsebene [1–3].

An zehn Patienten mit einer histologisch gesicherten Osteoporose im Alter von 45–70 Jahren sowie an sechs Kontrollpersonen, 50–70 Jahre alt, ohne röntgenologisch nachgewiesene Osteopenie und ohne muskulären Hartspann im Bereich der Rückenmuskulatur wurden diese Messungen vorgenommen. Die EMG-Ableitungen erfolgten über 500 ms bei verschiedenen Bewegungsmustern (Ante-, Retro- und Lateroflexion des Rumpfes im Stehen) sowie in entspannter Ruhehaltung (aufrechtes Stehen). Die Ableitung der EMG-Kurven erfolgte monopolar mit 16 Kanälen (Referenzelektrode über Spina iliaca ant. sup.) nach einem bestimmten Schema über der lumbosakralen Übergangsregion in einem Frequenzbereich von 9,9 bis 251 Hz. Aus diesen Orginaldaten wird über die Fast-Fourier-Transformation bzw. Hilbert-Transformation [4] für jeden EMG-Kanal die spektrale EMG-Leistung berechnet. Hieraus werden mittels Interpolation myoelektrische „Aktivitätskarten" (EMG-Maps) erstellt.

T. H. Ittel H.-G. Sieberth H. H. Matthiaß (Hrsg.)
Aktuelle Aspekte der Osteologie

Anwendungsformern:

a) spektrales EMG-Mapping bei Darstellung vorwiegend kraftkonstanter isometrischer Kontraktionen
b) spektrales EMG-Mapping zur Kennzeichnung schneller Änderungen der Aktivitätsmuster, vornehmlich bei Bewegungen (dynamisches EMG-Mapping)

Posturographie

Der Erfassung von Störungen der Bewegungskoordination dient die Posturographie [5, 6].

Der Patient bzw. Proband steht auf einer sog. Kraftplatte, die mit einer bestimmten Geschwindigkeit und in einem bestimmten Winkel gekippt wird. Dabei werden vom M. tibialis ant. und M. gastrocnemius entweder Oberflächen-EMG-Kurven bipolar oder bei dem vorliegenden Untersuchungsansatz auch EMG-Maps monopolar abgeleitet.

Untersuchungen der motorischen Halte- und Folgeregelung

Durch diese Messungen ist eine exakte Quantifizierung von Dysfunktionen der motorischen Halte- und Folgeregelung möglich [7, 8].

a) Halteregulation. Diese wird untersucht durch Applikation von pseudostochastischen binären Kraftimpulsfolgen im Handgelenkbereich. Aufgabe des Probanden ist es, diese die Unterarmhaltung störenden Krafteinwirkungen zu kompensieren. Registriert werden die Unterarmauslenkung, das Oberflächen-EMG des M. Biceps und M. triceps sowie die resultierende Kraft im Handgelenkbereich. Aus der Input-/Output-Relation (Testsignal/Unterarmauslenkung und Testsignal/EMG von M. biceps und triceps) wird die sog. „Impulsantwortfunktion" bestimmt.

b) Folgeregulation. Mit Hilfe dieser Untersuchungen kann die motorische Fein- und Grobkoordination, die motorische Anpassung, die Maximalgeschwindigkeit von Bewegungen sowie die motorische Reaktionszeit getestet werden. Blockdiagramm (nach Poulton [9]):

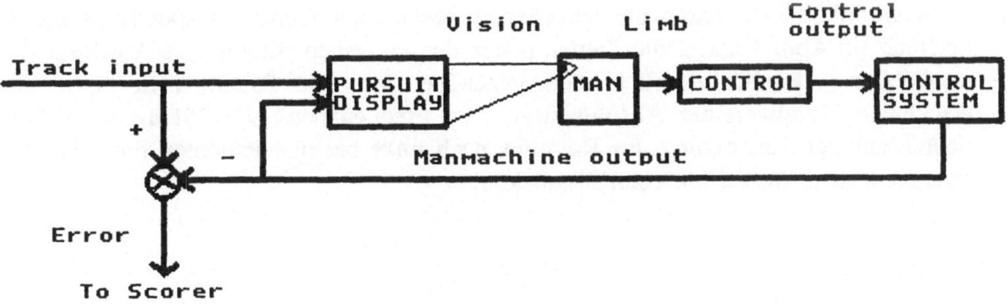

Als Eingangsgrößen werden Sinusfunktionen mit unterschiedlichen Frequenzen (0,5–1 Hz) und Amplituden (1–4 cm) vorgegeben, denen die Untersuchungsperson mittels einer

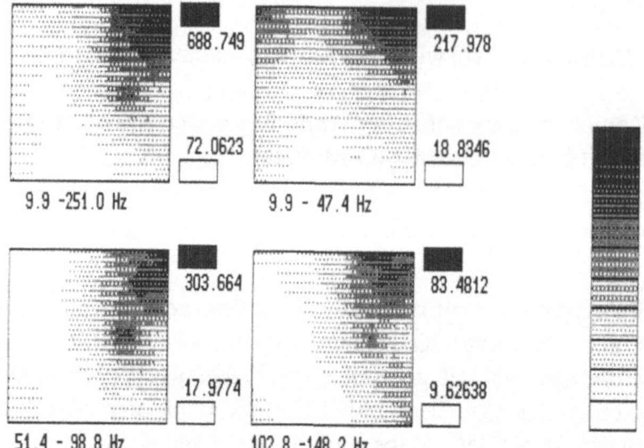

Abb. 1. EMG-Mapping einer Kontrollperson beim Aufrichten aus Seitneigung links [höchste spektrale Leistung rechtsseitig (*schwarz*)]

Lenkradsteuerung „folgen" muß. Zur Auswertung kommen die Integrale, Amplituden- und Phasenfehler der In-/Output-Kurven sowie die motorische Reaktionszeit.

Erste Ergebnisse der Untersuchungen mit EMG-Mapping

1. Unter den untersuchten Bewegungsabläufen hat sich aufgrund der guten Reproduzierbarkeit der Ergebnisse die Lateroflexion als günstigste Belastung erwiesen.
2. Bei 7–10 untersuchten Osteoporosepatienten ist das Aktivitätsmuster im Frequenzbereich von 9,9–47,4 Hz im Vergleich zu den übrigen Frequenzbändern deutlich verschieden und unabhängig von der jeweiligen Bewegung (Abb. 2).
3. In der Anordnung der Aktivitätsmuster zwischen Patienten- und Kontrollkollektiv zeigten sich bei gleichen Bewegungsabläufen deutliche Unterschiede.
   Während sich im Kontrollkollektiv (Abb. 1) die zu erwartenden regelrechten Muster nachweisen ließen, zeigten sich bei gleichen Bewegungsabläufen in der Patientengruppe wesentlich inhomogenere Muster (Abb. 2).
4. Im Kontrollkollektiv waren die berechneten maximalen Werte der spektralen EMG-Leistung (in Abb. 1 und 2 die Zahlen neben den einzelnen Bildern) als Ausdruck der muskulären „Aktivität" deutlich höher gegenüber denen der Patienten. So betrug der berechnete Mittelwert der Absolutaktivität im Frequenzband 9,9–251 Hz beim Aufrichten aus der Seitneigung des Rumpfes nach links bei den Patienten nur 25% des entsprechenden Wertes im Kontrollkollektiv.

Diskussion

Die bisher gewonnenen und oben beschriebenen Ergebnisse der EMG-Mapping-Untersuchungen erbrachten Hinweise auf muskuläre Dysfunktionen, die sich bei den vorliegenden Patientenableitungen als inhomogene Verteilung der EMG-Aktivitätsmuster während definierter Untersuchungssituationen äußern (s. Abb. 2).

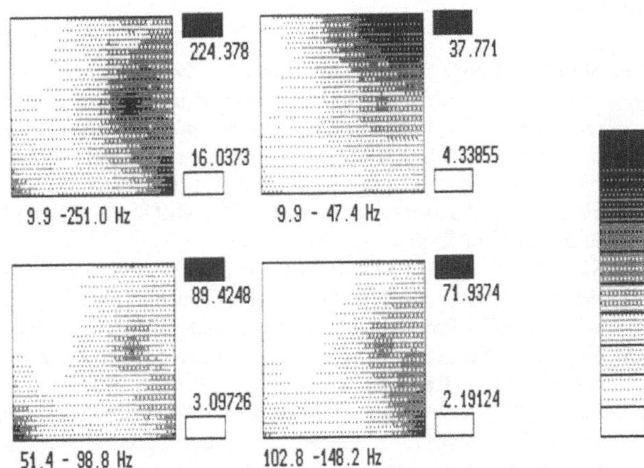

Abb. 2. EMG-Mapping eines Patienten beim Aufrichten aus Seitneigung links [unregelmäßige Verteilung der höchsten spektralen EMG-Leistung (*schwarz*) im Vergleich zu gesunden Personen, deutlich differentes Muster im Band von 9,9–47,4 Hz gegenüber den anderen Frequenzbereichen]

Mögliche Ursachengruppen dafür könnten sein:

1. Osteoporose induzierte bzw. assoziierte Innervationsveränderungen in der Rückenmuskulatur oder
2. durch ossäre Veränderungen (z.B. Spondylophytenbildung) im Bereich der Wirbelsäule induzierte Myogelosen.

Zusammenfassung

Zur Untersuchung muskulärer Dysfunktionen bei systemischen Knochenerkrankungen wird folgendes methodisches Spektrum vorgeschlagen:

1. EMG-Mapping-Untersuchungen,
2. Posturographie und
3. Untersuchungen zur motorischen Halte- und Folgeregulation.

Bisher wurden EMG-Maps im Bereich der unteren Rückenmuskulatur an 10 Osteoporosepatienten und 6 Kontrollpersonen während verschiedener Bewegungen (Ante-, Retro- und Lateroflexion) sowie bei aufrechtem Stehen durchgeführt.

Dabei zeigten sich deutliche Unterschiede im Aktivitätsverteilungsmuster, welches in der Patientengruppe wesentlich inhomogener angeordnet war. Außerdem fiel eine geringere muskuläre Gesamtaktivität innerhalb des Patientenkollektives auf.

Als mögliche Ursachen der genannten Ergebnisse kommen Osteoporose bedingte Fehlinnervationen sowie spondylogene Myogelosen in Betracht, wobei eine endgültige Differenzierung beim jetzigen Stand der Untersuchungen nicht möglich ist.

Literatur

1. Schumann NP, Witte H, Scholle HC, Zwiener U (1991) Spektrales EMG-Mapping am M. masseter: Topographie der EMG-Aktivität in Abhängigkeit von der Muskelfunktion. In: Harzer W (Hrsg) Kieferorthopädischer Gewebeumbau. Quintessenz, Berlin (im Druck)
2. Schumann NP, Scholle HC, Witte H et al. (1991) Das spektrale EMG-Mapping in der motorischen Diagnostik – Neue Möglichkeiten der funktionell-topographischen Interpretation myoelektrischer Aktivität. In: Scholle HC, Mühlau G (Hrsg) Motodiagnostik und Mototherapie. pmi, Frankfurt (im Druck)
3. Scholle HC (1991) Machen es die Krankengymnasten richtig? Therapiewoche 41:496–550
4. Witte H, Schumann NP, Grießbach G et al. (1991) Methodische Untersuchungen zum dynamischen EMG-Mapping auf der Basis der Hilberttransformation. Z EEG-EMG (im Druck)
5. Nashner LM, Berthoz A (1978) Visual contribution to rapid motor responses during posture control. Brain Res 150:403–407
6. Diener HC, Ackermann H, Dichgans J, Guschlbauer B (1985) Medium- and long-latency responses to displacement of the ankle joint in patients with spinal and central lesions. Electroenceph Clin Neurophysiol 60:407–416
7. Scholle HC, Hoyer D, Lobert S, Zwiener U (1989) Modelluntersuchungen der Muskelhalteregelung bei Kindern mit spastischer Hemiparese: pathophysiologische und klinische Relevanz. Z EEG-EMG 20:34–38
8. Scholle HC, Hoyer D, Zwiener U et al. (1989) Biocybernetic investigations of postural motor control in brain-damaged children with moderate motor disorders. Automedica 10:93–102
9. Poulton EC (1981) Human manual control. In: Brooks VB (ed) Handbook of physiology: the nervous system. Section 1 Neurophysioly, vol II, Motor control, Part 2. Am Physiol Soc, Bethesda, pp 1337–1389

Die primär lokalisierte ossäre Kryptokokkose – Ein Fallbericht

S. Blasius[1], Y. Ueda[1], P. Wuisman[2], R. Erlemann[3], W. Böcker[1], A. Roessner[1]

[1] Gerhard-Domagk-Institut für Pathologie, Westfälische Wilhelms-Universität, Domagkstraße 17, W–4400 Münster, BRD
[2] Klinik und Poliklinik für Orthopädie, Westfälische Wilhelms-Universität, Albert-Schweitzer-Straße 33, W–4400 Münster, BRD
[3] Klinik und Poliklinik für Radiologie, Westfälische Wilhelms-Universität, Albert-Schweitzer-Straße 33, W–4400 Münster, BRD

Fallbericht

Es wird über einen 58jährigen Patienten berichtet, der über eine Zeit von mehreren Monaten über Schmerzen im rechten Kniegelenk mit Bewegungseinschränkung klagte. Die körperliche Untersuchung ergab eine leicht gesteigerte Empfindlichkeit über der proximalen Tibia ohne Schwellung oder Rötung.

Radiologisch fiel eine osteolytische Läsion der proximalen Tibiaepiphyse ohne nachweisbare Umgebungsreaktion des Knochens auf (Abb. 1). Diese zeigte in der Szintigraphie eine Anreicherung. Bei den Untersuchungen mittels Computertomographie (Abb. 1) und MRI war eine Weichteilkomponente festzustellen. Der Gelenkspalt erwies sich radiologisch und arthroskopisch als unauffällig. Bis auf eine mäßig erhöhte Blutsenkung (41/81 mm) bestanden keinerlei pathologische Laborparameter.

Unter der Verdachtsdiagnose eines Riesenzelltumors wurde eine Kürrettage durchgeführt. Das dabei gewonnene Material zeigte histologisch eine granulomatös nekrotisierende Entzündung mit abszeßartigen Herden, fibro-histiozytärer, teilweise schaumzelliger Reaktion und Riesenzellen vom Langhans- und Fremdkörpertyp (Abb. 2a). In einzelnen Riesenzellen und Histiozyten waren runde Einschlußkörper nachweisbar. Ihre mukopolysaccharidhaltige Hülle ist mit Spezialfärbungen wie PAS, Grocott (Abb. 2b) und Mucikarmin darstellbar, so daß die Einschlüsse besser sichtbar werden. Aufgrund ihrer Größe, ihrer Form, der dicken Kapsel und des Verteilungsmusters im Gewebe wurden sie als Kryptokokken eingeordnet.

Der Knochendefekt wurde nach vollständiger Ausräumung mit einer Mischung aus Methacrylat, Amphotericin B und Gentamycin aufgefüllt. Weitere Herde der Kryptokokkose insbesondere in der Lunge und im Skelettsystem konnten weitgehend ausgeschlossen werden. Eine Störung des Immunsystems war bei diesem Patienten nicht nachweisbar. Die lokale antimykotische Therapie wurde durch ein orales, systemisch wirksames Antimykotikum (Ketokonazol) für drei Monate unterstützt. Anschließend wurde das Methycrylat entfernt und der Defekt mit einer Spongiosaplastik versorgt. Nach 2 Jahren ist der Patient jetzt rezidiv- und beschwerdefrei.

T. H. Ittel H.-G. Sieberth H. H. Matthiaß (Hrsg.)
Aktuelle Aspekte der Osteologie

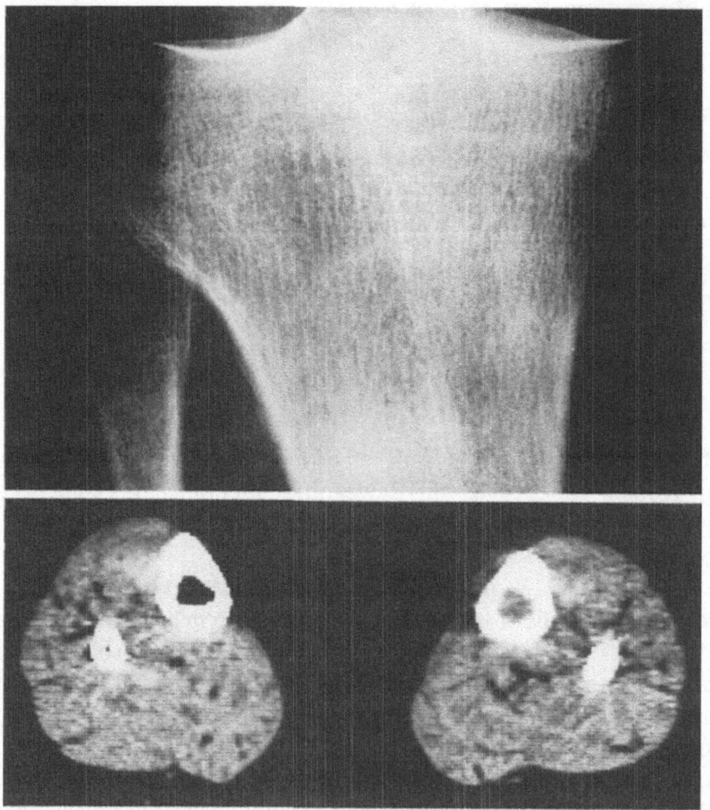

Abb. 1. AP-Aufnahme der rechten proximalen Tibia mit unscharf begrenzter epiphysär gelegener osteolytischer Läsion ohne umgebende Knochenreaktion (*oben*), mit in der CT-Untersuchung feststellbarer intramedullärer Ausbreitung (*unten*)

Diskussion

Die Kryptokokkose (Kryptokokkus neoformans/Torula histolytica) gehört zu der Gruppe der Blastomykosen und kommt als systemische Mykose weltweit vor. Sie wird als opportunistische Infektion gewertet. Bei mehr als 50% der Patienten kann eine angeborene oder erworbene Störung des Immunsystems nachgewiesen werden. Eine besondere Häufung ist bei Patienten mit Sarkoidose beschrieben. Fast alle Infektionen beim Menschen sollen mit einem Lungenherd beginnen, wobei dieser in der Mehrzahl der Fälle asymptomatisch verläuft [4]. Auch bei mildem Krankheitsverlauf kann es zur Streuung der Erreger kommen, die dann jedes Organ betreffen kann. Gefürchtet ist als schwere Komplikation die Kryptokokkenmeningitis. In 10% der Fälle ist das Skelettsystem beteiligt. Die primär lokalisierte ossäre Kryptokokkose gilt als seltene Verlaufsform und wird angenommen, wenn außer einer solitären Knochenläsion kein anderer Herd nachgewiesen werden kann. Bis 1977 sind in der Literatur nur 59 Fälle beschrieben [2]. Die initiale Symptomatik ist wie im vorgestellten Fall unspezifisch und umfaßt Schmerzen, Schwellung der betroffenen Region und selten Fieber. Auch eine Leukozytose liegt nicht regelmäßig vor. Im allgemeinen ist

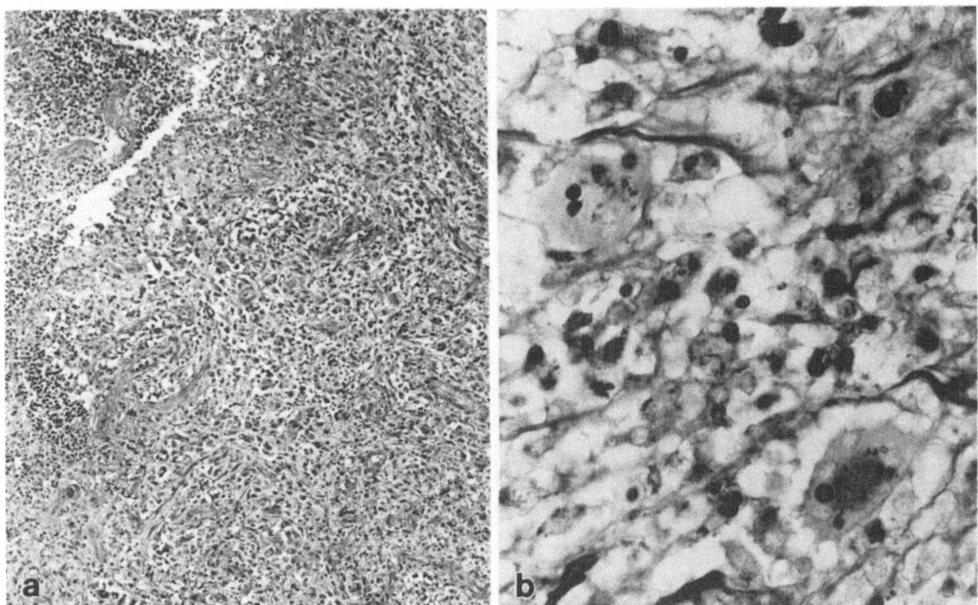

Abb. 2. a Granulomatös-nekrotisierende Entzündung mit fibrohistiozytärer, teils schaumzelliger Reaktion mit abszeßartigen Herden. Originalvergr. ×10. Färbung: Grocott; **b** Histiozytäre Reaktion mit zahlreichen Riesenzellen und intrazytoplasmatisch nachweisbaren, dunkel dargestellten Kryptokokken. Originalvergr. ×160. Färbung: Grocott

die Blutsenkung mäßig beschleunigt [1–3]. Das radiologische Bild läßt in der Interpretation als Differentialdiagnosen an Riesenzelltumor, Chondroblastom, benignes fibröses Histiozytom, Desmoid Tumor, Plasmozytom, Karzinommetastasen und chronische Osteomyelitis denken. Dabei ist aber eine weitere Differenzierung der chronischen Osteomyelitis nach dem auslösenden Erreger nicht möglich. Dabei kommen Tuberkulose, Aktinomykose, Blastomykose und Coccidioidomykose neben der Kryptokokkose in Betracht. Diese sollte mykologisch mittels Kulturen durchgeführt werden. Für Kryptokokken wird Blut Agar oder Sabouraud's Dextrose Agar empfohlen. Die Resistenztestung erlaubt dann aufgrund der unterschiedlichen Empfindlichkeit der verschiedenen Stämme von Kryptokokkus neoformans den gezielten Einsatz von Antimykotika [4]. Grundsätzlich hat die lokalisierte Kryptokokkose eine gute Prognose. In manchen Fällen ist der Verlauf langwierig, und noch Jahre nach Auftreten eines lokalisierten Herdes kann es zur Disseminierung kommen. Deshalb wird neben der chirurgischen Sanierung des Herdes der ergänzende Einsatz eines systemisch wirksamen Antimykotikums empfohlen.

Literatur

1. Allcock EA (1961) Torulosis. J Bone Joint Surg [Br] 43:71–76
2. Chleboun J, Nade S (1977) Skeletal cryptococcosis. J Bone Joint Surg [Am] 59:509–513
3. Cowen NJ (1969) Cryptococcosis of bone. Clin Orthop Rel Res 66:174–182
4. Kitz DJ, Bartizal KF, Isaak DD (1988) Cryptococcosis: current status. J Am Optom Assoc 88:1003–1006

A. Osteoporose

The Ovariectomized Rat: A Model for Postmenopausal Osteoporosis?

R. G. Erben[1], B. Kohn[1], H. Weiser[2], W. A. Rambeck[1]

[1] Institut für Physiologie, Physiologische Chemie und Ernährungsphysiologie, Tierärztliche Fakultät, Ludwig-Maximilians-Universität, Veterinärstraße 13, W–8000 München 22, BRD
[2] Hoffmann-La Roche Ltd, Department VRD/F, Grenzacherstraße, CH–4002 Basel

Introduction

In the first 5 years following the menopause most women experience a phase of rapid bone loss accompanied by increased bone turnover [1, 2]. It is well established that rats develop cancellous bone osteopenia in the appendicular and axial skeleton after ovariectomy [3, 4]. However, there are some major differences between rat and human bone physiology and it remains to be clarified whether the ovariectomized rat can serve as a model for postmenopausal osteoporosis.

Methods

In three experiments [Exp] of 7, 16, and 21 weeks duration, ten-week-old Sprague-Dawley (Exp I) and Fischer-344 rats (Exp II and III) were either bilaterally ovariectomized [OVX] or sham-operated [SHAM]. The final number of animals in each SHAM or OVX group was 6–8 in all three experiments. The rats were fed a standard laboratory diet (0.9% calcium, 0.75% phosphorus) *ad libitum*. Blood samples were taken and urine collected at several time points during the experiments. Serum was analyzed for total calcium, phosphate, total alkaline phosphatase, and osteocalcin. Furthermore, urinary calcium, creatinine and hydroxyproline were determined. Tetracycline double labeling with a marker interval of 5 days was performed prior to the end of Exp II. Seven (Exp I), 16 (Exp II), and 21 (Exp III) weeks after surgery all rats were sacrificed and the first lumbar vertebrae processed undecalcified for static and dynamic (Exp II) histomorphometric analysis.

T. H. Ittel H.-G. Sieberth H. H. Matthiaß (Hrsg.)
Aktuelle Aspekte der Osteologie

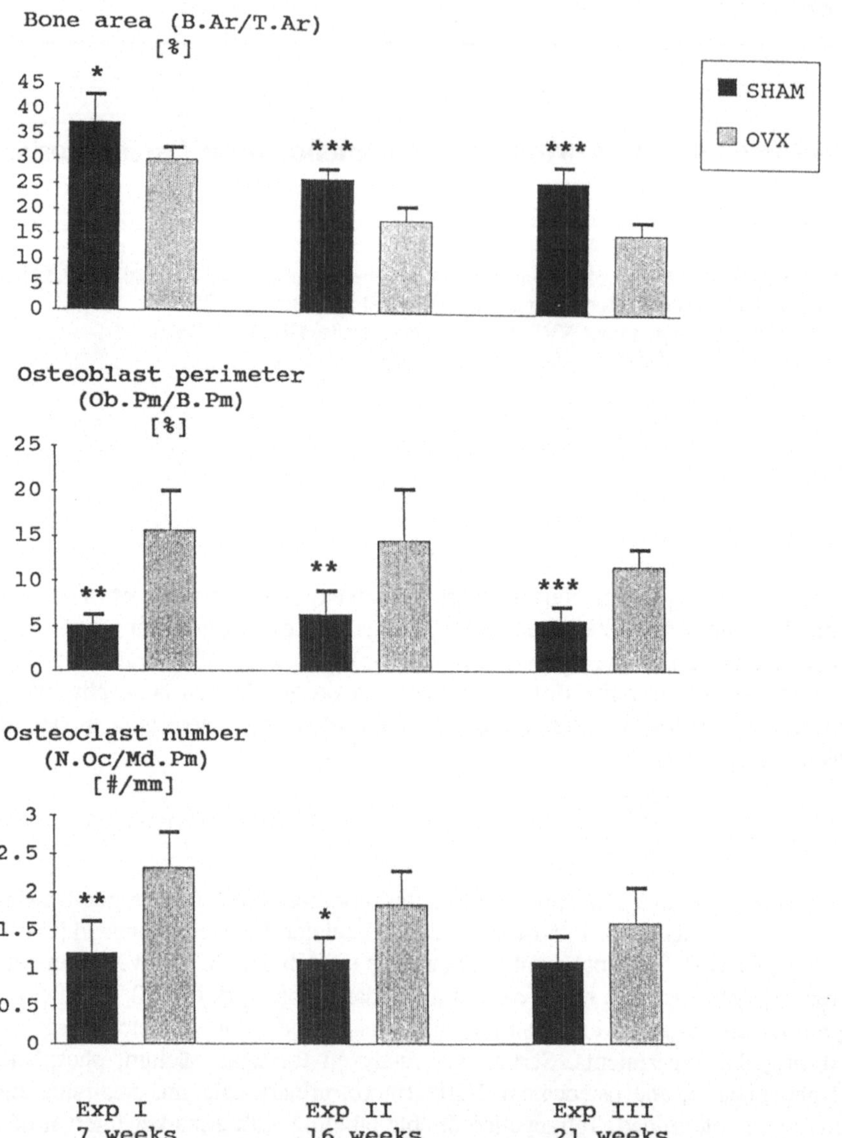

Fig. 1. Bone area (*B.Ar/T.Ar*), osteoblast perimeter (*Ob.Pm/B.Pm*), and osteoclast number (*N.Oc/Md.Pm*) in the cancellous bone of the first lumbar vertebral body of SHAM and OVX rats, 7 (Exp I), 16 (Exp II), and 21 weeks (Exp III) postovariectomy. Each data point is the mean ± SD of 6–8 animals. (*) $P < 0.05$, (**) $P < 0.01$, (***) $P < 0.001$ versus OVX

Results

In all three experiments, OVX rats showed a significant reduction in vertebral cancellous bone mass. With increasing duration of the experimental period the ovariectomy-induced osteopenia became more pronounced (Fig. 1). The bone loss in OVX rats was accompanied by increased values for static and dynamic histomorphometric parameters of bone formation and resorption (Fig. 1). Figure 1 also shows that, compared with SHAM controls, the maximal increase in histomorphometric indices of bone turnover in OVX animals was observed at 7 weeks postovariectomy (Exp I). The elevated bone turnover in OVX rats was also reflected in higher serum levels of osteocalcin and alkaline phosphatase as well as increased values for urinary hydroxyproline/creatinine excretion relative to SHAM controls. Structural histomorphometric data in the cancellous bone of the first lumbar vertebra are shown in Table 1. OVX rats exhibited a significant decrease in trabecular thickness (Tb.Th) and trabecular number (Tb.N) as well as an increase in trabecular separation (Tb.Sp), 16 and 21 weeks postovariectomy.

Discussion

In agreement with previous investigations [4], the present study demonstrates that ovariectomy results in cancellous bone osteopenia associated with increased bone turnover in the axial skeleton of the rat. Furthermore, the structural data reveal that, although there is also some thinning of bone trabeculae in OVX rats, the major determinant of ovariectomy-induced cancellous bone loss is the removal of entire structural elements resulting in increased discontinuity of bone structure. Thus, the changes in rat bone metabolism after ovariectomy bear some resemblance to the alterations in bone metabolism following the menopause and the microanatomic mechanisms of cancellous bone loss [5] in OVX rats and early postmenopausal women appear to be similar.

However, the interpretation of histomorphometric findings in the cancellous bone of the axial skeleton of the rat is complicated by the fact that there is both modeling and remodeling in the rat vertebral secondary spongiosa (Fig. 2). Furthermore, the overall bone metabolic activity and, therefore, all serum and urine biochemical parameters of bone turnover are dominated by growth and modeling in the rat. Because postmenopausal osteoporosis is a disease affecting the *remodeling* skeleton of the adult human, the ovariectomized rat cannot be globally regarded as a model for postmenopausal osteoporosis in our opinion. It remains to be clarified, however, whether these differences in rat and human cancellous bone physiology result in a different pathophysiology of the estrogen-deficiency osteopenia, or if the microanatomic and cellular events leading to cancellous bone loss after the cessation of ovarian function are actually the same in humans and rats.

Table 1. Structural histomorphometric data in the cancellous bone of the first lumbar vertebral body in sham-operated and ovariectomized rats

Variable	Experiment I (7 weeks)		Experiment II (16 weeks)		Experiment III (21 weeks)	
	SHAM (n = 6)	OVX (n = 6)	SHAM (n = 8)	OVX (n = 6)	SHAM (n = 6)	OVX (n = 8)
Tb.Th (μm)	90 ± 15	80 ± 7	78[b] ± 6	68 ± 4	78[c] ± 10	69 ± 9
Tb.N (#/mm)	4.14 ± 0.40	3.73 ± 0.31	3.51[a] ± 0.25	2.82 ± 0.41	3.35[c] ± 0.14	2.25 ± 0.17
Tb.Sp (μm)	152[a] ± 21	189 ± 19	211[b] ± 13	295 ± 49	221[c] ± 13	377 ± 39

All values are means ± SD.
Trabecular number and trabecular separation were calculated according to the parallel plate model.
[a] $P < 0.05$, [b] $P < 0.01$, [c] $P < 0.001$ versus OVX.

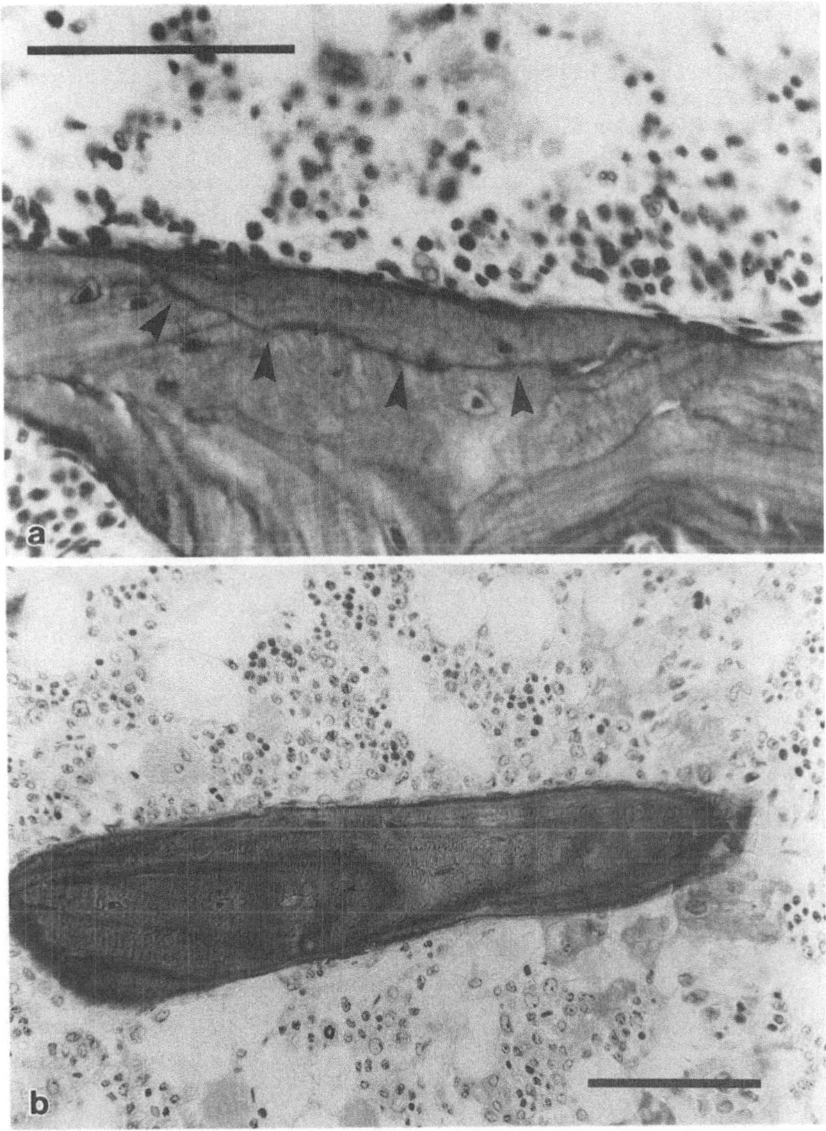

Fig. 2a, b. Scalloped, irregular cement lines (△) indicative of remodeling activities **a**, and parallel, smooth cement lines indicative of modeling activities **b** in the secondary spongiosa of the first lumbar vertebral body of a sham-ovariectomized control rat (26-week-old Fischer-344 rat). Toluidine blue stain for demonstration of cement lines. Bar = 100 μm

References

1. Falch JA, Sandvik L (1990) Perimenopausal appendicular bone loss: a 10-year prospective study. Bone 11:425–428
2. Heaney RP, Recker RR, Saville PD (1978) Menopausal changes in bone remodeling. J Lab Clin Med 92:964–970
3. Wronski TJ, Cintrón M, Dann LM (1988) Temporal relationship between bone loss and increased bone turnover in ovariectomized rats. Calcif Tissue Int 43:179–183
4. Wronski TJ, Dann LM, Horner SL (1989) Time course of vertebral osteopenia in ovariectomized rats. Bone 10:295–301
5. Parfitt AM (1984) Age-related structural changes in trabecular and cortical bone: cellular mechanisms and biomechanical consequences. Calcif Tissue Int 36:S123–S128

Osteopenia is Associated with Alterations of Bone Collagen

B. Bätge[1], J. Diebold[2], H. Stein[3], P.K. Müller[3]

[1] Klinik für Innere Medizin, Medizinische Universität zu Lübeck, Ratzeburger Allee 160, W-2400 Lübeck, BRD
[2] Institut für Pathologie, Medizinische Universität zu Lübeck, Ratzeburger Allee 160, W-2400 Lübeck, BRD
[3] Institut für Medizinische Molekularbiologie, Medizinische Universität zu Lübeck, Ratzeburger Allee 160, W-2400 Lübeck, BRD

Introduction

Possible abnormalities of the collagenous matrix in osteoporosis might provide important informations on the pathogenesis of this common disorder. Furthermore, observations from osteogenesis imperfecta suggest that alterations in collagen modification may cause problems in fibril formation and hence mineralization. In particular, several studies on this inherited disease revealed alterations in the collagenous composition [1] and both changes in the primary structure as well as overmodification of the collagen molecule [2, 3]. A transient overmodification of lysine residues has also been found in hyperplastic callus tissue [4] and is seen during fetal development [3, 4]. Therefore, we wondered whether similar abnormalities can be found in the collagenous bone matrix of adult patients with osteopenia. For this purpose, we performed a combined biochemical, morphometric and immunohistochemical study.

Material and Methods

Vertebral trabecular bone from 20 randomly chosen individuals aged 22–93 years was obtained at autopsy. The trabecular bone volume (%TBV) and the mean trabecular plate thickness were assessed by morphometry of L_2 which revealed a significant age-related decline of both parameters. Patients with a bone mass lower than 2 SD below the age-adjusted average value were supposed to suffer from a severe osteopenia. Pepsin extracted collagens were separated by sequential salt precipitations and analyzed on SDS-PAGE. Hydroxylation of lysyl residues was investigated by amino acid analysis of individual α-chains of collagen I separated by reverse phase HPLC. Cleavage with cyanogen bromide was used to identify individual collagen types.

Results

Vertebral bone mass (expressed in % trabecular volume per total volume) and mean trabecular thickness significantly decreased with age. The extent of hydroxylation of lysyl residues of both α 1 and α 2 was significantly and inversely correlated with the mean trabecular thickness and – in the case of the α 2-chain – with the bone mass (Fig. 1a, b).

T.H. Ittel H.-G. Sieberth H.H. Matthiaß (Hrsg.)
Aktuelle Aspekte der Osteologie

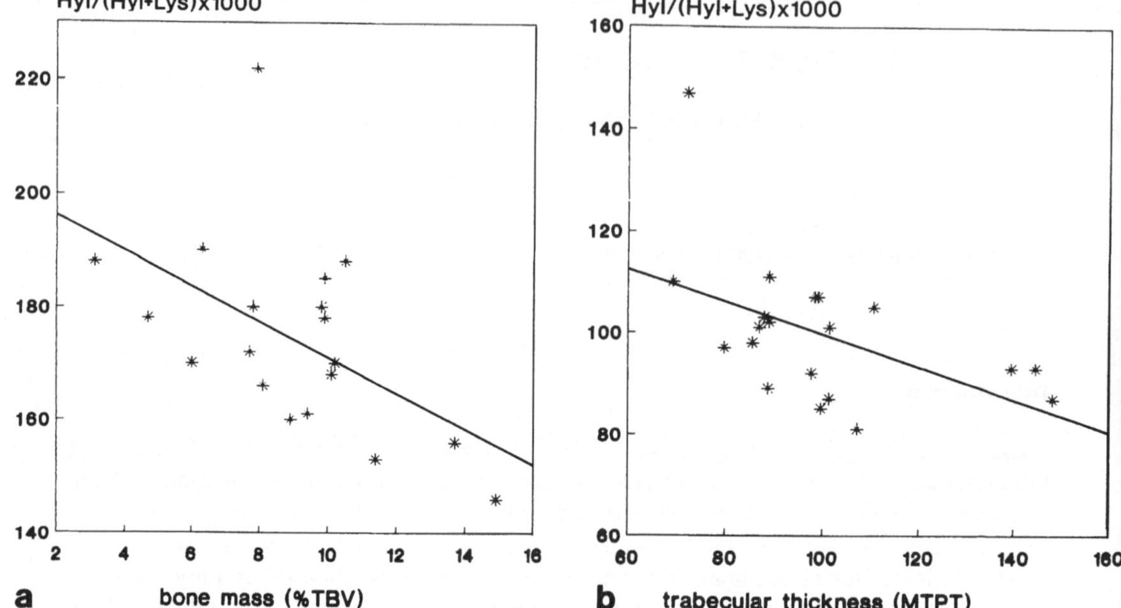

Fig. 1. a Extent of lysyl hydroxylation of $\alpha2(I)$ in relation to the donor's trabecular bone volume (%TBV). $r=-0.59$, $p < 0.05$, $n=20$. **b** Extent of lysyl hydroxylation of $\alpha1(I)$ in relation to the donor's mean trabecular plate thickness (MTPT). $r=-0.496$, $p < 0.05$, $n=20$. A similar correlation was found for $\alpha2(I)$

No correlation was found between the degree of lysyl hydroxylation and the age of the donor (Fig. 2). Three patients suffered from a severe osteopenia, two of which showing significant amounts of collagen types which are not found in normal adult bone: in patient 1, collagen II accounted for 8% and in patient 2, collagen II represented 7% of total extractable collagen. Immunohistochemically, each of these collagen types was found to be present within the matrix of bony trabeculae.

Discussion

An increased level of lysyl hydroxylation of the collagen I molecule has been described in immature, hyperplastic callus tissue as well as during fetal development [3, 4]. In our study on human adult bone, the degree of lysyl hydroxylation was closely related to the functionally important parameters such as bone mass and mean trabecular thickness. Interestingly, in contrast to these morphometric parameters no correlation was found between the degree of lysyl hydroxylation of collagen I and the age of the donor. This surprising result might indicate that an increased level of lysyl hydroxylation observed in osteopenic bone reflects pathological rather than physiological age-dependant alterations of adult bone.

The two patients with the lowest bone mass showed the reappearance of collagens II and III both of which are present only during early development and during matrix induced endochondral bone formation [5].

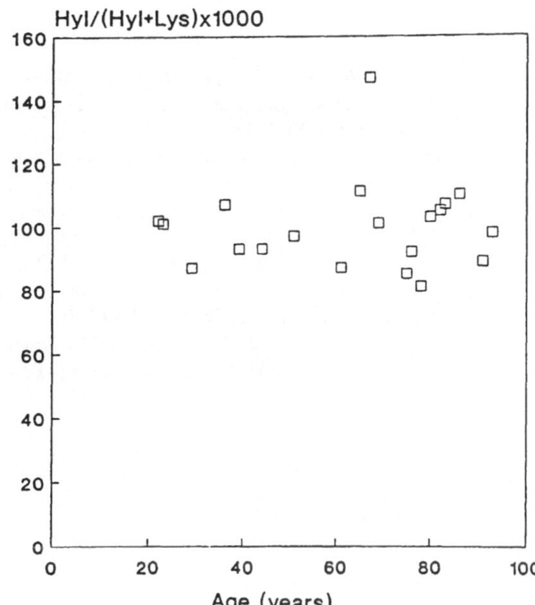

Fig. 2. Extent of lysyl hydroxylation in relation to the age of the donor. No correlation was found

In conclusion, our data suggest that in osteopenic adult bone, a less mature state of the collagenous bone matrix is present. Further studies are required to evaluate the clinical potential of this observations.

Summary

Morphometric evaluation and biochemical analysis were used to study possible correlations between histostructural features of trabecular bone and the collagenous constituents of mature bone of 20 individuals 22–91 years of age. The trabecular bone volume (%TBV) and the mean trabecular plate thickness were assessed by morphometry of L_2 which revealed a significant age-related decline of both parameters. Collagen extracted from vertebral trabecular bone by limited pepsin digestion showed a degree of lysyl hydroxylation of the $\alpha1(I)$ and $\alpha2(I)$ chains which correlated inversely with the MTPT and, for $\alpha2(I)$, with the %TBV. No correlation was found between the level of lysyl hydroxylation and the age of the donor. Our data provide first evidence that histostructural changes of bone are accompanied by an altered level of lysyl hydroxylation of collagen I which appears to be independent of the patient's age.

Literatur

1. Brenner R, Vetter U, Nerlich A et al. (1989) Osteogenesis imperfecta: insufficient collagen synthesis in early childhood as evidenced by analysis of compact bone and fibroblast culture. Eur J Clin Invest 20:8–14
2. Prockop DJK, Constantinou C, Dombrowski K et al. (1989) Type I procollagen: the gene-protein system that harbors most of the mutations causing osteogenesis imperfecta and probably more common heritable disorders of connective tissue. Am J Med Genet 34:60–67
3. Kirsch E, Krieg T, Remberger K et al. (1981) Disorder of collagen metabolism in a patient with osteogenesis imperfecta (lethal type). Eur J Clin Invest 11:39–47
4. Brenner R, Vetter U, Nerlich A et al. (1989) Biochemical analysis of callus tissue in osteogenesis imperfecta type IV. J Clin Invest 84:915–921
5. Reddi A, Gay R, Gay S, Miller E (1977) Transitions in collagen types during matrix induced cartilage, bone and bone marrow formation. Proc Natl Acad Sci USA 74:5589–5592

Zur Analyse der Isoenzymbestimmung der alkalischen Phosphatase von Osteoporose-Patienten

B. Rahfoth, G. Schramm, J. Franke, S. Hauch

Klinik und Poliklinik für Orthopädie, Medizinische Akademie Erfurt, Regierungsstraße 42a, O–5020 Erfurt, BRD

Einleitung

Die alkalische Phosphatase (AP) kommt als Membran-gebundenes Enzym in nahezu allen Zellen vor. Die im Serum vorkommende Enzymaktivität stellt das Ergebnis eines dynamischen Gleichgewichts zwischen Bildungsgeschwindigkeit und Eliminationsgeschwindigkeit dar. Sie widerspiegelt die gesamte Spanne von der Abgabe der AP in die Blutbahn bis zu deren Abbau, Ausscheidung oder Einlagerung in die Gewebe [1, 2]. Abweichungen von der normalen Serumaktivität können nicht in jedem Falle dem jeweiligen Organ zugeordnet werden.

Bei der Mehrzahl der Osteoporose-Patienten liegt die Aktivität der AP vor der Behandlung erhöht vor, besonders bei Patienten mit high-turnover-Osteoporose. Ähnlich verhält es sich bei Patienten mit Osteomalazie und Poromalazie. Zur eindeutigen diagnostischen Klärung, ob es sich bei diesen Patienten um das skeletale Isoenzym handelt, wurden von einem Patientengut (n = 66) die Isoenzymbestimmung der AP durchgeführt.

Methode

Die Bestimmung der Isoenzyme der AP erfolgte von 48 Osteoporose-Patienten, 6 Patienten mit Osteomalazie und 12 Patienten mit Poromalazie vor Beginn der Behandlung. Die Aktivitätsbestimmung wurde modifiziert nach Farley et al. [3] durchgeführt.

1,5 ml des jeweiligen Serums wurden in 3 Proben aufgeteilt. Von der 1. Probe wurde die Gesamtaktivität bestimmt. Die 2. Probe wurde mit 10 mmol L-Phenylalanin inhibiert. Die 3. Probe wurde 10 min bei 56° hitzinaktiviert und nach Abkühlung auf RT ebenfalls mit 10 mmol L-Phenylalanin versetzt.

Von der 2. und 3. Probe erfolgte die Bestimmung der verbliebenen Restaktivität.

Durch Substituieren der 3 erhaltenen Aktivitätswerte in folgende Gleichungen:

a) Gesamtaktivität =
skeletale + hepatische + intestinale Aktivität
(S) (H) (I)

b) L-phenylalaninsensitive Aktivität =
x (S) + y (H) + Z (I)

T. H. Ittel H.-G. Sieberth H. H. Matthiaß (Hrsg.)
Aktuelle Aspekte der Osteologie

c) Hitze- und phenylsensitive Aktivität =
$q\,(S) + r\,(H) + s\,(I)$

können der skeletale Anteil, der leberspezifische Anteil und der intestinale Anteil ermittelt werden.

Ergebnisse

Bei den Osteoporose-Patienten fanden wir eine geringe bis starke Erhöhung der Gesamtaktivität der AP. Durch die Bestimmung der Isoenzyme konnte gezeigt werden, daß sich die Erhöhung nicht in jedem Falle auf den skeletalen Anteil erstreckt, sondern auch der hepatische Anteil erhöht sein kann. Es konnten 3 Gruppen unterschieden werden (s. Abb. 1).

Bei der Osteomalazie lag die Gesamtaktivität generell stark erhöht vor, wobei sich die Erhöhung zu 84,4% auf das skeletale Isoenzym zurückführen ließ. Die Patienten mit Poromalazie konnten in 2 Gruppen unterteilt werden, die erste mit einer Gesamtaktivität der AP im Normbereich und die zweite mit stark erhöhter Gesamt-AP. Das skeletale Isoenzym nahm in beiden Gruppen den bestimmenden Anteil ein (s. Abb. 2).

Diskussion

Die Isoenzymbestimmung der AP zeigte, daß sie für differentialdiagnostische Fragestellungen orientierende Anhaltspunkte liefert. Während eine Leberbeteiligung bei erhöhten Gesamt-AP-Werten durch leberspezifische Parameter wie Transaminasen und das γ-GT abgeklärt werden können, stehen für die Differentialdiagnostik von Knochenerkrankungen neben dem Osteocalcin [4] keine weiteren Parameter zur Verfügung.

Deshalb könnte die Bestimmung des skeletalen Isoenzyms der AP, das einen entscheidenden Marker zur Beurteilung der Osteoblastenfunktion [1, 5] darstellt, zur Diagnostik von Knochenerkrankungen, zur Verlaufskontrolle bzw. zu deren Therapieüberwachung eine wichtige Indikation sein. Um das gesamte Spektrum der Isoenzym-Varianten zu erfassen, ist eine Verbesserung der Methode durch elektrophoretische Auftrennung des Serums verbunden mit einer Neuraminidasebehandlung vorgesehen.

Zusammenfassung

Die Bestimmung der alkalischen Phosphatase (AP) im Serum bei Osteoporose-Patienten zeigte in der Mehrzahl der Fälle erhöhte Aktivitäten. Durch die Isoenzymbestimmung der AP konnte gezeigt werden, daß sich diese Erhöhung bei der Osteoporose nicht ausschließlich auf den skeletalen Anteil zurückzuführen läßt, sondern auch der hepatische Anteil (bei 25% der Patienten) erhöht sein kann.

Bei der Osteomalazie lag die Gesamtaktivität der AP generell stark erhöht vor mit einer skeletalen Beteiligung von 84%.

Bei Patienten mit Poromalazie fanden wir eine Gruppe mit einer Gesamtaktivität im Normbereich (skeletales Isoenzym – 80,8%) und eine Gruppe mit stark erhöhten Werten

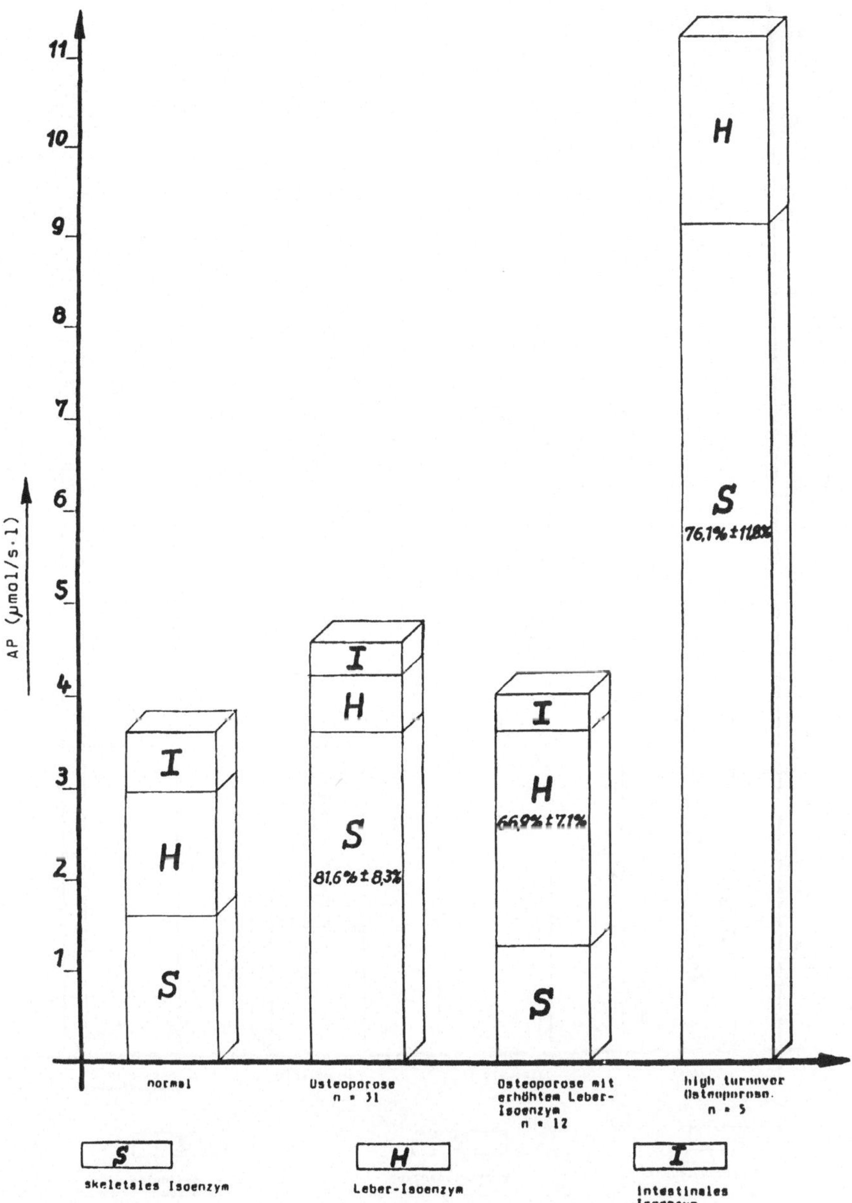

Abb. 1. Die Verteilung der AP-Isoenzyme bei Osteoporose-Patienten

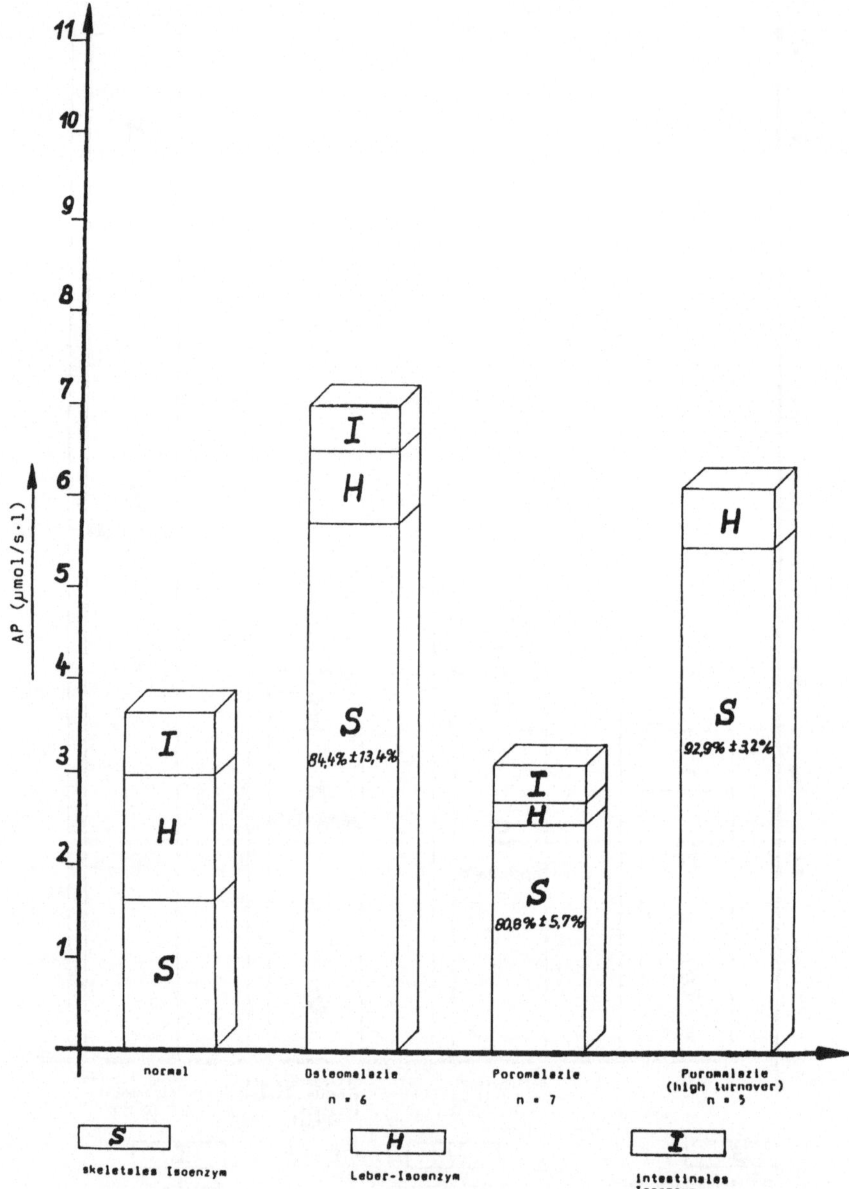

Abb. 2. Die Verteilung der AP-Isoenzyme bei Osteomalazie und Poromalazie

(skeletales Isoenzym – 92,9%). In beiden Gruppen war das skeletale Isoenzym dominierend.

Literatur

1. Franke J, Runge H (1987) Osteoporose – Diagnose, Differentialdiagnostik und Therapie. Volk und Gesundheit, Berlin
2. Crofton S (1982) Biochemistry of alkaline phosphatase isoenzymes. Critical review of clinical laboratory sciences. 161–194
3. Farley JR, Chesnut CH, Baylink DJ (1981) Improved method for quantitative determination in serum of alkaline phosphatase of skeletal origin. Clin Chem 27:2002–2007
4. Verhaeghe J, Van Herck E, Visser WJ et al. (1990) Bone and mineral metabolism in BB rats with long-term diabetes. Diabetes 39:477–482
5. Rodan GA, Rodan SB (1983) Expression of the osteoblastic phenotype. In: Peck WA (eds) Bone and mineral research, vol 2. Elsevier, Amsterdam, pp 244–254

Zur Epidemiologie der osteoporotischen Hüftfraktur in der Bundesrepublik Deutschland im internationalen Vergleich

A. Cöster, B. Allolio

Medizinische Klinik II und Poliklinik, Universität zu Köln, Josef-Stelzmann-Straße 9, W-5000 Köln 41, BRD

Die Inzidenz von Schenkelhalsfrakturen ist in den Ländern Europas sehr unterschiedlich. Genaue Untersuchungen sind in der Bundesrepublik bisher nicht durchgeführt worden. Wir haben das Auftreten von osteoporotischen Schenkelhalsfrakturen (Lebensalter $\geq$ 35 Jahre, inadäquates Trauma) für die Jahre 1987 bis 1989 in der Stadt Düren (84 250 Einwohner) untersucht. Im Untersuchungszeitraum wurden 276 Frakturen erfaßt und analysiert. Wir fanden eine Rohinzidenzdichte der Schenkelhalsfrakturen von 291,3/10^5 Personenjahre für Frauen und von 110,2/10^5 Personenjahre für Männer. Normiert man die Zahlen auf die weiße amerikanische Bevölkerung von 1985, um einen internationalen Vergleich zu ermöglichen, so ergibt sich eine alterskorrigierte Inzidenz (pro 100 000 und Jahr) von 235,5 für Frauen und 135,9 für Männer. Damit ergeben sich für die Bundesrepublik nach Norwegen die zweithöchsten Zahlen für die Inzidenz von Schenkelhalsfrakturen. Rechnet man die jährliche Inzidenz auf die Gesamtbevölkerung der alten Bundesländer hoch, so muß von 70 000 Schenkelhalsfrakturen pro Jahr ausgegangen werden. Diese Zahl liegt deutlich höher als bisher angenommen.

Einleitung

Während in zahlreichen Ländern Untersuchungen zur Epidemiologie der Schenkelhalsfrakturen in Europa durchgeführt wurden, liegen entsprechende Daten für die Bundesrepublik Deutschland nicht vor. Von Ringe [1] wurden Berechnungen aus dem Nachbarland Holland auf die Bundesrepublik übertragen und eine jährliche Inzidenz von 50 000 Schenkelhalsfrakturen für die Bundesrepublik (alte Bundesländer) berechnet. Inwieweit eine solche Übertragung der Ergebnisse zulässig ist, muß jedoch fraglich bleiben. Um den säkularen Trend der Inzidenz von Schenkelhalsfrakturen in Zukunft besser abschätzen zu können, ist es dringend erforderlich, auch für die Bundesrepublik Deutschland zuverlässigere Daten zu erheben. Wir haben eine solche Analyse für die Stadt Düren (84 251 Einwohner) durchgeführt.

T. H. Ittel H.-G. Sieberth H. H. Matthiaß (Hrsg.)
Aktuelle Aspekte der Osteologie

Methoden

Die Stadt Düren liegt in ländlicher Umgebung und verfügt über 3 Krankenhäuser, deren Unterlagen gut analysiert werden konnten. Aufgrund der Altersstruktur und der sozialen Schichtung kann Düren als weitgehend repräsentativ für die Bundesrepublik angesehen werden. Wir sind davon ausgegangen, daß alle Schenkelhalsfrakturen stationär behandlungsbedürftig werden und somit vollständig durch umfassende Analyse der Krankenakten erfaßt werden können.

In der Primäranalyse wurden alle Operationsbücher, Stationsbücher und Ambulanzunterlagen durchgesehen. Patienten mit dem Wohnort Düren und einem Lebensalter $\geq$ 35 Jahren wurden in die Studie aufgenommen. Wenn eine hüftnahe Fraktur identifiziert war, erfolgte die weitere Analyse anhand der Krankenakte. Ausgeschlossen wurden Personen bei denen ein adäquates Trauma (z.B. Verkehrsunfall) oder eine pathologische Fraktur (z.B. Plasmozytom) anzunehmen war. Als inadäquates Trauma wurde ein Sturz aus gleicher Höhe definiert. Eingeschlossen wurden mediale und laterale Schenkelhalsfrakturen sowie pertrochantäre und subtrochantäre Frakturen. Oberschenkelschaftfrakturen wurden von der Analyse ausgeschlossen.

Ergebnisse

Insgesamt wurden im Zeitraum von 1987 bis einschließlich 1989 276 osteoporotische hüftnahe Frakturen gezählt. Davon entfielen 218 auf Frauen und 58 auf Männer. Für die Risikopopulation in Düren ($\geq$ 35 Jahre) ergab sich damit eine Rohinzidenz zwischen 277,1 und 301,3/10^5 Personen für Frauen und eine Rohinzidenz von 102,7 bis 118,2 für Männer als Ausdruck der Bevorzugung des weiblichen Geschlechtes. Analysiert man die Jahre gemeinsam, ergibt sich eine Rohinzidenzdichte für Frauen von 291,3/10^5 Personenjahre und für Männer von 110,2/10^5 Personenjahre. Wie erwartet zeigte sich eine deutliche Altersabhängigkeit der Inzidenzdichte mit einem exponentiellen Anstieg in den

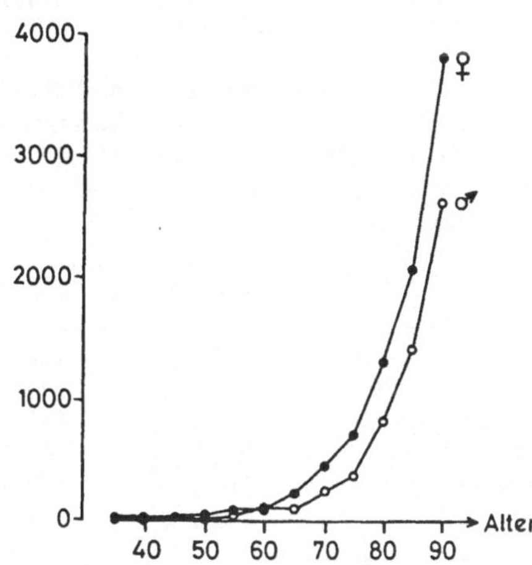

Abb. 1. Inzidenzdichte (/10^5 Personenjahre) von osteoporotischen Schenkelhalsfrakturen in Düren im Zeitraum 1987–1989 in Abhängigkeit vom Lebensalter

höheren Lebensjahren. So ergab sich für 80–84jährige Frauen eine Inzidenzdichte von 1 305,6 Frakturen/10^5 Personenjahre. Berechnet man das kumulierende Risiko eine Schenkelhalsfraktur zu erleiden, so ergibt sich für Frauen von 40–45 ein Risiko von 0,1%, das im Lebensalter von 80–85 auf 13,8% ansteigt. Frauen die über 90 Jahre alt werden haben ein kumulierendes Risiko von 35,8% eine Schenkelhalsfraktur zu erleiden. Bei Männern beträgt das kumulierende Risiko der 80–85jährigen 8,1% und der über 90jährigen 24,9%.

Damit ein internationaler Vergleich der von uns erhobenen Zahlen möglich ist, wurde nach den Angaben von Melton eine Normierung auf die weiße amerikanische Bevölkerung von 1985 ($\geq$ 35 Jahre) als Standardpopulation vorgenommen [2]. In diesem Verfahren wurde eine alterskorrigierte jährliche Inzidenz pro 100 000 Personen von 235,5 für Frauen und von 135,9 für Männer ermittelt (Tabelle 1). Im europäischen Vergleich liegen die Zahlen nur in Norwegen über den von uns erhobenen Zahlen für die Bundesrepublik Deutschland. Sie liegen deutlich über den in Holland erhobenen Vergleichszahlen (187,2 für Frauen und 107,9 für Männer).

Rechnet man aufgrund unserer Ergebnisse die Daten aus der Teilpopulation Düren hoch auf die Gesamtpopulation der Bundesrepublik (nur alte Bundesländer), so ergibt sich für Frauen eine Zahl von 55 291 Frakturen pro Jahr und für Männer eine Zahl von 15 483 Frakturen pro Jahr, somit insgesamt eine Zahl von ca. 70 000 Schenkelhalsfrakturen pro Jahr.

Diskussion

Die jetzt erstmals in der Bundesrepublik erhobenen Zahlen zur Inzidenz der Schenkelhalsfrakturen zeigen, wenn sie auf die Gesamtbundesrepublik übertragen werden, eine deutlich höhere Inzidenz von Frakturen als bisher angenommen (70 000 anstatt 50 000 pro Jahr). Damit zeigt sich einmal mehr, daß Maßnahmen zur Prävention osteoporotischer Frakturen dringlich sind. Es gibt deutliche Hinweise, daß die Häufigkeit der Schenkelhalsfrakturen nicht nur wegen der sich ändernden Altersstruktur der Bevölkerung zunimmt, sondern daß zusätzlich auch ein säkularer Trend zur Zunahme von Schenkelhalsfrakturen beobachtet werden kann [3]. Daß wir jetzt höhere Zahlen als in Holland erhoben haben, kann zum Teil auch auf einen solchen säkularen Trend zurückzuführen sein, da die holländischen Daten

Tabelle 1. Alterskorrigierte jährliche Inzidenz (pro 100 000 Personen) von Schenkelhalsfrakturen im internationalen Vergleich, normiert auf die weiße amerikanische Bevölkerung von 1985 als Standardpopulation [3]

	Frauen	Männer
Norwegen	421,0	120,5
USA, Rochester	319,7	177,0
Bundesrepublik	235,5	135,9
Schweden	237,2	101,4
Holland	187,2	107,9
England	142,2	69,2

über 10 Jahre alt sind. Möglicherweise spielen für die höheren Zahlen der Bundesrepublik Deutschland auch die anderen Ernährungsbedingungen in der Kriegs- und Nachkriegszeit eine wichtige Rolle. In diesem Zusammenhang wäre es auch wichtig, zu klären, inwieweit die Frakturrate in den neuen Bundesländern mit der der alten Bundesrepublik vergleichbar ist. Da doch unterschiedliche Ernährungsgewohnheiten und Lebensgewohnheiten angenommen werden müssen, haben wir von einer Hochrechnung auf die Bevölkerungszahl der vereinigten Bundesrepublik abgesehen.

Die hier vorgelegten Daten geben der epidemiologischen Osteoporoseforschung bezüglich der Schenkelhalsfrakturen ein sichereres Fundament und werden es ermöglichen, durch zukünftige Untersuchungen einen möglichen säkularen Trend besser abschätzen zu können.

Literatur

1. Ringe JD (1985) Die sozioäkonomische Bedeutung der Osteoporose. Hamb Ärztebl 5:153–155
2. Gallagher JC, Melton LJ, Riggs BL, Bergstrath BA (1980) Epidemiology of fractures of the proximal femur in Rochester, Minnesota. Clin Orthop Rel Res 150:163–171
3. Melton LJ III, O'Fallon WM, Riggs BL (1987) Secular trends in the incidence of hip fractures. Calcif Tissue Int 41:57–64

Frakturinzidenz unter der Langzeittherapie von Menopause-Osteoporosen

E. Keck[1], A. Cronenberg[1], A. Minkus[1], G. Bremer[2]

[1] Rheumaklinik II und Forschungsinstitut für Osteologie und Rheumatologie, Leibnizstraße 23, W-6200 Wiesbaden, BRD
[2] Medizinische Klinik C der Heinrich-Heine-Universität, Moorenstraße 5, W-4000 Düsseldorf, BRD

Einleitung

Die Therapie der Osteoporose muß neben einer Stimulation des Knochenanbaus auch eine Verminderung der Frakturhäufigkeit bewirken. In der medikamentösen Behandlung ist die Östrogensubstitution der menopausalen Frau etabliert [4]. Sinnvoll ist darüber hinaus die zusätzliche Kombination mit Fluoriden zur Stimulation der osteoblastären Aktivität sowie Calcium und Vitamin D zur Mineralisation des Osteoids [1].

Unter einer solchen Kombinationstherapie konnte eine deutliche Zunahme der quantitativen Knochendichte bereits beschrieben werden [3], aber bezüglich der Frakturinzidenz unter einer laufenden Therapie existieren bislang keine ausreichenden Daten.

Patienten und Methodik

1000 Patientinnen mit einer gesicherten Menopause-Osteoporose, die entweder einer Osteoporose-Selbsthilfegruppe angehörten oder sich in der Rheumaklinik Wiesbaden II oder der Medizinischen Klinik C der Universität Düsseldorf in ambulanter Behandlung befanden, wurden angeschrieben und um die Beantwortung eines Fragebogens gebeten. Mit Hilfe des Fragebogens wurden Daten zur medikamentösen Behandlung erfaßt und nach radiologisch gesicherten Frakturen in einem Intervall von 5 Jahren vor und nach Therapiebeginn gefragt. Differenziert wurde zwischen peripheren (Rippen, Oberschenkelhals und distaler Radius) sowie zentralen (Wirbelkörper) Frakturen. Nicht erfaßt wurden die Ergebnisse osteodensitometrischer Messungen.

Ergebnisse

Tabelle 1 veranschaulicht die Häufigkeit aufgetretener peripherer und zentraler Frakturen vor und nach Therapiebeginn in den einzelnen Therapieschemata. Patientinnen mit einer Monotherapie (Calcium oder Fluoride) (n = 92) wiesen einen Rückgang peripherer Frakturen um 54% (n = 13) und zentraler um 49% (n = 16) auf. Patientinnen mit einer Zweier-Kombination (Calcium und Fluoride) (n = 226) zeigten eine Reduktion peripherer Frakturen um 58% (n = 42) und zentraler um 60% (n = 45). Bei dem Dreier-Schema (n = 223) (Calcium, Fluoride und Östrogene oder Vitamin D) betrug der Rückgang peri-

T. H. Ittel H.-G. Sieberth H. H. Matthiaß (Hrsg.)
Aktuelle Aspekte der Osteologie

Tabelle 1. Häufigkeit auftretender Frakturen in einem Intervall von 5 Jahren vor und nach Therapiebeginn unter differenten Therapieschemata

Therapieschema	Frakturen vor Therapie		Frakturen unter Therapie	
	Peripher	Zentral	Peripher	Zentral
1er Schema (n = 92)	24	33	11 (–54%)	17 (–49%)
2er Schema (n = 226)	73	75	31 (–58%)	30 (–60%)
3er Schema (n = 223)	69	75	12 (–83%)	21 (–72%)
4er Schema (n = 254)	120	136	19 (–85%)	34 (–75%)

Tabelle 2. Abnahme der Frakturinzidenz bei Patienten mit 1 Fraktur vor Therapiebeginn unter differenten Therapieschemata

Therapieschema	Fraktur vor Therapie	Frakturen unter Therapie
1er Schema	n = 18	n = 6 (–67%)
2er Schema	n = 47	n = 17 (–64%)
3er Schema	n = 30	n = 8 (–73%)
4er Schema	n = 68	n = 17 (–75%)

Tabelle 3. Frakturen unter Therapie (n = 175)

Behandlungsjahr	Periphere Frakturen (n = 73)	Zentrale Frakturen (n = 102)
1. Jahr	22 (30,1%)	44 (43,1%)
2. Jahr	6 (8,2%)	11 (10,8%)
3. Jahr	9 (12,3%)	15 (14,7%)
4. Jahr	6 (8,2%)	3 (2,9%)
5. Jahr	9 (12,3%)	5 (4,9%)
Ohne Zeitangabe	21 (28,8%)	24 (23,5%)

pher 83% (n = 57) und zentral 72% (n = 54) und unter einer Vierer-Kombination (n = 254) (Calcium, Fluoride, Östrogene und Vitamin D) peripher 85% (n = 101) und zentral 75% (n = 102).

Vergleicht man alle Patientinnen, die in den Jahren vor Therapiebeginn eine periphere oder zentrale Fraktur erlitten und differenziert zwischen den einzelnen Behandlungsschemata, so findet sich die niedrigste Frakturinzidenz unter einer Vierer-Kombination (Tabelle 2).

Unabhängig vom durchgeführten Behandlungsschema traten unter Therapie insgesamt 175 Frakturen (peripher 73, zentral 102) auf, wobei sich im ersten Behandlungsjahr 30% (n = 22) periphere und 43% (n = 44) zentrale Frakturen ereigneten. Die Frakturinzidenz nahm dann in den folgenden Behandlungsjahren deutlich ab (Tabelle 3).

Diskussion

Da die Pathoätiologie der Osteoporose letztlich nicht bekannt ist, hat sich bislang auch keine einheitliche Therapie durchsetzen können. Durch den Einsatz eines kombinierten Therapieschemas, bestehend aus Fluoriden, Calcium, Vitamin D und Östrogenen, wird sowohl die Osteoidbildung als auch die Mineralisierung gefördert und der Knochenabbau gebremst [2]. Eine jährliche Zunahme der quantitativen Knochendichte von etwa 14% bei den 60jährigen und etwa 10% bei den über 70jährigen Frauen mit einer Menopause-Osteoporose konnte unter dieser Therapie bereits beobachtet werden [3].

Aufgrund der vorliegenden Ergebnisse, die an einem großen Kollektiv über einen Zeitraum von insgesamt 10 Jahren (5 Jahre vor und nach Therapiebeginn) erhoben wurden, ergibt sich eine deutliche Tendenz, daß sich unabhängig von der eingesetzten medikamentösen Therapie bereits eine Senkung der Frakturraten erzielen läßt. Die Senkung der Frakturinzidenz fällt dabei umso deutlicher aus, je mehr zu den Kombinationstherapien übergegangen wird. Da Patientinnen mit einem Vierer-Behandlungsschema vor Therapiebeginn deutlich mehr Frakturen aufwiesen, wurden speziell alle Fälle mit einer Fraktur vor Behandlungsbeginn betrachtet. Die Ergebnisse zeigen auch in diesem Zusammenhang die höchste Senkung der Frakturinzidenz unter einer Vierer-Kombination.

Die vorliegenden Ergbnisse zeigen, daß Frakturen unter Therapie überwiegend im ersten Behandlungsjahr auftraten. Wie aus der Literatur bekannt ist, zeigen sich unter dem Einsatz von Fluoriden zu diesem Zeitpunkt histologisch nur kleinere, nicht ausreichend mineralisierte, Osteoid-Neubildungszonen, die erst im zweiten Behandlungsjahr an Ausdehnung und Mineralisationsgrad zunehmen. Eine biomechanische Stabilisierung des Knochens kann folglich erst nach mehrjähriger Fluoridtherapie bei gleichzeitig ausreichendem Calciumangebot erwartet werden [5].

Zusammenfassung

Von 803 Patientinnen mit einer gesicherten Menopause-Osteoporose wurden radiologisch gesicherte Frakturen in einem Intervall von 5 Jahren vor und nach Therapiebeginn retrospektiv mit Hilfe eines Fragebogens erfaßt. Patientinnen mit einer Monotherapie (Calcium oder Fluorid) (n=92) wiesen einen Rückgang peripherer Frakturen (Rippen, Oberschenkelhals, distaler Radius) um 54% (n=13) und zentraler (Wirbelkörper) um 49% (n=16) auf. Patientinnen mit einer Zweier-Kombination (Calcium und Fluorid) (n=226) zeigten eine Reduktion peripherer Frakturen um 58% (n=42) und zentraler um 60% (n=45). Bei dem Dreier-Schema (n=223) (Calcium, Fluorid und Östrogene oder Vitamin D) betrug der Rückgang peripher 83% (n=57) und zentral 72% (n=54) und unter einer Vierer-Kombination (n=254) (Calcium, Fluorid, Östrogene und Vitamin D) peripher 85% (n=101) und zentral 75% (n=102).

Literatur

1. Jowsey J, Riggs BL, Kelly PJ (1972) Effect of combined therapy with sodium fluoride, vitamin D, and calcium in osteoporosis. In: Czitober H, Eschberger J (eds) Calcified tissue 1972. Facta-Publication, Wien, p 323
2. Keck E, Krüskemper HL (1986) Pathogenese und Therapie der Osteoporose in der Postmenopause. Gynäkologe 19:220
3. Keck E, Degner FL, Bremer G (1989) Effekt einer Langzeitkombinationstherapie auf den Knochenmineralgehalt bei Postmenopauseosteoporose. In: Willert HG, Heuck FHW (Hrsg) Neuere Ergebnisse in der Osteologie. Springer, Berlin Heidelberg New York Tokyo, S 238
4. Richelson LS, Wahner HW, Melton LJ, Riggs BL (1984) Relative contributions of aging and estrogen deficiency to postmenopausal bone loss. N Engl J Med 311:1273
5. Schulz A (1989) Der histologische Nachweis des Fluor-Effektes auf den Knochen. Z Geriatrie 2:42

Konzeption und Evaluation einer Patientenschulung im Indikationsbereich Osteoporose

J. Baltes[1], L. Mehler[2], K. Klein[2], B. Allolio[1]

[1] Medizinische Klinik II und Poliklinik, Universität zu Köln, Joseph-Stelzmann-Straße 9, W-5000 Köln 41, BRD
[2] Forschungsstelle für Gesundheitserziehung der Fakultät für Naturwissenschaften und ihre Didaktik, Gronewaldstraße 2, W-5000 Köln 41, BRD

Einleitung

Steigende Lebenserwartung und die Verschiebung der Bevölkerungsstruktur zugunsten älterer Menschen lassen Prävention von Alterserkrankungen zunehmend dringlicher erscheinen. Aus diesem Grunde wurde zur Optimierung des Therapieerfolgs im Indikationsschwerpunkt Osteoporose erstmals in interdisziplinärer Zusammenarbeit von Medizinern und Gesundheitserziehern ein lernzielorientiertes Konzept zur Patientenweiterbildung erarbeitet und realisiert.

Die Patientenseminare finden in der Osteoporose-Ambulanz der Medizinischen Klinik II der Universität Köln seit Mai 1989 statt. Eine seminarbegleitende Evaluationsstudie des Lernerfolgs der Teilnehmer ist seit August 1989 etabliert.

Zielgruppe der Schulung sind Patienten mit manifester, therapiebedürftiger oder präklinischer Osteoporose sowie Personen mit einem erhöhten Risiko für das Auftreten dieser Krankheit.

Methodik

Schulungsteilnehmer: 95% Frauen mit manifester, therapiebedürftiger oder präklinischer Osteoporose (n = 75) der Altersgruppen von 36 bis 81 Jahren (Altersdurchschnitt 62 Jahre), 52% Mitglieder einer Selbsthilfegruppe.

Seminarleitung: Die Schulung erfolgt durch ein interdisziplinäres Team aus Medizinern, Ernährungsberatern, Krankengymnasten und Pädagogen.

Seminartermine: Die Schulung erfolgte in zwei Unterrichtseinheiten zu je 3,5 Stunden an 2 aufeinanderfolgenden Nachmittagen.

Seminarablauf: Frontal- und Einzelunterricht; Übungsgruppen im Bereich der physikalischen Therapie unter Anleitung staatlich geprüfter Krankengymnasten.

T. H. Ittel H.-G. Sieberth H. H. Matthiaß (Hrsg.)
Aktuelle Aspekte der Osteologie

Unterrichtsmittel

Unterrichtsbegleitende Medien, wie Folien für Tageslichtprojektion, Arbeits- und Informationsblätter, Modelle zur Ernährungsberatung und unterrichtsbegleitendes Videofilmmaterial werden bereitgestellt und bieten fachwissenschaftlich kompetenten Lehrkräften methodische Grundlagen für eine kompetente Unterrichtsdurchführung.

Meßinstrumente der Evaluation

1. Patientenerhebung

Der Fragebogen bezogen auf die Osteoporose umfaßt in zusammenfassender Wertung
- Eigenanamnese
- Risikofaktoren
- Diagnose
- Medikamentenanamnese
- Ernährungsanamnese
- Anamnese der körperlichen Aktivität.

2. Wissenstest

Wissenstest zu den Schulungsinhalten im multiple-choice-Verfahren. Einsatz des Wissenstest vor Schulungsbeginn, im Anschluß an die erste Schulung und ein Jahr nach der Schulung.

Auswertung

Punktevergabe für „richtig“ + 1 P, für „falsch“ oder „nicht beantwortet“ = – 1 P. Daraus folgt: maximale Punktzahl im Test = + 80 Punkte, minimale Punktezahl = – 80 Punkte.

Unterrrichtselemente der Schulung

Die Patientenschulung ist aus 7 Unterrichtsschwerpunkten aufgebaut, die einzelne Unterrichtseinheiten thematisch zusammenfassen.

Unterrichtseinheiten

I. Aufbau und Funktion des Knochens
- Funktion des Skeletts
- Zusammensetzung und Architektur des Knochens
- Zelluläre Mechanismen des Knochenauf- und -abbaus
- Hormonale Steuerung des Knochenstoffwechsels

II. Ätiologie der Osteoporose
- Definition der Osteoporose
- Ursachen der Osteoporose
- Typische osteoporotische Beschwerden

III. Folgen der Osteoporose
- Erscheinungsbild der Osteoporosekranken
- Schmerzsymptomatik

IV. Diagnostik der Osteoporose
- Röntgendiagnostik
- Laborwerte
- Histologische Verfahren
- Neuere diagnostische Untersuchungsmethoden: DEXA, QCT

V. Therapie der Osteoporose
- Hormonsubstitution zur Prophylaxe
- Therapie manifester Osteoporose
  Kalzium und Fluoride
  Calcitonin
  Bisphosphonate
  ADFR-Prinzip

VI. Ernährung bei Osteoporose
- Ausgewogene Ernährung
- Mineralstoffe und Spurenelemente
- Kalzium und Vitamin D
- Phosphor-/Kalzium-Verhältnis
- Geeignete Ernährung zur Knochengesundheit
- Ernährungstabellen/Ratgeber zur gesunden Ernährung

VII. Krankengymnastik mit praktischen Übungen
- Ursachen des Rumpfschmerzes
- Lockerung der Muskulatur und Muskeltraining
- Schmerzbekämpfung
- Richtige Körperhaltung, Bewegungsabläufe im Alltag
- Gruppentherapeutische Übungen

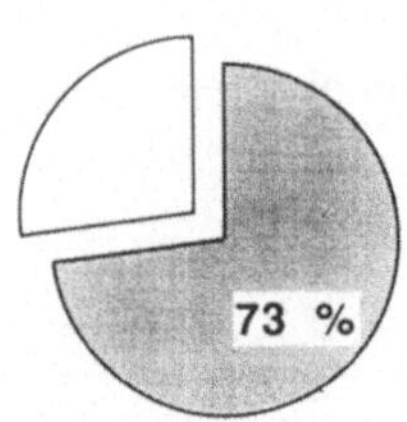

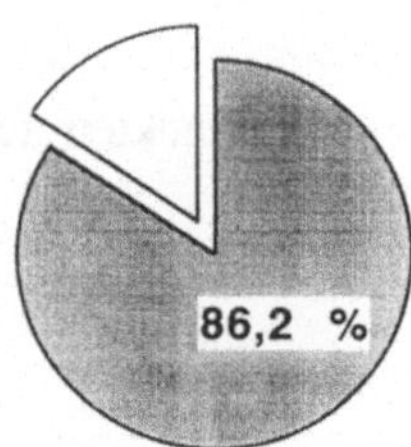

Abb. 1. Richtig gegebene Antworten in den Wissenstests. *Wissenstest 1:* vor Schulungsbeginn, *Wissenstest 2:* nach der ersten Schulung

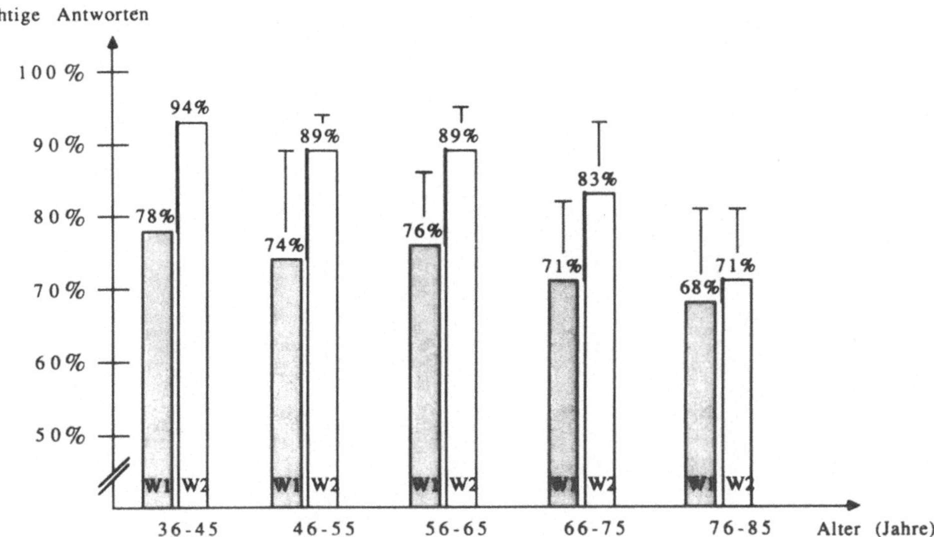

Abb. 2. Lernerfolg der Schulung in verschiedenen Altersklassen. *W 1:* Wissenstest vor Schulungsbeginn, *W 2:* Wissenstest nach der Schulung

Ergebnisse

Durch die Schulung konnten die anfangs von allen Schulungsteilnehmern erreichten 73,0% der Gesamtpunktzahl um mehr als 13% auf 86,2% gesteigert werden (Abb. 1).

Der Lernerfolg der verschiedenen Altersgruppen, in 10-Jahres-Schritten, erwies sich bei den Gruppen von 36–65 Jahren als nahezu gleich. In den Gruppen von 66 bis 85 Jahren zeigte sich ein deutlicher Rückgang um mehr als 23% (Abb. 2). Der Wissensstand bei Schulungsbeginn wird mit zunehmendem Alter geringer (Abb. 2).

Im Wissenstest zeigten die Mitglieder von Selbsthilfegruppen ein um 8,0% höheres Basiswissen gegenüber Patienten, die keiner Selbsthilfegruppe angehörten. Am Ende dwer Schulung nivellierten sich die Unterschiede (Abb. 3).

Erste Nachuntersuchungen zeigten, daß der Lernerfolg bei Mitgliedern von Selbsthilfegruppen langfristig eher gewährleistet ist.

Diskussion

Die *hohe Akzeptanz* der Schulung belegt das große Interesse an Schulungen im Interventionsbereich Osteoporose. Auf Befragen äußerten die Teilnehmer zu mehr als 95% Zufriedenheit mit der Organisation, dem Ablauf und der Art der Präsentation der Veranstaltung. Form und Vortrag wurden zum überwiegenden Teil als gut, die vorgestellten Sachinhalte – insbesondere in den Themenschwerpunkten *Ätiologie der Osteoporose, Ernährung* und *Physikalische Therapie* – als informativ und umfassend befunden. Die Evaluation der Schulung ergab bei allen Teilnehmern einen deutlichen Wissenszuwachs. Dies ist die Voraussetzung dafür, daß eine Verhaltensmodifikation langfristig erreicht wird und letztlich eine Senkung der Frakturrate gelingt.

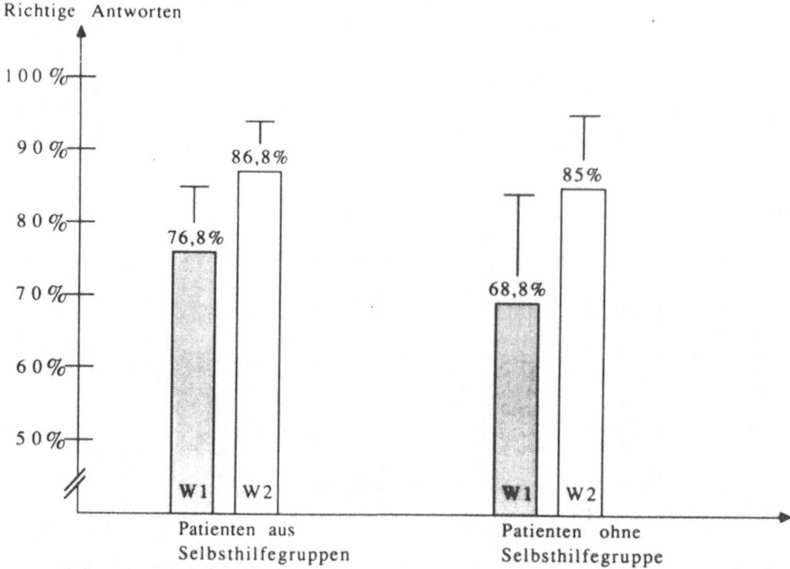

Abb. 3. Wissensvergleich zwischen Patienten aus Selbsthilfegruppen und Nichtangehörigen einer Selbsthilfegruppe. *W 1:* Wissenstest vor Schulungsbeginn, *W 2:* Wissenstest nach der Schulung

Erste Nachuntersuchungen im Verlaufe der Langzeitstudie 1 Jahr nach Schulung sprechen für einen *anhaltenden Effekt* der Schulung auf die Lebensgewohnheiten.

Zusammenfassung

Seit Mai 1989 werden an der Medizinischen Klinik II der Universität Köln Patientenschulungen im Indikationsbereich Osteoporose durchgeführt. Das Schulungskonzept wurde in interdisziplinärer Zusammenarbeit von Medizinern, Ernährungsberatern, Krankengymnasten und Pädagogen entwickelt. Zielgruppe der Schulung sind Patienten mit manifester Osteoporose sowie Personen mit erhöhtem Risiko für das Auftreten dieser Krankheit.

In einer seit August 1989 laufende seminarbegleitende Evaluationsstudie wurden 75 Patienten aufgenommen in Altersgruppen von 36 bis 81 Jahren (Durchschnitt 62 Jahre). Der Frauenanteil betrug 95%, der Anteil Angehöriger von Selbsthilfegruppen war 52%.

Alle Teilnehmer erzielten einen durch einen Wissenstest belegten deutlichen Wissenszuwachs, wobei der Lernerfolg altersabhängig war. Bei der Gruppe der 36- bis 65jährigen liegt dieser im Wissenstest um 23% über dem der 66- bis 85jährigen hat bereits bei Schulungsbeginn einen niedrigeren Wissensstand.

Mitglieder von Selbsthilfegruppen wiesen bei Schulungsbeginn einen höheren Kenntnisstand auf. Am Ende der Schulung nivellierten sich diese Unterschiede.

Krankheitsverarbeitung bei Patientinnen mit einer primären Osteoporose Typ I

H. Seelbach, J. Kugler, G. M. Krüskemper

Abteilung für Medizinische Psychologie, Ruhr-Universität Bochum, Universitätsstraße 150, W–4630 Bochum, BRD

Einleitung

Im Rahmen chronischer Krankheiten hat die adäquate Krankheitsverarbeitung einen hohen medizinischen und psychologischen Stellenwert. Allerdings hat die Coping-Forschung erst mit einiger Verzögerung Eingang in die klinische Forschung gefunden. „Die im wesentlichen aus der Streßforschung entstandene Coping-Forschung wird als Ausdruck einer teilweisen Verschiebung des Betrachtungsfokus von der Seite objektivierbarer Belastungsbedingungen (Stressoren) auf die Seite der individuellen Bewertung und Reaktion gesehen" [6]. In der transaktionalen Streßkonzeption von Lazarus und Launier [4] wird psychologischer Streß verstanden als die subjektive Einschätzung einer Beanspruchung oder Überforderung durch situativ gestellte Anforderungen, so daß das persönliche Wohlbefinden gefährdet ist; diese Einschätzung entsteht und verändert sich infolge wechselseitiger Person – Situation – Einflüsse (Transaktion). Diese Transaktionen werden nach unserer Meinung sicher auch durch das Konstrukt „locus of control of reinforcement" beeinflußt, das Rotter [9] im Rahmen der Sozialen Lerntheorie konzipierte. Uns interessierte der Zusammenhang zwischen Krankheitsverarbeitung und Kontrollüberzeugungen unter der Hypothese, daß Externalität, d.h. wenn eine Person Verstärkungen und Ereignisse, die eigenen Handlungen folgen, als nicht kontingent zum eigenen Verhalten wahrnimmt und dadurch ein subjetives Gefühl der Machtlosigkeit entsteht, mit „depressiven Krankheitsverarbeitungsstrategien" einhergeht.

Methodisches Vorgehen

Wir untersuchten 120 Patientinnen mit einer primären Osteoporose Typ I, die Mitglied einer Osteoporoseselbsthilfegruppe waren und deren Diagnose in der Abteilung für Endokrinologie und Rheumatologie der Universität Düsseldorf gesichert wurde. Das Durchschnittsalter betrug 63,8 Jahre mit einer Streubreite von 54–69 Jahren. Die Krankheitsverarbeitung operationalisierten wir mit Hilfe des „Freiburger Fragebogens zur Krankheitsverarbeitung" FKV, der von Muthny [6] publiziert wurde und 12 Subskalen enthält. Die internen Skalenkonsistenzen (Cronbachs alpha) liegen zwichen 0,69 und 0,94 und sind damit hinreichend reliabel. Tabelle 1 zeigt die faktorenanalytisch begründeten 12 Subskalen des FKV.

T. H. Ittel H.-G. Sieberth H. H. Matthiaß (Hrsg.)
Aktuelle Aspekte der Osteologie

Tabelle 1. Skalen des FKV

KV	1:	Problemanalyse und Lösungsverhalten
KV	2:	Depressive Verarbeitung
KV	3:	Hedonismus
KV	4:	Religiosität und Sinnsuche
KV	5:	Mißtrauen und Pessimismus
KV	6:	Kognitive Vermeidung und Dissimulation
KV	7:	Ablenkung und Selbstaufwertung
KV	8:	Gefühlskontrolle und sozialer Rückzug
KV	9:	Regressive Tendenz
KV	10:	Relativierung durch Vergleich
KV	11:	Compliance-Strategien und Arztvertrauen
KV	12:	Selbstermutigung

Tabelle 2. Sekundäre Faktorenstruktur des FKV. (Die Prozentzahlen geben die Varianzausschöpfung des Faktors an)

F 1:	Depressive Verarbeitung (KV 2, KV 5, KV 6, KV 8)	21%
F 2:	Kognitive Verarbeitung (KV 12, KV 7, KV 10, KV1)	21%
F 3:	Soziale Unterstützung und Lebensgenuß (KV 9, KV 3)	13%
F 4:	Vertrauenssetzung und Religiosität (KV 11, KV 4)	11%

Die Interkorrelationen dieser Subskalen liegen zwischen 0,75 und – 0,05, was die nichtorthogonalität anzeigt. Eine sekundäre Faktorenanalyse der Skalen erbringt eine vierfaktorielle Struktur mit zwei dominierenden Faktoren, die je 21% der Varianz aufklären und als „depressive Verarbeitung" und „kognitive Verarbeitung" interpretiert wurden. Tabelle 2 zeigt das Ergebnis der sekundären Faktorenanalyse.

Im Zusammenhang mit unserer eingangs erwähnten Fragestellung interessiert uns hier der Faktor 1 mit den Subskalen 2, 5, 6 und 8. Die Kontrollüberzeugungen operationalisierten wir mit Hilfe des „IPC – Fragebogen zu Kontrollüberzeugungen" [3]. Mit diesem Verfahren werden drei Dimensionen von Kontrollüberzeugungen reliabel und valide erfaßt. Die Internalität (I-Skala), d.h. die subjektiv bei der eigenen Person wahrgenommene Kontrolle über das eigene Leben, die Externalität (P-Skala), die durch ein subjektives Gefühl der Machtlosigkeit bedingt ist und die Externalität, die durch Fatalismus bedingt ist (C-Skala), also durch die generalisierte Erwartungshaltung, daß die Welt unstrukturiert und ungeordnet ist.

Wir erwarteten bei Personen mit hoher Externalität signifikante positive Korrelationskoeffizienten mit den Skalen des Faktors 1 „depressive Verarbeitung" des FKV. Hinsichtlich der Internalität erwarteten wir negative Korrelationskoeffizienten. Wir konzidierten eine Irrtumswahrscheinlichkeit von 0,001.

Tabelle 3. Matrix der Korrelationskoeffizienten zwischen den Skalen des IPC und des FKV

	1	2	3	4	5	6	7	8	9	10	11	12
I	0,26	−0,12	0,12	−0,02	−0,11	−0,07	0,07	0,12	0,13	0,11	0,13	0,37*
P	0,23	0,45*	0,23	0,18	0,39*	0,32*	0,38*	0,55*	0,30	0,35*	0,09	0,35*
C	0,10	0,31	0,09	0,05	0,26	0,39*	0,31	0,31	0,16	0,30	0,19	0,28

* Kennzeichnung der mit einer Irrtumswahrscheinlichkeit von 0,001 signifikanten Korrelationskoeffizienten

Tabelle 4. Matrix der Korrelationskoeffizienten in Bezug auf unsere Hypothese

	2	5	6	8
I	−0,12	−0,11	−0,07	0,12
P	0,45*	0,39*	0,32*	0,55*

* Kennzeichnung der mit einer Irrtumswahrscheinlichkeit von 0,001 signifikanten Korrelationskoeffizienten.

Ergebnisse

Im nächsten Schritt berechneten wir die Korrelationskoeffizienten zwischen den drei IPC-Skalen und den zwölf FKV-Skalen mit Hilfe von SPSS [1], so daß wir eine 3×12 Matrix der Korrelationskoeffizienten erhielten. Nach unserer Hypothese erwarteten wir überzufällig positive Korrelationen zwischen der P-Skala des IPC und den FKV-Skalen 2, 5, 6 und 8, hingegen negative Korrelationen mit der I-Skala des IPC. Bei einer zufälligen Verteilung der Korrelationskoeffizienten zwischen den Skalen des FKV und des IPC erwartenten wir bei einer Irrtumswahrscheinlichkeit von 0,001 achtzehn nichtsignifikante positive und negative Korrelationen. Tabelle 3 zeigt die Matrix der Korrelationskoeffizienten zwischen den Skalen des FKV und IPC.

Insgesamt sehen wir vier negative und neun überzufällige positive Korrelationen. Zur besseren Veranschaulichung zeigen wir noch einmal einen Ausschnitt obiger Matrix in Bezug auf unsere Hypothese.

Die Ergebnisse zeigen, daß wir unsere Hypothese mit einer Irrtumswahrscheinlichkeit von 0,001 konfirmieren konnten. Patientinnen mit einer primären Osteoporose Typ I und hoher Externalität in generalisierten Kontrollüberzeugungen zeigen vermehrt depressive Krankheitsverarbeitungsstrategien.

Diskussion

Während die medizinischen Aspekte der Osteoporose, wie Verbesserung von Diagnostik und Therapie, zunehmendes Interesse finden – ein Indikator ist der Forschungsschwerpunkt „Osteoporose" des BMFT –, was aufgrund der soziodemographischen Entwicklung nur zu verständlich ist, sind medizinpsychologische Publikationen eine Rarität. Dabei ist die primäre Osteoporose Typ I eine der wenigen chronischen Erkrankungen, die bei adäquater Krankheitsverarbeitung und Compliance zu einer wesentlichen Besserung des Gesundheitszustandes führen können, denn erfolgversprechende Therapieschemata sind vorhanden, die allerdings häufig eine Umstellung der Ernährungs- und Lebensweise verlangen. Solche Umstellungen der Lebensweise sollten Personen mit hohen internalen Kontrollüberzeugungen besser gelingen als solchen mit hohen externalen Kontrollüberzeugungen. Dementsprechend sollte Externalität eher mit depressiven Krankheitsverarbeitungsstrategien einhergehen, was unsere Daten wahrscheinlich machen. Auf die in der Literatur häufiger auftauchende Frage: Lassen sich Ursachen- und Kontrollattributierungen von Copingsstrategien unterscheiden oder sind sie diesen zuzuordnen, geht Hasenbring [2] ein. Sie schreibt: „Ähnlich kann es sich mit dem Aspekt der Kontrollüberzeugungen verhalten: im Rahmen theoretischer Vorstellungen darüber, ob, wie und von wem eine Erkrankung beeinflußbar ist, mag eine Person im Hier und Jetzt zu einer konkreten Einschätzung ihrer Handlungsmöglichkeiten kommen“ [2]. Personen mit hoher Externalität, die durch ein subjektives Gefühl der Machtlosigkeit bedingt ist, zeigen vermehrt depressive Krankheitsverarbeitung, Mißtrauen und Pessimismus und sozialen Rückzug. Bei Personen mit hoher Internalität ist das nicht der Fall. Wie wir in einer anderen Untersuchung zeigen konnten, erhöht sich die Internalität über die Dauer der Mitgliedschaft in einer Osteoporose-SHG, was im Hinblick auf die Krankheitsverarbeitung sicher erwünscht ist. Hinsichtlich des Aspekts „external-chance“ im Sinne von Levensohn [5] zeigen unsere Daten keine bedeutsame Beziehung zu den Skalen des Faktors 1 des FKV.

Da aber bei anderen chronischen Erkrankungen sich keine bedeutsamen Korrelationen zwischen Externalität und „depressiver Stimmung“ fanden, ist sicher über die Zeit ein interaktionaler Ablauf zwischen Persönlichkeits- und Krankheitsvariablen wahrscheinlich, dem methodisch ein nicht-rekursives Kausalmodell angemessen wäre, was allerdings aufwendigere prospektive Studien erforderlich macht. Zur Spezifitätsfrage der Krankheitsverarbeitung lassen sich zur Zeit noch keine elaborierteren Aussagen machen. Vielleicht ist eine entscheidende Variable die Vorhersagbarkeit des Krankheitsverlaufs, die bei der primären Osteoporose Typ I ja wesentlich besser ist als bei der z.B. rheumatoiden Arthritis.

Literatur

1. Brosius G (1988) SPSS/PC basics and graphics. McGraw-Hill, Hamburg
2. Hasenbring M (1990) Zum Stellenwert subjektiver Therapien im Copingkonzept. In: Muthny FA [7]
3. Krampen G (1981) IPC – Fragebogen zu Kontrollüberzeugungen. Hogrefe, Göttingen
4. Lazarus RS, Lauier R (1978) Stress related transactions between person and environment. In: Pervin LA, Lewis M [8]
5. Levensohn H (1975) Multidimensional locus of control in prison inmates. J Appl Soc Psychol
6. Muthny FA (1989) Freiburger Fragebogen zur Krankheitsverarbeitung – FKV. Beltz, Weinheim
7. Muthny FA (1990) Krankheitsverarbeitung. Springer, Berlin Heidelberg New York Tokyo
8. Pervin LA, Lewis M (eds) (1978) Perspectives in international psychology. Plenum, New York
9. Rotter JB (1955) The role of the psychological situation in determining the direction of human behavior. University of Nebraska Press, Lincoln

Die Mechanorezeptorhypothese und die Interaktion von Osteozyten und Liningzellen: Überlegungen zur Fluorlangzeittherapie der Osteoporose

K. Abendroth, G. Lehmann, M. Gassel

Klinik für Innere Medizin, Friedrich-Schiller-Universität, Erlanger Allee 101, O–6902 Jena-Lobeda, BRD

Die lebende und lebendige Knochenstruktur wird durch einen ständigen, lokal eng begrenzten und relativ rasch wechselnden Erneuerungsprozeß charakterisiert.

Es wird heute davon ausgegangen, daß diese Erneuerung mit dem Abbau nicht mehr tragfähiger Strukturen beginnt. Unklar ist dabei aber bis heute, wodurch diesem Remodelingsystem angezeigt wird, welche Knochenstrukturen zu erneuern sind.

1987 beschrieb Chambers Zellen an den endostalen Oberflächen des Knochens – sogenannte Liningzellen bzw. Oberflächenosteozyten oder -blasten, die zusammen mit den Osteozyten im Inneren des Knochengewebes ein kommunikatives Netzwerk bilden. Diese Verbindungen scheinen gut geeignet, Struktur und Leistung des Knochens zu überwachen und zu entscheiden, wo Knochenneubildung oder -resorption angezeigt sind. Der mechanische Indikator in diesem System könnte der Osteozyt mit seinen dünnen Zellfortsätzen sein, welche bei Verschiebung der Lamellen der Knochenstruktur über das normale Maß hinaus Alarm geben.

Die Osteozyten haben einen guten Kontakt mit den endostalen Liningzellen, und diese sind fähig, auf eine entsprechende Information die den mineralisierten Knochen bedeckende Kollagenschicht aufzulösen. Auf diese Weise erhalten die Osteoklasten die Information hier an dieser Stelle den Knochen abzubauen.

Die Abb. 1 demonstriert die Regelfunktion der Liningzell-Osteozyten-Verbindung im Lamellensystem des Knochens mit der Möglichkeit der mechanischen Irritation der Osteozyten, wobei die direkte Signalinformation offen bleibt. Im normalen Remodelingsystem einer Knochenumbaueinheit, in welche das Osteozyten-Liningzellsystem eingebaut ist, spielen die Osteozyten möglicherweise als Mechanosensor bei der Lokalisation des Abbaus eine entscheidende Rolle.

Durch einen vorstellbaren intraossalen Lamellenmikrobruch können feinste Verschiebungen im Gefüge der Knochenstruktur zur Einengung der Knochenkanälchen für die Osteozytenausläufer bis hin zu deren völliger Zerquetschung führen. Das periosteozytäre Milieu wird schwer gestört, der Osteozyt schrumpft, die Verbindung zur Liningzelle reißt ab. Die Liningzelle zieht sich von der Verbindung zurück und gibt mit Hilfe einer ihr eigenen Kollagenose die mineralisierte Matrixstruktur für den Markraum frei. Wahrscheinlich initiieren in den mineralisierten Knochen bei dessen Bildung mit eingebaute Marker wie z.B. Teile des Osteocalcins die Klastenformation und die Lokalisation des Knochenabbaus.

Was macht Fluor bei der Behandlung der Osteoporose in diesem System für Veränderungen?

T. H. Ittel H.-G. Sieberth H. H. Matthiaß (Hrsg.)
Aktuelle Aspekte der Osteologie

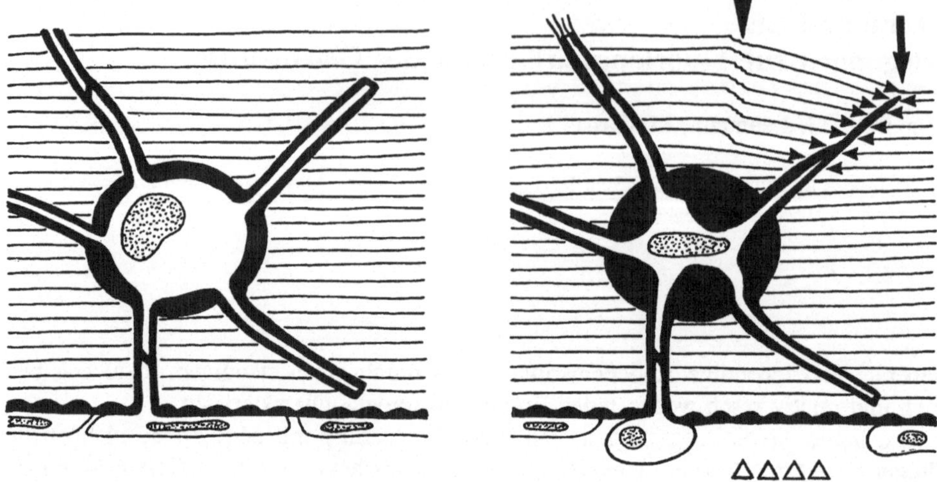

Abb. 1. Vorstellungen zur mechanischen Irritation des Osteozyten und zur konsekutiven Liningzell-Reaktion

Fluor stimuliert die Osteoblasten zur Proliferation und zur appositionellen Matrixproduktion an präexistenten Knochenreststrukturen. Das auf diese Weise neu gebildete Osteoid, aber auch der daraus entstehende Knochen haben häufig Geflechtformation und nicht die normale Lamellenstruktur. Bei der High-turnover-Osteoporose – charakterisiert durch eine deutliche Umbausteigerung – entsteht bedingt durch eine 2jährige Fluortherapie eine appositionelle Osteoidose mit atypischen Osteozyten im neugebildeten Knochen (Abb. 2).

Nach 3–4 Jahren einer Fluortherapie ist die Entwicklung nichtfunktioneller atypischer Strukturen im spongiösen Knochen zu beobachten, z.T. verbunden mit schmalen, reinen Osteoidstrukturen und diskreten Zeichen der Fibroosteoklasie.

Im Falle einer Low-turnover-Osteoporose bedingt das Fluor eine Art Synchronisation der Osteoblastenaktivität. Das Ergebnis sind atypische, sehr lange parallele Lamellenstrukturen (Abb. 2a).

Die mechanische Funktion der lamellären Knochenstruktur ist verändert, die Osteozyten sind teilweise unfähig mechanische Überbelastungen des entsprechenden Knochenareals zu registrieren. Außerdem sind die Osteozyten im Geflechtknochen nicht mehr in der Lage, in jedem Falle die Liningzellen des Endost entsprechend zu informieren, ihre zellulären Ausläufer haben häufig keinen ausreichenden Kontakt miteinander (Abb. 2).

Damit ist eine Grundvoraussetzung des Wolffschen Gesetzes, die Möglichkeit des belastungsadaptierten Umbaus der Knochenstruktur, nicht mehr gegeben. Dazu ist der durch Fluor induzierte Knochen z.T. irregulär und funktionell minderwertig. Das könnte in einigen Fällen die Ursache für die weiterbestehende hohe oder gar ansteigende Frakturrate unter einer Fluorbehandlung – wie sie Riggs in seiner jüngsten Studie auch beschreibt – erklären helfen. Erst nach einigen Jahren wird durch den normalen Remodeling-Prozeß auch aus diesen Strukturen ein normaler Knochen.

Es bleibt zu überlegen, ob eine monomane Langzeitbehandlung mit Fluor nicht durch periodische Therapierhythmen ersetzt werden kann, um die sicher für die Physiologie des

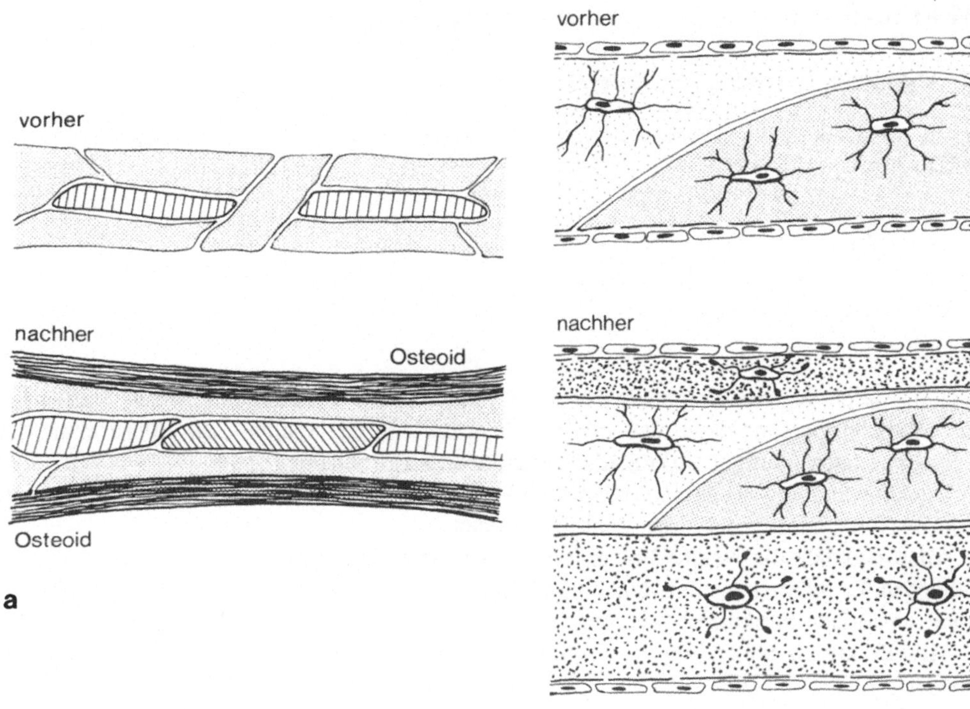

Abb. 2a, b. Wirkungen einer Fluorlangzeittherapie auf den spongiösen Knochen; **a** Knochenmineralisationseinheiten (BMU) vor und nach Behandlung mit 50 g NaF, **b** Bildung von Geflechtknochen ⟨×⟩ nach 45–60 g NaF

Knochens sehr untypische, ausgedehnte Obeflächenosteoidose infolge einer Art Synchronisation der Knochenneubildung zu vermeiden.

Mikrokallus in der Langzeitfluortherapie der Osteoporose

K. Abendroth, I. Schütz, M. Gassel, G. Lehmann

Klinik für Innere Medizin, Friedrich-Schiller-Universität, Erlanger Allee 101, O–6902 Jena-Lobeda, BRD

Delling beschrieb vor einigen Jahren im Rahmen seiner strukturanalytischen Studien an der Wirbelkörperspongiosa, daß mit dem Umbau von der Platten- zur Stabstruktur der Spongiosa doch häufiger Mikrokallusformationen zu beobachten seien.

Die Umwandlung der Spongiosastruktur konnten wir auch an einem Mazerationspräparat von Beckenkammsägeschnitten deutlich machen.

Allerdings läßt dieses eine Präparat nicht mit Sicherheit auf die Dynamik des Prozesses schließen. Es wäre ebensogut denkbar, daß beide beschriebene Strukturen Anpassungen an unterschiedliche Funktionsbedingungen darstellen.

Mikrofrakturen haben wir lupenmikroskopisch in diesem Beckenkamm nicht finden können.

Bei der systematischen Durchsicht unseres Archivs konnten wir aber einige Sturkturformationen sichern, die jetzt als Mikrokallus bzw. Pseudomikrokallus anzusprechen sind. Wir wollen diese Befunde hier zur Diskussion stellen, zumal der größte Teil dieser Phänomene im Laufe von Fluorbehandlungen von uns gesehen wurde.

Zunächst zur Mikrofraktur: Es ist uns außerordentlich selten gelungen, im mikroskopischen Schnitt zweifelsfrei eine Fraktur von Spongiosastrukturen zu sichern. An einem ausgewählten Beispiel sind wir uns ziemlich sicher, einen Artefakt ausgeschlossen zu haben. Die Unversehrtheit der Markstrukturen und die auffallend geringen oder fehlenden Osteozyten in einem Frakturbereich geben uns die Sicherheit. Bei solchen Frakturen ist entweder eine völlige Liquidierung der Strukturen oder die Reperatur über den Kallus zu erwarten.

Die von uns beobachteten, stets streng lokalisierten Veränderungen beginnen mit einer ungewöhnlich massiven Osteoidbildung. Das Osteoid entwickelt sich an spongiosierten Strukturen und besteht sowohl aus Fasern als auch aus leicht lamellierten Schichten.

Aus solchen Osteoidappositionen wachsen schließlich exophytische Strukturen, die unregelmäßig mineralisiert ein Strukturwirrwar erkennen lassen.

Dann erscheinen einzelne Spongiosateile völlig von breitem Osteoid umgeben, das selbst kortikale Strukturmerkmale mit zirkulären Osteonen ausweist.

Zwischen stark reduzierten Spongiosastrukturen des Beckenkammes fanden wir auch fast spinnenartige, zum großen Teil aus Osteoid bestehende Strukturen, die mit einer sehr aktiven Oberfläche ausgestattet sind. Der Gewebsaufbau zeichnet sich in den angrenzenden Markbereichen durch seinen Faser- und Gefäßreichtum aus.

T. H. Ittel H.-G. Sieberth H. H. Matthiaß (Hrsg.)
Aktuelle Aspekte der Osteologie

Eine wesentlich kompaktere Insel solcher Strukturen, in der schon der mineralisierte Knochen überwiegt, könnte die weitere Entwicklung kennzeichnen. Der einstmals exzessive Osteoblastenbesatz ist verschwunden.

Das Ende einer solchen, wohl eher als Pseudomikrokallus zu bezeichnende Entwicklung könnte jene weitgehend mineralisierte Struktur des letzten Beispiels sein, in dem das Appositionelle der Knochenentwicklung sehr schön erkennbar ist, aus dem aber auch der wenig funktionelle Charakter des eher an ein imaginäres Lebewesen erinnernde Knochengebilde deutlich wird. Wir glauben, daß gerade solche Formationen bevorzugt unter der Fluorlangzeittherapie entstehen und daß sie sicher über Jahre keinen Bestand haben werden.

Wechselwirkung von Entzündungsaktivität, anatomischem Stadium und Therapie auf den Serum-Osteocalcin-Spiegel bei Patienten mit chronischer Polyarthritis

H. Franck[1], T. H. Ittel[2], O. Tasch[3], G. Herborn[3], R. Rau[3]

[1] Klinik Mayenbad, Badstraße 14, W-7967 Bad-Waldsee, BRD
[2] Medizinische Klinik II, RWTH, Pauwelsstraße 30, W-5100 Aachen, BRD
[3] Evangelisches Kreiskrankenhaus, Rosenstraße 2, W-4030 Ratingen, BRD

Einleitung

Patienten mit einer chronischen Polyarthritis CP zeigen als wichtige ossäre Komplikation sowohl eine lokale als auch eine generalisierte Osteoporose [1, 2]. Ihre Pathologie wird bisher sehr kontrovers diskutiert.

Osteocalcin (OC) ist ein sehr spezifischer Parameter des Knochenstoffwechsels [3] und repräsentiert vornehmlich die Knochenneubildung [4, 5].

Ziel der Studie war es, die Wechselwirkung der Entzündungsaktivität, des anatomischen Stadiums und der Therapie auf das Serum-OC bei Patienten mit CP zu untersuchen.

Methoden

131 Patienten, 96 Frauen und 35 Männer, mit einer nach den ARA-Kriterien gesicherten CP nahmen an der Studie teil. Als Kontrollen dienten alters- und geschlechtsentsprechende gesunde Individuen.

Neben den routinemäßigen Laboruntersuchungen besonders der Parameter des Knochenstoffwechsels wurde OC mittels eines kommerziellen Radioimmunoassays (Incstar Corp., Minnesota, USA) bestimmt.

Alle Patienten wurden den anatomischen Stadien nach Steinbrocker zugeordnet.

Ergebnisse

Wir fanden beim Vergleich der Mittelwerte der „gepoolten" Patienten mit der Kontrollgruppe keine signifikanten Unterschiede bezüglich des OC, auch nicht unter Ausschluß der mit Glukokortikoiden therapierten Patienten (alle Frauen: 3,93 ± 1,38 ng/ml, Frauen ohne Steroide: 4,06 ± 1,28 ng/ml, weibliche Kontrollen: 4,11 ± 1,73 ng/ml; alle Männer: 3,42 ± 1,42 ng/ml, Männer ohne Steroide: 3,50 ± 1,23 ng/ml, männliche Kontrollen: 3,09 ± 1,14 ng/ml).

Im Gegensatz zum OC war die alkalische Phosphatase unserer Patienten insgesamt signifikant höher als bei den Kontrollen (Patienten: 142 ± 59 U/l, Kontrollen: 125 ± 52 U/l, $p < 0{,}01$).

T. H. Ittel H.-G. Sieberth H. H. Matthiaß (Hrsg.)
Aktuelle Aspekte der Osteologie

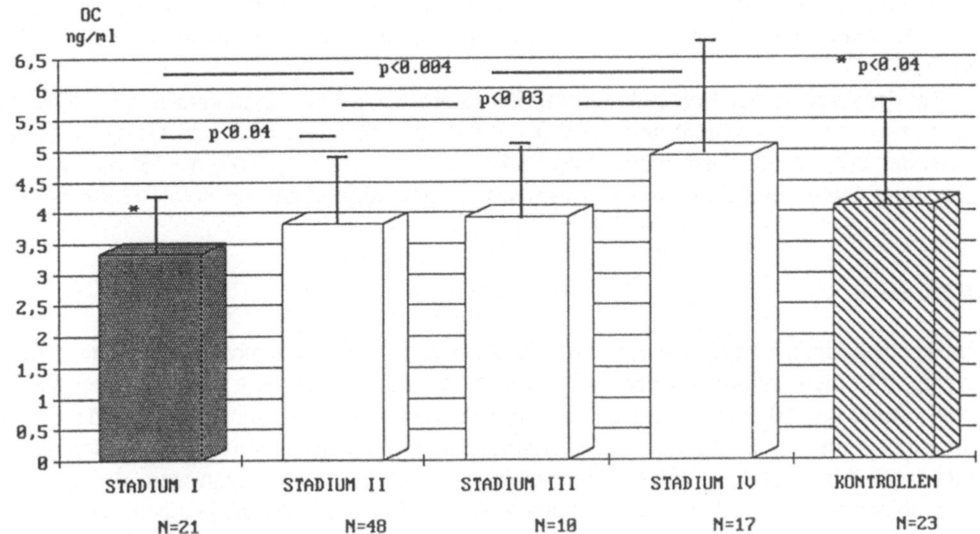

Abb. 1. Serum-Osteocalcinspiegel in den einzelnen Stadien nach Steinbrocker. * = signifikant erniedrigte (p < 0,04) Werte

Die Betrachtung der OC-Werte unserer Patienten in verschiedenen anatomischen Stadien zeigte signifikant erniedrigte OC-Spiegel bei Frauen im Stadium I verglichen mit unserem Kontrollkollektiv (p < 0,04, Abb. 1). Darüber hinaus hatten Frauen mit CP in unterschiedlichen anatomischen Stadien, mit Ausnahme von Stadium III, signifikant verschiedene und mit den anatomischen Stadien ansteigende OC-Werte (Abb. 1). Folglich fanden wir auch eine signifikant positive Korrelation zwischen dem OC und dem anatomischen Stadium bei Frauen mit CP (r = +0,35, p < 0,0003, n = 96).

Die OC-Assays in den verschiedenen Therapiegruppen zeigten bei solchen Patientinnen, die nur mit Glukokortikoiden in einer Dosis zwischen 2,5–10,0 mg/Tag therapiert wurden, signifikant niedrigere OC-Werte als bei der Kontrollgruppe (p < 0,03) und jenen Frauen, die eine Basistherapie mit Gold (p < 0,01) oder Methotrexat (p < 0,05) erhielten oder lediglich mit nicht-steroidalen Antirheumatika (p < 0,03) behandelt wurden (Abb. 2). Interessanterweise waren die OC-Werte bei den Patientinnen, die auf Glukokortikoide zusammen mit einer Basistherapie eingestellt waren, höher als bei jenen unter alleiniger Glukokortikoidtherapie (Glukokortikoide: 13,13 ± 1,06 ng/ml, Glukokortikoide und Basistherapie: 3,98 ± 1,75 ng/ml), jedoch ohne Signifikanz (p < 0,054, Abb. 2). Darüber hinaus stellten wir bei den Frauen unter Goldtherapie signifikant höhere OC-Werte, als bei den nicht medikamentös therapierten Patientinnen fest (Gold: 4,67 ± 1,62 ng/ml, ohne Therapie: 3,27 ± 1,17 ng/ml, p < 0,03, Abb. 2).

Im Hinblick auf die AP fielen signifikant höhere Werte bei unseren Patienten auf, die mit Gold bzw. Glukokortikoiden kombiniert mit einer Basistherapie eingestellt waren, als bei jenen ohne medikamentöse Therapie (p < 0,05). Die Patienten unter alleiniger Glukokortikoidtherapie hatten im Vergleich zu den anderen Therapiegruppen keine signifikant unterschiedlichen Werte.

Bei unserem männlichen Patientengut waren keine signifikanten Unterschiede bezüglich des OC unter den verschiedenen Therapien und in den einzelnen anatomischen Stadien vorhanden.

Bei der Analyse der Entzündungsaktivität konnten wir eine signifikant inverse Korrelation zwischen dem OC und dem CRP ($r=-0{,}25$, $p < 0{,}003$, $n=130$) im Gesamtkollektiv bzw. der BSG nur bei den männlichen Patienten ($r=-0{,}34$, $p < 0{,}03$, $n=35$) nachweisen. Der Joint Count und die Leukocytenzahl waren nicht signifikant mit dem OC korreliert.

Diskussion

In der bisherigen Literatur wurde OC bei Patienten mit CP entsprechend unserer Studie wenig, d.h. nicht signifikant von der Norm [6–8], teils jedoch auch signifikant erhöht [9] oder erniedrigt [10, 11] gefunden, wenn die Patientenkollektive nicht weiter differenziert unterteilt wurden. Diese weit divergierenden Ergebnisse bezüglich der OC-Spiegel sind hier wohl Ausdruck verschieden zusammengesetzter Patientenpopulationen, die sich oftmals in den jeweiligen Therapien und anatomischen Stadien nicht entsprachen. Aus diesem Grund erschien es uns sinnvoll, das Patientenaufkommen anhand der verschiedenen anatomischen Stadien bzw. nach den unterschiedlichen medikamentösen Therapien separiert zu untersuchen.

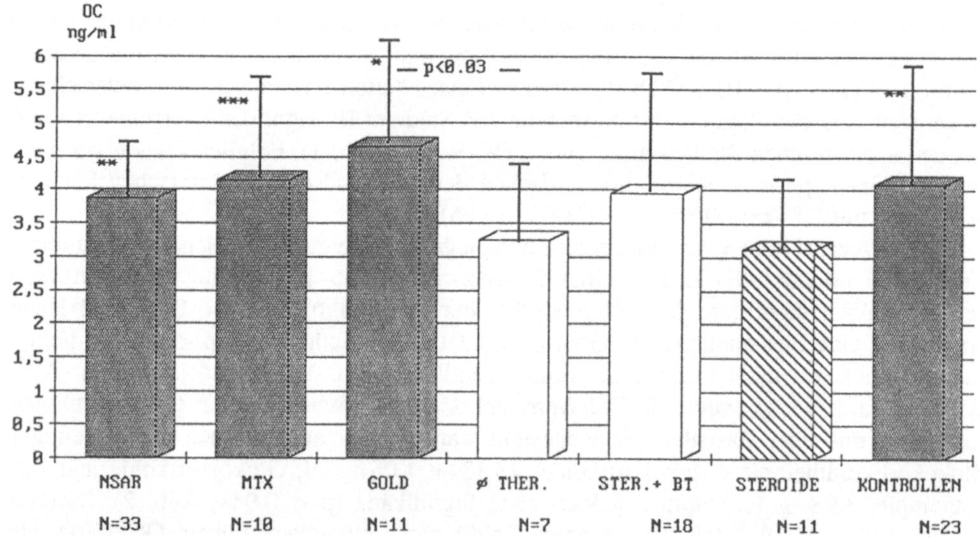

Abb. 2. OC unter verschiedenen Therapien bei Frauen mit CP. //// zeigt signifikant (* $p < 0{,}05$, ** $p < 0.03$, *** $p < 0.01$) niedrigere OC-Werte im Vergleich zu Kontrollen und Patientinnen unter NSAR, Gold oder MTX
ϕ Ther. keine medikamentöse Therapie, *NSAR* ausschl. nicht-steroidale Antirheumatika, *MTX* NSAR + Methotrexat (10–15 mg/Woche), *Gold* NSAR + Autothiomalat (25–50 mg/Woche), *Steroide* NSAR + Glukokortikoide (2,5–10,0 mg/Tag), *Ster. + BT* NSAR + Glukokortikoide + Basistherapie (Gold, MTX, Chloroquin)

Unser Resultat von ansteigenden OC-Werten mit progredientem anatomischen Stadium bei Frauen mit CP, erlaubt so eine differenzierte Sicht des Knochenstoffwechsels in den verschiedenen anatomischen Stadien. Ähnliche Ergebnisse erzielten bereits Als et al. [13], wobei unser Befund einer signifikanten Korrelation zwischen dem OC und dem anatomischen Stadium dies weiter erhärtet. Veränderungen der Knochenmorphologie bei der CP, die hierbei vom fortschreitenden anatomischen Stadium widergespiegelt werden, sind offensichtlich eng mit Änderungen im Knochenstoffwechsel assoziiert.

Unser Ergebnis von signifikant reduzierten OC-Spiegeln bei CP-Patientinnen unter alleiniger Kortikosteroidtherapie wird in der Literatur von den meisten Autoren bestätigt [6, 10–12]. Dies unterstützt die Auffassung, daß Glukokortikoide auch bei der CP einen negativen Einfluß auf den Knochenstoffwechsel haben.

Interessanterweise scheinen Basistherapien in Verbindung mit einer Glukokortikoidtherapie, eine geringer suppressive Wirkung auf das OC bei Patienten mit CP zu haben, denn unsere Patientinnen unter dieser Kombinationstherapie haben keine erniedrigten OC-Werte verglichen mit den Kontrollen. Auch unser Ergebnis von signifikant höheren OC-Spiegeln bei Patientinnen unter einer Goldtherapie als bei solchen ohne medikamentöse Behandlung stärkt die These, daß Basistherapien einen günstigen Effekt auf den Knochenstoffwechsel haben.

Die signifikante inverse Korrelation zwischen dem OC und dem CRP bei unseren Patienten insgesamt bzw. der BSG bei den männlichen Patienten ist in der bisherigen Literatur noch nicht dokumentiert [6, 9, 11]. Unsere Ergebnisse legen nahe, daß eine hohe Entzündungsaktivität die Knochenneubildung bei der CP supprimiert.

Entsprechend dem Obengesagten ist das OC ein sehr empfindlicher Parameter für die Änderungen des Knochenstoffwechsels bei der CP und sensitiver als die AP.

Zusammenfassung

Ziel dieser Studie war es, die Wechselwirkung von Entzündungsaktivität, anatomischem Stadium und verschiedenen medikamentösen Behandlungen auf die Knochenneubildung (Osteocalcin) 131 Patienten mit chronischer Polyarthritis zu untersuchen.

In Bezug auf diese anatomischen Stadien der c.P. unterschieden sich jedoch signifikant die OC-Werte in Stadium I, II und IV und waren bei Frauen im Stadium I im Vergleich zur Kontrolle signifikant erniedrigt ($p < 0,04$).

Im Gegensatz zur alkalischen Phosphatase (AP) korrelieren die OC-Werte signifikant positiv mit den anatomischen Stadien ($r=+0,35$, $p< 0,0003$). Darüber hinaus fand sich eine signifikant ($r=0,25$, $p < 0,003$) negative Korrelation zwischen OC und den Entzündungsparametern wie dem C-reaktiven Protein bzw. der ESR ($r=-0,34$, $p < 0,03$ Männer).

Unterteilt man die c.P.-Gruppen entsprechend ihrer Therapie, so hatten Patientinnen, die Steroide erhielten, signifikant ($p < 0,03$) niedrigere OC-Spiegel als die Kontrollpersonen und Patienten, die mit NSAR ($p < 0,02$), MTX ($p < 0,05$) oder Gold ($p < 0,01$) behandelt wurden. Patientinnen unter Goldbehandlung hatten höhere OC-Spiegel als solche, die keine antirheumatische Therapie erhielten ($p < 0,03$).

OC spiegelt somit gut die unterschiedlichen Knochenneubildungsaktivitäten in den einzelnen anatomischen Stadien der c.P. wider. Darüber hinaus werden im Gegensatz zur a.p.

Veränderungen des Knochenumbaus wie Suppression der Knochenneubildung unter Steroiden oder hohe Entzündungsaktivität bei Patienten mit c.P. differenziert nachgewiesen.

Literatur

1. Sambrook PN, Shawe D, Hesp R et al. (1990) Rapid periarticular bone loss in rheumatoid arthritis. Arthr Rheum 33:615–622
2. Steen-Hansen E, Hove B, Andresen J (1987) Bone mass in patients with rheumatoid arthritis. Skeletal Radiol 16:556–559
3. Franck H, Keck E, Krüskemper HL (1986) Osteocalcin: ein spezifischer Parameter für den Knochenstoffwechsel. Internist Welt :249–253
4. Brown JP, Malaval L, Chapuy MC et al. (1984) Serum bone Gla-protein: a specific marker for bone formation in postmenopausal osteoporosis. Lancet I:1091–1093
5. Malluche HH, Faugere MC, Fanti P, Price PA (1984) Plasma levels of bone Gla protein reflect bone formation in patients on chronic maintenance dialysis. Kidney Int 26:869–874
6. Hermann E, Aeschlimann A, Müller W (1987) Serum-Osteokalzin bei chronischer Polyarthritis im Stadium III. Z Rheumatol 46:129–131
7. Pietschmann P, Machold KP, Wolosczuk W, Smolen JS (1989) Serum osteocalcin concentrations in patients with rheumatoid arthritis. Ann Rheum Dis 48:654–657
8. Sambrook PN, Ansell BM, Foster S et al. (1985) Bone turnover in early rheumatoid arthritis. 1. Biochemical and kinetic indexes. Ann Rheum Dis 44:575–579
9. Gevers G, Devos P, de Roo M, Dequeker J (1986) Increased levels of osteocalcin (serum bone Gla-protein) in rheumatoid arthritis. Br J Rheumatol 25:260–262
10. Weisman MH, Orth RW, Catherwood BD et al. (1986) Measures of bone loss in rheumatoid arthritis. Arch Intern Med 146:701–704
11. Ekenstam E, Ljunghall S, Hallgren R (1986) Serum osteocalcin in rheumatoid arthritis and other inflammatory arthritides: relation between inflammatory activity and the effect of glucocorticoids and remission inducing drugs. Ann Rheum Dis 45:484–490
12. Als OS, Rijs BJ, Gotfredsen A et al. (1986) Biochemical markers of bone turnover in rheumatoid arthritis. Relation to antiinflammatory treatment, sex, and menopause. Acta Med Scand 219:209–213
13. Als OS, Gotfredsen A, Rijs BJ, Christiansen C (1985) Are disease duration and degree of functional impairment determinants of bone loss in rheumatoid arthritis? Ann Rheum Dis 44:406–411

Komplikationen und Schweregrad der Stammskelett-Osteoporose bei Spondylitis Ankylosans (M. Bechterew)

F. W. Keßler-Leonhardt, U. Droste

Karl-Aschoff-Klinik, Rheumazentrum Bad Kreuznach, Kaiser-Wilhelm-Straße 9–11, W–6550 Bad Kreuznach, BRD

Einleitung

Die Stammskelettosteoporose ist eine bis heute weitgehend ungeklärte Begleiterscheinung der Spondylitis ankylosans (Sp.a.). Wenngleich bereits Erstbeschreiber der Sp.a. [1, 2] anhand pathologischer Studien hierüber Kenntnis hatten, ist kaum mehr über diese Osteoporose bekannt, als daß sie gehäuft auftritt (nach röntgenmorphologischen Kriterien bei Schilling [3] in 28%) und zu Wirbelkörperfrakturen führen kann. Neuere Untersuchungen von Ralston und Mitarb. [4] ergaben immerhin bei 20 von 111 jüngeren Sp.a.-Patienten (18%) Wirbelfrakturen, andere Autoren nannten jedoch weitaus geringere Häufigkeiten.

Folgt man einer Einteilung von Schilling 1974 [3], so kann eine *Frühporose*, assoziiert mit dem spondylarthritischen Typ der Sp.a. (Beginn vor dem 20. Lj), von einer *Spätporose* beim syndesmophytären Typ des Erwachsenen-Alters unterschieden werden. Über die Ätiopathogenese beider Poroseformen liegt kein gesichertes Wissen vor. Schilling [3] schließt ebenso wie Geiler [5] eine Inaktivitätsatrophie als Ursache der Frühporose aus, hingegen wird eine Segmentinaktivität infolge eingetretener Ankylose bei der Spätporose als pathogenetischer Faktor vermutet. Nur die Spätporose, so Schilling [3], sei noch Spontanverformungen wie keilförmigen Deformitäten und Deckplatteneinbrüchen zugänglich. Geiler [5] kommt anhand histologischer Beckenkammbiopsatuntersuchungen zum Schluß, daß eine reaktive Osteoblasteninsuffizienz vorliege. Auch Pohl u. Schmidt-Rhode (1963) und Pohl u. Vitalli (1969) (zit. nach [3]) fanden Zeichen des gesteigerten Osteozytenunterganges i.S.e. Osteoblastenosteoporose bei Beckenkammbiopsien. Widersprüchliche Ergebnisse fanden sich bei Dichtemessungen der Wirbelkörper von Sp.a.-Patienten mit moderneren Verfahren. 1986 wiesen Reid u. Mitarb. [6] mit Hilfe der dualen Photonenabsorptionsmetrie i.Vgl. zu gesunden Kontrollpersonen bei Sp.a.-Patienten einen erhöhten Kalksalzgehalt der LWS nach bei gleichzeitig vermindertem total-body-calcium. Will u. Mitarb. [7] fanden bei Patienten mit früher Sp.a. noch ohne radiologischen Befall der LWS bei normaler Beweglichkeit im Vgl. zu Gesunden eine signifikant erniedrigte Knochendichte (Gadolinium-DPA).

Die *eigenen Untersuchungen* wurden mit dem Ziel durchgeführt, zunächst einmal Erkenntnisse über die Häufigkeit und den Schweregrad der Stammskelettosteoporose, sowie über die möglicherweise damit verbundenen Komplikationen bei den Sp.a.-Patienten unserer Rheumafachklinik (jährlich ca. 400 Sp.a.-Patienten) zu gewinnen.

T. H. Ittel H.-G. Sieberth H. H. Matthiaß (Hrsg.)
Aktuelle Aspekte der Osteologie

Methode

Selektiv wurde bei überwiegend jüngeren Patienten (primäre Osteoporose daher wenig wahrscheinlich) mit gesicherter Sp.a. (ROM-Kriterien 1961) die LWS in sagittaler und seitlicher Ebene geröntgt sowie der Mineralsalzgehalt der LWS (L2–L4) und des linken Schenkelhalses mit dem Lunar-DPX-Verfahren bestimmt (Auswertung durch Dr. Lingg u. Mitarb., Zentrales Röntgeninstitut der Rheuma-Heilbad AG Bad Kreuznach). Neben der Ausmessung der Wirbelsäulen- und Thoraxbeweglichkeit mittels definierter Meßwerte (Schober-Index, Fleche, Kinn-Sternum-Abstand, Finger-Bodenabstand und Atembreite) und den üblichen osteologischen Laborparametern wurden in Abhängigkeit vom radiologischen und osteodensitometrischen Befund Beckenkammbiopsien nach Jamshidi zur histologischen Befundung gewonnen (Auswertung durch Prof. Schulz, Pathol. Institut der Uni-Klinik Gießen).

Ergebnisse

Das untersuchte Kollektiv umfaßt n = 72 Sp.a.-Patienten, davon 16 (22%) Frauen und 56 (78%) Männer. Das mittlere Alter des Kollektivs lag bei 41 Jahren. Die Häufigkeit einer Osteopenie nach Röntgennativ- und DPX-Befund zeigt Tabelle 1.

Über die Validität der verwendeten Untersuchungsverfahren für die Osteopeniebeurteilung der Wirbelsäule von Bechterewpatienten bestehen Unklarheiten. Bei Feststellung einer Osteopenie im Röntgennativbild besteht in der Regel bereits ein deutlicher Verlust bis zu einem Drittel der Knochenmineralmasse. DPX-Messungen können durch perivertebrale krankheitsspezifische Ossifikationen (Syndesmophyten, Bänderverkalkungen, Spondylarthritiden und -ankylosen) beeinflußt werden, somit u.U. zu hohe Dichtewerte vortäuschen. Für die Schenkelhalsdichtemessung muß zudem noch die extravertebrale Lage des Meßortes Berücksichtigung finden. Ein Vergleich der Röntgen- und DPX-Befunde in Tabelle 2 wirft mit großer Deutlichkeit die Frage nach der Spezifität und Sensitivität der eingesetzten Verfahren auf.

Wirbelkörperfrakturen gelten als Spätzeichen einer Osteoporose und sind eine wesentliche Komplikation. Im Gesamtkollektiv der 72 Patienten konnten wir im LWS-Bereich bei 12 Patienten mindestens eine Fraktur finden. Eine der Frakturen war durch ein adäquates Trauma hervorgerufen worden, die anderen spontan eingetreten. Tabelle 3 schlüsselt die Wirbelfrakturhäufigkeit nach radiologischer und DPX-Osteopenie auf.

8 der 11 Patienten mit Wirbelfrakturen zeigten Syndesmophytenbildung der LWS. Etwa 3/4 der Patienten mit radiologisch und osteodensitometrisch diagnostizierter LWS-Osteopenie wiesen darüber hinaus eine Syndesmophytenbildung auf, ohne Syndesmophyten waren nur 1/4 dieser Patienten. Für die Diskussion um eine osteodensitometrisch festlegbare Frakturschwelle gibt die nachfolgende Tabelle 4 Hinweise.

Folgende Komplikationen traten im Zusammenhang mit WK-Frakturen auf (Tabelle 5). Die *Histologische Auswertung* der Beckenkammbiopsate (Prof. Schulz, Gießen) ergab in 7 von 10 Fällen eine leichtgradige Osteopenie, in 4 Fällen fand sich eine erhöhte Knochenumbauaktivität zugunsten resorptiver Prozesse (s. Tabelle 6).

Osteologische Laborparameter zeigten keine nennenswerten Abweichungen von der Norm. Ihrer Bestimmung kommt jedoch differentialdiagnostische Bedeutung zu.

Tabelle 1. Osteopeniehäufigkeit bei Sp.a.-Patienten nach Röntgen- und DPX-Befund

Untersuchung	Patienten mit Osteopenie		Gesamt
Röntgennativ-LWS	47	65,3%	72
DPX-LWS	38	52,8%	72
DPX-SH (1i)	44	64,7%	68

Tabelle 2. Vergleich der Osteopenie-Befunde nach Röntgen- und DPX-Beurteilung

Osteopeniebefunde	*RÖ-LWS*		*DPX-LWS*		*DPX-SH*	
	n	%	n	%	n	%
RO-LWS	*47*	*100*	27	71,1	33	75
DPX-LWS	27	57,5	*38*	*100*	30	68,2
DPX-SH	33*	71,7	30**	83,3	*44*	*100*

* von 46, ** von 36.

Tabelle 3. Häufigkeit von Wirbelfrakturen bei osteopenischen Sp.a.-Patienten

	Osteopenische Pat.	*Wirbelfrakturen*	
	n	n	%
RÖ-LWS	47	9	19,2
DPX-LWS	38	7	18,4
DPX-SH	44	8	18,2
Gesamtkollektiv	72	11	15,3

Tabelle 4. Osteopenie-Schweregrade nach DPX-Messungen bei 11 Wirbelfrakturen

	Leicht (81–90% AN*)	Mittel (60–80% AN*)	Schwer (< 60% AN*)
DPX-LWS	2	4	1
DPX-SH	4	3	1

* Mittlere altersbezogene Norm.

Tabelle 5. Komplikationen bei Bechterewpatienten mit Wirbelfrakturen

	n	
Neurologische Symptome	0	
Stärkere Rückenschmerzen	7	(enthält 1 traum. WK-Fraktur)
Ausgeprägtere Morgensteifigkeit	5	
Keine Komplikationen	5	

Tabelle 6. Gegenüberstellung von Histologie, radiologischen und osteodensitometrischen Befunden und Wirbelfrakturvorkommen

		Schweregrad		
		Leicht	Mäßig	Ausgeprägt
Histol. Osteopenie (n = 10)		7	2	1
Radiologische Osteopenie		5	2	1
DPX-LWS Osteopenie	leicht	2	0	0
	mittel	3	1	0
	schwer	0	0	1
DPX-SH Osteopenie	leicht	1	2	1
	mittel	5	0	0
	schwer	0	0	0
Wirbelkörperfrakturen		1	1	1

Zusammenfassung und Schlußfolgerungen

1. Unterschiedliche Untersuchungsverfahren (Röntgen, DPX) zeigten bei jüngeren Sp.a.-Patienten eine *Stammskelettosteopenie in über 50–65%*. DPX und Nativröntgen zeigten dabei deutliche Befund-Abweichungen. Beide Untersuchungsverfahren erscheinen im Hinblick auf Spezifität und Sensitivität bei der Beurteilung der Mineralsalzdichte der LWS bei Sp.a.-Patienten als problematisch. Eine anerkannte Referenzmethode für diese Fragestellung existiert bislang nicht.
2. *18–19% der osteopenischen Patienten hatten Wirbelfrakturen,* der Anteil am Gesamtkollektiv der untersuchten Sp.a.-Patienten lag bei 15,3%. Die häufigsten *Komplikationen* bei WK-Frakturen waren vermehrte *Rückenschmerzen und ausgeprägtere Morgensteifigkeit* der LWS, nie jedoch neurologische Symptome. Knapp 50% der Betroffenen wiesen zum Untersuchungszeitpunkt keine Komplikationen auf.
3. *Histologisch* fand sich überwiegend eine leichte Osteopenie mit dem Überwiegen resorptiver Knochenumbauprozesse. Bei vorsichtiger Interpretation könnte hieraus auf eine Dysbalance des Osteoklasten-Osteoblastengleichgewichtes geschlossen werden.
4. Über 80% der Patienten mit WK-Verformungen hatten Syndesmophyten, zwischen 70 und 90% zeigten eine Osteopenie. *Wirbelfrakturen fanden sich auch bei leichten Osteopenien.* Rückschlüsse auf eine sog. „Frakturschwelle" bei der untersuchten Patientengruppe scheinen uns hieraus jedoch, auch aus methodischen Gründen, nicht möglich zu sein.

Literatur

1. Fagge CH (1877) A case of simple synostosis of the ribs of the vertebrae, and of the arches and the articular process of the vertebrae themselves, and also of one hip joint. Transactions of the Pathological Society of London, vol 28, pp 201–206
2. Marie P, Leri A (1906) Spondylose rhizomelique. Zit. n. Acta Rheumatologica 22:74
3. Schilling F (1974) Spondylitis ankylopoetica. In: Diethelm L (Hrsg) Röntgendiagnostik der Wirbelsäule, Teil 2. Springer, Berlin Heidelberg New York, S 452–689 (Handb d Med Radiologie)

4. Ralston SH et al. (1990) Prevalence of vertebral compression fractures due to osteoporosis in ankylosing spondylitis. Br Med J 3:563–565
5. Geiler G (1969) Die Spondylarthritis ankylopoetica aus pathol.-anatom. Sicht. DMW 22:1185–1188
6. Reid DM et al. (1986) Bone mass in ankylosing spondylitis. J Rheumatol 3 (5):932–935
7. Will R et al. (1989) Osteoporosis in early ankylosing spondylitis: a primary pathological event? Lancet II:1483–1484

Osteopenien bei chronischer Polyarthritis

E. Keck, A. Cronenberg, A. Minkus

Rheumaklinik II und Forschungsinstitut für Osteologie und Rheumatologie, Leibnizstraße 23, W–6200 Wiesbaden, BRD

Einleitung

Bei der chronischen Polyarthritis findet sich neben einer gelenknahen, durch entzündliche Mediatoren induzierten Osteopenie auch gehäuft eine generalisierte Osteopenie, deren Pathomechanismus zur Zeit kontrovers diskutiert wird [1].

Patienten und Methodik

Bei 85 Patienten (72 Frauen, 13 Männer) in einem Durchschnittsalter von 57 Jahren (± 12,7 Jahre) und einer nach den ARA-Kriterien diagnostisch gesicherten chronischen Polyarthritis, bei einer mittleren Erkrankungsdauer von 14 Jahren (± 11,6 Jahre), wurde initial und nach 6 Monaten die quantitative Knochendichte der LWK 2–4 mit Hilfe der Dualen Photonenabsorptiometrie (Novo Lab 22a) gemessen. Parallel wurde jeweils die aktuelle humorale Entzündungsaktivität bestimmt.

Ergebnisse

Erniedrigt zeigte sich die quantitative Knochendichte initial bei 33 Patienten (39%), die daraufhin eine knochenprotektive Kombinationstherapie mit 40 mg Fluoriden, 500–1000 mg Calcium, 1000 IE Vitamin D täglich und bei menopausalen Frauen mit Östrogenen, erhielten. Nach 6 Monaten fand sich in 85% der Fälle (n = 27) eine Zunahme der quantitativen Knochendichte um durchschnittlich 3,88 gHA (15,5%) und bei 15% (n = 6) eine Abnahme um durchschnittlich 1,39 gHA (5,6%). 51 Patienten (60%) wiesen initial ein Meßergebnis innerhalb des ± 2 SD-Bereiches für die alters- und geschlechtsspezifischen Kontrollen auf und wurden nicht knochenprotektiv behandelt. In dieser Gruppe zeigte sich eine Abnahme der quantitativen Knochendichte in 29 Fällen (57%) um durchschnittlich 3,37 gHA (9,0%) und eine Zunahme in 22 Fällen (43%) um durchschnittlich 3,02 gHA (9,1%) (Abb. 1).

Eine Korrelation zwischen auftretender generalisierter Osteopenie und Erkrankungsdauer oder humoraler Entzündungsaktivität (BSG: 1. Kontrolle 43/74 mm n. W.; 2. Kontrolle 44/79 mm n. W.) zeigte sich nicht.

Vergleicht man die mittlere kumulative Prednisondosis in der Patientengruppe mit einer initial regelrechten quantitativen Knochendichte, so zeigt sich, daß Patienten mit einer

T. H. Ittel H.-G. Sieberth H. H. Matthiaß (Hrsg.)
Aktuelle Aspekte der Osteologie

kumulativen Prednisondosis von 939 mg/180 Tage, entsprechend 5 mg/d, nach einer 6monatigen Kontrolle weiterhin eine normale Knochendichte aufwiesen. Patienten mit einer kumulativen Prednisondosis von 1350 mg/180 Tage, entsprechend 7,5 mg/d, wiesen in der Kontrollmessung eine Abnahme auf.

Im Vergleich der Patientinnen über (n = 64) und unter (n = 8) 50 Jahren, konnten bei den über 50jährigen Frauen deutlich niedrigere Meßergebnisse [TBMC 20–30 gHA bei den unter 50jährigen 3 (30%) und bei den über 50jährigen 31 (49%)] beobachtet werden.

Diskussion

Aus den vorliegenden Ergebnissen kann gefolgert werden, daß die im Gefolge einer chronischen Polyarthritis auftretende generalisierte Osteopenie weniger von der Erkrankungsdauer oder der Entzündungsaktivität abzuhängen scheint. Vielmehr deutet sich ein kausaler Zusammenhang mit dem Einsatz therapeutisch notwendiger Glucocorticoide und dem Eintritt der Frau in die Menopause an. Die Beobachtung, daß die über 50jährigen Frauen im Vergleich mit den unter 50jährigen Frauen im Mittel eine deutlich niedrigere Knochendichte aufwiesen, könnte eine Erklärung für die Beobachtung mehrerer Autoren liefern, die auch bei fehlender Corticoidanamnese das gehäufte Auftreten einer generalisierten Osteopenie bei der chronischen Polyarthritis beschrieben haben [2].

Regelmäßige osteodensitometrische Kontrollmessungen sollten insbesondere bei den Patienten vorgenommen werden, die einer längerfristigen Corticoidmedikation bedürfen [3].

Die vorliegenden Ergebnisse belegen, daß bereits nach einer 6monatigen Behandlung mit einer Dreier-, bzw. Vierer-Kombination in 85% der Fälle ein quantitativ meßbarer Zuwachs an Knochenmasse um durchschnittlich 3,88 gHA zu verzeichnen ist.

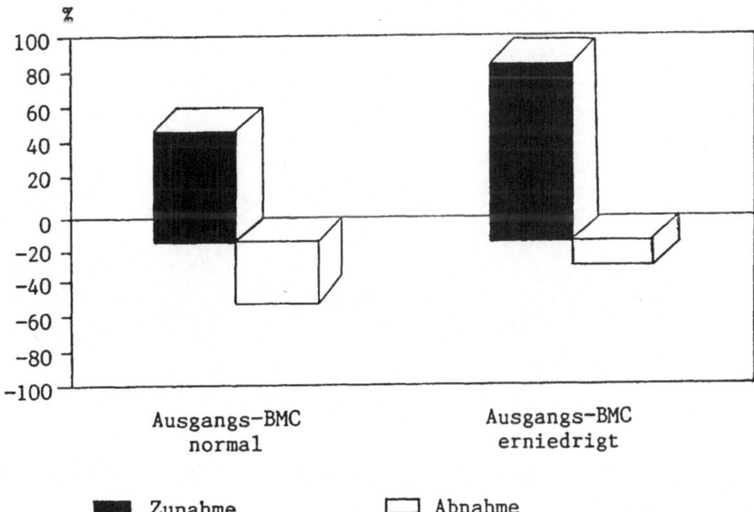

Abb. 1. Veränderung des quantitativen Knochenmineralgehaltes ohne und mit knochenprotektiver Therapie (n = 85)

Zusammenfassung

Bei 85 Patienten (72 Frauen, 13 Männer) mit einer chronischen Polyarthritis wurde initial und nach durchschnittlich 6 Monaten die quantitative Knochendichte der LWK 2–4 gemessen. Die Entzündungsaktivität wies bei beiden Meßpunkten keine Änderung auf. Patienten mit einer primär erniedrigten Knochendichte (n = 33) zeigten unter einer Kombinationstherapie mit Fluoriden, Calcium, Vitamin D und Östrogenen, in 27 Fällen (85%) eine Zunahme um 3,8 gHA (15,5%) und in 6 Fällen (15%) eine Abnahme um 1,39 gHA (5,6%). In der Gruppe mit einer initial normalen Knochendichte (n = 51), die nicht knochenprotektiv behandelt wurde, zeigte sich eine Abnahme in 29 Fällen (57%) um 3,37 gHA (9,0%) und eine Zunahme um 3,02 gHA (9,1%) bei 22 Patienten (43%). Patientinnen über 50 Jahre zeigten im Vergleich mit den unter 50jährigen eine deutliche Tendenz zu den niedrigeren Knochendichten [TBMC 20–30 gHA bei den unter 50jährigen 3 (30%), bei den über 50jährigen 31 (49%)]. Patienten mit einer initial regelrechten und anschließend erniedrigten Knochendichte wiesen eine mittlere kumulative Prednisondosis von 1350 mg, entsprechend 7,5 mg/d, auf.

Literatur

1. Compston JE, Judd D, Crawley et al. (1987) Osteoporosis in patient with inflammatory bowel disease. Gut 28:410
2. Dreher R, Link P, Lingg G, Schulz A (1989) Osteopenie bei chronischer Polyarthritis in Abhängigkeit der Steroidtherapie. In: Willert HG, Heuck FHW (Hrsg) Neuere Ergebnisse in der Osteologie. Springer, Berlin Heidelberg New York Tokyo, S 495
3. Sambrook PN, Eisman JA, Yeates MG et al. (1986) Osteoporosis in rheumatoid arthritis: safety of low dose corticoids. Ann Rheumat Dis 45:950

B. Osteodensitometrie

Methodenvergleich der Osteodensitometrie mittels DPA und DEXA

J. Semler

I. Innere Abteilung, Universitätsklinikum Rudolf Virchow, Standort Wedding, Freie Universität Berlin, Augustenburger Platz 1, 1000 Berlin 65, BRD

Einleitung

Die Osteodensitometrie wurde in den 80er Jahren in Deutschland als Baustein der Diagnostik einer Osteoporose etabliert.

Die Wirbelsäule als Meßort wurde angestrebt. 1983 wurde von uns erstmals in Deutschland die Messung mittels Doppelphotonenabsorptiometrie (DPA) eingeführt [1]. Dieses Meßverfahren macht sich mittels 153-Gadolinium als Strahlenquelle das unterschiedliche Absorptionsverhalten von Knochen und Geweben bei verschiedenen Energien zu Nutze.

Heute wird die Methode durch Messung mit Röntgenröhre mit 2 Röhrenspannungen (DEXA, DPX) abgelöst. Ziel unserer Untersuchungen ist es, beide Meßmethoden einander gegenüberzustellen und und abzuklären inwieweit die umfangreichen Erfahrungen mit DPA für das Meßverfahren mittels DEXA genutzt werden kann.

Material und Methode

Bei 182 Patienten (127 Frauen – Alter 32–85 Jahre und 55 Männer – Alter 34–81 Jahre) wird die Knochendichte mittels DPA (Novo BMC Lab 22a) und DEXA (Lunar) am gleichen Tag erfaßt. Die Meßergebnisse über Lendenwirbelsäule und Schenkelhals werden einander gegenübergestellt.

Die in vitro Reproduzierbarkeit wird mittels Aluminiumphantom (Röhre, Treppe, Kamm) bestimmt. 312 Messungen der Aluminiumröhre erfolgen mit DPA, bisher nur 14 mit DEXA.

Mittels Eigenmessung (12 Messungen DPA in 4 Monaten und bisher 6 Messungen DEXA in 3 Monaten) wird die in vivo Reproduzierbarkeit festgestellt.

T. H. Ittel H.-G. Sieberth H. H. Matthiaß (Hrsg.)
Aktuelle Aspekte der Osteologie

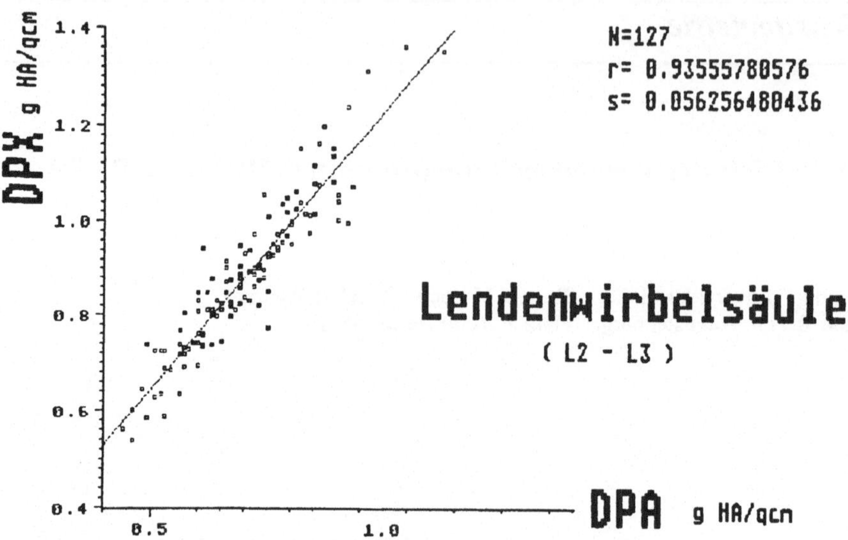

Abb. 1. Korrelation der Knochendichte ermittelt mittels Doppelphotonenabsorption am DPA (Novo) und DPX (DEXA-Lunar)-Gerät bei 127 Frauen

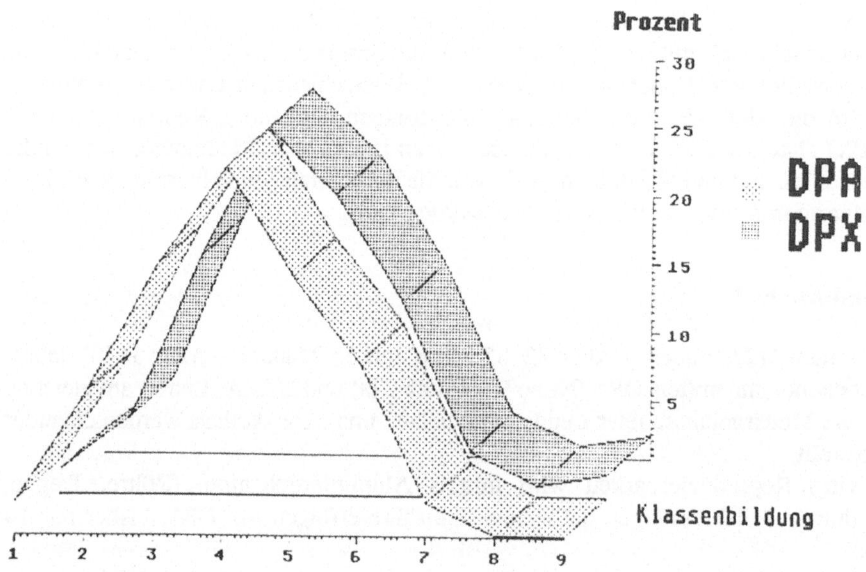

Abb. 2. Vergleich der Knochendichte in Prozent in Abhängigkeit von der erfaßten Knochendichte bei 127 Frauen. Die Klassenbildung bezieht sich auf die Knochendichte von 0,5–1,4 gHA/qcm

Ergebnisse

Die Meßergebnisse mit DEXA liegen durchschnittlich um 20% höher. Es kann eine gute lineare Korrelation zwischen beiden Meßverfahren (r = 0,94) erarbeitet werden (Abb. 1). Bei höheren Werten oberhalb von 0,90 gHA/qcm für DEXA, also im gesunden Kollektiv erscheint die Übereinstimmung besser (Abb. 2).

Die in vitro Reproduzierbarkeit beträgt für DPA 1,1%, für DEXA nur 0,9%.

Die in vivo Reproduzierbarkeit bei aber nur 6 Verlaufsmessungen liegt für DEXA bei 2,1%, bei DPA 2,9%. Das Referenzkollektiv, welches für die DPA-Methode erarbeitet wurde, beruht auf einer Erfahrung von fast 7000 Messungen an ca. 2600 Patienten. Bei Beachtung strenger Ausschlußkriterien konnten 432 gesunde Frauen für das alters- und geschlechtsgebundene Normkollektiv herangezogen werden und durch Gruppenbildung die Funktion

$$y(x) = 0{,}9965\,(e^{0{,}0351x} - e^{-0{,}1455x})$$

erarbeitet werden [2]. Ein entsprechend großes Kollektiv liegt für die DEXA-Methode noch nicht vor.

Diskussion

Zur korrekten Deutung der Knochendichtemeßwerte, insbesondere bei der Früherkennung einer Osteoporose müssen folgende Voraussetzungen erfüllt sein:

1. Die „normale" Knochendichte muß im vom Alter abhängigen Verlauf bekannt sein.
2. Die Messung an der Einzelperson muß mit extremer Genauigkeit durchgeführt werden.
3. Der Meßort muß repräsentativ für das Krankheitsbild sein.

Diese Voraussetzungen sind bei den von uns genutzten Meßverfahren gegeben.

Die Meßzeit ist bei DEXA verkürzt. Um Abweichungen vom physiologischen Knochenmassenverlust eindeutig ablesen zu können, wäre eine Reproduzierbarkeit um 1% wünschenswert. In Phasen gesteigerter Knochenmassenminderung wie postmenopausal wird der Verlust im Regelfall aber um ein Vielfaches überschritten.

In vielen Studien wurde die verbesserte Reproduzierbarkeit bei der DEXA-Methode gegenüber DPA beschrieben, darüber hinaus eine gute Interkorrelation zwischen den einzelnen Herstellern (r = 0,97) [3].

Zusammenfassung

Die Osteodensitometrie mittels DEXA scheint eine Bereicherung im Mosaikmuster der Osteoporosediagnostik durch verkürzte Meßzeit und verbesserte Reproduzierbarkeit.

Die Gegenüberstellung großer Untersuchungszahlen mit 7000 DPA-Messungen gegenüber 1000 DEXA-Messungen sowie in vitro Messungen bestätigt eine verbesserte Reproduzierbarkeit bei DEXA gegenüber DPA. Bei direktem Vergleich beider Messungen bei 182 Patienten ergibt sich eine erfreulich gute Korrelation.

Daraus resultiert aus heutiger Sicht, daß bei Verlaufsuntersuchungen die neuere Untersuchungsmethode DEXA überlegen ist, bei Einzelmessung jedoch kein Unterschied in der klinischen Deutung des Ergebnisses zu erwarten ist.

Nutzung des vorgegebenen Referenzkollektives der neuen Meßmethode DEXA kann z.Zt. in Grenzfällen noch zu Fehldeutungen führen. Eine Anpassung an das bereits erarbeitete Referenzkollektiv erscheint notwendig.

Literatur

1. Semler J (1987) Clinical aspects of measurements of dual photon absorption in healthy persons and patients suffering from bone mass reduction. In: Kuhlencordt F, Dietsch P, Keck H, Kruse P (eds) Generalized bone diseases. Springer, Berlin Heidelberg New York Tokyo, pp 51–55
2. Semler JC, Miethe D (1990) Osteoporosis: an attempt to establish a risk score. Third International Symposium on Osteoporosis, Copenhagen, Denmark, 14.–18. Oct. 1990, pp 179–181
3. Gundry CR, Miller CW, Ramos E et al. (1990) Dual-energy radiographic absorptiometry of the lumbar spine: clinical experience with two different systems. Radiology 174:539–541

Reproduzierbarkeit von Knochendichtemessungen im fahrbaren Densitometer (Osteomobil)

S. Baedeker[1], O. Randerath[1], R. Lehmann[1], W. John[2], K. Klein[2], B. Allolio[1]

[1] Medizinische Klinik II und Poliklinik, Universität zu Köln, Josef-Stelzmann-Straße 9, W-5000 Köln 41, BRD
[2] Forschungsstelle für Gesundheitserziehung, Erziehungwissenschaftliche Fakultät, Universität zu Köln, Gronewaldstraße 2, W-5000 Köln 41, BRD

Einleitung

Da das Wissen über Verbreitung, Ursache und Bekämpfung der Osteoporose bisher noch unzureichend ist, andererseits der Erkrankung aber hohe vor allem auch ökonomische Bedeutung zukommt, ist geplant epidemiologische Untersuchungen zur Knochendichte in unterschiedlichen Regionen der Bundesrepublik Deutschland durchzuführen. Zu diesem Zweck wurde eine fahrbare Meßeinheit (*Osteomobil*) mit zwei Densitometriegeräten eingerichtet. Eingesetzt wurde die Dual-Energie-Röntgen-Absorptiometrie DEXA. Diese Methode zeichnet sich gegenüber anderen durch hohe Präzision und geringe Untersuchungszeit bei sehr niedriger Strahlenbelastung aus [1–5].

Dic Verfügbarkeit einer beweglichen Meßeinheit gewährleistet, daß in unterschiedlichen Regionen eine identische und damit direkt vergleichbare Methodik eingesetzt werden kann. Dies ist vorteilhaft, da DEXA-Geräte unterschiedlicher Hersteller bezüglich der erhobenen Dichtewerte bisher nicht ohne weiteres vergleichbar sind [1–3].

Eine verläßliche Datenerhebung ist jedoch nur möglich, wenn die Präzision und Zuverlässigkeit der Messungen nicht durch den Einbau der Geräte bzw. durch Fahrten des *Osteomobil* beeinflußt werden.

Methodik

Zur Überprüfung der Reproduzierbarkeit wurden bei 50 Patienten, bei denen eine Indikation zur Knochendichtemessung bestand Doppeltmessungen vorgenommen.

24 Patienten im Alter von 46–71 Jahren, überwiegend aus Osteoporoseselbsthilfegruppen rekrutiert, wurden je zweimal innerhalb einer Woche im Bereich der Lendenwirbelsäule (L2–L4) gemessen.

26 Patienten im Alter von 38–78 Jahren, ebenfalls vorwiegend aus Selbsthilfegruppen wurden zweimal im Bereich des Oberschenkelhalses untersucht.

Die Positionierung erfolgte nach einem für die Wirbelsäule und den Oberschenkelhals festgelegten Lagerungsschema. Der Untersucher legte nach definierten Richtlinien die interessierende Region (ROI) fest und grenzte Teilregionen an Wirbelsäule und Oberschenkelhals ein. Die Ergebnisse wurden als Knochenmineraldichte in g/cm^2 angegeben.

T. H. Ittel H.-G. Sieberth H. H. Matthiaß (Hrsg.)
Aktuelle Aspekte der Osteologie

Die zweite Messung wurde einige Tage später durchgeführt, nachdem das Fahrzeug bewegt wurde. Die Patienten wurden nach demselben Schema repositioniert und die Messungen wurden von unterschiedlichen Untersuchern vorgenommen.

Um beim Vergleich von Scans eine möglichst hohe Präzision zu erreichen, muß die ROI des zweiten Scans dieselbe Lage und Größe wie der erste Scan haben. Die Größe der ROI der Erstmessung wurde daher vom Computer für die Zweitmessung automatisch übernommen (*Compare-Funktion*) und mußte vom Untersucher genau an die Lage im vorherigen Scan angepaßt werden.

Die Langzeitreproduzierbarkeit der Messungen wurde durch Serienmessungen mit einem Phantom überprüft. Es handelt sich dabei um vier Wirbelkörper aus Hydroxyapatit, die in einen Epoxidblock eingebettet sind (Firma Hologic).

Ergebnisse

Bei den Messungen der Lendenwirbelsäule von 24 Patienten ergab sich ein weiter Bereich der Knochendichtewerte (0,553–1,314 g/cm^2, Mittelwert 0,86 g/cm^2). Wir fanden dabei eine sehr gute Reproduzierbarkeit im Bereich von L2–L4. Der CV betrug 1,07%. Entsprechend hoch war die Korrelation zwischen den Knochendichtewerten von Erst- und Zweitmessung (r = 0,995; y = 1,003x–0,003). Die Reproduzierbarkeit bei Betrachten des Gesamtbereichs ist besser als wenn nur ein Einzelwirbel herausgegriffen wird. So betrug der CV für die Zweifachmessung von L3 1,66% (r = 0,985; y = 1,023x–0,002).

Am Oberschenkelhals erstreckte sich das Spektrum der Knochendichte ebenso von sehr niedrigen bis hohen Werten (0,525–1,006 g/cm^2; Mittelwert 0,79 g/cm^2). Die Reproduzierbarkeit der Gesamtknochendichte der Oberschenkelhalsregion war mit einem CV von 0,94% ebenfalls sehr gut (r = 0,995; y = 0,964x + 0,025). Auch hier war der CV bei Betrachtung eines Teilbereiches wie der Neck-Region mit 1,72% höher (r = 0,985; y = 0,92x + 0,053).

Die Langzeitreproduzierbarkeit für die Phantommessung war über sechs Monate stabil bei niedrigem Variationskoeffizienten.

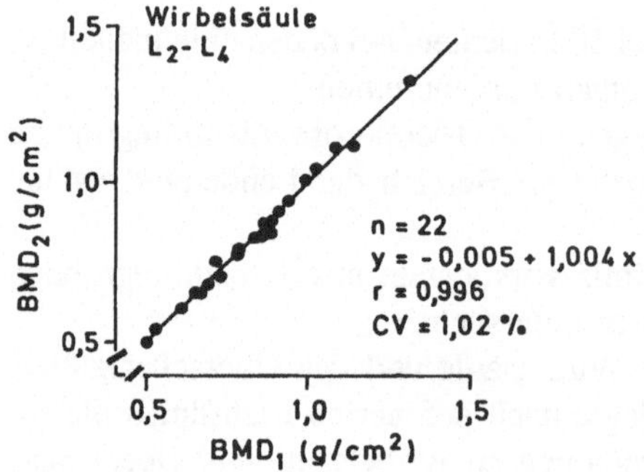

Abb. 1. Überprüfung der Reproduzierbarkeit durch Doppeltmessung der Lendenwirbelsäule bei 24 Patienten

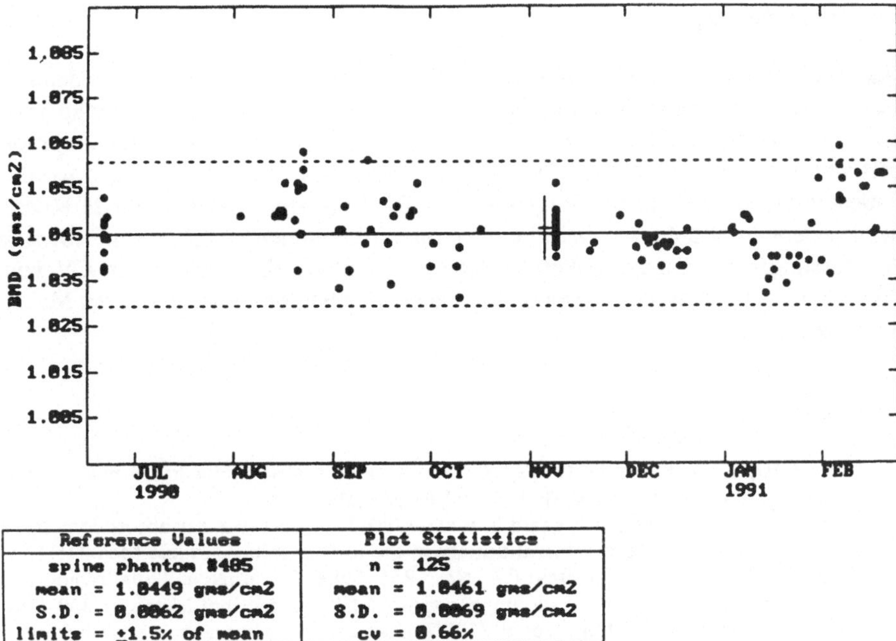

Abb. 2. Überprüfung der Langzeitreproduzierbarkeit durch 125 Phantommessungen über 8 Monate

Phantom Gerät 1: n = 125	CV = 0,66%
Phantom Gerät 2: n = 37	CV = 0,51%

Diskussion

Bei unserer Überprüfung der Reproduzierbarkeit in vivo wurden die Patienten repositioniert, das Gerät zwischen den Messungen bewegt und unterschiedliche Untersucher eingesetzt. Dabei konnte gezeigt werden, daß durch Einbau der DEXA-Meßgeräte in das *Osteomobil* keine relevante Beeinträchtigung der Meßgenauigkeit erfolgte. Unsere Ergebnisse stimmen weitgehend mit den Angaben für unbewegte DEXA-Geräte überein [1–3].

Die Voraussetzung für eine zuverlässige Datenerhebung ist damit gegeben. Wichtig für die hohe Präzision ist jedoch das exakte Wiederauffinden des Meßortes durch Heranziehen der Erstmessung zum direkten Vergleich [3]. Nur wenn so mittels *Compare*-Funktion die gleiche *Region of Interest* wiedergefunden und benutzt wird, kann eine so hohe Präzision erreicht werden.

Zusammenfassung

Nach Einrichtung einer fahrbaren DEXA-Meßeinheit zur Durchführung epidemiologischer Untersuchungen, stellte sich die Frage, ob durch den Einbau der Meßgeräte und Fahrten mit dem *Osteomobil* die Präzision der Messungen beeinträchtigt wird. Die Reproduzierbarkeit wurde daher in vivo nach Bewegen des Osteomobils überprüft. Dazu wurden bei 50 Patienten Doppeltmessungen vorgenommen. Die Reproduzierbarkeit von 24 Messungen an der Lendenwirbelsäule war bei einem Variationskoeffizienten (CV) von 1,07% sehr gut. 26 Messungen am Oberschenkelhals ergaben ebenfalls einen sehr guten CV von 0,94%. Die Voraussetzung für eine zuverlässige Datenerhebung mit einer fahrbaren Meßeinheit ist daher gegeben.

Literatur

1. Cullum ID, Ell J, Ryder JP (1989) X-ray dual-photon absorptiometry: a new method for the measurement of bone density. Br J Radiol 62:587–592
2. Hansen MA, Hassager C, Overgaard K et al. (1990) Dual energy X-ray absorptiometry. A precise method of measuring bone mineral density in the lumbar spine. J Nucle Med 31:1156–1162
3. Kelly TL, Slovik DM, Schoenfeld DA, Neer RM (1988) Quantitative digital radiography versus dual photon absorptiometry of the lumbar spine. J Clin Endocrinol Metab 67:839–844
4. Pacifici R, Rupick R, Griffin M et al. (1990) Dual energy radiography versus quantitative computer tomography for the diagnosis of osteoporosis. J Clin Endocrinol Metab 70:705–709
5. Wahner HW, Dunn WL, Brown ML et al. (1988) Comparison of dual-energy X-ray absorptiometry and dual photon absorptiometry for bone mineral measurements of the lumbar spine. Mayo Clin Proc 63:1075–1084

Vergleich zwischen Spine Deformity Index und verschiedenen densitometrischen Methoden bei manifester Stammskelettosteoporose

P. Bernecker[1], P. Pietschmann[2], F. Winkelbauer[3], E. Krexner[1], H. Resch[1], R. Willvonseder[1,4]

[1] Medizinische Abteilung, Krankenhaus der Barmherzigen Brüder, Große Mohrengasse 9, A–1020 Wien
[2] II. Medizinische Universitätsklinik, Garnisongasse 13, A–1090 Wien
[3] Universitätsklinik für Radiodiagnostik, Spitalgasse 4, A–1090 Wien
[4] Ludwig Boltzmann Institut für Altersforschung, Garnisongasse 13, A–1090 Wien

Einleitung

Die Osteoporose tritt in Populationen mit hoher Lebenserwartung in hoher Inzidenz auf und trägt zur Steigerung der Morbidität und Mortalität beim älteren Menschen ganz entschieden bei.

Die Entwicklung von präzisen Methoden zur nicht-invasiven Bestimmung des Knochenmineralgeraltes hat die Densitometrie zu einem wichtigen Hilfsmittel in der Prävention der Osteoporose und der Identifikation von Risikogruppen werden lassen [1, 2]. Die Rolle der Densitometrie bei *manifester* Osteoporose ist jedoch nach wie vor unklar und wurde kontroversiell diskutiert [3, 4]. Densitometrische Verfahren werden bei etablierter Osteoporose hauptsächlich als Therapiemonitoring verwendet, wobei ein Anstieg der Knochendichte als Erfolg der therapeutischen Bemühungen gewertet wird. Da die Hauptmanifestation der Osteoporose die spontane atraumatische Wirbelfraktur darstellt [5], wurden schon früh Methoden entwickelt, das laterale Übersichtsröntgen als diagnostische Standardmaßnahme semiquantitativ oder quantitativ auszuwerten [6–8] und dadurch ein höheres Maß an Information aus dieser Untersuchungsmethode zu gewinnen. Im Jahre 1988 wurde von Minne et al. [9] ein „Spine Deformity Index" (SDI_M) vorgestellt, der als quantitative Röntgenmethode bei Patienten mit Stammskelettosteoporose gut für longitudinale Beobachtungen geeignet erscheint und exakt das Ausmaß der osteoporotischen Wirbelveränderungen auf lateralen Übersichtsröntgenfilmen widerspiegelt.

Ziel der hier vorliegenden Studie war es, den potentiellen Zusammenhang zwischen quantifizierten radiologischen Veränderungen der Wirbelsäule bei postmenopausellen Frauen mit manifester axialer Osteoporose und verschiedenen densitometrischen Verfahren zu überprüfen.

Methoden

Wir untersuchten 34 postmenopausale Frauen im Alter von 49–80 Jahren (durchschnittliches Alter 69,3 ± 1,2 Jahre, durchschnittliche Zeit seit der Menopause 19,4 ± 1,3 Jahre) mit mindestens einer nachgewiesenen atraumatischen osteoporotischen Wirbelkörperfraktur. Das Vorliegen anderer metabolischer Knochenerkrankungen oder sekundärer Knochenveränderungen wurde durch genaue Anamnese, Routineuntersuchungen von Blut- und

T. H. Ittel H.-G. Sieberth H. H. Matthiaß (Hrsg.)
Aktuelle Aspekte der Osteologie

Harnproben sowie durch zusätzliche Bestimmungen von spezifischen Parametern des Knochenstoffwechsels ausgeschlossen.

Als Kontrollgruppe untersuchten wir 20 gesunde und asymptomatische altersentsprechende Frauen im Alter von 51–81 Jahren (durchschnittliches Alter 67,9 ± 1,9 Jahre, durchschnittliche Zeit seit der Menopause 18,6 ± 1,5 Jahre), die zwecks Osteoporose-Screening an unserer osteologischen Ambulanz vorstellig wurden.

Röntgenaufnahmen der Wirbelsäule wurden in lateraler Projektion durchgeführt. Der Strahl wurde über TH_9 (BWS) bzw. über L_3 (LWS) fokussiert, target-to-film Distanz betrug 100 cm. Die Röntgenaufnahmen der Osteoporotiker wurden nach der Methode von Minne et al. [9] analysiert: die vordere, mittlere und hintere Höhe der Wirbelkörper von TH_4 bis L_6 wurden mittels eines durchsichtigen Lineals (teilweise auch mit einem computerunterstützten Digitizer) in Millimetern bestimmt und dann die intervertebralen Höhenrelationen berechnet und zur Höhe des 4. BWK (der bei allen Patienten unfrakturiert war) in Beziehung gesetzt. Diese Prozedur, die unter Verwendung eines von Prof. Minnes Arbeitsgruppe freundlicherweise zur Verfügung gestellten MS-DOS kompatiblen Computerprogramms durchgeführt wurde, erlaubt es, den Einfluß der individuellen Körpergröße auf die Indexberechnung zu vernachlässigen. Der nächste Programmschritt berechnete dann die Abweichungen der WK/TH_4-Relationen von der unteren Grenze des von Minne definierten Normalbereichs und die Summe dieser Abweichungen wurde dann als „Spine Deformity Index“ (SDI_M) angegeben.

Den peripheren Knochenmineralgehalt ermittelten wir am nicht dominanten distalen Unterarm mittels Single-Photonen-Absorptionsdensitometrie (SPA) mit ^{125}Jod-Strahlenquelle (Novo Osteodensitometer GT35). Die Knochendichte wird als Mittelwert von 6 Scans berechnet und in arbiträren BMC-Units (Knochenmasse/Längeneinheit) angegeben; die Messung startet nach einem Suchalgorithmus an der Stelle, wo zwischen Radius und Ulna eine Distanz von 8 mm vorliegt. Die Präzision der Messung wird durch wiederholte Messung eines Aluminiumstandards garantiert, der Variationskoeffizient beträgt 0,8% (short-term) bzw. 1,2% (long-term).

Die axiale Knochendichte wurde an der LWS mit quantitativer Computertomographie bei Single-Energy-Technik auf einem Toshiba TCT 400 gemessen. Als Referenz diente der CIRS Lumbar Reference Simulator (Norfolk, Virginia, USA). Das Volumen der ROI betrug 4 cm^3 rein trabekulären Knochens in der Mitte dreier unfrakturierte Lendenwirbel. Das Meßergebnis wird in mg Ca-OH-Apatit/cm^3 angegeben, der Variationskoeffizient beträgt bei dieser Methode 1,5% (mid-term) bzw. 2,8% (long-term).

Außerdem führten wir in einer Untergruppe von 14 Osteoporotikerinnen und bei allen Kontrollpersonen Messungen der Broadband-Ultrasound-Attenuation (BUA) am Calcaneus durch. Zwei nicht fokussierte, in einem Wasserbad befindliche Transducer tauschen kurz gepulste Ultraschallsignale verschiedener Frequenz (0,2–0,6 MHz) aus, der dazwischen positionierte Fuß wirkt als frequenzselektives Filter für die Schallwellen. Daraus resultiert ein Spektrum von gemessener Schallenergie *vs.* Frequenz, das mit einem Referenzspektrum verglichen wird; der Anstieg der Netto-Schwächungskurve ergibt die BUA in dB/MHz. Variationskoeffizient bei dieser Methode: 4,6%.

Zur statistischen Berechnung dienten der Kruskal-Wallis-Test und der Kendallsche Konkordanzkoeffizient; alle Daten sind als Mittelwert ± SEM angegeben.

Ergebnisse

Alle drei densitometrischen Methoden (SPA, QCT, BUA) zeigten bei den Osteoporotikerinnen deutlich erniedrigte Werte verglichen mit den Kontrollpersonen (QCT: 64,16 ± 3,61 *vs.* 101,28 ± 5,58 mg/cm^3, $p < 0{,}0001$; SPA: 24,84 ± 0,9 *vs.* 30,26 ± 2,2 Units, < 0,04; BUA: 50,55 ± 2,17 *vs.* 61,69 ± 3,12 dB/MHz, $p < 0{,}03$). Keine der densitometrischen Methoden zeigte eine Korrelation zum quantifizierten radiologischen Schweregrad der Osteoporose, ausgedrückt als SDI_M (τ zwischen 0,003 und 0,13; N.S.).

Korrelationen zwischen Alter und Densitometrie fanden sich nur in der Kontrollgruppe und nur zwischen QCT und Alter ($\tau = -0{,}398$; $p < 0{,}01$).

In der Kontrollgruppe fand sich auch eine signifikante Korrelation zwischen SPA und QCT ($\tau = 0{,}48$; $p < 0{,}03$); während die Korrelation zwischen diesen beiden Meßmethoden in der Osteoporose-Gruppe vollständig aufgehoben war ($\tau = 0{,}15$; $p < 0{,}2$).

Diskussion

Die Rolle der Densitometrie in Anwesenheit osteoporotischer Frakturen ist noch immer unklar. Ott et al. [4] fanden nur schwache Korrelationen zwischen verschiedenen densitometrischen Methoden und dem histomorphometrisch analysierten Schweregrad einer etablierten Osteoporose.

Wir fanden bei allen densitometrischen Methoden eine gute Separation zwischen Patienten mit Osteoporose und Normalpersonen. Auch die Werte der BUA am Calcaneus waren, wie schon früher beschrieben [10], bei Osteoporotikerinnen deutlich erniedrigt. Allerdings zeigen unsere Ergebnisse auch, daß der SDI_M einen von densitometrischen Daten völlig unabhängigen Parameter des Schweregrades einer Stammskelettosteoporose darstellt. Der SDI_M bietet außerdem die Möglichkeit, den von Kovarik et al. [11] beschriebenen subjektiven Fehler bei der Begutachtung des Röntgenbildes zu reduzieren.

Die im Gegensatz zu den Kontrollpersonen beobachtete Diskrepanz zwischen peripherer und axialer Knochendichte bei Patienten mit Osteoporose mit dem Auftreten teilweise hoher axialer Meßwerte ergibt den Verdacht auf eventuelle Umbauvorgänge und Dichtezunahmen der LWS, vielleicht bedingt durch die Änderung der statischen Verhältnisse im Rahmen der WK-Frakturen. Solche Umbauvorgänge könnten densitometrische Daten verfälschen und den klinischen Verlauf einer Osteoporose maskieren. In diesem Zusammenhang sei darauf hingewiesen, daß in einer kürzlich von Riggs et al. [12] publizierten Studie gezeigt wurde, daß eine Osteoporosetherapie mit Fluoriden zwar die lumbale Knochendichte densitometrisch erhöhte, die Frakturrate jedoch keine Verringerung aufwies.

Da das Therapieziel bei Patienten mit manifester Stammskelettosteoporose in erster Linie die Verhinderung weiterer Frakturen sein sollte, wäre unserer Ansicht nach die longitudinale quantitative Beurteilung der radiologischen Veränderungen an der WS (zum Beispiel mittels SDI_M) eine wertvolle Ergänzung zu den densitometrischen Verfahren, um einen Therapieerfolg besser objektivieren zu können.

Literatur

1. Hui SL, Slemenda CW, Johnston CC (1988) Age and bone mass as predictors of fractures in a prospective study. J Clin Invest 81:1804–1809
2. Ross PD, Wasnich RD, Vogel JM (1988) Detection of prefracture spinal osteoporosis using bone mineral absorptiometry. J Bone Min Res 3:1–11
3. Heaney RP, Avioli LV, Chestnut C et al. (1988) Is bone loss the cause of osteoporotic fractures or its consequence? J Bone Min Res 3:88
4. Ott SM, Kilcoyne RF, Chesnut C (1988) Comparisons among methods of measuring bone mass and relationship to severity of vertebral fractures in osteoporosis. J Clin Endocrinol Metab 66:501–507
5. Hedlund LR, Gallagher JC, Meeger C, Stoner S (1989) Change in vertebral shape in osteoporosis. Calcif Tiss Int 44:168–172
6. Barnett E, Nordin BEX (1960) The radiological diagnosis of osteoporosis. A new approach. Clin Radiol II:166–174
7. Jensen KK, Tougaard L (1981) A simple X-ray method for monitoring progress of osteoporosis. Lancet I:19–20
8. Kleerekoper M, Parfitt AM, Ellis J (1984) Measurement of vertebral fracture rates in osteoporosis. In: Christiansen C, Arnaud CD, Nordin BEC, Parfitt AM, Peck WA, Riggs BL (eds) Osteoporosis. Aalborg Stiftsborgtrykkeri, Glostrup, Denmark, pp 103–109
9. Minne HW, Leidig G, Wüster C et al. (1988) A newly developed spine deformity index (SDI) to quantitate vertebral crush fractures in patients with osteoporosis. Bone Min 3:335–349
10. Resch H, Pietschmann P, Bernecker P et al. (1990) Broadband ultrasound attenuation: a new diagnostic method in osteoporosis. Am J Roentgenol 155:825–828
11. Kovarik J, Kuester W, Seidl G et al. (1981) Clinical relevance of radiologic examination of the skeleton and bone density measurements in osteoporosis of old age. Skeletal Radiol 7:37–41
12. Riggs BL, Hodgson SF, O'Fallon WM et al. (1990) Effect of fluoride treatment on the fracture rate in postmenopausal women with osteoporosis. N Engl J Med 322:802–809

Die Bedeutung degenerativer Umbauprozesse der Wirbelsäule für die Interpretation von Knochendichtemeßwerten

J. Spitz, M. Stöcker, Y. Ordu, S. Schenk

Institut für Nuklearmedizin, Städtisches Klinikum Wiesbaden, Ludwig-Erhard-Straße 100, W-6200 Wiesbaden, BRD

Einleitung

Die zunehmende Lebenserwartung führt zu einer zunehmenden Prävalenz osteoporotischer Knochenveränderungen in der Bevölkerung. Wegen der dadurch ebenfalls zunehmenden sozioökonomischen Bedeutung dieses Krankheitsbildes erlangen quantitative Meßverfahren zur Objektivierung des Knochenmineralgehaltes ebenfalls zunehmend an Bedeutung. Die Mineralometrie der Wirbelsäule mit Hilfe der DPA/DPX-Technik ist in den letzten Jahren zu einem anerkannten Verfahren der Routinediagnostik geworden [2, 3]. Dabei finden sich immer wieder Fälle, in denen degenerative Wirbelsäulenprozesse zu einer Beeinflussung der einzelnen Meßwerte führen. Exakte Untersuchungen zur Beurteilung des Ausmaßes dieser Beeinflussung liegen jedoch kaum vor [1]. Das Ziel der vorliegenden Arbeit ist es daher, die Abhängigkeit der Knochendichtemessungen von degenerativen Umbauprozessen eingehend zu untersuchen.

Untersuchungskollektiv und Methode

Bei 754 Patienten der täglichen Routinediagnostik wurde der Knochenmineralgehalt der Wirbelsäule des Oberschenkelhalses mit Hilfe eines DPA-Gerätes (LUNAR DP3) bestimmt. Das Alter der Patienten (655 Frauen und 99 Männer) lag zwischen 19–89 Jahren. Etwa 40% (n = 300) wiesen degenerative Veränderungen im Wirbelsäulenbereich auf.

Die statistische Evaluierung erfolgte mit den Mittelwerten L2/L4 der Lendenwirbelsäule in Bezug auf das Alter und degenerativer Wirbelsäulenveränderungen der Patienten sowie der Meßwerte des Schenkelhalses und des Ward'schen Dreieckes.

Ergebnisse

Mit zunehmendem Alter nahm der mittlere Knochenmineralgehalt der Wirbelsäule deutlicher als der des Ward'schen Dreiecks und dieser wiederum etwas deutlicher als der des Oberschenkelhalses ab.

Mit zunehmendem Alter sanken die Korrelationskoeffizienten zwischen den Meßwerten der Wirbelsäule und des Schenkelhalses von $r = 0{,}7$ für die Probanden unter 40 Jahren auf

T. H. Ittel H.-G. Sieberth H. H. Matthiaß (Hrsg.)
Aktuelle Aspekte der Osteologie

r=0,37 bei Patienten um das 70ste Lebensjahr ab. Nach Elimination der Patienten mit offensichtlich degenerativen Umbauprozessen im Wirbelsäulenbereich verbesserte sich der Korrelationskoeffizient für die älteren Patienten auf 0,52.

Die zusätzlich durchgeführten Regressionsanalysen der Lendenwirbelsäulenmeßwerte ohne degenerative Veränderungen ergab einen kontinuierlichen Abfall des mittleren Knochenmineralgehaltes bis in das hohe Alter. Entsprechend weist die berechnete Regressionsgerade eine deutlich negative Steigung auf (y=−6,79E-5 × Alter + 1,41). Die entsprechende Regressionsanalyse der Meßwerte der Patienten mit degenerativen Wirbelsäulenveränderungen ergibt hingegen eine positive Steigung (y=4,95E-4 × Alter + 1,02). Die Regressionsgerade verläuft nahezu horizontal und zeigt mit zunehmendem Alter keinen Mineralsalzverlust.

Abbildung 1 zeigt den Verlauf der jeweils für einen Zeitraum von 5 Jahren berechneten Mittelwerte der LWS-Meßwerte des Kollektivs mit und des Kollektivs ohne degenerative Wirbelsäulenveränderungen. Im unteren Teil der Graphik sind zusätzlich die Anzahl der Messungen im jeweiligen Zeitraum für die jeweilige Untgersuchungsgruppe angegeben.

Diskussion

Bedingt durch das Grundprinzip der DPA/DPX-Meßtechnik addieren sich Fremdkörper, Verkalkungen im Bauchraum sowie degenerative Wirbelsäulenveränderungen zu dem Knochenmineralgehalt des Wirbelkörpers selbst. Diesem bekannten Umstand wird durch das Hinzuziehen von Röntgenaufnahmen der Wirbelsäule in 2 Ebenen bei der Interpretation

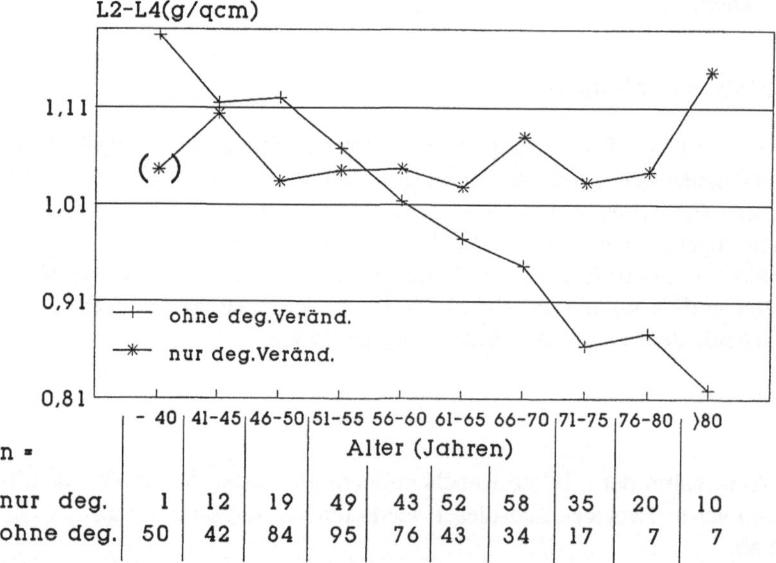

n =	- 40	41-45	46-50	51-55	56-60	61-65	66-70	71-75	76-80	)80
nur deg.	1	12	19	49	43	52	58	35	20	10
ohne deg.	50	42	84	95	76	43	34	17	7	7

Abb. 1. Mittlerer Knochenmineralgehalt der LWS in Abhängigkeit vom Alter der Patienten und degenerativer Wirbelsäulenveränderungen

der individuellen Meßwerte Rechnung getragen. Dies gelingt umso leichter, je isolierter und damit auffälliger diese Veränderungen sind. Bei ausgedehnten, gleichmäßigen Spondylosen oder Spondylarthrosen fällt eine Berücksichtigung dieser Umbauprozesse bei der Beurteilung der Meßwerte jedoch ausgesprochen schwer.

Die Zuhilfenahme der Schenkelhalsmeßwerte ist nur bedingt möglich, wie die schlechte Korrelation von Wirbelsäulen und Schenkelhalsmeßwerten auch nach Elimination der Meßwerte der Patienten mit degenerativen Umbauprozessen zeigt, da offensichtlich verschiedene Skelettanteile einen unterschiedlichen Mineralsalzverlust erleiden.

Wie erheblich das Ausmaß der Meßwertverfälschung im Bereich der Lendenwirbelsäule älterer Menschen sein kann, wird sowohl durch die positive Steigung der berechneten Regressionsgeraden als auch den fehlenden Abfall der berechneten Mittelwerte mit zunehmendem Alter unterstrichen. Man muß daher annehmen, daß in Einzelfällen eine korrekte Messung des Mineralgehaltes der Wirbelsäule bei Patienten mit ausgeprägten degenerativen Umbauprozessen mit der DPA/DPX-Technik nicht möglich ist. Die sich alternativ anbietende Computertomographie kommt allerdings ebenfalls rasch an ihre Grenzen, da Kompressionsfrakturen die Knochendichte des Wirbelkörpers ebenfalls verfälschten und skoliotische Veränderungen häufig keine korrekte Schnittbildführung erlauben.

In kritischen Fällen bleibt dann nur die Knochenbiopsie, da die Messung peripherer Skelettanteile keinen verbindlichen Rückschluß auf die Knochendichte des Körperstammes erlauben.

Glücklicherweise treten solch ausgeprägte Veränderungen erst im höheren Alter auf, während sich in zunehmendem Maße das diagnostische Interesse auf die jüngeren Lebensjahre konzentriert.

Als Konsequenz erscheint die Entwicklung einer speziellen, kostengünstigen QCT-Technik der Wirbelsäule mit der niedrigen Strahlenbelastung der DEXA-Technik wünschenswert.

Die vorgelegten Daten legen ferner eine Überarbeitung der zur Zeit gültigen, altersabhängigen Veränderungen des Knochenmineralgehaltes der Wirbelsäule nahe (Normalbereich). Die für die meisten Kollektive nachgewiesene S-Form wird offensichtlich in ihrem 2. Wendepunkt durch die zunehmende Zahl degenerativ veränderter und daher falsch hoher Meßwerte beeinflußt. Denn das Kollektiv der nicht degenerativ veränderten Wirbelsäulen weist einen kontinuierlichen Abfall auch im hohen Alter auf. Das Gesamtkollektiv der Patienten hingegen (mit und ohne degenerativen Wirbelsäulenveränderungen) fügt sich exakt in den vorgegebenen, S-förmigen Normalbereich ein.

Zusammenfassung

Die Bestimmung der Knochendichte der Wirbelsäule mit Hilfe der DPA/DPX-Technik ist ein anerkanntes Verfahren in der Routinediagnostik geworden. Anhand eines umfangreichen Untersuchungsgutes von 754 Patienten (655 Frauen und 99 Männer im Alter zwischen 19 und 89 Jahren) wurden vergleichende Messungen des Knochenmineralgehaltes der Wirbelsäule und des Oberschenkelhalses mit Hilfe der DPA-Technik vorgenommen. Etwa 40% (n = 300) der Patienten wies degenerative Veränderungen im Wirbesläulenbereich auf. Sowohl im Bereich der Wirbelsäule als auch im Bereich des Oberschenkelhalses nahm mit zunehmendem Alter der Patienten der mittlere Knochenmineralgehalt ab. Parallel dazu sanken auch die Korrelationskoeffizienten zwischen beiden Meßlokalisationen. Der höchste r-Wert (0,7) fand sich bei Probanden unter 40 Jahren, der niedrigste bei Patienten um das 70ste Lebensjahr (r = 0,372). Die mit zunehmendem Alter zunehmenden degenerativen Wirbelsäulenprozesse (bis zu 70% im vorgerückten Alter) tragen jedoch offensichtlich nur zu einem geringen Teil zu der Verschlechterung der Korrelationskoeffizienten bei, da sich nach Elimination der Meßwerte degenerativ veränderter Wirbelsäulen der Korrelationskoeffizient nur auf 0,52 verbessert.

Die Regressionsanalyse der LWS-Meßwerte der Patienten ohne degenerative Veränderungen zeigt mit zunehmendem Alter einen kontinuierlichen Abfall (y = −6,8E-3 × Alter + 1,41). Die Meßwerte der Patienten mit degenerativen Wirbelsäulenveränderungen zeigen im Mittel keinen altersabhängigen Abfall und die Regressionsanalyse ergibt sogar einen leicht ansteigenden Verlauf (y = 4,9E-4 × Alter + 1,02). Die Mittelwertsdifferenzen sind trotz der großen Streuungen der Einzelwerte ab dem 60. Lebensjahr signifikant.

Bei der Interpretation von Knochendichtemeßwerten älterer Patienten sind daher degenerative Umbauprozesse der Wirbelsäule zu berücksichtigen, um eine Fehlinterpretation zu vermeiden. Möglicherweise wird in Anbetracht dieser Ergebnisse eine Korrektur der bislang benutzten altersabhängigen Normbereiche erforderlich.

Literatur

1. Dawson-Hughes B, Dallal GE (1990) Effect of radiographic abnormalities on rate of bone loss from the spine. Calcif Tissue Int 46:280–281
2. Fischer M, Kempers B, Spitz J (1990) Knochendensitometrie – Wertigkeit und Grenzen der Methode. Nuklearmediziner 13:77–82
3. Spitz J, Stöcker M, Clemenz N et al. (1990) Vergleichende Messung des Knochenmineralgehaltes mit DPA und DPX – Erste klinische Erfahrungen. Fortschr Röntgenstr 152:340–344

Dual-Photonen-Osteodensitometrie der Lendenwirbelsäule: Störeinfluß von Technetium-99m-Restaktivität nach Nierensequenzszintigraphie

J. Frohn, J. Hilbig, G. Hör

Abteilung für Nuklearmedizin, Zentrum der Radiologie, Klinikum der Johann Wolfgang Goethe-Universität, Theodor-Stern-Kai 7, W-6000 Frankfurt/Main, BRD

Einleitung

Patienten nach Nierentransplantation sind infolge der Medikation mit Steroiden zur Prophylaxe immunogener Abstoßungsreaktionen erhöht gefährdet eine Osteopenie zu entwickeln. Zur Frühdiagnostik und zur Frage der Kinetik osteoporotischer Veränderungen sind longitudinale Verlaufkontrollen des Knochenmineralgehaltes sinnvoll und notwendig, wobei als Ausgangswert eine Bestimmung des Knochenmineralgehaltes unmittelbar nach Transplantation erfolgen sollte. Eine der im klinischen Alltag am häufigsten verwendeten Verfahren zur Bestimmung der Knochenmineraldichte ist die Dual-Photonen-Absorptiometrie [1]. Hierbei durchdringen Gammastrahlen mit unterschiedlicher Energie die zu messende Körperregion und werden simultan in zwei getrennten Kanälen eines Szintillationszählers gemessen. Die unterschiedliche Absorption dieser beiden Photonenenergien in Knochen und Weichteilgewebe bildet die theoretische Basis der DPA-Methode, und erlaubt die Abgrenzung der ossären Strukturen. Als Strahlenquelle wird das Isotop Gadolinium 153 verwendet, dessen Energiespektrum bei 44 keV und 100 keV Maxima aufweist [2]. Nuklearmedizinische Untersuchungen in der Frühphase nach Nierentransplantation müssen berücksichtigt werden, um die Richtigkeit des Untersuchungsergebnisses zu gewährleisten. Die Nierensequenzszintigraphie mit Tc-99m-MAG_3 ist Teil des postoperativen Patientenmonitorings zur Beurteilung von Nierenperfusion und -funktion [3, 4] und wird meist innerhalb der ersten 24 Stunden nach Transplantation, und zur Verlaufskontrolle, abhängig vom klinischen Zustand des Patienten, durchgeführt.

Durch Überlagerung der Energiespektren von Gd-153 und Tc-99m (Maximun bei 140 keV) kann eine DPA der LWS nach Nierensequenzszintigraphie mit Tc-99m markierten Radiopharmazeutika zu fehlerhaften Ergebnissen führen. Wir untersuchten, ob ein zeitlicher Abstand von 24 Stunden nach Nierensequenzszintigraphie mit Tc-99m-MAG_3 ausreicht, um eine Störung der Knochenmineralgehaltsbestimmung der Lendenwirbelsäule mit Gd-153-DPA durch 99m-Tc-Restaktivität sicher ausschließen zu können.

T. H. Ittel H.-G. Sieberth H. H. Matthiaß (Hrsg.)
Aktuelle Aspekte der Osteologie

Tabelle 1. BMD (L 2-4) vor und nach Nierensequenzszintigraphie mit Tc-99m-MAG_3

Geschlecht	Alter Jahre	BMD vor Szintigr. g/cm^2	BMD dir. n. Szintigr. g/cm^2	BMD 24 Std. n. Szintigr. g/cm^2
w	30	1,02	0,61	
m	50	1,15		1,15
w	45	1,11	0,61	1,11
m	23	0,75	0,57	0,74

Methoden

Vier nierentransplantierte Patienten, zwei Männern und zwei Frauen, im Alter von 23 bis 50 Jahren (Median 38 Jahre), erhielten eine Nierensequenzszintigraphie nach intravenöser Applikation von bis zu 114 MBq Tc-99m-MAG_3. Nierenperfusion und -funktion wurden mit „gut" bis „eingeschränkt" beurteilt. Unmittelbar vor, unmittelbar nach, und 24 Stunden nach der Sequenzszintigraphie wurden jeweils eine Messung des Knochenmineralgehalts der LWS mit dem Dual-Photonen-Osteodensitometer Osteotech 300 (M&SE, Softwareversion 1.2.7f) durchgeführt. Der Abstand zu vorhergehenden nuklearmedizinischen Untersuchungen mit Tc-99m markierten Radiopharmaceutika betrug mindestens sieben Tage. Untersuchungen mit anderen Isotopen lagen bei den Patienten nicht vor.

Die Osteodensitometrie der LWS erfolgte in AP-Projektion mit Stufenbettlagerung zum Ausgleich der LWS-Lordose. Das Scanfeld hatte eine Größe von 155 × 126 mm. Es wurden 63 Scanzeilen mit einem Abstand von je 2,5 mm aufgenommen. Die Meßzeit betrug 10 Minuten. Das Auswerteprogramm führte eine vollautomatische Abgrenzung der ossären Strukturen durch. ROI's wurden in den Vergleichsaufnahmen identisch gelegt. Die Reproduzierbarkeit der Wiederholungsmessungen zeigte eine Standardabweichung von $\pm$ 0,01 g/cm^2 [5].

Ergebnisse

Die Ergebnisse der Knochenmineralgehaltsmessung vor, und in verschiedenen Zeitabständen nach Nierensequenzszintigraphie (Tabelle 1) zeigen deutliche Abweichungen der BMD-Werte unmittelbar nach Nierensequenzszintigraphie. Durch Überlagerung der Spektren von 153-Gd und 99m-Tc ist eine valide Abgrenzung der ossären Strukturen durch die Software beeinträchtigt. Dies wird in den Bildern durch eine Erhöhung des Rauschanteils wiedergegeben (Abb. 1). Der BMD-Wert wird falschniedrig bestimmt, und würde bei Patienten mit normalem Knochenmineralgehalt zur Fehldiagnose Osteopenie führen. Um Fehler bei der Interpretation der Meßergebnisse zu vermeiden, sollte daher vor Scan-Beginn der Patient nach vorangegangenen nuklearmedizinischen Untersuchungen befragt werden.

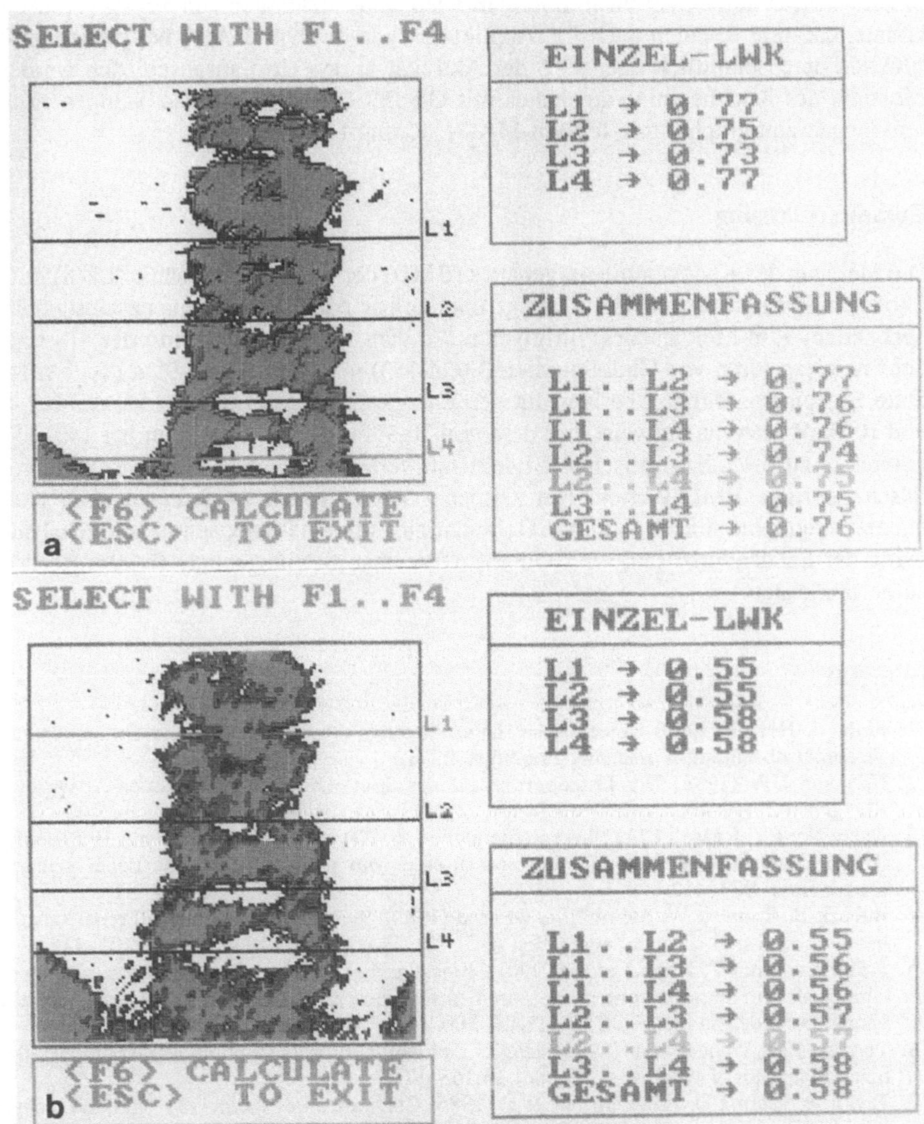

Abb. 1a, b. Knochenmineralgehaltsmessung der LWS mit Dual-Photonen-Absorptiometrie (**a**) vor, und (**b**) unmittelbar nach Nierensequenzszintigraphie mit Tc-99m-MAG_3

Diskussion

Thorson [6] geht davon aus, daß 72 Stunden nach nuklearmedizinischen Untersuchungen mit Tc-99m keine Beeinflussung der DPA mehr zu erwarten ist. Wie unsere Messungen zeigen, ist nach Nierensequenzszintigraphie mit Tc-99m-MAG_3 jedoch schon zu einem früheren Zeitpunkt eine Gd-153-DPA ohne Störung durch Tc-99m-Restaktivität gewährleistet.

Dies steht in guter Übereinstimmung mit den Untersuchungen von Taylor [7], der zeigen konnte, daß drei Stunden nach i.v.-Applikation von Tc-99m-MAG_3 bei gesunder Nierenfunktion durchschnittlich über 99% der Aktivität in den Urin ausgeschieden wurden. Die Messung des Knochenmineralgehaltes mit Gd-153-DPA ist daher 24 Stunden nach Nierensequenzszintigraphie mit Tc-99m-MAG_3 störungsfrei möglich.

Zusammenfassung

Die Messung des Knochenmineralgehaltes (BMD) der Lendenwirbelsäule (LWS) mit Dual-Photonen-Absorptiometrie (DPA) zeigt unmittelbar nach Nierensequenzszintigraphie mit Technetium-99m-Mercaptoacetyltriglycine (Tc-99m-MAG_3) auf Grund der Überlagerung der Energiespektren von Gadolinium-153 (Gd-153) und Technetium-99m (Tc-99m) fehlerhafte Ergebnisse. Durch Überlappung des Energiespektrums von Gd-153, das bei 44 keV und 100 keV Maxima aufweist, mit dem von Tc-99m, dessen Maximum bei 140 keV liegt, kommt es zu osteodensitorischen Bildern mit vermehrten stochastische Störungen sowie falsch-niedrigen BMD-Werten. Ein zeitlicher Abstand von 24 Stunden nach Nierensequenzszintigraphie mit Tc-99m-MAG_3 reicht aus, um eine Knochenmineralgehaltsbestimmung der Lendenwirbelsäule mit Gd-153-DPA ohne Störung durch Tc-99m-Restaktivität zu gewährleisten.

Literatur

1. Frohn J, Hör G (1990) Osteoporose: Dual-Photonen-Absorptiometrie zur Früherkennung und Verlaufsbeobachtung. Forschung Frankfurt 4:2–12
2. Hermann UW (1988) Der Osteoporose auf der Spur. Die Doppel-Photonen-Absorptiometrie. Röntgenstr 59:40–43
3. Dubovsky EV, Russell CD (1989) Radionuclide evaluation of renal transplants. In: Blaufox MD (Hrsg) Evaluation of renal function and disease with radionuclides: The upper urinary tract. Karger Basel 373–412
4. Bubeck B, Brandau W, Steinbächer M et al (1988) Technetium-99m labeled renal function and imaging agents: II. Clinical evaluation of ^{99m}Tc MAG_3. Nucl Med Biol 15:109–118
5. Frohn J, Wilken T, Happ J et al (1990) Clinical and experimental investigation of the reproducibility of bone mineral content measurements of lumbar spine and femoral neck with the dual photon bone densitometer OSTEOTECH 300. Eur J Nucl Med 16:114
6. Thorson LM, Wahner HW (1986) Single- and dual-photon absorptiometry techniques for bone mineral analysis. J Nucl Med Technol 14:163–171
7. Taylor A, Eshima D, Fritzberg AR et al (1986) Comparison of iodine-131 OIH and technetium-99m MAG_3 renal imaging in volunteers. J Nucl Med 27:795–803

Einfluß der Ernährung auf die Knochendichte

J. Semler, E. Körperich

I. Innere Abteilung, Universitätsklinikum Rudolf Virchow, Standort Wedding, Freie Universität Berlin, Augustenburger Platz 1, 1000 Berlin 65, BRD

Einleitung

Bei der Erarbeitung von Risikofaktoren der Osteoporose kommt der Ernährung neben Hormonwirkung, familiärer Belastung und körperlicher Aktivität eine zentrale Bedeutung zu. Aus der Literatur geht hervor, daß Mangelernährung, insbesondere ein Kalziumdefizit in der Nahrung die Frakturgefahr im Alter erhöhen kann [1, 2].

Die Stabilität des Knochens ist abhängig von der Knochendichte, dem Mineralgehalt. Bis zum Erreichen des Erwachsenenalters werden 1,0–1,5 kg Kalzium in den Knochen eingelagert. Täglich verliert der Erwachsene etwa 300 mg Kalzium. Diese Menge muß dem Organismus wieder zugeführt werden. Der Körper benötigt also ein Mehrfaches an Kalzium in der Nahrung bei einer durchschnittlichen Resorptionsrate von 30–40%. Die Kalziumaufnahme ist darüberhinaus altersabhängig und offenbar während der Pubertät und im höheren Alter reduziert [3]. Gegen die Kalziummangeltheorie spricht, daß der Mensch über einen Regelmechanismus verfügt, der es ihm erlaubt sich an eine geringere Kalziumaufnahme zu adaptieren.

Eine zusätzliche Beeinflussung von Kalziumresorption und Ausscheidung durch Nahrungskomponenten ist möglich [4].

Ziel unserer Untersuchung ist es den Einfluß der Kalziumzufuhr auf Knochendichte und Frakturrate, sowie Beeinflussung durch zusätzliche Nahrungskomponenten zu erfassen.

Material und Methode

Bei 2500 Patienten wurde eine Ernährungsanamnese hinsichtlich der täglichen Kalziumzufuhr erhoben und eine Gruppenzuordnung angestrebt. Unter Berücksichtigung enger Ausschlußkriterien, wie vor allem medikamentöse Vortherapie oder Zweiterkrankung konnte bei 696 weiblichen Patienten im Alter zwischen 32 und 79 Jahren eine Beziehung zwischen Ernährung und Knochendichte hergestellt werden. Die Knochendichte wurde erfaßt mittels Doppelphototonenabsorptiometrie (DPA Novo BMC Lab 22a) über Lendenwirbelsäule und Schenkelhals.

Da bei diesem Vorgehen die übrigen Nahrungskomponenten und Änderung des Ernährungsverhalten unberücksichtigt blieb, wurden in einer ergänzenden Studie bisher 182 Patientinnen (38–76 Jahre) untersucht. Die Knochendichte wurde hier mittels Röntgenabsorp-

T. H. Ittel H.-G. Sieberth H. H. Matthiaß (Hrsg.)
Aktuelle Aspekte der Osteologie

tiometrie (DPX Lunar) gemessen. Hauptaugenmerk wurde auf einen sehr ausführlichen Fragebogen gerichtet. Erfaßt wurden im Detail die durchschnittliche Kalziumzufuhr und Nahrungskomponenten unter besonderer Beachtung von Phosphor, Koffein, Alkohol und Ballaststoffe. Ergänzend erfolgten retrospektive Befragungen hinsichtlich der Ernährung in Kindheit und Jugend.

Ergebnisse

Die tägliche Kalziumzufuhr der 696 mittels DPA untersuchten Patientinnen konnte in 3 Gruppen unterteilt werden (unter 800 mg, 800–1200 mg, über 800 mg). Als minimaler täglicher Kalziumbedarf gilt heute 800 mg täglich. Patientinnen mit reduzierter Zufuhr von Kalzium unter 800 mg hatten eine durchschnittliche Knochendichte von 0,719 ± 0,08 gHA/qcm. Bei den Patienten mit höherer Kalziumzufuhr lag die Knochendichte im Mittel höher bei 0,739 ± 0,07 gHA/qcm bzw. 0,754 ± 0,08 gHA/qcm. Ein signifikanter Unterschied bestand nicht.

Eine verminderte Kalziumzufuhr von unter 800 mg täglich wurde in über einem Drittel der Fälle erfaßt, häufiger aber bei Patienten mit Osteoporose. (41% gegenüber gesunden Frauen in nur 34%). Betrachtet man nun die einzelnen Diagnosegruppen, so fällt auf, daß zwar tendentiell bei allen Gruppen die Knochendichte bei täglicher Kalziumzufuhr unter 800 mg niedriger liegt, besonders deutlich bei prämenopausal gesunden Frauen und solchen, die an einer Typ II Osteoporose leiden. Eine klare Trennung der Gruppen ist aber nicht möglich.

Interessant ist die Frage der Frakturhäufigkeit. Hier scheinen unsere Ergebnisse denen der Literatur zu widersprechen. 54% der postmenopausal gesunden Frauen mit einer täglichen Kalziumzufuhr über 800 mg gaben keine Fraktur in der Anamnese. Bei einer niedrigeren Kalziumzufuhr von unter 800 mg aber in 69% (Abb. 1 + 2). Betrachtet man Frauen mit einer Typ I Osteoporose so weisen unter höherer Kalziumgabe 76% mehr als eine Fraktur auf, bei niedriger Kalziumzufuhr 72%; bei Typ II Osteoporose 81% gegenüber 72%.

Bei weiterer Differenzierung waren bei den postmenopausal gesunden Frauen bei unterschiedlicher Kalziummenge in der Nahrung keine Unterschiede hinsichtlich Nikotin- und Alkoholgewohnheiten zu erfassen (kein Nikotin 72% gegenüber 68%, kein Alkohol 36% gegenüber 40%).

182 Patienten wiesen bei intensiver Ernährungsanamnese eine tägliche Calciumzufuhr zwischen 50 und 2150 mg auf. Eine enge lineare Korrelation zur Knochenmasse war nicht erfaßbar (r = 0,32). Allein 11 Patienten ernährten sich bevorzugt von Fleisch- und Wurstwaren mit entsprechend hoher Phosphatzufuhr. Die Knochendichte war bei diesen Patienten auf 82,4 ± 11,1% gegenüber einem Referenzkollektiv vermindert. 1–3% aller Patienten tranken regelmäßig Alkohol, ein Ballaststoffexzeß war nur bei 2 Patienten erfaßbar. Bei 10 Patienten wurde eine tägliche Coffeinzufuhr von mehr als 1 mg Koffein (mehr als 4 Tassen Kaffee) angegeben.

Betrachtet man Änderungen der Ernährungsgewohnheiten bezüglich der Zufuhr von Milch und Milchprodukten, so gaben allein 99 von 182 Patienten eine geringere Zufuhr in Kindheit und Jugend an. Die mittlere Knochendichte lag bei diesen Patienten um 3,3% (bei Milch allein 6,3%) niedriger, nicht aber im Einzelfall.

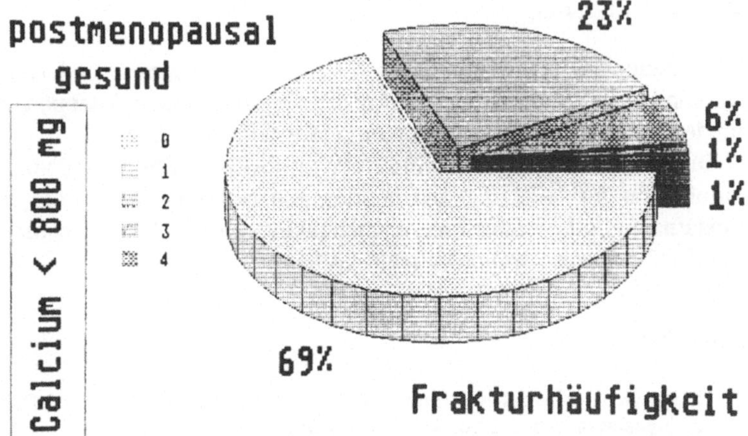

Abb. 1. Frakturhäufigkeit bei gesunden postmenopausalen Frauen mit auf unter 800 mg täglich erniedrigter Kalziumzufuhr

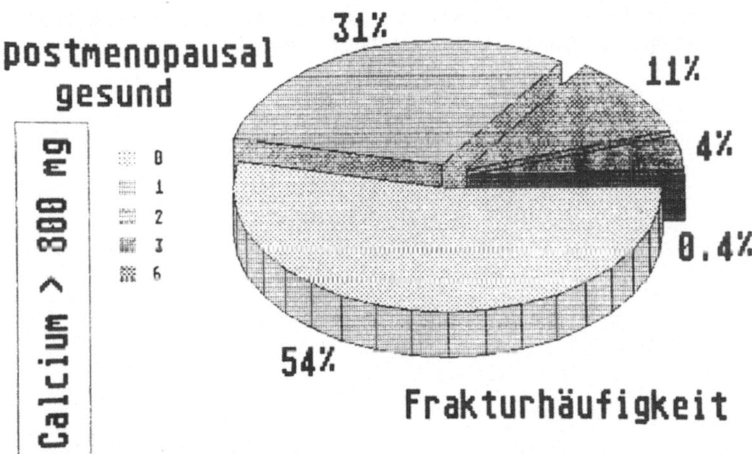

Abb. 2. Frakturhäufigkeit bei gesunden postmenopausalen Frauen mit einer täglichen Kalziumzufuhr über 800 mg

Diskussion

Eine verminderte tägliche Kalziumzufuhr führt zu einer Minderung der Knochendichte, insbesondere prämenopausal und in höherem Alter.

In unserem Patientengut kann eine gesteigerte Frakturgefährdung bei reduzierter Kalziumzufuhr nicht bewiesen werden. Unberücksichtigt blieb aber die Frakturursache. Ein Phosphatexzeß scheint die Knochenmasse zu mindern, die Untersuchungszahlen sind jedoch nicht ausreichend.

Die Kalziumzufuhr in der Kindheit und Jugend beeinflußt die Knochendichte im Alter.

Zusammenfassung

2600 Patienten werden hinsichtlich Ernährungsanamnese und Knochendichte untersucht. Verminderte Kalziumzufuhr wird als Risikofaktor einer Osteoporose diskutiert. Ein Kalziumdefizit allein steigert die Frakturgefahr offenbar nicht

Die Empfehlungen einer notwendigen positiven Kalziumbilanz (d.h. tägliche Kalziumzufuhr von 800–1200 mg und meiden von Nahrungsmitteln die eine verminderte Kalziumaufnahme oder vermehrte Aussscheidung verursachen) sind für Prophylaxe und Therapie der Osteporose weiter aufrecht zu halten.

Literatur

1. Matcovic V, Kostial K, Simonovic J et al (1979) Bone status and fracture rates in two regions of jugoslavia. Am J Clin Nutr 32:540–549
2. Heaney RP (1987) The role of nutritition and management of osteoporosis. Clin Obstet Gynecol 50:833–846
3. Gallagher JC, Riggs BL, Eisman J et al (1986) Intestinal calcium absorption and vitamin D metabolites in normal subjects and osteoporotic patients. Effects of age and dietary calcium. J Clin Invest 64:729–736
4. Semler J (1991) Stellenwert der „knochenfreundlichen Ernährung“ bei der Prävention einer Osteoporose. Bundesgesundheitsblatt 3:118–122

Periphere und axiale Knochenmasse bei österreichischen Extrembergsteigern

H. Resch[1,4], P. Pietschmann[2], F. Kromer[3], E. Krexner[1], P. Bernecker[1], R. Willvonseder[1,4]

[1] Medizinische Abteilung, Krankenhaus der Barmherzigen Brüder, Große Mohrengasse 9, A–1020 Wien, Österreich
[2] II. Medizinische Universitätsklinik, Garnisongasse 13, A–1090 Wien, Österreich
[3] Österreichisches Bundesinstitut für Gesundheitswesen, Stubenring 6A, A–1010 Wien, Österreich
[4] Ludwig Boltzmann Institut für Altersforschung, Garnisongasse 13, A–1090 Wien, Österreich

Einleitung

Während Immobilisation von vermehrtem Knochensubstanzverlust begleitet ist, gilt körperliche Aktivität als eine der Determinanten der Knochenformation. Vermutlich stimuliert mechanische Belastung die Knochenneubildung, während Inaktivität zu vermehrtem Knochensubstanzverlust führt [3]. Obwohl forcierte Aktivität über einen relativ kurzen Zeitraum die Knochenmasse erhöhen kann [1, 4], sind bei weniger intensiver Beanspruchung keine Veränderungen im Knochenstoffwechsel zu beobachten. Sportliche Aktivität über längere Zeit scheint unter der Annahme, daß bereits in der Jugend einsetzende Aktivität im mittleren Lebensalter eine erhöhte „peak bone mass" bildet, sehr wichtig [2]. Dadurch kann die klinische Manifestation einer Osteoporose im späteren Lebensalter verzögert werden.

Ziel der Studie

Alpines Klettern ist in Österreich eine populäre Sportart. Wir untersuchten die Wirkung der statischen und dynamischen Beanspruchung beim Extremklettern auf die periphere und die axiale Knochenmasse.

Extremklettern

Die Fortbewegung erfolgt überwiegend in der Vertikalen (sehr steiles, senkrechtes und überhängendes Gelände) und an winzigen Griffen und Tritten. Hangeln, Klimmziehen, Stemmen und Spreizen, vielfach nur mit Einsatzmöglichkeit der Finger- und Zehenkraft, sind weit typischer als die Fortbewegungsart beim Klettern im mittleren Schwierigkeitsbereich mit vorrangiger Beinarbeit und Einsatzmöglichkeit der gesamten Handkraft. Dies erfordert eine hohe relative Maximalkraft in statisch – dynamischer Mischform in der Finger-, Arm- und Schultergürtelmuskulatur. Für die extreme Spreizstellung der Körperhaltung ist eine überdurchschnittliche Flexibilität vorallem im Bein-, Hüft- und Wirbelsäulenbereich erforderlich.

T. H. Ittel H.-G. Sieberth H. H. Matthiaß (Hrsg.)
Aktuelle Aspekte der Osteologie

Tabelle 1. Probandendaten (n = 13)

Proband Nr.	Alter (Jahre)	Training (h/Woche)	Kletter-aktivität (Tage/Jahre)	Freies Klettern (Jahre)
1	25	12	250	8
2	35	2	40	13
3	30	2	130	11
4	46	3	150	11
5	30	4	150	11
6	26	4	90	4
7	27	6	120	7
8	32	6	30	16
9	33	2	100	6
10	48	4	80	20
11	30	1	70	5
12	18	1	90	2
13	20	8	270	7

Teilnehmer

I. 13 Männer mit einem mittleren Alter von 31 ± 2 Jahre (19–49 Jahre) die im Durchschnitt seit 9 Jahren alpinen Bergsport betreiben. Charakteristik siehe Tabelle 1. Überwundene Höhenmeter pro Jahr: 14000, Schwierigkeitsgrad: VII–IX

II: Kontrollgruppe: 12 gesunde Männer mit einem mittleren Alter von 32 ± 1 Jahre (25–41 Jahre), keinerlei Aktivität oder Ausgleichssport.

Bei keinem der Studienteilnehmer lag anamnestisch eine metabolische Knochenerkrankung oder eine zu Osteopenie führende Stoffwechselstörung vor. Die Nativröntgenaufnahmen der Wirbelsäule waren unauffällig. Keiner der Extremkletterer nahm Anabolika ein.

Methodik

Periphere Knochenmasse (distaler Teil des nicht dominanten Unterarmes) Single-Photonen-Absorptionsdensitometrie (SPA) mit ^{125}Jod (Novo Osteodensitometrie GT 35). Die Knochenmasse wird in BMC-Units angegeben. CV: 0,8%.

Axiale Knochenmasse (L1 – L5). Quantitative CT – Densitometrie (Q CT), Single – Energie – Technik (120 kV) mit Toshiba TCT 400; Phantom: CIRS Lumbar Reference Simulator (Norfolk, VA, USA). Die Knochenmasse wird in mg Kalziumhydroxyapatit pro ml Knochen angegeben. CV: 1,5%.

Ergebnis

Die axiale Knochenmasse (bestimmt durch CT-Densitometrie) war bei den Extremkletterern signifikant höher als bei den Kontrollpersonen ($184{,}8 \pm 7{,}9$ mg/ml versus $162{,}4 \pm 4{,}4$ mg/ml; $p < 0{,}025$).

Die periphere Knochenmasse (bestimmt durch SPA am nicht dominanten Unterarm) war bei den Extrembergsteigern trendmäßig ebenfalls höher, dieser Unterschied erreichte jedoch keine statistische Signifikanz ($60{,}9 \pm 2{,}2$ versus $54{,}5 \pm 2{,}4$ Units; $p < 0{,}09$; n.s.).

Diskussion

Extremkletterer, die den alpinen Sport schon seit Jahren ausüben und zusätzliches Krafttraining durchführen, zeigen eine höhere Knochenmasse in der LWS (Spongiosa) im Vergleich zu den altersentsprechenden Kontrollen.

Die typischen Bewegungsmuster in vertikaler Richtung und die maximale statische und dynamische Kraftbeanspruchung, erklärt die signifikante Erhöhung der Knochendichte im spongiösen Knochen der LWS vermutlich durch mechanische Stimulation.

Unsere Untersuchung zeigt, daß die Ausübung populärer Sportarten, wie die des alpinen Kletterns, zur Bildung einer adäquaten „peak bone mass" beitragen kann, wobei eine hohe „peak bone mass" eine natürliche Prophylaxe gegen den Knochensubstanzverlust im späteren Leben darstellt.

Literatur

1. Coletti LA, Edwards J, Gordon L et al (1989) The effects of muscle density of the radius, spine and hip in young men. Calcif Tiss Int 45:12–14
2. Huddleston AL, Rockwell D, Kulund DN, Harrison RB (1980) Bone mass in life time tennis athletes. JAMA 244:1107–1109
3. Margulies JY, Simkin A, Leichter I et al (1986) Effect of intensive physical activity on the bone mineral content in the lower limbs of young adults. J Bone Joint Surg 68A:1090–1093
4. Lipson SF, Katz JL (1984) The relationship between elastic properties and microstructure of bovine cortical bone. J Biomech 17:231

Kortikalis- und Spongiosa-Mineralgehalt des ultradistalen Radius bei prä- und postmenopausalen Frauen

H.-P. Kruse, A. Strathmann, J. Woggan

Medizinische Universitätsklinik, Martinistraße 52, W-2000 Hamburg 20, BRD

Einleitung

Das im Laufe des Lebens erreichte Maximum an Knochenmasse, die sogenannte peak bone mass, liegt an den verschiedenen Skelettabschnitten zu unterschiedlichen Zeiten [1, 2]. Im Bereich der Wirbelsäule findet bereits ein prämenopausaler Knochenverlust statt, während am peripheren Skelett der Abbau später oder erst postmenopausal beginnt. Dies wird hauptsächlich mit dem unterschiedlichen Verhalten von Corticalis und Spongiosa begründet. Die in dieser Studie angewandte Methode erlaubt eine differenzierte Messung des Mineralgehaltes beider Knochenstrukturen am selben Meßort des ultradistalen Radius.

Krankengut und Methode

Untersucht wurden 70 gesunde prä- und postmenopausale Frauen im Alter zwischen 40 und 67 Jahren, bei denen anamnestisch keine Hormoneinnahme oder postmenopausale Hormonsubstitution stattgefunden hatte. Der Knochenmineralgehalt des ultradistalen Radius wurde mittels peripherer quantitativer Computertomographie (Gerät: Stratec SCT 900) gemessen. Die Methode benutzt eine 125-Jod-Strahlenquelle; der Meßort am Radius liegt 4% der Unterarmlänge proximal des Handgelenkspaltes, das entspricht einer Distanz von etwa 10 mm. Die Methode erlaubt am selben Ort eine differenzierte Messung von Corticalis- und Spongiosa-Mineralgehalt in mg pro ml, kalibriert gegen ein Hydroxylapatit-Phantom, die Reproduzierbarkeit wird mit einem Variationskoeffizienten unter 1% angegeben [3, 4, 5].

Ergebnisse

Bei prämenopausalen Frauen im Alter von 40–58 Jahren (mittleres Alter 46,2 Jahre, $n = 51$) zeigt weder Spongiosa (Abb. 1) noch Corticalis (Abb. 2) eine signifikante Abnahme des Mineralgehaltes mit dem Alter ($r = 0{,}05$ und $r = -0{,}12$). Die Mittelwerte plus/minus Standardabweichung betragen $152{,}4 \pm 30{,}8$ mg/ml für die Spongiosa und $281{,}0 \pm 39{,}3$ mg/ml für die Corticalis.

Erst postmenopausal kommt es am ultradistalen Radius zu einem Mineralverlust, der eine negative Korrelation zur Zeitdauer der Postmenopause aufweist (Abb. 3 u. 4). Das

T. H. Ittel H.-G. Sieberth H. H. Matthiaß (Hrsg.)
Aktuelle Aspekte der Osteologie

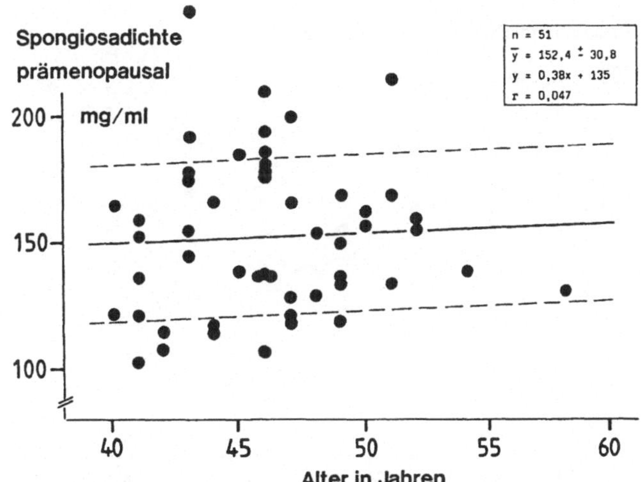

Abb. 1. Knochenmineralgehalt der ultradistalen Radiusspongiosa prämenopausaler gesunder Frauen

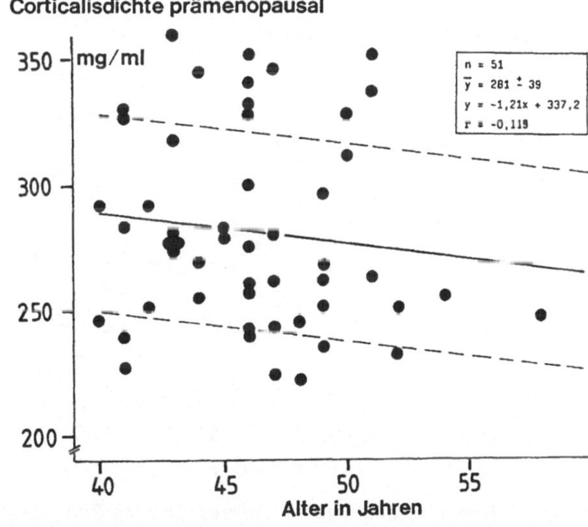

Abb. 2. Knochenmineralgehalt der ultradistalen Radiuskortikalis prämenopausaler gesunder Frauen

Alter der postmenopausalen Frauen lag zwischen 47 und 67 Jahren (n = 19). Folgende Werte wurden ermittelt:

Spongiosa

47–67 Jahre: 125,8 ± 37,2 mg/ml, r = –0,43
47–59 Jahre: 133,4 ± 35,3 mg/ml
60–67 Jahre: 109,3 ± 38,9 mg/ml

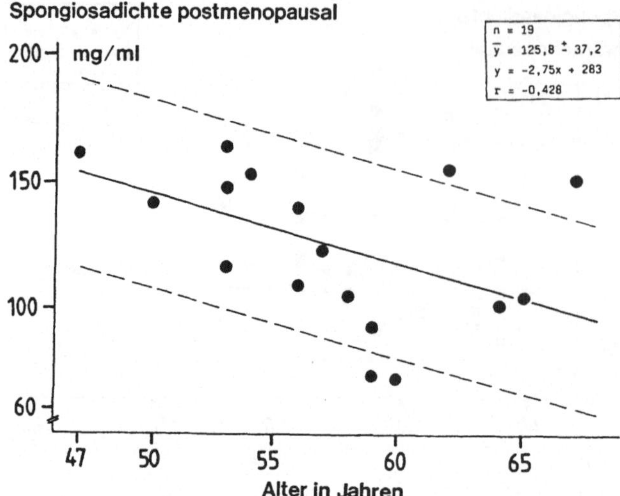

Abb. 3. Knochenmineralgehalt der ultradistalen Radiusspongiosa gesunder postmenopausaler Frauen

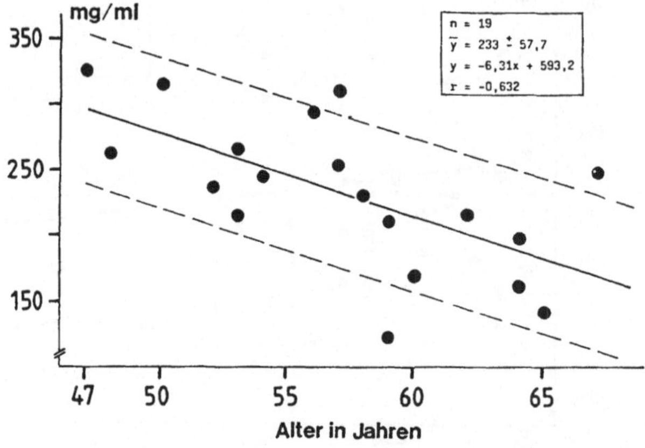

Abb. 4. Knochenmineralgehalt der ultradistalen Radiuskortikalis gesunder postmenopausaler Frauen

Corticalis

47–67 Jahre: 233,0 ± 57,7 mg/ml, r = –0,63
47–59 Jahre: 253,0 ± 54,5 mg/ml
60–67 Jahre: 189,5 ± 39,5 mg/ml

Diskussion

Die Untersuchung belegt, daß es bei gesunden Frauen am distalen Radius erst postmenopausal zu einem Mineralverlust kommt. Dies gilt sowohl für die Corticalis als auch für die Spongiosa . Methodenbedingt konnten in früheren Studien entweder nur die Corticalis oder Corticalis und Spongiosa zusammen in nicht genau definiertem Verhältnis gemessen werden, bei der Ein-Isotopen-Photonenabsorption am distalen Drittel- oder Zehntelmeßpunkt. Nordin et al. [6] kamen bei 77 prämenopausalen Frauen im Alter von 22 bis 59 Jahren zu vergleichbaren Ergebnissen, ebenso Geusens et al. [2], die eine Abnahme des Mineralgehaltes 3 cm vom distalen Radiusende erst ab dem 55. Lebensjahr fanden, während 8 cm von distalen Ende der Mineralverlust schon früher einsetzte.

Die Standardabweichungen der von uns ermittelten prämenopausalen Werte betragen 20% bzw. 14% der Mittelwerte von Spongiosa- bzw. Corticalisdichte und liegen damit im Bereich anderer üblicher Meßwerte [7]. Nimmt man die Mittelwerte der 47 bis 67jährigen postmenopausalen Frauen, so liegen diese gegenüber den prämenopausalen Werten um 17,5% (Spongiosa) bzw. 17,1% (Corticalis) niedriger. Da prämenopausal noch kein Mineralverlust am ultradistalen Radius erfolgt, können die Meßergebnisse von Osteoporosepatienten sowohl mit den altersabhängigen Normalwerten als auch mit Normalwerten, die auf das Menopausenalter bezogen sind, verglichen werden.

Zusammenfassung

Bei 70 gesunden prä- und postmenopausalen Frauen wurde der Knochenmineralgehalt des ultradistalen Radius bestimmt. Die Messungen erfolgten mittels peripherer quantitativer Computertomographie mit einem hochauflösenden Spezialscanner (Stratec SCT 900), der eine getrennte Erfassung von Corticalis und Spongiosa erlaubt. Prämenopausal fand sich noch keine signifikante alterabhängige Abnahme des Mineralgehaltes, so daß sich die Meßwerte postmenopausaler Frauen sowohl auf die Altersnorm als auch auf das Menopausenalter beziehen lassen. Dies erlaubt eine differenziertere Beurteilung hinsichtlich der Frage eines hohen oder niedrigen postmenopausalen Knochenabbaus.

Literatur

1. Kruse HP, Ringe JD (1989) Diagnostische Wertigkeit nichtinvasiver Meßmethoden des Knochenmineralgehaltes. Z Rheumatol 48 Suppl 1:32–36
2. Geusens P, Dequeker J, Verstraeten A, Nijs J (1986) Age-, sex-, and menopause-related changes of vertebral and peripheral bone: population study using dual and single photon absorptiometry and radiogrammetry. J Nucl Med 27:1540–1549
3. Reiners C (1987) Quantitative Knochendichte-Bestimmung: Einzel- und Doppel-Photonen-Absorptionsmetrie sowie quantitative Computertomographie mit hochauflösenden Spezialscannern. Nuklearmediziner 10:165–178
4. Schneider P, Berger P (1988) Knochendichtebestimmung mit der quantitativ ausgewerteten CT und einem Spezialscanner. Nuklearmediziner 11:145–152
5. Schneider P, Berger P, Moll E et al (1985) Getrennte Messung von Kompakta- und Spongiosadichte mit einem Transversal-Rotationsscanner. Fortschr Röntgenstr 143:178–182
6. Nordin BEC, Chatterton BE, Steurer TA, Walker CJ (1986) Forearm bone mineral content does not decline with age in premenopausal women. Clin Orthop 211:252–256
7. Seldin DW, Esser PD, Alderson PO (1988) Comparison of bone density measurements from different skeletal sites. J Nucl Med 29:168–173

Einfluß der Menstruationsdauer und Dauer der Ovulationshemmereinnahme auf den Spongiosa- und Kortikalis-Mineralgehalt des ultradistalen Radius bei prämenopausalen Frauen

K.J. Woggan, H.-P, Kruse, A. Strathmann

I. Mediznische Universitätsklinik, Martinistraße 52, W-2000 Hamburg 20, BRD

Einleitung

Einer der wichtigsten Risikofaktoren für die Entstehung einer sekundären Osteoporose ist der Östrogenmangel. Das derzeit gültige pathophysiologische Konzept zur Osteoporose bei Östrogenmangel geht zum einen von der Entstehung einer negativen Kalziumbilanz aus, die indirekt durch Östrogenmangel induziert wird [1]. Dabei kommt es zu einer verstärkten Parathormonwirkung mit vermehrter Knochenresorption und Kalziumausstrom aus dem Skelett. Dieser hemmt die Parathormonsekretion im Rückkoppelungsmechanismus, was zu einer verminderten 1-α-Hydroxilierung des 25-Hydroxicholecalciferols in den Nieren führt und folglich eine reduzierte intestinale Absorption bewirkt. Die Hemmung der 1-α-Hydroxilase geschieht zweitens auch direkt durch Östrogenmangel. Drittens bewirkt Östrogenmangel auch eine verminderte Calcitoninsekretion, die über eine erhöhte Osteoklastenaktivität den Knochenabbau verstärkt. Ein möglicher vierter Weg könnte über Östradiolrezeptoren an Osteoblasten erfolgen.

Diese umfassenden Wirkungen der Östrogene auf den Knochenstoffwechsel legten die Frage nahe, ob zum einen die Zeitdauer der normalen, prämenopausalen Östrogenproduktion und zum anderen die Dauer einer Ovulationshemmereinnahme Einflüsse auf den Mineralgehalt von Spongiosa und Kortikalis haben würden.

Material und Methoden

Der Knochenmineralgehalt des ultradistalen Radius wurde mittels peripherer quantitativer Computertomographie (Gerät: Stratec SCT 900) gemessen. Der Meßort liegt 4% der Unterarmlänge proximal des Handgelenkspaltes. Die Methode [2] erlaubt eine differenzierte Messung von Kortikalis- und Spongiosamineralgehalt in mg/ml, kalibriert gegen ein Hydroxilapatitphantom. In Vergleichsstudien konnte eine gute Korrelation der peripheren QCT und DPA des Stammskeletts [2] zum Mineralgehalt der Wirbelsäule nachgewiesen werden [3, 4]. Wegen der geringen Strahlenexposition mit ca. 0,1 mSv, die damit bis zu 100fach niedriger liegt als beim CT der Wirbelsäule [5], sind Verlaufskontrollen für den Patienten risikoarm durchführbar.

51 gesunde prämenopausale Frauen (Alter 40–58 J., $\bar{x}=46{,}2\pm3{,}9$ J.) wurden mit der beschriebenen peripheren QCT untersucht. Nur 5 der untersuchten Frauen hatten niemals

T. H. Ittel H.-G. Sieberth H. H. Matthiaß (Hrsg.)
Aktuelle Aspekte der Osteologie

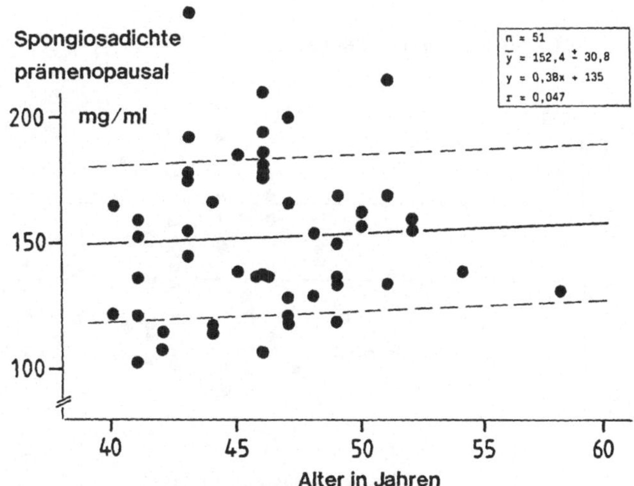

Abb. 1. Prämenopausale Spongiosadichte und ihre Korrelation zum Lebensalter

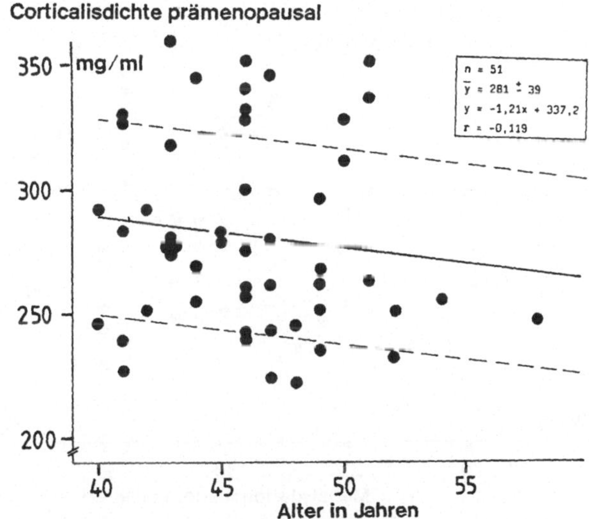

Abb. 2. Prämenopausale Kortikalisdichte und ihre Korrelation zum Lebensalter

Ovulationshemmer eingenommen. 45 prämenopausale Frauen waren im Mittel 45,9 ± 3,5 Jahre alt. Die Dauer der Ovulationshemmereinnahme lag zwischen 1 und 25 Jahren und betrug im Mittel 10,5 ± 6,2 Jahre.

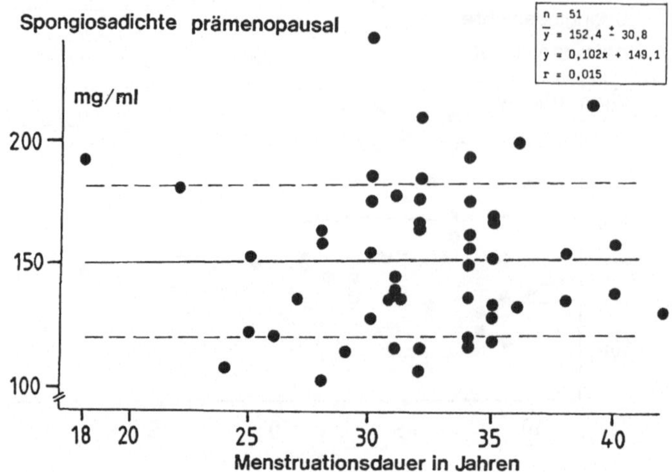

Abb. 3. Prämenopausale Spongiosadichte und ihre Korrelation zur Menstruationsdauer

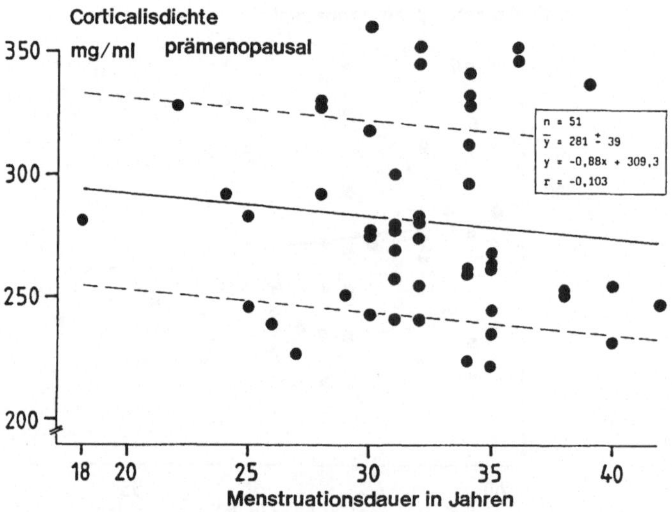

Abb. 4. Prämenopausale Kortikalisdichte und ihre Korrelation zur Menstruationsdauer

Ergebnisse

Eine signifikante altersabhängige Änderung des Mineralgehaltes an Kortikalis und Spongiosa bestand nicht (r = -0,12 und 0,05) (Abb. 1 und 2). Es wurde eine mittlere Spongiosadichte von 152,4 ± 30,8 mg/ml und eine mittlere Kortikalisdichte von 281 ± 39 mg/ml bestimmt.

Die Menstruationsdauer lag zwischen 18 und 42 Jahren ($\bar{x} = 32 \pm 4{,}6$ J.). Ein signifikanter Einfluß auf den Mineralgehalt von Spongiosa und Kortikalis ließ sich nicht nachweisen (r = 0,015 und -0,1) (Abb. 3 und 4).

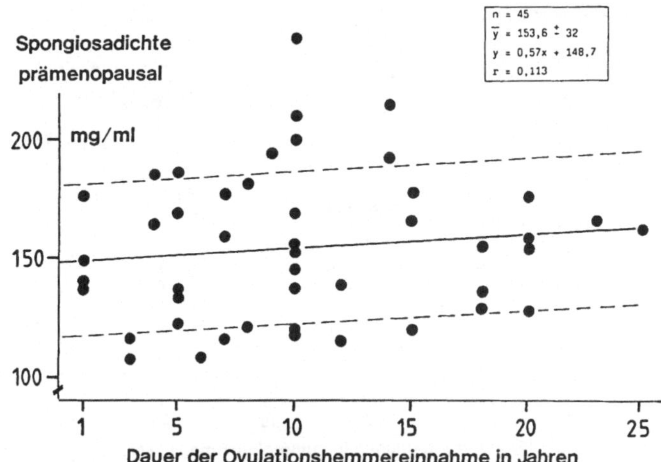

Abb. 5. Spongiosadichte und ihre Korrelation zur Dauer der Ovulationshemmereinnahme

Erst postmenopausal fällt der Knochenmineralgehalt mit zunehmendem Alter deutlich ab (Spongiosa: r = -0,43; Kortikalis: r = -0,63; mittlerer Mineralgehalt für Spongiosa 125,8 ± 37 mg/ml, für Kortikalis 233 ± 58 mg/ml).

Bei Frauen mit Ovulationshemmereinnahme entsprach der Mineralgehalt der Spongiosa mit 153,6 ± 32,4 mg/ml und in der Kortikalis mit 280 ± 39 mg/ml dem Mineralgehalt aller untersuchten prämenopausalen Frauen. Auch die Dauer der Ovulationshemmereinnahme blieb ohne signifikante Auswirkung auf den Mineralgehalt der Spongiosa und Kortikalis (r = 0,11 und 0,16) (Abb. 5 und 6).

Diskussion

Die Untersuchungsergebnisse zeigen, daß bei prämenopausalen Frauen die Menstruationsdauer und die Dauer der Ovulationshemmereinnahme keinen Einfluß auf den Mineralgehalt von Spongiosa und Kortikalis haben. Für die Beurteilung von Meßwerten bei Osteoporosepatienten bedeute dies, daß die Menstruationsdauer und die Ovulationshemmereinnahme unberücksichtigt bleiben kann.

Zusammenfassung

Derzeit ist eine Vielzahl von Faktoren bekannt, die zur Entwicklung einer sekundären Osteoporose führen können. Einer der wichtigsten Risikofaktoren ist der Östrogenmangel. In Kenntnis dieser Tatsache stellt sich die Frage, ob auch die Zeitdauer der normalen, prämenopausalen Östrogenproduktion einen Einfluß auf den Knochenmineralgehalt hat. Bei der Häufigkeit der Ovulationshemmereinnahme und der damit verbundenen Östrogenzufuhr ist es für die Beurteilung von Meßwerten bei Osteoporosepatienten ebenso wichtig, deren Auswirkungen in Abhängigkeit von der Einnahmedauer zu kennen.

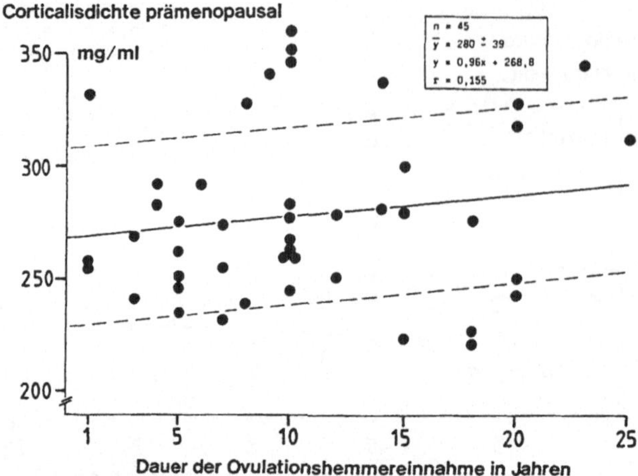

Abb. 6. Kortikalisdichte und ihre Korrelation zur Dauer der Ovulationshemmereinnahme

Es wurden 51 gesunde prämenopausale Frauen sowie 45 Frauen mit Ovulationshemmereinnahme mittels peripherer quantitativer Computertomographie (OCT) untersucht. Dabei wurde der Mineralgehalt von Spongiosa und Kortikalis am ultradistalen Radius gemessen. Die Mineralgehalte wurden dann zur Menstruationsdauer und zur Dauer der Ovulationshemmereinnahme korreliert und mit den Normalwerten verglichen.

Ergebnisse: Bei prämenopausalen Frauen haben

- Menstruationsdauer und
- Dauer der Ovulationshemmereinnahme keinen Einfluß auf den Mineralgehalt von Spongiosa und Kortikalis.
- Prämenopausal erfolgt kein signifikanter Mineralverlust.

Fazit: Bei der Beurteilung von Meßwerten bei Osteoporosepatienten kann demnach die Menstruationsdauer und Dauer der Ovulationshemmereinnahme unberücksichtigt bleiben.

Literatur

1. Kruse HP (1991) Die Effektivität der Östrogen- bzw. Östrogen-Gestagensubstitution im und nach dem Klimakterium zur Prävention der Osteoporose. medwelt 42:93–96
2. Schneider P, Berger P (1988) Knochendichtebestimmung mit der quantitativ ausgewerteten CT und einem Spezialscanner. Der Nuklearmediziner 2/11:145–152
3. Dambacher M, Rügsegger P (1985) Nichtinvasive Untersuchungsmethoden bei Osteoporosen. Therapeutische Umschau 42:339–350
4. Rügsegger P, Dambacher M et al (1984) Bone loss in premenopausal and postmenopausal women. J Bone Joint Surg 66A:1015–1023
5. Reiners CHR (1987) Quantitative Knochendichtebestimmung: Einzel- und Doppelphotonen-Absorption sowie quantitative Computertomographie mit hochauflösenden Spezialscannern. Der Nuklearmediziner 2,10:165–178

Frauen mit Östrogenmangel: Änderung des Knochenmineralgehaltes in Abhängigkeit von der Dauer des Östrogenmangels? Eine Untersuchung an Spongiosa und Kortikalis mit peripherer QCT des ultradistalen Radius

K. J. Woggan, H.-P. Kruse, A. Strathmann

I. Medizinische Universitätsklinik Martinistraße 52, W-2000 Hamburg 20, BRD

Einleitung

Einer der wichtigsten Risikofaktoren für die Entstehung einer sekundären Osteoporose ist der Östrogenmangel. Das derzeit gültige pathophysiologische Konzept zur Osteoporose bei Östrogenmangel geht zum einen von der Entstehung einer negativen Kalziumbilanz aus, die indirekt durch Östrogenmangel induziert wird [1]. Dabei kommt es zu einer verstärkten Parathormonwirkung mit vermehrter Knochenresorption und Kalziumausstrom aus dem Skelett. Dieser hemmt die Parathormonsekretion im Rückkoppelungsmechanismus, was zu einer verminderten 1-α-Hydroxilierung des 25-Hydroxicholecalciferols in den Nieren führt und folglich eine reduzierte intestinale Absorption bewirkt. Die Hemmung der 1-α-Hydroxilase geschieht zweitens auch direkt durch Östrogenmangel. Drittens bewirkt Östrogenmangel auch eine verminderte Calcitoninsekretion, die über eine erhöhte Osteoklastenaktivität den Knochenabbau verstärkt. Ein möglicher vierter Weg könnte über Östradiolrezeptoren an Osteoblasten erfolgen.

Ob diese vielfältigen Auswirkungen am Knochen abhängig sind von der Dauer des Östrogenmangels war die Fragestellung der durchgeführten Untersuchung.

Material und Methoden

Der Knochenmineralgehalt des ultradistalen Radius wurde mittels peripherer quantitativer Computertomographie (Gerät: Stratec 900) gemessen. Der Meßort liegt 4% der Unterarmlänge proximal des Handgelenkspaltes. Die Methode [2] erlaubt eine differenzierte Messung von Kortikalis- und Spongiosamineralgehalt in mg/ml, kalibriert gegen ein Hydroxilapatit-Phantom. In Vergleichsstudien konnte eine gute Korrelation der peripheren QCT und DPA des Stammskeletts [2] zum Mineralgehalt der Wirbelsäule nachgewiesen werden [3, 4]. Wegen der geringen Strahlenexposition mit ca. 0,1 mSv, die damit bis zu 100-fach niedriger liegt als beim CT der Wirbelsäule [5], sind Verlaufskontrollen für den Patienten risikoarm durchführbar.

Es wurden 14 Frauen mit Östrogenmangel untersucht (Alter 48–47 Jahre), $\bar{x} = 60{,}1 \pm 9{,}7$ Jahre). Ursachen des Östrogenmangels waren primäre und sekundäre Amenorrhoe, bilaterale Ovarektomie und HVL-Insuffizienz [6], deren pathophysilogischer Mechanismus dem bei Eintritt der Menopause entspricht [7]. Bei den untersuchten Frauen bestand der

T. H. Ittel H.-G. Sieberth H. H. Matthiaß (Hrsg.)
Aktuelle Aspekte der Osteologie

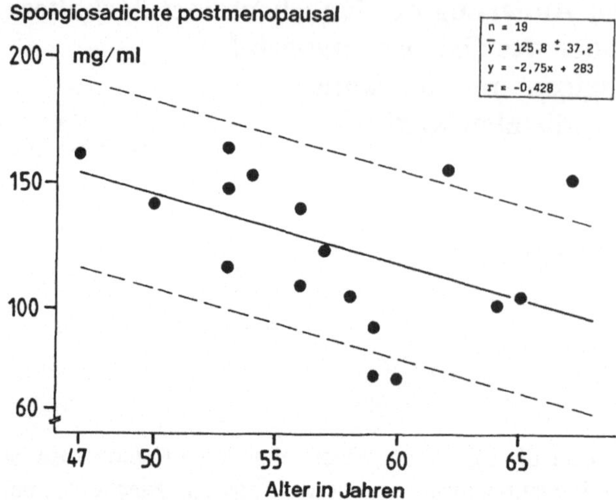

Abb. 1. Postmenopausale Spongiosadichte und ihre Korrelation zum Lebensalter

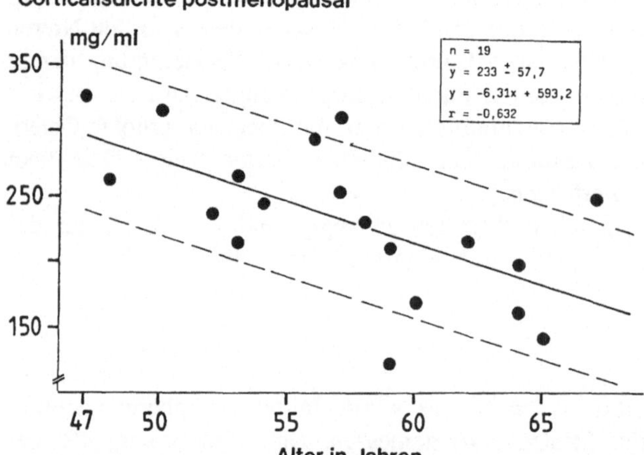

Abb. 2. Postmenopausale Kortikalisdichte und ihre Korrelation zum Lebensalter

Östrogenmangel 7–41 Jahre, im Mittel 23,6 ± 11,6 Jahre bis zur Knochenmineralgehaltsmessung.

Ergebnisse

Es fanden sich auch im Vergleich zu gesunden postmenopausalen Frauen (Abb. 1 und 2) signifikant erniedrigte Knochenmineralgehaltswerte für die Spongiosa mit 68,1 ± 18,2 mg/ml versus 125,8 ± 37,2 mg/ml und die Kortikalis mit 156,4 ± mg/ml versus 233 ± 57,7 mg/ml. Die Zeitdauer des Östrogenmangels hatte bei den hier untersuchten

Fällen keine signifikanten Auswirkungen auf den Knochenmineralgehalt von Spongiosa und Kortikalis (r = 0,19 und -0,1) (Abb. 3 und 4).

Diskussion

Der unphysiologisch früh einsetzende Östrogenmangel führt zu signifikant niedrigeren Knochenmineralgehaltswerten im Vergleich zu gesunden postmenopausalen Frauen. Dabei hatte die Dauer des Östrogenmangels keinen signifikanten Einfluß auf den Mineralgehalt von Spongiosa und Kortikalis. Als Erklärung könnte ein weiteres Ergebnis dieser Untersuchung dienen. Der Verlust an Knochenmineralgehalt bei Frauen mit Östrogenmangel scheint sich überwiegend in den ersten Jahren unmittelbar nach Eintreten der Mangelsituation abzuzeichnen. Andere Autoren [6, 7] berichten über einen exponentiellen und drastischen Abfall innerhalb von 4–10 Jahren postmenopausal. Es wäre denkbar, daß es sich bei den von uns untersuchten Frauen um „fast losers“ gehandelt hatte.

Zusammenfassung

Derzeit ist eine Vielzahl von Faktoren bekannt, die zur Entwicklung einer sekundären Osteoporose führen können. Einer der wichtigsten Risikofaktoren ist der Östrogenmangel. Es stellt sich die Frage, ob auch die Zeitdauer des Östrogenmangels Einfluß auf den Mineralgehalt von Spongiosa und Kortikalis hat.

Es wurden 14 Frauen mit Östrogenmangel mittels peripherer quantitativer Computertomographie (QCT) untersucht. Dabei wurde der Mineralgehalt von Spongiosa und Kortikalis am ultradistalen Radius gemessen. Die Mineralgehalte wurden dann zur Dauer des Östrogenmangels korreliert und mit den Daten von gesunden postmenopausalen Frauen verglichen.

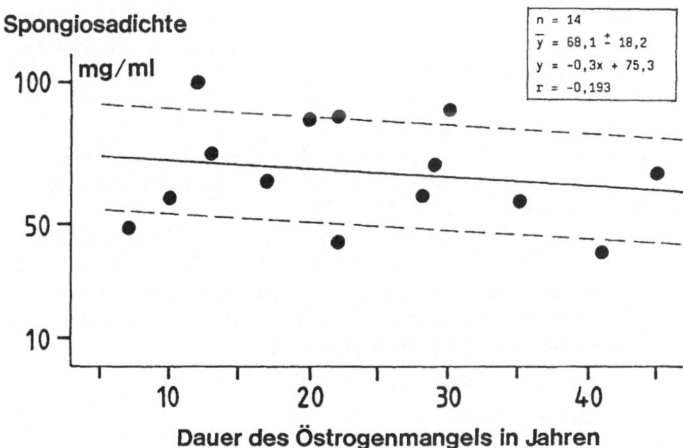

Abb. 3. Spongiosadichte und ihre Korrelation zur Dauer des Östrogenmangels

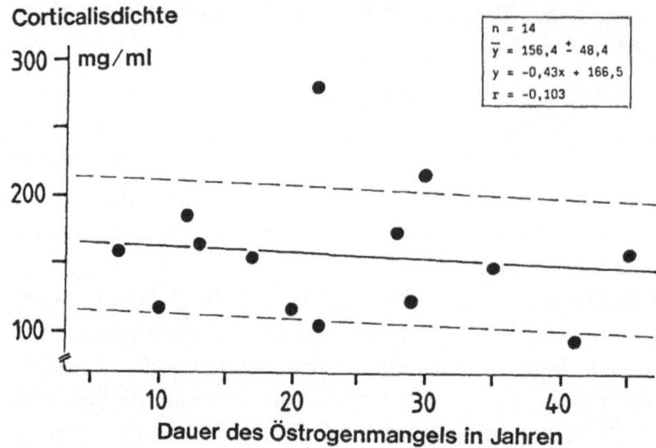

Abb. 4. Kortikalisdichte und ihre Korrelation zur Dauer des Östrogenmangels

Ergebnisse: Die untersuchten Frauen mit Östrogenmangel hatten

- signifikant niedrigere Mineralgehaltswerte für Spongiosa und Kortikalis als gesunde postmenopausale Frauen.
- Die Zeitdauer des Östrogenmangels hatte bei den untersuchten Fällen keine signifikante Auswirkung auf den Mineralgehalt von Spongiosa und Kortikalis.
- Das Absinken des Knochenmineralgehaltes scheint sich überwiegend in den ersten Jahren unmittelbar nach Eintreten der Mangelsituation abzuzeichnen („fast losers").

Literatur

1. Kruse HP (1991) Die Effektivität des Östrogen- bzw Östrogen-Gestagensubstitution im und nach dem Klimakterium zur Prävention der Osteoporose. medwelt 42:93–96
2. Schneider P, Berger P (1988) Knochendichtebestimmung mit der quantitativ ausgewerteten CT und einem Spezialscanner. Der Nuklearmediziner 2, 11:145–152
3. Dambacher M, Rügsegger P (1985) Nichtinvasive Untersuchungsmethoden bei Osteoporosen. Ther Umsch 42:339–350
4. Rügsegger P, Dambacher et al (1984) Bone loss in premenopausal and postmenopausal women. J Bone Joint Surg 66A:1015–1023
5. Reiners Chr (1987) Quantitative Knochendichtebestimmung:Einzel- und Doppelphotonen-Absorption sowie quantitative Computertomographie mit hochauflösenden Spezialscanners. Der Nuklkearmediziner 2, 10:165–178
6. Lindsay R (1984) Sex steroids in the pathogenesis and prevention of osteoporosis. In Osteoporosis Ed Riggs L, Melton J, Kaven Press, New York:334–338
7. Becker RR et al (1984): The rapid decline in bone mass beginning at menopause and its implications. In: Osteoporosis I. Eds: Christiansen, Arnaud, Nordin, Parfitt, Peck, Riggs. Proc Copenhagen Int Symp Osteopo:73–78

Die Auswirkung von GnRH-Agonisten auf den Knochenmineralgehalt

J. Spitz[1], R. Behrens[2], Y. Ordu[1], G. Hoffmann[2]

[1] Institut für Nuklearmedizin, Städtisches Klinikum Wiesbaden, Ludwig-Erhard-Straße 100, W-6200 Wiesbaden, BRD
[2] Frauenklinik des St. Josefs-Hospitals Wiesbaden, Solmsstraße 15, W-6200 Wiesbaden, BRD

Einleitung

Eine neuere Therapiemethode der Endometriose besteht in der Applikation eines GnRH-Agonisten, der bei längerer Anwendung zu einer Hemmung der Gonadotropinsynthese mit verminderter Freisetzung von LH, FSH, Progesteron und Östradiol führt. Das Therapieprinzip besteht darin, daß die Ausbreitung der Erkrankung durch die Östrogene begünstigt wird und eine Suppression der ovariellen Östrogensynthese dem entgegenwirkt.

In dieser Arbeit wurde untersucht, in welchem Ausmaß der Knochenmineralgehalt (KMG) unter der Supression der Östrogensynthese durch einen GnRH-Analog beeinflußt wird.

Patienten und Methoden

An der Studie nahmen 13 Patientinnen im Alter von 18–50 Jahren (im Durchschnitt 34 Jahre) teil. Bei allen bestand eine histologisch nachgewiesene Endometriose. Als GnRH-Agonist kam Leuprorelinazetat, ein synthetisches Dekapeptid mit etwa der 50fachen Wirksamkeit des natürlichen GnRH, zur Anwendung. Über einen Zeitraum von 6 Monaten bekamen die Patientinnen jeweils in vierwöchigem Abstand eine subkutane Verabreichung von 3,75 mg Leuprorelinazetat.

Vor der Therapie, am Ende der Therapie und 6 Monate danach (Abschlußuntersuchung) wurden Messungen des KMG in der Lendenwirbelsäule (L2-L4) und im Oberschenkel (Schenkelhals, Ward'sches Dreieck) durchgeführt (Dual-Photonen Absorptiometrie mit DP3-DPX, Fa. Lunar). Zum gleichen Zeitpunkt erfolgten Blutentnahmen für die Osteocalcinbestimmung. Vor und während der Therapie wurde mehrfach Östradiol im Serum bestimmt. Die Signifikanzberechnung erfolgte mittels Wilcoxon-Test für verbundene Stichproben.

Ergebnisse

Bereits 14 Tage nach Beginn der Behandlung war ein Absinken der Östradiolwerte von durchschnittlich 150 auf $11 \pm 0{,}8$ ng/ml zu beobachten. Auch im Verlauf der Therapie

T. H. Ittel H.-G. Sieberth H. H. Matthiaß (Hrsg.)
Aktuelle Aspekte der Osteologie

blieben die Werte wieder in diesem Bereich. 2 Monate nach der letzten GnRH-Applikation lagen die Werte im normalen Bereich.

Mineralometrie der Lendenwirbelsäule (LWS) und des Oberschenkels (OS): Die Ausgangswerte aller Patientinnen lagen im Normbereich (1,24 g/qcm ± 20% für LWS und 0,98 g/qcm ± 20% für OS). Am Ende der Therapie konnten bei 12 und 6 Monate danach bei 11 Patientinnen Messungen vorgenommen werden. 2 Patientinnen wurden vor und 2 weitere nach der Abschlußuntersuchung schwanger.

Die mittlere KMG der LWS betrug vor der Therapie 1,276 und am Ende 1,223 g/qcm. Bei 11 Patientinnen fand sich im Mittel nach 6-monatiger Therapie ein Abfall des KMG der LWS um 5,3% (0,5–11%) des Ausgangswertes (Abb. 1).

Bei einer Patientin war keine Abnahme des KMG zu verzeichnen.

Bei der Abschlußuntersuchung war wieder eine Zunahme der KMG zu beobachten, wenn auch der Ausgangswert im Mittel nicht ganz erreicht wurde.

Die Messungen der KMG im Oberschenkel am Therapieende ergaben im Mittel eine Abnahme der KMG um 2% im Schenkelhals (von 0,98 auf 0,96 g/qcm) und um 3% im Ward'schen Dreieck (von 0,94 auf 0,91 g/qcm). Vor Therapiebeginn lagen die Osteocalcinwerte im Serum im Normbereich (4,9–12,4 ng/ml). Der mittlere Wert vor der Therapie (7,9 ng/ml) stieg nach Abschluß der Behandlung geringgradig auf 9,8 ng/ml (Abb. 1). Dabei zeigte die Patientin mit dem deutlichsten Mineralsalzverlust in der LWS (-11%) auch den deutlichsten Osteocalcinanstieg von 7,0 auf 16,3 ng/ml. 6 Monate danach lag der Osteocalcinspiegel mit 8,8 im Mittel wieder niedriger, aber noch leicht über dem Ausgangswert.

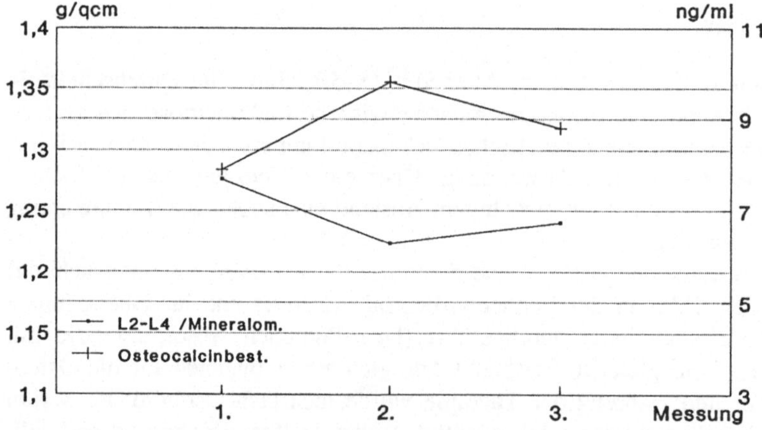

Abb. 1. Zeitliche Änderung der Knochenmineraldichte (LWS) und des Osteocalcinspiegels: Vor, am Ende der Therapie und 6 Monate später (Mittelwerte)

Diskussion

Östrogenen kommt eine Schutzfunktion für den Knochen zu, die dem Knochenabbau entgegenwirkt bzw. ihn vermindert. Dieser Schutzmechanismus ist mit Versiegen des ovariellen Zyklus nicht mehr gegeben (postmenopausale Osteoporose). Der Mineralsalzverlust nach der Menopause oder bei ovarektomierten Frauen wird durch Östrogengabe verhindert oder verlangsamt [1, 2]. Angesichts dieser protektiven Wirkung, kommt den Veränderungen im Knochenstoffwechsel unter einer Antiöstrogentherapie eine wichtige Bedeutung zu. DPA und DEXA ermöglichen eine präzise Bestimmung der KMG [3].

Die Ergebnisse zeigen, daß es unter der Therapie, ausgehend von einem regelrechten KMG zu einem geringen aber statistisch signifikanten Abfall des trabekulären Mineralgehalts (LWS) kommt, während in der Kompakta (OS) keine signifikanten Änderungen der KMG auftraten.

In der Literatur wird über ähnliche Ergebnisse berichtet [4, 5]. Auch eine vierwöchige, tägliche Verabreichung von Buserelin (GnRH-Agonist) bei der Ratte hatte eine Verminderung des Ganzkörperkalziumgehalts zur Folge [6]. Die Diskrepanz hinsichtlich des KMG-Verlustes in der LWS und im OS ist dadurch bedingt, daß der Abbau im trabekulären Knochen der Wirbelsäule intensiver und schneller erfolgt als in der Kompakta des Oberschenkels. In Übereinstimmung mit den Angaben in der Literatur haben sich die Veränderungen 6 Monate nach dem Therapieende weitgehend zurückgebildet.

Osteocalcin ist ein spezifischer Parameter für den Knochenstoffwechsel und wird bei gesteigertem Knochenumsatz im Serum erhöht gefunden [7]. Nach 6-monatiger Therapie ist der mittlere Osteocalcinspiegel des untersuchten Kollektivs erwartungsgemäß angestiegen (allerdings statistisch nicht signifikant). Nach Brown et al. [8] reflektiert der Osteocalcinspiegel die Knochenneubildung, nicht aber die Knochenresorption. Der Anstieg des Osteocalcins ist somit auch im vorliegenden Fall ein Hinweis auf den erhöhten Knochenumsatz (An- und Abbau), ohne jedoch zur Bilanz dieses Prozesses eine Aussage zu machen.

Zusammenfassung

Nach einer 6-monatigen Endometriosetherapie mit einem GnRH-Agonisten zeigte sich ein guter therapeutischer Effekt mit subjektiver Besserung des Beschwerdebildes und objektivem Absinken des Östrogenspiegels. Aks Nebeneffekt zeigte die Mineralometrie (DPA/DPX) eine geringfügige Abnahme der Knochendichte, die sich ein halbes Jahr nach dem Therapieabschluß weitgehend normalisierte. Spiegelbildlich dazu fand sich am Therapieende ein leichter Anstieg des mittleren Osteocalcinspiegels, der sich 6 Monate später ebenfalls weitgehend zurückbildete. Die Beeinflussung der Knochenmineraldichte bewegte sich im Streubereich der Altersnorm, sodaß klinisch relevante Veränderungen bei einer Therapiedauer von 6 Monaten nicht zu erwarten sind.

Literatur

1. Christiansn Ç, Riis BJ (1987) Optimal prophylaxis for postmenopausal bone loss. Genant HK (ed). Osteoporosis Update:259–265
2. Genant HK, Cann CE, Ettinger B, Gordan GS (1982) Quantitative computed tomography of vertrebral spongiosa: A sensitive method for detecting early bone loss after oophorectomy. Ann Intern Med 97:699–705
3. Spitz J, Stöcker M, Clemenz N et al (1990) Vergleichende Messung des Knochenmineralgehaltes mit DPA und DPX. Erste klinische Erfahrungen. Fortschr Röntgenstr 152:340–344
4. Matta WH, Shaw RW, Hesp R, Evans R (1988) Reversible trabecular bone density loss following induced hypo-oestrogenism with the GnRH analogue buserelin in premenopausal women. Clin Endocrinol 29:45–51
5. Whitehouse RW, Adams JE, Bancroft K et al (1990) Changes in trabecular bone mass during treatment of endometriosis. Assessment by QCT. Seventh International Workshop on Bone Densitometry 1989 (Abstr.). Calcif Tissue Int 46:146
6. Goulding A, Gold E (1990) Buserelin-mediated osteoporosis: Effects of restoring estrogen on bone resorption and whole body calcium content in the rat. Calcif tissue Int 46:14–19
7. Lian JB, Gundberg CM (1988) Osteocalcin. Clin Orthop Rel Res 226:267–291
8. Brown JP, Delmas PD, Malaval L et al (1984) Serum bone GLA-protein: A specific marker for bone formation in postmenopausal osteoporosis. Lancet I:1091–1093

Prostaglandinfreisetzung nach verschiedenen Keramikimplantaten

R. Steffen[1], J. M. Wittenberg[2], R. H. Wittenberg[1]

[1] Orthopädische Universitätsklinik am St. Josef Hospital Bochum, Gudrunstraße 56, W-4630 Bochum, BRD
[2] Department of Oral and Maxillofacial Surgery, Mt Sinai Hospital, Detroit, MI, USA

Einleitung

Keramikwerkstoffe (Aluminiumoxidkeramik) wurden erstmals von Boutin [2] in der Orthopädie zum Hüftgelenkersatz angewandt. Zunächst wurde das Augenmerk auf die Bioverträglichkeit gerichtet und u.a. von Harms [8] eine fehlende Fremdkörperreaktion bei regelrechter Implantation einer zementlos eingebrachten Aluminiumoxidkeramikpfanne berichtet.

Für orale Implantate wurde 1979 von Osborn und Newesely [19] die osteotrope Eigenschaft der Hydroxylapatitkeramik im Gegensatz zur Aluminiumoxidkeramik [20] beschrieben. Hervorzuheben sei, daß diese Knochenneubildung exakt dem physiologischen Knochenwachstum entspricht und so das große Interesse am Einsatz der Hydroxylapatitkeramik erklärt. Neben den bereits untersuchten histologischen Reaktionen auf die Implantation von Keramik schien uns die Prostaglandinbestimmung aussichtsreich weitere Einblicke in die Frühphase der Implatatlageradaption zu geben. Prostaglandine, bekannt als Entzündungsmediatoren, spielen auch eine Rolle in der Knochenbruchheilung [5]. Durch orale Gabe von Prostaglandin E_2 konnte bei Hunden die Frakturheilung begünstigt werden [10, 16]. Sie stimulieren die Knochenneubildung durch Beeinflussung der Osteoblasten, Präosteoblasten, Osteoprogenitorzellen und Kollagensynthese [4, 13, 23]. Nichtsteroidale Antirheumatika, die durch Hemmung der Cyclooxygenase die Prostaglandinsynthese herabsetzen, führten nachweislich zu einer Verlangsamung der Frakturheilung [14, 24]. Als Parameter für die Osteoblastenaktivität konnten an entsprechenden Zellkulturen Prostacyclin (PGI_2) und Prostaglandin E_2 (PGE_2) bestimmt werden [21].

T. H. Ittel H.-G. Sieberth H. H. Matthiaß (Hrsg.)
Aktuelle Aspekte der Osteologie

Material und Methode

Im Tierversuch wurden bei Ratten (n = 42) der Rasse Sprague-Dawley folgende Keramikimplantate eingesetzt: 1. poröse Hydroxylapatitkeramik, 2. homogene Hydroxylapatitkeramik, 3. Aluminiumoxidkeramik. Die Implantate (Gewicht zwischen 20–30 mg) wurden in einen Bohrdefekt von 5× 1,5 mm unter Op-Bedingungen in die Femurdiaphysen eingesetzt. Als Kontrolle diente die Gegenseite, wo an vergleichbarer Stelle nur ein Defekt gesetzt wurde. Die Tiere wurden in zwei Gruppen nach 6 und 10 Tagen getötet. Unter Kühlung wurden die behandelten Femurteilstücke (ca. 200 mg) von Weichteilen einschließlich Periost befreit und in eiskalter Tyrodelösung gewaschen. Danach wurden die Knochenstücke in 3 ml 37°C warme Tyrodelösung gebracht und im Wasserschüttelbad inkubiert. Nach 30, 90 und 180 Min. wurde jeweils ein Teil der Lösung entnommen und bis zur Weiterverarbeitung tiefgefroren. PGE_2 und 6 Keto-$PGF_1\alpha$ als stabiles Degradationsprodukt des PGI_2 wurden mit Hilfe der RIA (Radioimmunoassay) Methode bestimmt. Die Nachweisgrenzen lagen für PGE_2 bei 32 ng/ml und für 6 Keto-$PGF_1\alpha$ bei 68 ng/ml. Die Daten wurden als Mittelwerte und deren mittlerer Fehler berechnet und mit Hilfe des Student t-Testes auf Signifikanz geprüft.

Ergebnisse

Die Werte für PGE_2 und für 6 Keto-$PGF_1\alpha$ zeigten einen kontinuierlichen Anstieg in Abhängigkeit von den Inkubationszeiten 30, 90 und 180 Min., so daß im Folgenden nur die 180 Min.-Werte in ng/g Knochenfeuchtgewicht dargestellt werden. Die Leerwerte zeigten grundsätzlich auch einen Anstieg der Parameter, wobei aber besonders der Vergleich zur Implantatseite hervorgehoben werden soll.

Nach Implatation der *Hydroxylapatitkeramik porös* fand sich ein Anstieg von PGE_2 auch im Vergleich zur Kontrolle (Gegenseite) am 6. und 10. Tag mit einer Abnahme vom 6. zum 10. Tag. 6 Keto-$PGF_1\alpha$ zeigte einen signifikanten Anstieg am 6. und weiteren jedoch nicht mehr signifikanten Anstieg am 10. Tag absolut und verglichen mit den Werten der Gegenseite.

PGE_2 nach *Hydroxylapatitkeramik fest* stieg ebenfalls mit einem Maximum am 6. Tag an, Signifikanzen ergaben sich nicht. 6 Keto-$PGF_1\alpha$ wies einen Anstieg vom 6. zum 10. Tag auf, wobei jedoch der Unterschied zur Kontrolle am 6. Tag am deutlichsten aber nicht signifikant war.

Die Implantation der *Aluminiumoxidkeramik* induzierte keine Veränderung von 6 Keto-$PGF_1\alpha$ im Vergleich zum Leerdefekt, jedoch eine signifikant höhere Ausschüttung von PGE_2 am 6. Tag.

Zusammenfassend läßt sich festhalten, daß PGE_2 für sämtliche Implantate eine erhöhte Ausschüttung im Vergleich zur Kontrolle am 6. Tag aufwies. 6 Keto-$PGF_1\alpha$ zeigte keine Veränderung bei Aluminiumoxidkeramik, jedoch deutliche erhöhte Werte am 6. und 10. Tag nach Implantation von Hydroxylapatitkeramiken (Abb. 1 u. 2).

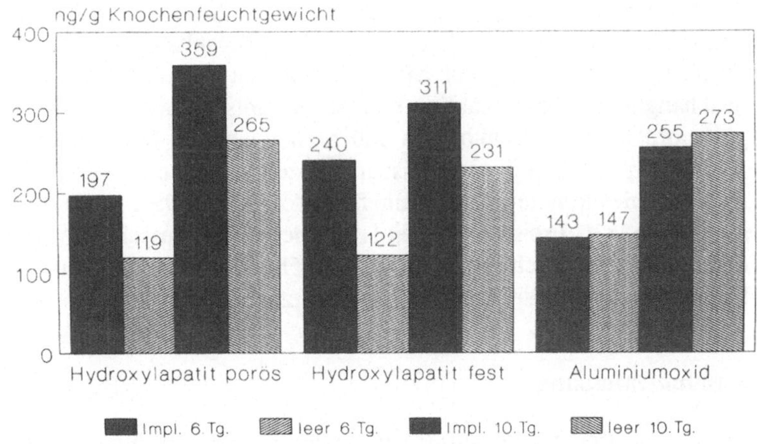

Abb. 1. Prostaglandin E_2 Freisetzung (6./10. Tag)

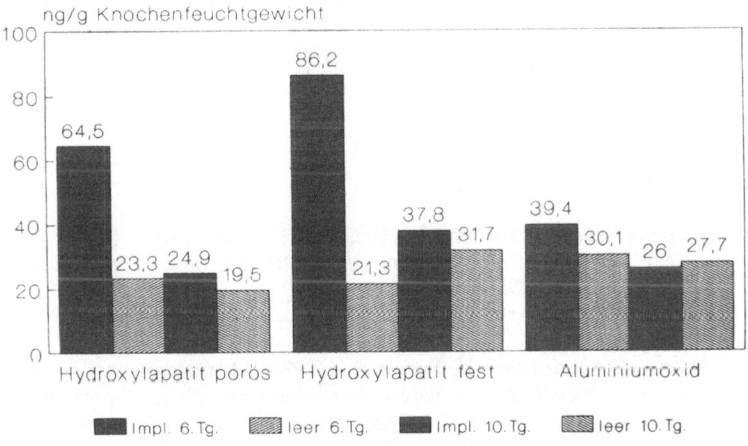

Abb. 2. 6 Keto-$PGF_{1\alpha}$ Freisetzung (6./10. Tag)

Diskussion

Das „Einwachsen" von zementlos eingebrachten Hüftendoprothesen ist abhängig von einem sinnvollen Zusammenwirken biomechanischer [11, 25] und biologischer Faktoren [7]. Eine solide knöcherne Verbindung zwischen Implantat und Femur bzw. Acetabulum wird nach wie vor als Voraussetzung für eine erfolgreiche endoprothetische Versorgung angesehen [1, 9]. Unterschiedliche Implantatmaterialien oder Oberflächenbeschichtungen können das Wachstum von bestimmten Gewebsarten entweder fördern oder hemmen [6]. Aufgrund der hohen Biokompatibilität und -aktivität [15] besteht daher ein großes Interesse an Hydroxylapatitkeramikbeschichtungen zur Verbesserung der Implantatheilung: einerseits durch bessere Primärverankerung bei poröser Oberfläche [22] und andererseits durch intensives und frühzeitiges Einwachsen des Knochens in die Implantatoberfläche [12]. Neben den bekannten histologischen Abläufen sollte die Bestimmung der Prostaglandine PGE_2 und PGI_2 weitere Aufschlüsse über die materialabhängige Interaktion Implantat-Knochen ergeben. Erhöhte PGE_2 nur am 6. Tag deuten daraufhin, daß es sich um eine materialunabhängige Implantatreaktion handelt mit entsprechender Freisetzung aus Makrophagen, polymorphkernigen Leukocyten und Monocyten [3]. Der 6 Keto-$PGF_1\alpha$ Anstieg war bei Hydroxylapatitkeramik nachweisbar und zeigte auch nach dem 6. Tag noch einen weiteren Anstieg. Dies könnte auf die zunehmende Anwesenheit von Osteoblasten hinweisen, die als potente PGI_2 Freisetzer gelten [17]. Die höhere Ausschüttung bei poröser Hydroxylapatitkeramik wäre durch die 5fach größere Oberfläche zu erklären, wobei auch histologische Untersuchungen diese Annahme unterstützen [18].

Zusammenfassung

Im in vivo Tierversuch wurden in Rattenfemora verschiedene Keramikstücke (Hydroxylapatit porös, Hydroxylapatit fest und Aluminiumoxid) implantiert. Zur Kontrolle wurde im Femur der Gegenseite ein vergleichbarer Defekt gesetzt. Nach 6 und 10 Tagen wurden die Tiere getötet und aus den isolierten Femurstücken PGE_2 und 6 Keto-$PGF_1\alpha$ bestimmt. PGE_2 zeigte eine Erhöhung in allen Gruppen am 6. Tag, dagegen war 6 Keto-$PGF_1\alpha$ nach Hydroxylapatitimplantation am 6. und 10. Tag als Hinweis auf eine vermehrte Osteoblastenaktivität erhöht.

Literatur

1. Albrechtsson T, Branemark PI, Hansson HA, Lindstrom J (1981) Osseointegrated titanium implants: Requirments for ensuring a long-lasting, direct bone-to-implant contact in man. Acta Orthop Scand 52:155
2. Boutin P (1972) Arthroplastic totale de la hache par prothese en aluminium fritee. Rev Chir Orthop 60:233
3. Brune K, Aehringhaus U, Peskar BA (1984) Pharmacological control of leukotriene and prostaglandin production from mouse peritoneal macrophage. Agents and Actions 14:729–734
4. Chyun YS, Raisz LG (1982) Opposing effects of prostaglandin E_2 and cortisol in bone growth in organ culture. Clin Res 30:387A
5. Dekel S, Lenthall G, Francis MJ (1981) Release of prostaglandins from bone and muscle after tibial fracture. An experimental study in rabbits. J Bone Joint Surg 63B:264–276
6. Goldring SR, Roelke MS Petrison KK et al (1987) In vitro cell culture system for characterizing biologic responses to implant materials. Trans Orthop Res Soc 12:19
7. Haddad RJ, Cook SD, Thomas KA (1987) Biological fixation of porouscoated implants. J Bone Joint Surg 69A:1459
8. Harms J, Mäusle E (1980) Biokompatibilität von Implantation in der Orthopädie. H Unfallheilk 144
9. Harris WH, White RE Jr, McCarthy JC et al (1983) Bony ingrowth fixation of the acetabular component in canine hip joint arthroplasty. Clin Orthop 176:7
10. High WB (1988) Effects of orally administered prostagladine E_2 on cortical bone turn over in adult dogs, a histomorphetic study. Bone 8:363–374
11. Hungerford DS, Borden LS, Hedley AK et al (1987) Principles and techniques of cementless total hip arthroplasty. In Stillwell WT (ed) The art of total hip arthroplasty. Grune and Stratton, Orlando (Florida)

12. Jasty M, Rubash HE, Paiement G et al (1987) Stimulation of bone ingrowth into porous surfaced total joint prothesis by applying a thin coating of tricalcium phosphate-hydroxyapatite. Trans Orthop Res Soc 12:318
13. Jee WSS, Ueno K, Woddbury DH et al (1987) The role of bone cells in increasing metaphyseal hard tissue in rapidly growing rats treated with prostagladine E_2. Bone 8:171–178
14. Lindholm FS, Törnkvist H (1981) Inhibitory effect on bone formation and calcification exerted by the antiinflammatory drug Ibuprofen. Scand J Rheumatology 10:38–42
15. Mayor MB. Collier JB, Hanes CK (1986) Enhanced early fixation of porous-coated implants using tricalcium-phosphate. Trans Orthop Res Soc 11:348
16. Miller SC, Marks SC Jr (1988) Continuous local infusion of PGE_2, stimulates bone formation in vivo. Abstr. 2nd Int Workshop Cell Cytokines Bone Cartilage Calcif Tissue Int 42:Suppl A22
17. Nolan RD, Partridge NC, Godfey HM, Martin TJ (1983) Cyclo-oxygenase products of arachidonic acid metabolism in rat osteoblasts. Calcif Tissue Int 35:294–297
18. Ogiso M, Hidada T, Takei S et al (1985) Hydroxyapatite granules (poros and dense). Experimental study of osteogenetic differences. Transact 11th Ann Meeting Soc Biomat. San Diego Ca:112
19. Osborn JF, Newesely H (1979) Dynamische Aspekte der Implantat-Knochen-Grenzfläche, Symposium Grundlagen und klinische Anwendung oraler Implantate. Heidelberg
20. Osborn JF (1985) Implantatwerkstoff Hydroxylapatitkeramik. Quintessenz Verlag Berlin
21. Raisz LG, Vanderhoek JY, Simmons HA et al (1979) Prostaglandin synthesis by fetal rat bone in vitro: Evidence for a role of prostacyclin. Prostaglandins 17:905–914
22. Rivero DP, Fox J, Skipor AK et al (1985) Effects of calcium phosphates and bone grafting materials on bone ingrowth in titanium fiber metal. Trans Orthop Res Soc 10:191
23. Shih MS, Norrdin RW (1986) Effect of PGE_2 on rib fracture healing in beagles: Histomorphometric study on periosteum adjacent to the fracture site. Am J Vet Res 47:1561–1564
24. Sudman E, Bang G (1974) Indomethacin induced inhibition of Harversian remodeling in rabbits. Acta Orth Scand 50:621
25. Zweymüller K (1986) A cementless titanium hip endoprothesis system based on pressfit fixation: Basic research and clinical results. Instr Course Lect 35:203–225

Histologische und histomorphometrische Untersuchungen der Grenzfläche Knochen/Knochenzement/Endoprothese nach Lockerung zementierter und zementfreier Implantate

J. Babisch[1], R. Oettmeier[1], D. Katenkamp[2]

[1] Orthopädische Klinik am Rudolf-Elle-Krankenhaus, Friedrich-Schiller-Universität, Jena, Klosterlausnitzer Straße 1, O–6520 Eisenberg/Thüringen, BRD
[2] Pathologisches Institut, Friedrich-Schiller-Universität, O–6900 Jena, BRD

Einleitung

In klinischen Untersuchungen wurde die Beziehung zwischen Endoprothesenlockerung und der Ausbildung eines Lysesaumes im Röntgenbild erkannt, veranlaßte zu vielfachen histologischen Studien über die Grenzregion Implantat-Knochen und ermöglichte eine nähere Charakterisierung der in diesem „Interface" oft vorzufindenden Bindegewebsmembran. Die histologischen Befunde förderten wiederum das Verständnis zur Genese der aseptischen Implantatlockerung. Pazzaglia [1] empfiehlt die Einteilung der Membran in (A) einen bindegewebsreichen, Fibroblasten und teilweise auch Makrophagen enthaltenen Typ, welcher vorallem bei einer primär mechanischen Instabilität vorkommt und in (B) die gefäß- und zellreiche Bindegewebsmembran mit zahlreichen, im Gewebe enthaltenden Polyethylen (PE)- und Knochenzementpartikel (PMMA) und einer daraus resultierenden Vielzahl an Fremdkörperriesenzellen und Makrophagen. Dieser Membrantyp determiniert die später auftretende biologische Phase der Implantatlockerung.

Demgegenüber fehlen bisher detaillierte Charakterisierungen des angrenzenden Knochens, dessen Veränderungen und Reaktionen allgemein als sekundäre Folge auf Verschleißpartikel und veränderte Biomechanik angesehen werden [2, 3, 4]. Unter Nutzung der Knochenhistomorphometrie und einer parallelen Analyse von Werkstoffverschleiß- und Knochenuntersuchungen versuchten wir, das Verständnis pathogenetischer Zusammenhänge der aseptischen Lockerung zu fördern.

Material und Methode

Von insgesamt 22 Patienten (8 Männer, 14 Frauen) wurden im Rahmen einer Wechseloperation aufgrund aseptischer Endoprothesenlockerung Knochenproben der Pfanne und des proximalen lateralen Schaftes entnommen und unentkalkt aufgearbeitet. Die durchschnittliche Implantationszeit betrug 9,1 Jahre (1–12,6 Jahre), das mittlere Alter der Patienten 68,4 Jahre (58,1–76,8 Jahre). Desweiteren wurden Weichteilproben aus der Neogelenkkapsel und der Membran aus Pfannen- und Schaftinterface einer histologischen Beurteilung zugeführt. Neben qualitativer histologischer Beurteilung wurden die osteologischen Parameter der Knochenproben in einem Bereich von $3 \times 0{,}5\ mm^2$ nach der Methode von Merz [11] vermessen und im einzelnen das Osteoidvolumen (VO), die aktive Anbauoberfläche (OB), aktive Abbauoberfläche (HO) sowie Gesamtanbau- (OS) und Gesamtabbauoberfläche (HT)

T. H. Ittel H.-G. Sieberth H. H. Matthiaß (Hrsg.)
Aktuelle Aspekte der Osteologie

bestimmt. Im Hellfeld und polarisierten Licht erfolgte die semiquantitative Analyse von Zement- und Polyethylenpartikeln in den Weichteilproben und deren Mengengraduierung in 4 Stufen mittels 25-Okularnetzmikrometer bei 25-facher Vergrößerung (0 - keine, 1 - bis 10, 2 - bis 20, 3 - über 20 Partikel).

Ergebnisse

Im wesentlichen ließen sich vier Erscheinungsformen der Grenzschicht zwischen Knochen und Membran unterscheiden.

Insbesondere in Angrenzung an gelockerte Prothesenschäfte (19%) oder Hüftpfannen (27%) trat die *resorptive Knochenoberfläche* auf, welche durch ein vermehrtes Vorkommen von Howship'schen Lakunen mit und ohne Osteoklasten gekennzeichnet war und damit den überwiegenden Knochenabbau anzeigte. Teilweise waren an diesen Oberflächen noch Reparationsvorgänge zu erkennen, d.h. Teile der Grenzfläche waren mit Osteoblasten besetzt (Abb. 1a).

Demgegenüber kam in einigen Fällen, insbesondere im Femurschaft (31,8%), die *osteoidreiche Oberfläche* vor. Sie zeichnete sich durch Anlagerungen von bis zu 50μm dicken Osteoidsäumen am Knochen in Angrenzung zur Membran aus. In einigen Fällen zeigten Osteoblasten auf diesen Osteoidsäumen einen reparativen Knochenanbau an (Abb. 1b). Durch Ausbildung einer knorpelähnlichen Zwischenschicht oder Zwischenlagerung hyaliner Knorpelreste war der *chondroid-metablastische Typ der Knochenoberfläche* gekennzeichnet (Abb. 2). Dieser Typ wurde ausschließlich im Acetabulum beobachtet (davon einmal bei zementfreier Implantation). Es wurden metaplastischer Knorpel ähnlich dem im Frakturkallus vorkommenden oder Reste präformierten Pfannenknorpels gefunden.

In einigen Fällen ließ sich im Bereich der Grenzoberfläche Implantat/Knochen weder Knochenan- noch -abbau nachweisen. Dieser *inaktive Typ der Knochenoberfläche* war des weiteren durch Zellarmut in der angrenzenden Membran gekennzeichnet und ging in 90% mit einer klinisch festen Endoprothesenkomponente einher. Das gleichzeitige Vorliegen mehrer dieser Merkmale o.g. Typen der Grenzfläche wurde von uns als *Mischform* bezeichnet.

Unter Anwendung quantitativer Meßverfahren sollte diese Grenzflächentypisierung bei aseptischer Endoprothesenlockerung näher charakterisiert werden (Tabelle 1). In histologischen Beobachtungen wurden bestätigt, daß in 20% im Acetabulum und 40% im Schaftbereich eine erhebliche Osteoidvermehrung vorlag (Osteoidvolumen). Der aktive Knochenan- und -abbau zeigte an der Oberfläche des Knochens in Angrenzung zur Membran erhebliche Unterschiede. Der aktive Knochenanbau überschritt in 15% im Acetabulum und 30% im Schaftbereich ein Zehntel der Gesamtoberfläche. In der Hälfte der Fälle war gesteigerter Knochenanbau von einer gleichzeitigen erheblichen Abbauvermehrung begleitet. Kennzeichnend für die *resorptive* Knochenoberfläche war der aktive Knochenabbau, welcher in je zwei Fällen mehr als 30% der Gesamtoberfläche überzog. In 15% der Pfannenbiopsien und 40% der Schaftproben war fast die gesamte Knochenoberfläche in den Umbauprozeß einbezogen (high turnover). Als Ausdruck der festen Implantatverankerung war in 35% der Pfannen- und 20% der Schaftproben weniger als ein Fünftel der Gesamtoberfläche am Umbauprozeß beteiligt; es lag der *inaktive* Typ der Knochenoberfläche vor.

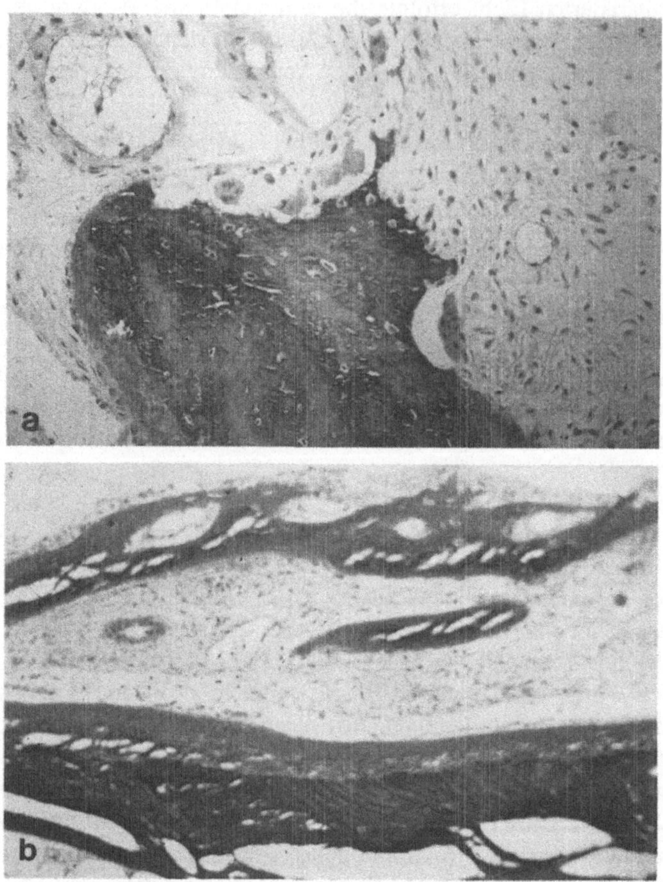

Abb. 1a, b. Typische resorptive Knochenoberfläche bei aseptischer Endoprothesenlockerung mit einer Vielzahl von Osteoklasten in Howship'schen Lakunen (**a**), osteoidreiche Knochenoberfläche in Angrenzung zum Interface gelockerter Prothesenkomponenten (**b**), Ladewig, unentkalkt, ×64

Es konnte gesichert werden, daß der Gehalt an PE-Verschleißpartikeln im Pfannenbereich maßgeblich für die Schädigung des Knochens verantwortlich zu machen ist. Die Knochenschädigung wurde dabei sowohl in einer Volumenreduktion, einer Mineralisationsstörung als auch in einem vermehrten Knochenabbau deutlich (Abb. 3a). Demgegenüber konnten Zementzerrüttungsprodukte als Hauptfaktoren der Knochenschädiung im Schaftbereich gefunden werden (Abb. 3b).

Diskussion

Mit dem Ziel der Systematisierung unserer Beobachtungen zum miskroskopischen Erscheinungsbild der Knochenoberfläche bei aseptischer Endoprothesenlockerung haben wir unter Einbeziehung der hier erstmals durchgeführten Knochenhistomorphometrie vier Oberflächentypen vorgeschlagen, welche auch als Mischform vorkommen können. Die *re-*

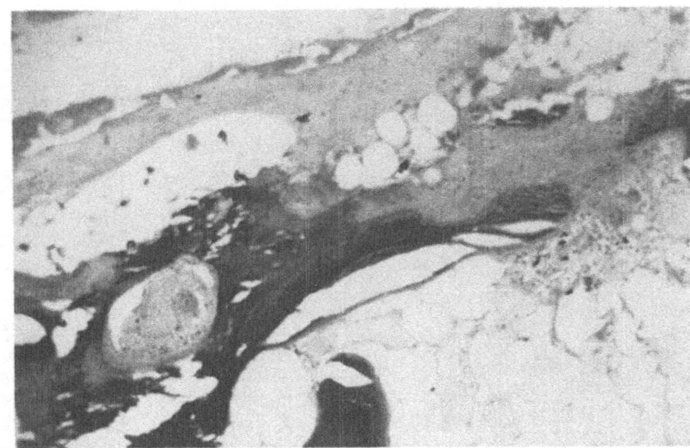

Abb. 2. Chondroid-metablastischer Typ der Knochenoberfläche in Angrenzung zur Membran bei aseptischer Endoprothesenlockerung, Ladewig, unentkalkt, ×64

sorptive Knochenoberfläche charakterisiert die in der Literatur oft beschriebene Situation, daß insbesondere bei einer großen Menge von PE- und/oder PMMA-Abriebpartikeln im Membrangewebe der Knochen infiltrativ abgebaut wird [2, 3]. Dieser Prozeß führt unweigerlich zum Verlust des tragenden Implantatlagers mit resultierender Implantatlockerung. Wir beobachteten dieses Typ der Grenzfläche deshalb auch meist bei gelockerter Endoprothesenkomponente. Die in der Literatur oft als Sonderform beschriebene extensive und aggressive Knochenresorption bzw. als überschießende Fremdkörperreaktion auf Polymerpartikel verstandene Osteolyse [5, 6, 7] ist unserer Meinung nach nur ein Stadium intensiver Fremdkörperreize mit Abbauinduktion bzw. ein Hinweis auf eine besonders reaktive Knochenantwort. Eine engmaschige Dispensairebetreuung von Patienten nach künstlichem Gelenkersatz könnte nach unserer Meinung eine frühe Diagnose dieser ausgeprägten Reaktionsform mit der Chance einer rechtzeitigen Revision ermöglichen und damit eine weitere Schädigung des Implantatlagers verhindern. Wir konnten die aus der Literatur teilweise bekannten Berichte bestätigen, wonach die Knochenresorption im Bereich der Grenzfläche in direkter Beziehung zum Gehalt an PE- und PMMA-Partikeln im Interface steht [2, 3, 7]. Dabei werden die Reaktionen des Implantatlagers im Acetabulum vorwiegend von den hier zahlenmäßig überwiegenden PE-Partikeln bestimmt, während die größeren Mengen von Zementzerrüttungsprodukten im Interface des Femurs den Knochenabbau induzieren.

Bereits 1982 wurde von Lintner et al. [8] auf Mineralisationsstörungen des Knochens bei zementierter Verankerungstechnik hingewiesen. Diese Befunde konnten wir mit der Abgrenzung der *osteoidreichen* Knochenoberfläche bestätigen. Die bis zu 50 μm dicken Osteoidsäume kamen bevorzugt im Schaftbereich und bei relativ geringem Gehalt an PE- und PMMA-Partikeln vor. Da die organische Knochenmatrix oft mit Osteoblasten besetzt war, muß in diesen Fällen die osteoblastische, aktive Genese dieses Saumes angenommen werden. Die Anwesenheit vieler PE- und PMMA-Verschleißpartikel in der Membran scheint dagegen direkt über zytotoxische Effekte bzw. indirekt über Sekretion hemmender Substanzen aus Fremdkörperriesenzellen und Makrophagen eine Zelldepression der Osteoblasten zu induzieren, welche wiederum die Abnahme der Osteoidbildung nach sich zieht.

Tabelle 1. Häufigkeit des Vorkommens der 4 Oberflächentypen bei aseptischer Lockerung und deren Charakterisierung durch histomorphometrische Knochenparameter

Oberflächentyp/ Lokalisation	Knochenparameter VO [%]	OB [%]	HO [%]	OS [%]	Partikelgehalt HT [%]	PE [Punkte]	PMMA
Gesamt							
AC (n=21)	8,5 ± 3,8	4,3 ± 4,8	6,2 ± 4,1	30,0 ± 9,1	17,8 ± 7,8	1,34 ± 0,4	0,90 ± 0,2
FE (n=22)	9,5 ± 4,2	5,1 ± 5,8	5,5 ± 4,7	35,1 ± 11,2	24,8 ± 9,8	1,22 ± 0,3	0,90 ± 0,2
resorptiv							
AC (n=4)	17,4 ± 5,8*	1,3 ± 1,2*	12,5 ± 3,9**	26,3 ± 6,9	53,5 ± 5,4**	1,87 ± 0,3*	0,98 ± 0,3
FE (n=6)	9,6 ± 4,2	9,8 ± 4,1	19,5 ± 4,2**	24,7 ± 7,3	65,6 ± 8,7**	0,96 ± 0,4	1,45 ± 0,4*
osteoidreich							
AC (n=4)	27,4 ± 6,1**	7,9 ± 3,1	4,5 ± 2,6	62,6 ± 7,6**	24,3 ± 4,6	1,06 ± 0,3	0,65 ± 0,2*
FE (n=7)	23,0 ± 7,2**	11,9 ± 5,1*	5,4 ± 3,2	61,3 ± 8,3**	25,4 ± 5,2	0,72 ± 0,3*	0,83 ± 0,2
chondroid-metaplastisch							
AC (n=2)	2,1 ± 1,7*	6,6 ± 3,4	7,8 ± 2,2	27,6 ± 2,3	4,4 ± 1,3**	1,10 ± 0,1	0,80 ± 0,2
inaktiv							
AC (n=7)	3,5 ± 3,4**	1,6 ± 2,4*	1,8 ± 1,2**	11,1 ± 6,3*	10,2 ± 4,6**	1,47 ± 0,3	1,00 ± 0,2
FE (n=7)	3,2 ± 2,2**	0,4 ± 0,8**	2,2 ± 1,6*	13,3 ± 4,1**	8,5 ± 4,1**	1,94 ± 0,4*	1,80 ± 0,3*
Mischform							
AC (n=4)	4,5 ± 3,7	7,3 ± 4,8	3,2 ± 1,4	23,5 ± 7,0	11,9 ± 6,4	1,24 ± 0,4	0,96 ± 0,2
FE (n=2)	5,5 ± 3,9	7,6 ± 5,6	7,4 ± 4,4	27,5 ± 8,1	12,6 ± 5,4*	1,02 ± 0,3	1,29 ± 0,2

* $P<0,05$, ** $P<0,01$ (verglichen mit Gesamt).

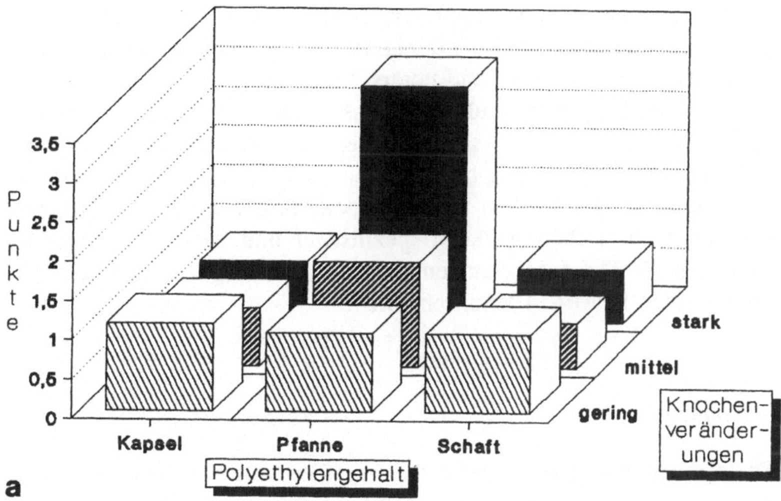

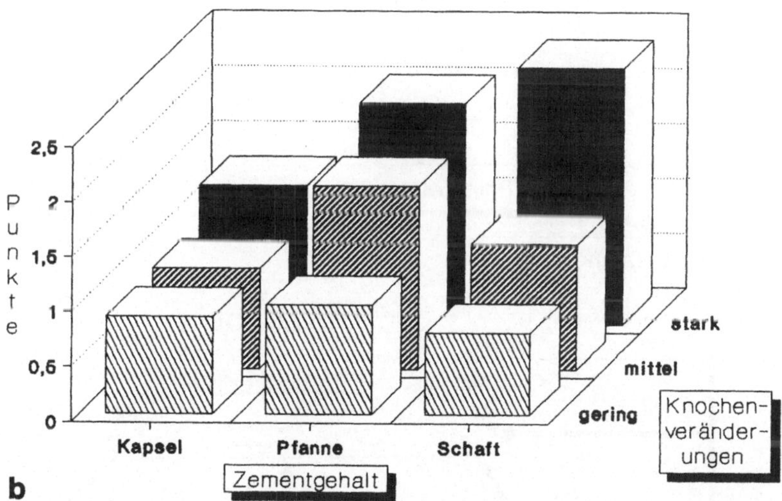

Abb. 3a, b. Wechselbeziehungen zwischen Schweregrad der Knochenschädigung und Polyethylenpartikelgehalt (**a**) bzw. Gehalt an Zementzerrüttungsprodukten im Interface (**b**) bei aseptischer Endoprothesenlockerung

Ebenfalls in Übereinstimmung mit der Meinung vieler Autoren fanden wir bei klinisch festem Implantat die *inaktive* Knochenoberfläche gekoppelt mit zellarmen Membrangewebe [1, 9]. Diese scheint einen gewissen Gleichgewichts- bzw. Ruhezustand zwischen Implantat und Knochen darzustellen. Die Knochenreaktion und -adaptation ist kompensiert.

Wir möchten unterstreichen, daß die differenzierten Formen der Knochenoberfläche nicht uniform auftreten, sondern sowohl als Mischform bei einem Patienten beobachtet werden können oder auch als Zustandsform einer bestimmten Phase der Endoprothesenlockerung anzusehen sind. Zusätzlich wird man in Abhängigkeit vom Fremdpartikelgehalt und biomechanischen Belastungszustand unterschiedliche Oberflächenformen finden. Wir betrachten unsere Einteilung jedoch als Möglichkeit der vergleichbaren und detaillierten histologischen Analyse, deren Aussagekraft bei gleichzeitiger Histomorphometrie noch verstärkt wird. In Übereinstimmung mit früheren Untersuchungen [10] belegen die Ergebnisse, daß im Prozeß der aseptischen Implantatlockerung von einer engen, gegenseitigen Wechselwirkung biologischer, werkstoffspezifischer und biomechanischer Faktoren ausgegangen werden muß. Die Leitgedanken dieser Vorstellung zur Pathogenese der Implantatlockerung wurden in Abb. 4 veranschaulicht.

Summary

There are many studies about the interface between bone and artificial joint in aseptic loosening of the hip, but the detailed structure and function of the bony bed adjacent to the interface is not enough characterized.

Bone-membrane-specimens of 22 patients with aseptic loosening of the hip were obtained during revision surgery from der upper site of the acetabulum and proximal lateral

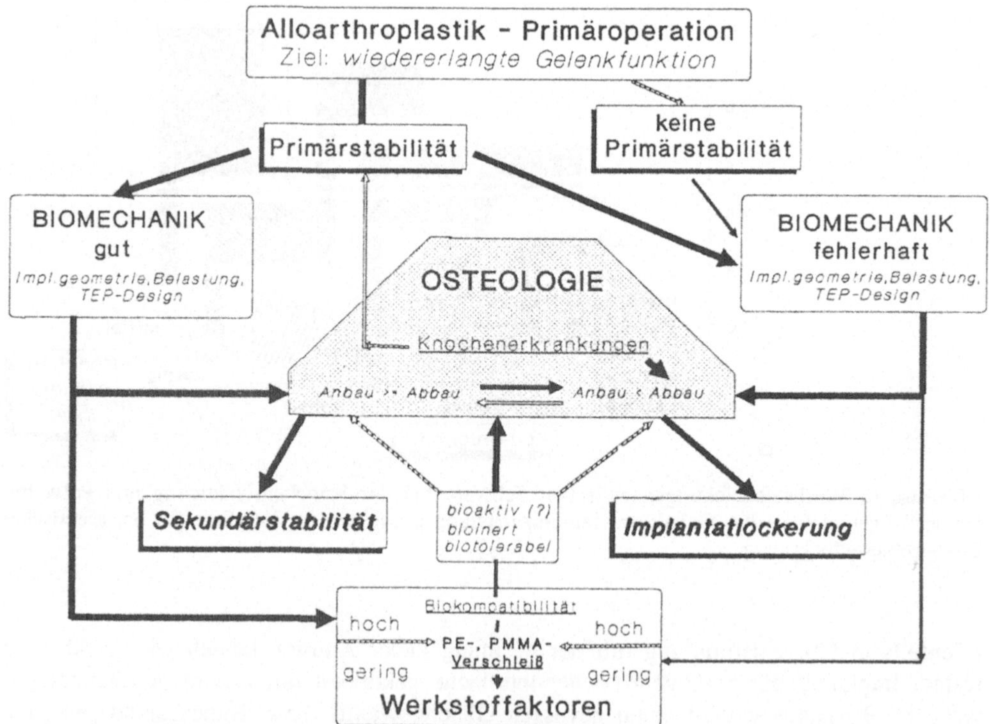

Abb. 4. Pathogenetische Vorstellung der aseptischen Endoprothesenlockerung als Kompex biomechanischer, osteologischer und werkstoffspezifischer Faktoren

femur, embedded in methylmethacrylat, cut and stained by Ladewig and Giemsa, Histomorphometry of the bone surface was done using the eyepiece gradicule by Merz. In addition, cell differentiation and analyses of polyethylen and cement wear products were made on specimens of three different localizations (neocapsule, acetabulum, femur).

Histologically, four types of bone surfaces adjacent to artificial joints were observed: [1] the resorptive type showing an excessive increase in bone resorptiv activity, [2] the osteoid-osteoblastic typ, predominantly occuring in the femoral component, characterised by wide osteoid seams at the bone surface and increased bone formation, [3] the inactive type with nearly absent bone turnover at the surface and finally [4] the chondroid-metaplastic type, a special form of bone healing reaction at the cement-bone interface. The evaluation of osteologic bone parameters was suitable for a better demarcation of this types, It could shown that increases bone alterations were combined with enlardged amounts of polyethylen and cement particles in the interface. Especially at the stem site the ability of cement debris to activate osteoclastic resorption was very high. With an increase of polyethylen particles in the membran the osteoidosis was reduced.

In understanding the processes at the cement-bone surface in aseptic loosening our results declare some relationships of bone remodelling, mineralization and wear products. Its significance for the pathogenesis of aseptic loosening has been stressed.

Literatur

1. Pazzaglia UE, Pringle JAS (1988) The role of macrophages and giant cells in loosening of joint replacement. Arch Orthop Trauma Surg 107:20–26
2. Willert HG, Semlitsch M, Buchhorn G (1978) Materialverschleiß und Gewebereaktion bei künstlichen Gelenken. Orthopäde 7:62–83
3. Willert HG, Buchhorn GH, Hess Th (1989) Die Bedeutung von Abrieb und Materialermüdung bei der Prothesenlockerung an der Hüfte. Orthopäde 18:350–359
4. Herren Th, Remagen W, Schenk R (1982) Histologie der Implantat-Knochengrenze bei zementierten und nicht-zementierten Endoprothesen. Orthopäde 16:239–251
5. Harris WH, Schiller AL, Scholler J, et al (1976) Extensive localized bone resorption in the femur following total hip replacement. J Bone Joint Surg [Am] 58:612–615
6. Maguiere JK, Coscia MF, Lynch MH (1985) Foreign body reaction to polymeric debris following total hip arthroplasty. Clin Orthop Rel Res 216:213–223
7. Escola A, Santavierta S, Konttinnen YT, et al (1990) Cementless revision of aggressive granulomatous lesions in hip replacement. J Bone Joint Surg [Br] 72:212–216
8. Lintner F, Bösch P, Brand G, Harms H (1982) Die Mineralisationsstörung an der Knochen-Zement-Grenze bei totalen Hüftendoprothesen. Acta Med Aust 23:3,25
9. Revell PA, Weightmann B, Freeman MAR (1978) The production and biology of wear debris. Arch Orthop Unfall-Chir 91:167–181
10. Babisch J, Oettmeier R, Blumentritt S (im Druck): Die Wechselwirkung von biologischen, biomechanischen und werkstoffspezifischen Faktoren in der Pathogenese der aseptischen Endoprothesenlockerung des Hüftgelenks. 4. Colloquium Osteologicum Jenense. Veröffentl Univ Jena
11. Merz WA (1967) Die Streckenmessung an gerichteten Strukturen im Mikroskop und ihre Anwendung zur Bestimmung von Oberflächen-Volumenparametern im Knochengewebe. Mikroskopie 22:132–142

Die biologische Wertigkeit des Implantatlagers in der Alloarthroplastik der Hüfte

R. Oettmeier[1], J. Babisch[1], I. Schütz[2], G. Heinisch[2]

[1] Orthopädische Klinik am Rudolf-Elle-Krankenhaus, Friedrich-Schiller-Universität Jena, Wilhelm-Pieck-Straße, O–6520 Eisenberg/Thüringen, BRD
[2] Osteologisches Forschungslabor, Klinik für innere Medizin, Friedrich-Schiller-Universität, O–6902 Jena-Neulobeda, BRD

Einleitung

Die ansteigende Zahl der Versagensfälle nach Hüftalloarthroplastik regte zu einer näheren Analyse der Prothesenverankerung im knöchernen Implantatlager, der Wechselwirkung verwendeter Werkstoffe mit dem Gewebe, der veränderten Biomechanik und damit die Suche nach den Ursachen der Implantatlockerung an. Alle Bestrebungen dienen dem Ziel einer Verbesserung der Langzeitprognose künstlicher Hüftgelenke sowie der Kennzeichnung und Eliminierung von Risikofaktoren der Endoprothesenlockerung.

Der Knochen als das Implantatlager für die zementierte und zementfreie Endoprothese stellt den biologischen Hauptfaktor des Erfolges oder Mißerfolges alloarthroplastischer Eingriffe dar und bedarf deshalb der näheren Charakterisierung. Die meisten Analysen zur Implantatlockerung lassen eine genaue Kennzeichnung der Eigenschaften des knöchernen Implantatlagers, der individuellen Unterschiede in Knochenqualität und -reaktivität vermissen. Die Nutzung osteologischer Erkenntnisse und Untersuchungsmethoden für die orthopädische Chirurgie bietet dagegen Möglichkeiten zur Abgrenzung einer möglichen Koinzidenz zwischen Osteoarthrose und Osteopenie und hilft, die Frage nach der Bedeutung von Unterschieden im Knochenstatus für die Alloarthroplastik zu beantworten.

Ziel unserer Untersuchungen war es, zunächst in einer Prospektivstudie die Kennzeichnung und Typisierung der osteologischen Ausgangslage der Patienten vor Erstimplantation eines künstlichen Hüftgelenkes vorzunehmen. Die möglichen Schlußfolgerungen aus diesen Resultaten für den künstlichen Hüftgelenkersatz sollten mit den Analysen von Knochenproben des Implantatlagers bei aseptischer Lockerung zementierter Hüftgelenke diskutiert werden.

Material und Methode

Aus dem iliakalen Anteil des Acetabulum (kortiko-spongiös) und dem proximalen Femur (spongiös) wurden im Rahmen der Erstimplantation einer Hüftendoprothese 107 Knochenbiopsien und während der Revisionsoperation aufgrund aseptischer Endoprothesenlockerung in 22 Fällen Knochenproben entnommen und unentkalkt präpariert. Neben der histologischen Beurteilung erfolgte die Knochenhistomorphometrie mittels Zählnetz nach Merz [1]. Entsprechend den Angaben von Delling [2] wurden folgende osteologische Parameter

T. H. Ittel H.-G. Sieberth H. H. Matthiaß (Hrsg.)
Aktuelle Aspekte der Osteologie

errechnet: Volumendichte (VV), Osteoidvolumen (VO), Osteoidoberfläche mit Osteoblasten (OB), Howship'sche Lakunen mit Osteoklasten (HO), Gesamtanbauoberfläche (OS) und Gesamtabbauoberfläche (HT). Durch Berechnung des folgenden „Index C" wurden der Einfluß von Alter und Geschlecht auf die Knochenparameter der Hüftregion eliminiert:

$$\text{Index C} = \frac{\text{Meßparameter Acetabulum/proximaler Femur}}{\text{entsprechender Normalwert des Beckenkammes}}$$

Zusätzlich erfolgte eine umfangreiche anamnestische, klinische, paraklinische und röntgenologische Datenerfassung zur Bestimmung von osteologischen Risikofaktoren untersuchter Patienten.

Ergebnisse

Nach multivarianter statistischer Auswertung wurden die Einnahme von osteodepressiven Medikamenten, die Östrogenwirkzeit und Hysterektomie, Vorerkrankungen und Magen-, Darmoperationen als wesentliche, präoperativ erfaßbare Risikogrößen auf die Wertigkeit des Implantatlagers erkannt. Paraklinisch konnten lediglich die Erhöhung der alkalischen Phosphatase und Veränderungen des Calcium/Creatinin-Quotienten im Morgenurin als wesentliche Hinweise auf eine Knochenstoffwechselstörung abgegrenzt werden.

Die qualitativen und quantitativen Unterschiede im Knochenvolumen, Mineralisationsgrad und Umbauverhalten waren innerhalb der untersuchten Diagnosegruppen beträchtlich.

Tabelle 1. Osteologische Parameter von Acetabulum [AC] und proximalem Femur [FE] bei 107 Patienten vor Hüftendoprothesen-Implantation (pKA-primäre Koxarthrose, RA-Rheumatoidarthritis, HKN-Hüftkopfnekrose, Lux KA-Dysplasie-/Luxationskoxarthrose, SHF-Schenkelhalsfraktur, asepL-aseptische Lockerung)

Diagnose		Index C					
		VVrel	VOrel	OBrel	HOrel	OSrel	HTrel
p KA	AC	2,69 ± 1,2	0,65 ± 1,8	3,40 ± 1,1	1,65 ± 1,2	0,81 ± 0,3	0,97 ± 0,6
(n = 60)	FE	1,13 ± 0,4	0,48 ± 0,4	0,49 ± 0,6	0,43 ± 0,3	0,73 ± 0,3	0,48 ± 0,3
RA	AC	1,35 ± 0,8[a]	1,81 ± 1,6[a]	0,45 ± 0,9[a]	0,14 ± 0,9[a]	0,43 ± 0,4	1,87 ± 1,0
(n = 7)	FE	0,85 ± 0,2	0,07 ± 0,1[a]	0,13 ± 0,2	0,26 ± 0,3	0,43 ± 0,3	0,70 ± 0,4
LuxKA	AC	1,44 ± 1,1[a]	0,69 ± 1,1	0,78 ± 0,6[a]	1,16 ± 0,6	3,47 ± 1,6[b]	0,56 ± 0,5
(n = 18)	FE	0,80 ± 0,2[a]	0,12 ± 0,1[a]	0,26 ± 0,2	0,16 ± 0,3	0,37 ± 0,2[a]	0,58 ± 0,3
HKN	AC	2,01 ± 1,9	0,65 ± 0,4	4,78 ± 2,2[a]	2,77 ± 1,3[a]	4,43 ± 2,3[b]	5,77 ± 2,1[b]
(n = 8)	FE	1,02 ± 1,0	0,46 ± 0,4	3,37 ± 1,6[b]	1,77 ± 1,3[a]	1,72 ± 1,3	2,35 ± 1,1[a]
SHF	AC	0,89 ± 0,4[b]	0,17 ± 0,4	0,01 ± 0,2[b]	0,47 ± 0,3[b]	0,66 ± 0,6	0,98 ± 0,6
(n = 4)	FE	0,66 ± 0,2[b]	1,17 ± 0,8	0,01 ± 0,2[a]	0,13 ± 0,1	0,06 ± 0,1[b]	0,39 ± 0,3
asepL	AC	3,87 ± 1,7	0,37 ± 0,8	2,02 ± 1,4	1,65 ± 1,0	0,59 ± 0,4	0,71 ± 0,4
(n = 22)	FE	4,04 ± 1,9[b]	0,66 ± 0,6	4,16 ± 2,4[b]	1,05 ± 1,1	2,59 ± 1,4[b]	1,78 ± 1,2[b]

[a] $P < 0{,}05$, [b] $P < 0{,}01$ (verglichen mit pKA).

Bei 4 von 103 Patienten mit primärer oder sekundärer Koxarthrose lag eine generalisierte Knochenstoffwechselstörung vor (1× Osteoporomalazie, 2× Volumenosteoidose bei beginnender Osteomalazie und 1× gemischte Osteopathie mit Fibroosteoklasie und Osteoidose).

Das Knochenvolumen im subchondralen Bereich des Acetabulums war bei primärer Koxarthrose und Hüftkopfnekrose generell erhöht, wohingegen bei Patienten mit Luxationskoxarthrose oder Rheumatoidarthritis oft eine Reduktion des Knochenvolumens nachweisbar war. Die Spongiosa des proximalen Femurs zeigte eine meist inaktive Knochenoberfläche bei reduziertem Knochenvolumen als Immobilisationseffekt. Tabelle 1 gibt einen Überblick über die wichtigsten histomorphometrisch ermittelten osteologischen Parameter vom Acetabulum und proximalen Femur bezogen auf die Diagnosegruppen.

Im Vergleich zur primären Koxarthrose fiel die Erniedrigung der Volumendichte bei Luxationskoxarthrose und Rheumatoidarthritis auf. Erwartungsgemäß war das Knochenvolumen bei Schenkelhalsfraktur (SHF) im proximalen Femur stark erniedrigt. Ein verstärkter aktiver Knochenumbau, insbesondere bei primärer Koxarthrose und nach Hüftkopfnekrose (Reparationsphase) wurde nach der Bestimmung der zellulären Knochenumbauparameter im Acetabulum deutlich. Die Erniedrigung dieser Parameter bei Rheumatoidarthritis, nach SHF und nach Hüftdysplasie/-luxation schien unterschiedlichen Pathomechanismen zu unterliegen. Der aktive Knochenumbau war in der Spongiosa des proximalen Femurs bei allen Diagnosegruppen reduziert. Ein „low turnover remodelling" zeigten meist auch die Patienten mit Rheumatoidarthritis. Im Vergleich zum Acetabulum war der Gesamtknochenumbau in der gelenkfernen Femurspongiosa deutlich reduziert. Eine signifikante Erniedrigung im Vergleich zur primären Koxarthrose wurde nur nach SHF beobachtet.

Die individuellen Unterschiede im Knochenvolumen waren bei primärer und sekundärer Koxarthrose beträchtlich, sodaß es sinnvoll war, eine *Klassifikation in osteologische Typen* vorzunehmen [3] (Abb. 1). Von insgesamt 69 Patienten mit primärer Koxarthrose lag bei 5 Frauen der osteopenische Typ vor (7,3%). Dieser Anteil erhöhte sich bei Luxationskoxarthrose auf 29,4%. Der hyperostotische Typ war vorwiegend bei Männern abgrenzbar mit einem Anteil von 8,8% bei primärer und 5,8% bei dysplastischer Koxarthrose.

In Auswertung der Knochenhistomorphometrie in Angrenzung zum Interface gelockerter Endoprothesen erreichte die Volumendichte bei einem Drittel aller Femurbiopsien nahezu 100% (Index C VVrel > 5,0) und stellte damit reine Kortikalis dar. Ein Absinken der Volumendichte unter 30% (Index C VVrel < 1,5) zeigte eine Spongiosierung des Knochens an, was in vier Fällen am Schaft und in 3 Fällen im Acetabulum gefunden wurde. Das Knochenvolumen war nur bei 2 Patienten in beiden Biopsielokalisationen gleichzeitig deutlich reduziert und damit als ein Hinweis auf das Vorliegen einer generalisierten Osteopenie zu werten. Eine Volumenosteoidose ließ sich in über einem Drittel der Fälle des Knochens in Angrenzung zum gelockerten Implantat nachweisen (Index C VOrel > 2). Bei einem Patienten war das Osteoidvolumen in Pfanne und Schaft erheblich vermehrt (VOrel > 4), bei weiteren drei Patienten lag diese Mineralisationsstörung nur im Femurschaftknochen vor. Der Knochenumbau wurde in unterschiedlichem Maße bei der aseptischen Endoprothesenlockerung beeinflußt. Oft lagen gleichwertige Veränderungen im Acetabulum und Femurschaft vor, d.h. gesteigerter Knochenumbau im Acetabulum ging in 80% der Fälle auch mit einer Umbausteigerung im Femurbereich einher. Die Knochenumbauvorgänge am proximalen Femur waren bei aseptischer Endoprothesenlockerung im Sinne gesteigerten Knochenanbaus und -abbaus besonders ausgeprägt (Tabelle 1).

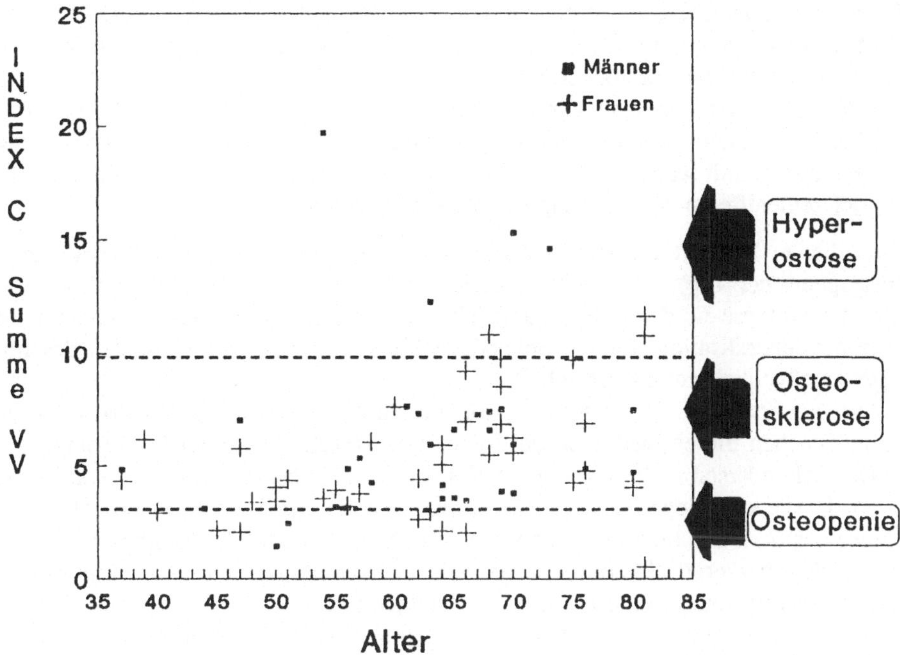

Abb. 1. Differenzierung der primären Koxarthrose in drei osteologische Typen orientiert an der Summe der relativen Knochenvolumina aus Hüftpfanne und Femur (osteopenischer Typ < M-2SD, osteosklerotischer Typ 6,4 ± 1,7, hyperostotischer Typ > M+2SD)

Diskussion

Mehrere Autoren äußern anhand klinischer Resultate, daß die Verankerung der Endoprothese bei Osteoporose erschwert und damit das Risiko zur Lockerung erhöht ist [4, 5]. Wilson-McDonald et al. [6] begründen Versagensfälle bei zementfreier Implantation mit der Unfähigkeit des osteoporotischen Knochens zum Umbau und der fehlenden Potenz zur Ummauerung der Prothese. Es wird vermutet, daß bei osteoporotischem Knochen die Osseointegration der Implantate reduziert ist und dies eine erhöhte Migrations- und Lockerungsrate bedingen könnte [5, 6].

Die erforderliche Primärstabilität wird bei der zementierten Endoprothese durch die exakte Einzementierung und das damit verbundene Ineinandergreifen von Zement und Knochen erreicht. Nach Johanson et al. [7] ist die Größe der individuellen Einzapfungen und die Ausdehnung der Zementintrusionen direkt proportional der Porosität des Knochens. Deshalb besitzt der Zementmantel im proximalen Femur, wo spongiöser Knochen vorherrscht, bei entfernten Prothesen eine größere Oberflächenstrukturiertheit als im distalen, vorwiegend kortikalen Implantatlager. Entsprechend dieser Vorstellung für die Phase der initialen Fixation können wir folgende Konsequenzen der osteologischen Typen für die Alloarthroplastik schlußfolgern:

1. Das Verhältnis von Knocheneinzapfung und Zementintrusion gestaltet sich beim *osteosklerotischen* Typ optimal. Die mittlere Trabekelbreite liegt bei 90–120 μm.

2. Beim *osteopenischen* Typ penetrieren breite Zementzapfen den porösen Knochen (Trabekeldicke unterhalb 60 μm). Nach Belastung kann das Auftreten von Mikrofrakturen die mechanische Frühlockerung einleiten.
3. Bei hoher Knochendichte (Trabekeldichte über 180 μm), wie sie beim *hyperostotischen* Typ vorherrscht, tritt bei Belastung eher das Versagen der schmalen Zementeinzapfungen auf. Damit wäre bei diesem Typ unter Einbeziehung der hohen Knochenreaktivität der zementfreien Verankerung der Vorzug zu geben [8].

Sind die im Kontakt mit der Prothesenoberfläche stehenden Knochenareale tragunfähig (osteopenischer Typ), verliert der initiale Kraft- bzw. Formschluß schnell seine Wirkung und die Prothese wird instabil. Damit sind für die Primärstabilität Knochenvolumen und Knochenmineralisation; für die Sekundärstabilität das Reaktionsvermögen des Implantatlagers maßgeblich verantwortlich.

Die beschriebenen Mechanismen, welche zur Insuffizienz des Kontaktes Prothese/Zement/Knochen führen, bedingen die frühe, mechanische Phase der Lockerung.

Die Sekundärstabilität des Implantates ähnelt sich bei zementierter und zementfreier Technik. Die künstlichen Materialien werden in unterschiedlichem Maße vom Organ Knochen akzeptiert. Die biologische, späte Phase der aseptischen Endprothesenlockerung wird maßgeblich hervorgerufen durch Polyethylenverschleiß und Zementzerrüttung, welche das knöcherne Implantatlager nachfolgend schädigen [9].

Für schwere Knochenstoffwechselstörungen sind keine weiteren Beweise der negativen Auswirkung auf das Langzeitergebnis der Endoprothesenplastik notwendig [10, 11].

Insbesondere die systemischen Knochenstoffwechselstörungen müssen möglichst präoperativ erkannt und behandelt werden. Dem chirurgischen Orthopäden kommen in dieser Beziehung diagnostisches „Gespür" eines Internisten und Osteologen zu.

Summary

Using bone histomorphometry, in this study the osteologic status from 107 patients with coxarthrosis and femoral neck fracture [FNF] was determined and compared with bone parameters from patients revised for aseptic loosening. Bone biopsies of the acetabulum and the proximal femur from patients with primary coxarthrosis [pCoxA] (69), dysplastic coxarthrosis [LuxCA] (19), rheumatoid arthritis [RA] (7), femoral head necrosis (FHN) (8), FNF (4) and aseptic loosening (22) were obtained during hip alloarthroplastic surgery, undecalcified prepared and analysed using histomorphometry (according to Merz). In pCoxA the following mean values of osteologic bone parameters of the acetabular biopsy were determined: trabecular bone volume (TBV) 39,6%, osteoid volume (OV) 3,9%, active osteoblastic surface (AOS) 6,5%, osteoclastic resorption surface (ORS) 2,4%, osteoid surface (OS) 17,4% and resorption surface (RS) 7,0%. As mean values of the femoral biopsy in pCoxA were determined: TBV = 17,2%, OV = 1,3%, AOS = 0,9%, ORS = 0,4%, OS = 6,5% and RS = 2,5%. These data were compared with bone parameters of secondary coxarthrosis, osteoporosis (FNF) and aseptic loosening. Based on the study of Oettmeier et al. on femoral heads [3], the investigated groups were differentiated into three osteologic types of the hip. The osteopenic type was found in 10% of pCoxA, 43% of RA and 28% of LuxCA. The hyperostotic type, predominantly occuring in male, was mostly demarcated in FHN (38%) and pCoxA (12%). In aseptic loosening the bone volume adjacent to the interface was in 23% of the acetabular and 30% of femoral biopsies distinctly reduced. Especially in the proximal end of the femur the osteoid volume was increased (in 33%). Four patients have shown signs of generalized osteopenia in both regions measured.

The results demonstrate the individual osteologic status of patients before hip alloarthroplasty. This could lead to consequences in planning the operation and could influence the bone-implant bond as well as long-term prognosis of artificial joints.

Literatur

1. Merz WA (1967) Die Streckenmessung an gerichteten Strukturen im Mikroskop und ihre Anwendung zur Bestimmung von Oberflächen-Volumenparametern im Knochengewebe. Mikroskopie 22:132–142
2. Delling G (1975) Endokrine Osteopathien. Fischer, Stuttgart
3. Oettmeier R, Abendroth K (1989) Osteoarthritis and bone: osteologic types of human osteoarthritis of the hip. Skeletal Radiol 18:165–174
4. Aldinger G, Gekeler J (1982) Aseptic loosening of cement-anchored total hip replacements. Arch Orthop Trauma Surg 100:19–25
5. Linder L, Carlsson A, Bjurstein LM, Branemark PI (1988) Clinical aspects of osseointegration in joint replacement: a histological study of titanium implants. J Bone Joint Surg [Br] 70:550–555
6. Wilson-MacDonald G, Morscher E, Masar Z (1990) Cement-less uncoated polyethylene acetabular components in total hip replacement. J Bone Joint Surg [Br] 72:423–430
7. Johanson NA, Bullough PG, Wilson PD et al. (1987) The microscopic anatomy of the bone-cement-interface in failed total hip arthroplasties. Clin Orthop 218:123–135
8. Oettmeier R, Abendroth K, Langer G (1989) Osteologische Typen der Koxarthrose und deren mögliche Konsequenzen für die Alloarthroplastik. In: Willert HG, Heuck FH (Hrsg) Neue Ergebnisse in der Osteologie. Springer, Berlin Heidelberg New York, S 291–296
9. Willert HG, Buchhorn GH, Hess Th (1989) Die Bedeutung von Antrieb und Materialermüdung bei der Prothesenlockerung an der Hüfte. Orthopäde 18:350–359
10. Devlin VJ, Einhorn TA, Gordon SL et al. (1988) Total hip arthroplasty after renal transplantation. J Arthopl 3:205–213
11. Gschwend N, Rüegsegger P, Löhr J, Larsson K (1989) Die Bedeutung der Osteoporose für die Knochenresistenz und Lockerung von Kunstgelenken. In: Willert HG, Heuck FH (Hrsg) Neue Ergebnisse in der Osteologie. Springer, Berlin Heidelberg New York, S 267–276

Die Bedeutung der Oberflächenstrukturierung für die Osteointegration unbelasteter Implantate

B. Gondolph-Zink, W. Puhl

Orthopädische Klinik und Querschnittgelähmtenzentrum in RKU, Forschungs- und Lehrbereich der Universität Ulm (Ärztl. Dir.: Prof. Dr. med. W. Puhl), Oberer Eselsberg 45, W–7900 Ulm, BRD

Einleitung

Ziel der experimentellen Untersuchung war es, den Einfluß unterschiedlicher Oberflächenstrukturierungen und unterschiedlicher Materialzusammensetzung auf den knöchernen Einbau von unbelasteten Implantaten zu überprüfen.

Material und Methode

Implantate

Als unbelastete Implantate wurden Plomben gewählt die epimetaphysär in das distale Femur von Kaninchen eingebracht wurden, die Plomben stellten kreisrunde Zylinder mit einer Länge von 10 mm und einem Durchmesser von 5 mm dar. Folgende Plomben kamen zum Einsatz:

a) Metallspongiosa (Kobalt-Chrom-Nickel-Molybdän-Legierung) – Porendurchmesser 800–1500 μm, Porenvolumen ca. 60%.
b) Porous-coated Tital (90% Titan, 6% Aluminium, 4% Vanadium). Das Porous-Coating wurde durch ein Sinterverfahren in einem Schmelzofen mit chemisch reinen Titankügelchen vorgenommen; Porengröße 50–400 μm.
c) Hydroxylapatitbeschichtetes Titan (Biokeramik) wurde durch Plasmasprayverfahren aufgebracht. Dicke der Hydroxylapatitbeschichtung: 100 μm.

Versuchstiere und Versuchsanordnung

Die Plomben wurden bei New-Zealand-White-Kaninchen in das linke distale Femur implantiert, die Liegedauer betrug 4, 8 bzw. 12 Wochen. Pro Liegedauer und Implantatmaterial wurden Gruppen zu je 5 Tieren gebildet, so daß 9 Gruppen mit insgesamt 45 Tieren resultierten, die Tiere wurden randomisiert den einzelnen Subgruppen zugeteilt. Während der Liegedauer erfolgte eine polychrome Fluoreszenzmarkierung durch Verabreichung von Calcein blau 20 mg/kg/Körpergewicht, bzw. Achromyzine 20 mg/kg/Körpergewicht in wöchentlichen Abständen. Nach Tötung der Tiere wurde der implantattragende Knochen durch eine parallel zur Längsachse sagittal verlaufende Osteotomie in zwei Hälften

T. H. Ittel H.-G. Sieberth H. H. Matthiaß (Hrsg.)
Aktuelle Aspekte der Osteologie

aufgeteilt, so daß von jedem Präparat eine Probe für die histologische Aufarbeitung und eine Probe für Push-out-Tests zur Verfügung stand.

Untersuchungen

Mittels Push-out-Tests wurde die Haftfestigkeitsuntersuchung für die unterschiedlichen Implantate vorgenommen.

Nach Aufarbeitung der Präparate entsprechend der Technik der unentkalkten Knochenhistologie wurden nach Van Gieson und Hämalaun-Eosin-Färbung histologisch qualitative und histomorphometrische quantitative Beurteilungen von Knochenschnitten mit einer Dicke von 50 bis 7 μm durchgeführt. Für die fluoreszenzmikroskopische Untersuchung wurden 100–200 μm dicke Knochenschnitte gewählt, an denen die Knochenneubildung bestimmt wurde.

Ergebnisse

Für sämtliche Implantate konnte eine Osteointegration im Sinne Branemarks nachgewiesen werden (Abb. 1a–c). Die Zone direkten Knochenimplantatkontaktes schloß für Metallspongiosaplomben 57,2%, für Porous-coated-Plomben 57,8% der Implantatoberfläche ein; für hydroxylapatit-beschichtete Plomben betrug sie 50,9%. Dieses Ausmaß des Knochenimplantatverbundes konnte bereits nach einer Liegezeit von 4 Wochen für die eingesetzten Materialien nachgewiesen werden (Tabelle 1).

Aufgrund der Fluoreszenzmarkierung konnte festgestellt werden, daß die Knochenneubildungsrate während der ersten 4 Wochen für alle verwendeten Implantate am intensivsten war und so dann zum Ende der 12. Woche stetig abnahm (Tabelle 1). Die Haftfestigkeitsprüfung ergab, daß die höchste Scherkraftfestigkeit bei Metallspongiosaplomben mit einem Mittelwert von 245,6 N/cm^2 und für porous-coated-Plomben mit einem Mittelwert von 253,8 N/cm^2 vorlagen, wohingegen hydroxylapatitbeschichtete Plomben nur eine Scherkraftfestigkeit von 167 N/cm^2 aufwiesen (Tabelle 1).

Diskussion

Die Ergebnisanalyse zeigte, daß unabhängig vom Biokompatibilitätsgrad der eingesetzten Implantatmaterialien eine Osteointegration im Sinne Branemarks sowohl bei Chrom-Kobalt-Molybdän-Legierungen, Porous-coated-Titan- und hydroxylapatitgeschichteten Titanplomben erfolgt. Trotz bioaktiver Eigenschaften, die dem Hydroxylapatit zugeschrieben werden, zeigte dieser Werkstoff keine Vorteile bezüglich des Ausmaßes der Osteointegration. Der prozentuale Anteil der Knochenkontaktzone lag mit ca. 51% deutlich unter dem von Metallspongiosa und Porous-coated-Plomben. Die Resultate der eigenen tierexperimentellen Studie korrelieren mit den Angaben von Cameron [3], Welsh [6], Bobyn [4] und Linder [5] und stehen im Gegensatz zur These von Osborn und Wagner [1, 2], die Chrom-Kobaltlegierung als lediglich biotolerant betrachten und eine bindegewebige Einscheidung des Implantates als unumgänglich ansehen.

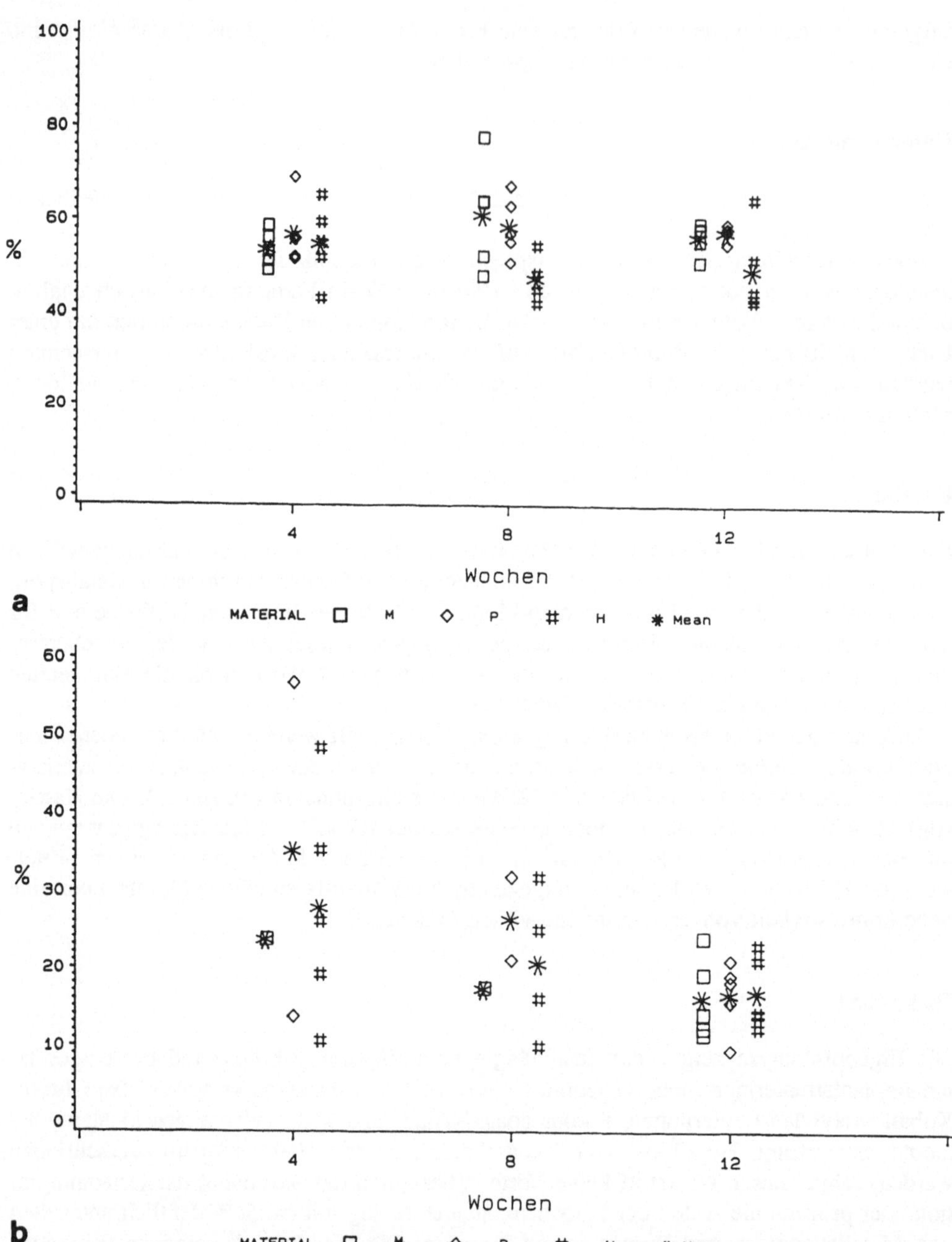

Abb. 1a–c. Einzel- und Mittelwerte der entlasteten Proben nach 4, 8 und 12 Wochen Implantatliegezeit; *M* Metallspongiosa, *P* Porous-coated, *H* HAP beschichtet; **a** Prozentualer Anteil der Knochen-Kontaktzone an der Implantatoberfläche; **b** Prozentualer Anteil des fluoreszenzmarkierten Knochens; **c** s. S. 531

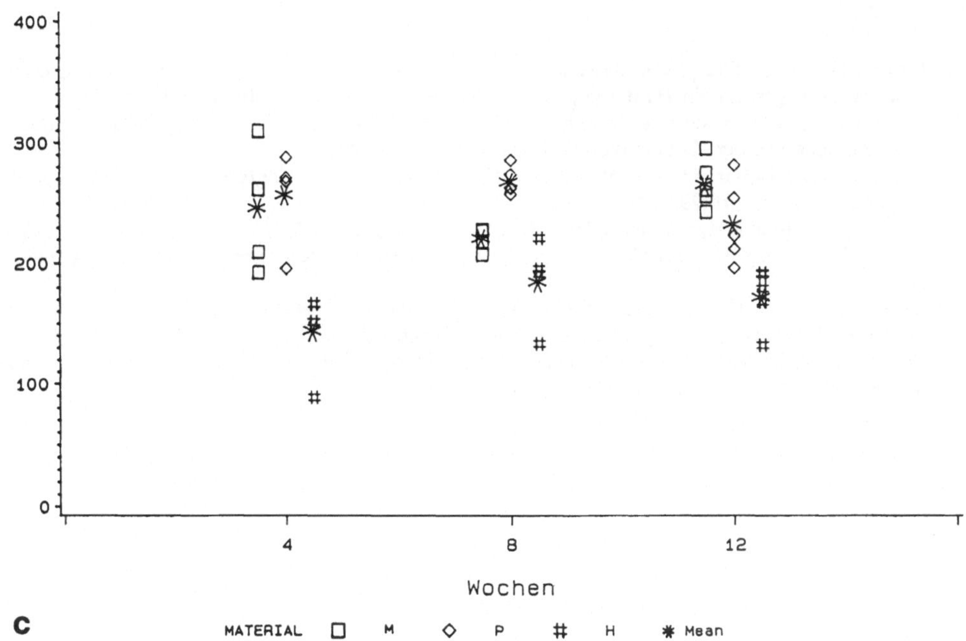

Abb. 1. c Haftfestigkeit in N/cm^2 im Push-out-Test

Tabelle 1. Mittelwerte für entlastete Implantate unter Berücksichtigung der Liegezeit (4, 8, 12 Wochen)

		Kontaktzone direkter Knochen-Implantatverbund in % der Implantatoberfläche	Push-out-Test N/cm^2	Fluoreszenzmarkiertes Knochengewebe in % der gesamten Knochenfläche
Entlastung				
MS	4	53,7	247,4	23,7
	8	61,2	222,4	17,3
	12	56,7	267	16,2
PC	4	56,9	258	35,2
	8	58,7	268	26,4
	12	57,8	234,2	16,7
HAP	4	55	145,5	27,9
	8	47,5	186	20,6
	12	49,5	173	16,9

Es konnte dokumentiert werden, daß ein strenger Zusammenhang zwischen Ausmaß der Osteointegration und Scherkraftfestigkeit von Implantaten nicht gegeben ist. Unabhängig vom Biokompatibilitätsgrad der verwendeten Werkstoffe und unabhängig von der Strukturierung der Implantatoberfläche erfolgt unter der Voraussetzung der mechanischen Ruhe eine Osteointegration die sich durch einen direkten Knochen-Implantatkontakt von mehr als 50% der Implantatoberfläche auszeichnet.

Literatur

1. Osborn JF (1985) Die physiologische Integration von Hydroxylapatitkeramik in das Knochengewebe. Springer, Berlin Heidelberg New York (Hefte zur Unfallheilkunde, Heft 174)
2. Wagner W (1984) Materialentwicklung und Materialeinteilung. In: Tetsch P (Hrsg) Enossale Implantationen in der Zahnheilkunde. Hanser, München Wien
3. Cameron HU, Pilliar RM, McNab J (1976) The rate of bone ingrowth into porous metal. J Biomed Mater Res 10:295–302
4. Bobyn JD, Pilliar RM, Cameron HU, Weatherly GC. Section III Basic science and pathology. The optimum pore size for the fixation of porous-surfaced metal implants by the ingrowth of bone
5. Linder L, Obrant K, Boivin G (1989) Osseointegration of metallic implants. II. Transmission electron microscopy in the rabbit. Acta Orthop Scand 60 (2):235–239
6. Welsh PR, Pilliar RM, McNab I (1971) Surgical implants. The role of surface porosity in fixation to bone an acrylic. J Bone Joint Surg [Am] 53 (5)

Der Einfluß von Stabilität und Lastfluß auf das Einbauverhalten sogenannter osteoinduktiver Knochenersatzstoffe

G. Zeiler[1], H. Stöß[2]

[1] Orthopädische Klinik Wichernhaus II am Krankenhaus Rummelsberg, W-8501 Schwarzenbruck/Nürnberg, BRD
[2] Pathologisches Institut, Universität Erlangen-Nürnberg, Krankenhausstraße 8–10, W-8520 Erlangen, BRD

Einleitung

Mineralische Knochenersatzmaterialien haben in synthetischer Form als Biogläser oder als Kalziumphosphatverbindungen und als heterogenes Knochenmaterial nach Verbrennung organischer Strukturen und Keramisierung des Mineralanteiles im Knochen in der Orthopädie an Bedeutung gewonnen, weil die autologe Knochenplastik mit zusätzlichem operativen Aufwand und dem Nachteil des begrenzten Angebotes verbunden ist. Der regenerative Knochenersatz zielt dabei auf die rasche Füllung spaltförmiger oder ausgedehnter knöcherner Defektzonen, wie sie bei der Kunstgelenkversorgung oder nach traumatischen, entzündlichen oder tumorösen Schäden entstehen.

Methode

Am Beispiel einer Verlängerungsosteotomie werden die Bedingungen der Instabilität eines Mineralknochens im ersatzstarken Lager einer Distraktionsstrecke analysiert. Anläßlich der Oberschenkelosteotomie wird ein Sinterknochenspan mittels einer Schlinge aus nichtresorbierbarem Fadenmaterial am proximalen Osteotomieende befestigt und während der täglichen Distraktion von 1,5 mm in den sich öffnenden Verlängerungsdefekt nachgeführt. Stabile Einbettung und Kraftfluß an den Kontaktflächen fehlen in dieser Anordnung.

Eine keilförmig geöffnete, knöcherne Defektzone einer Pfannendachplastik wird mit einem keramisierten Mineralknochen aufgefüllt und durch die Retraktionstendenz des natürlichen Pfannendaches unter Vorspannung gesetzt. Zusätzlich wird die Osteotomie mit einer Osteosynthese stabilisiert. In dieser Situation ist Stabilität an der Span-Knochen-Grenze gewährleistet.

Zur Sicherung der knöchernen Integration eines halbschaligen Metallimplantates für den Hüftkopf des Hundes ist die Verankerungsfläche zum Knochen mit einer sogenannten bioaktiven Glaskeramik beschichtet. Nach der Präparation des vitalen Hüftkopfes wird das Innengewinde der Schalenprothese unter hoher Vorspannung primär stabil verankert. Die mechanische Bedingung dieses Experimentes ist im Labor nachvollziehbar und zeichnet sich neben der hohen Primärstabilität durch eine Begrenzung des Kraftflusses von der Implantatoberfläche auf die Randbereiche der künstlichen Kopfschale und auf einen streifenförmigen Bezirk des Hüftkopfes aus. Die zentralen Areale des Hüftkopfes verlieren ihre

T. H. Ittel H.-G. Sieberth H. H. Matthiaß (Hrsg.)
Aktuelle Aspekte der Osteologie

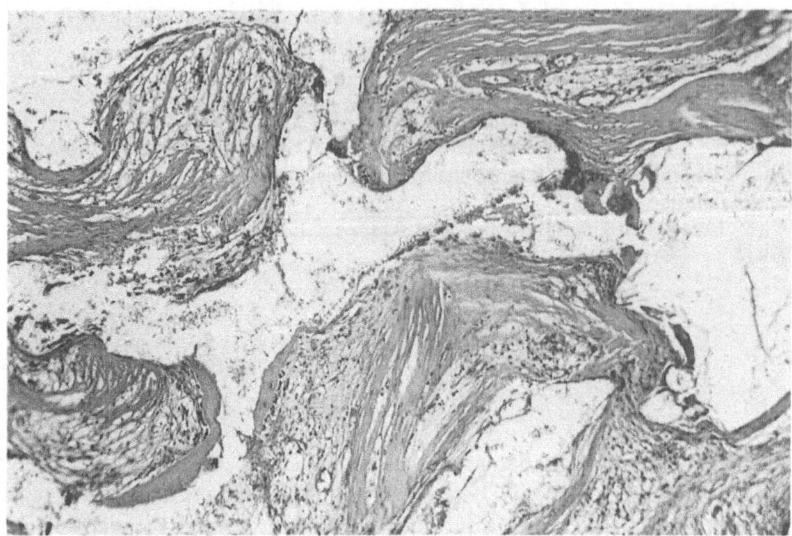

Abb. 1. Bindegewebig, schwielig, abgekapselter, keramisierter Knochen (*helle Zonen*) bei den instabilen Verhältnissen der Verlängerungsosteotomie

lastaufnehmende Funktion. Die klinische, die radiologische und die histologische Entwicklung werden nach unterschiedlichen Verlaufszeiten erfaßt.

Ergebnisse

Der klinische Verlauf nach einer Verlängerungsosteotomie bei einer 17jährigen Patientin bleibt ohne Besonderheit. Im Rahmen einer kontinuierlichen Distraktion nach dem von Wagner angegebenen Verfahren wird im Verlaufe von 6 Wochen der eingebrachte Mineralknochen an seiner Aufhängung am proximalen Fragment in die sich öffnende Defektzone eingeführt. Stabile, kraftleitende Verbindungen bestehen, abgesehen von der Fadenschleife, zu den im Distraktionsgerät teilstabil geführten Oberschenkelabschnitt nicht. Die spontane Ossifikation der Distraktionsstrecke ist gut und führt zu einer Teilauffüllung des Defektes mit Kallus. Anläßlich der Adaptationsosteosynthese wird der Span entnommen und histologisch und radiologisch untersucht. In der direkten Umgebung des Mineralknochens findet sich keine spontane Knochenbildung, die spongiöse Mineralstruktur ist bindegewebig ummauert, vereinzelt finden sich Fremdkörperreaktionen. Ein osteoinduktiver Effekt vom Ersatzmaterial ausgehend ist ebensowenig erkennbar, wie eine Osteointegration seitens des ersatzstarken Lagers (Abb. 1).

Nach der Pfannenosteotomie wird ein 3 cm breiter und 5 cm langer, klaffender Osteotomiedefekt am Beckenisthmus 15 mm oberhalb des Hüftpfannendaches mit gesintertem, allogenem Mineralknochen ausgekeilt und zusätzlich mit einer Osteosynthese stabilisiert. Dem Patienten wird eine frühe Teilbelastung erlaubt. Die radiologischen Verlaufsbefunde zeigen eine schnelle knöcherne Einheilung und eine zögernde Resorption des Mineralknochens im Randbereich.

Das Fremdmaterial wird knöchern integriert. Die Strukturdichte des umgebenden Knochens normalisiert sich. Anläßlich der notwendigen Metallentfernung werden Proben aus dem Randbereich und dem Zentrum des mineralischen Ersatzmateriales entnommen.

Histologisch findet sich die Knochenkeramik teilweise von breitem, laminärem Knochen eingemauert (Abb. 2). Man findet Umbauvorgänge mit unregelmäßigen Kittlinien. Zentrale Keramikbereiche sind von sehr schmalen Knochenbälkchen eingemauert und lassen Raum für die Entwicklung von Fettmark.

Die mit Glaskeramik beschichteten Schalenprothesen heilen rasch knöchern ein. Die Hunde belasten des Hüftgelenk voll. Radiologische Lockerungszeichen sind nicht nachzuweisen. Die Histologie und die Dünnschnittradiologie zeigen einen engen und vollflächigen Kontakt von Ersatzmaterial und Knochen. Nach Verläufen von 6 Monaten bis zu 2 Jahren ist dann die spongiöse Struktur des Hüftkopfzentrums einer zunehmend ausgeprägten Atrophie verfallen. Spaltartige Hohlräume eröffnen sich und zum Schalenrand hin sind die knöchernen Strukturen kraterrandartig verstärkt (Abb. 3).

Diskussion

Klinische Probleme erzwingen die Entwicklung von Knochenersatzmaterial zur regenerativen Auffüllung spaltförmiger bis ausgedehnter Knochendefekte. Heterogene, durch Verbrennung eiweißfreie und durch Sinterung teilkeramisierte Mineralknochen, Hytroxylapathit und sogenannte bioaktive Glaskeramiken haben sich im experimentellen und klinischen Einsatz einerseits bewährt, zeigen aber unter verschiedenen Umgebungsbedingungen ein wechselndes osteoconduktives Verhalten an den Kontaktzonen zum ersatzstarken Lager.

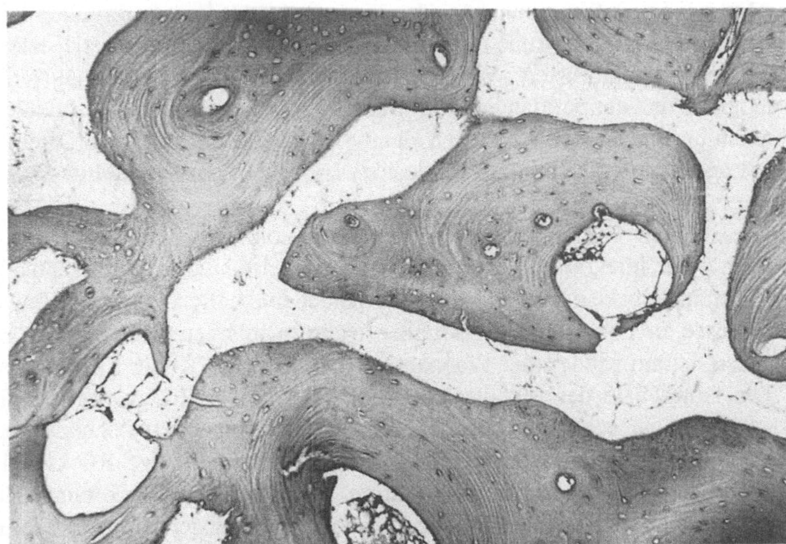

Abb. 2. Von breitem, lamellär strukturiertem Knochen eingebauter, keramisierter Fremdspan unter den stabilen Bedingungen der Pfannenosteotomie mit Belastung

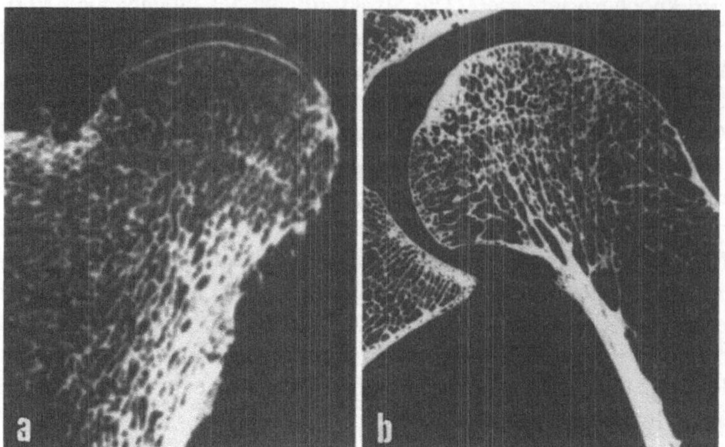

Abb. 3a, b. Radiographien von Dünnschliffen des rechten und linken Hundehüftgelenkes; **a** 1 Jahr nach Implantation einer Metallschalenprothese mit knöchernem Einbau des Implantates mit extremer Atrophie der Knochenstrukturen des Hüftkopfzentrums und pfeilerartiger Verstärkung der knöchernen Abstützung im Bereich des Schalenrandes. **b** Das intakte Gelenk zeichnet mit einer zentralen Strukturdichte des Hüftkopfes den physiologischen Kraftfluß des intakten Gelenkes nach

Die vorgestellten klinischen und experimentellen Bedingungen machen die Beobachtung vergleichbarer Ersatzmaterialien unter den Vorgaben der Instabilität bzw. der Stabilität des Implantates im Lager möglich und erlauben, den Einfluß lokaler Zug- oder Druckspannungen bzw. deren unphysiologischen Abbau auf die Osteointegration des Implantates zu beurteilen.

Mineralisierter Sinterknochen, der unter Stabilität im ersatzstarken Knochenlager einer spongiösen Osteotomiezone rasch integriert und mit spaltfrei angelagerten, laminären Knochenstrukturen stabilisiert wird, zeigt unter den instabilen Bedingungen der Verlängerungsosteotomie und der permanenten Migration in der Umgebung ausschließlich bindegewebige Einheilung und keinerlei Zeichen der Osteointegration oder der Osteoinduktion, obwohl sein Lager durch die spontane Kallusentwicklung in der Distraktionsstrecke als ersatzstark ausgewiesen wird.

Die stabilen Verhältnisse der Pfannenosteotomie demonstrieren eine unterschiedliche Quantität der Integration des Implantates, teilweise sind die Mineralknochenbälkchen von verdickten, teilweise von sehr dünnen Knochenlamellen umgeben. Inwieweit hier lokale Kraftflüsse in Form unterschiedlicher Dehnspannungen während der Belastung Einfluß ausüben, ist am Modell der Pfannendachplastik in der Klinik nicht zu belegen.

Die Halbschale der Metallschalenprothese für das Hüftgelenk des Hundes läßt demgegenüber eine spannungsoptische Analyse verbleibender Dehnspannungen unter Lastfluß nach der Implantation zu und ermöglicht gesetzmäßige Rückschlüsse von den Laborversuchen auf die klinische Situation. Die bioaktive Glaskeramik führt nach stabiler Primärverankerung zu einer raschen Osteointegration der Hüftprothese. Reife, voll mineralisierte Knochenstrukturen liegen spaltfrei dem Implantat an. Auch rasterelektronenmikroskopische Untersuchungen der Schliffläche bis zu 2000facher Vergrößerung belegen die knöcherne Integration des Implantates. Die starre Metallschale verfälscht jedoch die Spannungsverteilung im Knochen. Die direkte Krafteinleitung in die zentralen Flächenabschnitte des Hüftkopfes werden durch die Rigidität des Implantates unterbunden. Ein Kraftfluß vom Implantat zum Knochen tritt nur im Randbereich der Metallschale und damit in einem streifenförmigen Bezirk des Hüftkopfes auf. Radiologisch und histologisch verfällt die Knochenstruktur des Kopfzentrums und damit auch die Osteoconduktion und die Integration des Implantates in einem großen Kontaktbereich.

Voraussetzung für eine Osteointegration aus dem ersatzstarken Knochenlager an der Oberfläche geeigneter mineralischer Knochenersatzmaterialien ist lokale Stabilität an der Implantat-Knochen-Grenze.

Voraussetzung für einen dauerhaften Knochenverbund bleibt ein Fortbestehen eines lokalen, physiologischen Bedingungen ähnlichen Lastflusses im Grenzbereich. Instabile Implantate werden bindegewebig integriert, unbelastete knöcherne Grenzstrukturen verfallen der Atrophie.

Zusammenfassung

Auch im ersatzstarken Lager ist die osteoconduktive Wirkung mineralischer Knochenersatzmaterialien organischer oder synthetischer Grundstruktur von lokalen mechanischen Bedingungen abgängig.

Instabilität verhindert eine osteoconduktive Wirkung im Grenzbereich von Knochenersatzmaterial. Lokale Stabilität fördert dagegen die Osteointegration und ermöglicht aus dem ersatzstarken Lager heraus eine knöcherne Defektauffüllung und eine Integration des Knochenersatzes. Für die fortdauernde Osteointegration mineralischer Knochenersatzmaterialien ist im ersatzstarken Lager zusätzlich zur lokalen Stabilität die fortgesetzte mechanische Belastung des Knochenimplantatverbundes notwendig. Nur ein den natürlichen Bedingungen vergleichbarer Kraftfluß in der Verbundzone vermag eine für die Funktion der Defektfüllung sinnvolle, mechanisch wirksame Integration des Implantates zu erhalten.

Ergebnisse der Knochenszintigraphie bei 6-Jahres-Kontrollen von zementfreien Endoprothesen und ihre Bedeutung für die Erfassung von Lockerungsvorgängen

B. Grünert[1], L. Eckart[2], M. Gericke[1], A. J. Lemke[1], E. Stelling[2]

[1] Radiologische Klinik mit Poliklinik (Dir.: Prof. Dr. R. Felix), Klinikum Rudolf Virchow, Standort Wedding, Freie Universität Berlin, Augustenburger Platz 1, 1000 Berlin 65, BRD
[2] Abteilung für Orthopädie und physikalische Therapie (Leiter: Prof. Dr. F. Hofmeister), Klinikum Rudolf Virchow, Standort Wedding, Freie Universität Berlin, Augustenburger Platz 1, 1000 Berlin 65, BRD

Einleitung

Die Diagnostik von Lockerungen zementfreier Hüftendoprothesen stellt ein schwieriges Problem dar. Die Sensitivität der Röntgendiagnostik liegt bei zementierten Prothesen bei 40% und ist bei zementfreier Prothetik noch niedriger anzusiedeln. Die Knochensequenzszintigraphie mit ^{99m}Tc-Phosphatverbindungen besitzt bei zementierten Endoprothesen eine hohe Aussagekraft in der Diagnostik von Lockerungen [3]. Physiologischerweise weist das Implantatlager der zementierten Prothese spätestens 1 Jahr nach Implantation eine normale Knochenaktivität auf. Eine vermehrte Nuklidspeicherung i.S. verstärkter Osteoblastenaktivität im Bereich des Prothesenschaftes und der Pfanne ist Zeichen eines pathologisch gesteigerten Knochenumbaus und hochgradig verdächtig auf Lockerungsprozesse [3]. Bei zementfrei implantierten diaphysär verankerten Endoprothesenschäften (Modell Zweymüller) wurde bis zu einem Zeitraum von 2 Jahren nach Einbau noch eine reaktiv gesteigerte Osteoblastenaktivität ohne klinischen oder röntgenologischen Anhalt für eine Lockerung gefunden [5]. Eine Aktivitätszunahme innerhalb dieses Zeitraums kann Zeichen einer Frühlockerung sein, wobei jedoch eine quantitative Erfassung der Osteoblastenaktivität erforderlich ist [4, 6]. Da Langzeitergebnisse nach zementfreier Endoprothetik eines Prothesentypes mit großer Untersuchungszahl nicht vorliegen, ist es wichtig die Osteoblastenaktivität (quantitativ) sowie das Speicherverhalten nach längerer Implantatzeit zu erfassen.

Material und Methoden

Im Rahmen einer prospektiven Studie wurden bisher 66 Patienten mit 76 Hüftendoprothesen und einem mittleren Alter von 58,2 (22–76) Jahren zum Zeitpunkt der OP 6,5 Jahre nach Implantation klinisch-röntgenologisch kontrolliert und hinsichtlich ihres szintigraphischen Verhalten untersucht. Bei der nachuntersuchten Hüftendoprothese handelt es sich um 76 Implantate eines zementfreien Titangradschaftes nach Zweymüller [7] (Ti-6AL-4V-Gradschaftprothese mit diaphysärer Verklemmung, Typ 1 mit Kragen und Typ 2 „hochgezogen") in Kombination mit 74 Polyäthylenschraubpfannen nach Endler, da zwei zementiert implantierte Endler-Pfannen nicht mit ausgewertet wurden [1].

T. H. Ittel H.-G. Sieberth H. H. Matthiaß (Hrsg.)
Aktuelle Aspekte der Osteologie

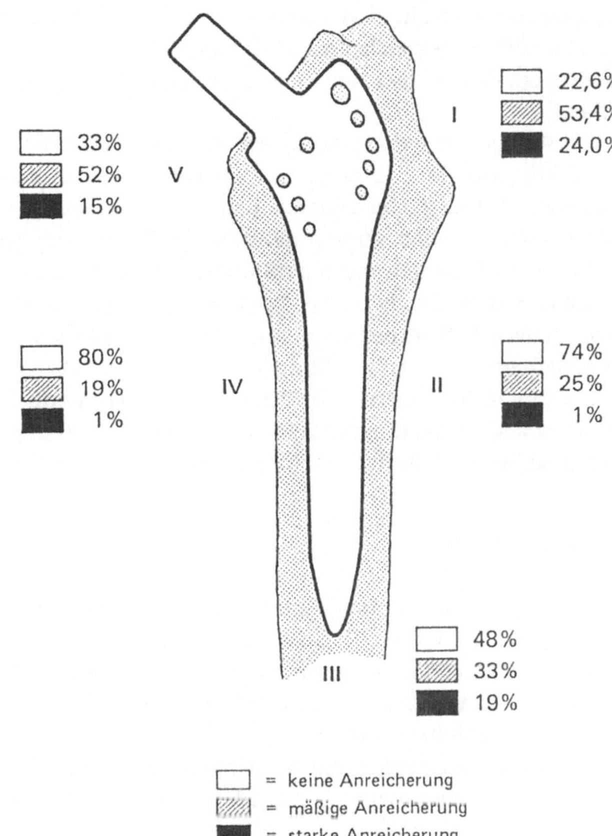

Abb. 1. Häufigkeit und Lokalisation der vermehrten Osteoblastenaktivität im Schaftbereich

Nach Injektion von 555 MBq ^{99m}Tc-MDP erfolgte nach 3 Std. die Spätszintigraphie mit analogen und digitalen Aufnahmen, die quantitative Auswertung erfolgte mittels ROI-Technik.

Ergebnisse Schaftbereich

Die Ergebnisse zeigten bei 84% (n = 67) der Patienten eine lokalisierte Mehrspeicherung (Abb. 1), wovon bei 85% dieser Fälle sowohl eine Mehranreicherung im trochanteren Bereich als auch um die Prothesenspitze bestand. Röntgenologisch fanden sich in 60% der Fälle Kortikalisverdickungen in den distalen Schaftanteilen bzw. eine Verdichtung im Spitzenbereich bei gleichzeitig vorliegendem Randsaum im proximalen Anteil. Analog zu den Ergebnissen bei Untersuchungen zwei Jahre nach Implantation fanden sich diese vor allem im Bereich der Schaftspitze und im Bereich des Prothesenkragens.

17,3% (n = 13) der Schäfte wurden – unter Berücksichtigung der 2-Jahresergebnisse — auf Grund ihrer Intensität und des Verteilungsmusters als locker befundet. Bei 6 Patienten konnte radiologisch und intraoperativ eine Lockerung bestätigt werden, ein Fall konnte intraoperativ bei nicht eindeutigem Röntgenbild bestätigt werden. 5 Fälle müssen bei regelrechtem röntgenologischen und/oder intraoperativen Befund als falsch positiv angesehen werden, ein Fall zeigte einen nicht eindeutigen Röntgenbefund bei unauffälligem klinischen Befund.

Von 9 Fällen mit röntgenologisch sicheren Lockerungszeichen waren 3 szintigraphisch unauffällig, wovon 2 intraoperativ überprüft werden konnten. In einem Fall konnte eine Lockerung bestätigt, im anderen Fall ausgeschlossen werden. Zwei weitere radiologisch unklare Schäfte ohne szintigraphische Auffälligkeiten waren intraoperativ fest. Von den restlichen 57 Patienten mit unauffälligem röntgenologischem Bild zeigten 93% auch szintigraphisch keine Zeichen einer Lockerung, 4 Fälle wurden szintigraphisch locker befundet. Vom klinischen Bild her zeigten die Patienten mit vermehrter szintigraphischer Aktivität im Schaftbereich keine Auffälligkeit.

Von den 16 intraoperativ fixierten Schäften (isolierte Pfannenlockerung) war ein Schaft szinitgraphisch lockerungsverdächtig, 13 waren szintigraphisch noch aktiv, lediglich 2 Fälle zeigten keine vermehrte Osteoblastenaktivität.

Ergebnisse Pfanne

Von den 74 ausgewerteten Pfannen zeigten 43 röntgenologisch und szintigraphisch keine Auffälligkeit. In 3 Fällen bestand bei röntgenologisch regelrechtem Befund eine Mehraktivität im Acetabulum, die szintigraphisch als lockerungsverdächtig befundet wurde.

Von den 28 gesicherten Pfannenlockerungen konnten 22 (79%) szintigraphisch erfaßt werden. Hier zeigte sich meist das typische Bild einer kapuzenförmigen Mehranreicherung im laterocranialen Acetabulumbereich; ein Fall zeigte eine vermehrte Osteoblastenaktivität, ohne als locker interpretiert zu werden, 5 Fälle zeigten keine Mehranreicherung.

Diskussion

Die in einem hohen Prozentsatz auch nach 6 Jahren bei radiologisch und klinisch unauffälligen Prothesen noch nachweisbare Osteoblastenaktivität weicht im Schaftbereich deutlich von zementierten Modellen ab und erschwert die Lockerungsdiagnostik erheblich. Als mögliche Ursache ist neben einer ungleichmäßigen Krafteinleitung mit entsprechenden biomechanischen Anpassungsvorgängen auch eine Schwingungsinstabilität mit konsekutiver nur partieller Lockerung anzusehen.

Die vorliegenden Ergebnisse bestätigen, daß zur Interpretation des Knochenszintigramms neben der Kenntnis des Röntgenbildes Informationen über die Biomechanik des entsprechenden Prothesenmodells nötig sind. Aber auch unter Kenntnis aller Parameter bleibt im Einzelfall die Bedeutung der Szintigraphie bei der Diagnostik einer klinisch relevanten Schaftlockerung eher gering. Diese Aussagen können a priori nicht auf andere Schaftmodelle übertragen werden.

Die Wertigkeit der Szintigraphie bei der Diagnostik von Pfannenlockerungen liegt bei guter Sensitivität (82%), hoher Spezifität (92%) und Treffsicherheit (89%) deutlich besser und entspricht den Ergebnissen bei zementierten Pfannenmodellen.

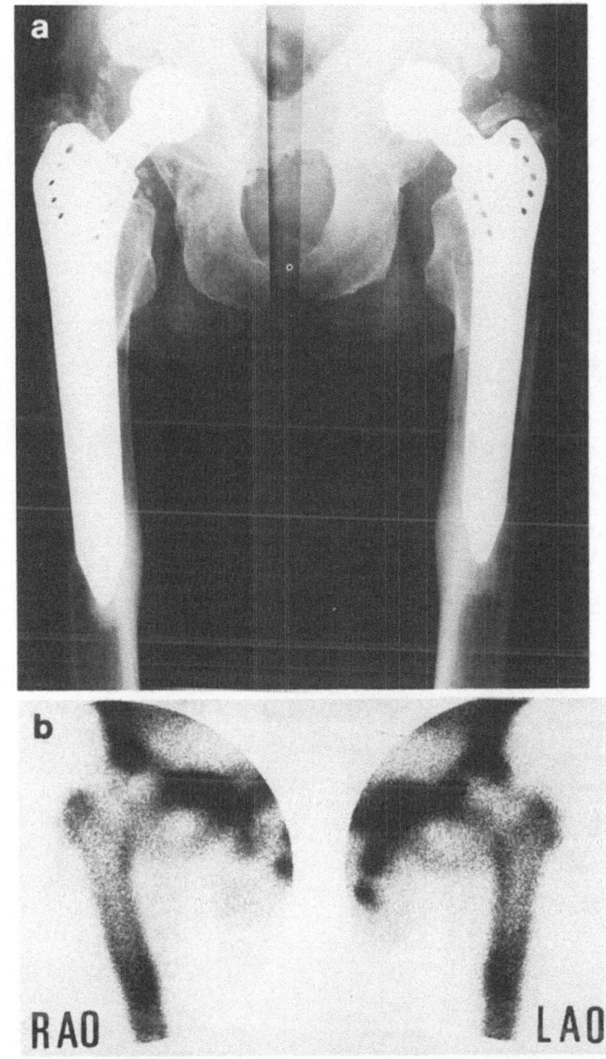

Abb. 2a, b. 66jähriger Patient: TEP beidseits, röntgenologisch (**a**) unauffällige Pfannendarstellung bds., im Schaftbereich deutliche mediale Kortikalisverdickung und Markraumverdichtung links stärker als rechts, keine Lockerungszeichen. Szintigraphisch (**b**) findet sich eine deutliche Mehranreicherung im medialen distalen Schaftanteil bei relativ unauffälligen Pfannen bds., kein Vd.a. Lockerung laterocranialen Anteil des Acetabulums i.S. einer Lockerung

Zusammenfassung

Die Lockerungsdiagnostik der zementfreien Hüftendoprothetik ist auf Grund unterschiedlicher Biomechanik und der daraus resultierenden Reaktion des Implantatlagers – im Gegensatz zum zementierten Modell – schwer standardisierbar. Über szintigraphische Spätergebnisse liegen bisher nur vereinzelt Ergebnisse vor.

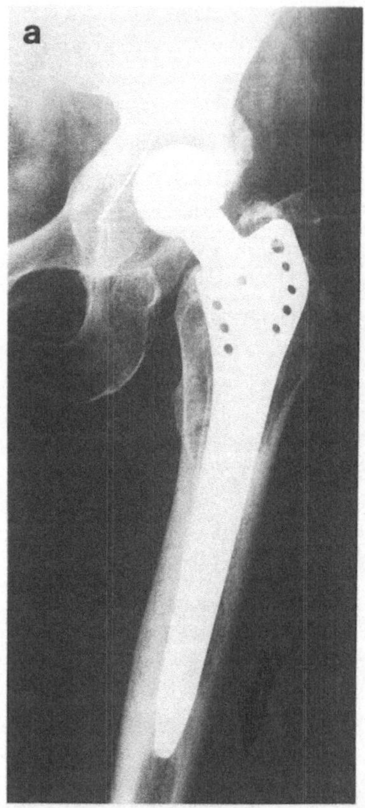

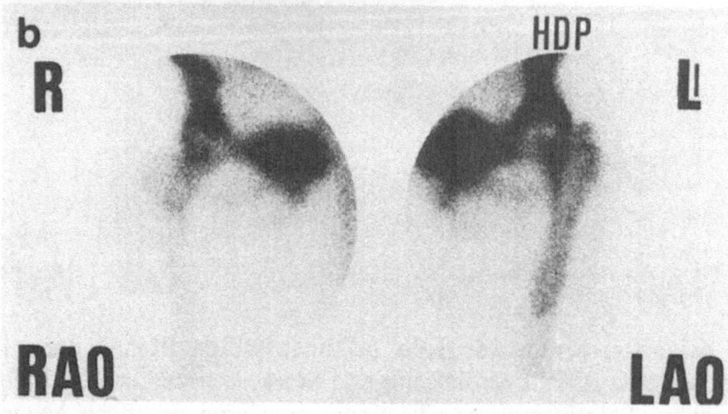

Abb. 3a, b. 70jährige Patientin: TEP links 1984, röntgenologisch (**a**) eindeutige Pfannenlockerung, im Schaftbereich mäßige medialseitige Kortikalisverdickung mit proximalem Randsaum. Szintigraphisch (**b**) links fokale Nuklidmehrspeicherung im laterocranialen Anteil Acetabulums i.S. eine Lockerung, geringe Mehranreicherung im Schaftbereich. Intraoperativ Pfannenlockerung bei fixiertem Schaft mit kurzstreckiger proximaler Lockerung

Von 76 zementfrei implantierten Hüftendoprothesenschäften (Modell Zweymüller) zeigten sechs Jahre nach Implantation 84% noch immer eine verstärkte szintigraphische Osteoblastenaktivität, vornehmlich im trochanteren und Prothesenspitzenbereich. Der vermehrte Knochenumbau kann teilweise durch die Anpassung an biomechanische Belastungen und Mikroinstabilitäten erklärt werden, erkennbar auch durch röntgenologische Veränderungen. Es fand sich eine gute Korrelation von szintigraphischer Mehranreicherung und röntgenologisch dargestellten Kortikalisverdickungen und/oder Verdichtungen im Prothesenschaftbereich. Im Pfannenbereich fand sich bei röntgenologisch regelrechtem Befund in keinem Fall eine szintigraphische Mehranreicherung, von 27 intraoperativ gesicherten Pfannenlockerungen konnten 79% szintigraphisch nachgewiesen werden.

Die Interpretation des szintigraphischen Befundes hinsichtlich einer Lockerung ist dabei nur unter Kenntnis der Biomechanik des Prothesentypes und Kenntnis des röntgenologischen Befundes möglich.

Literatur

1. Endler M (1982) Theoretisch-experimentelle Grundlagen und erste klinische Erfahrungen mit einer neuen, zementfreien Polyäthylenschraubpfanne beim Hüftgelenkersatz. Acta Chir Austriaca 45:3
2. Gierse H, Maaz B, Pelster C (1988) Probleme der Endler-Pfanne-Diskrepanz zwischen radiologischem und klinischem Befund bei mittelfristigen Ergebnissen. Orthop Praxis 24:368
3. Pearlman AW (1980) The painful hip prosthesis: value of nuclear imaging in the diagnosis of late complications. Clin Nucl Med 5:133
4. Rosenthall L, Ghazal ME, Barrette et al. (1990) Observations on radiophosphate uptakes in asymptomatic cementless hip prostheses. NUC-Compact 21:15
5. Schicha H, Perner K, Voth E et al. (1986) Zementfreie Implantation von Zweymüller-Endler-Totalendoprothesen der Hüfte – klinische, röntgenologische und szintigraphische Verlaufskontrolle über 2 Jahre. Nucl Med 25:55
6. Trepte CT, Brecht-Kraus D, Puhl W et al. (1989) Quantitative skelettszintigraphische Verlaufsuntersuchungen bei zementlosen Hüfttotalendoprothesen. Orthop Praxis 25:390
7. Zweymüller K, Semlitsch M (1982) Concept and material properties of a cementless hip prosthesis system with Al_2O_3 ceramic ball heads and wrought Ti-6Al-4V stems. Arch Orthop Trauma Surg 100:229

Osteoblastenaktivität nach zementfreier Endoprothesenimplantation. Szintigraphische Verlaufskontrollen über 2 Jahre

L. Eckart[1], M. Gericke[2], C. Otto[1], A. J. Lemke[2], B. Grünert[2]

[1] Abteilung für Orthopädie und physikalische Therapie (Komm. Leiter: Dr. M. Kretzschmar), Klinikum Rudolf Virchow, Standort Wedding, Freie Universität Berlin, Augustenburger Platz 1, 1000 Berlin 65, BRD
[2] Radiologische Klinik mit Poliklinik (Dir.: Prof. Dr. R. Felix), Klinikum Rudolf Virchow, Standort Wedding, Freie Universität Berlin, Augustenburger Platz 1, 1000 Berlin 65, BRD

Einleitung

Im Gegensatz zu zementverankerten Totalendoprothesen des Hüftgelenkes ist bei zementfreien Implantaten aufgrund des zunehmenden knöchernen Einbaus im Sinne der Osseointegration mit einer länger andauernden Osteoblastenaktivität im knöchernen Lager zu rechnen [7]. Dabei ist für die Intensität der osteoblastären Reaktion neben Material und Design der Prothese die osteogene Potenz des Implantatlagers verantwortlich. Hierbei muß auch eine mögliche verminderte Fähigkeit zum knöchernen Einbau einer Endoprothese mit zunehmendem Lebensalter oder bei vorgeschädigtem Implantatlager im Rahmen von Prothesenaustauschoperationen diskutiert werden, die eine biologische Grenze für die Indikation zur zementfreien Endoprothetik bedeuten würden [2].

Ziel unserer Studie ist es, den typischen Verlauf und mögliche Störungen der osteoblastären Aktivität als Zeichen der Osseointegration einer zementfreien Totalendoprothese zu erfassen.

Material und Methoden

Im Rahmen einer prospektiven Studie wurden seit 1988 bisher 189 Patienten mit einem mittleren Alter von 68 Jahren (35–88) 7 und 21 Tage nach Implantation eines zementfreien Titanschaftes nach Zweymüller (Ti-6AL-7Nb-„press fit" Gradschaftprothese Modell SL) in Kombination mit einer Titaniumschraubpfanne mit Polyäthylen-Inlay nach Zweymüller szintigraphisch, klinisch und radiologisch untersucht. Nach 6 Monaten konnten 101, nach 12 Monaten 67 und nach 2 Jahren bisher 8 dieser Patienten erneut kontrolliert werden. Dabei wurden nur Patienten mit klinisch asymptomatischem Verlauf in die Auswertung einbezogen, Patienten mit ausgeprägten paraartikulären Ossifikationen wurden wegen der hohen Speicheraktivität im trochanternahen Bereich bei der Aktivitätserfassung dieser Region nicht berücksichtigt.

Nach Bolusinjektion von 555 MBq ^{99m}Tc-MDP wurde eine Sequenzszintigraphie mit Erfassung von arterieller Perfusion, Frühphase sowie 3 Std. p.i. der Spätszintigraphie mit analogen und digitalen Aufnahmen erstellt. Die Auswertung erfolgte durch ein standardisiertes Schema mit einzelnen ROIs im Bereich des Acetabulums, der Trochanterregion und der Prothesenspitze. Der quantitative Vergleich erfolgte nicht im direkten Seitenvergleich [9], da im Untersuchungskollektiv gehäuft kontralateral eine deutliche Coxarthrose oder

T. H. Ittel H.-G. Sieberth H. H. Matthiaß (Hrsg.)
Aktuelle Aspekte der Osteologie

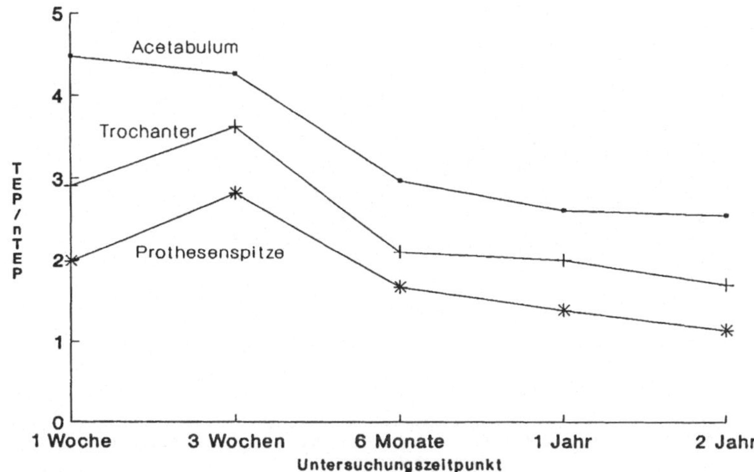

Abb. 1. Osteoblastenaktivität nach zementfreier TEP (System Zweymüller SL; Erstimplantation)

bereits eine Endoprothese vorlag. Auch eine Standardisierung über den Iliosacralgelenksbereich [6] erwies sich durch teilweise erhebliche degenerative Veränderungen als problematisch. Als Referenzpunkt wurde daher ein distales kontralaterales Femurareal gewählt, welches bei allen Patienten eine konstante Knochenaktivität aufwies.

Ergebnisse

Es zeigte sich bei den asymptomatischen Totalendoprothesen ein typischer Verlauf der szintigraphisch erfaßten osteoblastären Aktivität. Der Bereich des Acetabulums wies insgesamt die stärkste Aktivität auf, die im Verlauf kontinuierlich abnahm. Im Schaftbereich lag die Aktivität in der Trochanterregion höher als im Prothesenspitzenbereich, hier zeigte sich ein deutlicher Anstieg innerhalb der ersten drei Wochen mit folgender langsamer Aktivitätsabnahme (Abb. 1). Nach ca. einem Jahr zeigte sich keine gesteigerte Osteoblastenaktivität mehr im Implantatlager mit nur noch geringer Abnahme im weiteren Verlauf. Bei der Aufgliederung in die einzelnen Altersgruppen zeigten sich keine Unterschiede in der Knochenaktivität über den gesamten Untersuchungszeitraum (Abb. 2). Der Vergleich zwischen zementfreier Erstimplantation und zementfreiem Prothesenwechsel zeigt eine etwas erhöhte Anfangsaktivität im Schaftbereich bei Wechseloperationen bei nahezu identischem weiteren Verlauf (Abb. 3).

Diskussion

Analog zu den Beobachtungen an anderen zementfrei implantierten Prothesenmodellen ergibt sich auch für die Titaniumendoprothese nach Zweymüller (Modell SL) [10] ein „szintigraphisches Normalverhalten". Das vergleichbar höhere Knochentrauma und die Verdichtung im Rahmen des Eindrehvorganges der selbstschneidenden Titanpfanne kann die im Vergleich zum Schaft hohe Anfangsaktivität im Acetabulum nach 7 Tagen erklären.

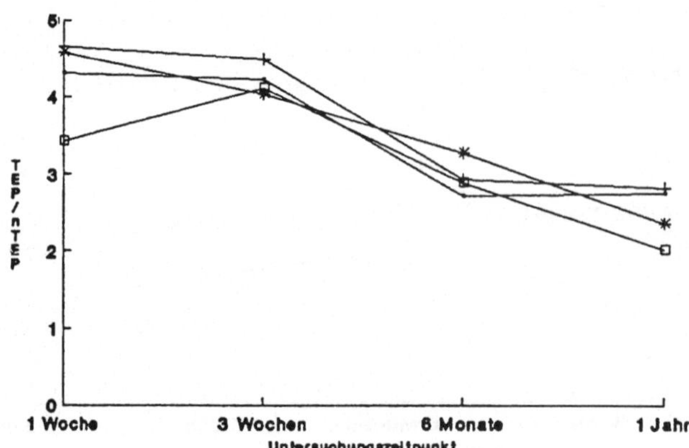

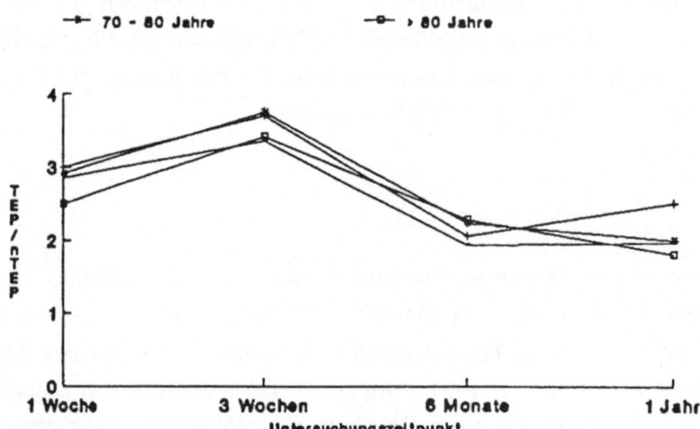

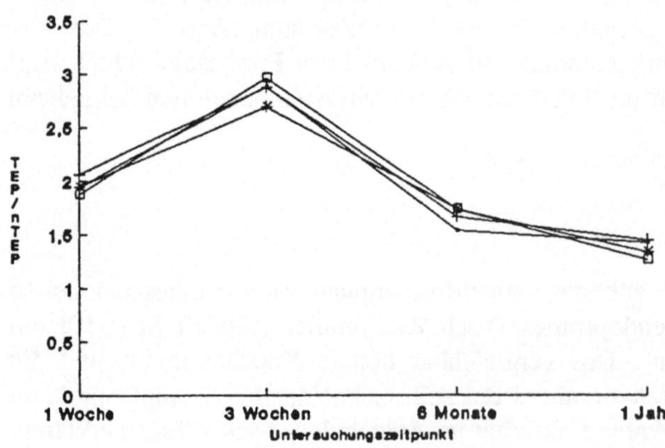

Abb. 2. Vergleich der osteoblastären Aktivität in den einzelnen Altersgruppen

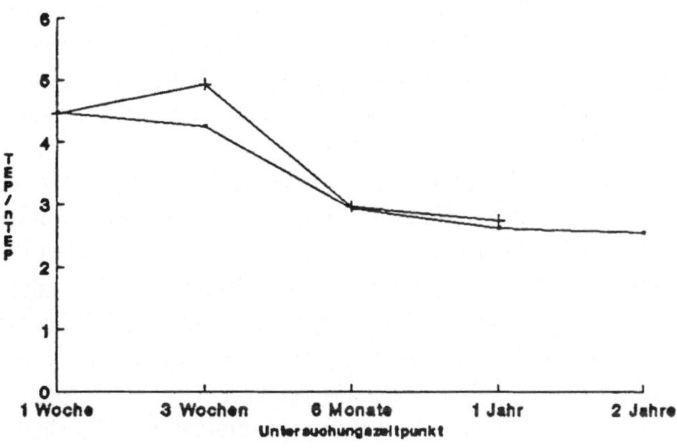

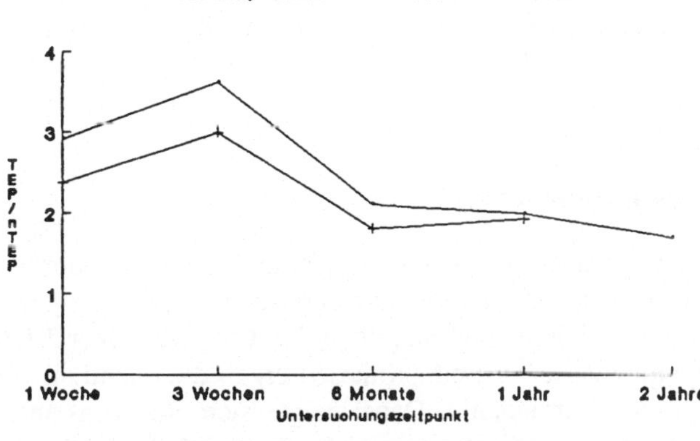

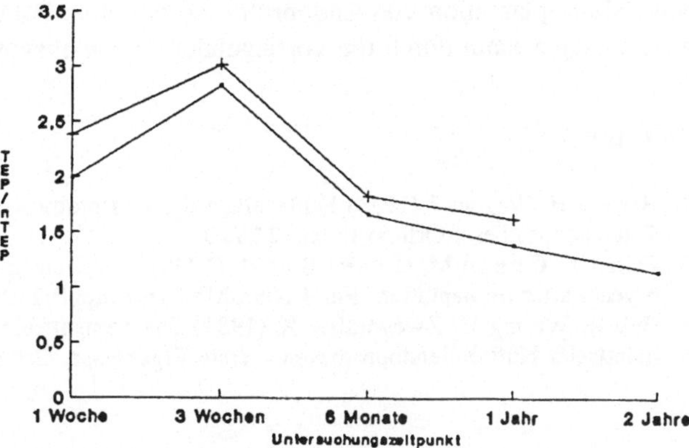

Abb. 3. Vergleich der osteoblastären Aktivität zwischen Erstimplantationen und zementfreien Austauschoperationen

Die geringere und im Rahmen des Raspelvorganges noch weiter verminderte Menge aktiven Knochenmarks bedingt den verzögert einsetzenden Aktivitätsanstieg im Schaftbereich. Die abnehmende Aktivität im weiteren Verlauf zeigt eine stabile Verankerung der Prothese mit relativ gleichmäßigem Kraftfluß, da eine unregelmäßige Kraftübertragung vom Prothesenschaft auf das Femur zu biomechanischen Anpassungsvorgängen mit entsprechend gesteigerter Osteoblastenaktivität führt, wie Untersuchungen an älteren Prothesenmodellen zeigen [2, 4, 7].

Auch im höheren Lebensalter besteht entgegen der lange vorherrschenden Meinung [5] eine unverminderte Reaktionsfähigkeit des knöchernen Lagers, wie auch umfangreiche Untersuchungen über Frakturheilung nachweisen konnten [8]. Eine dauerhafte zementfreie Implantatverankerung ist somit auch im höheren Lebensalter gewährleistet, was die klinischen Ergebnisse bestätigen. Bietet das implantierte Prothesenmodell eine zur Frühmobilisierung ausreichende Primärstabilität [10], so ergibt sich auch im höheren Alter keine Notwendigkeit zur prinzipiellen Verwendung von Knochenzement.

Der Vergleich zwischen Erstimplantation und Prothesenwechseloperation wird durch die relative Inhomogenität der Prothesenwechsel mit Spongiosaanlagerungen unterschiedlichen Ausmaßes und erheblichen Unterschieden des Knochentraumas bei der Implantatentfernung erschwert. Zusätzlich sind auch Instabilitäten schwieriger abzugrenzen. Auch bei Beachtung dieser Einschränkungen lassen sich unter Berücksichtigung der guten klinischen Ergebnisse [3] keine Zeichen für eine geringere osteogene Potenz des Implantatlagers, die aufgrund von Fehlschlägen zementfreier Prothesenaustauschoperationen impliziert wurde [1], finden.

Zusammenfassung

Nach Implantation einer zementfreien Titaniumendoprothese (Modell Zweymüller) erfolgten zur Erfassung der Osseointegration bei 189 Patienten ohne Altersbegrenzung szintigraphische, klinische und radiologische Kontrollen über 2 Jahre. Bei klinisch und radiologisch asymptomatischen Endoprothesen ergab die quantitative szintigraphische Auswertung ein typisches Verlaufsbild. Dabei zeigte sich eine konstante Abnahme der Osteoblastenaktivität mit Normalisierung nach durchschnittlich 12 Monaten. Unterschiede in den einzelnen Altersgruppen und zwischen Erstimplantation und Prothesenaustauschoperationen konnten nicht nachgewiesen werden. Eine biologische Beschränkung der Indikation für die zementfreie Implantation von Endoprothesen bei alten Patienten sowie bei vorgeschädigtem Implantatlager kann durch die vorliegenden Daten ausgeschlossen werden.

Literatur

1. Bartsch H, Wagner J (1988) Fehlschläge der Hüftprothesenauswechselung mit der zementlosen Totalendoprothese. Orthop Praxis 24:770
2. Eckart L, Gericke M, Grünert B et al. (1990) Bone scintigraphy in cementless hip arthroplasty 6 years after implantation. Eur J Nucl Med 16 (Suppl):140
3. Eyb R, Wurnig C, Zweymüller K (1989) Die zementfreie Austauschoperation gelockerter zementfreier Hüfttotalendoprothesen – erste Ergebnisse. Orthop Praxis 25:717

4. Gericke M, Eckart L, Grünert B, Reyes R (1991) Ergebnisse der Knochenszintigraphie bei 6 Jahreskontrollen von zementfreien Endoprothesen und ihre Bedeutung für die Erfassung von Lockerungsvorgängen. Orthop Praxis 27 (im Druck)
5. Matin P (1988) Basic principles of nuclear medicine techniques for detection and evaluation of trauma and sports medicine injuries. Sem Nucl Med 18 (2):90–112
6. Rosenthall L, Ghazal ME, Barrette R et al. (1990) Observations on radio-phosphate uptakes in asymptomatic cement-less hip prostheses. NUC-Compact 21.15
7. Schicha H, Perner K, Voth E et al. (1986) Zementfreie Implantation von Zweymüller-Endler Totalendoprothesen der Hüfte – klinische, röntgenologische und szintigraphische Verlaufskontrolle über 2 Jahre. Nucl Med 25:55
8. Spitz J, Tittel K, Weigand H (1990) Grundsätzliche Aspekte der Skelettszintigraphie. Der Nuklearmediziner 128:17–34
9. Trepte CT, Brecht-Kraus D, Puhl et al. (1989) Quantitative skelett-szintigraphische Verlaufsuntersuchungen bei zementlosen Hüfttotalendoprothesen. Orthop Praxis 25:390
10. Zweymüller K, Deckner A, Lintner F, Semlitsch M (1988) The development of the cementless hip endoprosthesis with the SL-program. Med Orthop Technik 108:10–15

D. Knochentumoren

Riesenzelltumor der Clavicula bei einem Patienten mit Ostitis deformans Paget

W. H. Pethke[1], G. Delling[2], R. Maas[1], G. Dahmen[3], H.-P. Kruse[4]

[1] Radiologische Klinik, Universitätskrankenhaus Hamburg, Martinistraße 52, W–2000 Hamburg 20, BRD
[2] Institut für Pathologie, Universitätskrankenhaus Hamburg, Martinistraße 52, W–2000 Hamburg 20, BRD
[3] Orthopädische Klinik, Universitätskrankenhaus Hamburg, Martinistraße 52, W–2000 Hamburg 20, BRD
[4] Medizinische Kern- und Poliklinik, Universitätskrankenhaus Hamburg, Martinistraße 52, W–2000 Hamburg 20, BRD

Anamnese

Ein 44jähriger Patient hatte seit etwa 5 Monaten bemerkt, daß eine bekannte, Paget-typische Knochenauftreibung im Bereich der rechten Clavicula deutlich an Größe zugenommen hatte. Nachdem er zusätzlich über verstärkten Druck- und Spontanschmerz innerhalb dieses Tumors berichtet hatte, wurde er zu einer Kontrolluntersuchung in unserer Klinik vorgestellt.

Bei dem Patienten war vor zwei Jahren wegen hartnäckiger Kopfschmerzen die Zufallsdiagnose einer Osteodystrophia deformans Paget gestellt worden. Eine wegen Verdacht auf Sinusitis maxillaris angefertigte Röntgenaufnahme des Schädels hatte M. Paget-typische röntgenologische Knochenstrukturveränderungen sichtbar gemacht. Die histologische Untersuchung eines Knochenzylinders aus dem Beckenkamm bestätigte dann die radiologische Diagnose. Eine zum damaligen Zeitpunkt durchgeführte Skelettszintigraphie zeigte bereits eine ausgedehnte polyostotische Aktivität u.a. mit Befall von Schädelknochen, Wirbelsäule, Becken, Rippen und beiden Schlüsselbeinen. Auch die maximal erhöhten Knochenumbauparameter mit einer alkalischen Phosphatase im Serum von über 5000 U/l (Norm bis 90) und eine 50fach gesteigerte Hydroxyprolinausscheidung im Urin offenbarten einen ungewöhnlich schweren Verlauf der Erkrankung. Eine initial begonnene Kombinationstherapie mit Calcitonin und Etidronsäure (EHDP) hatte nach über 6 Monaten zu einem nur marginalen Abfall der erhöhten Laborwerte geführt. Erst ein Therapieversuch mit Clodronsäure, der wegen zunehmender Knochenschmerzen als experimentelle Therapie unter stationärer Kontrolle eingeleitet worden war, führte zu einem Rückgang der erhöhten alkalischen Phosphatase i.S. um mehr als 50%, die Hydroxyprolin-Ausscheidung verringerte sich um den Faktor 5. Auf diesem Niveau war die Krankheitsaktivität bis zur erneuten stationären Aufnahme wegen des Klavikel-Tumors stabil geblieben (800 mg Clodronat/d).

T. H. Ittel H.-G. Sieberth H. H. Matthiaß (Hrsg.)
Aktuelle Aspekte der Osteologie

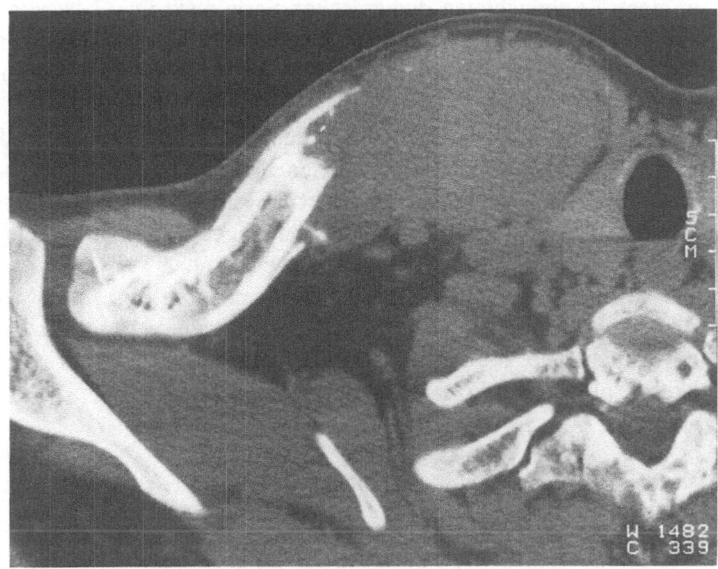

Abb. 1. CT der rechten Clavicula. Aus der Klavikel hervorgehender, weichteildichter Tumor mit Auflösung der Knochengrenzen

Befunde

Bei der körperlichen Untersuchung fand sich ein ca. 10×6 cm großer derber, druckschmerzhafter Tumor im Bereich der sternalen Hälfte der rechten Clavicula, der sich deutlich gegenüber der übrigen Oberfläche hervorwölbte. Die Haut über dem Tumor war überwärmt, im Zentrum der Anschwellung war ein pulssynchrones Strömungsgeräusch auskultierbar. Der übrige körperliche Aufnahmebefund war unverändert zu den Voruntersuchungen. Suspekte Lymphome waren nicht zu tasten.

Auch die Laboruntersuchungen zeigten unverändert hohe Werte der Knochenumbauparameter: Die alkalische Phosphatase i.S. war auf 2400 U/l (Norm bis 90) erhöht, ebenso die Werte für Osteocalcin i.S. mit 26 μg/l (Norm bis 6,6) und Hydroxyprolin/Kreatinin i.U. mit 0,26 (Norm bis 0,033).

Eine konventionelle Röntgenaufnahme der rechten Clavicula zeigte den Knochen in seinen äußeren Konturen nahezu unverändert. Zur Beurteilung tumoröser Knochenveränderungen hat sich das Computertomogramm als sensitivstes Verfahren mit der besten Ortsauflösung bewährt [1, 2]; in unserem Fall stellte sich die Raumforderung als 5 × 9 cm großer weichteildichter Tumor dar, der aus der Clavicula hervorzugehen schien und diese gleichzeitig mottenfraßähnlich destruiert hatte (Abb. 1). Die Compacta-Grenzen im Bereich des sternalen Ansatzes waren nahezu vollständig aufgelöst.

Zur besseren Abgrenzung gegenüber den umliegenden Weichteilen und zur Beurteilung der Binnenstruktur des Tumors [3, 4] wurde außerdem eine Kernspintomographie der Region angefertigt. In der koronaren Schichtung sieht man einen verdrängend wachsenden Tumor von ca. 7 cm Höhe mit unscharfer Abgrenzung zum subkutanen Fettgewebe, ohne Anhalt für zentrale Einblutungen oder Nekrosen (Abb. 2).

In einer T_1-gewichteten dynamischen Serie nach i.v.-Gabe von Gadolinium kommt es innerhalb von ca. 30 sec zu einer flächenhaften Signalanhebung im Bereich des Tumors (Abb. 3a, b), womit eine extrem starke, pathologische Durchblutung des Tumors demonstriert werden konnte.

Pathologische Hyperperfusion, verdrängendes und destruierendes Wachstum mit unscharfer Abgrenzung zum angrenzenden Fettgewebe waren Befunde, die bei der Grunderkrankung des Patienten den Verdacht auf ein M. Paget-assoziiertes Osteosarkom nahelegten. Von einer Probe-Entnahme wurde wegen des nicht kalkulierbaren Blutungsrisikos abgesehen, der Tumor stattdessen in toto entfernt.

Die histologische Aufarbeitung zeigte einen völlig solide aufgebauten Tumor mit gleichmäßig differenzierten Stromazellen und zahlreichen vielkernigen Riesenzellen vom osteoklastären Typ, die gleichmäßig im Tumor verteilt waren und teilweise mehr als 100 Zellkerne aufwiesen (Abb. 4).

Diagnose

Die Diagnose lautete Riesenzelltumor, nach zellulärem DNA-Gehalt Grad II (Feulgen gefärbtes Frischmaterial).

Postoperativ fiel die Aktivität der alkalischen Serumphosphatase innerhalb von 2 1/2 Wochen um 40% ab, ohne daß der Patient eine spezifische medikamentöse Therapie erhielt. Nach jetzt 8 Monaten fand sich kein Hinweis auf das Vorliegen eines Lokalrezidivs oder Zweittumors.

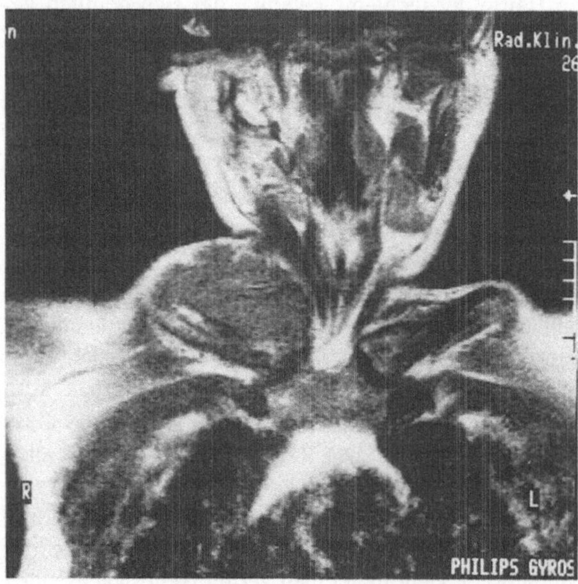

Abb. 2. NMR in koronarer Schichtung. Verdrängend wachsender Tumor ohne zentrale Einblutung oder Nekrose

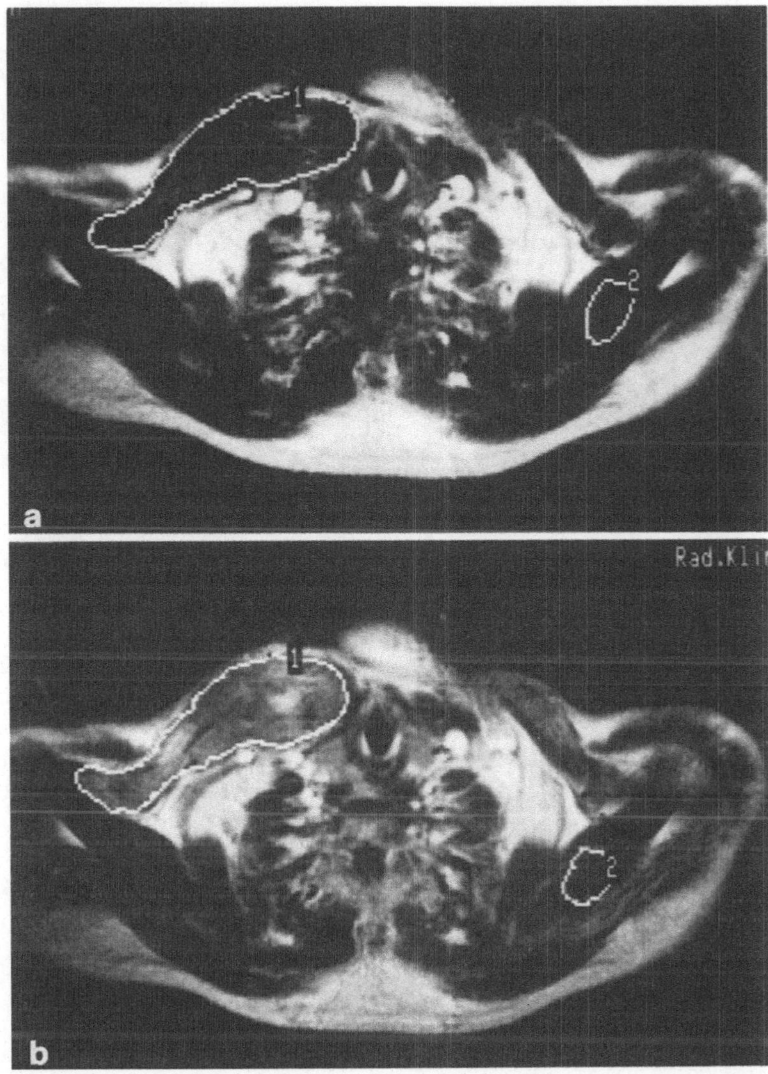

Abb. 3a, b. Pathologisch gesteigerte Perfusion des Tumors, dargestellt durch T_1-gewichtete dynamische NMR-Serie. Flächenhafte Signalanhebung innerhalb von 30 sec nach i.v.-Gabe von Gadolinium im Bereich des Tumors (*1*), gesundes Muskelgewebe (*2*) verbleibt signalarm

Diskussion

Obschon Riesenzelltumoren auf dem Boden pathologisch veränderten Knochengewebes bei Patienten mit Morbus Paget in der Literatur gut dokumentiert worden sind [3, 6–9], stellt diese Koinzidenz eine Rarität dar. Zwar haben Patienten mit polyostotischem Befall einer Ostitis deformans ein etwa 20fach erhöhtes Risiko, an primären Knochentumoren zu erkranken – die Angaben über die Frequenz dieser Neoplasien schwanken zwischen 0,95% [4] und 12,5% [5] aller Patienten mit M. Paget – die Riesenzelltumoren unter diesen

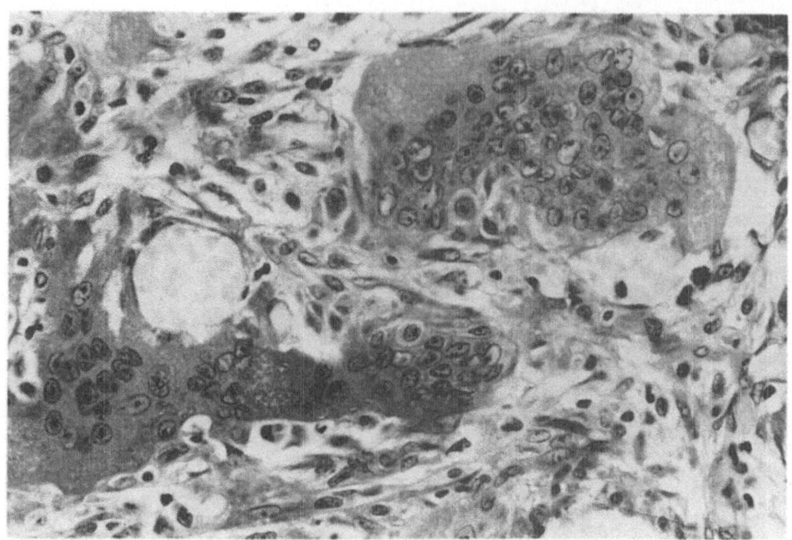

Abb. 4. Risenzelltumor. Gleichmäßig differenzierte Zellkerne in mononukleären Stromazellen und vielkernige Riesenzellen vom osteoklastären Typ

neoplastischen Transformationen stellen aber eher die Ausnahme dar. In der Aufarbeitung von etwa 250 gut dokumentierten Fällen aus der Literatur (J.M. Mirra, 1989, n = 182 [6]; F. Schajowicz, 1983, n = 64 [7]) handelt es sich bei diesen Tumoren in den meisten Fällen um Osteosarkome (61–80%), gefolgt von Fibrosarkomen (14–23%), Chondrosarkomen (3–8%) und selteneren Malignomen (2–5%). Benigne Riesenzelltumoren (RZT) stellen mit 1% [6] bzw. 3% [7] die kleinste Gruppe dieser Tumoren. Bisher sind etwa 100 Fälle in der Weltliteratur beschrieben worden [6].

Die Koinzidenz beider Erkrankungen ist dennoch nicht zufällig, da RZT in Assoziation mit einer Ostitis deformans einige Besonderheiten aufweisen:

- In nahezu allen beschriebenen Fällen entstehen die Tumoren in Knochenabschnitten, die histologisch eindeutig Paget-typische Veränderungen aufweisen [8].
- Sie sind zu über 50% im Bereich des Schädels oder der Gesichtsknochen lokalisiert [6, 8] während konventionelle RZT diese Lokalisation nur in weniger als 1% aller Fälle aufweisen [10, 11].
- Die Patienten sind in über 80% der Fälle älter als 55 Jahre [9, 12], während über 90% aller Patienten mit konventionellen RZT 15–50 Jahre alt sind [10].
- Zwar sind nur etwa 0,1% aller primären Knochentumoren M. Paget assoziierte RZT [6], während die konventionellen RZT 5% aller Fälle ausmachen, dennoch ist das Risiko, einen RZT zu entwickeln, bei Patienten mit polyostotischem Befall eines M. Paget mit 1:10 000 etwa 10mal so hoch wie in der Normalbevölkerung [6].
- Eine geographische bzw. familiäre Häufung dieser RZT ist beschrieben worden [9].

Die Lokalisation im Bereich der Clavicula ist bei vorbestehendem M. Paget bisher nur in zwei Fällen in der englischsprachigen Literatur erwähnt worden [7, 13].

Zusammenfassung

Vor zwei Jahren wurde bei einem jetzt 44jährigen Patienten die Diagnose einer Ostitis deformans mit polyostotischer Lokalisation gestellt und histologisch gesichert.

Auffällig waren die maximal erhöhten Parameter des Knochenumbaus mit einer alkalischen Phosphatase im Serum von initial über 5000 U/l und ein nur geringes Ansprechen auf eine Therapie mit Calcitonin und Etidronsäure. Die erneute Diagnostik in unserer Klinik erfolgte wegen einer zunehmenden, tumorverdächtigen Anschwellung der rechten Clavicula. Computer- und kernspintomographisch stellte sich ein stark vaskularisierter Tumor von 5 × 9 cm Größe dar, der das Schlüsselbein im sternalen Anteil mottenfraßähnlich destruiert hatte und den Verdacht auf ein Osteosarkom bzw. Pagetsarkom nahelegte. Nach dessen Extirpation in toto zeigte die histologische Aufarbeitung hingegen einen soliden Tumor mit zahlreichen vielkernigen Riesenzellen vom osteoklastären Typ, im Sinne eines Riesenzelltumors Grad II. Postoperativ fiel die alkalische Serumphosphatase um 40% ab.

Die Entwicklung eines Riesenzelltumors auf dem Boden eines Morbus Paget stellt eine Rarität dar. Obwohl nur bei etwa 0,01% aller Patienten mit Morbus Paget mit dieser Komplikation zu rechnen ist, sprechen Lokalisation, Altersverteilung und die Tatsache, daß quasi alle diese Riesenzelltumoren auf dem Boden strukturveränderter Knochenabschnitte entstehen, gegen eine zufällige Koinzidenz beider Erkrankungen.

Literatur

1. Hudson TM, Springfield DS, Benjamin M et al. (1985) Computed tomography of parosteal osteosarcoma. AJR 144:961–965
2. Som PM, Hermann G, Sacher M et al. (1987) Paget disease of the calvaria and facial bones with an osteosarcoma of the maxilla: CT and MR findings. J Comput Assist Tomogr 11:887–890
3. Morris CS, Brogdon BG (eds) (1990) Roentgenologic clinical pathologic case: Paget's disease with headache and disorientation. Invest Radiol 25:1279–1284
4. Wick MR, Siegal GP, Unni KK et al. (1981) Sarcomas of bone complicating osteitis deformans (Paget's disease). Am J Surg Pathol 5:47–59
5. Kirshbaum JD (1943) Fibrosarcoma of the skull in Paget's disease. Arch Pathol 35:74–79
6. Mirra JM (1989) Bone tumors. Lea & Febiger, Philadelphia London
7. Schajowicz F, Araujo ES, Berenstein M (1983) Sarcoma complicating Paget's disease of bone. J Bone Joint Surg [Br] 65:299–307
8. Mirra JM, Bauer FCH, Grant TT (1981) Giant cell tumor with viral-like intranuclear inclusions associated with Paget's disease. Clin Orthop 158:243–251
9. Jacobs TP, Michelsen J, Polay JS et al. (1979) Giant cell tumor in Paget's disease of bone. Cancer 44:742–747
10. Dahlin DC (1985) Giant cell tumor of bone: highlights of 407 cases. AJR 144:955–960
11. Campanacci M, Baldini N, Boriani S, Sudanese A (1987) Giant-cell tumor of bone. J Bone Joint Surg [Am] 69:106–114
12. Upchurch KS, Simon LS, Schiller AL et al. (1983) Giant cell reparative granuloma of Paget's disease of bone: a unique clinical entity. Ann Intern Med 98:35–40
13. Nusbacher N, Sclafani SJ, Birla SR (1981) Case report 155. Skeletal Radiol 6:233–235

Die osteofibröse Dysplasie und ihre histogenetischen Beziehungen zum Adamantinom der langen Röhrenknochen

Y. Ueda[1], S. Blasius[1], G. Edel[1], P. Wuisman[2], W. Böcker[1], A. Roessner[1]

[1] Gerhard-Domagk-Institut für Pathologie (Dir.: Prof. Dr. W. Böcker), Westfälische Wilhelms-Universität, Domagkstraße 17, W-4400 Münster, BRD
[2] Klinik und Poliklinik für Orthopädie (Dir.: Prof. Dr. W. Winkelmann), Westfälische Wilhelms-Universität, Albert-Schweitzer-Straße 33, W-4400 Münster, BRD

Einleitung

Die osteofibröse Dysplasie ist eine seltene fibro-ossäre Läsion, die von Campanacci [2] erstmals beschrieben wurde. Sie kommt ausschließlich in der Kortikalis der Tibia von Kindern mit einem Alter unter 10 Jahren vor. Einige dieser Läsionen zeigen ein aggressives klinisches Verhalten, im allgemeinen kommt es jedoch zu einer Stabilisierung oder sogar zu einer Regression, wenn die Patienten das Alter von zehn Jahren überschritten haben. Aus diesem Grunde wird prinzipiell eine zurückhaltende chirurgische Therapie empfohlen.

Das Admantinom der langen Röhrenknochen befällt ebenfalls überwiegend die Tibia. Im Gegensatz zur osteofibrösen Dysplasie zeigt es jedoch ein niedrig malignes biologisches Verhalten mit einer möglichen Metastasierung in etwa 15% der Fälle. Seit einiger Zeit wurde auf histogenetische Beziehungen dieser beiden Läsionen hingewiesen, wobei deren Natur jedoch noch Gegenstand der Diskussion ist.

Wir haben kürzlich einen außergewöhnlichen Fall eines Adamantinoms beobachtet, das man als ein juveniles intrakortikales Adamantinom mit Komponenten einer osteofibrösen Dysplasie oder als differenziertes Adamantinom bezeichnen könnte [1, 3]. Bei der immunhistochemischen Analyse dieses Falles fanden wir eine Expression von Zytokeratin nicht nur in den epitheloiden Zellnestern, sondern auch in einzelnen Zellen im fibroblastischen Stroma der osteofibrösen Dysplasie. Aufgrund dieser Befunde haben wir die Expression von Zytokeratin in typischen osteofibrösen Dysplasien näher untersucht mit der Absicht, die histogenetischen Beziehungen zwischen diesen beiden Läsionen näher abzuklären.

Material und Methode

Es wurden 13 Fälle von osteofibröser Dysplasie analysiert, davon zwei mit Rezidiven. Alle Fälle waren in der Tibia aufgetreten. Die klinischen, radiologischen und pathologischen Daten entsprachen den bekannten Befunden [2]. Darüber hinaus wurden zwei Fälle von Adamantinomen und sechs Fälle von fibröser Dysplasie untersucht, die ebenfalls sämtlich in der Tibia aufgetreten waren. Die immunhistochemische Analyse wurde durchgeführt an formalin-fixiertem, paraffin-eingebettetem Gewebe nach der APAAP-Methode. Als primäre Antikörper kamen KL-1 (Immunotech/Frankreich) spezifisch für Zytokeratine mit einem mittleren Molekulargewicht von 55–57 KD und MNF-116 (Dekopatts/Dänemark) spezifisch

T. H. Ittel H.-G. Sieberth H. H. Matthiaß (Hrsg.)
Aktuelle Aspekte der Osteologie

Tabelle 1. Zusammenfassende Darstellung des Nachweises von Zytokeratin-positiven Zellen bei osteofibröser Dysplasie, Adamantinom und fibröser Dysplasie der Tibia

	Zellen mit positiver Immunreaktion für KL-1 (55–57 KD CK)	MNF116 (45–56,5 KD CK)
Osteofibröse Dysplasie (n = 13)	2 / 13	8 / 13
Adamantinom (n = 2)	2 / 2	2 / 2
Fibröse Dysplasie (n = 6)	0 / 6	0 / 6

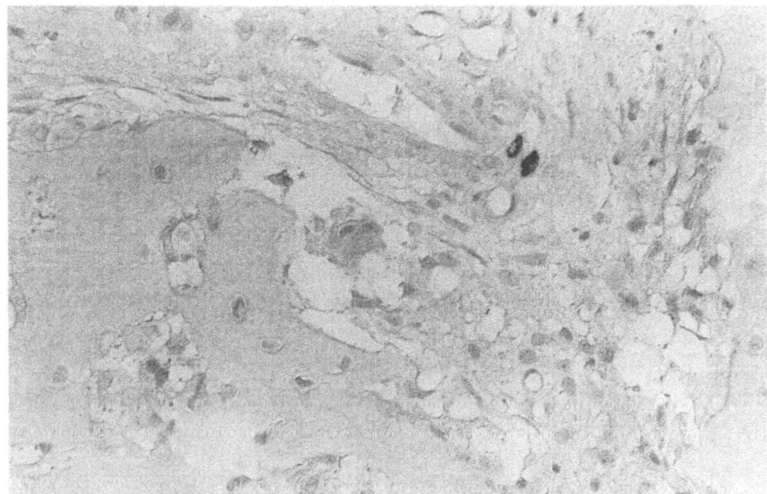

Abb. 1. Immunhistochemische Anfärbung mit Antikörpern gegen Cytokeratin(Klon KL-1). Einzelne Spindelzellen im fibrösen Stroma der osteofibrösen Dysplasie zeigen eine positive Reaktion. ×375

für Keratine mit niedrigem und intermediärem Molekulargewicht von 45–56,5 KD zur Anwendung.

Ergebnisse und Diskussion

Die epitheloide Komponente der zwei Adamantinome zeigte eine intensive Reaktion sowohl mit dem Antikörper KL-1 als auch mit MNF-116 (Tabelle 1). Andererseits ließen die fibrösen Dysplasien keine positive Reaktion für Zytokeratine erkennen. Bei der Analyse der osteofibrösen Dysplasie wurde eine kleine Zahl von KL-1-positiven Zellen in zwei Fällen beobachtet (Abb. 1), eine unterschiedlich große Zahl von Zellen, die mit MNF-116 positiv reagierten, in acht von 13 Fällen (Abb. 2). Die markierten Zellen waren spindelförmig oder oval und lagen vereinzelt zwischen negativen fibroblastischen Zellen der typischen osteofibrösen Dysplasie. Trotz sorgfältiger histologischer Nachuntersuchung konnten in

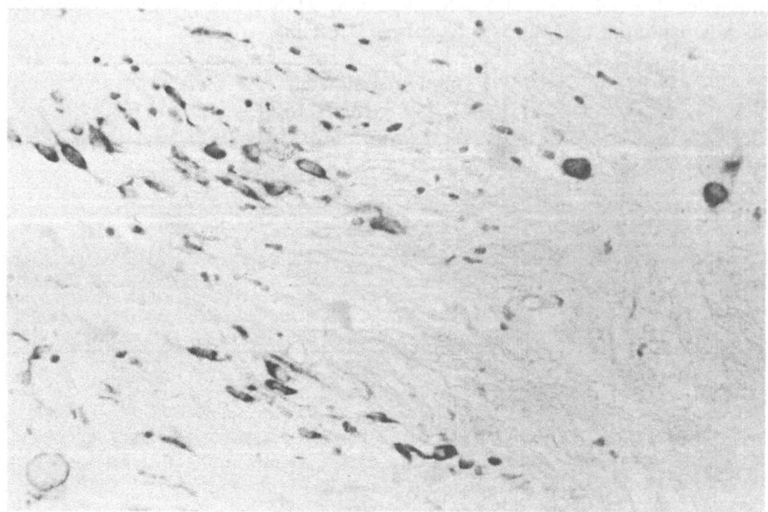

Abb. 2. Immunhistochemische Anfärbung mit Antikörpern gegen Cytokeratin(Klon MNF116). Zahlreiche Spindelzellen im Stroma der osteofibrösen Dysplasie lassen eine positive Reaktion erkennen. ×375

den betreffenden Fällen keine epitheloiden Zellnester nachgewiesen werden. Es bestand keine positive Korrelation zwischen dem Nachweis Zytokeratin-positiver Zellen und dem klinischen Verlauf der osteofibrösen Dysplasie.

Auf Beziehungen zwischen der osteofibrösen Dysplasie und dem Admantinom wurden schon seit längerer Zeit aus unterschiedlichen Gründen hingewiesen:

1. Beide Läsionen treten bevorzugt in der Tibia auf.
2. Die osteofibröse Dysplasie wird häufig in der Peripherie von typischen Admantinomen beobachtet.
3. Es wurden Fälle von osteofibröser Dysplasie beobachtet, aus denen sich im Erwachsenenalter ein Adamantinom entwickelte. Trotz dieser Hinweise ist jedoch die Natur der Beziehungen Gegenstand der Diskussion.

Immunhistochemische Untersuchungen haben eindeutig die konstante Expression von Zytokeratin in den basaloiden Zellen des Adamantinoms der langen Röhrenknochen belegt, ein Befund, der auf die epitheliale Natur der Adamantinome hinweise [3, 4]. Diese Befunde konnten auch in unserer Untersuchung bestätigt werden. Darüber hinaus haben wir jedoch eine Expression von Zytokeratinen in einer unterschiedlichen Zahl von Spindel- und ovalen Zellen in acht der 13 untersuchten osteofibrösen Dysplasien nachgewiesen. Diese Befunde unterstreichen die engen Beziehungen zwischen Adamantinom und osteofibröser Dysplasie und weisen darauf hin, daß beide Läsionen unterschiedlicher Ausdruck desselben histogenetischen Spektrums sind. Darüber hinaus haben unsere Untersuchungen gezeigt, daß der Nachweis von einzelnen Zytokeratin-positiven Zellen in der osteofibrösen Dysplasie nicht ein malignes biologisches Verhalten wie beim Adamantinom impliziert, sofern keine echten umschriebenen epitheloiden Zellnester gefunden werden. Die Untersuchungsergebnisse zeigen auch, daß der immunhistochemische Nachweis von Zytokeratin für die Differentialdiagnose zwischen Adamantinom und osteofibröser Dysplasie zurückhaltend beurteilt werden sollte.

Literatur

1. Ueda Y, Bosse A, Roessner A et al. (1991) Juvenile intracortical adamantinoma of the tibia with predominant osteofibrous dysplasie-like features. Path Res Pract (in press)
2. Campanacci M (1976) Osteofibrous dysplasia of long bones. A new clinical entity. Ital J Orthop Traumatol 2:221–237
3. Czerniak B, Rojas-Corona RR, Dorfman HD (1989) Morphological diversity of long bone adamantinoma. The concept of differentiated (regressing) adamantinoma and its relationship to osteofibrous dysplasie. Cancer 64:2319–2334
4. Rosai J, Pinkus GS (1982) Immunohistochemical demonstration of epithelial differentiation in adamantinoma of the tibia. Am J Surg Pathol 6:427–434

Operative Differentialtherapie juveniler Knochenzysten

T. Siebel, J. Heisel, H. J. Hesselschwerdt

Orthopädische Universitäts- und Poliklinik (Dir.: Prof. Dr. med. H. Mittelmeier), W-6650 Homburg/Saar, BRD

Vorbemerkungen

Erstmalig wurde das Krankheitsbild der juvenilen Knochenzyste von Dupuytren 1883 erwähnt. 1942 beschrieben Jaffé und Lichtenstein diese Erkrankung als *eigenständiges Krankheitsbild*. Ackermann beschrieb 1962 ein überwiegendes Auftreten der Zysten im Kindes- und Jugendalter.

Ätiologie und Pathogenese sind bis zum heutigen Tage nicht eindeutig geklärt. 1970 wird von Cohen eine Störung der enchondralen Ossifikation, welche einen verflüssigenden fibrösen Gewebeherd zur Folge hat, als Ursache für die Entstehung juveniler Knochenzysten angenommen. Die *häufigsten Lokalisationen* sind in Reihenfolge mit abnehmender Häufigkeit: Humerusmetaphyse, proximale Femurmetaphyse und proximale Tibia (Geschickter und Copeland 1949). Bei 70% der Patienten traten Spontanfrakturen nach Bagatelltraumen auf (Garceau 1954). Zumeist klagten die Patienten über Belastungs- oder lokalen Druckschmerz (Groß 1962).

Im *Röntgenbild* stellt sich die juvenile Knochenzyste als scharf begrenzte, von einem sklerotischen Randsaum umgebene, teilweise von Septen durchzogene, jedoch einkammrige Osteolyse dar [3]. Die Knochenzyste kann die Corticalis auftreiben, durchbricht sie jedoch nicht [2].

Histologisch zeigt sich eine dicke Membranaußenwand mit Fibroblasten, als Zysteninhalt, Lymphozyten, Plasmazellen, Hämosiderophagen, vereinzelte Rundzellinfiltrate und Cholesterin.

Differentialdiagnostisch sind Knochendefekte bei primärem Hyperparathyreoidismus, Osteomyelitis, ein Riesenzelltumor, eine fibröse Knochendysplasie Jaffé-Lichtenstein [1], ein nicht ossifizierendes Fibrom oder eosinophiles Granulom, ein Osteoblastom, Chondrosarkom oder Osteosarkom abzugrenzen [5].

1961 wurde von Cohen die *Zystenenukleation ohne Defektauffüllung* als *operative Therapie* der Wahl empfohlen. Matti berichtete bereits 1932 über gute postoperative Ergebnisse bei Knochendefektauffüllung mit Spongiosa.

Von Mittelmeier und Nizard wurde 1981 das *Knochenersatzmaterial* Collapat (mit synthetischem Apatit-Pulver angereichertes Collagenvlies) entwickelt. Dieses Material besitzt eine große physikalisch-chemisch aktive Oberfläche, eine hämostyptische Potenz, jedoch nur eine mangelnde Formstabilität. Daher wurde von H. Mittelmeier [4] das *Knochenersatzmaterial Pyrost* entwickelt (anorganischer, völlig enteiweißter animalischer Mine-

T. H. Ittel H.-G. Sieberth H. H. Matthiaß (Hrsg.)
Aktuelle Aspekte der Osteologie

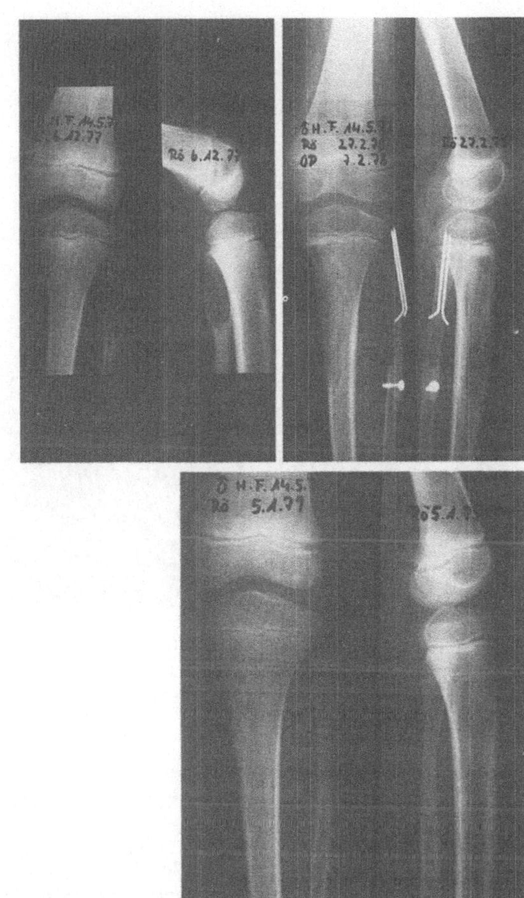

Abb. 1. *Fallbeispiel 1:* H.F., männlich, 5 Jahre; Knochenzyste in der proximalen Fibula. Operative marginale Zystenresektion und Defektüberbrückung mit corticospongiösem Span (OP 7.2.1978). Die Röntgenkontrolle am 5.1.1979 zeigt völlig knöcherne Durchbauung des ehemaligen Zystenbereiches

ralknochen). Pyrost verfügt neben einer guten osteogenetischen Potenz, über eine gute Formstabilität.

Gottschalk vermutet 1965 als Ursache für die Entstehung eines *Knochenzystenrezidivs* eine unzureichende Kürretage.

Kasuistik

In den Jahren 1964 bis 1986 wurden an der orthopädischen Universitätsklinik Homburg/Saar *insgesamt 99 juvenile Knochenzysten bei 98 Patienten* operativ behandelt. Hierbei handelte es sich um 57 männliche und 41 weibliche Patienten. Das Seitenverhältnis war in etwa ausgeglichen. Hinsichtlich der *Altersverteilung* überwogen Patienten im Kindesalter und der Adolescenz. Zysten jenseits des 50. Lebensjahres waren ausgesprochen selten.

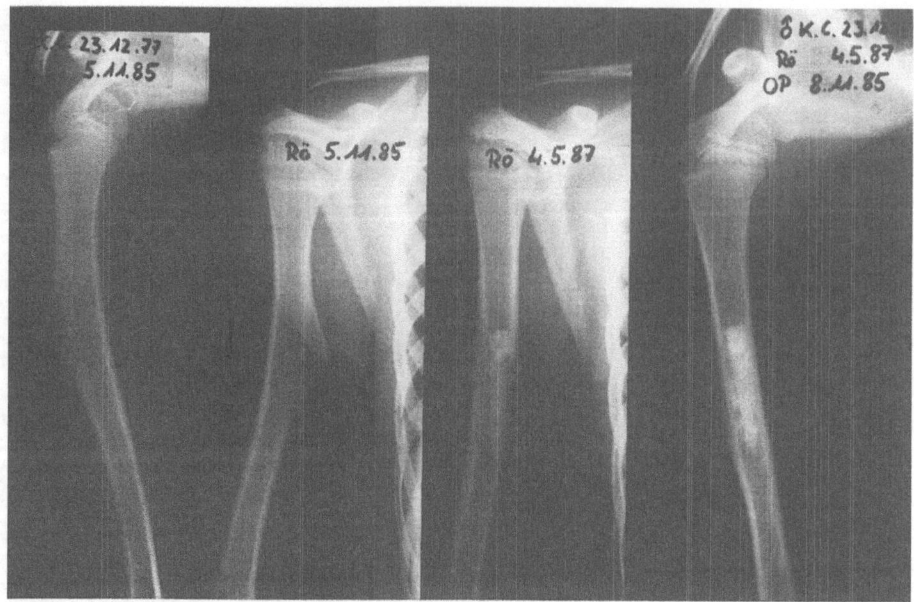

Abb. 2. *Fallbeispiel 2:* K.C., männlich, 8 Jahre; ca. walnußgroße Zyste im Bereich des linken Oberarmes; operative Versorgung durch Zystenenukleation und Defektauffüllung mit Pyrost (Operation 8.11.1985). Die Röntgenkontrolle am 4.5.1987 zeigt die gute knöcherne Durchbauung des ehemaligen Zystenbereiches

Die *Hauptlokalisation* der Knochenveränderung betraf die proximalen Enden der langen Röhrenknochen; 15mal war der Calcaneus betroffen.

Bezüglich der *klinische Symptomatik* wurde bei der Erstuntersuchung meist diffuser Druck-, Dauer- und Belastungsschmerz angegeben. In 14 Fällen war es zu einer Spontanfraktur gekommen. 29mal handelte es sich um einen Zufallsbefund. Die Zyste mit der größten räumlichen Ausdehnung wurde im Bereich des Os ilium vorgefunden.

Operative Behandlung

In 76 Fällen wurde die Zyste enukleiert, der anschließend entstandene Knochendefekt mit Spongiosa (47 Fälle) oder Knochenersatzmaterialien wie Pyrost (Abb. 2) (10 Fälle) oder Collapat (Abb. 3) (19 Fälle) aufgefüllt. Bei 23 Patienten wurde eine marginale Zystenresektion durchgeführt, wobei das gesamte infiltrierte Knochensegment reseziert wurde. Anschließend erfolgte eine Defektüberbrückung mit einem autologen corticospongiösen Knochenspan (Abb. 1).

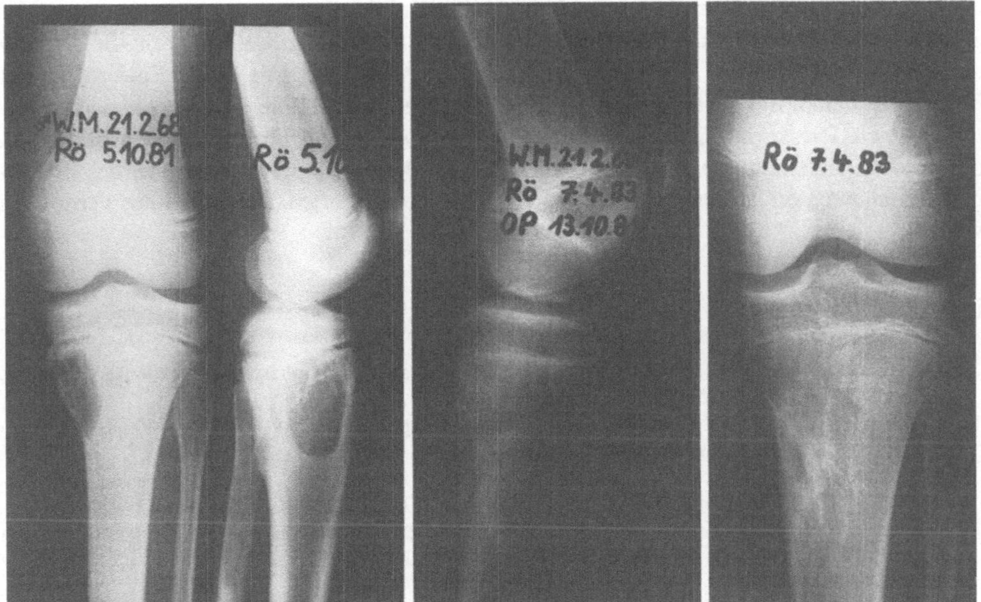

Abb. 3. *Fallbeispiel 3:* W.M., männlich, 13 Jahre; im Bereich der proximalen medialen Tibia unterhalb der Epiphysenfuge zeigt sich eine 5 × 3 cm große Knochenzyste. Operative Zystenenukleation und Defektauffüllung mit Collapat. Die Kontrollaufnahme am 7.4.1983 zeigt die gute knöcherne Durchbauung des ehemaligen Zystenbereiches

Ergebnisse

Insgesamt traten in 5 Fällen oberflächliche Wundheilungsstörungen im Bereich der operierten Knochenzyste auf, weitere 5 an der Spanentnahmestelle. Es wurden 6 Zystenrezidive diagnostiziert und nachoperiert. Dabei handelt es sich 5mal um ein Wiederauftreten des zystischen Knochendefektes nach Enukleation und Defektauffüllung mit Spongiosa sowie um ein Rezidiv nach marginaler Resektion und Defektüberbrückung mit einem autologen corticospongiösen Knochenspan. Bei einem Patienten kam es im Bereich der operierten Zyste zur Spontanfraktur, bei einem weiteren zu einer Fraktur im Bereich der Spanentnahmestelle. Die abschließende *röntgenologische Kontrolluntersuchung* der Knochenzysten ergab in 7 Fällen im Bereich der Zystenresektionsstelle noch einen kleinen Restdefekt. Das Operationsergebnis wurde von 55 im Rahmen einer Fragebogenaktion befragten Patienten mit der durchschnittlichen Note 1,57 bewertet (postoperativer Beobachtungszeitraum von knapp 5 Jahren).

Schlußfolgerungen

Eine juvenile Knochenzyste sollte bei nicht eindeutiger Diagnose und drohender Spontanfraktur operativ saniert werden. Die marginale Zystenresektion und anschließende Defektüberbrückung mit autologem, corticospongiösen Knochenspan stellt dabei die radikalste aber auch die erfolgversprechendste Methode dar. Bei ungünstiger anatomischer Lage der Zyste, z.B. in kurzen Knochen oder bei epiphysennaher Lokalisation stellt die Zystenenukleation die Therapie der Wahl dar, wobei hier auf eine sorgfältige Entfernung der fibrösen Zystenkapsel geachtet werden sollte. Die Defektauffüllung mit Knochenersatzmaterialien wie Pyrost und Collapat erbringt hierbei eine vergleichbare gute Konsolidierung des Knochendefektes wie bei Spongiosa. Der Zweiteingriff der Gewinnung des autologen Knochenmaterials kann somit ohne Risiko einer gestörten Defektheilung vermieden werden.

Literatur

1. Jaffé-Lichtenstein (1942) Solitary unicameral bone cyst with emphasis on the roentgen picture. Arch Surg 44:1004–1025
2. Harms (1978) Ergebnisse der Resektion, autologer Spanplastik und Überbrückungs-Osteosynthese juveniler Knochenzysten. Arch Orthop Traumat Surg 92:285–290
3. Mittelmeier H (1965) Resektion und freie Spanplastik zur Behandlung rezidivierender Knochenzysten am Humerus. Langenbecks Arch Klin Chir 309:122–125
4. Mittelmeier H (1987) Knochenregeneration mit aufbereitetem semisynthetischem und nativem Ersatzmaterial (Collapat und Pyrost). Hefte Unfallheilkunde. Springer, Berlin Heidelberg New York, S 227–243
5. Siebel T (1990) Ergebnisse der operativen Behandlung juveniler Knochenzysten. Inaugural-Dissertation Universität des Saarlandes

Chondromatosis synovialis: operative Behandlungsergebnisse

H.-J. Hesselschwerdt, J. Heisel, T. Siebel

Orthopädische Universitäts- und Poliklinik (Dir.: Prof. Dr. med. H. Mittelmeier),
W–6650 Homburg/Saar, BRD

Vorbemerkungen

Die *Chondromatosis synovialis* ist ein chronisches Leiden mit perifokal-proliferativer gutartiger chondroider Metaplasie des paraartikulären Gewebes (Gelenkkapsel, Synovialmembran, Schleimbeutel, Sehnenscheiden), sekundärer Bildung multipler sessiler, gestielter oder freier faserig-bindegewebiger, knorpliger und auch knöcherner Gelenkkörper. Die *Ätiologie* ist bisher nicht eindeutig geklärt. Jones [10] und Jaffé [8] sahen die Veränderungen als Ausdruck einer Differenzierungsstörung (benigne Metaplasie) der Synovialmembran.

Milgram [14] unterschied 3 Phasen: Ein *florides* Stadium mit Proliferation undifferenzierter Zellen des Stratum synoviale zu hyalinen Knorpelnestern, ein *verkalkendes* Stadium mit Bildung multipler, zunächst über einen Stiel mit der Synovialmembran verbundener Körper und schließlich ein *ausgebranntes* Stadium mit freien Gelenkkörpern und fakultativem appositionellen Weiterwachsen im Gelenkinneren.

Von der Erkrankung sind zu 80% Männer betroffen, bevorzugt zwischen der 3. und 5. Lebensdekade; *Hauptmanifestationsort* ist mit über 50% das Kniegelenk. Weitere Lokalisationen sind Ellenbogen-, Schulter- und Hüftgelenk; in der aktuellen Literatur wird darüberhinaus der Befall des Temporomandibulargelenkes beschrieben [5, 12, 23].

Eine Rarität stellt der symmetrische Gelenkbefall dar [16, 19].

Klinische Merkmale treten im Frühstadium nur selten auf, meist in Form leichter rezidivierender Kapselschwellungen. Im weiteren Verlauf werden zunehmend Belastungs- und Bewegungsschmerzen mit Reibegeräuschen, Einklemmungserscheinungen und schmerzhaften Gelenksperren beobachtet, die betroffene Gelenkkapsel ist aufgrund der zahlreichen intraartikulären Körper und den durch eine Begleitsynovitis hervorgerufenen Erguß deutlich angeschwollen [1, 9, 15]. Nicht selten wird eine Früharthrose eingeleitet. Das Auftreten von Nervenkompressionssyndromen stellt eine typische Komplikation dar [11, 17].

Laborserologisch wurden bislang keine pathologischen Werte beschrieben. *Röntgenologisch* sind im Nativbild neben den sekundär-arthrotischen Veränderungen die kalkhaltigen Gelenkkörper als unregelmäßige, körnige, zum Teil unscharf begrenzte oder wolkige rundliche Schatten unterschiedlicher Größe nachweisbar; rein knorplige Strukturen können *arthrographisch* oder *arthroskopisch* erfaßt werden. *Knochenszintigraphisch* zeigt sich eine vermehrte Anreicherung im betroffenen Skelettabschnitt [21, 24].

Differentialdiagnostisch ist an eine Osteochondrosis dissecans (meist nur ein freier Gelenkkörper mit zugehörigem Dissekatlager nachweisbar), an eine Gonarthrose mit se-

T. H. Ittel H.-G. Sieberth H. H. Matthiaß (Hrsg.)
Aktuelle Aspekte der Osteologie

kundärer freier Körperbildung sowie an neuropathische Gelenkveränderungen, auch an ein Synovialom (positives Angiogramm) zu denken. Die *Therapie* der Chondromatose ist nur operativ möglich, hierbei ist neben der Gelenkkörperentfernung auch eine möglichst radikale Synovektomie zur Rezidivprophylaxe erforderlich.

Eigene Erfahrungen

Im 21jährigen Zeitraum von 1969 bis 1989 wurden an der Orthopädischen Universitätsklinik Homburg/Saar *insgesamt 25 Patienten* mit Chondromatosis synovialis operativ behandelt. Bei 18 Männern und 7 Frauen betrug das durchschnittliche Operationsalter 35 Jahre, das Beobachtungsintervall lag im Durchschnitt bei 5 Jahren. In Übereinstimmung mit anderen Berichten stand bei der Lokalisation das Kniegelenk im Vordergrund (13 Fälle). Bei 4 Patienten traten die Veränderungen am oberen Sprunggelenk auf, darunter 1 Fall mit bilateraler Ausprägung [16]. Je 3mal waren Ellenbogen- und Hüftgelenk betroffen, 2mal das Schultergelenk. Bezüglich der *Seitenverteilung* überwog die rechte Seite mit 15 gebenüber 9 linksseitigen Ausprägungen bei einem bilateralen Befall. Zwischen der ersten klinischen Manifestation und dem Operationszeitpunkt lagen im Durchschnitt 3,5 Jahre, in Einzelfällen bis zu 10 Jahren. Das *führende klinische Symptom* war bei 12 Patienten der Gelenkschmerz; 8mal bestanden schmerzhafte Schwellungszustände; 5 Patienten klagten über Einklemmungserscheinungen. Alle Patienten wiesen *präoperativ* eine unterschiedlich stark ausgeprägte Bewegungseinschränkung auf; die konventionelle Röntgenübersichtsaufnahme zeigte jeweils deutlich abgrenzbare multiple freie Gelenkkörper zur Diagnosestellung.

Im Zuge der *operativen Behandlung* wurde neben der Gelenkkörperentfernung und der möglichst ausgedehnten Synovektomie in Abhängigkeit von der Lokalisation eine oder mehrere Arthrotomien durchgeführt. Am *Schultergelenk* (s. Abb. 1) wurde ventral eröffnet, bei *Ellenbogengelenken* radial und ulnar, am *Kniegelenk* (s. Abb. 2) und am *oberen Sprunggelenk* (s. Abb. 3) sowohl ventral wie dorsal. In den 3 Fällen mit *Hüftgelenks*beteiligung wurde nach latero-ventralem Zugang der Femurkopf temporär luxiert.

Unmittelbar *postoperativ* wurden in keinem Fall oberflächliche Wundheilungsstörungen oder gar tiefe Wundinfektionen verzeichnet. Im weiteren Verlauf bestanden bei 3 Patienten nach kurzfristiger Gelenkimmobilisation temporäre Muskelinaktivitätsatrophien; in einem Fall lag nach Kniegelenksarthrotomie ein Streckdefizit von 10 Grad vor. Nach Abschluß der ambulanten Nachbehandlung wurde röntgenologisch in keinem Fall ein Rezidiv verzeichnet. Im weiteren Beobachtungszeitraum kam es zu keiner wesentlichen Arthroseprogredienz. Eine maligne Entartung wurde nicht beobachtet.

Schlußfolgerungen

Allgemein bestätigt ist inzwischen die Notwendigkeit der operativen Behandlung mit vollständiger Gelenkkörperentfernung und Synovektomie als Rezidivprophylaxe [7]. Aufgrund der Anatomie ist bei einigen Gelenken zur besseren Radikalität ein mehrfacher operativer Zugang erforderlich [16]. Nizard [16] beschrieb die „teilweise totale Synovektomie" unter Hinweis auf die nur in begrenzten Synovialarealen auftretenden Alterationen.

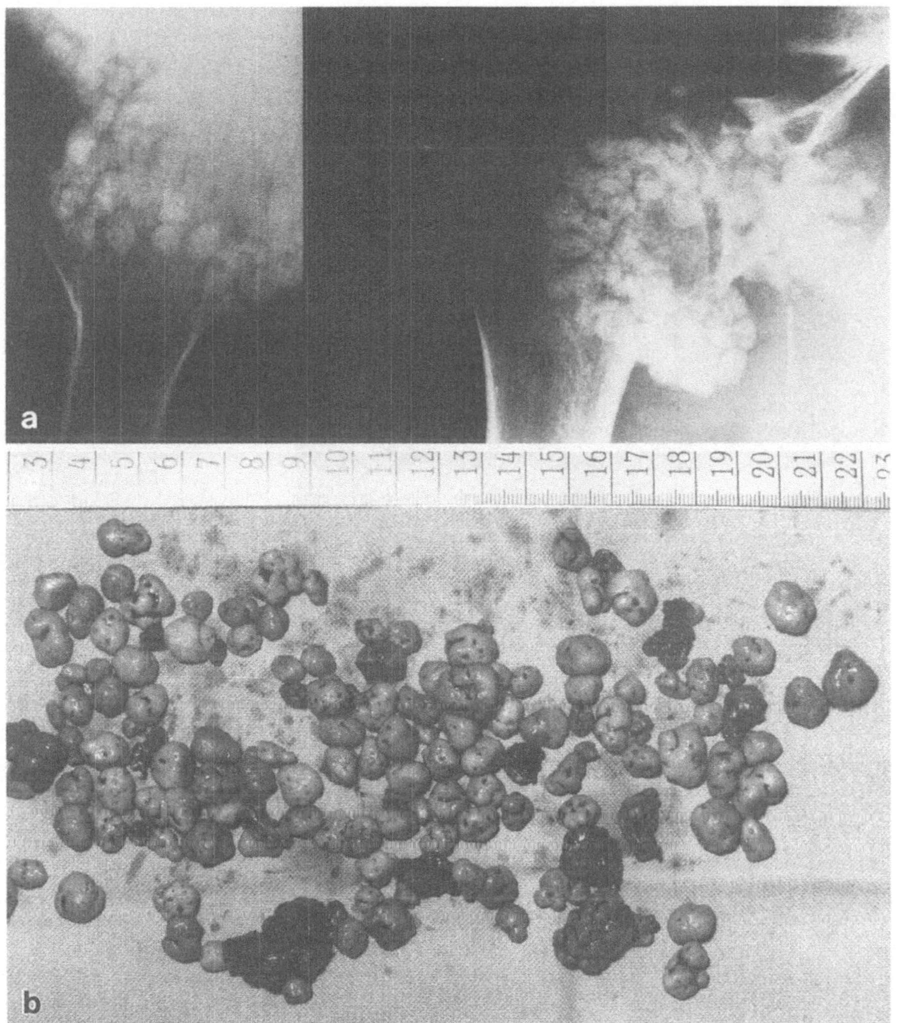

Abb. 1a, b. *Fallbeispiel 1:* S.M., 38 Jahre, männlich. Seit 10 Jahren belastungsabhängige, seit 3 Jahren auch Ruheschmerzen im re. Schultergelenk. Erhebliche Beweglichkeitseinschränkung; **a** multiple freie Gelenkkörper im re. Schultergelenk und in der Bursa subacromialis mit fortgeschrittener Omarthrose. **b** *Intraoperativ* wurden insgesamt 60 freie Gelenkkörper gezählt; *Operation:* ventrale Eröffnung, Gelenkkörperentfernung, subtotale Synovektomie

Die Methode der temporären Luxation des Hüftkopfes wird auch von anderen Autoren bestätigt [18], Mechelany et al. [13] beschreiben eine zusätzliche „Kürettage" der Fossa acetabuli.

Ein erhöhtes Infektionsrisiko, insbesondere bei 2facher oder 3facher Arthrotomie, wird bei arthroskopischem Vorgehen vermieden [20]; zwischenzeitlich liegen Berichte über ein derartiges operatives Vorgehen beim Temporomandibulargelenk [12], Kniegelenk [2, 4] sowie Hüftgelenk [3, 22] vor.

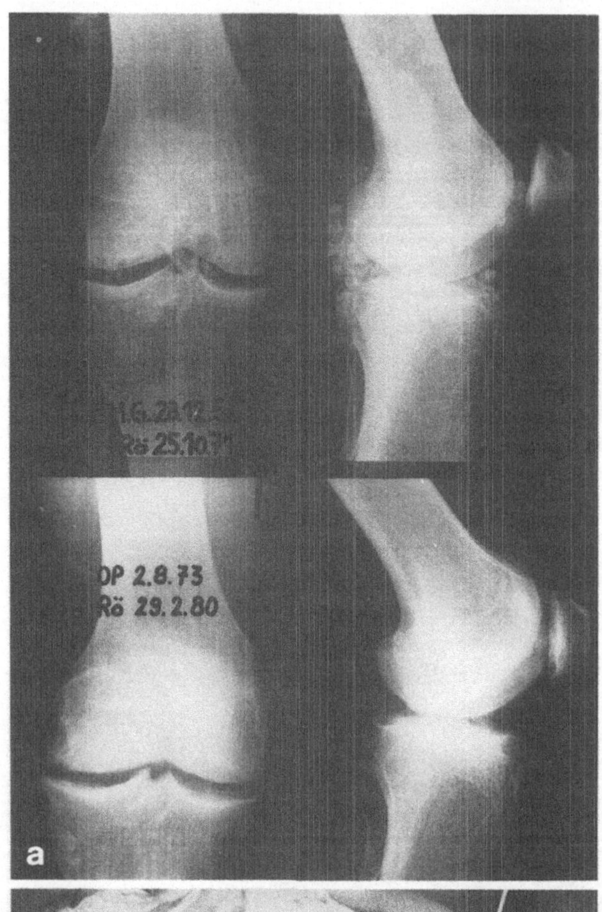

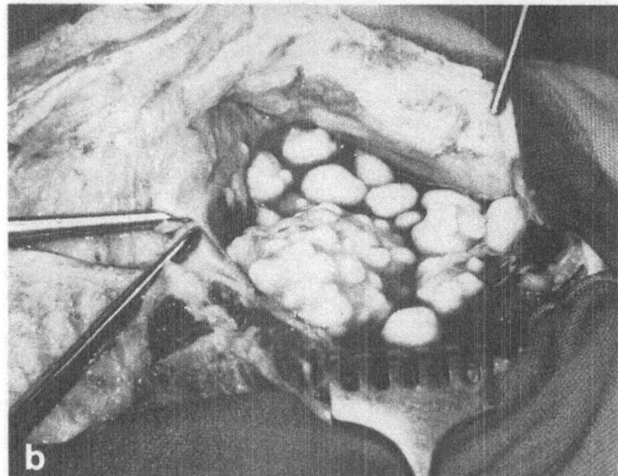

Abb. 2a, b. Legende s. S. 569

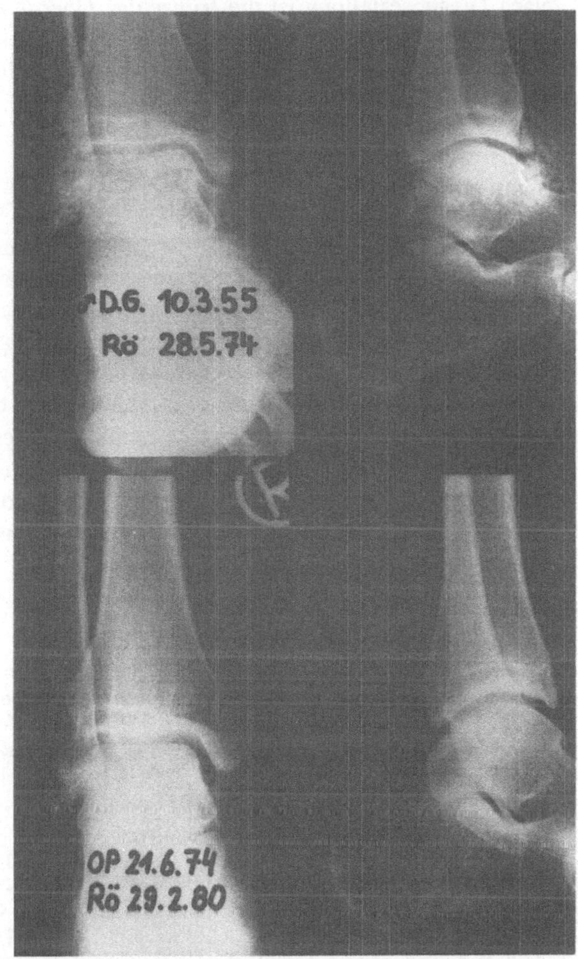

Abb. 3. *Fallbeispiel 3:* G.D., 19 Jahre, männlich. Seit 12 Monaten Schmerzen und Unsicherheitsgefühl im re. oberen Sprunggelenk, Schwellneigung, Einklemmungserscheinungen; um jeweils 10° eingeschränkte Dorsalextension und Plantarflexion bei freier USG-Beweglichkeit. *Oben:* Chondromatose mit freien Gelenkkörpern insbesondere im vorderen und hinteren Sprunggelenksabschnitt, *unten:* Ergebnis 6 Jahre nach Gelenkkörperentfernung und subtotaler Synovektomie ohne wesentliche Zunahme der Arthrose bei freier Beweglichkeit

Abb. 2a, b. *Fallbeispiel 2:* M.G., 20 Jahre, männlich. Seit 2 Jahren zunehmende Schmerzen im re. Kniegelenk, seit 1/2 Jahr rezidivierende Schwellungen, ausgeprägte Inaktivitätsatrophie der Ober- und Unterschenkelmuskulatur re. **a** *Oben:* ausgedehnter Befall des re. Kniegelenkes mit multiplen freien Gelenkkörpern in sämtlichen Gelenkkompartimenten; *unten:* Ergebnis 6 1/2 Jahre nach Ausräumung und totaler Synovektomie kein Rezidiv, keine Arthroseprogredienz. **b** *Intraoperativer Situs:* nach medialem Zugang entleert sich die prall gefüllte Kniegelenkskapsel (400 Gelenkkörper), *operatives Vorgehen:* ventrale und dorsale Arthrotomie, totale Synovektomie, mediale und laterale Meniskektomie

Nach Diagnosestellung ist die *frühzeitige Operation* zur Vermeidung einer Arthroseentstehung bzw. -progredienz anzustreben. Bei fortgeschrittener degenerativer Schädigung bleibt nur die konservative symptomatische Behandlung oder der alloplastische Gelenkersatz.

Zusammenfassung

Bei der *Chondromatosis synovialis* handelt es sich um eine seltene Metaplasie der Synovialmembran, die in die Gruppe der gutartigen Gelenktumoren einzureihen ist.

Das *klinische Beschwerdebild* ist im Frühstadium unauffällig, Hauptleitsymptom im Spätstadium sind Gelenkblockierungen durch multiple Gelenkkörperbildungen. *Behandlungsmethode* der Wahl ist das operative Vorgehen mit Entfernung sämtlicher freier Gelenkkörper; zur Rezidivprophylaxe erscheint jedoch bei histologisch gesicherter Diagnose eine möglichst radikale Synovektomie empfehlenswert.

Die *Ergebnisse der operativen Behandlung* von insgesamt 25 Patienten der Jahre 1969 bis 1989 werden vorgestellt: hierbei werden insbesondere die gelenkspezifischen operativen Verfahren beschrieben, entsprechende Berichte anderer Autoren werden diskutiert.

Literatur

1. Christensen JH, Poulsen JO (1975) Synovial chondromatosis. Acta Orthop Scand 46:919–925
2. Coolican MR, Dandy DJ (1989) Arthroscopic management of synovial chondromatosis of the knee. Findings and results in 18 cases. J Bone Joint Surg [Br] 71:498–500
3. Dorfmann H, Boyer T, de Bie B (1988) Arthroscopy of the hip. Rev Thum Mal Osteoartic 55:33–36
4. Dorfmann H, de Bie B, Bonvarlet JP, Boyer T (1989) Arthroscopic treatment of synovial chondromatosis of the knee. Arthroscopy 5:48–51
5. Gusenbauer AW, White GC (1989) Synovial chondromatosis of the TMJ: case report and review of literature. Can Dent Assoc J 55:897–899
6. Hamilton A, Davis RI, Hayes D, Mollan RA (1987) Chondrosarcoma developing in synovial chondromatosis. A case report. J Bone Joint Surg [Br] 69:137–140
7. Imhoff A, Schreiber A (1988) Synoviale Chondromatose. Orthopäde 17:233–244
8. Jaffé HL (1958) Tumors and tumorous conditions of the bones and joints. Lea & Febiger, Philadelphia
9. Jeffreys TE (1967) Synovial chondromatosis. J Bone Joint Surg [Br] 49:530–534
10. Jones H (1924) Freie Gelenkkörperbildung bei synovialer Osteochondrose. J Bone Joint Surg 22:407
11. Jones JR, Evans DM, Kaushik A (1987) Synovial chondromatosis presenting with peripheral nerve compression – a report of two cases. J Hand Surg [Br] 12:25–27
12. McCain JP, de la Rua H (1989) Arthroscopic observation and treatment of synovial chondromatosis of the temporomandibular joint. Report of a case and review of the literature. Int J Oral Maxillofac Surg 18:233–236
13. Mechelany E, Haddad F, Bitar E et al. (1989) Synovial chondromatosis of the hip. Ann Chir 43:824–828
14. Milgram JW (1977) Synovial osteochondromatosis. A histopathological study of thirty cases. J Bone Joint Surg [Am] 59:792
15. Murphy FP, Dahlin DC, Sullivan CR (1962) Articular synovial chondromatosis. J Bone Joint Surg [Am] 44:77–85
16. Nizard M (1981) Die Chondromatosis synovialis. Orth Prax 17:765–771

17. Patella V, Moretti B, Pesce V et al. (1989) Paralysis of the ulnar nerve caused by osteochondromatosis. Arch Putti Chir Organi Mov 37:239–248
18. Postel M, Courpied JP, Augouard LW (1987) Synovial chondromatosis of the hip. Value of dislocation of the hip for complete removal of pathological synovial membranes. Rev Chir Orthop 73:539–543
19. Roberts PH (1971) Tenosynovial chondromatosis – an unusual case. Br J Surg 58:152
20. Sim FH (1985) Synovial proliferative disorders: role of synovectomy. Arthroscopy 1:198–204
21. Smith R, Hulsey JM (1987) Bone scintigraphic demonstration of synovial chondromatosis. Clin Nucl Med 12:120–122
22. Witwity T, Uhlmann RD, Fischer J (1988) Arthroscopic management of chondromatosis of the hip joint. Arthroscopy 4:55–56
23. Zulian MA, Mosby EL, Chisum JW (1989) Synovial chondromatosis of the temporomandibular joint: report of two cases. J Craniomandib Disord 3:105–111
24. Zwas ST, Friedman B, Nerubay J (1988) Scintigraphic presentation of hip joint synovial chondromatosis. Eur J Nucl Med 14:411–413

Klinisch-pathologische Befunde zum parostealen Osteosarkom

P. Ritschl[1], C. Wurnig[1], G. Lechner[3], A. Roessner[2]

[1] Allgemeines Krankenhaus der Stadt Wien, Orthopädische Universitätsklinik, Garnisonsgasse 13, A–1090 Wien
[2] Gerhard-Domagk-Institut für Pathololgie, Westfälische Wilhelms-Universität, Domagkstraße 17, W–4400 Münster, BRD
[3] Radiologische Abteilung, 1. Chirurgische Klinik, Universität Wien, A–1000 Wien

Einleitung

Das parosteale Osteosarkom ist eine definierte Knochentumorentität mit einer im Vergleich zum klassichen Osteosarkom sehr guten Prognose [1, 2]. In einer Studie der Arbeitsgemeinschaft für Knochentumoren der Deutschen Gesellschaft für Orthopädie und Traumatologie wurden 45 Fälle mit parostealem Osteosarkom klinisch und radiologisch untersucht. Insbesondere stand die Frage nach Lokalrezidiven und Fernmetastasen unter Berücksichtigung des angewandten Operationsverfahrens und des histologischen Malignitätsgrades im Vordergrund. Aussagen zu weiteren prognostischen Faktoren, wie z.B. die intramedulläre Invasion des parostealen Osteosarkoms konnten bei dieser Studie nicht gemacht werden.

Patienten und Methoden

Es handelte sich insgesamt um 45 Patienten, die von 1965–1985 behandelt wurden. In allen Fällen standen klinische Daten sowie Röntgenbilder zur Verfügung. Histologische Schnittpräparate waren von 33 Patienten verfügbar. Das mittlere Alter betrug 34 (12–72 Jahre). 23 Tumoren waren im distalen Femur lokalisiert, 19 davon in der poplitealen Region.

Ergebnisse und Diskussion

Von den 33 histologisch untersuchten Fällen zeigten 23 einen niedrigen Malignitätsgrad (Grad I), neun einen mittleren Malignitätsgrad (Grad II). Ein Fall wurde als hochmaligne klassifiziert und entsprach damit dem Bild des hochmalignen Oberflächenosteosarkoms.

Von den 23 Grad-I-Fällen wurden 6 Amputationen (4 primäre, 2 nach vorangegangener intraläsionaler Resektion) und 19 lokale Resektionen durchgeführt. Bei den 19 lokalen Resektionen handelte es sich in 9 Fällen um weite lokale Resektionen, in 8 Fällen um marginale und in zwei Fällen um intraläsionale Resektionen. Nach marginaler Resektion traten in 4 von 8 Fällen Rezidive auf, während die Fälle nach weiter Resektion keine Rezidive zeigten. Lungenmetastasen wurden in einem der 23 Patienten mit Grad-I-Tumoren beobachtet. Diese Patientin starb 6 Jahre nach der primären Operation.

T. H. Ittel H.-G. Sieberth H. H. Matthiaß (Hrsg.)
Aktuelle Aspekte der Osteologie

Unter den 9 Patienten mit Grad-II-Tumoren wurden 4 durch eine Amputation therapiert, eine lokale Resektion wurde in 3 Fällen durchgeführt und eine Rotationsplastik in 2 Fällen. Es handelte sich in allen Fällen um chirurgisch weite Resektionen. Lokale Rezidive traten nicht auf. Vier Patienten starben 3–15 Jahre nach der Diagnose an Lungenmetastasen und/oder Knochenmetastasen.

Diese Untersuchungen bestätigen, daß der histologische Differenzierungsgrad ein sehr wichtiger prognostischer Faktor für das parosteale Osteosarkom ist [1–3]. Von den 23 Patienten mit Grad-I-Tumoren entwickelte nur einer Lungenmetastasen, wohingegen vier der neun Patienten mit Grad-II-Tumoren an Lungenmetastasen verstarben. Hier stellt sich die Frage, ob derartige Tumoren bereits als hochmaligne Osteosarkome angesehen werden sollten und gegebenenfalls einer adjuvanten Chemotherapie bedürfen.

Literatur

1. Campanacci M, Picci P, Gherlinzoni F et al. (1984) Parosteal osteosarcoma. J Bone Joint Surg [Br] 66:313–321
2. Dahlin DC, Unni KK (1986) Parosteal osteosarcoma (juxtacortical osteosarcoma). In: Dahlin DC, Unni KK (eds) Bone tumors. Thomas Cop, Springfield, pp 308–321
3. Wold LE, Unni KK, Beabout JW et al. (1984) Dedifferentiated parosteal osteosarcoma. J Bone Joint Surg [Am] 66:53–59

Niedrig-maligne, hochdifferenzierte Osteosarkome

P. Wuisman[1], A. Roessner[2]

[1] Klinik und Poliklinik für Allgemeine Orthopädie, Westfälische Wilhelms-Universität, Albert-Schweitzer-Straße 33, W–4400 Münster, BRD
[2] Domagk-Institut für Pathologie, Westfälische Wilhelms-Universität, Domagkstraße 17, W–4400 Münster, BRD

Niedrig-maligne, hochdifferenzierte Osteosarkome sind extrem seltene Tumoren und werden nur selten diagnostiziert. Unni [1] berichtete über 27 Patienten, Campanacci [2] über 3 Patienten und in anderen Veröffentlichungen wurden nur einzelne Fälle dargestellt [3, 4]. Ellis [5] beschrieb weitere 8 Fälle und ging auf die radiologischen Merkmale der hochdifferenzierten, niedrig-malignen Osteosarkome ein. Wir berichten über 14 zusätzliche Fälle.

Material und Ergebnisse

Die Patientendaten sind in Tabelle 1 zusammengefaßt. Für das vorliegende Patientengut ergab sich ein Altersmedian von 34,2 Jahren. Der jüngste Patient war 15, der älteste 70 Jahre alt. 7 (50%) der behandelten Patienten waren weiblich, 7 (50%) männlich. Die Patienten suchten den Arzt nach einer Beschwerdedauer von durchschnittlich 58,6 Wochen (Streuung 1–250 Wochen) auf, 5 Patienten sogar erst nach zwei Jahren.

Die anatomische Lokalisation zeigte den bevorzugten Befall der langen Röhrenknochen. Das distale Femur und die proximale Tibia (7 von 14 Läsionen, 50%) waren am häufigsten betroffen.

Das röntgenologische Erscheinungsbild wies in sechs Fällen (42,8%) ein osteolytisches, in sechs weiteren Fällen (42,8%) ein gemischtes und in zwei Fällen (14,4%) ein sklerotisches Muster auf. Nach den Kriterien von Lodwick (1980a) konnten 7 Patienten dem Grad I (50,0%), 5 dem Grad II (35,8%) und 2 dem Grad III (14,2%) zugeordnet werden. Eine reaktive Knochenneubildung (Codman-Dreieck) lag lediglich bei 3 Patienten (21,4%) vor. Bei allen Patienten stellte sich szintigraphisch eine Anreicherung der Läsion dar. Bei 7/10 Patienten (70%) stellte sich auf Computertomogrammen eine extrakompartimentelle Ausdehnung des Tumors dar.

Das histologische Bild war in allen Fällen charakterisiert durch ein überwiegend fibröses Gewebe mit Osteoidbildung. Das fibrotische Gewebe umfaßte zumeist große Teile des histologischen Gesichtsfeldes mit einer Orientierung der Zellen, die entweder stark gruppiert waren oder durch breite Säume von Kollagen getrennt wurden. Die Tumorzellen waren durch einen plumpen Zellkern charakterisiert, ihre Größe war überwiegend uniform ohne bizarre Konfigurationen. Nur selten konnten Mitosen nachgewiesen werden, atypische Teilungsfiguren konnten nicht festgestellt werden. Osteoidbildung stellte sich in unterschiedlichem Maße mit einem parossalen (6 Patienten, 43,2%), desmoidartigen

T. H. Ittel H.-G. Sieberth H. H. Matthiaß (Hrsg.)
Aktuelle Aspekte der Osteologie

(6 Patienten, 43,2%), bzw. fibrochondromyxoidartigen (2 Patienten, 14,6%) Aspekt dar. Die Mineralisation des Osteoids variierte ebenfalls stark. Nur ab und zu wurden kleine Foci kartilaginärer Strukturen mit minimaler Kernatypie identifiziert. Das histologische Bild wies oft ähnliche Verhältnisse wie bei der fibrösen Dysplasie auf. In einigen Fällen war das histologische Bild durch Riesenzellen charakterisiert, die entweder in Clusters oder zwischen spindeligen Zellen verteilt waren. Die Tumorgröße variierte zwischen 5 und 15 cm (median 8,9 cm). Histologisch zeigte sich, daß die meisten Tumoren bereits durch die Kortikalis perforiert waren: 4 von 14 Osteosarkomen (28,6%) konnten als ein Stadium-IA-Osteosarkom eingestuft werden, während 11 (73,4%) als ein Stadium-IB-Osteosarkom klassifiziert wurden [6].

Die primär kurativ orientierte Therapie war bei 5 (35,6%) Patienten eine intraläsionale Therapie, bei 7 (50,0%) Patienten eine weite Exzision (6mal extremitätenerhaltend, 1mal Amputation) und bei einem (7,2%) Patienten eine radikale Exzision. Bei einem weiteren Patienten (7,2%, Primärtumor im Becken) wurde zweimal eine Probeexzision durchgeführt, ohne daß eine histologische Diagnose gestellt wurde. Eine Therapie wurde nicht eingeleitet. Der Patient verstarb ein Jahr später an Tumorkachexie und Metastasen. Bei der Obduktion zeigte sich ein zystischer Tumor im Becken mit ausgedehnten Lungen- und Skelettmetastasen. Der histologische Befund des Primärtumors und der Metastasen zeigte das Bild eines niedrigmalignen, hochdifferenzierten Osteosarkoms. Eine primär adjuvante Chemotherapie wurde bei einem Patienten durchgeführt. Bei einem weiteren Patienten wurde erst nach Auftreten von Fernmetastasen mit einer Chemotherapie begonnen. Eine Radiotherapie wurde bei zwei weiteren Patienten eingesetzt, nachdem Lokalrezidive aufgetreten waren. Insgesamt traten bei 7 von 14 Patienten (50,0%) Lokalrezidive bzw. Metastasen auf. Drei von 14 Patienten (21,4%) sind an Tumorkachexie verstorben. Die Rezidivfreiheit für die reduzierte Patientengruppe lag bei 41% und die Langzeitüberlebensdauer bei 83%.

Diskussion

Die obigen Befunde weisen auf die Schwierigkeiten bei der Diagnostik der niedrigmalignen, zentralen Osteosarkome hin. Die extreme Seltenheit dieser Tumoren trägt dazu bei, daß sie in die Differentialdiagnose einer Knochengeschwulst selten einbezogen werden. Die hochdifferenzierten medullären Osteosarkome machen etwa 1% der untersuchten Osteosarkome aus. Klinisch sind diese Tumoren nicht von anderen Geschwülsten des Knochens zu differenzieren. Das durchschnittliche Lebensalter ist höher als bei konventionellen Osteosarkomen. Es besteht keine Geschlechtsdominanz. Die Symptome Schmerzen und/oder Schwellung sind wenig spezifisch und tragen nicht zu einer Diagnosestellung bei. Die Patienten haben, im Vergleich zu den konventionellen Osteosarkomen, eine lange Beschwerdedauer. Röntgenologisch sind die hochdifferenzierten medullären Osteosarkome schwer von einem Riesenzelltumor, einem Desmoidfibrom, oder einer fibrösen Dysplasie abzugrenzen. Computertomogramme und Angiogramme zeigen in etwa 70% eine Kortikalisdestruktion mit einer schlecht abgrenzbaren Weichteilinfiltration. Szintigraphisch reichert der Primärtumor vermehrt an.

Auch histologisch werden diese Tumoren oft nicht erkannt. Das heterogene histologische Bild (parossal, desmoid, fibrochondromyxoid) erschwert die Diagnose.

Tabelle 1. Patientendaten

Parameter	Ergebnisse		
Lebensalter	Median	34,2 Jahre (15–70)	
Geschlecht	Männer	7 Pt (50,0%)	
	Frauen	7 Pt (50,0%)	
Beschwerdedauer	Median	58,6 Wochen (1–250)	
Lokalisation	Dist. Femur		5 Pt (35,6%)
	Prox. Tibia		2 Pt (14,2%)
	Pelvis		2 Pt (14,2%)
	Prox. Femur		1 Pt (7,2%)
	Dist. Ulna		1 Pt (7,2%)
	Tibiadiaphyse		1 Pt (7,2%)
	Fibuladiaphyse		1 Pt (7,2%)
	Corpus vertebrae		1 Pt (7,2%)
Rö. Morphologie	Osteolytisch		6 Pt (42,8%)
	Gemischt		6 Pt (42,8%)
	Sklerotisch		2 Pt (14,4%)
Lodwick Typ I	Typ I	7 Pt (50,0%)	
Typ II	Typ II	5 Pt (35,6%)	
Typ III	Typ III	2 Pt (14,4%)	
Tumorgröße	Median	8,9 cm (5–15)	
Stadium IA	IA 4 Pt	(28,6%)	
Stadium IB	IB 10 Pt	(71,4%)	
Histologie	„Parossal"		6 Pt (42,8%)
	„Desmoid"		6 Pt (42,8%)
	„Fibrochondrom."		2 Pt (14,4%)

Die initiale Fehldiagnose (Röntgen, Histologie) führt nicht selten zu einer nicht adäquaten (intraläsionale Exzision) chirurgischen Behandlung, wie wir auch in inserem Krankengut feststellen konnten. Lokalrezidive treten überwiegend nach einer intraläsionalen Exzision auf. Das histologische Bild weist in diesen Fällen keine Veränderung auf. Trotz der hohen Rezidivrate (7/14 Patienten, 50%; 6/13 Patienten in der reduzierten Patientengruppe, 41%) ist die Prognose der Patienten mit einem hochdifferenzierten, zentralen Osteosarkom gut und vergleichbar den parossalen Osteosarkomen [7].

Literatur

1. Unni KK, Dahlin DC, Beabout JW (1977) Intraosseous well-differentiated osteosarcoma. Cancer 40:1337
2. Campanacci M, Bertoni F, Capanna R et al. (1981) Central osteosarcoma of low-grade malignancy. Ital J Orthop Traumatol 7:71
3. Unni KK (1981) Case report 136. Central low-grade osteosarcoma of tibia. Skeletal Radiol 5:65
4. Xipell JM, Rush J (1985) Case report 340. Well differentiated intraosseous osteosarcoma of the left femur. Skeletal Radiol 14:312
5. Ellis JH, Siegel CL, Martel C et al. (1986) Radiologic features of well differentiated osteosarcoma. AJR 151:739

6. Enneking WF (1986) A system of staging musculskeletal neoplasms. Clin Orthop 204:9
7. Schajowicz F, Mcquire MH, Satini A et al. (1988) Osteosarcomas arising on the surface of long bones. J Bone Joint Surg [Am] 70:555

Radiologische Befunde des differenzierten und dedifferenzierten parossalen Osteosarkoms

H. Müller-Miny[1], R. Erlemann[1], P. Wuismann[2], A. Bosse[3], P.E. Peters[1]

[1] Institut für klinische Radiologie (Dir.: Prof. Dr. med P.E. Peters), Westfälische Wilhelms-Universität Münster, Albert-Schweitzer-Straße 33, W–4400 Münster, BRD
[2] Klinik und Poliklinik für Allgemeine Orthopädie (Dir.: Prof. Dr. med. H.H. Mathiaß), Westfälische Wilhelms-Universität, Albert-Schweitzer-Straße 33, W–4400 Münster, BRD
[3] Gerhard-Domagk-Institut für Pathologie (Dir.: Prof. Dr. med. W. Böcker), Westfälische Wilhelms-Universität, Domagkstraße 17, W–4400 Münster, BRD

Einleitung

Das parossale Osteosarkom (POS) ist ein seltener maligner Knochentumor, der weniger als 4 Prozent aller Osteosarkome ausmacht [1]. Es unterscheidet sich vom zentralen Osteosarkom in Altersprävalenz, Lokalisation, Histologie und Prognose. 1951 wurde das POS von Geschickter und Copeland zum ersten Mal als eigene Entität beschrieben [2]. In den beiden letzten Jahrzehnten wird das POS in eine differenzierte und dedifferenzierte Variante unterteilt. Das dedifferenzierte POS besitzt klinisch eine schlechtere Prognose als die differenzierte Form, jedoch eine bessere als das zentrale Osteosarkom [3]. In dieser Studie wurde die Röntgenmorphologie des POS analysiert und versucht, radiologische Unterschiede zwischen der differenzierten und der dedifferenzierten Form herauszuarbeiten.

Material und Methode

Unter den 8500 Einsendungen des Knochengeschwulstregisters Westfalen in Münster fanden sich 33 parossale Osteosarkome. Die histologische Diagnose wurden durch einen erfahrenen Skelettpathologen erneut verifiziert. Gleichzeitig erfolgte eine Klassifizierung der Tumoren in eine differenzierte und dedifferenzierte Variante. Radiologisch waren sämtliche Tumoren mittels konventioneller Aufnahmen in zwei Ebenen dokumentiert; von neun Patienten lagen Computertomogramme vor; bei einem Patienten war ein MRT durchgeführt worden. In den konventionellen Röntgenaufnahmen wurden die Lage des Tumors, seine Ausdehnung, die Veränderung der Kortikalis sowie das Ossifikationsmuster des extraossären Anteils beurteilt. Eine intramedulläre Ausdehnung wurde dann diagnostiziert, wenn eines der drei folgenden Kriterien erfüllt war: sichere intramedulläre Lage im histologischen Präparat, Nachweis einer zentralen Osteolyse in den konventionellen Aufnahmen oder intramedulläre Ausdehnung in den Schnittbildverfahren.

Ergebnisse

Die Tumoren befanden sich bei 89% der Patienten in der unteren Extremität einschließlich des Beckens. Am häufigsten war die Knieregion mit 56% der Fälle betroffen, wobei 45%

T. H. Ittel H.-G. Sieberth H. H. Matthiaß (Hrsg.)
Aktuelle Aspekte der Osteologie

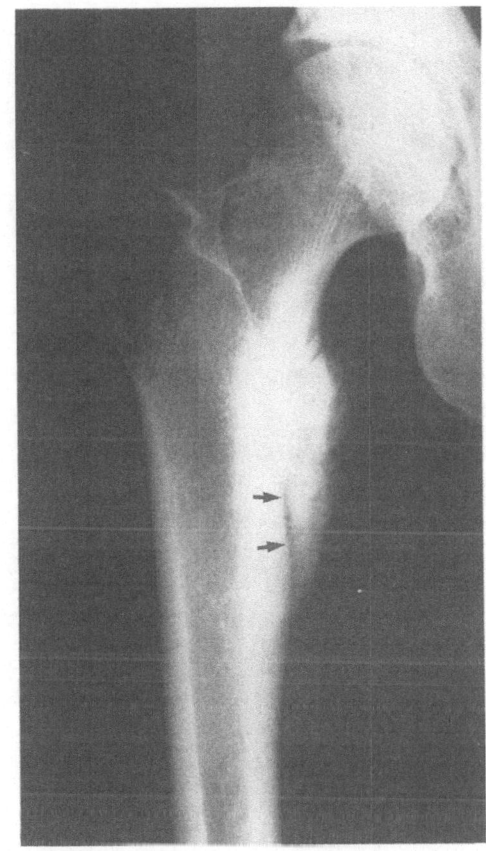

Abb. 1. POS am Trochater minor des rechten Femurs, distal das String-Sign (*Pfeile*)

aller POS im Femur gefunden wurden. Nur 3 Tumoren waren am Humerus, einer am Metakarpale IV und drei am Becken lokalisiert.

Intra- bzw. extraossär befanden sich die Tumoren am häufigsten in einer metadiaphysären (52%), gefolgt von einer diaphysären Lage (34%). Nur 14% der Tumoren waren metaphysär nachweisbar. Eine epiphysäre Lokalisation wurde bei keinem Patienten beobachtet. Periostale Reaktionen waren selten (24%), von denen zwei Drittel einen lamellären und ein Drittel einen spikulären Charakter boten. Eine vollständige Penetration der Kortikalis fand sich bei keinem der Tumoren.

Das in der Literatur als typische, jedoch nicht pathognomonisch beschriebene Zeichen einer Aufhellungslinie zwischen extraossär gelegenem Tumor und Kortikalis wurde bei nur 48% der POS beobachtet. Der extraossäre Tumoranteil war in 54% der Fälle homogen ossifiziert, wobei kein Tumor eine trabekuläre Matrix aufwies. In 39% der Fälle wurde eine bevorzugt knochennahe, in nur 7% einen überwiegend periphere Ossifikation gefunden.

Sechs der 33 POS wurden histologisch als dedifferenzierte Variante eingestuft. Lediglich bei einem dieser sechs wurde ein intramedullärer Befall beobachtet. Es fand sich jedoch

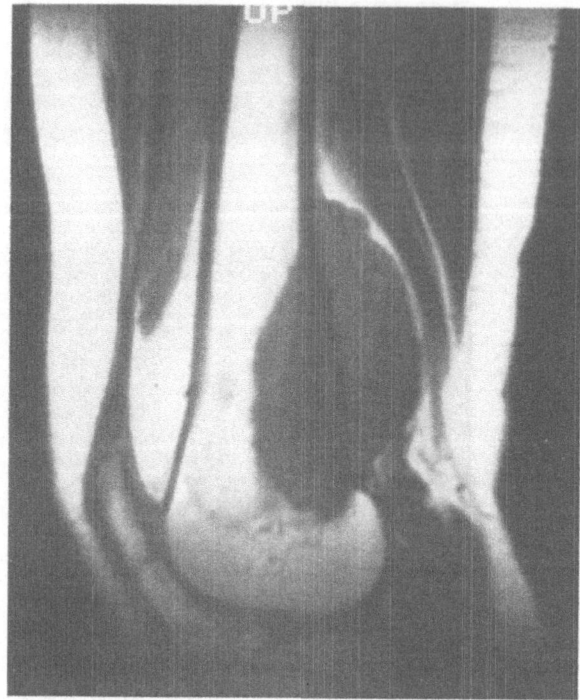

Abb. 2. Intra- und extraossäre Ausdehnung eines POS an der distalen Femurzirkumferenz in der MRT (T1-betonte Sequenz)

bei allen eine periostale Reaktion. Drei der als höher maligne eingestuften Tumoren wiesen eine Aufhellungslinie zwischen extraossärem Tumor und Kortikalis auf.

Diskussion

Das parossale oder juxtakortikale Osteosarkom (POS) gehört zur Gruppe der Oberflächenosteosarkome. Es läßt sich vom periostalen und dem oberflächigen hochmalignen Osteosarkom radiologisch in der Regel durch seine Lokalisation und Morphologie differenzieren [3, 4].

Die Prognose des POS ist günstiger als die des zentralen Osteosarkoms [3]. Das niedrig maligne POS kann häufig durch eine En-Bloc Resektion und somit fast immer extremitätenerhaltend und meistens funktionserhaltend therapiert werden. Erst bei einem Rezidiv muß in der Regel eine Amputation im Sinne einer Salvage-Therapie erfolgen. Aber auch bei einer großen Ausdehnung oder bei Tumoren höherer Malignität kann die Extremität häufig nicht erhalten werden [5].

Das von uns beobachtete gehäufte Auftreten des POS im zweiten und dritten Lebensjahrzehnt entspricht den Literaturangaben und weist keinen Unterschied zu den übrigen Oberflächenosteosarkomen auf. Gegenüber dem zentralen Osteosarkom liegt das Durchschnittsalter ungefähr 10 Jahre höher [6]. Der Hauptmanifestationsort im Kniegelenk bei unserem Krankengut steht im Einklang mit der Literatur [7]. Selten sind Tumoren am Humerus, Becken, Os metacarpale, Rückfuß und Oberkiefer zu finden. An der Wirbelsäule ist gemäß der von uns überblickten Literatur noch kein POS beschrieben worden. Gerade in den ersten drei genannten seltenen Lokalisationen beobachteten wir jedoch sieben Tumoren (22%). Diese POS boten durch ihr sehr homogenes Ossifikationsmuster und ihre ausschließlich extraossäre Ausdehnung im Röntgenbild einen eher benignen Eindruck. Außerdem wies keiner der Tumoren eine periostale Reaktion auf. Somit besteht besonders bei diesen Tumorlokalisationen die Gefahr einer Fehldiagnose und einer Verzögerung des Therapiebeginns.

Das typische, wenn auch nicht pathognomische Zeichen, einer Aufhellungslinie zwischen Tumor und der Kortikalis, das sogenannte String-Sign [8], fanden wir bei nur 48% der Patienten. Die Aufhellungslinie wird durch eine nicht tumoröse Verdickung des Periosts verursacht und kann bei einer Größenzunahme des Tumors verschwinden. [9]. Wir fanden in 54% einen homogen ossifizierten Tumor, wobei radiologisch in keinem Fall eine trabekuläre Matrix nachweisbar war. Hierdurch gelang eine sichere Abgrenzung zu den Osteochondromen. War das POS inhomogen ossifiziert, so war die Ossifikation knochennah dichter als in der Peripherie. Durch dieses Ossifikationsmuster kann in der Regel eine eindeutige Differenzierung zur Myositis ossificans erfolgen.

Die periostale Reaktion des Osteosarkoms ist ein wichtiges Diagnosekriterium und erlaubt eine Unterscheidung von benignen Tumoren. Besonders die spikuläre Form gilt als wichtiger Hinweis auf eine Malignität [9]. Ebenfalls weisen eine unregelmäßige oder unterbrochene lamelläre Periostreaktion auf einen malignen Prozeß hin. Periostale Reaktionen von benignen Prozessen sind hingegen in der Regel morphologisch uniform und zeigen häufig eine homogene und solide Verkalkung. Periostreaktionen wurden beim periostalen Osteosarkom [10], nicht aber beim POS berichtet. Wir fanden eine lamelläre oder spikuläre Periostreaktion bei 24% der POS. Besonders hervorzuheben ist der konstante Nachweis einer periostalen Reaktion bei allen sechs dedifferenzierten POS.

Bis in die Siebzigerjahre war eine intramedulläre Ausdehnung des POS nicht beschrieben worden [2, 7]. Zum Zeitpunkt der ersten Nachweise, die vor allem durch die CT möglich waren, definierte man histologisch neben dem klassischen differenzierten POS auch eine in bis zu 20% der Fälle auftretende dedifferenzierte Variante. Vom Campanacci wurde die These aufgestellt, daß bei intramedullärem Wachstum eine höhere Malignität vorliegt [11], was Hudson und Lindell jedoch nicht bestätigen konnten [12]. Unsere Ergebnisse erbringen ebenfalls keinen Anhalt für einen Zusammenhang zwischen intramedullärer Tumorausdehnung und höherer Malignität.

Das dedifferenzierte POS weist eine schlechte Prognose auf. Lindell gab an, daß die 5-Jahres-Überlebenszeit bei der differenzierten Variante 80–90% beträgt. Während sie bei der dedifferenzierten Variante geringer als 50% ist [13]. Neben einem primären Auftreten des dedifferenzierten Typs wurde über eine Dedifferenzierung des primär differenzierten POS beim Rezidiv berichtet [4]. Auch wurden POS beschrieben, die in verschiedenen Abschnitten sowohl eine differenzierte als auch eine dedifferenzierte Morphologie zeigten [13]. Auf Grund der Röntgenmorphologie, besonders durch die Kenntnis des typischen Ossifikationsmusters, ist in der Regel eine Differenzierung des parossalen vom periostalen Osteosarkom möglich. Eine periostale Reaktion beim POS sollte nach unserer Erfahrung den Verdacht auf die dedifferenzierte Variante lenken, eine sichere Unterscheidung zwischen der differenzierten und dedifferenzierten Form war auf Grund der radiologischen

Befunde jedoch nicht möglich. Besonders wichtig ist die Unterscheidung des POS von gutartigen Erkrankungen wie der Myositis ossificans und des Osteochondroms. Dies gelingt in den meisten Fällen durch das Fehlen der trabekulierten Matrix und der zentral betonten Ossifikation beim POS.

Zusammenfassung

Die Röntgenmorphologie von 33 parossalen Osteosarkomen (POS) wurden analysiert, worunter sich sechs der dedifferenzierten Form befanden. Die radiologischen Befund der differenzierten Form wurden der dedifferenzirten Form gegenübergestellt. Hauptmanifestationsort aller Tumoren war die Knieregion in 56% der Patienten. Am häufigsten waren die Tumoren metadiaphysär (52%) und diaphysär (33%) zu finden. 26% der POS wiesen neben der extraossären eine intramedulläre Komponente auf; die Kortikalis war bei 68% der Patienten tangiert. 24% der Tumoren zeigten eine periostale Reaktion. Das typische, jedoch nicht pathognomische Zeichen einer Aufhellungslinie zwischen der Kortikalis und dem extraossären Tumor, zeigten nur 48% aller Tumoren. Der Vergleich der Röntgenbefunde zwischen differenzierten und dedifferenzierten POS wies keine diagnoserelevanten Unterschiede auf. Insbesondere wurde ein intramedulläres Tumorwachstum bei der dedifferenzierten Form nicht gehäuft beobachtet. Immer wurde jedoch bei den dedifferenzierten POS eine lamelläre und spikuläre periostale Reaktion gefunden.

Literatur

1. Bertoni F, Present D, Hudson T, Enneking WF (1985) The meaning of radiolucencies in parosteal osteosarcoma. J Bone Joint Surg [Am] 67:901–910
2. Geschickter CF, Copeland MM (1951) Parosteal osteoma of bone: A new entity. Ann Surg 133:790–807
3. Unni KK, Dahlin DC, Beabout JW, Ivins JC (1976) Parosteal osteogenic sarcoma. Cancer 37:2466–2475
4. World LE, Unni KK, Beabout JW et al (1984) Dedifferentiated parosteal osteosarcoma. J Bone Joint Surg [Am] 66:53–59
5. Schajowicz F, McGuire MH, Araujo ES et al (1988) Osteosarcomas arising on the surface of long bones. J Bone Joint Surg [Am] 70:555–564
6. Bentzen SM, Poulsen HS, Kaae S et al (1988) Prognostic factors in osteosarcomas. Cancer 62:184–202
7. Dahlin DC (1978) in: Bone tumors 3rd ed. Thomas, Springfield
8. Stevens GM, Pugh DG, Dahlin DC (1957) Roentgenographic recognition and differentiation of parosteal osteogenic sarcoma. AJR 78:1–12
9. Edeiken-Monroe B, Edeiken J, Jacobson HJ (1989) Osteosarcoma In: Seminars in roentgenology. Saunders, Philadelphia:153–173
10. Ritts GD, Pritchard DJ, Unni KK, Beabout JW (1987) Periosteal osteosarcoma. Clin Orthop 219:299–307
11. Campanacci M, Picci P, Gherlinzoni F et al (1984) Parosteal osteosarcoma. J Bone Joint Surg [Br] 66:313–321
12. Lindell MM, Shirkhoda A, Raymond AK et al (1987) Parosteal osteosarcoma. AJR 148:323–328
13. Pintado SO, Lane J, Huvos AG (1989) Parosteal osteogenic sarcoma of bone coexistent low- and high-grade sarcomatous components. Hum Pathol 20:488–491

Skip-Metastasen: Diagnostik und Prognose bei Primärtumoren

P. Wuisman[1], A. Roessner[2], A. Karbowski[1], A. Hillmann[1]

[1] Klinik und Poliklinik für Allgemeine Orthopädie, Westfälische Wilhelms-Universität, Albert-Schweitzer-Straße 33, W–4400 Münster, BRD
[2] Domagk Institut für Pathologie, Westfälische Wilhelms-Universität, Albert-Schweitzer-Straße 33, W–4400 Münster, BRD

Die derzeitige Therapie von primären Knochentumoren besteht zumeist aus einer kombinierten adjuvanten (Chemotherapie) und chirurgischen Therapie, die eine maximale rezidivfreie Überlebenszeit zum Ziel hat. Dabei spielt die Identifikation unterschiedlicher Faktoren eine zentrale Rolle zur Überprüfung von Behandlungsprotokollen. Ein bisher wenig berücksichtigter Faktor ist das Auftreten von Skip-Metastasen. Eine Skip-Metastase wird definiert als ein zweiter kleinerer Osteosarkomherd, der anatomisch von dem Primärtumor ipsilateral im selben Knochen oder transartikulär im gegenüberliegenden Knochen lokalisiert ist.

Wir möchten die klinische, röntgenologische und prognostische Bedeutung von Skip-Metastasen beim Osteosarkom und beim MFH darstellen.

Material und Methode

Insgesamt umfaßt das Krankengut 29 Patienten (27 Patienten mit Osteosarkom und 2 Patienten mit MFH). 15 der 27 Patienten mit einem Osteosarkom und Skip-Metastasen waren weiblich (55,6%) und 12 männlich. Das Alter lag zwischen 8 und 74 Jahren (im Durchschnitt bei 21,4 Jahren). Bei den MFH-Patienten (beide männlich) war das durchschnittliche Lebensalter 56,2 Jahre. Bei der klinischen Untersuchung wurde ein Schmerz oder ein lokaler Druck- oder Klopfschmerz am häufigsten beobachtet. Alle Primärläsionen bis auf drei waren am Ende eines Röhrenknochen lokalisiert: in 18 Fällen war das distale Femur betroffen. In den übrigen Fällen waren 2mal das proximale und 2mal das distale Ende der Tibia befallen, 2mal die Humerusdiaphyse, und jeweils 1mal die proximale Fibula, das proximale bzw. mittlere Femur und der distale Radius. Einmal lag eine Skip-Metastase im Becken vor. Eine signifikante Häufung (T-Test: $p=0{,}0001$) von Skip-Metastasen konnte im distalen Femur beobachtet werden.

14 der 29 Skip-Läsionen wurden präoperativ röntgenologisch nicht diagnostiziert. Von 20 der 29 Patienten lagen Szintigramme vor. Lediglich bei 8 der 20 Patienten stellte sich szintigraphisch eine Anreicherung der Skip-Läsion dar, bei 12 der 20 Patienten war das Szintigramm falsch negativ. Von den 8 positiven Scans waren in 7 Fällen auch die Röntgenaufnahmen positiv. Computertomogramme wurden bei 12 Patienten eingesetzt. Bei 7 Patienten konnte eine Skip-Metastase abgebildet werden. Bei 4 der 6 Patienten mit einer prä-operativen Kernspintomographie wurden Skip-Metastasen abgebildet.

T. H. Ittel H.-G. Sieberth H. H. Matthiaß (Hrsg.)
Aktuelle Aspekte der Osteologie

Histologisch handelte es sich bei den Osteosarkomen mit Skip-Metastasen 18mal (66,7%) um ein osteoblastisches, 1mal (3,7%) um ein chondroblastisches, 2mal um ein fibroblastisches (7,4%) und je einmal um ein teleangiectatisches bzw. ein kleinzelliges und 4mal um ein anaplastisch differenziertes (14,8%) Osteosarkom. Bei zwei weiteren Patienten stellten wir ein MFH mit Skip-Metastasen fest. Alle Osteosarkome mit Skip-Metastasen wiesen eine extrakompartimentelle Ausdehnung des Primärstumors auf. Die Größe der Primärtumoren betrug durchschnittlich 12,3 cm.

14 Patienten erhielten eine (neo)adjuvante Chemotherapie und 15 Patienten keine adjuvante Chemotherapie. Bei 1 Patienten wurde eine Probeentnahme mit nachfolgender Bestrahlung durchgeführt, bei 3 weiteren Patienten eine intraläsionale Exzision, eine marginale Operation bei 1 Patienten, eine Exzision weit im Gesunden bei 8 Patienten und eine radikale Operation bei 13 Patienten. Bei 3 weiteren Patienten wurde perioperativ von einem extremitätenerhaltenden Verfahren auf eine radikale Operation umgestellt, da perioperativ Skip-Metastasen im Resektionsrand nachgewiesen wurden. Bei diesen Patienten waren präoperativ alle diagnostischen Maßnahmen falsch-negativ. Die Analyse der Rezidivfreiheit und Langzeitüberlebenszeit ergab keinen signifikanten Unterschied zwischen Patienten mit oder ohne adjuvanter Chemotherapie (2 der 29 Patienten leben).

Diskussion

Die Ergebnisse unserer Fälle zeigen, daß Patienten mit einem Primärtumor und Skip-Metastasen eine besonders gefährdete Patientengruppe darstellen. Die präoperative Diagnostik von Skip-Metastasen erweist sich als sehr problematisch. Alle diagnostischen Hilfsmittel haben falsch-negative Befunde. Konventionelle Röntgenaufnahmen und Szintigramme sind unzuverlässige Untersuchungsmethoden; in einem hohen Prozentsatz werden die Skip-Metastasen nicht diagnostiziert. Auf Computertomogrammen kann man Skip-Läsionen feststellen, aber bei ungenügender Schnittdichte und zu geringem Schnittabstand kann ein Skip nicht abgebildet werden. Eine ähnliche Problematik stellt sich bei der Anwendung der Kernspintomographie dar. Beschränkt man die Untersuchung nur auf den Tumor und seine unmittelbare Umgebung, dann kann ein Skip ebenfalls nicht diagnostiziert werden.

Skip-Metastasen werden häufiger bei osteoblastisch differenzierten Osteosarkomen festgestellt. Alle Osteosarkome mit Skip-Metastasen waren extrakompartimentell ausgewachsen. Die Primärtumoren mit Skip-Metastasen sind durchschnittlich größer als Läsionen ohne Skip-Metastasen.

Osteosarkome mit Skip-Metastasen sind in der Chemotherapiegruppe weniger diagnostiziert worden. Eine Erklärung für diese Beobachtung könnte in dem Operationsverfahren (unter Chemotherapie wird überwiegend weit operiert) bzw. in der Vernichtung von Skip-Metastasen unter einer Chemotherapie liegen.

Aus unserer Studie geht hervor, daß Osteosarkome mit Skip-Metastasen trotz (neo)adjuvanter Chemotherapie nach wie vor eine äußerst schlechte Prognose haben. Die Rezidivfreiheit und Langzeitüberlebensdauer der Patienten mit einer Skip-Metastase ist signifikant kürzer als bei den Stadium-II-Patienten ohne nachweisbare Skip-Metastasen. Die Gesamtüberlebensrate von Patienten mit einer Skip-Läsion ist vergleichbar mit derjenigen beim Stadium-III-Osteosarkom.